4G 기술의 진화

서정욱 · 장은영 · 박경원 · 박용석

Harri Holma
and Antti Toskala

WILEY 홍릉과학출판사

LTE FOR UMTS

Evolution to LTE-Advanced 2/E

by Harri Holma, Antti Toskala

저자서문

모바일 가입자 수는 최근 급격히 증가하고 있다. 음성 통신은 대규모로 모바일화 되었고, 모바일은 음성 통신의 방법으로 선호되고 있다. 이와 동시에 3GPP HSPA(High Speed Packet Access)가 도입된 네트워크에서는 데이터 사용량이 급속도로 증가하고 있으며, 이는 사용자들이 광대역의 무선 데이터의 가치를 알게 됐다는 것을 암시한다. 평균 데이터 소비량은 수백 메가바이트를 넘고 1개월에 가입자당 몇 기가바이트를 넘기조차 한다. 최말단 사용자는 고정 회선과 비슷한 데이터 성능을 기대하고 있으며, 운영자들은 데이터 전송에 대해 낮은 비용으로 높은 데이터 성능을 요구한다. 3GPP의 장기간에 걸친 발전(LTE)은 이러한 목표를 이루도록 설계되었다. 첫 번째 상용 LTE 네트워크는 수십 mbps의 데이터 전송 속도로 매력적인 성능을 보여 왔다. 본서는 배포판 8의 3GPP LTE 표준을 보여주고 그것의 예상되는 성능에 대해서 설명한다.

이 책은 다음과 같이 구성되어 있다. 1장은 도입부이다. 표준화 배경과 프로세스는 2장에서 설명한다.

1장 서론
2장 LTE 표준화
3장 3GPP SAE 기반의 시스템 구조
4장 OFDMA와 SC-FDMA 설명 그리고 LTE에서의 MIMO 소
5장 물리계층
6장 LTE 무선 프로토콜
7장 이동성
8장 무선 자원 관리
9장 자발적 구조화 네트워크
10장 성능
11장 LTE 측정
12장 전송망
13장 인터넷 전화
14장 성능 요구사항
15장 LTE TDD 방식

16장 LTE-Advanced
17장 HSPA 진화

3장에서는 시스템 아키텍처상의 발전(SAE), 그리고 4장에서는 공중 인터페이스의 기본 개념들을 소개한다. 5장에서는 3GPP LTE의 물리계층 솔루션, 그리고 6장은 프로토콜에 대해서 설명한다. 이동성 측면은 7장에서, 그리고 무선 자원 관리에 대해서는 8장에서 설명한다. 9장에서는 자기 최적화 네트워크(SON)알고리즘을 소개한다. 라디오와 엔드 투 엔드(종단간)의 퍼포먼스는 제10장에서 설명하고 11장에서는 측정결과를 뒤따라 보여주고 있다. 역수송 네트워크에 대해서는 12장에서 설명한다. 음성 솔루션은 13장에서 설명하였다. 14장에서는 3GPP의 성능 요건을 설명한다. 15장은 LTE 시간 분할 전송방식(TDD)을 소개한다. 16장은 LTE-Advanced발전, 그리고 17장은 3GPP 배포판 7-10에서 HSPA의 발전을 설명한다.

LTE는 GSM/UMTS 운영자뿐 아니라 CDMA와 WiMAX 운영자들, 그리고 잠재적으로 또한 고정 네트워크 서비스 제공자들과 같은 매우 큰 글로벌 시장에 접속할 수 있다. 대규모 잠재적인 시장은 다수의 기업을 시장에 유치하고 규모의 경제를 만들어 보다 저비용으로 광범위한 LTE 도입을 가능하게 한다. 이 책은 LTE기술과 그 기능을 보다 깊이 이해하고 싶은 칩셋 및 모바일 벤더, 네트워크 벤더, 네트워크 운영자, 애플리케이션 개발자, 테크놀로지 매니저 및 규제 당국을 위해 특별히 쓰여졌다.

본서의 2판은 3GPP 배포판 8 내용의 향상된 영역, LTE 배포판 9 및 10의 업데이트 내용을 포함하고 LTE-Advanced안의 주요 개념들을 소개한다. 그 밖에 수송 네트워크 프로토콜과 dimensioning을 설명하며, 이후 자기 최적화 네트워크(SON) 솔루션과 장점에 대해 논의할 것이다. 그리고 LTE 측정 방법과 결과를 설명한다.

차례

CHAPTER 4 OFDMA와 SC-FDMA 설명 그리고 LTE에서의 MIMO 소개 67

CHAPTER 5 물리계층 83

CHAPTER 6 LTE 무선 프로토콜 141

CHAPTER

1 서론

1.1 이동전화 가입자 증가

이동전화 가입자 수는 2000년부터 2010년까지 엄청나게 증가하였다. 첫 번째 10억 명은 2002년에 넘어섰고, 20억 명은 2005년에, 30억 명은 2007년에, 40억 명은 2008년 말에, 2010년 중반에 50억 명을 넘어섰다. 하루에 100만 명 이상의 신규 가입자들이 세계적으로 증가되었다−평균적으로 매초마다 10명 이상의 가입자가 생긴 것이다. 그림 1.1은 이러한 성장을 나타내고 있다. 전 세계의 휴대전화 보급률은 75%이다. 음성통신은 대부분 이동통신이 되었고, 이동통신은 전 세계 인구의 90% 이상을 커버하는 이동통신 네트워크들을 가지고 있는 음성통신을 선호하는 방식이다. 저가의 휴대폰과 효율적인 네트워크 범위와 용량이 이러한 성장을 부추겼으며, 이것은 표준화된 해법과 경제의 규모를 이끄는 오픈 에코시스템에 의해 가능하게 되었다. 이동 음성통신은 부자들의 특권이 아니라 최저 소득층의 사용자들도 이용할 수 있게 되었다.

1.2 이동무선 데이터 사용 증가

GSM(Global System for Mobile Communications) 같은 2세대 이동통신 네트워크들은 원래 음성 트래픽을 전송하기 위해 설계되었으며, 데이터 용량은 나중에 추가되었다. 데이터 사용은 증가했지만 2세대 네트워크들의 트래픽 양은 음성 트래픽이 명확하게 우위를 차지하고 있다. HSDPA(High Speed Downlink Packet Access)를 포함한 3세대 네트워크들의 도입은 데이터 사용을 상당히 향상시켰다.

음성 데이터율을 12 kbps라고 가정하여 음성 트래픽이 테라바이트라고 했을 때, 데이터 트래픽 양은 이미 많은 경우에 음성 트래픽 양을 초과하였다. 예를 들어, 그림 1.2는 세 운영자를 가진 유럽의 나라(핀란드)를 나타내고 있다. HSDPA 서비스는 2007년에 시작되었으며, 2008년에는 데이터 양이 음성 양을 초과하였고, 2009년도의 데이터 양은 이미 음성 양의 10배에 이르렀다. 무선 네트워크에서 비트의 90% 이상은 HSDPA 연결에 의해 발생되고, 10% 이하가 음성 통화에 의해 발생된다. 고속하향 패킷 접속(HSDPA) 데이터 증가는 고속 무선능력, 고정(정액)

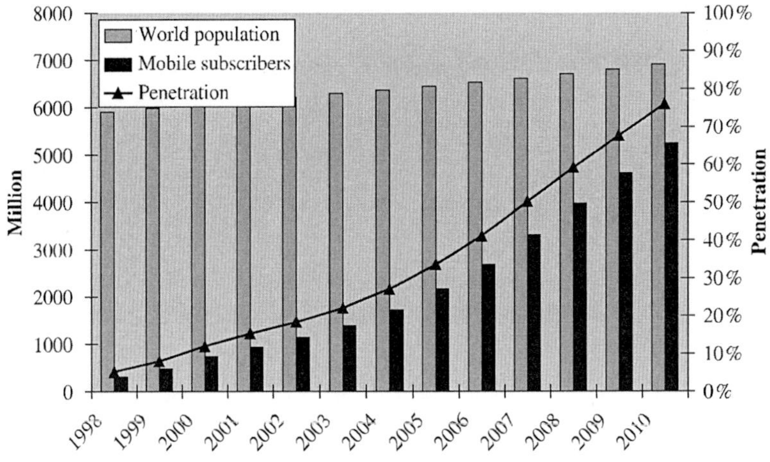

그림 1.1 이동전화 가입자의 증가

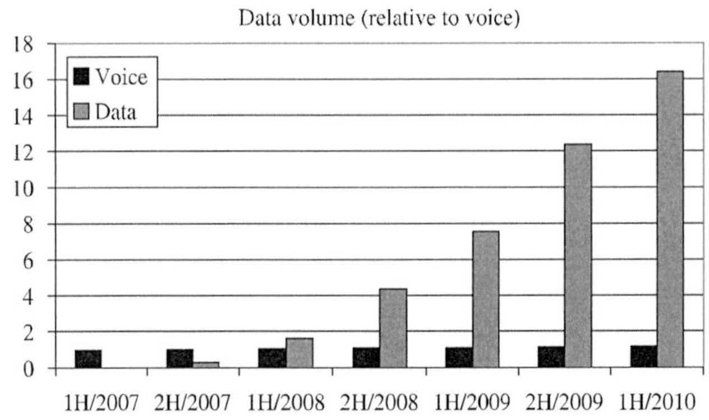

그림 1.2 HSDPA 데이터 양은 음성 양을 초과한다(2007년도 음성 양 기준)

요금책정 방식과 간단한 장치 설치에 의해 주도되고 있다. 요약하면, HSDPA의 도입은 이동통신 네트워크를 음성 위주에서 패킷 데이터 위주의 네트워크로 변모시켰다.

데이터 사용은 인터넷 및 인트라넷 액세스, 파일 공유, 비디오 콘텐츠 및 모바일 TV를 배포하기 위한 스트리밍 서비스 및 대화형 게임과 같이 대역폭을 소비하는 수많은 노트북 응용서비스에 의해 주도되고 있다. 또한 트리플 플레이로 알려진 비디오, 데이터 및 음성의 서비스 패키지는 이동통신 시장에 진입하고 있으며, 가정과 사무실 모두에서 기존의 유선 음성과 광대역 데이터 서비스를 이동통신 서비스로 대체시키고 있다.

일반적인 음성 가입자는 한 달에 30분을 사용하며, 이는 12.2 kbps 음성 데이터율로 약 30메가바이트에 해당한다. 광대역 데이터 사용자는 1,000메가바이트(1기가바이트) 이상의 데이터를 쉽게 소비할 수 있다. 대량의 광대역 데이터 사용은 음성을 사용하는 것보다 10~100배의 더 많은 용량을 필요로 하기 때문에 데이트 네트워크의 용량과 효율성에 대한 요구사항을 높게 설정한다.

2015년까지 50억의 사람들이 인터넷에 접속할 것으로 기대된다. 광대역 인터넷 접속은 실질적으로 전 세계 어디에서나 가능해질 것이다. 이미 기존 유선설치가 약 10억 세대에 이르고 이동통신 네트워크 접속은 30억 이상의 가입자에 도달하고 있다. 이러한 설치는 광대역 인터넷 접속으로 진화할 필요가 있다. 50억 가입자에게 진정한 광대역 인터넷 접속을 제공하기 위해 용량이 향상된 새로운 유선설치뿐만 아니라 보다 광범위한 무선 접속의 사용이 요구된다.

1.3 유선 통신기술의 진화

광역 무선 네트워크는 데이터 전송률 면에서 빠른 진화를 경험했지만 유선 네트워크는 여전히 가장 높은 데이터 전송률을 제공할 수 있다. 그림 1.3은 무선과 유선 네트워크에서 최대 사용자 데이터 전송률의 진화를 나타내고 있다. 흥미롭게도 진화 곡선의 형태는 약 30배의 상대적인 차이를 두고 두 도메인에서 유사하다. 무어의 법칙은 데이터 전송률이 매 18개월마다 두 배가 될 것으로 예측하고 있다. 현재 초고속 디지털 가입자 회선(VDSL2: Very-High-Data-Rate Digital Subscriber Line)을 사용하는 구리 기반의 유선 해법들은 수십 Mbps의 비트 전송률을 제공할 수 있고, 수동 광섬유 기반의 해법은 100 Mbps를 초과하는 데이터 전송률을 제공한다. 구리와 광섬유 기반의 해법들은 모두 가까운 미래에 진화를 계속할 것이고 Gbps 범위로 데이터 전송률 제공을 증가시킬 것이다.

무선 네트워크는 유선 네트워크가 제공한 사용자 경험에 걸맞게 데이터 전송률을 더 높여야 한다. 고객들은 유선 성능에 익숙하며 무선 네트워크가 유사한 성능을 제공하길 기대한다. 유선 네트워크를 위해 설계된 응용 프로그램들은 무선 데이터 전송률의 진화를 이끌고 있다. 또한 무선 해법들은 무선 기지국들을 위한 전달용 연결을 제공하는 중요한 역할을 한다.

한편, 무선 기술들은 사용자의 위치에 상관없이 개인 광대역 접속을 제공할 수 있는 큰 장점을 가지고 있다. 즉, 보행자 수준 또는 완전한 모바일 사용 사례에서 이동성을 제공한다. 무선 해법은 기존 유선 기반시설이 없다면 새로운 유선설치에 비해 저비용의 광대역 서비스 영역을

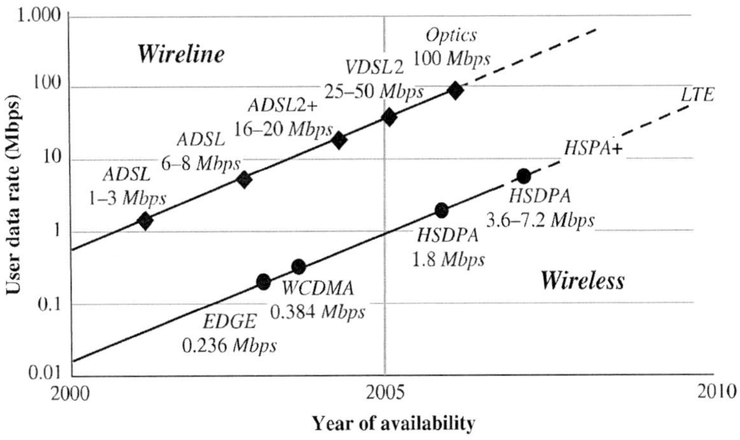

그림 1.3 유·무선 사용자 데이터 속도의 진화

제공할 수 있다. 따라서 무선 광대역 접속은 농촌지역뿐만 아니라 도시지역의 새롭게 성장하는 시장에서도 매력적인 옵션이다.

1.4 LTE의 필요성과 목표

3GPP(3rd Generation Partnership Project) LTE(Long Term Evolution)에 대한 작업은 목표들에 대한 정의와 함께 2004년에 시작되었다. HSDPA가 아직 보급되지 않았지만, 차세대 무선 시스템에 대한 작업이 시작되어야 한다는 것은 분명했다. 시스템 목표 설정에서 상호운용 표준들을 사용하는 상용 배포까지 5년 이상이 걸려서 제때에 준비되도록 시스템 표준화는 일찍 시작해야 한다. LTE 보급을 이끄는 몇 가지 요인은 유선 용량의 진화, 더 많은 무선 용량에 대한 요구, 저가의 무선 데이터 전송에 대한 요구, 다른 무선 기술과의 경쟁이다. 유선 기술이 향상됨에 따라 응용 프로그램이 무선 영역에서 유연하게 동작하는 것을 보증하기 위해서 동일한 진화가 요구된다. 높은 데이터 전송 능력을 기대하게 하는 IEEE 802.16을 포함한 다른 무선 기술들도 있다. 3GPP 기술들은 경쟁에 대항하고 이를 넘어서야 한다. 사용할 수 있는 주파수 대역과 기지국 부지로부터 최대의 이익을 얻기 위해서는 더 많은 용량이 요구된다. LTE 개발을 위한 추진력은 그림 1.4에 요약되어 있다.

LTE은 HSPA(High Speed Packct Access) 기술을 기반으로 한 기존 3GPP 네트워크보다 우수한 성능을 제공할 수 있어야 한다. 3GPP의 성능목표는 HSPA 릴리즈 6을 기준으로 정의된다. 최대 사용자 처리량은 최소한 다운링크에서 100 Mbps, 업링크에서 50 Mbps이어야 하며, 이것은 HSPA 릴리즈 6보다 10배 이상에 해당한다. 또한 대기시간은 최종 사용자의 성능 향상을 위해

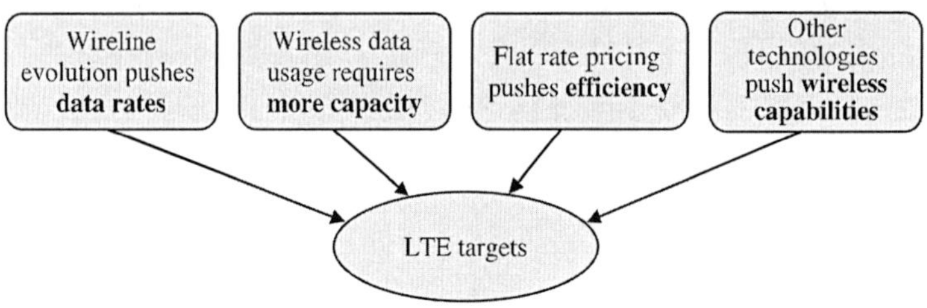

그림 1.4 LTE 개발을 위한 추진력

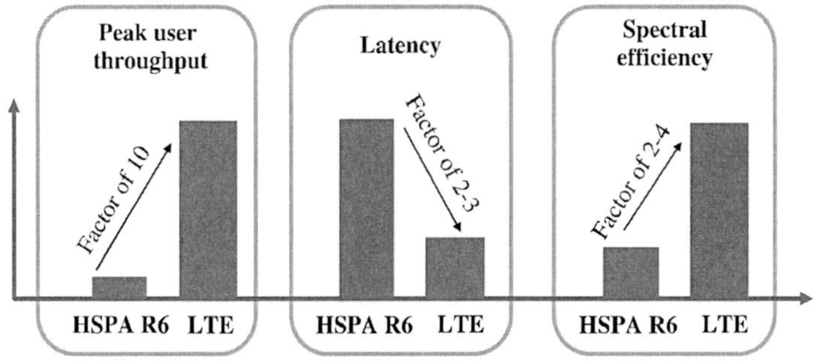

그림 1.5 주요 LTE 성능목표와 HSPA 릴리즈 6의 비교

감소되어야 하며, 단말기 전력소비는 배터리를 재충전하지 않고도 멀티미디어 응용 프로그램들을 더 많이 사용할 수 있도록 최소화되어야 한다. 주요 성능목표는 다음과 같으며, 이는 그림 1.5에 나타나 있다.

- HSPA 릴리즈 6보다 2~4배 이상의 주파수 효율
- 최대 전송률은 다운링크에서 100 Mbps, 업링크에서 50 Mbps 초과
- 10 ms 미만의 왕복 시간이 가능
- 패킷 교환 최적화
- 높은 수준의 이동성과 보안성
- 최적화된 단말기 전력 효율
- 1.5 MHz 아래에서부터 20 MHz까지 주파수 할당의 유연성

1.5 LTE의 개요

LTE 다운링크의 다중 접속 방식은 직교 주파수 분할 다중 접속(OFDMA: Orthogonal Frequency Division Multiple Access)을 사용한다. 업링크는 단일 반송파 주파수 분할 다중 접속(SC-FDMA: Single Carrier Frequency Division Multiple Access)을 사용한다. 이러한 다중 접속 해법은 사용자간에 직교성을 제공하고 간섭을 줄이며 네트워크 용량을 향상시킨다. 주파수 영역에서 자원할당은 업링크와 다운링크 모두에서 180 kHz 자원 블록 단위로 이루어진다. 패킷 스케줄링에서 주파수 차원은 LTE 용량이 높은 이유 중 하나이다. 업링크 사용자별 할당은 단일 반송파 전송이 가능하도록 연속적이지만, 다운링크는 자원 블록들을 스펙트럼의 다른 부분에서 자유롭게 사용할 수 있다. 또한 업링크 단일 반송파 해법은 단말기 전력 증폭기를 효율적으로 설계할 수 있도록 고안되었고 이는 단말기 배터리 수명과 관계가 있다. LTE 해법은 스펙트럼을 유연하게 사용할 수 있다. 전송 대역폭은 사용 가능한 스펙트럼에 따라 1.4 MHz에서 20 MHz 사이에서 선택할 수 있다. 20 MHz의 대역폭은 2 × 2 MIMO(다중안테나 방식)를 사용할 경우 150 Mbps까지, 4 × 4 MIMO(Multiple Input Miltiple Output)를 사용할 경우 300 Mbps까지 다운링크 사용자 데이터 전송률을 제공할 수 있다. 업링크 최대 데이터 전송률은 75 Mbps이다. 다중 접속 방식은 그림 1.6에 나타나 있다.

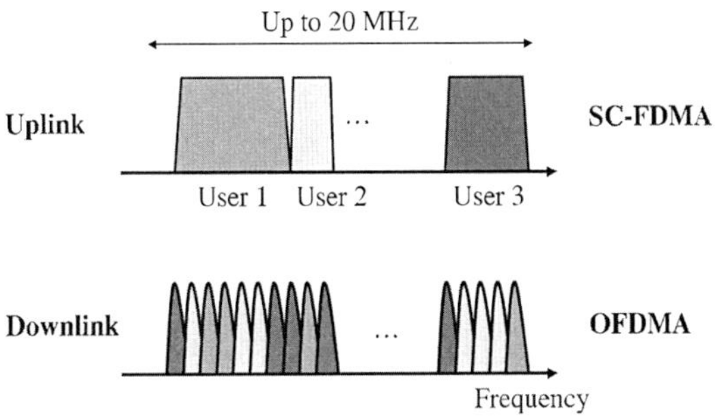

그림 1.6 LTE 다중접속 기술들

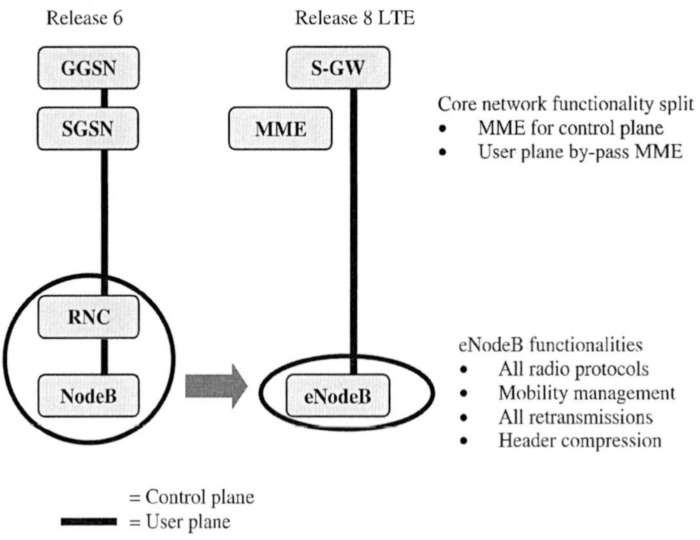

그림 1.7 LTE 네트워크 구조

높은 네트워크 용량은 고급 무선 기능 외에도 효율적인 네트워크 구조를 필요로 한다. 3GPP 릴리즈 8의 목적은 증가된 트래픽을 위해 네트워크의 확장성을 개선하고, 네트워크 요소의 수를 줄임으로써 종단간 대기시간을 줄이는 것이다. 모든 무선 프로토콜, 이동성 관리, 헤더 압축 및 패킷 재전송은 기지국(eNodeB)에 있다. 이러한 기지국들은 3GPP 릴리즈 6 구조의 무선망 제어기(RNC: Radio Network Controller)에 있는 모든 알고리즘을 포함한다. 핵심 네트워크는 사용자 평면과 제어 평면을 분리함으로써 간소화되었다. MME(Mobility Management Entity)는 단지 제어 평면 요소이고, 사용자 평면은 MME를 거치지 않고 서빙 게이트웨이(S-GW: Serving Gateway)에 직접 연결된다. 구조의 진화는 그림 1.7에 나와 있다.

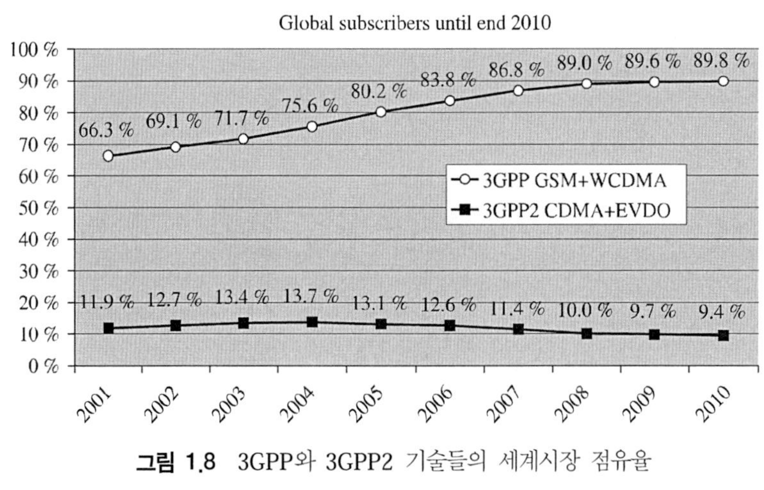

그림 1.8 3GPP와 3GPP2 기술들의 세계시장 점유율

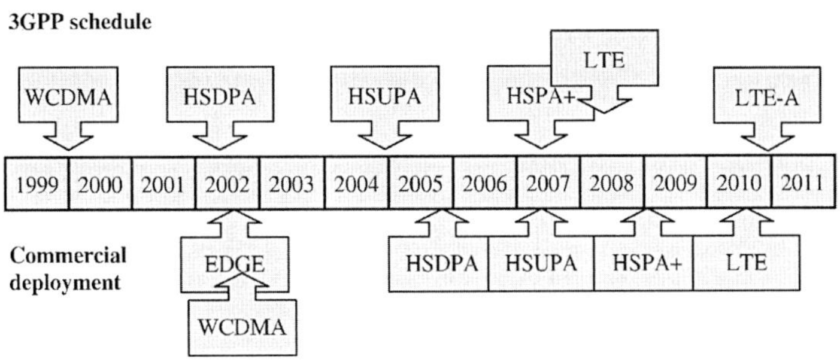

그림 1.9 3GPP 표준과 상용화 일정

1.6 3GPP 관련 기술

현재 3GPP 기술들(GSM/EDGE 및 WCDMA/HSPA)은 전 세계 이동통신 가입자의 90%를 서비스하고 있다. 3GPP 기술의 시장 점유율 추이는 그림 1.8에 나와 있다. 크고 개방된 3GPP 생태계의 이익을 이용하고 저가의 이동통신 장치에 대한 규모의 경제를 위해서 많은 주요 CDMA(Code Division Mutilpe Access) 사업자들은 음성 진화를 위해 GSM/WCDMA로, 데이터 진화를 위해 HSPA/LTE로 이미 바꾸었고 곧 바꿀 것이다. 3GPP 기반 기술들을 사용하는 가입자의 숫자는 현재 45억 명 이상이다. 3GPP LTE는 이러한 큰 3GPP 기술들의 토대 위에 세워질 것이다.

3GPP 표준과 상용화 일정은 그림 1.9에 나와 있다. 3GPP 날짜는 규격 승인을 가리킨다. 광대역부호분할다중 접속(WCDMA) 릴리즈 99 규격 업무는 1999년 말에 완료되었고, 2002년에 최초로 상용 보급되었다. 고속 하향 패킷 접속(HSDPA)과 고속 상향 패킷 접속(HSUPA) 표준은 2002년 3월과 2004년 12월에 완료되었고, 2005년과 2007년에 이어 상용 보급되었다. 또한 HSPA+로 알려진 HSPA 진화의 첫 단계는 2007년 6월에 완료되었고, 상용 보급은 2009년에 시작되었다. LTE 표준은 2007년 말에 승인되었고, 후방 호환성은 2009년 3월에 시작하였으며, 최초의 상용 네트워크는 2010년에 시작하였다. 다음 단계는 LTE-A(LTE-Advanced)이고 규격은 2010년 12월에 승인되었다.

새로운 세대의 기술들은 더 높은 데이터 전송률을 촉진한다. 최대 사용자 데이터 전송률의 진화는 그림 1.10에 나와 있다. 2002년 첫 번째 WCDMA 상용 보급은 384 kbps를 제공했고,

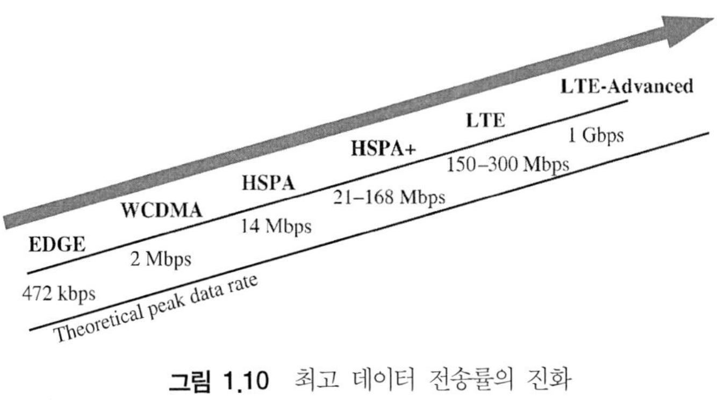

그림 1.10 최고 데이터 전송률의 진화

HSDPA 네트워크는 3.6~14 Mbps, HSPA+는 21~168 Mbps, LTE는 150~300 Mbps, 그리고 LTE-Advanced는 1 Gbps를 제공한다. 이것은 10년 동안 2,000배 이상의 높은 데이터 전송률을 의미한다.

3GPP 기술들은 원활한 상호 연동과 공존을 위해 설계된다. LTE는 LTE와 GSM 사이의 양방향 핸드오버와 LTE와 UMTS(Universal Mobile Telecommunication System) 사이의 양방향 핸드오버를 지원할 것이다. GSM, UMTS, LTE는 핵심 네트워크 요소를 포함하여 많은 네트워크 요소들을 공유할 수 있다. 또한, 일부 3G 네트워크 요소들은 LTE를 지원하도록 업그레이드될 수 있으며, HSPA와 LTE 모두를 지원하는 단일 네트워크 플랫폼이 존재할 것으로 기대된다. 가입자 관리와 가입자 인증 모듈(SIM: Subscriber Identity Module) 기반 인증은 LTE에서도 사용될 것이다.

1.7 무선 스펙트럼

3GPP 규격에서 LTE 주파수 대역으로 상·하향 대역은 그림 1.11에, 단일 대역은 그림 1.12에 나타나 있다. 현재 22개의 상·하향 대역과 9개의 단일 대역이 정의되었고 더 많은 대역이 표준

Operating band	3GPP name	Total spectrum	Uplink (MHz)	Downlink (MHz)
Band 1	2100	2 × 60 MHz	1920–1980	2110–2170
Band 2	1900	2 × 60 MHz	1850–1910	1930–1990
Band 3	1800	2 × 75 MHz	1710–1785	1805–1880
Band 4	1700/2100	2 × 45 MHz	1710–1755	2110–2155
Band 5	850	2 × 25 MHz	824–849	869–894
Band 6	800	2 × 10 MHz	830–840	875–885
Band 7	2600	2 × 70 MHz	2500–2570	2620–2690
Band 8	900	2 × 35 MHz	880–915	925–960
Band 9	1700	2 × 35 MHz	1750–1785	1845–1880
Band 10	1700/2100	2 × 60 MHz	1710–1770	2110–2170
Band 11	1500	2 × 25 MHz	1427.9–1452.9	1475.9–1500.9
Band 12	US700	2 × 18 MHz	698–716	728–746
Band 13	US700	2 × 10 MHz	777–787	746–756
Band 14	US700	2 × 10 MHz	788–798	758–768
Band 17	US700	2 × 12 MHz	704–716	734–746
Band 18	Japan800	2 × 15 MHz	815–830	860–875
Band 19	Japan800	2 × 15 MHz	830–845	875–890
Band 20	EU800	2 × 30 MHz	832–862	791–821
Band 21	1500	2 × 15 MHz	1447.9–1462.9	1495.9–1510.9
Band 22	3500	2 × 90 MHz	3410–3500	3510–3600
Band 23	S-band	2 × 20 MHz	2000–2020	2180–2200
Band 24	L-band	2 × 34 MHz	1626.5–1660.5	1525–1559

그림 1.11 3GPP 규격에서 상·하향 대역들을 위한 주파수 대역들

Operating band	3GPP name	Total spectrum	Uplink and downlink (MHz)
Band 33	UMTS TDD1	1 × 20 MHz	1900–1920
Band 34	UMTS TDD2	1 × 15 MHz	2010–2025
Band 35	US1900 UL	1 × 60 MHz	1850–1910
Band 36	US1900 DL	1 × 60 MHz	1930–1990
Band 37	US1900	1 × 20 MHz	1910–1930
Band 38	2600	1 × 50 MHz	2570–2620
Band 39	UMTS TDD	1 × 40 MHz	1880–1920
Band 40	2300	1 × 100 MHz	2300–2400
Band 41	2600 US	1 × 194 MHz	2496–2690

그림 1.12 3GPP 규격에서 단일 대역들을 위한 주파수 대역들

화 과정에서 추가될 것이다. 몇 개의 대역은 현재 다른 기술들에 의해 사용되고 있으며, LTE는 기존 기술들과 공존할 수 있다. 유럽에서 제일 좋은 경우로써 800, 900, 1800, 2100, 2600 MHz 주파수 분할 이중화(FDD: Frequency Division Duplex)와 시간 분할 이중화(TDD: Time Division Duplex)를 포함한다고 할 때, 이동통신 사업자가 사용할 수 있는 스펙트럼이 600 MHz 이상이다. 미국에서 LTE 네트워크는 초기에 700 MHz 및 1700/2100 MHz 주파수를 토대로 구축될 것이다. 일본에서 LTE 상용 보급은 800, 1500, 1700, 2100 MHz 대역을 통해 시작된다.

다양한 스펙트럼 자산을 활용하기 위해 유연한 대역폭이 바람직하다. 스펙트럼 재배치는 일반적으로 5 MHz 이하의 협대역 옵션을 필요로 하는 반면, 새로운 스펙트럼 할당은 20 MHz 이상의 광대역 데이터 전송률 옵션을 활용할 수 있다. 또한 FDD와 TDD 모드는 사용 가능한 상·하향 및 단일 스펙트럼을 최대한 활용할 필요가 있다는 것은 명백하다. 이러한 요구사항은 LTE 시스템 규격에서 고려된다.

1.8 WRC-07에서 확정된 신규 스펙트럼

ITU-R WRC-07(World Radiocommunication Conference)는 IMT(International Mobile Telecommunications)를 위한 새로운 스펙트럼을 확인하기 위해 2007년 10월과 11월에 작업을 수행하였다. 목적은 커버리지를 위한 낮은 대역과 용량을 위한 높은 대역을 확인하는 것이었다.

그림 1.13에 나와 있는 대역들은 IMT를 위한 것으로 되었다. 주요 LTE 대역은 470~806/862 MHz UHF 주파수가 될 것이며, 이는 현재 지상파 TV 방송을 위해 사용되고 있다. 790~862 MHz의 부대역은 유럽과 아시아-태평양 지역에서 확인되었다. 대역의 사용 가능여부는 아날로그에서 디지털 TV로 전환하는 국가의 시간 일정에 따라 달라진다. 그 대역에 대한 첫 번째 경매는 2010년 5월에 독일에서 실시되었고, 해당 주파수 변종은 대역 20이다. 대역은 세 사업자에게 허가되었고, 각각은 10 MHz LTE FDD로 운영된다.

698~806 MHz 부대역은 미주에서 IMT를 위한 것으로 확인되었다. 대역 중 미국 부분은 이미 경매되었다. 아시아에서는 698~806 MHz를 위한 대역 계획은 2 × 45 MHz FDD 운영을 다

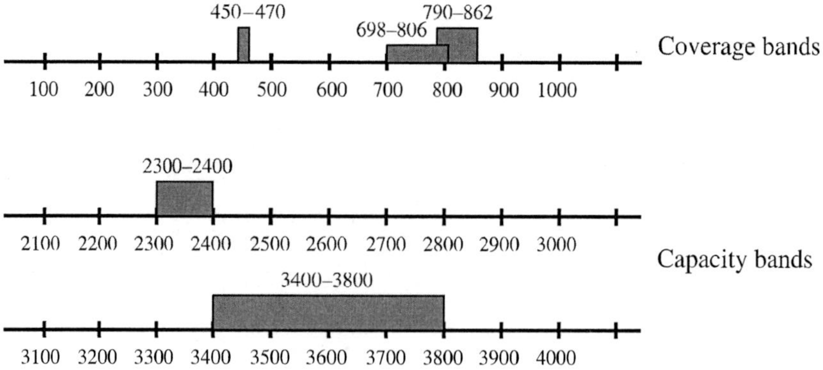

그림 1.13 WRC-07에서 IMT를 위한 새로운 주요 주파수들

룰 것으로 기대된다.

주요 용량 대역은 3.4~4.2 GHz(C-대역)이 될 것이다. 총 200 MHz는 유럽과 아시아-태평양에서 IMT를 위한 3.4~3.8 GHz 부대역으로 확인되었다. 이 스펙트럼은 가장 높은 비트 전송률과 용량을 제공하는 IMT-Advanced의 더 넓은 대역폭의 보급을 촉진할 수 있다.

2.3~2.4 GHz 대역 또한 IMT를 위한 것으로 확인되었지만, 이 대역은 유럽 또는 미주에서 사용되지는 않을 것으로 보인다. 이 대역은 WRC-2000에서 중국의 IMT-2000을 위한 것으로 확인되었다. 450~470 MHz 부대역은 전 세계적으로 IMT를 위한 것으로 확인되었지만, 유럽에서는 널리 사용될 것 같지는 않다. 이 스펙트럼은 최대 2 × 5 MHz 보급으로 좁을 것이다. IMT 시스템을 위한 추가 스펙트럼은 WRC-2016 회의에서 할당될 것으로 기대된다.

1.9 LTE-Advanced

IMT-Advanced(International Mobile Telecommunications-Advanced)는 IMT-2000 이후의 이동통신 시스템을 위한 개념이다. IMT-Advanced는 이전에 'Systems beyond IMT-2000'으로 알려졌었다. IMT-Advanced를 위한 후보 기술제안서들이 2009년 ITU에 제출되었다. 3GPP의 LTE-Ad-

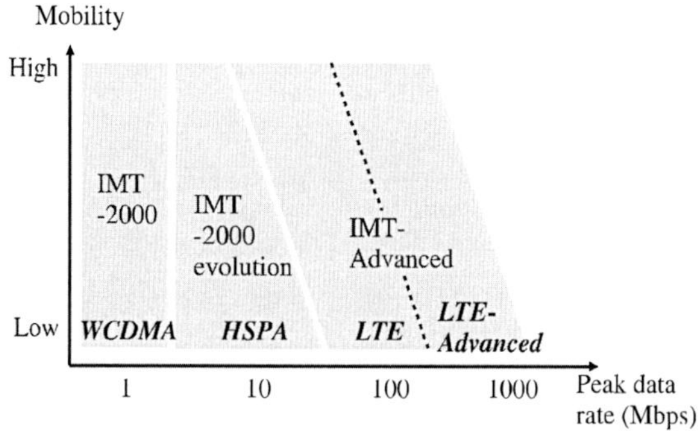

그림 1.14 IMT-Advanced까지 데이터 전송속도와 이동성의 진화

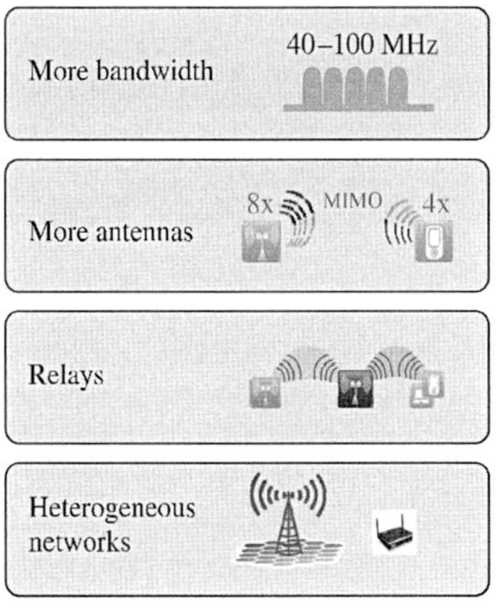

그림 1.15 LTE-Advanced의 주요 기능들

vanced와 IEEE 802.16m, 이 두 개의 후보만 제출되었다.

이러한 IMT-Advanced 시스템들의 새로운 용량은 높은 이동성 요구사항에 대해서는 약 100 Mbps까지, 정지/지역 무선 접속과 같은 낮은 이동성 요구사항에 대해서는 1 Gbps까지의 최대 데이터 전송률로 다중사용자 환경에서 넓은 범위의 데이터 전송률을 지원할 것으로 예상된다. 3GPP에서의 IMT-Advanced 작업은 LTE-Advanced(LTE-A)라고 하며, 릴리즈 10의 일부이다. 3GPP는 2009년 10월에 ITU에 LTE-Advanced 제안서를 제출하였고 2010년에 보다 자세한 작업이 이루어졌다. 2010년 12월에 내용이 동결되었고, 하위 호환성은 2011월 7월로 예상되었다. IMT의 요구사항을 충족시키기 위한 3GPP 기술의 상위 수준의 진화는 그림 1.14에 나와 있다.

릴리즈 10 LTE-Advanced의 주요 기술 구성요소는 다음과 같다.

- 40 MHz 전체 대역까지 반송파 집적 및 추후 잠재적으로 100 MHz까지 반송파 집적
- 다운링크에서 8 × 8까지 MIMO 다중 안테나 방식 진화 및 업링크에서 4 × 4까지 MIMO 다중 안테나 방식 진화
- 간단한 전송 해법 제공을 위한 릴레이 노드
- 매크로, 마이크로, 피코 및 펨토 셀을 포함한 셀 계층 간 최적화된 연동을 위한 이종 네트워크

LTE-Advanced 기능은 LTE 릴리즈 8 단말기들이 새로운 LTE-Advanced 릴리즈 10 기능이 활성화된 동일한 반송파에서 동작할 수 있도록 하위 호환성 방식으로 설계되었다. LTE-Advanced는 LTE 릴리즈 8 위에서 유연하게 구현될 수 있는 기능 도구상자로 간주할 수 있다. LTE-Advanced의 주요 기능들은 그림 1.15에 요약되어 있다.

CHAPTER

2 LTE 표준화

2.1 소개

LTE 표준화는 WCDMA(Wideband CDMA)와 GSM 발달의 나중 단계 대한 경우와 같이 3GPP (Third Generation Partnership Project)에서 수행되고 있다. 이 장에서는 3GPP LTE 릴리즈 일정과 3GPP 표준화 처리과정을 소개한다. 3GPP 커뮤니티에 의한 LTE 요구사항을 검토하고, IMT-Advanced 처리를 위한 LTE-Advanced 작업을 포함한 이후의 LTE 릴리즈에 대해 예상되는 단계들을 다루며, LTE 표준들과 3GPP 구조를 소개한다.

2.2 3GPP 릴리즈 및 처리과정 개요

3GPP의 개발은 1998년으로 거슬러 올라간다. 처음 WCDMA 릴리즈(릴리즈 99)는 1999년 12월에 출간되었다. 이것은 FDD(Frequency Division Duplex) 모드와 TDD(Time Division Duplex) 모드에 대해 서로 다른 다중 접속 방식을 사용하고, 2 Mbps까지의 이론적인 데이터 전송률을 제공하는 기본적인 WCDMA 기능들을 가지고 있었다. 그 후, 3GPP는 매년 공개 원칙을 포기하였고 공개 이름 또한 변경하였다. 2001년 3월에 완성된 (시분할-동기 코드 분할 다중 접속 (TD-SCDMA) 포함한) 릴리즈 4에서부터 계속되고 있다. 릴리즈 5는 2002년 3월의 HSDPA (High Speed Downlink Packet Access), 릴리즈 6은 2004년 12월의 HSUPA(High Speed Uplink Packet Access)로 뒤를 이었다. 릴리즈 7은 몇 가지 HSDPA 및 HSUPA 개선사항을 소개하면서 2007년 6월에 완성되었다. 2008년 3GPP는 릴리즈 8(무선자원 제어 RRC 추상구문 기법 형태1. ASN.1 동결을 포함한 몇몇 이슈는 2009년 3월로 결정을 미루었음)을 마무리하였고, 이를 통해 HSDPA/HSUPA를 조금 더 개선(종종 HSPA 발달이라고 불림)하는 것과 함께 첫 번째 LTE 릴리즈가 이루어졌다. WCDMA/HSPA 릴리즈 내용에 대한 더 자세한 설명은 릴리즈 8, 9, 10에 대해서는 17장에서, 더 이전의 릴리즈에 대해서는 [1]에서 찾을 수 있다. 그림 2.1에서와 같이 릴리즈 8의 기능에 대한 내용은 2008년 12월에 완료되었고, 2009년 말에 완성된 릴리즈 9와 2011년 3월과 2012년 하반기에 각각 마무리될 것으로 예정된 릴리즈 10과 11에 대한 추가

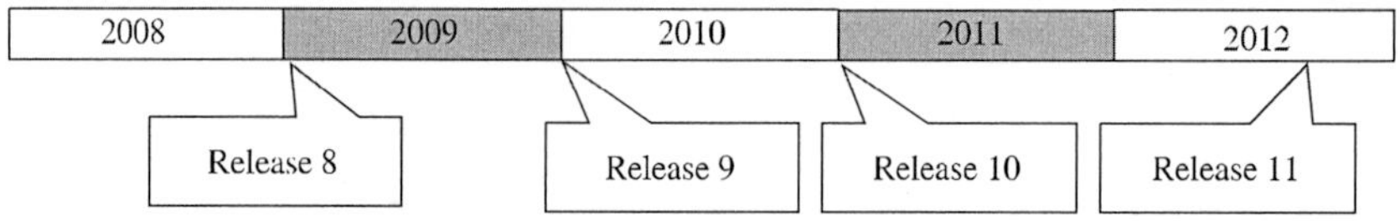

그림 2.1 릴리즈 11까지 3GPP LTE 릴리즈 일정

적인 LTE 릴리즈에 대한 작업이 계속되었다. ASN.1 동결을 위해 3개월의 추가시간이 허용되었다.

이전 3GPP 릴리즈들은 릴리즈 8의 LTE와 관련이 있다. 몇 가지 새로운 기능, 특히 HSDPA와 HSUPA에 적용된 기능들은 LTE에서도 사용된다. 이것들은 물리계층 피드백을 이용한 기지국 스케줄링, 물리계층 재전송 및 링크 적응 등을 포함하고 있다. 또한 LTE 규격들은 성능을 손상시키지 않고, WCDMA용으로 개발된 디자인과 플랫폼들의 재사용을 촉진할 수 있는 범위에서 WCDMA 디자인을 재사용한다. 첫 번째 LTE 릴리즈, 릴리즈 8은 낮은 지연시간과 평면 무선 아키텍처를 통해 다운링크에서 300 Mbps까지, 업링크에서 75 Mbps까지의 데이터 전송률을 지원한다. 또한 릴리즈 8은 GSM, WCDMA, cdma2000과의 무선 레벨 연동이 용이하다.

현재 3GPP는 릴리즈 11에 대한 신규 작업항목 및 연구항목을 소개하고 있으며, 그중 일부는 이전 릴리즈들에서 연기되었던 것이고, 일부는 새로운 기능에 대한 것이다. 릴리즈 9의 내용은 2009년 말에 마무리되었고, 2010년 초에 약간 추가되었다. 릴리즈 10은 LTE-Advanced 형태로 더 나은 무선 용량 향상을 포함하고 있고, 1 Gbps까지의 범위로 예상되는 데이터 전송률을 갖는 ITU-R IMT-Advanced 처리에 제출되었다. 릴리즈 10 규격들은 2010년 말에 준비되었고 2011년 상반기에 약간 수정되었다.

궁극적으로 규격으로 마무리되는 것보다 더 많은 프로젝트들이 시작되는 것이 3GPP 처리의 특징이다. LTE와 같은 경우처럼 매우 복잡한 사안들에 대해서는 종종 연구가 먼저 이루어진다. 일반적으로 연구하는 동안 여러 가지 대안들이 검토되고 이중 몇 개만이 결국 규격에 들어갈 수 있다. 종종 연구는 시스템에 추가된 복잡도를 정당화하기에 충분한 이득이 없다는 결론

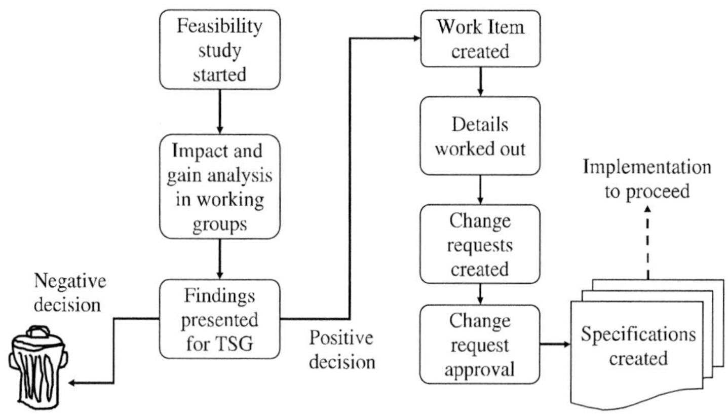

그림 2.2 연구로부터 작업항목과 규격 생성을 하는 3GPP 처리과정

에 이른다. 종종 작업항목 단계에서 변경 요청이 동일한 이유로 거절될 수 있다. 3GPP 처리과정은 그림 2.2에 나와 있다.

2.3 LTE 목표

초기 작업인 2005년 상반기에 3GPP는 LTE 개발에 대한 요구사항을 정의하였다. LTE 타당성 연구작업을 위한 목표 설정에 포함된 핵심요소는 [2]에 정의된 것과 같이 다음과 같다.

- LTE 시스템은 패킷 교환 도메인이 최적화되어야 한다. 이것은 회로 교환 요소들이 실제로 고려되는 것이 아니라 모든 것이 패킷 형태의 동작을 기반으로 한다는 가정을 의미한다. LTE 시스템은 IP 멀티미디어 서브시스템과 더 나아가 진화된 3GPP 패킷 코어를 지원할 필요가 있었다.
- 데이터 전송률이 증가함에 따라서 대기시간도 데이터 전송률을 개선하기 위해 낮출 필요가 있다. 따라서 LTE 무선 왕복시간을 위한 요구사항은 10 ms 이하로 설정되었고 접속 지연은 300 ms 이하로 설정되었다.
- 데이터 전송률에 대한 요구사항은 HSPA와 비교해서 충분히 나아지도록 정의되었다. 업링크와 다운링크를 위한 최대 전송률 요구사항은 각각 50 Mbps와 100 Mbps로 설정되었다.
- 3GPP 커뮤니티는 GSM에서 시작된 이전 시스템의 우수한 수준의 보안과 이동성에 익숙했기 때문에 우수한 수준의 이동성과 보안을 유지하는 것은 자연스러운 요구사항이었다. 이것은 cdma2000뿐만 아니라 GSM과 WCDMA의 시스템 간 이동성을 포함하고 있었다. 왜냐하면, 차세대 네트워크를 위해 LTE로 진화하려는 cdma2000 커뮤니티의 주요 관심사였기 때문이다.
- WCDMA에서 단말기 전력소모는 도전적인 주제들 중 하나였기 때문에 단말기 전력 효율을 개선할 필요가 있었다.
- 3GPP 기술군에는 협대역 시스템(200 kHz의 GSM)과 광대역 시스템(5 MHz의 WCDMA)이 모두 존재하기 때문에 새로운 시스템은 1.25/2.5, 5, 10, 15 및 20 MHz로 유연한 주파수 할당이 쉬울 필요가 있었다. 이후의 작업에서 실제 대역폭 값은 GSM과 cdma2000 개정에 부응되도록 두 개의 가장 작은 대역폭(1.4 및 3 MHz 대역폭을 사용)으로 약간 조정되었다. 또한 WCDMA나 GSM을 배치할 때 인접 대역 시스템으로 LTE를 사용할 필요가 있었다.
- 어떤 새로운 시스템에 대한 '표준' 요구사항은 더 높은 용량을 갖게 하는 것이다. 선택된 벤치마크 수준은 3GPP 릴리즈 6이였고, 그때 당시 안정적인 규격과 알려진 성능 수준을 갖고 있었다. 이와 같이 릴리즈 6은 타당성 조사 단계 동안 LTE 성능 시뮬레이션을 수행하는데 안정적인 비교 수준이었다. 경우에 따라 릴리즈 6 HSDPA/HSUPA 기준 사례에서 제공되는 것보다 2~4배의 높은 용량이 필요했다.
- 표준 작업의 동력 중 하나는 비용이었다. 새로운 시스템은 이전 시스템에 비해 더 낮은 투자비용과 운영비용을 촉진할 수 있어야 한다. 이것은 데이터 사용에 대한 정액요금 모델의 당연한 결과이고, 데이터 양 수준에 따른 가격에 압박을 가하였다.

또한 WCDMA의 발전은 LTE 활동과 더불어 계속될 것이라 예상되었다. 이것은 릴리즈 8 HSPA 개선에서 이루어졌고, 14장에서 다룬다.

2.4 LTE 표준화 단계

LTE 작업은 3GPP에서 하나의 연구로 첫 번째 워크숍이 2004년 11월 캐나다에서 시작되었다. 이 워크숍에서는 예상되는 요구사항과 기술에 대한 내용이 처음으로 발표되었다. 사업자와 공급업체 양측 모두에서 기고문이 제출되었다.

워크숍의 결과, 3GPP TSG(Technical Specification Group) RAN(Radio Access Network)은 2004년 12월에 LTE에 대한 연구를 시작할 것을 승인하였고, 작업의 시작으로 RAN 총회에서 요구사항에 대한 정의를 하면 작업 그룹에서 다중 접속, 프로토콜 해법과 구조에 대한 기술적인 논의를 하였다. 해결해야 할 첫 번째 핵심 이슈는 위에서 언급된 핵심 이슈들로써, 이 문제들은 2005년 상반기에 대부분 정리되어 2005년 6월에 첫 번째 버전으로 승인되었다. 그리고 작업은 다음 두 가지 문제 해결에 집중되었다.

- LTE 무선 기술은 다중 접속 관점에서 어떻게 다룰 것인가?
- 시스템 구조는 어떻게 설계해야 할 것인가?

단순 WCDAM의 확장이 아닌 새로운 방식이 필요한 다중 접속 방식에 대한 논의는 오히려 빨리 결정되었다. 이 결론은 서로 다른 대역폭과 전송률을 합리적인 복잡도 내에 커버해야 하는 필요성에 의해 결정되었다. 다운링크에서는 직교 주파수 분할 다중 접속(OFDMA)을 사용하기로 결정되었다(이 논의는 이미 2004년의 LTE 워크숍의 발표에 의해 반영되었다). 업링크 다중 접속의 경우, 단일 반송파 주파수 분할 다중 접속(SC-FDMA)을 사용하는 것이 가장 좋은 선택으로 결정되었다. [3]의 예에서 볼 수 있듯이, 이것은 많은 사업자와 공급업자들에 의해 지원되었다. WCDMA에 비해 눈에 띄게 개선된 점은 FDD와 TDD 모드에서 모두 같은 다중 접속 해법을 갖는다는 점이며, 이 내용은 15장에서 다루게 된다. 4장에서는 OFDMA와 SC-FDMA 이론과 동기 부여 측면에 대해 더 다룬다. 다중 접속에 대한 결정사항은 공식적으로 2005년 말에 승인되었고, 이후 LTE 무선 작업은 그림 2.3과 같은 LTE 마일스톤에 기술되어 있는 기술들에 집중되었다. FDD/TDD 정렬은 FDD와 TDD 모드의 동작 간에 차이를 최소화하는 프레임 구조로

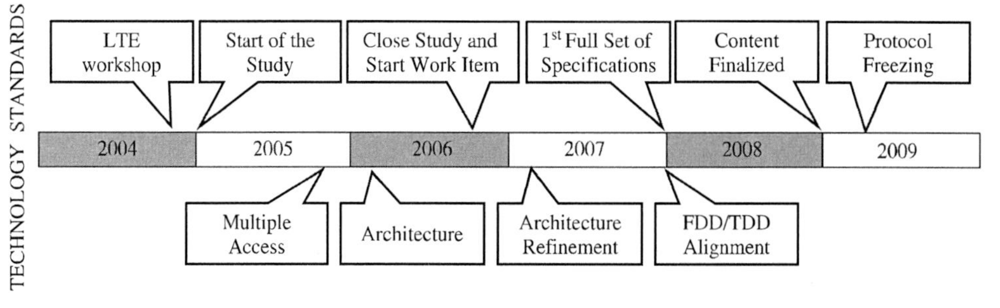

그림 2.3 3GPP에서 LTE 릴리즈 8 마일스톤

수정하는 것에 대한 합의를 언급하고 있다.

LTE 구조와 관련하여 몇 번의 토의를 거친 뒤에 단일노드 RAN을 목표로 하는 모든 무선 관련 기능들이 기지국에 배치되어야 하는 것으로 결정되었다. 이번 3GPP에서 사용되는 용어는 "envolved"의 'e'가 사용되는 'eNodeB'이다. 그림 2.4에 보이는 초기 네트워크 구조는 2006년 3월에 결정되었으며 2007년 초반에 약간의 개선이 있었다(패킷 데이터 융합 프로토콜(PDCD)이 코어 네트워크에서 eNodeB로 이동하였다). WCDMA 네트워크와의 근본적인 차이점은 무선망제어기(RNC)가 없다는 점이다. 이 구조는 3장에서 자세히 설명하기로 한다.

또한 연구는 결과적으로 나오는 LTE 용량에 대해서도 평가하였다. [4]에 보고된 연구와 [5]에서 제시한 더욱 개선된 연구는 요구사항을 달성할 수 있을 것으로 보고 있다.

프로세스 부분에 대한 연구는 공식적으로 2006년 9월에 완료되었고, 3GPP 릴리즈 8의 설계 명세서 LTE 부분을 만들기 위한 구체화 작업이 시작되었다.

LTE 스펙 작업은 2007년 9월에 우선적으로 승인된 물리계층 스펙들만을 묶어 제작하고, 2007년 12월에 처음으로 LTE 스펙 전부를 제작하였다. 정확히 그 당시 스펙에는 해결되지 않은 과제들이 남아 있었다. 특히, 프로토콜 스펙과 성능 요구사항에 대한 과제들이 남아 있었다. 남아 있는 스펙 동결 과정은 3가지 단계로 나눌 수 있었다.

1 릴리즈 8에 최종적으로 들어갈 것인지에 대한 LTE 스펙의 기술적인 내용의 동결은 방송 사용(점-대-다 데이터 방송)에 대한 지원과 같은 기술적인 부분에서 몇 가지 원래 계획을 남겨두는 것을 의미한다. 그러므로 기술적 동결은 새로운 기술이 도입되지는 않지만 이미 합의를 얻은 내용들은 완료될 것이다. LTE에서는 새로운 기능의 도입이 2008년 6월에 기본적으로 완료되었고, 2008년 남은 기간에는 빠진 부분(그리고 오류의 수정)에 초점을 맞춰 작업하였다. 특히 프로토콜 설명서는 2008년 12월에 대부분 완료되었다.

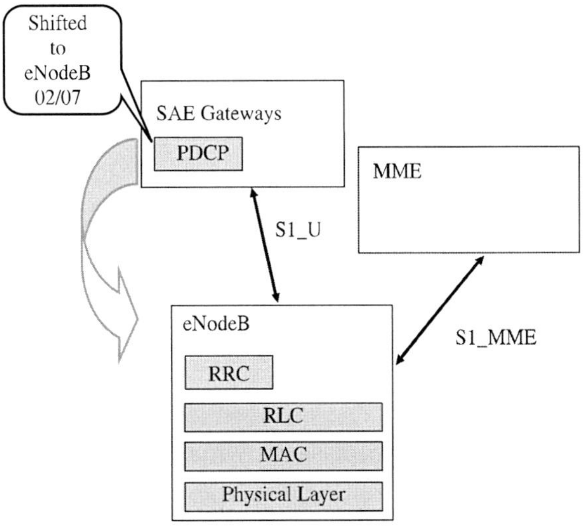

그림 2.4 LTE 통신 프로토콜을 위한 초기 네트워크 구조

2 일단 특정 릴리즈에 대해 모든 내용들이 준비될 것으로 예상된다면, 다음 단계는 기존 기술과의 호환성을 맞추는 관점에서의 프로토콜 스펙을 동결하는 과정이다. 기존 기술과의 호환성은 프로토콜을 위해 상용화 기준이 될 수 있는 첫 번째 버전을 정의한다. 기존 기술과의 호환성은 프로토콜 스펙 안에서 시작되기 때문에 이 작업은 동작하지 않는 정보요소들을 의도적으로 삭제하고 새로운 것들로 교체하는 작업을 통해 조정된다. 기존 기술과의 호환성이 한 번 달성되면, 기존 정보요소들은 더 이상 제거되지 않으며, 대신 확장하는 방식을 사용한다. 이러한 방식은 기존 버전의 기기가 이전 정보요소로 동작할 수 있도록 하며(100% 최적화되진 않지만), 새로운 소프트웨어를 사용하는 기기들은 확장된 비트가 준비되면 개선된 정보요소를 읽을 수 있다. 만약 어떠한 부분이 완전히 잘못될 경우와 그 기술이 전혀 동작하지 않는 경우, 기존 기술과의 호환성 조정을 고려하는 수정은 이전 소프트웨어에 아무런 도움이 안 된다. 따라서 기존 기술과의 호환성이 타당성을 갖기 전에 핵심 기술은 당연히 동작해야 할 필요가 있다. 프로토콜 언어가 모든 오류를 완전히 디버깅하기 위해 추상 구문 기법 형태 1(ASN.1)을 사용한 2009년 3월에 3GPP 릴리즈 8 프로토콜 스펙은 이 단계에 도달했다. 릴리즈 9의 스펙과 ASN.1의 기존 기술과의 호환성에 대한 검토가 2010년 3월에 시작된 반면, 릴리즈 10을 위해 3GPP에서 ASN.1의 호환성 작업을 2011년 6월부터 시작하기로 예정되어 있었다. 릴리즈 11의 추가작업은 2012년 12월로 마일스톤에 예정되어 있었다.

3 마지막 단계는 스펙의 '깊은' 동결로 스펙에 더 이상의 변경사항이 허락되지 않을 때이다. 이것은 릴리즈 5의 HSDPA와 릴리즈 6의 HSUPA와 같이 이미 발표되어 있는 릴리즈에 유효한 경우이다. 기존에 출시된 기기의 경우 핵심 기술들이 이미 테스트되고 검증되었기 때문에 언급된 릴리즈에서 더 이상 변경될 부분이 없었다. 성능 개선은 추후 릴리즈에서 이루어질 필요가 있다. 문제점은 기술이 구현되지 않는 경우(그리고 네트워크를 통한 테스트가 불가능할 경우)에 발생하게 되며 추후에 발견될 것이다. 이 문제점은 추후 릴리즈에서 바로 잡아지며 추후 버전을 사용하는 기기에 한해서만 사용하도록 추천된다. LTE 릴리즈 8 스펙을 위한 이 단계는 2010년 말 어느 정도 완성되었다. 2009~2010년에 만들어진 변화들은 기존 기기와의 호환성을 여전히 유지하고 있다.

따라서 3GPP 관점에서 릴리즈 8은 매우 안정화된 상태에 도달했다고 볼 수 있다. 마지막으로 다룰 주제는 다른 지역에서 단말과 관련된 성능 요구사항이다. 그림 2.5에서 볼 수 있는 것과 같이 기존 기기와의 무선자원센터(RRC) 호환성을 허용하면서 물리계층과 무선 관련 프로토콜에 관한 변화에 대한 요청은 2009년 3월 이후 빠르게 감소하였다. 내부 인터페이스(S1/X2)에는 기존 기기와의 호환성 이후에도 남아 있는 비호환성 조정이 한차례 있었다.

2.5 릴리즈 8 이후의 진화

2008년 동안 3GPP 작업은 릴리즈 8을 마무리 짓는데 집중되었지만, 첫 번째 릴리즈 9 프로젝트와 IMT-Advanced를 위한 LTE-Advanced를 포함한 릴리즈 8 이후의 이슈에 대한 작업 또한

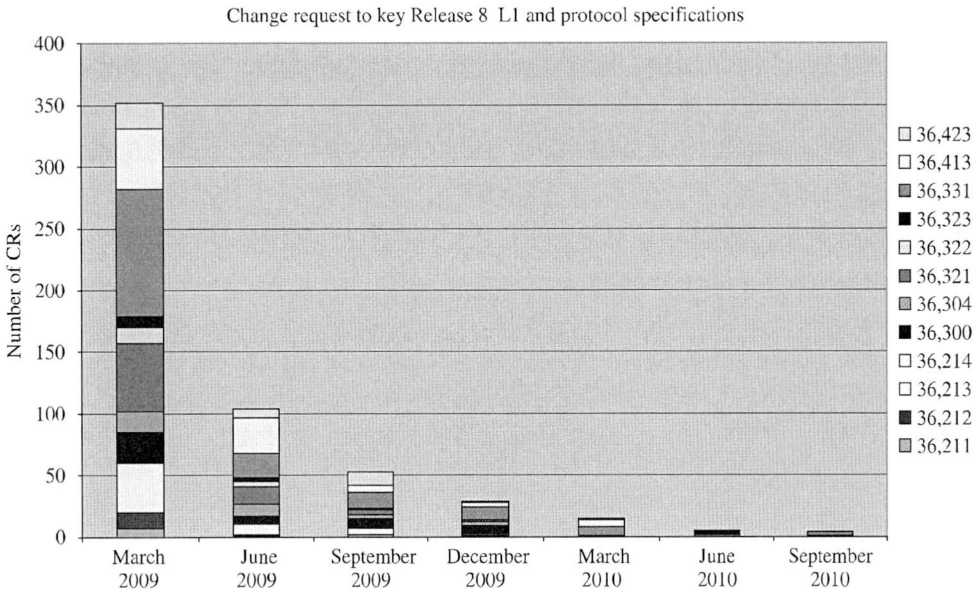

그림 2.5 2009년 3월 이후로 릴리즈 8 변화 요청 통계 수치

시작되었다. 다음 프로젝트들은 릴리즈 9와 10을 작업하는 동안 3GPP에서 언급된 것들이다.

- LTE MBMS(MBMS 캐리어 전용 및 공용 캐리어 모두를 위한 방송 타입 데이터에 관련된 동작을 포함). 적절히 동기화가 된다면 OFDMA 기반의 방송 신호는 서로 다른 기지국에서 같은 자원 공간에 전송될 수 있다(동일한 내용 대상). 이후 여러 기지국의 신호는 장치들에서 조합될 수 있다. 이러한 원칙은 시장, 예를 들면 휴대 디지털 영상 방송(DVB-H)에서 사용되고 있다. DVB-H 역시 OFDMA 기반 시스템이지만, 이는 오직 방송용으로만 사용하기 위한 것이다. 릴리즈 9는 공용 MBMS와 점-대-점 캐리어를 모두 지원한다. 특정 MBMS 전용 캐리어는 정의되지 않는다. 그러한 점에서 릴리즈 10에는 변함이 없다.
- 자가 최적화 네트워크(SON: Self Optimized Network) 향상 기술. 3GPP는 LTE의 자가최적화/구성 측면에서 논의되며, 그러한 작업은 릴리즈 9 및 10에서 계속된다. 이는 9장에서 더 자세히 설명한다.
- 드라이브 시험의 최소화. 이것은 데이터 수집의 필요성을 최소화하는데 목적을 두고 있다. 이는 실제 필드에 있는 장치들로부터 취득된 정보에 의한 실제 드라이브 테스트에 의해 가능해진다. 6장에 더 자세히 설명되어 있다.
- 다중 대역폭과 다중 무선 액세스 기술 기지국을 위한 필요요건. 이러한 작업 범위는 동일한 무선 주파수(RF) 부분이, 예를 들어 LTE와 GSM 혹은 LTE와 WCDMA 신호를 전송하는데 사용되는 경우 필요 요건을 정의한다. 현재, 인접 주파수로의 방사에 대한 필요 요건은 단일 무선 액세스 기술(RAT)만을 고려한다. 필요 요건들은 multi-RAT(Multiple Radio Access Technolgy)의 경우와 함께 다중 LTE 대역폭 실행기술 등의 조합용으로 개발될 것

이다. 이는 연속된 주파수 할당의 운영을 위한 릴리즈 10에서 완성되었다. 2010년 중반 이후부터 작업은 불연속적인 스펙드럼 할당에 대해 수행된다(예를 들어, 900 MHz 대역에 다른 대역폭의 스펙트럼을 포함하고 있는 운영자).

- 긴급전화의 지원 향상. 긴급전화의 우선순위뿐만 아니라 LTE 네트워크 자체에서 단말들의 OTDOA 측정에 의한 위치 지원(GPS 기반 기법 포함)이 릴리즈 9에서 완료되었다. 릴리즈 11에서 업링크 TDOA를 바탕으로 업링크 기반 해법을 LTE 사양의 일부로 추가하는 지속적인 연구도 하고 있다.

다음은 릴리즈 11인데 이는 2011년 초반 시작되었으며, 2012년 말까지 완료 예정이다. 릴리즈 11의 내용은 아직 3GPP에서 결정되지 않았지만, 새로운 프로젝트가 많이 시작될 것으로 보이고 있다. 이유는 릴리즈 10에 많은 주제들이 릴리즈 10의 일정을 맞추기 위해 시작되지 못했기 때문이다.

2.6 IMT-Advanced를 위한 LTE-Advanced

릴리즈 9 및 10에서 LTE 수정과 추가 최적화에 대한 연구가 이뤄짐과 동시에, 3GPP 또한 ITU-R에서의 IMT-Advanced 프로세스를 위한 선행 작업을 하고 있다. 이는 16장에서 더 자세히 다루어진다. ITU-R은 다음 세대의 무선 네트워크를 위한 프레임워크를 개발 중에 있는데, 여기서 낮은 이동성을 가진 이동체에 최대 1 Gbps, 높은 이동성을 가진 이동체에 최대 100 Mbps의 데이터율은 IMT-Advanced 기술 요구사항의 일부가 된다. 3GPP는 2011년 ITU-R 사양을 충족하는 것을 목표로 하고 있으므로, 3GPP는 2010년 말 즈음까지 사양의 최초의 완벽한 설명서를 제출할 것이다. LTE-Advanced의 연구는 다중 연구 아이템, 즉 다운링크와 업링크 데이터 용량과 최고 데이터율의 향상을 포함한다.

2.7 LTE 스펙과 3GPP 구조

LTE 스펙은 대부분 WCDMA 규격에 비슷한 표기법을 따르지만, 36-시리즈 번호를 사용한다. 예를 들어, WCDMA RRC가 25.331이라면, 이에 해당하는 LTE 스펙은 36.331이다. LTE 스펙은 '진화된 보편적 지상파 라디오 액세스(E-UTRA; Evolved Uuiversal Terrestrial Radio Access)' 용어를 사용하는 반면, WCDMA 스펙은 UTRA(또한 UTRAN, N은 Network를 의미함)를 사용한다. 물리계층에 약간의 차이가 있다. 예를 들어 확산 및 변조, 즉 WCDMA 규격 25.213 같은 사양들은 필요하지 않는다. 현재 동일한 다중 액세스의 사용 때문에 FDD와 TDD 모드는 같은 물리계층의 사양 시리즈로 나와 있다. 그림 2.6은 물리계층과 무선 및 내부 인터페이스에 대한 다른 프로토콜의 규격번호를 나타내는데 모든 성능 관련 사양이 표시되어 있지는 않다. 다음 장은 그림 2.6에 표시된 각 인터페이스의 기능을 소개한다. 나열된 모든 사양은 3GPP 웹사이트[6]에서 확인할 수 있다. 3GPP 사양을 사용할 때 최신 버전 사용을 권고한다. 예를 들어, 버전 8.0.0은 항상 첫 번째로 승인되는 버전이고, 버전 넘버 8.4.0(혹은 더 높은 버전)들은

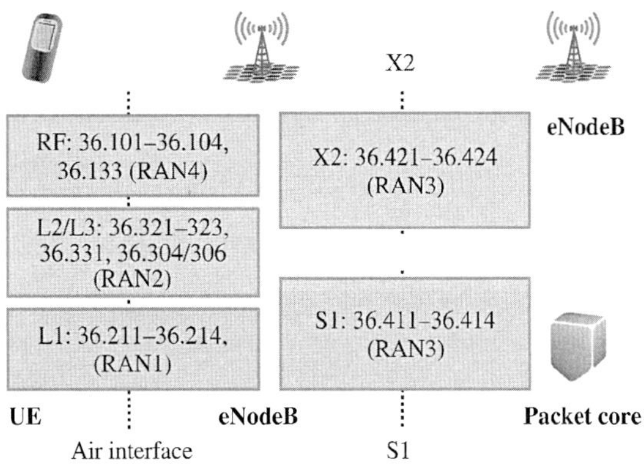

그림 2.6 각 LTE 인터페이스에서 책임지고 있는 작업그룹의 스펙

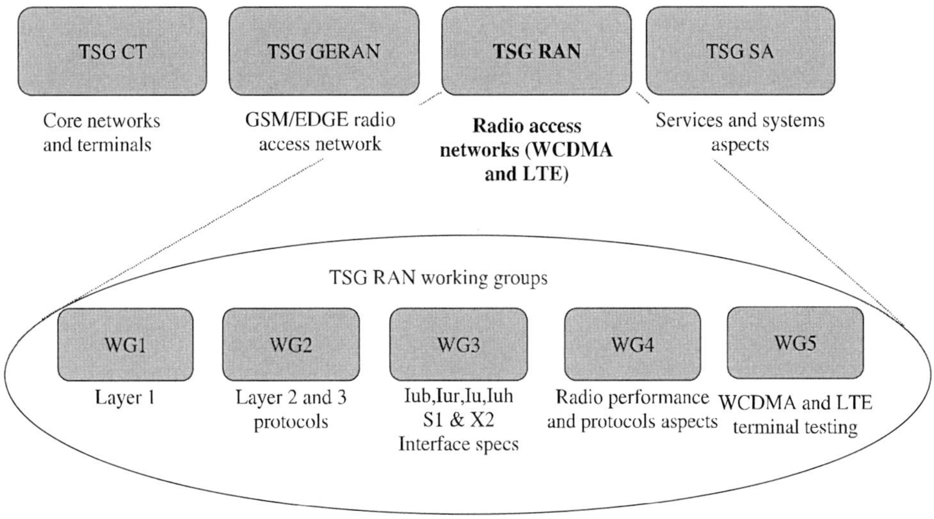

그림 2.7 3GPP 구조

보통 더 안정적이고, 더 적은 오류들을 가진다.

3GPP에 속해 있는 3GPP TSG RAN은 LTE 스펙 개발을 책임지고 있으며, 세부적인 스펙 작업은 각 TSG 산하에 있는 작업 그룹들에서 다루고 있다. TSG RAN은 그림 2.7과 같이 5개의 작업 그룹으로 이루어져 있는 것을 확인할 수 있으며 나머지 TSG의 작업 그룹들은 그림에 나타나 있지 않다. EPC(Evolved Packet Core)를 위한 스펙들은 TSA SA와 TSG CT에서 다루며 두 작업 그룹들은 종단간 기능 시스템도 다룬다. TSG GERAN은 GERAN 관점에서 LTE-GERAN을 상호연동시키기 위해 GSM/EDGE 릴리즈 8을 수정하는 역할을 수행한다.

36.2 시리즈의 물리계농의 스펙은 그림 2.7에서와 같이 작업그룹 1 WG 1에 의해 개발되었다. 계층 2와 계층 3의 스펙은 작업그룹 2 WG2의 36.3시리즈에 있다. 내부 인터페이스는 작업그룹 3 WG 3의 36.4시리즈에 있다. 그리고 무선 성능 요구사항은 작업그룹 4 WG 4의 36.1시

리즈에 있다. LTE 단말기 시험스펙은 작업그룹 5 WG 5이다. 또한 모든 그룹들은 향후 WCDMA/HSPA 릴리즈를 위해 각자의 영역을 담당한다.

참고문헌

[1] H. Holma, A. Toskala, 'WCDMA for UMTS', 5th edition, Wiley, 2010.
[2] 3GPP Technical Report, TR 25.913, 'Requirements for Evolved UTRA (E-UTRA) and Evolved UTRAN (E-UTRAN)' version 7.0.0, June 2005.
[3] 3GPP Tdoc, RP-050758, LS on UTRAN LTE Multiple Access Selection, 3GPP TSG RAN WG1, November 2005.
[4] 3GPP Technical Report, TR 25.814, 'Physical Layer Aspects for Evolved Universal Terrestrial Radio Access(UTRA)', 3GPP TSG RAN, September 2006.
[5] 3GPP Tdoc, RP-060535, LS on LTE SI Conclusions, 3GPP TSG RAN WG1, September 2006.
[6] www.3gpp.org.

CHAPTER

3

3GPP SAE 기반의 시스템 구조

3.1 3GPP의 시스템 구조 진화

무선 인터페이스의 진화가 시작됨과 동시에 시스템 구조의 진화의 필요성도 분명해졌다. 패킷 교환 서비스의 최적화만을 고려한 일반적인 방향이 그 이유이다. 하지만 소프트 핸드오버 배제를 포함한 무선 인터페이스 디자인의 일부 목표는 시스템 구조 디자인에 새로운 기회를 열어주었다. 또한 고속 패킷 접속(HSPA: High Speed Packet Access)으로 모든 무선 기능들이 기지국에 효율적으로 인접할 수 있게 되어 전반적인 시스템 구조 논의의 장은 여전히 열려 있으며 진행 중이다.

SAE(System Architecture Evolution)에 대한 논의는 무선 인터페이스 개발 다음으로 진행되었으며, 릴리즈 8에서 완료하기로 계획되어 있다. 이러한 작업을 시작하기 위한 몇 가지 이유가 있으며, 많은 목표를 가지고 있다. 다음은 가장 두드러지는 목표에 대해 열거하였다.

- 회선 교환(circuit switch) 방식을 지원하지 않는 경우에 패킷 교환 서비스의 최적화
- 최종 단말의 더 높은 비트율 및 더 평균 전송속도를 위한 최적화 지원
- 활성화 및 베어러 설정에 대한 응답시간 향상
- 패킷 전송 지연의 향상
- 3GPP 및 다른 셀룰러 시스템에 비해 시스템 전반적인 간소화
- 3GPP 네트워크와의 연동 최적화
- 기타 무선 접속 네트워크와의 연동 최적화

목표의 대부분은 비계층적 구조 개발의 필요성을 내포하고 있다. 적은 노드를 지원하는 비계층적 구조는 시간지연을 감소시키며 성능을 향상시킨다. 릴리즈 7에서 이러한 방향으로 개발이 시작되었다. 다이렉트 터널(Direct Tunnel) 개념은 사용자 평면이 패킷교환지원노드 SGSN (Serving GPRS Support Node)을 우회하고 HSPA 기지국에 무선망 제어기(RNC)의 배치를 가능하게 했다. 그림 3.1은 상위 레벨에서 SAE(System Architecture Evolution) 구조 진화과정과 양상을 나타내었다.

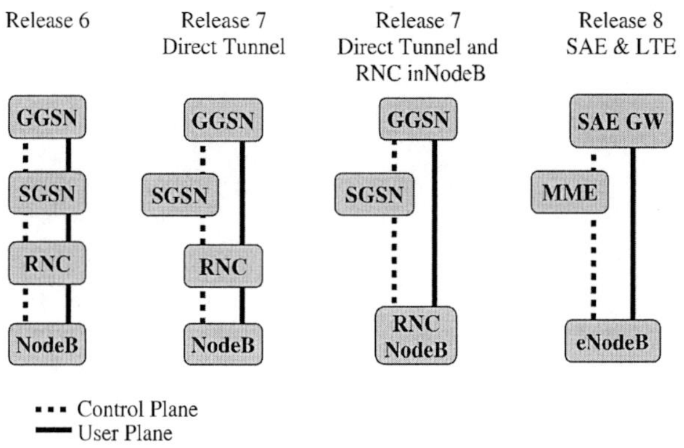

그림 3.1 비계층적 구조로의 3GPP 구조 진화

일부 목표들은 시스템 구조 개발이 완전히 다른 방향으로 나아가는 것처럼 보인다. 예를 들어 "기타 무선 접속 네트워크와의 연동 최적화"는 새로운 기능들을 포함하는 집합이 필요한 것으로 보이며, 어쩌면 각 기능별로 특정 프로토콜을 지원하는 새로운 인터페이스를 필요로 할 수도 있다. 그러므로 시스템 구조의 실질적인 개발은 잠재적인 모든 연동 시나리오를 지원해야 할 것이므로, 3GPP 구조 표준은 다음 두 가지 방향으로 나눌 수 있다.

- E-UTRAN 접속을 위한 GPRS 향상[1]: 이 문서에서는 E-UTRAN이 포함된 초기 3GPP와 그 외 3GPP AN(Access Network)에서의 구조와 각 기능들을 기술하고, 해당 부문의 연동 작업을 정의한다. 이러한 AN의 일반적인 후보들은 네트워크 이동 프로토콜의 일환으로 GTP(GPRS Tunnelling Protocol)로 사용된다.
- 비3GPP 시스템 구조 향상[2]: 이 문서에서는 cdma2000® 고속 패킷 데이터 기술(HRPD: High Rate Packet Data)와 같은 비3GPP AN의 연동이 필요한 경우의 시스템 구조와 각 기능들을 기술한다. 또한 이동성 기능은 이동 IP MIP(Mobile Internet Protocol)와 프락시 이동 IP PMIP(Proxy MIP)와 같은 IETF 프로토콜에 기반하며, 그러한 프로토콜 환경에서 E-UTRAN에 대해 기술되어 있다.

이 장에서는 3GPP 시스템 구조의 몇 가지 시나리오에 대해 추가로 설명한다. E-UTRAN만을 고려한 시나리오, 현재의 3GPP AN과 E-UTRAN를 고려한 기존 3GPP 작동 시나리오, 마지막으로 cdma2000®과 연동하는 경우에 비3GPP AN과 E-UTRAN을 고려한 시나리오를 다룬다.

3.2 E-UTRAN 접속 네트워크만을 고려한 기본 시스템 구조

3.2.1 기본적인 시스템 구조

그림 3.2는 E-UTRAN AN만을 고려한 시스템 구조와 네트워크 요소를 나타내었다. 이 그림에서 논리적인 노드와 연결은 기본적인 시스템 구조를 나타낸다. 이러한 요소와 기능들은

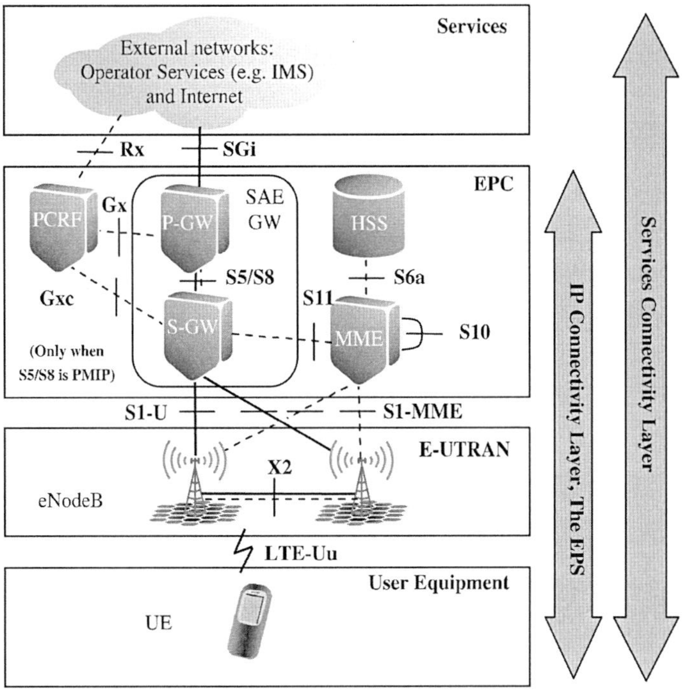

그림 3.2 E-UTRAN만 고려한 시스템 구조

E-UTRAN이 관련된 모든 경우에 필요하다. 다음 절에서 설명할 다른 시스템 구조들도 몇 가지 추가기능들이 포함되어 있다.

또한 단말기(UE: User Equipment), E-UTRAN(Evolved UTRAN), EPC(Evolved Packet Core Network), 그리고 서비스 레벨의 주요한 상위 레벨을 나누어 보여주고 있다.

상위 레벨의 구조는 현재의 3GPP 시스템과 기능적으로 동일하다. 새로운 시스템 구조의 개발은 무선 접속과 코어 네트워크, E-UTRAN 그리고 EPC에 의해 제한된다. 단말기와 서비스 레벨에서는 구조적으로 그대로 유지되지만 기능적인 진화는 계속 진행되고 있다.

단말기, E-UTRAN와 EPC는 인터넷 프로토콜(IP) 연결 레이어를 나타낸다. 시스템의 이 부분을 EPS(Evolved Packet System)라고도 한다. 이 레이어의 주요 기능은 인터넷 프로토콜에 기반한 연결을 제공하는 것이며, 그 기능만을 위해 고도로 최적화되어 있다. 모든 서비스는 인터넷 프로토콜의 상위 단계에서 제공되고, 초기 3GPP 구조에서 선보였던 회선 교환과 인터페이스는 E-UTRAN과 EPC에서는 더 이상 보이지 않는다. 또한 인터넷 프로토콜 기술은 모든 것이 인터넷 프로토콜 전송의 상위 단계에서 운영할 수 있도록 설계된 전송(레이어)에서도 중요하다.

인터넷 프로토콜 기반의 멀티미디어 서비스 제공 규격(IMS: IP Multimedia Sub-System)[3]은 서비스 장치의 좋은 예이다. 서비스 장치는 하위 레이어에서 제공하는 상위 IP 연결에 서비스를 제공하기 위한 서비스 연결 레이어이다.

예를 들어, 음성서비스를 지원하기 위해 IMS는 인터넷 전화(VoIP: Voice over IP)와 기존 회선 교환 네트워크 공중전화망(PSTN)과 미디어 게이트웨이를 통한 ISDN과의 상호연결을 제공한다.

코어 네트워크 분야에서 가장 큰 구조적인 변화 중 하나는 EPC가 회선 교환 단계를 포함하고 있지 않으며, 종합정보통신망(ISDN) 또는 PSTN과 같은 기존 회선 교환 네트워크에 직접적인 연결을 필요로 하지 않는다는 것이다. EPC는 기능적으로 현재의 3GPP 네트워크 회선 교환 기능과 동일하다. 하지만 EPC는 기능과 대부분의 노드 배치에 큰 변화가 있으며, 이 부분의 구조는 완전히 새로운 것으로 간주되어야 한다.

그림 3.1과 3.2는 모두 진화된 망구조 게이트 웨이(SAE GW)라 불리는 요소를 나타내고 있다. 그림 3.2는 두 게이트웨이의 조합과 서빙 게이트웨이(S-GW: Serving Gateway)와 EPC의 사용자 우선순위 조정을 위해 정의된 패킷 데이터망 게이트웨이(P-GW: Packet Data Network Gateway)를 나타낸다. SAE GW와 함께 구현하는 것은 또 다른 시나리오를 가능하게 하지만, 표준에서는 인터페이스를 정의하였으며, 각 경우에 대해 모든 운영에 대해 상세히 기술되어 있다. 이 장에서는 동일한 접근방식으로 서술할 것이다.

기본 시스템 구조와 각 기능은 3GPP 기술규격(TS) 23.401[1]에 설명되어 있다. 이 문서는 S5/S8 인터페이스가 GTP 프로토콜을 사용할 때의 운영을 기술한다. 하지만, S5/S8 인터페이스가 PMIP를 이용하는 경우 이러한 인터페이스의 기능은 약간의 차이가 있으며, 자원 정책과 과금제어 결정 기능(PCRF: Policy and Charging Resource Function)과 S-GW 기능 간의 Gxc 인터페이스를 필요로 한다. 주요 기능들은 [1]에 명시되어 있으며 부가적인 기능들은 3GPP TS 23.402[2]에 자세하게 서술되어 있다. 다음 절에서는 E-UTRAN을 포함한 모든 시나리오에 대해 설명한다.

3.2.2 기본 시스템 구조의 논리 요소

이 절에서는 기본 시스템 구조를 위한 논리 네트워크 요소에 대해 소개한다.

3.2.2.1 단말기

단말기는 최종 사용자가 통신을 하기 위한 장비를 뜻한다. 일반적으로 스마트폰이나 2G나 3G에서 사용되는 데이터 카드와 같이 손에 휴대용 장비 또는 노트북(laptop)과 같은 내장 장비를 지칭한다. 단말기는 별도의 모듈로 구성된 유심 사용자 인증 모듈(USIM: Universal Subscriber Identity Module)을 내장하고 있으며, 단말기(TE: Terminal Equipment)라 한다. 유심은 범용IC카드(UICC: Universal Integrated Circuit Card)라 일컫는 이동식 스마트카드로 구성된 애플리케이션이다. 또한 사용자의 신원 확인과 무선 인터페이스 전송을 보호하기 위한 보안 키(security key)를 생성하기 위해 사용된다.

기능적으로 단말기는 사용자의 요구에 의해 네트워크 연결을 설정, 유지, 해제하는 통신 응용 프로그램을 위한 플랫폼이다. 또한 핸드오버와 터미널 위치 보고와 같은 이동성 관리 기능을 포함하며, 단말기는 네트워크의 지시에 의해 해당 기능을 수행한다. 아마도 가장 중요한 것은 단말기는 사용자에게 사용자 인터페이스를 제공하여 VoIP 요청자가 음성통화를 설정하는 것이다.

3.2.2.2 E-UTRAN Node B(eNodeB)

E-UTRAN에서 사용되는 노드는 E-UTRAN Node B(eNodeB)이다. 간단히 말해, eNodeB는 모든 무선 관련 기능을 관장하는 무선 기지국이다. eNodeB와 같은 기지국은 네트워크 서비스 영역에 걸쳐 분산되어 있으며, 주변에 무선 안테나가 설치되어 있다.

eNodeB는 단말과 EPC간의 레이어 2 가교 역할을 하다. 단말에 대한 모든 무선 프로토콜의 종료 지점이자 EPC에 대한 무선 접속과 그에 상응하는 IP 기반의 접속간 데이터를 교환한다. 이 부분에서 eNodeB는 사용자 평면(UP) 데이터의 암호화와 복호화를 수행하는 동시에 (IP 헤더의) 중복 또는 연속적인 데이터 전송을 막기 위해 IP 헤더를 압축/해제하는 역할을 수행한다.

또한 eNodeB는 제어평면(CP: Control Plane)을 관장한다. eNodeB는 무선 자원 관리(RRM : Radio Resource Management)도 담당한다. 즉, 사용자에 요청에 따른 무선 자원을 분배하거나, 서비스 품질(QoS)에 따른 스케줄링 작업, 무선 자원의 사용현황에 대한 지속적인 모니터링과 같은 무선 인터페이스를 관장한다.

게다가 eNodeB는 이동성 관리(MM: Mobility Management)에도 기여한다. eNodeB는 단말에서의 무선 신호 레벨을 제어하고 분석하여 셀의 경계지점에서 단말의 핸드오버를 결정하게 된다. 이 과정은 eNodeB와 이동성관리개체(MME)간의 핸드오버도 포함한다. 새로운 단말이 eNodeB에 접속하여 네트워크에 연결을 요청할 때 eNodeB는 단말이 연결되어 있던 MME로부터 라우팅을 수행한다. 만일 기존 MME로부터 라우팅이 불가능하거나 라우팅에 대한 정보가 없는 경우에는 새로운 MME를 선택하게 된다.

이러한 과정과 E-UTRAN 무선 인터페이스 기능에 대한 설명은 이 책의 여러 장에서 설명하고 있다. eNodeB는 이러한 기능들의 많은 부분에서 핵심적인 역할을 수행한다.

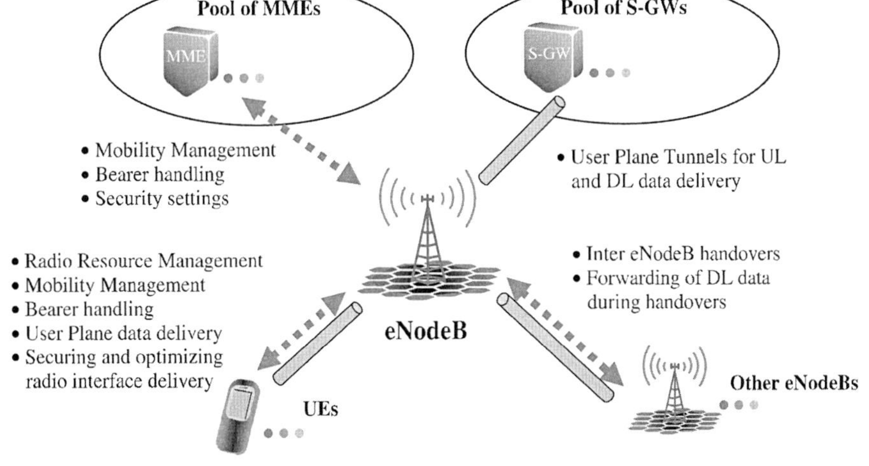

그림 3.3 eNodeB와 다른 논리 노드들의 연결과 기능들

그림 3.3은 eNodeB 주변의 논리 노드와 인터페이스의 주요 기능들을 나타내었다. 이러한 모든 연결에 있어서 eNodeB는 일-대-다(one-to-many) 또는 다-대-다(many-to-many) 연결을 가진다. eNodeB는 서비스지역 내 다수의 단말에 서비스를 제공할 수 있지만, 각 단말은 한 번에 하나의 eNodeB에만 접속할 수 있다. eNodeB는 핸드오버가 필요한 경우 주변 eNodeB에 연결해야 하는 경우도 있다.

MME와 S-GW는 해당 노드들이 eNodeB의 특정 설정을 제공하기 위해 할당될 수도 있다. 이것은 단일 eNodeB의 관점에서 많은 MME와 S-GW에 연결해야 함을 의미한다. 그러나 각 단말은 한 번에 하나의 MME와 S-GW로부터 서비스를 받으며, eNodeB는 이러한 연결을 지속적으로 추적하고 관리한다. MME 또는 S-GW는 eNodeB 간의 핸드오버에 의해서만 변경될 수 있으므로, 단일 eNodeB의 관점에서는 이러한 연결 관계는 절대 바뀌지 않을 것이다.

3.2.2.3 이동성 관리 개체

이동성 관리 개체(MME: Mobility Management Entity)는 EPC의 주요 관리요소이다. 일반적으로 MME 운영 건물의 보안처리된 서버이며, 제어평면(CP)에서만 작동되고 사용자 평면(UP 데이터)의 경로에는 관여하지 않는다.

그림 3.2에 나타낸 시스템 구조에서 MME를 제외한 인터페이스 외에도, MME는 논리적으로 직접 단말에 CP 연결을 가지며, 이 연결은 단말과 네트워크 사이의 주요 제어채널로 사용된다. 다음은 기본 시스템 구조에서 MME의 주요 기능을 나타내었다.

- 인증 및 보안 : 단말이 네트워크에 처음으로 등록되면, MME는 다음 과정을 통해 인증 작업을 시작한다. 이전에 접속했던 네트워크에서 단말의 고유 ID를 찾고, 단말의 홈 네트워크에 있는 홈가입자 서버(HSS: Home Subscription Server)로부터 인증 정보가 포함된 인증 벡터 응답 매개변수를 요청한다. 그리고 단말과 홈 네트워크로부터 받은 정보를 비교한다. 이 기능은 단말을 확실히 인증하기 위해 필요하다. 진화된 패킷 시스템인증 및 키 일치(EPS-AKA) 인증은 [4]에 자세히 정의되어 있다. MME는 필요할 때 또는 주기적으로 인증 작업을 반복할 것이다. MME는 홈 네트워크의 인증 벡터로부터 받은 마스터 키로부터 단말의 암호화와 무결성 보호 키를 계산하고, 사용자 평면(UP)과 제어 평면(CP) 각각에 대한 E-UTRAN 관련된 설정을 제어한다. 이런 기능들은 승인되지 않은 제3자에 의한 도청과 데이터 조작으로부터 보호하는 역할을 한다. 또한 MME는 개인 정보보호를 위해 글로벌 고유 임시 식별자(GUTI: Globally Unique Temporary Identity)라고 지칭하는 임시 식별자 ID를 각 단말에 부여한다. 따라서 무선 인터페이스를 통한 고유 단말 식별자-국제 이동국식별번호(ID-IMSI)의 전송을 최소화한다. GUTI는 미승인된 단말 추적을 방지하기 위해 주기적으로 재할당될 수 있다.
- 이동성 관리 : MME는 서비스 영역 내 모든 단말의 위치를 지속적으로 추적한다. 단말이 처음으로 네트워크에 등록되면, MME는 단말에 대한 항목을 생성하며 단말의 홈 네트워크의 HSS에 위치정보를 알려준다. MME는 단말을 서비스하는 S-GW와 더불어 eNodeB에 적절한 자원 설정을 요청한다. 단말이 통신 서비스가 진행 중이거나 통화대기 상태로 추적 영역에 있다면, MME는 eNodeB에 준하는 단말의 위치를 추적하게 된다. MME는 단말의

통신상태에 따라 자원을 할당하고 해제하는 역할을 한다. 또한 MME는 eNodeB, S-GW와 MME 사이에서 통신하는 단말의 핸드오버를 위해 컨트롤 신호에도 관여한다. 이러한 경우에 별도의 무선 네트워크 컨트롤러가 없기 때문에 MME 모든 eNodeB의 변화에 관여한다. 통화대기 상태인 단말은 자신의 위치를 주기적으로 또는 다른 추적 영역으로 넘어가는 경우 MME에 보고한다. 만일 통화 대기상태인 단말이 외부 네트워크로부터 데이터를 전송받는다면, MME에 이러한 상황을 알려준다. MME는 추적 영역에 속해 있는 eNodeB가 단말을 페이징하도록 요청한다.

- 가입자 프로파일 및 서비스 연결 관리 : 단말이 네트워크에 등록될 때 MME는 홈 네트워크로부터 가입자 프로파일을 검색한다. MME는 해당 정보를 단말을 서비스하는 동안 저장한다. 이 프로파일은 네트워크 첨부파일에서 어떤 패킷 데이터 네트워크 연결을 결정하게 된다. MME는 자동적으로 기본 베어러를 설정하여 단말이 기본 IP 연결을 할 수 있도록 한다. 이 과정에는 eNodeB와 S-GW의 CP 시그널링이 포함되어 있다. 어떤 점에서 MME는 높은 우선순위의 서비스를 위한 전용 베어러 설정이 필요할 수도 있다. 사업자 서비스 영역으로부터 요청이 있는 경우에 MME는 S-GW로부터 전용 베어러 설정을 요청받을 수 있다. 또는 사업자 서비스 영역에서 알 수 없는 연결이 필요한 경우에도 단말은 MME에 전용 베어러 설정을 요청할 수 있다.

그림 3.4는 MME 주변의 논리 노드들과의 연결과 인터페이스의 주요 기능들을 나타내었다. 원칙적으로 MME는 다른 시스템의 MME에 연결될 수 있지만, 일반적으로 하나의 사업자 네트워크 연결만을 허용한다. 단말이 먼 지역으로 이동하여 신호 세기가 작아지고 새로운 MME에 등록되는 경우에 MME 간 원격 연결도 지원할 수 있다. 이때 새로 연결된 MME는 기존 MME로부터 단말의 고유 ID와 국제 이동국 식별번호(IMSI: International Mobile Subscriber Identity)를 검색한다. 인접한 MME 간 연결은 핸드오버를 지원하기 위해 사용된다.

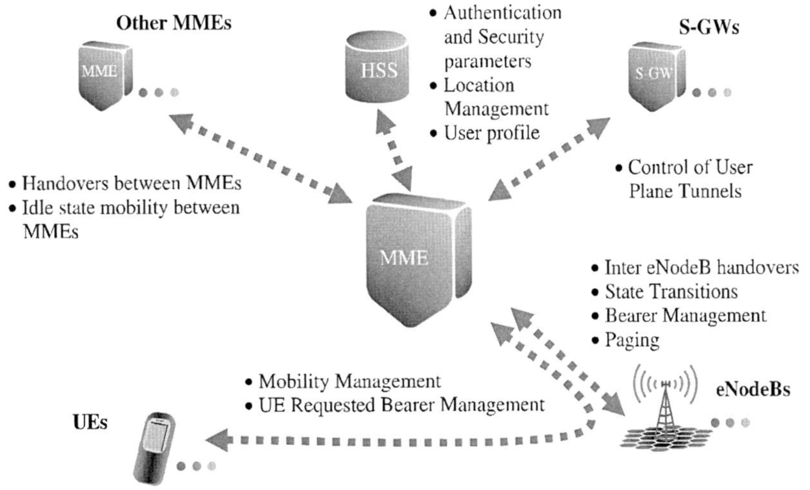

그림 3.4 MME와 주변의 논리 노드들과의 연결과 주요 기능들

다수의 HSS 연결이 필요한 경우도 있다. HSS는 각 사용자의 홈 네트워크에 위치하고 있으며, IMSI에 기반하여 라우팅할 수 있다. 개별 MME는 S-GW와 eNodeB의 집합을 제어하도록 구성된다. S-GW와 eNodeB는 모두 다른 MME에 연결할 수 있다. MME는 동시에 다수의 단말을 서비스할 수 있는 반면, 단말은 하나의 MME에만 접속할 수 있다.

3.2.2.4 서빙 게이트웨이

기본 시스템 구조에서 서빙 게이트웨이(S-GW : Serving Gateway)의 상위 기능은 사용자 평면(UP) 터널 관리와 스위칭이다. S-GW는 중앙 관리되는 네트워크 인프라의 일부이다.

S5/S8 인터페이스가 GPRS 터널링 프로토콜을 기반으로 하는 경우 S-GW는 사용자 평면(UP) 인터페이스에서 GTP 터널을 갖게 된다. IP 서비스와 GTP 터널의 매핑은 P-GW에서 수행되며, S-GW는 자원정책과 과금제어 결정 기능(PCRF)에 연결할 필요가 없다. 모든 제어는 MME 또는 P-GW로부터 생성되며, GTP 터널에서 관장한다. S5/S8 인터페이스가 PMIP를 사용하는 경우에 S-GW는 S5/S8의 IP 서비스와 S1-U 인터페이스의 GTP 터널 매핑을 수행하고, 매핑정보를 받기 위해 PCRF에 연결한다.

S-GW는 제어 부문에서 아주 작은 역할을 수행한다. S-GW는 MME, P-GW 또는 PCRF로부터 단말을 위한 베어러의 설정, 변경, 초기화와 같은 요청에 자신의 자원을 관리하고 분배를 담당한다. P-GW 또는 PCRF로부터 요청이 있는 경우에 S-GW는 MME에 요청을 전달하여 eNodeB의 터널을 제어할 수 있게 한다. 마찬가지로 MME가 요청할 때, S-GW는 P-GW(GTP 기반의 S5/S8 인터페이스인 경우) 또는 PCRF(PMIP 기반의 S5/S8 인터페이스인 경우)에 신호를 전달한다. PMIP에 기반한 S5/S8 인터페이스에서 데이터는 각 단말의 일반 라우팅 캡슐화(GRE) 터널에서 IP 플로우이다. GTP에 기반한 S5/S8 인터페이스에서는 각 베어러는 해당 GTP 터널을 갖추게 된다. 그러므로 PMIP S5/S8을 지원하는 S-GW는 베어러 바이딩을 담당한다. 즉, S5/S8 인터페이스의 IP 플로우를 S1 인터페이스의 베어러에 매핑한다. 이러한 S-GW의 기능은 베어러 결합 및 이벤트 보고기능(BBERF)이라 한다. 베어러 시그널링의 시작 유무에 관계없이 BBERF는 항상 PCRF로부터 베어러 바이딩 정보를 받는다.

단말이 eNodeB 사이를 이동하는 동안 S-GW는 지역 이동성 앵커의 역할을 한다. MME는 S-GW에 기존 eNodeB에서 변경된 eNodeB로 터널을 전환하게 한다. 또한 단말이 핸드오버하면서 기존 eNodeB에서 새로운 eNodeB에 데이터 전송이 필요한 경우 MME는 데이터 전송을 위한 자원 터널링을 하도록 S-GW에 요청한다. 이와 같은 모바일 환경은 S-GW간의 변경도 포함하며, MME는 기존 S-GW의 터널링을 제거하고 변경된 S-GW에 터널링을 설정하는 역할을 수행한다.

단말이 데이터 통신을 하는 경우 S-GW는 eNodeB와 P-GW에 데이터를 중계한다. 그러나 단말의 통화대기 상태에서 eNodeB의 무선 자원은 해제되며, S-GW의 데이터 경로는 종료된다. 만일 S-GW가 이러한 터널의 P-GW로부터 데이터 패킷을 수신한다면, 이 패킷은 버퍼링하고 MME에 단말 페이징을 요청하게 된다. 페이징을 통해 단말은 재접속하고, 터널이 다시 연결되면, 버퍼링된 패킷이 단말로 전송된다. S-GW는 터널 내 데이터를 감시하고, 요금부과를 위해 데이터를 수집할 수 있다. 또한 S-GW는 합법적인 차단 기능을 포함하고 있다. 이는 모니터링되는 사용자의 데이터를 조사기관에 전달하는 역할을 한다.

그림 3.5는 S-GW가 다른 논리 노드에 연결하는 방법과 해당 인터페이스의 주요 기능을 나타내었다. 모든 인터페이스는 S-GW의 입장에서 점-대-다의 구조를 갖고 있다. 하나의 S-GW는 제한된 eNodeB 그룹으로 한정된 특정 지역만을 서비스할 수 있으며, 마찬가지로 제한된 MME 그룹으로 해당 지역을 제어할 수 있다. P-GW는 단말의 이동에도 변경되지 않기 때문에 S-GW는 임의의 P-GW에 연결될 수 있다. 반면에, S-GW는 단말의 이동에 따라 재할당된다. 단일 단말의 접속에 대해서 S-GW는 하나의 MME에만 신호를 전송하며, 사용자 평면(UP)은 포인트 하나의 eNodeB에만 연결된다(간접 데이터 전송은 예외이다. 이는 다음 단락에서 다룰 것이다). 단일 단말이 다른 P-GW를 통해 다수의 패킷 데이터 네트워크(PDN)에 접속된다면, S-GW는 각각 별도로 연결되어야 한다. 만일 S5/S8 인터페이스가 PMIP 기반이라면, S-GW는 단말이 사용하고 있는 각각의 P-GW에 대해 하나의 PCRF에 접속한다.

그림 3.5는 사용자 평면 UP 데이터가 S-GW를 통해 eNode간에 전송되는 경우의 간접 데이터 전송에 대해 나타내었다. S1-U 완전히 동일한 인터페이스를 사용하고 관련된 S-GW는 eNodeB와 직접 통신하는 경우를 고려하기 때문에 인터페이스와 S-GW 사이의 인터페이스와 관련된 특정 명칭은 없다. 간접 데이터 전송이 하나의 S-GW에서 발생하는 경우를 나타낸다. 즉, 두 eNodeB가 같은 S-GW에 연결할 수 있게 된다.

3.2.2.5 패킷 데이터 망 게이트웨이

패킷 데이터 망 게이트웨이(P-GW : Packet Data Network Gateway, PDN-GW)는 진화된 패킷 시스템(EPS)과 외부 패킷 데이터 네트워크의 종단 라우터이다. 이것은 시스템에서 최고 수준의 이동성 앵커이며, 단말에 대한 첨부파일의 IP 포인터 역할을 한다. 또한 트래픽 게이팅과 서비스에서 요구되는 사항의 필터링 기능을 수행한다. S-GW와 마찬가지로 P-GW는 중앙 관리되는 운영사업장에 위치한다.

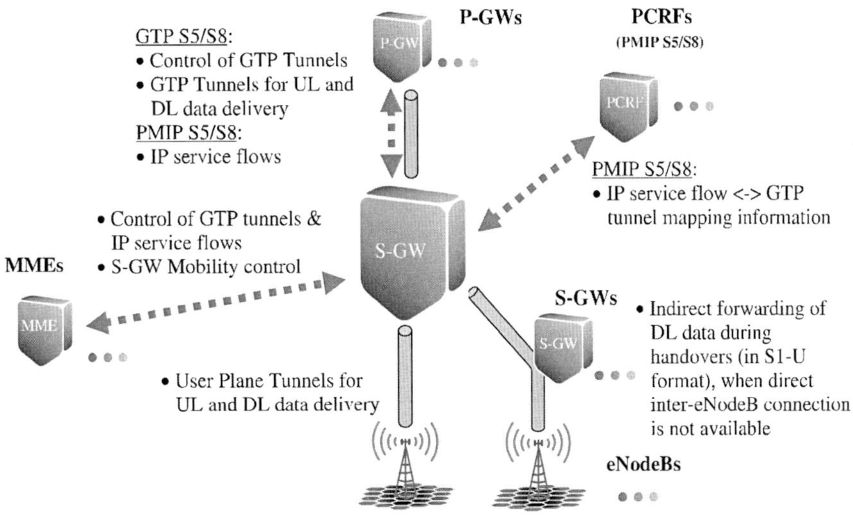

그림 3.5 S-GW와 다른 로직 노드들과의 연결과 주요 기능

일반적으로 P-GW는 단말에 IP 주소를 할당하고, 단말은 IP 주소를 이용하여 외부 네트워크의 다른 IP 사용자와 통신하게 된다. 인터넷이 그 예이다. 단말이 접속한 외부 PDN이 단말이 사용할 수 있는 IP 주소와 관련된 네트워크의 P-GW 터널을 할당할 수도 있다. 단말이 PDN 접속을 요청하는 경우에는 IP 주소가 할당된다. 이는 단말이 네트워크에 연결되었을 때 발생되며, 이후에 새로운 PDN 연결이 필요할 수도 있다. P-GW는 요구되는 동적 호스트 구성 프로토콜(DHCP: Dynamic Host Configuration Protocol) 기능을 수행하거나, 외부 DHCP 서버에 요청하여 IP 주소를 단말에 전달한다. 또한 표준에서는 동적 자동 구성을 지원한다. IP 주소의 형식은 필요에 따라 IPv4와 IPv6(또는 두 가지 방식을 모두)로 할당될 수 있다. 단말은 IP 주소를 할당받거나, 링크레이어가 연결된 이후 IP 주소 구성을 수행하고자 하는 경우에 요청할 수 있다.

P-GW는 자원정책수행과 과금제어수행 기능(PCEF)을 포함하는데, 이는 트래픽 게이팅과 서비스에서 요구되는 사항의 필터링 기능을 수행하는 것을 의미한다. 또한 P-GW는 요금부과 정보를 수집하고 보고한다.

P-GW과 외부 네트워크들 사이에 사용자 평면(UP) 트래픽은 다양한 IP 서비스 흐름에 속해 있는 IP 패킷들의 형태이다. 만약 S-GW쪽으로 향해 있는 S5/S8 인터페이스가 GTP에 기반한다면 P-GW는 베어러로 표현되는 GTP 터널로 향하는 IP 데이터 흐름들 사이의 매핑을 수행한다. P-GW는 자원정책수행과 과금제어수행 기능 PCRF를 통하거나 MME로부터 정보를 연결하는 S-GW로부터의 요청에 근거한 베어러들을 설정한다. 후자의 경우에 P-GW는 만약 지역적으로 P-GW가 지역적으로 설정되지 않는다면 적절한 정책제어 정보를 받기 위해서 PCRF와의 상호작용이 필요할지도 모른다. 만약 S5/S8 인터페이스가 PMIP에 기초로 한다면, P-GW는 하나의 단말에 속한 외부 네트워크로부터 모든 IP 서비스 흐름들과 하나의 싱글 GRE 터널과 연결하고 모든 제어 정보는 오직 PCRF와 교환된다. 또한 P-GW는 회계 목적뿐만 아니라 도청을 위한 데이터 흐름을 모니터링을 위한 기능성을 가진다.

P-GW는 시스템에서 최고 수준의 이동성 앵커이다. 단말이 하나의 S-GW가 또다른 S-GW로 이동할 때 그 베어러는 P-GW로 전환되어야만 한다. P-GW는 새로운 S-GW로부터 흐름들을 바꾸기 위한 지시를 받을 것이다.

그림 3.6은 P-GW 주변의 논리 노드와 인터페이스의 주요 기능들을 나타내었다. 개별 P-GW는 하나 또는 다수의 PCRF, S-GW와 외부 네트워크에 연결될 수 있다. 하나의 P-GW를 통해 여러 개의 PDN에 연결을 해야 하는 경우 P-GW에 연결된 단말은 단 하나의 S-GW에 연결하지만, 다수의 외부 네트워크와 PCRF에 접속이 필요하다.

3.2.2.6 PCRF(Policy and Charging Resource Function)

PCRF는 자원정책과 과금제어(PCC: Policy and Charging Control)를 담당하는 네트워크 요소이다. 적절한 베어러와 폴리싱이 설정될 수 있도록 S-GW에 위치한 BBERF를 이용할 수 있는 경우 PCRF는 서비스 품질(QoS)의 관점에서 서비스를 처리하는 방법을 결정하며, P-GW에 위치한 PCEF에 정보를 전달한다. PCRF는 [5]에 정의된 PCC 체제의 일부분이다. PCRF는 일반적으로 사업자 스위칭 센터의 다른 코어망(CN) 요소와 함께 있는 서버이다.

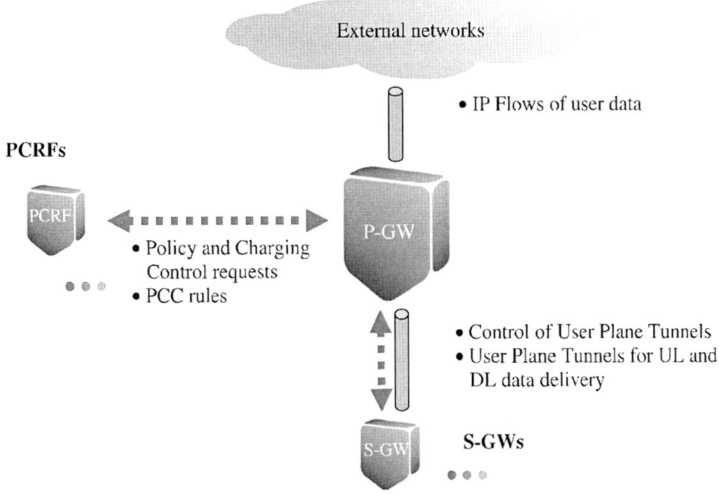

그림 3.6 P-GW 주변의 논리 노드와 인터페이스의 주요 기능들

PCEF에 전달되는 PCRF 정보는 PCC 규칙이라고 명명된다. PCRF는 새로운 베어러가 설정될 때마다 PCC 규칙을 보낸다. 베어러가 설정되는 예는 다음과 같다. 단말이 처음으로 네트워크와 연결되면 기본 베어러가 설정되고, 이후 한 개 이상의 전용 베어러가 설정된다. PCRF는 위와 같이 PMIP에서 P-GW와 S-GW의 요청에 의한 경우와 서비스 영역의 어플리케이션 기능(AF: Application Function)의 요청에 의해 PCC 규칙을 제공할 수 있다. 이 경우 단말은 서비스 영역과 직접 신호를 주고받는다. 예를 들어 IMS와 AF는 서비스 QoS 정보를 PCC 결정을 하는 PCRF에 알려준다. 또한 PCC 정보는 P-GW에 알려주고, PMIP S5/S8를 사용하는 경우 베어러 매핑 정보를 S-GW에 알려준다. 이러한 과정으로 EPC 베어러가 설정된다.

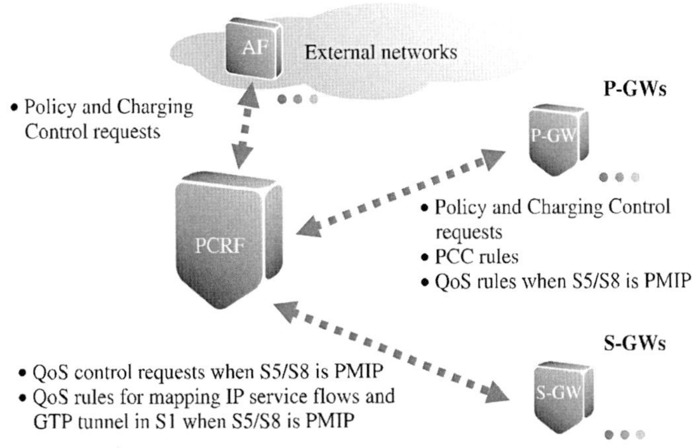

그림 3.7 PCRF와 다른 논리 노드들과의 연결과 주요 기능들

그림 3.7은 PCRF와 다른 노드들의 연결 관계를 나타낸다. 각 PCRF는 한 개 이상의 AF, P-GW와 S-GW에 연관되어 있다. 하나의 단말을 서비스하는 각 PDN은 하나의 PCRF에만 연관되어 있다.

3.2.2.7 홈 가입자 서버

홈 가입자 서버(HSS: Home Subscription Server)는 모든 사용자에 대한 가입 데이터 저장소이다. 또한 사용자의 접속한 네트워크 제어 노드(예: MME) 수준의 위치정보를 기록한다. HSS는 사업자 건물에서 중앙 관리되는 데이터베이스 서버이다.

HSS는 허용되는 PDN 정보와 특정 네트워크로의 로밍 허용 여부를 포함하는 사용자에게 적용되는 서비스에 대한 정보가 포함된 가입자 프로파일의 원본을 저장한다.

또한 3GPP 이외의 AN에서 이동성을 지원하기 위해 HSS는 사용되는 P-GW의 ID를 저장한다. 접속한 네트워크에는 암호화와 정보 보호를 위해 사용자 인증과 그에 따른 부속 키를 생성하기 위해 고유 키(permanent key)가 보내진다. 고유 키는 인증 벡터를 계산하는데 사용되며, 인증국(AuC: Authentication Center)에 저장된다. 일반적으로 AuC는 HSS의 일부이다. 이러한 기능과 관련된 모든 신호로 HSS는 MME와 상호 작용한다. HSS는 단말이 접속하거나 이동하는 모든 네트워크의 MME에 접속해야 한다. 개별 단말에 대해 HSS는 하나의 서비스를 제공하는 MME를 지정한다. 만일 단말이 새로운 MME에 연결되면, HSS는 기존 MME와의 연결을 취소한다.

3.2.2.8 서비스 영역

서비스 영역은 여러 논리 노드를 포함하는 다양한 서브시스템을 포함한다. 다음은 가능한 서비스들을 분류하고 해당 서비스를 제공하기 위해 필요한 인프라의 종류에 대해 간략하게 나타내었다.

- 인터넷 프로토콜 기반의 멀티미디어 서비스 제공 규격(IMS) 기반의 운영 서비스: IMS은 사업자가 세션 개시 프로토콜(SIP)을 사용하여 서비스를 제공하기 위해 사용할 수 있는 운영 장비이다. 3GPP에서는 IMS 구조에 대해 정의하고 있으며, 이에 대해 3.6장에서 다룰 것이다. [3]에는 더 자세히 기술되어 있다.
- 비-IMS 기반의 운영 서비스: 비-IMS에 기반한 운영 서비스는 표준에서 다루지 않는다. 사업자는 네트워크 서버를 운영한다면 단말은 적법한 프로토콜을 지원하는 애플리케이션을 통해 이 서버에 접속할 수 있다. 스트리밍 서버에서 제공하는 비디오 스트리밍 서비스가 그 예이다.
- 모바일 네트워크에서 제공되지 않는 기타 서비스(예: 인터넷 서비스): 3GPP 표준에서는 이 부분을 다루지 않으며, 해당 서비스에 따라 서비스 구조가 달라진다. 단말이 인터넷 서버에 연결하는 전형적인 형태이다. 예를 들면 웹브라우저를 이용하여 웹서버에 접속하거나 VoIP 등의 인터넷 전화를 위해 SIP 서버에 접속하는 방식이다.

3.2.3 S1-MME와 X2 인터페이스의 자가구성

3GPP 릴리즈 8에서는 S1-MME와 X2 인터페이스의 자가구성을 정의하기로 하였다. 기본적 과

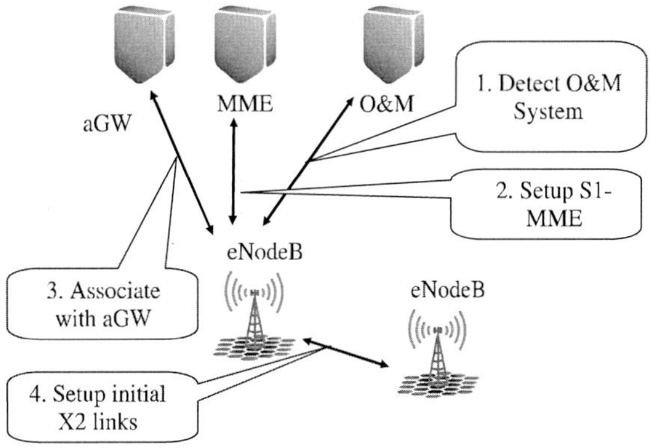

그림 3.8 eNodeB 자가구성 단계

정은 그림 3.8에 나타내었다. eNodeB는 동작을 위한 초기 매개변수뿐만 아니라 다른 네트워크 구성요소와 관련한 추가적인 매개변수를 받기 위해 IP 주소에 기반하여 운용 및 유지보수 시스템(O&M 시스템: Qperatipn&Mainteuance)에 접속한다. 이러한 매개변수들은 동작을 위한 주파수 대역과 방송채널(다운링크)을 위한 정보를 포함한다.

이 과정에서 최소 하나의 MME와 연관되어 데이터 흐름제어 전송 프로토콜(SCTP)의 최초 설정으로 S1-MME 설정을 포함한다. 또한 S1-MME 인터페이스를 운영하기 위해 애플리케이션 단계의 정보교환이 이루어진다. MME와 연결되어 있다면, 사용자 평면(UP) 데이터 전송을 위해 설계된 S-GW와의 연결이 필요하다.

단말의 이동성과 셀간 간섭을 조절하기 위한 기능을 사용하기 위한 X2 인터페이스 설정은 S1-MME 인터페이스와 유사한 방법으로 하게 된다. 이 과정에서의 차이점은 다음과 같다. O&M으로부터 명시된 eNodeB가 X2 연결을 처음으로 설정하고, 추후 이웃관계 자동 인식(ANR: Automatic Neighbour Relationship) 기능(이 부분은 7장에서 다룰 것이다)에 기반하여 환경에 적합하게 재설정되고, 핸드오버에 기반하여 X2 연결단은 더욱 최적화 된다. X2 인터페이스를 통해 교환되는 매개변수는 다음과 같다.

- 글로벌 eNodeB ID
- 물리적 셀 ID, 업링크/다운링크의 주파수 사용, 사용 대역폭 등 셀의 주요 매개변수 정보
- MME 연결(MME 풀)

물리적 셀 식별자(PCI)를 위해서 개인적 설치에 따라 현장 구성의 필요를 제한하기 위해 자동화하는 절차를 가지는 운용 및 유지보수 시스템 지시로부터 비롯되는 나머지 매개변수들은 릴리즈 8 스펙에서 자동 구성을 지원한다. 이는 5장에서 다루어진다.

3.2.4 기본 시스템 구조의 인터페이스와 프로토콜

그림 3.9는 PDN에 접속한 단말과 관련된 제어평면(CP) 프로토콜을 보여준다. MME의 인터페이스는 두 부분으로 나타낼 수 있다. 하나는 위에 나타낸 E-UTRAN과 단말에 대한 프로토콜이며, 다른 하나는 아래에 나타낸 게이트웨이에 대한 프로토콜이다. 흰색 배경으로 표시한 프로

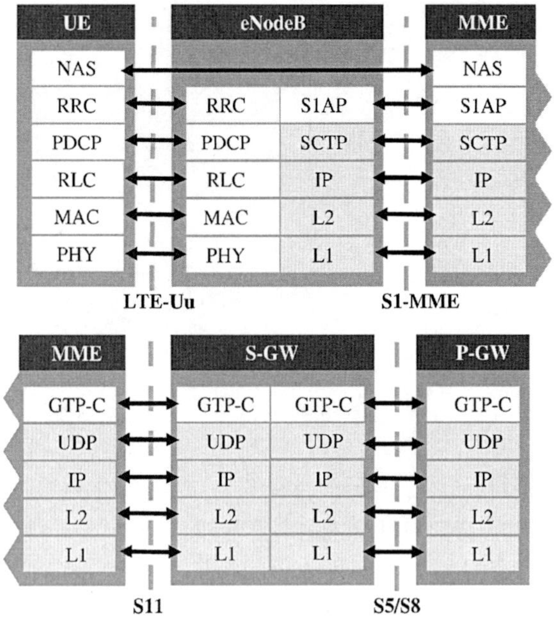

그림 3.9 EPS에서 제어 평면 프로토콜 스택

토콜들은 3GPP에서 개발하는 반면에, 밝은 회색으로 표시한 프로토콜은 인터넷 기술 표준화 위원회(IETF)에서 개발한다. 이 프로토콜 그림은 EPS에서 전송되는 표준 인터넷 기술을 나타낸다. 3GPP는 이러한 프로토콜의 구체적인 사용방법에 대해서만 정의한다.

제어 평면(CP)의 최상단 레이어는 비무선 계열 기능(NAS: Non-Access Stratum)이며, 단말과 MME 간에 직접 신호를 전송하는 두 개의 프로토콜로 구성되어 있다. NAS 레이어 프로토콜의 콘텐츠는 eNodeB가 볼 수 없으며, eNodeB는 어떠한 방법으로도 이 콘텐츠에 관여하지 않는다. 이외에도 메시지를 전달하고, 경우에 따라서 메시지와 함께 전송 계층 지시를 전달한다. NAS 레이어 프로토콜은 다음과 같다.

- EPS 이동성 관리(EMM: EPS Mobility Management): EMM 프로토콜은 단말의 이동성을 담당한다. 이 프로토콜은 네트워크에 연결과 해제를 위한 기능을 포함한다. 또한 통화대기 상태에서 추적영역갱신(TAU: Tracking Area Updating)라고 하는 위치 업데이트를 중간중간 수행한다. 참고로 통화 중 핸드오버는 하위 레이어 프로토콜이 담당하지만, EMM 레이어는 통화대기 상태의 단말의 재활성화하는 기능을 포함하지 않는다. 단말이 데이터 연결을 시작하려는 것을 서비스 요청이라 하고, 페이징은 네트워크의 초기 연결을 의미한다. 레이어 보안 기능, 암호화 및 정보 보안을 제어하는 기능뿐만 아니라 임시 글로벌 고유 임시 식별자(GUTI ID)를 부여하는 단말 ID 인증 및 보호 기능도 EMM 레이어의 역할도 수행한다.
- EPS 세션 관리(ESM: EPS Session Management): 이 프로토콜은 단말과 MME 간의 베어러 관리를 위해 사용된다. 또한 E-UTRAN 베어러 관리를 위해 사용된다. 참고로 네트워크 내에서 베어러의 사용이 가능하고 E-UTRAN이 즉시 실행될 수 있으면, ESM은 사용되지 않는

다. 단말이 이미 네트워크 사업자의 제휴 애플리케이션 기능과 연결되었고, 관련 정보가 PCRF를 통해 제공된 경우가 그 예이다.

무선 인터페이스 프로토콜은 다음과 같다(이 부분은 이 책의 여러 장에 걸쳐 다루기 때문에 여기서는 간략히 언급한다).

- 무선 자원 제어(RRC: Radio Resource Control): 이 프로토콜은 무선 자원 사용을 제어한다. 단말의 시그널링과 데이터 연결, 핸드오버와 같은 기능을 지원한다.
- 패킷데이터 집합 프로토콜(PDCP: Packet Data Convergence Protocol): PDCP의 주요 기능은 IP 헤더 압축, 암호화와 정보 보안(CP만 해당)이다.
- 무선 링크 제어(RLC: Radio Link Control): RLC 프로토콜은 무선 인터페이스 전송을 위해 패킷 데이터 집합 프로토콜-페이로드 데이터(PDCP-PDU)의 연결과 분리를 담당한다. 또한 검출 후 재전송 방식(ARQ: Automatic Repeat Request)를 사용하여 오류 정정을 수행한다.
- 매체접근제어(MAC: Medium Access Control): MAC 레이어는 우선순위에 따라 데이터를 스케줄링하고 레이어 1의 전송단에서 데이터 멀티플렉싱을 담당한다. 또한 복합 재전송 기법(H-ARQ)를 사용하여 오류 정정을 수행한다.
- 물리계층: 레이어 1로 사용자 단말기(VE)와 기지국(eNsdrB) 사이의 무선 인터페이스(LTE-Uu)의 OFDMA와 SC-FDMA를 다룬다.

S1 인터페이스는 E-UTRAN과 EPC를 연결하며, 다음 프로토콜을 사용한다.

- S1 응용프로토콜(S1AP: S1 Application Protocol): S1AP는 단말의 CP와 E-UTRAN과 EPC 사이의 UP 연결을 다룬다. 또한 EPC가 관련된 경우에 핸드오버에도 관여한다.
- SCTP/IP 시그널링 전송: 데이터 흐름제어 전송 프로토콜(SCTP: Stream Control Transmission Protocol)과 IP는 시그널링 메시지에 적합한 표준 IP 전송을 나타낸다. SCTP는 신뢰할 수 있는 전송 및 순차적 전송 기능을 제공한다. IP 자체는 데이터 링크(L2) 및 물리계층(L1)에서 상황에 맞게 다양하게 사용될 수 있다.

EPC에는 S5/S8 인터페이스를 대체할 두 가지 프로토콜이 있다. 다음은 S5/S8 인터페이스에서 GTP를 사용하는 경우와 연관된 프로토콜을 나타내었다.

- GPRS 터널링 프로토콜-제어평면(GTP-C: GPRS Tunnelling Protocol, Control Plane): QoS와 기타 매개변수들의 시그널링을 포함하여 EPC 내 UP 연결을 담당한다. S5/S8 인터페이스에서 GTP가 사용되는 경우 이 프로토콜은 GPRS 터널링 프로토콜-사용자평면(GTP-U) 터널을 담당한다. 또한 GTP-C는 EPC 내 이동성 관리 기능을 수행한다. 단말의 GTP-U 터널이 다른 노드로 스위칭이 필요한 경우가 그 예이다.
- UDP/IP 전송: 사용자 데이터 프로토콜(UDP: Unit Data Protocol)과 IP는 표준 IP 전송방식으로 사용된다. 상위 계층에서 이미 오류 정정과 재전송을 통해 신뢰할 수 있는 전송을 하기 때문에 UDP는 전송제어프로토콜(TCP) 대용으로 사용된다. EPC 내 IP 패킷은 L2와 L1 상위 기술로 전송될 수 있다. 이더넷과 비동기전송모드(ATM)가 그 예이다.

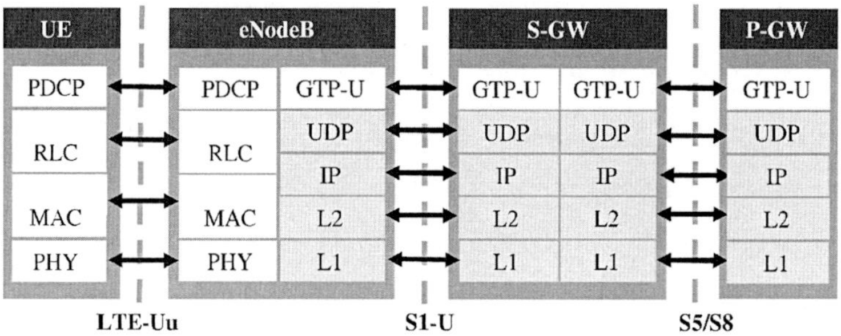

그림 3.10 EPS에서 사용자 평면 프로토콜 스택

다음은 PMIP 기반의 S5/S8 인터페이스에서 사용되는 프로토콜이다.

- 프록시 이동성 인터넷 프로토콜(PMIP) : PMIP는 S5/S8의 대체 프로토콜이다. 이동성을 관리하지만 베어러 관리 기능은 없다. 특정 PDN에 연결된 단말과 관련한 모든 트래픽은 모두 함께 처리된다.
- 인터넷 프로토콜(IP) : PMIP는 IP 상위단계에 바로 실행되고, 표준 IP 전송으로 사용된다.

그림 3.10은 단말과 P-GW 연결을 위한 UP 프로토콜 구조를 나타내었다.

그림 3.10에서 UP는 최종 사용자 IP 아래 레이어를 포함한다. 즉, 이 프로토콜은 최종 사용자 IP 패킷 전송에 사용되는 L2를 구성한다. 이 프로토콜 구조는 CP와 매우 유사하다. 이는 전체 시스템은 일반 패킷 데이터 전송을 위해 설계되었다는 것과 CP 시그널링과 UP 데이터 모두 궁극적으로는 패킷 데이터라는 것이다. 규모의 차이만 있을 뿐이다. 다음 두 가지를 제외한 대부분의 프로토콜은 위에서 소개되었다. 다음은 S5/S8 인터페이스에서 기타 프로토콜을 나타내었다.

- GPRS 터널링 프로토콜-사용자 평면(GTP-U: IGPRS Tunnelling Protocol, User Plane) : GTP-U는 S5/S8 인터페이스가 GTP에 기반하는 경우에 사용된다. GTP-U는 하나의 EPS 베어러에 속한 최종 사용자의 IP 패킷을 전송하는 GTP-U 터널을 구성한다. eNodeB와 S-GW 사이의 인터페이스에서 사용된다. 또한 CP가 GTP-C를 사용하는 경우에 S5/S8 인터페이스에서 사용된다.
- 일반라우팅 캡슐화(GRE: Generic Routing Encapsulation) : GRE는 PMIP와 접목된 S5/S8 인터페이스에서 사용된다. GRE는 특정 PDN에 연결된 하나의 단말 접속에 해당하는 모든 데이터를 전송하기 위해 IP 터널 내 IP를 구성한다. GRE는 IP 상단에 바로 있으며, UDP는 사용되지 않는다.

그림 3.11은 인접한 eNodeB 사이의 (제어 평면) 인터페이스(X2 인터페이스) 구조를 나타내었다. 이는 CP 애플리케이션 프로토콜을 제외하고 eNodeB와 핵심 네트워크(core network) 사이의 인터페이스(S1 인터페이스)와 유사하다. X2 인터페이스는 eNodeB 간 이동이 있는 경우에 사용되며, X2 응용프로토콜(X2AP)은 핸드오버를 준비하는 기능과 주변 eNodeB의 연결 관계를 유지하는 기능을 포함한다. 핸드오버를 하는 무선 인터페이스 기존 eNodeB의 연결은 끊겼지만 아직 새로운 eNodeB와의 연결이 되지 않았을 때 X2 인터페이스의 UP는 일시적으로 데이터를 전송하는데 사용된다. 업링크 데이터는 단말에 의해 효과적으로 조절할 수 있기 때문에 데이터 전송은 다운링크 데이터로 진행된다.

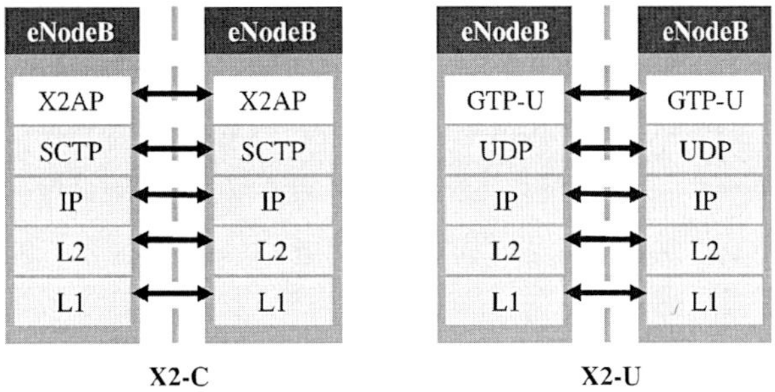

그림 3.11 X2 인터페이스를 위한 제어와 사용자 평면 프로토콜 스택

표 3.1 기본 시스템 구조의 프로토콜과 인터페이스

Interface	Protocols	Specification
LTE-Uu	CP: RRC/PDCP/RLC/MAC/PHY UP: PDCP/RLC/MAC/PHY	36.300 [6] (stage 2)
X2	CP: X2AP/SCTP/IP UP: GTP-U/UDP/IP	36.423 [7] 29.274 [8]
S1-MME	S1AP/SCTP/UDP/IP	36.413 [9]
S1-U	GTP-U/UDP/IP	29.274 [8]
S10	GTP-C/UDP/IP	29.274 [8]
S11	GTP-C/UDP/IP	29.274 [8]
S5/S8 (GTP)	GTP/UDP/IP	29.274 [8]
S5/S8 (PMIP)	CP: PMIP/IP UP: GRE/IP	29.275 [10]
SGi	IP (also Diameter & Radius)	29.061 [11]
S6a	Diameter/SCTP/IP	29.272 [12]
Gx	Diameter/SCTP/IP	29.212 [13]
Gxc	Diameter/SCTP/IP	29.212 [13]
Rx	Diameter/SCTP/IP	29.214 [14]
UE – MME	EMM, ESM	24.301 [15]

표 3.1은 기본 시스템 구조의 프로토콜과 인터페이스를 요약하였다.

3.2.5 기본 시스템 구조에서의 로밍

로밍은 타 사업자의 네트워크를 공유할 수 있는 중요한 기능이다. 일반적으로 사업자 사이의 경쟁이 발생하지 않고, 가입자뿐만 아니라 더 큰 서비스 영역을 제공하여 사업자도 이득을 얻을 수 있는 경우에 로밍 서비스가 제공된다. 국가 간 로밍이 그 예이다. "*home*"과 "*visited*"는 가입자가 어떤 사업자의 서비스 영역에서 타 사업자의 영역으로 이동한 경우에 사용하는 접두사이다.

3GPP SAE 표준은 사업자 간의 서비스 영역이 겹치는 경우에, 어떤 사업자의 인터페이스를 사용해야 하는지 기타 고려사항들을 정의해 놓았다. 네트워크 간의 연결과 더불어 로밍을 통해 어느 수준의 서비스를 제공해야 하는지에 대해 사업자 간의 계약이 필요하다. 예를 들면, 서비

스의 가능 여부와 어떤 방식으로 구현할 것인지와 요금부과 방식 등이다. 이를 *로밍 협약*이라 하는데, 사업자들과 직접적인 또는 브로커를 통해 계약을 맺을 수 있다. 3GPP 표준은 계약에 관한 내용은 다루지 않으며, GSM 협회라 불리는 사설 포럼에서 추가적인 로밍 조건을 다루기 위한 권장사항을 발표한다. 사업자들은 이 포럼에서 각 조건들을 논의한다.

SAE에 정의된 로밍은 초기 3GPP에서의 방식과 매우 유사하다. E-UTRAN은 항상 방문 네트워크에도 있지만, 데이터는 홈 네트워크를 통해 라우팅되거나 방문 네트워크에서 직접 외부 네트워크로 연결할 수 있다. 이러한 점은 SAE에서 지원하는 두 로밍 모델의 차별성을 나타내며, 다음과 같은 특성을 가진다.

- 홈 라우티드 모델 : P-GW, HSS와 PCRF는 홈 사업자 네트워크에 있으며, S-GW, MME와 무선 네트워크는 방문 사업자 네트워크에 있는 방식이다. 이 로밍 구조에서 P-GW와 S-GW 사이의 인터페이스는 S8이라 한다. 반면에, S-GW와 P-GW가 동일한 사업자의 네트워크에 있어서 로밍하지 않는 경우 동일한 인터페이스는 S5라 한다. S5와 S8은 기술적으로 동일한 인터페이스이다. 그림 3.2는 S8 인터페이스가 GTP 기반인 경우의 로밍 구조를 나타내었다(PCRF와 BBERF 사이의 인터페이스인 Gxa는 GTP와 함께 적용되지 않는다). S8 인터페이스가 PMIP를 이용하는 경우 PCRF는 S9 인터페이스를 이용하여 홈과 방문 노드를 구분한다. 그림 3.12 왼쪽이 이러한 시나리오에 해당되며 자세한 설명은 3.7.1절에 기술하였다. 홈 라우팅 로밍 모델은 기존 3GPP AN과 같은 방법으로 적용가능하며, 방문 네트워크에 있는 패킷교환자원코드(SGSN)(다음 장에서 다룰 것이며, 그림 3.12에도 나타나 있다)이 추가된다.
- 로컬 브레이크 아웃(Local Breakout) 모델 : 그림 3.12 오른쪽에 나타낸 바와 같이 P-GW는 방문 네트워크에 있으면 HSS는 홈 네트워크에 있다. 만일 동적 정책 제어가 사용된다면, 홈과 방문 네트워크에서 각각의 PCRF가 동작한다. 어느 사업자의 서비스를 사용하느냐에

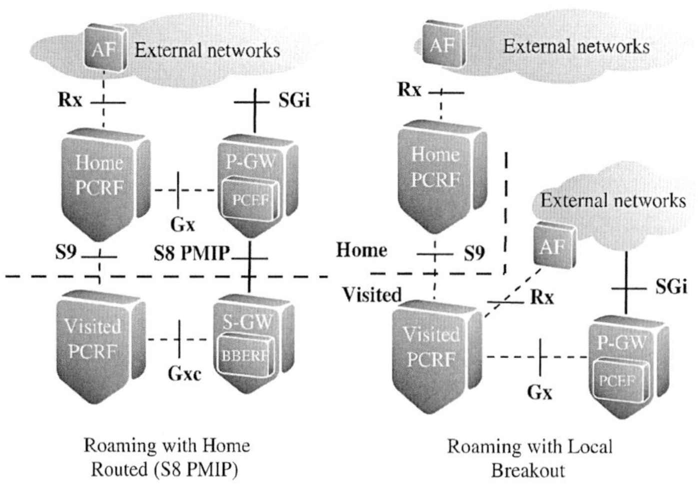

그림 3.12 홈 라우팅과 Local Breakout 로밍

따라서 해당 사업자 네트워크의 PCRF가 AF에 연결하게 된다. 이러한 시나리오는 3.7.1절에 보다 자세히 기술하였다. 이러한 제약으로 인해 로컬 브레이크 아웃(Local Breakout) 모델은 기존의 3GPP AN와 함께 동작한다.

3.3 E-UTRAN과 기존 3GPP 네트워크의 시스템 구조

3.3.1 3GPP 연동 시스템 구조 개요

그림 3.13은 AN, E-UTRAN, UTRAN과 GERAN가 EPC에 접속했을 때 네트워크 구조와 구성요소를 나타내었다. 여기서는 이를 3GPP 연동 시스템 구조라고 하며, 위에 언급한 장비간의 연동 최적화를 가능하게 한다.

최종 사용자의 관점에서는 전송률과 성능을 제외하고 기능적으로 E-UTRAN, VTRAN과 GERAN은 유사한 서비스를 제공한다. 하지만 이 기기들은 구조적으로 차이가 있기 때문에 많은 다른 작업들이 필요하다. 예를 들면, 기존 네트워크에 UTRAN 또는 GERAN 접속과 비교하여 EPS에서 베어러 관리 방법에는 큰 차이를 보인다. 그러나 UTRAN 또는 GERAN이 EPC에 연결되면, 여전히 이전과 동일한 작업을 수행한다. 이러한 이유로 S-GW는 패킷 관문 교환 장치(GGSN: Gateway GPRS Support Node)의 역할을 맡는다. 또한, 거의 동일한 방식으로 동작하는 E-UTRAN, GERAN, UTRAN AN의 연동은 스스로 작동한다. 고정된 GGSN을 이용하는 방식은 S-GW이고 단말이 이동하는 동안 패킷교환지원노드(SGSN)의 변화에 따라 같이 변하기 때문에 EPC에서 그 차이점이 더 두드러진다.

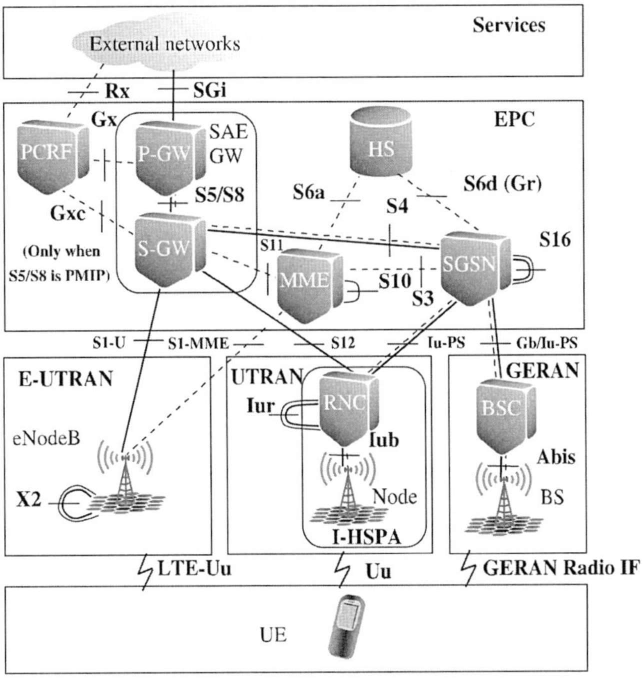

그림 3.13 3GPP 액세스 네트워크를 위한 시스템 구조

이전 절에서 설명한 기본 시스템 구조의 모든 노드와 기능들은 여기서도 사용된다. EPC는 UTRAN과 GERAN의 접속과 연동을 위한 몇 가지 새로운 인터페이스와 기능들을 필요로 한다. 해당 기능은 GERAN과 UTRAN에서 필요하다. 그림 3.12는 새로운 S3, S4와 S12의 인터페이스를 나타내었다. SGSN에서 HSS로의 인터페이스는 MME와 HSS 사이의 인터페이스(S6d) 기반의 다이어미터(Diameter) 프로토콜(4G/LTE 네트워크에 대한 네트워크 시그널링 표준을 말함)로 업데이트될 수 있지만, SGSW과 HSS 사이의 인터페이스(Gr) 기반의 기존 MAP(Mobile Application Part) 프로토콜도 사용 가능하다.

eNodeB 디자인에 초점을 맞춘 E-UTRAN의 유지와 새로운 OFDMA 무선 인터페이스에 대한 최적화와 가능한 한 연동을 원활하게 하는 것은 중요한 지침이다. 따라서 eNodeB는 다른 3GPP AN과 직접적으로 접속하지 않으며, EPC에 대한 상호작용은 다른 이동환경과 동일하다. 하지만, 최적화된 연동은 네트워크가 핸드오버와 이동성을 제어하고, 최소한의 서비스 중단으로 통신 서비스 제공을 의미한다. 즉, eNodeB는 UTRAN, GERAN 셀의 신호를 측정하는 단말을 조정할 수 있어야 하며, 이 측정결과로 핸드오버를 결정할 수 있어야 한다. 따라서 E-UTRAN 무선 인터페이스 프로토콜은 이러한 새로운 기능을 지원하기 위해 추가되었다. 범용지상무선접속(UTRA)과 GERAN에서 E-UTRAN으로의 핸드오버를 지원하기 위해 유사한 추가 기능들이 필요하다.

3.3.2 3GPP 연동 시스템 구조에서 추가 및 업데이트된 논리 요소

3.3.2.1 사용자 장비

단말의 관점에서 연동은 다른 무선 기술과 해당 시스템 사이에서 원활한 이동을 지원해야 한다는 것을 의미한다. 최적화된 연동이란 네트워크가 단말의 송신기와 수신기의 동작을 한 번에 하나만 작동시키는 방식으로 무선 사용을 제어하는 것을 의미한다. 이것을 단일 전파 작동(single radio operation)이라 하며, 단말 무선 송신기와 수신기의 구현을 가능하게 한다.

표준에서는 다수의 무선 송·수신기와 동시에 듀얼 무선 운영에 대한 구현을 배제하지 않지만 다른 AN 간에도 인접한 주파수로 운영하기 때문에 듀얼 무선 운영은 단말 간 많은 간섭을 일으킬 수도 있다. 따라서 하나의 무선 운영 모드는 매우 중요하다. 즉, 모든 사용자가 많은 전력을 사용한다면, 전반적인 성능이 감소할 것이다.

3.3.2.2 E-UTRAN

기본 시스템 구조와 비교하여 E-UTRAN eNodeB에 추가되는 기능은 다른 3GPP AN으로부터 타 AN으로 이동성에 대한 고려이다. eNodeB의 관점에서 3GPP AN이 UTRAN이거나 GERAN인지에 관계없이 유사한 기능을 수행한다.

E-UTRAN 셀에서 UTRAN 셀이나 GERAN 셀로 핸드오버할 때 해당 네트워크를 사용하는 인접 셀은 eNodeB로 구성될 필요가 있다. 그 후, eNodeB는 해당 무선 기능을 사용하는 단말의 핸드오버를 고려한다. eNodeB는 단말에 UTRAN이나 GERAN 셀의 신호 세기를 측정하도록 하고, 그 결과를 분석한다. eNodeB가 핸드오버를 결정하였고, X2 인터페이스를 사용할 수 없을 때 eNodeB 간 핸드오버와 동일한 방식으로 MME에 대한 필요성이 대두된다. 이후 eNodeB는 MME를 통해 대상 접속 시스템에서 핸드오버 명령에 필요한 정보를 받고, 이 정보에 대한

분석없이 단말에 바로 핸드오버 명령을 전달한다.

UTRAN 또는 GERAN에서 E-UTRAN으로 핸드오버하는 경우에 eNodeB는 어떠한 준비과정이 없는 반면에, 다른 핸드오버의 경우에는 MME를 통해 핸드오버 준비요청을 하게 된다.

eNodeB는 요청된 자원을 할당하고, 핸드오버가 발생한 기존 3GPP 시스템에서 단말이 MME에 전달한 핸드오버 명령에 대한 정보를 준비한다.

3.3.2.3 UTRAN

UTRAN에서 무선 제어 기능은 무선망제어기(RNC)에서 담당하며, 이 기능에 의해 Node B는 무선(air) 인터페이스(Uu)와 RNC와 Node B 사이의 인터페이스(Iub) 사이의 레이어 2 브리징을 수행한다. [16]에서 UTRAN 기능에 대해 자세히 설명되어 있다.

UTRAN 릴리즈 99에서 처음 소개된 이후에 시스템 구조의 진화를 포함하여 여러 방면에서 진화하였다. 최초로 도입된 항목은 RNC가 많은 SGSN(Serving GPRS Support Nodes)에 연결될 수 있는 VTRAN과 CN(core network) 사이의 인터페이스(Iu 플렉스)이다. 또 다른 개념은 I-HSPA (Internet HSPA)이다. 이는 RNC 기능과 관련하여 핵심 패킷 데이터들이 Node B와 함께 포함되어 있으며, 단일 노드로 RNC와 Packet Switched Core Network 사이의 인터페이스(Iu-PS)에 연결된다. 그림 3.13은 RNC에서 S-GW으로 직접 사용자 평면(UP: User Plane) 접속을 보여준다. 이는 3G 코어망(3G CN)에서 소개된 직접 터널 개념이며, SGSN은 UP에서 우회된다.

UTRAN과 E-UTRAN의 연동을 위해서는 이전 절에서 언급한 eNodeB의 핸드오버 명령 정보를 전달하는 것 외에도 동일한 측정제어 및 분석기능 수행이 필요하다. 또한 UTRAN은 동일한 네트워크에 있는 RNC들 간의 인터페이스(Iur 인터페이스)가 사용되지 않을 때 재배치와 유사한 과정을 수행한다.

3.3.2.4 GERAN

GSM/EDGE 무선액세스망(GERAN: GSM EDGE Radio AN)은 3G 코어 네트워크에 접속할 수 있는 GSM AN의 진화된 버전으로 기지 제어국(BSC: Base Station Controller)와 기지국(BS: Base Station)으로 구성된다. 무선 인터페이스 기능은 이 두 가지에 의해 나뉜다. [17]에 GERAN 기능의 개요와 GSM 시스템이 설명되어 있다.

GERAN은 CP와 UP 둘 모두에서 SGSN에 항상 연결되며, 연동 작업을 위해 사용된다. GERAN의 핸드오버는 위에 기술한 E-UTRAN과 UTARNA의 상호간 핸드오버와 유사한 방식이다.

3.3.2.5 EPC

진화된 패킷 코어(EPC) 상호연동 시스템의 구조에서 중요한 역할을 수행한다. 앞서 언급한 기술 이외에도 MME와 S-GW는 연동의 접속 기능을 지원한다. 또한 UTRAN과 GERAN 접속 네트워크를 지원하는 SGSN는 이러한 기능의 지원이 필요하다. 이러한 추가 기능들이 지원가능하다면 EPC에 속하는 것으로 간주할 수 있다.

S-GW는 모든 3GPP 액세스 시스템들을 위한 이동성 앵커이다. 만약 UP 터널들이 SGSN를 우회하는 직접 터널 방식으로 시작된다면, SGSN들 사이의 기본 베어러 동작과 이동성에서 S-GW는 SGSN나 RNC로 향하는 GGSN과 같이 동작한다. GGSN 기능들 중 많은 것은 실제로 P-GW에서 수행되지만, SGSN에는 보이지 않는다. S-GW는 단말을 지원하는 AN에 의존적인

MME나 SGSN에 의해서 제어되는 UP 게이트웨이로서 역할을 유지한다.

MME는 이동성의 연동을 위해 SGSN에 신호를 보내야 한다. 이 작업은 본질적으로 3.2절에 언급한 MME 간의 작업과 동일하다. 또 다른 점은 MME가 S-GW의 변화와 SGSN과의 연동을 조합해야 하는 것이다.

SGSN UTRAN과 GERAN의 코어 네트워크 내 제어 노드 역할을 유지한다. 이 기능은 [18]에 기술되어 있다. SGSN의 역할은 MME의 역할과 비슷하다. 단말이 이동하는 동안에 S-GW 변화를 지원하기 위해 SGSN은 업데이트가 필요하다. 이는 기존 SGSN의 관점에서 지원할 수 없는 GGSN이 변하는 것처럼 보이기 때문이다. 앞에서 언급했듯이 SGSN은 S-GW와 UTRAN RNC가 직접 라우팅하도록 UP에 명령하거나 UP 조정에 관여한다. UP 터널의 끝단에서 어떤 종류의 노드가 종료했는지 알 필요가 없기 때문에 이것은 S-GW의 관점에서는 큰 차이가 없다.

3.3.3 3GPP 연동 시스템 구조의 인터페이스와 프로토콜

표 3.2는 3GPP 연동 시스템 구조의 인터페이스와 사용되는 프로토콜을 요약하였다. 기존 3GPP 네트워크의 인터페이스와 프로토콜은 생략하였다. 기본 시스템 구조에서 이러한 추가적인 인터페이스와 프로토콜이 필요하다.

3.3.4 기존 3GPP CS 인프라의 연동

EPS가 VoIP를 지원하기 위한 회선 교환(CS: Circuit Switched) 기능이 없는 패킷 교환(PS: Packet Switched) 시스템인데 반해, 기존 3GPP 시스템은 음성통화와 같은 CS 서비스를 지원한다. IMS VoIP는 모든 장소에서 가능한 서비스가 아니다. 따라서 SAE를 설계할 때 회선 교환 음성통화와 연동하는 두 가지 해법을 고려해야 한다. E-UTRAN과 기존 3GPP CS단의 호환방법은 10장의 VoIP 부분에서 다룰 것이다. 목적에 따라서 회선 교환 폴백(CSFB: Circuit Switched Fall Back)과 단일 음성통화 무선 연속성(SR-VCC: Single Radio Voice Call Continuity)으로 나눌 수 있다.

CSFB[19]는 IMS VoIP를 지원하지 않는 네트워크에서의 해결 방법이다. 대신에 음성통화는 CS 도메인에서 처리하고, 단말은 음성통화를 하는 동안 CS 단으로 넘겨진다. MME와 이동통신교환기(MSC) 서버간의 SG 인터페이스는 관련된 컨트롤 시그널링을 위해 사용되며 10장에서 보다 자세하게 다룰 것이다.

SR-VCC[20]은 IMS VoIP 통화를 CS 음성 도메인에서 기존 CS 도메인으로 변환 처리를 위한 해법이다. IMS VoIP 네트워크의 커버리지가 기존 CS 네트워크보다 작은 경우에 이 기능이

표 3.2 3GPP 연동 시스템 구조의 인터페이스와 사용되는 프로토콜

Interface	Protocols	Specification
S3	GTP-C/UDP/IP	29.274 [8]
S4	GTP/UDP/IP	29.274 [8]
S12	GTP-U/UDP/IP	29.274 [8]
S16	GTP/UDP/IP	29.274 [8]
S6d	Diameter/SCTP/IP	29.272 [12]

표 3.3 기존 3GPP CS 인프라와의 연동을 위한 추가적인 인터페이스와 프로토콜

Interface	Protocols	Specification
SGs	SGsAP/SCTP/IP	29.118 [21]
Sv	GTP-C(subset)/UDP/IP	29.280 [22]

사용된다. SR-VCC는 CS 네트워크로 지속적으로 VoIP 통화를 할 수 있게 단말을 VoIP 서비스 영역으로의 진입을 허용한다. SR-VCC는 VoIP의 PS 네트워크에서 CS 네트워크로의 단방향 핸드오버이다. 통화가 종료되어 통화대기 상태가 되었을 때, E-UTRAN 서비스가 가능해지고 단말은 반환될 수 있다. 해결방법은 한 번에 하나의 시스템에만 연결하는 것이다. 즉, 단말은 동시에 두 시스템과 동시에 통신할 수 없다. 이 방법에서 MME는 SR-VCC 핸드오버의 컨트롤 시그널링을 하는 Sv 인터페이스를 통해 CS 도메인의 MSC 서버에 접속한다. 자세한 방법은 10장에서 기술할 것이다. 기존 3GPP CS 인프라와의 연동을 위한 추가적인 인터페이스와 프로토콜은 표 3.3에 요약하였다.

3.4 E-UTRAN과 비3GPP 접속 네트워크의 시스템 구조

3.4.1 3GPP와 비3GPP 연동 시스템 구조 개요

3GPP 이외의 AN과의 연동은 SAE의 중요한 설계목표 중 하나이며, 3GPP에서는 완전히 독자적인 구조 표준[2]이 개발 중이다. 비3GPP 연동 시스템 구조는 두 가지 범주의 해법이 있다. 첫 번째는 일반적이고 포괄적인 해법으로 어떠한 비3GPP AN도 사용할 수 있는 방법이다. 이 범주에서의 이동성 기능은 최적화 없는 핸드오버로 통화 상태나 통화대기 상태에서 모두 동일한 방식을 사용한다. 두 번째는 고속패킷 데이터 동기식 전송 방식(cdma2000® HRPD)만을 허용하는 구체적이고 엄격한 연동 해법이다. 이 방식은 최적화된 핸드오버로 통화 상태나 통화대기 상태에서 별도의 방식을 사용한다.

그림 3.14는 일반적인 비3GPP 연동 시스템 구조를 나타내었다. cdma200® HRPD 연동을 위한 시스템 구조와 추가적으로 필요한 인터페이스는 3.5절에서 더 자세하게 다룰 것이다.

그림 3.14는 포괄적인 방법으로 AN 레벨 인터페이스가 없는 일반적인 연동방법을 나타낸다. 매우 많은 종류의 AN이 존재하기 때문에 신뢰할 수 있는 비3GPP 기기와 그렇지 않은 기기로 분류할 수 있다. 이 분류는 3GPP 인증 작업을 네트워크에 의해 신뢰도 있게 진행할 수 있는지 또는 오버레이 방식으로 신뢰할 수 없는지에 따라 결정된다. P-GW는 이동성 앵커의 역할을 유지하며, 비3GPP AN은 신뢰할 수 있는 장비의 여부에 따라서 S2a(Trstecl non-3GPP Access와 P-GW 사이의 인터페이스) 또는 S2b(EPDG와 P-GW 사이의 인터페이스) 인터페이스를 통해 P-GW에 연결된다. 두 방식 모두 PMIP 프로토콜로 네트워크에 의해 제어되는 IP 레이어 이동성을 이용한다. PMIP를 지원하지 않는 네트워크의 경우 Client MIPv4 Foreign Agent 모드가 S2a의 옵션으로 사용할 수 있다. 이동성 기능과 더불어 비3GPP AN을 통한 단말 인증을 위한 구조를 포함하며, Gxa(Trstecl non-3GPP Access와 PCRF 사이의 인터페이스)와 Gxb(EPOG와 PCRF

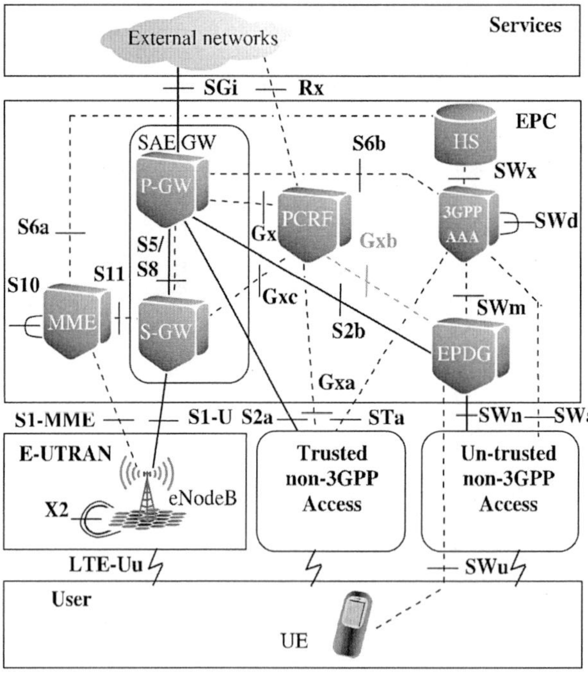

그림 3.14 3GPP와 비3GPP 액세스 네트워크를 위한 시스템 구조

사이의 인터페이스) 인터페이스를 통해 자원정책과 과금제어(PCC) 기능을 사용할 수 있다. 참고로 Gxb의 자세한 기능과 프로토콜은 릴리즈 8에서는 기술하지 않는다.

네트워크에 의해 제어되는 이동성 해법과 더불어 DSMIPv6(Dual-Stack Mobile IPv6)를 사용하는 완전히 단말 중심의 해법 또한 존재한다. 그림 3.15는 이러한 시나리오를 나타내었다.

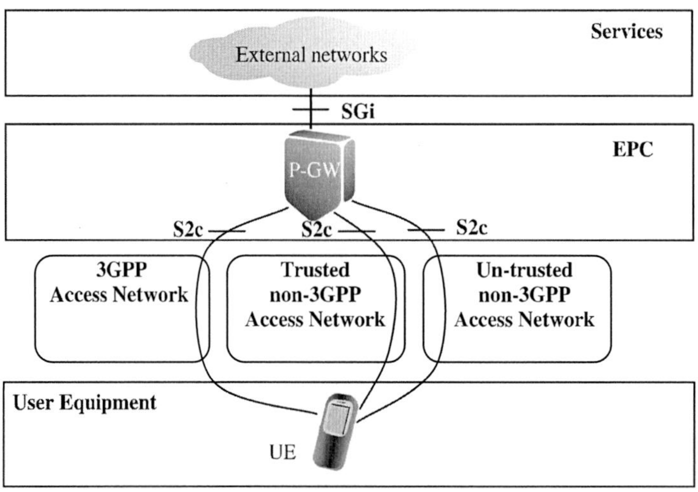

그림 3.15 S2c만 보이는 간략화된 시스템 구조

단말은 비3GPP AN로부터 IP 주소를 받아 P-GW의 홈에이전트에 등록할 수 있다. 이 해법은 오버레이 기능으로 이동성을 해결한다. 단말이 3GPP AN으로부터 서비스를 받고 있을 때, 단말은 홈링크로 고려된다. 따라서 추가 이동 IP MIP 헤더로 인한 오버헤드를 막을 수 있다.

또 다른 연동 시나리오는 S8과 S2a/S2b 인터페이스가 연결되어 추가적인 기능을 제공한다. 이 시나리오 P-GW는 홈 공용지상이동 네트워크(PLMN: Public Land Mobile Network)에 연결되는데 반해, 비3GPP AN이 S2a 또는 S2b 인터페이스를 통해 방문한 PLMN의 S-GW와 연결된다. 이것은 로밍 가입자가 방문 네트워크에서 홈 사업자와의 연결 없이(심지어 P-GW이 홈 PLMN에 있더라도) 비3GPP AN을 이용할 수 있게 해준다. S-GW이 S2a 또는 S2b 인터페이스의 프로토콜의 종단점인 것처럼 P-GW에 속하게 된다. 릴리즈 8에서는 이 시나리오는 PCC 인프라를 통한 동적 정책들을 지원하지 않는다. 즉, S-GW와 PCRF 사이의 인터페이스(Gxc 인터페이스)는 사용되지 않는다. S-GW와 P-GW 사이의 인터페이스 (S5/S8 인터페이스) 기반의 GTP 연결도 지원되지 않는다. 그림 3.14는 일반적으로 이용되는 비3GPP AN과 관련한 기타 모든 인터페이스를 나타내었다.

3.4.2 3GPP 연동 시스템 구조의 추가적인 업데이트 논리 요소

3.4.2.1 단말기(User Equipment)

비3GPP AN과의 연동은 관련된 무선 기술과 이동성 절차를 필요로 한다. 이동성 절차와 무선 기술은 적절한 최적화의 유무에 따라 달라진다. 최적화가 없는 핸드오버는 단말이 송신과 수신을 동시에 하지 않는다고 가정하며, 단일 무선과 듀얼 무선 구성을 모두 사용할 수 있다. 하지만, 원래 수신 받던 곳에서 데이터 전송이 이루어지는 동안 핸드오버 대상쪽으로 연결이 준비 중이라면 핸드오버가 이루어지는 시간은 짧을 것으로 예상된다. 이는 최적화 없는 핸드오버는 네트워크에서 핸드오버 준비과정이 없고, 단말이 해당 네트워크의 절차를 따라 핸드오버하는 네트워크에서 등록한 후 데이터를 전환하기 때문이다. 일반적으로 이 과정에서 인증과 같은 절차가 포함되어 있어 많은 시간이 소요될 수 있다. 또한 핸드오버의 결정은 단말이 하게 된다.

cdma2000® HRPD의 연동과 같은 최적화된 핸드오버는 연결 모드를 위한 네트워크 컨트롤 기능을 가지고 있다고 가정한다. 따라서 핸드오버는 네트워크에서 결정한다. 반면, UE와 E-VTRAN 사이의 인터페이스(LTE-Uu broadcast)의 cdma2000® HRPD의 관련 정보를 사용할 수 있으므로 통화대기 상태의 이동성은 단말에 의해 결정된다. 또한, 이 과정은 단말의 단일 무선 구조로도 충분하게 설계되었다.

3.4.2.2 신뢰되는 비3GPP 접속 네트워크

신뢰되는 비3GPP 접속 네트워크란 3GPP 인증작업의 실행을 신뢰할 수 있는 네트워크를 의미한다. 비3GPP AN[23]을 위한 3GPP 릴리즈 8 보안 구조 표준은 확장형 인증 프로토콜-인증과 키합의 EAP-AKA(3rd Generation Authentication and Key Agreement)를 위한 향상된 확장 가능한 인증 프로토콜 방식을 사용할 수 있도록 한다. 관련된 절차는 STa 인터페이스를 통해 수행된다.

신뢰되는 비3GPP AN은 일반적으로 cdma2000® HRPD과 같은 다른 모바일 네트워크이다. 또한 STa 인터페이스는 모바일 네트워크에서 일반적으로 필요한 가입자 프로파일 인터페이스를 인증, 권한검증, 계정관리(AAA: Authentication, Authorization and Accounting)/HSS에서 AN으로의 전송과 AN에서 AAA 서버로의 과금 정보를 전송한다. 또한 이러한 AN이 PCC 인프라에 접속할 수 있으며, 따라서 Gxc 인터페이스가 PCRF 정보 교환하는 데 사용할 수 있도록 가정한다.

신뢰되는 비3GPP AN은 S2a 인터페이스와 PMIP(또는 MIPv4 Foreign Agent mode)로 P-GW에 연결한다. 그러므로 단말이 AN 서비스 지역으로 이동할 때 P-GW에서 UP의 변환은 신뢰되는 비3GPP AN이 담당한다.

3.4.2.3 신뢰되지 않는 비3GPP 접속 네트워크

큰 범위에서 신뢰되지 않는 비3GPP AN에 적용하는 시스템 구조는 릴리즈 6[25]에서 정의한 무선랜 상호 연동(WLAN IW: Wireless Local Area Network Inter-Working)에서 유래된다. 신뢰되지 않는 비3GPP 기기의 EPC 접속을 위한 릴리즈 8의 기능은 [2]에 초기 WLAN IW 표준화 적용에 대한 참조와 함께 자세하게 기술되어 있다

주요 원리는 AN이 패킷 전달 이외의 기능을 수행하지 않는다고 가정하지 않는다. 보안 터널은 단말과 SWu 인터페이스를 통한 향상된 패킷 데이터 게이트 웨이(EPDG: Enhanced Packet Data Gateway)라는 노드 사이에 설치되며, 데이터 전송은 터널을 통해 이루어진다. 또한, P-GW는 S2b 인터페이스를 통해 EPDG와 신뢰되는 연결 관계를 가지며, 둘 중 하나의 노드는 신뢰되지 않는 비3GPP AN과 보안 관계를 가져야 한다.

옵션기능으로 신뢰되지 않는 비3GPP AN은 3GPP AAA와 Un-trusted non-3GPP Access 사이의 인터페이스(SWa 인터페이스)로 AAA 서버에 연결될 수 있으며, 이 인터페이스는 비3GPP AN 레벨의 단말을 인증하는 데 사용될 수 있다. 이는 EPDG로 인증 및 권한을 부여하는 데에만 사용될 수 있다.

3.4.2.4 EPC

진화된 패킷 코어(EPC)는 앞서 소개한 시스템 구조와 비교할 때 3GPP AN의 지원을 위해 몇 가지 추가기능이 포함되어 있다. 주요 변경사항은 P-GW, PCRF와 HSS에 있으며, 또한 묶여진 S8과 S2a/S2b 시나리오를 위해 S-GW에 있다. 또한, EPDG와 AAA와 같은 완전히 새로운 요소들이 소개된다. AAA 인프라는 AAA 서버를 포함하며, 로밍시 별도의 AAA 프록시를 포함할 수 있다. 그림 3.16은 비3GPP AN을 위한 AAA의 연결과 기능을 보여준다.

P-GW는 비3GPP AN을 위한 이동성 앵커이다. S2a와 S2b 인터페이스 기반의 PMIP에서 P-GW는 S5/S8 PMIP와 유사한 방식으로 지역 이동성 앵커(LMA: Local Mobility Anchor)의 호스트가 된다. 또한 S2a 인터페이스의 Client MIPv4 Foreign Agent mode를 위한 HA(Home Agent) 기능은 P-GW에 위치한다. P-GW와 비3GPP AN은 다-대-다의 구조이다. P-GW는 후속적으로 HSS에 연결되는 AAA 서버의 인터페이스이다. 이 인터페이스는 선택된 P-GW를 HSS에 보고하는 역할을 한다. 따라서 비3GPP AN사이를 이동할 때 사용할 수 있으며, S2c 모드의 사용자 접속 인증과 권한을 부여한다. 각 P-GW는 한 개 이상의 AAA 서버와 연결할 수 있다.

PCRF는 비3GPP AN을 위한 PCC 인터페이스를 지원한다. Gxa는 신뢰되는 비3GPP AN을 위해 이용되며, Gxb는 신뢰되지 않는 비3GPP AN을 위해 사용된다. 릴리즈 8에서는 Gxa만 자세하게 기술하고 있다. Gxa 인터페이스 기능은 Gxc 인터페이스와 유사한 방식이다. 이 경우

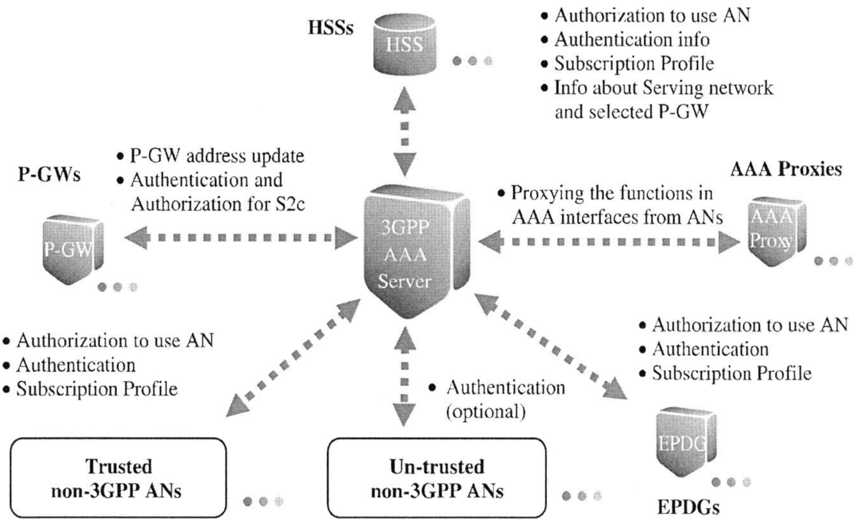

그림 3.16 3GPP AAA 서버 인터페이스와 주요 기능

베어러 결합 및 이벤트 보고 기능(BBERF 기능)은 비3GPP AN에 있을 것이고, S2a 인터페이스의 IP 흐름에 대한 베어러를 처리하는 방법을 PCRF로부터 지시받게 될 것이다. 3GPP 표준에서는 비3GPP AN에 대한 더 이상의 베어러 기능은 기술되지 않는다.

EPDG는 신뢰되지 않는 비3GPP AN이 EPC에 접속할 때, 단말과 네트워크 간 연결을 위한 전용 노드이다. 주요기능은 AN이 신뢰되지 않기 때문에 [23]에 정의된 바와 같이 연결에 보안성을 가진다. EPDG는 SWu 인터페이스의 인터넷 표준 암포키 교환 프로토콜v2(IKEv2) 시그널링으로 신뢰되지 않는 비3GPP AN을 통해 IPsec 터널에 설치된다. 같은 시그널링이 이루어지는 동안, EAP-AKA 인증 작업이 이루어지고, EPDG는 SWm 인터페이스를 통해 AAA 서버에 신호를 준다. SWm 인터페이스는 논리적으로 단말과 EPDG 사이에 있는 반면, SWn 인터페이스는 EPDG와 신뢰할 수 없는 비3GPP AN 간 하위 레이어 인터페이스를 나타낸다. 릴리즈 8 표준은 EPDG가 PCC 기능을 위한 PCRF에 신호한다는 가정을 하지는 않는다. 하지만 시스템 구조는 해당 목적을 위한 Gxb 인터페이스를 포함하고 있다.

방문 네트워크의 3GPP AAA 서버와 사용 가능한 AAA 프록시는 3GPP AAA 기능을 수행한다. 이 기능은 AAA 인프라로 정의된 표준 인터넷 기술 표준화 위원회(IETF)의 구성요소이며, 다른 네트워크에서 AAA 인프라를 사용하는 방법에 대해서는 필요로 하지 않는다. AAA 서버는 AN과 HSS 사이에서 동작하며, 이 작업으로 단말을 서비스하고, 추후 이용가능한 정보를 저장한다. 따라서 3GPP AAA 서버는 HSS에 대한 하나의 HS와 3GPP AAA 사이의 인터페이스(SWx 인터페이스)로 다른 유형의 AN으로부터의 시그널링을 통합하고, 접속과 관련한 S6v, STa, SWm과 SWa 인터페이스를 종료한다. AAA 서버의 가장 중요한 역할은 비3GPP AN을 통한 EAP-AKA의 인증을 수행하는 것이다. 사용자 인증을 확인하고, 그 결과를 AN에 알려주는 역할을 한다. AN을 이용할 수 있는 권한도 이 과정에서 수행된다. AN의 종류에 따라서

AAA 서버는 가입자 프로필 정보를 AN에 전달할 수 있으며, 이는 AN이 단말에게 더 좋은 서비스를 할 수 있게 한다. 단말이 비3GPP AN에서 더 이상 서비스를 받지 않으면, AAA 서버는 HSS로부터 단말 연결을 제거하는 데 참여한다. 그림 3.16은 다른 노드와 연관한 AAA 서버의 주요 기능을 요약하였다.

HSS는 3GPP AN에서와 유사한 기능을 수행한다. 이것은 인증국(AuC) 부분의 비밀 보안 키뿐만 아니라 가입자 프로필의 주요 사본을 저장한다. 그리고 요청이 있다면, 비3GPP AN을 통한 단말 접속에서 필요한 프로필 데이터와 인증 벡터를 제공한다. 3GPP AN과 비교하여 한 가지 더 추가된 점은 비3GPP AN 레벨에서 인터페이스하지 않기 때문에 선택된 P-GW는 HSS에 저장하며, 비3GPP AN의 이동성이 있으면 그곳으로부터 검색한다. AAA 서버가 관련된 인터페이스를 종료시키기 때문에 다양한 유형의 AN은 HSS에 의해 가려진다. 또한 HSS는 하나의 SWx 인터페이스만을 볼 수 있다. 반면에, HSS에 저장된 가입자 프로필은 적법한 사업자의 모든 종류의 AN에 제공된다.

3.4.3 비3GPP 연동 시스템 구조의 인터페이스와 프로토콜

비3GPP AN과 EPC의 연결과 운영은 이전 절에서 소개한 것 외에 추가적인 인터페이스를 필요로 한다. 표 3.4는 새로 필요한 인터페이스를 나열하였다.

3.4.3.1 비3GPP 연동 시스템의 로밍

비3GPP 액세스의 로밍은 3.2.4절의 3GPP AN과 유사하다. 홈 라우터와 지역 브레이크 아웃 시나리오 모두 사용할 수 있으며, 시스템 구조의 주요 변화는 서비스가 발생하는 위치에 따라 PCC의 배치가 달라지는 것이다. 이러한 변화 양상은 3.7.1절에서 더 자세히 다룰 것이다.

추가적인 고려사항은 홈 라우터 모델에서 사용자가 방문 3GPP 네트워크로 로밍하는 경우와

표 3.4 비3GPP 연동 시스템 구조에서 추가적인 인터페이스와 프로토콜

Interface	Protocols	Specification
S2a	PMIP/IP, or MIPv4/UDP/IP	29.275 [10]
S2b	PMIP/IP	29.275 [10]
S2c	DSMIPv6, IKEv2	24.303 [27]
S6b	Diameter/SCTP/IP	29.273 [28]
Gxa	Diameter/SCTP/IP	29.212 [13]
Gxb	*Not defined in Release 8*	*N.A.*
STa	Diameter/SCTP/IP	29.273 [28]
SWa	Diameter/SCTP/IP	29.273 [28]
SWd	Diameter/SCTP/IP	29.273 [28]
SWm	Diameter/SCTP/IP	29.273 [28]
SWn	PMIP	29.275 [10]
SWu	IKEv2, MOBIKE	24.302 [29]
SWx	Diameter/SCTP/IP	29.273 [28]
UE – foreign agent in trusted non-3GPP Access	MIPv4	24.304 [30]
UE – Trusted or Un-trusted non-3GPP access	EAP-AKA	24.302 [29]

관련이 있다. 이 경우 방문 네트워크와 연관한 비3GPP AN을 이용할 수 있는 이점이 있지만, 홈 사업자와의 연관성은 없다. 이 시나리오에서 3GPP 릴리즈 8은 S-GW가 비3GPP AN을 위한 앵커와 같은 역할을 하는 연결로밍(chained roding)의 경우(*chained case*)를 포함한다. 즉, S2a 또는 S2b 인터페이스를 종료시키고, S8 인터페이스를 통해 트래픽을 홈 네트워크의 P-GW에 라우팅한다.

3.5 cdma2000® 접속 네트워크와의 상호 연동

3.5.1 cdma2000® HRPD와의 상호 연동

핸드오버 간 시간 공백의 관점에서 상호 연동의 가장 좋은 성능은 중요 정보의 교환을 위한 상호 동작을 엄격하게 하기 위한 네트워크를 구체화함으로써 얻을 수 있다. 이 문제는 AN들에 유효한 특정한 해법을 만든다. 3GPP 릴리즈 8의 여러 해법은 특정작업을 위해 필요한 시간과 자원으로 인해 제한될 수 있다. 엄격한 상호 연동 해법은 다른 AN들에게도 변화를 요구하며, 정의에 의해 비3GPP AN들은 3GPP의 제어를 포함하지 않는다. 잘 설계된 해법을 얻기 위해서는 다른 표준들과의 조정을 위한 각별한 주의가 필요하다. 이러한 당명한 문제점들을 해결하기 위해 3GPP 릴리즈 8은 cdma2000® HRPD AN과의 상호 연동의 최적화된 해법을 포함하고 있다.

그림 3.17은 cdma2000® HRPD의 상호 연동의 구조를 표현하고 있다. 이 그림은 EPC에 접속

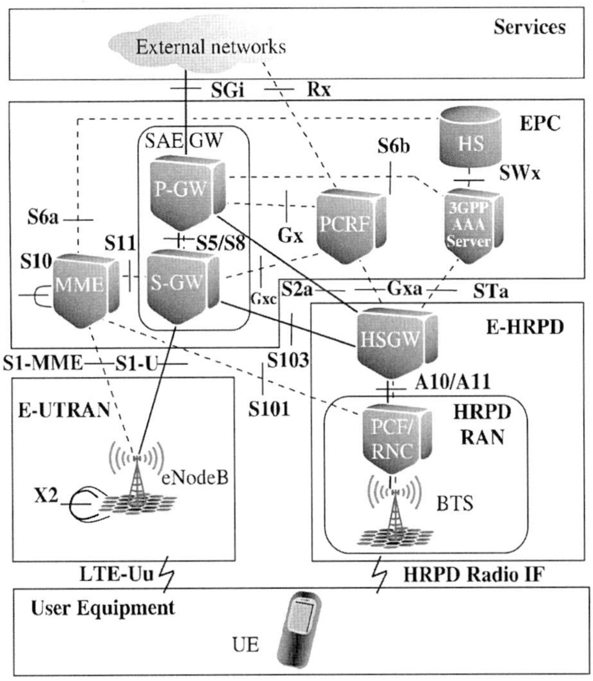

그림 3.17 3GPP와 2000® HRPD 연동을 위한 시스템 구조

하기 쉽게 하기 위한 몇 가지 변경사항이 적용된 진화된 고속 패킷 데이터 네트워크(E-HRPD: Evolved HRPD) 네트워크를 보여주고 있다. 이러한 수정사항이 반영되지 않은 기존의 HRPD와 구분하기 위해 이 장에서는 E- HRPD의 용어를 사용한다. 무선 인터페이스와 무선망은 가능한 비슷하게 유지하는 반면, 고속 패킷 데이터 서빙 게이트 웨이(HSGW: HRPD Serving Gateway)는 S-GW의 기능을 다수 적용하는 완전히 새로운 노드가 된다.

E-HRPD는 일반적으로 신뢰할 수 있는 비3GPP AN으로 취급되기 때문에 S2a, Gxa 그리고 Sta 인터페이스를 통해 EPC와 연결된다. 이러한 인터페이스들은 상호 연동의 해법이 최적화되고 대상 망에 직접적으로 첨부되는 절차를 수행하는 단말에 의존하지 않기 때문에 두 개의 새로운 인터페이스인 S101과 S103은 CP와 UP의 상호작용을 위해 정의되었다.

3GPP AN들과 3GPP2로 정의된 cdma2000® AN(3GPP2-defined cdma2000® AN)들은 많은 공통점이 있는 동시에 다른 부분도 많이 있다. 두 시스템 모두, 기존 기지국은 새로운 기지국으로 연결된 단말을 지원하기 위한 시스템 매개변수를 전달하고, 새로운 기지국은 단말이 목표하는 무선 접속을 하기 위한 시스템 매개변수를 제공하는 준비된 핸드오버를 사용한다. 이 방법들 간에 유사성은 있지만 매개변수들은 일치하지 않기 때문에 이 방법은 간단한 프로토콜 전환의 적용만으로 적용될 수 없다. 핸드오버에 필요한 모든 정보를 일치하는 과정을 간단하게 하기 위해 간결한 신호 전송방법을 사용한다.

그림 3.18의 왼쪽은 E-UTRAN에서 E-HRPD로의 이동, 그리고 오른쪽은 그 반대방향의 이동에서 간결한 터널이 어떻게 사용되는지를 보여주고 있다. 검은색 두꺼운 화살표는 기존 접속 시스템에서 새로운 시스템으로 S101 인터페이스를 이용한 시그널링이 간결하게 전송되는 과정을 표현한다. 이 방법에서 기존 접속 시스템은 단말이 새로운 시스템에 접속할 수 있도록 안내한다. 이러한 방법은 기존 시스템에서 목표하는 시스템의 방식으로 정보를 변환할 필요없이 단말이 목표 시스템으로 변환하도록 만들어준다. 이 방법을 사전등록(pre-registration)이라고 하며, 시간에 민감한 핸드오버에 등록과 접속하는 과정에 소요되는 시간을 제거하는 것을 목적으로 한다. 트렌스 페어런트 터널은 목표 시스템에서 정보 베어러를 만들기 위해서도 이용되는

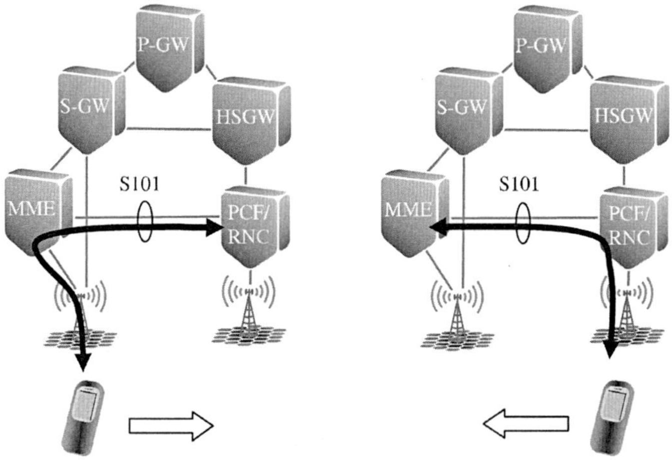

그림 3.18 eHRPD와 E-UTRAN에 관통된 사전등록

데, 이는 핸드오버를 수행하는 시점이 왔을 때 목표 시스템쪽에서 모든 준비가 완료되도록 하기 위한 것이다. 실제 핸드오버는 무선 인터페이스의 상태에 따라 결정되며, 그리고 이 해법은 두 시스템 모두가 다른 시스템 값을 조절하기 위해 필요하다. 아래의 상호 연동 시나리오는 E-UTRAN과 E-HRPD 사이를 지원한다.

- E-UTRAN → E-HRPD 핸드오버 : 사전 등록은 핸드오버가 진행되기 전에 잘 수행될 수 있으며, 또한 베어러들은 E-HRPD 측에 설정된다. 단말은 E-HRPD 시스템 관점에서 핸드오버 직전에 대기 상태로 남게 되며 이 상태는 오래 지속될 수 있다. 무선 상황이 핸드오버가 필요할 경우 eNodeB는 단말이 E-HRPD로부터 트래픽 채널을 요구하도록 명령한다. 이 과정은 트렌스 페어런트 터널을 통해 이루어지며, 과정 이후에 eNodeB는 단말이 핸드오버를 수행하도록 명령한다. S103 인터페이스는 핸드오버 시나리오에서 단말의 무선간 스위칭이 진행되는 동안 다운링크 데이터로만 이용된다.
- E-UTRAN → E-HRPD 대기 모드 이동성 : 사전 등록 단계는 위에서 언급한 과정과 같이 핸드오버를 위해 동작한다. E-UTRAN의 대기모드에 있고 시스템 내에서 이동하는 단말 또한 셀을 선택하며, E-HRPD 셀을 선택할 때 E-HRPD 측에서 이동성 위치를 업데이트하기 위해 간략하게 E-HRPD 망에 접속한다.
- E-HRPD → E-UTRAN 핸드오버 : E-HRPD AN은 핸드오버가 필요할 때 단말에 터널화된 사전 등록만을 요청하며, 단말은 등록이 끝난 이후 곧바로 E-UTRAN 셀에 직접 접속 요청을 보낸다. 베어러들은 등록과 접속 요청을 내장된 관점으로 준비한다.
- E-HRPD → E-UTRAN 대기 모드의 이동성 : 대기모드는 터널 등록을 위한 핸드오버와 같은 방식의 가이드라인을 따른다. 하지만 단말은 대기 모드에 있는 경우 E-UTRAN의 베어러를 설정할 필요가 없기 때문에 E-UTRAN 무선채널에 새로운 위치만을 보고 하는 방식으로 접속한다.

3.5.2 cdma2000® HRPD의 추가 및 업데이트된 논리 요소

최적화 관점에서 E-HRPD와의 연동은 기본 SAE 네트워크에 많은 새로운 기능을 제공하며, HRPD에서 몇 가지 완전히 새로운 요소가 나타난다. 단말, eNodeB, MME와 S-GW는 새로운 기능을 지원하기 위해 바뀌며, MME와 S-GW는 새로운 인터페이스를 도입한다. E-HRPD는 완전히 새로운 네트워크이며, 기지국, 무선망 제어기(RNC: Radio Network Controller), 패킷제어 기능(PCF: Packet Control Function)과 고속패킷데이터 서빙 게이트웨이(HSGW: RPD Serving Gateway)과 같은 요소들을 포함한다.

단말은 무선 인터페이스의 지원이 필요하다. 단말은 싱글 모드 동작만 가능하다고 가정한다. 반면에 통합은 보다 완화되어 E-UTRAN과 E-HRPD에 대한 별도의 칩셋과 터미널을 구현하는 것이 가능하다. 이것은 단말이 다른 기술에서 셀 신호를 측정하는 것을 필요로 하지 않는 것을 의미한다. 또한 단말은 터널식 시그널링 동작을 필요로 한다. 터널식 시그널링은 단말 다른 시스템을 직접 이용하는 데 필요한 시그널링과 같다.

eNodeB에 새롭게 필요한 기능은 E-HRPD 접속을 위한 이동성을 제어하는 것이다. 무선 인터페이스의 관점에서 인접 E-HRPD 셀을 측정하기 위해 단말을 지시하고 이 정보를 바탕으로 핸드오버를 결정하는 다른 3GPP 접속과 같은 맥락이다. 반면에 eNodeB는 S1 인터페이스에서 다른 핸드오버들처럼 E-HRPD로의 핸드오버 준비를 지시하지 않는다. 핸드오버 준비작업 대신 단말이 트래픽 채널을 분명한 터널을 통해 E-HRPD AN에 요청한다. 그리고 eNodeB는 적절한 라우팅 정보로 업링크 메시지만을 전달하여 MME가 E-HRPD AN의 올바른 노드를 선택할 수 있도록 하고, E-HRPD 신호를 전송하는 S1 메시지의 헤어로부터 핸드오버를 진행한다.

MME는 E-HRPD 무선망(E-HRPD RAN)에 대한 새로운 S101 인터페이스를 구현한다. 단말기로부터 발생된 메시지를 위해 eNodeB에서 지정한 기준에 따라 올바른 E-HRPD 무선망 노드에 그 정보를 라우팅할 수 있어야 한다. 반대방향으로 메시지는 단말의 국제이동국식별번호(IMSI)와 MME가 올바른 S1 신호를 라우팅할 수 있는 요소를 확인한다. MME는 E-HRPD 신호 메시지 내용을 해석할 필요가 없지만, 핸드오버 진행 상태는 MME에서 요구하는 메시지와 함께 표시된다. 예를 들어, E-UTRAN → E-HRPD 핸드오버 동안에 MME는 S-GW의 데이터 전송 터널을 설정한다. 또한 MME는 단말이 신호하는 E-HRPD AN 노드의 정체를 기록할 필요가 있다. 따라서 MME가 변경되면 MME는 HRPD AN 노드의 S101를 업데이트한다.

S-GW는 핸드오버하는 동안 무선 링크를 이용할 수 없을 때 다운링크 데이터를 위해 사용하는 새로운 S103 인터페이스를 지원한다. 전송 기능은 E-UTRAN 핸드오버에서 S-GW가 갖는 기능과 유사하다. 차이점은 S103은 GRE 터널에 기반한다는 것과 각 단말의 핸드오버에 오직 하나의 터널이 있다는 것이다. 그래서 S-GW는 모드 GTP 터널을 S1-U 인터페이스로부터 S103 인터페이스 하나의 GRE 터널로 매핑하는 과정이 필요하다.

E-HRPD 네트워크는 SAE의 기존 HRPD 무선 기술을 사용하는 완전히 새로운 방식이다. 그것을 EPC에 연결시키는 방법으로 원래의 HRPD와 비교하여 연동과 향상된 패킷 데이터(EPD)와의 연결로 발생한 많은 변화는 새로운 기능을 필요로 한다. 예를 들면 EAP-AKA 인증 지원 HSGW는 E-HRPD 접속을 위한 S-GW 역할을 수행하며, P-GW의 S-GW와 비슷한 역할을 한다. 또한 HSGW는 많은 CP 기능을 포함한다. E-HRPD에 대해 이것은 기존 HRPD 네트워크의 패킷 데이터 서빙 노드(PDSN: Packet Data Serving Node)와 비슷하게 행동한다. 또한 이것은 단말 인증과 서버 프로필을 받기 위해 3GPP AAA 서버에 신호를 보낸다. E-HRPD의 코어망 양상은 [31]에, 진화된 무선망(RAN)은 [32]에 설명되어 있다.

3.5.3 cdma2000® HRPD 연동의 프로토콜과 인터페이스

최적화된 연동은 새로운 두 가지 인터페이스－S101과 S103－를 소개한다(표 3.5 참조). S2a, Gxc 그리고 STa는 앞에서 설명하였으며, 다음은 새로운 인터페이스를 요약하였다.

- S101은 기본적으로 E-HRPD 메시지를 위한 시그널링 터널을 형성하는 CP 인터페이스이다. CP 프로토콜은 S101응용 프로토콜(S101AP)이며 [33]에 기술되어 있다. S101AP는 GTP의 최신 버전으로 동일한 메시지 구조와 코딩을 이용한다. 주요 기능은 IMSI와 단말

표 3.5 cdma2000® HRPD 연동을 위한 추가적인 인터페이스와 프로토콜

Interface	Protocols	Specification
S101	S101AP/UDP/IP	29.276 [33]
S103	GRE/IP	29.276 [33]

또는 어떤 네트워크의 추가적인 핸드오버 상태 매개변수의 시그널링 메시지를 전달한다. 더하여, 데이터 전송 터널의 설정이 필요하면, 주소 정보가 S101AP에 포함된다. E-UTRAN이 MME를 변환한 핸드오버를 하면, S101AP는 하나의 MME에서 다른 MME로 인터페이스를 전환하는 절차를 포함한다.

- S103은 핸드오버의 UP 데이터 전송을 위한 간단한 GRE 터널이다. 이것은 E-UTRAN에서 E-HRPD로의 핸드오버에서 다운링크 데이터로만 이용된다. S103은 UP 인터페이스로만 사용되며, GRE 터널의 설정을 위한 모든 컨트롤 정보는 다른 인터페이스에서 전달한다. S101AP와 함께 [33]에 자세히 설명되어 있다.

3.5.4 cdma2000® 1xRTT와의 연동

무선전송기술(cdma2000® 1xRTT)는 CS 베어러를 지원하기 위한 시스템이고, 음성통화가 주목적이다. 이러한 측면에서 MSC와 GERAN과 UTRAN의 CS 베어러 기능의 기존 3GPP CS 인프라와 기능적으로 동일하다. 10장에서 설명하겠지만 3GPP 표준은 E-UTRAN과 기존 CS 인프라의 연동을 위한 두 가지 기능을 포함하고 있다. 그것은 CSFB[19]와 SR-VCC[20]이다. 이 기능들은 물론 cdma2000® 1xRTT의 연동을 지원하기 위해 확장가능하며, 높은 수준에서 10장에서 설명할 방식과 동일하게 동작한다. 1xRTT에서 MME와 cdma2000® 1xRTT 인프라 사이의 인터페이스는 S102이다. S102는 cdma2000® 시스템에서 음성통화 유지를 위해 이용되는 A21인터페이스를 위한 3GPP2에 기술된 프로토콜이다.

3.6 IMS 구조

3.6.1 개요

인터넷 프로토콜 기반의 멀티미디어 서비스 제공규격(IMS: IP Multimedia Services Sub-System)은 LTE/SAE에 대한 선호하는 서비스 기계이다. IMS는 릴리즈 5에서 처음 소개되었고 이후 도입된 기존 네트워크와 서비스를 잘 연동한다. 왜냐하면 릴리즈 8 IMS는 현재 고정 및 무선 접속을

표 3.6 cdma2000® 1xRTT 연동을 위한 추가적인 인터페이스와 프로토콜

Interface	Protocols	Specification
S102	S102 protocol	29.277 [34]
A21	A21 protocol	A.S0008-C [35]

통해 비슷한 서비스를 제공하는데 사용할 수 있다. IMS 구조는 [36]에, 기능성은 [37]에 정의되어 있다. IMS에 대한 포괄적인 설명은 마찬가지로 [3]에서 찾을 수 있다. 이 책의 목적을 위해 IMS의 기능적인 구조는 그림 3.19에 나타나 있고 주된 기능에 대한 짧은 설명은 다음과 같다.

IMS는 EPS가 제공하는 IP 연결층 위에 있는 오버레이 서비스 계층이다. 그림 3.19는 무선망과 진화된 패킷 코어(EPC)를 통해 단말의 IMS와 다른 외부 네트워크까지 IP 연결을 나타내는 단말부터 P-GW까지의 두꺼운 회색 선을 보여준다. 신호 인터페이스 Gm과 Ut는 일반적으로 LTE/SAE에 언제나 있는 단말의 기본 베어러를 사용하는 연결의 상단에서 실행된다. 서비스는 추가로 전용 베어러들이 EPC 통해 설정할 수도 있으며, 서비스의 데이터 흐름은 상호 연동 또는 서비스 요소 중 하나에 의해 처리되는 것이 요구된다.

원칙적으로 IMS는 자체 등록 및 세션 관리 절차가 필요한 연결 계층에 독립적이지만 또한 특별히 3GPP 정의 AN들을 통해 작동하도록 설계되었고 그것은 3.7절에 설명될 PCC와 원활하게 작동한다. IMS는 등록과 서비스 세션을 제어하기 위한 세션게시 프로토콜(SIP 프로토콜)을 사용한다. SIP는 터미널과 IMS(Gm 인터페이스) 사이, 그리고 다양한 IMS 노드(ISC, Mw, Mg, Mr, Mi, Mj, Mx, Mk 그리고 Mm 인터페이스) 사이 모두에 사용된다. IMS에서 SIP 사용

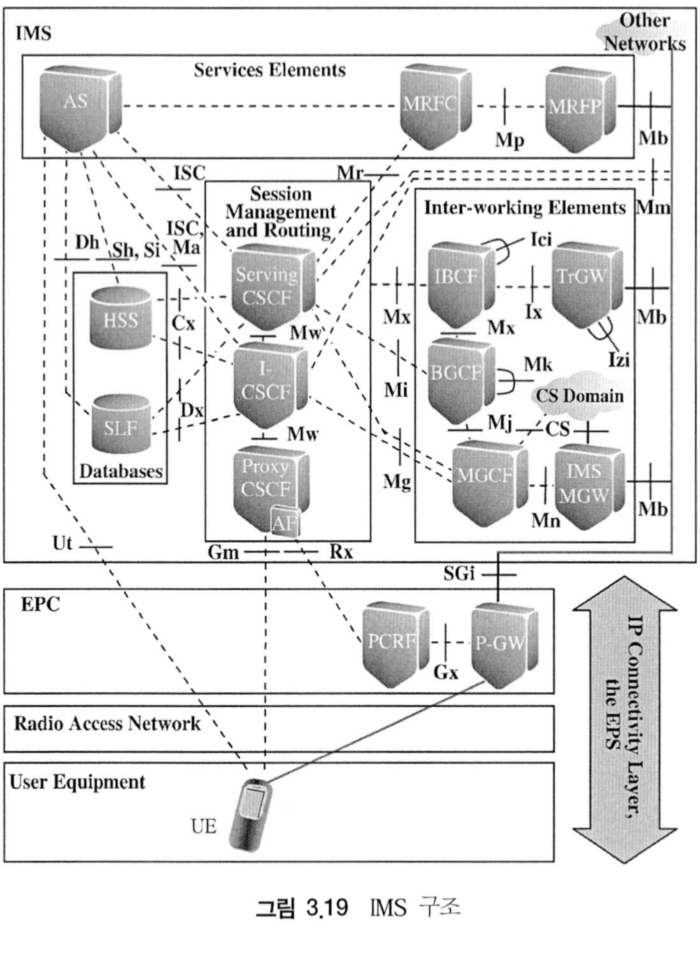

그림 3.19 IMS 구조

은 [38]에 정의되어 있다. 직경(Cx, Dx, Dh 그리고 Sh 인터페이스) 그리고 H.248(Mp)은 IMS에 사용되는 다른 프로토콜이다.

단말은 주로 이것을 사용하기를 원하는 서비스의 호 상태 제어 기능(CSCF)으로 신호를 보내고 추가로 일부 서비스가 특정 신호의 응용 프로그램 서버와 직접 실행할 수 있다. 또한 신호는 서비스를 종료시키기 위해 시작된 네트워크일 것이다. 세션 관리 및 라우팅 기능은 IMS에서 단말의 등록을 제어하는 CSCF에 의해 처리된다. 그러한 목적으로 그들은 적절한 정보를 얻기 위해 데이터베이스와 신호를 주고받는다. CSCF는 IMS의 단말 서비스 세션을 제어하며, 그 목적을 위해 그들은 하나 혹은 그 이상의 서비스 요소와 통신을 해야 한다. 이는 문제의 서비스를 제공하기 위해 어떠한 연결이 필요한지 알아내는 과정이고, 이후 연결 계층은 해당 요청을 운반 자원으로 만드는 Rx 인터페이스를 통한다. 마침내 CSCF는 상호작동 요소 하나 혹은 여러 개와 네트워크의 상호 연결을 조절하기 위해 신호를 주고받을 필요가 있다. UP 흐름이 IMS 요소 중 하나를 통해 전달될 때마다 IP 네트워크에 IMS를 연결하는 MB 인터페이스를 통해 이루어진다. 다음 절은 그림 3.19에 강조된 기능 그룹의 주요 기능에 대해 소개한다.

세션 관리 및 라우팅이나 내부 작업에 대한 책임이 있는 대부분의 IMS 요소는 충전 정보를 수집하는데 참여한다. Rf와 Ro 인터페이스는 주요 IMS 충전 인터페이스이다(3.7.1절 참조). 편의를 위해 충전 관련 노드와 인터페이스는 그림 3.19에 나타나 있지 않다.

3.6.2 세션 관리와 라우팅

호 상태 제어 기능(CSCF: Call State Control Function)은 단말과 IMS 간 SIP 시그널링의 중심요소이며, 이는 서비스 세션 관리와 IMS의 등록을 담당한다. 등록은 인증을 포함한다. 최초 인정방법은 인터넷 프로토콜 기반의 멀티미디어 서비스 제공 규격-인증 및 키 일치(IMS-AKA[39])이지만 http digest[40]같은 다른 방법도 사용된다. CSCF는 동일 노드간 혹은 Mw 인터페이스에 의해 연결된 서로 다른 노드들 사이의 세 가지 역할이 정의되는데, 이들 모두는 SIP 신호 처리에 관련된 단말과 연관되어 있다.

- 서빙-호 상태 제어 기능(S-CSCF: Serving CSCF)는 사용자의 홈 네트워크에 존재하고, 이는 사용자의 등록과 세션 관리를 유지한다. 등록은 인증 정보를 포함한 가입프로필을 받을 HSS와 작용하여 단말을 인증한다. 서비스 세션에 대해 S-CSCF 신호는 다른 CSCF를 통해 단말과 신호를 주고 받는 서비스 세션의 소유권을 정하기 위해 애플리케이션 서버 또는 멀티미디어 자원기능 관리자(MRFC)와 작용할 수 있다. 이는 또한 내부에서 작동하는 요소들을 조절하는 데에 주요 책임을 가진다. S-CSCF는 또한 CS 네트워크에서 내부 작동을 위한 미디어 게이트 웨이 제어 기능(MGCF)과 작용할 필요가 있을 수 있고, 단말 요청 서비스를 위한 다른 멀티미디어 네트워크와 작용할 수도 있다.
- 조회용-호 상태 제어기능(I-CSCF: Interrogating CSCF)는 홈 네트워크의 가장자리에 존재하고, 이는 단말의 등록 상태를 찾는 것을 담당하고 있으며, 새로운 S-CSCF를 할당하거나 올바르게 존재하는 S-CSCF를 라우팅하는 것도 담당하고 있다. 요청은 프록시-호 상태 제어기능(P-CSCF: Proxy CSCF)에서 올 수 있고, 다른 멀티미디어 네트워크 혹은 미디어 게이터 웨

이 제어 기능(MGCF: Media Gateway Control Function)을 통한 CS 네트워크에서 올 수 있다. 또한 I-CSCF는 서비스 관리를 위해 응용 서버(AS)와 상호작용할 필요가 있을 수 있다. Ma 인터페이스는 이것을 위해 사용되고, 이때 공공 서비스 식별자(PSI)는 서비스를 확인하는 데에 쓰이고, I- CSCF는 적절한 AS에게 요청을 직접 라우트할 수 있다.

- P-CSCF는 단말이 작용하는 가장 가까운 IMS 노드이고, 이는 EPS같은 IP 연결 계층을 조정하는 데 연관된 모든 기능에 책임이 있다. 이러한 목적으로 P-CSCF는 3.7.1절에 나오는 PCC 개념을 위한 논리 요소인 응용기능(AF)을 포함하고 있다. P-CSCF는 일반적으로 EPS와 같은 네트워크에 있지만 릴리즈-8(Rel-8)은 지역 브레이크아웃 컨셉이라 불리는 P-CSCF를 홈 네트워크에 두고 방문된 네트워크의 자원정책과 과금기능(PCRF)은 여전히 사용하는 것을 포함하고 있다.

위에서 언급한 세 가지 CSCF 역할에 더해서, 네 번째 역할인 비상용-호 상태 제어기능(E-CSCF: Emergency CSCF)이 정의된다. 이름에서 알려주듯이 E-CSCF는 IMS에서의 긴급통화를 다루는 전용이다. E-CSCF는 Mw 인터페이스를 통해 P-CSCF에 연결하며, 이 노드들은 항상 같은 네트워크상에 있어야 한다. 추가적으로, E-CSCF는 Mi 인터페이스를 통해 위치 갱신기능(LRF)에 연결된다. LRF는 단말의 위치와 적절한 긴급통화를 라우트하기 위한 라우팅 정보를 제공할 수 있다. E-CSCF와 LRF는 단순함을 위해 그림 3.19에는 표현되지 않았다.

CSCF는 Mw 인터페이스로 서로에게 연결되어 있고, Mm 인터페이스를 통해 다른 멀티미디어 네트워크와 연결되어 있다. 다른 교환원 네트워크에 있는 CSCF 간 내부 연결은 상호연결 경계 제어 기능(IBCF)이라고 하는 공통점에 의해 라우트될 수 있다. 이는 3.6.5절에서 설명한다.

3.6.3 데이터베이스

홈 가입자 서버(HSS)는 IMS에서 사용되는 주된 데이터베이스이다. HSS는 가입 데이터의 마스터 복사본을 포함하고 있으며, IP 연결 계층과 동일한 방식으로 사용된다. 이것은 I- 또는 S-CSCF, 또는 AS의 요청에 따라 위치 및 인증 정보를 제공한다. HSS와 서비스 요소 사이의 인터페이스는 서비스 요소의 유형에 따라 Sh 또는 Si 중 하나이다. Sh 인터페이스는 SIP 또는 지능망과 인터넷의 연동서비스를 위해 제공된 접속 환경(OSA) 서비스 능력 서버의 경우에 사용되고 Si는 AS가 요구되는 이동용 네트워크의 기능 향상된 논리를 위한 맞춤형 애플리케이션(CAMEL)일 때 사용된다.

하나 이상의 주소 지정 HSS가 있을 때 가입자 등록 위치 통보기능(Subscription Locator Function: SLF)이라 하는 다른 데이터베이스가 올바른 HSS를 찾기 위해 사용될 수 있다.

3.6.4 서비스 구성요소

실제 서비스 로직은 애플리케이션 서버(Application Servers: AS) 안에 위치해 있다. 다른 다양한 서비스가 다른 애플리케이션 서버들 사이에 제공될 수 있고, 표준은 모든 가능한 서비스 포함을 목표로 하지 않는다. 주요 서비스 중 일부는 로밍에서 사업자들 사이에 쉽게 망연동을 촉진하고 일관된 사용자 경험을 제공하기 위해 포함된다. AS 표준화의 한 예로 IMS VoIP 서비스를 제공하기 위해서 사용되는 전화 응용 프로그램 서버(Telephony Application Server: TAS)가 있다.

서비스의 미디어 구성요소는 별도의 멀티미디어 자원 기능 관리자(MRFC)와 멀티미디어 자원 기능 프로세서(MRFP)로 정의되는 멀티미디어 자원 기능(Multimedia Resource Function: MRF)에 의해 처리될 수 있다. UP는 공지사항 알림뿐만 아니라 회의 및 트랜스 코딩을 위한 MRFP를 통해 전달될 수 있다. 조정을 위해 MRFC도 관련된 AS에 연결될 수 있다.

3.6.5 망연동 구성요소

IMS가 다른 IMS 네트워크, 또는 CS 네트워크와 같은 다른 네트워크와 상호 운용할 때 망연동 구성요소가 필요하다. 다음은 표준화된 망연동 구성요소의 중요 기능이다.

- 브레이크아웃 게이트웨이 제어 기능(Breakout Gateway Control Function: BGCF)은 CS 네트워크와 망연동이 필요할 때 사용되고, 이것은 상호접속이 이루어질 때 선택을 위한 책임이 있다. 브레이크아웃이 동일한 네트워크에 발생하는 경우는 미디어 게이트웨이 제어기능(MGCF)을 선택할 수 있다, 또는 다른 네트워크의 다른 BGCF에 요청을 전달할 수 있다. 이 상호작용은 상호연결 경계제어 기능(Interconnection Border Control Function : IBCF)을 통해 전달할 수 있다.
- 사업자 간 상호연결이 네트워크 안에서 토폴로지를 숨기는 정의된 점을 통해 전달하고자 할 때 상호연결 경계제어 기능(IBCF)이 사용된다. IBCF는 CSCF 또는 BGCF 사이의 상호 연결에 사용되고 UP에서 같은 기능을 위해 사용되는 변환 게이트웨이(Transition Gateway: TrGW)의 제어에 있다. IBCF-TrGW 인터페이스가 릴리즈 8에서 완전히 지정되지 않은 것을 주의한다. 다른 사업자들의 통신망에서 IBCF와 TrGW는 각각 Ici와 Izi를 통해 서로 상호 연결되어 있고 그들은 함께 IMS 네트워크간 인터페이스(II-NNI)에 상호 IMS 네트워크를 구성할 수 있다.
- 미디어 게이트웨이 제어기능(MGCF)과 IMS-게이트웨이(IMS-MGW)는 GERAN 또는 UTRAN을 위한, 혹은 PSTN/ISDN을 위한 CS 도메인과 기존의 3GPP 네트워크 같은 CS 네트워크에 망연동을 위한 CP와 UP 노드이다. 수신과 발신 IMS VoIP 통화 둘 다 필요한 신호 망연동과 다른 음성코딩 방식 사이의 변환을 지원한다. MGCF는 CSCF 또는 BGCF 중 하나의 제어에 사용할 수 있다.

3.7 PCC and QoS

3.7.1 PCC

자원 정책과 과금제어(PCC)는 릴리즈 8 LTE/SAE 시스템의 사용자 서비스의 핵심이다. 그것은 일관적이며 제어 가능한 형태로 연결과 관련된 서비스를 다루는 방식을 제안한다. 그것은 특정 서비스에 대해 베어러 자원을 어떻게 할당할지와 서비스 플로우가 베어러에게 어떻게 할당되며 베어러들이 어느 정도의 서비스 품질(QoS)을 얻을 수 있는지, 그리고 어느 종류의 요금이 적용되는지를 결정한다. 오퍼레이터가 매우 간단한 QoS 모델을 사용할 경우, 정적인 매개변수 구성만으로도 서비스가 가능하나 릴리즈 8의 PCC는 각 서비스 및 각 사용자마다 개별적으로 유동적인 매개변수 구성이 가능하도록 하고 있다.

PCC 함수들은 [5]에 정의되어 있으며 PCC 시그널링 과정과 QoS 매개변수 설정과정은 [41]에 정의되어 있다. 그림 3.20은 PCC 함수와 PCC 함수가 특정 네트워크에 적용되었을 때 기본 구조 상의 인터페이스를 보여준다.

릴리즈 8에서 서비스 플로우를 구성하는 우선적인 방법으로는 단말이 우선 서비스 레이어에서 서비스를 요청한 후, 그 레이어에 존재하는 애플리케이션 기능이 자원 정책과 과금제어 결정 기능과 접촉하게 된다. 과금제어 결정 기능은 PCC가 서비스를 하기 위해 사용하는 것들을 결정하는 것을 담당한다. 만약, 가입자 특별(subscriber specific) 정책이 사용될 경우, PCRF는 가입자 프로필 저장소를 통해 가입과 관련된 정책에 대한 정보를 요구할 것이다. 가입자 프로필 저장소(SPR) 구조에 대한 보다 구체적인 설명 및 HSS와 Sp 인터페이스와의 관계에 대해서는 릴리즈 8에서는 명시되지 않고 있다. 앞서 내린 결정들을 바탕으로 PCRF는 적적한 PCC 방식을 만들어낸다.

만약 P-GW와 S-GW 간의 인터페이스가 이동통신 세계화시스템(GTP)에 기반할 경우, PCRF는 PCC 방식이 P-GW 내에서 자원 정책 수행과 과금제어 수행 기능(PCEF)으로 동작하도록 한다. 예를 들어, 지정된 베어러들을 구성하거나 기존에 존재하는 베어러들을 수정하여 새로운 IP 서비스를 각 베어러들에게 매핑하되 오직 인증된 서비스만을 허용하고 QoS 제한을 만족하도록 한다. 이 경우 그림 3.20에 나오는 Gxx 인터페이스는 적용되지 않는다.

만약, P-GW와 AN 사이의 인터페이스가 프록시 이동성 인터넷 프로토콜(PMIP)에 기반할 경우 P-GW로부터 베어러 레벨 정보는 없으며, PCRF는 QoS 기준의 개별적인 모임을 만들어내며, 베어러들은 우선 BBERF로 보내져 IP 서비스에 매핑되게 된다. AN 종류에 따라 BBERF는 S-GW, 신뢰되는 비3GPP AN, 예를 들어, HSGW(S2a), EPDG(S2b)에서 이루어진다. 또한, 이 경우 PPC 방식 역시 PCEF로 전송되며 서비스 플로우 및 QoS 향상에 사용된다.

또한 릴리즈 8에서는 EPS 내에서 단말 최초의 베어러 동작을 지원한다. 이는 단말 및 지원하는 네트워크가 할 수 있는 서비스가 정의되지 않은 상황에 적용할 수 있다. 이 경우 AN 및 BBERF와 같은 단말 신호는 PCRF에 서비스 자원을 요청한다. PCRF가 PCC 방식을 만들어내

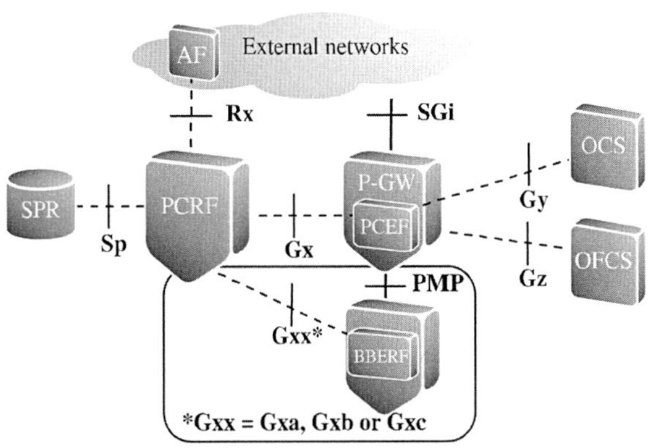

그림 3.20 기본 PCC 기능

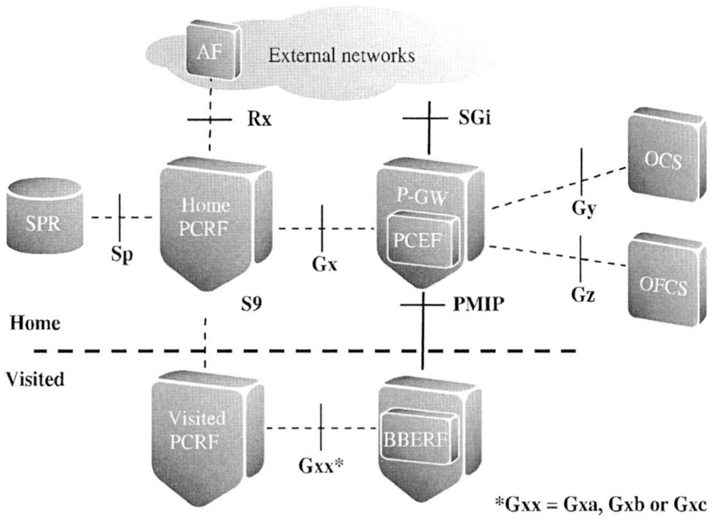

그림 3.21 PMIP에 기반한 로밍 인터페이스에서의 PCC 기능

며 이러한 방식은 위에서 설명된 바와 같다.

PCC 표준은 두 가지 과금 인터페이스 Gy, Gz를 정의하며 이는 각각 온라인과 오프라인 과

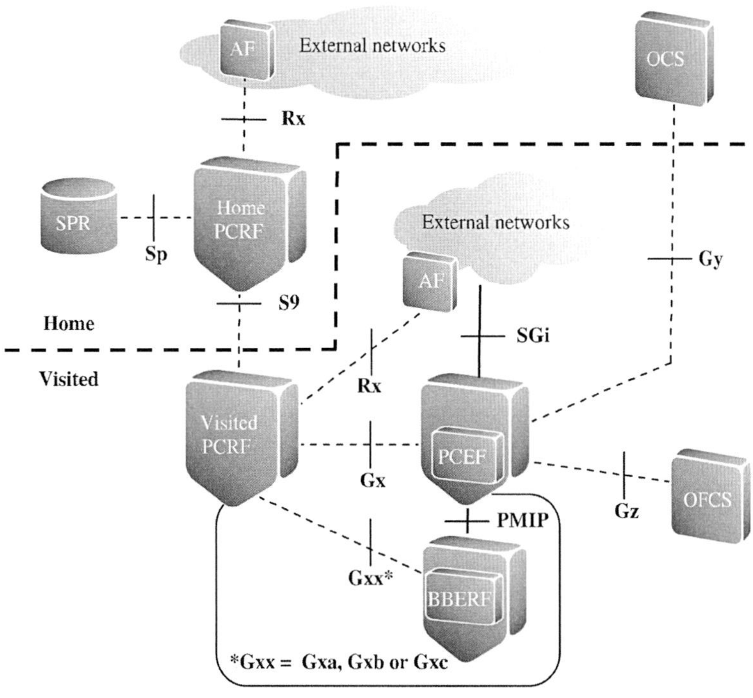

그림 3.22 지역 브레이크아웃 모델에서 로밍하는 동안 PCC 기능

금에 이용된다. Gy 인터페이스는 PCEF를 온라인 과금 시스템에 연결하여 온라인 방식으로 플로우 기반의 청구 정보 전달 및 제어에 이용된다. Gz 인터페이스는 P-GW와 오프라인 과금 시스템(OFCS) 사이에서 사용되며 오프라인 방식으로 과금 기록이 통합될 때 사용된다. 과금 명시사항들은 Gy 인터페이스가 [44]에서 정의된 실시간 신용 통제를 하기 위한 Diameter 프로토콜 애플리케이션(Diameter Credit-Control Application)을 사용하는 Ro 인터페이스와 동등하도록 정의한다. Gz 인터페이스의 경우 앞서 언급하기 위한 Diameter 신용통제 애플리케이션에 의존하는 Rf 인터페이스에 기반하거나 혹은 3GPP에서 정의한 GTP 프로토콜을 사용하는 Ga 인터페이스에 기반한다. 또한 Ro, Rf 인터페이스는 IMS 상에서 과금하는 데 사용되기도 한다.

PCEF/P-GW와 BBERF의 제어 하에 PCRF는 대개 동일한 오퍼레이터의 네트워크상에 존재한다. 로밍의 경우 서로 다른 네트워크상에 존재하며, PCRF 간의 S9 인터페이스는 국부적 PCRF를 사용할 수 있게 한다. S9 인터페이스는 [9]에 정의되어 있으며, PCRF 간에 정보를 전송하기 위해서 Rx, Gx, GXX 인터페이스의 응용되는 부분을 재사용한다.

S9이 사용될 때 두 가지 경우의 수를 고려할 수 있다. 첫째는 그림 3.21에 나타나듯이 로밍 인터페이스가 PMIP에 기반하고, PCEF와 BBERF는 서로 다른 네트워크상에 존재하는 경우이다. 이러한 상황에서 트래픽은 홈 네트워크에 라우팅된다. 둘째는 그림 3.22와 같이 지역 브레이크아웃 모델을 사용하며, P-GW는 방문 네트워크에 존재하게 된다. AF와 Rx 인터페이스는 서비스를 제공하는 동일한 네트워크에서 사용된다. OCS는 홈 네트워크상에 존재한다. 앞서 설명된 것과 같이 개별적 BBERF와 Gxx 인터페이스는 오직 PMIP가 방문 네트워크상의 P-GW에서 사용될 때만 적용된다.

표 3.7은 인터페이스, 프로토콜과 관련된 PCC 및 그들이 명시된 표준을 나열하고 있다.

3.7.2 QoS

SAE 베어러 모델과 QoS 개념의 발달은 기존의 UTRAN 접속 같은 3GPP 시스템들을 비교하면 개선이 있어야 하고 기존 모델에는 당연히 보장되지 않아야 한다는 가정에서 시작하였다. 몇 가지 영역이 이미 확인되었다. 운영자가 기존 3GPP 시스템에서 QoS를 사용하는 것은 쉽지

표 3.7 PCC 인터페이스

Interface	Protocols	Specification
Gx	Diameter/SCTP/IP	29.212 [13]
Gxx (Gxa or Gxc)	Diameter/SCTP/IP	29.212 [13]
Rx	Diameter/SCTP/IP	29.214 [14]
S9	Diameter/SCTP/IP	29.215 [45]
Sp	*Not defined in Release 8*	*N.A.*
Gy =		32.240 [42]
Ro	Diameter/SCTP/IP	32.299 [46]
Gz =		32.251 [43]
Rf or	Diameter/SCTP/IP or	32.295 [47] or
Ga	GTP'/UDP or TCP/IP	32.299 [46]

않았다. QoS 속성의 다양한 세트는 사용할 수 있지만, 응용계층에서 어느 정도의 연결이 끊어져서 올바른 방법으로 속성을 구성하기는 쉽지 않았다. 이 문제는 단말이 베어러를 위한 QoS 속성을 설정하는 책임이 있다는 사실에 의해서 강조된다. 또한, 베어러 모델은 많은 계층과 동일한 정보에 대한 각 신호를 가지고 있다. 따라서 그것은 단지 SAE를 위해 QoS 변수와 표준화된 특성의 감소된 집합이 지정될 것이라고 동의했다. 또한 네트워크 자원 관리가 전적으로 네트워크에 제어되도록 설정 로직 베어러를 돌리기로 결정했고, 네트워크는 변수가 설정되는 방법을 결정하고 주요 베어러 설정 로직은 네트워크에서 단말 및 모든 중간 네트워크 요소에 하나의 신호 처리로 구성한다.

SAE 베어러 모델의 결과는 그림 3.23에 표시되었다. 베어러 모델 자체는 GPRS 베어러 모델과 매우 유사하지만 더 적은 계층이 있다. EPS는 항상 켜짐 개념을 지원한다. 시스템에 등록된 각 단말은 이용가능한 기본 베어러라 불리는 적어도 하나의 베어러를 가지기 때문에 연속적인 IP 연결성이 제공된다. 기본 베어러는 매우 기본적인 QoS 능력을 가지지만 추가적인 베어러들은 더 엄격한 QoS를 필요로 하는 서비스에 대한 요구에 맞춰 설정될 수 있다. 이들을 전용 베어러라 한다. 네트워크는 동일한 EPS 전달자와 QoS 특성을 일치하는 몇 가지 IP 흐름을 매핑할 수 있다.

베어러 설정 로직은 단말이 첫 신호를 응용계층과 기본 베어러 위에서 단말 간 서비스를 설정하기 위한 IMS에서와 같이 운영자 서비스 클라우드에서 응용 서비스까지 보낼 수 있는 동작을 한다. 이 신호는 QoS 변수 혹은 알려진 서비스의 간단한 표시를 포함할 수 있다. PCC 인프라를 통해서 AS는 해당 EPS 베어러의 설정을 요청한다. 이 EPS 베어러 계층에 대한 별도의 신호처리는 없지만, EPS 베어러는 낮은 층, 즉 S5/S8 베어러, S1 베어러 그리고 라디오 운반에 대한 신호와 함께 설정되어 있다. 게다가 eNodeB는 업링크에서 무선 인터페이스 전송을 제어하기 위한 책임이 있기 때문에 단말은 기본 정보를 아주 빤 기반으로 작동할 수 있다. 베어러 설정에서 네트워크 방향에 대한 전체적인 목표는 단말의 QoS 지식과 구성에 대한 필요성을 최소화하는 것이다.

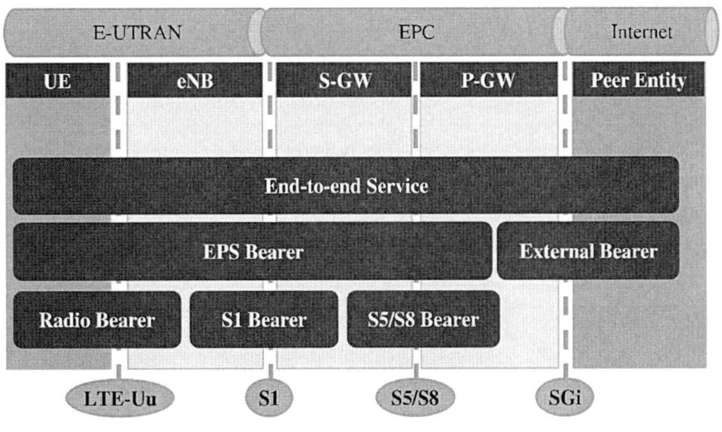

그림 3.23 SAE 베어러 모델

또한 QoS 변수는 SAE를 위해 최적화되었다. 신호의 QoS 변수의 제한된 집합이 다음 사양에 포함되어 있다.

- 서비스 품질 분류 식별자(QCI): QCI는 우선순위, 딜레이, 전송률 손해를 의미하는 세 가지 QoS 속성을 나타내는 지표를 의미한다. 10가지 분류는 보장 비트율 베어러와 비 보장 비트율 베어러의 두 가지 카테고리로 나눈다. 게다가, 오퍼레이터들은 네트워크상에서 적용 가능한 고유분류를 만들어낼 수 있다. 표준 QCI 분류와 각 분류의 매개변수 값은 표 3.8에 기술되어 있다.
- 할당 또는 보류 우선순위(ARP): ARP는 베어러들의 우선순위를 나타낸다. 만약 베어러가 서로 떨어져야 하는 상황이 요구될 때 이것은 베어러 구성을 통제하기 위한 기반과 몇 가지 밀집된 상황을 제공한다.
- 최대 비트 전송률(MBR): MBR는 베어러의 최대 비트 전송률을 나타낸다. 릴리즈 8에서는 MBR과 GBR의 구별을 요구하지 않으며 MBR 값은 항상 GBR과 같도록 설정한다.
- 보장된 비트 속도(GBR): GBR은 베어러에게 보장되는 비트 속도를 의미한다.
- 통합 최대 비트율(AMBR): 많은 IP 플로우가 동일한 베어러에 연결되는 경우 AMBR은 하나의 단말이 동일한 PDN 연결 상의 모든 베어러에서 얻을 수 있는 최대 비트 속도를 의미한다.

표 3.8은 QCI 분류를 구성하는 QoS 매개변수를 보여주며, 총 9개의 표준 분류를 나타낸다. QoS 매개변수는 다음과 같다.

- 자원 종류: 이 값은 어느 분류가 그들과 관계된 GBR을 갖는지를 나타낸다.
- 우선순위: 패킷 스케줄링을 위한 우선순위를 정의하는 데 사용된다.
- 딜레이 비용: 패킷 스케줄러가 베어러의 딜레이 한도를 만족하는 충분한 스케줄링 속도를 보장하도록 도와준다.
- 손해율: 적절한 무선링크제어(RLC) 세팅, 즉 재전송의 수를 정하는 데 사용된다.

표 3.8 QCI를 위한 QoS 매개변수

QCI	Resource type	Priority	Delay budget	Loss rate	Example application
1	GBR	2	100 ms	1e-2	VoIP
2	GBR	4	150 ms	1e-3	Video call
3	GBR	5	300 ms	1e-6	Streaming
4	GBR	3	50 ms	1e-3	Real time gaming
5	Non-GBR	1	100 ms	1e-6	IMS signalling
6	Non-GBR	7	100 ms	1e-3	Interactive gaming
7	Non-GBR	6	300 ms	1e-6	Application with TCP:
8	Non-GBR	8			browsing, email, file
9	Non-GBR	9			download, etc.

참고문헌

[1] 3GPP TS 23.401, 'General Packet Radio Service (GPRS) enhancements for Evolved Universal Terrestrial Radio Access Network (E-UTRAN) access (Release 8)'.
[2] 3GPP TS 23.402, 'Architecture enhancements for non-3GPP accesses (Release 8)'.
[3] M. Poikselk¨a et al., 'The IMS: IP Multimedia Concepts and Services', 2nd edition, Wiley, 2006.
[4] 3GPP TS 33.401, ''Security Architecture (Release 8)'.
[5] 3GPP TS 23.203, 'Policy and charging control architecture (Release 8)'.
[6] 3GPP TS 36.413, 'Evolved Universal Terrestrial Radio Access (E-UTRA) and Evolved Universal Terrestrial Radio Access Network (E-UTRAN); Overall description (Release 8)'.
[7] 3GPP TS 36.423, 'Evolved Universal Terrestrial Radio Access Network (E-UTRAN); X2 Application Protocol (X2AP) (Release 8)'.
[8] 3GPP TS 29.274, 'Evolved GPRS Tunnelling Protocol (eGTP) for EPS (Release 8)'.
[9] 3GPP TS 36.413, 'Evolved Universal Terrestrial Radio Access (E-UTRA); S1 Application Protocol (S1AP) (Release 8)'.
[10] 3GPP TS 29.275, 'PMIP based Mobility and Tunnelling protocols (Release 8)'.
[11] 3GPP TS 29.061, 'Inter-working between the Public Land Mobile Network (PLMN) supporting packet based services and Packet Data Networks (PDN) (Release 8)'.
[12] 3GPP TS 29.272, 'MME Related Interfaces Based on Diameter Protocol (Release 8)'.
[13] 3GPP TS 29.212, 'Policy and charging control over Gx reference point (Release 8)'.
[14] 3GPP TS 29.214, 'Policy and charging control over Rx reference point (Release 8)'.
[15] 3GPP TS 24.301, 'Non-Access-Stratum (NAS) protocol for Evolved Packet System (EPS) (Release 8)'.
[16] H. Holma, A. Toskala, ' WCDMA for UMTS – HSPA Evolution and LTE', 5th edition, Wiley, 2010.
[17] T. Halonen, J. Romero, J. Melero, 'GSM, GPRS and EDGE Performance: Evolution Towards 3G/UMTS', 2nd edition, Wiley, 2003.
[18] 3GPP TS 23.060, 'General Packet Radio Service (GPRS); Service description; Stage 2 (Release 8)'.
[19] 3GPP TS 23.272, 'Circuit Switched (CS) fallback in Evolved Packet System (EPS); Stage 2 (Release 8)'.
[20] 3GPP TS 23.216, 'Single Radio Voice Call Continuity (SRVCC); Stage 2 (Release 8)'.
[21] 3GPP TS 29.118, 'Mobility Management Entity (MME) – Visitor Location Register (VLR) SGs interface specification (Release 8)'.
[22] 3GPP TS 29.280, '3GPP EPS Sv interface (MME to MSC) for SRVCC (Release 8)'.
[23] 3GPP TS 33.402, 'Security aspects of non-3GPP accesses (Release 8)'.
[24] IETF Internet-Draft, draft-arkko-eap-aka-kdf, 'Improved Extensible Authentication Protocol Method for 3rd Generation Authentication and Key Agreement (EAP-AKA)'. (J. Arkko, V. Lehtovirta, P. Eronen) 2008.
[25] 3GPP TS 23.234, '3GPP system to Wireless Local Area Network (WLAN) interworking; System description (Release 7)'.
[26] IETF RFC 4306, 'Internet Key Exchange (IKEv2) Protocol.' C. Kaufman, Editor, 2005.
[27] 3GPP TS 24.303, 'Mobility management based on Dual-Stack Mobile IPv6 (Release 8)'.
[28] 3GPP TS 29.273, 'Evolved Packet System (EPS); 3GPP EPS AAA interfaces (Release 8)'.
[29] 3GPP TS 24.302, 'Access to the Evolved Packet Core (EPC) via non-3GPP access networks (Release 8)'.
[30] 3GPP TS 24.304, 'Mobility management based on Mobile IPv4; User Equipment (UE) – foreign agent interface (Release 8)'.
[31] 3GPP2 Specification X.P0057, 'E-UTRAN – HRPD Connectivity and Interworking: Core Network Aspects (2008)'.
[32] 3GPP2 Specification X.P0022, 'E-UTRAN – HRPD Connectivity and Interworking: Access Network Aspects (E-UTRAN – HRPD IOS) (2008)'.
[33] 3GPP TS 29.276, 'Optimized Handover Procedures and Protocols between EUTRAN Access and cdma2000 HRPD Access (Release 8)'.
[34] 3GPP TS 29.277, 'Optimized Handover Procedures and Protocols between EUTRAN Access and 1xRTT Access (Release 8)'.
[35] 3GPP2 Specification A.S0008-C, 'Interoperability Specification (IOS) for High Rate Packet Data (HRPD) Radio Access Network Interfaces with Session Control in the Access Network (2007)'.
[36] 3GPP TS 23.002, 'Network architecture (Release 8)'.

[37] 3GPP TS 23.228, 'IP Multimedia Subsystem (IMS); Stage 2 (Release 8)'.
[38] 3GPP TS 24.229, 'IP multimedia call control protocol based on Session Initiation Protocol (SIP) and Session Description Protocol (SDP); Stage 3 (Release 8)'.
[39] 3GPP TS 33.203, '3G security; Access security for IP-based services (Release 8)'.
[40] IETF RFC 2617, 'HTTP Authentication: Basic and Digest Access Authentication', J. Franks, P. Hallam-Baker, J. Hostetler, S. Lawrence, P. Leach, A. Luotonen, L. Stewart (1999).
[41] 3GPP TS 29.213, 'Policy and Charging Control signalling flows and QoS parameter mapping (Release 8)'.
[42] 3GPP TS 32.240, 'Telecommunication management; Charging management; Charging architecture and principles (Release 8)'.
[43] 3GPP TS 32.251, 'Telecommunication management; Charging management; Packet Switched (PS) domain charging (Release 8)'.
[44] IETF RFC 4006, 'Diameter Credit-Control Application', H. Hakala, L. Mattila, J.-P. Koskinen, M. Stura, J. Loughney (2005).
[45] 3GPP TS 29.215, 'Policy and Charging Control (PCC) over S9 reference point (Release 8)'.
[46] 3GPP TS 32.299, 'Telecommunication management; Charging management; Diameter charging applications (Release 8)'.
[47] 3GPP TS 32.295, 'Telecommunication management; Charging management; Charging Data Record (CDR) transfer (Release 8)'.

CHAPTER

4

OFDMA와 SC-FDMA 설명 그리고 LTE에서의 MIMO 소개

4.1 소개

마찬가지로 제1장에서 설명한 LTE 다중 액세스는 WCDMA의 다중 액세스와는 다르다. LTE에서는 다운링크 다중 접속은 직교 주파수 분할 다중 접속(OFDMA) 및 업링크 다중 접속은 단일 반송파 주파수 분할 다중 접속(SC-FDMA)을 기반으로 한다. 이 장에서는 선택 배경과 SC-FDMA 및 OFDMA 모두에 대한 작업 기초에 대해 소개할 것이다. 다중 안테나 방식(MIMO: Multiple Input Multiple Output) 기술을 사용하는 LTE 다중 안테나 전송의 기본 원리도 소개한다. 이 장의 목적은 지나치게 수학적이지 않은 방식으로 서술하여 다중 접속 원칙을 설명하는 것이다. OFDMA와 SC-FDMA를 다룰 수 있는 다른 다양한 접근기법의 수학적 방법은 선택된 두 개의 참고문헌에서 제공된다.

4.2 LTE 다중 접속 배경

단일 반송파(SC) 전송 정보는 변조된 하나의 반송파이고, 캐리어 또는 두 가지 모두의 위상이나 진폭의 조정을 의미한다. 주파수 또한 조정될 수 있지만 LTE에 영향을 미치지 않는다. 디지털 시스템에서 데이터 속도와 심벌 속도는 더 높아져야 하기 때문에 대역폭도 높다. 간단한 직교 위상 진폭 변조(QAM)를 사용하여 원리를 설명한 [1]에서 예를 보면, 송신기는 변조 심벌당 원하는 비트수를 전달하기 위한 신호를 조정한다. 그 결과 스펙트럼 파형은 그림 4.1과 같이 펄스 파형에 의해서 영향을 받는 스펙트럼 마스크를 가진 단일 캐리어 스펙트럼과 같다.

주파수 분할 다중 접속(FDMA) 원칙에 따라 다른 사용자는 다른 캐리어 또는 하위 캐리어를 사용하거나, 그림 4.2와 같이 다음에 액세스하려면, 시스템은 동시에 다른 중심 주파수 주위에 자신의 데이터를 변조할 것이다. 케어는 현재 케리어 간에 과도한 간섭이 없도록 하는 방법, 또는 사용자 간에 광범위한 가드 밴드를 사용하지 않도록 하는 방법으로 파형을 만들어야 한다.

데이터가 한 송신기의 다른 하위 캐리어들로 나누어지는 다중 캐리어 원리의 사용이 그림 4.3에 나타난다. 그림 4.3의 예시는 실제 해법(예를 들면 나중에 제시된 것과 같은)을 위한 서브캐리어의 숫자가 큰 적용에서 고속 푸리에 역변환(IFFT)으로 대체되는 필터 뱅크를 가지고

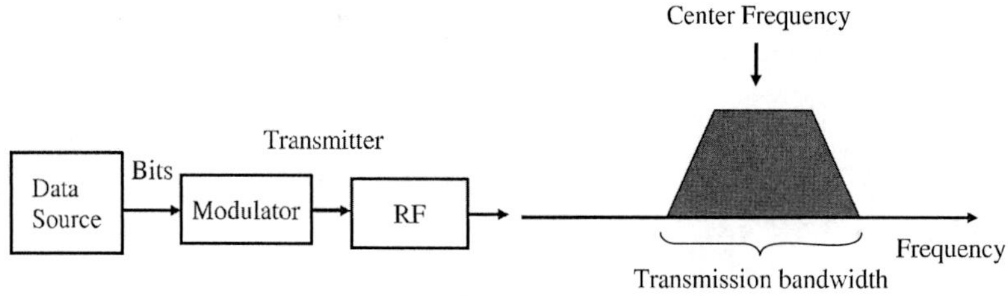

그림 4.1 싱글 캐리어 송신기

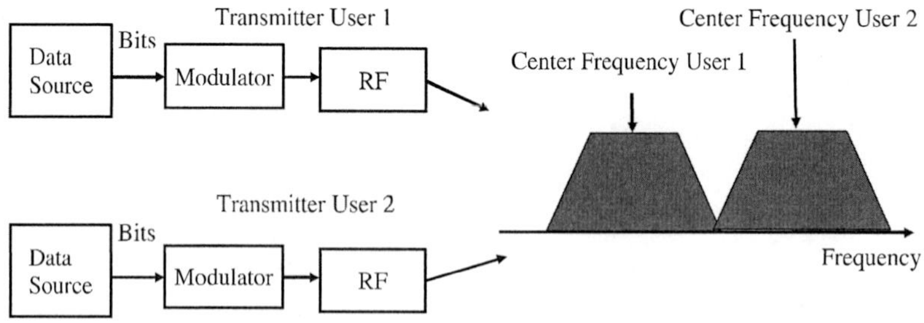

그림 4.2 FDMA 원리

있다. 이웃하는 하위 캐리어 사이에는 일정한 간격이 있다. 다중 캐리어에 대한 접근법 중 하나는 듀얼 캐리어 WCDMA(듀얼 셀 HSDPA, 13장에서 다룸)이다. 이것은 두 개의 WCDMA 캐리어를 서로에게 보내지만 높은 스펙트럼 효율을 위해 추후에 설명된 원리를 이용하지는 않는다.

가능한 가드 밴드 요구의 결과로부터 비효율을 해결하기 위해 접근은 다른 전송사이에 직교성을 얻는 방법으로 시스템 매개변수를 선택하는 것과 서로 간섭을 하지 않지만 여전히 주파수 도메인에서 스펙트럼은 겹쳐질 수 있는 하위 캐리어를 만드는 것이다. 이것은 각 하위 캐리어의 중심 주파수가 주파수 도메인에서 차이를 가지는 집합으로부터 선택되고 인접하는 하위 캐리어는 정해진 하위 캐리어의 샘플링 순간에 값 0을 가지는 직교 주파수 분할 다중화(OFDMA) 원리로 이루어지는 것이다. LTE를 위해 부반송파 사이의 일정한 주파수 차이는 릴리즈 8에서

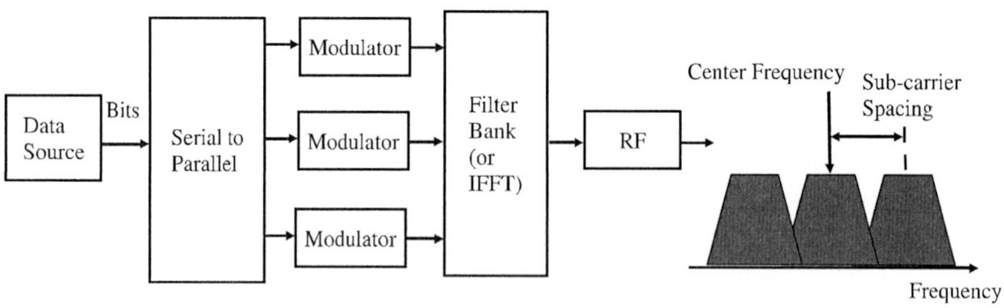

그림 4.3 멀티 캐리어 원리

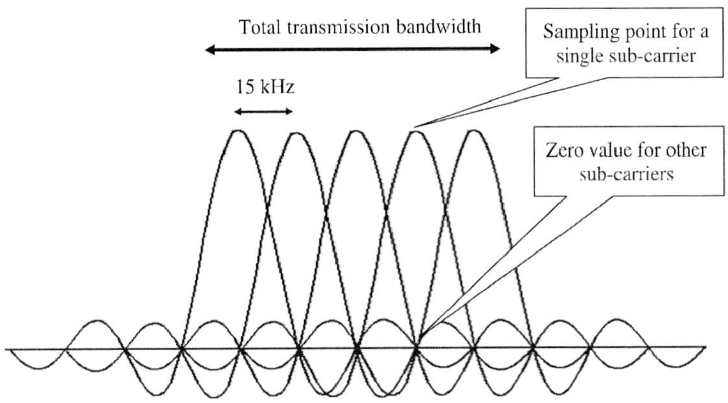

그림 4.4 하위 캐리어들의 직교성

15 kHz로 선정되었다(7.5 kHz에서의 대안은 모바일 TV와 같은 방송 애플리케이션과 관련하여 차기 릴리즈에서 지원할 계획이다).

OFDMA의 기본 원리는 이미 1950년대 시스템은 아날로그 기술을 사용하고 구성요소 변형 및 온도 범위의 기능은 사소한 문제가 아니라 같은 부반송파가 직교 체류하게 되었다고 알려졌다. 통신을 위한 디지털 기술이 널리 사용되기 때문에 OFDMA는 더 실현 가능한 소비자 사용을 위해 합리적이게 되었다. 최근 몇 년 동안 OFDMA 기술은 광범위하게 디지털 TV(DVB-T 및 DVB-H)에서뿐만 아니라 무선 근거리 통신망(WLAN) 응용 프로그램에서 많은 영역으로 채택되었다.

OFDMA 원리는 단지 LTE 다중 액세스의 업링크 부분에 사용되었다. 마찬가지로 SC- FDMA는 다음 절에서 설명할 것인데 높은 스펙트럼 효율을 달성하기 위한 업링크 방향으로 OFDMA 원칙 중 많은 것을 사용했다. 현재 형태와 이 장 다음 단원에서 다루고 있는 SC-FDMA는 참조안과 [2]에 제시한 것과 같이 1990년대 후반부터 출판된 더 새로운 기술이다.

LTE 및 기타 시스템에서 OFDMA에 대한 전반적인 동기는 다음과 같은 특성 때문이다.

- 주파수 선택 페이딩 채널에 좋은 성능
- 베이스 밴드 수신기의 낮은 복잡도
- 좋은 분광 특성과 여러 대역폭의 취급
- 링크 적응 및 주파수 도메인 예약
- 고급 수신기와 안테나 기술과 호환성

이러한 혜택들은 오직(다음 절에서 제공되는 자세한 설명과 함께) 최신 무선구조 네트워크가 따라와야만 성취될 수 있다. 이것은 기본적인 제어와 관련된 무선통신을 구성하는 것과 같은 의미(WCDMA에 대한 3GPP 용어 또는 NodeB)이다. 그리고 대역폭이 점점 커짐으로서 5 MHz가 넘어가고 수신기의 복잡함은 더욱 이슈가 되고 있다.

또한 OFDMA는 다음과 같은 난제를 가지고 있다.

- 주파수 편차를 위한 허용 오차. 이것은 속도 및 구현 결함으로 인해 도플러 편이에 대한 큰 허용 오차를 제공하여 15 kHz에서 하위 캐리어 간격을 선택하여 LTE 설계가 어려워졌다.
- 송신기의 높은 선형성을 필요로 하는 전송 신호의 높은 피크 평균 비율을 가진 선형 증폭기는 낮은 전력 변환 효율을 가지고 있으므로 모바일 업링크에 적합하지 않다. LTE는 더 나은 전력 증폭기 효율을 가능하게 하는 SC-FDMA를 사용하여 해결되었다.

1990년대 3세대 시스템 기술선정을 되돌아보면, 구체적인 업링크 해결방안의 부족, 고급 안테나의 부족(단일 안테나 이상)과 무선 네트워크 제어기에 집중된 무선 자원 제어의 존재는 OFDMA 기술 사용이 보다 일찍 정당화하지 못하게 하는 요소가 되었다. CDMA에 연관된 OFDMA의 3세대 무선 액세스 연구는 [3]에 나와 있다. 기지국 기반 스케줄링(릴리즈 5와 6) 그리고 다중입력 다중출력(릴리즈 7)과 같은 OFDMA 작업을 잘하게 만드는 주된 활성화 기술은 단지 WCDMA 진화 이후 단계에서 도입되었다. 2002년과 2007년 사이에 WCDMA에 소개된 이러한 향상은 고급 특징이 없는 전통적인 2세대 셀룰러 네트워크 기반 변조 기술이 사용된 단순한 OFDMA 사용의 경우와 비교하면 OFDMA 기술 이용을 더 잘하게 해준다.

4.3 OFDMA의 기초

OFDMA 시스템의 실제 구현은 디지털 기술과 기반으로 더 구체적으로 이산 푸리에 변환(DFT)의 사용과 이산 푸리에 역변환(IDFT)의 시간 및 주파수 도메인 표현 사이를 이동할 수 있다. 고속 푸리에 변환(FFT) 블록에 정현파를 입력한 결과 신호는 그림 4.5에 나와 있다. 실용적인 구현은 FFT를 사용한다. FFT 작업을 이동 시간 도메인 표현에서 주파수 도메인을 표현하는 신호라면 고속 푸리에 역변환(IFFT)은 반대 방향으로 작업을 수행한다. 정현파의 경우 FFT 작동 결과가 상응하는 주파수에서 피크점 혹은 0이 아닌 곳에서 출력을 가진다. 입력이 사각형 웨이브일 경우에 주파수 도메인 출력은 FFT 연산에 의해 다루어진 여러 주파수를 포함하는

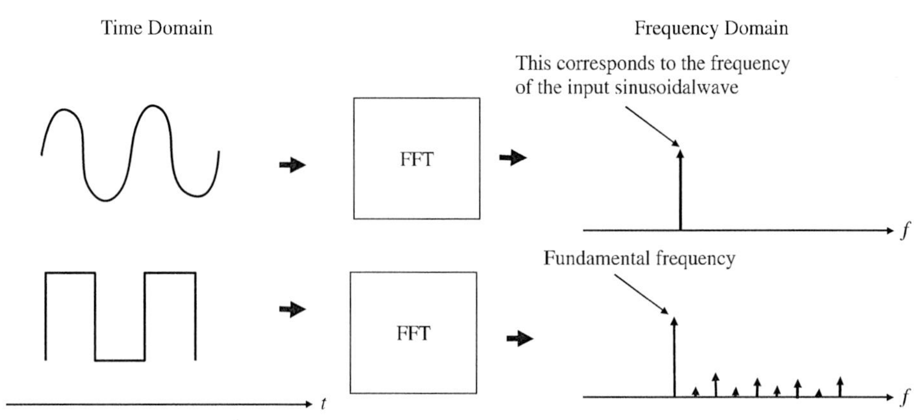

그림 4.5 입력에 따른 FFT 동작 결과

웨이브 같은 다중 주파수에서 피크를 포함한다. FFT 입력으로의 임펄스는 모든 주파수에서 피크를 가진다. 정규 간격 T를 가지는 사각파는 웨이브폼의 기본 주파수를 나타내는 주파수 1/T에서 가장 큰 피크가 있고 기본 주파수의 홀수 배에서 작은 피크를 가진다. 최소 샘플링 비율과 워드 길이의 관점에서 디지털 신호 작업을 위한 전통적인 요구가 수행된다고 가정하면 FFT 작동은 원본 정보의 손실없이 뒤와 앞으로 수행될 수 있다.

FFT 구현은 2의 멱승의 길이를 가질 경우에 대해 잘 연구되고 최적화되어 있다(적은 곱셈량). 그러므로 LTE에 필요한 FFT의 길이 또한 512, 1024 등과 같이 두 개의 힘이 있는 경향이 있다. 예를 들면, 구현의 관점에서 단지 600개 결과를 사용한다고(나중에 하위 캐리어에서 검토를 한다) 하더라도 FFT 1024 사이즈를 가지는 것이 600과 1024 사이에 FFT를 위한 다른 길이를 시도하는 것보다 낫다.

모든 OFDMA 시스템에 있는 송신기의 원리는 제한되어 사용되고, 상호 직교 하위 캐리어로 대역한다. LTE에서 하위 캐리어 간격을 띄운 것은 총 송신 대역폭에 상관없이 15 kHz이다. 다른 하위 캐리어들은 서로 직교한다. 샘플링 인스턴트에서와 같은 하나의 하위 캐리어와 같이 다른 하위 캐리어 하나는 그림 4.4에 표시된 것처럼 0 값을 가지고 있다. OFDMA 시스템의 송신기는 신호를 만들 IFFT 블록을 사용한다. 데이터 소스 공급은 직렬에서 병렬로 변환과 IFFT 블록에 추가하는 것이다. IFFT 블록에 대한 입력은 특정 서브캐리어를 대표하는 입력에 대응하고(시간 영역 신호의 또는 특정 주파수 성분) 독립적으로 서브캐리어 상대방의 변조가 될 수 있다. IFFT 블록은 그림 4.6과 주기적 확장부호(주기적 전치부호)를 추가한다.

주기적 확장부호를 추가하는 것에 대한 동기부여는 인터 심벌 간섭을 피한다는 것이다. 송신기가 채널 임펄스 응답보다 긴 주기적 확장부호를 더할 때 이전 심벌의 효과는 수신기에서 주기적 확장부호를 무시하면서 피할 수 있다. 주기적 전치부호는 복사된 일부 심벌 끝에 추가

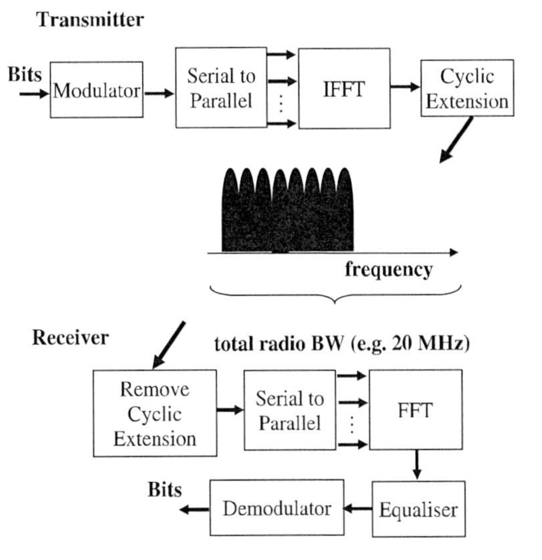

그림 4.6 OFDMA 송신단과 수신단

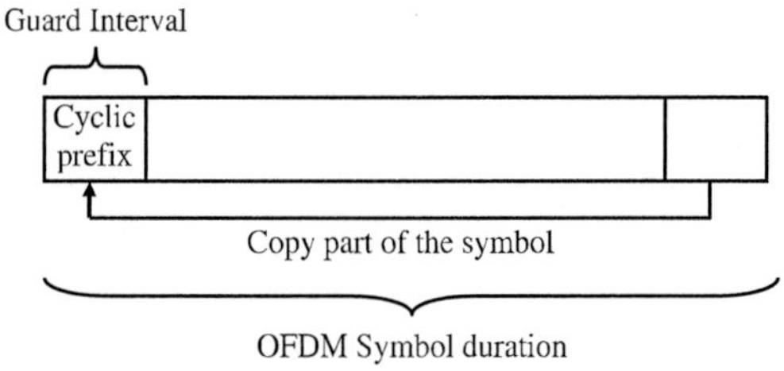

그림 4.7 OFDM 심벌을 위한 보호 구간

되어지고 심벌의 시작 부분에 부착된다. 그림 4.7에 표시되어 있다. 주기적 확장부호의 사용은 OFDM 심벌이 주기적인 것과 같이 전송상에서 변화를 간략히 하기 위해서 선호된다. OFDMA 심벌이 주기적 전치 확장부호 때문에 주기적으로 나타날 때, 채널에 통신이 스칼라에 의해 영향을 미치고, 주기적 확장부호는 충분히 길다고 가정할 수 있다. 정기적으로 신호의 특성 또한 이산 푸리에 스펙트럼의 가능성이 DFT와 IDFT 각각의 수신기와 송신기에 사용된다.

일반적으로 보호구간은 지연 확산 초과로써 시스템이 초과 작동된 환경에서 설계되어진다. 게다가 채널 지연 전파, 송신기의 영향과 수신기 필터링은 경비 간격 설계를 설명할 수 있어야 한다. OFDMA 수취인은 OFDMA 심벌이 FIR 필터를 통해서 온다고 보여지며, 각각 주파수 구성요소의 분리 없이도 [4]에 나와 있는 RAKE 수취인이 될 수 있어서 채널 지연 확산과 유사하다. 필터 길이는 수신기 신호에 적용하고 송신기 측면 또한 전반적으로 효과가 오래되어 단지 필터링 지연 확산을 다할 것이다.

수신기가 심벌 간 간섭을 다룰 수 없는 반면, 수신기는 위상과 진폭 변화에 의존하는 주파수를 경험하는 개별 서브캐리어를 위한 채널 효과를 다룰 수 있다. 이 채널 추측은 알려진 참조 또는 파일럿 기호와 같은 심벌의 일부를 가짐으로써 쉽다. 시간 및 주파수 도메인 모두에서 심벌의 적절한 배치로, 수신자는 다른 부반송파에 효과를 시간 및 주파수 도메인이 선호하는 'grid' 심벌에 끼워 넣을 수 있다. 예제는 그림 4.8에 나타나 있다.

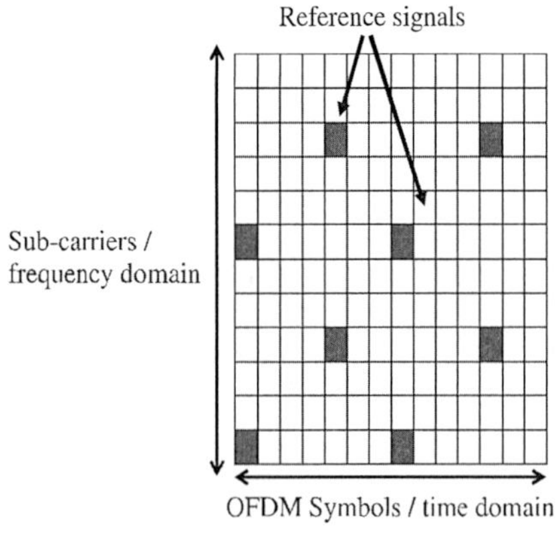

그림 4.8 부반송파 주파수 영역과 OFDM 심볼의 시간 영역에서의 기준 신호들

수신기 해결의 전형적인 형태는 기본적으로 각각의 서브캐리어 채널에 미치는 영향을 되돌리는 주파수 도메인 평형장치이다. OFDMA에서 주파수 도메인 등화기는 간단히 채널의 추정된 채널 주파수 반응(각 서브캐리어가 겪는 위상과 크기 맞춤)에 기준으로 하는 각 서브캐리어로 곱한다(복소수값 곱셈으로). 이것은 WCDMA을 가지고 분명 단순한 동작 비교이고 채널 길이(칩의 다중 경로의 길이)에 의존하지 않는 WCDMA의 평형 장치이다. 또한 WCDMA의 경우 문제는 3.84 Mcps의 현재 값에서 칩 속도를 증가시키는 것이고 분리된 다중 경로 요소의 합이 환경에 따라 증가하는 것처럼 더 많은 레이크 핑거가 필요하고 이퀄라이저의 복잡성에 기여한다.

WCDMA에서 다운링크의 채널 추정은 공통 파일럿 채널(CPICH)과 전체 전송 대역폭과 다른 확산 코드에 의해 분리되는 서로 다른 셀로 전송되는 전용 채널(DCH)에서 파일러 심벌에 기반으로 한다. OFDMA 시스템이 있는 경우 분리될 수 없고, 다른 방법으로 셀 사이 또는 서로 다른 안테나 사이의 참조 심벌을 분리하는데 사용해야 한다. 다중 안테나 전송에서 파일럿 심벌은 다른 역할을 가지고 있다. 한 안테나에 대한 파일럿 심벌에 사용된 특정 위치는 동일 셀에 다른 안테나를 위해 사용하지 않은 상태로 남아 있다. 다른 셀 사이에 이러한 공간은 사용되지 않지만, 다른 파일럿 심벌 패턴 및 심벌 위치로 사용될 수 있다.

OFDMA 수신기가 역할 수행을 위한 필요한 추가작업은 시간 및 주파수 동기화이다. 동기화는 올바른 프레임과 OFDMA 심벌 타이밍을 얻을 수 있도록 하기 위함이다. 그러면 CP와 같은 정확한 부분을 제거할 수 있다. 시간 동기화는 일반적으로 알려진 데이터와 상호 관계에 의해 얻은 표본에 근거한다. 예를 들어, 참조 심벌과 실제 데이터를 받는다. 주파수 동기는 송신기와 수신기 사이의 주파수 오프셋을 추정하고 장치와 기지국 사이의 좋은 주파수 오프셋 추정치로 수신기와 송신기 모두에 미치는 영향을 보상할 수 있다. 장치는 기지국에서 얻은 주파수를 위한 제어장치를 한다. 왜냐하면 장치 오실레이터는 기지국에 있는 것과 정확하지도 않고 비싸기 때문이다.

비록 이론쪽으로 OFDMA 전송이 오히려 좋은 분광 특성을 가지지만, 실제 송신기가 이러한 송신기의 클리핑과 같은 결함으로 인한 스펙트럼의 확산을 일으킬 것이다. 따라서 실제 OFDMA 송신기는 WCDMA에서 펄스 모양 필터링과 비슷한 필터링이 필요하다. 문헌에서 필터링은 흔히 윈도윙으로써 언급된다. 그림 4.9에 송신기가 예시로 나타나 있다.

기지국 송신기의 OFDMA 사용으로 중요한 부분은 사용자가 주파수 도메인의 서브캐리어

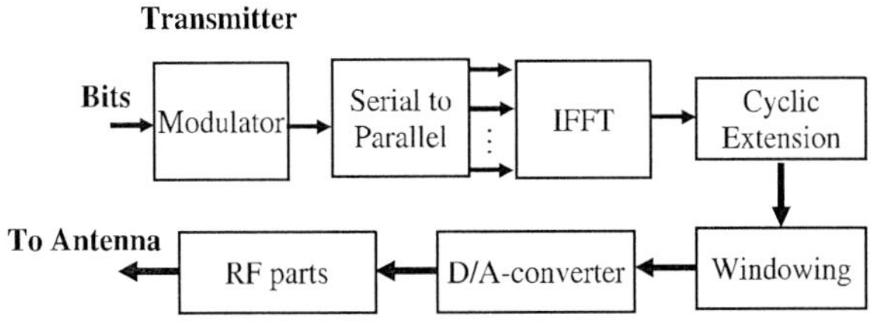

그림 4.9 스펙트럼 마스크를 성형하기 위한 윈도윙을 가진 OFDMA 송신기

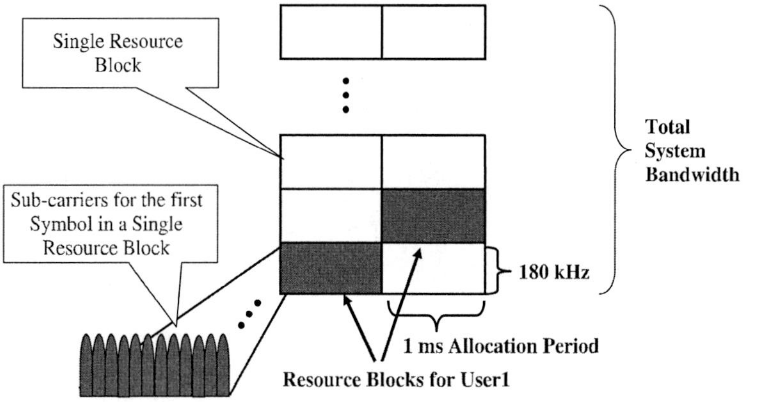

그림 4.10 LTE에서 OFDMA 자원 할당

중 어느 것이든 기본적으로 할당받을 수 있다. 이것은 HSDPA 스케줄러 동작에 부가적인 요소로 시간 도메인과 코드 도메인에서만 할당되지만 항상 전체 대역폭을 차지한다. 이용자에게 할당하기 위한 다른 하위 캐리어를 가질 확률은 스케줄러가 주파수 도메인에서 다이버시티로부터 혜택을 갖게 해주고 이 다이버시티는 순간 간섭과 시스템 대역폭의 다른 부분의 페이딩 차이로 인해서 존재한다. 실제 제한은 최소 대역폭이 할당되는 결과로 오버헤드로 인해 신호 해상도는 개별 부반송파 베이시스로 수행되지 않지만 180 kHz에서 최소 대역폭 할당의 결과로 12개의 부반송파로 구성된 자원 블록들로 기준으로 할당한다. 시간 영역에서 각각 할당 해상도는 1 ms이다. 다운링크 전송 자원 배분에 따라서 1 ms 해상도에서 180 kHz의 블록으로 자원 풀이 구성됨을 의미한다. 그림 4.10에 표시되어 있다. 참고하면 사양의 자원 블록은 0.5 ms 슬롯을 의미한다. 그러나 자원할당은 시간 도메인에서 1 ms 해상도로 이루어진다. 주파수 도메인에서 동적으로 자원을 할당하는 요소를 종종 주파수 영역 스케줄링이나 주파수 영역 다이버시티라고도 한다. 다른 부반송파가 실제로 다른 변조를 가질 수 있다면 제한 없이 채널을 수용할 수 있다. 사실상 15 kHz의 부반송파 해상도나 개별 부반송파 기준으로 적용 변조 신호 두 가지의 피드백을 받기에는 불가능하다. 따라서 같은 변조로 매개변수는 자원 블록 단위로 고정되어 있다.

따라서 주파수 도메인에서 OFDMA 전송은 개별의 시간 도메인에서 상응하는 15 kHz에서의 단계 시스템 대역폭으로 차있는 다른 주파수의 다중 정현파로 구성된 평행 부반송파들로 구성되어 있다. 그림 4.11에 보이는 것처럼 한 번에 한 심벌을 보내는 보통 QAM 변조기와 비교하면 이것은 신호 포락선을 강하게 변하게 한다. 정현파의 일시적 합은 다른 피크 진폭 값의 가우시안 분포임을 알 수 있다.

이것은 셀룰러 시스템에서 하나는 최소 전력소비를 달성하기 위해 최대 전력 증폭기 효율을 목표로 해야 하는 증폭기 설계 때문이다. 그림 4.12는 변화가 심한 포락선 신호(그림 4.11에 있는 시간 도메인의 OFDMA 신호처럼)는 일반 단일 캐리어 신호와 비교하면 추가적인 백오프를 사용하기 위해 신호 증폭기가 필요한지 보여준다. 증폭기는 출력신호 및 스펙트럼 마스크에

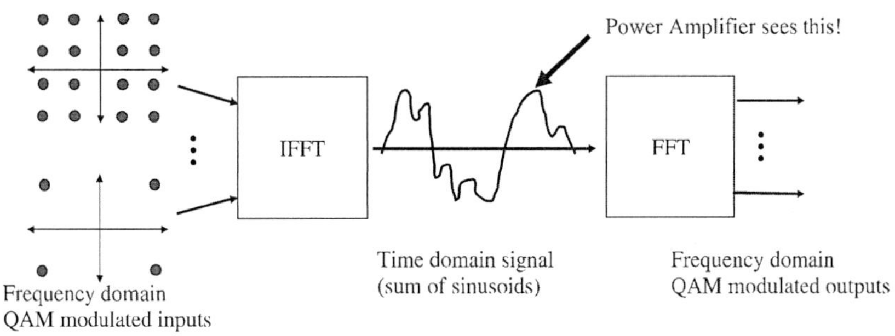

그림 4.11 OFDMA 신호 포락선 특성

문제를 막기 위해 백오프 추가 전원을 이용하여 선형 영역에 남아 있어야 한다. 백오프 별도의 사용은 증폭기 전력 효율을 감소시키고 소규모 출력을 일으킨다. 이것은 또한 업링크 범위를 줄어들게 하거나 같은 평균 출력 전력 레벨로 유지될 때 높은 증폭기 전력소비 때문에 배터리 소비를 빠르게 한다. 후자는 장치가 큰 부피를 가지고 메인에 연결된 고정된 응용에서 문제되지 않지만 그들 자신의 배터리로 동작하는 작은 모바일 장치에서는 더 큰 도전이다.

다운링크 방향으로 OFDMA를 사용하지만, 업링크 방향의 SC-FDMA 효율적으로 3GPP 전력을 사용하기로 결정한 중요한 이유이다. 첨두 전력 대 평균 전력비(PAR)를 줄이는 방법에는 여러 가지가 있지만 증폭기에 대해 더 중요한 것은 증폭기에 대한 영향을 더 잘 설명하기 위해 3GPP에서 소개된 큐빅 메트릭스(CM)이다. 정확한 CM의 정의는 [5]에서 찾을 수 있다.

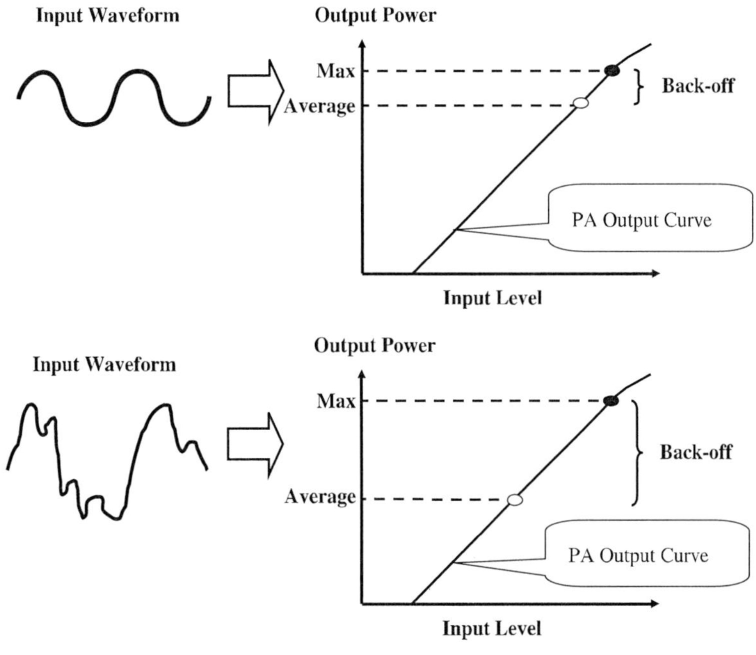

그림 4.12 다른 입력신호에서의 전력 증폭기 백오프 필요조건

4.2절에 언급된 것처럼 OFDMA 시스템은 주파수 오류에 민감하다. 15 kHz의 기본 LTE 부반송파 간격은 구현 에러의 영향과 부반송파 직교성의 많은 저하 없이 도플러 효과에 대한 충분한 내성을 쉽게 한다. 3GPP는 임의로 7.5 kHz의 부반송파 간격이 방송을 하는데만 사용되지만 방송만의 반송파의 완전한 지원은 릴리즈 8, 9, 10에 포함되지 않는다. 릴리즈 9에서는 기존 15 kHz에서 제품 부반송파 간격을 사용하여 공유 캐리어 방송 운영을 지원한다. 7.5 kHz의 경우 원칙에 대한 물리계층 정보는 이미 릴리즈 8부터 36.2 시리즈 사양에서 찾을 수 있지만, 특별히 높은 계층 동작과 성능요구 정보는 릴리즈 10 이후의 릴리즈에서나 고려될 것이다.

4.4 SC-FDMA의 기초

업링크 방향으로 3GPP는 FDD 및 TDD 모드 모두에 유효한 다중 접속을 위해 SC-FDMA를 사용한다. SC-FDMA의 기본 형태는 GSM과 같은 시간 분할 다중 접속(TDMA) 시스템과 비슷하게 각 심벌은 한 번에 하나씩 전송되는 QAM 변조와 같은 것처럼 보여질 수 있다. 그림 4.13에 표시된 신호의 주파수 도메인 발생은 일반적인 QAM 변조기에서 시간 도메인 신호 발생과 비교하면 좋은 스펙트럼 파형의 OFDMA 특성을 추가한다. 따라서 다른 링크 OFDMA 원리와 비슷하게 다른 유저들 사이에 가드 밴드의 필요성은 피할 수 있다. OFDMA 시스템에서와 같이 주기적 프리픽스도 정기적으로 추가된다. 하지만 심벌 속도는 OFDMA에 비해 시간 도메인에서 더 빠르기 때문에 각 심벌 뒤에 추가되지 않는다. 상호 심벌간 간섭을 방지하고 수신단 설계를 간략화하기 위한 전송을 위해 추가된다. 수신기는 심벌의 블록간에 내부적 심벌 간섭을 순환적 프리믹스로써 막고 내부적 심벌 간섭을 처리해야 할 필요가 있다. 그리고 계속해서 순

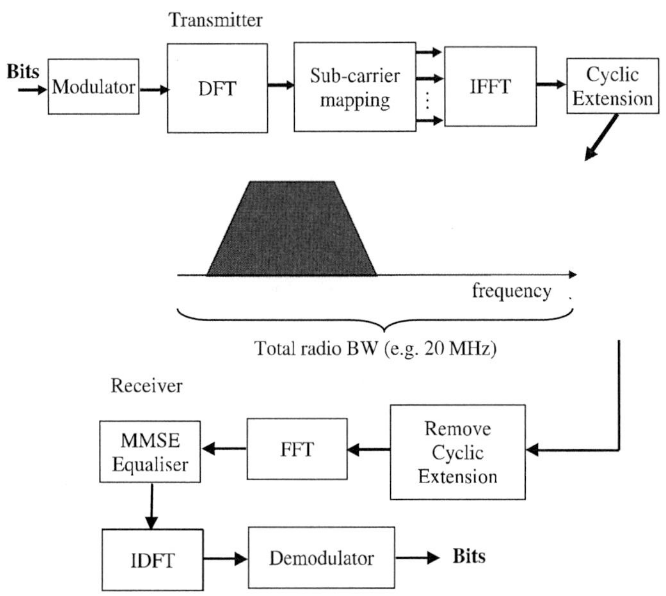

그림 4.13 주파수 도메인 신호 발생을 포함한 SC-FDMA 송신단과 수신단

환적 프리픽스들 간의 내부적 심벌 간섭이 있을 것이다. 인터 심벌 간섭의 추가 전파를 방지 주기적 프리픽스에 도달하기 전까지 리시버 기호의 블록을 위한 이퀄라이저를 실행한다.

전송은 사용자에게 할당된 스펙트럼의 연속적인 부분을 점유하고 LTE에 대해 시스템이 1 ms 분해능 할당률을 쉽게 한다. 같은 크기의 오버헤드를 가정한다면 주파수 도메인에서 자원 할당이 두 배가 되면 데이터율도 두 배가 된다. 그림 4.14에 나타난 것처럼 개별전송은 현재 시간에서 더 짧지만 주파수 도메인에서는 더 넓다. 그림 4.14의 예는 새로운 자원 할당에서 기존 주파수 자원은 유지되고 같은 크기의 추가적인 전송 스펙트럼이 할당되었다고 가정하면 전송 용량이 두 배가 된다. 실제로 할당은 주파수 도메인 연속성이 필요없지만, 주파수 도메인 자원의 연속적인 할당 집합을 가질 수 있다. 실용적인 신호 제약은 할당된 180 kHz에서 자원 블록의 허용 용량을 정의한다. 최대로 할당된 대역폭은 최대 20 MHz까지 사용되는 대역폭 시스템에 의존한다. 최대 대역폭 할당의 결과는 이웃 운영자의 보호구간을 포함하는 시스템 대역폭의 정의보다는 다소 작다. 예를 들어, 10 MHz 시스템 채널 대역폭의 최대 자원 할당은 9 MHz의 전송 대역폭을 갖는 50 자원 블록과 같다. 채널 대역폭과 전송 대역폭 구성 간의 관계는 14장에 자세히 나와 있다.

주파수 영역 신호 생성을 위한 SC-FDMA 자원 블록은 15 kHz에서 서브캐리어 간격을 기반으로 한 OFDMA 다운링크에서 사용되는 동일한 값을 사용하여 정의한다. 따라서 이름과 같이 실제 전송하는 경우가 단일 캐리어라도, 신호 생성 단계는 부반송파라는 용어를 사용한다. 간단한 형태의 할당된 최소 자원은 12개의 서브캐리어를 사용하고 180 kHz에서와 동일하다. 그림 4.15에 나타난 바와 같이 데이터와 복잡한 상당의 변조 심벌은 자원 블록의 참조 기호가 필요하며 자원 요소에 할당된다. 자원 매핑을 완료하고 나면 신호는 순환적 프리픽스의 선택한 길이를 포함하여 SC-FDMA 신호를 시간 도메인 신호 생성에 공급된다. 예를 들면, 그림 4.15는 5장에서 소개될 두 가지 옵션으로 순환적 프리픽스의 특정 길이를 가정하여 나타내고 있다.

그림 4.15를 보면 참조 심벌은 슬롯 중간에 위치하고 있다. 이 심벌들은 수신기에 의해 채널 추정을 수행하기 위해 사용된다. 사용할 수 있는 참조 심벌에 대한 다른 옵션이 있다. 때때로 선호되는 호핑 패턴의 심벌 또한 사용되는데 5장에 좀 더 자세히 나와 있다. 또한 구체적으로

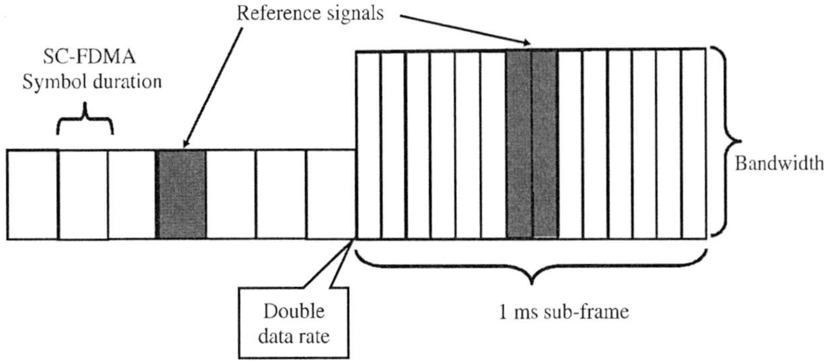

그림 4.14 SC-FDMA 시스템에서 조정된 데이터율

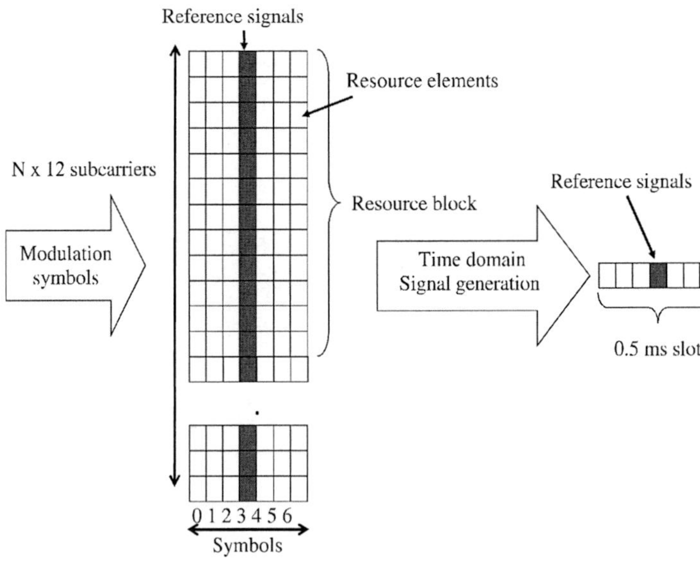

그림 4.15 SC-FDMA의 자원 맵핑

필요한 것보다 더 큰 대역폭으로 순간적으로 전하고 업링크 방향으로 주파수 도메인 스케줄링을 촉진할 수 있는 주파수 스펙트럼의 더 큰 부분의 기지국 수신기 정보를 제공할 수 있는 데이터에 대한 측정 참조 신호는 5장에서 더 다룰 것이다.

다른 사용자들은 시간뿐만 아니라 주파수 도메인의 자원을 공유하고 있다. 시간 영역에서 할당 단위는 1 ms이고 주파수 영역에서 180 kHz이다. 기지국들은 자원이 중복되지 않도록 각각의 전송을 제어해야 한다. 또한 긴 보호 시간을 피하기 위해 5장에서 설명할 것처럼 타이밍 정보를 사용해야 한다. 그림 4.16에 나와 있듯이 IFFT 입력을 수정함으로써 송신기는 주파수의 원하는 부분에 전송을 배치할 수 있다. 기지국 수신기는 올바른 주파수 시간 자원으로부터 전송을 검출할 수 있다. 모든 업링크 활용은 랜덤 액세스 채널을 제외한 기지국의 스케줄링을

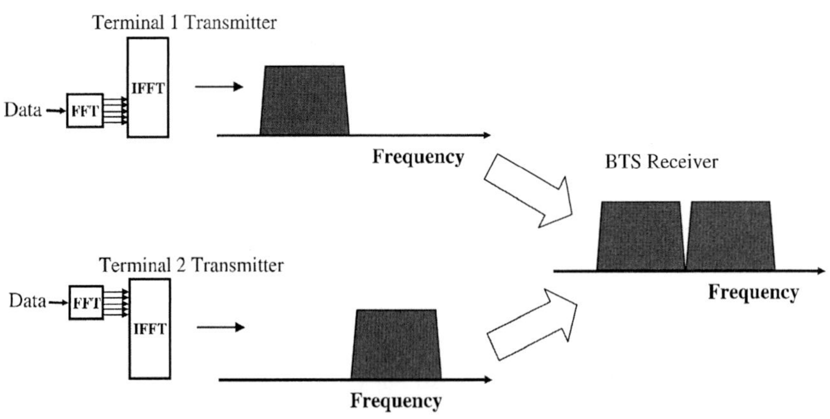

그림 4.16 SC-FDMA와 주파수 도메인 신호 발생에서 주파수 도메인의 자원 공유를 가지는 다중 접속

기반으로 하며, 기지국은 항상 있는 자원에 예상되는 사용자를 안다.

우리는 동시간대에서만 단일 변조 심벌을 전송하기 때문에 시스템은 좋은 포락선 속성을 유지하고 파형 특성은 적용 변조 방식에 의존한다. 심지어 더 중요한 것은 SC-FDMA는 매우 낮은 신호 PAR에 도달하는 것을 허용하거나 CM이 장치 내에서 효율적인 전력증폭기를 촉진시키는 것을 허락한다. 적용된 기능 변조와 같은 CM 값은 그림 4.17에 나와 있다. 직교 위상 시프트 키잉(QPSK)과 같은 낮은 CM 변조방법의 사용은 낮은 CM 값을 얻을 수 있어서 증폭기는 최소 백오프에 최대 전력 레벨 근처에서 동작할 수 있다. 이것은 전력 증폭기의 좋은 전력 변환 효율이 가능하기 때문에 장치 전력 소비를 낮춰준다. pi/2-이진 위상천이 변조(BPSK)는 처음에 3GPP에서 고려되었으나, 3GPP 성능 요구가 최대 전력 레벨(23 dBm)은 직교 위상천이 변조(QPSK)에 도달될 필요가 있기 때문에 pi/2-BPSK 사용의 추가 이득은 없다. 따라서 이것은 결국 사용자 데이터에 대한 사양에 포함되지 않았다. LTE의 변조방법은 심벌이 물리계층 제어 정보를 위한 것인지 혹은 더 높은 계층 데이터(사용자 데이터 혹은 더 높은 계층 제어신호) 전송 목적인지에 따라서 변한다(5장에서 자세히 설명한다).

SC-FDMA를 위한 기지국 수신기는 OFDMA 수신기에 대응하는 성능에 도달할 수 있는 수신기를 고려하여 장치 측면에 해당 ODFMA 수신기보다 약간 더 복잡하다. 이것은 단지 OFDMA에서 모든 심벌 후가 아닌 한 심벌 블록 후에 종료되는 심벌간 간섭을 처리할 필요가 있는 수신기의 명백한 결과이다. 처리능력이 증가할 필요가 있지만, 장치 설계 제한과 비교할 때 기지국에서 문제가 예측되지 않고 SC-FDMA에서 업링크 범위와 장치 배터리 수명의 혜택에 의해 보다 훨씬 더 무거운 것으로 간주된다. 1 ms 분해능의 동적 자원 사용의 혜택은 대기 단말 당 베이스밴드 수신기는 없지만 기지국 수신기가 전송할 데이터를 가지는 사용자에게 동

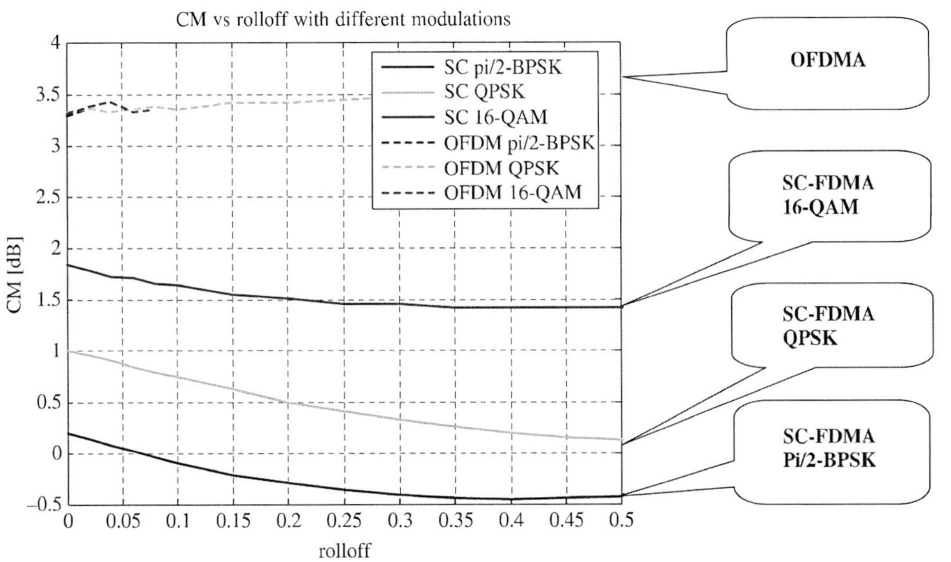

그림 4.17 OFDMA와 SC-FDMA에서의 CM[6]

적으로 사용된다는 점이다. 어떤 경우에 업링크 및 다운링크 수신기 체인 모두에서 가장 자원 소모하는 부분은 증가 데이터 속도와 채널 복호(터보 복호)이다.

4.5 MIMO 기초

첫 번째 LTE 릴리즈와 함께 소개된 기본 기술 중 하나는 프리코딩과 전송 다이버시티 그리고 공간 멀티플렉싱을 포함하는 다중안테나 방식(MIMO) 작업이다. 공간 멀티플렉싱의 기본원리는 다른 데이터 스트림을 가지는 두 개 혹은 더 많은 다른 안테나로부터 신호를 보내는 것이며, 신호 처리의 수단으로 수신기는 데이터 스트림을 분리한다. 따라서 피크 데이터를 증가시킨다. 프리코딩에서 다른 안테나로부터 전송되는 신호는 수신 신호 대 잡음비(SNR)를 최대화하기 위해서 가중된다. 전송 다이버시티는 안테나 간의 독립적인 페이딩에서 이득을 활용하기 위해 몇 가지 코딩과 동일한 신호 다중 안테나로부터 보내는 데 의존한다. [4]에서 설명한 것 같이 MIMO의 사용은 이전 WCDMA 규격에 포함되었지만, LTE에 비해 확산 작업으로 약간 다르게 운영되고 있다. OFDMA 종류는 MIMO 작동에 적합하다. 성공적인 MIMO 동작이 합리적으로 높은 신호 대 잡음비(SNR)이 필요한 것처럼, OFDMA 시스템은 국부적으로(주파수 시간 차원에서) 도달할 수 있는 높은 SNR에서 혜택을 얻을 수 있다. 다른 데이터 스트림은 사전 코딩 작업에 공급되고 계속해서 신호 매핑과 OFDM 신호 생성에 공급된다는 것이 MIMO의 기본원리이고 그림 4.18에 나타나 있다.

참조 심벌이 서로 다른 안테나를 분리하기 위해 수신기를 활성화한다. MIMO 스트림을 분리하기 위해 필요한 채널 추정을 손상시키는 다른 안테나로부터 전송을 막기 위해 안테나들은 하나의 송신 안테나만 가지는 하나의 참조 심벌 자원이 있어야 한다. 이 원리는 그림 4.19에 것과 같이 참조 심벌 및 비어있는 자원 요소가 안테나 사이를 번갈아 간다. 또한 이 원칙은 안테나를 4개까지 커버하는 LTE와 함께 두 개 이상의 안테나를 커버하도록 확장될 수 있다. 또한 안테나 증가로 필수 SNR은 송·수신기의 복잡성과 참조 심벌 오버헤드를 증가시킨다.

심지어 LTE 업링크는 MIMO 기술의 사용을 지원한다. 장치가 하나의 송신 안테나를 사용하고 있지만, 단일 사용자 데이터 속도는 MIMO와 증가할 수 없다. 셀층 수준의 최대 데이터 속도는 두 배가 될 수 있으나, 직교 참조 신호를 두 개의 장치에 할당해야 한다. 따라서 기지국 전송은 그림 4.20과 같이 MIMO 전송, 그리고 MIMO 수신기 처리로 구분 데이터 스트림처럼

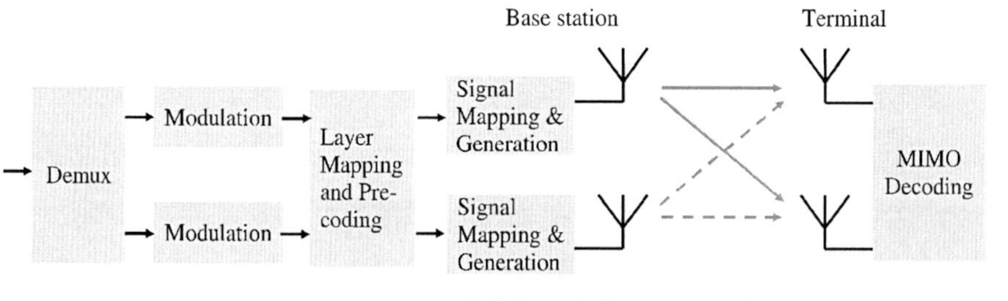

그림 4.18 2×2 안테나를 가진 MIMO 원리

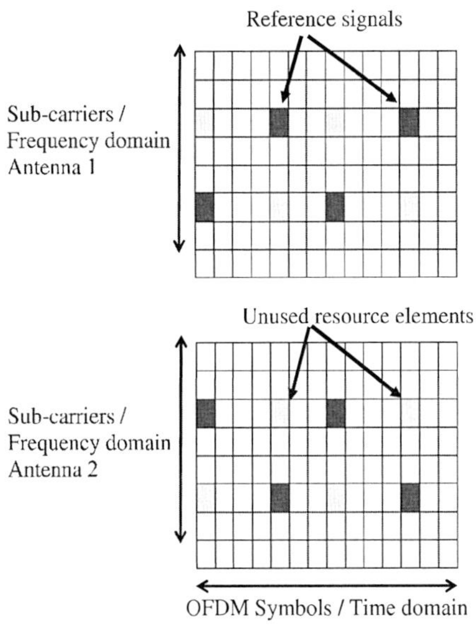

그림 4.19 2개의 2NodeB 전송 안테나들을 지원하기 위한 OFDMA 참조 심벌

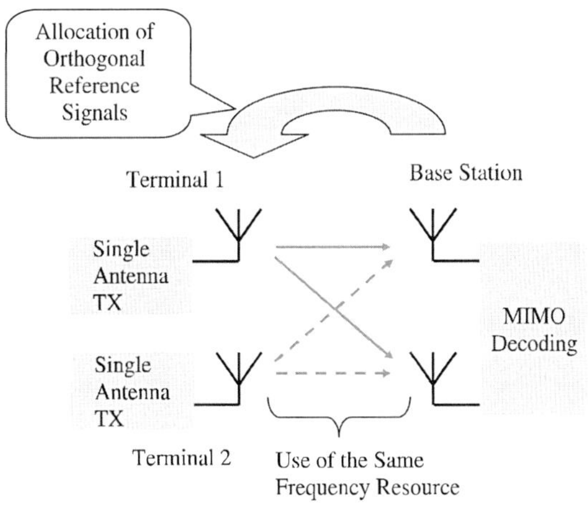

그림 4.20 단일 전송 안테나 장치의 다중 사용자 MIMO 원리

처리된다. 이런 종류의 '가상' 혹은 '다중 사용자' MIMO는 LTE 릴리즈 8에서 지원되지만 참조 신호 시퀀스가 수정될 때 장치의 관점에서 주요 구현의 복잡성을 나타내지 않는다. 네트워크 측면에서 추가적인 처리는 서로 사용자를 구분하는데 필요하다. 고전적인 두 개 안테나를 사용한 MIMO 전송은 특별히 장치에 미치는 영향 때문에 매력적이지 않아서 다중 안테나 장치 전송은 16장에서 다루는 LTE-Advanced 릴리즈 10 이상에서 포함된다. 사용자가 직교하고 있으므로 지역 SNR이 기지국에 가까운 사용자에게 매우 높을 수 있으므로 SC-FDMA는 MIMO 사용에도 적합하다.

4.6 요약

OFDMA와 SC-FDMA는 모두 기술적인 구현의 측면에서 관련이 있으며 송신기와 수신기 체인 구현의 FFT/IFFT 사용에 의존하고 있다. SC-FDMA는 OFDMA, 특히 큰 대역폭과 함께 수신기의 복잡성을 최소화하고, 자원 할당의 유연성과 주파수 영역 스케줄링을 활성화하기 위해 다운링크 방향에 사용되는 동안 업링크의 범위와 전력 소비를 최적화하는데 사용된다. 공간 다중화와 다중 안테나 작업은 다시 원점에서 LTE의 기본 기술이 되었고 LTE 다중 접속 해법에 아주 적합하다. 이 장에 포함되지 않은 OFDMA와 SC-FDMA의 수학적 원리는 [7]OFDMA와 [8]의 SC-FDMA 포함되어 있고, 일부는 다른 책의 예에서 찾을 수 있다.

참고문헌

[1] Proakis, J.G., ‘Digital Communications’, 3rd edition, McGraw-Hill Book Co., 1995.

[2] Czylwik, A., ‘Comparison between adaptive OFDM and single carrier modulation with frequency domain equalisation’, IEEE Vehicular Technology Conference 1997, VTC-97, Phoenix, USA, pp. 863-869.

[3] Toskala, A., Castro, J., Chalard, L., Hämäläinen, S., Kalliojärvi, K., ‘Cellular OFDM/CDMA Downlink Performance in the link and system level’, IEE Vehicular Technology Conference 1997, VTC-97, Phoenix, USA, pp. 855-859.

[4] Holma, H., Toskala, A., ‘WCDMA for UMTS’, 4th edition, Wiley, 2007.

[5] Holma, H., Toskala, A., ‘HSDPA/HSUPA for UMTS’, Wiley, 2006.

[6] Toskala, A, Holma, H., Pajukoski, K., Tiirola, E., ‘UTRAN Long Term Evolution in 3GPP’. The 17th Annual IEEE International Symposium on Personal, Indoor and Mobile Radio Communications (PIMRC ’06), in Proceedings, 2006, Helsinki, Finland.

[7] Schulze, H., Luders, C., ‘Theory and Applications of OFDMA and CDMA’, Wiley, 2005.

[8] Myung, H.G., Goodman, D.J., ‘Single Carrier FDMA: A New Air Interface for Long Term Evolution’, Wiley, 2008.

CHAPTER

5 물리계층

5.1 개요

이 장에서는 4장에 다룬 직교 주파수 분할 다중 접속(OFDMA)과 단일 반송파 주파수 분할 다중 접속(SC-FDMA) 원리를 기반으로 LTE의 물리계층에 대해 설명한다. LTE 물리계층은 단일 사용자를 위한 전용 자원을 보유하지 않는 설계원리에 의해 특징지어진다. 자원 사용은 전적으로 동적으로 할당된 공유 자원을 기반으로 한다. 이것은 사용자가 특정 자원에 할당하지 않고 패킷을 기반으로 하는 인터넷 자원 사용과 유사하다. 무선 접속 시스템의 물리계층은 최종 용량을 정의하는 주요 역할을 수행하고, 기대 성능 측면에서 다른 시스템들과 비교할 때 결국 주안점이 된다. 그러나 경쟁 시스템은 응용 프로그램 계층과 최종 사용자에게 좋은 성능을 보장하기 위해 효율적인 프로토콜 계층이 필요하다. 3장에서 다루었던 채택된 평면 구조는 마치 모든 무선 자원 제어가 기지국 사이트 내 무선에 가까이 위치해 있는 것처럼 무선 인터페이스의 동적인 특성을 가능하게 한다. 이 장 나머지 부분에서 사용되는 기지국에 대한 3GPP 용어는 “eNodeB”(WCDMA 기지국(BTS) 용어인 ‘Node B’와 유사, 여기서 ‘e’는 ‘evolved’를 의미함)이 될 것이다. 이 장에서는 먼저 물리채널 구조를 언급하고 채널코딩과 물리적 계층 절차를 소개하며, 물리계층 매개변수 구성 측면을 간략하게 다루면서 또한 물리계층 측정 및 장치성능의 설명도 이루어진다. 3GPP에서 물리계층은 4가지 핵심 물리계층 사항들[1-4]과 함께 36.2 시리즈에 언급되었다. 이 장에서 문제의 대부분은 주파수 구분 듀플렉스(FDD)와 시간 분할 이중화(TDD), 모두에 적용되지만, 일부 지역에서는 TDD가 업링크 및 다운링크 사이에서 할되는 프레임으로 인해 특별한 해법을 받는다. 위에서 나온 TDD 구현에 필요한 차이점들은 15장에서 설명한다.

5.2 전송채널과 매핑되는 물리채널

이미 논의한 설계 본질에 의해 LTE는 단지 일반적인 전송채널을 포함하고 있고 전용 전송채널(WCDMA에서와 같이 전용채널인 지정채널(DCH))은 존재하지 않는다. 전송채널은 매체접근제어(MAC) 계층과 물리계층 사이의 ‘인터페이스’이다. 각 전송채널에서 관련 물리계층 처리는 문제의 전송채널을 운반하는데 사용되는 해당 물리채널에 적용된다. 물리계층은 데이터 속도 변화의 관점에서와 서로 다른 사용자 간의 자원 분할 관점에서 동적 자원 할당을 모두 제공할 수 있는 능력을 가지고 있어야 한다. 이 절에서는 전송채널과 전송채널에 해당되는 물리채널을 소개한다.

- 방송채널(BCH)은 시스템에 액세스하는 장치를 활성화하는데 필요한 시스템 매개변수를 방송하는데 사용되는 다운링크 방송채널이다. 예를 들어, 이러한 매개변수는 셀의 대역폭, 전송 안테나 포트의 개수, 시스템 프레임 번호와 물리적 HARQ 지시채널(PHICH) 관련 구성 등을 포함한다.
- 하향링크 공용 채널(DL-SCH)은 다운링크 방향으로 점-대-점 연결에 대한 사용자 데이터를 운반한다. 사용자 또는 단말을 위한 모든 정보(사용자 데이터 또는 상위 계층제어 정보)는 단말이 이미 무선 자원 제어 연결된(RRC_CONNECTED) 상태에 있다고 가정하고 다운링크-공영 채널(SCH)로 전송된다. 그러나 LTE에서와 같이 방송 채널(BCH)의 역할은 장치에게 주로 시스템 정보의 스케줄링을 알려준다. 여러 장치들을 위한 제어 정보도 다운링크-SCH로 운반된다. 만약 다운링크-SCH의 데이터가 단일 단말을 위한 것이라면, 동적링크 적응과 물리계층 재전송이 사용될 수 있다.
- 페이징 채널(PCH)은 무선 자원 제어 연결안된(RRC_IDLE) 상태에서 무선 자원 제거 연결된(RRC_CONNECTED) 상태로 장치를 이동하기 위해 다운링크 방향에 있는 장치에 페이징 정보를 운반하는 데 사용된다.
- 멀티캐스트 채널(MCH)은 다운링크 방향으로 단말에 멀티캐스트 서비스 콘텐츠를 전송하는 데 사용된다. 3GPP는 릴리즈 9에서 (공유 반송파 경우를 위해) 전체 지원을 제공하기로 결정했다.
- 상향 링크 공용 채널(UL-SCH)은 RRC_CONNECTED 상태에서 업링크 방향으로 사용자 데이터뿐만 아니라 장치와 비롯된 제어 정보를 운반한다. 다운링크-SCH로 동적링크 적응 및 재전송도 가능하다.
- 임의 접근 채널(RACH)은 호출 메시지에 응답하거나 단말 데이터 전송요구 때문에 RRC_CONNECTED 상태에서 이동을 시작하기 위해 업링크에 사용된다. 임의 접근 채널(RACH)로 전송되는 상위계층 데이터나 사용자 데이터는 없지만(WCDMA와 함께 할 수 있는), 업링크-SCH 전송을 가능하게 한다.

업링크 방향에서 업링크-SCH는 물리 상향링크 공용 채널(PUSCH: Physical Uplink Shared Channel)에 의해 수행된다. 물리적 임의접근 채널(RACH)은 PRACH(Physical Random Access Channel)에 의해 수행된다. 추가 물리채널들이 존재하지만 5.6절의 제어 정보에서 언급하겠지만 단지 물리계층 제어 정보 전송을 위해서만 사용된다. 전송채널 매핑은 그림 5.1에 나타나 있다.

다운링크 방향에서 PCH는 PDSCH(Physical Downlink Shared Channel)에 매핑된다. BCH는 방송용 물리채널(PBCH; Physical Broadcast Channel)에 매핑되지만 6장에서처럼 논리채널이 전송채널에

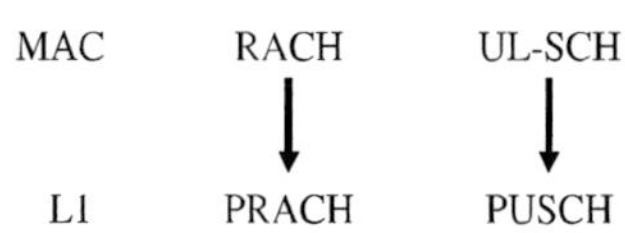

그림 5.1 물리적 채널에서 업링크 전송 채널 매핑

그림 5.2 물리적 채널에서 다운링크 전송채널 매핑

매핑되기 위해서는 시스템 정보 블록(SIBs: actual System Information Blocks)이 다운링크-SCH에 있을 때 일부 방송 매개변수들만 BCH에 있다. 다운링크-SCH은 PDSCH에 매핑되고 MCH는 그림 5.2와 같이 물리 멀티캐스트 채널에 매핑된다.

5.3 변조

4장에서 설명한 것처럼 업링크 방향에서 변조는 보다 전통적인 직교 위상 진폭 변조(QAM) 변조기를 통해 수행된다. 사용할 수 있는 변조 방식은 직교 위상 천이 변조(QPSK), 16직교 위상 진폭 변조(16QAM) 및 64직교 위상 진폭 변조(64QAM)가 있다. 5.10절에서 설명하겠지만 앞의 두 변조방식인 QPSK, 16QAM은 모든 장치에서 사용 가능한 반면에 업링크에서 64QAM의 지원은 장치 성능에 의존한다. 다른 배열들은 그림 5.3에 나와 있다.

PRACH 변조는 위상 변조이다. 사용되는 시퀀스는 시퀀스의 다른 심벌 간에 위상차를 갖는 Zadoff-Chu 시퀀스로부터 생성된다(자세한 내용은 5.7절 참조). 선택한 시퀀스에 따라 첨두 전력 대 평균 전력비(PAR; Peak-to-Average Ratio) 혹은 더 실질적인 큐빅 매트릭스(CM) 값은 QPSK 값보다 다소 위 또는 아래이다. 업링크 방향에서 신호 CM은 SC-FDMA와 함께 4장에서 논의되었다.

변조는 CM을 원인으로 요구된 장치 증폭기 백오프로 결정되므로 전체 전력 전송으로 동작할 때 QPSK 변조의 사용은 좋은 송신기 전력 효율을 가능하게 한다. 16QAM 또는 64QAM 변조로 작동하면 장치는 최대 송신기 전력보다 낮게 사용할 것이다. 또한 실제 최대 전력 제한(MPR)은 대역폭(사용된 물리적 자원 블록의 수)에 따라 다르고, 일부 경우에서는 특정 주파수 대역 일부의 경우 추가적 최대 전력 제한(A-MPR: Additional MPR)을 일부 지역과 국가의 구체적인 배출량 제한을 다루기 위해 지시에 따라 네트워크에 적용해야 한다.

다운링크 방향에서 사용자 데이터를 위한 변조방법은 업링크 방향에서와 동일하다. 이론적으로 직교 주파수 분할 다중화(OFDM) 시스템은 각각의 서브캐리어에 대해 서로 다른 변조를 사용할 수 있다. 하지만, 이런 단위로 채널 품질 정보 및 신호를 가지는 것은 과도한 오버헤드로 인해 가능하지 않다. 변조가 특정 부반송파였다면, 각각의 부반송파를 위한 수신기의 변수

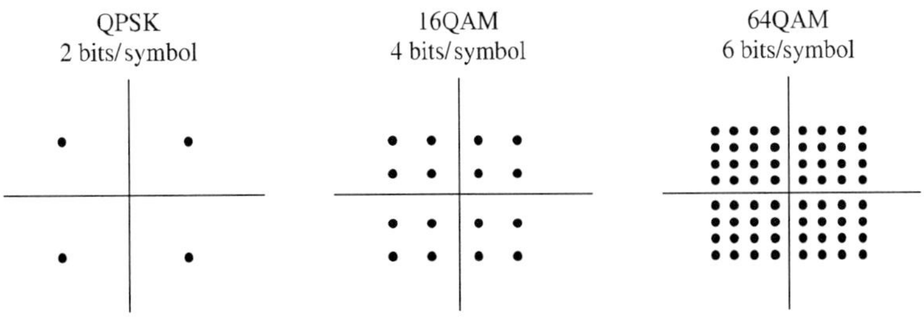

그림 5.3 LTE 변조 성상

를 알려주는 다운링크에서나 부반송파 레벨 세분화를 적용하여 얻기 위해 필요한 채널 품질 정보(CQI) 피드백이 업링크에서나 둘 다 너무 많은 비트들을 가지게 될 것이다.

또한, 이진 위상 천이 변조(BPSK)는 제어 정보 전송을 위해 BPSK 또는 QPSK 중 하나를 사용하는 제어채널용으로 명시되어졌다. 제어채널에서 한 요구를 받을 수 있고 하나의 신호 오류가 나중에 제어채널 메시지의 검출을 막지 않아야 하기 때문에 변조를 자유롭게 적용할 수 없다. 이것은 프레임 손실 이벤트로 인한 오류 전파를 방지하기 위해 제어채널이 매개변수화되어 고정되는 HSDPA/ HSUPA와 비슷하다. 사용자 데이터와 함께 다중 송신되는 업링크 제어 데이터는 예외이다. 여기 데이터 및 제어를 위한 변조는 16QAM 또는 64QAM을 활용하더라도 동일하다. 이는 다중화 규칙을 간단히 유지할 수 있게 해준다.

5.4 업링크 사용자 데이터 전송

업링크 방향에서 사용자 데이터는 PUSCH로 옮겨진다. PUSCH은 10 ms 프레임 구조를 가지고 있으며 1 ms와 180 kHz 분해능으로 시간분배와 주파수 영역 자원 분배에 근거를 두고 있다. 자원 할당은 그림 5.4와 같이 eNodeB에 위치한 스케줄러에서 나오므로 장치에 대한 고정 자원이 없다. eNodeB에서 이전 신호없이 오직 랜덤 액세스 지원이 활용된다. 이러한 목적을 위해 기기는 전송 요구(버퍼 상태)에 대한 업링크 스케줄러에 정보뿐만 아니라 사용 가능한 전송 전력 자원을 제공해야 한다. 이 신호는 MAC 계층 신호이며, 6장에서 자세히 설명한다.

프레임 구조는 0.5 ms 슬롯 구조를 채택하고 두 슬롯(한 서브프레임) 할당 기간을 사용한다. 특히 0.5 ms보다 짧은 할당 기간(왕복시간을 최소화하기 위해 3GPP에서 시초에 계획된)은 많은 사용자와 함께 너무 많은 신호가 집중되어 있다. 10 ms의 프레임 구조는 그림 5.5에 나와 있다. 프레임 구조는 FDD와 TDD 모두에 기본적으로 유효하지만, TDD 모드는 15장에서 설명될 것처럼 프레임 내에 업링크/다운링크 전환 포인트를 위한 추가적인 필드를 가진다.

0.5 MS 슬롯 내에는 참조 심벌 및 사용자 데이터 심벌 외에도 나중에 소개될 신호도 있다.

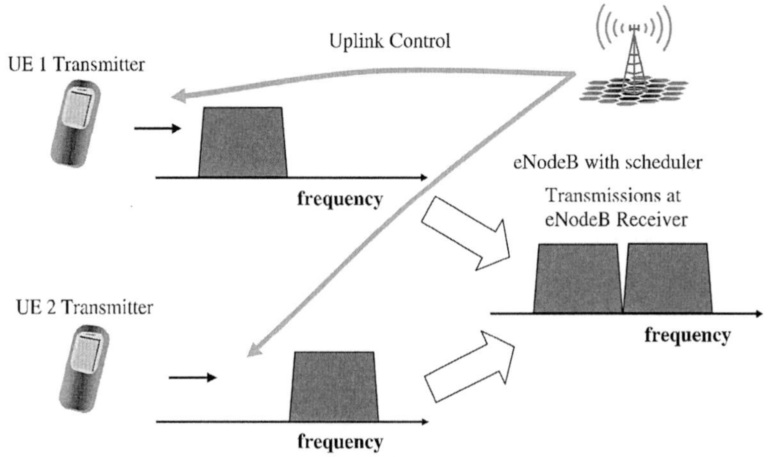

그림 5.4 eNodeB 스케줄러에 의해 제어된 업링크 자원 할당

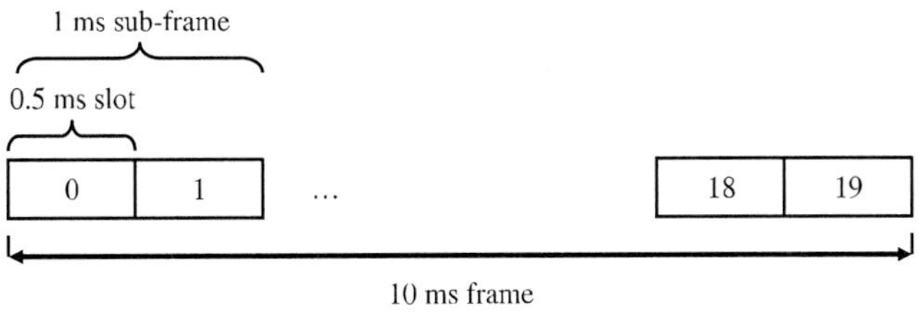

그림 5.5 LTE TDD 프레임 구조

따라서 순간 사용자 데이터율은 할당된 순간 대역폭에 따라 업링크 자원 할당의 기능으로 달라진다. 할당 대역폭은 180 kHz 단계에서 0과 20 MHz 사이이다. 업링크 전송이 동시 전송되는 한 개의 심벌과 주파수 분할 다중화 접속(FDMA) 변조됨에 따라 할당은 지속된다. 연속 TTIs 사이의 슬롯 대역폭 조정은 그림 5.6과 같은데, 두 배의 데이터율의 결과로 두 배의 대역폭이 사용된다. 참조 심벌은 시간영역에서 항상 동일한 공간을 차지한다. 그러므로 더 높은 데이터율은 해당하는 참조 심벌의 데이터율에 대한 증가의 결과를 낳는다.

업링크에 사용되는 주기적 전치부호(cyclic prefix)는 짧은 혹은 확장된 주기적 전치부호가 적용되느냐에 따라 두 개의 가능한 값을 가지게 된다. 다른 매개변수들은 변경되지 않고 남으며, 그림 5.7에 나타난 것처럼 0.5 ms 슬롯은 예닐곱 개의 심벌을 수용할 수 있다. 데이터 페이

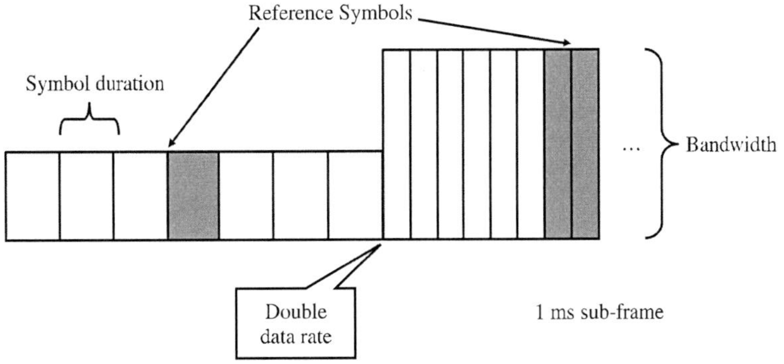

그림 5.6 업링크 방향에서 TTI 사이의 데이터율

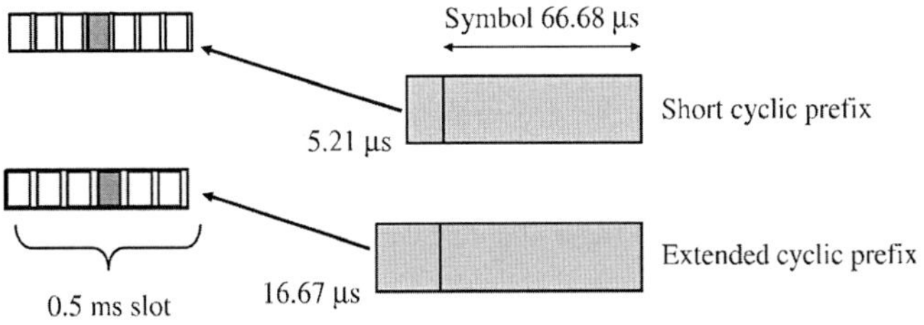

그림 5.7 짧거나 연장된 CP에 대한 업링크 슬롯 구조

로드는 확장된 주기적 전치부호를 사용하는 경우 감소하지만, 현실에서는 대부분의 경우 일곱 개 심벌을 가졌을 때 성능 이점이 주기적 전치 부호보다 더 긴 채널지연으로 생긴 긴 심벌 간 섭의 가능성 저하보다 훨씬 큰 경우 자주 사용되지는 않을 것이다.

1 ms 서브프레임으로 순시 업링크 데이터율의 결과는 변조 기능이고 자원 블록의 개수를 할당하고 채널코딩 비율 또는 많은 양의 제어 정보에 오버헤드를 적용한다.

물리계층의 자원으로부터 산출되는 순시 업링크 최대 데이터 전송률은 700 kbps와 86 Mbps 사이인데, 릴리즈 8에서 다중 안테나 업링크 전송은 없다. 단말에서 하나 이상의 송신기 브랜치를 사용하는 것이 비용과 난이도에서 특히 매력으로 볼 수 없기 때문이다. LTE 내 한 개의 단말에 대한 순시 데이터율은 다음에 따라 달라진다.

- 각각 QPSK, 16QAM 및 64QAM 변조 순서에 따라 변조 심벌 당 2, 4 또는 6비트로 적용되는 변조 방식
- 적용되는 대역폭. 순간 대역폭은 물론 12서브캐리어(180 kHz에서 한 자원 블록)의 최소 할당과 시스템 대역폭 사이에서 다양한데, 20 MHz 대역폭을 가진 최대 1200서브캐리어까지
- 적용되는 채널 코딩률
- 평균 데이터율, 그때도 시간 도메인 자원 할당에 따라 달라짐.

셀 또는 섹터별로 최대 총 데이터 처리량은 가상 다중안테나 방식(V-MIMO: Virtual Multiple Input Multiple Output)로 증가될 수 있다. V-MIMO에서 eNodeB은 하나의 MIMO 전송으로서 다른 두 개의 단말(단일 송신 안테나 각각)로부터 오는 전송을 처리하고, 단말에서 각각의 업링크 참조 심벌 시퀀스에 근거를 둔 서로에게서 데이터 스트림을 분리한다. 따라서 V-MIMO는 단일 사용자의 최대 데이터 전송률에 기여하지 않는다. 각 대역폭의 최대 데이터율은 13장에서 설명되고, 단말 카테고리를 고려한 최대 데이터율은 5.10절에 나와 있다.

LTE 사용자 데이터를 위해 선택된 코딩 채널은 터보 코딩이다. 인코더는 병렬연결 컨벌루젼 부호화(PCCC: parallel concatenated convolution coding)형 터보 인코더로 [5]에 설명한 바와 같이 WCDMA/HSPA에서 사용되는 것과 동일하다. 터보 인터리버는 WCDMA의 그것에 견주어 더 나은 LTE 속성과 슬롯 구조에 맞게, 그리고 증가 데이터율과 병렬신호 처리의 면에서 수행하는데 유연성을 더 높이기 위해 보완되었다.

LTE는 복합 재전송 기법(HARQ: Hybrid Automatic Repeat Request)으로 불리는 물리계층 재전송 조합을 사용한다. 물리계층 HARQ 작업에서 수신기는 실패한 순환잉여검사(CRC) 검사 패킷을 저장하고, 재 전송받은 패킷을 결합한다. 동일한 재전송으로 soft combining과 incremental redundancy로 결합 모두 쉽다.

업링크를 위한 채널 코딩 체인은 그림 5.8에 나와 있는데 여기서 데이터와 제어 정보가 따로 코딩되고 별도의 전송용 기호에 매핑된다. 제어 정보가 기준 심벌들 주위에 특정 위치를 가짐으로서 물리계층 제어 정보는 별도로 코딩되고(하지만 함께 전송된 데이터와 동일한 변조 포함) 이미 결정된 변조 심벌 집합체에 배치된다. 따라서 그림 5.8의 채널 인터리버는 제어 및 데이터 간 진정한 공동 인터리빙을 나타내지는 않는다.

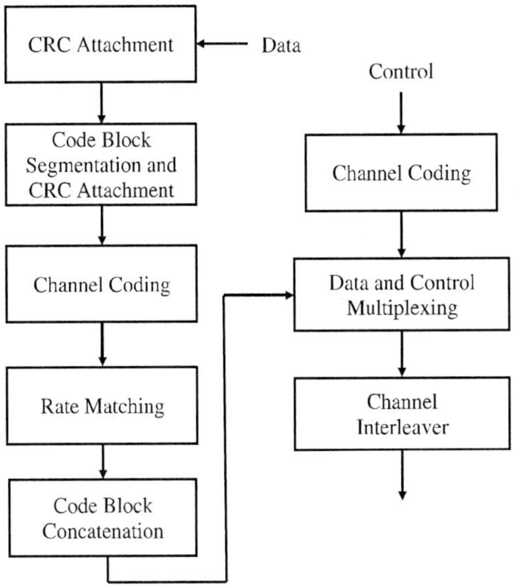

그림 5.8 PUSCH 채널 코딩 체인

데이터와 제어 정보는 지원요소 레벨에서 다중화된 시간이다. 제어는 고르게 분배되어 있지 않지만 5.6절에서 언급하듯이 시간 영역에서 참조 심벌에서 가장 가깝거나 제어 정보 유형에 의존하여 그림 5.9의 맨 윗 열을 가득 채울 것을 의미한다. 제어 정보의 데이터를 독립적으로 변조하지만 1 ms TTI 동안 변조는 동일하다.

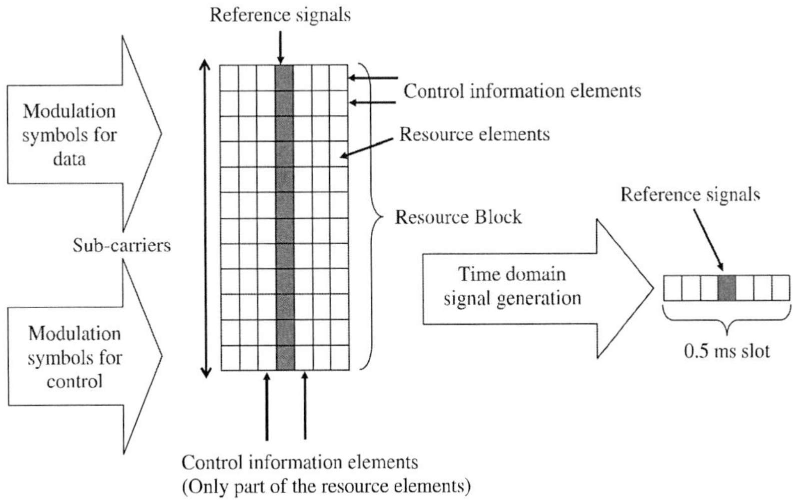

그림 5.9 업링크의 다중화 제어와 데이터

5.5 다운링크 사용자 데이터 전송

다운링크 방향에서 사용자 데이터율은 PDSCH에서 수행된다. 동일한 1 ms 자원 할당이 다운링크 방향에서 유효할 뿐 아니라 서브캐리어는 180 kHz 할당 단위 결과로(PRBs) 12 서브캐리어의 지원 단위로 할당된다. 그러나 PDSCH의 경우, 다중 접속은 OFDMA이며 각 서브캐리어가 병렬 15 kHz의 서브캐리어로 전송되기 때문에 사용자 데이터율은 특정 사용자에 할당된 부반송파(또는 실제 자원 블록)의 수에 의존한다. eNodeB는 터미널에서 채널품질정보(CQI: the Channel Quality Indicator)를 기반한 자원 할당을 한다. 그림 5.10에 나타난 바와 같이 업링크와 마찬가지로 자원은 시간과 주파수 도메인에 할당된다.

물리하향링크 제어 채널(PDCCH: Physical Downlink Control Channel)은 자원 블록들이 1 ms 할당 단위로 동적으로 할당되는 장치를 알려준다. PDSCH 데이터는 PDCCH에 내한 할당에 따라 그리고 짧은 혹은 확장된 주기적 전치부호의 사용 여부에 따라 0.5 ms 슬롯 당 3개에서 7개 사이의 심벌들을 차지한다. 1 ms 서브프레임 내에서 첫 번째 0.5 ms 슬롯만 PDCCH를 포함하며, 두 번째 0.5 ms 슬롯은 순전히 데이터(PDSCH에 대한)만 위한 것이다. 짧은 주기적 전치부호는 그림 5.11과 같이 7개 심벌들을 갖출 수 있는 반면, 확장 주기적 전치부호를 위해 0.5 ms 슬롯에는 6개 심벌이 수용된다. 그림 5.11의 예제는 PDCCH에 대해 3개 심벌을 추정하지만 하나와 세 개 사이에서 달라질 수 있다. 가장 작은 1.4MHz 대역폭에서는 충분한 신호 용량과 중요 범위의 경우에 대한 충분한 채널 코딩이 사용되기 위해서 충분한 비트를 허용하기 위한 PDCCH의 개수가 2개와 4개 사이에서 달라질 수 있다.

PDCCH에 대한 제어기호뿐만 아니라 사용자 데이터 공간은 기준신호, 동기신호 그리고 방송데이터들로 인해 줄어든다. 4장에서 논의한 바와 같이 채널 추정으로 인해 기준신호들이 시간과 주파수 도메인에 균일하게 배포될 때 유용해진다. 이것은 필요한 오버헤드를 줄일 수 있

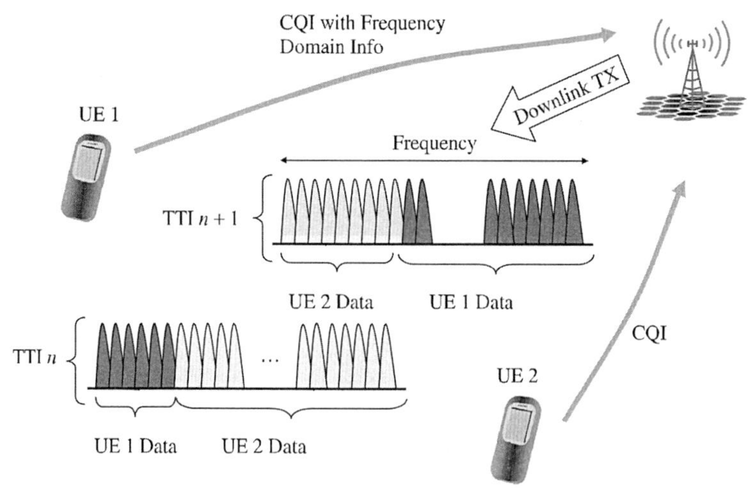

그림 5.10 eNodeB에서 다운링크 자원 할당

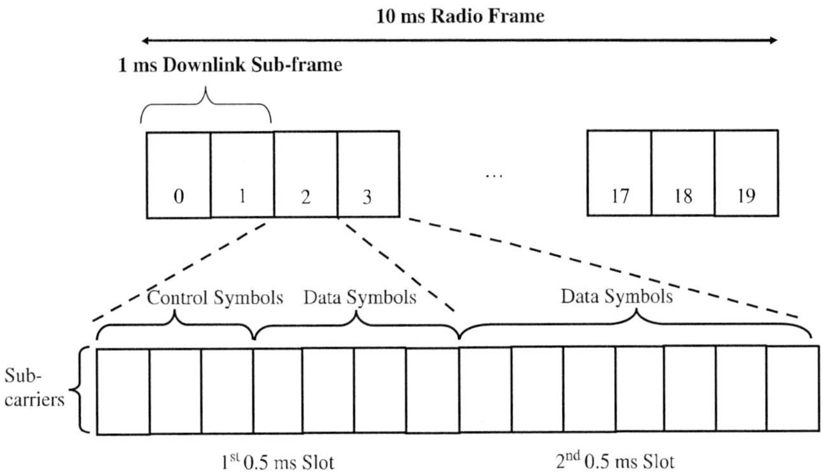

그림 5.11 1.4 MHz 이상 대역폭에 대한 다운링크 슬롯 구조

지만, 수신기와 송신기가 비슷한 방식으로 자원 매핑을 이해할 수 있도록 정의하는 몇 가지 규칙이 필요하다. 자신의 자원 공간을 소비하는 물리 방송채널과 같이 전체 캐리어의 총 자원 할당 공간에서부터 일반채널을 차지해야 한다. 그림 5.12는 PDCCH 및 PDSCH 자원 할당의 예를 나타낸다.

다운링크 방향의 사용자 데이터에 대한 채널코딩 또한 업링크 방향에서와 같이 1/3 모부호화율을 갖는 터보 코딩이다. 터보 코딩을 위한 최대 코드 블록 크기는 처리 부담을 줄이기 위해 6,144비트로 제한된다. 상위 할당은 다중 부호 블록들로 분할된다. 큰 블록 크기를 위한 터보 인코더 성능개선 효과는 훨씬 이전에 포화상태이기 때문에 상위 블록 크기의 성능은 추가하지 않을 것이다. 터보 코딩뿐만 아니라 다운링크는 업링크 방향에서처럼 같은 결합방법으로

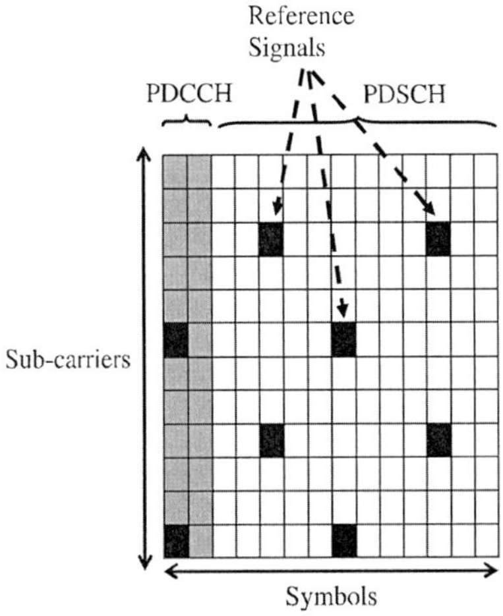

그림 5.12 PDCCH와 PDSCH 사이의 다운링크 자원 공유의 예

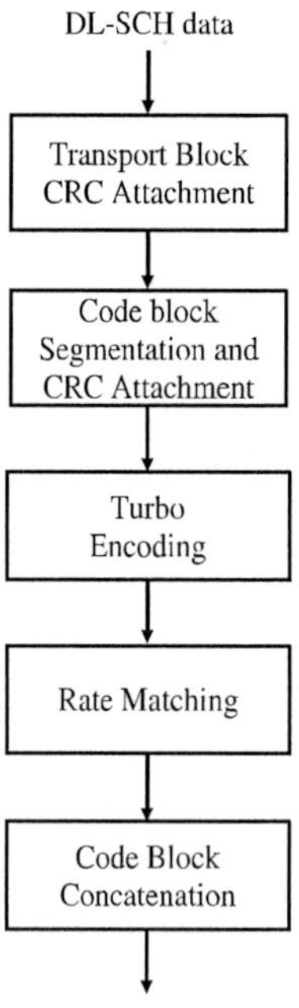

그림 5.13 다운링크 SCH 채널 인코딩 체인

물리계층 HARQ를 사용한다. 장치의 카테고리는 재전송 결합을 위한 소프트 메모리의 양을 반영한다. 다운링크 인코딩 체인은 그림 5.13에 나타나 있다. 1 ms 서브프레임 동안 자체 고유의 자원을 가지고 있기 때문에 PDCCH와 관계된 동일 물리계층 자원으로 다중화하지 않는다.

데이터가 인코딩되면 앞으로 코드 단어는 주파수를 바꾸고 변조 기능을 위해 제공될 것이다. 물리계층에서 출격이 암호화 기능과 혼동되어서는 안 되는데, 단순히 자원 할당이 셀들 간에 동일해진다면 성공적으로 데이터를 디코딩하기 위해 잘못된 장치를 방지하기 위한 것이다. 변

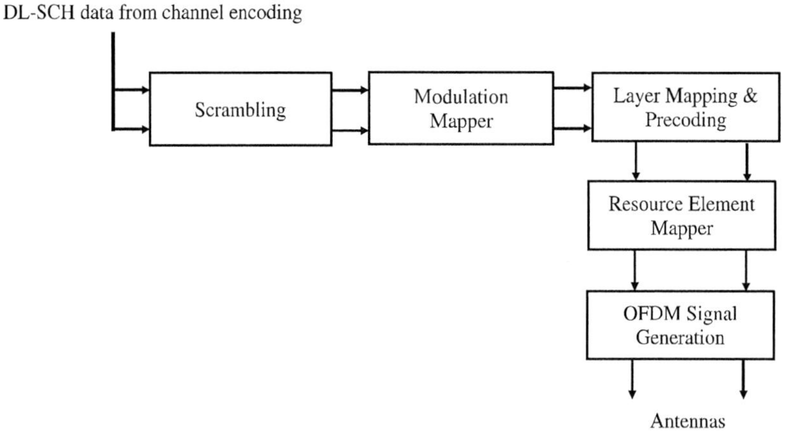

그림 5.14 다운링크 신호 생성

조 매퍼가 원하는 변조(QPSK, 16QAM 또는 64QAM)를 제공하면 심벌은 레이어 매핑 및 프리코딩을 위해 공급된다. 다중 송신 안테나(2개 또는 4개)가 있을 때 데이터는 다른 스트림 수만큼 똑같이 나눈 후 PDSCH에 사용할 수 있는 올바른 자원 요소에 매핑된다. 그러면 실제 OFDMA 신호가 그림 5.14와 같이 두 개의 안테나 전송 예를 나타내며 생성된다. 만약 가능한 단 하나의 송신 안테나가 있다면 신호 전송에서 레이어 매핑 및 프리코딩 기능 역할은 하지 않는다.

다운링크 순시 데이터 전송률은 다음에 따라 달라진다.

- 변조 - 업링크 방향이 되게 하는 동일한 방법
- 부반송파의 할당 수. 일반채널과 동기화 채널로 인해 1.4 MHz 경우에 오버헤드가 가장 커진다. 다운링크에서는 자원 블록이 주파수 도메인 안에서 연속 할당이 필요하지 않음을 참조한다. 할당의 범위는 12개 서브캐리어(180 kHz에서)에서 최대 1,200 서브캐리어를 갖는 시스템 대역폭에 이르는 업링크 방향과 동일하다.
- 채널 인코딩률
- MIMO 동작과 관련된 송신 안테나의 개수(독립 스트림)

순시 다운링크 최대 데이터 전송률의 범위(단일 사용자에 모든 자원을 가정하고, 사용할 수 있는 물리계층 자원만 계산할 시)는 0.7 Mbps와 170 Mbps의 사이이다. 300 Mbps 혹은 그 이상 속도는 4 × 4 안테나 MIMO 기능을 사용한 것이라 예상된다. 최소 데이터 전송률에는 제한이 없으며, 최소 할당 단위(한 자원 블록)가 매우 높아야만 패딩이 적용된다(상위 계층에서). 5.10절에서 단말 카테고리를 고려한 최대 데이터 전송률을 설명한다. 다른 대역폭, 코딩, 변조 조합에서 가능한 데이터 전송률은 10장에서 소개한다.

5.6 업링크 물리계층 신호 전송

업링크 L1/L2 제어신호는 LTE 시스템에서 다음과 같이 두 종류로 나눈다.

- PUCCH(물리 상향링크 제어채널)에서 발생되는 업링크 데이터가 부재일 때 제어신호
- PUSCH(물리 상향링크 공유 채널)에서 발생되는 업링크 데이터가 존재할 때 제어신호

PUCCH와 PUSCH의 동시 전송은 단일 반송파의 한계로 인해 허용되지 않는다. 이것은 별도의 제어 자원이 업링크 데이터가 있거나 없을 때 한정된 것을 의미한다. 주파수 도메인에서 분할 전송 또는 순수시간 분할은 가능한 대안으로 고려되었다. 선택된 접근방식은 PUCCH에 대한 링크 버짓을 극대화하고 송신신호에 대한 단일 반송파 특성을 유지한다.

PUCCH는 L1/L2 제어신호만 전송하는 단말을 위해 전적으로 지정된 공유 주파수 시간 자원이다. 그것은 단말마다 비교적 적은 수의 제어신호 비트를 가진 단말들의 동시 최다 개수를 위해 최적화되었다.

PUSCH는 단말이 데이터 전송에 예정되었던 경우에 업링크 L1/L2 제어신호를 전달한다. PUSCH는 제어신호를 전송하고 넓은 범위로 신호크기를 지원할 수 있다. 이러한 수신통보/부

정확인응답(ACK/NACK)과 CQI같은 데이터와 다양한 제어 필드는 이산 푸리에 변환(DFT)에 앞서 별도의 변조 심벌로 매핑함으로써 시분할 다중화(TDM)에 의해 구분된다. 제어를 위한 다양한 코딩률은 각 제어 필드에 대한 심벌들을 다양하게 점유함으로써 얻을 수 있다

[6]에서 설명한대로 업링크 L1과 L2 제어신호 정보는 두 종류가 있다.

- 업링크 데이터 전송과 관련된 데이터 관련 신호(예를 들어, 전송 형식 및 HARQ 정보)
- 비 데이터 관련 신호(다운링크 전송, 다운링크 CQI 및 업링크 전송을 위한 스케줄링 요청에 기인한 ACK/NACK)

LTE 업링크에서는 데이터 관련 제어신호가 없다고 알려졌었다. 게다가 eNodeB는 블라인드 전송 포맷 검출(blind transport format detection)을 수행하는데 필요하지 않다는 가정도 한다. 이것은 단말이 자유롭게 전송방식을 선택하지 않고 업링크 스케줄링에 관한 정보를 그대로 따르는 것을 의미한다.

5.6.1 물리 업링크 제어채널, PUCCH

단일 단말 관점에서 PUCCH는 하나의 자원 블록(12개 부반송파)의 주파수 자원과 하나의 서브프레임의 시간 자원으로 구성된다. 범위 제한 상황을 감당하기 위해 ACK/NACK 전송은 완전한 1 ms 서브프레임에 이른다. 극심한 범위 제한의 경우를 지원하기 위해 LTE 업링크 내에서 ACK/NACK를 반복 지원하는 것은 괜찮다. 그림 5.15에서 보듯이 중심주파수에서 대칭적으로 밴드의 가장자리에 있는 슬롯 기반 주파수 호핑은 항상 PUCCH에 사용된다. 주파수 호핑은 연장된 위험한 제어신호를 위해 필요한 필수적인 주파수 다이버시티를 제공한다.

다양한 단말들은 주파수 분할 다중화(FDM)와 코드 분할 다중화(CDM)에 의해 PUCCH에서 구분된다. FDM은 자원 블록들 간에 사용되는 반면, CDM은 PUCCH 자원 블록 내에서 사용된다. PUCCH 자원 블록 내에서 CDM을 실현시키는 방법은 다음과 같다.

- 상관값이 0인 일정 진폭코드(CAZAC)[1] 배열의 순환변환으로

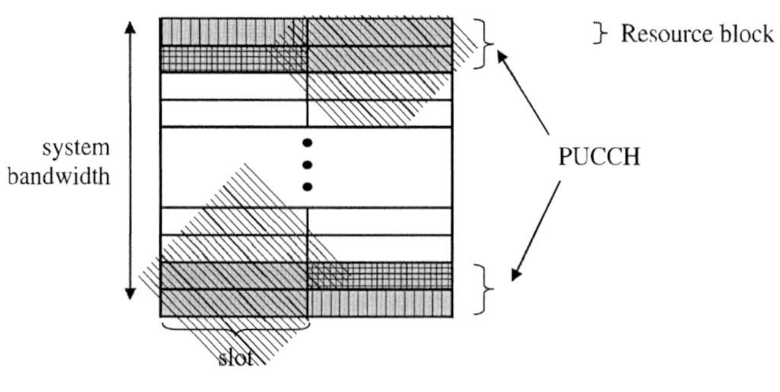

그림 5.15 PUCCH 자원

1 적용된 시퀀스는 실제 CAZAC가 아니지만 컴퓨터가 Zero-Autocorrelation(ZAC) 시퀀스를 검색할 수 있다. 동일한 시퀀스는 하나의 자원 블록의 대역폭 할당에 참조 신호로 적용된다.

- 직교의 커버 배열을 가진 블록와이즈 확산으로

CDM의 주요논점은 잘 알려진 원근거리 문제이다. 알려진 CDM 기술의 직교성은 LTE 표준화의 작업 항목 단계에서 신중히 연구되었다. 여기서 알아야 할 것은 다음과 같다.

- 채널 지연 확장(산)은 주기적으로 변환되는 CAZAC 배열 사이에서의 직교성을 제한한다.
- 채널 도플러 확장(산)은 블록와이즈 확장 배열 사이에서의 직교성을 제한한다.

직교성은 staggered and configurable한 채널화 정렬을 통해(5.6.2.1절 참고) 최적화된다.

5.6.1.1 배열 변조

PUCCH에서 제어신호는 배열 변조에 근거를 둔다. 주기적으로 변환되는 CAZAC 배열은 CDM을 맡으며 제어 정보를 전달한다. 그림 5.16은 PUCCH에 주기적 CQI를 전송하기 위해 구성된 배열 변조의 블록 다이어그램을 나타낸다. PUCCH 적용에서 12개 심벌(1 자원 블록 (RB)) 길이의 CAZAC 배열은 변조된 BPSK나 QPSK이므로, 시퀀스 당 1~2개의 정보 비트를 나른다. 다양한 단말들은 그들을 위한 CAZAC 배열의 다양한 순환변환을 배분함으로써 주어진 주파수 시간 자원으로 다중화될 수 있다. 매초마다 순환변환이 사용된다고 가정하는 RB 당 사용가능한 6개의 병렬 채널이 있다.

5.6.1.2 블록 와이즈(Block-wise) 확장

블록 와이즈 확장은 사용된 확산 계수(SF) 요소에 의해 PUCCH의 다중화 용량을 증가시킨다. 블록 와이즈 확장의 원리는 그림 5.17에 나오는데, PUCCH에서 전송된 ACK/NACK 데이터 배율을 위한 블록 확산 동작을 보여준다. 별도의 개별확산 동작은 기준신호와 ACK/NAC 데이터 부분을 위해 구성되었지만 RS와 관련된 블록 처리는 생략되었다. 그림 5.17의 예에서는 확산된 계수가 적용된 ACK/NACK 데이터와 기준신호(RS) 부분이 4와 3으로 각각 적용된다.

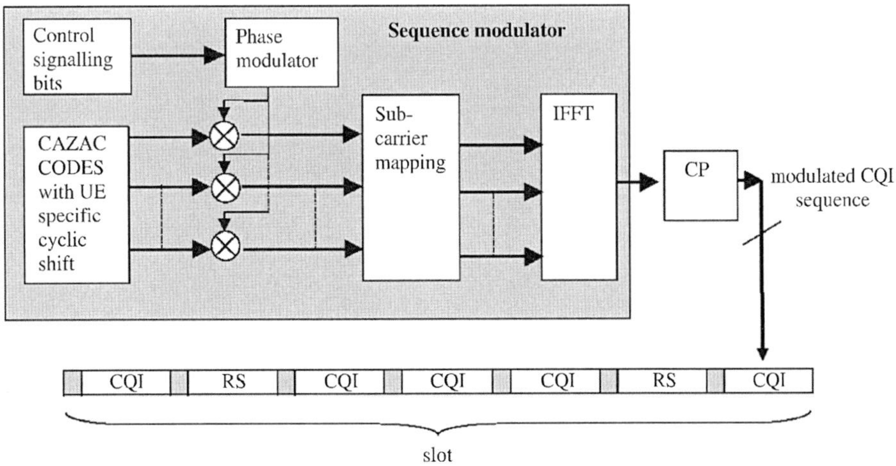

그림 5.16 CQI가 적용된 CAZAC 시퀀스 변조의 블록 다이어그램

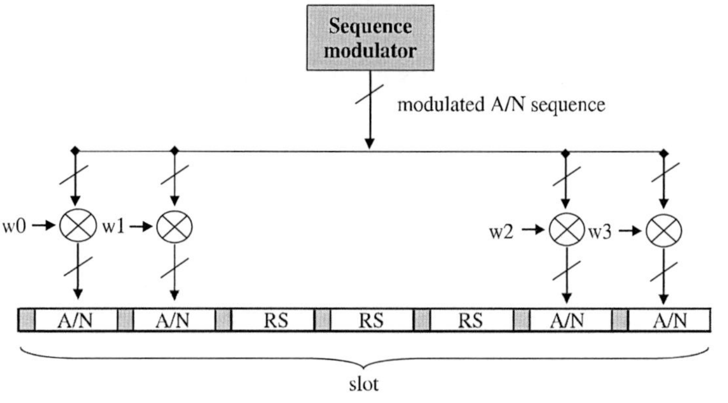

그림 5.17 ACK/NACK가 적용된 블록 확산의 원리, 확산 SF=4

Walsh-Hadamard 코드는 확산 코드 블록에서 SF = 4, SF = 2일 때 사용하는 반면에 DFT 코드는 SF = 3일 때 사용된다.

5.6.1.3 PUCCH 형태

가능한 PUCCH 형태는 표 5.1에 정리해 놓았다. PUCCH 형태 1/1a/1b는 CAZAC 배열 변조와 블록와이즈 확장에 근거하는 반면에 PUCCH 포맷 2/2a/2b는 CAZAC 배열 변조만 이용한다. 그 결과 포맷 2/2a/2b가 슬롯 당(코드된 20비트 + 서브프레임 당 ACK/NACK) 5개 심벌을 전달할 수 있다면 포맷 1/1a/1b은 슬롯 당 단 한 개의 정보 심벌(1~2비트)만 전달할 수 있다. 포맷 2/2a/2b에서 CQI 데이터는 천공(20, N) 리드 밀러 블록 코드를 사용하여 인코딩된다.

지원된 제어신호 형태는 신중한 평가 과정에 근거하여 선정되었다. 평가 단계에서 주요 논점은 다른 형태들과 호환성뿐만 아니라 링크 성능과 다중화 용량이다. 또한 기준신호 블록 수는 다양한 형태를 위해 각각 별도로 최적화되었다.

PUCCH(포맷 2a/2b)에서 ACK/NACK와 CQI를 신호처리하기 위한 두 가지 접근 방법은 다음과 같다.

- 표준 주기적 전치부호: ACK/NACK 정보는 슬롯의 두 번째 CQI 기준신호에서 변조됨. RS 변조는 CAZAC 배열 변조 원리를 따름.

표 5.1 PUCCH 형식

PUCCH Formats	Control type	Modulation (data part)	Bit rate (raw bits/ subframe)	Multiplexing capacity (UE/RB)
1	Scheduling request	Unmodulated	−(on/off keying)	36, 18*, 12
1a	1-bit ACK/NACK	BPSK	1	36, 18*, 12
1b	2-bit ACK/NACK	QPSK	2	36, 18*, 12
2	CQI	QPSK	20	12, 6*, 4
2a	CQI + 1-bit ACK/NACK	QPSK	21	12, 6*, 4
2b	CQI + 2-bit ACK/NACK	QPSK	22	12, 6*, 4

*Typical value

- 확장 주기적 전치부호: ACK/NACK 비트와 CQI 비트가 함께 코드화됨. CQI 기준신호에는 어떤 정보도 들어있지 않음.

표준 주기적 전치부호와 확장 주기적 전치부호 길이를 이용하여 해결방법이 다르게 되는 주 원인은 확장 주기적 전치부호로는 슬롯 당 단 하나의 기준신호만 있어서 표준 주기적 부호를 이용할 수 없기 때문이다.

포맷 2a/2b를 위한 지원은 LTE 업링크 시스템에 구성할 수 있다. ACK/NACK의 범위를 보장하기 위해 ACK/NACK와 CQI가 PUCCH의 동일한 서브프레임에 나타났을 경우 eNodeB CQI에 드롭하기 위한 단말을 설정한다. 이 설정에서 포맷 2a/2 대신에 포맷 1a/1b를 사용한다.

5.6.1.4 스케줄링 요청

LTE 업링크 시스템의 새로운 특징 중 하나는 eNodeB에 의해서는 동조되지만 이용할 수 있는 PUSCH에서는 타당한 업링크가 없는 동작 모드 단말들(무선자원 제어 연결된 상태)에 대한 가장 빠른 업링크 스케줄링 요청 메커니즘의 지원이다. 지원되는 스케줄링 요청 절차는 그림 5.18에 나타나 있다.

단말은 스케줄링 요청 지시를 사용하는 업링크 자원이 필요함을 나타낸다. 릴리즈 8 LTE 표준화 과정 동안, 경쟁체제 동기화 RACH와 비경쟁체제 스케줄링 요청 지표 메커니즘은 서로 비교되었다. 주목할 점은 비경쟁체제 접근방법이 LTE 업링크에 더 적합하다는 것인데 그건 경쟁체제 접근방법보다 더 좋은 범위, 낮은 시스템 오버헤드, 더 나은 지연 실행을 제공하기 때문이다.

스케줄링 요구 지시자(SRI)는 PUCCH 포맷을 사용하여 전송된다. on-off keying 기반 신호는 SRI로 전송되는데 이는 +의 SRI만 전송된다. ACK/NACK 구조[1]를 사용해 전송되는데, SRI와 ACK/NACK 형태 간에 다른 점은 데이터 부분이 SRI로 변조되지 않는 것이다. 이 정렬의 이점은 SRI와 ACK/NACK가 같은 물리 자원을 공유하는 것이다.

5.6.2 PUCCH 구성

그림 5.19는 서로 다른 PUCCH 형식과 PUCCH가 LTE 사양[1]에서 구성되는 방식 사이의 논리적 분할을 보여준다. PUCCH 전송을 위해 예약된 슬롯 내 자원 블록의 수는 N_{RB}^{HO}-매개변수

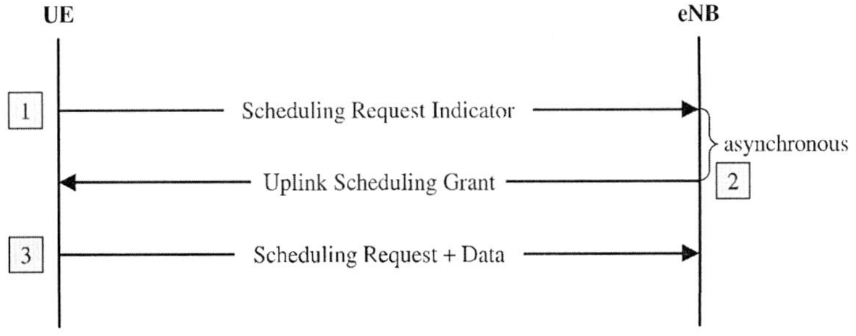

그림 5.18 스케줄링 요청 과정

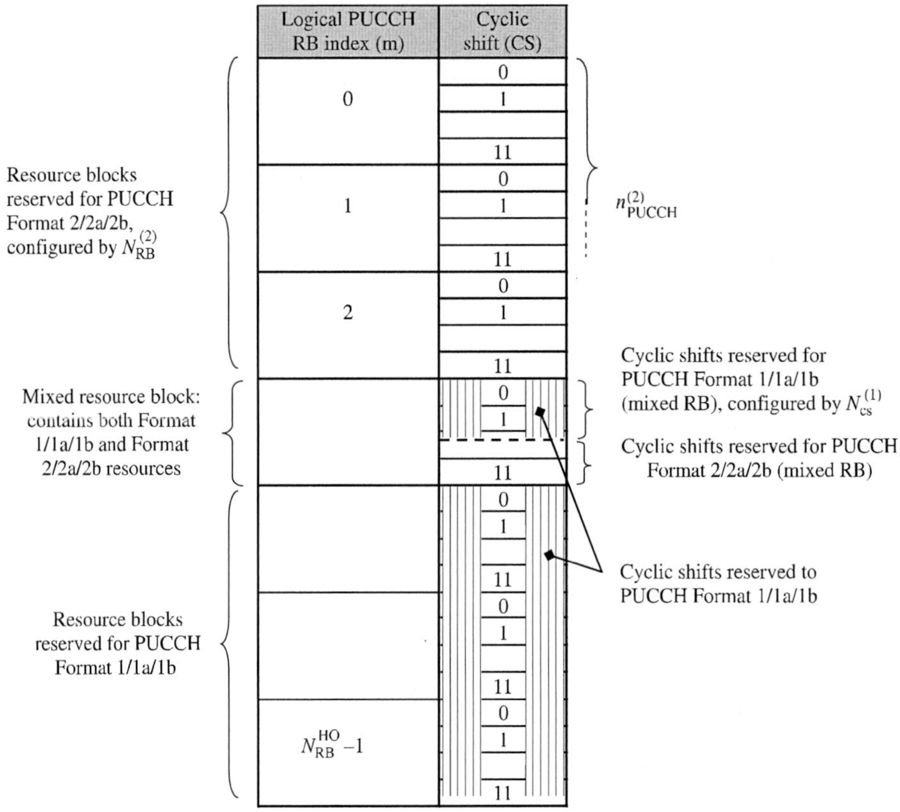

그림 5.19 PUCCH 구성

로 구성된다. 이 방송 시스템 매개변수는 실제 PUCCH의 크기가 다운링크 제어채널에서 전송된 물리제어형식 식별채널(PCFICH)을 바탕으로 바뀔 때 PUCCH를 위해 예약된 자원 블록의 최대 개수로 볼 수 있다. 매개변수는 주파수 호핑 PUSCH 영역을 정의하는데 사용된다. 정기 CQI(즉, PUCCH 서식 2/2a/2b)을 위해 예약된 자원 블록의 수는 다른 시스템 매개변수 $N_{RB}^{(2)}$에 의해 구성된다.

일반적으로 PUCCH 포맷 1/1a/1b과 2/2a/2b에 대해 별도의 PUCCH 자원 블록을 할당하는 것은 이치가 맞지만 1.4MHz 경우처럼 좁은 시스템 대역폭 옵션으로는 용납할 수 없을 만큼 높은 PUCCH 오버헤드[10]를 가져온다. 따라서 형식 1/1a/1b 및 2/2a/2b 사용자 간의 PUCCH 자원 블록을 공유하는 것이 LTE 사양에서 지원된다. 섞인 자원 블록은 섞인 PUCCH 자원 블록에서 PUCCH 포맷 1/1a/1b을 위해 예약된 주기적 전치부호의 수인 방송 시스템 매개변수 $N_{CS}^{(1)}$에 의해 구성된다.

PUCCH 포맷 2/2a/2b의 전송에 사용되는 자원은 단일 회선교환(CS) 자원에 직접 매핑되는 자원 인덱스 $n_{PUCCH}^{(2)}$에 의해 식별된다. 이 매개변수는 단말 특정 상위 계층 신호를 경유하여 정확히 신호가 보내진다.

5.6.2.1 PUCCH 형식 1/1a/1b를 위한 채널화 및 자원 할당

PUCCH 포맷 1/1a/1b 자원은 자원 인덱스 $n_{PUCCH}^{(1)}$에 의해 식별된다. PUCCH의 주기적 전치부호와 자원 인덱스 간의 직접 매핑은 블록 확장 작동으로 인해 PUCCH 포맷 1/1a/1b과 함께 사용되지 못한다. 대신, PUCCH의 채널화는 PUCCH 포맷 1/1a/1b를 위한 자원 블록을 구성하는데 사용된다. 채널화의 목적은 최적화되고 조절가능한 직교성을 가진 자원 블록마다 병렬 채널번호를 제공하는 것이다. 포맷 1/1a/1b의 채널화 구조는 방송 시스템 매개변수, *Delta _shift*에 의해 구성된다.

N_{PUCCH}^{RB} 포맷 1로 표시된 자원 블록 당 PUCCH 포맷 1/1a/1b 자원의 수는 다음과 같이 계산할 수 있다.

$$N_{PUCCH\ Format\ 1}^{PB} = \frac{N_{RS}^{PUCCH} * 12}{Delta\_shift} \tag{5.1}$$

여기에서 *Delta_shift* 매개변수는 동일한 직교커버 시퀀스를 사용하여 두 개의 인접한 ACK/NACK 지원 사이의 순환변환 차이이고 N_{RS}^{PUCCH}는 형식 1/1a/1b에 참조 신호의 개수이다 (N_{RS}^{PUCCH}는 일반 제어평면(CP)의 트리와 확장된 CP 2개와 동일하다). 1, 2, 3 세 개의 값은 *Delta-shift* 매개변수로 사용 가능하다. 이것은 RB 당 PUCCH 포맷 1/1a/1b 지원의 수가 일반 CP 길이인 36, 18, 12에 해당된다는 것을 의미한다.

정렬 자원 구조를 따르는 자원 블록 내 PUCCH 채널화의 예제는 그림 5.20에 나타나 있다. 이 예제에서는 *Delta_shift*를 두 가지로 설정하고 정상적인 CP의 길이를 가정한다.

PUCCH 포맷 1/1a/1b 자원의 구성은 그림 5.21에 나와 있다. PUCCH 포맷 1/1a/1b 자원은 사용 가능한 PUCCH 자원 블록으로 나누어지고 앞서 설명한대로 RB 내에서 채널화가 될 것이다. 그 전에 포맷 1/1a/1b 자원은 지속적이고 역동적인 부분으로 나눈다. 이것은 영속적 포맷 1/1a/1b 자원을 위해 예약된 자원의 수인 방송 시스템 매개변수 $N_{PUCCH}^{(1)}$를 사용하여 수행된다. 이러한 자원은 SRI와 지속적으로 스케줄된 PDSCH와 관련된 ACK/NACK에 의해 사용된

Cyclic shift	Orthogonal cover code		
	0	1	2
0	0		12
1		6	
2	1		13
3		7	
4	2		14
5		8	
6	3		15
7		9	
8	4		16
9		10	
10	5		17
11		11	

그림 5.20 하나의 자원 블록 내에 포맷 1/1a/1b 채널화의 원리 delta_shift=2, 일반 CP

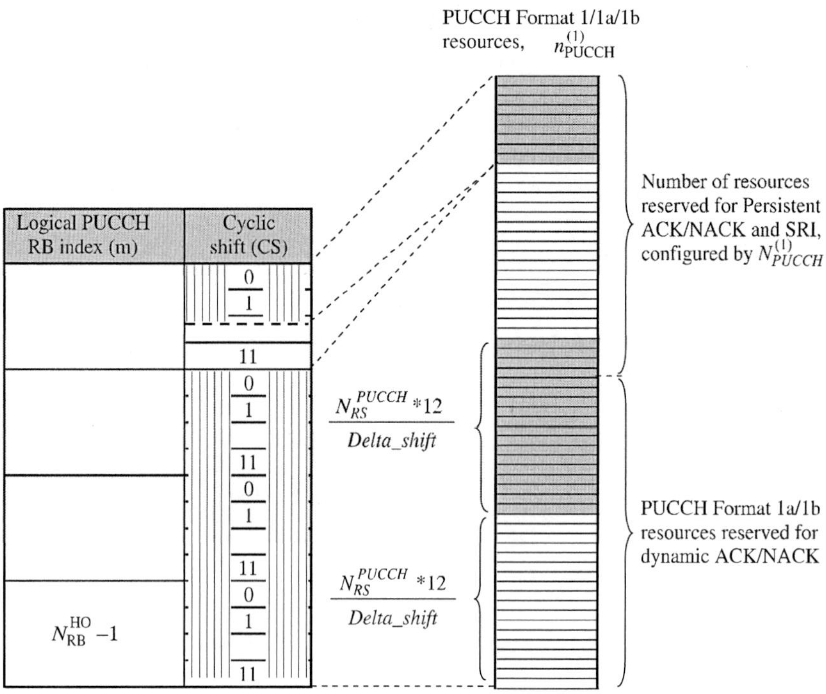

그림 5.21 PUCCH 포맷 1/1a/1b 자원의 구성

다. 두 자원은 자원 인덱스 $n_{PUCCH}^{(1)}$에 의해 명시적으로 할당된다. 동적 포맷 1/1a/1b 자원은 자원 논리 PUCCH 자원의 끝에 배치된다. 동적으로 스케줄된 PDSCH와 관련된 ACK/NACK 자원 할당은 PDCCH 할당을 기반으로 명시적으로 만들어진다.

동적 ACK/NACK 자원의 내재적 할당에서의 방법은 최저 PDCCH 제어채널 요소(CCE) 인덱스에 일대일로 대응하는 것이다. CCE의 총 수는 시스템 대역폭에 따라 달라지고 OFDM 심벌의 수는 다운링크 서브프레임 내 제어신호에 할당되며, PCFICH를 사용하는 각각의 서브프레임에 신호를 보낸다(1.4 MHz 이상의 대역폭을 위한 1, 2, 또는 3 OFDM 심벌, 서브프레임, 1.4 MHz 경우 2, 3 또는 4개의 OFDMA 심벌을 가짐). 각 CCE에는 전용 ACK/NACK 자원이 있어야 한다. 예를 들어, 세 개의 OFDM 심벌이 서브프레임에서 제어신호를 위해 할당된 경우 20 MHz 시스템 대역폭으로 CCE의 수가 최대 80까지 될 수 있다는 것을 의미한다.

5.6.2.2 물리 PUCCH 자원 블록으로의 논리 PUCCH 자원 블록의 매핑

m으로 표시되는 논리 자원 블록의 물리 PUCCH 자원 블록으로의 매핑은 그림 5.22에 나와 있다. 다른 PUCCH 포맷 간 논리적 분할을 고려할 때, PUCCH 포맷 2/2a/2b는 시스템 대역폭의 가장 바깥쪽 자원 블록에 위치하는 것을 알 수 있다. 지속적으로 스케줄된 PDSCH와 SRI에 예약된 ACK/NACK은 주기적 CQI 옆 PUCCH 자원 블록에 위치한다. 그때 동적으로 스케줄된 PDSCH에 예약된 ACK/NACK는 PUCCH를 위해 예약된 가장 안쪽의 자원 블록에 위치한다.

흥미로운 것은 시스템 관점에서 PUCCH는 업링크 시스템 대역폭을 정의한다는 사실이다.

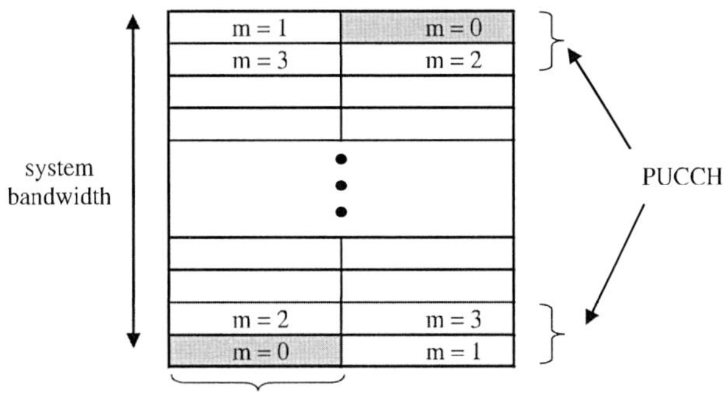

그림 5.22 물리적 RB에 논리적 PUCCH RB의 매핑

이것은 PUCCH이 항상 존재하고 주파수 스펙트럼의 양쪽 가장자리에 위치하고 있다는 사실 때문이다. 적절한 PUCCH 구성은 활성 업링크 시스템 대역폭을 두 개의 자원 블록 해결에 의해 좁혀지게 함을 알 수 있다. 이것은 PUCCH 포맷 2/2a/2b 자원이 초공간화되고 동시에 미리 정의된 PUCCH 포맷 2/2a/2b 자원이 가장 바깥쪽 RB에 배치되는 방법으로 가능하다. 그림 5.23은 이 구성원리를 나타내었다.

5.6.3 PUSCH에서 제어 시그널링

PUSCH는 업링크 데이터의 영향 안에서 업링크 L1/L2 제어신호를 운반한다. 제어신호는 단말이 PUSCH에서 데이터 전송을 위해 예정되었을 때 업링크 서브프레임에서만 유효한 전용 제어 자원에 의해 실현된다. PUSCH에서 제어신호 디자인과 관련된 주요 이슈들은 다음과 같다.

- 업링크 데이터와 다른 제어영역 사이에서 다중화를 정렬하는 법
- PUSCH에 전송된 L1/L2 신호 품질을 조정하는 법

그림 5.24는 SC-FDMA 심벌(블록) 내에서 제어와 데이터 다중화의 원리를 보여준다. 전송신호의 데이터와 다른 제어 기호의 단일 캐리어 특성을 유지하기 위해서는 DFT 앞에 멀티플렉

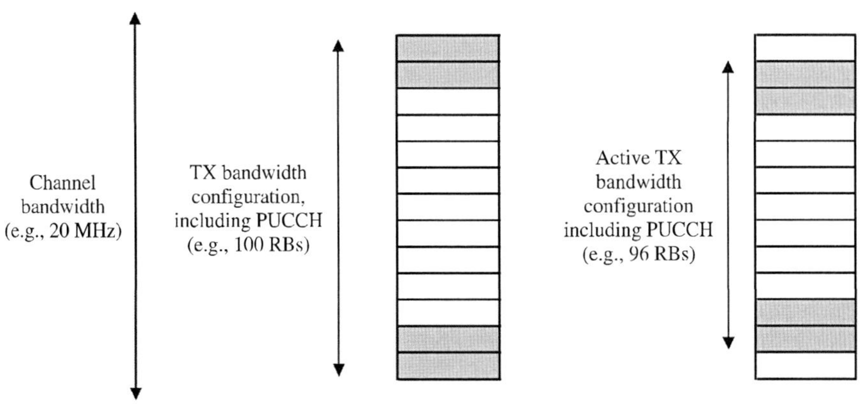

그림 5.23 PUCCH 구성을 통해 업링크 시스템 대역폭을 변경

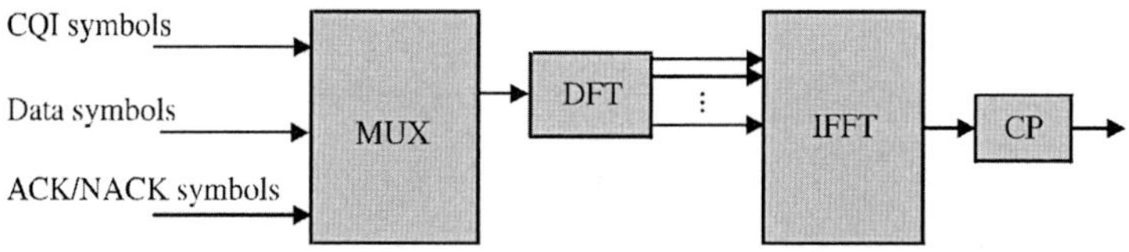

그림 5.24 데이터와 제어 변조의 원리

스된다. 데이터와 다른 제어 영역(NAK/ACK, CQI/PMI, Rank Indicator)은 동일한 SC-FDMA 심벌 블록으로 다중화되기 전에 코딩 및 변조된다. 블록 레벨의 다중화로 고려했지만 큰 제어 오버헤드를 초래했을 것이다[12]. 선택된 심벌 수준의 멀티플렉싱 기법을 사용함으로써 데이터 심벌과 제어심벌 사이의 비율은 각 SC-FDMA 블록 내에서 정확하게 조정된다.

그림 5.25는 업링크 데이터 및 다른 제어영역이 PUSCH에 다중화되는 방법 다음에 원리를 보여준다. 다른 L1/L2 제어신호와 그 크기의 실제 혼합비율은 서브프레임에서 서브프레임에 따라 다양하다. 단말과 eNodeB 모두 제어 영역에 의해 예정된 심벌 수를 알 수 있다. PUSCH의 데이터 부분은 주어진 특정 서브프레임에 할당된 제어 심벌 수에 따라 천공하고 전송률을 매칭시킨다.

제어 및 데이터 다중화는 제어가 서브프레임 양쪽 슬롯에 존재하는 방법으로 수행된다. 이것은 제어채널이 주파수 호핑에 적용될 때 이득을 얻을 수 있다. ACK/NACK은 기준신호 옆의 SC-FDMA 심벌 끝에 배치된다. ACK/NACK 신호에 할당된 슬롯 당 많아야 두 개의 SC-FDMA 심벌에 있을 수 있다. 이것은 ACK/NACK 옆의 SC-FDMA 심벌에 배치되는 랭크 지표에도 똑같이 적용된다. 채널품질정보/프리코딩 행렬 인덱스(CQI/PMI) 심벌은 SC-FDMA 심벌의 시작 부분에 배치하면 가능한 모든 SC-FDMA 심벌에 걸쳐있다.

PUSCH에 전송된 CQI/PMI는 데이터처럼 동일한 변조 기법을 사용한다. ACK/NACK와 랭크

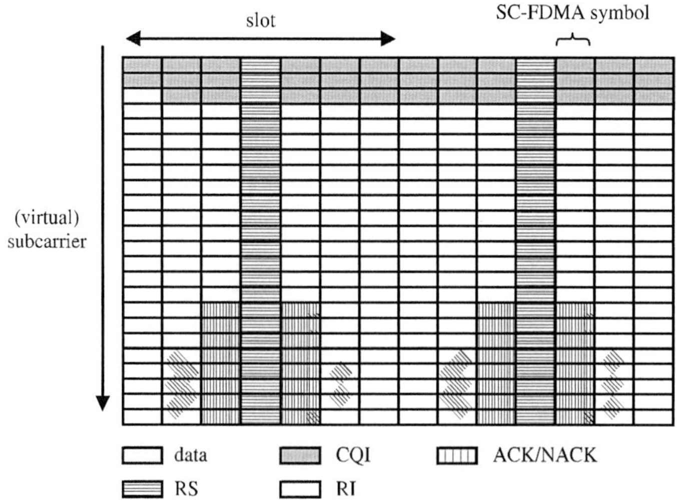

그림 5.25 PUSCH에서 데이터 할당과 다른 제어 영역

지시자는 코딩, 스크램블링 및 변조가 심벌 레벨에서 유클리디안 거리를 극대화시키는 방법으로 전송되는데, ACK/NAC에 사용된 변조 심벌은 PUSCH 변조 심벌과 관계없이 2비트짜리의 부호화된 제어 정보를 옮기는 것이다. 가장 높은 전송전력을 가진 최외곽의 성좌점은 16 QAM 및 64QAM의 경우 ACK/NACK과 랭크 표시자(RI) 신호를 보내는데 사용된다. 이 선별은 고차변조를 사용하는 PUSCH 데이터에 비해 ACK/NACK과 RI에 작은 전력이득을 제공한다.

네 가지 채널 코딩 접근은 PUSCH에서 전송된 제어신호와 함께 적용된다.

- 단지 반복 코딩일 때: 1비트 ACK/NACK
- 심플레스 코딩: 2비트 ACK/NACK
- (32, N) Reed - Muller 블록 코드: CQI/PMI < 11비트
- tail-biting convolutional 코딩(1/3): CQI/PMI ≥ 11비트

PUSCH에서 제어신호와 관련된 중요한 문제는 목표 수준에서 신호 제어의 성능을 유지하는 방법이다. 전력 제어는 데이터 채널에 따라 PUSCH의 신호 대 간섭 및 잡음비(SINR) 목표를 설정하므로 제어채널은 데이터에 대해 설정된 SINR 동작점에 적응해야 한다.

사용 가능한 자원을 조정하는 한 가지 방법은 데이터와 다른 제어 영역에 대한 다른 전력 오프셋 값을 적용하는 것이다. 전력 오프셋 기법의 문제는 단일 반송파 특성이 부분적으로 파괴되기[13] 때문에 이 기법은 LTE 업링크 시스템에 사용되지 않는다는 것이다. 대신, 제어 정보를 위한 다양한 코딩률을 근거로 한 기법이 사용되는데, 제어채널 전송을 위한 부호화된 심벌 수를 다양화함으로써 이루어진다. 제어신호에서 전체 오버헤드를 최소화하기 위해 전송을 제어하는 할당된 물리적 자원의 크기가 PUSCH 품질에 따라 조정된다. 이것은 제어신호에 사용할 코딩 속도 PUSCH 데이터의 변조 및 코딩방식(MCS)에 의해 암시적으로 제공되는 방법으로 실현한다. 데이터 MCS 및 제어 영역의 크기 사이의 연계는 제어신호 비트수에 따라 달라지며, 제어채널의 부호화율 조정과 연관된 반정적으로 구성된 오프셋 매개변수에 따라서도 달라진다. 또한 이 연계는 주어진 제어 시그널링 유형에 대해 원하는 블록 에러율(B(L)ER) 동작점을 달성하는 데도 사용된다. [14]에 주어진 등식은 필요한 부호화된 심벌의 양을 결정짓는 데 사용되고, 채널 품질 피드백 전송뿐 아니라 ACK/NACK 피드백과 랭크 지시 케이스를 모두 다룬다.

오프셋 매개변수는 PUSCH 데이터 채널에 관해 제어신호의 품질을 조정하는 데 사용된다. 그것은 상위 계층 시그널링에 의해 구성된 단말 특정 매개변수이다. 다른 제어채널은 고유의 오프셋 매개변수 설정이 필요하다. 오프셋 매개변수를 구성할 때 고려해야 할 문제점은 다음과 같다.

- PUSCH 데이터 채널을 위한 BLER 동작점
- L1/L2 제어채널을 위한 B(L)ER 동작점
- 제어 및 데이터 영역 간 부호화 이득에서의 차이, 서로 다른 코딩기법과 다양한 코딩 블록 크기(1비트 ACK/NACK으로는 어떤 부호화 이득도 없음)
- 불연속 송신(DTX) 성능

데이터 및 제어 영역에 대한 다른 BLER 동작점은 HARQ이 데이터 채널에 사용되는 반면 제어채널은 HARQ으로부터 어떤 이득도 받지 못한다는 사실로 인해 발생한다. 데이터 및 제어 채널 간 BLER 동작점의 차이가 크면 클수록 오프셋 매개변수 및 그 반대는 더 커진다. 비슷한 문제는 패킷 크기와도 관련이 있다. 높은 오프셋 값은 부호화 이득의 부족으로 인해 ACK/NACK 신호와 함께 필요하다.

5.6.4 업링크 기준신호

제어 및 데이터 신호 이외에도, 5.4절에서 설명한 기준신호가 있다. eNodeB는 업링크 PDCCH가 업링크 방향으로 파일럿 심벌을 옮기는 WCDMA에서처럼 일관된 검출을 쉽게 하기 위해 몇 가지 데이터 심벌 공급원이 있어야 한다. LTE 업링크에서 기준신호(RS)는 PUCCH 및 PUSCH에 복조용 기준신호(DM RS: demodulation reference signals)로 사용된다. WCDMA 동작 부분이 아닌, 기준신호의 새로운 목적은 사운딩 참조 신호(SRS: sounding reference signals)로 사용하는 것이다. 추가적으로 기준신호는 5.6.1.1절에서 논의된 것처럼 PUCCH에서 시퀀스 변조를 위해 사용된다. 기준신호로 사용되는 시퀀스는 5.6.4.1절에서 설명하고, 복조 기준신호와 사운딩 기준신호는 각각 5.6.4.2절과 5.6.4.3절에서 설명한다.

5.6.4.1 기준신호 시퀀스

LTE 업링크에서 RS 시퀀스를 위한 가장 중요한 특성은 다음과 같다.

- 유리한 자기 및 상호 상관 특성
- 충분한 수의 시퀀스
- 효율적인 채널 추정을 촉진하는 비선택적 주파수 영역 표현
- QPSK 변조의 큐빅 메트릭과 비교하여 낮은 큐빅 메트릭 값

시퀀스는 업링크 할당에서 다양한 대역폭 옵션을 지원하기에 적합해야 한다. 이것은 다양한 길이의 12 배수의 시퀀스가 필요함을 의미한다. Zadoff-Chu[15] 및 일반적인 Chirp-Like[16] 다상의 시퀀스 같은 상관값 0인 일정 진폭 코드(CAZAC; Constant Amplitude Zero Autocorrelation Codes)는 많은 특성을 요구한다. 또한 시퀀스 길이가 소수일 때 합리적인 수의 Zadoff-Chu 시퀀스가 존재한다. 그러나 LTE 업링크에서 합리적인 수의 Zadoff-Chu 시퀀스가 존재하는 데 필요한 시퀀스 길이는 12의 배수가 된다. 충분한 RS 시퀀스를 얻기 위해 컴퓨터에서 생성된 시퀀스들은 12와 24의 시퀀스 길이에 사용된다. 이 시퀀스들은 주파수 영역에서 QPSK 알파벳으로 구성되어 있다. 길이가 더 긴 시퀀스들은 길이가 소수인 Zadoff-Chu 시퀀스에서 파생되는데 순환적으로 원하는 길이로 주파수 영역에서 확장된다. 흔히 이 시퀀스들을 확장된 Zadoff-Chu 시퀀스라고 한다.

그 결과 12, 24, 36 그리고 더 긴 길이의 시퀀스를 위한 더 큰 수의 길이를 가진 시퀀스에 유용한 기준신호 시퀀스는 30개가 있다. 사실 RS 시퀀스는 일정한 진폭을 가지지 않으므로 CAZAC 시퀀스가 아니다. 그러나 그들은 수용될만한 큐빅 메트릭 값과 자기상관값 0을 가지고 있어서 자기 상관이 0인 ZAC(Zero Autocorrelation) 시퀀스로 언급될 수 있다.

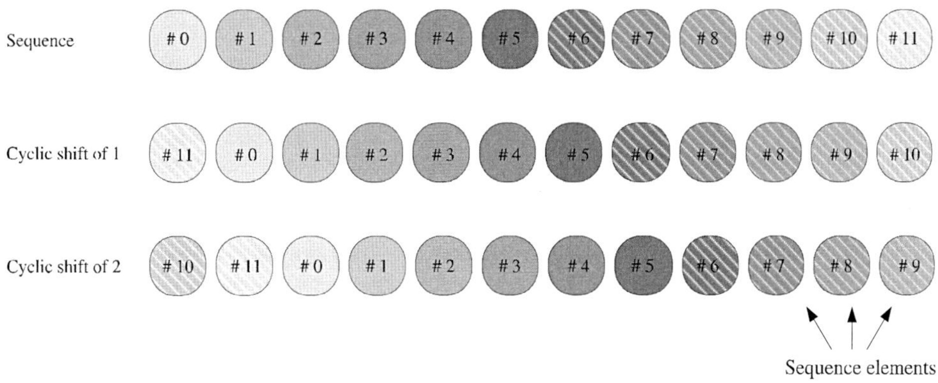

그림 5.26 한 시퀀스의 순환 변환

RS 시퀀스는 제로 시프트 값을 제외하고 0인 주기적 자기상관 함수를 가진다. 즉, 그림 5.26에 나타낸 주기적 또는 순환하는 시퀀스의 전환은 서로 직교한다. 이것은 LTE에서 다중 단말에 사용되는 단일 RS 시퀀스로부터 여러 개의 직교 시퀀스를 파생하는 편리한 방법을 제공한다. 그러나 직교성을 유지하기 위해서는 베이스 스테이션에 도달하는 신호 간의 시간 차이가 순환변환 분리에 대응하는 시간 간격을 초과해서는 안 된다. 다중경로 지연 확산을 수용하기 위해 LTE에서 유용한 순환변환 간의 최소 시간의 분리는 복조 RS를 위한 5.56 μs과 사운딩 RS를 위한 4.17 μs이다. 상대적으로 12와 8 주기적 변화는 참조 신호 대역폭에 관계없이 순환의 변화 사이의 지속시간은 분리와 함께 각각 DM RS 및 SRS에 대해 지정된다.

5.6.4.2 복조 기준신호

복조 기준신호는 주로 채널 추정을 위해 사용된다. 그들은 일관된 검출 및 복조에 필요하고 업링크 데이터 전송과 같이 동일한 대역폭을 가지고 있다. PUCCH에는 사용되는 PUCCH 포맷에 따라 슬롯마다 두 세 개의 기준신호가 있는 반면 PUSCH에는 모든 0.5 ms 슬롯 당 한 개의 복조 기준신호가 있다. PUSCH를 위해 DM RS는 슬롯에 네 번째 SC-FDMA 기호를 차지하며 RS 시퀀스의 길이는 할당된 서브캐리어 수와 같다. PUCCH를 위한 기준신호 위치는 5.6.1절에 나온다.

RS 시퀀스는 각 길이마다 30개 이상의 시퀀스를 가진 다양한 길이를 보유한다. 간단하게 하면, 다양한 길이의 시퀀스는 30개의 시퀀스 그룹으로 정렬된다. 각 시퀀스 그룹은 1~5개 물리자원 블록(PRBs)까지의 할당을 위한 1개의 RS 시퀀스 및 대규모 할당을 위한 2개의 RS 시퀀스와 함께 지원되는 모든 시퀀스 길이를 위한 RS 시퀀스를 포함한다. 그 결과 사용되는 복조 기준신호는 다음 네 개의 매개변수로 정의된다.

- 30 옵션을 가진 시퀀스 그룹. 셀 특성 매개변수이다.
- 6 PRBs이나 그 이상의 시퀀스 길이에 대한 두 가지 옵션과 순서. 셀 특성 매개변수이다.
- 12 옵션을 가진 주기적 변환. 터미널과 셀 특성 요소 모두를 가지고 있으며, 8개의 값은 업링크 할당으로 구성 가능하다.

- 업링크 할당에 의해 주어진 시퀀스 길이

서로 다른 시퀀스 그룹이 일반적으로 인접 셀에 사용되는 반면, 주기적 변환은 세포 내 다른 터미널에서 다중 기준신호에 사용된다. 주기적 변환은 셀 내에서 좋은 분할을 제공하지만, 더 복잡한 간섭 시나리오는 셀 사이에서 발생한다. 인접 셀에서 동시 업링크 할당은 서로 다른 대역폭을 가지며 부분적으로 주파수에 오버래핑될 수 있다. 이것은 셀 간 RS 상호상관의 효과적인 최적화를 방지한다. 따라서 여러 호핑방식은 기준신호에 대한 셀 간 간섭을 무작위로 추출하기 위해 LTE에 포함된다. 슈도 램덤 호핑 패턴은 셀 특성이고 물리계층 셀 식별에서 파생된다. LTE는 PUSCH 및 PUCCH을 지원한다.

- 주기적 변환 호핑은 항상 사용된다. 셀 특성 주기적 변환은 단말 특성 주기적 변환의 상단에 추가된다. 주기적 변환 PUSCH의 모든 슬롯에 대해 호핑된다. 셀 간 간섭은 PUCCH에 적용되는 CDM으로 인해 PUSCH보다 PUCCH에서 더 큰 것으로 예상된다. 셀 간 간섭 임의화 향상을 위해 주기적 변환은 PUCCH의 모든 SC-FDMA 심벌에 대해 호핑한다. 또한 주기적 변환 호핑은 PUCCH에 사용되는 시퀀스 변조로 인해 제어 데이터를 나르는 SC-FDMA 심벌에도 적용된다.
- 시퀀스 그룹 호핑. 시퀀스 그룹 호핑 패턴은 그룹 호핑 패턴과 시퀀스 변환으로 구성되어 있다. 같은 그룹 호핑 패턴은 30개 셀 군에 적용된다. 클러스터 내의 셀을 구분하기 위해 셀 특성 시퀀스 변환은 그룹 호핑 패턴의 상단에 추가된다. 이 정렬로 인접한 셀에 동시에 동일한 시퀀스 그룹의 비정기적인 사용은 셀 클러스터 내에서 기피된다. 또한 시퀀스 그룹 호핑은 시퀀스 계획을 촉진하며, 비활성화될 수 있다. 시퀀스 그룹은 모든 슬롯에 대해 호핑한다.
- 시퀀스 호핑, 즉 시퀀스 그룹 내 두 시퀀스 사이에 호핑을 의미한다. 시퀀스 호핑은 시퀀스 그룹 호핑이 비활성화되고 시퀀스 호핑이 구동된다면 5 RBs보다 큰 자원 할당에 대해 적용될 수 있다.

PUSCH에서 주기적 변환 호핑과 시퀀스 그룹 호핑 패턴을 구성하는 것이 가능하기 때문에 동일 패턴이 인접한 셀에 사용된다. 이것은 동일한 시퀀스 그룹이 인접한 셀에 사용되는 것을 의미한다. 그러나 주기적 변환의 집중적인 사용으로 인해 PUCCH에 대한 실현가능한 해결책은 아니다. 따라서 호핑 패턴은 셀 특성이고 PUCCH의 셀 식별에서 파생되므로 시퀀스 그룹은 PUSCH에 대한 추가구성 매개변수와 함께 PUCCH 및 PUSCH에 대해 별도로 구성된다.

5.6.4.3 사운딩 참조신호

사운딩 참조 신호(SRS; Sounding Reference Signals)는 현재 PUSCH에 전송하거나 터미널 PUSCH에 전송하지 않는 것보다 더 넓은 대역폭의 업링크 채널 품질에 대한 정보를 제공하는 데 사용된다. 채널 eNodeB으로 추정되며 얻은 채널 정보는 업링크 주파수 영역 스케줄링 작업의 일환으로 업링크 스케줄링의 최적화에 사용할 수 있다. 따라서 사운딩 참조신호는 다운링크 채널의 CQI 보고를 위한 업링크 대체물이기도 하다. 사운딩 참조신호는 업링크 전송과 단말을 위한

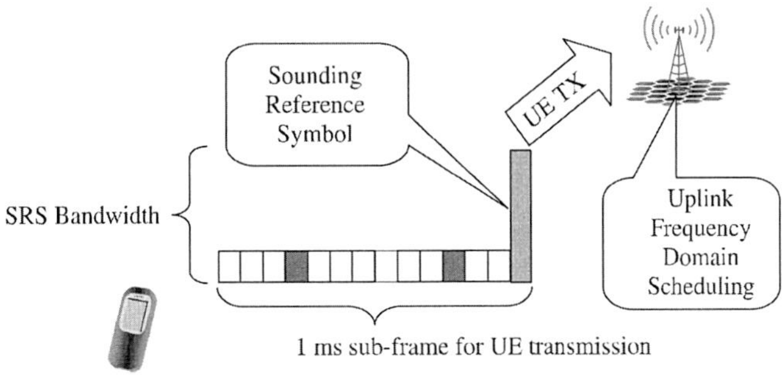

그림 5.27 프레임에서 사운딩 참조신호(SRS) 전송

업링크 타이밍 추정을 촉진하기 위해 다른 목적에도 사용할 수 있다. 그림 5.27에서 사운딩 참조신호는 서브프레임의 마지막 SC-FDMA 심벌에 전송된다. 사운딩 참조신호 데이터 전송은 실제 데이터 전송을 위해 PUSCH에서 사용하는 주파수 영역에 있어야 하지만 다른 곳에서도 찾을 수 있다.

사운딩 참조신호에서 분산 SC-FDMA 전송이 사용된다. 즉, 단말은 그림 5.28과 같이 참조신호를 전송할 때마다 매초 서브캐리어를 사용한다. 오프셋 부반송파와의 관련이 분산 전송을 위한 a transmission comb을 정의한다. transmission comb은 순환 이동 이외에 다중 단말 참조신호를 의미한다. 사운딩 참조신호는 복조 기준신호와 동일한 시퀀스를 사용한다. 사운딩 참조신호 시퀀스 길이는 24의 배수이고, 상대적으로 사운딩 참조신호 대역폭은 4 RBs의 배수이다. 이것은 사운딩 참조신호를 위한 8개의 순환 이동의 정의와 결합하여 사용 가능한 사운딩 참조신호 시퀀스 길이에서 다음과 같다.

사운딩 참조신호 데이터 전송을 유연하게 구성할 수 있다. 사운딩 참조신호 데이터 전송은 단일 전송이 될 수도 있고 아니면 전송은 2ms에서 320 ms 내에서 주기적일 수 있다. 시스템 대역폭 및 세포 구성에 따라 사용 가능한 최대 네 가지의 사운딩 참조신호 대역폭 옵션이 될 수 있다. 또한 사운딩 참조신호 전송은 주파수 안에서 활동할 수 있다. 이것은 광대역 사운딩

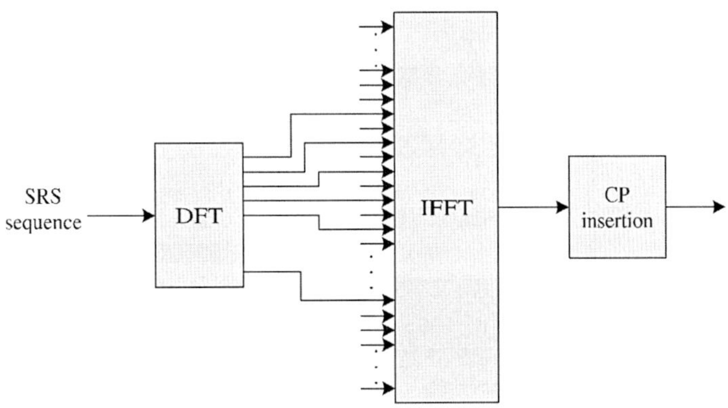

그림 5.28 사운딩 참조신호를 위한 서브캐리어 매핑

참조신호 데이터 전송을 지원하지 않을 수 없는 셀 가장자리 터미널에서 특히 유용하다. 주파수 호핑은 셀간 간섭 조정을 위해 [17] 유리한 시스템 대역폭의 특정 부분에 제한될 수 있다. 사운딩 참조신호 설정은 명시적으로 터미널 특정 상위 계층 신호를 통해 신호를 보낸다.

다른 터미널로부터의 사운딩 참조신호 전송은 다음과 같이 다차원으로 다중 송신될 수 있다.

- 적적한 시기; 정기 사운딩 참조신호 전송이 서브프레임 오프셋과 함께 다른 서브프레임들로 인터리브될 수 있다.
- 주파수; 주파수 분할 다중화를 촉진하기 위해 가능한 사운딩 참조신호 대역폭은 트리 구조를 따른다. 사용 가능한 사운딩 참조신호 대역폭 집합이 특정 세포 구성에 표시되는 것을 그림 5.29에 나타내었다. 그림 5.29의 사운딩 참조신호 대역폭 설정에 근거한 설명의 예를 제시한 사운딩 침조신호 주파수 호핑 패턴은 그림 5.30에 나타난 것처럼 트리구조를 따른다.
- 순환 시프트(cyclic shifts); 최대 8개의 순환 변화로 구성할 수 있지만 순환 근무 멀티플렉스 신호 직교를 유지하기 위해 동일한 대역폭이 필요하다. 순환 교대의 집중적인 사용으로 인해 PUCCH로 구성된 시퀀스 그룹 사운딩 참조신호에도 사용된다.
- 분산 전송에서의 Transmission comb; 2개를 사용할 수 있다. 순환 시프트와 반대로 Transmission comb는 동일한 대역폭을 차지하기 위해 멀티플렉스 신호가 필요하지 않다.

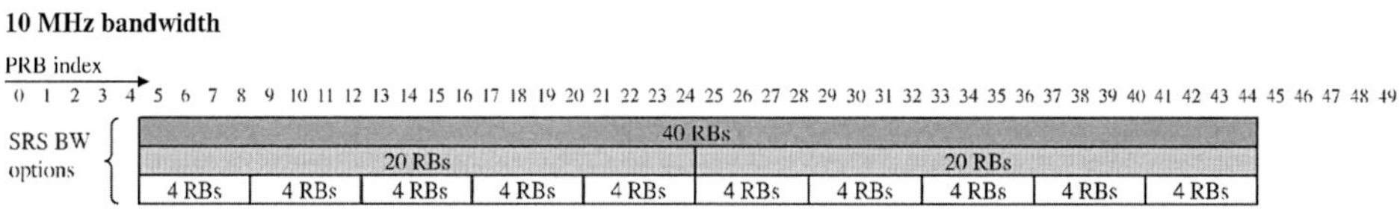

그림 5.29 트리구조로 사운딩 참조신호 대역폭 설정

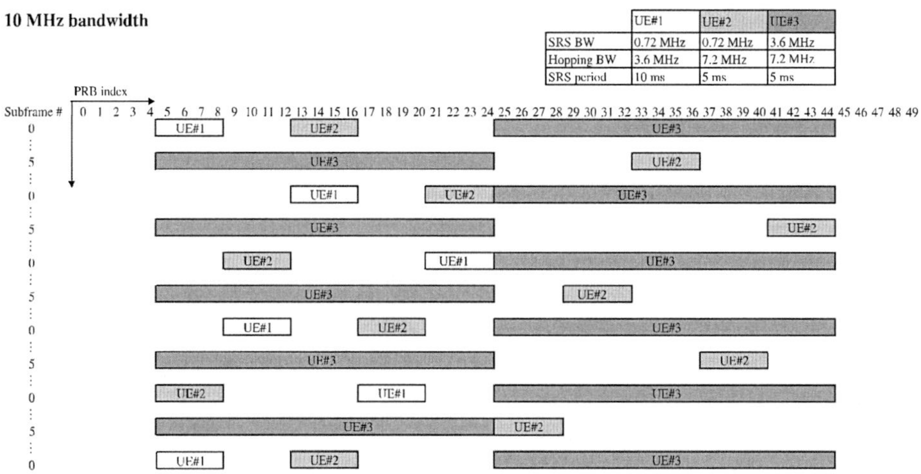

그림 5.30 사운딩 참조신호 주파수 호핑 패턴의 예

터미널 특정 사운딩 참조신호 구성 이외에 세포 관련 사운딩 참조신호 구성뿐만 아니라 세포에서 사용할 수 있는 사운딩 참조신호 대역폭 집합과 같은 사운딩 참조신호 데이터 전송을 포함할 수 있는 서브프레임을 정의한다. 일반적으로 사운딩 참조신호 데이터 전송은 PUCCH를 위해 예약 주파수 대역으로 확대해서는 안 되므로 여러 개의 사운딩 참조신호 대역폭 세트는 유연한 셀 특정 PUCCH 구성 지원을 위해 필요하다.

5.7 PRACH 구조

5.7.1 물리적 랜덤 액세스 채널

랜덤 액세스 전송은 LTE 업링크에서 유일하게 비동기 전송이다. 터미널 RACH에 전송하기 전 수신된 다운링크 신호에 동기화하지만 기지국로부터 거리를 확인할 수 없다. 따라서 양방향 전파 지연으로 인한 타이밍 불확실성은 RACH 전송에 남아 있다.

적절하게 설계된 물리적 임의 접근 채널(PRACH)은 비교적 자주 발생하고, 랜덤 액세스에 충분한 기회를 제공하며, 경로 손실 및 업링크 타이밍 불확실성 측면에서 원하는 셀 범위를 지원하며 충분히 정확한 타이밍 추정을 허용한다. 또한 PRACH는 RACH 부하와 물리적 환경의 측면에서 두 시나리오의 넓은 범위로 구성되어야 한다. 예를 들어, LTE는 최대 667 μs와 같은 MAC 계층의 범위를 신호 타이밍 사전에 촉진 양방향 전파 지연에 해석 100 km로 셀 범위를 지원하기 위해 필요하다.

LTE 프레임 구조 유형 1(FDD)에서 단 하나의 PRACH 자원은 서브프레임 내에서 구성될 수 있다. PRACH 자원의 주기성은 예상 RACH 부하에 따라 조정될 수 있으며, PRACH 자원은

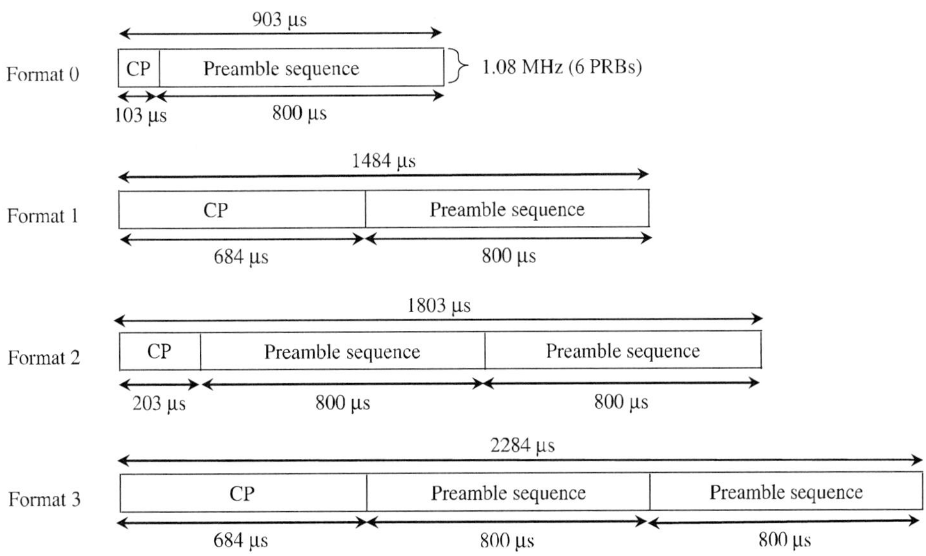

그림 5.31 FDD에서 LTE RACH 프리앰블 형식

20 ms 내에서 모든 서브프레임으로부터 발생할 수 있다. PRACH 전송은 프리앰블 시퀀스와 그림 5.31에 나타난 네 가지 포맷과 앞의 순환 접두사로 구성되어 있다. 여러 개의 프리앰블 포맷은 광범위한 환경으로 인해 필요하다. 포맷 2와 3에서 반복되는 프리앰블 시퀀스가 증가 경로 손실을 보상하는 반면, 예를 들어, 긴 프리앰블 포맷 1의 CP와 3의 대형 셀 범위에 대해 향상된 타이밍의 불확실성 허용 기능을 촉진한다. 비동기 프리앰블 후 필요한 경비 기간은 명시적으로 지정하지 않지만 서브프레임 구조의 PRACH 위치는 충분한 경비 기간을 제공한다. 특별한 경우에만 특정한 고려가 요구된다. 각 셀에서 64 프리앰블 시퀀스가 구성되어 있고, PRACH 자원 당 64 랜덤 액세스의 기회가 있다. PRACH은 타이밍 추정을 위해 적절한 분해능을 제공하는 1.08 MHz 대역폭을 점유한다.

5.7.2 프리앰블 시퀀스(Preamble Sequence)

일정 진폭 코드(zero autocorrelation codes)에 속하는 Zadoff-Chu 시퀀스는 여러 가지 가치 있는 시퀀스 특성에 따라 RACH 프리앰블 시퀀스로 사용된다.

- 제로 시프트 값을 제외한 제로인 프리앰블은 주기적인 자기상관 함수를 가진다. 이것은 프리앰블 검출과 타이밍 추정에 바람직하다. 주기적인 혹은 순환적인 시퀀스의 시프트는 서로 직교한다. 결과적으로, 다수의 프리앰블 시퀀스는 순환 시프트로 하나의 Zadoff-Chu 시퀀스에서 얻을 수 있다.
- 프리앰블 시퀀스 길이가 839 소스로 설정되었을 때, 최적의 상호 상관(cross-correlation) 특성을 가진 838 시퀀스가 있다.
- 시퀀스는 적당한 큐빅 메트릭 특성을 가진다.

다른 프리앰블로 사용되는 순환 시프트는 충분한 분리가 필요하다. 순환 시프트 분리는 그림 5.32와 같이 업링크에 대한 불확실성을 수용하기 위해 충분히 넓어야 한다. 따라서 전파지연과 주기적인 분리가 셀 범위에 직접적으로 연관이 있다. LTE가 지원하는 셀 범위를 넓게 하기 위해 16개의 다른 순환 시프트 분리를 하나의 Zadoff-Chu 시퀀스 신호로부터 1~64 프리앰블을 제공하는 셀로 구성할 수 있다.

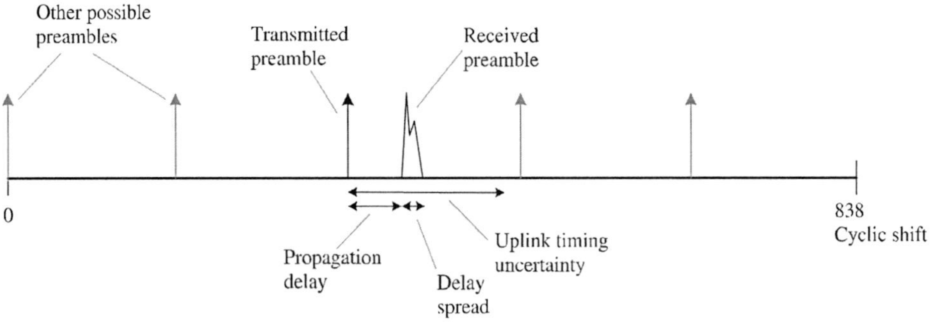

그림 5.32 프리앰블 시퀀스 사이에서 순환 변환 분지 N_{CS}의 그림

특별한 고속모드 또는 제한된 집합은 도플러 확산의 경우 Zadoff-Chu 시퀀스의 특별한 특성 때문에 RACH로 정의된다. 본질적으로, 고속모드는 프리앰블로 사용할 수 있는 순환 시프트에 추가적인 제한 집합이다.

Zadoff-Chu 시퀀스의 DFT(Discrete Fourier Transform)는 주파수 영역에서도 Zadoff-Chu 시퀀스이다. 도플러 효과 때문에 전송된 프리앰블 시퀀스는 전송된 순환 시프트의 주파수에서 인접한 순환 시프트에 확산되고, 특히 주파수에서 전송된 순환 시프트에 이웃한 순환 시프트에 확산된다. LTE를 위한 -1.25 kHz에서 시퀀스 길이의 역수에 해당하는 도플러 주파수는 전송된 순환 시프트를 주파수에서 전송된 순환 시프트의 이웃한 순환 시프트로 완전히 변환시킨다. 그 결과 받은 시퀀스는 1.25 kHz의 도플러 주파수에 대한 전송된 시퀀스와 직교를 이룬다.

주파수 영역에서 서로 이웃한 순환 시프트와 시간 영역에서의 순환 시프트 사이에는 다루기 쉬운 일대일 관계가 있다. 따라서 세개의 업링크 타이밍 불확실성 윈도우는 그림 5.33과 같이 시프트 거리에 의해 분리된 윈도우로 프리앰블에 대해 정의할 수 있다.

상당한 도플러에서 프리앰블을 검출할 때, 앞에서 언급했던 여러 가지 결과가 나온다.

- 신호의 에너지는 신뢰할 수 있는 프리앰블 검출을 위한 세 개의 윈도우를 수집해야 한다.
- 초기 업링크 타이밍 추정을 허용하기 위해 프리앰블의 윈도우는 서로 중복되면 안 된다.
- 다른 프리앰블 윈도우는 불필요한 허위 알람을 방지하기 위해 중복되면 안 된다.

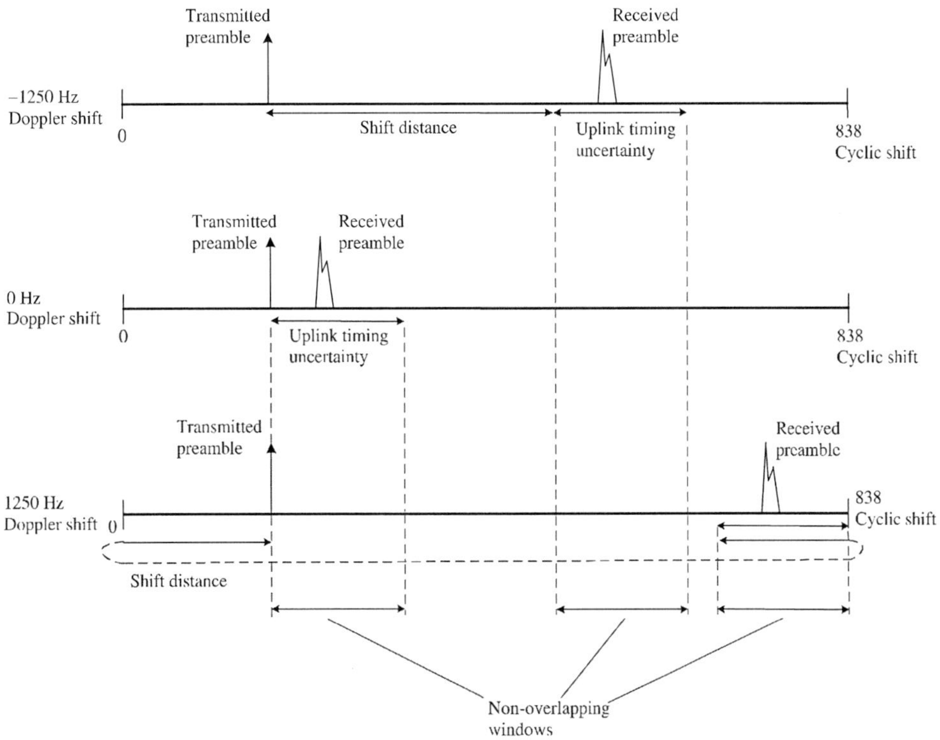

그림 5.33 상당한 도플러에서 RACH 프리앰블을 위한 업링크 타이밍 불확실성 윈도우의 그림

그 결과, 고속모드의 프리앰블의 순환 시프트는 타이밍 불확실성 윈도우(timing uncertainty windosws)가 프리앰블 사이뿐만 아니라 각각의 프리앰블이 서로 중복되지 않도록 하기 위해서 선택이 필요하다. 이러한 요구사항뿐만 아니라 스퀀스 인덱스에 시프트 거리의 종속성이 프리앰블을 위한 순환 시프트의 계산을 복잡하게 하지만, 다루기 쉬운 방정식을 발견하고 표준화 하였다.

5.8 다운링크 물리계층 신호 전송

다운링크 방향에서 제어정보는 각기 다른 세 가지 종류의 제어 메시지를 사용하여 전달된다.

- 제어포맷표시기(CFI)는 채널사용을 제어하는 데 사용되는 자원의 양을 나타낸다. CFI는 PCFICH의 경로를 나타낸다.
- 복합 재전송 기법(HARQ)은 수신된 업링크 팩의 성공을 나타낸다. HI는 물리적 HARQ 지시채널(PHICH) 상에서 나타난다.
- 다운링크 제어 정보(DCI)는 업&다운링크 양방향에서 모든 물리계층의 자원들을 제어하며 각기 다른 요구를 맞출 여러 형식을 가지고 있다. DCI는 물리적 다운링크 제어채널(PDCCH)의 경로를 나타낸다.

5.8.1 물리제어 형식 식별채널(PCFICH)

PCFICH의 유일한 목적은 얼마나 많은 OFDMA 심벌을 제어 정보를 위해 보유해 두는지를 동적으로 나타내는 것이다. 이는 각 1 ms 서브프레임에 1~3사이로 다를 수 있다. PCFICH에서 단말은 제어 정보로서 다루기 위한 심벌이란 것을 알았다. PCFICH는 미리 결정된 자원 요소에서 각각의 다운링크 서브프레임의 첫 번째 OFDM 심벌로 전송하고, 변조를 고정한다. 동적 신호 기능의 사용은 낮은 데이터 속도를 가진 많은 수의 사용자를 지원해줄 뿐만 아니라 높은

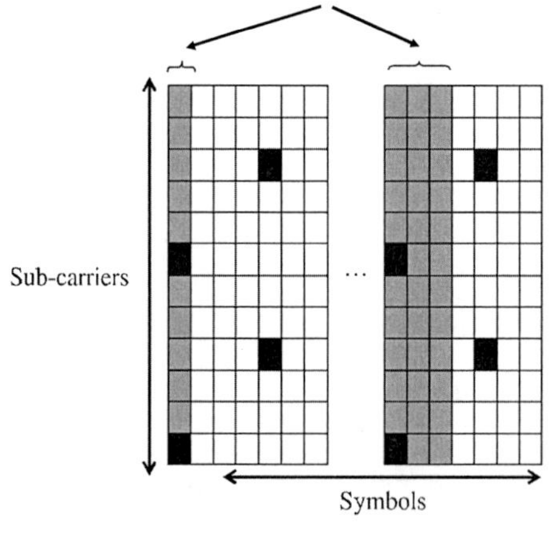

그림 5.34 1.4 MHz 이상의 대역폭을 위한 PCFICH에서의 PDCCH 자원 할당

데이터 속도를 사용하는 동시에 활성화된 몇 명 사용자들의 경우, 낮은 신호 오버헤드를 제공하는 시스템을 허용한다. PDCCH 할당이 1개의 심벌에서 3개의 심벌로 바뀌는 경우를 그림 5.34에 나타내었다. 그 결과 오버헤드를 계산할 때 PDCCH가 1 ms 서브프레임에서 첫 번째 0.5 ms 슬롯에만 할당되어 있다는 것을 주목해야 한다. 따라서 오버헤드는 총 물리계층의 자원 공간이 1/14에서 3/14까지 된다.

1.4 MHz 동작에서 PDCCH 자원은 충분한 페이로드 크기와 모든 신호 시나리오를 위한 충분한 범위가 확실하지 않은 2, 3 또는 4개의 심벌이 있다. 특히 큰 셀에서 RACH 동작 시 신호와 함께 채널코딩을 위한 충분한 공간을 가지는 것이 중요하다.

5.8.2 물리적 다운링크 제어채널(PDCCH)

단말기는 사용할 업링크와 다운링크 자원 할당을 위해 PDCCH로부터 정보를 얻게 된다. PDCCH에 매핑된 DCI는 다른 형식이 있고, 하나 혹은 그 이상의 제어채널 요소(CCE)를 사용하여 DCI에 전송되는 크기와 필요한 범위에 의존한다. CCE는 아홉 개의 자원 요소 그룹과 동일하다. 각각의 그룹은 차례대로 4개의 자원으로 구성되어 있다. 다른 PDCCH 형식은 표 5.2에 나와 있다. PDCCH가 직교 위상천이 변조를 사용하면서 하나의 자원 요소가 2비트를 운반하고, 하나의 자원 요소에 8비트가 생긴다. 단말기는 PDCCH 세트를 듣고 불연속 수신이 설정되는 동안을 제외하고는 모든 서브프레임으로 해독하기 시작할 것이다. 모니터할 PDCCH 세트는 최고 6개의 채널이다. 네트워크에 의존함에 따라 PDCCH의 몇몇은 소위 공통 PDCCH라 하며, 전원 제어정보를 포함하기도 한다. PDCCH에 나타나 있는 DCI는 4개의 다른 형식들을 가지고 있고 더 나아가 각각의 형식별로 각기 다른 변형을 가지게 된다. 다음의 경우는 제어정보를 제공한다.

- PUSCH 할당 정보(DCI 형식 0)
- 하나의 코드워드에 PUSCH 정보(DCI 형식 1 혹은 이것의 변형)
- 두 개의 코드워드에 PDSCH 정보(DCI 형식 2 혹은 이것의 변형)
- 업링크 전력 제어 정보(DCI 형식 3 혹은 이것의 변형)

PDSCH와 연관된 정보를 포함한 PDCCH는 종종 다운링크 할당이라고 한다. PDSCH와 관련된 다운링크 자원 할당 정보를 제공할 때는 다음과 같은 정보가 다운링크 할당에서 수행된다.

표 5.2 PDCCH 형식과 그 크기

PDCCH format	Number of CCEs	Number of resource-element groups	Number of PDCCH bits
0	1	9	72
1	2	18	144
2	4	36	288
3	8	72	576

- 주파수 자원 블록 정보: 주파수 자원 블록 도메인에서 문제의 사용자들에게 할당된 자원 위치를 나타낸다. 다운링크 자원 할당은 세 가지 유형이 있다. 다운링크 제어정보 형식에 따라 유형 1이나 유형 2의 자원 할당이 사용된다.
- 자원 헤더는 사용된 다운링크 제어정보 할당의 유형에 관한 정보를 제공하는 지정 채널의 일부분이다.
- 다운링크 사용자 데이터에 사용된 변조와 코딩조합 : 5비트 시그널링은 변조 순서와 전송 블록 크기 색인을 결정하는 변조와 코딩 색인을 나타낸다. 전송블록 크기는 이런 변수와 할당된 자원 블록 숫자들을 기준으로 나타나게 된다.
- 복합 재전송 기법 과정 숫자는 복합 재전송 기법 재전송이 진화된 노드 B의 시각으로 볼 때 동시에 일어나지 않으며 정확한 전송은 진화된 노드 B의 스케줄러의 기능에 달려있다. 프로세스 숫자없이 단말기는 서로 다른 과정들을 제대로 인식하지 못하고 잘못된 데이터들을 섞어 버릴 수도 있다. 이것은 제어신호가 싱글 전송시간을 위한 제어신호를 잃었을 때 에러전달을 막는다. 복합 재전송 기법 과정들은 업링크와 다운링크 모두에서 8로 정해져 있다.
- 새로운 데이터 지표는 특정한 프로세스를 위한 전송이 재전송인지 아닌지를 알려준다. 이것은 고속하향 패킷 접속에도 같은 원리로 적용된다.
- 보호 비트 버전은 증가되는 보호 비트로 하여금 어떤 재전송 버전이 사용되는지를 알려주는 복합 재전송 기법 변수이다.
- 물리 업링크 제어채널을 위한 전원 제어 명령은 물리 다운링크 제어채널에도 포함된다. 전원 제어 명령은 2비트를 가지며 전원을 조정하기 위해 위아래 2단계를 사용한다.
- 집중되거나 분산된 가상 자원 블록의 사용에 대한 신호는 몇몇 지정 채널 포맷에서 사용된다. 분포된 가상 자원 블록은 실질적인 물리적 지원 블록들에 나타나 있는 표식과 하나 혹은 두 개 정도의 차이를 보여주는 반면, 집중된 가상 자원 블록은 연속적인 할당을 의미한다. 다중 안테나 방식 가동이 수반될 때 특별한 안테나 방식 시그널링 요소가 수반된다.

MIMO 연산이 포함되어 있을 때, 즉 구체적인 MIMO의 신호 요소가 포함되어 있을 때는 5.9.7절에서 설명할 것이다.

또한 PUSCH와 연관된 정보를 포함한 PDCCH는 업링크 승인으로 알려져 있다. 다음 정보는 업링크 승인에서 나타난다.

- 업링크 승인과 컴팩트 다운링크 할당간의 분할 신호
- 호핑 플래그와 자원 블록 할당, 활발한 자원 할당: 비트의 숫자는 사용될 대역폭에 달려있다. 업링크 자원 할당은 언제나 근접해 있으며, 자원 블록에 대해서는 자원 블록의 시작과 할당 크기를 나타낸다.
- 변조와 코딩 방식의 중복 버전
- HARQ ACK/NACK 메시지 상태에 스케줄링 명령을 동기화하기 위해 사용된 새로운 데이터 지표

- 4개의 다른 값을 나타낼 수 있는 스케줄된 PUSCH를 위한 전력제어 정보(TPC) 명령
- 비변조 참조 심벌을 위한 순환 시프트-3비트
- 비 주기적 CQI 보고 요청

이런 목적 외에도 물리 다운링크 제어채널은 여러 사용자들에게 전원 제어정보를 제공하기도 한다. 지원되는 옵션은 싱글 비트와 2비트 포맷이다. 전원 제어 목적을 가지는 하나의 물리 다운링크 제어채널을 듣는 최대 사용자 수는 N이다. 더 높은 계층은 전원 제어 목적을 위해 단일 혹은 여러 개의 비트를 받는 장치에 나타난다. 앞에서 언급한 바와 같이 물리제어 형식 식별 채널은 1 ms 기반에 있는 물리 다운링크 제어채널을 위한 자원 양을 나타낸다.

셀에 있는 단말기들은 물리제어 형식 식별 채널을 체크하고 어떤 제어채널이 만들어졌는지 보기 위해 맹목적으로 물리 다운링크 제어채널을 해독한다. 사용자 식별은 특정 단말기 순환 잉여 검사 사용에 기초하고 있다. 그것은 정규 순환 잉여검사 생성 후 단말기 아이디로 순환 잉여 검사를 보호함으로써 생기는 것이다. 물리 다운링크 제어채널 코딩은 다른 나선형의 인코딩(부호화)된 채널들처럼 같은 1/3 mother-rated 나선형 코딩에 기초하고 있다. 물리 다운링크 제어채널 인코딩 체인은 그림 5.35에 나타나 있다.

5.8.3 물리적 HARQ 지시채널

물리적 HARQ 지시채널(Physical HARQ Indicator Channel; PHICH)의 임무는 다운링크 방향에서 업링크 패킷이 정확히 받아졌는지를 나타내는 것이다. 그 장치는 물리 다운링크 제어채널에 수신된 업링크 할당 정보를 기초로 물리적 HARQ 지시채널을 해독하는 것이다.

물리적 HARQ 지시채널 전송 지속과 그 그룹의 숫자는 방송용 물리채널 시그널링을 통해 설정된다. 물리적 HARQ 지시채널 전송은 변조된 BPSK이며 Walsh 시퀀스는 하나의 물리적

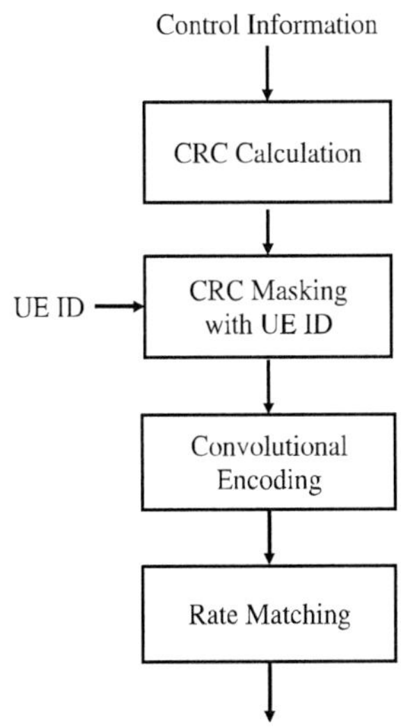

그림 5.35 PDCCH 채널 코딩 체인

HARQ 지시채널 안에서 서로 다른 확인응답과 부정확인응답을 분리하는 데 사용되어진다. 하나의 물리적 HARQ 지시채널은 정상적이고 확장된 CP를 위해 그에 맞게 퍼져있는 팩터 4나 2를 사용한다. 이는 12개의 자원 중 하나의 PHICH 그룹 내에서 다중화시키기 위해 8(일반 CP) 또는 4(확정된 CP) ACK/NACK까지 허용한다. 정상적인 그리고 확장된 CP를 위한 서로 다른 분산된 팩터를 선별하는 이유는 확장된 CP가 더 낮은 분산요소가 코드 간의 간섭으로부터 더 나은 보호를 제공해주는 주파수 선택적 라디오 채널에서 더 많이 사용될거라 생각되기 때문이다.

5.8.4 특정 셀 표시 기준신호

셀 특정 기준신호의 주된 목적은 데이터 복조와 제어신호를 위한 단말기 채널 추정을 쉽게 하기 위해서 이며, 또 하나는 다운링크 이동성과 채널 상태 정보 측정을 위해 쓰인다는 것이다. 셀 특정 기준신호를 사용할 수 있는 더 많은 보조 단말기 기능은 다음과 같다.

- 시간 추적
- 주파수 추적

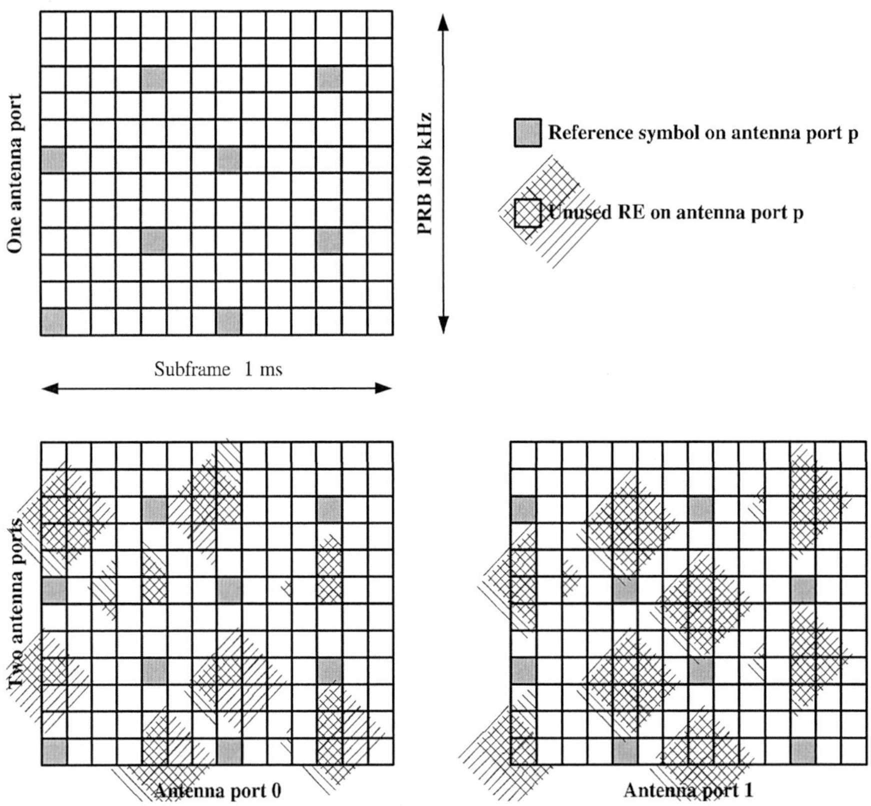

그림 5.36 1과 2 안테나 포트에 대한 CRS 구조

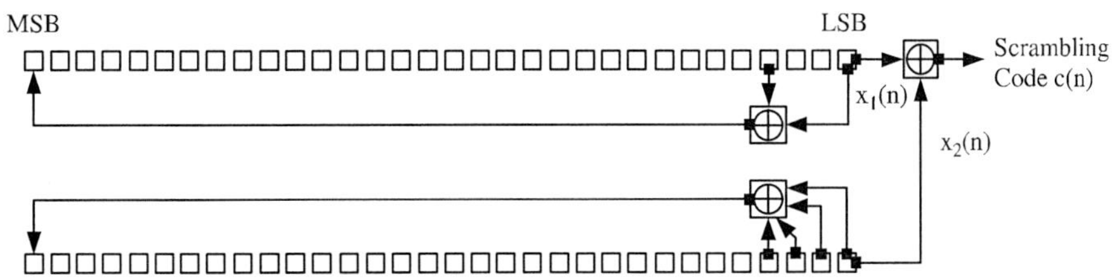

그림 5.37 골드 시퀀스 생성기

- 셀 조사 동안의 물리적인 셀 확인과 CP 길이 증명

그림 5.36에서와 같이 셀 특정 기준신호는 안테나 포트의 숫자에 따른 증가된 시간 주파수 구조의 종속변수를 가진다.

31 정도의 골드 시퀀스는 셀 특정 기준신호를 혼합하는 데 사용되는데, 혼합기준은 적절한 초기화 값과 재 초기화 시기의 적절한 반응세트로 다른 LTE 채널과 시그널에 사용된다.

5.8.5 다운링크 전송 모드

강력하고 효율적인 시스템 작동을 위해 단말기가 적절한 전송 유형을 미리 아는 것은 중요하다. 전송 모드가 동적으로 하나의 서브프레임에서 다른 하나로 변할 수 있다면, 맹목적인 디코딩 수와 수신단의 복잡성을 증가시키는 결과를 초래하기 때문에 단말은 동시에 모든 가능한 DCI 형식을 모니터할 필요가 있다(그리고 신호 오류의 수를 증가시킬 수도 있는). 또한 단말은 의미있는 채널 피드백을 제공할 수 없다. 예를 들어, CQI 값은 전송 모드에 따라 달라지기 때문이다.

그러므로 각 단말은 하나의 전송 모드로 무선자원 제어(RRC) 신호를 통해 반 정적으로 구성되어 있다. 전송 모드는 단말이 예상하는 다운링크 전송의 종류가 무엇인지 정의한다.－예를 들어, 전송 다이버시티나 닫힌 루프 공간 다중화 같은－그리고 전송 모드는 원하는 동작에 해당하는 모드로 채널 피드백을 제한한다. LTE 릴리즈 8에 7개의 전송 모드를 정의했다.

1. 싱글 안테나 포트; 포트 0. 이것은 프리코딩이 없는 가장 단순한 작동모드이다. 이것은 셀 당 단하나의 전송 안테나 장비를 가진 진화된 노드 B에 의해 사용된다.
2. 전송 다이버시티; 2개나 4개의 안테나 포트를 가진 전송 다이버시티는 그림 5.38에 나타난대로 공간 주파수 영역 블록 부호화와 공간 주파수 영역 블록 부호화-주파수 교체 송신 다이버시티를 각각 다르게 사용한다.
3. 열린 루프 공간 다중화; 이것은 랭크 반응에 기초한 랭크 적응성의 가능성을 가진 열린 루프 모드이다. 랭크=1인 경우, 전송 다이버시티는 전송모드 2와 비슷한 방식으로 적용된다. 보다 높은 랭크 공간 다중화로, 큰 규모의 지연을 가진 최대 4개의 층으로, 순환 지연 다이버시티와 선정된 프리코더 셀렉션이 사용된다. 이 모드에서 진화된 노드 B는 다운링크 제어신호를 통해 단말기에 전송된 코드워드의 숫자와 공간층의 숫자 정보를 제공한

$$\begin{array}{cc} & REs \rightarrow \\ \begin{array}{c} APs \\ \downarrow \end{array} & \begin{bmatrix} S_1 & S_2 \\ -S_2^* & S_1^* \end{bmatrix} \end{array}$$

$$\begin{array}{cc} & REs \rightarrow \\ \begin{array}{c} APs \\ \downarrow \end{array} & \begin{bmatrix} S_1 & S_2 & 0 & 0 \\ 0 & 0 & S_3 & S_4 \\ -S_2^* & S_1^* & 0 & 0 \\ 0 & 0 & -S_4^* & S_3^* \end{bmatrix} \end{array}$$

그림 5.38 SFBC와 SFBC-FSTD 전송 다이버시티 프리코딩

다. 만약 2개의 전송블록이 서브프레임으로 단말기에 전송되면, 각각의 분리된 복합 재전송 기법을 사용하고, 서로 다른 전송블록 크기와 보호비트 버전을 가지게 된다.

4. 닫힌 루프 공간 다중화; 이것은 다이내믹한 랭크 적응성을 지원하는 프리코딩 반응을 가진 공간 다중화이다. 전송모드 5에서는 다운링크 제어 정보 2의 사용을 가진 진화된 노드 B가 특정화된 프리코딩 매트리스 중 하나를 가진 광대역 프리코딩을 고르거나 아니면 프리코딩 행렬 인덱스를 보고한 물리 업링크 공용채널의 인증을 통해 주파수 분리 프리코딩

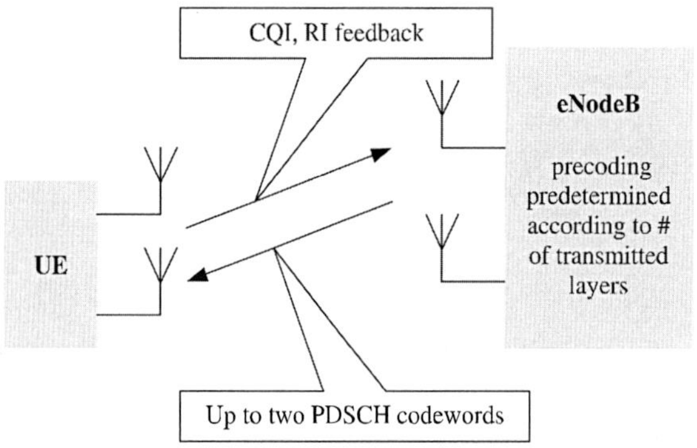

그림 5.39 열린 루프 공간 다중화 동작

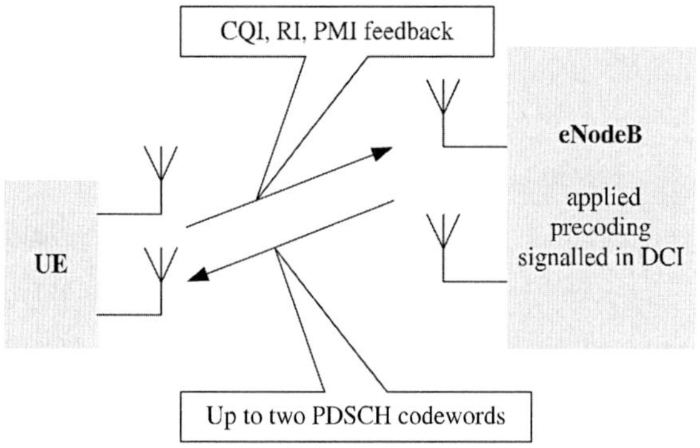

그림 5.40 닫힌 루프 공간 다중화 동작

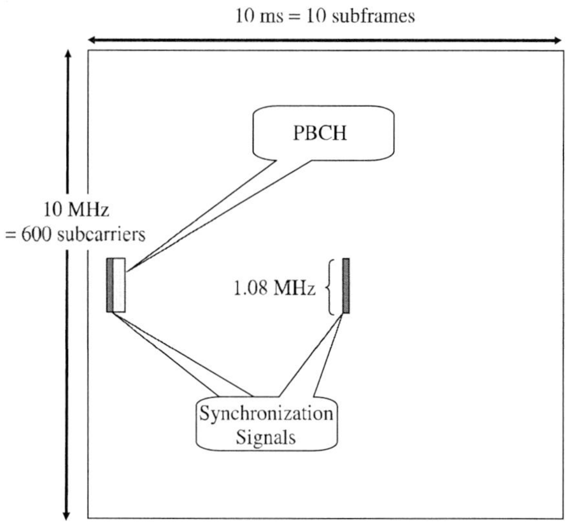

그림 5.41 중앙 주파수에서 PBCH의 위치

을 적용할 수 있다. 닫힌 루프 공간 다중화는 그림 5.40에 나타나 있다.

5. 다중사용자 다중 안테나 방식; 하향 다중사용자 다중 안테나 방식 작동을 위한 전송모드이다. 다중사용자 다중 안테나 방식 전송조합은 랭크=1을 사용한다. 다운링크 제어 정보 1D는 공간 분할 다중 접속의 경우 물리 다운링크 공용 채널을 실행하기 위해 물리 다운링크 공용 채널 전원이 3 dB로 감소했는지를 단말기에 알려준다.

표 5.3 전송 모드당 DCI 형식, 전송, 스킴, 자원 할당

Transmission Mode	Monitored DCI format	PDSCH transmission scheme	PDSCH resource allocation
TM 1	DCI 1A	Single antenna port 0	Type 2
	DCI 1	Single antenna port 0	Type 0/1
TM 2	DCI 1A	Transmit Diversity	Type 2
	DCI 1	Transmit Diversity	Type 0/1
TM 3	DCI 1A	Transmit Diversity	Type 2
	DCI 2A	Open-loop spatial multiplexing or transmit diversity	Type 0/1
TM 4	DCI 1A	Transmit Diversity	Type 2
	DCI 2	Closed-loop spatial multiplexing or transmit diversity	Type 0/1
TM 5	DCI 1A	Transmit Diversity	Type 2
	DCI 1D	Multi-user MIMO	Type 2
TM 6	DCI 1A	Transmit Diversity	Type 2
	DCI 1B	Closed-loop rank = 1 precoding	Type 2
TM 7	DCI 1A	Single antenna port 0 or transmit diversity if more than one cell-specific AP configured	Type 0/1
	DCI 1	Single antenna port 5 including standard transparent multi-user MIMO	Type 2

6. 닫힌 루프 랭크=1 프리코딩; 공간 다중화의 가능성이 없는 전송모드 5와 비슷한 닫힌 루프 프리코딩, 즉 랭크는 하나로 정해져 있다. 투명모드 4와 비교하여 닫힌 루프 랭크=1 프리코딩과 연관된 다운링크 제어정보 초과분을 감소시켜 왔다.
7. 싱글 안테나 포트; 포트 5. 이 모드는 단말 사용 기준신호가 사용 중일 때 빔포밍 작동에서 사용될 수 있다. 이 경우 프리코딩은 명시되지 않으며, 단말기는 단말 사용 기준신호와 물리 다운링크 공용 채널 양쪽이 똑같은 프리코딩 작동을 받는다고 추정한다. 단말 사용 기준신호와 물리 다운링크 공용 채널의 조합이 시작된다. 그리고 투명모드 7은 다중사용자 다중 안테나 방식을 표준 투명방식으로 지원할 수 있다.

표 5.3은 각각의 투명모드에서 어떤 다운링크 제어 정보 포맷과 어떤 물리 다운링크 제어채널 선송조합이 가능한시를 보여준나. 두명모드 8은 해제 9에서 추가된다. 이것은 빔포밍을 수반한 단말 특성 참조 심벌과 다중 안테나 방식을 수반한 다중 데이터흐름의 조합을 실행한다. 적어도 초기에는 시간 분할 이중화 특징으로 예견되고 주파수 구분 듀플렉스 작동모드를 위한 단말기 용량으로 명시된다.

5.8.6 방송용 물리채널

방송용 물리채널은 시스템으로 진입하기 위해 필요한 셀의 광대역값은 시스템 정보를 운반한다. 6장에서 더 자세히 다룰 것이다. 그림 5.41에 나타나 바와 같이 채널은 1.08 MHz 광대역이 제공되어 방송용 물리채널 구조는 초기 시스템 진입에 필요한 채널 신호들처럼 사용된 실제 시스템 광대역의 독립변수이다. 데이터 전송속도는 그리 높지 않으므로 컨볼루션 인코딩된다. 6장에서 설명하겠지만 방송 정보는 부분적으로 방송용 물리 채널(PBCH)에서 수행되고 실제 시스템 정보블록(SIBs)은 PDSCH에 있는 동안 마스터 정보블록(MIB)은 전송된다. 그림 5.41에서 600개의 서브캐리어는 자원 도메인에서 오직 9 MHz(50개의 자원 블록)이 필요하지만 인접한 연산자에 대한 충분한 감쇠를 커버하는 데 필요한 시스템 대역폭은 총 10 MHz이다(14장 참조). 1.4 MHz 시스템 대역폭에서 오직 6개의 블록이 효율적으로 스펙트럼 마스크 요구사항을 충족시키기 위해 사용하고 있기 때문에 주파수 도메인에서 PBCH의 어느 쪽에도 자원 블록은 없다.

5.8.7 동기신호

LTE 시스템에는 504개의 물리 셀 식별자 값이 있다. 이것은 광대역 부호 분할 다중 접속에 있어서 512개의 일차 동기코드 조합과 비교된다. 그림 5.42와 같이 방송용 물리채널처럼 항상 1.08 MHz 광대역으로 1차 동기신호와 2차 동기신호가 전송되고, 10 ms 프레임 첫 번째와 열한 번째 슬롯의 끝에 위치한다. 1차 동기신호와 2차 동기신호는 공동으로 504 유니크 물리 셀 식별자의 공간을 나타낸다. 물리 셀 식별자들은 168 물리 셀 식별자 그룹을 생성하고, 각각 3개의 물리 셀 식별자들을 가진다(그래서 총 504 물리 셀 식별자). 물리 셀 식별자의 위치와 구조는 중심 주파수로부터 샘플을 허용하고 최대 5 Ms의 지속을 위해 셀 인식에 필요한 정보를

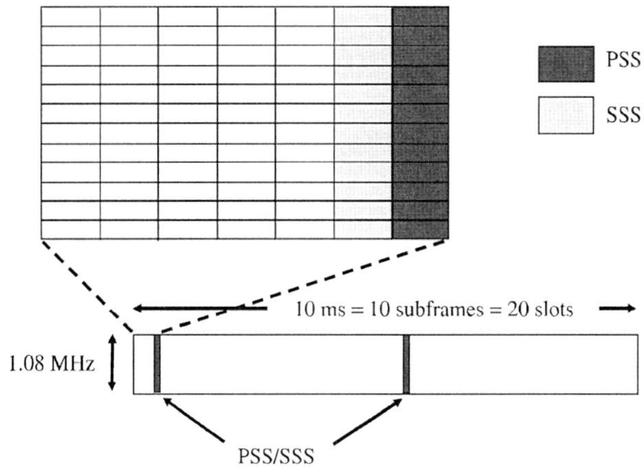

그림 5.42 프레임에서 신호 동기화

포함한다.

5.9 물리계층 절차

LTE의 핵심 물리계층 절차는 전력제어, HARQ, 타이밍 어드밴스와 랜덤 액세스이다. 이러한 타이밍 어드밴스는 6장 MAC 부분에서 설명될 매체접근 제어(MAC) 계층에 신호를 기반으로 하지만 직접적으로 물리계층과 관련된 타이밍 어드밴스의 세부사항은 이번 절에서 다룰 것이다. WCDMA에 큰 대조는 단말이 오직 한 번에 하나의 기지국에 연결되어 하드 핸드오버가 적용되기 때문에 매크로 다이버시티와 관련된 물리적 계층 문제는 없다. 또한 LTE는 특성상 스케줄링의 도움으로 측정을 쉽게 하는 불연속적인 동작을 필요로 하기 때문에 압축 모드와 같은 시스템과 주파수 간의 측정을 다루기 위한 구체적인 방법은 필요하지 않다.

5.9.1 복합 재전송 기법 절차

LTE에서의 복합 재전송 기법은 정지 대기 복합 재전송 기법 과정에 기초하고 있다. 일단, 진화된 노드 B로부터 패킷이 전송되면, 단말기는 그것을 해독하고 물리 업링크 제어채널에서 피드백을 제공한다. 5.6절에서 설명한대로 부정확인응답의 경우, 진화된 노드 B는 재전송을 보내게 된다. 단말기는 원래의 전송본과 재전송을 합쳐서 다시 디코딩을 돌리게 된다. 성공적인 디코딩에 의해 단말기는 진화된 노드를 위한 확인응답을 보내게 된다.

진화된 노드 B가 복합 재전송 기법 과정을 위한 새로운 패킷을 보내고 나면 정지 대기의 작동방식 때문에 지속적인 데이터 흐름을 위해서 멀티 복합 재전송 기법 과정을 거친다. LTE에서는 과정의 숫자가 업링크와 다운링크 양쪽 방향으로 8로 정해져 있다. 단일 사용자의 지속 전송의 경우를 그림 5.43에 나타내었다. 다중사용자의 경우, 업링크나 다운링크에서 재전송될 때 진화된 노드 B에 의존한다. 재전송은 자원도 다시 할당되도록 한다. LTE에서의 복합 재전

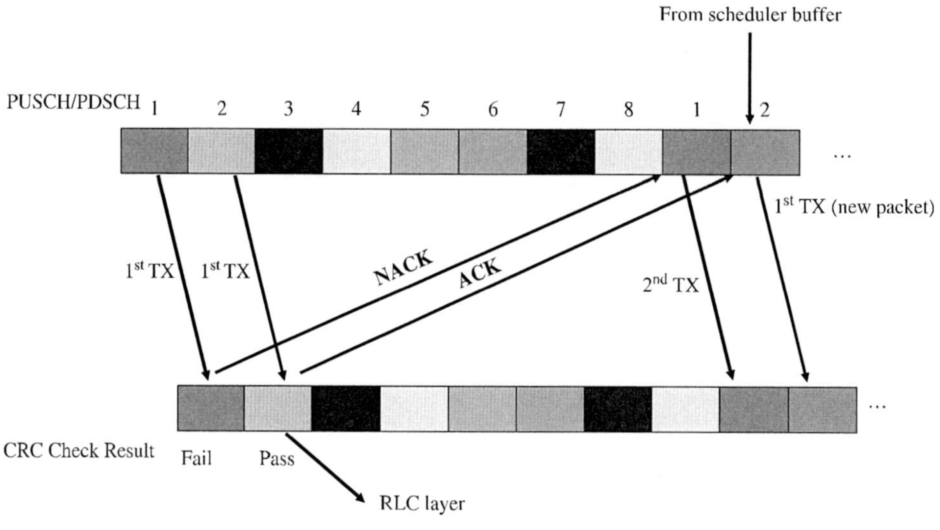

그림 5.43 8개 과정에서 LTE HARQ 동작

송 기법 작동은 체이스 결합 방식과 증가되는 보호비트의 사용을 지원한다. 체이스 결합 방식의 사용은 재전송이 정확하게 원래의 전송본과 같은 비율의 매칭변수를 가지고 있다는 뜻이므로 똑같은 심벌이 전송된다. 증가되는 보호비트의 경우 재전송은 다른 비율의 매칭변수를 가질 수도 있다. 패킷의 끝과 재전송 시작의 최소한의 지연은 7 ms이다.

단말은 n 프레임과 n + 4 프레임에 ACK/NACK를 패킷으로 보낼 것이다. 타이밍 어드밴스 절차로 제어된 업링크와 다운링크 타이밍 오프셋에 의존하여 단말을 위해 처리시간을 3 ms 정도 남겨둔다. 전송된 하나의 다운링크 패킷을 위한 다운링크 타이밍은 그림 5.44에 나타나 있다. 다운링크에서 재전송 인스턴트는 eNodeB에서 스케줄러될 수 으며, 그림 5.44는 타이밍이 재전송되기 위한 최초 순간을 나타낸다.

5.9.2 업링크 시작 시간 조절

타이밍 제어 절차는 다른 사용자들로부터 업링크 전송이 진화된 노드 B에게 CP 안에서 도착하는데 필요한 것이다. 그런 업링크 동기화는 같은 서브프레임에 정해진 업링크 전송 사용자들 간의 방해를 피하는 데 필요한 것이다. 진화된 노드 B는 단말기 업링크 신호의 시간을 지속적으로 측정하고 그림 5.45에 나타난 대로 업링크 전송 타이밍을 조정한다. 업링크 시작시간 조

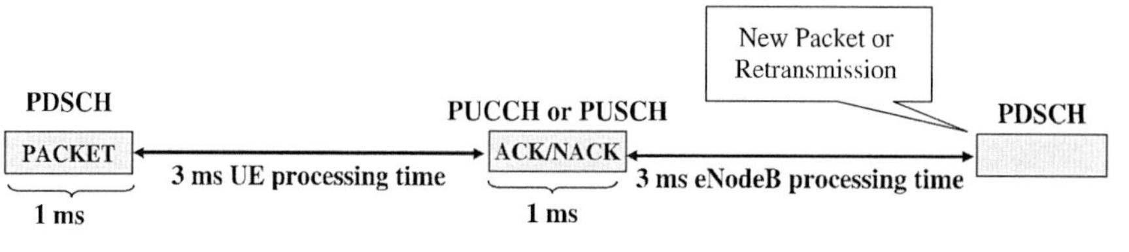

그림 5.44 하나의 다운링크 패킷에 대한 LTE HARQ 타이밍

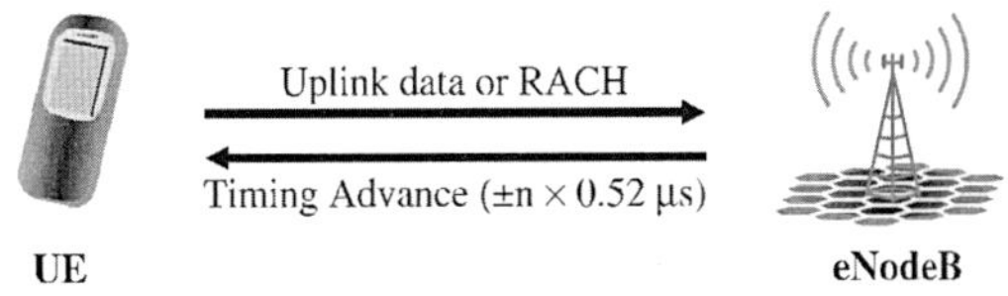

그림 5.45 업링크 타이밍 제어

절 명령은 타이밍 조정이 필요한 때에만 보내진다. 업링크 시작시간 조절 명령의 해결은 0.52 μs이고, 업링크 시작시간 조절은 단말기에 수신된 다운링크 라디오 프레임의 타이밍과 관련된 것으로 여겨진다. 업링크 시작 시간 조절값은 단말기가 유효한 업링크 시작시간 조절을 가지지 않을 때 임의 접근 채널 전송으로 측정된다. 즉, 단말기를 위한 업링크는 동기화되지 않는다. 단말기가 무선 자원 제어 수신대기 상태에 있거나 단말기 관련 타이머가 초과하여 오랜 휴지 기간을 가졌을 때 비동기 핸드오버, 그리고 라디오 링크 실패 후, 또한 진화된 노드 B는 업링크 동기화하려고 할 때 상향링크 타이밍 측정을 위한 임의 접근 채널의 프리앰블을 단말기에 할당한다. 그런 상황들은 다운링크 데이터가 비동기화 단말기에 도달할 때 핸드오버에 직면하게 된다. 업링크 시작시간 조절을 명확히 하는 범위로부터 100 km 이상의 셀 크기는 사용하지 않은 자원을 남김으로써 실행되기도 한다.

5.9.3 전력 제어

LTE 전력 제어는 업링크 방향을 위한 느린 전력 제어이다. 다운링크 방향에서는 명시된 전력 제어가 없다. 데이터율의 변화로 광대역이 달라지면서, 단말기의 전송전력은 그에 따라 변화될 것이다. 전력 제어는 전체 전력이 아닌 전력 스펙트럼 밀도, Hz당 전력을 제어하는 것이다. 전력 제어를 위한 느린 속도의 사용을 쉽게하는 것은 LTE 링크에서 직교 자원의 사용이다. 그것은 광대역부호 분할 다중 접속에서 빠른 전력제어를 요하는 near-far 문제를 피할 수 있다. 전력 제어의 주된 동기는 단말기의 전력소모를 줄이고 방해를 줄이기보다는 진화된 노드 B 수신기에서의 동적인 범위를 피하기 위함이다. 수신기에는 서로 다른 사용자들의 전력 스펙트럼 밀도들이 서로에게 근접해 있어 아날로그 디지털 변환기가 적절한 요구들을 갖추며 단말기의 이상적인 스펙트럼 모형보다는 방해가 적어 잘 제어되도록 한다. 그림 5.46에 LTE 상향 전력 제어가 나타나 있는데, 데이터율의 변화에서 전력 스펙트럼 밀도가 일정하게 유지되는 반면 결과로 나오는 전체 전송 전력은 데이터율 변화에 대해 조정되고 있다. 실제 전력 제어는 셀에 기초한 변수들을 고려하고 진화된 노드 B로부터 수신된 교정요소의 축적된 값을 적용하며 경로 감쇄를 추정하는데 기초하고 있다.

더 높은 층 변수 세팅에 따라 전력 제어 명령은 1 dB 올라가거나 내려가며 [−1 dB, 0, +1 dB, +3 dB]이 사용된다. 그 항목에는 전체적인 값이 기초가 된 전력 제어를 포함하고 있으며 문서의 경우 우선순위에 기초한 첫 단계 네트워크에서 사용될 것으로 예상되지 않는다. 총 전력 제어의 활발한 범위는 광대역 부호 분할 다중 접속에서보다 조금 작으며 장치는 광대역 부호 분할 다중 접속의 −50 dBm과 비교하여 볼 때 −41 dBm의 최소 전력 레벨을 가진다.

5.9.4 페이징

페이징을 가능하게 하기 위해 단말기는 페이징 간격과 그 간격 안에서 페이징 메시지가 보내지는 특정한 서브프레임이 할당된다. 페이징은 물리적 다운링크 공용 채널 안에서 제공된다. 페이징의 주된 설계 목표는 전력을 아끼기 위해 충분한 불연속 수신 사이클을 확보하며 반면에 들어오는 호출을 위해 빠른 반응을 확보하려는 것이다. 진화된 범용 이동통신 지상파 무선 액세스는 충분한 페이징 용량을 확보하기 위해 페이징 지속기간을 매개변수로 나타나기도 한다. 이것은 6장에서 더 자세히 다뤄질 것이다.

5.9.5 랜덤 액세스 절차

LTE 임의 접근 채널 작동은 광대역부호 분할 다중 접속과 비슷하다. 왜냐하면 둘 다 프리앰블과 프리앰블 전력의 비슷한 램핑을 사용하기 때문이다. 시작 전원은 다운링크의 측정된 경로 감쇄를 기초로 하고 있으며, 전력 램핑은 단말기의 경로 감쇄 측정에 있어서 대략적인 정확성과 전체적인 전원세팅 때문에 업링크 페이징 보충을 필요로 한다. 비록 LTE의 물리적 임의 접근 채널 자원이 물리 업링크 공용 채널과 물리 업링크 제어채널로부터 분리되었어도, 전력 램핑은 상이한 프리앰블 배열을 지속적으로 추적하는 데 유용하며 인접해 있는 물리 업링크 공용채널과 물리 업링크 제어채널에서의 비동기 물리적 임의 접근 채널 덕분에 방해를 최소화할 수 있다. 물리적 계층 과정의 단계는 다음과 같다.

- 물리적 임의 접근 채널 자원, 프리앰블 배열, 그리고 매체 접근 제어로 선택된 전원을 사용하여 프리앰블을 전송한다.
- 매칭되는 프리앰블 정보에 대한 임의 접근 채널 반응을 기다린다. 프리앰블 정보 외에도 반응은 사용될 업링크 시작시간 조절뿐만 아니라 추가 정보 교환을 위해 사용할 업링크 자원의 정보도 포함하고 있다. 이것은 광대역 부호 분할 다중 접속 임의 접근 채널 과정과는 기본적으로 다른 점이며, 프리앰블을 인식한 후, 단말기는 10 혹은 20 ms의 데이터 프레임이거나 혹은 더 길게 지속한다(17장 릴리즈 8 고속 패킷 접속 설명 참조).
- 만약 매치되지 않는 무작위 접근 반응이 수신되면 그림 5.47에 나와 있는대로, 매체 접근 제어 지시에 따라 다음에 올 물리적 임의 접근 채널에서 프리앰블을 전송한다.

비록 LTE 설명이 물리적 계층이 단지 프리앰블을 전송하고 매체 접근 제어 내의 반응들을

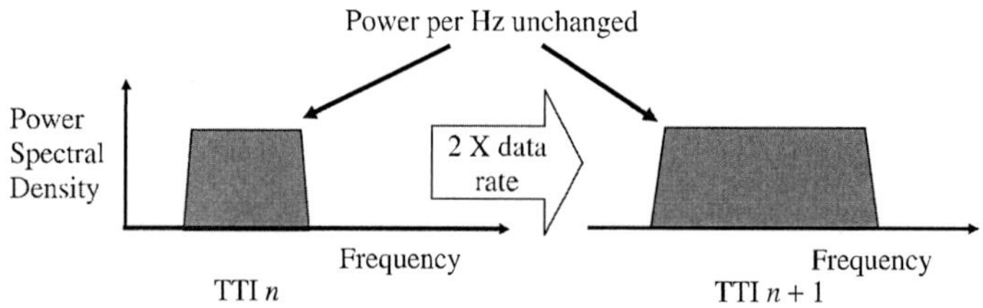

그림 5.46 데이터율 변화에 따른 LTE 업링크 전력

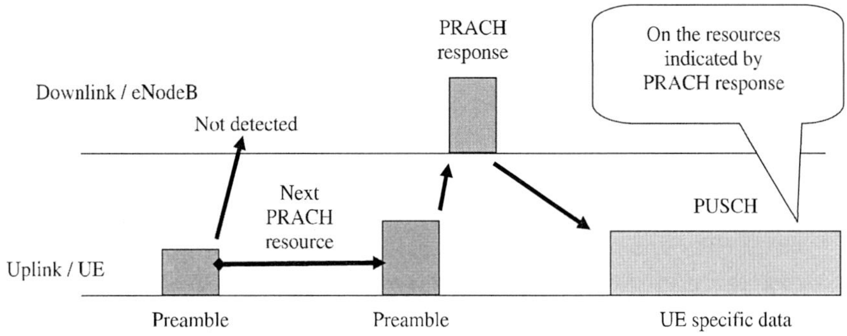

그림 5.47 랜덤 액세스 과정에서 전력 램핑

추적한다 해도, 완벽한 전체 과정을 묘사할 수 있을 것이다. 두 가지 기본적으로 다른 무작위 접근 과정이 LTE에 명시되어 왔다. 경쟁체제 과정은 무작위 접근에 있어서 우리가 보통 기대하는 것들이다. 단말기들은 업링크 전송을 위한 자원 요구나 네트워크 연결을 위해 공통 자원에서 무작위로 선택된 프리앰블을 전송한다. 비경쟁체제의 무작위 접근은 단말기 업링크 전송을 동기화하기 위한 네트워크에 의해 시작되고, 그 네트워크는 최초 업링크 전송에서 온 단말기를 식별할 수 있다. 그럼에도 불구하고 이 과정은 물리적 임의 접근 채널 자원을 사용하기 때문에 LTE 무작위 접근 안에 포함되어 있다. 양쪽 과정 모두 시간 분할 이중화와 주파수 분할 이중통신 시스템에서는 흔히 있는 일이다.

5.9.5.1 경쟁체제와 비경쟁체제 무작위 접근

그림 5.48 왼쪽에 있는 시그널링 다이어그램에는 경쟁체제 과정이 나타나 있다.

첫 번째 단계로, 단말기가 물리적 임의 접근 채널에서 프리앰블 배열을 전송한다. 물리적 임의 접근 채널의 세부사항과 프리앰블 배열들은 5.7절에서 설명되었다. 모두 합쳐 64개의 배

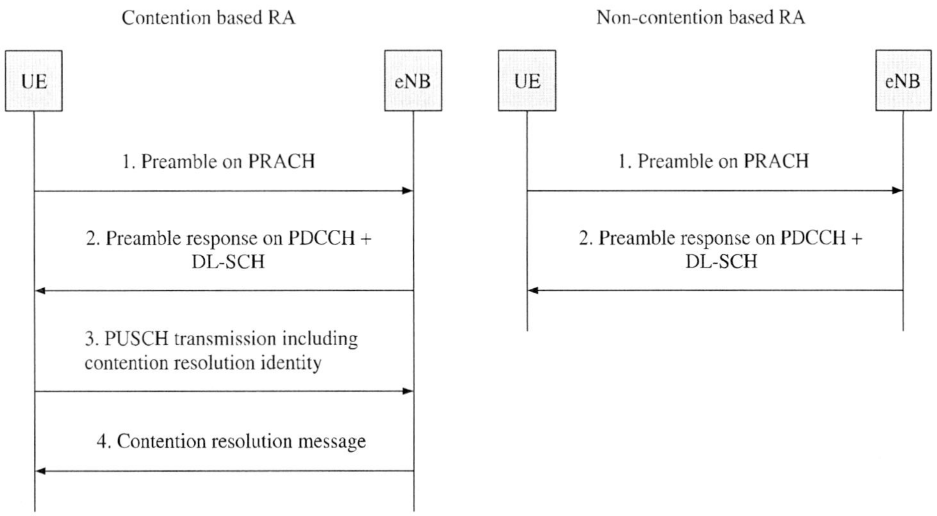

그림 5.48 경쟁체제와 비경쟁체제 기반 랜덤 액세스 과정

열이 각각의 셀에 저장되고, 경쟁체제와 비경쟁체제 과정으로 분류된다. 경쟁체제 과정으로 분류된 그룹은 나아가 둘로 나누어진다. 적절한 그룹을 선택하는 것으로 단말기는 3단계에서 물리 업링크 공용채널로 보내길 원하는 전송 블록 크기에 대한 1비트 정보를 보낸다.

2단계에서서는 단말기가 물리 다운링크 제어채널에 할당되어 있는 다운링크 공용 채널 자원의 프리앰블 반응을 수신한다. 이 할당에 사용된 임의 접근 무선망 일시 식별자 식별은 프리앰블의 주파수와 시간 자원에 연관되어 있다. 이것은 같은 물리적 임의 접근 채널 주파수와 시간 자원 안에서 전송된 프리앰블을 위해 계획되어진 반응들의 번들림을 허락하는데, 이는 물리 다운링크 제어채널 자원을 저장하는데 중요하다. 진화된 노드 B는 최대 10 ms까지 실행될 수 있는 시간 내에서 반응을 전송한다. 탄력적인 창은 임의 접근 채널 수신기의 규모와 반응에 대한 스케줄링을 위한 자유를 허용한다.

반응(6장에서 언급된 매체 접근 제어층의 시그널링 부분)은 관찰된 프리앰블의 일련번호를 나열하고 각각의 인식된 프리앰블에는 다음 정보가 주어진다.

- 업링크 전송을 위한 전원 제어 명령, 그리고 채널 품질 정보 전송을 필요로 하는 정보와 물리 업링크 공용채널 전송이 명목값으로부터 서브프레임에 의해 지연될 필요가 있는지에 대한 정보를 포함하는 물리 업링크 공용 채널에서의 첫 번째 전송 승인
- 타이밍 정렬 명령
- 식별을 위한 임시적인 할당을 임시 셀 내부 무선망 임시 식별자라고 한다. 과정의 3과 4단계에서 물리 업링크 공용채널 승인과 다운링크 공용채널 할당을 지정하는데 사용된다.

이것은 2개 혹은 그 이상의 단말기가 같은 프리앰블 배열을 같은 주파수와 시간 자원에서 전송하는 프리앰블 충돌의 가능성이 1%일 수 있다는 것이다. 이 충돌은 3과 4단계에서 해결된다. 단말기는 3단계에서 물리 업링크 공용채널에서 전송한 첫 번째 메시지의 식별을 포함하고 4단계에서는 진화된 노드 B가 그 식별을 수신한 인식을 기대한다. 인식에는 두 가지 형태가 있다: (1) 단말기가 셀 내부 무선망 임시 식별자를 3단계 메시지에 포함한 경우, 물리 업링크 공용 채널 승인 혹은 셀 내부 무선망 임시 식별자로 지정된 다운링크 공용채널 할당, (2) 단말기 식별이 임시적인 셀 내부 무선망 임시 식별자가 주어진 다운링크 공용채널 상에 보내진 메시지로 인식되기도 한다. 인식의 첫 번째 형태는 무선 자원제어 연결 단말기이고 반면에 단말기가 무선 자원 제어를 설정하거나 재설정할 때 두 번째 형태가 사용된다. 하이브리드 검출 후 재전송 방식은 3과 4단계에서 사용된다. 3단계에서는 정상적인 하이브리드 검출 후 재전송 방식과 비교할 때 차이점은 없지만, 4단계 단말기는 절대 부정확인응답을 보내지 않으며, 경쟁체제 해결에서 이긴 단말기에 의해 확인응답이 보내진다. 실패한 경쟁체제 해결 후 특별한 액션이 취해지지 않으나, 단말기는 단순히 프리앰블 반응 수신에 실패한 후 프리앰블을 재전송할 뿐이다.

LTE 네트워크는 임의 접근 채널 부하를 빠르게 제어할 수 있다. 만약 단말기가 2단계에서 프리앰블에 관한 인식을 수신하지 못하거나 4단계에서 식별이 안될 경우, 전력 출력이 올라가는 경우 단말기는 증가된 전력으로 프리앰블을 재전송한다. 주로 재전송은 단말기가 준비되는

대로 완료될 수 있으나 네트워크는 재전송 전에 무작위 지연을 추가하도록 단말기를 만드는 백오프 변수를 실행시킬 수 있다. 필요시 백오프 변수는 프리앰블 반응 메시지에 포함되며, 세팅은 메시지를 디코딩하는 모든 단말기에 의해 따르게 된다. 이것은 비슷한 로드 제어 변수가 방송 수신된 시스템 정보 안에 있는 광대역 부호 분할 다중 접속에서보다 더 빠른 부하를 허용한다.

그림 5.43의 오른쪽에서 보여지는 비경쟁체제 과정은 핸드오버 중 시간 정렬을 위해, 그리고 무선 자원 제어 관련 단말기가 다운링크 데이터 도달을 위해 동기화가 필요할 때 사용된다. 단말기는 핸드오버 명령에서 수신하거나 물리 다운링크 제어채널에 시그널링을 통해 물리적 임의 접근 채널에서 전송하도록 허용된 전용 프리앰블 배열의 색인 외에도, 주파수와 시간 자원에 관한 몇 가지 제한은 같은 배열이 서로 다른 물리적 임의 접근 채널 서브프레임이나 시간 분할 이중화의 경우 다른 물리적 임의 접근 채널 주파수에서 전송하는 단말기에 동시에 할당되도록 하기 위해 시그널링될 수 있다. 경쟁체제와 비경쟁체제에서 프리앰블 반응들은 동일하므로 같은 반응 메시지로 묶일 수 있다. 진화된 노드 B가 전용 프리앰블을 보낸 단말기의 식별을 알기에 3과 4단계의 경쟁체제 해결은 필요하지 않다.

비경쟁체제는 경쟁체제와 비교하여 지연과 용량 향상을 제공한다. 프리앰블 충돌이 일어나지는 않고 경쟁체제 해결이 필요하지 않게 되면, 더 짧은 지연이 보증되는데, 이것은 핸드오버에 특히 중요하다. 배열 자원은 필요시에만 단말기에 할당되기 때문에 효율적으로 사용되고 진화된 노드 B에 단말기가 프리앰블 반응을 수신하는 것을 추적하자마자 방출될 것이다.

성공하지 못한 무작위 접근 과정은 프리앰블 카운트나 무선 자원 제어 타이머에 따라 종료한다. 프리앰블 카운트는 무작위 접근의 2가지 원인에만 결정적이다: (a) 스케줄링한 요청 자원이 부족한 무선 자원 제어 관련 단말기는 업링크 데이터 도착 때문에 자원을 요청한다. (b) 무선 자원 제어 관련 단말기는 다운링크 데이터 도착에 의해 동기화가 요구된다. 만약 무선 자원 제어 연결설정이나 재설정에 의해 혹은 핸드오버에 의해 무작위 접근이 시간되었다면, 그 과정은 무작위 접근의 원인에 따른 무선 자원 제어 유효에 대한 매체 접근 제어 리셋 혹은 성공시까지 계속된다.

5.9.6 채널 상태 피드백 보고 절차

채널 상태 피드백 보고 절차의 목적은 패킷 스케줄링 결정을 최대한 활용하도록 돕기 위해 다운링크 채널 상태에 대한 정보를 진화된 노드 B에게 제공하려는 것이다. 채널 상태 피드백 보고 과정은 그림 5.49에 나와 있다. 채널 상태는 다운링크 전송에 기초하여 단말기에 의해 측정되고, 물리 업링크 제어채널이나 물리 업링크 공용채널을 사용하여 진화된 노드 B에게 보고된다. 채널 상대 피드백 보고는 단말기가 데이터 수신에서 지원할 수 있는 스케줄링과 링크 적용 관련 변수에 관한 정보를 포함하고 있다. 그러면 진화된 노드 B는 주파수 리서스의 사용을 최대한 활용하기 위해 스케줄링을 결정함으로써 그 피드백 정보를 유리하게 이용할 수 있다.

일반적으로 단말기에 의해 보고된 채널 피드백은 단순한 권고사항이며 진화된 노드 B는 다운링크 스케줄링시 따를 필요는 없다. LTE에서 채널 피드백 보고는 항상 진화된 노드 B에 의

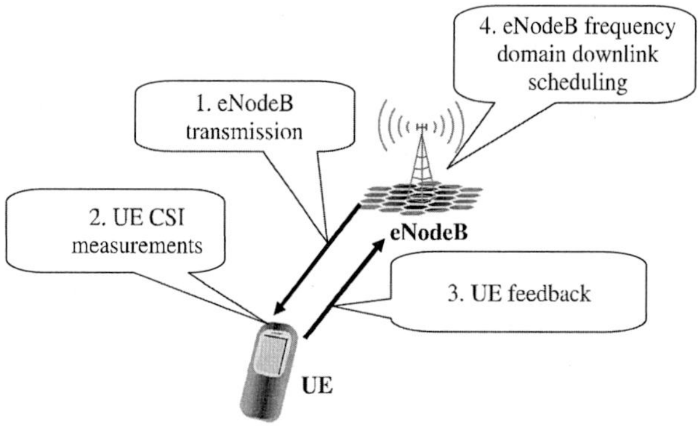

그림 5.49 채널 상태 정보(CSI) 보고하는 과정

해 제어되며 단말기는 진화된 노드 B가 미리 이것을 알지 못하고 어떤 채널상태 피드백도 전송할 수 없다.

업링크 채널 상태에 관한 정보를 제공하기 위한 해당 과정을 채널 사운딩이라 하며, 5.6.4절에 나와 있듯이 사운딩 참조 신호를 사용하여 옮겨진다. LTE 채널 상태 정보 피드백의 주된 차이점은 광대역 부호 분할 다중 접속 고속 하향 패킷 접속과 비교할 때 보고의 주파수 선택도에 있다. 주파수 도메인을 넘어선 채널 배분에 관한 정보 또한 제공된다. 이것은 주파수 영역 패킷 스케줄러를 가능하게 하는 것으로, 시스템 작동이 최대화되도록 다른 사용자들을 위해 주파수 도메인에서 라디오 자원을 나누도록 하는 방법이다. 주파수 영역 패킷 스케줄러로부터 이득은 그림 5.50에 나타나 있다. 단말기 스피드가 증가함에 따라 채널 상태 정보는 점점 더 부정확해지고 높은 이동성에서 이득 감소에 따라 더 빨리 저하된다.

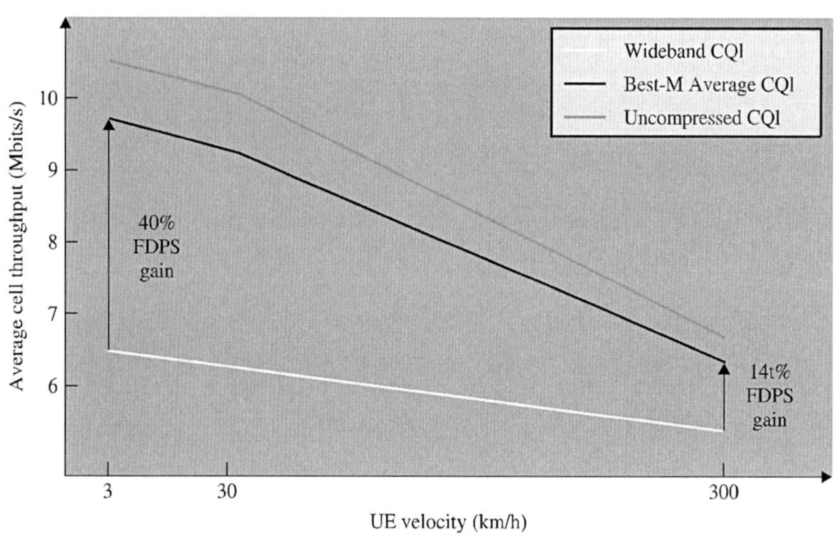

그림 5.50 다른 CQI 스킴(schemes)과 속도에 대한 셀 스루풋 평균의 비교

5.9.6.1 LTE에서 채널 피드백 보고 유형

LTE에서 단말기는 세 가지의 패널 피드백 정보를 전송한다.

- CQI - 채널 품질 정보
- RI - 랭크 표시자
- PMI - 프리코딩 행렬 인덱스

채널 정보 피드백에서 가장 중요한 부분은 채널 품질 정보이다. 채널 품질 정보는 진화된 노드 B에게 단말기가 기대하는 링크 적응 변수에 관한 정보를 제공하며 채널 품질 정보 피드백을 형성하는 시간을 지원하게 된다(전송모드, 수신기 유형, 안테나 숫자, 그리고 단말기에 의해 발생되는 방해상황들을 계산하여). 채널 품질 정보는 16개의 변조기법과 채널코딩 기법을 포함하는 표로 정의된다. 단말기는 진화된 노드 B에게 변조 기법과 채널코딩 기법에 상응하는 전송블록 크기에서 해당되는 가장 높은 채널 품질 정보 색인(추정되어 수신된 하향전송 블록 에러율이 10%를 초과하지 않는)을 다시 보고한다. 채널 품질 정보 작동은 [5]에서 다뤄진 채널 품질 정보 고속 하향 패킷 접속과 매우 유사하다. 표 5.4의 채널 품질 정보에 의해 15보다 변조 기법과 채널코딩 기법과 전송블록 크기 값에 대해 더 많은 가능성이 있음을 주목한다.

랭크 표시자는 공간 다중화에서 사용될 층들의 숫자에 대한 단말기의 권고사항이다. 랭크 표시자는 단말기가 공간다중화로 다중 안테나 방식 모드에서 작동할 때 보고된다. 랭크 표시자는 2-2로 된 안테나 실행에서 1이나 2의 값을 가지며 4-4 안테나 실행에서는 1~4의 값을 가진다. 랭크 표시자는 항상 1개나 2개의 채널 품질 정보 보고서(특정한 랭크값을 추정해 계산된 채널 품질 정보)와 연관되어 있다. 랭크가 채널 품질 정보보다 더 느리게 변화되므로, 덜 보고되는 건 일상적인 것이다. 랭크 표시자는 전체 시스템 밴드에 대해 나타낸다. 주파수 선택

표 5.4 CQI

CQI index	Modulation	Coding rate ×1024	Bits per resource element
0		out of range	
1	QPSK	78	0.1523
2	QPSK	120	0.2344
3	QPSK	193	0.3770
4	QPSK	308	0.6016
5	QPSK	449	0.8770
6	QPSK	602	1.1758
7	16QAM	378	1.4766
8	16QAM	490	1.9141
9	16QAM	616	2.4063
10	64QAM	466	2.7305
11	64QAM	567	3.3223
12	64QAM	666	3.9023
13	64QAM	772	4.5234
14	64QAM	873	5.1152
15	64QAM	948	5.5547

랭크 표시자 보고는 불가능하다. 프리코딩 행렬 인덱스는 코드북에서 프리코딩된 선호하는 프리코딩 매트릭스에 관한 정보를 제공한다. 랭크 표시자와 같이 프리코딩 행렬 인덱스는 다중 안테나 방식에만 관련된 것이다.

프리코딩 행렬 인덱스를 이용한 다중 안테나 방식 작동은 닫힌 루프 다중 안테나 방식이라 한다. 프리코딩 행렬 인덱스 피드백은 전송모드 4, 5, 6에 제한되어 있다. 코드북의 프리코딩 매트릭스 숫자는 진화된 노드 B 안테나 포트 수에 달려 있다. 2개 안테나 포트의 경우 모든 것 중에서 7개의 매트릭스를 선택할 수 있고, 반면 4개 안테나 포트의 경우에는 랭크 표시자와 단말기 용량에 따라 최대 64까지 가능하다. 프리코딩 행렬 인덱스 보고는 채널 상태 정보 피드백 모드에 따라 광대역이거나 주파수 선택일 수 있다.

5.9.6.2 주기적 그리고 비주기적인 채널상태 피드백 리포팅

비록 원칙적으로는 단말기가 채널 상태의 변화에 대한 최신 정보를 가지고 있지만 채널 상태 피드백 리포트는 단말기가 몇 가지 이슈를 발생시킴으로써 시작된다. 우선, 리포트를 발견하기 위해서는 eNodeB에서 블라인드 디코딩이 수행되어야 하는데, 이는 수신자의 입장에서 수행하는 것은 바람직하지 않다. 둘째로, eNodeB가 전적으로 스케줄링 결정을 담당하기 때문에 가입된 단말 보고는 거의 필요 없다. 게다가 단말기들에 의해 발생되는 리포트는 업링크 자원의 할당을 상당히 복잡하게 만들고, 시그널링 오버헤드의 증가로 이어진다. 따라서 LTE 표준화에서 채널상태 피드백 리포팅이 항상 전적으로 eNodeB에 의해 제어됨을 동의한다. 즉, 단말기는 사전에 갖게 된 eNodeB 없이는 어떠한 채널 상태 피드백 리포트도 전송할 수 없다.

선택적 주파수 패킷 스케줄링으로부터 최대 이익을 얻기 위해서는 세부적인 채널상태정보(CSI) 리포팅이 요구된다. 그러나 단말기의 채널 상태 피드백 리포팅이 증가됨에 따라서 업링크 시그널링 오버헤드는 점점 더 중요해진다. 게다가, 주로 제어정보를 운반하는 것으로 되어 있는 PUCCH는 용량이 제한적이다. 정보를 실을 수 있는 유효 탑재량이 단지 11 bits/sub-frame까지만 지원이 된다. PUSCH에서는 유효 탑재량 크기에 있어 비슷한 제한점이 없지만, 오직 한명의 사용자가 스펙트럼의 한 독립적인 부분에 스케줄링될 수 있는 특정한 수단이다.

세부적인 주파수 선택적 CSI 리포트들을 받는 동안 업링크 자원의 사용을 최적화하기 위해서 tow-way 채널 상태 피드백 리포팅 제도가 LTE에서 채택되었다. 리포트에 대한 주기적 그리고 비주기적 두 가지 주요 유형이 지원된다. 두 리포팅의 주된 차이점을 표 5.5에 나타내었다. 채널 정보 피드백 리포팅의 기준 모드는 PUCCH이 사용되는 주기적 리포팅이다. eNodeB는 상위 계층의 시그널링을 통해 주기적으로 매개변수들과 PUCCH 자원들을 설정한다. 리포팅 모드와 리포트들이 포함하고 있는 싱글 리포트 크기 또는 주파수 도메인의 지연 채널에 대한 결과의 정보가 없음에 의존한다. 주기적 리포트 PUCCH에서는 정상적으로 전송된다. 하지만, 단말기가 업링크에서 스케줄되면 주기적 리포트는 PUSCH로 이동된다. 랭크 표시자(RI)의 리포팅 주기는 CQI/PMI 리포팅 주기의 배수이다. RI 리포트는 PUCCH 포맷 2/2a2b와 함께 같은 PUCCH 자원(PRB, Cyclic shift)을 사용한다.

eNodeB가 더욱 정밀한 채널상태 리포팅 정보를 찾게 된다면 언제든 단말에게 PUSCH의 채

표 5.5 주기와 비주기 채널 정보 피드백 보고의 비교

	Periodic reporting	Aperiodic reporting
When to send	Periodically every 2–160 ms	When requested by the eNodeB
Where to send	Normally on PUCCH, PUSCH used when multiplexed with data	Always on PUSCH
Payload size of the reports	4–11 bits	Up to 64 bits
Channel Coding	Linear block codes	Tail-biting convolutional codes
CRC protection	No	Yes, 8 bit CRC
Rank Indicator	Sent in a separate sub-frame at lower periodicity	Sent separately encoded in the same sub-frame
Frequency selectivity of the CQI	Only very limited amount of frequency information	Detailed frequency-selective reports are possible
Frequency selectivity of the PMI	Only wideband PMI	Frequency selective PMI reports are possible

널 상태 피드백 리포트를 요구할 수 있다. 비주기적 리포트는 데이터와 함께 전송되거나 PUSCH에서 혼자 전송된다. 같은 단말기에서 주기적인 리포트와 비주기적인 리포트가 전송시 충돌하는 경우에 대비해서 비주기적 리포트만이 전송된다.

두 개의 모드는 서로를 보완하는데 사용될 수도 있다. 예를 들면, 단말기는 계획된 경우에만 비주기적 리포트를 전송하도록 설정될 수 있으며, 동시에 주기적 리포트가 비주기적 리포트를 계획된 시간에만 전송하게 하기 위해 설정되어 주기적 리포트는 규칙적인 기본 주요 채널에 대한 정보를 제공할 수 있다.

5.9.6.3 CQI 압축 스킴

WCDMA/HSPA와 비교하여 채널 피드백의 새로운 주요 특징은 리포트의 선택적인 주파수이다. 이것은 주파수 영역 패킷 스케줄링(FDPS)을 가능하게 한다. 모든 물리자원 블록(PRB)에게 최대의 4 bit CQI 제공은 하나의 서브프레임 당 수백 비트의 업링크 시그널링 오버헤드의 초과를 의미하게 된다.

피드백을 줄이기 위해 CQI는 서브밴드 기반에서 리포트된다. 서브밴드의 크기 변화는 리포팅 모드와 전제 시스템 대역폭까지 두 개의 연속된 PRB 시스템의 대역폭에 의존한다.

주된 CQI 압축방법은 다음과 같다.

- 광대역 피드백
- Best-M 평균(서브밴드에서 선택된 단말 피드백)
- 더 높은 계층으로 구성된 서브밴드 피드백

또한 델타 압축은 위 옵션들의 결합에 사용될 수 있다. 예를 들면, 닫힌 루프 MIMO의 경우 두 번째 코드워드를 위한 CQI는 첫 번째 코드워드에 상대적으로 3 bit 델타로 시그널될 수 있다. 서브밴드의 수가 많아지면 시그널링 오버헤드를 상당히 저장한다.

5.9.6.4 광대역 피드백

CQI 비트의 수를 줄이는 가장 간단한 방법은 광대역 피드백만을 사용하는 것이다. 광대역 피드백에서는 단지 하나의 CQI 값이 전체 시스템 밴드에서 귀환된다. 채널이 포함하고 있는 주파수 도메인에 대한 정보가 없기 때문에 광대역 피드백은 FDPS에서 활용되지 못한다. 하지만 대부분의 경우에서는 충분히 활용된다. 예를 들면, PDCCH 링크 채택 또는 중요도가 낮게 로드된 셀의 시분할 다중화 같은(TDM-like) 스케줄링은 선택적 주파수 CQI 리포팅으로부터 이익을 얻지 못한다. 게다가, 단말의 스케줄 수가 높아지면 세부적인 CQI 리포트들로 인한 전체 업링크 시그널링 오버헤드가 초과될 수 있고 광대역 CQI 리포트가 유일한 대안이다.

5.9.6.5 Best-M 평균

Best-M 평균은 시스템의 수행과 업링크 피드백 시그널링 오버헤드의 효과적인 절충안이다. Best-M 평균 압축의 원리를 그림 5.51에 나타내었다. Best-M 평균 리포팅에서 단말은 최초에 각 서브밴드에 대해 채널의 질을 평가한다. 그후 최고의 M을 선택하고 변조기법과 채널코딩기법/전송블록크기(MCS/TBS)에 따른 단일 평균 CQI인 eNodeB에게 다시 리포트한다. 단말은 정확히 eNodeB가 M 서브밴드의 단말 스케줄 가정을 받게 된다. 매개변수 M은 시스템의 대역과 전체 시스템 대역의 거의 20%에 의존한다.

5.9.6.6 더 높은 계층으로 구성된 서브밴드 피드백

더 높은 계층으로 구성된 서브밴드 피드백에서는 독립된 CQI가 각각의 서브밴드에서 델타 압축을 사용하여 리포트되는데, 이는 피드백 오버헤드의 비용면에서 최고의 성능을 나타내게 된다. 리포트의 유효 탑재량 크기는 크게 64 bits가 된다. 관리 가능한 레벨의 시그널링을 유지하기 위해서 최대의 피드백 리포팅과 함께 서브밴드의 크기는 Best-M 평균의 두 배만큼 크다. 이것은 Best-M 평균이 대안이 될 수 있는 선택적 주파수 채널에서 정확도와 성능을 제한한다.

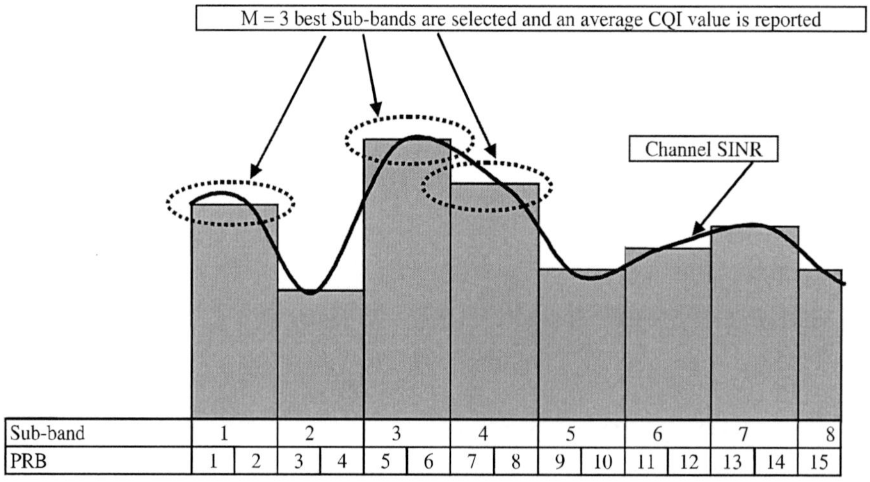

Sub-band	1		2		3		4		5		6		7		8
PRB	1	2	3	4	5	6	7	8	9	10	11	12	13	14	15

그림 5.51 Beat-M 평균 압축의 원리. 평균 CQI 값은 최선의 서브밴드 M에 대해 보고한다.

5.9.7 다중 입력 다중출력 안테나 기술

릴리즈 8에서 LTE 특성은 4개 계층까지 공간 다중화뿐만 아니라 전송 다이버시티 부분에서 다중 안테나 동작에 대한 지원이다. OFDMA에서 MIMO의 사용은 다중 경로 간섭에 효율적으로 대처하는 능력 때문에 WCDMA와 비교하여 몇 가지 유리한 특성을 가지고 있다. WCDMA에서 MIMO는 릴리즈 7에 소개되었지만 실제로 배포되지는 않았다. 5.9절에서 선보였던 것과 같이 LTE에서 MIMO는 첫 번째 릴리즈의 일부분이고, 또한 가장 간단한 장치 유형을 제외하고 장치 범주의 일부분이다. 모든 장치들이 최대 4개의 안테나까지 전송 다이버시티에 대응할 수 있으므로 eNodeB에서 한 개 이상의 안테나 사용은 MIMO가 아닌 LTE 장치에서 문제가 발생하지 않는다. 따라서 최대 송신전력은 송신 안테나의 개수에 상관없이 항상 이용이 가능하다. 4장에서 설명하였듯이 실제 사용자 데이터가 시간 및 주파수 영역에서 중복되는 동안 참조 심벌은 강력한 채널 추정과 다른 안테나의 분리를 할 수 있도록 각 안테나 포트에서 시간과 주파수 영역의 자원으로 분리되기 위해 전송된다.

아마 MIMO 동작의 가장 매력적인 모드는 공간 다중화이고, 이는 eNodeB와 단말의 안테나 구성에 따라 MIMO가 아닌 경우와 비교하면 최대속도가 2배 혹은 4배로 증가되는 것을 가능하게 한다. LTE에서 공간 다중화를 지원하는 MIMO 모드는 다음과 같다.

- 전송 모드 3－열린 루프 공간 다중화; 단말은 랭크표시자(RI)를 보고하지만 프리코딩 피드백은 아니다. RI 기반에 eNodeB 스케줄러는 공간 다중화에서 사용되는 계층의 수를 선택할 수 있다. 랭크＝1의 경우 전송 다이버시티를 사용한다. 더 큰 수의 랭크에서 지연 순환 지연 다이버시티(CDD)는 결정적인 프리코딩에 적용된다.
- 전송 모드 4－닫힌 루프 공간 다중화; 여기서 단말은 RI와 더 나은 프리코딩 매트릭스의 인수를 함께 보고한다. 동적인 랭크 적용을 다운링크에 있는 단말에 프리코딩 벡터가 적용된 eNodeB 신호에서 지원한다.

그림 5.52에 나타난 것처럼, 단말은 MIMO 동작(5.6.9.1절에서 언급한)을 위한 피드백을 제공하고 eNodeB는 프리코딩 벡터와 사용에 따른 계층의 수를 선택한다. 이는 단말로부터 닫힌 루

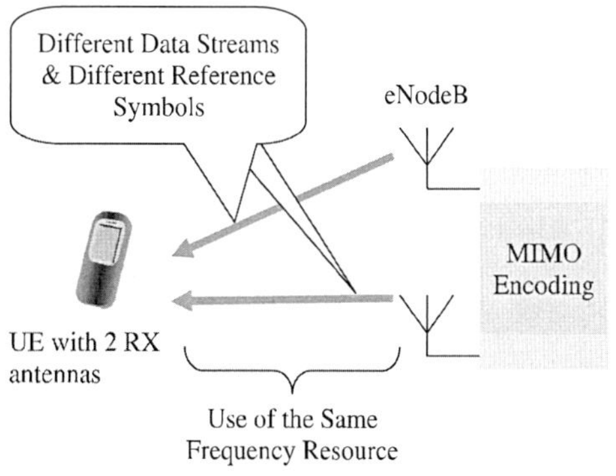

그림 5.52 한 명의 사용자의 MIMO 원리

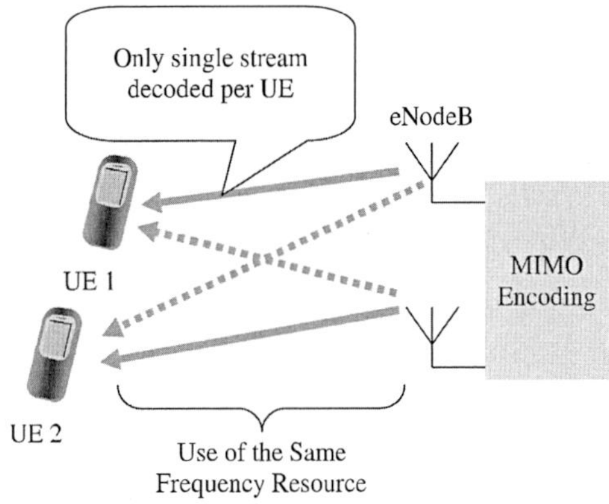

그림 5.53 다중 사용자의 MIMO 원리

프 피드백을 기반으로 하는 WCDMA에서의 MIMO 방법과 유사성을 가진다. LTE에서 다운링크의 일부 매개변수들의 배정은 적용된 프리코딩의 장치정보를 알려주거나 재전송시 코드워드 사이에 전송 블록들의 교환이 일어났는지의 여부를 알아서, MIMO 제어를 하기 위한 것이다.

MIMO 동작 하나의 독특한 모드는 eNodeB가 두 개의 안테나 포트로부터 다른 장치들을 의미하는 다른 데이터 스트림을 보내는 다중 사용자의 MIMO이다(사양에 따라 4개의 안테나 포트도 가능할 것이다). 그림 5.53은 다중사용자-다중안테나방식(MU-MIMO)의 원리를 나타낸다.

5.9.8 셀 탐색과정

전원이 켜질 때 LTE 장치에 의해 실행되는 첫 작동은 셀 탐색이다. LTE에서 셀 탐색과정은 동기화된 신호의 사용에 기초한다. 광대역 부호 분할 다중 접속에서는 주된 그리고 이차적인 동기화 신호가 있다. 셀 탐색 단계는 다음과 같다.

1 장치는 문제의 주파수 영역에서 가능한 중앙 주파수들에 대한 주된 동기화 신호를 찾는 것이다. 5.8.6절에서 설명하였듯이 주된 동기화 신호는 서로 다른 세 가지 가능성이 있다.
2 일단 주된 동기화 신호가 추적되면, 단말기는 이차적인 동기화 신호를 찾을 것이다.
3 일단 168개의 가능한 이차적인 동기화 신호들로부터 하나가 추적되면, 단말기는 504식별자의 주소 공간으로부터 물리 셀 식별자를 알아낸다.

단말기는 프리코딩 행렬 인덱스로부터 다운링크 기준신호에 쓰인 변수의 정보를 갖게 되므로 단말기가 방송용 물리채널을 해독할 수 있게 된다. 이 모든 것은 시스템 광대역 문제와는 관계없는 것이다. LTE 네트워크 설명은 자동화된 물리 셀 식별자 플래닝의 자동 구성 네트워크의 부분으로 지원한다(5.12절 참조).

5.9.9 반이중 동작

LTE 설명은 주파수 분할 이중통신 모드 작동이 기본인 반이중 동작을 가능하게 한다. 하지만

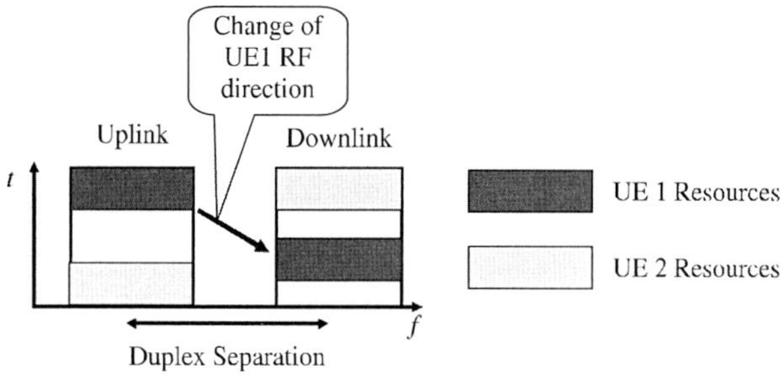

그림 5.54 LTE FDD의 반이중 동작

전송과 수신은 시간 분할 이중화에서 일어나듯이 동시에 일어나지 않는다. 3GPP의 의도는 이중 필터에 요구되는 것이 높은 비용과 전원 소모를 과하게 일으키는 결과를 초래하기도 하는 비합리적인 경우, 혹은 단말기가 LTE로 재형성된 과거 한쌍의 밴드를 위한 스위치를 지원하는 경우에 대한 여러 가지 옵션이 있다. 그림 5.54는 이중 작동 원리를 보여준다. 일부 밴드에 대한 작동 요구사항이 반이중 작동으로 명시될 것인가 하는 것이 나타난다. 진화된 노드 B는 만약 일부 장치가 반이중 작동에 기초하고 있다면 그것을 인식할 필요가 있다. 데이터율의 영향은 업링크와 다운링크가 더 이상 독립적이지 않으며, 다른 전송방향에 가능한 데이터율이 다른 방향으로 할당된 자원에 달렸다는 것이다. 시간 분할 이중화에서는 하나의 단말기에 할당된 업링크와 다운링크간의 충돌이 없다는 장치를 기반으로 데이터를 스케줄할 필요가 있다. 또한 시간도 전송과 수신사이에서 단말기가 변화하는 데 필요하다. 시간 분할 이중화처럼 셀 안의 모든 사용자에 대해 일직선적인 업링크와 다운링크 할당을 피하게 한다.

5.10 단말등급과 지원 특징

LTE에서는 5개의 장치 특성이 있다. 지원되는 데이터 범위는 업링크에서 5~75 Mbps, 그리고 다운링크에서 10~300 Mbps이다. 모든 장치는 전송과 수신에서 20 MHz 광대역을 지원하며 주어진 주파수 밴드로 명시되어 왔다고 추정된다. 1 GHz 이하의 주파수 밴드의 모든 경우는 가

표 5.6 LTE 장치 카데고리

	Category 1	Category 2	Category 3	Category 4	Category 5
Peak rate DL/UL	10/5 Mbps	50/25 Mbps	100/50 Mbps	150/50 Mbps	300/75 Mbps
Modulation DL	QPSK/16QAM/64QAM				
Modulation UL	QPSK/16QAM	QPSK/16QAM	QPSK/16QAM	QPSK/16QAM	QPSK/16QAM + 64QAM
MIMO DL	Optional	2 × 2	2 × 2	2 × 2	4 × 4

장 작은 광대역으로 20MHz까지의 지원은 명시되지 않는다. 1 GHz 이상의 밴드는 많은 경우 5 MHz 이하의 광대역은 필요하지 않다.

실제 장치 기능은 이 카테고리뿐만 아니라 다른 신호 뒤에도 있다. 이 카테고리들이 데이터율에 대한 경계를 정의하는 반면, 3GPP에서 실험 경우의 우선순위는 첫 단계 장치가 무엇을 지원하고 지원하지 않을 것인가를 정의한다. 3GPP는 시스템을 사용하도록 하는 작동에 의해 생성된 입력을 기초로 한 실험의 우선순위를 위해 3개의 다른 레벨을 사용하도록 한다. 릴리즈 8에 대한 작동 우선순위는 [19]에서 볼 수 있으며 레벨들은 다음과 같다.

- 첫 번째 단계 배치를 위해 계획된 특징들을 언급한 가장 높은 우선순위. 이는 특징들의 수적인 면에서 최상의 실험 경우 카테고리이다.
- 처음 배치 후 몇 년간 사용에 투입이 계획된 특징들을 언급한 중간 우선순위. 원래 이 우선순위 수준은 큰 지연 CDD와 같은 기능을 포함하지만 장치에 도착할 수 없었던 경우 나중에 배치하기가 어렵거나 불가능한 것으로 나타났다. 예를 들어 PBCH는 이를 기반으로 한다. 마찬가지로 이 우선순위 레벨은 커다란 지연 순환 지연 다이버시티 같은 특징을 포함한다. 하지만 만약 장치가 방송용 물리채널에 다다를 수 없다면 어렵거나 불가능한 것으로 나타났다.
- 3GPP 관점으로부터 배치를 위한 즉각적인 계획이 없는 특징을 언급한 낮은 우선순위. FDD 모드 동작에 대한 단말의 특정 참조 심벌은 릴리즈 8에 대해 업계에서 조절가능한 안테나 배열에 대한 흥미의 부족을 반영하는 예이다. 이것은 조정가능한 안테나에 대한 실제적인 관심 부족에 따른 설명에서 전용 파일럿이 지원되는 광대역 부호 분할 다중 접속과 유사하다(WCDMA 시스템은 [5]와 같이 조절 가능한 안테나 배열을 처리하기 위한 다른 수단이 포함되어 있다). 시간 분할 이중화 모드에서 이 특징은 높은 우선순위 실험 경우로, 중국에서 1.28 Mcps TDD(시분할-동기코드분할 다중 접속(TD-SCDMA))을 사용하는 많은 사이트들이 조정가능한 안테나 집합체를 기반으로 한다는 사실을 반영한다. LTE로의 유연한 진화를 가능하게 하도록 시간 분할 이중화 모드에서의 LTE 장치작동은 LTE TDD 모드와 TD- SCDMA 공존의 다른 면과 더불어 같은 안테나 구조가 사용되도록 허가한다.

5.11 물리계층 측정

5.11.1 기지국 측정

모든 라디오 기능들이 기지국에 위치해 있으므로, 광대역 부호 분할 다중 접속에 있는 라디오 네트워크 컨트롤러처럼 분리된 무선 자원관리 기능이 없기 때문에 인터페이스에 대하 보고가 필요한 기지국 측정은 많지 않다. 다운링크와 업링크에서 릴리즈 8의 물리계층 규격에 명시되어 있는 기지국 측정은 다음과 같다.

- 같은 광대역 시스템 내 기지국으로부터 자원 요소들을 위해 특정 셀 참조 신호를 전송하는 데 쓰인 전력

- 물리적 자원 블록당 수신된 방해 전력
- 시스템 광대역에 관한 열잡음 전력

이 측정의 목적은 셀간 간섭을 조정하는 동안 적절한 기지국 힘을 계산하기 위해 핸드오버를 가능하게 하려는 것이다. 기지국은 다른 목적을 위해 가능한 다른 정보 외에도 이 정보를 사용할 수도 있다.

3GPP에서 시스템 작동 모니터링을 지원하기 위해 운용 및 유지보수(O&M: Operation and Maintenance)의 일부로서 추가적인 표시자가 있다.

5.11.2 단말 측정과 측정 절차

다음 측정은 단말기를 위한 LTE 시스템 안에서 실행되어야 한다.

- 기준신호 수신 전력은 특정 셀에 대한 특정 셀 기준신호를 포함하고 있는 자원 요소의 측정된 전력 평균이다.
- 기준신호 수신 품질은 기준신호에 대해 신호세기 지표가 수신된 기준신호 수신 전력과 진화된 범용 이동통신 지상파 무선 액세스의 비율이다.
- 진화된 범용 이동통신 지상파 무선 액세스 수신 신호세기 지시자는 주어진 주파수에 수신된 광대역 전력이다. 그러므로 특정 주파수에 걸리는 모든 우주로부터의 잡음과 방해 셀에서 발생하는 잡음 또는 다른 소스의 잡음을 포함할 수도 있으며, 독립적인 측정으로 단말기에 의해 보고되지 않지만 단말기 내 기준신호 수신 품질값을 계산하는 데에만 쓰인다.

스케줄링 기능을 측정하기 위해 충분한 불연속 송·신 차이를 만든다. 광대역 부호 분할 다중 접속에서 특정 프레임은 다른 주파수를 측정하기 위해 송·수신기를 끌 필요가 있을 때 압축 모드로 사용된다. 측정 대부분은 공통 파일럿 채널과 관련이 있다. 상호시스템 간 케이스의 경우 측정은 다음과 같다.

- 범용 지상 무선 접속 주파수 분할 이동통신 공통 파일럿 채널 수신 신호 코드 전력은 광대역 부호 분할 다중 접속에서 주된 파일럿 채널을 퍼뜨리는데 사용된 코드 채널에서 측정된 전력을 나타낸다.
- LTE에 설명된 대로 범용 지상 무선 접속 주파수 분할 이중화(시간 분할 이중화) 캐리어 수신 신호 세기 지시자는 해당되는 광대역 전력 측정이다.
- 범용 지상 무선 접속 주파수 분할 이중화 공통 파일럿 채널 Ec/No는 품질 측정이고, LTE 상 기준신호 수신 품질처럼 잡음에 대한 칩 에너지당 수신된 에너지를 제공한다.
- 이동통신 세계화 시스템 캐리어 수신신호 세기 지시자는 특정 이동통신 세계화 캐리어상 광대역 전력 레벨을 나타낸다.
- 범용 지상 무선 접속시간 분할 이중화 1차 공통 제어 물리채널 수신신호 코드 전력은 범용 지상 무선 접속시간 분할 이중화 방송채널의 코드 전력이다.
- 코드 분할 다중 접속 2000 1x무선 전송 기술(1xRTT)과 고속 패킷 데이터 파일럿 세기는

코드 분할 다중 접속 2000의 핸드오버를 고려할 경우 각각의 파일럿 채널상 전력이다.

5.12 물리계층 매개변수 구성

접속을 위한 특정 셀 안 물리계층 매개변수의 구성은 특정 기지국의 책임이다. 사용될 CP의 길이와 같은 여러 문제는 O&M 설정에서 발생될 수 있다. 일부 매개변수에서 3GPP는 자동 구성 네트워크 해법을 발전시켜 왔다. 그림 5.55와 같이 물리계층 안에서 물리 셀 식별자를 커버한다. 새로운 셀을 설치할 때 원리는 물리 셀 식별자를 무작위로 선택할 수 있고, 어느 단말기로부터 첫 번째 측정 보고를 얻을 때 근처 사용 중인 물리 셀 식별자를 알게 된다는 것이다. 그후 기지국은 인접한 것들을 알고, X2 커넥션을 설치할 수 있다. 일단 X2 커넥션이 사용된 근처 셀의 물리 셀 식별자 값의 정보를 제공하면, 셀은 선택된 물리 셀 식별자가 조정받아야 할지를 확인시켜줄 수 있다. 대신 물리 셀 식별자가 근처 셀간의 초기 충돌을 피하며 O&M로부터 얻어질 수 있다.

5.13 요약

LTE 물리계층은 직교 주파수 영역 다중 접속과 단일 반송파 주파수 분할 다중 접속 기술 위에 형성되었다. 자원 할당은 통신의 패킷 특성에 맞게 일치하는 무선 자원이 있는 1 ms의 분해능을 가진 시간이나 180 kHz 주파수 영역에서 동적이다. 물리계층은 고속 하향 패킷 접속과 고속 상향 패킷 접속에 대해서 알려진 높은 성능을 실행한다. 예를 들면 물리계층 재전송, 링크 주변 환경변화 적응, 멀티안테나 전송과 물리계층 기지국 기반 스케줄링 등이다. 새로운 라디오 접근기술을 계산한 새로운 특징들이 있다. 주파수 도메인 스케줄링 같은 것들이 있는데 그것은 물리적 피드백과 업링크와 다운링크 자원 할당을 위한 시그널링에서 실행된다. 릴리즈 8 단말기 카테고리 안의 최대 데이터율은 다운링크에서 최대 300 Mbps까지이고, 업링크에서는 75

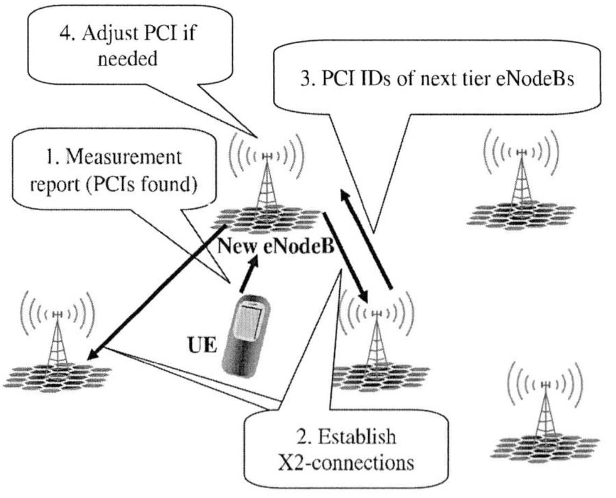

그림 5.55 PCI에 대한 자기 구성

Mbps이다. 물리계층 구조는 다른 시스템 광대역의 지원에 잘 적응한다. 왜냐하면 공통 채널들은 사용된 실제 시스템 광대역에 의존하는 것이 아니라 중앙주파수에서 1.08 MHz 블록을 사용한 자원 사용을 기본으로 하기 때문이다.

참고문헌

[1] 3GPP Technical Specification, TS 36.211, 'Evolved Universal Terrestrial Radio Access (E-UTRA); Physical channels and modulation', 3GPP, v 8.4.0 September 2008.

[2] 3GPP Technical Specification, TS 36.212, 'Evolved Universal Terrestrial Radio Access (E-UTRA); Multiplexing and channel coding', 3GPP, v 8.4.0 September 2008.

[3] 3GPP Technical Specification, TS 36.213, 'Evolved Universal Terrestrial Radio Access (E-UTRA); Physical layer procedures', 3GPP, v 8.4.0 September 2008.

[4] 3GPP Technical Specification, TS 36.214, 'Evolved Universal Terrestrial Radio Access (E-UTRA); Physical layer measurements', 3GPP, v 8.4.0 September 2008.

[5] H. Holma, A. Toskala 'WCDMA for UMTS', 5th edition, Wiley 2010.

[6] 3GPP technical report, TR 25.814, 'Physical Layer Aspect for Evolved Universal Terrestrial Radio Access (UTRA)', 3GPP.

[7] 3GPP Tdoc R1-081126, 'Way Forward on RV and NDI signaling', Panasonic et al.

[8] 3GPP Tdoc R1-070041, 'Dynamic Contention Free Scheduling Request', Motorola.

[9] 3GPP Tdoc R1-070378, 'UL Resource Request for LTE System', Nokia.

[10] 3GPP Tdoc R1-080931, 'ACK/NACK Channelization for PRBs containing both ACK/NACK and CQI', Nokia Siemens Networks, Nokia, Texas Instruments.

[11] 3GPP Tdoc R1-080035, 'Joint Proposal on Uplink ACK/NACK Channelization', Samsung, Nokia, Nokia Siemens Networks, Panasonic, TI.

[12] 3GPP Tdoc R1-062840, 'TDM based Multiplexing Schemes between L1/L2 Control and UL Data', Nokia.

[13] 3GPP Tdoc R1-072224, 'Uplink Control Signal Transmission in Presence of Data', Samsung.

[14] 3GPP Tdoc R1-081852, 'Linkage between PUSCH MCS and Amount of Control Resources on PUSCH', Nokia Siemens Networks, Nokia.

[15] D. C. Chu, 'Polyphase codes with good periodic correlation properties', IEEE Transactions Information Theory, vol. 18, pp. 531-532, July 1972.

[16] B. M. Popovic, 'Generalized chirp-like polyphase sequences with optimum correlation properties', IEEE Transactions Information Theory, vol. 38, pp. 1406-1490, Jul. 1992.

[17] 3GPP Tdoc R1-082570, 'Signalling for SRS Hopping Bandwidth', NTT DoCoMo, Panasonic.

[18] 3GPP Tdoc R1-074977, 'Specification of Formula for Restricted Cyclic Shift Set', LG Electronics, Nokia, Nokia Siemens Networks, Panasonic, Huawei, Texas Instruments.

[19] 3GPP Tdoc R5-083674, 'LTE Features and Test Prioritisation', NTT DoCoMo.

CHAPTER

6

LTE 무선 프로토콜

6.1 개요

LTE 무선 인터페이스 프로토콜은 무선 베어러를 설정, 재설정 및 해지하는 역할을 한다. 무선 베어러는 3장에서 소개된 바와 같이 진화된 패킷 시스템(EPS) 베어러를 전송하는 수단을 제공한다. 물리계층 상위에 위치한 LTE 무선 인터페이스 프로토콜 계층은 매체 접근 제어(MAC; Medium Access Control), 무선 링크 제어(RLC; Radio Link Control) 및 패킷 데이터 집합 프로토콜(PDCP; Packet Data Convertgence Protocol)과 같은 계층 2 프로토콜들을 포함한다. 계층 3은 제어 평면의 일부인 무선 자원 제어(RRC; Radio Resource Control) 프로토콜로 구성된다. 제어 평면의 상위 프로토콜 계층은 비무선 계열 기능(NAS; Non-Access Stratum)이며, 이는 코어망 쪽에서 종결되고 3장에서 다룬바 있다. 이 장에서는 개략적인 무선 인터페이스 프로토콜 구조를 설명한다. RRC 프로토콜에서 사용되는 추상구문기법(ASN.1)의 원리를 포함하여 MAC, RLC, PDCP 및 RRC 계층의 주요 기능들이 소개된다. X2 인터페이스의 제어 평면의 무선 프로토콜 측면 및 기지국(eNodeB; Evolved Node B, 진화된 노드 B) 간의 인터페이스도 다룬다. 회선교환(CS) 폴백을 위해 릴리즈 9 개선사항에 추가된 옵션을 보다 자세히 다룬다. 이 장은 LTE에서 조기 단말 처리를 위한 LTE 상호 호환성 실험(IOT ; Inter Operability Testing) 일부분을 소개하면서 마무리한다.

6.2 프로토콜 구조

그림 6.1은 LTE 무선 인터페이스 프로토콜의 전반적인 구조를 나타낸다. 여기서는 LTE의 무선 접속 프로토콜 부분만 보여준다. 코어망 안에는 단말과 코어망 간의 프로토콜들도 있으나, 이들은 무선 계층들에게는 투명하기 때문에 보이지 않는다. 해당 프로토콜들은 일반적으로 비무선 계열 기능 신호라고 한다.

물리계층은 MAC 계층이 제공하는 전송채널들을 운반한다. 5장에 열거되어 있는 전송채널들은 무선 인터페이스로부터 어떻게, 그리고 어떤 특징의 데이터가 물리계층에서 운반되는지 설명한다. MAC 계층은 RLC 계층에게 논리채널들을 제공한다. 논리채널은 전송되는 데이터의

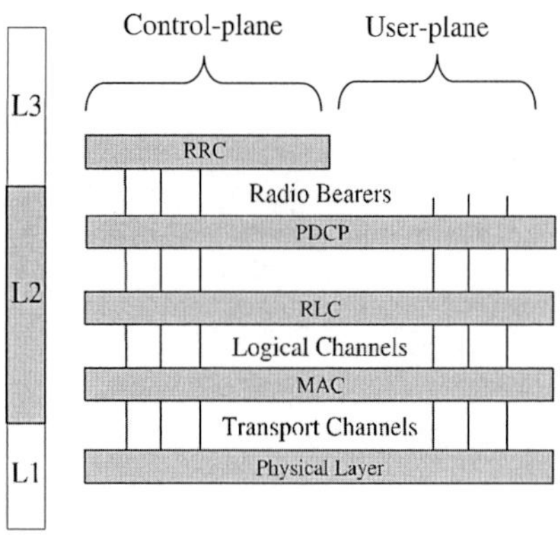

그림 6.1 LTE 무선 프로토콜 스택

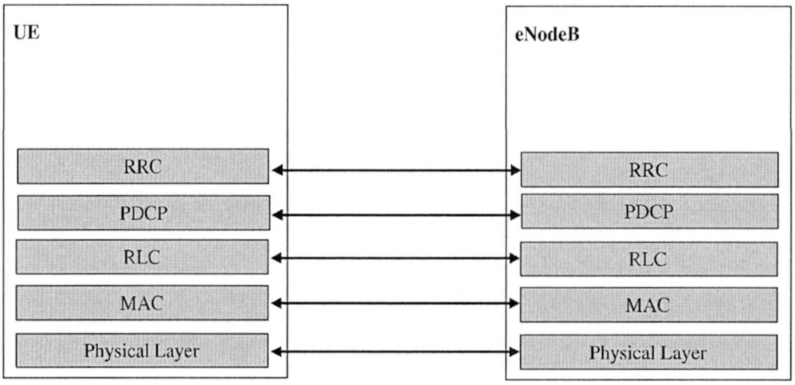

그림 6.2 LTE 구조의 LTE 제어 평면 무선 프로토콜

유형을 묘사하며, 이는 6.4절에서 자세히 다루어진다. RLC 계층 위에는 PDCP 계층이 있다. PDCP 계층은 WCDMA에서 사용자 평면 데이터를 위해 사용되었으나, 여기서는 제어 그리고 사용자 평면을 위해 제공된다. 계층 2는 상위 계층들에게 무선 베어러들을 제공한다.

시그널링 정보, 전송이 요구되는 제어신호 베어러(SRB; Signaling Radio Bearer)는 RRC 신호 메시지를 운반한다. 사용자 평면 무선 베어러(RB; Radio Bearer)는 사용자 데이터를 운반한다. 그림 6.2의 제어 평면 무선 프로토콜 구조와 같이 MAC, RLC, RRC와 PDCP는 모두 eNodeB에 위치한다. WCDMA에서는 RRC와 PDCP는 모두 무선망제어기(RNC)에 있었으며, MAC 계층은 Node B(특히 HSPA의 경우) 또는 릴리즈 '99 WCDMA의 경우 무선망 제어기(RNC; Radio Network Controller)에 있었다.

서로 다른 네트워크 구성요소 간 주고 받는 제어 평면 신호는 eNodeB 간 통신에서는 X2 인터페이스에서 운반된다. 이동성 관리 개체(MME)와 eNodeB 사이의 트래픽을 위해 S1_이동성관리개체(S1_MME)가 제어 평면 이동성 관리 관련 신호를 위해 사용된다. E-UTRAN 내부의 제어 평면 인터페이스 그리고 진화된 범용 이동통신지상파 무선 액세스 망(E-UTRAN)과 MME 사이의 제어 평면 인터페이스는 그림 6.3에 나타나 있으며, 이미 3장에서 소개되었다.

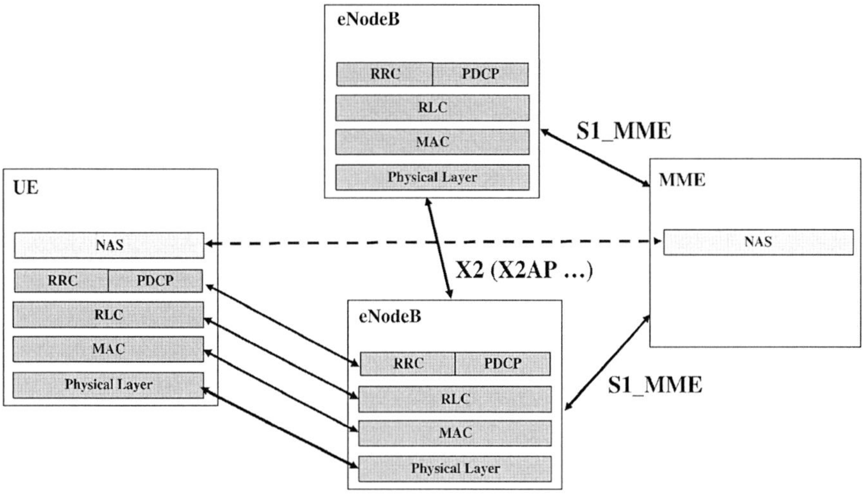

그림 6.3 LTE 구조의 LTE 제어 평면 무선 프로토콜

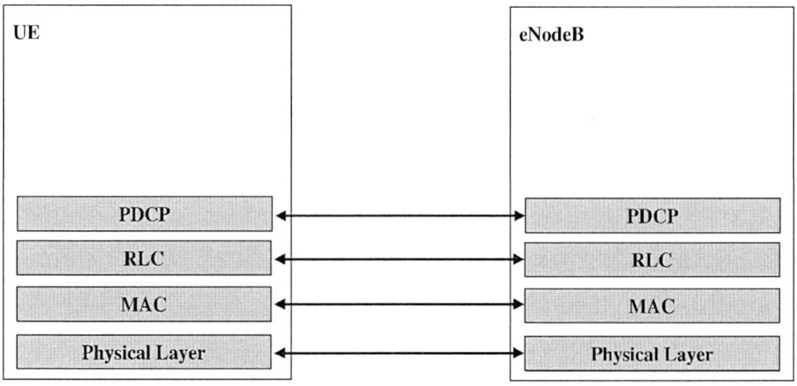

그림 6.4 LTE 구조의 LTE 사용자 평면 무선 프로토콜

모든 무선 이동성 관련 결정은 여전히 eNodeB에서 실행되지만 단말이 다른 eNodeB들 사이를 이동할 경우 MME는 이동성 앵커처럼 동작한다. X2 프로토콜 구조 자체는 나타나 있지 않지만 구조적 측면을 보여준다. 근본적인 전송 계층들을 포함한 X2의 전체적인 프로토콜 구조는 3장에서 설명되었다.

X2 응용 프로토콜(X2AP)에서 무선 관련 신호에 대해서는 이 장에서 보다 상세히 다룬다. 대부분의 RRC 신호 트래픽은 PDCP 계층을 거치므로, PDCP 또한 제어 평면의 일부임을 주목해야 한다.

사용자 평면에서는 그림 6.4에 나와 있는 것과 같이 모든 망쪽 사용자 평면 무선 프로토콜들은 eNodeB에 위치한다. 선택된 무선 기술은 매크로 다이버시티가 필요없기 때문에 시스템 설계 관점에서 가능했다. 따라서 X2 인터페이스를 통해 사용자 데이터를 지속적으로 제공할 필요없이 평면적 플랫 구조가 쉽게 가능하다.

6.3 매체 접근 제어

그림 6.5와 같이 MAC 계층은 논리채널들을 전송채널과 연관시킨다. 이외 LTE에서 MAC 계층이 수행하는 작업은 다음과 같다.

- 하나 또는 서로 다른 무선 베어러에 소속된 무선링크제어(RLC), 페이로드 데이터 단위(PDU)들을 전송채널의 물리계층으로 전송되는 전송블록(TB ; Transport Blocks)으로 MAC 계층 다중화; RLC PDU들을 전송채널의 물리계층으로부터 받은 TB로부터 MAC 계층 역다중화; PDU가 데이터로 완전히 채워지지 않을 경우 패딩
- 체험한 트래픽량에 대한 정보를 RRC 계층에 제공하기 위한 트래픽량 측정 보고
- eNodeB에서 물리계층 업링크와 다운링크의 재전송 처리 제어와 스케줄링 기능을 함께 제공하기 위한 복합재전송기법(HARQ)을 통한 오류정정
- 하나의 단말과 여러 단말들의 논리채널들 간 우선순위를 동적 스케줄링을 사용하여 처리. 따라서 HSPA에서와 같이 eNodeB의 스케줄링은 MAC 계층의 기능으로 간주
- 전송 포맷 선택(eNodeB 스케줄러의 링크 적응 기능의 일부)

WCDMA와 달리 LTE의 MAC 계층에는 암호화 기능이 없으며, 사용자 데이터가 한 종류의 전송채널(업링크-공용채널(SCH) 또는 다운링크-공용채널(SCH))을 통해 전송되기 때문에 전송채널 유형은 스위칭 또한 없다. 사용자 식별은 물리계층 신호에 기반하기 때문에 단말 식별을 위해 MAC 계층을 사용할 필요가 없다. 그림 6.5의 다운링크 MAC 계층의 기능은 몇 가지를 제외하고는 업링크와 동일하다. 단말 업링크 MAC 구조에서는 빙송제어채널(BCCH)과 페이징제어 채널(PCCH)이 없으며 단 한 명의 사용자만을 고려한다. 3GPP의 MAC 계층 관련 상세사항은 [1]에서 다룬다. MAC 계층 사양서는 랜덤 액세스 절차를 설명하며, 5장에서 물리계층과 연계하여 소개한 파워 램프 매개변수화에 대해서도 다룬다.

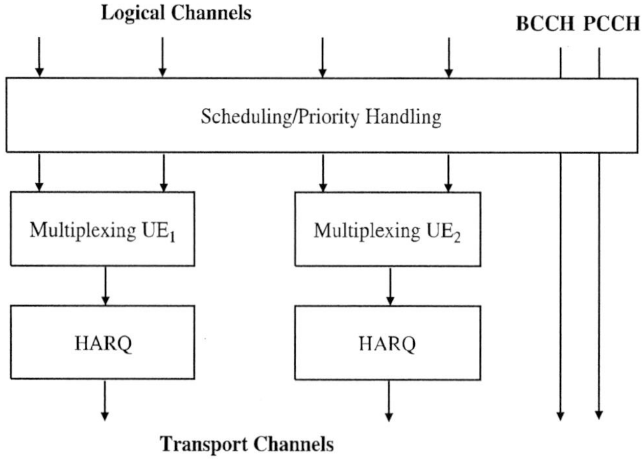

그림 6.5 MAC 계층(다운링크)

6.3.1 논리채널

MAC 계층이 RLC 계층에게 제공하는 서비스는 논리채널을 통해서 이루어진다. 업링크 방향과 다운링크 방향의 다양한 데이터 전송 서비스를 위해 다양한 논리채널이 정의되어 있다. 그림 6.6은 업링크 논리채널들과 전송채널들 사이의 매핑 관계를 보여준다. LTE 업링크에는 다음과 같은 논리채널들이 정의되어 있다.

- 공통 제어채널(CCCH; Common Control Channel) 전송은 단말과 네트워크 간 정보를 제어한다. 단말과 네트워크 사이에 RRC 연결이 없을 경우에 사용된다.
- 지정 제어채널(DCCH; Dedicated Control Channel)은 단말과 네트워크 간 전용 제어 정보를 위한 점-대-점 채널이다.
- 전용 트래픽 채널(DTCH; Dedicated Traffic Channel)은 점-대-점 연결의 모든 사용자 데이터를 운반한다.

업링크 방향에서는 모든 논리채널들은 업링크 공용 채널(UL-SCH)에 매핑된다. 임의접근 채널(RACH ; Random Access Channel)의 경우, MAC 상위 계층으로 아무런 정보도 운반하지 않으므로, RACH에 매핑되는 논리채널은 없다.

LTE 다운링크에는 다음과 같은 논리채널들이 정의되어 있으며, 다운링크 전송채널과의 매핑은 그림 6.7에 나타나 있다.

- CCCH, DCCH 그리고 DTCH는 제어 또는 사용자 데이터가 다운링크 방향으로 전송된다는 것을 제외하고는 업링크에서 대응관계에 있는 항목과 동일한 기능을 갖고 있다. 이들은 전송채널의 다운링크 공용 채널(DL-SCH)과 매핑된다.
- 멀티캐스트 제어채널과 멀티캐스트 통신채널은 사양서 릴리즈 8 버전에는 포함되어 있지 않으나 릴리즈 9 LTE 사양서의 일부이다. 이들은 점-대-다점 형태로 멀티캐스트 데이터를

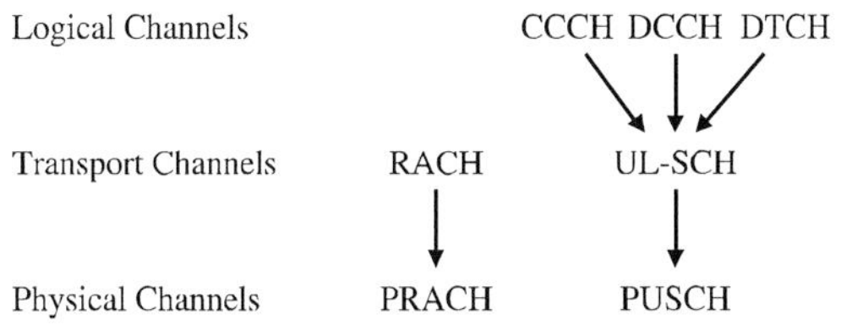

그림 6.6 업링크 논리와 전송채널들의 매핑 관계

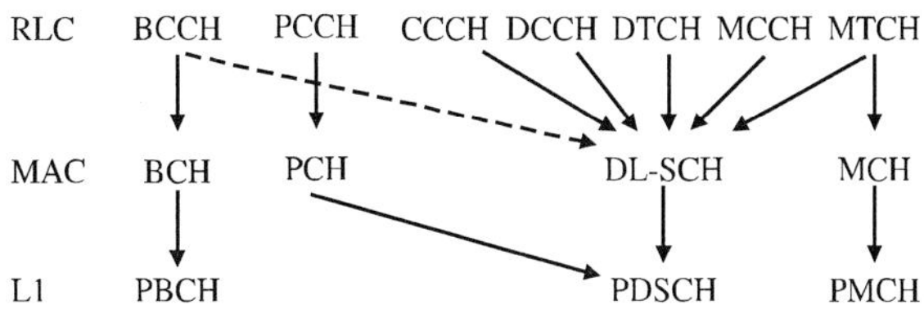

그림 6.7 다운링크 논리와 전송채널들의 매핑 관계

포함한 관련 제어 정보를 운반하는데, 이는 WCDMA 릴리즈 6의 멀티미디어 방송 다중송출 서비스(MBMS; Multimedia Broadcast Multicast Service) 부분과 유사하다.

- 방송 제어채널(BCCH; Broadcast Control Channel)은 시스템 접근에 필요한 매개변수와 같은 방송 정보를 운반한다. BCCH는 마스터 정보 블록(MIB; Master Information Block)의 전송채널로 방송채널(BCH; Broadcast Channel)를 사용하며, 실질적인 시스템 정보 블록(SIB; System Information Block)들은 다운링크-SCH와 매핑된다.
- 네트워크가 연결 모드로 전환하지 않은 기기를 페이징할 수 있도록 페이징 제어채널은 페이징 정보를 운반한다. 페이징 제어채널은 페이징 채널(PCH; Paging Channel)과 매핑된다.

6.3.2 MAC 계층 내부의 데이터 흐름

MAC 계층은 RLC 계층으로부터 데이터를 MAC 서비스 데이터 단위(SDU; Service Data Unit) 형태로 받는다. MAC 페이로드 데이터 단위(PDU; Payload Data Unit)는 MAC 헤더, MAC SDU 그리고 MAC 제어 요소들로 구성된다. MAC 제어 요소들은 그림 6.8과 같이 여러 제어 기능을 처리하는데 사용되는 중요한 제어 정보를 운반한다. 업링크 방향에서는 (업링크-SCH와 관련하여) MAC 페이로드는 MAC SDU의 데이터 외에 다수의 제어 정보요소를 가지고 있을 수 있으며 다음과 같다.

- 단말에 전송대기 중인 데이터량과 버퍼에 있는 데이터의 우선순위 정보를 알리기 위한 버

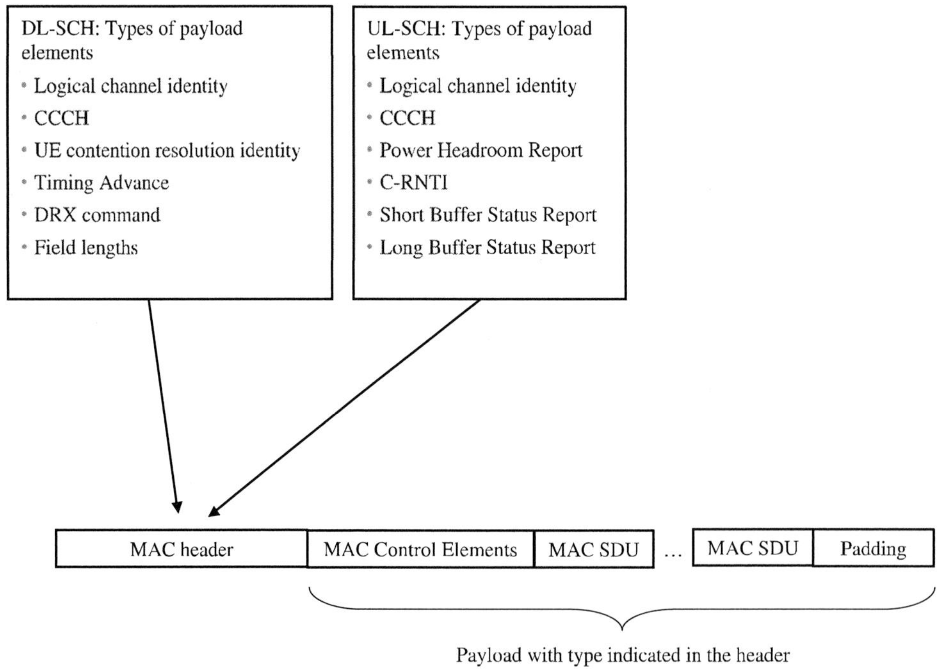

그림 6.8 다운링크-SCH와 업링크-SCH의 MAC PDU 구조와 페이로드 타입

퍼 상태 보고

- 사용 가능한 업링크 전송 전력 자원을 알리기 위한 전력 헤드룸 보고
- 경쟁해결 절차 정보(CCCH와 셀 내부 무선망 임시 식별자(C-RNTI))

다운링크 방향에서는 (다운링크-SCH와 관련하여) 다음과 같은 제어 정보가 MAC 제어 요소에 운반될 수 있다.

- 불연속 수신(DRX) 동작에 대한 제어(시작, 멈춤 등). 업링크 시간을 조정하기 위한 시간 전진 명령
- 경쟁 해결 정보. RACH의 경우, 접근제어 과정을 완료 가능하게 하고 셀에서 발생할 수 있는 잠재적 충돌 또는 과부하 상황을 처리하는 것이 핵심이기 때문에 MAC 헤더와 페이로드는 다르다. MAC 계층의 랜덤액세스 시그널링은 그림 6.9에 나타나 있으며 성공적인 RACH 절차(5장에서 설명된 램핑 이후 프리앰블 감지) 이후에 데이터 전송을 가능하게 하기 위해 필요한 제어 정보로 구성된다. MAC 랜덤 액세스 응답(RAR; Random Access Response)에 전송되는 정보는 다음과 같다.
  - 여러 사용자들이 겹치지 않게 포함되거나 1 ms 자원 할당을 위한 추가 보호 시간을 보장하기 위해 업링크 전송에 필요한 조정을 표시하는 타이밍 어드밴스
  - 업링크 허용정보는 업링크 방향에서 사용되는 자세한 자원(시간 및 주파수 영역)을 나타낸다.
  - 일시적 C-RNTI(셀 내부 무선망 임시 식별자)는 랜덤 액세스 과정을 완료하기 위해 사용되는 임시 ID를 단말에게 제공한다.
- 헤더는 단말이 5장에서 설명된 물리계층 랜덤 액세스 절차와 관련하여 임의로 선택한 백오프 및 수신한 프리앰블의 확인을 나타낸다.

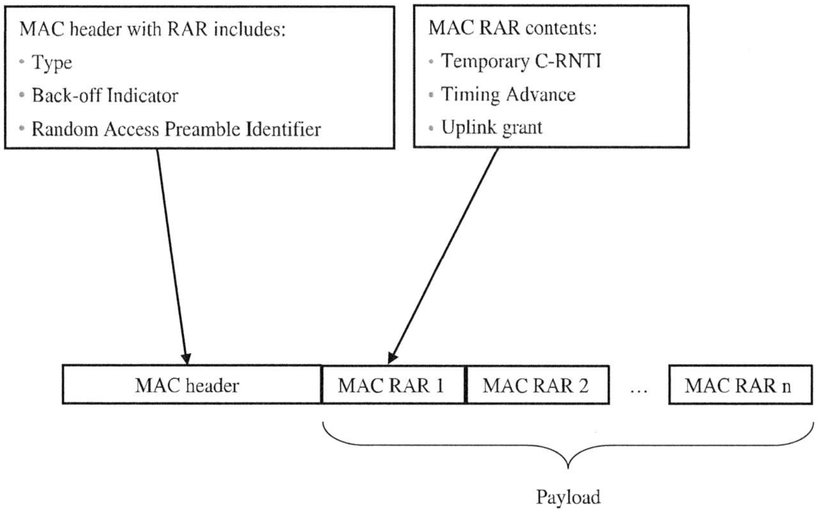

그림 6.9 랜덤 액세스 응답을 포함한 MAC PDU 구조

6.4 무선 링크 제어 계층

RLC 계층은 다음과 같은 기본 기능을 가지고 있다.

- 무선자원 제어(RRC)(공통 제어채널) 또는 패킷 데이터 집합 프로토콜(PDCP)(다른 경우에는 사용자 평면 포함) 등 상위계층들로부터 받은 페이로드 데이터 단위(PDU)의 전송
- 사용되는 RLC 모드에 따라 검출 후 재전송 방식(ARQ)을 사용한 오류정정, 접합과 분할, 순차적 전송 및 중복 감지 등이 일어날 수 있다.
- 신호 오류 등으로 인해 발생되는 프로토콜 오류 상태를 감지하고 해당 상태로부터 복원하기 위한 프로토콜 오류 핸들링

근본적으로 LTE RLC 규격[2]을 WCDMA와 비교했을 때 가장 핵심적인 차이는 RLC에는 암호화 기능이 없다는 것이다. RLC 재전송에는 전송 전 재분할도 가능하다. 따라서 [3]의 순서와 비교했을 때 버퍼는 분할과 접합 기능 이전에 발생한다.

6.4.1 RLC 동작 모드

RLC는 세 가지의 다른 모드로 동작할 수 있다.

- 투명 모드(TM; Transparent Mode); 투명 모드에서 RLC는 논리채널의 PDU만을 송·수신하며 헤더를 추가하지 않는다. 따라서 송·수신 개체 간 주고받은 PDU를 추적할 수 없다. 투명 모드 동작은 물리계층 재전송을 하지 않거나 전송 순서에 민감하지 않은 서비스에 적합하다. 따라서 논리채널에서는 BCCH, CCCH 그리고 PCCH만이 투명 모드로 동작이 가능하다. WCDMA에서는 적응형 다중 비율(AMR) 스피치 콜, 그리고 CS 비디오 또한 투명 모드에서 사용되었다(재전송이 없었기 때문에). LTE에서는 그러나 모든 점-대-점 사용자 데이터는 기본적으로 물리계층 재전송이 있다. 따라서 PDCP 계층으로 최소한의 순차적 패킷 전송이 요구되며 투명 모드는 사용할 수 없다.
- 비확인 모드(UM; Unacknowledged Mode); 동작은 순차적 데이터 전송 등 보다 많은 기능을 제공한다. 순차적 데이터 전송은 하위계층의 복합 재전송 기법(HARQ) 기능으로 인해 비순차적으로 수신할 수도 있다. 비확인 모드 데이터(UMD ; UM Data)는 적절한 크기의 RLC SDU로 분할 또는 접합되며 UMD 헤더가 추가된다. RLC UM 헤더는 순차적 전송 및 중복감지를 쉽게 하기 위해 일련번호를 포함한다. 그림 6.10에서와 같이 수신쪽에서는 헤더 정보에 기반하여 적용된 분할 또는 접합에 따라 필요한 재정렬과 재구성을 한다. 지정제어채널(DCCH)과 전용트래픽채널(DTCH) 외에도 UM RLC는 릴리즈 8 이후에 완료 예정인 멀티캐스트 채널(MCCH/MTCH)에도 사용될 예정이다.
- RLC 동작의 확인응답 모드(AM; Acknowledged Mode)는 비확인 모드 기능 이외에 PDU가 하위 계층의 동작으로 인해 손실되었을 경우 재전송을 제공한다. AM 데이터(AMD; AM Data)는 재전송을 위해 사용 가능한 물리계층 자원에 맞게 그림 6.11에서와 같이 재분할될 수 있다. 이 경우 헤더는 수신측에서 마지막으로 올바르게 수신된 패킷 정보와 비확인 모드 동작에서와 같은 일련번호를 포함하게 된다.

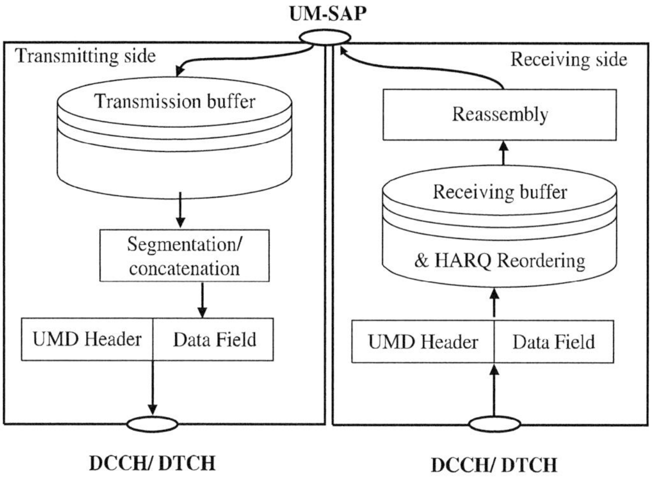

그림 6.10 RLC UM 동작

6.4.2 RLC 계층 내부의 데이터 흐름

AM RLC 기능을 수행할 때, RLC 계층은 PDCP 계층으로부터 데이터를 수신한다. 데이터는 전송 버퍼에 저장되고, 가용한 자원에 따라 분할 또는 접합이 사용된다.

다운링크 방향(DTCH/DCCH)에서는 AM RLC 목적을 위해 AMD PDU 또는 상태 PDU에서 다음과 같은 제어방법을 사용할 수 있다.

- 충분히 긴 순차적 전송 윈도우를 위한 10 bit 길이의 일련번호(SN ; Sequence Number)
- 마지막으로 올바르게 수신한 SN과 올바르게 수신되지 않은 SN(분실됨으로 감지)

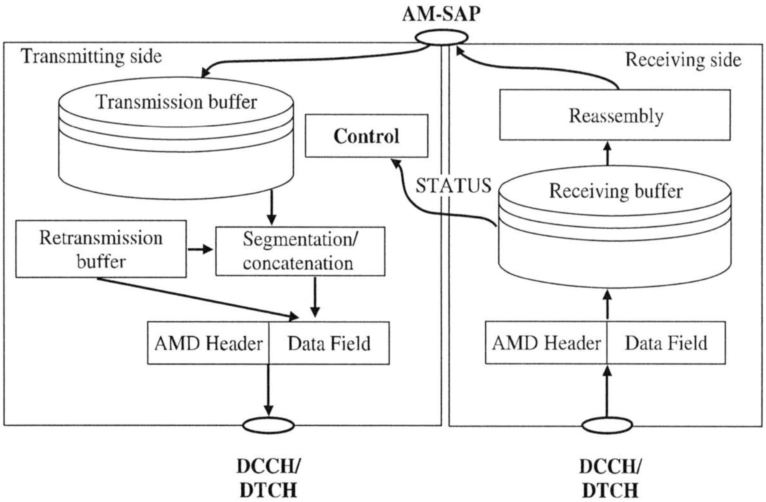

그림 6.11 RLC AM 모드 동작

수신 개체가 RLC PDU를 수신할 경우, 중복된 부분에 대해서 확인한 다음, 재구성을 위해 넘기고 (그 사이에 SN들이 누락되지 않았다는 가정하에) 추가적인 처리를 위해 다음 프로토콜 계층으로 (이 경우 PDCP에게) 데이터를 제공한다. 만약 누락된 SN이 있을 경우, 수신개체는 송신측에 재전송을 요구하게 된다.

6.5 패킷 데이터 집합 프로토콜

패킷 데이터 집합 프로토콜(PDCP; Packet Data Convergence Protocol)은 사용자 평면의 RLC 계층 위에 위치하며 PDCP는 RRC 메시지 대다수에 사용된다. WCDMA와의 가장 큰 차이점은 모든 사용자 데이터가 PDCP 계층을 통해서 간다는 점이다. 이는 PDCP에 암호화 기능이 있으며 PDCP 자체가 eNodeB에 위치하기 때문이다. LTE 구조의 초기 계획을 보면, PDCP는 S1 인터페이스의 반대쪽(코어 네트워크)에 자리 잡을 예정이었으나 나중에 다른 모든 무선 프로토콜과 함께 eNodeB에 두게 되었다. PDCP의 주요 기능은 다음과 같다.

- 헤더 압축과 해당 IP 패킷들의 압축 해제. 이것은 헤더 압축(ROHC; Robust Header Compression) 프로토콜에 기반하며 인터넷 규격 표준화 위원회(IETF: Internet Engineering Task Force) 규격에 명시되어 있으며[4-9] WCDMA PDCP 계층의 일부이기도 하다. 헤더 압축은 보다 작은 패킷에 대해서 더 중요하다. 특히 VoIP 서비스와 연관하여 큰 IP 헤더는 작은 데이터 전송률을 가질 경우 큰 오버헤드의 원인이 된다.
- 사용자 평면을 비롯한 대부분의 제어 평면 데이터의 암호화와 해독화. WCDMA에서는 해당 기능이 MAC과 RLC 계층에 있었다.
- 제어 정보가 올바른 소스에서 비롯되는지 여부를 확인하기 위한 온전성 보호 및 검증

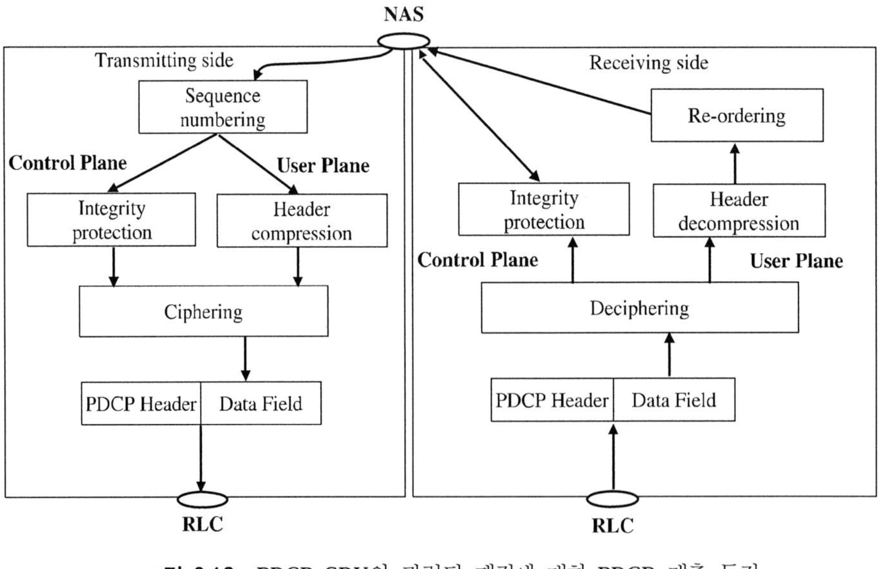

그림 6.12 PDCP SDU와 관련된 패킷에 대한 PDCP 계층 동작

PDCP 계층은 비무선계열 기능(NAS)과 RRC로부터 PDCP SDU를 받는다. 그림 6.12처럼 PDCP SDU와 연관된 패킷에 대한 동작을 위해 암호화 및 기타 동작 후 데이터는 RLC 계층으로 전달된다.

수신측의 경우 데이터를 RLC 계층으로부터 수신한다. 앞서 언급된 기능들 외에도 PDCP 계층은 핸드오버 이벤트(LTE 내)와 관련된 특정 기능을 가지고 있다. PDCP는 순차적 전달 기능을 다운링크에서 하고 중복을 감지한다. 업링크 방향에서 PDCP는 하위 계층에서 완료되었다고 표시하지 않은 모든 패킷을 재전송한다. 이는 하위 계층들이 모든 HARQ 버퍼를 핸드오버와 함께 비워버리기 때문이다. 다운링크 방향에서 PDCP 계층은 전달되지 않은 패킷을 7장에서 설명될 것처럼 새로운 eNodeB에게 전달한다. 이것은 LTE eNodeB들 사이의 핸드오버 이벤트 연결 동안 누락되는 데이터가 없도록 보장하기 위해서이다. 3GPP에서 LTE PDCP 규격은 [10]에서 다룬다.

6.6 무선 자원 제어

무선 자원 제어 메시지들은 단말과 진화된 범용 이동통신 지상파 무선 액세스 망(E-UTRAN) 사이에서 교환되는 대표적인 제어 정보이다. 범용 지상 무선접속 망(UTRAN)의 RRC와 비교하여 E-UTRAN의 RRC는 메시지의 개수를 줄이고 메시지의 중복을 제거함으로써 매우 간소화되었다. RRC는 WCDMA와 같은 프로토콜 규정 언어인 추상 구문 기법 형태 1(ASN.1)을 사용하고 있다. ASN.1이 제공하는 확장기능을 사용하여 서로 다른 릴리즈 버전 사이의 발전을 효율적으로 할 수 있다. X2와 S1 인터페이스 메시지의 복호화 역시 ASN.1을 사용한다. [11]의 LTE RRC 규격이 마지막에 ASN.1 메시지 설명을 포함한다. ASN.1 기본에 대한 소개는 6.8절에서 한다.

6.6.1 단말 상태와 상태의 변화

UTRAN(WCDMA)과는 달리, EUTRAN에서 단말 상태는 상당히 단순화 되었으며, RRC 연결이 되었는지 안 되었는지에 따라 무선자원 제어 연결된 상태(RRC_CONNECTED) 그리고 무선자원 제어 연결 안된 상태(RRC_IDLE), 두 개의 상태만 존재한다. RRC_IDLE 상태에서 단말은 단말에게 오는 신호를 감지하기 위해 페이징 채널을 모니터링하고, 시스템 정보를 얻으며 이웃 셀 측정과 셀 (재)선택을 수행한다. 이 상태에서 상위계층은 단말에 특화된 DRX를 설정할 수 있으며 이동성은 단말에 의해 제어된다.

RRC_CONNECTED 상태에서 단말은 네트워크로 또는 네트워크로부터 데이터를 전송 또는 수신한다. 이를 위해 단말은 제어채널을 모니터링한다. 제어채널은 스케줄된 데이터가 있는지 파악하기 위해 공유 데이터 채널과 연관되어 있으며, 채널 품질 및 피드백 정보를 eNodeB에게 제공한다. 또한 이 상태에서 단말은 eNodeB가 제공한 설정에 따라 이웃 셀 측정과 측정 보고를 수행한다. UTRAN 시스템과 달리 단말은 RRC_CONNECTED 상태에서 BCCH로부터 시스템 정보를 얻을 수 있다. 하위 계층들에서 단말은 단말에 특화된 DRX로 설정될 수 있으며, 이동성은 네트워크에 의해 제어된다(즉, 핸드오버).

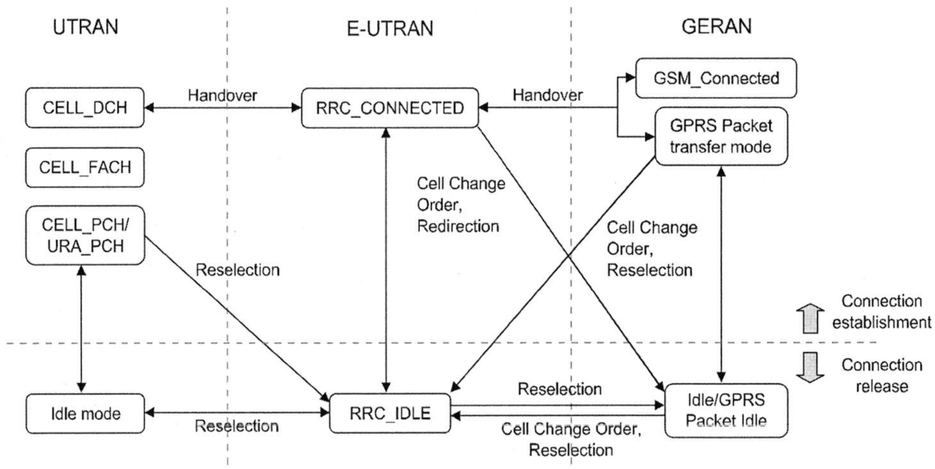

그림 6.13 E-UTRAN RRC 상태와 3GPP 시스템들 간 상태 전환

6.6.1.1 E-UTRAN와 RAT 간 상태 이동성

그림 6.13은 E-UTRAN, UTRAN 그리고 GSM/EDG 무선 액세스 망(GERAN) 사이의 이동성 지원을 보여준다(일반적으로 단말은 셀_순방향 액세스 채널(Cell_FACH)에 매우 짧은 시간 동안 머무른다). 따라서 3GPP는 3G Cell_FACH에서 LTE로 방향 전환을 정의하지 않았다.

6.6.1.2 시그널링 무선 베어러

시그널링 무선 베어러(SRB ; Signaling Radio Bearer)는 RRC 메시지와 NAS 메시지만을 전달하는 특수 무선 베어러이다. 3가지 SRB가 정의되어 있다. SRB0는 RRC 연결 설정 또는 무선링크 실패에서처럼 CCCH를 사용하는 RRC 메시지를 위해 사용된다. 따라서 다음과 같은 메시지가 SRB0을 통해 전송될 수 있다. RRC 연결 요청 메시지, RRC 연결 설정 메시지, RRC 연결 거부 메시지, RRC 연결 재설정 요청 메시지, RRC 연결 재설정 메시지, RRC 연결 재설정 거부 메시지. RRC 연결이 설정된 다음, 보안이 작동되기 전까지 SRB1이 DCCH를 사용하는 RRC 메시지와 NAS 메시지를 전송하기 위해 사용된다. 보안이 성공적으로 작동되면 SRB2가 설정되며 NAS 메시지가 SRB2를 통해 전송된다. RRC 메시지는 계속해서 SRB1을 통해 전송된다. SRB2는 SRB1 대비 우선순위가 낮다.

6.6.2 RRC 기능과 신호처리 절차

RRC 프로토콜 계층에서 제공되는 기능은 다음과 같다:

- 시스템 정보 방송
- 호출
- 단말과 E-UTRAN 사이의 RRC 연결 설정, 관리 및 해제
- 키 관리를 포함한 보안 기능
- 점-대-점 무선 베어러의 설립, 설정, 관리 및 해제

- 단말 측정 보고와 보고에 대한 제어
- 핸드오버
- 단말 셀 선택 및 재선택 그리고 셀 선택 및 재선택의 제어
- eNodeB들 사이의 정보 전송
- 네트워크와 단말 사이의 NAS 직접 메시지 전송
- 단말 기능 전송
- 포괄적 프로토콜 오류 핸들링
- 자체 설정 및 자체 최적화 지원

6.6.2.1 시스템 정보 방송

시스템 정보는 비무선 계열 기능(NAS) 관련 및 무선 계열 기능(AS) 관련 정보를 모두 포함한다. 정보의 특징과 용도에 기반하여 시스템 정보요소는 마스터 정보 블록(MIB)과 여러 시스템 정보 블록(SIB)으로 그룹화된다.

MIB가 가장 중요한 정보 블록이므로 MIB는 방송채널(BCH)에서 40 ms마다 전송되며, 40 ms 내에 반복된다. MIB의 첫 번째 전송은 서브프레임 #0의 SFN mod 4 = 0에 스케줄링된다. 단말은 공동채널(SCH)을 디코딩하기 위해 MIB를 획득한다. MIB는 다운링크 시스템 대역폭, 물리적 HARQ 지시채널(PHICH) 설정 그리고 시스템 프레임 번호(SFN ; System Frame Number)를 포함한다.

SIB1은 고정된 형태로 80 ms 주기로 스케줄링되며 80 ms 내에 반복된다. SIB1의 첫 번째 전송은 서브프레임 #5의 SFN mod 8 = 0에 스케줄링된다. SIB1은 셀 접속 관련 정보(예를 들어, 공용 지상 이동 네트워크(PLMN) 식별 목록, 추적 영역코드 그리고 셀 식별번호), 셀 선택을 위한 정보(예를 들어, 셀과 오프셋에 요구되는 최소 Rx 레벨), p-Max, 주파수 대역 표시기, 스케줄링 정보, TDD 설정, 시스템 정보(SI) 윈도우 길이 그리고 시스템 정보 값 태그를 포함한다.

SIB1을 제외한 다른 모든 SIB들은 SI 메시지에 포함되어 있다. 각 SI 메시지는 시스템 정보-윈도우(SI-윈도우)에서 주기적으로 전송되며 서로 다른 SI 메시지를 위한 SI-윈도우는 중첩되지 않는다. SI-윈도우의 길이는 SIB1에 정의되어 있으며 모든 SI 메시지에 통용된다.

그림 6.14는 단말이 SI 메시지 안의 SIB를 읽기 위해 어떻게 각 SI 메시지를 찾는지 보여준다. SIB2는 SIB1의 스케줄링 정보에 나열되어 있지 않지만 첫 번째 SI 메시지가 SIB2를 첫 항목으로 포함하고 있다.

SIB2는 모든 단말에 공통적으로 적용되는 무선 자원 설정 정보를 포함한다. 보다 구체적으로 SIB2는 접근 제한 정보, 공통 채널 무선 자원 설정(RACH 설정, BCCH 설정, PCCH 설정, 물리적 임의 접근 채널(PRACH) 설정, 물리적 하향링크 공용 채널(PDSCH) 설정, 물리적 상향링크 제어채널(PUSCH) 설정과 물리적 상향링크 제어채널(PUCCH) 설정, 사운드 참조 신호 설정, 업링크 전력 제어 정보), 단말이 사용하는 타이머와 정수, 단일 주파수 네트워크를 통한 멀티미디어 방송 및 멀티 캐스트 서비스(MBSFN) 서브프레임 설정, 시간 정렬 타이머와 주파수 정보(업링크 EARFCN, 업링크 대역폭 및 추가 스펙트럼 방출) 등을 포함한다.

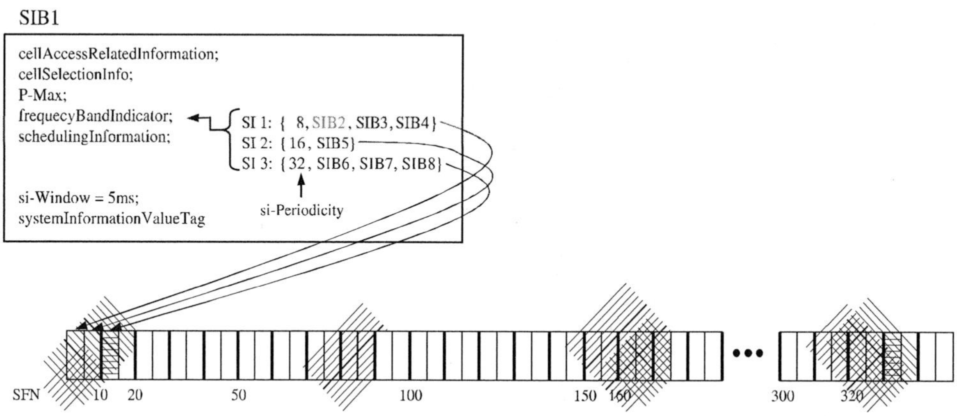

determine integer value $x = (n-1)*w$, where n is the order of entry in the list of SI message and w is the *si-WindowLength*

si-Window starts at subframe #a, where a = x mod 10, in the next radio frame for which SFN mod T = FLOOR (x/10) where T is the si-Periodicity of the concerned SI message

그림 6.14 SI 메시지의 획득

SIB3은 주파수 내, 주파수 간 그리고 무선 액세스 방식(RAT) 간 셀 재선택에 공통적으로 적용되는 정보를 포함한다. 속도 의존적 스케일링 매개변수도 SIB3에 포함되어 있어 단말 속도에 따라 다양한 재선택 매개변수를 제공한다.

SIB4는 주파수 내 셀 재선택과 관련된 이웃 셀 관련 정보만을 포함하고 있다. 따라서 Q_{offset}을 가진 주파수 내 이웃 셀 목록을 포함하여 주파수 내 블랙리스트 셀 목록도 SIB4에 포함되어 있다.

SIB5는 주파수 간 셀 재선택과 관련된 정보만을 포함하고 있다. E-UTRAN 주파수 간 이웃 셀 관련 정보와 E-UTRAN 주파수 간 블랙리스트 셀 목록 등이 포함된다.

SIB6은 UTRAN 셀 재선택과 관련된 정보만을 포함하고 있다. 따라서 범용지상 접속 주파수 구분 듀플렉스(UTRA FDD)와 TDD 주파수 정보가 SIB6에 포함되어 있다.

SIB7은 GERAN 이웃 주파수 목록과 같은 GERAN 셀 재선택과 관련된 정보만을 포함하고 있다.

SIB8은 코드분할 다중 접속 2000(CDMA2000) 시스템 셀 재선택과 관련된 정보만을 포함하고 있다. 따라서 SIB8은 CDMA2000 시스템 시간 정보, 고속패킷데이터(HRPD) 관련 매개변수와 1x무선전송기술(1xRTT) 관련 매개변수를 포함한다.

SIB9는 최대 48octet 길이의 홈 eNodeB 식별자를 포함한다. 이로 인해 단말은 홈 eNodeB 식별자를 보여주며 수동 홈 eNodeB 선택에 도움을 줄 수 있다.

SIB10은 자연 재난 경보 시스템(ETWS; Earthquake and Tsunami Warning System) 일차 통보를 포함하며 SIB11은 ETWS 이차 통보를 포함한다.

시스템 정보가 수정될 경우, SI 메시지는 수정 시간 동안 반복될 수 있다. 수정 시간은 SFN mod 수정 시간=0에 시작한다. 첫 수정 시간 동안, 시스템 정보 수정 지시자가 호출 메시지를 통해 단말로 보내진다. 그 다음 수정 시간에 네트워크는 업데이트된 시스템 정보를 전송한다.

수정 시간은 다음과 같이 계산된다.

수정 시간(무선 프레임 개수 단위)
= modificationPeriodCoeff ∗ defaultPagingCycle DIV 10 ms

여기서, modificationPeriodCoeff는 SIB2의 BCCH-설정에 의해 시그널링되며, 값은 1, 2, 4, 8이며 defaultPagingCycle은 320ms, 640ms, 1280ms, 2560ms이며 SIB2의 PCCH-설정에 의해 시그널링된다.

SIB1의 값 태그는 SI 메시지의 변화를 나타낸다. SI 메시지는 획득한 순간으로부터 최대 3시간 동안 유효하다.

6.6.2.2 호출

호출(paging) 메시지의 주요 목적은 이동 종료 호출을 위해 RRC_IDLE 모드의 단말을 호출하기 위함이다. 호출 메시지는 RRC_IDLE 또는 RRC_CONNECTED 상태에 있는 단말에게 시스템 정보의 변경 또는 SIB10, SIB11에 ETWS 통보가 있다고 알려주기 위해 사용될 수 있다.

단말은 소비전력을 줄이기 위해 대기 모드에서 불연속 수신(DRX; Discontinuous Reception)을 사용할 수 있으므로, 단말은 언제 깨어나서 올바른 서브프레임을 확인할지 계산할 수 있어야 한다. 이를 위해 단말은 SIB2로부터 필요한 정보를 수신할 때 내정 호출주기와 호출그룹 번호를 저장하며 이를 기술규격(TS36.304)의 7장에 설명되어 있는 바와 같이 계산에 적용한다.

단말은 S-임시 이동가입자 식별번호(S-TMSI)(MME가 할당하는 임시 단말 ID) 또는 국제이동국 식별번호(IMSI)로부터 호출 받을 수 있다. 릴리즈 8에서는 IMEI 호출은 고려되지 않는다.

CS 폴백의 경우, 단말이 CS 코어 네트워크에 등록하고 CS 코어 네트워크로부터 임시 식별자를 받았을 경우, CS 호출은 해당 코어 네트워크 지시자를 사용하여 단말로 전달될 수 있다(CS 또는 PS). 이 경우 단말은 호출 메시지에 포함된 PS 단말 식별자를 통해 올바른 CS 단말 식별자를 추론해야 하며, 다른 RAT로 이동한 다음 CS 단말 식별자를 호출 응답에 포함시켜야 한다. CS 폴백 절차와 관련된 상세사항은 6.6.2.8절 핸드오버 부분에 있으며 릴리즈 9의 최신 추가사항을 포함한다.

6.6.2.3 단말 셀 선택/재선택 및 셀 선택/재선택의 제어

SIB들이 제공하는 대기모드 측정값과 셀 선택 매개변수에 기반하여 단말은 적합한 셀을 선택하고 거기에 존재한다. LTE 시스템에서는 우선순위 매개변수가 새롭게 도입되었다. eNodeB는 SIB 또는 RRC 연결 해제 메시지에 LTE 주파수별 그리고 RAT별 우선순위를 제공할 수 있다. 단말이 가장 높은 우선순위 주파수 셀에 존재하고 있을 경우, 단말은 서빙 셀의 신호세기가 특정 레벨 이상 유지되고 있을 경우 다른 주파수 또는 RAT에서 측정 셀을 필요로 하지 않는다. 반면 단말이 낮은 우선순위 계층의 셀에 존재되어 있을 경우 단말은 정기적으로 높은 우선순위 주파수 또는 RAT의 셀들을 측정해야 한다.

위 우선순위 개념은 릴리즈 8 UTRAN과 GERAN(또는 GSM) 시스템에도 RAT 간 셀 재선택을 위해 도입되었다.

LTE 대기 모드 이동성은 7장에서 보다 자세히 설명한다.

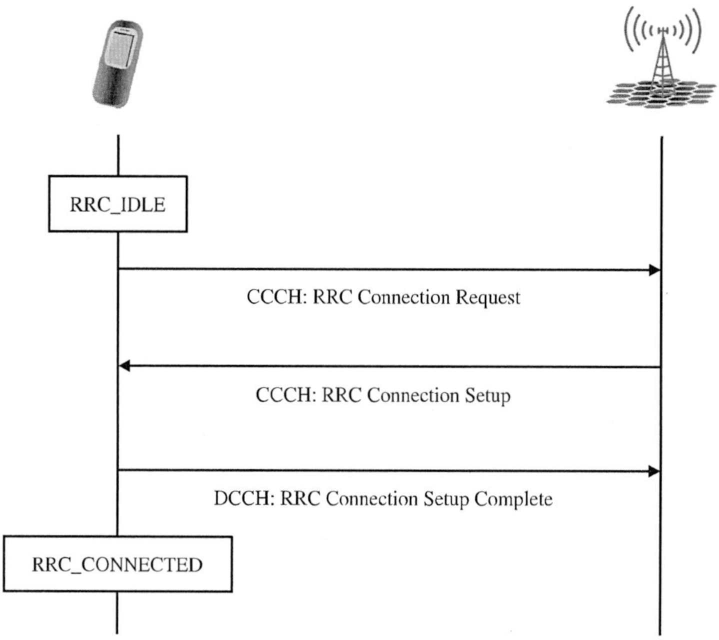

그림 6.15 RRC 연결 설정 과정

6.6.2.4 단말과 E-UTRAN 간의 RRC 연결 설정, 유지 그리고 해지

RRC 연결 설정 과정은 이동단말 근원 신호, NAS 시그널링 전송 또는 호출응답 등 여러 가지 이유로 인해 그림 6.15에서와 같이 단말 NAS 계층의 요청으로부터 시작된다. 그 결과, 단말과 eNodeB 사이에는 RRC 연결이 이루어지며, SRB1이 설정된다. 네트워크의 부하가 높을 경우, eNodeB는 SIB2에 접속 클래스 베어러 매개변수를 적절히 설정하거나 RRC 연결 요청을 대기 시간을 알려줌과 동시에 거부할 수 있다.

단말이 유효한 S-TMSI를 가지고 있을 경우, 이를 RRC 연결 요청 메시지에 포함시킨다. 그렇지 않을 경우, 단말은 40 bit 길이의 임의 값을 포함시킨다. 제한된 메시지의 크기로 인해 RRC 연결 요청 메시지에는 단 5개의 설정 이유만이 정의되어 있으며 이는 비상, 높은 우선순위 접속, 이동성 종료 접속, 이동단말 근원 시그널링 그리고 이동단말 근원 데이터이다. NAS 서비스 요청 메시지는 RRC 연결 설정 완료 메시지에 포함되어 있다.

SIB1은 최대 6개의 PLMN 식별자를 방송한다. PLMN 식별자는 네트워크 공유도 쉽게 한다. 단말은 이 가운데 하나를 선택하여 RRC 연결 설정 완료 메시지를 통해 보고한다. 단말이 MME에 등록된 경우 단말은 등록된 MME의 식별자를 RRC 연결 설정 완료 메시지에 포함시킨다. S1-flex가 배치된 경우 eNodeB는 단말 대기 모드 정보를 저장한 올바른 MME를 찾아서 선택하고 S1 연결 설정을 시작한다. 성공적인 RRC 연결 설정 절차 후에, 단말은 RRC_CONNECTED 상태로 전환한다.

6.6.2.5 키 관리를 포함한 보안 기능

사용자 데이터와 RRC 제어 시그널링을 다루는 무선 계열 기능을 위한 보안 키는 진화된 패킷 코어쪽에서 사용하는 키들과 다르다. eNodeB의 관점에서 볼 때 다음과 같은 키들이 필요하다(NAS 시그널링에 사용되는 키는 무시함).

- K_{eNodeB}는 단말과 MME의 '마스터 키' K_{ASME}로부터 생성되며 MME가 eNodeB로 제공한다. K_{eNodeB}는 무선계열기능(AS) 트래픽을 위해 필요한 키를 생성하는데 사용되며 핸드오버 동안 $K_{eNodeB*}$의 생성을 위해 사용되기도 한다.
- $K_{eNodeB*}$는 단말과 근원 eNodeB에서 $K_{eNodeB*}$ 또는 유효한 NH로부터 생성되며, $K_{eNodeB*}$로부터 단말과 목표 eNodeB는 핸드오버 시 AS 트래픽을 위한 새로운 K_{eNodeB}를 생성한다.
- K_{UPenc}는 사용자 평면 트래픽 암호화에 사용되며 K_{eNodeB}로부터 생성된다.
- K_{RRCint}는 KeNodeB로부터 생성되며 RRC 메시지 무결성 핸들링을 위해 사용된다.
- K_{RRCenc}는 KeNodeB로부터 생성되며 RRC 메시지 암호화를 위해 사용된다.

다음 연결 경로는 중간단계 키로 LTE 내 핸드오버 목적으로 보안을 제공하기 위해 $K_{eNodeB*}$의 생성을 위해 사용된다. 이와 관련된 카운터로 다음 연결 경로 연쇄 누적기(NCC ; Next Hop Chaining Counter)가 있는데, 이는 다음 $K_{eNodeB*}$가 현재 K_{eNodeB}에 기반해야 하는지 아니면 새로운 다음 연결 경로(NH)가 필요한지 판단해준다. 새로운 NH가 없을 경우, $K_{eNodeB*}$는 목적 PCI와 K_{eNodeB}의 단말과 근원 eNodeB에 의해 생성되며(수평 키 생성), 새로운 NH가 있을 경우 생성은 목적 물리셀 식별자(PCI)와 새로 제공되는 NH에 기반한다(수직 키 생성).

진화된 패킷 코어(EPC)와 단말은 보안절차가 완료된 다음 같은 마스터 키를 공유하게 된다. 이 마스터 키(K_{ASME})는 EPC 외부로는 제공되지 않으며 마스터 키로부터 생성되고 eNodeB와 단말 사이의 트래픽에 필요한 키들만이 eNodeB에게 전달된다. 단말이 연결되어 있을 동안 eNodeB는 주어진 키를 유지하지만 단말이 대기 모드로 전환할 경우(또는 다른 eNodeB로 이동할 경우) 키들을 삭제한다. 무결성과 암호화 알고리즘은 핸드오버 시에만 변경할 수 있다. AS 키들은 매 핸드오버와 연결을 재설정할 때마다 변경된다. LTE 시스템에서는 보안이 활성화된 후 핸드오버를 수행할 수 있다.

RRC 무결성과 암호화는 항상 함께 활성화되며 절대 비활성화되지 않는다. 하지만, 비상통화와 같이 특수한 경우 NULL 암호화 알고리즘을 사용하는 것도 가능하다(비상통화와 관련된 구체적인 사항이 릴리즈 9에서 완료되었다). 보안 알고리즘들은 키 외에 일련번호를 입력으로 사용한다. 해당 일련번호는 PDCP 일련번호와 하이퍼프레임 번호로 구성된다.

6.6.2.6 점-대-점 무선 베어러의 설정, 관리 및 해제

그림 6.16의 RRC 연결 재설정 절차는 무선 베어러들을 유지 및 수정하고 데이터 무선 베어러들을 해제하기 위해 사용된다(즉, SRB들은 RRC 연결 재설정 절차를 통해 해제될 수 없다).

RRC 연결 재설정 메시지의 무선 자원 설정 정보요소 그룹에 정의된 매개변수들은 주로 무선 베어러의 설정을 담당한다. RRC 연결 재설정 메시지가 새로운 데이터 무선 베어러(DRB) 설정을 위해 사용될 경우 해당 NAS 메시지도 같은 메시지에 포함된다.

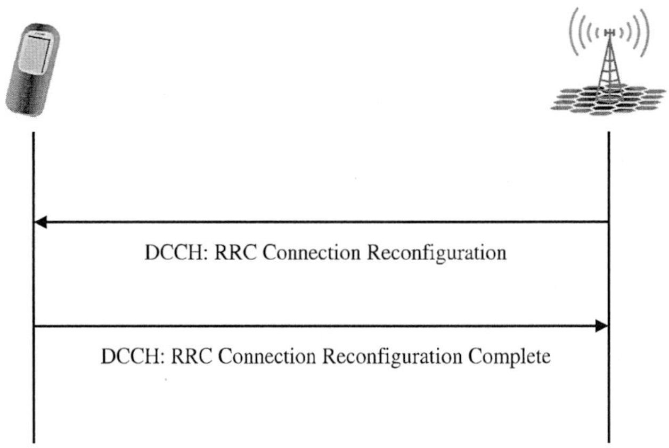

그림 6.16 RRC 연결 재설정 절차

6.6.2.7 단말 측정 보고와 보고에 대한 제어

RRC 연결 재설정 메시지의 측정 설정 매개변수는 단말 측정을 설정하기 위해 사용된다(LTE 내부 측정 또는 다른 무선 액세스 방식(RAT)들로부터의 측정). 측정 보고 메시지는 보고를 위해 사용된다.

측정 설정은 다음과 같은 매개변수로 구성된다.

1. 측정 객체 : 단말이 측정을 수행하는 객체. E-UTRAN은 주어진 주파수에 대해서 하나의 측정 객체만을 설정한다.
   - 주파수 내 측정(주 셀과 같은 다운링크 반송 주파수에서 측정) 및 주파수 간 측정(주 셀의 다운링크 반송 주파수와 다른 주파수에서 측정)의 경우, 측정 객체는 단일 E-UTRA 반송 주파수이다. 이 반송 주파수에 E-UTRAN은 셀 지정 오프셋 목록과 블랙리스트 목록을 설정할 수 있다.
   - RAT 간 UTRA 측정의 경우, 측정 객체는 단일 UTRA 반송 주파수의 셀의 집합이다.
   - RAT 간 GERAN 측정의 경우, 측정 객체는 GERAN 반송 주파수의 집합이다.
   - RAT 간 CDMA2000 측정의 경우, 측정 객체는 단일 CDMA2000 반송 주파수의 셀의 집합이다.
2. 보고 설정 : 보고 설정은 보고 기준과 보고 포맷을 포함하고 있다. 보고 기준은 단말이 측정 보고를 시작하기 위한 기준으로 이벤트에 의해 시작되거나 주기적일 수 있다. 특히 주기적 보고는 자동 이웃 셀 검색을 위한 측정을 위해 사용된다. 보고 포맷은 측정 보고에 포함되어야 하는 용량을 다룬다(예를 들어, 보고되어야 하는 셀의 개수).
   - 보고 기준 : 이벤트의 의해 시작되는 보고의 경우, E-UTRA 측정 기준은 A1, A2, A3, A4와 A5이다. RAT 간 측정의 경우, B1과 B2가 사용된다.
   - 이벤트 A1 : 서빙이 절대 문턱값보다 좋아짐
   - 이벤트 A2 : 서빙이 절대 문턱값보다 나빠짐
   - 이벤트 A3 : 이웃이 오프셋 양만큼 서빙보다 좋아짐

- 이벤트 A4 : 이웃이 절대 문턱값보다 좋아짐
- 이벤트 A5 : 서빙이 절대 문턱값 1보다 나빠지고 이웃이 다른 절대 문턱값 2보다 좋아짐
- 이벤트 B1 : 이웃이 절대 문턱값보다 좋아짐
- 이벤트 B2 : 서빙이 절대 문턱값 1보다 나빠지고 이웃이 다른 절대 문턱값 2보다 좋아짐

3. 측정 식별자 : 측정 식별자는 하나의 측정 객체를 하나의 보고 설정과 바인딩한다. 측정 보고에서 참조번호로 사용된다.
4. 용량 설정 : RAT(즉, E-UTRA, UTRAN, GERAN 그리고 CDMA 2000) 당 하나의 용량 설정이 가능하며 해당 측정 유형에 대한 필터 상수를 포함한다.
5. 측정 공백 : 단말이 측정을 수행하기 위해 사용할 수 있는 시간구간. 측정 공백은 주파수 간과 RAT 간 측정에 사용된다.

6.6.2.8 핸드오버

일반적으로 eNodeB는 단말로부터 받은 측정 결과에 기반하여 핸드오버를 시작한다. 핸드오버는 E-UTRAN 안에서 수행되거나, 다른 RAT에서 E-UTRAN으로 수행되거나, E-UTRAN에서 다른 RAT으로 수행될 수 있으며 주파수 간 LTE 내 핸드오버, 주파수 간 LTE 내 핸드오버, LTE를 향한 RAT 간, UTRAN을 향한 RAT 간 핸드오버, GERAN을 향한 RAT 간 핸드오버, cdma 2000 시스템을 향한 RAT 간 핸드로 분류된다.

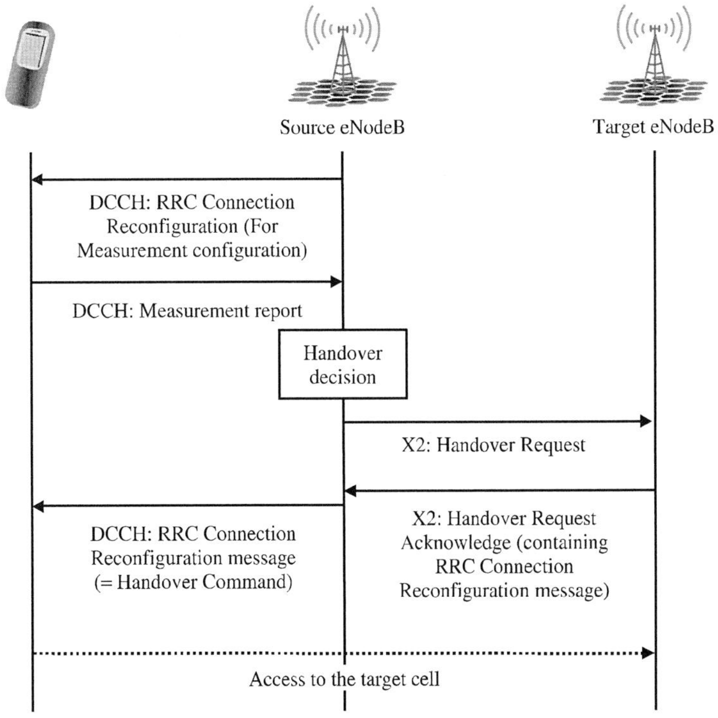

그림 6.17 eNodeB 간 핸드오버 절차

LTE 내 핸드오버

LTE 내 핸드오버의 경우, 근원과 목적이 모두 LTE 시스템과 핸드오버 명령어로 사용되는 RRC 연결 재설정 메시지의 이동성 제어 정보(핸드오버에 필요한 매개변수 포함) 안에 있다. 만약 근원 eNodeB와 목적 eNodeB 사이에 X2 인터페이스가 존재한다면, 근원 eNodeB는 목표 셀을 준비시키기 위해 목표 eNodeB에 X2: 핸드오버 요청 메시지를 보낸다. 그림 6.17에서와 같이 목표 eNodeB는 RRC 연결 재설정 메시지를 만들고 핸드오버 요청 확인 메시지를 X2에 있는 근원 eNodeB에게 전송한다.

다른 무선 액세스 방식으로의 무선 간 접속 기술 핸드오버

단말 측정 보고에 기반하여 근원 eNodeB는 목표 무선 액세스 방식(RAT)을 결정한다. 현재 릴리즈 8에서는 목표 RAT은 UTRAN, GERAN 또는 CDMA2000 시스템이 될 수 있다. 다른 RAT에게 RAT 간 핸드오버를 수행하기 위해서 실제 핸드오버 명령 메시지는 목표 RAT에 의해 만들어지며 근원 eNodeB에게 투명하게 전달된다. 근원 eNodeB는 실제 핸드오버 명령을 E-UTRA 명령으로부터 이동성 메시지에 비트 스트링 형태로 포함시키고 이를 단말에게 보낸다.

LTE 시스템은 패킷 서비스만을 지원하기 때문에 만약 멀티모드 단말이 CS 서비스를 시작하고자 할 경우, CS 폴백을 수행할 수 있다. UTRAN 시스템으로의 CS 폴백을 위해 핸드오버 과정이 주로 사용된다. GERAN 시스템으로의 CS 폴백의 경우, 핸드오버 절차 또는 셀 변경 명령 절차가 사용된다. CDMA2000 시스템으로의 CS 폴백에서는 RRC 연결 해지 절차가 사용된다. 셀 변경 등급의 행동을 RAT 간 핸드오버와 일치시키기 위해 셀 변경 등급 절차는 E-UTRA 명령으로부터의 이동성 메시지를 사용한다. 또한 VoIP 서비스가 목표 RAT에서 지원되지 않을 때, 지원될 경우에 한해 단일 음성통화 무선 연속성(SR-VCC)을 사용할 수 있다.

다른 무선 액세스 방식으로부터의 무선 간 접속 기술 핸드오버

핸드오버는 근원 RAT 시스템에 정의된 조건에 기반하여 시작한다. 목표 eNodeB가 MME로부터 S1: 핸드오버 요청 메시지를 받을 때, 필요한 자원을 할당하고 RRC 연결 재설정 메시지(= 핸드오버 명령)를 만들고, MME로 보내지는 S1: 핸드오버 요청 확인에 보낸다. 따라서 RRC 연결 재설정 메시지는 근원 RAT을 통해 단말로 전달된다.

6.6.2.9 CS 폴백

초기 LTE 설치는 음성 서비스 지원을 하지 않을 수 있기 때문에 3GPP는 음성 서비스를 위해 GERAN, UTRAN 또는 cdma2000 시스템으로 폴백할 수 있는 방법을 제공하는데 동의했다.

CS 영역 서비스를 사용할 경우, 단말은 GERAN, UTRAN 또는 cdma2000 시스템으로 이동해야 하기 때문에 CS 폴백 기능은 E-UTRAN 반경이 GERAN, UTRAN 또는 cdma2000 반경과 중첩될 경우 사용가능하다.

CS 폴백은 다음 구조에 기반하며 그림 6.18에서와 같이 MSC 서버와 이동통신교환기(MME) 사이에 SGs 인터페이스가 요구된다. SGs 인터페이스를 통해서 단말은 혼합된 EPC와 IMSI 접속 및 해지 절차를 수행한다. 또한 이동단말(MT CS) 폴백 서비스에서 CS 호출은 SGs 인터페이스를 통해 MME에게 전달되며, 최종적으로 단말에게 전달된다. SGs 인터페이스는 Gs 인터페이스에 기반한다.

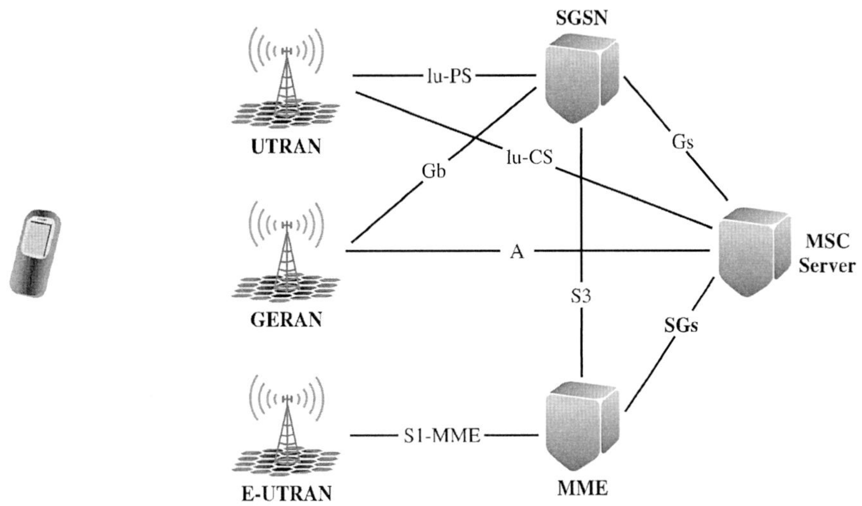

그림 6.18 CSFB 구조

SGs 인터페이스는 MO 짧은 메시지 서비스(SMS)와 이동단말 짧은 메시지 서비스(MT SMS)를 전송하는 데 사용되기도 하며 이 경우 CS 폴백은 발생하지 않는다. CS 폴백을 지원하는 단말, MME 그리고 MSC에게 SG 상에서 SMS를 지원하는 것은 필수사항이다. 반면 SG 상에서 SMS를 지원하는 것들에는 CS 폴백 지원이 없다.

CS 폴백 해결책의 사용은 음성을 위한 인터넷 프로토콜 기반의 멀티미디어 서비스 제공 규격(IMS) 기반 해결책이 제공될 때까지 사용되는 임시방편이다. 하지만 이 해결책은 LTE로의 부드러운 전환을 가능하게 하기 위해 중요하다. 원래 의도는 범용이동통신 시스템(UMTS)으로의 패킷교환(PS) 핸드오버와 이동통신 세계화 시스템(GSM)으로의 셀 변경 등급만을 필수 해

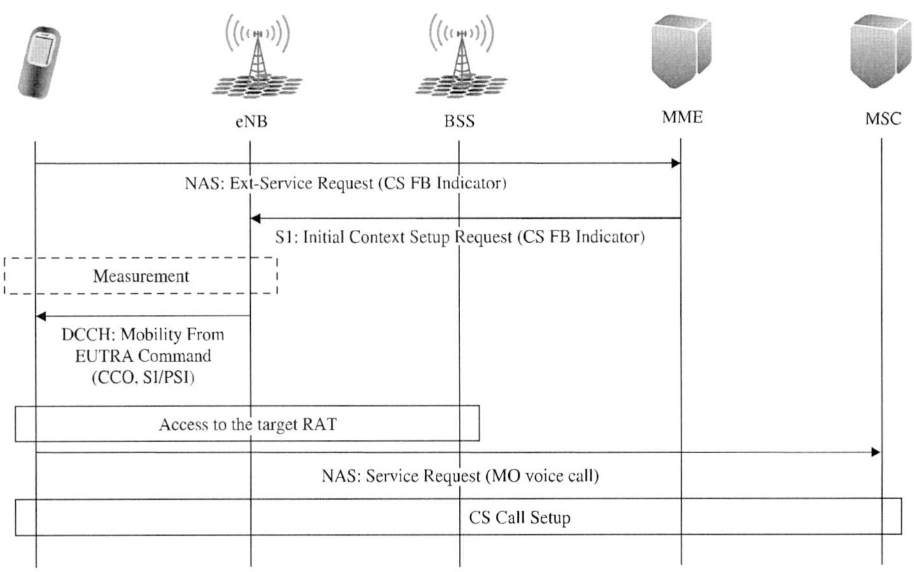

그림 6.19 셀 변경 등급을 포함한 CS 폴백

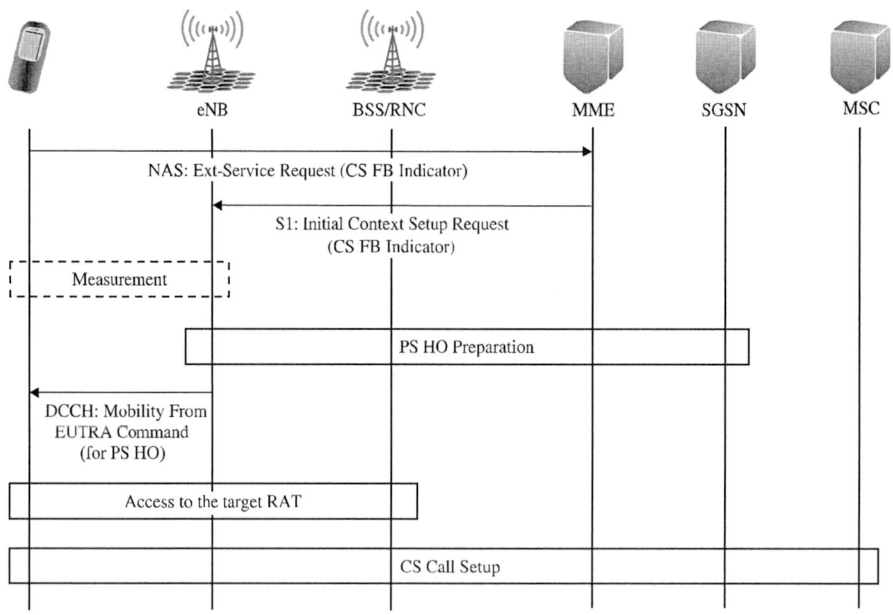

그림 6.20 PS 핸드오버를 사용한 CS 폴백

결책으로 사용하는 것이었으며, 해당 방식들은 그림 6.19와 그림 6.20에 설명되어 있다.

단말에게 들어오는 CS 호출에 대해서 단말은 MME 외에도 CS 코어 네트워크에 등록되어 있다. 단말이 CS 호출을 받거나 단말이 이동단말 근원 CS 호출을 시작하고 싶을 경우, 단말은 MME에게 NAS: 외부 서비스 요청 메시지가 CS 폴백을 위한 것이라고 나타낸다. 이에 대해 MME는 S1: 초기화 정보 설정 요청 메시지가 CS 폴백을 위한 것임을 나타낸다. 목표 시스템과 목표 셀의 능력에 따라 eNodeB는 PS 핸드오버 또는 셀 변경 명령 절차를 수행하며 단말은 목표 셀로 이동한 다음 CS 신호 설정을 시작한다.

그러나 모든 경우에 대해서 RAT 간 이동성이 상용 네트워크에서 사용될 첫 기능이 아닐 것이라는 추측에 따라 추후 보다 많은 해법이 허용되었다. 따라서 릴리즈 8에는 전향 정보를 포함한 RRC 연결 해지가 추가 옵션으로 포함되었다. 또한 기본 전향 정보를 포함한 RRC 연결 해지 해법의 성능을 향상시키기 위해서 릴리즈 9에는 목표 시스템에 대한 시스템 정보를 제공할 수 있도록 추가 옵션으로 보완되었다.

GSM, WCDMA, cdma2000으로의 CS 폴백에 대한 옵션은 표 6.1에 나타나 있다. 다수의 옵션을 제공함으로써 초기에 모든 기기에서 제공될 수 있는 '보편적인' 해법을 보장하는 것이 어렵다는 점이 도전과제이다. 모든 해법이 첫 단계에서 단말과 테스트할 수 있도록 제공되지 않기 때문이다.

전향을 포함한 RRC 연결 해지에 기반한 해법의 근본적인 어려움은 신뢰성과 CS 호출 설정에 필요한 시간 사이의 균형이다. 목표 시스템에서 단말을 휴지 상태에서 강제로 시작하게되면 (예를 들어, 전향을 포함한 RRC 연결 해지), 목표 시스템의 기존의 호출 설정 시간보다 오래

표 6.1 릴리즈 8과 9의 CS 폴백 옵션

Target system	Solutions	Release
UTRAN	RRC Connection Release with Redirection without Sys Info	Release 8
	RRC Connection Release with Redirection with Sys Info	Release 9
	PS handover with DRB(s)	Release 8
GSM	RRC Connection Release with Redirection without Sys Info	Release 8
	RRC Connection Release with Redirection with Sys Info	Release 9
	Cell change order without NACC	Release 8
	Cell change order with NACC	Release 8
	PS handover	Release 8
cdma2000 (1xRTT)	RRC Connection Release with Redirection	Release 8
	enhanced 1xCSFB	Release 9
	enhanced 1xCSFB with concurrent HRPD handover	Release 9
	dual receiver 1xCSFB (RRC Connection Release without Redirection)	Release 9

걸린다. 이유는 호출 설정 전에 단말이 목표 시스템과 연결되지 않아 항상 추가적인 지연이 발생하기 때문이다. 다음은 여러 CS 폴백 옵션에 대해서 보다 자세히 알아본다.

UMTS로의 CS 폴백

UMTS로의 CS 폴백을 수행하기 위해 전향 정보를 포함한 RRC 연결 해지는 가장 쉬운 해법이다. 모든 네트워크와 단말은 RRC 연결 해지 절차를 지원하기 때문이다. 이 해법에서 단말이 CS 호출 설정 요청을 확장 서비스 요청을 통해 하거나 CS 호출을 수신할 경우, LTE 시스템에 있는 단말의 RRC 연결은 해지되고 단말은 UMTS 시스템으로 전향된다. 전향 정보에서 eNodeB는 목표 주파수를 나타낼 수 있다. 그 다음 단말은 목표 RAT로 이동하고 RRC 연결 해지의 주파수 정보를 사용하여 적절한 셀을 찾는다. 단말이 적절한 셀을 찾은 다음, 휴지 상태에서 시작하여 셀에 접속하기 위해 필요한 시스템 정보 블록을 얻는다. 이것이 그림 6.21에 나타난

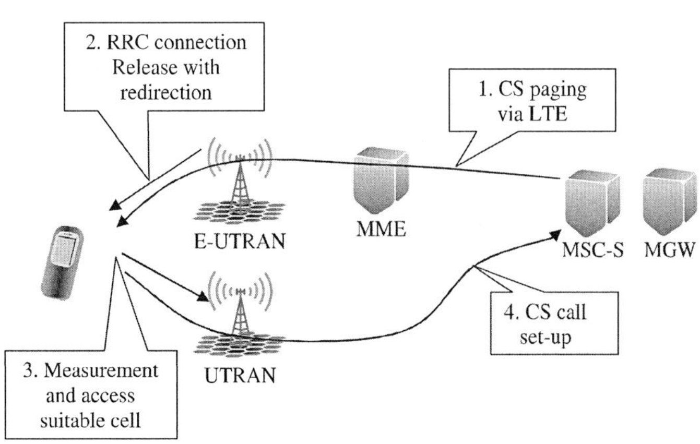

그림 6.21 전향 정보를 포함한 RRC 연결 해지를 포함한 UTRAN으로의 CS 폴백

릴리즈 8의 기본 전향 방법이다. 시스템 정보 블록의 습득 시간은 시스템 정보 블록 스케줄링 구현과 크기에 따라 매우 길 수 있다.

만약 시스템 정보가 잘 스케줄링되어 있고 시스템 정보 블록이 촘촘할 경우 목표 시스템에서 시스템 정보 블록을 습득하는 것은 상대적으로 빠르게 이루어질 것이다. 그러나 항상 이렇지는 않으며, 특정 구현에서 시스템 정보 블록 스케줄링이 비효율적일 수도 있고, 시스템 정보 블록 습득은 2초 이상 걸릴 수도 있다. 따라서 릴리즈 9 발달에서 셀 선택 이후 단말이 시스템 정보 블록 습득절차를 생략할 수 있기 위해(정보가 정확하다는 가정 하에), eNodeB는 UTRAN에게 IDLE 단말들이 최대 16셀 동안 셀(SIB1, SIB3, SIB7 그리고 SIB11)에 접근 권한을 얻으려면 필요한 시스템 정보 블록을 제공하도록 허용한다. eNodeB는 다수의 셀에게 시스템 정보를 제공할 수 있으므로, eNodeB는 근원쪽에서 보안 활성화와 측정절차를 생략할 수 있다. 결과적으로 이것은 근원쪽의 전향 준비의 신뢰도를 크게 훼손하지 않는 범위에서 촉진시킬 수 있다. 그러나 eNodeB는 최신 UTRAN 시스템 정보를 가지고 있어야 하므로 네트워크 노드에도 새로운 기능들이 요구된다(eNodeB, 무선망제어기(RNC), 그리고 패킷교환지원노드(SGSN)). 가장 효율적인 UMTS로의 CS 폴백 해법은 PS 핸드오버이다. 보안이 활성화된 후 LTE에서 내정된 베어러가 항상 설정되어 있기 때문에 CS 폴백을 위해 PS 핸드오버를 사용할 수 있다. 내정된 베어러는 일반적으로 보장되지 않은 비트속도 비 GBR 베어러이기 때문에 목표 시스템에서 내정된 베어러를 가지고 있기 위해 예약해야 하는 자원은 없다. 신뢰도를 이유로 PS 핸드오버를 위한 목표 셀은 일반적으로 측정 결과에 따라 선택된다. 그러나 배포가 보장된다면 CS 폴백 지연을 줄이기 위해 블라인드 핸드오버를 수행할 수도 있다. 단말이 측정해야 하는 주파수의 수에 따라 측정 지연이 발생할 수 있다. PS 핸드오버 절차가 완료되면 단말은 이미 목표에 연결되어 있어 절차를 그 어떤 전향보다 빠르게 만든다. 릴리즈 9에서 '시그널링 무선 베어러 전용 PS 핸드오버' 옵션은 원래 규격에 포함되어 있었지만 CS 폴백 옵션을 최소화하기 위해 나중에 제거되었다.

GSM으로의 CS 폴백

UMTS로의 CS 폴백과 마찬가지로 전향 정보를 포함한 RRC 연결 해지는 GSM으로의 CS 폴백 중 최소한의 노력이 요구되는 해법이다. 이 해법에서는 LTE 시스템의 단말 RRC 연결이 해지되고 UMTS로의 CS 폴백과 같은 CS 서비스를 설정하기 위해 단말은 GSM 시스템으로 전향된다. 전향 정보에는 eNodeB는 목표 주파수를 표시할 수 있다. 그 다음 단말은 목표 RAT로 이동하고 RRC 연결 해지의 주파수 정보를 사용하여 적절한 셀을 찾는다. 단말이 적절한 셀을 찾은 다음, IDLE 상태에서 시작하여 셀 접속에 필요한 시스템 정보 블록을 습득한다. 릴리즈 9 향상 이후, eNodeB는 GSM을 위해 최대 32개 셀에 대한 선정된 시스템 정보 블록의 집합을 포함시킬 수 있다. 이것은 신뢰도를 크게 위협하지 않는 범위에서 지연 감소를 위해 LTE에 측정 절차를 생략하기 위한 것으로 그림 6.22에 나타나 있다.

전향 정보를 포함한 RRC 연결 해지 외에도, 셀 변경 명령과 PS 핸드오버가 CS 폴백을 위해 사용될 수 있다. 셀 변경 명령 또는 PS 핸드오버를 수행하기 위해서 eNodeB는 동일한 메시지(E-UTRA로부터 이동성 명령 메시지)를 보낸다. 그러나 목적에 따라 메시지의 내용은 다를 수

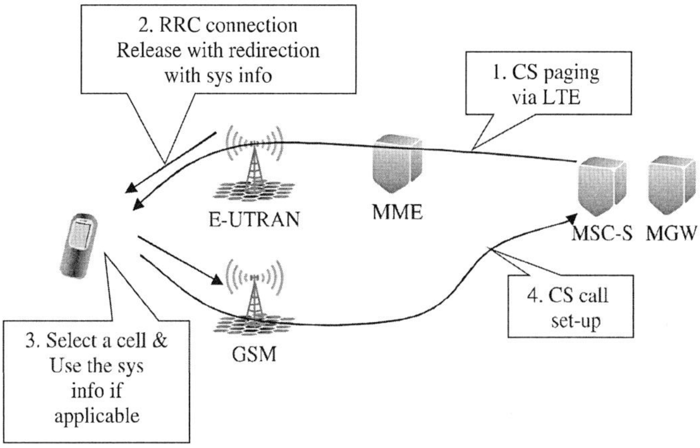

그림 6.22 시스템 정보를 포함한 전향 정보를 포함한 RRC 연결 해지를 포함한 GSM으로의 CS 폴백

있다. 단말의 행동 또한 다르다. 셀 변경 명령의 경우 단말은 목표 GERAN 셀로 이동한 다음 휴지 상태에서 시작한다. 네트워크지원 셀 변경(NACC)이 사용될 경우, eNodeB는 GERAN 시스템 정보 블록을 E-URA로부터의 이동성 명령어에서 제공하고 단말은 시스템 정보 블록 습득 단계를 생략할 수 있다.

E-UTRA로부터의 이동성 명령어가 PS 핸드오버를 위해 사용될 경우, UTRAN의 경우와 마찬가지로, 목표 GERAN 셀은 핸드오버 동안 단말을 받아드릴 수 있도록 준비되고, 성공적인 핸드오버 이후에도 단말은 여전히 목표 GERAN 셀에 연결되어 있다.

UMTS의 경우와 같이 세 해법은 모두 단말 측정 이후에 실행되고 목표 셀을 선택하거나 실질적인 설치가 허용될 경우 단말 측정없이 무작정 목표 셀을 선택할 수 있다.

가장 효율적인 GSM으로의 CS 폴백 해법은 PS 핸드오버이나 PS 핸드오버는 GERAN 네트워크에서 널리 배치되지 않았다. 따라서 3GPP는 셀 변경 명령을 GSM으로의 CS 폴백 해법으로 의무화하기로 결정했다. 다른 대안으로는 단말 능력 시그널링 통보 네트워크가 있다.

Cdma2000 시스템으로의 CS 폴백

1xRTT 시스템인 cdma2000 시스템으로 CS 폴백 메커니즘 또한 정의되었으며 이를 1x회선교환폴백(1xCSFB)이라고 한다. 3GPP 시스템으로의 CS 폴백과 마찬가지로, 단말은 CS 도메인 서비스의 전달을 허용하기 위해 NAS 시그널링을 초기화시키고 MME는 eNodeB에게 CS 폴백이 요구됨을 통보한다. 결과적으로 eNodeB는 네트워크 지원과 단말 능력에 따라 다음 1xRTT 절차로의 CS 폴백 중 하나를 실행한다.

- 1xRTT(기본 릴리즈 8 메커니즘)로의 전향을 포함한 RRC 연결 해지는 기본 절차이며 전향을 포함한 RRC 연결 해지를 수행하기 전에 eNodeB는 1xRTT 측정을 단말로부터 요청할 수 있다.
- 향상된 1xCSFB : 1xRTT 핸드오버 시그널링은 단말과 1xRTT 네크워크 사이에 터널링된다. eNodeB는 E-UTRA 준비 요청으로부터의 핸드오버 메시지를 보내 단말이 1xRTT 네트워크

로 전달되는 1xRTT 전용 정보를 포함하는 업링크 핸드오버 준비 전달(업링크 Handover Preparation Transfer) 메시지를 보내도록 유발시킨다. 1xRTT 네트워크의 응답은 eNodeB가 1xRTT 채널 할당 메시지를 포함한 E-UTRA로부터의 이동성 명령 메시지를 보내도록 유발한다. 이 정보에 기반하여 단말은 1xRTT 네트워크에서 트래픽 채널을 습득한다.

이중 수신기 1xCSFB: 전향 정보 없는 RRC 연결 해지. 이 경우 eNodeB는 전향 정보 없는 RRC 연결 해지를 보내며 단말은 정상적인 1x회선 교환(1xCS) 호출 시작 또는 종료 절차를 1xRTT에서 수행한다.

eNodeB는 각 1xRTT으로의 CS 폴백 메커니즘에 대한 지원을 시스템 정보 블록 8(SIB8)에서 홍보한다. 1xRTT 네트워크에서 CS 서비스를 시작 또는 종료하기 위해 E-UTRAN을 통해서 1xRTT 네트워크에 1xCSFB 가능한 단밀을 사전 등록할 수 있다. 사전 등록은 전향 징보를 포함한 RRC 연결 해지 또는 향상된 1xCSFB 메커니즘에게만 적용된다. 시스템 정보 블록 8의 1xRTT 사전 등록 매개변수에 기반하여 단말은 사전 등록의 필요성 여부를 판단한다. 단말은 1xRTT 사전 등록 수행에 필요한 정보를 eNodeB로부터 습득한다. 필요할 경우 단말은 재등록을 책임진다. 단말은 정상적인 1xCS 등록 절차를 사용하여 1xRTT 네트워크에 직접 등록하기 때문에 사전 등록은 이중 수신기 1xCSFB에게는 적용되지 않는다.

6.6.2.10 eNodeB 사이의 정보 전송

핸드오버(HO) 준비 동안, 근원 eNodeB는 단말의 정보를 목표 eNodeB에게 전송해야 한다. 그래야만 목표 eNodeB는 근원 셀의 설정을 고려하고 핸드오버 명령은 근원 설정과의 차이만을 포함할 수 있다. 이것은 AS 설정, 무선자원관리(RRM) 설정 그리고 AS 정보를 포함한다. AS 설정은 RRC 메시지 교환을 통해 설정된 단말 AS 설정을 포함한다. 측정 설정, 무선자원 설정, 보안 설정, 근원 셀의 시스템 정보, 단말 ID 등이 RRC 메시지 교환의 예이다. RRM 설정은 단말에 특화된 RRM 정보를 포함한다. AS 정보는 단말 무선 접속 능력과 재정립을 위한 정보를 포함한다.

6.6.2.11 네트워크와 단말 사이의 NAS 직접 메시지 전송

NAS 메시지는 대개 전용 RRC 메시지(다운링크와 업링크 정보 전송)를 통해 전송된다. 하지만 베어러 설정 동안에는 필수적인 NAS 메시지는 RRC 연결 완료 메시지와 RRC 연결 재설정 메시지를 통해 전송되어야 한다.

6.6.2.12 단말 능력 전송

단말은 NAS 단말 능력(예를 들어, 보안 및 단말 능력)을 NAS 메시지를 통해 MME에게 직접 전송한다. 이것은 초기 단말 정보를 설정할 때 eNodeB에게 전달된다. 단말 능력은 LTE 능력 외에 UTRAN과 GERAN 능력도 포함할 수 있기 때문에 정보의 크기가 상대적으로 클 수 있다. RRC_IDLE 모드에서 RRC_CONNECTED 모드로 전환할 때 무선 인터페이스 상의 오버헤드를 줄이기 위해 MME는 단말 AS 능력을 저장하며 그것을 초기 단말 정보를 설정할 때 eNodeB에게 제공한다. 그러나 단말 AS 능력이 RRC_IDLE 동안 변경되었거나 MME가 유효한 단말 AS

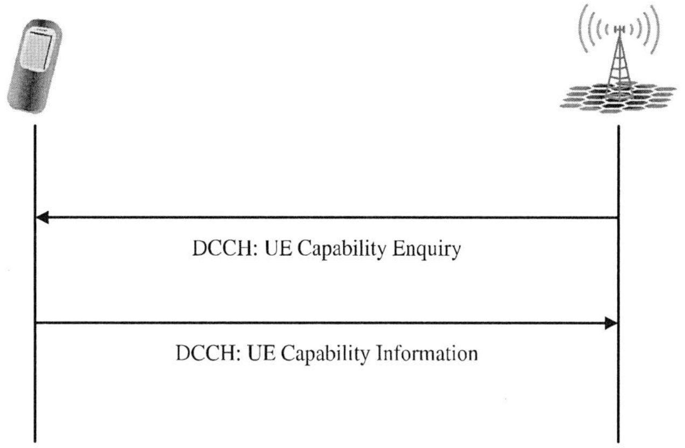

그림 6.23 단말 능력 전달 절차

능력을 가지고 있지 않을 경우, MME는 초기 단말 정보를 설정할 때 단말 AS 능력을 제공하지 않으며, eNodeB는 그림 6.23에서와 같이 단말 AS 능력을 단말로부터 직접 습득한다.

6.6.2.13 범용 프로토콜 오류 핸들링

UTRAN RRC에서는 DCCH 메시지에서 다양한 오류 핸들링 사례가 자세히 명시되었다. 그러나 LTE에서는 ASN.1와 같은 네트워크 오류 사례의 핸들링을 명시하여 복잡성을 더할 의도가 없었다. 따라서 매우 중요한 절차를 위한 오류 핸들링만 명시되어 있고 나머지는 명시되지 않았다. 예를 들어, RRC 연결 재설정 메시지가 ASN.1 오류를 갖고 있거나 온전성 보호가 실패했을 경우, 그림 6.24와 같이 단말은 RRC 연결 재정립 절차를 시작한다. 그러나 실패 응답 메시지가 정의되어 있지 않은 다른 오류 사례에 대해서는 단말은 메시지를 단순히 무시할 수 있다. 또한 RRC 연결 재정립 절차를 사용하여 무선링크 실패로부터 복구할 수 있다.

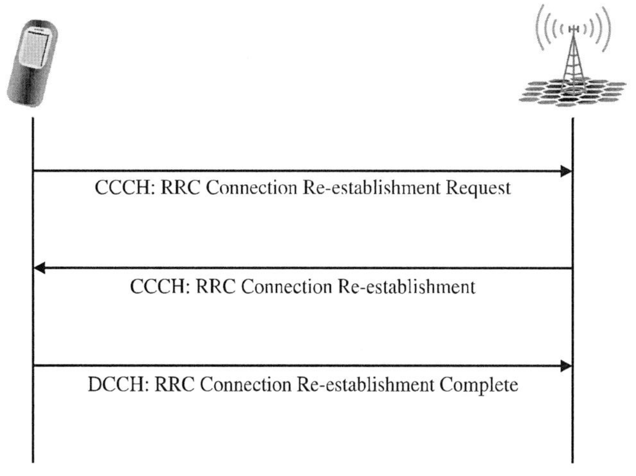

그림 6.24 RRC 연결 재설정 절차

6.6.3 자발적 최적화 – 주행시험 최소화

LTE 시스템의 자체 설정과 자체 최적화 해법의 프레임워크의 일부로, 릴리즈 10은 드라이브 테스트 최소화(MDT) 기능을 최소화하도록 하는 절차를 포함하도록 향상되었다.

가장 핵심적인 기능은 전통적인 주행시험을 통한 측정 데이터 수집을 대체하기 위해 단말들의 측정 수집과 보고를 향상시키는 것이다. 주행시험을 하지 않는 것이 비용 및 CO_2 배출 측면에서 이득이다. 릴리즈 10의 기능들은 다음과 같다[12].

- MDT 로그 측정; 이것은 대기 모드에서 수행되는 측정을 의미한다. 네트워크는 단말이 측정을 대기 모드 운영 중에 수집하도록 설정한다. 단말은 측정을 수집하고, 네트워크가 수집된 데이터를 회수할 수 있도록 추후 연결되었을 때 단말은 해당 측정 정보가 있음을 통보한다. 측정 용량은 타임스탬프와 대략적인 위치 정보로 향상된다. 그림 6.25는 MDT 대기 모드 동작의 예를 나타내었다.
- MDT 즉각 측정; 이 경우 측정은 정상적인 연결 모드에서 수집되고, 제공 가능할 경우 위치 정보가 추가되며, 타임스탬프는 정보를 수신하는 네트워크 쪽으로부터 받는다. 무선링크 실패(RLF; Radio Link Failure) 보고는 위치 정보를 포함한 RLF가 발생한 이동 방향 등과 같은 부가정보를 포함하도록 향상되었다. 당연히 일부 정보는 이벤트가 발생했을 때 위치 장소 해법이 가동되고 있었는지에 좌우된다.

설계의 핵심 사안은 성능이 적절한 수준인 것으로 감지된 지역에서 네트워크에 부하를 가하지 않음과 동시에 운영자가 문제점이 감지된 지역에서 추가적인 보고를 정의하는 것을 허용하는 것이다. 제어 평면의 일부인 운영은 단말과 eNodeB에서 제공되는 정보의 부드러운 조합을 허용한다. 자체 설정과 최적화를 위해 RRC 규격에 영향을 미치는 추가적인 절차들이 있다. 7장에서 다루는 자동 이웃 셀 관계 지원을 위한 측정 지원이 하나의 예이다.

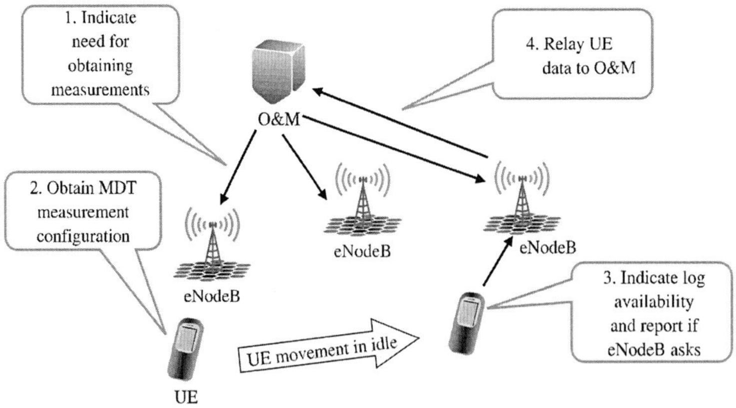

그림 6.25 대기 모드에서의 로그 모드 MDT

6.7 X2 인터페이스 프로토콜

3장에 소개된 바와 같이 LTE는 eNodeB 간 X2 인터페이스를 가지고 있다. X2는 논리적 인터페이스이며 일반적으로 eNodeB들 사이의 직접 연결로 그려지나, S1 인터페이스와 사이트 사이와 같은 전송 연결을 통해 일반적으로 라우팅된다. 3장에서 소개된 바와 같이 X2 인터페이스 제어와 사용자 평면 프로토콜 스택을 그림 6.26에 나타내었다. X2는 오픈 인터페이스로 WCDMA의 Iur 인터페이스와 유사하다. 일반적으로 X2 인터페이스는 핸드오버와 연관된 제어 평면 정보를 위해 사용된다. 임시적으로 사용자 데이터 전달을 위해 사용되고 있다. 사용자 평면과 제어 평면 X2 인터페이스 스택 간의 가장 큰 차이점은 eNodeB 사이의 제어 평면 전송을 위한 데이터 흐름 제어 전송 프로토콜(SCTP; Stream Control Transmission Protocol)의 사용이다. SCTP의 사용은 eNodeB 간 안정적인 제어 평면 정보 배달을 가능하게 한다. 반면 데이터 전달을 위해서는 사용자 데이터그램 프로토콜(UDP; User Datagram Protocol)로 충분하다. X2 응용 프로토콜(X2AP; X2 Application Protocol)은 무선 관련 시그널링을 다루고, GPRS 터널링 프로토콜은 사용자 평면에 사용된다(GTP-U). 3장에서 다룬 것과 같이 이 프로토콜은 사용자 데이터 핸들링을 위한 S1 인터페이스에도 사용된다.

X2AP[13]의 기능은 다음과 같다.

- LTE 내 이동성을 위한 이동성 관리는 6장에서 보다 자세히 다룬다. eNodeB 사이의 핸드오버 메시지는 X2 인터페이스에서 전송
- 서로 다른 eNodeB 간 자원 상태, 부하 및 트래픽 상황 정보 제공을 통한 셀 간 간섭 조정을 위한 부하 관리
- X2 인터페이스 설정 및 재설정
- 특수 또는 일반 오류 항목 처리를 위한 에러 핸들링

6.7.1 X2 인터페이스에서 핸드오버

X2 인터페이스는 LTE 내 핸드오버에서 핵심 역할을 수행한다. 근원 eNodeB는 X2 인터페이스를 사용하여 핸드오버 요청 메시지를 목표 eNodeB에게 보낸다. 두 eNodeB 사이에 X2 인터페

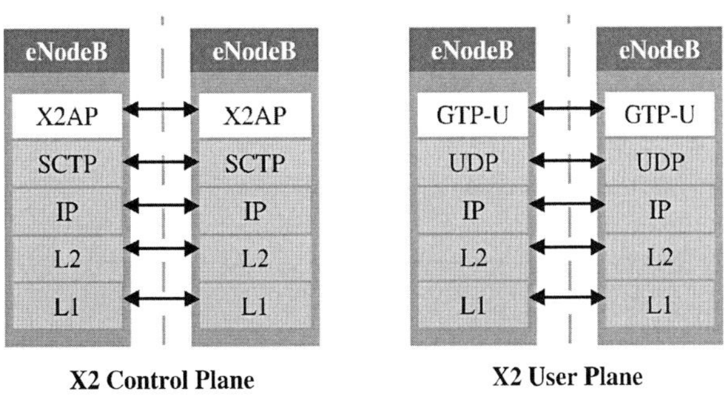

그림 6.26 X2 인터페이스 사용자 및 제어 평면 프로토콜 스택

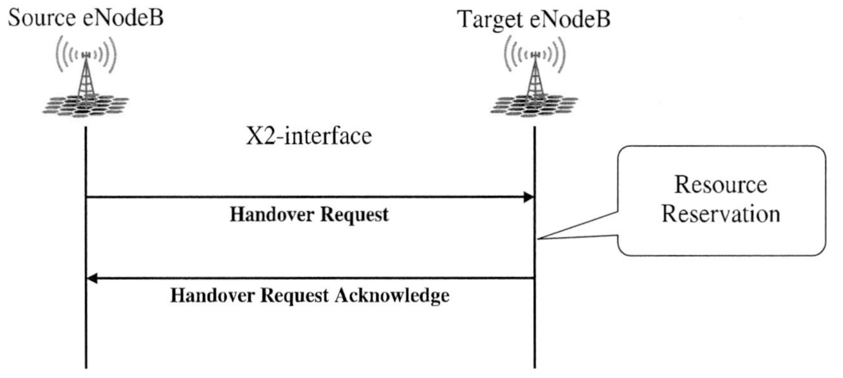

그림 6.27 X2 인터페이스를 통한 X2 핸드오버 준비

이스가 존재하지 않을 경우, 6장에서 설명된 바와 같이 핸드오버를 하기 전에 해당 연결을 설정하는 절차가 필요하다. 핸드오버 요청 메시지는 목표 eNodeB가 자원을 예약하도록 초기화시킨다. 그 다음, 자원이 발견되었다는 가정하에, 그림 6.27에서와 같이 핸드오버 요청 확인 메시지를 보낸다.

핸드오버 요청 메시지에는 다음과 같은 다양한 정보요소가 제공된다(일부는 옵션사항).

- 핸드오버가 요청된 진화된 망구조(SAE) 베어러
- 단말에 대해서 다음 핸드오버를 제한할 수 있는 핸드오버 제한 목록
- 단말 연혁 정보 수집 기능이 활성화되어 있을 경우 단말이 연결되어 있었던 최종 방문 셀들. 목표 eNodeB에게 과거 서빙 eNodeB가 어떻게 변경되어 왔는지 정보가 주어질 때, 서로 다른 셀들 간의 핑퐁(ping-pong) 현상을 예방하는데 유용하다. 따라서 잦은 변경이 발생한 경우 왔다갔다 한 액션을 취함으로써 이를 제한할 수 있다. 플랫 구조와 관련된 유사한 경우에 대해서 WCDMA 릴리즈 8에서도 유사한 정보가 포함되어 있다.

핸드오버 요청 메시지를 전송한 다음, eNodeB는 타이머를 시작하며 응답을 받지 못할 경우 핸드오버 준비는 취소된다(목표 eNodeB에게는 타이머가 만료되었음을 통보한다). 진행 중인 핸드오버를 취소하는 핸드오버 취소 메시지도 있다.

핸드오버 요청 확인 메시지는 핸드오버를 요청 받은 SAE 베어러에 대해서 eNodeB가 수용할 수 있는지에 대한 정보 외에도 다른 정보도 포함한다. 포함된 다른 정보는 다음과 같다.

- 업링크 및 다운링크 PDU 배달을 가능하게 하는 각 SAE 베어러를 위한 GPRS 터널링 프로토콜(GTP) 터널 정보
- 허락 받지 못한 SAE 베어러
- 6.6.2.8절에서 설명되고 7장의 핸드오버 명령어에서와 같이, 근원 eNodeB가 단말에게 보내는 핸드오버 정보를 지닌 투명 컨테이너(실질적인 RRC 연결 재설정 메시지)

일련 번호(SN) 상태 전송 절차는 eNodeB에게 전달되는 각 SAE 베어러의 상태 정보를 제공하기 위한 목적을 가지고 있다. 패킷 데이터 집합 프로토콜-일련 번호(PDCP-SN)와 하이퍼프레임 번호(HFN)는 상태 제시가 적용된 SAE 베어러들에게 업링크와 다운링크 방향으로 제공

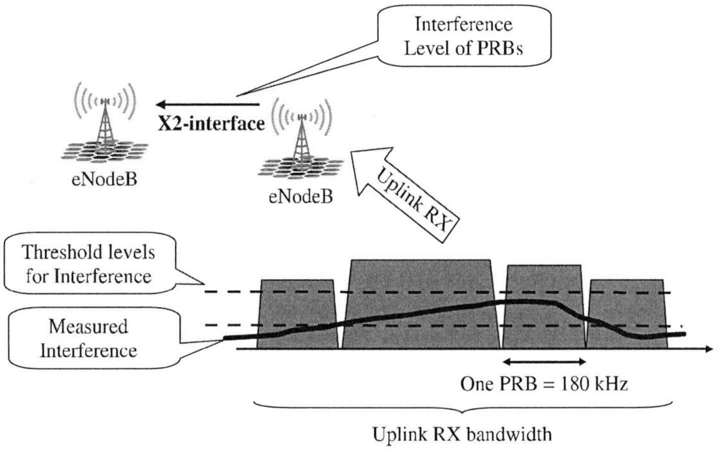

그림 6.28 X2 인터페이스를 통한 간섭 레벨 보고

된다. 이것은 근원 eNodeB가 새로운 PDCP SN의 할당을 멈추고 진화된 패킷코어(EPC)에게 S1 인터페이스를 통해 데이터를 전달하는 것을 멈추는 순간 일어난다.

단말 정보 해지는 근원 eNodeB에게 단말의 '제어점'이 목표 eNodeB로 이동되었고 근원은 모든 자원을 풀어도 됨을 시그널링한다.

6.7.2 부하 관리

릴리즈 8에는 X2 인터페이스 상의 부하 제어와 간섭 관리의 표준화된 운영지원을 위해 세 가지 측정을 정의한다. 관련된 알림은 다음과 같다.

- 송신 측에서는 상대 협대역 송신 전력(RNTP) 정보요소(IE) 형태의 송신 전력 레벨에 대한 알림이 있다.
- 수신 측에서는 수신된 간섭 레벨과 간섭 감도가 있다.

이 모든 것은 180 kHz 물리 자원 블록(PRB)에 의해 측정/추정된다. 그림 6.28은 X2 인터페이스에서 수신된 간섭 레벨 측정(더 정확히 말하면 알림)을 나타낸다.

다운링크 방향에서 물리자원 블록(PRB) 당 송신 전력 알림의 의도는 서로 다른 eNodeB 간 간섭 조정을 쉽게 하기 위해서이다. 업링크 높은 간섭 알림 IE를 수신하는 eNodeB는 셀 경계 사용자들에게 이웃 eNodeB의 간섭 레벨이 높은 해당 PRB에 스케줄링하는 것을 삼가해야 한다. PRB 당 송신기(TX) 전력 측정은 그림 6.29에 나타나 있다.

6.8 RRC ASN.1 프로토콜 정의에 대한 이해[1]

이 장에서는 추상 구문 기법 형태 1(ASN.1)[14]을 사용하여 정의된 RRC 프로토콜 정의를 상세

1. 2010 3GPP의 허가 아래 재구성

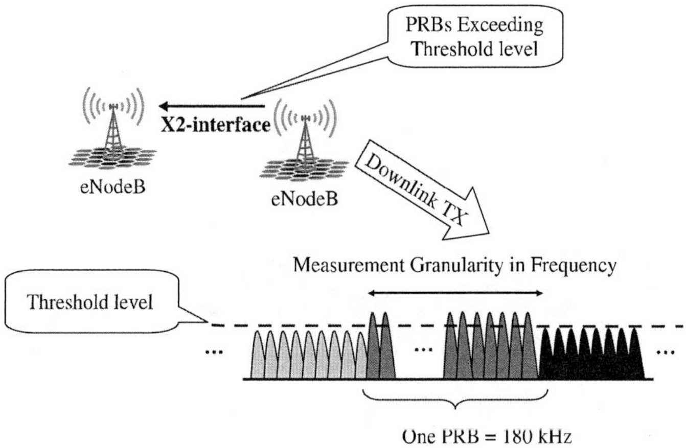

그림 6.29 전송 전력 대 X2 인터페이스를 통한 문턱값 보고

히 살펴본다. RRC 정의에 사용된 ASN.1에 대한 주요 개념을 설명하고, 메시지 구조에 대한 개요를 소개한다. 이 장에서는 RRC 확장 메커니즘과 같은 보다 발전된 측면도 고려한다. 이 장은 3GPP RRC 프로토콜 규격[11]의 예제를 사용하여 지침서 스타일로 작성되었으며 관련 ASN.1 개념을 발생할 때마다 설명한다. ASN.1은 X2와 S1 프로토콜과 같은 다른 LTE 시스템의 인터페이스에도 사용됨을 주목한다.

6.8.1 ASN.1의 개요

ASN.1은 프로토콜 정의를 명시하기 위해 국제적으로 표준화된 표기법이다. ASN.1은 메시지를 전송하기 위해 선택된 실질적인 부호화 방식을 고려하지 않고 프로토콜의 메시지 구조를 설계할 수 있게 한다. 실질적인 부호화(또는 전송되는 비트)는 ASN.1-정의된 프로토콜을 위한 여러 표준화된 부호화 규칙 중 하나를 선택하여 정의된다[15-17]. 구문과 부호화의 분리는 ASN.1에게 여러 중요 장점을 제공한다. 먼저, 표준화된 부호화 규칙과 관련하여 ASN.1 정의된 프로토콜을 위해 부호기 또는 복호기, 즉 코덱을 자동 생성되게 한다. 이러한 자동 생성은 개발 시간을 상당히 단축시킬 뿐만 아니라 코덱이 수작업이 아닌 도구를 통해 생성되기 때문에 큰 오류의 근원이 제거된다. 다양한 회사의 네트워크 요소와 모바일 기기들이 서로 연동해야 하는 LTE와 같은 시스템에서 이런 점은 큰 장점으로 해석될 수 있다. 이와 같은 분리의 또 다른 잠재적 장점은 주어진 프로토콜에 대하여 쉽게 부호화 규칙을 변경할 수 있다는 점이다. RRC 프로토콜에서는 묶음 부호화 규칙(PER: Packed Encoding Rules)[16]이 사용된다. PER의 주요 특징 메시지에 대해 매우 압축된 부호화를 제공하는 것이다.

이동통신 시스템은 제한된 무선 인터페이스 대역폭을 가지고 있기 때문에 이와 같은 압축 부호화는 매우 중요하다. 앞서 나온 LTE 릴리즈를 사용하는 기존 네트워크 요소와 이동 기기들을 지원해야 하는 RRC의 경우, 부호화 규칙을 바꿀 수 있는 기능은 문제가 된다. 그러나 이러한 상위호환과 하위호환을 보장하는 필요성은 내장된 확장 메커니즘이라는 ASN.1의 또

표 6.2 RRC ASN.1 프로토콜 규격의 첫 코드 조각

```
--ASN1START

EUTRA-RRC-Definitions DEFINITIONS AUTOMATIC TAGS ::=

BEGIN

--ASN1STOP
```

다른 주요 장점을 강조한다. 마지막으로 ASN.1의 사용은 프로토콜 규격이 3GPP[20]가 개발한 것과 같은 TTCN-3[18, 19] LTE 테스트 규격에 직접 사용될 수 있게 한다. 다음 부분은 중요 및 일반 확장 메커니즘 사안을 포함한 RRC 프로토콜 정의를 이해할 수 있도록 도움을 줄 것이다.

6.8.2 RRC 프로토콜 정의

일반적으로 ASN.1 프로토콜 규격은 하나 이상의 독립된 텍스트 모듈에 정의되어 있다. RRC[11]의 경우, 규격은 다른 형태로 문서화 되어 있다. 규격을 하나의 연속적인 모듈로 정의하지 않고, ASN.1 소스는 여러 조각으로 분리되어 있다(6.2절, 6.3절 그리고 6.4절 참조). 이것은 RRC 표준 문서를 표준 ASN.1 도구에 직접적으로 사용할 수 없음을 의미한다.[2]

RRC 표준의 첫 ASN.1 조각은 표 6.2에 나타나 있다. 이 예제에서 가장 먼저 살펴봐야 할 점은 ASN.1 조각을 구분하는 방법이다. 표준의 각 조각은 하이라이트된 배경색을 가지고 있으며 '-ASN1START'로 시작하고 '-ASN1STOP'으로 끝난다. ASN.1의 관점에서 이 조각은 EUTRA-RRC-Definitions라는 이름을 가지고 단순히 ASN.1 모듈의 시작을 정의한다. 실질적인 ASN.1 정의는 BEGIN과 모듈의 끝을 의미하는 END 키워드 사이에 위치하게 된다. 이 작은 예제는 ASN.1 언어의 여러 측면을 강조한다. 먼저 ASN.1 키워드는 항상 대문자로 표기된다. 둘째, ASN.1 주석은 '--' 패턴으로 시작한다. 마지막으로 할당에 사용되는 기호는 ':: ='이다.

6.8.2.1 높은 레벨 구조

RRC ASN.1 규격의 가장 높은 레벨의 구조는 6.3.1절에서 소개된 논리채널을 따르며 그림 6.6과 6.7에 나타나 있다. 각 논리채널에 대해서 – CCCH(업링크), DCCH(업링크), CCCH(다운링크), DCCH(다운링크), BCCH 그리고 PCCH – 해당 채널에서 사용 가능한 메시지를 나타내는 상위레벨 데이터 유형이 정의되어 있다. 명확성을 위해 BCCH 메시지는 두 개의 데이터로 분리되어 있다. BCCH-BCH는 방송채널 메시지를 위해 사용되고 BCCH-다운링크-SCH는 다운링

2 다음 단계는 범용 ASN.1 도구에서 RRC 표준을 사용하기 위해 필요하다. 먼저 표준 문서를 ASCII 파일로 저장한 다음 ASN.1 조각을 제외한 모든 텍스트 라인을 제거한다.

표 6.3 Rel9 다운링크-CCCH 논리채널 메시지 유형

```
--ASN1START

DL-CCCH-Message ::= SEQUENCE {
   message                 DL-CCCH-MessageType
}

DL-CCCH-MessageType ::= CHOICE {
   c1                   CHOICE {

      rrcConnectionReestablishment          RRCConnectionReestablishment,
      rrcConnectionReestablishmentReject       RRCConnectionReestablishmentReject,
      rrcConnectionReject                   RRCConnectionReject,
      rrcConnectionSetup                    RRCConnectionSetup
   },
   messageClassExtension SEQUENCE {}
}

--ASN1STOP
```

크 공유 채널에 매핑된 메시지를 위해 사용된다. 각 논리채널의 구조는 동일하다. 이와 관련 다운링크 CCCH 채널에 대한 예제가 표 6.3에 나타나 있다. 이 ASN.1 조각은 두 개의 정의를 가지고 있다. 최상위 레벨에는 DL-CCCH-Message이 정의되어 있다. 이 유형은 SEQUENCE 키워드를 사용하며 중괄호 사이로 범위가 제한되고 필요 시 쉼표로 분리되는 필드의 연속적인 수열을 명시하기 위해 사용된다. 이 경우 정의는 이름 메시지와 함께 한 필드짜리 수열을 가진다. 이 필드의 유형은 DL-CCCH-MessageType이고, 이 조각의 두 번째 정의에 명시되어 있다. 이 예제에서 볼 수 있는 바와 같이 ASN.1 규격 내에는 필드 이름은 소문자로 시작해야 하며 유형은 대문자로 시작해야 한다는 일반적인 규칙이 있다.

DL-CCCH-MessageType 정의는 CHOICE 키워드를 사용한다. 이 ASN.1 생성자는 대안을 정의하기 위해 사용된다. 대안은 중괄호 사이에 정의된 필드 세트이다. 이 규격의 실질적인 메시지가 발송되거나 수신될 때 이와 같은 대안을 포함한다. 이것을 통해서 DL-CCCH-MessageType이 c1 또는 messageClassExtension 필드를 가질 수 있음을 볼 수 있다. c1일 경우 유형은 내포된 CHOICE에 정의된 네 가지 메시지 중 하나를 포함한다.

앞서 언급한 바와 같이, 모든 논리채널은 비슷한 방식으로 정의되어 있다. 최상위는 한 개의 필드를 지닌 단순한 SEQUENCE이고, 이 필드의 유형은 CHOICE를 통해 정의되어 해당 채널에서 사용 가능한 메시지 중 하나를 해결하는데 사용된다. 보다시피 정의들은 CHOICE와 빈(empty) SEQUENCE와 같이 아직 설명되지 않은 다른 측면도 가지고 있다. 이와 같은 생성자는 다음 부분인 확장 메커니즘에서 설명된다.

6.8.2.2 RRC 확장 메커니즘

RRC 프로토콜은 3GPP 표준화를 통한 새로운 릴리즈와 함께 지속적으로 진화하고 있다. 하위 호환과 상위호환을 보장하기 위해, 즉 RRC 프로토콜의 이전 릴리즈를 사용하는 LTE 장비가

RRC 프로토콜의 최신 버전을 사용하는 LTE 장비와 잘 동작할 수 있도록 하기 위해 프로토콜의 진화를 조심스럽게 다루어야 한다. RRC 프로토콜 규격 내에 프로토콜 진화를 위해 중요 확장과 일반 확장이라는 두 개의 다른 확장 메커니즘이 사용된다. 개념적으로 두 방식의 차이는 다음과 같다. 중요 확장에서는 기존 정의가 새로운 정의로 완전히 대체되고, 일반 확장에서는 기존 정의의 일부분만이 교체되거나 정의가 단순히 확장된다. 두 경우 모두, 특정 ASN.1 생성자와 관련된 '후크'는 프로토콜의 초기 버전에 있어야 향후 버전에서 확장될 수 있다.

중요 확장

중요 확장의 예는 표 6.3의 다운링크-CCCH 논리채널 유형 정의에서 볼 수 있다. 여기서, 유형 정의의 외부 CHOICE는 c1 또는 messageClassExtension의 두 가지 대안을 제공한다. RRC 프로토콜의 최신 버전에서 이 CHOICE는 항상 c1 대안을 선택한다. 그러나 만약 미래의 특정 시점에 채널 유형 정의를 중요 확장할 필요가 있다면, CHOICE는 messageClass-Extension으로 설정된다. 이것은 기존 장비, 즉 CHOICE가 c1으로 설정된 RRC 프로토콜 버전을 사용하는 장비와 통신할 경우를 제외하고는 그 버전 이후의 모든 LTE 장비는 c1 지정의 기존 정의를 무시하게 된다는 것을 의미한다.

c1 대안이 항상 선택되는 지금의 규격에서는 잠재적 미래 중요 확장을 위한 유형은 빈(empty) SEQUENCE로 주어진다. 이것은 단순히 현재는 알 수 없는 미래에 대한 플레이스 홀더로 간주하면 된다. 중요 확장이 일어날 경우 이것과 필드 이름이 변경된다. 표 6.4에서 DL-CCCH-MessageType의 잠재적 미래 정의를 나타낸다. 이 가상의 미래 프로토콜 버전에서 DL-CCCH-MessageType은 messageClassExtension 필드를 r14-DL-CCCH-Messages 정의로 대체하여 중요 확장되었다. 이 정의는 c2와 messageClassExtension CHOICE 생성자를

표 6.4 DL-CCCH-MessageType의 잠재적 정의

```
DL-CCCH-MessageType ::= CHOICE {
   c1                CHOICE {
      rrcConnectionReestablishment          RRCConnectionReestablishment,
      rrcConnectionReestablishmentReject      RRCConnectionReestablishmentReject,
      rrcConnectionReject                   RRCConnectionReject,
      rrcConnectionSetup                    RRCConnectionSetup
   },
   r14-DL-CCCH-Messages       CHOICE {
      c2                CHOICE {
         rrcConnectionReestablishment          RRCConnectionReestablishment-r14,
         rrcConnectionReestablishmentReject      RRCConnectionReestablishmentReject-
r14,
         rrcConnectionReject                   RRCConnectionReject-r14,
         rrcConnectionSetup                    RRCConnectionSetup-r14
      },
      messageClassExtension SEQUENCE {}

   }
}
```

통해 필요 시 추가적인 중요 확장을 할 수 있는 가능성을 제공한다.

표 6.3은 3GPP 릴리즈 9(Rel9)의 정의이다. 표 6.4는 미래 릴리즈 14(Rel14)의 잠재적 정의라고 가정하자. 서로 다른 이 두 개의 RRC 프로토콜 버전을 사용하는 LTE 장비가 어떻게 상호작업을 하는지 살펴보자. Rel9 네트워크를 통해 통신하는 Rel9 기기의 경우, 상황은 명백하다: DL-CCCH-MessageType의 CHOICE는 항상 c1 대안을 선택한다. Rel14의 기기와 네트워크의 경우도 마찬가지로 CHOICE는 항상 r14-DL-CCCH-Messages를 선택한다. Rel9 기기가 Rel14 네트워크와 통신할 경우 모든 메시지는 c1 대안을 사용해야 한다. Rel9 기기는 r14-DL-CCCH-Messages 대안을 이해하거나 복호화할 수 없기 때문이다. 이것은 중요 확장의 한 측면을 부각시킨다. 통신하는 대상들은 그들이 통신하는 개체의 프로토콜 버전을 반드시 알아야 한다.

중요 확장은 항상 CHOICE 생성자를 사용하여 이루어진다. CHOICE는 표 6.3과 같이 지금까지 논의된 형태를 취할 수 있다. 또는 표 6.5와 같이 기존 CHOICE에 '여분의(spare)' 필드 추가를 기반으로 할 수 있다. 이 경우 '여분의' 필드는 NULL 유형을 가진다. 이것은 원칙적으로 기존 예제의 SEQUENCE{}와 같이 단순히 빈 플레이스 홀더이다. 그러나 형식적으로 NULL은 하나의 고유한 값을 지닌 유형이다. 중요 확장을 위해 이런 '여분의' 필드들을 추가할지와 얼마만큼을 추가할지에 대한 결정은 미래에 중요 확장이 요구되는 주어진 요소의 감지된 가능

표 6.5 Rel9 RRC 연결 재설정 메시지 정의

```
--ASN1START

RRCConnectionReestablishment ::= SEQUENCE {
   rrc-TransactionIdentifier RRC-TransactionIdentifier,
   criticalExtensions       CHOICE {
      c1                       CHOICE{
         rrcConnectionReestablishment-r8     RRCConnectionReestablishment-r8-IEs,
         spare7 NULL,
         spare6 NULL, spare5 NULL, spare4    NULL,
         spare3 NULL, spare2 NULL, spare1    NULL
      },
      criticalExtensionsFuture  SEQUENCE {}
   }
}

RRCConnectionReestablishment-r8-IEs ::=  SEQUENCE {
   radioResourceConfigDedicated     RadioResourceConfigDedicated,
   nextHopChainingCount             NextHopChainingCount,
   nonCriticalExtension             RRCConnectionReestablishment-v8a0-IEs OPTIONAL
}

RRCConnectionReestablishment-v8a0-IEs ::= SEQUENCE {
   lateR8NonCriticalExtension OCTET STRING      OPTIONAL,--Need OP
   nonCriticalExtension      SEQUENCE {}      OPTIONAL --Need OP
}

--ASN1STOP
```

성에 따른다. 쉽게 말해, 주어진 어떤 메시지 정의가 미래에 중요 확장될 가능성이 없다고 판단되면 표 6.3의 단순한 c1 CHOICE 메커니즘만으로도 충분할 것이다. 만약 향후 많은 변화가 예측될 경우 하나 이상의 '여분의' 필드들을 추가한다. 이러한 결정은 프로토콜의 첫 번째 버전에서 결정되어야 한다. '여분의' 필드는 나중에 추가될 수 없다. 정의가 중요 확장이 되어야 하고, 정의가 '여분의' 필드와 c1 CHOICE를 모두 가지고 있을 경우 항상 먼저 사용된다.

일반 확장

일반 확장은 새로운 요소 또는 정보를 기존 규격에 추가하는 방법이다. 중요 확장과는 달리, 프로토콜의 이전 버전에 기반하는 LTE 장비는 정보를 이해 못하더라도 일반 확장을 건너뛸 수 있다. 일반 확장의 플레이스 홀더는 두 가지 방식 중 하나로 정의된다. 일반 확장을 메시지의 끝이나 BIT 또는 OCTET STRING 안에 있는 필드의 끝에 제공하고 싶을 경우 옵션사항인 빈(empty) SEQUENCE 생성자가 사용된다. ASN.1의 OPTIONAL 키워드는 필드가 메시지에 있고 없음을 명시한다. 이 생성자의 예는 표 6.5의 RRCConnectionReestablishment-v8a0-IEs 정의에서 볼 수 있으며 6.8.2.3절에서 설명한다. 그외 다른 모든 경우 일반 확장의 플레이스 홀더는 내장된 ASN.1 확장 마커(marker) '…'을 통해 제공된다. 6.8.2.4절에서 이것에 대해 보다 자세히 알아본다. BIT STRING과 OCTET STRING은 ASN.1 내장 유형 중 두 개이다. 이름이 제시하는 바와 같이 이들은 비트의 순차적인 집합 또는 임의 길이의 옥텟을 모델링하기 위해 사용된다. 3GPP 프로토콜 규격 내에서 BIT STRING과 OCTET STRING은 포함된 구조를 이해할 필요없이 정보를 전송하기 위한 투명한 컨테이너로 사용되기도 한다.

6.8.2.3 RRC 메시지 정의

표 6.5는 RRCConnectionReestablishment 메시지의 정의를 보여준다. 외부 레벨에서 정의된 메시지는 rrc-TransactkionIdentifier의 SEQUENCE 그리고 criticalExtensions 필드이다. criticalExtensions 필드는 '중요 확장' 부분에서 설명된 바와 같이 중요 확장을 지원하기 위한 전형적인 내포된 CHOICE로 정의되어 있다. 메시지의 실제 정보요소는 유형이 RRCConnectionReestablishment-r8-IEs인 rrcConnectionReestablishment-r8 필드 안에 포함되어 있다. 이 유형은 일반 확장의 예를 보여준다.

이 일반 확장을 이해하기 위해 표 6.6의 이전 버전의 RRCConnectionReestablishment-r8-IEs 정의로 시작하는 것이 가장 쉽다. 릴리즈 8과 릴리즈 9 버전을 비교함으로써 옵션사항인 빈 시퀀스가 RRCConnectionReestablishment-v8a0-IEs으로 대체되었음을 볼 수

표 6.6 Rel8 RRCConnectionReestablishment-r8-IEs 정의

```
RRCConnectionReestablishment-r8-IEs ::= SEQUENCE {
   radioResourceConfigDedicated RadioResourceConfigDedicated,
   nextHopChainingCount         NextHopChainingCount,
   nonCriticalExtension         SEQUENCE {}    OPTIONAL   -- Need OP
}
```

있다. 그 결과, lateR8NonCriticalExtension 필드가 기존(Rel8) 메시지 정의에 추가된다. 이 필드는 릴리즈 9가 동결된 다음에도 릴리즈 8에 늦은 수정을 할 수 있도록 하기 위해 추가되었다. 이런 추가사항을 위해 OCTET STRING은 투명 컨테이너 역할을 한다. 릴리즈 8에

표 6.7 Rel9 RadioResourceConfigDedicated 정보요소 정의

```
-- ASN1START

RadioResourceConfigDedicated ::= SEQUENCE {
   srb-ToAddModList              SRB-ToAddModList          OPTIONAL, -- Cond HO-Conn
   drb-ToAddModList              DRB-ToAddModList          OPTIONAL, -- Cond HO-
   drb-ToReleaseList             DRB-ToReleaseList         OPTIONAL, -- Need ON
   mac-MainConfig                CHOICE {
          explicitValue             MAC-MainConfig,
          defaultValue              NULL
   }      OPTIONAL,                                          -- Cond HO-toEUTRA2
   sps-Config                    SPS-Config                OPTIONAL, -- Need ON
   physicalConfigDedicated       PhysicalConfigDedicated      OPTIONAL, -- Need ON
   ...,
   [[ rlf-TimersAndConstants-r9  RLF-TimersAndConstants-r9 OPTIONAL -- Need ON
   ]]
}

SRB-ToAddModList ::= SEQUENCE (SIZE (1..2)) OF SRB-ToAddMod

SRB-ToAddMod ::= SEQUENCE {
   srb-Identity                INTEGER (1..2),
   rlc-Config                    CHOICE {
      explicitValue                 RLC-Config,
      defaultValue                  NULL
   } OPTIONAL,                                                 -- Cond Setup
   logicalChannelConfig          CHOICE {
      explicitValue                 LogicalChannelConfig,
      defaultValue                  NULL
   } OPTIONAL,                                                 -- Cond Setup
   ...
}

DRB-ToAddModList ::= SEQUENCE (SIZE (1..maxDRB)) OF DRB-ToAddMod

DRB-ToAddMod ::= SEQUENCE {
    eps-BearerIdentity           INTEGER (0..15)        OPTIONAL,     -- Cond DRB-
    drb-Identity                 DRB-Identity,
    pdcp-Config                  PDCP-Config            OPTIONAL,     -- Cond PDCP
    rlc-Config                   RLC-Config             OPTIONAL,     -- Cond Setup
    logicalChannelIdentity       INTEGER (3..10)        OPTIONAL,     -- Cond DRB-
    logicalChannelConfig         LogicalChannelConfig   OPTIONAL,     -- Cond Setup
    ...
}

DRB-ToReleaseList ::= SEQUENCE (SIZE (1..maxDRB)) OF DRB-Identity

-- ASN1STOP
```

서 일반 확장을 위한 빈 SEQUENCE가 메시지의 마지막에 있었기 때문에 릴리즈 8과 릴리즈 9 버전은 서로 상호작업을 할 수 있다. 다시 말해 릴리즈 8 기기가 릴리즈 9 네트워크로부터 RRC 연결 재정립 메시지를 받을 경우, 릴리즈 8 기기의 입장에서 SEQUENCE는 비어 있기 때문에 추가적인 필드를 복호화 하려고 노력하지 않고 메시지 끝의 추가적인 바이트들은 무시한다.

6.8.2.4 RRC 정보요소 정의

채널과 메시지 정의를 살펴보았으므로 지금부터는 RRC 프로토콜의 정보요소가 어떻게 명시되어 있는지 살펴본다. 정보요소는 메시지 유형의 필드를 설명하기 위해 사용된다. 따라서 그들은 ASN.1 개념이 아니며 RRC 정의의 논리적 구조 개념이다. 표 6.7은 RadioResource-ConfigDedicated 정보요소의 예를 보여준다. 정보요소는 여러 필드들을 가지고 있으며 예제 마지막에는 내장 ASN.1 확장 마커(marker)를 사용한 일반 확장이 있다. 이 확장 마커를 이해하기 위해서 먼저 표 6.8의 프로토콜 원본을 보는 것이 도움이 된다. 살펴보면 SEQUENCE의 끝에 확장 마커 '…'만이 있다. Rel9 버전에서는 rlf-TimersAndConstants-r9 필드가 확장 마커 다음에 추가되었다. 이 필드는 이중 대괄호 안에 있으며, 이는 확장 그룹임을 의미한다. 확장 그룹은 특정 확장과 관련된 모든 필드를 함께 모아두는 방법이다. 확장 마커를 통한 내장 ASN.1 확장 메커니즘을 사용할 경우 프로토콜의 다른 버전 간 상호작업과 관련된 모든 사안은 자동적으로 처리된다. 관련된 자동 생성된 암호화기 및 부호화기는 서로 다른 프로토콜 간 상호작용을 투명하고 자동적으로 처리한다. 이 경우, 확장 마커 다음에 하나의 확장 그룹만이 있으나, ASN.1 확장 메커니즘은 더 많이 지원 가능하다. 하나의 확장 마커는 단일 버전에서 다수의 필드 또는 확장 그룹의 추가를 지원할 뿐만 아니라 각각 하나 이상의 추가사항을 더하는 여러 버전의 프로토콜 진화를 통해 확장 시리즈의 개발도 지원한다.

표 6.7의 다른 유형 정의의 고려와 관련하여 많은 ASN.1 생성자가 새롭게 등장한다. SRB-ToAddModList 유형 정의에서 SEQUENCE OF라는 SEQUENCE의 새로운 형태를 볼 수 있다.

SEQUENCE는 임의의 필드의 순차적 집합인 것에 반해 SEQUENCE OF는 같은 유형의 순차

표 6.8 Rel8 RadioResourceConfigDedicated 정보요소 정의

```
RadioResourceConfigDedicated ::= SEQUENCE {
   srb-ToAddModList              SRB-ToAddModList          OPTIONAL, -- Cond HO-
   drb-ToAddModList              DRB-ToAddModList          OPTIONAL, -- Cond HO-
   drb-ToReleaseList             DRB-ToReleaseList         OPTIONAL, -- Need ON
   mac-MainConfig                CHOICE {
         explicitValue              MAC-MainConfig,
         defaultValue             NULL
   }     OPTIONAL,                                         -- Cond HO-toEUTRA2
   sps-Config                    SPS-Config                OPTIONAL, -- Need ON
   physicalConfigDedicated       PhysicalConfigDedicated   OPTIONAL, -- Need ON
   ...
}
```

표 6.9 Rel9 UplinkPowerControlDedicatd 정보요소 정의

```
UplinkPowerControlDedicated ::=        SEQUENCE {
    p0-UE-PUSCH                            INTEGER (-8..7),
    deltaMCS-Enabled                       ENUMERATED {en0, en1},
    accumulationEnabled                    BOOLEAN,
    p0-UE-PUCCH                            INTEGER (-8..7),
    pSRS-Offset                            INTEGER (0..15),
    filterCoefficient                      FilterCoefficient           DEFAULT fc4
}
```

적 목록이다. 이 경우, DRB-Identity의 순차적 목록이다. 이 정의는 SIZE 키워드를 새로 선보인다. 이 키워드는 SEQUENCE OF의 크기에 제약을 주기 위해 사용된다. SEQUENCE OF는 1에서 maxDRB개의 요소를 가질 수 있다. SIZE 제약은 여기에서 사용된 것처럼 범위 외에도 단일 값으로 명시될 수 있다. SIZE 제약은 '일반 확장' 부분에서 소개된 BIT STRING과 OCTET STRING에도 사용될 수 있다. DRB-ToAddMode 정의에는 INTEGER의 새로운 유형이 한 가지 더 있다. 이것은 다음 부분에서 다룬다.

6.8.2.5 추가적인 ASN.1 타입과 생성자

지금까지 RRC 프로토콜 규격의 모든 주요 구성 블록, 논리채널 정의, RRC 메시지 정의, RRC 정보요소 정의 등을 살펴보았으나, 아직도 다루지 못한 RRC와 관련된 다수의 ASN.1 유형과 생성자들이 있다. 이 절에서는 이 부분을 다룬다.

먼저 BOOLEAN, INTEGER, 그리고 ENUMERATED ASN.1 유형을 고려해보자. BOOLEAN 유형은 TRUE 및 FALSE의 두 개의 값을 갖는 필드를 모델링하기 위해 사용된다. BOOLEAN 유형의 예는 표 6.9의 accumulationEnabled 필드에서 볼 수 있다.

INTEGER 유형은 임의의 큰 양의 정수 또는 음의 정수 필드를 모델링하기 위해 사용된다. 부호화 효율을 높이기 위해서(즉, 메시지 전송에 필요한 비트 또는 바이트의 개수) INTEGER 필드를 필요한 범위만큼 제한하는 것이 바람직하다. 범위 제한은 표 6.9에서와 같이 키워드 이후 괄호로 명시된다. 예를 들어 p0-UE-PUSCH 유형은 -8에서 +7까지의 값만 가질 수 있다.

ENUMERATED 유형은 지정된 값을 갖는 필드를 모델링하기 위해 사용된다. 표 6.9에서 사용

표 6.10 Rel9 FilterCoefficient 정보요소 정의

```
--ASN1START

FilterCoefficient ::=                  ENUMERATED {
                                           fc0, fc1, fc2, fc3, fc4, fc5,
                                           fc6, fc7, fc8, fc9, fc11, fc13,
                                           fc15, fc17, fc19, spare1,...}

--ASN1STOP
```

표 6.11 named value 정의

```
maxCellReport      INTEGER ::= 8   -- Maximum number of reported cells
maxDRB             INTEGER ::= 11 -- Maximum number of Data Radio Bearers
maxEARFCN          INTEGER ::= 65535 -- Maximum value of EUTRA carrier frequency
maxFreq            INTEGER ::= 8   -- Maximum number of EUTRA carrier frequencies
maxGERAN-SI        INTEGER ::=  10 -- Maximum number of GERAN SI blocks that can be
```

되는 예로, deltaMSC-Enabled 필드가 있으며 이는 'en0' 또는 'en1' 값을 취할 수 있다. 표 6.10은 보다 복잡한 확장을 포함한 ENUMERATED 유형의 예제를 보여준다.

현 시점까지 ASN.1 유형에 집중하였으나 ASN.1 값을 정의하는 것 또한 가능하다. 이와 같은 지정된 값의 예를 표 6.11에 나타내었다. 이러한 지정된 값들은 SIZE 제약과 DEFAULT 값과 같은 것에 사용될 수 있다(이 장 후반에 설명됨). 표 6.7은 이런 지정된 값을 사용하는 예를 보여준다. DRB-ToAddModList 유형은 표 6.11에 정의된 지정된 값 max데이터 무선 베어러(DRB)를 사용하여 SIZE 제약을 가진다.

6.8.2절에서 이미 언급된 바와 같이 ASN.1 정의는 한 개 이상의 모듈에서 명시되며, 모듈은

표 6.12 IMPORT 정의의 예제

```
--ASN1START

EUTRA-UE-Variables DEFINITIONS AUTOMATIC TAGS ::=

BEGIN

IMPORTS
   CarrierFreqGERAN,
   CellIdentity,
   SpeedStateScaleFactors,
   C-RNTI,
   MeasId,
   MeasIdToAddModList,
   MeasObjectToAddModList,
   MobilityStateParameters,
   NeighCellConfig,
   PhysCellId,
   PhysCellIdCDMA2000,
   PhysCellIdGERAN,
   PhysCellIdUTRA-FDD,
   PhysCellIdUTRA-TDD,
   QuantityConfig,
   ReportConfigToAddModList,
   RSRP-Range,
   maxCellMeas,
   maxMeasId
FROM EUTRA-RRC-Definitions;

--ASN1STOP
```

모듈 이름으로 시작하고 DEFINITIONS 키워드가 뒤따른다. 모든 모듈 정의는 BEGIN과 END 사이에 놓이게 된다. 다음으로 고려할 ASN.1 생성자는 IMPORT 선언으로, 정의가 한 모듈에서 다른 모듈로 불러들이는 것을 가능하게 한다. IMPORT 선언의 예는 표 6.12에서 볼 수 있다. 이 예에서 여러 ASN.1 타입과 값 정의가 EUTRA-RRC-Definitions 모듈로부터 EUTRA-UE-Variables 모듈로 나타낸다. 정의를 나타낸 다음 현재 모듈에서 직접 명시되어 있는 것처럼 사용할 수 있다.

마지막으로 ASN.1 생성자인 DEFAULT를 다룬다. DEFAULT는 특정 필드에 대해 내정 값을 지정한다. 수신쪽 복호화기는 수신된 필드 값이 없을 경우 내정 값을 메시지의 필드 값으로 사용한다. 송신쪽은 주어진 필드 값이 내정 값과 같을 경우 '보냄(sent)' 메시지에 해당 필드는 누락된다. DEFAULT 생성자의 예는 표 6.9의 filterCoefficient 필드이다. 이 필드의 유형은 표 6.10에 나타나 있다. OPTIONAL과 같이, DEFAULT는 SEQUENCE 유형 내의 필드에서만 명시될 수 있다. OPTIONAL과 DEFAULT 규격은 상호 배타적이다. 한 필드가 OPTIONAL과 DEFAULT를 동시에 명시할 수 없다.

6.9 LTE 내부에서 단말의 초기 동작

LTE에서 3GPP는 운영자들로부터 첫 단계 LTE 설치를 위해 계획된 기능에 대한 피드백을 받아 수신 받은 우선순위에 따라 1단계 테스트 상태를 기반하는 방식을 택했다. 테스트 영역에서 낮은 우선순위를 갖는 기능에 대해서 그림 6.30에서와 같이 특정 기능이 완전하게 구현 및 테스트되었는지 또는 안 되었는지 여부를 네트워크에 알려주기 위해서 단말 능력 시그널링이 기본적으로 사용된다[11, 21]. 이것은 릴리즈 99 설치 때처럼 첫 상용 네트워크가 열렸을 때 단말에게는 필수였던 사양들을 네트워크에서 지원하지 않아(따라서 테스트를 위해 제공되지도 않는 상황) 발생한 문제를 방지할 것이다. [22]에 설명된 것처럼 릴리즈 8 기반 테스트 상태는 우선순위가 주어졌다. 시그널링을 위한 LTE 테스트 상태는 최근 생성된 테스트 규격에 있다[23]. 테스트 상태를 완료하기 위해 안정된 시그널링 규격이 필요하기 때문에 시그널링 테스트 상태의 완료는 당연히 다른 그룹들에서의 실질적인 무선 프로토콜 작업보다 오래 걸렸다. 릴리

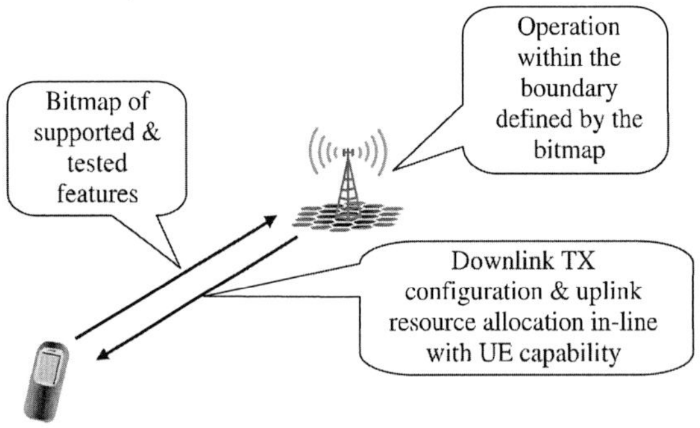

그림 6.30 연결 설정 시 기기 능력에 대한 시그널링

즈 9에서는 상호운용 테스트 기능에 대한 상황이 검토되었으며 일부 기능은 '지원예정'으로 선언되었다. 물론 이들도 [24]에 반영된 시스널링 변화와 LTE RRC 규격의 릴리즈 9 2010년 9월 버전[11]의 변화에 대해서 테스트가 요구된다.

6.10 요약

LTE 무선 프로토콜은 WCDMA와 유사한 기본 구조를 따르고 있으나 무선 기술의 차이에 의한 분명한 차이점이 있다. 기능적인 분류에서도 배포 기능이 일부 다르다. 가장 큰 차이점은 암호화를 PDCP 계층에서 처리한다는 점이다. Iub와 비슷한 인터페이스의 누락은 내부 인터페이스에서 요구되는 무선 프로토콜 시그널링을 줄인다. 이는 단말과 네트워크 사이의 RRC 시그널링을 eNodeB가 직접 처리하기 때문이다. 따라서, X2 인터페이스는 무선 프로토콜의 관점에서는 상당히 단순한 인터페이스로, 주요 기능은 LTE 내 이동성에서 이동성 관련 시그널링 처리와 셀 차원 간섭 관리를 위한 네트워크 차원 정보교환 처리이다. LTE 릴리즈 8 이후 릴리즈에서 확장성을 보장하기 위해 WCDMA에서 정의된 동일한 ASN.1이 LTE 무선 프로토콜 규격 언어로 사용된다. 이와 관련 RRC ASN.1 프로토콜 규격의 기본 구조와 ASN.1의 가장 중요한 개념을 6.8절에서 다루었다. 단말 능력과 관련하여 운영자 단체로부터 입력 시그널링은 무선 능력과 각각의 비트맵 측면에서 첫 단계의 상용 단말이 어떤 방식일 것인지 윤곽을 잡을 수 있게 했으며, 실제 네트워크에서 제공되는 기능에 대한 기대를 반영하기 위해 릴리즈 9에서 업데이트되었다.

참고문헌

[1] 3GPP Technical Specification, TS 36.321, 'Evolved Universal Terrestrial Radio Access (E-UTRA); Medium Access Control (MAC) Protocol Specification'.

[2] 3GPP Technical Specification, TS 36.322, 'Evolved Universal Terrestrial Radio Access (E-UTRA); Radio Link Control (RLC) protocol specification'

[3] H. Holma, A. Toskala 'WCDMA for UMTS', 5th edition, Wiley 2010.

[4] IETF RFC 4995, 'The RObust Header Compression (ROHC) Framework'.

[5] IETF RFC 4996, 'RObust Header Compression (ROHC): A Profile for TCP/IP (ROHC-TCP)'.

[6] IETF RFC 3095, 'RObust Header Compression (ROHC): Framework and four profiles: RTP, UDP, ESP and Uncompressed'.

[7] IETF RFC 3843, 'RObust Header Compression (ROHC): A Compression Profile for IP'.

[8] IETF RFC 4815, 'RObust Header Compression (ROHC): Corrections and Clarifications to RFC 3095'. ⓒ 2010. 3GPP™ TSs and TRs are the property of ARIB, ATIS, CCSA, ETSI, TTA and TTC who jointly own the copyright in them. They are subject to further modifications and are therefore provided to you 'as is' for information purposes only.

[9] IETF RFC 5225, 'RObust Header Compression (ROHC) Version 2: Profiles for RTP, UDP, IP, ESP and UDP Lite'.

[10] 3GPP Technical Specification, TS 36.323, 'Evolved Universal Terrestrial Radio Access (E-UTRA); Packet Data Convergence Protocol (PDCP) Specification'.

[11] 3GPP Technical Specification, TS 36.331, 'Evolved Universal Terrestrial Radio Access (E-UTRA); Radio Resource Control (RRC) Protocol Specification'.

[12] 3GPP Technical Specification 37.320 'Radio Measurement Collection for Minimization of Drive Tests(MDT), Overall description, Stage 2', August 2010.

[13] 3GPP Technical Specification, TS 36.423, 'X2 Application Protocol (XSAP)', Version 8.3.0, September

2008.
[14] ITU-T Recommendation X.680: 'Information Technology－Abstract Syntax Notation One(ASN.1): Specification of Basic Notation'.
[15] ITU-T X.690 (07/2002) 'Information Technology－ASN.1 Encoding Rules: Specification of Basic Encoding Rules (BER), Canonical Encoding Rules (CER) and Distinguished Encoding Rules (DER)'.
[16] ITU-T X.691 (07/2002) 'Information Technology－ASN.1 Encoding Rules: Specification of Packed Encoding Rules (PER)'.
[17] ITU-T X.693 (12/2001) 'Information Technology－ASN.1 Encoding Rules: XML Encoding Rules(XER)'.
[18] ETSI ES 201 873-1, 'Methods for Testing and Specification (MTS), The Testing and Test Control Notation', version 3; TTCN-3 Core Language'.
[19] ETSI ES 201 873-7, 'Methods for Testing and Specification (MTS), The Testing and Test Control Notation', version 3; Part 7: Using ASN.1 with TTCN-3.
[20] 3GPP TS 36.523-3 'Evolved Universal Terrestrial Radio Access (E-UTRA) and Evolved Packet Core(EPC);User Equipment (UE) Conformance Specification, Part 3: Test Suites'.
[21] 3GPP Technical Specification, TS 36.306, 'Evolved Universal Terrestrial Radio Access (E-UTRA); User Equipment (UE) Radio Access Capabilities'.
[22] 3GPP Tdoc R5-083674, 'LTE Features and Test Prioritisation', NTT DoCoMo.
[23] 3GPP Technical Specification, TS 36.523-1, 'Evolved Universal Terrestrial Radio Access (E-UTRA) and Evolved Packet Core User Equipment (UE) Conformance Specification; Part 1: Protocol Conformance Specification' (Release 8), Version 1.0.0, September 2008.
[24] 3GPP Tdoc RP-101008, 'FGI Ssetting in Release 9', NTT DoCoMo et al.

CHAPTER

7 이동성

7.1 개요

이동성은 실수요자에게 명백한 혜택을 제공한다. 음성 또는 실시간 비디오 연결과 같은 낮은 지연 서비스가 고속열차와 같은 환경에서 이동 중에도 유지될 수 있다. 이동성은 노트북 컴퓨터의 연결성과 같은 이동 서비스에도 혜택을 제공한다. 가장 좋은 서비스를 제공하는 셀이 수시로 변경되는 셀간 경계 지역에서도 신뢰성 있는 연결을 유지할 수 있게 한다. 이것은 아무런 위치정보 설정 없이 광대역 연결의 간단한 설정을 의미하기도 한다. 이동성은 일반적으로 네트워크의 복잡성을 통해 대가를 치른다: 네트워크 알고리즘과 네트워크 관리는 매우 복잡해진다. LTE 무선망의 목적은 네트워크 관리를 간소화시킴과 동시에 매끄러운 이동성을 제공하는 것이다.

이동성 절차는 접속한 단말에 대해서 통화대기 모드와 연결 모드로 구분할 수 있다(그림 7.1 참조). 통화대기 모드 이동성은 네트워크에서 제공되는 매개변수에 따른 단말 자율적 셀 재선택에 기반한다. 따라서 이것은 오늘날 광대역부호 분할 다중 접속/고속패킷접속(WCDMA/HSPA)에서 사용되는 것과 유사하다. 이에 비해 LTE에서의 연결모드 이동성은 WCDMA/HSPA 무선망과 비교해 상당히 다르다. 단말 활동과 이동성에 따라 네트워크가 통화대기 및 무선자원 제어(RRC) 연결 모드 사이의 단말 전환을 제어한다. RRC 연결관리 알고리즘은 8장에서 서술한다.

이 장에서는 통화대기 및 동작 상태에서의 이동성 원칙과 절차를 설명한다. 7.2절에서는 통화대기 상태 이동성 관리에 대해서 서술한다. 주파수 내부 핸드오버는 7.3절에서 소개한다. 무선액세스방식(RAT) 간 핸드오버는 7.4절에서 다룬다. 범용지상무선접속망(UTRAN)과 진화된범용이동통신 지상파 무선 접속 망(E-UTRAN) 이동성의 차이는 7.8절에서 요약한다. E-UTRAN VoIP에서 2G/3G 회선교환된 음성까지의 음성 핸드오버는 13장에서 논의한다. 이동성과 관련된 성능 요구사항은 14장에서 서술한다.

LTE 이동성의 일반적인 사양은 [1]에 소개되었으며, 통화대기 모드 이동성은 [2]에 설명되어 있으며, 무선 자원관리를 위한 성능 요구사항은 [3]에 정의되었으며, 관련된 무선 자원 제어

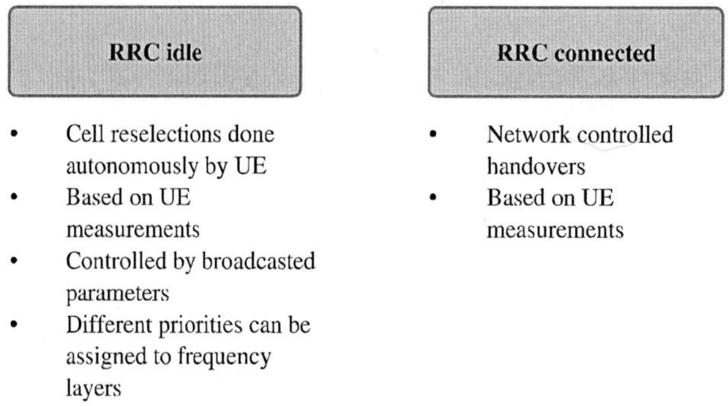

그림 7.1 대기모드 및 RRC 연결모드 이동성

사양은 [4]에 있다. 용어사용과 관련하여 이 장에서는 E-UTRAN은 LTE를 지칭하며 UTRAN은 WCDMA를 지칭한다.

7.2 통화대기 상태에서의 이동성 관리

7.2.1 통화대기 모드 개요

단말은 무선 측정을 기반으로 선택된 공용지상 이동 네트워크(PLMN: Public Land Mobile Network)에서 적당한 셀을 고른다. 이 과정을 셀 선택이라고 한다. 단말은 선택한 셀의 방송채널을 수신하기 시작하며, 해당 셀이 캠핑을 위해 적합한지 알아본다. 캠핑을 위해서 셀은 차단되어 있지 않아야 하며, 무선 품질이 충분히 좋아야 한다. 셀 선택 이후, 단말은 반드시 자신을 네트워크에 등록하여 선택된 PLMN을 등록된 PLMN에게 선전한다. 만약 단말이 재선택 기준(7.2.2절)에 따라 재선택을 위한 보다 나은 후보로 간주되는 셀을 찾게 될 경우, 단말은 그 셀로 재선택하고 캠핑을 하며, 다시 한 번 셀이 캠핑에 적합한지 확인한다. 만약 단말에 캠핑한 셀이 단말이 등록한 트래킹 영역 중 최소 한 개에도 소속되어 있지 않을 경우 위치 등록 트래킹 영역을 수행해야 한다. 이 과정의 개요는 그림 7.2에 나타내었다.

PLMN들에게 우선순위 값을 할당할 수 있다. 단말은 높은 우선권을 가진 PLMN들을 주기적

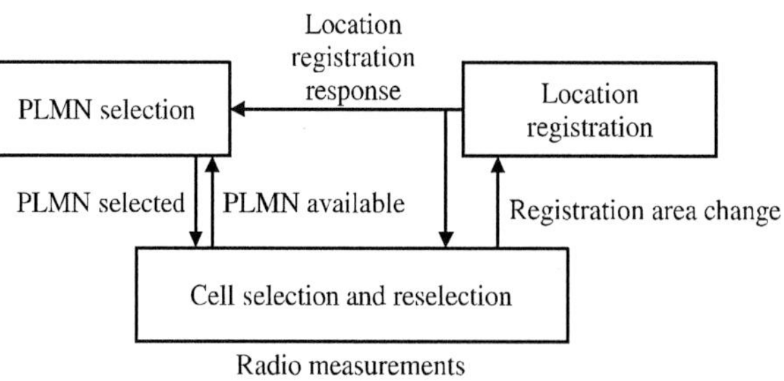

그림 7.2 통화대기 모드 개요

으로 찾으며 다른 PLMN이 선택되었을 경우 적절한 셀을 찾는다. 예를 들어, 운영자가 사용자 인증 모듈(USIM: Universal Subscriber Identity Module) 카드에 선호하는 로밍 운영자를 설정했을 수 있다. 단말이 로밍하고 있고, 선호하는 운영자에 캠핑되지 않았을 때, 주기적으로 선호하는 운영자를 찾으려고 노력한다.

만약 단말이 캠핑하기 위한 적절한 셀을 찾지 못했거나 위치 등록이 실패할 경우, 단말은 PLMN ID에 상관없이 셀에 캠핑을 시도하며, 'limited service' 상태에 들어간다. 이 상태에서는 비상통화만 가능하다.

등록을 수행하기 위해 USIM은 단말에 삽입되어야 한다. UTRAN 단말은 구 가입자 확인 모듈(SIM) 카드 또는 새로운 USIM을 사용할 수 있으나 E-UTRAN은 USIM만 사용한다. USIM은 신원 도용에 대해서 SIM 보다 강한 보호 기능을 제공한다.

7.2.2 셀 선택 및 재선택 과정

단말이 처음으로 구동할 때, 초기 셀 선택 과정을 시작한다. 단말은 적절한 셀을 찾기 위해 자신의 능력에 따라 E-UTRAN 대역의 모든 무선 주파수(RF) 채널을 스캔한다. 각 반송 주파수에서 단말은 가장 강한 셀을 찾으면 된다. 적합한 셀을 찾았을 경우 해당 셀이 선택된다. 초기 셀 선택은 단말이 가장 빠른 시간 내에 서비스를 시작할 수 있도록 보장하기 위해 사용된다.

단말은 사용 가능한 반송 주파수와 인접 셀들에 대한 정보를 저장했을 수도 있다. 이 정보는 시스템 정보 또는 단말이 과거에 습득한 기타 정보에 기반할 수 있다. 3GPP 사양은 정확히 어떤 종류의 정보를 단말이 저장된 정보 셀 선택을 위해 사용하도록 요구 또는 허락하는지 정의하지 않는다. 단말이 저장된 정보로부터 적합한 셀을 찾지 못하면, 적합한 셀을 찾을 수 있도록 보장하기 위해 초기 셀 선택 과정이 시작된다.

셀이 적합성을 통과하기 위해 S-criterion을 만족해야 한다.

$$S_{rxlevel} > 0 \tag{7.1}$$

$$S_{rxlevel} > Q_{rxlevelmeas} - (Q_{rxlevmin} - Q_{rxlevelminoffset}) \tag{7.2}$$

$Q_{rxlevelmeas}$는 측정된 셀 수신 레벨(RSRP)이고, $Q_{rxlevelmin}$은 요구되는 최소 수신 레벨[dBm]이며, $Q_{rxlevelminoffset}$은 높은 우선권의 PLMN을 찾기 위해 사용된다.

단말이 셀에 캠핑했을 경우, 재선택 기준에 따른 재선택을 위한 후보 선정을 위해 지속적으로 보다 나은 셀을 찾는다. 주파수 내부 셀 재선택은 셀 등급 기준에 기반한다. 이를 위해 단말은 이웃 셀들을 측정해야 한다. 이웃 셀들은 서비스하는 셀의 이웃 셀 목록에 표시된다. 네트워크는 단말이 특정 셀들의 재선택을 고려하는 것을 금지시킬 수도 있는데 이를 셀들에 대한 블랙리스팅이라고 한다. 필요이상의 재선택 측정 실행을 제한하기 위해서 $S_{ServingCell}$ 값이 충분히 높다면, 단말은 주파수 내부, 주파수 간 또는 시스템 간 측정을 하지 않도록 정의되었다. 주파수 내부 측정은 $S_{ServingCell} \leq S_{intrasearch}$일 경우 반드시 시작되어야 하며, 주파수 간 측정은 $S_{ServingCell} \leq S_{nonintrasearch}$일 경우 반드시 시작되어야 한다.

단말이 빠르게 움직일 경우 네트워크가 셀 재선택 매개변수를 조절하는 것이 가능하다. 높은 이동성 상태는 기정의된 시간 T_{RCmax} 동안의 셀 재선택 횟수 N_{CR}에 기반한다. 높은 이동성은 일반적으로 이력현상의 여러 매개변수 값과 재선택 타이머의 특징들로 구성된다. 단말이 두 셀 사이를 왔다갔다 하고 있을 때 재선택 매개변수들이 조정되는 것을 방지하기 위해 이 경우의 셀 재선택은 이동성 상태 계산시 포함되지 않는다. '속도'의 예측은 재선택 횟수에 기반하기 때문에 정확한 속도 값을 알려주는 것이 아니라 단말의 움직임에 대한 대략적인 예측 값을 제공한다. 하지만 이는 단말 움직임에 의한 단말 재선택 행동을 네트워크가 제어할 수 있는 방법을 제공한다. 속도에 의존하는 비례 방식은 연결 모드 이동성 매개변수를 위한 무선자원 제어가 연결된 상태에도 적용된다.

7.2.2.1 주파수 내부 및 동일 우선권 재선택

셀 랭킹은 주파수 내부 제선택 또는 동일 우선권 E-UTRAN 주파수에서 재선택을 위한 단말 캠핑을 위한 가장 적합한 셀을 찾기 위해 사용된다. 랭킹은 서비스하고 있는 셀의 기준 Rs와 이웃 셀들의 기준 Rn에 기반한다.

$$
\begin{aligned}
R_s &= Q_{meas,s} + Q_{hyst} \\
R_n &= Q_{meas,n} + Q_{offset}
\end{aligned}
\tag{7.3}
$$

여기서 Q_{meas}는 기준신호수신전력(RSRP)의 측정량이고 Q_{hyst}는 핑퐁 현상을 방지하기 위한 전력 영역에서의 자기이력 현상이고, Q_{offset}은 여러 주파수 관련 특징(예; 여러 반송 주파수의 전파 특성) 또는 셀 관련 특징을 제어하는 오프셋 값이다. 시간영역에서 $T_{reselection}$은 잦은 재선택을 제한하기 위해 사용된다. 재선택은 가장 랭킹이 높은 이웃 셀에 대해 이루어지며, $T_{reselection}$ 보다 긴 시간 동안 현재 서비스 셀보다 랭킹이 높을 경우 이루어진다. Q_{hyst}는 재선택이 이루어지기 전에 이웃 셀이 서비스 셀보다 RRC 설정가능 값만큼 좋아야 한다는 제한조건을 통해 자기이력 현상을 제공한다. $Q_{offset,\ n}$과 $Q_{offsetfrequency}$는 재선택을 특정 셀 또는 주파수로 편향될 수 있게 한다. 셀 재선택 매개변수는 그림 7.3에 설명되어 있다.

7.2.2.2 주파수 간과 RAT 재선택

UTRAN에서의 주파수 간과 RAT 간 재선택은 주파수 내 재선택과 동일한 랭킹에 기반하였다. 이것은 네트워크의 제어를 매우 어렵게 만들었다. 여러 RAT의 측정량이 다르고 네트워크가 여러 3GPP RAT(또는 3GPP 기술이 아닌)들 간의 재선택을 제어할 수 있어야 하기 때문이다. 운영자들이 단말이 여러 RAT 또는 E-UTRAN 주파수에 캠핑하게 되는 우선권을 제어하기를 원했기 때문에 서로 다른 RAT, 주파수(이후 계층이라고 지칭함) 간의 재선택을 처리하는 새로운 방식이 채택되었다. 이 방식은 절대적 우선권 기반 재선택이라고 알려져 있다. 각 계층은 우선권이 부여되며, 이 정보를 기반으로 단말이 가장 높은 우선권을 가진 주파수, RAT에 캠핑을 시도하게 된다. 해당 주파수, RAT은 적절한 서비스를 제공할 수 있어야 한다. 단말이 적절한 서비스가 제공될 수 있는지 판단하기 위해 네트워크는 각 주파수, RAT에게 문턱값($\mathrm{Thresh}_{x,high}$)을 할당한다. 이 문턱값을 만족시켜야만 해당 계층으로의 재선택이 이행될 수 있

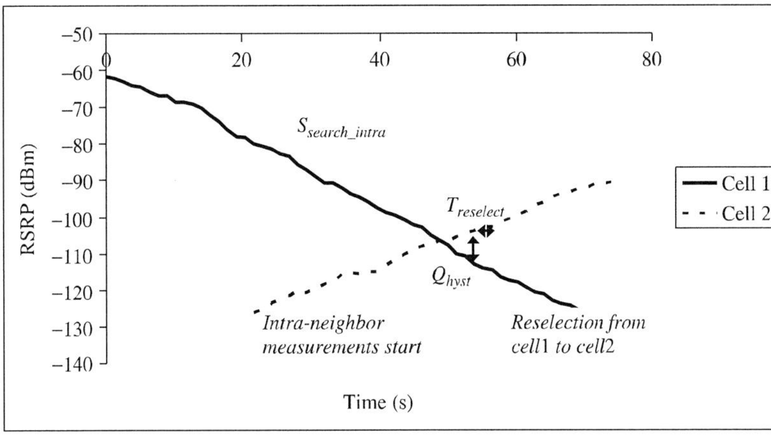

그림 7.3 통화대기 모드 주파수 내부 셀 재선택 알고리즘

다. 주파수 내 재선택에 사용되는 것과 유사한 $T_{reselection}$이 사용된다. 즉, 새로운 계층은 재선택이 이행되기 전에 $T_{reselection}$ 연속시간 동안 문턱값을 충족시켜야 한다. 이것은 검토 중인 주파수에 일시적인 페이딩이 발생하여 생기는 재선택을 제거하기 위해 사용된다. 보다 낮은 우선권의 계층으로 재선택과 관련하여 높은 우선권의 계층이 여전히 문턱값 위에 있거나, 낮은 우선권의 주파수가 또 다른 특정 문턱값($Thresh_{x,\ low}$) 위에 있지 않을 경우 단말은 낮은 우선권의 계층을 재선택하지 않는다.

표 7.1은 통화대기 모드 이동성을 제어하기 위한 중요 매개변수 값을 보여준다.

표 7.1 통화대기 모드 이동성의 중요 매개변수

매개변수	설명
Q_{hyst}	랭킹 기준을 위한 자기이력현상 값을 정의한다. 자기이력현상은 두 셀간 핑퐁 현상을 방지하기 위해 필요하다.
$T_{reselection}$	셀 재선택 타이머 값을 제공하다. 셀 재선택 타이머는 자기이력현상과 함께 불필요한 셀 재선택을 제어하기 위해 적용된다.
$Q_{rxlevmin}$	셀의 최소 요구 수신 레벨을 dBm 단위로 정의한다. S-criterion, 즉 셀 선택 과정에 사용된다.
$S_{intrasearch}$, $S_{nonintrasearch}$	주파수 내부, 주파수 간, RAN 간 측정의 문턱값(단위: dB)을 정의한다. $S_{servingcell}$이 문턱값보다 높을 경우 단말은 측정을 하지 않아도 된다.
N_{CR}, T_{RCmax}	중간 또는 높은 이동성 상태로 전환하는 시점을 정의한다: 시간 TRCmax 동안 셀 재선택 개수가 NCR보다 높을 경우, 단말은 중간 또는 높은 이동성 상태로 전환한다.
$Thresh_{x,high}$	단말이 현재 서비스 주파수보다 높은 우선권 주파수 X로 재선택할 때 사용하는 문턱값을 정의한다.
$Thresh_{x,low}$	높은 우선권 주파수에서 주파수 X로 재선택할 때 사용되는 문턱값을 정의한다.

7.2.3 추적 영역 최적화

RRC 대기에서 단말 위치는 추적 영역의 정확도로 이동성관리개체(MME: Mobility Management Entity)가 알고 있다. 추적 영역의 크기는 네트워크 계획을 통해 최적화될 수 있다. 추적 영역 업데이트 신호를 방지하기 위해서는 넓은 추적 영역이 이득이다. 반면에, 입력 패킷 콜을 위한 페이징 신호 부하를 줄이기 위해서는 작은 추적 영역이 이득이다. UTRAN에서 이에 해당되는 개념은 라우팅 지역이라고 하며, 일반적으로 수백 개의 기지국을 포함시킨다. 그림 7.4는 추적 영역의 개념을 설명한다.

추적 영역 경계에서 불필요한 추적 영역 업데이트를 방지하기 위해서(예; 단말이 두 개의 다른 추적 영역을 가진 셀 간 핑퐁 현상을 반복하는 경우) 단말에게 다수의 추적 영역을 할당할 수 있다. 단말은 두 시스템 사이를 바꿀 때 시그널링을 방지하기 위해 LTE 추적 영역과 UTRAN 라우팅 지역을 같이 할당받을 수 있다.

7.3 LTE 내부의 핸드오버

RRC 연결이 존재할 경우, 단말 이동성은 오로지 핸드오버로만 제어된다. 따라서 셀_페이징 채널(CELL_PCH)과 같은 UTRAN 유형의 상태가 없다. CELL_PCH 상태에서는 단말이 무선 자원 제어 연결된 상태에 있어도 단말 기반 이동이 가능하다. E-UTRAN에서의 핸드오버는 다음 원칙에 기반한다.

1 핸드오버는 네트워크를 통해서 제어된다. E-UTRAN이 언제 핸드오버를 실행하고 대상 셀이 어떤 것인지 결정한다.
2 핸드오버는 단말 측정값에 기반한다. 단말 측정과 측정 보고는 E-UTRAN으로부터 주어지는 매개변수를 통해 제어된다.
3 E-UTRAN의 핸드오버는 무손실을 목표로 한다. 이를 위해 소스와 목표 eNodeB 사이에 패킷 전달을 사용한다.

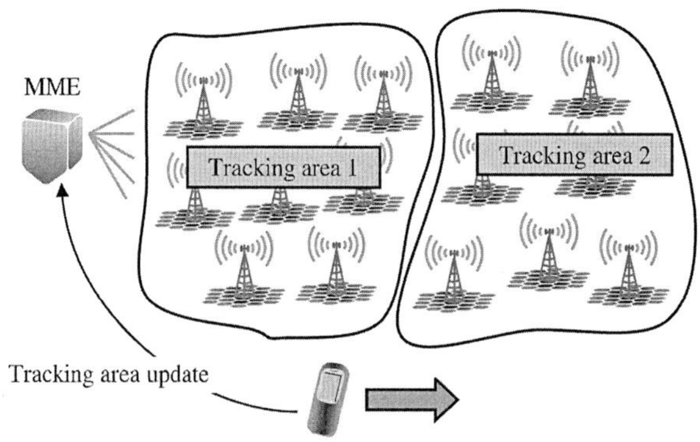

그림 7.4 추적 영역 개념

4 코어 네트워크 S1 연결은 무선 핸드오버가 완료되었을 경우에만 업데이트된다. 이 방식은 Late path switch라고 부른다. 코어 네트워크는 핸드오버를 제어할 수 없다.

E-UTRAN 핸드오버 절차, 측정, 신호화 및 이웃목록 제어는 아래에 소개된다.

7.3.1 절차

그림 7.5는 주파수 내부 핸드오버 절차의 개요를 보여준다. 단말은 왼쪽에서 오른쪽으로 움직이고 있다. 초기 단계에서 단말은 소스인 eNodeB와 사용자 평면 연결을 가지고 있고, 나아가 진화된 망구조 게이트 웨이(SAE GW: System Architecture Evolution Gateway)와도 연결을 가진다. eNodeB와 MME 사이에는 S1 신호화 연결이 존재한다. 대상 셀이 측정 보고 문턱값을 충족할 경우 단말은 측정 보고를 eNodeB에게 보낸다. eNodeB는 대상 셀과 신호화 연결과 GPRS 터널링 프로토콜(GTP) 터널을 설정한다. 대상 eNodeB에 자원이 확보될 경우 소스 eNodeB는 핸드오버 명령을 단말에게 보낸다. 단말은 무선 연결을 소스에서 대상 eNodeB로 변경할 수 있다. 이 시점에서 코어 네트워크는 핸드오버를 인지하지 못한다. 코어 네트워크 연결이 최종적으로 업데이트되고 이 과정을 나중 경로 변경이라고 한다.

사용자 평면 교환은 그림 7.6에서 보여준다. 다운링크에서의 사용자 평면 패킷은 Late path switching 이전에 X2 인터페이스를 통해 소스 eNodeB에서 대상 eNodeB로 전달된다. X2 인터페이스는 무손실 핸드오버를 가능하게 한다. 소스 eNodeB는 단말로부터 인지되지 않은 모든 다운링크 무선링크제어 서비스 데이터 단위(RLC SDU: Service Data Unit)들을 전달한다. 대상 eNodeB는 소스 eNodeB가 전달한 모든 다운링크 RLC SDU들을 획득하자마자 재전송하고 우선순위를 부여한다. 단말이 소스 eNodeB로부터 패킷들을 수신을 하였으나, 소스 eNodeB가 승인을 받지 못하는 경우가 발생하기도 한다. 대상 eNodeB는 불필요하게 패킷들을 재전송하게

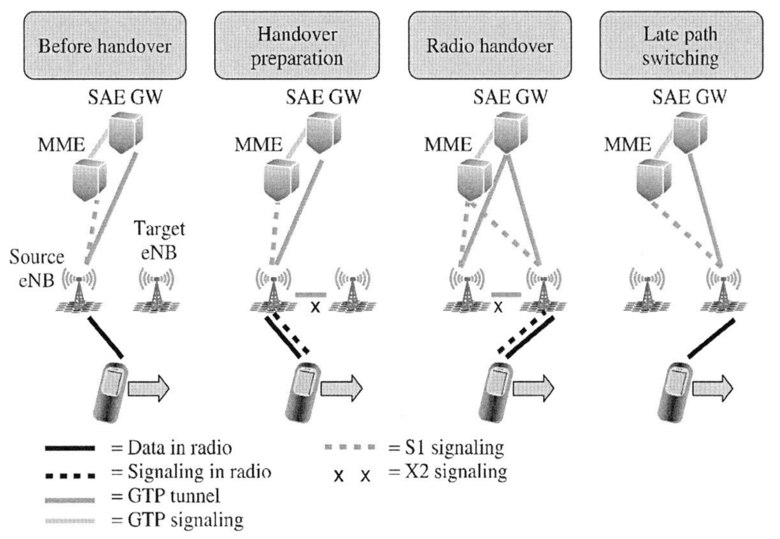

그림 7.5 주파수 내부 핸드오버 절차

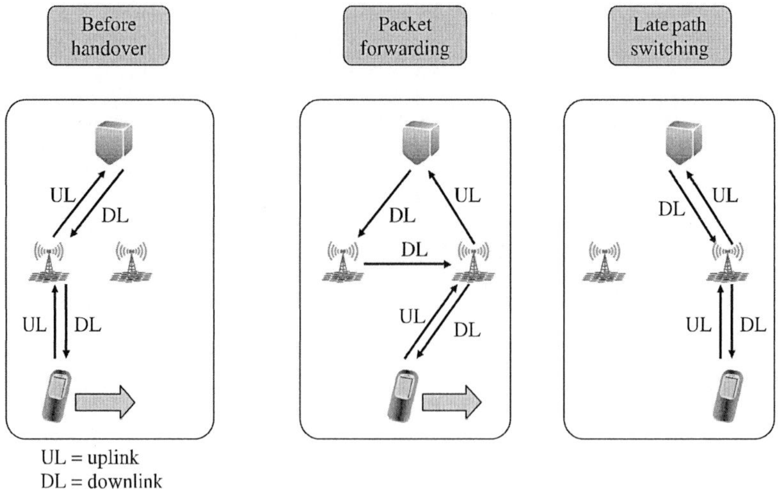

그림 7.6 핸드오버에서 사용자 평면 스위칭

되고 단말은 동일한 패킷을 두 번 받게 된다. 따라서 단말은 중복 패킷을 인식하고 제거할 수 있어야 한다.

업링크 방향에서는 소스 eNodeB는 성공적으로 수신된 모든 업링크 RLC SDU들을 패킷 코어로 전달한다. 단말은 소스 eNodeB가 승인하지 않은 업링크 RLC SDU들을 재전송한다. 업링크에서도 어떤 패킷들은 두 번 전송될 수 있다. 업링크에서의 재배열 및 중복방지는 패킷 코어에서 수행한다.

패킷 전달은 Late path switching이 완료되기 전 짧은 시간에만 일어난다. 따라서 패킷 전달은 지나치게 많은 전송 자원을 소비하지 않으며 네트워크 범위에서 바라볼 때 X2 인터페이스 요구사항들은 큰 비중을 차지하지 않는다. 업링크 방향의 패킷들은 대상 eNodeB에서 SAE GW로 직접 보낼 수 있다.

7.3.2 신호 전송

이 부분에서는 핸드오버 과정에서 발생하는 세부적인 신호 전송 메시지들에 대해서 설명한다. 과정은 핸드오버 준비(그림 7.7), 핸드오버 실행(그림 7.8) 그리고 핸드오버 완료(그림 7.9)의 세 부분으로 나눌 수 있다.

1. 소스 eNodeB는 MEASUREMENT CONTROL 메시지를 사용하여 단말 측정 절차를 설정한다. 이 메시지는 측정 보고 문턱값을 정의한다.
2. 대상 셀이 보고 문턱값을 만족할 경우, 단말은 MEASUREMENT REPORT를 eNodeB에게 보낸다. 이와 같은 통상적 보고는 이벤트에 의해 시작되며 단말은 보고 문턱값이 충족되었을 경우에만 측정값을 보낸다. 주기적인 보고를 설정하는 것도 가능하다.
3. 소스 eNodeB는 단말 리포트에 기반하여 핸드오버 결정을 내린다. 주파수 내부 핸드오버를 위해서 단말은 가장 낮은 경로 손실로 셀과 연결되어 있어야 하며, 네트워크는 핸드오

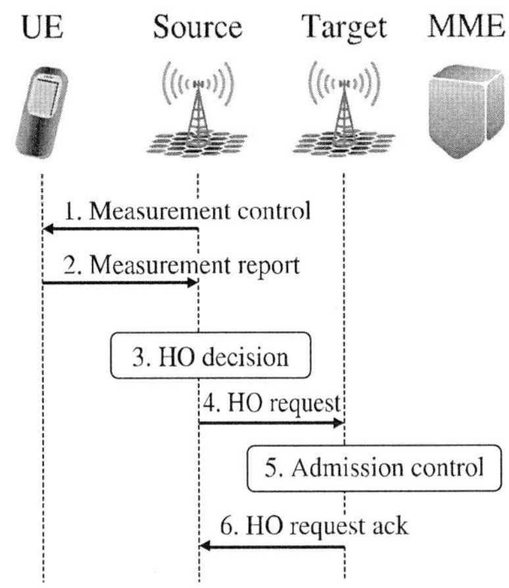

그림 7.7 핸드오버 준비

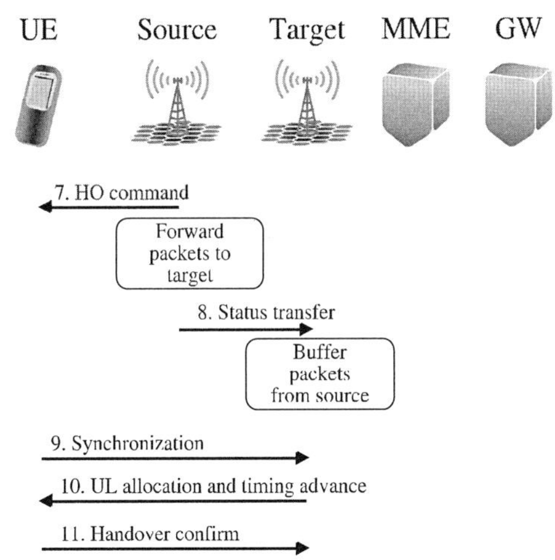

그림 7.8 핸드오버 실행

버 대상을 선택할 수 있는 자유가 없다. 주파수 간 또는 RAT 간 핸드오버의 경우 eNodeB는 부하와 서비스 정보를 고려할 수 있다. 운영자는 주파수 간 부하를 균등하게 분포하고 싶어할 수도 있으며 특정 서비스를 특정 주파수 계층 또는 시스템으로 전달하고 싶어할 수도 있다.

4. 소스 eNodeB는 HANDOVER REQUEST를 대상 eNodeB에게 보낸다.
5. 대상 eNodeB는 연결 수락 제어를 수행한다. 주파수 내부 핸드오버의 경우 네트워크는 새로운 연결을 자유롭게 막을 수 없다. 단말이 대상 셀과 연결되어 있지 않더라도 단말 전송이 대상 셀에 대해서 무조건 업링크 간섭을 발생시키기 때문이다. 업링크 간섭은 단말이 가장 낮은 경로 손실로 셀과 연결하게 함으로써 최소화할 수 있다. 대상 셀에 자원이 없을 경우 네트워크는 과도한 간섭을 피하기 위해 연결을 풀어주어야 할 수도 있다.

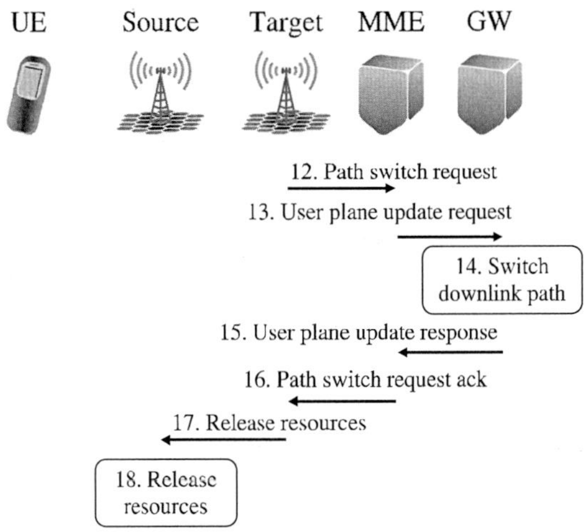

그림 7.9 핸드오버 완료

6. 대상 eNodeB는 HANDOVER REQUEST ACKNOWLEDGE를 소스 eNodeB에게 보낸다. 대상 eNodeB는 들어오는 핸드오버를 수신할 준비가 되었다.
7. 소스 eNodeB는 단말에게 HANDOVER COMMAND를 보낸다. 소스 eNodeB는 다운링크 패킷들을 대상 eNodeB에게 전달하기 시작한다.
8. 소스 eNodeB는 상태 정보를 대상 eNodeB에게 전송하여 어떤 패킷들이 단말로부터 승인되었는지 알려준다. 대상 eNodeB는 전달된 패킷들을 버퍼링하기 시작한다.
9. 단말은 대상 eNodeB와 최종 동기화를 하고 셀을 임의접근채널(RACH) 절차를 사용하여 셀을 접근한다. 선-동기화는 셀 식별 과정에서 미리 구한다.
10. 대상 eNodeB는 단말에게 업링크 할당과 timing advance 정보를 제공한다.
11. 단말은 HANDOVER CONFIRM을 대상 eNodeB에게 보낸다. 대상 eNodeB는 지금부터 데이터를 단말에게 보낼 수 있다.
12. 단말이 셀을 변경했음을 알리기 위해 대상 eNodeB는 PATH SWITCH 메시지를 MME에게 보낸다.
13. MME는 USER PLANE UPDATE REQUEST 메시지를 서빙 게이트웨이에게 보낸다.
14. 서빙 게이트웨이는 다운링크 데이터 경로를 대상 eNodeB로 변경한다.
15. 서빙 게이트웨이는 USER PLANE UPDATE RESPONSE 메시지를 MME에게 보낸다.
16. MME는 PATH SWITCH 메시지에 대해서 PATH SWITCH ACK 메시지로 확인한다.
17. 대상 eNodeB는 RELEASE RESOURCE를 소스 eNodeB에게 전송하여 소스 eNodeB가 할당된 자원을 방출할 수 있도록 한다.
18. 소스 eNodeB는 단말 상황정보와 연관된 무선과 제어 평면 관련 자원을 방출할 수 있다.

7.3.3 핸드오버 측정값

단말이 측정 리포트를 전송할 수 있기 전에 반드시 대상 셀을 확인해야 한다. 단말은 동기신호를 사용하여 셀을 인식한다(5장 참조). 단말은 기준 심벌을 사용하여 신호 레벨을 측정한다. E-UTRAN 단말이 핸드오버 측정 도중에 방송채널을 읽을 필요가 없다. UTRAN에서는 단말은 방송채널을 디코딩하여 시스템 프레임 번호를 찾아야 한다. 시스템 프레임 번호는 다운링크에서 소프트 핸드오버 전송을 시간 정렬하기 위해 필요하다. E-UTRAN에서는 소프트 핸드오버가 존재하지 않으므로 이런 요구사항이 없다.

리포트 문턱값 상태가 충족되면 단말은 핸드오버 측정을 eNodeB에게 보낸다.

7.3.4 이웃 관계 자동 인식

현존하는 모바일 네트워크에서 이웃 목록 생성 및 관리는 매우 무거운 작업이 되었다. 특히 네트워크가 확장되거나 새로운 사이트가 추가될 경우 더욱 그렇다. 없어진 이웃은 통화 절단의 가장 일반적인 사유에 해당된다. E-UTRAN에서 단말은 이웃목록 없이도 주파수 내부 이웃을 감지할 수 있다. 이는 네트워크 관리를 간소화시키며 네트워크 품질도 향상시킨다. 그림 7.10은 자동 이웃 관계 기능을 보여준다. 단말은 새로운 셀을 향해 이동하고 있으며 동기신호를 기반으로 물리셀 식별자(PCI)를 확인한다. 단말은 핸드오버 리포트 문터값이 충족되면 측정 리포트를 eNodeB에게 보낸다. 하지만, eNodeB는 해당 셀과 X2 연결이 없다. 물리적 셀 ID로만 셀을 고유하게 나타내기에는 충분하지 않다. 물리적 셀 ID의 개수는 504개인데, 큰 네트워크들은 수십, 수천 개의 셀을 보유할 수 있기 때문이다. 따라서 서빙 eNodeB는 단말에게 대상 셀의 방송채널로부터 전역 셀 ID를 디코딩할 것을 요청한다. 전역 셀 ID는 셀을 고유하게 나타낼 수 있다. 전역 셀 ID에 기반하여 서빙 eNodeB는 MME의 정보를 사용하여 대상 셀의 운반 계층 주소를 찾을 수 있으며 새로운 X2 연결을 설정할 수 있다. 그 다음 서빙 eNodeB는 핸드오버를 진행할 수 있게 된다.

새로운 셀들이 네트워크에 추가되거나 안테나 시스템에 변경사항이 있을 경우, 새로운 X2

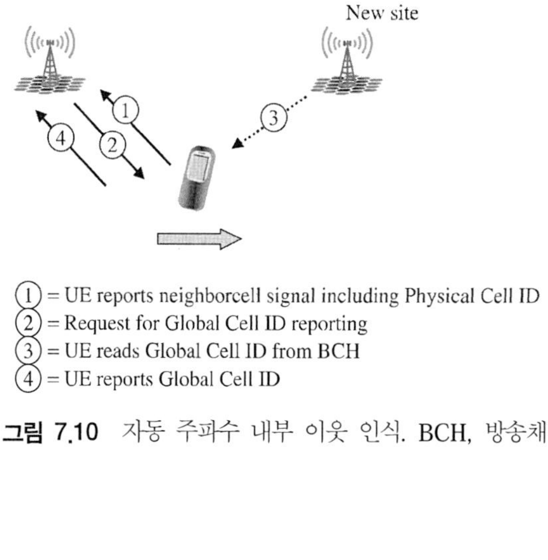

그림 7.10 자동 주파수 내부 이웃 인식. BCH, 방송채널

연결이 생성되어야 하며 일부 사용되지 않는 오래된 연결은 제거되어야 한다.

단말이 쉽게 동일 주파수 내의 모든 셀들을 인식할 수 있기 때문에 주파수 내부 이웃목록 생성은 단순한 과정이다. RAT 간 또는 주파수 간 이웃을 생성하기 위해서 eNodeB는 단말에게 반드시 RAT 간 또는 주파수 간 측정을 요청해야 한다. 또한 eNodeB는 단말이 측정을 진행할 수 있도록 신호에 공백구간을 설정해야 한다.

7.3.5 핸드오버 주파수

네트워크의 핸드오버 주파수는 여러 가지 요인에 의해 결정된다.

- 사용자들의 실제 이동성이 셀 크기와 비교된다. HSPA 네트워크의 통계자료는 이동성의 영향을 추정하는데 사용할 수 있다.
- 사용자 활동. 일반적인 음성활동은 30~50 mErl 정도로 활동의 3~5%에 해당된다. 항상 켜져 있는 always-on 애플리케이션들이 패킷을 지속적으로 자주 전송하기 때문에 노트북 사용자들과 스마트폰 사용자들은 항상 활성화된 RRC 연결을 갖고 있을 수 있다. 따라서 사용자 활동은 향후 상당히 증가할 수 있다.
- 시스템의 이동성 해법. LTE에서의 총 핸드오버 횟수는 HSPA보다 높을 것이다. HSPA에서는 이동성의 일부를 단말이 자체적으로 수행하며 셀_페이징 채널(Cell_PCH)과 셀_순방향 액세스 패널(Cell_FACH) 상태에서 셀 재선택을 한다. LTE에서는 항상 핸드오버를 사용한다.

사용자 이동성의 영향은 HSPA 사용자와 WCDMA 사용자의 핸드오버 횟수를 비교하여 나타내본다. HSPA 사용자의 대다수는 노트북 사용자이고 WCDMA 사용자의 대다수는 음성 사용자이다. 그림 7.11은 WCDMA 핸드오버 발생빈도 예제를 나타낸다. 핸드오버 발생빈도는 시간당 셀 단위로 수집하였다. 활성 세트 업데이트 발생빈도 중간값은 6초로, 이는 약 12초 핸드오버 발생빈도에 해당된다. 각 HSPA 셀 변화 또는 LTE 핸드오버는 일반적으로 add와 drop의 WCDMA active set 업데이트에 해당된다. 그림 7.12는 HSPA 셀 변경 빈도 예제를 나타낸다. 그림 7.11과 그림 7.12의 데이터는 같은 네트워크에서 동일 시간대에 수집되었다. HSPA 서빙 셀 변경의 중간값은 각 활성화된 연결에 대해서 매 120~140초마다 한 번의 서빙 셀 변경이다. 이것은 현재 노트북 컴퓨터 HSPA 사용자들이 WCDMA 음성 사용자들에 비해 현저히 이동성이 적음을 보여준다. HSPA 셀 변경은 2 dB 핸드오버 자기이력 현상을 사용했다. 대상 HSPA 서빙 셀은 현재 HSPA 서빙 셀보다 2 dB 높은 Ec/No 값을 가져야 한다.

초기 LTE 기기들은 USB 모뎀일 가능성이 높기 때문에 초기 LTE 이동성은 HSPA 이동성과 유사할 것으로 예측된다. 휴대 가능한 LTE 기기들이 출시되면 연결당 핸드오버율은 증가할 것이다.

그림 7.11과 그림 7.12는 핸드오버 발생빈도가 환경, 셀 크기, 사용자 이동성에 따라 큰 차이가 있음을 보여준다. 셀의 20%는 HSPA 서비스 셀 변경률이 40초 이하이다. 하지만, 셀의 15%는 셀 변경률은 500초 이상이다.

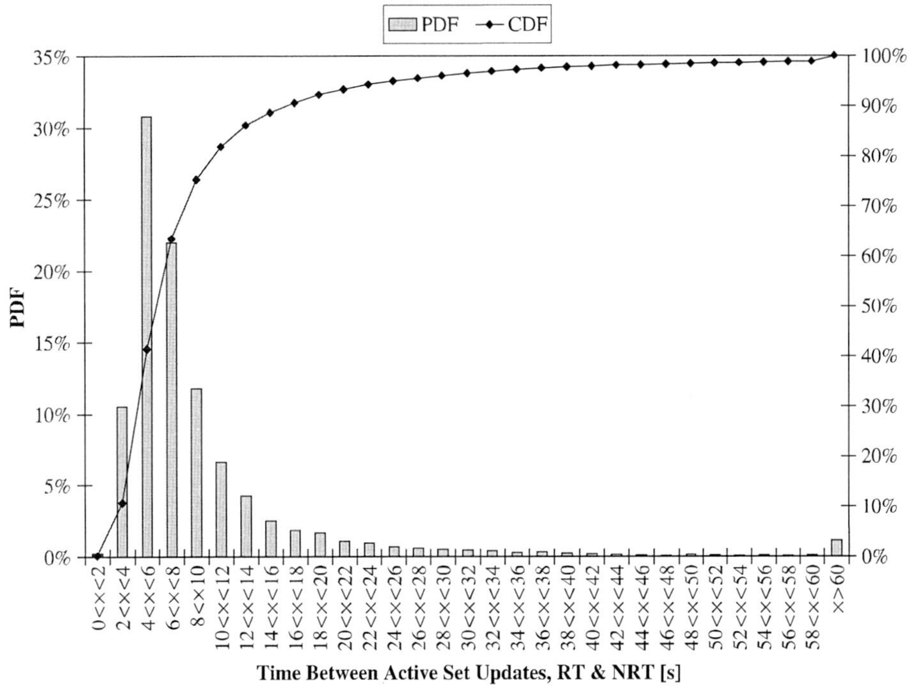

그림 7.11 3G 네트워크에서 WCDMA 활성 세트 업데이트 발생빈도 예제

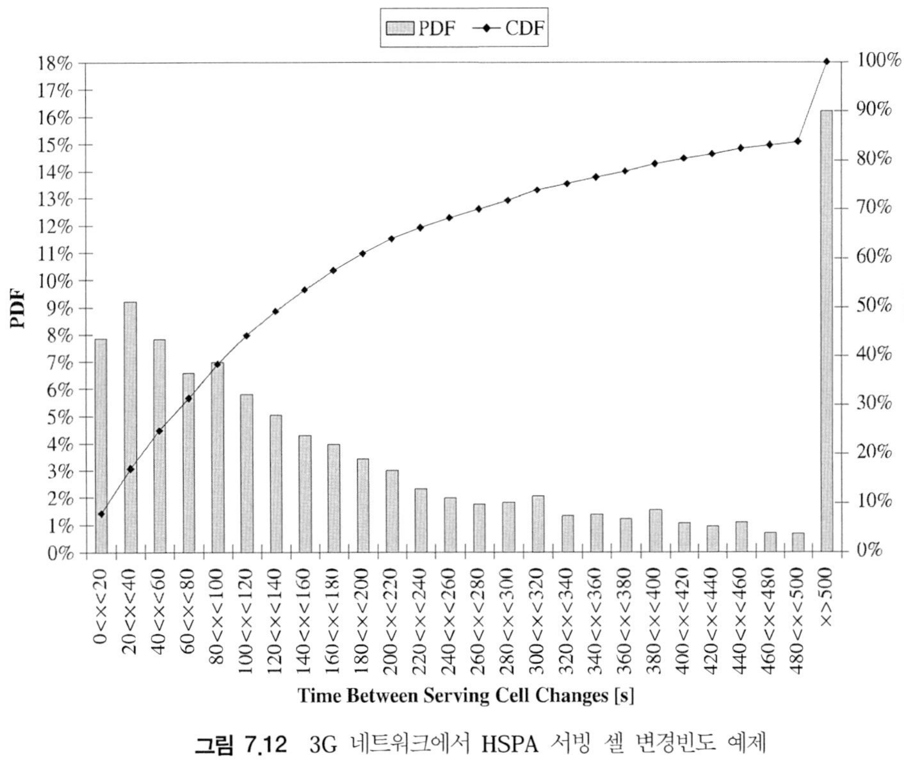

그림 7.12 3G 네트워크에서 HSPA 서빙 셀 변경빈도 예제

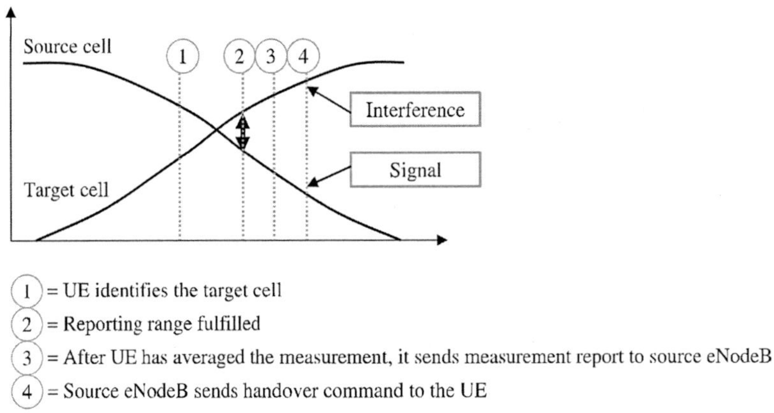

그림 7.13 핸드오버 시간측정

오늘날 가장 일반적인 애플리케이션은 음성이며 보통 3~5%의 활동을 보인다. 항상 켜져 있는 애플리케이션의 활동은 증가한다. 노트북은 백그라운드에서 지속적으로 작은 패킷을 보내는데 이는 RRC 연결이 항상 100% 유지되어야 함을 의미한다. Push-email, push-to-talk 또는 presence와 같은 항상 켜져 있는 애플리케이션을 실행하는 휴대기기에도 비슷한 상황이 적용된다. 사용자가 애플리케이션을 자주 사용하지 않을지라도 계속 켜져 있는 메시지 전송, 이메일 수신, 최신 업데이트 등의 활동 때문에 시스템 관점에서 RRC 연결은 계속 활동하고 있는 것이다. 사용자의 활동은 새로운 애플리케이션으로 인해 5%에서 100%로 증가할 수 있다. 이것은 오늘날과 비교해 20배나 높은 것이다. 따라서 RRC 연결 사용자의 모든 이동성이 핸드오버를 통해 운반되는 LTE망의 새로운 애플리케이션에서 핸드오버의 횟수는 상당히 높을 것으로 예상된다.

7.3.6 핸드오버 지연

소스 셀의 신호 레벨이 빠르게 쇠퇴되고 대상 셀의 신호 레벨이 증가되는 상황에서 빠른 핸드오버 과정은 필수적이다. 이런 상황은 단말이 코너를 돌 때 발생할 수 있다. 그림 7.13은 여러 신호 레벨을 보여준다. 핵심 포인트는 신호 간섭비가 지나치게 낮아지기 전에 단말이 반드시 핸드오버 명령을 소스 eNodeB로부터 수신할 수 있어야 한다는 점이다. 이 시나리오에서 적절한 윈도우 및 평균화 매개변수 설정, 단말 측정 리포트에 대한 응답의 네트워크 지연 최소화 등을 통해서 핸드오버 신뢰성은 개선될 수 있다.

7.4 다른 시스템 사이의 핸드오버

RAT 간 핸드오버는 실시간 또는 비실시간 서비스에 대해 E-UTRAN과 GERAN, UTRAN 또는 cdma2000 사이의 다른 시스템 간 핸드오버를 의미한다. RAT 간 핸드오버는 측정 시작과 핸드오버 실행 결정에 대해 소스 접근 시스템의 제어를 받는다. RAT 간 핸드오버는 역방향 핸드오버로, 핸드오버 명령이 단말에게 전해지기 전에 대상 시스템에서 무선 자원이 예약된다.

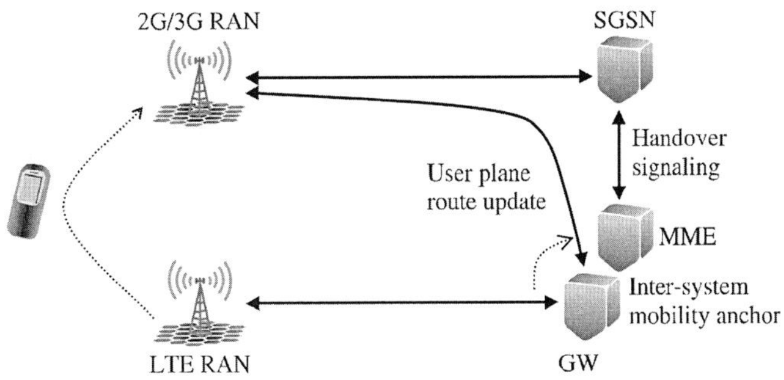

그림 7.14 E-UTRAN에서 UTRAN/GERAN으로의 RAT 간 핸드오버 개요

GERAN 시스템은 패킷 교환 핸드오버(PS HO: Packet Switched Handover)를 지원하지 않기 때문에, 핸드오버 이전에 자원을 예약할 수 없다. 이종 무선 액세스 시스템 사이에 직접적인 인터페이스가 없기 때문에 신호화는 코어 네트워크를 통해 운반된다. 패킷 코어 노드가 변경되었을 경우, RAT 간 핸드오버는 LTE 내부 핸드오버와 유사하다.

대상 시스템의 모든 정보는 소스 시스템을 통해 투명하게 단말로 전송된다. 사용자 데이터의 손실을 막기 위해 사용자 데이터는 소스에서 대상 시스템으로 전달될 수 있다. 핸드오버 과정의 속도를 올리기 위해 단말은 코어 네트워크와 아무런 신호화가 요구되지 않는다. 보안과 서비스 품질(QoS context)은 소스에서 대상 시스템으로 전송된다.

서빙 게이트웨이(S-GW: Serving GW)는 시스템 사이의 핸드오버에서 이동성 앵커로 사용될 수 있다.

시스템 사이의 핸드오버에 대한 개요를 그림 7.14에 나타내었다. 관련 인터페이스는 3장에 설명되어 있다.

시스템 사이의 핸드오버에서 중단시간은 상당히 짧을 수도 있다. 단말의 관점에서 중단 시간은 E-UTRAN 측에서 전송 블록을 포함한 마지막 TTI와 UTRAN 측에서 단말이 새로운 업링크 지정물리 제어 채널(DPCCH) 전송을 시작하는 동안의 시간으로 정의되어 있다. 이 중단 시간은 적게는 50 ms와 프레임 조정시간을 더한 시간이다. 단말이 UTRAN에 진입할 경우 초기에 한 개의 셀에 연결되고 소프트 핸드오버 링크가 개별적으로 추가된다. 단말은 시스템 사이 핸드오버 이전에 UTRAN으로부터 시스템 프레임 번호를 읽지 않아도 되기 때문에 UTRAN에서 단말은 직접 소프트 핸드오버로 갈 수 없다.

E-UTRAN은 cdma2000과 같은 3GPP가 아닌 무선 시스템과의 이동성도 지원한다.

7.5 E-UTRAN과 UTRAN의 이동성 의미 차이

UTRAN과 E-UTRAN 이동성의 주요 차이점은 다음과 같이 표 7.2에 나타나 있다. 대기 모드 이동성은 주파수 내부 재선택에 대해서 UTRAN과 E-UTRAN 둘 다 유사하다. 그러나 다수의 이종 RAT이 존재할 경우 네트워크 계획화의 용이성을 위해 새로운 우선권 기반의 재선택 방식이 E-UTRAN에서 채택되었다. E-UTRAN의 플랫 구조가 활동 모드 이동성에는 몇 가지 변화를 가지고 온다.

표 7.2 UTRAN과 E-UTRAN 이동성 차이

UTRAN	E-UTRAN	Notes
Location area (CS core)	Not relevant since no CS connections	For CS fallback handover, MME maps Tracking area to Location area
Routing area	Tracking area	
Soft handover is used for WCDMA uplink and downlink and for HSUPA uplink	No soft handovers	
Cell_FACH, Cell_PCH, URA_PCH	No similar RRC states	E-UTRAN always uses handovers for RRC connected users
RNC hides most of mobility	Core network sees every handover	Flat architecture HSPA is similar to E-UTRAN
Neighbor cell lists required	No need to provide cell specific information, i.e. only carrier frequency is required, but the network can provide cell specific reselection parameters (e.g. Q_{offset}) if desired	Also UTRAN UE can use detected cell reporting to identify a cell outside the neighborlist

UTRAN에서는 단말은 반드시 회선 교환 코어 네트워크(위치 영역)와 패킷 코어 네트워크(라우팅 영역)에 대한 위치를 업데이트해야 한다. 반면 E-UTRAN은 추적 영역(패킷 코어)을 사용한다. 회선교환 폴백(CSFB: Circuit Switched Fall Back) 핸드오버의 경우, CS 코어 네트워크가 E-UTRAN 단말에게 페이징 메시지를 보낼 수 있다. 이 경우, MME는 추적 영역을 위치 영역으로 매핑한다. 이 과정은 13장에서 설명한다.

E-UTRAN은 RRC 연결된 모든 단말들에 대해서 핸드오버를 사용한다. 단말이 Cell_FACH, Cell_PCH 또는 무선접속망 등록지역_페이징채널(URA_PCH) 상태에서 RRC 연결이 존재함에도 불구하고, UTRAN의 단말은 네트워크의 제어없이 셀 재선택을 한다. E-UTRAN은 이런 상태를 사용하지 않는다. 단말의 위치는 URA_PCH 상태에서 UTRAN 등록 영역의 정확도로 알 수 있다. E-UTRAN의 경우 RRC 연결이 존재할 경우 단말 위치는 하나의 셀 정확도로 알 수 있다.

WCDMA 시스템은 업링크와 다운링크에서 소프트 핸드오버를 사용한다. HSPA 시스템은 업링크에서 소프트 핸드오버를 사용하지만 다운링크에서는 사용하지 않는다. LTE 시스템에서는 소프트 핸드오버의 필요성이 없어지면서 시스템이 크게 간소화되었다.

일반적으로 무선망제어기(RNC)는 수백 개의 기지국을 연결하고 단말 이동성을 코어 네트워크로부터 숨긴다. 패킷 코어는 단말의 서빙-무선망제어기(S-RNC)가 변경되었을 경우 S-RNC

재배치만을 볼 수 있다. E-UTRAN에서는 패킷 코어 네트워크는 모든 핸드오버를 볼 수 있다. 3GPP는 릴리즈 7에서 UTRAN을 위한 플랫 구조 옵션을 명시하였다. 해당 구조는 인터넷 고속 패킷 접속(Internet-HSPA)으로 알려져 있다. RNC의 기능들이 Node-B에 내장되어 있다. Internet-HSPA의 이동성은 E-UTRAN 이동성과 유사하다. Iur 인터페이스를 통한 S-RNC의 재배치는 X2 인터페이스를 통한 E-UTRAN 핸드오버와 동일하게 사용된다.

7.6 요약

3GPP E-UTRAN을 비롯한 SAE 표준들은 E-UTRAN(LTE) 자체적으로 또는 E-UTRAN과 GERAN/UTRAN(2G/3G RAN) 및 cdma2000 사이에 원활한 이동성을 지원하도록 설계되었다. 대기 모드 이동성은 2G/3G 네트워크들과 동일한 원칙을 따르며 단말이 자율적으로 셀 재선택을 한다. E-UTRAN은 단말이 다수의 추적 영역을 할당받을 수 있게 함으로써 시스템 유연성을 더했다. 네트워크가 파악하는 단말의 위치는 추적 영역의 정확도에 따른다.

E-UTRAN RRC 연결 모드에서는 핸드오버가 사용되며, 핸드오버는 네트워크가 제어한다. 주파수 내부 핸드오버는 무선의 빠른 하드 핸드오버에 기반하며 코어 네트워크 경로 교환이 뒤따른다. E-UTRAN 평면 구조는 코어 네트워크가 모든 핸드오버를 볼 수 있음을 의미한다. UTRAN 시스템의 경우 대부분의 핸드오버는 RNC에 의해 숨겨져 있다. 또한 E-UTRAN에서 RRC 연결 사용자들에 대한 이동성은 핸드오버를 통해 제어하기 때문에 E-UTRAN에서의 핸드오버 횟수는 UTRAN과 비교해 증가할 것으로 예상된다.

E-UTRAN 시스템은 먼저 정의된 이웃 셀 목록 없이도 운용될 수 있어서 GERAN 또는 UTRAN 네트워크들에 비해 네트워크 운용이 간소화되었다.

참고문헌

[1] 3GPP Technical Specification 36.300 'E-UTRAN Overall Description; Stage 2', v. 8.6.0.
[2] 3GPP Technical Specification 36.304 'User Equipment (UE) procedures in idle mode', v. 8.3.0.
[3] 3GPP Technical Specification 36.133 'Requirements for support of radio resource management', v. 8.3.0.
[4] 3GPP Technical Specification 36.331 'Radio Resource Control (RRC); Protocol specification', v. 8.3.0.

CHAPTER

8 무선 자원 관리

8.1 개요

무선 자원 관리(RRM; Radio Resource Management)의 역할은 무선 자원이 효율적으로 사용되고 있고, 사용 가능한 적응 기술을 이용하고, 설정된 서비스 품질(QoS: Quality of Service) 매개변수에 따라 사용자들에게 적절한 서비스를 제공하는 것을 보장하는 것이다. 8.2절에서는 RRM의 주요 기능에 대한 개요를 소개하고, 8.3절에서는 QoS 매개변수와 수락제어 사안을 논의한다. 그 다음 8.4와 8.5절에서는 다운링크와 업링크 적응과 스케줄링 방법론에 대한 세부사항을 다룬다. 간섭관리는 8.6절에서 다루고, 불연속 수신과 관련된 내용은 8.7절에 포함되어 있다. 무선 자원 제어(RRC) 연결관리는 8.8절에서 소개하고, 8.9절에서 요약으로 장을 마무리한다.

8.2 RRM 알고리즘 개요

그림 8.1은 eNodeB의 사용자 평면과 제어 평면 프로토콜 스택과 관련된 개요를 보여주며, 이들이 주요 RRM 관련 알고리즘과 여러 계층에서 해당 매핑이 어떻게 이루어지는지 보여준다. 그림 8.1에서와 같이 eNodeB의 RRM 관련 알고리즘들은 계층 1과 계층 3의 다양한 기능을 활용한다. QoS 관리, 수락제어, 반지속적 스케줄링 등의 계층 3의 RRM 기능들은 주로 새로운 데이터 흐름의 설정과정 동안 실행되기 때문에 반동적 장치들이다. 복합재전송기법(HARQ; Hybrid Adaptive Repeat and Request) 관리, 동적 패킷 스케줄링, 링크적응 등 계층 1과 계층 2의 RRM 알고리즘들은 매 1 ms의 전송시간 간격(TTI; Transmission Time Interval)마다 새로운 활동을 하는 매우 동적인 기능들이다. 따라서 후자의 RRM 기능들은 빠른 동적으로 특징지어진다.

계층 1의 채널 품질 정보(CQI; Channel Quality Indicator) 관리자는 셀의 액티브 사용자들로부터 전달받은 CQI 리포트들과 (다운링크) 사운딩 참조 신호(SRS; Sounding Reference Signal)들을 (업링크) 처리한다. 수신된 CQI 리포트와 SRS는 eNodeB에서 스케줄링 결정을 하기 위해서 사용되며, 각각 다운링크와 업링크에서 링크적응 목적으로 사용된다.

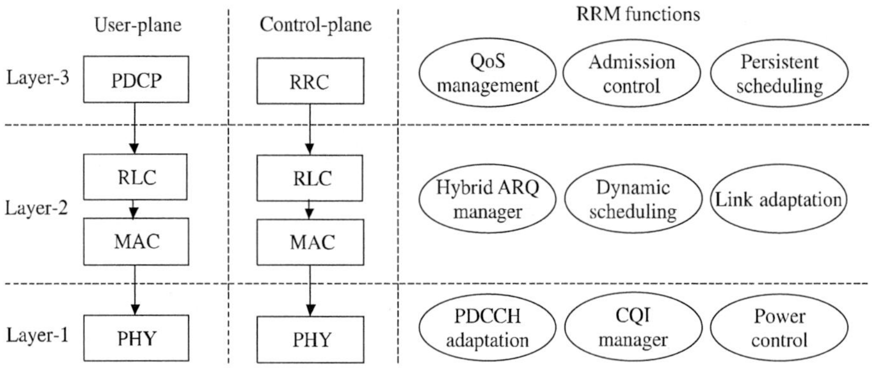

그림 8.1 eNodeB 사용자 평면과 제어 평면 프로토콜 구조 개요와 주요 RRM 기능들과 여러 계층들 사이의 매핑. PHY = Physical layer(물리계층); MAC = Medium access control(매체접근제어); RLC = Radio link control(무선 링크 제어); PDCP = Packet data convergence protocol(패킷 데이터 집합 프로토콜); PDCCH = Physical downlink control channel(물리 하향링크 제어 채널)

이 장에서는 반지속적 스케줄링을 제외한 계층 3과 계층 2의 RRM 기능을 소개한다. 반지속적 스케줄링은 일반적으로 음성 서비스에서 사용되기 때문에 13장의 음성 정보에서 다룬다. 계층 1 기능들은 5장에서 설명하였다.

3GPP는 RRM 관련 신호처리를 명시하지만 네트워크에서 사용되는 실질적인 RRM 알고리즘은 3GPP에 정의되어 있지 않다. 해당 알고리즘들은 판매자 또는 운영자의 선택에 좌우된다.

8.3 수락제어와 QoS 매개변수

eNodeB의 수락제어 알고리즘은 셀 내에서 신규 진화된 패킷 시스템(EPS; Evolved Packet System) 베어러에 대한 요청을 승인할 것인지, 거절할 것인지 결정한다. 수락제어(AC; Admission Control)는 셀의 자원상황, 신규 EPS 베어러의 QoS 요구사항, 우선순위 레벨, 셀의 액티브 세션들에게 현재 제공되는 QoS 등을 고려한다. 신규 요청은 새로운 EPS 베어러의 QoS를 충족시킴과 동시에 셀 내에서 진행 중인 세션들 중 동급 또는 상위 우선순위를 보유한 세션들에 대해서 만족스러운 서비스를 계속 제공할 수 있다고 추정될 때만 승인된다. 따라서 수락제어 알고리즘은 셀의 패킷 스케줄러가 적어도 모든 상위 우선순위를 가진 베어러들에 대해서 약속된 QoS 요구사항을 충족시킬 수 있는 실현 가능한 해법을 제공할 수 있는 경우에만 신규 EPS 베어러를 받아들이는 것을 목표로 한다. 수락제어를 위한 정확한 판단기준과 알고리즘은 eNodeB 판매자에 의해 결정되며 3GPP가 별도로 명시하지 않는다. 한 예로, 직교 주파수 분할 다중 접속(OFDMA) 기반 시스템에서 사용 가능한 판매자에 의해 결정된 수락제어 알고리즘을 [1]에서 언급한다. 마찬가지로, [2]와 [3]에서 소개된 QoS 인지형 수락제어 알고리즘들도 LTE에 적용될 수 있다.

GSM/EPGE 무선 접속 망(GERAN)과 범용 지상 무선 접속 망(UTRAN) 라디오와 같이, 각 LTE EPS 베어러는 관련된 QoS 매개변수들을 가지고 있다. 베어러 내 모든 패킷들은 동일한 QoS 대우를 받는다. 베어러들의 QoS 매개변수들을 동적으로 수정하는 것도 가능하다. 여러 서비스의 다른 QoS 프로파일을 동시에 허용하기 위해서 병렬 베어러를 활성화시키는 것 또한 가능하다. 새로운 베어러는 단말 또는 패킷 코어망에 의해 시작될 수 있다.

EPS 베어러의 QoS 프로파일은 다음 관련된 매개변수들로 구성된다[4].

- 할당 보류 우선순위(ARP; Allocation Retention Priority)
- 업링크와 다운링크의 보장된 비트 속도(GBR; Guaranteed Bit Rate)
- 서비스 품질 분류 식별자(QCI; QoS Class Identifier)

GBR 매개변수는 EPS GBR 베어러들에 대해서만 명시된다. 비 GBR 베어러들에 대해서는 통합적인 최대 비트율(AMBR; Aggregate Maximum Bit Rate)이 명시된다. 1에서 16사이의 정수값을 갖는 ARP 매개변수는 수락제어 결정을 진행할 때 주로 우선순위를 결정짓기 위해 사용된다. QCI는 보다 상세한 QoS 속성으로 향하는 포인터이다. QCI는 계층 2 패킷 지연 설계, 패킷 손실률과 스케줄링 우선순위 같은 매개변수들을 포함한다. eNodeB는 이 매개변수들을 사용하여 무선링크제어(RLC) 프로토콜을 위한 외부 검출 후 재전송 방식(ARQ) 운영지점을 설정할 수 있다. 계층 2 패킷 지연 설계는 eNodeB 패킷 스케줄러에 의해 사용된다. 즉, 특정 head-of-line 패킷 지연 목표를 달성하기 위해 특정 대기 행렬들에게 우선순위를 부여하기 위해 사용된다.

3GPP 규격들은 9개의 다른 QCI와 관련 서비스를 위한 매핑 테이블을 정의한다(표 8.1 참조). 추가적인 QCI 값들은 필요에 의해 그리고 새로 부상하는 서비스에 따라 추후 정의될 수 있다.

각 베어러의 업링크에 대해서 우선순위 비트율(PBR; Prioritized Bit Rate)이라는 추가적인 QoS 매개변수가 명시되어 있다. PBR은 다수의 베어러들을 보유한 단말에서 발생할 수 있는 업링크 스케줄링 기아상태 문제를 예방하기 위해 도입되었다. 무선 베어러들 간에 업링크 자원을 공유할 수 있도록 베어러별로 적용되는 단순한 속도 제어 기능이 도입되었다. 무선자원 제어(RRC)는 각 베어러에게 우선순위와 PBR을 할당하여 업링크 속도 제어 기능을 제어한다. PBR은 반드시 S1을 통해 eNodeB에게 시그널링되는 GBR 매개변수와 관련성이 있는 것은 아니다. 즉, PBR은 비 GBR 베어러들을 위해서도 정의될 수 있다. 업링크 속도 제어 기능은 다음 순서에

표 8.1 EPS 베어러 QoS 프로파일의 QCI 특징[4] [5]

QCI#	Priority	L2 packet delay budget	L2 packet loss rate	Example services
1 (GBR)	2	100 ms	10^{-2}	Conversational voice
2 (GBR)	4	150 ms	10^{-3}	Conversational video
3 (GBR)	5	300 ms	10^{-6}	Buffered streaming
4 (GBR)	3	50 ms	10^{-3}	Real-time gaming
5 (non-GBR)	1	100 ms	10^{-6}	IMS signaling
6 (non-GBR)	7	100 ms	10^{-3}	Live streaming
7 (non-GBR)	6	300 ms	10^{-6}	Buffered streaming, email,
8 (non-GBR)	8	300 ms	10^{-6}	browsing, file download,
9 (non-GBR)	9	300 ms	10^{-6}	file sharing, etc.

따라 단말이 무선 베어러들을 서비스하도록 보장한다.

- PBR까지의 감소하는 우선순위 순서에 따른 모든 무선 베어러
- 나머지 자원에 대해 감소하는 우선순위 순서에 따른 모든 무선 베어러

PBR이 모든 무선베어러(RB)에 대해서 0으로 설정될 경우, 첫 번째 단계는 생략되고 무선 베어러들은 엄격히 우선순위에 따라 서비스된다.

LTE에서 QoS 개념은 10가지 이상의 서로 다른 QoS 매개변수들이 Iu 인터페이스를 통해 교환되는 광대역 부호 분할 다중 접속/고속패킷접속(WCDMA/HSPA)에 비해 단순화되었다. LTE는 터미널 애플리케이션이 요청을 개시할 필요가 없는 네트워크 구동 GBR 베어러도 가능하게 한다. 그러나 회선교환 연결은 불가능하고 음성은 VoIP로 전송되기 때문에 보다 좋은 성능의 QoS에 대한 요구가 LTE에는 있다.

8.4 다운링크의 링크 적응과 스케줄링

동적 패킷 스케줄링과 링크 적응은 셀에서 요구하는 QoS를 제공하는 동시에 높은 주파수 효율을 보장하는 핵심 기능이다. 이 장에서는 일반적인 프레임워크 외에도 구체적인 알고리즘과 애플리케이션들을 소개한다.

8.4.1 계층 2의 스케줄링과 링크 적응 구조

계층 2의 제어하는 RRM 독립체는 동적 패킷 스케줄러(PS; Packet Scheduler)이다. PS는 매 TTI마다 사용자들에게 물리 자원 블록(PRB; Physical Resource Block)과 변조 및 코딩 방식을 포함한 전송 매개변수 할당을 통해 스케줄링 결정을 수행한다. 후자를 링크 적응이라고 한다. 할당된 PRB들과 선택된 변조 및 코딩 방식은 물리 다운링크제어 채널(PDCCH)에서 예정된 사용자들에게 전달된다. 전반적인 패킷 스케줄링 목적은 셀 용량을 최대화함과 동시에 EPS 베어러들의 최소 QoS 요구사항을 충족시키고 엄격한 QoS 요구사항이 없는 최선 노력 베어러들에 대해서도 적절한 자원을 제공하는 것이다. 사용자가 다수의 데이터 흐름을 갖고 있어도 스케줄링 결정은 사용자마다 적용된다. 실제로, EPS 베어러를 보유한 각 액티브 사용자는 최소 두 개의 계층 2 데이터 흐름을 가지고 있다. 하나는 RRC 프로토콜을 위한 제어 평면 데이터 흐름이고, 다른 하나는 한 개 이상의 EPS 베어러들을 위한 사용자 평면 데이터 흐름이다. 각 데이터 흐름은 5비트 논리채널 구분자(LCID; Logical Channel Identification) 항목을 통해 고유하게 구분된다. 특정 사용자에 대해 예약된 전송블록 크기(TBS; Transport Block Size)가 주어졌을 경우, 매체접근제어(MAC) 프로토콜이 각 LCID에서 얼마나 많은 데이터가 전송되어야 하는지 결정한다.

그림 8.2에서 보이는 바와 같이 패킷 스케줄러는 재전송 스케줄링을 담당하기 때문에 복합재전송 기법(HARQ) 매니저와 가까이 연동하면서 동작한다. 다운링크에서 비동기 적응형 HARQ는 각 코드워드에 대해서 8개의 스탑 앤 웨이트(stop-and-wait) 채널로 지원되는데, 이는 스케줄러가 자유롭게 시간 및 주파수 영역에서 보류 중인 HARQ 재전송을 동적으로 할당할 수 있다는

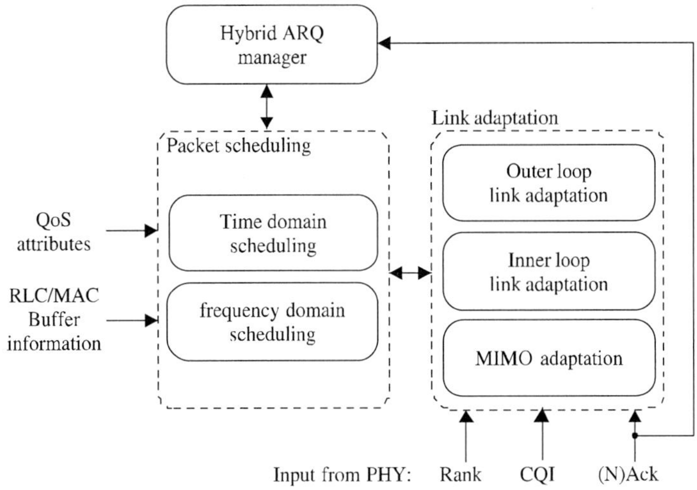

그림 8.2 동적 패킷 스케줄링, 링크 적응, HARQ 관리를 위한 계층 2 기능들

것을 의미한다. TTI마다 패킷 스케줄러는 각 예정된 사용자에게 새로운 전송을 시작할 것인지 보류 중인 HARQ 전송할 것인지 결정해야 한다. 즉, 두 가지를 함께 하는 것은 허용되지 않는다. 링크 적응은 선택된 PRB들에 따라 사용자에게 지원되는 변조 및 코딩 방식에 대한 정보를 패킷 스케줄러에게 알려준다. 링크 적응 유닛은 주로 셀의 사용자들로부터 받는 CQI 피드백에 기반하여 결정을 내린다. 예를 들어, 과거 전송의 HARQ(긍정 또는 부정) 확인응답에 기반하여 첫 전송의 블록 오류 속도를 제어하기 위해 외부 루프 링크 적응 유닛이 적용될 수 있다. 이와 유사한 외부 루프 링크 적응 알고리즘이 고속 하향 패킷 접속(HSDPA)에서 널리 사용되고 있다[8].

8.4.2 주파수 영역 패킷 스케줄링

주파수 영역 패킷 스케줄링(FDPS ; Frequency Domain Packet Scheduling)은 LTE 시스템 용량을 향상시키기 위한 강력한 기법이다. 그림 8.3은 FDPS의 기본 원리를 나타낸다.

FDPS 원리는 원하는 신호(주파수 선택적 페이딩) 또는 간섭(페이딩 또는 일부 다른 셀 부하에 의해)에 대해서 주파수 선택적 파워 변동을 이용하는 것이다. 높은 채널 품질을 갖는 PRB

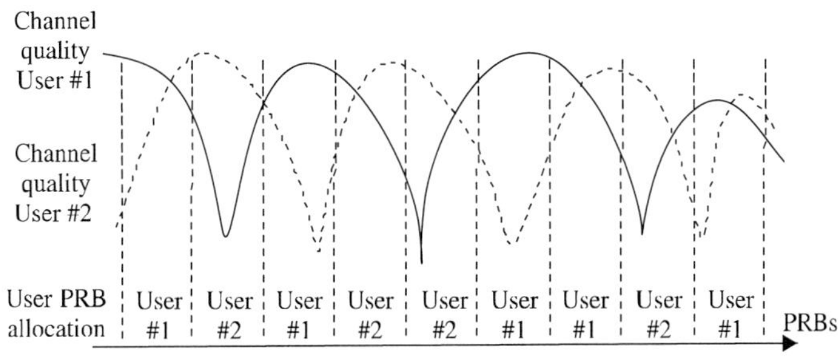

그림 8.3 주파수 영역 스케줄링 원리

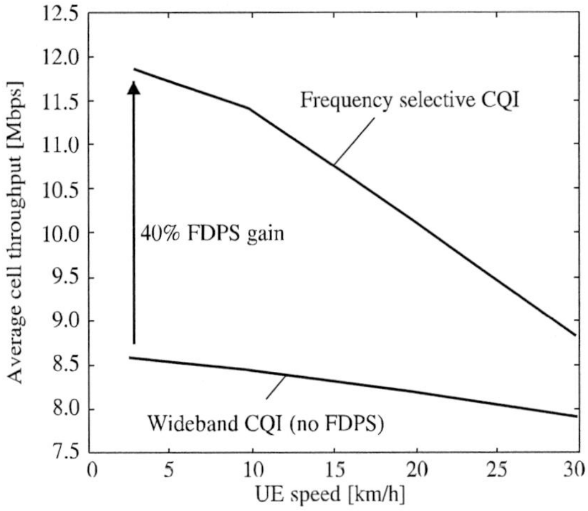

그림 8.4 주파수 영역 패킷 스케줄링(FDPS)의 용량 이득

들에 있는 사용자들만 스케줄링함과 동시에 깊은 페이딩을 경험하는 사용자가 있는 PRB들은 피하는 방식이다. 따라서 높은 FDPS 이득을 달성하는 조건은 무선 채널의 실질적인 상관 대역폭이 시스템 대역폭보다 작아야 한다는 것인데, 5 MHz 이상의 시스템 대역폭을 지닌 셀 방식 매크로 또는 마이크로 셀 설치에서는 일반적인 경우이다.

예를 들어, 그림 8.4는 광범위한 매크로 셀 방식 시스템 레벨 시뮬레이션 대비 단말 속도의 성능 결과를 보여준다. 이 결과를 구하기 위해서 10 MHz 시스템 대역폭, 단일 전송 안테나와 이중 안테나 단말들을 사용한 설정, 간섭 제거 결합, 푸아송 도착 최선 노력 트래픽, 3GPP 협정 시뮬레이션 가정에 따른 그외 다양한 가정이 적용되었다. 평균적인 셀 처리 효율을 보여준다. 단순 광대역 CQI에 대한 결과는 FDPS가 없는 경우에 해당된다. 주파수 선택적 CQI 리포팅에 대한 결과는 비례하는 FDPS를 통해 얻은 것이다. 느리거나 보통의 단말 속도에서는 약 40% FDPS 이득을 달성함을 볼 수 있으나, 높은 단말 속도에서 FDPS 이득은 감소함을 볼 수 있다. 이와 같은 현상이 관찰되는 것은 업링크 CQI 리포팅 지연으로 인해 무선 채널을 정밀하게 추적할 수 없기 때문이다.

시간 영역 스케줄링도 주파수 비선택적 고속 페이딩이 있을 경우 다중사용자 다이버시티 이득을 제공할 수 있다. 이득은 페이딩의 양과 속도에 따라 다르다. 깊은 페이딩이 있을 경우 스케줄러에게 전송을 위한 사용자의 최적화된 선택에 대해서 보다 많은 자유를 준다. 이동속도가 충분히 낮을 경우, 스케줄링은 고속 페이딩을 추적할 수 있다. 따라서 시간 영역 스케줄링 이득은 일반적으로 다음 항목에 따라서 더 낮아진다.

- 페이딩을 감소하는 이동 안테나 다이버시티
- 페이딩을 감소하는 기지국 전송 안테나 다이버시티
- 주파수 다이버시티로 인해 페이딩을 감소하는 큰 대역폭
- 고속이동속도
- 다중경로 다이버시티로 인해 페이딩을 감소하는 다중경로 전파

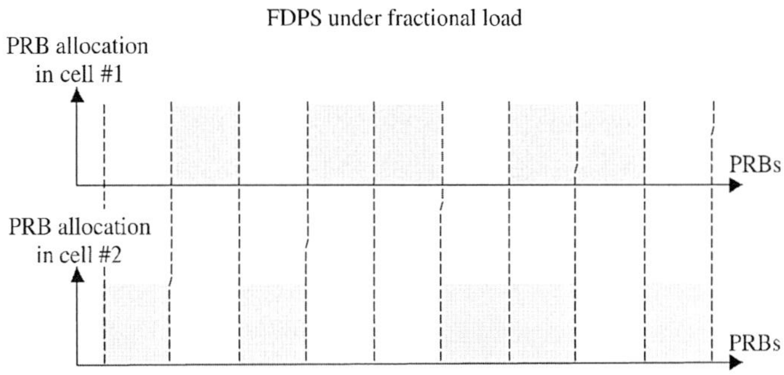

그림 8.5 단편적 부하 상황에서의 주파수 영역 스케줄링 원칙

안테나 다이버시티는 LTE 단말의 기본 기능이고 LTE는 큰 대역폭을 사용하기 때문에 LTE에서 시간 영역 스케줄링 이득은 상대적으로 낮다.

전 주파수 재사용[9] 동작으로 주파수 효율을 최대화시키더라도, 셀 사용자들을 위해 eNodeB에 소량의 데이터만 있다면 시스템은 단편적 부하 모드로 동작을 시작할 수 있다. 이 같은 상황이 발생할 경우, eNodeB에 버퍼링된 데이터는 필요한 수의 PRB들에게만 전송되며 다른 PRB들은 조용해진다. 즉, 전송을 하지 않는다. 이와 같은 단편적 부하 상황에서도, 패킷 스케줄러는 CQI 피드백을 기반으로 가장 높은 채널 품질을 가진 PRB들을 선택하고자 한다. 간단한 두 셀 예제인 그림 8.5에서와 같이 두 셀 사이의 PRB 할당 전략이 일치하게 하며, 이들은 셀간 간섭을 최소화시키기 위해 상호 보완적인 PRB 세트 할당을 목적으로 하게 된다. 한 예로, [10]은 CQI 지원 스케줄링을 사용하여 3섹터 네트워크를 25% 단편적 부하로 운영함으로써 평균적으로 볼 수 있는 신호 대 간섭 및 잡음비(SINR)가 최대 부하와 비교하여 10 dB 개선됨을 보여준다. 10 dB 향상은 블라인드 스케줄링이 적용된 25% 단편적 부하 사용시 예상되었던 6 dB 향상(즉, 4배수로 감소된 부하가 6 dB에 해당됨)과 비교되어야 한다. 단편적 부하 아래 CQI 지원 스케줄링 방식은 잘 알려진 이더넷 프로토콜의 반송자 감지 할당과 비슷하다. 이 경우 명시적 부하 정보가 X2 인터페이스를 통해 공유되지는 않았다.

8.4.3 시간과 주파수 영역 결합 스케줄링 알고리즘

그림 8.6은 [7]에서 제안된 3단계 패킷 스케줄링 구현을 나타낸다. 첫 단계는 TTI 동안 잠재적 스케줄링을 위해 최대 N 사용자들을 선택하는 시간영역 알고리즘으로 구성된다. 시간영역 스케줄러는 다음과 같은 조건의 사용자들만 선택한다: (i) 전송 보류 중인 데이터가 있는 사용자들, (ii) 다음 TTI에 예약이 설정된 사용자들, 즉 불연속 수신 모드로 설정된 사용자들을 제외한

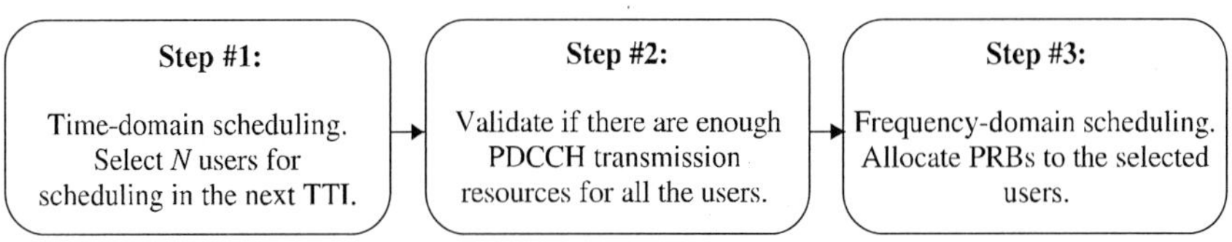

그림 8.6 3단계 패킷 스케줄링 알고리즘 프레임워크의 예

사용자들. 시간영역 스케줄러는 선택된 각 N 사용자들에 대해 우선순위를 적용한다. 두 번째로는 시간영역 스케줄러가 선택한 모든 사용자들을 스케줄링할 수 있는 충분한 제어채널 용량이 있는지 확인하기 위해 제어채널 스케줄 확인을 한다. 이것은 선택된 각 사용자들에 대해 안정적인 물리 다운링크 제어 채널(PDCCH) 전송을 하기 위해서 처음 3 직교 주파수 분할 다중화(OFDM) 심벌 동안 충분한 전송 자원이 있는지 확인하는 것을 의미한다. 충분한 자원이 확보되지 않을 경우 N 사용자들의 일부분만 주파수 영역 스케줄러로 전달된다. 제어채널 혼잡이 발생할 경우 시간 영역 스케줄러가 할당한 우선순위가 가장 낮은 사용자들이 차단한다. 보류중인 HARQ 재전송이 있는 사용자들에게는 우선권이 주어질 수 있다. 마지막으로, 주파수 영역 스케줄러가 남은 사용자들을 어떻게 사용 가능한 PRB들로 스케줄링할 것인지 결정한다. 이 방식은 fully joint 시간과 주파수 영역 패킷 스케줄링 방식과 비교하여 매우 낮은 복잡도로 유사한 성능을 제공한다. 이는 주파수 영역 스케줄러가 PRB에 대한 다중화를 사용자들 일부만 고려하면 되기 때문이다.

TTI 당 스케줄된 사용자의 수가 셀 당 스케줄이 가능한 사용자의 수보다 적을 경우 시간 영역 스케줄러는 QoS 제어의 주요 도구가 되며, 주파수 영역 스케줄러 태스크는 무선 채널 인지 다중 사용자 주파수 다이버시티 스케줄링으로부터 이득을 보는 것이다. HSDPA의 전반적인 스케줄링 QoS 개념(예를 들어 [11]과 [12])은 대다수의 LTE 시간 영역 스케줄러 부분에 적용될 수 있도록 일반화될 수 있음을 의미한다. 따라서 [13]의 장벽 함수 기반 스케줄러, [14]와 [15]의 필수 활동 감지를 포함한 QoS 인지 스케줄러, 그리고 [16]과 [17]의 일반화된 지연 인지 스케줄러는 모두 LTE 시간 영역 스케줄러와 관련이 있다. 마찬가지로, 잘 알려진 비례적 공정 방식 스케줄러(다른 것들과 함께 [18]과 [19]에서 학습함)는 OFDMA 기반 시스템을 위해 [20], [21] 그리고 [22]에서 논의한 바와 같이 확장될 수 있다.

주파수 영역 스케줄러는 PRB들을 시간 영역 스케줄러가 선택한 사용자들에게 할당한다. 전반적인 목적은 가용한 PRB들을 선택된 사용자들에게 할당하여 다중 사용자 주파수 영역 패킷 스케줄러(FDPS)의 혜택을 최대화시키고 일정 수준의 공정성을 보장하는 것이다. 주파수 영역 스케줄러는 새로운 통신을 해야 하는 사용자들과 보류 중인 HARQ 재전송이 있는 사용자들에게 PRB들을 할당하는 것을 책임진다. 그러나 같은 TTI에서 동일한 사용자에게 새로운 데이터와 보류 중인 HARQ 재전송을 동시에 스케줄링하는 것은 불가능하다. 보류 중인 HARQ는 일반적으로 원래 전송과 같은 PRB들의 개수를 사용하여 스케줄링된다. HARQ 재전송은 혼합된 이득을 발생시키므로 일반적으로 해당 재전송을 최상의 PRB들에게 할당하는 것은 중요하지 않다. 이와 같은 주장으로 인해 그림 8.7에 요약된 주파수 영역 스케줄링 프레임워크를 제안하게 되었다[7]. 1단계에서는 주파수 영역 스케줄러가 시간 영역 스케줄러가 선택한 사용자들을 위한 보류 중인 HARQ 재전송의 스케줄링을 위해 요구되는 PRB들의 개수(Nre로 표기)를 계산한다. 물리 다운 링크 공용 채널(PDSCH) 전송을 위해 NrePRB들이 제공된다고 가정할 때, 새로운 데이터를 가진 사용자들은 최상의 Ntot-NrePRB들을 2단계에서 할당받는다. 마지막으로, 나머지 Nre PRB들은 보류중인 HARQ 재전송을 보유한 사용자들에게 할당된다. 이 프레임워크는 HARQ 재전송에 우선권을 제공(즉, HARQ 지연을 줄임)함과 동시에 가장 좋은 PRB들을

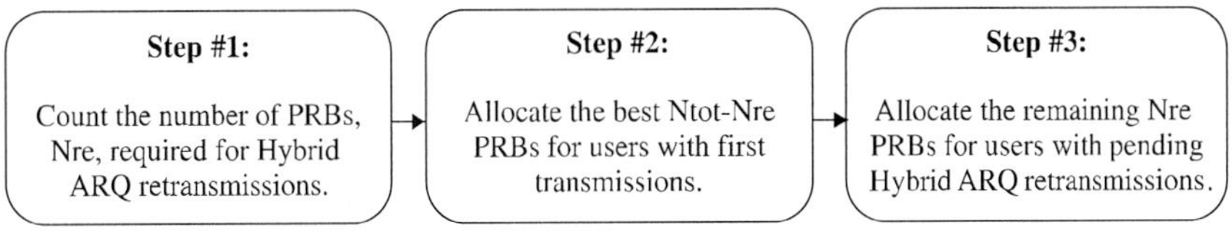

그림 8.7 HARQ 인지 주파수 영역 패킷 스케줄링

새로운 데이터를 전송해야 하는 사용자들에게 할당함으로써 채널 용량을 최대화 시키는 이점을 제공한다. 후자는 HARQ 혼합 이득의 이점으로 인해 체감 채널 품질이 덜 중요시되는 HARQ 재전송 시나리오를 위한 매력적인 해법이다. 높게 제한된 시나리오 범위에서 두 번째 전송을 위한 채널 품질을 최대화시키는 것은 중요하지만 그림 8.7의 2단계와 3단계는 바뀔 수 있다. 2단계와 3단계에서 고려된 사용자들에게 PRB들을 할당하는 정확한 알고리즘은 [20], [7], [22]에서 논의된 단순한 다이버시티 스케줄러, 비례적 공정 방식 또는 최대 처리량 스케줄러들의 수정된 버전일 수 있다. FDPS의 최대 혜택을 보기 위해 고려대상 사용자들이 완전한 부대역 보고 또는 평균 best-M과 같은 주파수 선택적 CQI 보고를 보고하도록 설정되어 있어야 한다(CQI 기법과 관련하여 5장 참고).

8.4.4 MIMO와 패킷 스케줄링

다중 안테나 전송, 두 개의 송·신 안테나를 가진 다중안테나 방식(MIMO)은 할당된 PRB에서 가상 스트림을 통해 사용자에 대해 한 개의 전송 블록 또는 두 개의 독립적으로 부호화된 블록을 사용할 수 있다. 부호화된 전송 블록은 코드워드라고 하기도 한다. 독립적으로 부호화된 두 개의 전송 블록 전송을 위해 MIMO 무선 채널의 랭크가 최소 2이어야 한다. 후자의 경우, 사용자로부터 받는 CQI 피드백은 eNodeB 링크 적응 유닛이 두 개의 독립적인 전송 블록들을 위해 여러 변조 및 부호화 기법을 선택 가능하게 하는 정보를 포함한다. 각 코드워드에 대해 별도의 확인응답이 전송되어 두 스트림에 대한 링크 적응과 HARQ가 분리되도록 한다. eNodeB는 스케줄링된 사용자의 CQI와 랭크 표시 피드백에 따라 동적으로 한 개 또는 두 개의 코드워드 전송으로 전환할 수 있다. 간단한 경험법칙으로, 랭크 2의 2×2 MIMO 링크를 통해 두 개의 독립적인 전송 블록을 전송하려면 평균 신호 대 간섭 및 잡음비(SINR)는 약 12 dB 이상이어야 한다. 패킷 스케줄링 관점에서 볼 때, 패킷 스케줄러는 두 스트림을 위해 지원되는 전송 블록 크기(TBS)에 대해 알고 있음에도 불구하고 단일 사용자 MIMO 기능은 링크 적응 유닛의 일부로 부분적으로 감춰져 있다. 진화된 MIMO가 사용되고 있는지와 상관없이 여러 QoS 인지 패킷 스케줄링 알고리즘은 모두 동일하게 적용될 수 있다. [23]은 OFDMA를 위한 MIMO 기법에 대한 일반적인 내용을 소개한다.

LTE는 두 사용자가 동일한 PRB에 스케줄링되어 적절한 안테나 전송 무게를 적용하여 각 사용자에게 하나의 독립적으로 부호화된 전송 블록을 전송하게 되는 다중 사용자 MIMO 전송 또한 지원한다. 두 사용자에게 좋은 수신 SINR을 제공하기 위해 두 안테나 전송 무게는 직교 벡터를 형성해야 하는 것과 동시에 매칭되어야 한다. 매력적인 다중 사용자 MIMO를 위해서는 (즉, 두 사용자에게 제공되는 처리량의 합을 최대화 하기 위해서는) 안테나 전송 무게의 선택이 시간 및 주파수 영역에서 정확해야 한다. 후자의 경우 동일한 PRB에서 전송을 위해 짝을 이룬 사용자들이 공통 단기 무선 채널 특정에 따라 유동적으로 선택되는 조율된 패킷 스케줄링 조치가 요구된다. 따라서 다중 사용자 MIMO 기법의 사용은 패킷 스케줄러의 복잡성을 높이고 보다 많은 제어 시그널링(PDCCH)을 요구한다.

8.4.5 다운링크 패킷 스케줄링 그림 설명

이 절에서는 LTE 다운링크 패킷 스케줄링의 성능결과를 소개한다. 먼저 네트워크 에뮬레이션 도구를 사용하여 기본 패킷 스케줄링, 이동 속도와 안테나 설정이 셀과 사용자 처리량에 미치는 영향을 나타낸다. 이 절 뒷부분에는 다중 셀과 다중 QoS 단말 클래스를 사용하여 동적 시스템 레벨 시뮬레이션을 실시함으로써 셀 처리량과 셀 용량에 대한 QoS의 영향을 평가한다.

그림 8.8과 8.9는 패킷 스케줄링, 이동 속도와 안테나 설정이 셀과 사용자 처리량에 미치는 영향을 나타낸다. 측정 데이터는 LTE 네트워크 에뮬레이션 도구로부터 받은 것이다. 그림 8.8

셀 처리량

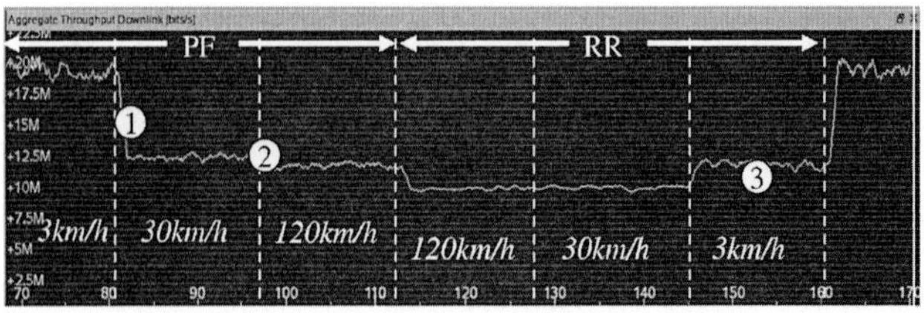

① = 스케줄링 이득이 줄어들기 때문에 이동속도가 3~30 km/h로 증가할 경우 셀 처리량에 큰 영향을 미침
② = 이동속도가 30~120 km/h로 증가했을 때의 영향은 미미함
③ = 3 km/h에서 보다 정확한 링크 적응으로부터의 이득

그림 8.8 여러 스케줄러와 이동속도를 사용한 다운링크 셀 처리량 예

셀 처리량

사용자 처리량

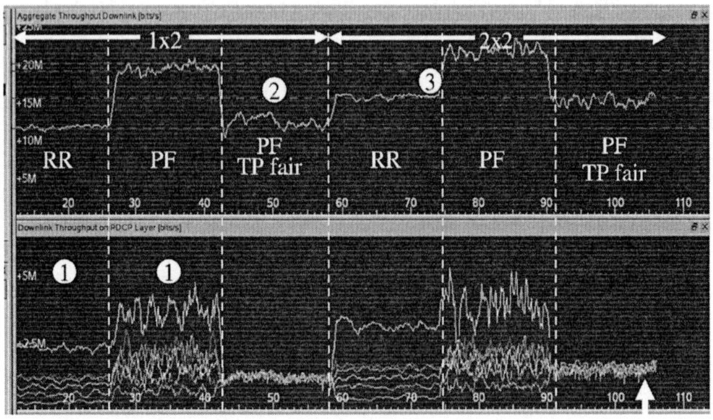

① = 공정 자원 스케줄링
② = 공정한 처리량은 셀 처리량을 감소함
③ = 2×2 MIMO는 1×2에 대해 비례적 공정 방식을 사용했을 때 보다 순환 순서 방식을 사용하였을 때 더 많은 이득을 제공함

그림 8.9 여러 안테나 설정과 다양한 스케줄러를 사용한 다운링크 셀 처리량과 사용자 처리량 예

은 비례적 공정 방식 스케줄러와 3, 30 그리고 120 km/h 순차 순환 대기 방식 스케줄러를 사용한 셀 처리량을 나타낸다. 가장 높은 셀 처리량은 3 km/h일 때 비례적 공정 방식 스케줄러를 통해 얻을 수 있다. 이동속도가 30 km/h로 증가할 경우 피드백이 빠른 페이딩을 따라올 수 없기 때문에 처리량은 상당히 줄어들고 주파수 영역 스케줄링 이득을 잃어버린다. 이동속도를 120 km/h로 증가하는 것은 용량에 적은 영향을 미친다. 순환 순서 방식 스케줄러는 낮은 셀 처리량을 가지며 이동속도에 덜 민감하다. 링크 적응이 3 km/h일 때 보다 정확하게 동작하기 때문에, 30과 120 km/h와 비교하여 3 km/h일 경우 순환 순서 방식 스케줄러 사용시 용량 증가를 볼 수 있다. 120 km/h에서 비례적 공정 방식과 순환 순서 방식의 용량 차이는 적으나, 속도가 낮아질수록 증가한다.

그림 8.9는 1 × 2 설정(eNodeB에 한 개의 송신 부분과 단말에 두 개의 수신 부분)과 3 km/h 2 × 2 MIMO일 때 셀과 사용자 처리량을 나타낸다. 순환 순서, 동일 자원 스케줄링 비례적 공정 방식 그리고 동일 처리량 비례적 공정 방식의 세 종류의 스케줄러가 소개되어 있다. 동일 자원 스케줄링 비례적 공정 방식은 두 안테나 설정에서 셀과 사용자 처리량을 모두 증가시킨다. 비례적 공정 방식의 상대적 이득은 1 × 2에서 모두 높다. 이 안테나 설정은 2 × 2 MIMO보다 낮은 다이버시티를 가지며 보다 많은 페이딩을 경험한다. 보다 많은 페이딩은 스케줄러가 전송을 최적화할 수 있도록 보다 많은 자유를 제공한다. 처리량 공정 스케줄링은 모든 사용자들에게 동일한 처리량을 제공한다. 그러나 셀 처리량은 자원 공정 스케줄링에 비해 크게 줄어든다. 셀 경계 사용자들은 처리량 공정 스케줄링을 통해 보다 높은 처리량을 받으며, 좋은 위치에 있는 사용자들은 자원 공정 스케줄링을 통해 보다 높은 처리량을 받는다.

다음으로, QoS 인지 패킷 스케줄러의 설계와 성능 및 전부하 상태의 셀 처리량과 셀 용량의 QoS 영향을 살펴본다. 여기서 우리는 QoS 제약이 없는 최선 노력 트래픽(단순한 파일 다운로드로 모델링)과 엄격한 GBR QoS 제약을 갖는 고정비트율(CBR) 애플리케이션의 트래픽 조합을 고려한다. 다음 소개되는 결과들은 1 × 2 간섭 제거용 합성(IRC; Interference Rejection Combin-

표 8.2 LTE의 QoS 인지 패킷 스케줄러 예

Scheduler	Time domain scheduling metric, M_n	Frequency domain scheduling metric, $M_{n,k}$
(TD) QoS PS \	Required Activity Detection (RAD) [14], [15]	Proportional Fair scheduler (PFsch) [21]
	$\frac{D_n}{\overline{R}_n} \cdot \left(\frac{GBR_n}{\overline{R}_{sch,n}} + Share_n \cdot ExcessCap \right)$	$\frac{d_{n,k}}{\overline{R}_{sch,n}}$

D_n = 사용자 n의 즉각적 광대역 달성 처리량
$\overline{R}_n$ = 사용자 n의 과거 평균 처리량
$d_{n,k}$ = PRB k에서 사용자 n의 즉각적 달성 처리량
$\overline{R}_{sch,n}$ = 사용자 n이 TD 스케줄러에 의해 선택되는 TTI들을 통한 과거 평균 처리량
GBR_n = 사용자 n의 보장된 비트 속도
$ExcessCap$ = 초과용량(즉, 최소 QoS를 만족한 후 남는 용량)
$Share_n$ = 사용자 n의 초과용량을 공유

ing) 안테나, 10 MHz 시스템 대역폭 그리고 국부적 송신을 사용하여 얻었다.

시간영역 패킷 스케줄러는 서비스 및 사용자 구별 측면에서 QoS 구별을 쉽게 하는 주요 개체이다. QoS 인지 패킷 스케줄러는 표 8.2에 나타나 있다. 제안된 스케줄러는 간소화를 위해 보장된 비트 속도(GBR) 인지로 제한한다. 특정 사용자를 위한 예측된 필요 활동 레벨에 따라 조정된 비례적 공정 방식 스케줄러의 수정된 버전에 기반한 GBR 인지 시간 영역 계측을 사용한다. 이와 같은 필수 활동 감지(RAD; Required Activity Detection) 스케줄러는 GBR 사용자들을 서빙함으로써 사용되는 용량을 동적으로 추정하고, 초과용량이라고 하는 나머지 부분을 원하는 방침을 적용하여(예; QoS 클래스 구체적 공유 설정) 공유할 수 있다. 주파수 영역 스케줄러는 비례적 공정 스케줄러(PFsch; Proportional Fair Scheduler)라고 하는 비례적 공정 방식 계측의 수정에 기반한다. 시간 영역 비례적 공정 방식과 유사하게, PFsch 스케줄러는 무선 채널 인지 다중 사용자 주파수 다이버시티로부터 기회적으로 혜택을 볼 수 있게 설계되었으며, 사용자들 간 자원 공정성을 제공함과 동시에 주파수 효율을 최대화시키는 것을 목적으로 한다. 이 스케줄러는 주파수 영역 스케줄러의 행동을 시간 영역 스케줄러 결정으로부터 분리하며, 반대도 마찬가지이다[21]. 실제로 시간 및 주파수 영역 결합은 시간과 주파수 영역 계측이 동일 피드백에 기반한(예를 들어, 과거 평균 처리량) 활동과 주파수 자원의 할당을 수행할 때마다 발생한다. 사용자가 높은 활동률을 할당 받았으나 낮은 주파수 자원을 배당받거나, 이 반대의 경우에도 결합은 상반되는 결정을 이끌어낼 수 있다.

그림 8.10은 표 8.2에 설명된 QoS 패킷 스케줄러의 성능을 보여준다. 환경은 3GPP 마크로

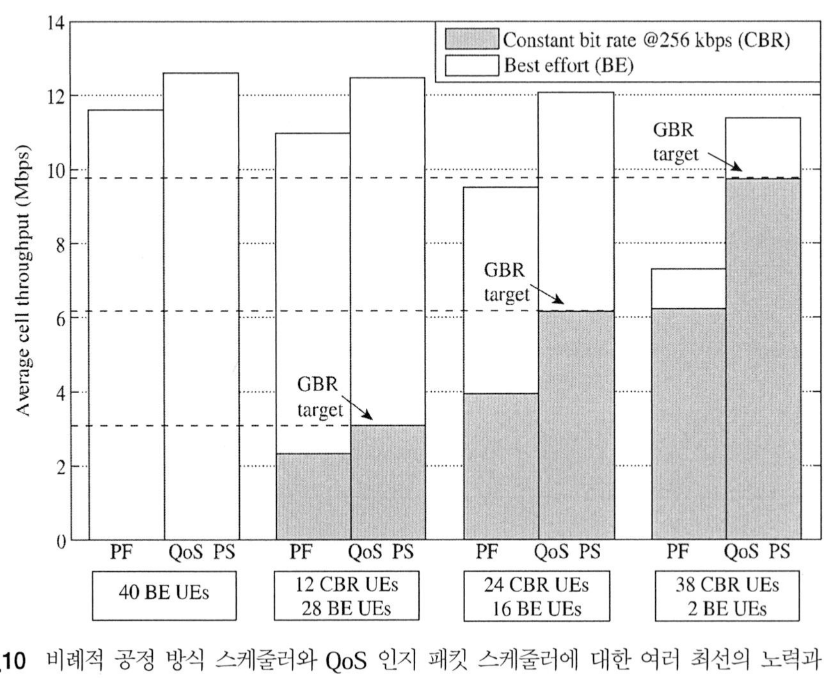

그림 8.10 비례적 공정 방식 스케줄러와 QoS 인지 패킷 스케줄러에 대한 여러 최선의 노력과 CBR 트래픽 조합의 평균 셀 처리량(표 8.2 참조)

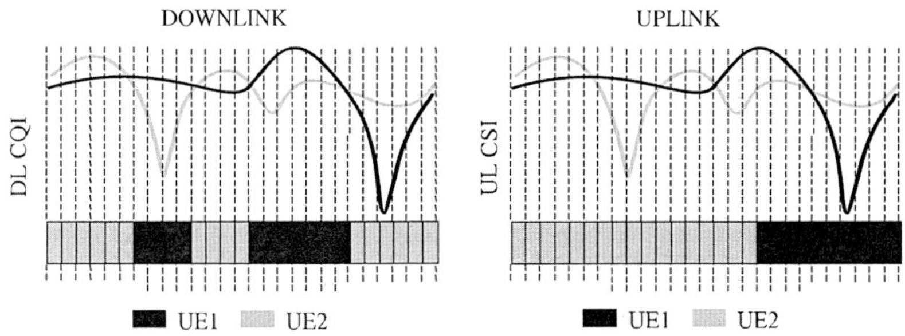

그림 8.12 업링크에서 주파수 영역 패킷 스케줄링에 대한 단일 반송파 제약을 보여주는 예

신이 원하는 신호 경로의 채널 상태 정보에 기반한다.

5. TTI n의 PDCCH에 전송된 업링크 허용은 TTI $n+4$에서의 업링크 전송을 의미한다. 이 4 ms의 지연은 단말에서의 PDCCH 복호화 및 처리시간에서 비롯되며 업링크에서 링크 적응 및 채널인지 패킷 스케줄링의 한계를 나타낸다. 보다 상세한 내용은 5장의 PDCCH 물리계층 설명을 참고하길 바란다.

업링크 무선자원관리(RRM) 기능 간의 상호작용 개요를 그림 8.13에 나타내었다. 다운링크와 관련하여 업링크 빠른 적응 변조와 코딩, 그리고 주파수 영역 패킷 스케줄러 모두 주파수 선택적 채널 상태 정보(CSI; Channel State Information)에 의존한다. 업링크 채널 상태 정보는 단말

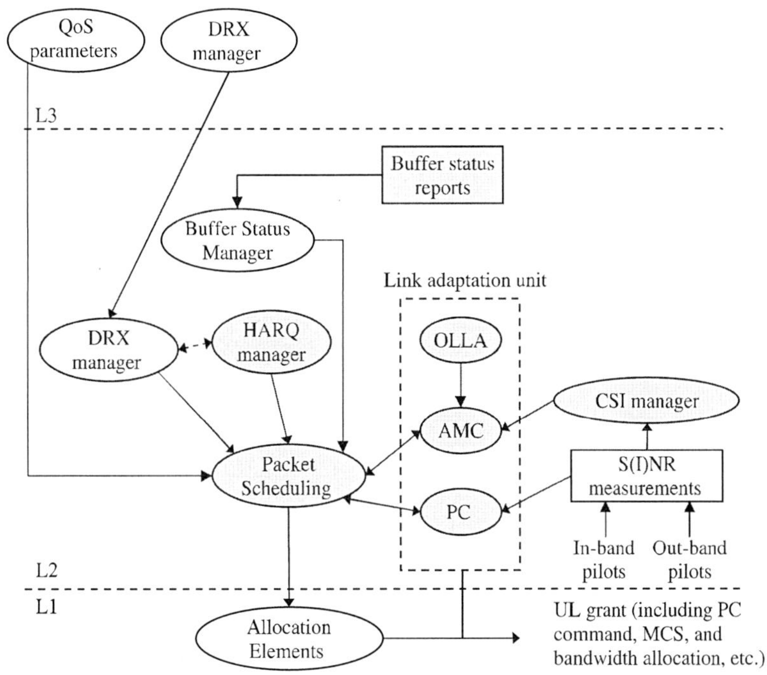

그림 8.13 패킷 스케줄링, 링크 적응 유닛, 그리고 기타 업링크 RRM 기능 간의 상호작용

이 전송하는 사운딩 참조 신호(SRS)에 기반하여 예측된다. 업링크 RRM 기능의 핵심은 패킷 스케줄러 간의 상호작용으로 적응 가변형 전송 대역(ATB; Adaptive Transmission Bandwidth)과 일명 링크 적응(LA; Link Adaptation) 유닛이라는 것을 포함한다. LA 유닛은 전력제어(PC; Power Control), 적응 변조 및 코딩 그리고 외부 루프 링크 적응(OLLA; Outer-Loop Link Adaptation)을 포함한다. 버퍼 상태 보고와 스케줄링 요청은 업링크 스케줄러 핵심 입력의 일부이다.

업링크 동적 패킷 스케줄러와 적응 변조 및 코딩 사이의 상호작용-적응 변조 및 코딩 기능은 특정 전송 대역폭과 관련하여 특정 사용자의 채널 상태에 대한 정보를 패킷 스케줄러에게 제공하는 책임을 가진다. 이런 관점에서 적응 변조 및 코딩 기능은 업링크 패킷 스케줄러와 업링크 채널 상태 정보 관리자 사이의 연결고리 역할을 한다. 업링크 채널 상태 정보 관리자는 업링크 SRS 전송에 기반하여 업링크 상태 정보를 수집한다. 빠른 적응 변조 및 코딩은 업링크 패킷 스케줄러가 특정 업링크 대역을 해당 단말에게 할당한 후, 가장 적합한 변조기법과 채널 코딩 기법(MCS)을 선택하는 역할도 수행한다.

패킷 스케줄러와 전력제어 사이의 상호작용-LTE 업링크 전력제어의 주요 범위는 셀 간 간섭을 제한함과 동시에 QoS 제약, 셀 부하 및 단말 전력능력에 기반한 최소 SINR을 존중하는 것이다. 단말에서 업링크 송신전력은 다음 표준화된 공식에 기반하여 설정된다[26].

$$P_{PUSCH} = \min\{P_{MAX}, 10\ log_{10}(M_{PUSCH}) + P_{0\_\mathrm{PUSCH}} + \alpha \cdot PL + \Delta_{MCS} + f(\Delta_i)\}\ [\mathrm{dBm}] \quad (8.2)$$

여기서 P_{MAX}는 최대 허용 전력이며 단말 전력 클래스에 달려있다. M_{PUSCH}는 물리 업링크 공용 채널(PUSCH; Physical Uplink Shared Channel)에 할당된 PRB의 개수이고, PL은 단말이 측정한 다운링크 경로 감쇄(거리에 따른 경로 감쇄, 음영 및 안테나 이득 포함), P_{0_PUSCH}, α, 그리고 MCS는 전력제어 매개변수이며, $f(\Delta_i)$는 eNodeB가 전송한 닫힌 루프 전력제어 수정이다[26].

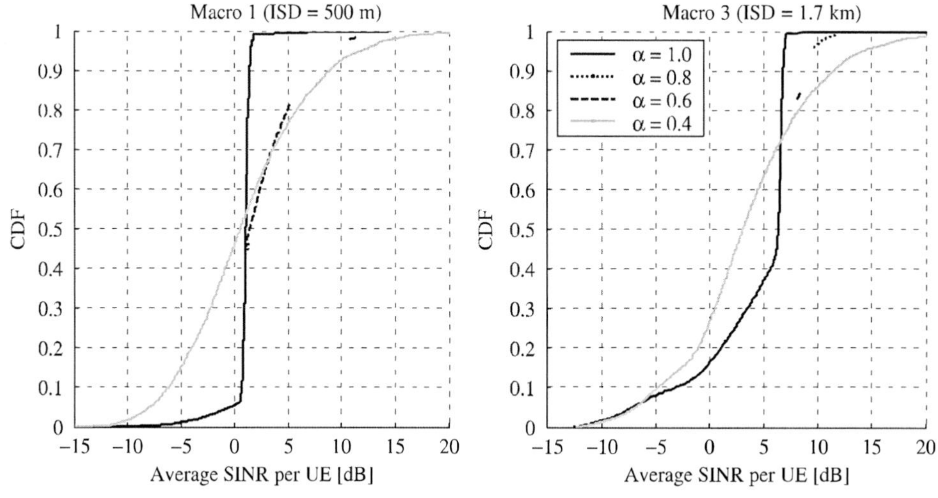

그림 8.14 여러 전파 시나리오와 값에 대한 사용자 당 평균 SINR의 CDF[27]

그림 8.14[27]는 식 (8.1)에서 $\Delta_{MCS}=0$과 $f(\Delta I)=0$을 가정하고 얻었다. 이것은 업링크 SINR의 배포가−따라서 시스템 성능이−전력제어 매개변수와 전파 시나리오에 달려 있음을 볼 수 있다. 일반적으로 업링크 전력제어는 사용자가 작동하게 되는 평균 SINR 지역을 결정하고, 이는 다운링크의 기하학적 요소와 유사하다. 단말은 할당된 전송 대역폭에 따라 전력비례를 수행하므로, 할당된 전송 대역폭이 단말 전역 기능을 초과하지 않도록 하기 위해 패킷 스케줄러는 단말 전송전력 스펙트럼 밀도 정보를 필요로 한다. 이와 관련 전력 여유상태 보고가 LTE 업링크를 위해 표준화되었으며 이는 8.5.3.1절에서 자세히 다룬다.

외부 루프 링크 적응과 적응 변조 및 코딩 사이의 상호작용−이미 언급된 바와 같이 적응 변조 및 코딩 기능은 두 가지 과제를 책임진다: (i) 패킷 스케줄러와 채널 상태 정보 관리자 사이의 연결고리 제공, (ii) 업링크 패킷 스케줄러가 선택된 업링크 대역에서 전송을 위해 사용할 가장 적합한 MCS의 선택. 이 과제들을 수행하기 위해서 적응 변조 및 코딩 기능은 채널 상태 정보 관리자로부터 채널 상태 정보를 SINR 또는 MCS와 대응시켜야 한다. 이 기능은 다운링크와 유사하다. OLLA의 기본 목적은 채널 상태 정보 관리자 출력의 채널 상태 정보에서 발생하는 체계적인 오류에 대해 보상하여 패킷 스케줄러와 적응 변조 및 코딩이 올바르게 수행할 수 있게 하는 것이다.

8.5.1 업링크의 빠른 링크 적응과 패킷 스케줄링 지원을 위한 신호

LTE 업링크의 빠른 링크 적응과 채널 인지 스케줄링은 사운딩참조신호(SRS) 측정에 기반한 주파수 선택적 채널상태 정보의 제공여부에 크게 의존한다. 또한 업링크 전송 버퍼는 단말에 위치하기 때문에 버퍼 상태 정보 역시 업링크로 전송되어야 한다. 또한 업링크 패킷 스케줄러(특히 빠른 적응가변형 전송대역(ATB) 기능)에게 얼마나 최대 전력 능력에 근접하게 동작하고 있는지 알려주기 위해 사용자는 전력 여유 상태 측정을 보고해야 한다. 5장에서 SRS 물리계층 상세정보를 다루었으며, 여기서는 LTE 업링크 단말 발신 측정 개념의 RRM 측면이 먼저 간단히 소개되며, 업링크 스케줄링 정보(즉, 버퍼 상태와 전력 여유 상태 보고)의 전송에 대해서도 다룬다.

8.5.1.1 사운딩참조신호(SRS; Sounding Reference Signals)

업링크 사운딩 개념은 '언제 그리고 어떻게' 업링크 SRS가 전송되는지 판단한다. 따라서 사운딩 개념과 매개변수는 업링크 SRS 측정의 정확도에 영향을 크게 미치며, 결과적으로 업링크 링크 적응과 패킷 스케줄러의 성능에도 영향을 미친다. 업링크 RRM 관점에서 볼 때, 가장 중요한 사운딩 매개변수는 다음과 같다[28].

- SRS 대역폭: 업링크 SRS의 송신 대역폭을 의미한다. SRS 대역폭은 무선자원 제어(RRC)를 통해 반정적으로 시그널링된다.
- SRS 주기와 시간 오프셋: 시스템 프레임 번호 모듈로 숫자와 한 단말의 SRS 주기성을 나타낸다. SRS 주기와 시간 오프셋은 RRC를 통해 반정적으로 시그널링된다. 3GPP는 eNodeB가 단말 단위로 SRS 전송을 정지시킬 수 있도록 표준화하였다.

- SRS 길이 : 단말이 업링크 SRS를 얼마 동안 전송하고 있어야 하는지 나타낸다. SRS 길이 역시 RRC를 통해 반정적으로 시그널링된다.
- 전송 조합, 상관값 0인 일정 진폭 코드(CAZAC; Constant Amplitude Zero Autocorrelation) 시퀀스 인덱스와 순환 자리 이동 : 동일한 전송 대역폭을 사용하여 업링크 SRS를 전송하는 사용자들 간 직교성을 보장하기 위해 필요하다(5장 참조). LTE 업링크에서는 최대 셀당 6개의 단말들이(6 UEs/cell) 서로 간섭없이 같은 SRS 대역폭을 공유할 수 있다.
- SRS 부대역 호핑 시퀀스 : 예를 들어, SRS 대역폭이 스케줄링을 위한 사용 가능한 대역폭보다 훨씬 좁을 경우 호핑 시퀀스를 결정한다.

정확하고 최신 채널 상태 정보를 제공하기 위해서 활성 사용자들에게 제한된 SRS 자원을 분배하는 것은 업링크 RRM의 담당 작업이다. 예를 들어, 일반적으로 측정 정확도와 SRS 대역폭(특히 전력제한 사용자들) 사이에는 교환조건이 있다. SRS 대역폭이 좁을수록, 측정 정확도는 올라간다[29]. 반면, 스케줄링 가능한 대역폭 전체를 측정하기 위해서는 다수의 협대역 SRS 전송이 요구된다. 따라서 SRS 주기성과 부대역 도약이 올바르게 설정되지 않을 경우, 채널 상태 정보는 상대적으로 옛 정보가 될 수 있다. 업링크 RRM 기능의 또 다른 역할은 어떤 사용자들이 같은 시간 및 주파수 자원을 가지고 SRS들을 전송해야 할지를 결정하는 것이다. 이들의 직교성은 여러 단말로부터 수신한 전력 레벨에 크게 의존하기 때문이다.

8.5.1.2 버퍼 상태 보고

업링크 패킷 스케줄러에게 단말에 버퍼링된 데이터에 대해 알려주기 위해 버퍼 상태 정보는 업링크에 보고된다. LTE는 서로 다른 스케줄링 우선순위를 갖는 데이터를 구분할 수 있는 버퍼 상태 보고 메커니즘을 소개한다. LTE 버퍼 상태 보고 메커니즘은 기본적으로 생성과 보고의 두 단계로 구분된다.

생성

버퍼 상태 보고(BSR; Buffer Status Report)는 다음 이벤트들에 의해 발생된다[30].

- 업링크 데이터가 단말 전송 버퍼에 도달하고, 그 데이터가 단말 전송 버퍼에 이미 존재하는 다른 데이터보다 높은 우선순위의 무선 베어러(논리채널) 그룹에 소속되어 있을 경우이며, 새로운 데이터가 빈 버퍼에 도착하는 경우도 포함한다. 이를 '정상 BSR'이라고 한다.
- 업링크 자원이 할당되고 패딩 비트의 수가 BSR MAC 제어 요소의 크기보다 클 경우를 '패딩 BSR'이라고 한다.
- 서빙 셀 변화가 발생할 경우를 '정상 BSR'이라고 한다.
- 주기적 BSR 타이머가 만료될 경우를 '주기적 BSR'이라고 한다.

보고

LTE의 주요 업링크 버퍼 상태 보고 메커니즘은 스케줄링 요구(SR)와 버퍼 상태 보고(BSR)이다[30].

스케줄링 요구(SR) : SR은 보통 물리 업링크 공용 채널(PUSCH) 자원을 요청하기 위해 사용되며, 보고 이벤트가 발생하고 단말이 현 TTI의 PUSCH에 스케줄링되지 않았을 경우 전송된다. 스케줄링 요구(SR)는 eNodeB에게 다음 두 방식으로 전달된다.

- 가능할 경우, 물리 상향링크 제어채널(PUCCH)에서 전용 '1비트' BSR의 사용. 물리 업링크 제어 채널(PUCCH)에서 SR 자원의 발생빈도는 RRC를 통해 단말 단위로 설정된다. PUCCH에 SR을 위한 자원이 할당되지 않는 경우도 있다.
- 임의 접근 절차의 사용. PUSCH 할당 또는 SR 자원이 PUCCH에 제공되지 않을 경우 임의 접근을 사용한다.

3GPP 규격[30]에 따르면, SR은 '정상 BSR'의 발생으로 인해 전송된다. '주기적 BSR'과 '패딩 BSR'은 SR의 전송을 일으키지 않는다.

버퍼 상태 보고(BSR): 현 TTI의 PUSCH에서 단말에게 자원이 할당되었고 보고 이벤트가 발생되었을 경우, BSR은 매체 접근 제어(MAC) 제어 이벤트를 사용하여 전송된다. 기본적으로, 버퍼 상태 보고는 헤더만 가진 매체 접근 제어-페이로드데이터(MAC-C PDU) 형태로 전송되고 필드 길이는 생략되며 버퍼 상태 정보로 대체된다[30].

다음은 보고 이벤트가 발생하는 경우이다.

- PUSCH에 단말 자원이 할당되었을 경우, 버퍼 상태 보고를 전송한다.
- '정상 BSR'이 발생하고 단말이 현 TTI에 PUSCH 할당은 없으나 PUCCH에 SR 자원이 할당되었을 경우, 기회가 닿는 대로 PUCCH에 SR을 전송한다.
- '정상 BSR'이 발생하고 단말이 PUCCH 또는 PUSCH에 SR 자원 할당이 없을 경우, 임의 접근 절차를 사용하여 SR을 발행한다.

두 가지 중요한 요인이 범용 지상 무선 접속망 LTE(UTRAN LTE) 업링크 버퍼 상태 보고 기법과 포맷에 대한 설계에 영향을 미쳤다[6].

- QoS 인지 무선 자원 할당을 지원하기 위해 서로 다른 QoS 특징과 요구사항을 가진 데이터 흐름에 대해서 개별 버퍼 상태 보고가 필요하다.

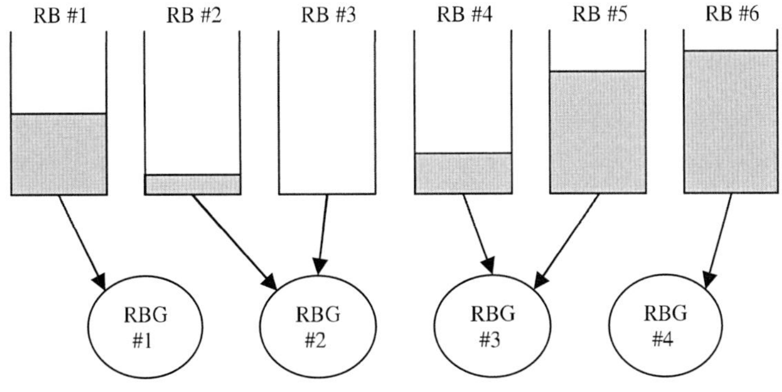

그림 8.15 버퍼 상태 보고를 위해 RB에서 무선 베어러 그룹으로의 매핑 예

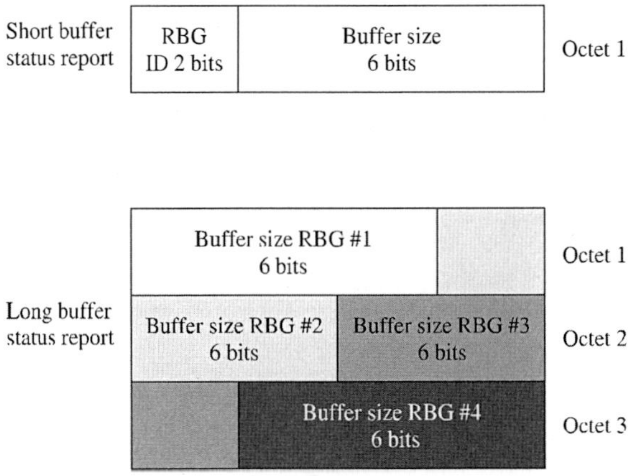

그림 8.16 LTE 업링크의 짧은 그리고 긴 버퍼 상태 보고 타입[30]

- 업링크에 직접적인 영향을 줄 수 있기 때문에 BSR의 오버헤드는 최소화되어야 한다.

따라서 3GPP 내에서 버퍼 상태는 무선 베어러 그룹(RBG) 단위로 보고하도록 합의되었다. 무선 베어러 그룹(RBG)은 유사한 QoS 요구사항을 가진 무선 베어러의 그룹이다. 무선 베어러 그룹의 최대 수는 4로 고정되어 있다. 버퍼 상태 보고를 위한 무선 베어러에서 RBG로의 매핑 예를 그림 8.15에 나타내었다.

LTE 업링크에서는 그림 8.16에서와 같이 짧은 BSR과 긴 BSR의 두 종류의 BSR 포맷이 사용된다[30]. 짧은 BSR에서는 하나의 무선 베어러 그룹만 보고된다. 긴 BSR에서는 네 개의 무선 베어러 그룹이 모두 보고된다. 짧은 BSR에서는 무선 베어러 그룹 식별을 위해 2비트를 사용한다. 긴 BSR에서는 네 개의 버퍼 크기 필드들을 서로 연결시킬 수 있다. BSR의 버퍼 크기 필드는 6비트이다.

기본 개념은 단말 버퍼에 한 개의 무선 베어러 그룹에 대한 데이터가 있을 경우 짧은 BSR을 사용하고, 그 외의 경우는 항상 긴 BSR을 사용하는 것이다. 예를 들어, 짧은 BSR은 할당된 전송 블록 크기에 알맞으나 긴 BSR에 알맞지 않은 상황 등을 고려하기 위해서 표준에는 일부 예외사항이 포함되었다(보다 자세한 내용은 [30] 참조).

8.5.1.3 전력 여유 상태 보고

표준화된 전력 제어 공식의 열린 루프 요소로 인해(5장 참조), eNodeB는 단말에서 사용하는 파워 스펙트럼 밀도 레벨을 항상 알 수 없다. 파워 스펙트럼 밀도 정보는 eNodeB에서 올바른 RRM 결정을 수행하는데 있어, 특히 대역폭과 변조 및 코딩 기법을 포함하는 전송 포맷을 할당할 때 중요하다. 특정 단말이 사용하는 파워 스펙트럼 밀도 정보를 모르는 것은 최대 단말 전력 능력보다 크게 높은 전송 대역폭을 할당하게 되어 기대보다 낮은 SINR 결과를 얻을 수 있다. 단말에서 사용하는 파워 스펙트럼 밀도 정보는 eNodeB가 해당 전송 대역폭을 알고 있다는 가정하에, 전력 여유 상태 보고를 통해 제공된다. 파워 스펙트럼 밀도 정보는 PUSCH에게 매우 중요하다. PUSCH 채널에서의 전송 포맷은 적응가능하게 되기 때문이다. 이런 모든 이유 때문에 3GPP에서는 전력 여유 상태 보고를 표준화하였다. 단말에서 전력 여유 상태는 최대 단말 송신 전력과 [26]의 PUSCH 전력 제어 공식에 따른 해당 서브프레임 세트의 '명목상' PUSCH 송신 전력의 차이로 계산된다. 다음 조건 중 하나라도 충족되면 전력 여유 상태 보고가 생성된다[30].

- 적절하게 정의된 금지 타이머가 만료되거나, 만료된 후 마지막 전력 여유 상태 보고를 기준으로 경로 감쇄가 기존에 정의된 문턱값보다 많이 변경되었을 경우. 금지 타이머는 불필요하게 잦은 전력 여유 상태 보고의 전송을 제한하기 위해 도입되었다.
- 적절하게 정의된 주기적 타이머의 만료

전력 여유 보고의 생성과 전송에 대한 보다 자세한 사항은 [30]에서 소개된다.

8.5.2 업링크 적응

업링크 링크 적응은 업링크 SRS 측정에 크게 의존한다. 업링크 단말발신 개념과 매개변수는 기본적으로 얼마나 자주, 그리고 어떤 업링크 물리 자원에 주어진 단말에 대한 SRS 측정이 있는지, 측정 정확도 등을 결정한다. 다운링크 CQI와 유사하게 업링크 SRS 측정은 채널 상태 정보 관리자가 특정 업링크 대역폭에서 전송하기 위한 가장 적합한 MCS를 판단하기 위해 사용된다. 업링크 SRS 측정은 업링크 주파수 영역 스케줄러에 의해, 예를 들어 특정 업링크 대역에 대한 특정 사용자의 스케줄링 우선순위를 계산하기 위해 사용될 수 있다. 빠른 적응 변조 및 코딩에 기반한 업링크 링크 적응 기능은 그림 8.17에 나타내었다.

업링크 SRS 측정은 eNodeB 판매자에 따라 다르며, 결과적으로 3GPP에 의해 엄격하게 규정되어있지 않다. 그러나 순시 SINR 측정에 기반한 업링크 빠른 적응 변조 및 코딩은 업링크 간섭 가변성의 영향을 받을 수 있음이 증명되었다[24]. 반면, 순시 채널 상태에 기반한 변조기법과 체널코딩 기법(MCS)을 선택하는 것은 느린 적응 변조 및 코딩(AMC) 기법과 비교했을 때 큰 이득을 제공할 수 있다[25]. 따라서 구현 가능한 한 가지 방법은 업링크 SRS를 신호 요소에 빠른 페이딩을 추적할 목적으로 주파수 선택적 신호세기 측정에 사용하고, 간섭 예측 불가능의 효과를 최소화하기 위해서 간섭을 상수로 다루는 것이다.

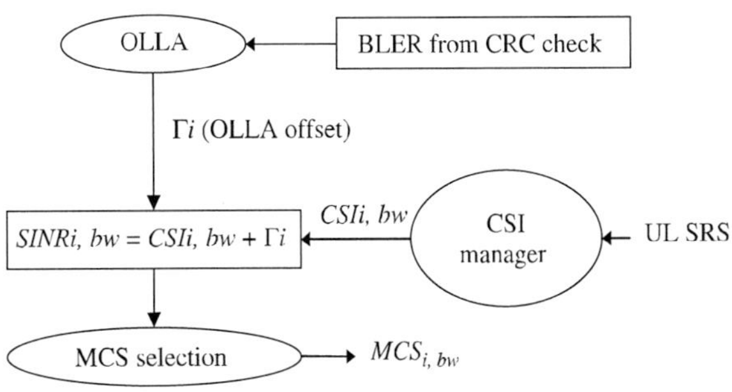

그림 8.17 업링크 빠른 적응 변조 및 코딩 기능

8.5.3 업링크 스케줄링

업링크 패킷 스케줄러의 주요 기능은 다른 RRM 기능들이 부과하는 제약사항과 요구사항을 고려하면서 사용 가능한 무선 자원을 사용자들끼리 공유할 수 있도록 하는 것이다.

- 패킷 스케줄러와 불연속 수신/불연속 송신(DRX/DTX). 사용자들이 L1/L2 제어채널을 듣지 않는 한, 사용자들은 PUSCH에 전송을 스케줄링할 수 없다.
- 패킷 스케줄러와 전력제어. 예를 들어, 패킷 스케줄러(ATB)가 특정 단말에게 업링크 전송 대역폭을 할당할 경우 단말 송신 전력 능력은 고려되어야 한다.
- 패킷 스케줄러와 QoS. 패킷 스케줄러는 사용자의 QoS 요구사항을 만족시킬 의무를 가지고 있다.
- 패킷 스케줄러와 BSR. 사용자들은 전송할 데이터가 있을 경우에만 데이터 전송을 위해 스케줄링되어야 한다. 또한, 사용자들 간 우선순위는 BSR에 반영된 정보에 기반하여 정하면 된다(예; 높은 우선순위 데이터를 가진 사용자들은 낮은 우선순위 데이터를 가진 사용자들보다 우선권이 주어진다).
- 패킷 스케줄러와 HARQ. 동기화된 HARQ가 LTE 업링크에서 사용된다. 따라서 앞선 전송이 실패했을 경우, 단말은 반드시 스케줄링되어야 한다.
- 패킷 스케줄러와 MIMO. 3GPP 규격의 릴리즈 8에서는 업링크 다중 사용자 MIMO를 사용할 수 있다. 다중사용자 다중안테나 방식(MU-MIMO)을 통해 업링크 패킷 스케줄러는 두 사용자에게 동시에 동일한 주파수 자원을 할당할 수 있다. 사용자들 사이의 직교성은 SRS 측정을 통한 주파수 영역 채널 상태 정보를 활용하여 달성한다. 업링크에서 MU-MIMO를 지원하기 위해서 다운링크 또는 업링크에서 특별한 시그널링이 요구되지 않는다.

다운링크와 관련하여(그림 8.6 참조), 업링크 패킷 스케줄러는 시간 영역과 주파수 영역에서 동작하는 두 개의 하위 단위로 구분된다. 시간 영역 계측은 보통 체감되는 QoS 대 QoS 요구사항과 예상되는 버퍼 사용에 기반하여 계산된다. 채널 인지 시간 영역 스케줄링 계측은 광대역 채널 상태 정보만 고려한다. 기본적으로 업링크 및 다운링크 시간 영역 스케줄러는 같은 원칙을 따른다. 유일한 차이는 업링크의 시간 영역 스케줄러는 업링크 동기화 HARQ로 인해 항상 대기 중인 재전송이 있는 사용자들을 사용자의 우선순위, QoS 및 채널상태와는 별도로 우선순위를 정해야 한다는 점이다.

주파수 영역 할당은 특정 주파수 영역 스케줄링 계측에 기반하여 수행한다. 주파수 영역 스케줄링 계측은 보통 SRS 측정을 통해 제공되는 주파수 선택적 채널 상태 정보에 기반하여 계산된다. QoS 요구사항과 BSR들도 주파수 영역 스케줄링 계측을 유도하면서 고려할 수 있다. 업링크와 다운링크 주파수 영역 패킷 스케줄러(PS) 사이의 가장 큰 차이는 업링크에서 주파수 영역 패킷 스케줄러(FDPS) 알고리즘은 단일 반송파 전송과 제한된 단말 전력 능력이 강요하는 제약사항을 처리해야 한다는 점이다.

8.5.3.1 빠른 적응 전송 대역 주파수 영역 패킷 스케줄러의 예

LTE는 업링크에서 빠른 적응 가변형 전송대역(ATB; Adaptive Transmission Bandwidth)을 지원한다. 즉, 사용자 전송 대역폭은 채널 상태, 트래픽, QoS 요구사항 충족 등에 따라 TTI를 토대로 변경할 수 있다. 빠른 ATB를 통해 사용자 전송 대역폭의 할당은 FDPS 알고리즘에 통합될 수 있다. 이렇게 함으로써, 해당 QoS 요구사항에 대한 이행 수준에 따라 단말 당 QoS 기반 계측을 도입하여 단순하게 QoS 인지 스케줄러들을 채널 인지 스케줄링과 함께 구현할 수 있다. 시간 영역에서 사용자들은 이와 같은 QoS 기반 계측에 따라 순서가 정해지며, 주파수 영역에서는 QoS 기반 계측에 의해 주파수 선택적 스케줄링 계측이 잠재적으로 편중될 수 있다. 이와 같이 빠른 ATB는 일시적 셀 부하에 따라 시간 및 주파수 영역에서 여러 QoS 사용자들 간 자원 할당을 차별화하는 방법 등을 통해 셀 부하의 변화에 대해 자동 적응을 보장할 수 있다.

업링크 SRS 측정에 기반한 업링크 패킷 스케줄러에 주파수 선택적 업링크 채널 상태 정보가 있다고 가정할 경우(8.5.1절 참조), 업링크 채널 상태 정보, QoS 요구사항에 대한 이행, 버퍼 상태 정보 등에 기반하여 PBR 당 사용자 당 스케줄링 계측이 정의될 수 있다.

그림 8.18은 FDPS 알고리즘의 예를 나타낸다. FDPS 알고리즘은 해당 PRB에 가장 높은 스케줄링 계측을 가진 사용자를 할당하기 시작한다. 보다 높은 계측을 가진 사용자가 나타나거

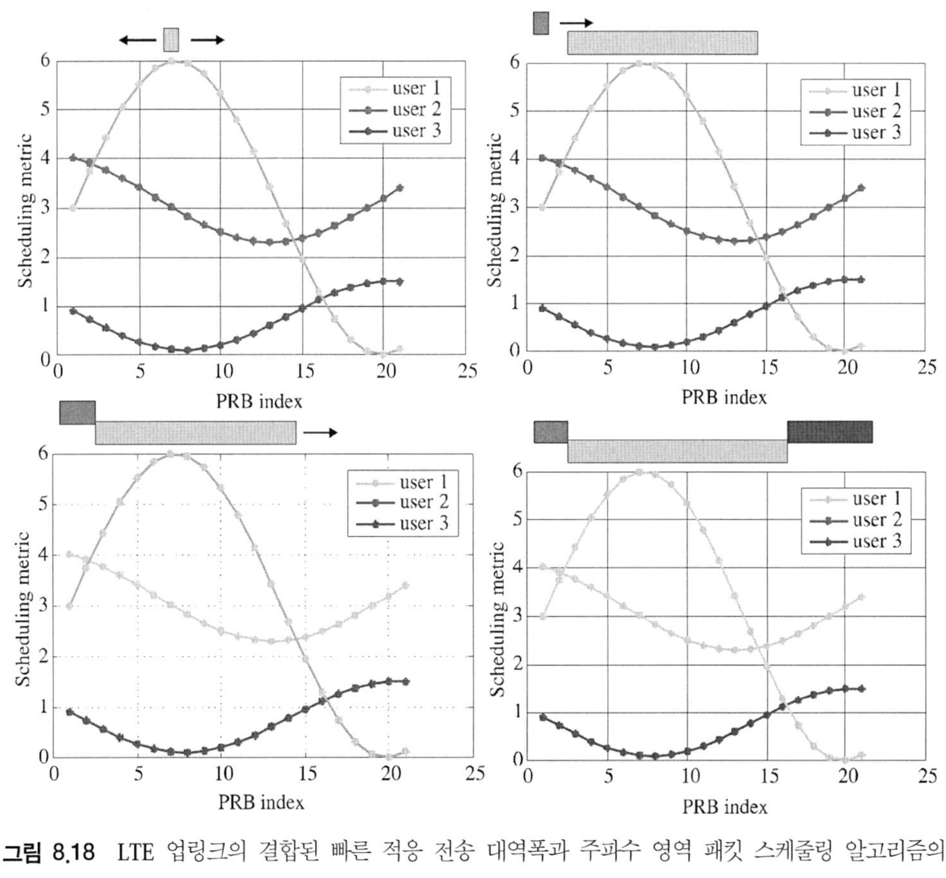

그림 8.18 LTE 업링크의 결합된 빠른 적응 전송 대역폭과 주파수 영역 패킷 스케줄링 알고리즘의 예

나, 단말 송신 전력 제약이 초과하거나(단말이 보고하는 전력여유 정보를 통해 알 수 있음), 단말이 더 이상 전송할 데이터가 없을 때까지(단말이 보고하는 버퍼 상태 정보를 통해 알 수 있음), 사용자는 LTE 업링크의 단일 반송파 전송 제약을 준수하며 '확장'된다. 대역폭 전체가 사용되거나 스케줄링할 사용자가 없을 때까지 이와 유사한 과정이 반복된다.

이 예에서 설명된 빠른 ATB 프레임워크는 보다 복잡한 FDPS 알고리즘들과 비교했을 때 대부분의 이득을 달성한다. 복잡한 FDPS 알고리즘들은 보다 완전한 방식을 사용하여 최적에 가까운 FDPS 해법을 구하려고 한다[31][32]. 시간 영역 프레임워크가 효율적으로 시스템의 스케줄링 순서를 제한하지 않는 한, 반복적인 성질로 인해 알고리즘의 복잡성은 매우 높게 유지된다. 이로 인해 3GPP 작업 항목 단계에서 수행된 많은 시뮬레이션들은 고정 대역폭 업링크 패킷 스케줄링 가정에 기반한다[33].

그림 8.19와 8.20은 주파수 영역에서 업링크 FDPS(비례적 공정 방식)과 블라인드 스케줄링의 이득 수치를 비교한 예를 보여준다.

용량이 사용자 처리량 정지 기준으로 측정되었을 때, 일반적으로 보다 높은 이득 수치를 살펴볼 수 있다. 이는 비례적 공정 방식 스케줄링의 SINR 이득은 보통 낮은 SINR 지역에서 보다 높은 처리량 이득에 대응되기 때문이다. 또한 주어진 사용자 전송 대역폭에 대해서 주파수 영역 스케줄링의 셀 처리량 이득은 15명의 동시 사용자로 인해 포화상태가 된다.

사용자 전송 대역폭을 줄임으로써 주파수 영역 스케줄링의 이득은 증가한다(그림 8.20 참조). 그러나 단일 반송파 제약으로 인해 각 TTI에서 높은 수의 사용자들이 스케줄링되어야만 채널의 주파수 선택성을 완전히 이용할 수 있다. 실제로는 물리 다운링크 제어 채널(PDCCH)

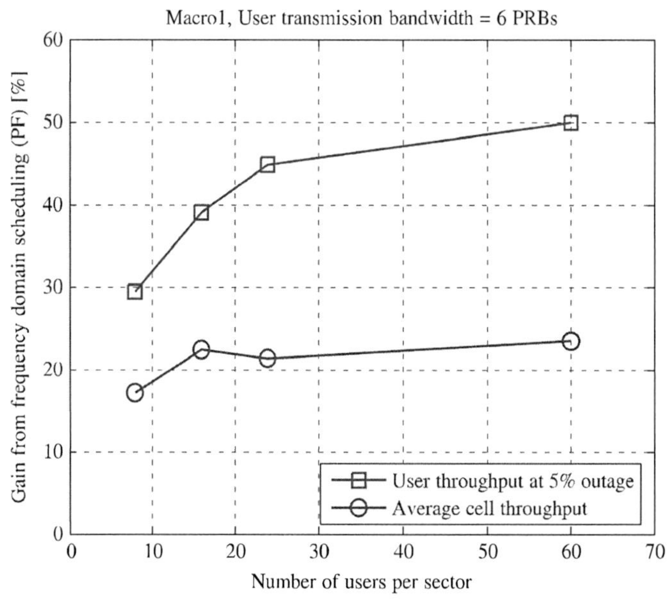

그림 8.19 매크로 1 시나리오를 위한 사용자 수와 6 PRB의 고정된 사용자 전송 대역폭의 함수로 표현된 업링크 주파수 영역 스케줄링의 이득

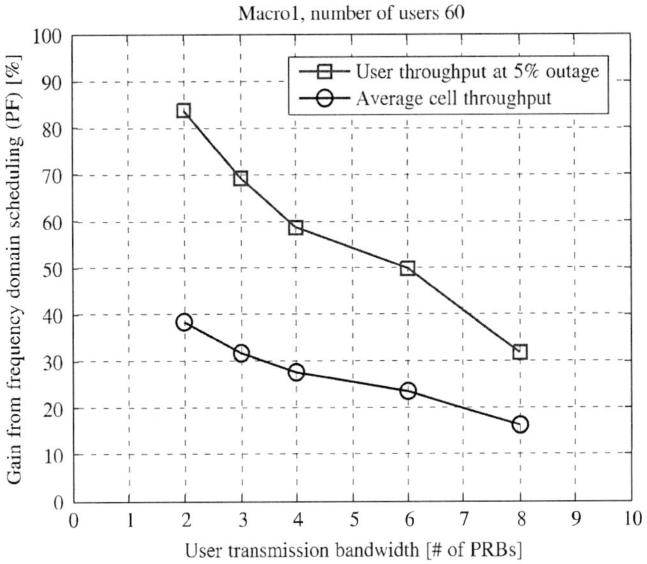

그림 8.20 매크로1 전파 시나리오를 위한 사용자 전송 대역폭과 60명의 동시 사용자들의 함수로 표현된 업링크 주파수 영역 스케줄링의 이득

의 한계로 인해 각 TTI 업링크에 약 8~10명의 사용자들을 스케줄링할 수 있으며, 이는 사용자 전송 대역폭이 약 5~6 PRB임을 의미한다. 따라서 업링크 주파수 스케줄링의 잠재적 이득은 평균 셀 처리량에서 약 40%이고, 정지 사용자 처리량에서 85%이나, 단일 반송파 제약과 실질적인 PDCCH 구현 한계로 인해 실제 달성 가능한 이득은 각각 25%와 50%이다.

8.6 간섭 관리와 전력 설정

LTE는 인접 셀 간 간섭 제어(ICIC ; Inter-Cell Interference Control)라고 알려진 이웃 셀들간 간섭을 제어하기 위한 다양한 메커니즘을 포함한다. 릴리즈 8에서 표준화된 ICIC 기법들은 주로 셀들 간 주파수 영역 공유와 전송전력의 조절에 의존한다. eNodeB 간 X2 인터페이스는 간섭정보와 스케줄링 정보를 운반하기 위한 표준화된 시그널링을 포함한다. 표준화된 ICIC 기법은 다음과 같이 구분된다.

- 후대응적 기법 : 과거 측정에 기반한 기법들. 측정값은 성능을 모니터링하기 위해 사용되며, 감지된 간섭이 너무 높을 경우, 적절한 대응을 통해 간섭을 적절한 수준으로 줄인다. 셀 간 방해결합을 줄이기 위해 취할 수 있는 대응에는 전송전력 조절 또는 패킷 스케줄링 액션 등이 있다.
- 선대응적 기법 : 여기서 eNodeB는 향후 사용자들을 어떻게 스케줄링할 예정인지 이웃 eNodeB들에게 통보하여(즉, 알림 전송) 다른 eNodeB들이 해당 정보를 고려할 수 있게 된다. 선대응적 기법은 X 인터페이스를 통해 eNodeB 간 표준화된 시그널링을 통해 지원된

다. 예를 들어, eNodeB들은 주파수 영역 스케줄링 알림을 이웃에게 전송한다.

3GPP 릴리즈 8의 ICIC 기법은 주로 업링크와 다운링크의 공용 데이터 채널(PDSCH와 PUSCH)의 성능을 향상시키기 위해 설계되었다. 따라서 방송 제어 채널(BCCH)과 같은 공통 채널 및 PDCCH와 PUCCH와 같은 제어채널을 위한 명시적 ICIC 기법은 표준화되지 않았다(전력제어는 예외). 릴리즈 8 시간동기 네트워크(프레임 동기)에서 PDCCH와 PUCCH는 항상 동일한 시간과 주파수를 보낸다.

8.6.1 다운링크 전력 설정

선대응적 다운링크 ICIC 기법은 표준화된 상대 협대역 송신 전력(RNTP; Relative Narrowband Transmit Power) 표시기를 통해 가능하다. RNTP는 X2 인터페이스를 통해 이웃 eNodeB들로 시그널링된 PRB 당 표시기이다(측정이 아님). 이는 예상되는 PRB 당 최대 다운링크 송신 전력을 표시한다. 따라서 이 정보로부터 이웃 eNodeB들은 어떤 PRB들에서 셀이 가장 많은 전력을 사용할 예정인지 알 수 있다. 해당 셀들에서 다양한 전력 패턴들을 사용함으로써 단말들을 위한 전반적인 SINR 상태를 개선시킬 수 있다. eNodeB로부터 새로운 RNTP 표시기가 얼마나 자주 보내져야 하는지는 구현에 따라 다르며, 그런 메시지를 받는 eNodeB가 취하는 행동 또한 3GPP는 명시하지 않는다.

PRB 당 다양한 다운링크 송신전력들을 설정함으로써, 모든 PRB들이 동일한 전송전력을 갖는 전체 주파수 재사용(재사용 1)에서부터 그림 8.21의 하드 주파수 재사용, 그림 8.22의 단편적 주파수 재사용 그리고 그림 8.23의 소프트 주파수 재사용까지의 범위의 다양한 재사용 패턴

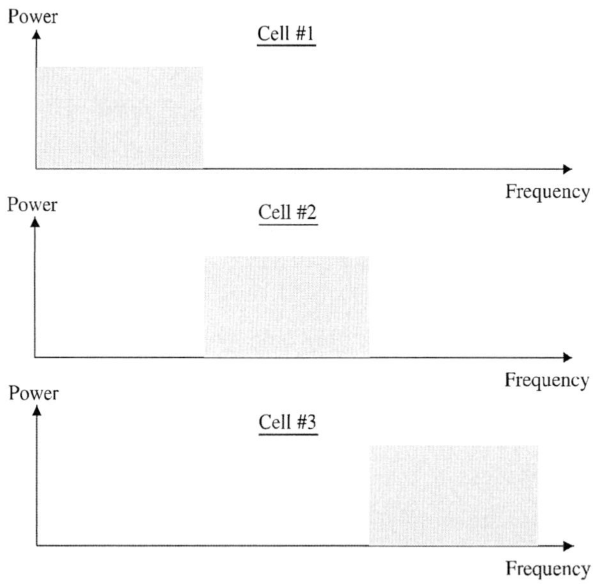

그림 8.21 하드 주파수 재사용을 위한 다운링크 전송 전력 설정 예제

을 동적으로 설정하는 것이 가능하다. 단편적 주파수 재사용의 기본 개념은 자신들의 eNodeB와 가까운 사용자들은 주파수 재사용을 갖는 주파수 대역에 스케줄링되고, 셀 경계 사용자들은 그림 8.21의 하드 주파수 재사용 3을 갖는 대체 주파수 대역에 스케줄링되는 것이다. 그림 8.23

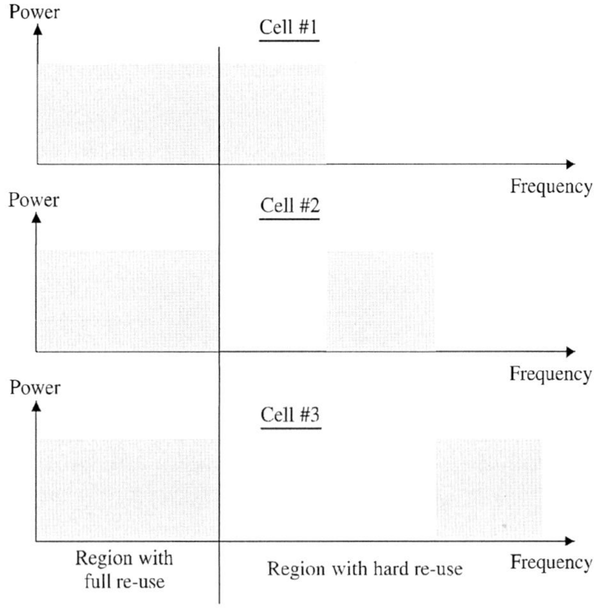

그림 8.22 단편적 주파수 재사용을 위한 다운링크 전송 전력 설정 예제

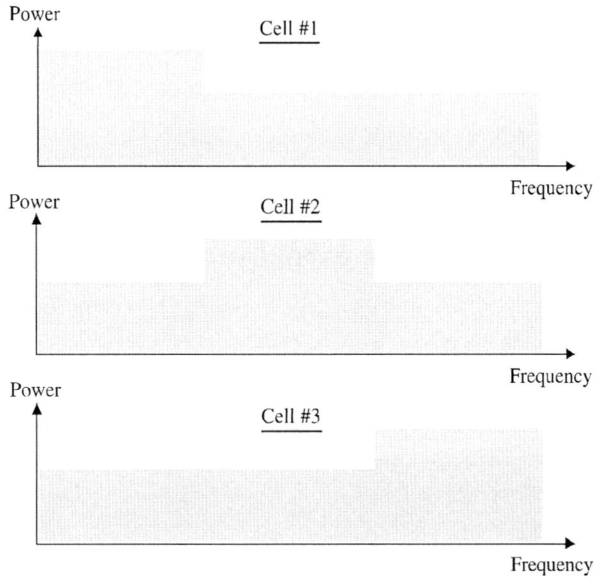

그림 8.23 소프트 주파수 재사용을 위한 다운링크 전송 전력 설정 예제

의 소프트 주파수 재사용 설정을 사용할 경우 사용자들은 전체 대역폭에서 서로 다른 전력 레벨로 스케줄링된다. 셀 경계에 있는 사용자들은 주로 가장 높은 전력 레벨을 갖는 대역폭에 스케줄링된다. 반면 자신들의 해당 서빙 eNodeB와 가까운 사용자들은 낮은 전송전력을 갖는 PRB들에게 스케줄링된다. 동일한 사용자에게 할당된 PRB들은 동일한 송신전력을 사용하여 전송되어야 한다. 다양한 다운링크 송신전력 프로파일의 성능 결과에 대한 추가 정보는 [9]에 소개되어 있다.

8.6.2 업링크 간섭 조정

고간섭 지시기(HII; High Interference Indicator) 기반의 사전 대책을 강구하는 선대응적 ICIC 메커니즘 중 하나가 업링크를 위해 표준화되었다. HII는 PBR 당 단일 비트로 이웃 eNodeB들에게 X2 인터페이스를 통해 메시지를 보내고, 서빙 셀이 해당 PRB들에게 높은 셀 간 간섭을 발생하는 셀 경계 단말들에게 스케줄링할 의향이 있는지를 나타낸다. 다양한 HII 메시지가 서빙 셀에서 여러 eNodeB로 전달될 수 있다. eNodeB 간 표준화된 핸드셰이크 절차가 없다. 후자가 의미하는 것은 eNodeB 판매자의 판단에 따라(즉, 3GPP에서 표준화되지 않음) eNodeB로부터 언제 새로운 HII 메시지가 보내지는 것을 결정한다. 메시지를 수신하는 eNodeB가 취하는 구체적인 행동 또한 판매자에 의해 결정된다. HII의 기본 개념은 서빙 셀이 어떤 PRB들에게 미래에 고간섭 사용자들을 스케줄링 할 의향이 있는지를 이웃 eNodeB들에게 알려주는 것이다. 그 다음 이웃 eNodeB들은 해당 특정 PRB들에게 가급적 낮은 간섭 사용자들을 스케줄링하여 두 이웃 셀들 간에 셀 인접 사용자들을 동일한 PRB들에 스케줄링하는 것을 방지해야 한다. HII의 사용은 주로 단편적 부하 경우에 대해서 이득을 제공한다. 부분적 부하는 셀 당 PRB들의 일부에서 대해서만 전송이 이루어지며 근본적으로 제공되는 트래픽에 맞추어 하드/소프트 주파수 재사용 패턴을 동적으로 달성하기 위해 사용될 수 있다.

LTE는 과부하 지시기(OI)에 기반한 후대응적 업링크 ICIC 기법도 포함한다. eNodeB는 업링크 간섭+잡음의 전력을 측정하고 측정에 기반한 OI 보고를 생성한다. 저, 중, 고 OI 보고들이 X2를 통해 이웃 셀들에게 시그널링될 수 있다. 따라서 OI는 주로 다른 셀들로부터의 간섭에 대한 기능이며 운반하는 트래픽이나 서빙 셀의 사용자로부터 발생하는 간섭 정보는 포함하지 않는다. 주파수 선택적 OI에 대한 지원도 있다. 이를 통해 앞서 언급된 측정과 거기에 따른 이웃 셀들에게 보내지는 보고가 PRB들의 그룹 단위로 일어난다. 잠재적으로, eNodeB 간 OI 정보 교환에 기반한 특정 최대 목표 업링크 간섭+잡음 레벨(또는 간섭대 열잡음 비율(IoT) 레벨)을 유지하기 위해 동적으로 업링크 열린 루프 전력제어 매개변수(예; Po)를 조절하기 위해 사용할 수 있다.

8.7 불연속 송신 및 수신

소비전력을 낮춤과 동시에 높은 QoS와 연결을 제공하기 위해 LTE는 단말이 활성 상태에서도 마이크로 수면하는 방법을 제공한다. LTE에서 불연속 수신(DRX)은 단말이 주어진 서브프레

표 8.3 DRX 관련 매개변수와 사용/설정 예제 [34]

DRX 매개변수	설명	설정 및 목적 예
DRX 주기	동작 길이에 이은 휴지구간의 주기적 반복을 정의함.	전반적인 DRX 주기는 사용자의 서비스 요구사항(예; 반응과 지연 요구사항)에 대한 지식과 셀의 다른 이동과 업데이트 관련 요구사항에 따라 설정된다.
동작 길이 타이머	DRX 휴지 타이머가 만료된 후 짧은 DRX 주기 이후 단말이 뒤따르는 연이은 서브프레임의 수를 정의하는 매개변수임.	사용자의 상대적 스케줄링 우선순위에 따라 이 매개변수는 다중사용자 스케줄링 성능과 단일 사용자 전력절감 간 상충을 달성하기 위해 네트워크에 의해 설정될 수 있다.
DRX 휴지 타이머	이 단말을 위한 초기 업링크 또는 다운링크 사용자 데이터 전송을 나타내는 PDCCH를 성공적으로 복호화한 이후 연이은 PDCCH 서브프레임의 개수를 정의함.	이 매개변수는 갑자기 단말을 스케줄링할 큰 요구가 발생했을 때 네트워크가 사용자를 지속적으로 '살릴' 수 있는 방법을 제공한다. 따라서 이 방식은 큰 전력 절감을 가능하게 하고 버스트 트래픽 유형에 대해 높은 QoS를 용이하게 한다. 스케줄될 때마다 강제로 단말이 지속적으로 PDCCH를 모니터링해야 함으로 이 값을 설정하는 것은 스케줄러의 자율과 단말 전력절감의 상충이다.
DRX 재전송 타이머	유효한 첫 재전송 후, 단말이 예상되는 다운링크 재전송을 기다릴 때 연이은 PDCCH 서브프레임의 최대 개수를 정의함.	이 매개변수의 설정은 HARQ 사용자들도 다운링크에서 비동기 HARQ를 허용하도록 한다. 비활성화 되었을 경우, 네트워크는 재전송을 사용 가능한 첫 시간에 보내야 한다. 따라서 이 매개변수는 재전송을 위한 스케줄링 자율과 단말 전력 절감 간 상충에 따라 설정된다.
DRX 짧은 주기	짧은 DRX 주기를 위한 동작 길이에 이은 휴지구간의 주기적 반복을 정의함.	짧은 DRX는 기본적으로 빈 구간이 있는 휴지타이머로 들어오는 데이터가 'gap'에서 제공되는 서비스에 적합하다.
DRX 짧은 주기 타이머	DRX 휴지 타이머가 만료된 후 짧은 DRX 주기 이후 단말이 뒤따르는 연이은 서브프레임의 수를 정의하는 매개변수임.	이 매개변수는 서비스 패턴에 대한 정보를 바탕으로 설정된다. 보다 큰 값으로 설정하면 보다 많은 분산된 데이터 전송을 가능하게 하지만 단말 소비전력을 증가시킨다.

임에서 PDCCH를 모니터링하지 않고 절전 모드로 전환할 수 있음을 의미한다. 업링크는 다운링크 PDCCH에서 스케줄링되기 때문에 DRX 매개변수는 단말의 업링크와 다운링크 성능에 영향을 미친다.

DRX 개념은 상위 계층 시그널링을 통해 설정되는 여러 사용자 매개변수를 포함한다. 이 매개변수들은 표 8.3에 명시되어 있으며 그림 8.24에 간단한 형태로 나타나 있다.

기본적으로, 특정 단말에 대한 업링크와 다운링크 활동 요구사항을 인지하게 될 때 계획된 특정 동작시간을 포함한 일반 DRX 구간을 설정할 수 있다. 그림 8.24(a)는 이 두 매개변수를 보여준다. 쉽게 예측 가능한 트래픽(예; VoIP)에 대해서는 패킷 번들링이 사용될 경우 동작 길이는 1서브프레임으로, DRX 주기는 20 ms 또는 40 ms로 설정될 수 있다. 보다 동적이고 엄격한 지연시간이 적용되는 버스트한 트래픽에 대해서는 DRX 휴지 타이머로 사용자를 설정하는

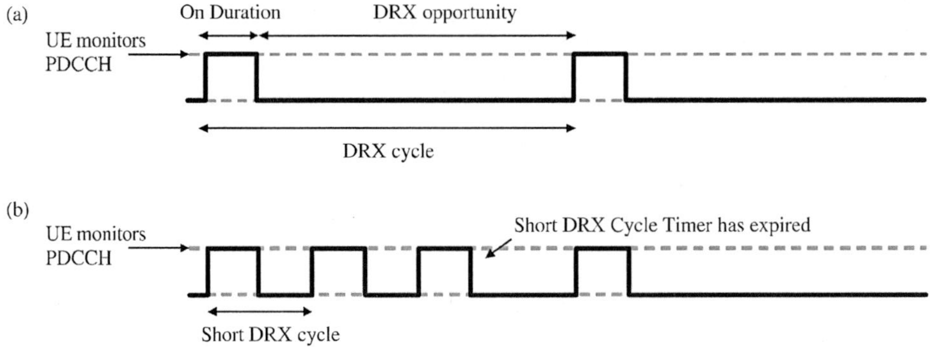

그림 8.24 DRX 매개변수의 단순 예시

것이 가능하다. DRX 휴지 타이머를 사용하면 패킷 스케줄러가 특정 시간 윈도우를 스케줄링하여 단말을 깨어있게 할 수 있다. 최악의 경우를 고려한 재전송을 계획하지 않고 엄격한 DRX 최적화를 위해 HARQ 전송은 기존에 정의된 DRX 주기 밖에서 계획된다. 수취통보/부정확인응답(ACK/NACK) 오역 또는 PDCCH 감지 실패로 인하여 누락된 예상되는 재전송을 단말이 DRX 주기 전체 동안 기다리지 않도록 DRX 재전송 타이머가 정의되어 있다. 링크 적응과 스케줄링 목적을 위해 시그널링이 특별히 필요하지 않을 경우 PUCCH 자원의 사용을 줄이기 위해 SRS와 CQI 시그널링은 DRX 매개변수와 연결되어 있다. 따라서 긴 DRX 구간에서 단말의 전력 절감을 증가한다. 매우 긴 DRX 구간과 SRS 전송 사이의 긴 시간 동안, 네트워크와 단말은 시간 정렬을 잃을 수 있으며, 단말은 임의접근채널(RACH)을 사용하여 네트워크로의 송신을 다시 시작해야 한다. 따라서 이런 부분 또한 무선자원관리(RRM 관리) 기능의 고려사항이다. RRM 관리 기능은 RACH 채널의 계획된 부하에 따라 사용 가능한 불연속 수신/측정기분신호(DRX/SRS) 매개변수를 올바르게 설정해야 한다.

추가적으로, 주어진 단말을 위한 가장 좋은 전력절감과 QoS 상충을 가능하게 하기 위해서 추가적인 시분배 스케줄링 자원이 요구될 경우, 일반 DRX 주기 내에서 주기적인 활동을 가능하게 하는 짧은 DRX 주기가 시작될 수 있다. 그림 8.24(b)는 짧은 DRX 개념을 보여주며, 단말이 현재 DRX 윈도우(예; 일반적인 On Duration 윈도우)에 스케줄링되어 있을 경우 새로운 스케줄링 기회가 현 DRX 주기 내에서 분산방식으로 생성된다. 스케줄링 자원의 유용성은 짧은 DRX 휴지 타이머에 의해 제어되며, 만료될 경우 단말은 곧바로 정상 DRX 패턴으로 되돌아간다.

매개변수의 설정이 웹 브라우징 경험에 미치는 영향에 대해서 [35]에서 연구되었다. DRX 주기를 100 ms로 설정하고 동작 길이를 1 ms로 설정할 경우, DRX 휴지 타이머는 넉넉하게 25~50 ms 사이로 설정이 가능했다. 이 상황에서도 큰 단말 전력 절감과 네트워크를 위한 큰 스케줄링 자유도를 달성할 수 있었으며, 활성 윈도우 내에서 다수의 웹 객체 수신을 허용함으로써 웹 브라우징 성능을 향상시킬 수 있었다. 이와 같은 설정에서 단말의 무선관련 전력소비가 95% 감소했으며 최대 달성 가능한 처리량의 90%를 달성했다.

DRX는 단말 전력 절감에 이득을 주기 때문에 LTE의 성공을 보장하기 위한 중요한 요소이다. 따라서 DRX의 사용을 일반적으로 RRM 개념과 확실히 통합시키는 것이 중요하다. 준 고

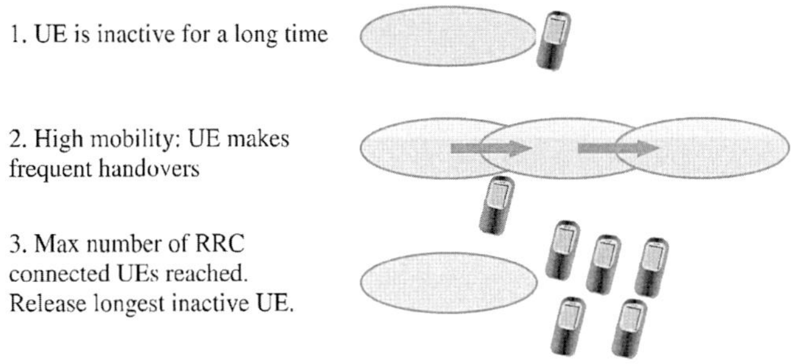

그림 8.25 RRC 연결 해제 트리거(trigger)

정 DRX의 사용이 사용자를 스케줄링 후보 명단 밖으로 끄집어내므로, 다중 사용자 패킷 스케줄링으로 인한 이득이 현저히 줄어들 수 있다. 따라서 특정 사용자를 위한 DRX 매개변수가 셀의 다중사용자 상황과 해당 사용자를 위한 서비스 요구사항을 고려하여 설정되는 것이 중요하다. 보장된 비트 속도(GBR) 요구사항을 충족하기 위해 필요한 활동 또는 지연 요구사항에 따른 DRX 구간 조정 등을 예로 들 수 있다. 여러 DRX 매개변수의 다양한 범위를 사용하면 최적의 셀 레벨 성능을 위한 스케줄링 유연성과 단말의 성능 소비전력 조건 간의 상충을 효율적으로 조율할 수 있다.

8.8 RRC 연결 관리

무선자원 제어(RRC) 연결 관리는 무선자원관리(RRM) 알고리즘에 기반하여 eNodeB에 의해 제어된다. 단말이 RRC 연결을 가지고 있으면, 단말 이동성은 핸드오버를 통해 제어된다. 단말이 움직이고 있을 경우 핸드오버는 시그널링 트래픽을 유발한다. 따라서 단말이 데이터를 전송하고 있지 않으면서 움직일 경우, 진화된 패킷시스템(EPS) 베어러와 IP 주소는 유지하면서 RRC 연결은 해제하는 것이 나을 수 있다. RRC 연결이 장시간 사용되지 않거나 기지국 당 최대 RRC 연결 수에 도달했을 경우에도 RRC 연결을 해제하는 것이 좋을 수 있다. RRC 연결 해제를 촉발하는 예를 그림 8.25에 나타내었다. 단말이 다음 데이터를 송신 또는 수신할 때, RRC 연결은 임의 접근 채널(RACH) 절차를 통해 재설정된다.

8.9 요약

무선 자원 관리 알고리즘들은 시스템 용량과 최종 사용자 성능의 최적화를 위해 중요하다. 네트워크 알고리즘들은 표준화되어 있지 않지만, 네트워크 판매자 및 운영자들이 알고리즘을 요구에 따라 설계하고 조율할 수 있다. 패킷 스케줄링, 수락 제어, 전력제어 그리고 인터페이스 제어가 LTE의 주요 알고리즘에 해당된다. 스케줄링을 시간과 주파수 영역에서 할 수 있기 때문에 LTE 무선매체는 패킷 스케줄링과 관련하여 많은 자유를 제공한다. 주파수 영역 스케줄링은 임의 스케줄링과 비교하여 낮은 이동속도에서 뚜렷한 용량 혜택을 제공할 수 있음을 보았다. 업링크 스케줄링은 다운링크와 비교하여 자유도가 떨어진다. 이는 네트워크에서 단말로의 시그널링은 시간이 걸리고 업링크에서 단일 반송파 주파수 분할 다중 접속(SC-FDMA) 송신은 반드시 인접 자원 블록을 사용해야 하기 때문이다.

3GPP에서의 시그널링은 다운링크 채널 품질 정보, 업링크 사운딩 기준신호, 업링크 버퍼 상태 보고 그리고 업링크 전력 여유 상태 리포트를 포함한 효율적인 스케줄링을 지원하기 위해 정의되었다.

QoS 구별은 여러 서비스, 애플리케이션, 가입자에 대하여 또는 사용되는 데이터 용량에 따라 별개의 처치를 취할 수 있도록 한다. 음성을 포함한 모든 서비스가 패킷 기반이기 때문에 QoS는 LTE와 관련성이 있다. LTE에서 QoS 개념은 완전히 네트워크를 통해 제어되며 기존 2G/3G 네트워크와 비교하여 단순화되었다. QoS 우선순위는 일반적으로 시간영역 스케줄링을 통해 이루어진다.

LTE 인터페이스 규격은 동적 주파수 재사용 설정을 달성하기 위해 셀 간 간섭 조정을 지원한다. 조정은 인접 셀들의 자원할당을 최적화함으로써 셀 경계 처리량을 최대화하기 위해 사용될 수 있다.

불연속 송신과 수신(DTX/DRX)은 단말 소비전력을 최소화하고 휴대기기의 동작시간을 최대화하기 위해 중요하다. DTX/DRX 매개변수의 조율은 스케줄링 성능과 종단간 성능 또한 고려해야 한다.

참고문헌

[1] D. Niyato, E. Hossain, 'Connection Admission Control Algorithms for OFDM Wireless Networks', IEEE Proc. Globecomm, pp. 2455-2459, September 2005.

[2] P. Hosein, 'A Class-Based Admission Control Algorithm for Shared Wireless Channels Supporting QoS Services', in Proceedings of the Fifth IFIP TC6 International Conference on Mobile and Wireless Communications Networks, Singapore, October 2003.

[3] K.I. Pedersen, 'Quality Based HSDPA Access Algorithms', in IEEE Proc. Vehicular Technology Conference Fall, September 2005.

[4] 3GPP 23.401, 'Technical Specification Group Services And System Aspects; GPRS enhancements for E-UTRAN access (Release 8)', August 2007.

[5] 3GPP 23.203, 'Technical Specification Group Services and System Aspects; Policy and charging control architecture', v. 8.3.1.

[6] 3GPP 36.300 'Technical Specification Group Radio Access Network; Evolved Universal Terrestrial Radio Access (E-UTRA) and Evolved Universal Terrestrial Radio Access Network (E-UTRAN); Overall description; Stage 2 (Release 8)', October 2007.

[7] A. Pokhariyal, et al., 'HARQ Aware Frequency Domain Packet Scheduler with Different Degrees of Fairness for the UTRAN Long Term Evolution', IEEE Proc. Vehicular Technology Conference, pp. 2761-2765, April 2007.

[8] K.I. Pedersen, F. Frederiksen, T.E. Kolding, T.F. Lootsma, P.E. Mogensen, 'Performance of High Speed Downlink Packet Access in Co-existence with Dedicated Channels', IEEE Trans. Vehicular Technology, Vol. 56, No. 3, pp. 1261-1271, May 2007.

[9] A. Simonsson, 'Frequency Reuse and Intercell Interference Co-ordination in E-UTRA', IEEE Proc. Vehicular Technology Conference, pp. 3091-3095, April 2007.

[10] A. Pokhariyal, et al., 'Frequency Domain Packet Scheduling Under Fractional Load for the UTRAN LTE Downlink', IEEE Proc. Vehicular Technology Conference, pp. 699-703, April 2007.

[11] H. Holma, A. Toskala, 'WCDMA for UMTS-HSPA Evolution and LTE', 4th edition, Wiley, 2007.

[12] K.I. Pedersen, P.E. Mogensen, Troels E. Kolding, 'Overview of QoS Options for HSDPA', IEEE Communications Magazine, Vol. 44, No. 7, pp. 100-105, July 2006.

[13] P.A. Hosein, 'QoS Control for WCDMA High Speed Packet Data', IEEE Proc. Vehicular Technology Conference 2002.

[14] D. Laselva, et al., 'Optimization of QoS-aware Packet Schedulers in Multi-Service Scenarios over HSDPA', 4th International Symposium on Wireless Communications Systems, pp. 123-127, ISWCS 2007, 17-19 October 2007.

[15] T.E. Kolding, 'QoS-Aware Proportional Fair Packet Scheduling with Required Activity Detection', IEEE Proc. Vehicular Technology Conference, September 2006.

[16] G. Barriac, J. Holtzman, Introducing Delay Sensitivity into the Proportional Fair algorithm for CDMA Downlink Scheduling, IEEE Proc. ISSSTA, pp. 652-656, September 2002.

[17] M. Andrews, K. Kumaran, K. Ramanan, A. Stolyar, P. Whiting, 'Providing Quality of Service over a Shared Wireless Link,' IEEE Communications Magazine, Vol. 39, No. 2, pp. 150-154, February 2001.

[18] F. Kelly, 'Charging and rate control for elastic traffic', European Trans. On Telecommunications, No. 8, pp. 33-37, 1997.

[19] J.M. Holtzman, Asymptotic Analysis of Proportional Fair Algorithm, IEEE Proc. PIMRC, Personal Indoor and Mobile Radio Communication Conference, pp. F33-F37, September 2000.

[20] G. Song, Y. Li, 'Utility-Based Resource Allocation and Scheduling in OFDM-Based Wireless Broadband Networks', IEEE Communications Magazine, pp. 127-134, December 2005.

[21] G. Monghal, et al ., 'QoS Oriented Time and Frequency Domain Packet Schedulers for The UTRAN Long Term Evolution', in IEEE Proc. VTC-2008 Spring, May 2008.

[22] C. Wengerter, J. Ohlhorst, A.G.E. v. ElbWart, 'Fairness and throughput analysis for Generalized Proportional Fair Frequency Scheduling in OFDMA', IEEE Proc. of Vehicular Technology Conference, pp.1903-1907, Sweden, May 2005.

[23] H. Yang, 'A Road to Future Broadband Wireless Access: MIMO-OFDM-Based Air Interface', IEEE Communication Magazine, pp. 553-560, January 2005.

[24] I. Viering, A. Klein, M. Ivrlac, M. Castaneda, J.A. Nossek, 'On Uplink Intercell Interference in a Cellular System', IEEE International Conference on Communications (ICC), Vol. 5, pp. 2095-2100, Istanbul, Turkey, June 2006.

[25] C. Rosa, D. Lo´pez Villa, C. Ùbeda Castellanos, F.D. Calabrese, P. Michaelsen, K.I. Pedersen, Peter Skov, 'Performance of Fast AMC in E-UTRAN Uplink', IEEE International Conference on Communications (ICC 2008), May 2008.

[26] 3GPP TS 36.213, 'Technical Specification Group Radio Access Network; Physical layer procedures (Release 8)', November 2007.

[27] C. U´ beda Castellanos, D. López Villa, C. Rosa, K.I. Pedersen, F.D. Calabrese, P. Michaelsen, J. Michel, 'Performance of Uplink Fractional Power Control in UTRAN LTE', IEEE Trans. on Vehicular Technology, May 2008.

[28] R1-080900, 'Physical-layer parameters to be configured by RRC', TSG RAN WG1 #52, Sorrento, Italy, 11-15 February 2008.

[29] R1-060048, 'Channel-Dependent Packet Scheduling for Single-Carrier FDMA in E-UTRA Uplink', 3GPP TSG RAN WG1 LTE Ad Hoc Meeting, Helsinki, Finland, 23-25 January 2006.

[30] 3GPP TS 36.321, 'Technical Specification Group Radio Access Network; Medium Access Control (MAC) protocol specification (Release 8)', March 2008.

[31] J. Lim, H.G. Myung, D.J. Goodman, 'Proportional Fair Scheduling of Uplink Single Carrier FDMA Systems', IEEE Personal Indoor and Mobile Radio Communication Conference (PIMRC), Helsinki, Finland, September 2006.

[32] F.D. Calabrese, P.H. Michaelsen, C. Rosa, M. Anas, C. Ùbeda Castellanos, D. López Villa, K.I. Pedersen, P.E. Mogensen, 'Search-Tree Based Uplink Channel Aware Packet Scheduling for UTRAN LTE', in IEEE Proc. Vehicular Technology Conference, 11-14 May 2008.

[33] R1-060188, 'Frequency-domain user multiplexing for the E-UTRAN downlink', 3GPP TSG RAN WG1 LTE Ad Hoc Meeting, Helsinki, Finland, 23-25 January 2006.

[34] 3GPP 36.321 Technical Specifications 'Medium Access Control (MAC) protocol specification', v. 8.3.0.

[35] T. Kolding, J. Wigard, L. Dalsgaard, 'Balancing Power Saving and Single-User Experience with Discontinuous Reception in LTE', Proc. of IEEE International Symposium on Wireless Communication Systems (ISWCS), Reykjavik, Iceland, October 2008.

CHAPTER

9 자발적 구조화 네트워크

9.1 개요

LTE의 도입은 추가적인 네트워크 통합과 운영 도전을 의미한다. LTE는 현존하는 2G와 3G 네트워크들과 함께 동작할 것이다. 이런 시나리오에서 설정하고 최적화시켜야 하는 많은 수의 작은 셀들(이종 네트워크), 기지국들, 매개변수 등으로 인해 네트워크 복잡도 또한 증가할 것이다. 운영자 입장에서는 운영 노력과 비용을 최소화 시키는 것이 좋다. 특히 초기 도입 단계에서는 더욱 그렇다. 네트워크를 설정하고 최적화하기 위해 많은 노력과 긴 시간이 소요된다. 네트워크 운영비용을 최소화하기 위해 자발적 구조화 네트워크(SON: Self Organizing Network)의 제공을 LTE의 중점 목표 중 하나로 삼고 있다. 이 장에서는 SON 구조, 표준화, 주요 사용처 그리고 예시 알고리즘을 소개한다.

초기 이동통신 세계화 시스템(GSM)에서는 관리는 현장에서 이루어졌다. 업데이트는 물리적으로 기지국 바로 옆에서 실행했다. 오늘날 무선전화 네트워크는 네트워크 관리 시스템의 중앙집중 원격 애플리케이션으로 관리되며, 계획, 설정, 최적화 등 대부분의 프로세스가 컴퓨터를 이용한 도구의 지원을 받는다. SON 패러다임은 자동화를 가능하게 하며, 이러한 기능들을 네트워크에 이관하여 네트워크가 다양한 상황에 대해서 자동적으로 그리고 역동적으로 적응하도록 한다.

3GPP 표준화는 멀티벤더 환경에서 보다 나은 운영성을 지원하기 위해 필요한 측정, 절차 그리고 오픈 인터페이스를 정의한다. 이 요소들이 표준화된 SON 프레임워크를 구성한다. 차세대 모바일 네트워크 연합(NGMN: Next Generation Mobile Network) 연합과 3GPP는 eNodeB(분산형) 또는 운용관리 및 유지 보수(OAM: Operators, Administration and Maintenance) 시스템(중앙통제형)에 적용될 수 있는 다수의 SON 사용사례들을 정의하여 가격 절감 요구사항을 이행시켰다. 여러 사용사례가 공존하기 때문에 하이브리드 SON 구조가 요구된다. 요약하자면, SON은 네트워크의 수동적 설정과 최적화를 최소화하는데 초점을 둔다. 많은 일상적인 과제를 대다수 자동화하여 쉽게 반복되고 빠르게 구현 가능하게 함으로써 이 목표를 달성한다.

SON의 주요 기능은 자동 설정(Self-Configuration), 자체 최적화(Self-Optimization), 그리고 자체 검증화(Self-Healing) 항목으로 구분된다.

자동 설정은 기지국이 동작되고 무선 신호 발생이 일어나기 전인 운영 전 단계에서 발생하는 프로세스이다. 자동 설정에서 새로운 기지국은 보안 자동연결, 보안 소프트웨어 및 데이터베이스 다운로드를 통해 자동으로 네트워크에 통합된다. 현재 프로세스와 관련하여 자동 설정의 목적은 새로운 노드의 네트워크 통합을 단순화 및 가속화시키는 것으로, 수동적 상호작용, 특히 현장 시운영을 줄이는 것이다.

자체 최적화의 목적은 수동 최적화의 경우보다 더 네트워크 성능을 극대화시키고 가격 절감을 제공하는 것이다. 자체 최적화는 단말과 eNodeB의 측정 및 성능 측정의 도움을 받아 자동으로 네트워크를 오토튜닝함으로써 이루어진다.

자체 검증화는 자체 최적화와 병행으로 실행되며, 사이트와 셀 오작동과 같은 결함을 자동으로 감지 및 파악하고 범위와 용량 손실을 가능한 범위 내에서 보상하는 것을 목적으로 한다. 오작동 셀에서 서비스를 복구하기 위해서 자체 검증화는 주변 셀들의 매개변수와 알고리즘을 적절히 조절한다. 자체 검증화와 같은 기능은 자동 고장수리와 그로 인한 네트워크 자체 최적화의 조합으로 볼 수 있다.

9.2 SON 구조

SON 구조는 최적화 알고리즘의 위치에 따라 중앙집중형 SON, 분산형 SON, 지역형 SON의

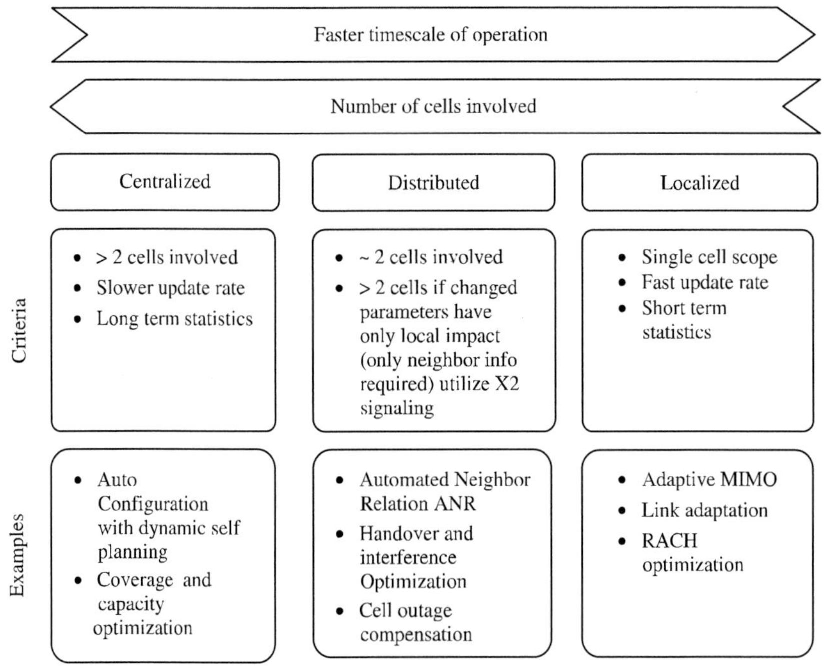

그림 9.1 중앙집중형, 분산형, 지역형 SON의 적용분야

세 종류로 나눌 수 있다. 그림 9.1은 관련된 셀을 개수와 네트워크 반응 시간 등에 따라 적용 가능한 중앙집중형, 분산형 및 지역형 SON을 묘사한다.

중앙집중형 SON은 느린 업데이트 속도의 구조와 연관되어있으며 최적화 과정에 참여한 많은 셀들로부터 수집한 장시간의 통계에 기반한다. 중앙집중형 SON의 기능은 여러 개의 판매사의 능력과 관련된 요구사항에 따라 주로 네트워크 관리에 구현되거나 요소 관리 시스템에 구현된다.

범위와 용량 최적화(CCO: Coverage and Capacity Optimization)는 많은 수의 셀이 관련되는 경우이다. 안테나의 기울기나 기지국의 송신전력 변경으로 인한 효과는 셀의 이웃이 아닌 원격 eNodeB들에게 간섭을 일으킬 수 있다. 중앙집중형 SON의 경우 최적화 알고리즘은 많은 eNodeB들의 설정을 제어하는 운용관리 및 유지 보수(OAM) 시스템에서 실행된다.

분산형 SON은 빠른 반응 시간을 요구하고 일부 셀에게 영향을 미치는 프로세스에 적용된다. 또는 변경된 매개변수들이 지역적인 영향을 미치지만 이웃 셀들의 설정이나 상태 정보가 요구되는 프로세스에 적용된다. 따라서 관련된 셀들 간 정보는 X2 인터페이스를 통해 교환될 수 있다. 분산형 SON의 경우, 최적화 알고리즘은 eNodeB에서 실행된다.

지역형 SON은 다른 셀들이 관여하지 않는 프로세스에 적용된다. 지역형 SON에 해당되는 경우는 빠른 반응 시간과 단일 셀 범위가 요구된다. 이웃은 영향을 받지 않는다. 이 경우 최적화는 eNodeB에서 실행되는 무선자원관리(RRM: Radio Resource Management) 기능에서 구현될 수 있다.

실제로 여러 사용 사례의 다양한 요구사항에 대해서 대처할 수 있으며, 세 가지 방식이 모두 동시에 사용될 수 있는 하이브리드 SON이 요구된다. 하이브리드 SON에서 최적화 알고리즘의 일부는 OAM 시스템에서 실행되고 일부는 eNodeB에서 실행된다.

SON 구조 옵션은 그림 9.2에 나타나 있다.

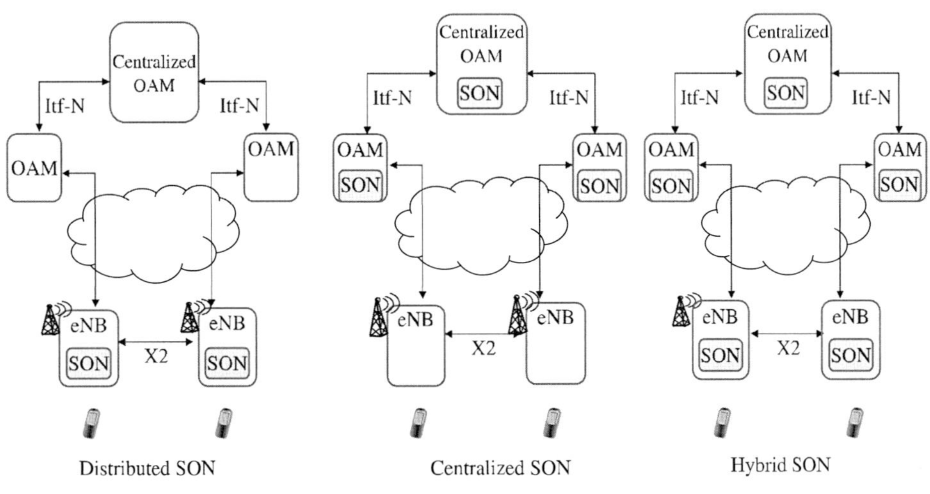

그림 9.2 SON 구조 옵션

9.3 SON 기능

3GPP는 자동 설정, 자체 최적화, 자체 검증화의 세 분야에 대해서 다수의 SON 사용사례들을 정의하였다. 자동 설정은 계획과 초기설정 같은 네트워크 설치의 운영 전 단계를 처리한다. 자체 최적화는 운영단계에서 최적화를 담당하며, 자체 검증화는 관리 및 오류복구를 담당한다. 예를 들어, 룰 아웃 단계, 운영 초기 단계, 또는 부하 비중이 높은 성숙한 네트워크와 같이 네트워크 운영의 다양한 시점에서 다양한 SON 사용사례들이 관련이 있다. 일반적으로 자동 설정과 범위와 관련된 사용사례들은 초기 단계에서 가장 중요하며, 품질과 용량 기반 사용사례들은 네트워크 사용이 증가하는 시점에 더 관련성이 있다.

자동 설정과 관련된 기능은 주로 3GPP 릴리즈 8에 정의되어 있으며, 물리적 셀 ID의 자동 설정과 이웃 관계 자동 인식 기능 등을 포함한다. 자체 최적화는 주로 3GPP 릴리즈 9에서 다루며 이동성 부하분배(MLB: Mobility Load Balancing), 이동성 확실성 및 임의 접근채널(RACH) 최적화에 초점을 맞춘다. 범위와 용량 최적화(CCO)와 같은 자체 검증화 기능은 릴리즈 10에 포함

표 9.1 SON 사용사례들

	LTE 릴리즈 8	LTE 릴리즈 9	LTE 릴리즈 10
자동 설정 (Self-Configuration)	자동화된 PCI 설정 ANR 기능: 단말 리포트를 기반으로 이웃 관계 설정 eNodeB의 자동 설정 자동 소프트웨어 관리	자동 무선 설정 기능	
자체 최적화 (Self-Optimization)	이동성 부하 분배: X2를 통한 eNodeB들 간 부하 리포팅	이동성 부하 분배: 혼합 부하 정보 및 이동성 설정 협상; 또한 기본 RAT 간 부하 정보 교환 이동성 확실성 최적화: 기본 무선 링크 고장 감지 및 리포팅 RACH 최적화: 단말로부터 RACH 통계 리포팅 LTE용 에너지 절약: 셀 상태 정보 및 wake-up 요청 핸드오버 최적화의 부하 분배 최적화 관리의 관리	드라이브 테스트 최소화 이동성 부하 분배 향상 이동성 확실성 최적화 향상 릴리즈 10 향상의 주요 초점은 Multi-RAT 환경 에너지 절약 향상 비반송파 결합 기반 LTE 이종망 설치를 위한 개선된 셀 간 간섭 조정 SON 기능 조정 에너지 절약 관리
자체 검증화 (Self-Healing)			용량 및 범위 최적화: 용량 문제 감지 드라이브 테스트 최소화: 단말이 다양한 측정 데이터를 로깅 및 리포팅하고 데이터를 서버에 수집하여 운영자들이 실시하는 드라이브 테스트의 횟수를 최소화 셀 작동불능 보상 완화

되어 있다. 릴리즈 10 작업은 2010년에 시작되었으며 범위와 용량 최적화(CCO), 이동성 확실성 최적화(MRO) 및 이동성 부하분배(MLB) 개선, 드라이브 테스트 최소화(MDT: Minimization of Drive Test) 그리고 에너지 절약 등을 제공한다.

릴리즈 10 LTE는 이종 네트워크, 릴레이 및 반송파 집적 등의 주요 구조적 기능을 포함하고 있다. 특히, HeNodeB들의 통제되지 않은 설치가 고려된다면, SON 또한 이러한 네트워크 진화에 대응해야 한다. HeNodeB는 일반적으로 펨토셀로 알려져 있다. 이러한 네트워크 환경에서는 중심 실체의 개입을 최소화한 자동 설정과 마크로 및 HeNodeB 사이의 사용자 이동성이 중요하다.

표 9.1은 주요 릴리즈에서의 SON 기능을 나타낸다.

9.4 자동 설정

자동 설정 과정은 자동연결과 자동 설정을 통한 새로운 eNodeB의 자동화된 네트워크 통합, 코어 연결(S1) 그리고 자동 이웃 사이트 설정(X2)을 가능하게 한다.

OAM에 연결되는 방식이나 연결을 확보하는 방식을 비롯한 대부분의 자동 설정 과정은 vendor specific하지만, 판매사 간 상호운영을 가능하게 하기 위해서는 3GPP의 지원이 필요하다. 자동 설정 과정은 운영 전 단계에서 동작하며 현장 설치와 eNodeB의 초기 설정 등을 다룬다. 절차는 다음과 같다.

1. 기본 부트스트래핑 과정을 가능하게 하는 초기 기본 소프트웨어와 기본 연결을 위한 소프트웨어가 eNodeB에게 전달됨
2. 동적 호스트 구성 프로토콜(DHCP: Dynamic Host Configuration Protocol) 서버는 eNodeB에게 IP 주소를 할당하고 IP 백홀과의 연결이 설정됨
3. eNodeB와 인증센터는 상호 인증하고 안전한 IP 연결을 설정함
4. OAM 보조 시스템으로부터 소프트웨어와 설정 데이터를 다운로드함
5. eNodeB가 코어망와 S1 연결을 설정함
6. eNodeB가 이웃 eNodeB들과 X2 연결을 설정함

그림 9.3은 자동 설정 과정을 나타낸다.

위 단계들 외에도, eNodeB는 물리적 셀 ID와 이웃 셀 목록을 필요로 한다. 물리적 셀 ID의 자동 설정과 자동 이웃 관계 기능은 eNodeB를 완전하게 동작하게 한다. 이 두 가지 기능은 3GPP 릴리즈 8에서 다루는 두 가지 주요 사용사례들이다.

이 사용사례들의 기능적 설명은 기술 규격(TS) 36.300에 소개되어 있다[1].

9.4.1 물리적 셀 ID 구성

동적 설정은 물리적 셀 식별자(PHY-CID: Physical Cell Identity)라고 하는 계층 1 식별자, 관리 그리고 셀 글로벌 식별자(CGID)와 IP 주소와의 매핑을 포함한다. 동적 설정은 새로 설치되는 eNodeB를 완전하게 구동하기 위해 필요하다. LTE에는 504개의 물리적 셀 ID가 존재한다. 물리적 셀 ID는 광대역 부호 분할 다중 접속(WCDMA)의 스크램블링 코드에 해당된다.

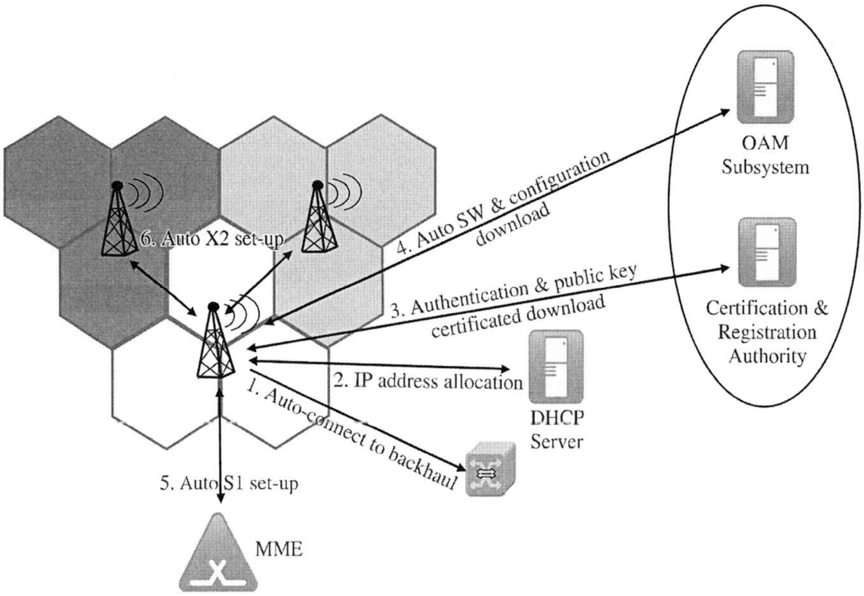

그림 9.3 자동 설정 과정

새로운 eNodeB가 현장에 설치될 경우, 지원하는 각 셀들에 대해서 물리적 셀 ID를 선택해야 하며, 해당 이웃 셀들과의 충돌을 피해야 한다. 만약 단말로부터 동시에 받을 수 있는 두 개의 셀들이 동일한 물리적 셀 ID를 사용한다면, 단말은 두 셀을 구분하지 못한다. 전통적으로, 제대로 된 물리적 셀 ID는 무선 네트워크 설계로부터 비롯되며 노드 초기 설정의 일부분이다. 물리적 셀 ID의 할당은 다음 조건을 충족시킨다.

- 충돌이 발생하면 안 된다. 물리적 셀 ID는 셀의 반경 내에서는 유일해야 한다.
- 혼선이 발생하면 안 된다. 동일한 물리적 셀 ID를 가진 이웃 셀이 있으면 안 된다.

발생 가능한 충돌상황을 그림 9.4에 나타내었다.

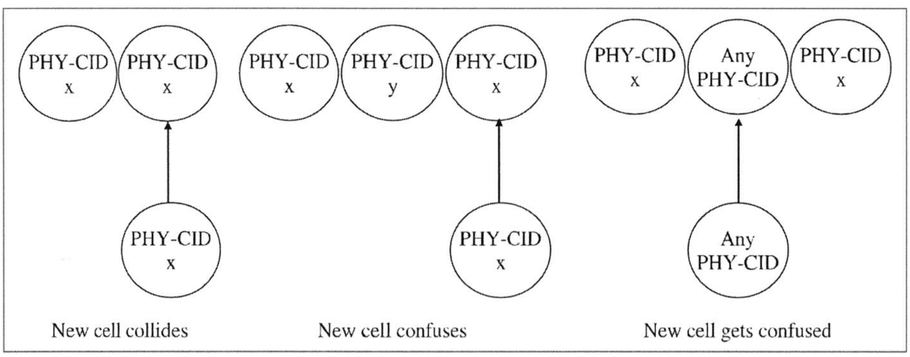

그림 9.4 새로운 PHY-CID를 삽입함으로써 발생할 수 있는 충돌

물리적 셀 ID의 할당은 중앙통제 방식 또는 분산방식을 사용할 수 있다. 물리적 셀 ID 할당의 자연스러운 접근법은 중앙통제방식을 사용하는 것이다. OAM 서브시스템이 물리적 셀 ID의 할당과 관련된 지식과 제어권을 가지고 있기 때문이다. 운용관리 및 유지보수(OAM)는 과정의 일부분으로 물리적 셀 ID 선택을 할 수 있다.

또 다른 접근법은 물리적 셀 ID를 분산방식으로 할당하는 것이다. OAM 서브시스템은 물리적 셀 ID 값의 목록을 신호로 내보낸다. eNodeB는 단말 측정 리포트를 통하거나 다운링크 수신기를 사용하여 에어(air) 상에서 물리적 셀 ID를 인지하여 인접 셀들을 확인하거나 eNodeB 간 인터페이스를 통해서 감지된 물리적 셀 ID 값들을 목록으로부터 제거하여 범위를 제한한다. 그런 다음, 나머지 값들에서 무작위로 ID를 선택한다.

9.4.2 이웃 관계 자동 인식

이웃 관계 자동 인식(ANR; Automatic Neighbor Relations)의 목표는 새로 설치된 eNodeB의 이웃 관계를 설정할 때 요구되는 수동 작업을 없애거나 운영 중에 설정을 최적화하는 것이다. 네트워크 성능 또한 이렇게 최적화되고 최근화 목록들로부터 이득을 보게 될 것이다. 올바른 이웃 설정은 성공적인 핸드오버의 횟수를 늘릴 것이며, 누락된 이웃 관계로 인한 콜 드랍의 수를 최소화할 수 있다.

LTE 단말은 알려진 이웃 목록 없이도 물리적 셀 ID를 감지할 수 있다. 단말이 보고한 물리적 셀 ID는 핸드오버를 수행하기 전에 반드시 셀 글로벌 식별자(CGIP)에 매핑되어야 한다. 매핑은 OAM 시스템의 지능 및 위치 정보를 이용하여 네트워크상에서 할 수 있다. 매핑은 방송 채널로부터 대상 셀의 CGID를 단말 디코딩함으로써 이루어질 수 있다. CGID를 디코딩하는 기능은 단말 선택적 사양이다. 하나의 단말이 CGID 디코딩을 수행했을 경우 해당 정보는 eNodeB에 저장될 수 있으며, 다른 단말들을 위한 CGID 디코딩을 할 필요가 없다. 단말 측정

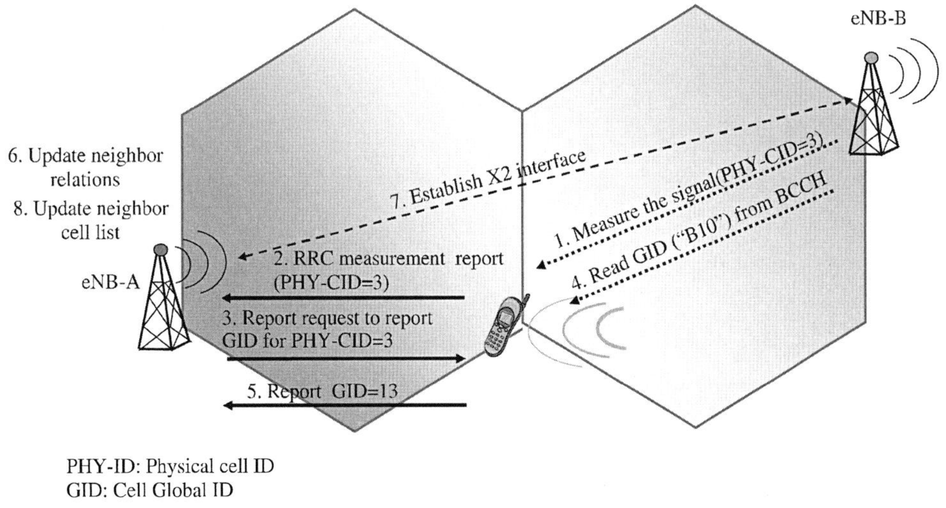

그림 9.5 LTE에서의 ANR

에 기반한 이웃목록 업데이트는 그림 9.5에 나타내었다.

1. 단말은 무선자원 제어(RRC) 연결 모드에 있을 경우 이웃들을 서빙하는 eNodeB에 보고하도록 지시받는다.
2. 단말은 기존에 정의된 이웃목록에 없는 감지된 셀의 물리적 셀 ID를 측정하고 eNodeB에 보고한다.
3. eNodeB가 단말로부터 받은 리포트에 알려지지 않은 물리적 셀 ID가 포함되어 있을 경우 단말에게 감지된 셀의 방송채널로부터 CGID를 읽으라고 지시한다.
4. eNodeB는 이동성 관리개체(MME)에게 이 CGID에 해당되는 IP 주소를 요청하고, 이웃목록을 업데이트한 다음 비슷한 eNodeB와 X2 연결을 설정하고, X2를 통해 설정 데이터를 교환한다.

위 절차는 분산방식의 이웃관계 자동인식(ANR)에 따른 것이다. 하지만, 네트워크 운영자는 네트워크 관리 시스템에 ANR을 위한 블랙 리스트와 화이트 리스트 셀들을 설정할 수 있다. 블랙 리스트에 포함된 셀은 단말이 강한 이웃이라고 리포팅할 경우라도 ANR 대상에 절대 해당될 수 없다. 고층건물의 실내 셀에서 실외 셀로 핸드오버한 경우와 같이 운영자는 일부 핸드오버 후보자들을 차단하고 싶을 경우가 발생할 수 있다.

LTE 주파수 내부 외에도, 3GPP는 LTE 주파수 간 및 무선접속방식(RAT) 간 ANR을 정의한다. 이 경우 eNodeB는 단말에게 다른 주파수 또는 RAT의 셀들에 대해 측정을 수행하도록 지시할 수 있다. 주파수 간 및 RAT 간 측정은 단말을 위한 측정 공백의 스케줄링이 필요하다.

ANR은 중복 이웃 관계를 제거할 수도 있다. 이 기능은 전적으로 vendor specific하다. 예를 들어, 추가된 모든 이웃 관계에 타임스탬프가 추가될 수 있다. 만약 특정 시간 동안 셀이 보고하지 않는다면, 해당 관계는 삭제된다.

9.5 자체 최적화와 자체 검증화의 사용사례

SON 사용사례는 3GPP 문서 기술보고서(TR) 36.902[2] 그리고 기술규격(TS) 36.300[1]에 설명되어 있으며 다음에 요약되어 있다.

9.5.1 이동성 부하 분배

이동성 부하분배(MLB) 사용사례의 목적은 혼잡을 겪는 셀들이 자신의 부하를 다른 여분의 자원이 있는 셀들에게 전송하는 것이다. 이와 같은 전송은 보통 무선 상태에 강제로 적용해야 한다. 즉, 일부 터미널들은 비최적화된 셀들에 연결해야 한다. 따라서 새로운 방식들이 표준화되어야 했다.

MLB의 해법은 세 가지 요소로 구성된다.

- 부하 리포팅. 리포팅은 LTE 내부와 RAT 간일 경우가 서로 다르다.
- 부하 분배 액션. 릴리즈 8과 릴리즈 9의 부하 분배는 활발한 사용자에 관한 것으로 핸드오버를 기반으로 한다.
- 부하가 균일 분배될 수 있도록 핸드오버 개정

부하 리포팅 또는 부하 정보 교환은 트롤러들이(LTE의 경우 eNodeB) 셀들의 부하 레벨과 이용 가능한 용량에 대한 정보를 교환할 수 있게 한다. LTE 셀들 간 부하 정보 교환의 경우 리포팅은 지원 상태 보고 시작 X2 절차를 사용하여 하나의 eNodeB에서 이웃 eNodeB를 향해 시작된다. RESOURCE STATUS REQUEST X2 응용 프로토콜(X2AP) 메시지를 통해 전달되는 요청에는 리포팅해야 할 정보와 리포팅 주기가 포함된다. 만약 이웃 eNodeB가 요청을 수락하면 지원 상태 보고 시작 X2 절차를 사용하여 리포팅을 시작한다. 즉 RESOURCE STATUS UPDATE X2AP 메시지는 요청된 주기로 전송되며 요청 받은 정보를 포함한다.

리포팅의 주기성은 1~10초 사이의 값으로 요청할 수 있다. 리포팅 정보는 다음을 포함할 수 있다.

1. 하드웨어 부하: 업링크와 다운링크에 대해 각각 4단계의 리포팅
2. S1 전송 네트워크 부하: 업링크와 다운링크에 대해 각각 4단계의 리포팅
3. 무선자원 상태 : 업링크와 다운링크에 대해 할당된 물리자원 블록(PRB: Physical Resource Block)의 비율로 다음과 같이 세분화됨
   - 전체 할당
   - 보장되는 트래픽 비트율
   - 보장되지 않는 트래픽 비트율
   - 혼합 이용 가능한 용량 정보: 업링크 및 다운링크에서 각각 부하 분배를 위해 사용할 수 있는 PRB의 비율

위 목록에서 혼합 이용 가능 용량에 대해서 좀 더 자세히 알아본다. 이 정보는 셀이 경험하는 모든 한계를 취합한다. 이 정보는 일반적으로 이해 가능한 무선자원 형태인 PRB로 표현된다. 백분율로 코딩되지만, X2 설정 단계를 통해 수신기는 보고받은 셀의 대역폭을 알고 있다. 따라서 부하 분배 목적으로 제공되는 PRB의 실제 개수를 비율로부터 재계산하는 것은 간단한 일이다.

예를 들어, 만약 셀이 무선 인터페이스에는 큰 부하가 걸리지 않지만 어떤 이유에서든 하드웨어에서 높은 부하를 경험한다면, 혼잡한 하드웨어가 감당할 수 있을 만큼의 PRB에 대해서만 리포팅을 해야 한다. 이와 같은 제약의 다른 원인으로는 백본 용량(예를 들어 릴레이 스테이션과 기부 eNodeB 사이의 연결 용량) 또는 운영자의 정책(OAM 설정) 등이 있을 수 있다. 중요한 점은 표준은 실제 사용 가능한 PRB의 리포팅을 의무화하고 있지 않다는 점이다. 이것은 무선자원 상태 정보로부터 계산될 수 있다. 혼합 이용 가능 용량은 셀의 실제 상태와 연관되어 있지 않기 때문에 셀의 승인 제어는 리포팅된 값을 더 수정할 수 있다. 진행 중인 서비스 질이 격하될 것이 예측되면 현 시점에서 제공 가능한 자원보다 더 많은 자원을 할당할 수 있으며, 현재 트래픽을 보호하기 위해 일부 자원을 미리 예약하여 제공 가능한 자원보다 적은 자원을 할당할 수 있다. 이와 관련된 구현은 제조사에 따라 다르다.

무선 접속 방식(RAT) 간 부하 리포팅과 관련하여 정보는 주기적으로 리포팅될 수 없으며 단일 셀과 관련될 수도 있다. 다양한 RAT들은 서로 다른 부하 정보를 사용하므로 부하는 특수 컨테이너

를 통해 리포팅된다. 컨테이너는 범용지상무선접속망/GSM/EDGE 무선접속 망(UTRAN/GERAN) 부하 정보 또는 진화된 범용 이동통신 지상파 무선접속 망(E-UTRAN) 혼합 이용 가능 용량을 지닐 수 있다. 컨테이너는 무선접속 망 정보관리(RIM: RAN Information Management) 프로토콜을 사용하여 전송된다[3]. LTE로부터 리포팅되는 혼합 이용 가능 용량은 LTE 내부 부하 리포팅의 경우와 같은 원칙을 따른다. 범용 이동통신 시스템(UMTS)이나 이동통신 세계화 시스템(GSM)이 보내는 부하 정보는 업링크와 다운링크에 대해서 각각 다음과 같은 데이터가 포함된다.

- 셀이 경험하는 부하의 비율(백분율)
- 셀에서 실시간 트래픽에 해당되는 부하의 비율(백분율)
- 셀에서 비실시간 트래픽에 해당되는 부하의 네 가지 레벨

추가적으로, 서로 다른 RAT들의 백분율 비교를 가능하게 하기 위해서 LTE 혼합 이용 가능 용량과 범용 이동통신 시스템/이동 통신 세계화 시스템(UMTS/GSM) 부하 정보에 셀 용량 클래스 값이 추가된다. 셀 용량 클래스 값은 각 셀에 대해서 운영자가 임의의 값으로 설정하지만, 일반적으로 동일한 RAT의 동일한 대역에 대해서 동일한 값으로 설정된다. 셀 용량 클래스는 RAT들의 전체 용량 비교를 위해 사용할 수 있다. 예를 들어 UTRAN이 20인 클래스 값을 갖고 있고 LTE는 50으로 설정되어 있을 경우 UMTS 셀이 40% 부하가 걸려있다고 리포팅한다면 60%의 자원은 사용 가능하다고 가정할 수 있고, 리포팅을 받는 LTE 셀은 UMTS 셀로 전송할 수 있는 해당되는 부하를 다음과 같이 계산할 수 있다.

$$Load_{LTE} = Load_{UMTS} \frac{Class_{UMTS}}{Class_{LTE}} = 60\% \ \frac{20}{50} = 24\%$$

즉, UMTS에서 사용 가능한 60%의 용량은 LTE에서는 24%의 용량에 해당된다. 이와 유사하게 역으로 보면 혼합 이용 가능 용량이 리포팅하는 60%의 사용 가능한 용량은 한 UMTS 셀의 150%의 용량에 해당된다.

부하 리포팅은 리포팅하는 셀에게 얼마만큼의 트래픽을 전송할 수 있는지 파악하기 위해 필요하다. LTE 내부 시나리오에서는 혼잡한 셀을 제어하는 eNodeB는 핸드오버될 수 있고(대상에 대해서 좋은 무선 연결을 리포팅) 대상으로부터 리포트 받은 가용공간에 들어갈 수 있는 사용자들을 선정해야 한다. 이것은 eNodeB가 대상의 자원할당을 예측해야 한다는 의미로, 혼잡한 셀과 동일하지 않을 수 있다. 무선 상황이 다를 수 있으며 스케줄러 구현과 설정도 다를 수 있어 동일한 서비스에 대해 요구되는 물리자원 블록(PRB)의 수도 변할 수 있다. 하지만 이 부분은 제조사 고유의 부하 분배 알고리즘 구현 영역에 해당된다.

eNodeB가 충분한 자원을 보유한 셀로 핸드오버될 수 있는 사용자를 찾은 다음 실질적인 부하 분배 액션이 실행된다. 실제로 이것은 일반적인 핸드오버에 해당되나 무선상태 때문에 일어나는 것이 아니라 부하상황 때문에 발생하는 것이라는 차이가 있다. 이것을 일반 핸드오버와 구분하기 위해서, 이를 시작하는 eNodeB는 적절한 원인값을 설정할 수 있다. 예를 들어 부하 분배 핸드오버에 해당되는 값은 '서비스 셀에 부하 감소' 또는 '부하분배'일 수 있다.

사용자의 핸드오버가 완료되면 무선자원 관련 사유로 핸드오버된 사용자가 다시 혼잡한 셀

로 되돌아오는 것을 방지하기 위해 핸드오버 매개변수를 개정해야 한다. 핸드오버 설정을 일관성 있게 유지하기 위해서 매개변수 개정은 양쪽 셀에서 모두 진행되어야 한다. 이를 위해 이동 설정 변경 X2 절차가 정의되었다. 변화를 감지한 eNodeB는 사용자가 바로 되돌아오는 것을 방지하려면 셀 경계를 얼만큼 이동시켜야 하는지 예측해야 한다. 이동은 dB로 표현되며 상대 셀에게 MOBILITY CHANGE REQUEST X2AP 메시지를 통해서 전달된다. eNodeB는 자신의 핸드오버 문턱값 변화에 대한 정보도 포함시킬 수 있으나, 부하 분배의 경우 변화는 대칭적이라고 가정한다. 즉, 만약 혼잡한 셀이 핸드오버 경계를 -2dB 이동할 경우, 상대 셀은 자신의 핸드오버 경계를 +2dB 확장해야 한다. 변화와 관련된 정확한 해석은 핸드오버 알고리즘의 구현에 따라 다르기 때문에 엄밀히 정의할 수 없다. 마찬가지로, 이와 같은 변화가 대기모드 이동성 설정에 미치는 영향은 eNodeB의 구현에 달려있다. 또한 이동성 설정에 변화를 요청한 eNodeB는 대상 eNodeB로부터 답신을 받기 전까지는 이를 실행하면 안 된다. 이동성 부하 분배는 그림 9.6에 나타나 있다.

한 가지 중요한 점은 MOBILITY CHANGE REQUEST 메시지를 수신하는 셀이 제안된 변화를 실행할 수 없을 경우 이를 거부할 수 있다는 점이다. 이 경우 가능한 변화 범위에 대한 정보를 제공할 수 있다.

그림 9.7은 부하 분배를 수행하는 두 LTE 셀 간 메시지 교환의 예를 나타낸다.

이동성 부하 분배 해법에 사용되는 X2 절차와 관련된 자세한 내용은 기술규격(TS) 36.423에서 찾아 볼 수 있다[4]. RAT 간 방식과 관련된 LTE 부분은 S1 사양(TS 36.413)에 정의되어 있다.

9.5.2 이동성 확실성 최적화

이동성 확실성 최적화(MRO)는 이동성 설정의 오류를 자동으로 감지 및 정정하는 것이다. 이러한 오류는 매우 다양하고 여러 가지 결과를 초래할 수 있다. LTE 릴리즈 9에서는 사용사례

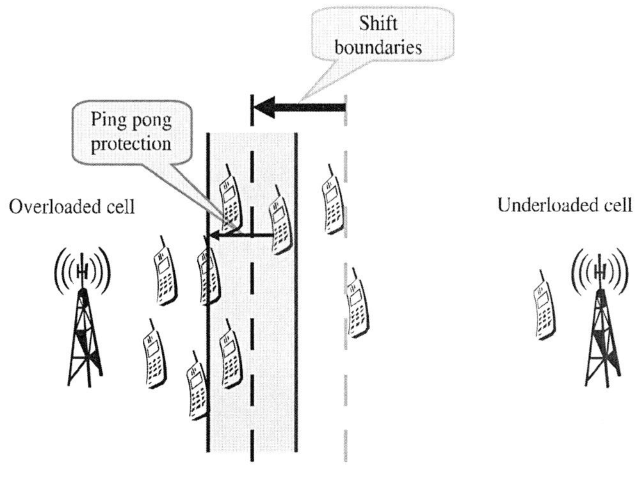

그림 9.6 이동성 부하 분배의 원리

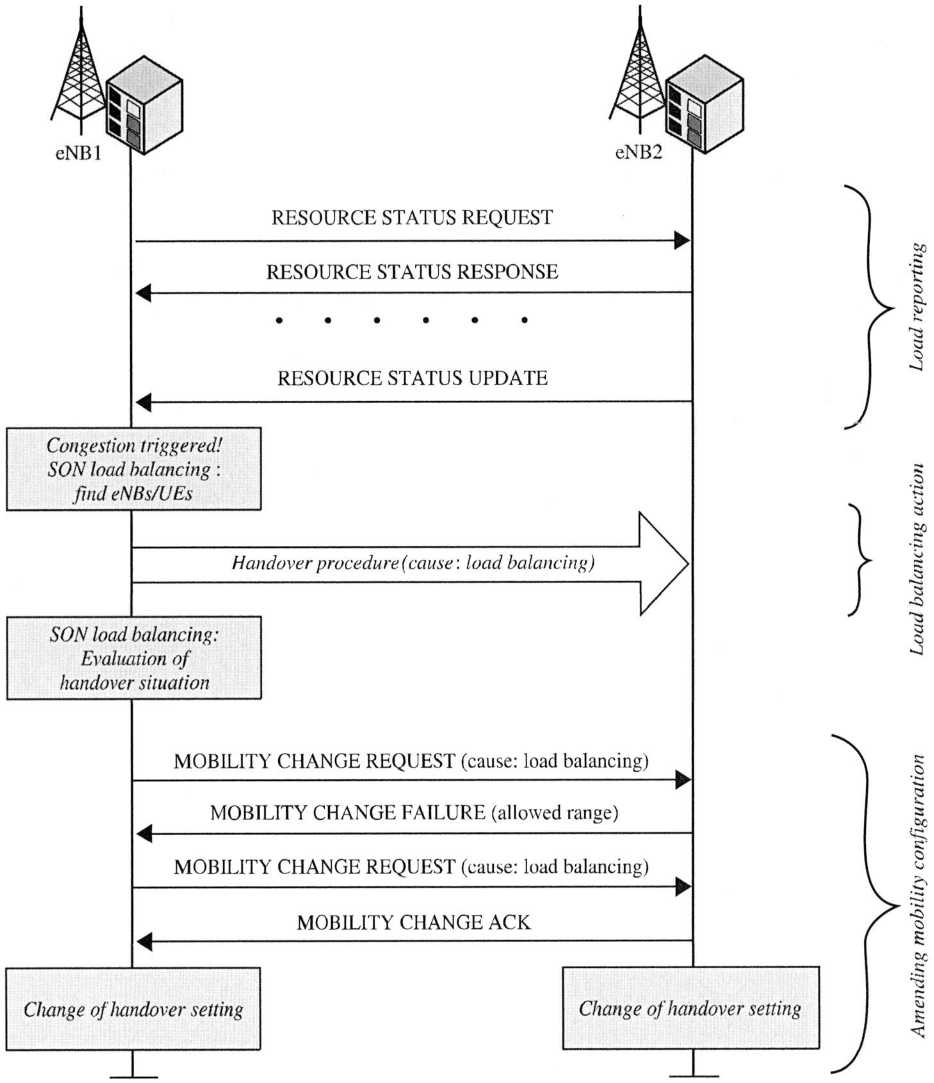

그림 9.7 이동성 부하 분배를 위한 X2 절차 예제

가 무선링크실패(RLF)로 연결되는 오류들에 대한 것으로 제한되어 있었고 오류의 원인으로는 다음 항목들이 해당되었다.

- 너무 늦은 핸드오버
- 너무 이른 핸드오버
- 잘못된 셀로의 핸드오버

사용자들의 이동성을 고려할 때 기본이 되는 문제는 eNodeB에서 잘못된 매개변수의 설정이다. 감지는 연결의 재설정을 요구하는 단말의 무선자원 제어(RRC) 메시지 수신에 기반한다. 서빙 셀이 끊어진 연결을 감지하나 이것이 사용자의 이동 때문이라는 것을 알아낼 방법이 없다.

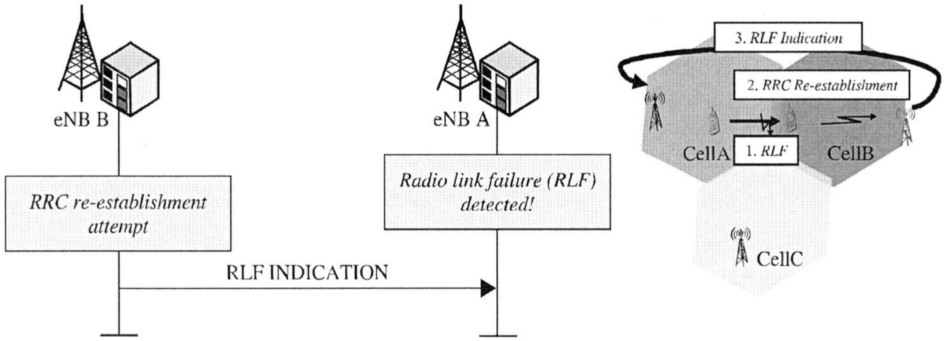

그림 9.8 지연된 핸드오버의 감지

지연된 핸드오버의 감지는 간단하다. 연결 재설정 요청은 마지막으로 서비스한 셀의 물리적 셀 ID와 해당 셀의 단말의 셀-내부무선망 임시 식별자(C-RNTI: Common Radio Network Temporary Identifier)를 포함하고 있다. 물리적 셀 ID가 요청을 받은 셀의 물리적 셀 ID와 다를 경우 핸드오버가 있었다고 가정을 할 수 있고, 핸드오보가 초기화되지 않았거나, 너무 늦게 초기화 되었거나 해서 연결이 끊어졌다고 볼 수 있다. 재설정 시도가 이루어지는 셀을 제어하는 eNodeB는 소스 셀을 제어하는 eNodeB에게 무선 연결 실패에 대해서 알려줄 수 있다. 이를 목적으로 무선 링크실패(RLF) INDICATION X2AP 메시지가 사용된다. 이 과정은 그림 9.8에 나타나 있다.

이른 핸드오버의 감지는 조금 더 어렵다. 이 시나리오는 대상으로의 성공적인 핸드오버가 일어났으나 대상의 라디오 상황이 좋지 않은 상태에서 너무 일찍 발생했다고 가정한다. 따라서 성공적인 핸드오버가 일어났음에도 불구하고 연결은 바로 끊어지게 되고, 단말은 소스 셀에서 연결 재설정을 시도하게 된다. 그러나 C-RNTI와 물리적 셀 ID가 대상의 것이기 때문에 소스 셀은 단말을 알아볼 수 없다. 따라서 대상으로부터 지연된 핸드오버에 따른 무선 연결 실패를 가정하고 무선 연결 실패 지시를 보낸다. 그러나 지시에 포함된 단말 식별자들을 통해 대상은 지시자가 무선 연결 실패가 발생하기 직전에 지금 지시를 보내고 있는 셀로부터 핸드오버된 단말과 관련되어 있음을 알 수 있다. 대상은 핸드오버에 대한 리포트를 보내 소스에게 핸드오

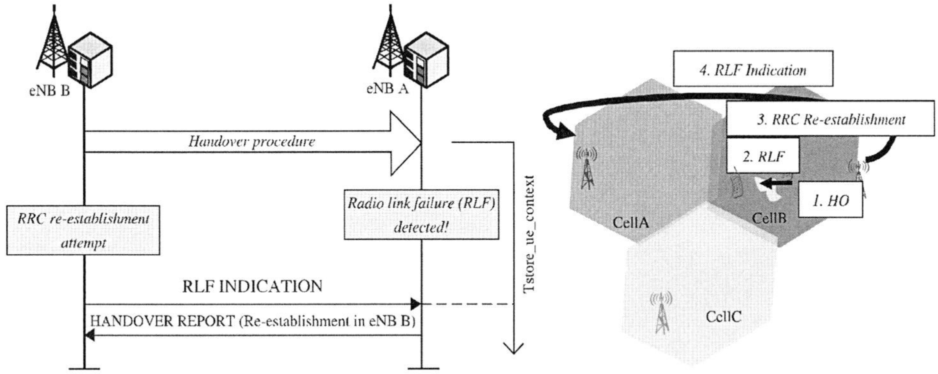

그림 9.9 이른 핸드오버 감지

버가 일찍 발생했음을 알려야 한다. 이를 위해 핸드오버(HO) REPORT X2AP 메시지가 사용된다. 또한 '성공적인 핸드오버 직후'의 의미를 정의하는 eNodeB에서 실행되는 내부 타이머를 정의하는 것이 필요하다. 그림 9.9는 이른 핸드오버 시나리오를 나타내었다.

잘못된 셀로의 핸드오버 시나리오는 이른 핸드오버와 유사하다. 소스에서 대상으로 성공적인 핸드오버가 이루어졌으나 핸드오버가 완료된 직후 무선 연결 실패가 발생한다. 차이는 단말이 연결 재설정을 소스 또는 대상이 아닌 다른 제3의 다른 셀과 시도한다는 것이다. 대상으로 실행된 핸드오버가 실제로는 제3의 다른 셀로 이루어졌어야 한다고 가정한다. 따라서 감지는 이른 핸드오버의 경우와 동일하다.

그러나 대상 셀이 제3의 셀로부터 RLF INDICATION 메시지를 받을 경우, 대상 셀은 제3의 셀이 아닌 소스 셀에게 HO REPORT를 전달한다. 그림 9.10은 잘못된 셀로의 핸드오버 감지와 관련된 전체 절차를 나타내었다.

HO REPORT 메시지를 수신하는 eNodeB가 이른 핸드오버와 관련된 것인지 잘못된 셀로의 핸드오버와 관련된 것인지 어떻게 구분할 수 있는지 궁금할 수 있다. 이것은 HO REPORT 메시지 안에 포함된 단말이 출발한 셀(소스 셀)의 ID, 무선 연결 실패가 발생한 셀(대상 셀)의 ID, 재설정을 시도한 셀의 ID의 세 가지 값에 기반한다. 만약 세 번째 ID와 첫 번째 ID가 동일할 경우, 초기 핸드오버가 너무 일찍 시작된 것이다. ID가 서로 다를 경우, 잘못된 셀로 전달된 것이다.

이 시나리오들은 추가적으로 다르게 구현될 수 있으며, 셀의 할당에 따라(즉, 이들이 동일한 eNodeB에 해당되는지 서로 다른 eNodeB에 해당되는지) 일부 메시지는 eNodeB 내부 통신으로 대체될 수 있다. 이 모든 것이 기술규격 TS 36.300에 설명되어 있다[1]. RLF INDICATION과 HO REPORT 메시지들은 X2 규격(기술규격 TS 36.423)에 정의되어 있다[4].

지연된 핸드오버와 범위공백을 구분하기 위해서 단말은 무선 연결 실패 직전에 저장된 마지막 측정값을 요청할 수 있다. 이것은 재설정이 성공적이었을 경우 가능하다. 측정 리포트는 RLF INDICATION 메시지를 사용하여 전달될 수 있다.

이동성 설정 오류로 인해 SON 알고리즘이 구동하고 이를 정정할 수 있다면, 이웃들에게 이 변화에 대해 알려줄 필요가 있다. 경우에 따라 정정은 이웃 쪽에도 변화가 요구될 수 있다. 이

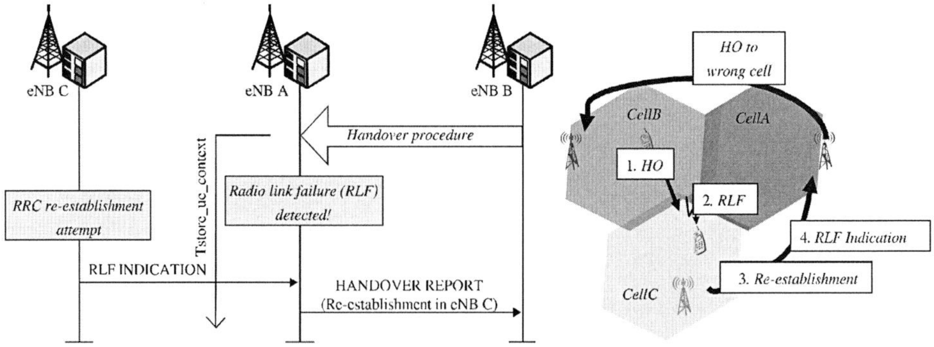

그림 9.10 잘못된 셀로의 핸드오버 감지

를 위해 이동성 부하분배(MLB)절에서 설명된 이동성 설정 개정을 위한 절차가 사용될 수 있다. 대상 셀에게 변화에 대한 이유를 알려주기 위해서 원인값이 적절히 설정되어야 한다(예를 들어, '핸드오버의 최적화').

9.5.3 RACH 최적화

이 사용사례는 차선 임의접근채널(RACH) 설정으로 인해 많은 물리적 RACH 프리앰블을 전송하게 되어 RACH 접근이 높은 간섭을 일으키게 되는 문제를 다룬다. eNodeB가 이 문제를 감지하고 가급적 자동으로 수정할 수 있게 하기 위해 단말은 성공적인 연결 이후 RACH 통계에 대한 요청(polling)을 받을 수 있다. 리포팅되는 통계값은 다음과 같다.

- 성공적인 RACH 완료 시점까지 전송되는 RACH 프리앰블의 개수
- 경쟁 해결 실패 표시

해결책의 두 번째 요소는 eNodeB들 간에 물리적 임의접근채널(PRACH) 설정을 교환할 수 있는 가능성이다. 이것은 X2가 설정되어 있거나 eNodeB 설정이 업데이트될 경우 가능하다. 교환되는 PRACH 정보는 다음을 포함한다.

- 루트 시퀀스 인덱스
- 제로 상관지역 설정
- 고속 플래그
- PRACH 주파수 편차(오프셋)
- PRACH 설정 인덱스(시간분할 이중화(TDD) 전용)

9.5.4 에너지 절약

에너지 절약 사용사례는 추가적인 용량이 필요 없을 경우 용량 부스터 셀들을 스위치 오프시키는 발상에서 비롯된다. 기지국이 소비하는 에너지의 일부는 부하와 관계가 있으나, 많은 부분이 서비스를 제공할 사용자가 없음에도 불구하고 전력을 요구한다. 전력 가격은 운영자들이 추가 용량이 필요하지 않을 경우 셀을 끄도록 동기부여를 했다. 이와 같은 경우는 휴일 쇼핑몰의 실내 셀들에게 발생할 수 있다. 셀을 끄도록 하는 방식은 수동으로 이루어질 수 있지만, 자동화된 절차를 위한 노력이 진행되었다.

운영자 라이선스의 법적 요구사항에 의해 고려해야 하는 중요사항이 있다. 서비스 범위는 항상 제공되어야 한다. 사용되는 방식이 기본 서비스의 범위에 공백을 만들어서는 안 된다.

서비스 범위 측면에서 완벽하게 백업된 셀을 끄도록 하는 것은 국부적인 행위이다. 셀은 자신이 언제 비어있음을 알 수 있다(최소한 액티브 모드 사용자만 고려할 경우에는 그렇다). 이웃 관계가 삭제되지 않을 경우에도 핸드오버 실패 위험성은 매우 낮다. 이는 단말이 꺼진 셀을 핸드오버 후보로 보고할 일이 없기 때문이다. 하지만, 추가 용량의 에너지 비용을 정당화할 정도로 서비스 지역에 충분한 트래픽이 발생할 경우 자동 작동 시점을 정의하기 위한 문제점이 발생한다. 서비스 범위를 제공하기 위해 on 상태를 유지하는 셀들은 이것을 알 수 있다. 이들은 정지된 셀들이 어떤 것인지 알기만 한다면, 정지된 셀들을 깨울 수 있다. 에너지 절약 사용사례

를 위한 SON 해결책은 다음 두 가지 요소에 의존한다.

- 이웃에게 보낼 수 있는 셀 상태 정보
- 이웃이 더 많은 용량이 요구됨을 감지했을 때 보내줄 수 있는 셀 작동 요청

셀을 스위치 오프하는 방식이 정의되어 있지 않기 때문에 점진적 power-down에 의존할 수도 있다. 마지막 동작하고 있는 사용자가 셀을 떠날 때까지 정지는 지연될 수 있다. 두 경우 모두 들어오는 모든 핸드오버 요청은 거부될 것이다. 이런 핸드오버를 시작하는 eNodeB에게 보다 정확한 정보 피드백을 가능하게 하기 위해, 또는 셀 스위치 오프 절차로 인해 가능한 실패 또는 거부 메시지를 위해, "Switch Off Ongoing"이라는 원인 값이 추가적으로 정의되었다.

9.5.5 사용 가능한 SON 절차 요약

여러 장에서 LTE를 위해 정의된 새로운 기능들이 소개되었다. 이러한 기능들은 표준화된 SON 프레임워크를 구성한다. 그림 9.11은 기능들이 LTE 릴리즈 9에서 해결된 SON 사용사례와 어떻게 대응되는지 요약한다.

9.5.6 SON 관리

위에서 언급한 SON 기능 관리는 세 가지 기능으로 구성된다.

- 모니터링
- 정정 액션
- 운영자 제어

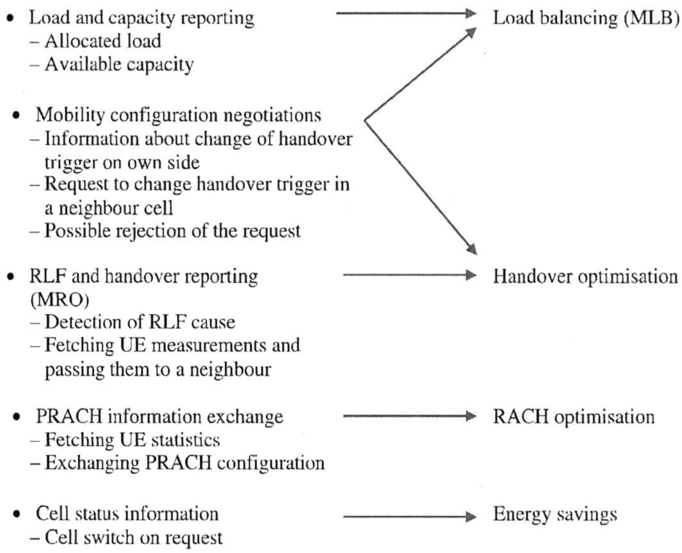

그림 9.11 SON 기능 및 해당 사용사례

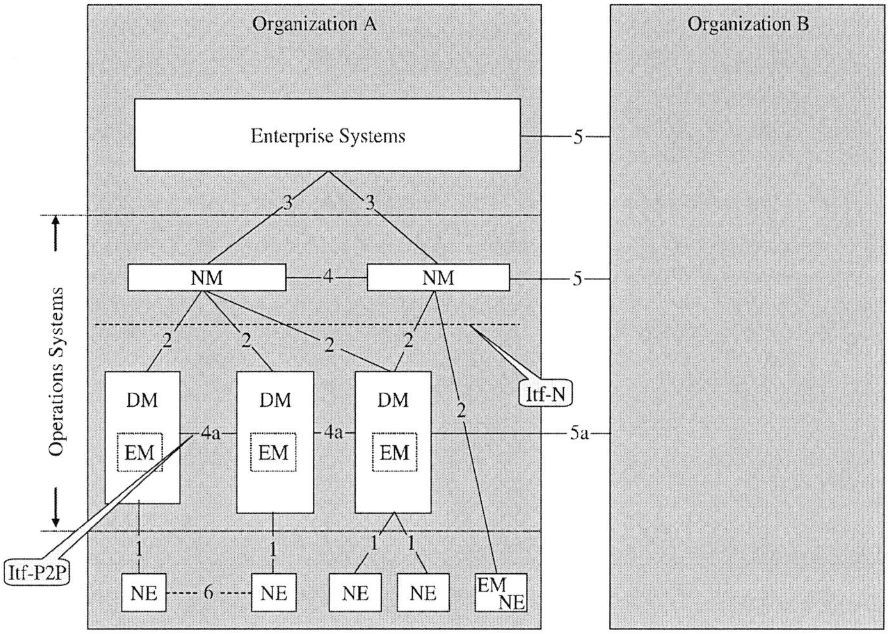

그림 9.12 3GPP 관리 참조 모델. NM = Network Management(네트워크 관리), DM = Domain Management(도메인 관리), EM = Element Management(요소 관리)

모니터링의 역할은 핵심 성과 지표(KPI; key performance indicator), 경보 및 이벤트 모니터링 측정값을 수집하고 리포팅을 가능하게 하는 것이다. 모니터링 기능을 통해 제공되는 정보는 정정 액션을 실행할 수 있게 하며, 이는 설정 또는 기타 매개변수 변경을 의미한다. 전체적인 SON 기능의 최종 제어권은 운영자에게 주어진다. 그림 9.12는 관리 참조 모델을 나타내었다.

관리 구조는 표준화된 '북행'(Itf-N)과 사유 '남행'(Itf-S) 인터페이스로 나누어져 있다. Itf-N은 위 기능들을 여러 판매사 환경에서 동작하게 하고, Itf-S를 통해 각 판매사는 표준화된 SON 구조를 자체 기능을 사용해 향상시킬 수 있다. '중앙화-표준화'와 '분산화-사유 중앙 구조를 통한 지원'의 혼합은 하이브리드 SON 구조로 연결되며, 일부 기능은 eNodeB에 존재하며 일부 기능은 중앙 OAM에 존재하게 된다.

SON 관리의 표준화는 관리 대상인 SON 구조의 개발과 병행으로 이루어진다. 예를 들어, Itf-N은 이웃 관계 자동 인식(ANR), 자동 무선 구성 기능(ARCF), 핸드오버 최적화 및 부하 분배 최적화(LBO)와 함께 사용될 수 있다. SON 관리 개념의 전반적인 내용은 기술규격(TS) 32.500에 정의되어 있다[5].

9.6 3GPP 릴리즈 10 사용사례

릴리즈 10은 여러 추가적인 사용사례를 소개한다.

- 범위 및 용량 최적화(CCO)

- 향상된 이동성 부하 분배
- 향상된 에너지 절약
- 드라이브 테스트 최소화(MDT)

범위와 용량 최적화는 주로 범위와 관련된 문제를 다루지만 용량 문제도 다루도록 확장할 수 있다. 느리게 변화하는 환경으로 인한 범위 및 용량 문제의 자동 정정을 가능하게 한다. 한 예로, 계절에 따른 편차는 수동 또는 고정적 조절보다 정밀하게 수행할 수 있다. 예를 들어, 잎을 가진 나무들은 겨울에 가지만 남은 나무들과 다르게 신호를 감쇠시킨다. 따라서 범위와 관련된 상황은 변화하며 최적화가 요구된다. 또한 범위 설정과 관련된 개정은 네트워크 전체에 대한 지식이 요구되므로, 이러한 지능은 제어하는 eNodeB들로부터 관련된 통계를 수집할 수 있는 중앙 실체에 구현될 가능성이 높다.

이동성 확실성 최적화 향상과 이동성 부하 분배 향상은 릴리즈 9에 정의된 기능을 확장 또는 개선시키는 것을 주목적으로 한다. 확장 사항 중에 하나는 연결 재설정이 실패했음에도 불구하고 단말이 측정을 보내고 새로운 연결을 설정하는 가능성을 고려한다. 릴리즈 9는 LTE에 초점을 두었으므로, 릴리즈 10은 사용사례를 RAT 간으로 확장할 예정이다.

릴리즈 9에 이미 정의된 에너지 절약은 향상을 위한 또 다른 후보이다. 이동성 확실성 최적화와 마찬가지로, 릴리즈 10은 릴리즈 9 LTE 해법을 다중 무선접속 방식(Multi-RAT)으로 확장할 것이다. 서로 다른 RAT 간 중복 서비스 지역이 발생하게 되면서 서비스 범위를 위해 운영자는 특정 RAT은 끄고 특정 RAT은 유지시키고 싶은 상황이 발생할 수 있다. 또한 남아 있는 셀들의 범위를 확장하여 꺼진 셀들을 보상하는 방식 등보다 세련된 옵션들이 고려되고 있다. 이런 방식은 단일 RAT 단일 계층 설치에서 에너지 절약을 가능하게 한다.

릴리즈 10에서 개발된 사용사례 중 가장 흥미롭고 중요한 것이 드라이브 테스트의 최소화이다. 이 아이디어의 발단은 드라이브 테스트는 매우 비싸고 비효율적이라는 점이다. 하지만, 만약 일반 단말들이 동일한 정보를 제공하도록 설정된다면, 운영자들은 네트워크를 분석하고 최적화할 수 있는 좋은 방법을 얻게 될 것이다. 심지어 실내측정 정보도 회수될 수 있는데, 이는 현재 드라이브 테스트로는 일반적으로 불가능하다. 이 기능을 가능하게 한다면 사용자의 사생활과 경험하는 서비스 품질(QoS)이 침해되지 않는 범위이어야 한다. 드라이브 테스트 최소화(MDT)가 무선 자원 제어(RRC) 기능으로 정의되었기 때문에 이 작업은 주로 기술규격(TS) 36.331의 무선 자원 제어(RRC) 사양에 영향을 미친다.

9.7 요약

자발적 구조화 네트워크(SON)는 네트워크 설정과 최적화를 간소화 해주는 네트워크 알고리즘들로 구성된다. SON은 운영자들의 운영 지출을 줄이고 고객에게는 보다 나은 성능을 제공하는 것을 목표로 한다. LTE의 등장과 함께 SON에 대한 요구가 부각되었는데, 이는 더 많은 RAT과 더 많은 기본 위치들로 인한 네트워크의 복잡도 증가에 따른 것이다. SON 알고리즘은 멀티셀 최적화를 위해 장시간 통계에 기반한 중앙제어 방식을 사용하거나, 빠르고 국지적 최적화를 위한 분산방식을 사용할 수 있다. SON 알고리즘은 이웃 관계 자동 인식 관리와 같은 자동 설정, 부하 분배와 같은 자체 최적화, 범위 및 용량 최적화와 같은 자체 검증화로 구분될 수 있다. SON 알고리즘은 3GPP 릴리즈 8, 9, 10에 포함되어 있으며, 다가오는 3GPP 릴리즈에서도 지속적으로 작업이 이루어지고 있다. SON은 LTE 무선에만 국한되지 않으며, 많은 SON 알고리즘은 3G 고속패킷접속(HSPA) 네트워크에도 적용된다.

참고문헌

[1] 3GPP TS 36.300 V9.3.0, '3rd Generation Partnership Project; Technical Specification Group Radio Access Network; Evolved Universal Terrestrial Radio Access (E-UTRA) and Evolved Universal Terrestrial Radio Access Network (E-UTRAN); Overall description; Stage 2,' Release 9, March 2010.

[2] 3GPP TR 36.902 V9.1.0, '3rd Generation Partnership Project; Technical Specification Group Radio Access Network; Evolved Universal Terrestrial Radio Access Network (E-UTRAN); Self-Configuring and Self-Optimizing Network (SON) Use Cases and Solutions', Release 9, March 2010.

[3] 3GPP TS 48.018 V9.1.0, '3rd Generation Partnership Project; Technical Specification Group GSM/EDGE Radio Access Network; General Packet Radio Service (GPRS); Base Station System (BSS)－Serving GPRS Support Node (SGSN); BSS GPRS Protocol (BSSGP)', Release 9, March 2010.

[4] 3GPP TS 36.423 V9.2.0, '3rd Generation Partnership Project; Technical Specification Group Radio Access Network; Evolved Universal Terrestrial Radio Access Network (E-UTRAN); X2 Application Protocol (X2AP)', Release 9, March 2010.

[5] 3GPP TS 32.500 V9.0.0, '3rd Generation Partnership Project; Technical Specification Group Services and System Aspects; Telecommunication Management; Self-Organizing Networks (SON); Concepts and requirements,' Release 9, December 2009.

CHAPTER

10 성능

10.1 개요

이번 장에서는 최종 사용자와 통신사의 관점에서 미래 장기 진화 이동통신 방식(LTE) 성능을 설명한다. 무선 성능은 필요한 기지국의 수 및 송수신기 면에서 네트워크 배치 비용에 직접적인 영향을 준다. 통신사는 얼마나 많은 고객에 서비스를 제공할 수 있는지, 얼마나 많은 데이터를 제공할 수 있는지, 얼마나 많은 기지국이 필요한지 등 네트워크 효율성에 관심이 있다. 네트워크 효율성은 링크버짓 계산 및 용량 시뮬레이션에 관련이 있다. 최종 사용자 애플리케이션 성능은 사용가능한 전송률, 지연시간, 그리고 끊김 없는 이동성에 의해 결정된다. 무선 성능은 어떤 애플리케이션이 사용될 수 있는지 그리고 어떻게 동작하는지를 규정한다.

이 장의 링크레벨에 대한 연구는 이동속도 및 전송 대역폭을 포함하여 LTE 성능에 영향을 주는 주요소를 설명한다. LTE 링크 성능은 이론적인 Shannon 한계를 척도로 측정된다. 용량에 대한 연구는 환경의 영향을 보여주고 전형적인 네트워크 배치에서 전송률의 분포를 보여준다. 고속패킷접속(HSPA) 네트워크에 대한 LTE 네트워크의 상대적인 용량 이득이 분석적인 방식과 시뮬레이션을 통해 제시된다. 또한 이 장은 일반적인 측정지침과 LTE를 이동통신 세계화 시스템(GSM) 스펙트럼으로 주파수 재배치하는 특정 측면을 제시한다.

또한, 실제 성능은 상용 진화된 노드 B(eNodeB)와 단말의 성능에 따라 영향을 받는다. 일관성 있는 성능을 보장하기 위해 3세대 파트너쉽 프로젝트(3GPP)는 무선 성능 요구사항의 세트를 정의했다. 3GPP 성능 요구사항은 11장에 자세히 설명된다.

10.2 계층 1 최고 전송률

LTE는 20 MHz에 이르는 넓은 대역폭, 직교위상진폭변조(64 QAM 고차변조) 방식 및 다중스트림 다중 안테나 방식(MIMO) 전송을 이용하여 높은 최고 전송률을 제공한다. 직교 위상천이 변이(QPSK) 변조방식은 심벌 당 2비트, 16 QAM은 4비트 그리고 64 QAM은 6비트를 전송한다. 게다가 2 × 2 MIMO는 심벌당 12비트까지 최고 전송률을 두 배로 증가시킨다. 부호화가 적용되지 않은 64 QAM은 2 × 2 MIMO로 12 bps/Hz를 전송할 수 있는 반면에, QPSK 1/2 부호율은 1 bps/Hz를 전송한다. 예를 들어 대역폭이 1.4 MHz인 경우에 6, 3 MHz인 경우 15와 같이 각 대역폭 선택사항에 해당 자원 블록(RB: Resource Block) 수를 취함으로써 대역폭이 전송률 계산 내에 포함된다. 각 자원 블록은 12부반송파 × 14 직교 주파수 영역 다중화(OFDM) 심벌로 구성되며 5, 10, 15, 20 MHz 대역폭에 대한 자원 블록 수는 각각 25, 50, 75, 100이다. 다음과 같은 제어신호 및 기준신호에 대한 오버헤드가 가정된다.

- PDCCH(Physical Downlink Control Channel)은 14 OFDM 심벌 중 한 개의 OFDM 심벌로 설정된다. 이는 물리 하향링크 제어패널(PDCCH)에 할당할 수 있는 최소 OFDM 심벌 수이며(즉, 물리 제어형식 식별채널(PCFICH)에서 지시 가능한 최소 PDCCH 할당이며), 단일 사용자의 최고 전송률을 고려 시 충분한 수의 자원할당이다. 결과적으로 제어 오버헤드는 7.1%(=1/14)이다.
- 다운링크 기준 신호(RS)는 안테나 구성에 의존한다. 단일 스트림 전송, 즉 1 × 1 단일 안테나 시스템은 매 3번째 OFDM 심벌에서 12개 부반송파 심벌 중 2개의 RS 심벌을 사용하며(즉, 1 × 1은 8 RS 심벌), 2×2 MIMO는 4 RS 심벌, 그리고 4×4 MIMO는 6 RS 심벌을 사용한다(여기서 MIMO의 경우에 상대 안테나에 간섭을 주지 않기 위해 비워 놓은 부반송파를 포함하여 계산된다). 오버헤드는 4.8%(=2 × 4/(12 × 14))에서 14.3%(=6 × 4/(12 × 14)) 사이에 가변된다. RS는 부분적으로 PDCCH와 중첩되는데 이를 고려한 오버헤드가 계산된다.
- 동기신호, 방송용 물리채널(PBCH: Physical Broadcast Channel), PCFICH(Physical Control Format Indicator Channel) 그리고 물리적 HARQ 지시채널(PHICH: Physical Hybrid Automatic Repeat Request Indicator Channel)의 한 그룹과 같은 그밖의 다른 다운링크 심벌은 계산에서 제외된다. 오버헤드는 20 MHz에서 1% 미만에서 1.4 MHz에서 약 9%까지 대역폭에 따라 결정된다.
- 물리 상향링크 제어 채널(PUCCH: Physical Uplink Control Channel)은 오버헤드 계산에서 제외된다. PUCCH는 업링크 전송률을 약간 감소시킬 것이다.
- 업링크 RS은 7 OFDM 심벌 중 1 OFDM 심벌을 사용하며, 결과적으로 14.3%(=1/7)의 오버헤드를 발생시킨다.

표 10.1은 달성 가능한 다운링크 최고 전송률을 나타낸다. 가장 높은 이론상의 전송률은 약

표 10.1 다운링크 최고 전송률

Resource blocks			1.4 MHz	3.0 MHz	5.0 MHz	10 MHz	15 MHz	20 MHz
Modulation and coding	Bits/ symbol	MIMO usage	6	15	25	50	75	100
QPSK 1/2	1.0	Single stream	0.8	2.2	3.7	7.4	11.2	14.9
16QAM 1/2	2.0	Single stream	1.5	4.4	7.4	14.9	22.4	29.9
16QAM 3/4	3.0	Single stream	2.3	6.6	11.1	22.3	33.6	44.8
64QAM 3/4	4.5	Single stream	3.5	9.9	16.6	33.5	50.4	67.2
64QAM 1/1	6.0	Single stream	4.6	13.2	22.2	44.7	67.2	89.7
64QAM 3/4	9.0	2 × 2 MIMO	6.6	18.9	31.9	64.3	96.7	129.1
64QAM 1/1	12.0	2 × 2 MIMO	8.8	25.3	42.5	85.7	128.9	172.1
64QAM 1/1	24.0	4 × 4 MIMO	16.6	47.7	80.3	161.9	243.5	325.1

표 10.2 업링크 최고 전송률

Resource blocks			1.4 MHz	3.0 MHz	5.0 MHz	10 MHz	15 MHz	20 MHz
Modulation and coding	Bits/ symbol	MIMO usage	6	15	25	50	75	100
QPSK 1/2	1.0	Single stream	0.9	2.2	3.6	7.2	10.8	14.4
16QAM 1/2	2.0	Single stream	1.7	4.3	7.2	14.4	21.6	28.8
16QAM 3/4	3.0	Single stream	2.6	6.5	10.8	21.6	32.4	43.2
16QAM 1/1	4.0	Single stream	3.5	8.6	14.4	28.8	43.2	57.6
64QAM 3/4	4.5	Single stream	3.9	9.7	16.2	32.4	48.6	64.8
64QAM 1/1	6.0	Single stream	5.2	13.0	21.6	43.2	64.8	86.4

172 Mbps이다. 만일 4 × 4 MIMO가 적용된다면, 이론적인 최고 전송률은 325 Mbps로 증가한다. 전송률은 대역폭에 따라 일정비율로 감소한다. 2 × 2 MIMO의 경우에 5 MHz 대역폭의 최고 전송률은 42.5 Mbps이며 1.4 MHz 대역폭은 8.8 Mbps이다.

표 10.2는 업링크 최고 전송률을 나타낸다. 20 MHz 대역폭에서 64 QAM은 86 Mbps까지 가능하며, 16 QAM은 57 Mbps까지 최고 전송률을 제공할 수 있다. 3GPP 릴리즈 8 규격에는 업링크 단일 사용자 MIMO가 명시되지 않기 때문에 다운링크 보다 업링크에서 최고 전송률이 낮다. 업링크 단일 사용자 MIMO는 단말기에서 두 개의 전력 증폭기를 요구할 것이다. 또한 MIMO는 단일 사용자 최고 전송률이 아니라 총 셀 용량을 증가시키기 위해 릴리즈 8의 업링크에서 사용될 수 있다. 셀 레벨 업링크 MIMO는 가상 MIMO(V-MIMO)라 불리며, 셀 레벨의 최고 처리율은 두 배가 될 수 있도록 단일 안테나를 지닌 두 단말기가 조직적으로 데이터를 전송한다.

[1]에 전송 블록 크기는 무부호화 전송이 불가능하도록 정의된다. 전송 블록 크기를 고려한 최대 달성 가능한 다운링크 전송률은 표 10.3에, 업링크 전송률은 표 10.4에 나타나 바와 같이 변조방식에 따라 요약된다. 2 × 2 MIMO의 경우에 다운링크 최고 전송률은 150 Mbps, 업링크는 75 Mbps에 이른다. 표 10.4에서 업링크 16 QAM은 TBS(Transport Bock Size) 인덱스 21, 업링크 QPSK는 전송블록크기(TBS) 인덱스 10을 사용하며, 다운링크 16 QAM은 TBS 인덱스 15, 다운링크 QPSK는 TBS 인덱스 9를 사용하는 것을 가정하여 계산된다.

표 10.3 전송 블록 크기가 고려된 다운링크 최고 전송률

Resource blocks		1.4 MHz	3.0 MHz	5.0 MHz	10 MHz	15 MHz	20 MHz
Modulation and coding	MIMO usage	6	15	25	50	75	100
QPSK	Single stream	0.9	2.3	4.0	8.0	11.8	15.8
16QAM	Single stream	1.8	4.6	7.7	15.3	22.9	30.6
64QAM	Single stream	4.4	11.1	18.3	36.7	55.1	75.4
64QAM	2 × 2 MIMO	8.8	22.2	36.7	73.7	110.1	149.8

표 10.4 전송 블록 크기가 고려된 업링크 최고 전송률

Resource blocks		1.4 MHz	3.0 MHz	5.0 MHz	10 MHz	15 MHz	20 MHz
Modulation and coding	MIMO usage	6	15	25	50	75	100
QPSK	Single stream	1.0	2.7	4.4	8.8	13.0	17.6
16QAM	Single stream	3.0	7.5	12.6	25.5	37.9	51.0
64QAM	Single stream	4.4	11.1	18.3	36.7	55.1	75.4

본래 LTE 목표 최고 전송률은 다운링크에서 100 Mbps, 업링크에서 50 Mbps이고, 3 GPP 릴리즈 8의 물리계층은 이를 분명히 충족시킨다.

10.3 단말기 범주

3GPP 릴리즈 8은 지원 전송률에 따라 5가지 단말기 범주를 정의하였다. 범주 5는 다운링크에서 300 Mbps, 업링크에서 75 Mbps의 가장 높은 전송능력을 지닌 반면, 범주 1은 최대 전송률이 다운링크에서 10 Mbps, 업링크에서 5 Mbps인 가장 낮은 전송능력을 지닌다. 실제 전송률 성능은 단말기가 1 ms 내에 처리할 수 있는 최대 전송 블록 크기로 정의된다.

모든 범주는 1.4~20 MHz의 모든 무전 주파수(RF) 대역폭 옵션, 다운링크에서 64 QAM, 진화된 노드 B(eNodeB)에서 1-4 전송 브랜치를 지원해야 한다. 성능 요구사항에 따라 수신 안테나 다이버시티의 사용이 필수적으로 요구된다. MIMO 전송 지원여부는 단말기 범주에 의하여 결정된다. 범주 2-4는 2 × 2 MIMO을 지원하며, 범주 5는 4 × 4 MIMO을 지원하는 반면, 범주 1은 MIMO를 반드시 지원할 필요는 없다. 업링크의 경우에 범주 5는 64 QAM을 요구하는 반면, 범주 1-4는 업링크 변조방식을 16 QAM까지 지원한다.

표 10.5는 단말기 범주를 나타내었다. 향후 더 많은 단말기 범주가 3GPP 릴리즈에 정의될 수 있다. 초기 LTE 설치 단계에서는 다운링크에서 최대 150 Mbps의 전송률을 제공할 수 있으며 2 × 2 MIMO의 지원이 가능한 단말기 범주 2, 3, 4가 설치될 것으로 예상된다.

10.4 링크레벨 성능

10.4.1 다운링크 성능

최고 전송률은 단지 극도로 좋은 채널 환경에서만 가능하다. 실제 전송률은 네트워크상의 간섭 및 잡음의 양에 따라 제한을 받는다. 고정채널 환경에서 단일 안테나 전송의 경우에 이론적인 최대 전송률은 Shannon 공식을 이용하여 유도할 수 있다. Shannon 공식에서 전송률은 다음 식과 같이 대역폭과 수신 신호 대 잡음비(SNR) 두 매개변수의 함수로 주어진다.

$$\text{Bit rate[Mbps]} = \text{Bandwidth[MHz]} \cdot \log_2(1 + SNR) \tag{10.1}$$

표 10.5 단말기 범주

	Category 1	Category 2	Category 3	Category 4	Category 5
Peak rate downlink (approximately)	10 Mbps	50 Mbps	100 Mbps	150 Mbps	300 Mbps
Peak rate uplink (approximately)	5 Mbps	25 Mbps	50 Mbps	50 Mbps	75 Mbps
Max bits received within TTI	10296	51024	102048	149776	299552
Max bits transmitted within TTI	5160	25456	51024	51024	75376
RF bandwidth	20 MHz	20 MHz	20 MHz	20 MHz	20 MHz
Modulation downlink	64QAM	64QAM	64QAM	64QAM	64QAM
Modulation uplink	16QAM	16QAM	16QAM	16QAM	64QAM
Receiver diversity	Yes	Yes	Yes	Yes	Yes
eNodeB diversity	1–4 tx	1–4 tx	1–4 tx	1–4 tx	1–4 tx
MIMO downlink	Optional	2 × 2	2 × 2	2 × 2	4 × 4

여러 가지 구현 문제 때문에 식 (10.1)의 Shannon 용량 한계는 실제 환경에서 달성할 수 없다. 정확히 이러한 손실 메커니즘을 반영하기 위해 다음과 같이 수정된 Shannon 용량 공식을 이용한다[3].

$$\text{Bit rate[Mbps]} = BW\_eff \cdot \text{Bandwidth[MHz]} \cdot \log_2(1 + SNR/SNR\_eff) \tag{10.2}$$

여기서 *BW_eff*는 LTE의 시스템 대역폭 효율을 의미하며, *SNR _eff*는 LTE의 SNR 구현 효율을 나타낸다.

표 10.6에 열거된 것처럼 LTE 대역폭 효율은 다양한 사안에 따라 감소된다. 인접 채널 누설비(ACLR: Adjacent Channel Leakage Ratio) 및 현실적인 필터 구현에 대한 요구사항들로 인하여 대역폭 점유는 0.9로 감소한다. 주기적 전치부호(CP)의 오버헤드는 약 7%이며, 단일 안테나 전송의 경우 채널 추정용 파일럿의 오버헤드는 약 6%이다. 또한 이중 안테나 전송의 경우에 파일럿 오버헤드는 약 11%로 단일 안테나 전송의 두 배가 된다. 주의해야 할 점은 여기에서는 이상

표 10.6 10 MHz 시스템에서 LTE 다운링크에 대한 링크 대역폭의 효율

Impairment	*Link BW_eff*	*System BW_eff*
BW ef ciency	0.90	0.90
Cyclic pre x	0.93	0.93
Pilot overhead	–	0.94
Dedicated and common control channels	–	0.715
Total	0.83	0.57

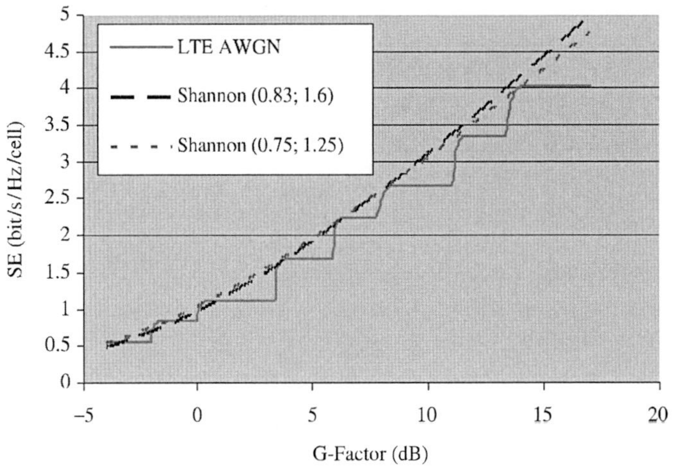

그림 10.1 Shannon 최적선을 포함한 G-factor의 함수로써 LTE 스펙트럼 효율(SE). 시뮬레이션에서 계단은 제한된 변조방식 및 부호율의 수 때문에 발생된다[3].

적인 채널추정이 사용되기 때문에 링크 대역폭 효율 성능에는 파일럿 오버헤드가 포함되지 않지만, 시스템 대역폭 레벨 효율에는 반드시 포함된다는 점이다[3]. 또한 이러한 사안은 *SNR_eff* 에도 영향을 준다. 그러므로 전체 링크레벨 대역폭 효율은 약 83%이다.

식 (10.2)을 부가 백색 가우스 잡음(AWGN: Additive White Gaussian Noise) 채널환경의 시뮬레이션 성능 곡선에 맞출 경우, 표 10.6에서 *BW_eff*를 0.83으로 설정하여 최상의 *SNR_eff* 값을 추출하며, 맞춤 매개변수는 (*BW_eff*; *SNR_eff*) 형태의 괄호구문으로 표시된다. 시뮬레이션 결과는 그림 10.1에 나타나 있다. LTE가 Shannon 용량 바운드보다 1.6~2.0 dB 낮은 성능임을 관찰할 수 있다. G-factor 유동범위의 양 끝단에 작기는 하지만 불이치가 존재한다. 이것은 *SNR_eff* 가 고정되지 않고 G-factor에 따라 변화하기 때문이다. 이러한 불일치는 *BW_eff* 매개변수에 곱해지는 임시계수, η를 이용하여 설명할 수 있음이 [3]에 제시된다. AWGN의 경우에 임시인자는 $\eta = 0.9$(*BW_eff* * $\eta = 0.75$)이고 *SNR_eff*는 1.0이다. 링크 적응곡선[3]에 최적합 값은 1.24이다.

그림 10.2는 LTE 링크-레벨 연구들 및 3 km/h의 전형적인 도심 페이딩 채널에 대한 Shannon 최적선으로부터 스펙트럼 효율 결과 대 G-factor의 성능을 보여준다. 그림에서 단일 안테나 송수신 단일 입출력(SISO)(1 × 1), 단일 안테나 전송 및 수신 안테나 다이버시티 단일 입력 다중 출력(SIMO)(1 × 2), 닫힌 루프 MIMO(2 × 2)의 다양한 안테나 구성이 적용된다. *SNR_eff*에 의존적인 G-factor를 이용하여 Shannon 최적선을 링크 시뮬레이션 결과에 거의 완벽하게 맞출 수 있다. SISO의 경우에 Shannon 최적선 매개변수는 AWGN에 비해 상당히 크게 악화됨을 관찰할 수 있다. 즉, 등가 *BW_eff*는 0.83에서 0.56(오차 범위 $\eta = 0.6$에 해당)으로 감소되며, *SNR_eff* 매개변수는 1.6~2 dB에서 2~3 dB로 증가한다. 맞춤 Shannon 곡선과 실제 링크-레벨 결과는 완벽하게 일치하지는 않지만 실용적인 용도로는 충분히 근접해 있다.

이들 링크-레벨 결과들로부터 이상적인 채널추정이 적용된 LTE 다운링크는 AWGN 채널에

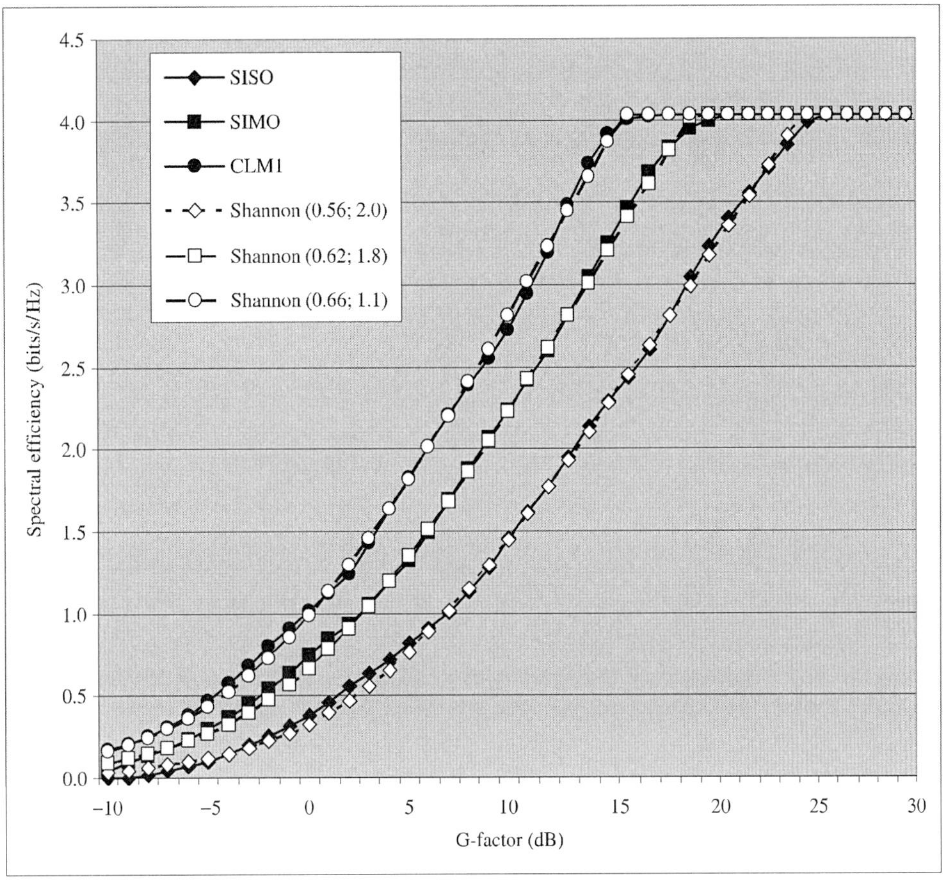

그림 10.2 SISO(1 x 1), SIMO(1 x 2), 닫힌 루프 MIMO(2 x 2)에 대한 G-factor 함수인 스펙트럼 효율. Shannon 최적선 곡선은 식 (10.2)을 이용하여 (*BW_eff*, *SNR_eff*) 매개변수로 도시된다.

서 Shannon 용량보다 약 2 dB 정도 낮은 성능을 보이지만, 페이딩 채널의 경우에는 Shannon과 LTE 사이의 성능 편차가 더 커짐을 확인할 수 있다. 그러나 주파수영역 패킷 스케줄링이 이용될 때 다중 사용자 다이버시티 이득이 이러한 페이딩 손실을 보상할 수 있으며, 또한 맞춤 Shannon 곡선은 시스템-레벨 스케줄링 이득을 포함할 수 있다[3]. 이러한 조정을 통해 셀 용량 결과는 제안된 수정 Shannon 공식과 셀룰러 시나리오에 따른 G-factor 분포로부터 정확하게 추정될 수 있다.

10.4.2 업링크 성능

10.4.2.1 전송 대역폭의 영향

LTE에서 업링크 커버리지는 대역폭 선택에 의해 최적화될 수 있다. 대역폭 적응은 단말 전력이 최적 대역폭 내에서 방사되도록 하며, 고정 대역폭을 지닌 시스템에 비하여 커버리지를 확장시킨다. 잡음으로 인해 채널추정의 정확도가 저하되는 광대역 전송의 경우에 더 많은 수의 채널 매개변수를 추정해야 한다. LTE에서 최적화된 전송 대역폭은 광대역 부호 분할 다중 접속/고속 상향 패킷 접속(WCDMA/HSUPA)과 비교하여 더 낮은 전송률의 경우 더 정확한 채널 추정을 가능하게 한다.

그림 10.3은 다양한 대역폭 할당에서 SNR의 함수인 처리율을 나타낸다. 가장 작은 대역폭 할당인 300 kHz는 100 kbps 이하의 전송률에 대한 커버리지를 최적화 한다. 중간 대역폭 할당인 1.08 MHz는 100 kbps에서 360 kbps 사이의 전송률에 대한 최적의 커버리지를 제공한다. 기지국의 잡음지수는 2dB로 가정되며, 간섭 마진은 포함되지 않는다.

10.4.2.2 이동속도의 영향

그림 10.4는 3, 50, 120, 250 km/h의 단말 속도에 대한 LTE 업링크의 링크 적응 곡선을 보여준다. 수신된 파일럿 신호는 채널추정에 이용된다. 채널추정은 시간과 주파수의 두 영역에서의 Wiener 필터를 기반으로 적용된다. 높은 전송률에서 250 km/h의 매우 높은 이동속도는 3 km/h의 이동속도보다 30% 낮은 처리율을 보이는 반면, 낮은 전송률에서는 이동속도의 영향이 적다.

다양한 링크 효율에 대한 요구 SNR 값은 그림 10.5에 나타내었다. QPSK의 효율 범위(0.1~1 bits/Hz) 내에서 단말 속도가 3~250 km/h로 증가할 때 LTE 업링크 성능은 1~1.5 dB 정도의 영향을 받는다. 16QAM과 64QAM의 고차 변조방식에 대한 단말 속도의 영향은 2 bps/Hz/ cell 효율의 경우에 3dB까지 더 높아진다. 일반적으로 LTE 업링크는 도플러 주파수 천이에 대해 강하다. 단말 속도는 채널추정 때문에 주로 처리율과 SNR 요구사항에 영향을 준다. 즉, 채널이

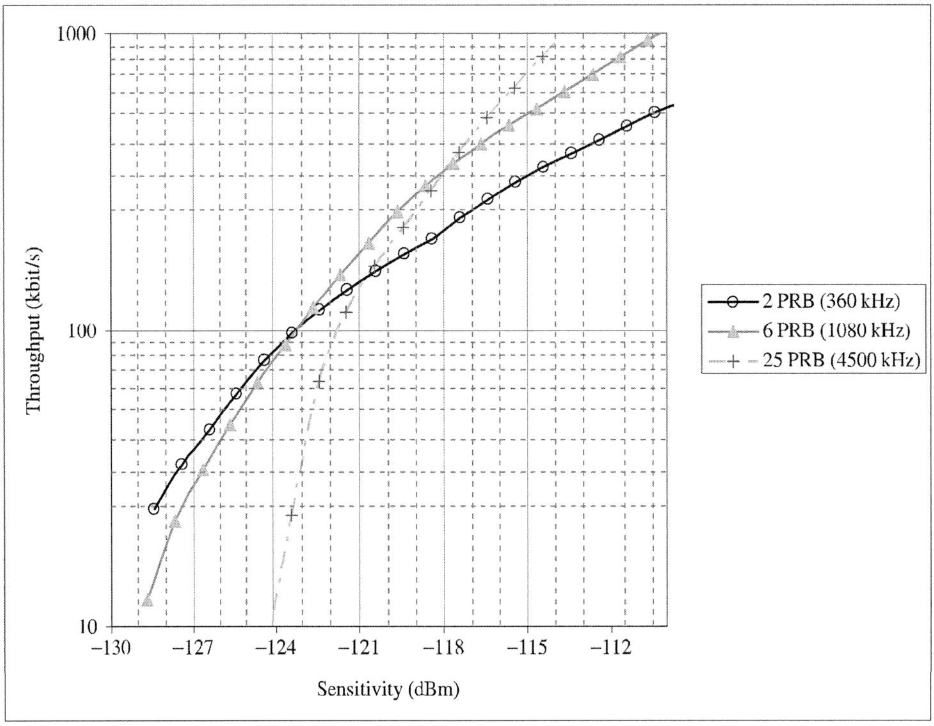

그림 10.3 360 kHz, 1.08 MHz, 4.5 MHz의 할당 대역폭에 대한 수신 전력의 함수인 LTE eNodeB 감도

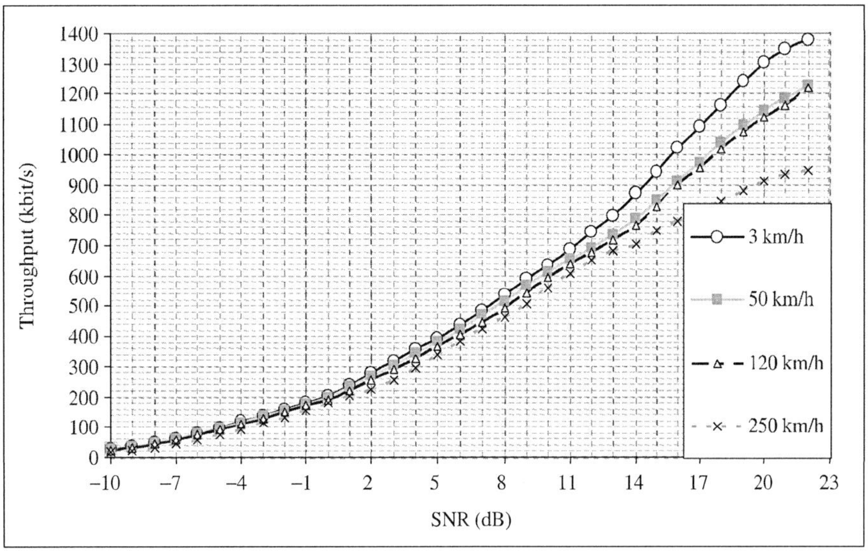

그림 10.4 3 km/h, 50 km/h, 120 km/h, 그리고 250 km/h의 단말 속도에 대한 함수인 LTE eNodeB 처리율

빠르게 변하고 있으면, 긴 시간동안 평균을 취하는 것이 불가능하여 채널추정의 정확도가 영향을 받는다.

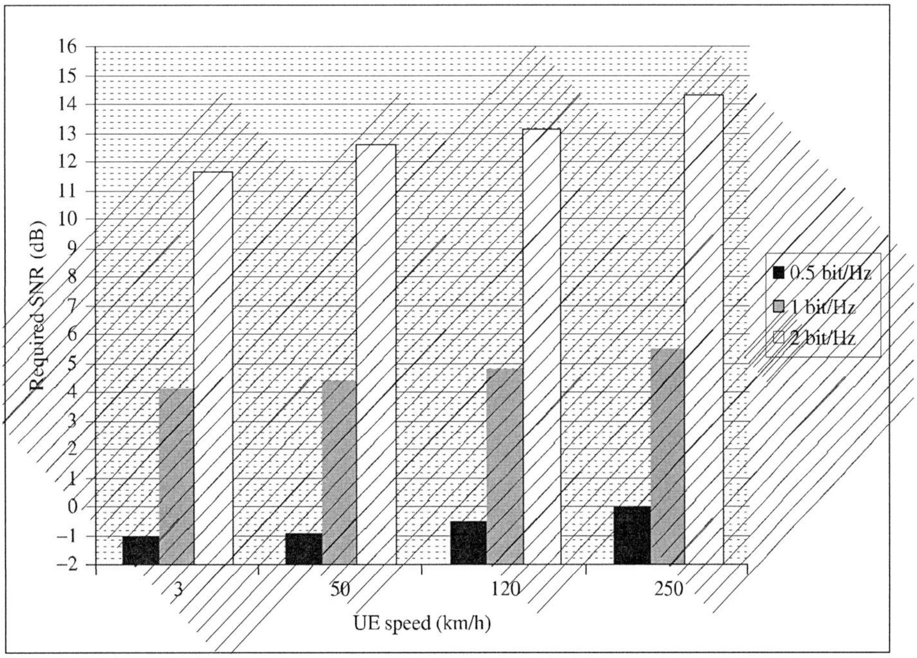

그림 10.5 3 km/h, 50 km/h, 120 km/h, 그리고 250 km/h의 단말 속도의 경우에 다양한 스펙트럼 효율에 대한 요구 SNR 값

10.5 링크버짓

링크버짓 계산은 이동단말과 기지국 안테나 사이의 경로손실이라 불리는 최대 허용 가능한 신호 감쇄를 추정한다. 최대 셀 범위는 최대 경로손실을 Okumura-Hata와 같은 적절한 전파 모델에 적용하여 추정될 수 있다. 셀 범위는 대상 지역을 지원하기 위해 필요로 하는 기지국 수를 제공한다. 또한 링크버짓 계산은 타 시스템과의 상대적인 커버리지를 비교하기 위해 사용될 수 있다. 상대적인 링크버짓은 신규 LTE 시스템이 이동통신 세계화 시스템(GSM)과 WCDMA용으로 설계된 기존 기지국에 설치될 경우에 얼마나 잘 동작할 수 있을지를 나타낸다.

업링크에 대한 LTE 링크버짓 매개변수가 표 10.7에, 링크버짓은 표 10.8에 나타내었다. 이에 상응하는 다운링크 링크버짓 매개변수는 표 10.9에, 링크버짓은 표 10.10에 나타내었다. 링크버짓은 2-안테나 기지국 수신 다이버시티의 64 kbps 업링크와 2-안테나 이동단말 수신 다이버시티의 1 Mbps 다운링크에 대해 계산된다. 참조를 위해 GSM 음성 및 고속패킷접속(HSPA) 데이터에 대한 링크버짓도 또한 나타내었다.

다운링크 LTE 링크버짓은 HSPA와 여러 가지 유사성이 있고 최대 경로손실도 유사하다. LTE에서 간섭마진이 HSPA보다 더 작으며, LTE에는 매크로 다이버시티 이득이 없고, LTE에는 고속 페이딩 마진이 없는 등 업링크 부분은 일부 차이점이 있다. 최대 경로손실 값은 그림 10.6에 나타내었다. 링크버짓은 LTE가 GSM 및 HSPA와 동일한 주파수를 사용한다는 가정아래, 기존 GSM 및 HSPA 사이트를 이용하여 LTE를 설치할 수 있음을 보여준다. 커버리지 측면에서 LTE 자체만으로는 어떤 향상도 제공할 수 없는데, 이는 전송 전력 레벨과 무선주파수(RF) 잡음지수가 GSM 및 HSPA 기술과 비슷하고 저속의 전송률에서 LTE와 HSPA의 링크 성능이 크게 다르지 않기 때문이다.

64 kbps의 업링크에 대한 링크버짓이 계산된다. 이 64 kbps 전송률은 진정한 브로드밴드 서비스를 제공하기에는 충분히 높은 전송률이 아닐 수도 있다. 만약에 LTE에서 더 높은 LTE 전송률을 보장하길 바란다면 낮은 주파수 배치, 추가적인 사이트, 능동 안테나 해법, 로컬 영역 해법이 필요할 수 있다.

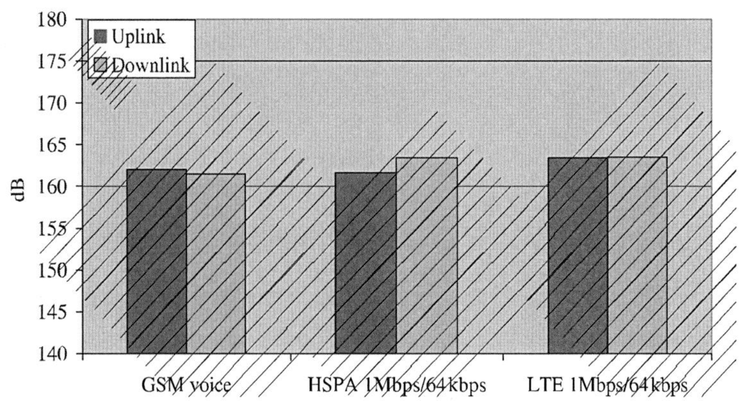

그림 10.6 GSM 음성, PHSPA와 LTE 데이터에 대한 최대 경로 손실 값

표 10.7 LTE 업링크 링크버짓 매개변수

Field	Description	Typical value
a	UE maximum transmission power for power class 3. Different power classes would have different power levels. The power can be reduced depending on the modulation, see Chapter 14 for details.	23 dBm
b	UE antenna gain depends on the type of device and on the frequency band. Small handheld terminal at a low frequency band (like Band VIII) can have an antenna gain of – 5 dBi while a fixed wireless terminal with directive antenna can have a gain of up to 10 dBi.	– 5 to 10 dBi
c	Body loss is typically included for voice link budget where the terminal is held close to the user's head.	3 to 5 dB for voice
d	Calculated as a + b − c.	
e	Base station RF noise gure. Depends on the implementation design. The minimum performance requirement is approximately 5 dB but the practical performance can be better.	2 dB
f	Terminal noise can be calculated as k (Boltzmann constant) × T (290 K) × bandwidth. The bandwidth depends on bit rate, which de nes the number of resource blocks. We assume two resource blocks for 64 kbps uplink.	– 118.4 dBm for two resource blocks (360 kHz)
g	Calculated as e + f.	
h	Signal-to-noise ratio from link simulations or measurements. The value depends on the modulation and coding schemes, which again depend on the data rate and on the number of resource blocks allocated.	– 7 dB for 64 kbps and two resource blocks
i	Calculated as g + h.	
j	Interference margin accounts for the increase in the terminal noise level caused by the interference from other users. Since LTE uplink is orthogonal, there is no intra-cell interference but we still need a margin for the other cell interference. The interference margin in practice depends heavily on the planned capacity – there is a tradeoff between capacity and coverage. The LTE interference margin can be smaller than in WCDMA/HSUPA where the intra-cell users are not orthogonal. In other words, the cell breathing will be smaller in LTE than in CDMA based systems.	1 to 10 dB
k	Cable loss between the base station antenna and the low noise ampli er. The cable loss value depends on the cable length, cable type and frequency band. Many installations today use RF heads where the RF parts are close to the antenna making the cable loss very small. The cable loss can also be compensated by using mast head ampli ers.	1 to 6 dB
l	Base station antenna gain depends on the antenna size and the number of sectors. Typical 3-sector antenna 1.3 m high at 2 GHz band gives 18 dBi gain. The same size antenna at 900 MHz gives smaller gain.	15 to 21 dBi for sectorized base station
m	Fast fading margin is typically used with WCDMA due to fast power control to allow headroom for the power control operation. LTE does not use fast power control and the fast fading margin is not necessary in LTE.	0 dB
n	Soft handover is not used in LTE.	0 dB

표 10.8 업링크 링크버짓

	Uplink	GSM voice	HSPA	LTE
	Data rate (kbps)	12.2	64	64
	Transmitter – UE			
a	Max tx power (dBm)	33.0	23.0	23.0
b	Tx antenna gain (dBi)	0.0	0.0	0.0
c	Body loss (dB)	3.0	0.0	0.0
d	EIRP (dBm)	30.0	23.0	23.0
	Receiver – Node B			
e	Node B noise gure (dB)	–	2.0	2.0
f	Thermal noise (dB)	– 119.7	– 108.2	– 118.4
g	Receiver noise (dBm)	–	– 106.2	– 116.4
h	SINR (dB)	–	– 17.3	– 7.0
i	Receiver sensitivity	– 114.0	– 123.4	– 123.4
j	Interference margin (dB)	0.0	3.0	1.0
k	Cable loss (dB)	0.0	0.0	0.0
l	Rx antenna gain (dBi)	18.0	18.0	18.0
m	Fast fade margin (dB)	0.0	1.8	0.0
n	Soft handover gain (dB)	0.0	2.0	0.0
	Maximum path loss	162.0	161.6	163.4

낮은 주파수는 높은 주파수보다 잘 전파되므로 더 낮은 주파수를 이용하여 커버리지를 향상시킬 수 있다. 더 낮은 주파수의 이점은 환경과 이 주파수를 어떻게 사용하느냐에 따라 결정된다. 900 MHz와 2600 MHz의 차이점이 표 10.11에 설명된다. 안테나 이득은 주파수 대역이 낮을수록 더 낮아지는 경향이 있기 때문에 더 낮은 주파수의 이점 중 일부는 안테나 이득의 감소로 상쇄된다. 낮은 주파수에서 안테나 이득을 유지하기 위해서는 물리적으로 더 큰 안테나가 요구되며, 이는 기지국 사이트나 작은 단말기 내에서 항상 실현 가능한 것이 아니다. 기지국이

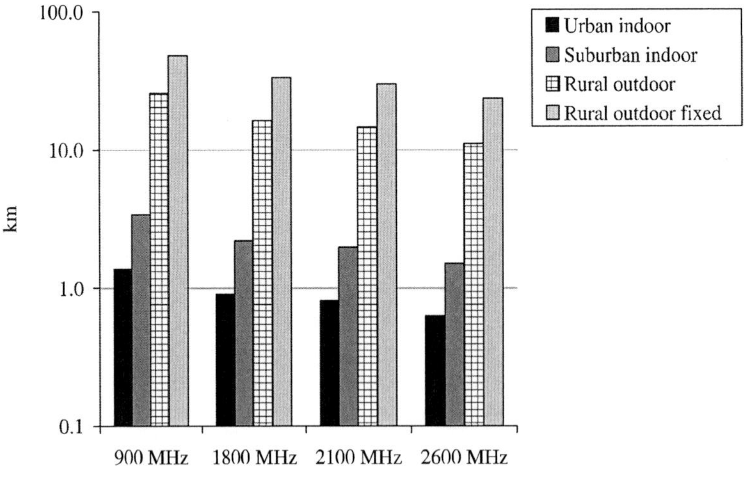

그림 10.7 Okumura-Hata 모델에 따른 셀 범위

표 10.9 LTE 다운링크 링크버짓 매개변수

Field	Description	Typical value
a	Base station maximum transmission power. A typical value for macro cell base station is 20–60 W at the antenna connector.	43–48 dBm
b	Base station antenna gain. See uplink link budget.	
c	Cable loss between the base station antenna connector and the antenna. The cable loss value depends on the cable length, cable thickness and frequency band. Many installations today use RF heads where the power ampli ers are close to the antenna making the cable loss very small.	1–6 dB
d	Calculated as A + B – C.	
e	UE RF noise gure. Depends on the frequency band, Duplex separation and on the allocated bandwidth. For details, see Chapter 12.	6–11 dB
f	Terminal noise can be calculated as k (Boltzmann constant) × T (290 K) × bandwidth. The bandwidth depends on bit rate, which de nes the number of resource blocks. We assume 50 resource blocks, equal to 9 MHz, transmission for 1 Mbps downlink.	– 104.5 dBm for 50 resource blocks (9 MHz)
g	Calculated as E + F.	
h	Signal-to-noise ratio from link simulations or measurements. The value depends on the modulation and coding schemes, which again depend on the data rate and on the number of resource blocks allocated.	– 9 dB for 1 Mbps and 50 resource blocks
i	Calculated as G + H.	
j	Interference margin accounts for the increase in the terminal noise level caused by the other cell. If we assume a minimum G-factor of – 4 dB, that corresponds to 10*log10(1+ 10^(4/10)) = 5.5 dB interference margin.	3–8 dB
k	Control channel overhead includes the overhead from reference signals, PBCH, PDCCH and PHICH.	10–25% = 0.4–1.0 dB
l	UE antenna gain. See uplink link budget.	– 5–10 dBi
m	Body loss. See uplink link budget.	3.5 dB for voice

2.5 m 높이의 큰 안테나를 사용할 수 있을 때, 그리고 단말기에 외부 안테나를 사용할 수 있는 곳에서 낮은 주파수의 가장 큰 이점을 얻을 수 있다. 이는 단말기가 이동하지 않는 고정형 무선 배치에 해당된다.

그림 10.7에 셀 범위 예가 나타나 있다. 그림에서 y축은 로그 눈금임에 주의해야 한다. 그림에 900 MHz, 1800 MHz, 2100 MHz, 그리고 2600 MHz에 대한 셀 범위가 도시된다. 이들 주파수가 모든 가능한 LTE 주파수 변동을 포함하지 않는다. 일반적인 US 주파수는 700 MHz와 1700/2100 MHz이지만 최종 결과는 그림 10.7의 결과와 매우 유사할 것이다. 셀 범위는 표 10.12에 제시된 매개변수를 가지고 Okumura-Hata 전파 모델을 이용하여 계산된다. 도심 셀 범위는 0.6 km에서 1.4 km로 가변되며, 부도심은 1.5 km에서 3.4 km로 가변된다. 이와 같은 도심 및 부도심에 대한 셀 범위는 일반적으로 기존의 GSM과 범용 이동통신 시스템(UMTS) 네트워크에서 발견된다. 교외의 경우에 분명히 더 높은 셀 범위를 보인다. 예를 들어, 900 MHz에서

표 10.10 다운링크 링크버짓

	Downlink	GSM voice	HSPA	LTE
	Data rate (kbps)	12.2	1024	1024
	Transmitter – Node B			
a	Tx power (dBm)	44.5	46.0	46.0
b	Tx antenna gain (dBi)	18.0	18.0	18.0
c	Cable loss (dB)	2.0	2.0	2.0
d	EIRP (dBm)	60.5	62.0	62.0
	Receiver – UE			
e	UE noise gure (dB)	–	7.0	7.0
f	Thermal noise (dB)	– 119.7	– 108.2	– 104.5
g	Receiver noise oor (dBm)	–	– 101.2	– 97.5
h	SINR (dB)	–	– 5.2	– 9.0
i	Receiver sensitivity (dBm)	– 104.0	– 106.4	– 106.5
j	Interference margin (dB)	0.0	4.0	4.0
k	Control channel overhead (%)	0.0	20.0	20.0
l	Rx antenna gain (dBi)	0.0	0.0	0.0
m	Body loss (dB)	3.0	0.0	0.0
	Maximum path loss	161.5	163.4	163.5

표 10.11 2600 MHz에 대한 900 MHz의 이점

	Urban	Rural	Rural fixed wireless
Propagation loss[a]	+ 14 dB	+ 14 dB	+ 14 dB
BTS antenna gain	– 3 dB[b]	0 dB[c]	0 dB[c]
BTS cable loss[d]	+ 1 dB	+ 3 dB	+ 3 dB
UE antenna gain	– 5 dB[e]	– 5 dB[e]	0 dB[f]
UE sensitivity[g]	– 1 dB	– 1 dB	– 1 dB
Total	+ 6 dB	+ 11 dB	+ 16 dB

[a]According to Okumura–Hata.
[b]Shared 1.3 m antenna for 900/2600 giving 15 and 18 dBi gain at 900 vs 2600 MHz.
[c]2.5 m antenna giving 18 dBi gain at 900 MHz.
[d]Cable 1/2'. Urban 30 m and rural 100 m.
[e]Based on 3GPP RAN4 contributions.
[f]External xed antenna assumed.
[g]UE sensitivity can be up to 3 dB worse at 900 MHz but the difference in practice is less.

옥외 이동 커버리지에 대한 셀 범위는 26 km이고 교외 고정 설치에 대한 셀 범위는 50 km에 달한다.

단말기가 지반면에 위치하고 있다는 가정 하에 80 m의 기지국 안테나를 고려하면, 지구 표면의 만곡으로 인해 최대 셀 범위가 약 40 km로 제한된다는 점에 주의해야 한다.

표 10.12 Okumura-Hata 전파 모델 매개변수

	Urban indoor	Suburban indoor	Rural outdoor	Rural outdoor xed
Base station antenna height (m)	30	50	80	80
Mobile antenna height (m)	1.5	1.5	1.5	5
Mobile antenna gain (dBi)	0.0	0.0	0.0	0.0
Slow fading standard deviation (dB)	8.0	8.0	8.0	8.0
Location probability	95%	95%	95%	95%
Correction factor (dB)	0	−5	−15	−15
Indoor loss (dB)	20	15	0	0
Slow fading margin (dB)	8.8	8.8	8.8	8.8
Max path loss at 1800/2100/2600 (dB)	163	163	163	163
Max path loss at 900 (dB)	160	160	160	160

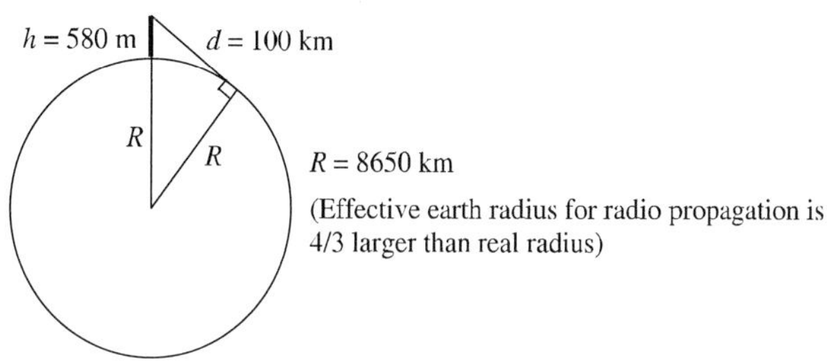

그림 10.8 지구표면 만곡에 의한 최대 셀 범위의 제한

최대 셀 범위는 식 (10.3)으로 계산될 수 있다. 여기서 R은 8650 km의 유효 지구 반경이며, h는 기지국 안테나 높이, 그리고 d는 단말기로부터 기지국까지 거리이다. 계산 결과는 그림 10.8에 나타나 있다. 100 km의 셀 범위 달성하기 위해 요구되는 안테나 높이가 580 m이고, 만약 기지국 안테나가 바다나 다른 평탄한 육지를 향해 있는 산 위에 위치한다면, 100 km의 셀 범위는 실제로 실현 가능하다.

$$R^2 + d^2 = (R + h)^2 \qquad (10.3)$$

$$h = \sqrt{R^2 + d^2} - R$$

10.6 스펙트럼 효율

이번 절에서는 bps/Hz/cell 측면에서 LTE 다운링크 및 업링크의 전형적인 스펙트럼 효율을 제시한다. 성능에 대한 무선 자원관리 알고리즘의 영향은 8장에서 설명하였다.

10.6.1 시스템 배치 시나리오

HSPA와 유사하게 지정된 LTA 평가 및 테스트 시나리오는 다양한 무선 전파 조건 및 환경에 해당된다[4]. 매크로 및 마이크로 시나오는 표 10.13과 표 10.14에 나타낸 바와 같이 가정되며,

표 10.13 LTE 참조 시스템 배치 케이스-매크로 셀 시나리오

Simulation cases (macro)	Frequency (GHz)	Inter-site distance (m)	Bandwidth (MHz)	UE Speed (kmph)	Penetration loss (dB)
1	2.0	500	10	3	20
3	2.0	1732	10	3	20

표 10.14 LTE 참조 시스템 배치 케이스-마이크로 셀 시나리오. 옥내 : 옥외의 단말 위치 비율은 50 : 50이 사용된다.

Simulation cases (macro)	Frequency (GHz)	Inter-site distance (m)	Bandwidth (MHz)	UE Speed (kmph)	Penetration loss (dB)
Outdoor-to-outdoor	2.0	130	10	3	0
Outdoor-to-indoor	2.0	130	10	3	Included in the path loss model

두 표 모두 6각형 격자 셀룰러 레이아웃을 가정한다.

LTE에서 이용되는 전형적인 평가 시나리오는 10 MHz 대역폭과 낮은 단말 이동성을 지닌 macro case 1과 macro case 3이다. 매크로 셀 시나리오를 위한 전파 모델은 10.5절에 설명된 Okamura-Hata 모델을 기반으로 한다.

마이크로 셀 시나리오는 옥외에 기지국이 위치하고 옥외와 옥내에 또는 둘 중 하나에 이동국이 위치함을 가정한다. 이들 마이크로 셀 시나리오를 위한 전파 모델은 매크로 셀 모델과 비슷하나 밀집된 도심 배치 시나리오에 특화된 다른 매개변수로 설정된다. 마이크로 셀의 기지국 안테나 구성은 매크로 셀 시나리오에 대한 지향성(3섹터) 배치와는 대조적으로 무지향성(1섹터) 안테나를 가정한다. 마이크로 셀 outdoor-to-outdoor 시나리오의 경우에 직선 가시거리(LOS) 및 비 가시선(NLOS) 환경을 반영하기 위해 2중 기울기 거리 종속 경로 손실 모델이 사용된다. 마이크로 셀 outdoor-to-indoor 시나리오는 매크로 셀의 Okamura-Hata나 마이크로 셀의 outdoor-to-outdoor 모델에 비해 더 높은 경로손실 지수를 지닌 단일 기울기 거리 종속 경로 손실 모델이 이용된다. 일반적으로 옥외와 옥내 양쪽 모두를 평가하기 위해서 이동국의 옥외 : 옥내 비율은 50 : 50임을 가정한다.

참조 시스템 배치 케이스 사이의 차이는 예상대로 서로 다른 시스템 성능을 발생시킨다. 일반적으로, 마이크로 셀 시나리오처럼 특수한 배치 케이스는 높은 신호 대 간섭 및 잡음비(SINR) 환경을 더 잘 활용할 수 있는 적응형 다중 안테나 방식(SM-MIMO) 향상 기술의 평가에 이용되는데 반해, 매크로 셀 시나리오는 기준 LTE 시스템 성능을 제공한다.

다음 절에서는 [5]에 정의된 것과 같이 SCM-C 무선 채널과 다수의 이동속도가 화합된 경우에 대한 시뮬레이션 결과가 나와 있다.

주요 시뮬레이션 가정은 표 10.15와 같다.

표 10.15 시뮬레이션 시나리오에 대한 시뮬레이션 가정

Description	Settings
Number of active UEs per cell	10 UEs, uniformly distributed
Bandwidth	10 MHz
Channel	3GPP TU at 3 km/h (6 tap) SCM-C at 3 km/h and with correlations for spatial channels ITU modi ed Pedestrian B and Vehicular A with correlation Mixed velocity case: –60% of UEs with ITU modi ed Pedestrian B at 3 km/h, –30% of UEs with ITU modi ed Vehicular A at 30 km/h and –10% of UEs with ITU modi ed Vehicular A at 120 km/h
Cell selection	Best cell selected with 0 dB margin
Transmission power	Uplink: Max 24 dBm (latest 3GPP speci cations use 23 dBm)
Antenna con guration	Downlink: 1 × 2, 2 × 2 Uplink: 1 × 2, 1 × 4
Receiver algorithms	Downlink: LMMSE (Linear Minimum Mean Square Error) receiver Uplink: LMMSE receiver with Maximal Ratio Combining

10.6.2 다운링크 시스템 성능

다른 배치 환경사이의 전형적인 비교처럼 그림 10.9는 Geometry-factor 혹은 G-factor로 알려진

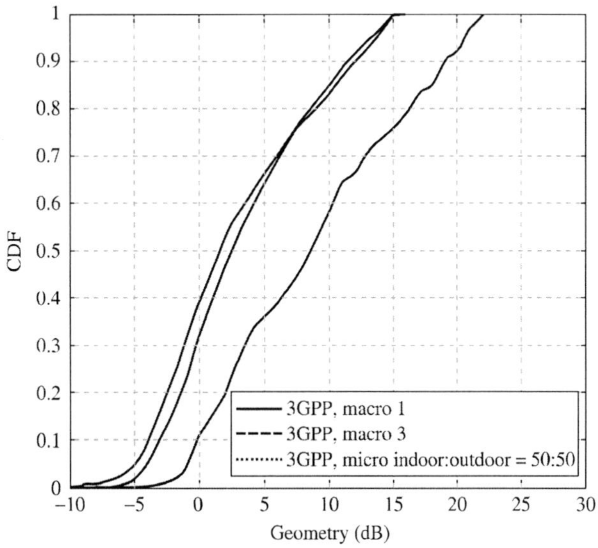

그림 10.9 macro case 1, case 3, 그리고 micro에 대한 평균 광대역 채널 SINR의 분포

평균 광대역 채널 SINR의 분포를 보여준다. LTE 단일입력 다중출력(SIMO)과 2 × 2 MIMO 전송방식에 대한 해당 다운링크 시스템 성능 수치는 그림 10.10과 그림 10.11에 각각 나타내었다.

마이크로 셀 시나리오는 8 dB 이상의 G-factor를 지닌 반면, 매크로 셀 시나리오는 2~3 dB의 중간값을 가진다. 또한, 마이크로 셀은 15 dB 이상인 표본이 25%를 차지하는 반면, 매크로 셀

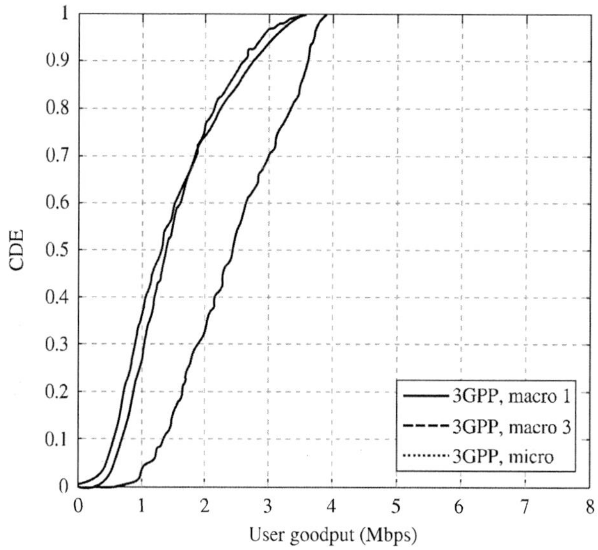

그림 10.10 LTE 1 ×2 SIMO 전송방식에 대한 macro case 1, case 3, micro 테스트 배치 시나리오에서 다운링크 사용자 처리율 분포 시뮬레이션 결과

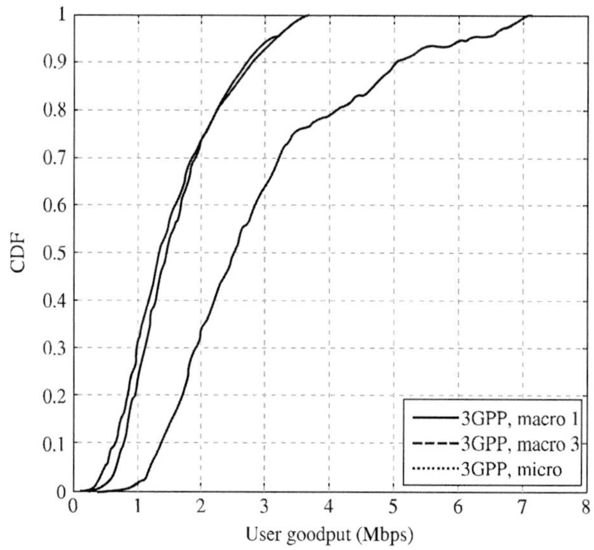

그림 10.11 LTE 2 ×2 SIMO 전송방식에 대한 macro case 1, case 3, micro 테스트 배치 시나리오에서 다운링크 사용자 처리율 분포 시뮬레이션 결과

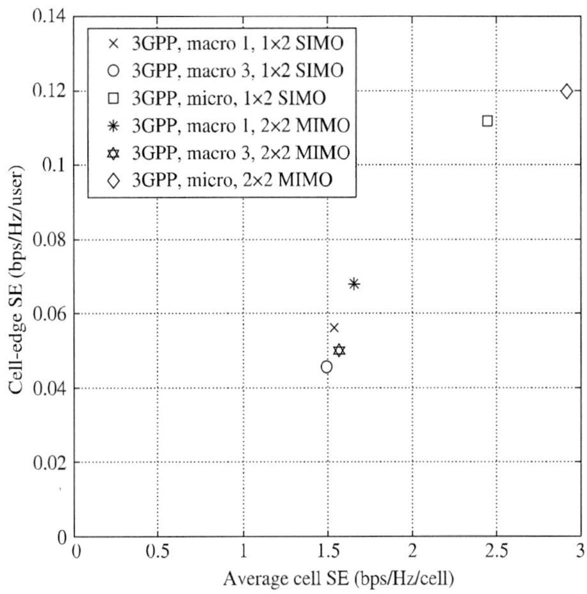

그림 10.12 LTE 1×2 SIMO와 2×2 MIMO 전송방식에 대한 macro case 1, case 3, micro 테스트 배치 시나리오에서 다운링크 평균 셀 및 셀경계 스펙트럼 효율 시뮬레이션 결과

은 실제로 15dB 이상의 값이 존재하지 않는다. 마이크로 셀의 G-factor가 높아질수록 매크로 셀에 비해 더 높은 처리율을 제공한다.

그림 10.10은 MIMO을 적용하지 않은 경우에 10명 사용자에 대한 사용자 처리율을 보여준다. 마이크로 셀 처리율의 중간값은 2.5 Mbps를 제공하나 매크로 셀 처리율의 중간값(즉, 50%의 확률누적 분포 함수(CDF))은 1.4 Mbps이다. 그리고 그림 10.10의 시뮬레이션에서 마이크로 셀과 매크로 셀의 최대 전송률은 3~4 Mbps이다. 그림 10.11은 전송방식만 2 × 2 MIMO로 변경되었을 뿐 그림 10.10과 동일한 경우를 나타낸다. 그림에서 전송률의 중간값은 그림 10.10의 MIMO를 사용하지 않는 경우와 유사하지만, 마이크로 셀의 최고 전송률은 4~7Mbps로 증가한다.

그림 10.12는 평균 셀 스펙트럼 효율과 셀경계 효율에 대한 시뮬레이션 요약을 나타낸다. 마이크로 셀 시나리오는 매크로 셀 시나리오보다 상당히 높은 효율을 보인다. MIMO는 마이크로 셀에서 평균 효율을 증가시키나 매크로 셀 환경에서는 한계이득만 제공한다.

10.6.3 업링크 시스템 성능

이 절에서는 최선 노력(BE: Best Effort) 데이터에 대한 업링크 기준 결과가 순환 순서방식(RR: Round Robin) 및 비례적 공정 방식(PF: Proportional Fair) 스케줄러와 2와 4개 안테나를 지닌 수신기에 대해 제시된다. 기준결과에서 20 dB의 간섭 대 비율 열잡음(IoT: Interference over Thermal) 확률은 5%로 제한되었다.

그림 10.13은 500 m와 1500 m의 셀간 거리(ISD: Inter-Site Distance) 시나리오의 두 유형에 대한 셀 처리율을 나타낸다. 그림에서 셀 처리율은 총 사운딩 참조 신호(SRS: Sounding Reference Signal)

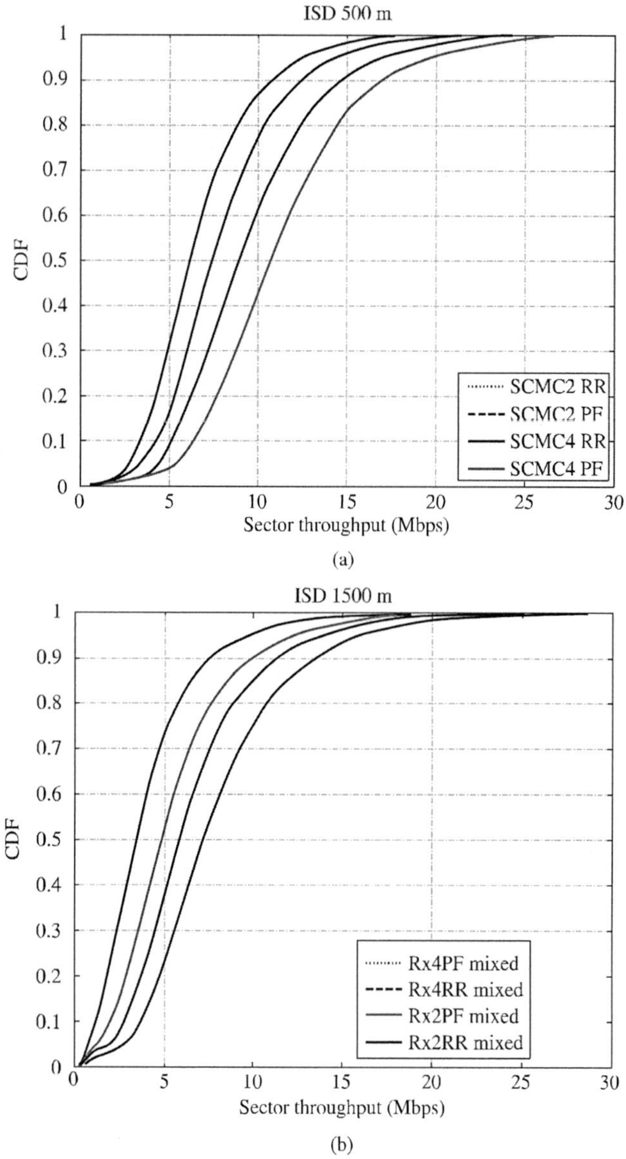

그림 10.13 업링크 셀 처리율 (a) ISD 500 m; (b) ISD 1500 m

사용량으로 표시되며, 시스템 성능의 한계를 제공한다. 이 결과로부터 PF 스케줄러는 RR 스케줄러 대비 약 15~20%의 평균 셀 처리율을 제공한다. 이러한 PF 이득 대부분은 더 나은 주파수 영역 스케줄링을 위해 SRS을 사용했기 때문에 얻어진다. 고속 단말 이동속도(예; 120 km/h)인 경우에 이러한 PF의 이득은 동일한 시뮬레이션 환경의 RR 스케줄러 결과쪽으로 감소할 것이다. 게다가 동일한 셀 평균 처리율이 동일한 셀경계 처리율은 큰 셀 크기(즉, ISD 1500 m)보다 ISD 500 m에서 약 125% 더 높다. 단말의 전력제한 때문에 ISD 1500 m의 셀경계 성능은 낮아진다. 진화된 노드 B(eNodeB)의 전송 전력에 비해 단말 전력이 더 낮기 때문에 셀 크기의 영향

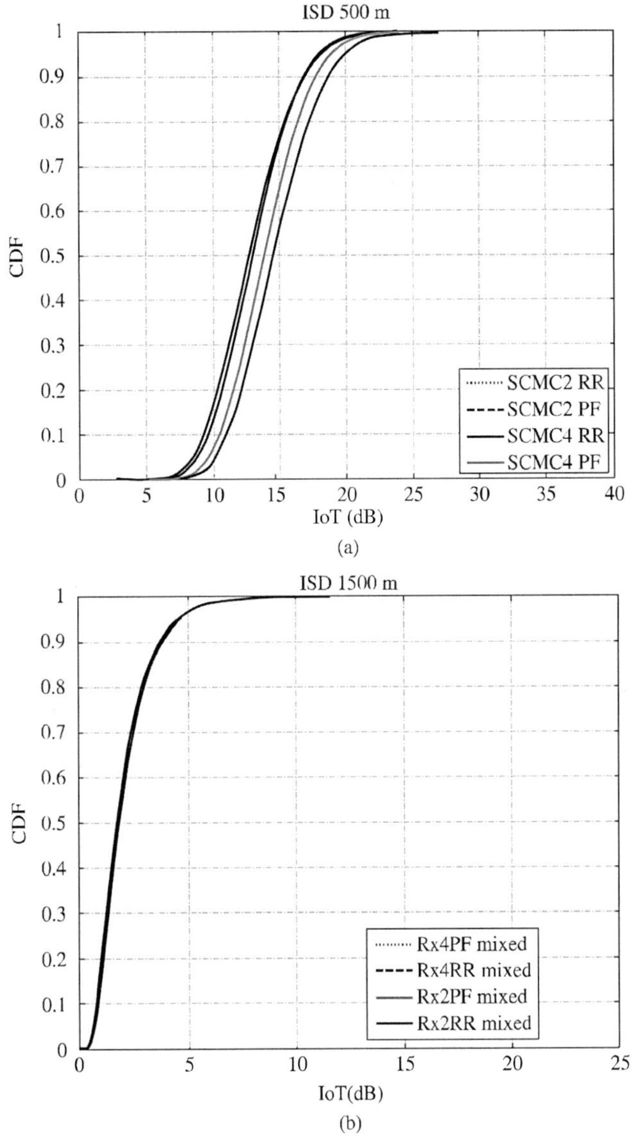

그림 10.14 업링크 순시 잡음 증가 (a) ISD 500 m; (b) 1500 m

은 다운링크보다는 업링크에서 더 크다.

IoT 분포의 95% 한도는 20 dB로 설정된다. 단말 전력관점에서 작은 셀의 경우 IoT 값이 더 높아질 수 있기 때문에 ISD 500 m처럼 작은 크기의 셀이 이 제한 조건에 영향을 받는다. 그림 10.14에서 ISD 500 m의 평균 IoT는 13 dB이다. 큰 셀 크기(ISD 1500 m처럼)의 경우 IoT는 제한요소가 아니며 평균 IoT는 2 dB이다.

ISD 500 m에서 업링크 전력제어 범위는 그림 10.15에 나타난 바와 같다. 이러한 전력제어 범위는 작은 셀에서 잘 활용될 수 있다. 단말 전송 전력의 중간값은 15 dBm이며, 이 전력은

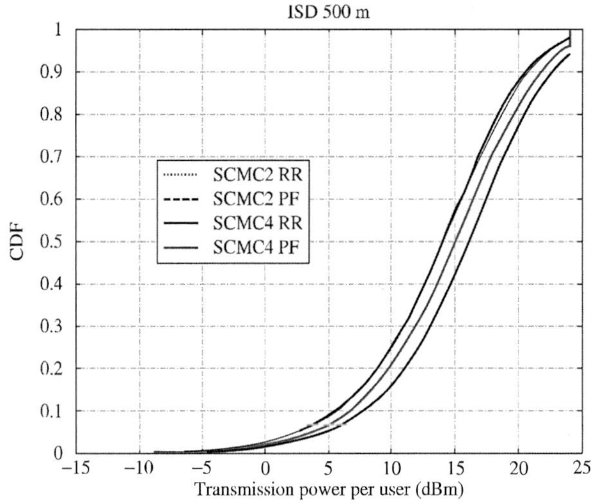

그림 10.15 ISD 500 m의 경우에 사용자 당 업링크 전송 전력 CDF

음성 사용자를 비교하면 상대적으로 높은 전력이지만 이는 데이터 접속을 위해 이용될 것이다. 더 큰 셀에서 더 높은 비율의 사용자들이 최대 전력에 의한 제한을 받게 되어 남은 분포를 오른쪽으로 이동시킨다(즉, 큰 셀에서는 더 많은 사용자가 기지국으로부터 멀리 떨어져 있기 때문에 최대 전력의 제한을 받게 되고, 이는 사용자 당 전송 전력을 높여 전체 곡선을 오른쪽으로 이동시킨다).

LTE의 일부 스펙트럼 효율 특징과 고속 상향 패킷 접속(HSUPA)의 비교를 표 10.16에 나타내었다. 이 특징으로부터 RR 스케줄러와 2 브랜치 수신이 사용된 경우 업링크 성능은 셀 평균 스펙트럼 효율관점에서 두 배가 된다. 게다가 동시에 셀 경계에서의 성능은 세 배가 된다. PF 스케줄러와 4 브랜치 수신의 경우에는 HSDPA 대비 LTE의 이득이 더 증가될 수 있다.

서로 다른 채널 모델과 셀 크기에서 평균 스펙트럼 효율이 그림 10.16에 나타나 있으며, 셀 경계 효율은 그림 10.17에 나타나 있다. 큰 셀에서는 단말의 전력이 부족해질 수 있기 때문에

표 10.16 FDE/MRC의 다양한 다중안테나 구성과 RR/PF 스케줄러에 대한 평균 및 셀경계 업링크 스펙트럼 효율

Best effort traf c		
Features	Spectral efficiency cell mean (b/s/Hz/cell)	Spectral efficiency cell edge (5%-ile) (b/s/Hz/cell)
HSUPA	0.33	0.009
1 × 2 RR	0.66	0.027
1 × 2 PF	0.79	0.033
1 × 4 RR	0.95	0.044
1 × 4 PF	1.12	0.053

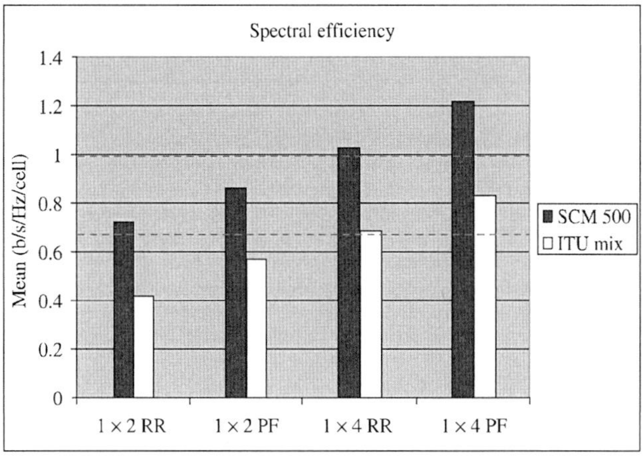

그림 10.16 업링크 평균 스펙트럼 효율

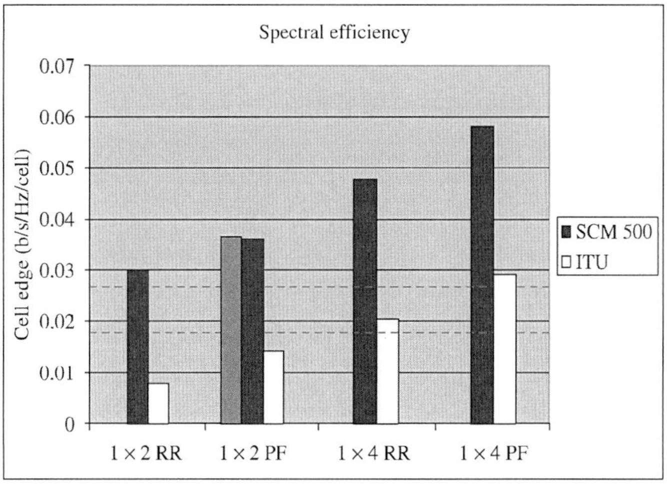

그림 10.17 업링크 셀 경계 스펙트럼 효율

효율은 큰 셀보다 작은 셀에서 더 높다. 셀 크기의 영향은 셀경계 효율에서 가장 분명하게 확인할 수 있다. 또한 2 브랜치 수신과 RR 스케줄링에 비교하면, 4 브랜치 수신과 PF 스케줄링이 더 높은 용량을 제공함을 알 수 있다.

10.6.4 2×2 이상의 다중안테나 MIMO 진화

다운링크 LTE MIMO 전송 방식은 4개의 전송 안테나 포트 구성까지 지원하도록 규정된다. 이들 방식에 대한 간략한 요약은 채용된 전문용어들과 함께 표 10.17에 나타나 있다.

MIMO 코드워드가 2개의 공간 레이어까지 공동으로 부호화하는데 사용되는 반면에 MIMO 랭크는 공간 레이어(스트림)의 수를 식별한다. 이와 관련해서 닫힌 루프 MIMO 연산은 코드북 기반 프리코딩으로 구현된다. 즉, 기지국 측에서 적용되는 안테나 계수(벡터나 행렬)는 양자화

표 10.17 다운링크 단일 사용자 MIMO 전송방식에 대한 LTE 규격. MIMO 프리코딩 코드북 크기 및 코드워드 전송 모드

MIMO scheme	Rank 1 (1 layer)	Rank 2 (2 layers)	Rank 3 (3 layers)	Rank 4 (4 layers)	Codeword transmission mode
2 × 1	4 vectors	No	No	No	Single codeword
2 × 2	4 vectors	3 matrices	No	No	Rank 2 with dual codeword
4 × 2	16 vectors	16 matrices	No	No	Rank 2 with dual codeword
4 × 4	16 vectors	16 matrices	16 matrices	16 matrices	Rank 2–4 with dual codeword

된 코드북 집합을 형성하는 고정된 수의 가능성에서 선택된다. 이들 코드북의 크기는 표 10.7에 나타나 있다. 게다가, 모든 단일 사용자 SM MIMO 방식에 대해서 모든 다중회된 공간 레이어들은 같은 사용자, 즉 한 사용자에게 송신됨을 가정한다.

실제 시스템에서 이들 MIMO 방식들의 적절한 성능을 보장하기 위해서는 eNodeB와 단말 양측 모두에서 전체 계층 1(L1)과 계층 2(L2) 자원관리가 MIMO 인식 메커니즘의 최소 집합을 포함해야 한다. 다운링크 적응형 SM MIMO 전송을 지원하기 위해 단말이 제공하는 피드백 정보의 최소 집합은 다음과 같이 구성된다.

- 채널품질정보(CQI) : 물리적인 자원과 MIMO 코어워드 상에서 추정된 평균 채널 환경에 관한 집적적인(예; SINR) 혹은 간접적인(예; MCS) 정보
- MIMO 랭크 정보 : 사용될 공간 레이어(스트림)의 최적 숫자와 해당 프리코딩 벡터와 행렬 인덱스(PMI)를 나타낸다.
- 복합 재전송 기법(HARQ) 정보 : 편성된 MIMO 공간 레이어에 대한 전송 데이터 패킷의 수신 상태(확인 응답(ACK) 수신과 비수신)를 나타낸다.

위에서 처음 두 항목인 CQI와 프리코딩 행렬 인덱스(PMI)는 다운링크 파일럿 측정을 기반으로 이동국에서 추정되며, 양자화된 형태로 기지국에 도로 전송된다. 링크 적응과 최적화된 패킷 스케줄링이 단일 이중 코드워드 MIMO 전송을 위해 수행하는 경우에, HARQ 메커니즘은 무선 자원 관리 블록의 자유도에 영향을 준다.

이동국의 피드백 정보는 채널 신호 추정 성능에 매우 많이 의존하며, 추정 성능은 실제 시스템 설계의 한계(기준신호, 측정·추정 시간, 전파지연 등) 때문에 더 이상 성능을 개선시킬 수 없는 높은 경계선을 지닌다. 게다가 이 모든 피드백 정보는 업링크 제어채널 용량을 요한다(즉, 피드백 정보가 많아지면 업링크로 전송하는 있는 사용자 데이터량이 감소한다). 따라서 부호화에 사용되는 실제 정보 비트수를 최소화하고, 달성 가능한 MIMO 성능과 요구되는 업링크 용량 사이의 현실적인 교환에 수렴하는 것이 바람직하다.

단말기로부터 수신된 한정적이고 오류 있는 피드백으로 인해 발생되는 시스템, 레벨 성능 저하는 실제 LTE 시스템과 같은 가정 하에서 연구되어 문헌상에 발표되고 있다[6, 7]. 간단한 참조 MIMO 구성에서 이들 성능 교환과 관련된 주요 개념이 다음에 요약된다. 무선 자원관리 측면은 8장에서 보다 자세히 논의되었다.

이론적으로, SM MIMO 방식과 함께 운영되는 최적 위치 영역(LA)은 분리된 CQI 척도를 요구하며, 이 분리된 CQI 척도는 각각 별도로 부호화된 공간 레이어에 대해 추정된다. 큰 성능 손실 없이 공간 레이어를 각각 최대 2개의 레이어를 지닌 2개의 그룹으로 그룹핑하여 CQI 피드백을 줄인 결과, 두 CQI 척도는 고려된 MIMO 전송 방식에 충분해진다. 공간 레이어의 각 그룹은 각각 별도로 부호화되고 각 그룹은 하나의 부호워드에 해당한다(표 10.17 참고).

적응형 MIMO 전송 방식의 최적화된 운영은 고전적인 LA는 물론이고 MIMO 랭크 적응 메커니즘도 요구한다. 이 메커니즘의 간단하고 쉬운 방식 중 하나가 단말기에서 순간 다운링크 사용자 처리율을 극대화하는 최적의 MIMO 랭크를 선택하는 것이다. 최적의 프리코딩 벡터와 행렬은 예를 들어, 최대 빔포밍 이득, 최대 SINR이나 최대 처리율과 같은 다양한 기준에 기호하여 결정될 수 있다. 여기에서는 간단한 신호 전력 레벨의 계산만 필요로 하는 첫 번째 기준(즉, 최대 빔포밍 이득)을 이용한다. 나머지 기준들은 더 복잡하고 할당된 물리 자원블럭의 수, 잡음 레벨 그리고 사용된 변조 및 코딩 방식에 대한 정보를 요한다.

순시 채널환경을 기반으로 단말기는 최적의 MIMO 랭크와 해당 최적 프리코딩 벡터와 행렬을 추정한다. 이상적으로는 MIMO 랭크와 프리코딩 행렬 인덱스(PMI), 두 가지 모두 물리 자원 블록 각각에 대해 주파수 선택적 MIMO 적응을 가정하여 추정되어야 한다. 5 MHz 이상의 넓은 시스템 대역폭의 경우 실제로 이러한 접근방식은 (피드백 정보가 증가하기 때문에) 업링크 제어채널에 매우 큰 시그널링 오버헤드로 작용한다. 다수의 연속적인 물리 자원 블록으로 구성된 하나의 그룹마다 MIMO 피드백을 이용함으로써 오버헤드와 성능 사이에 적절한 타협을 이루어낼 수 있다. 더구나 LTE 시스템에서 CQI 피드백을 위해 만들어진 선택은 이러한 접근법의 동기를 제공한다. CQI 피드백은 5장에서 설명되었다. MIMO 피드백 정보는 CQI 보고와 함께 또는 보고 내부에 삽입되어 주 기지국에 송신됨을 가정한다. LTE 시스템의 맥락에서 동일한 변조 및 부호방식이 모든 할당된 물리 자원 블록에 적용되기 때문에 동일한 MIMO 랭크가 모든 할당된 물리 자원 블록에 적용된다는 가정이 타당성이 있다. 게다가 단말기가 아닌 기지국 측의 패킷 스케줄러가 실제 자원할당을 결정하는 경우에 피드백 정보를 줄이기 위한 실질적인 해결책은 전체 관측 시스템 대역폭에 대해 정해지는 단 하나의 단일 MIMO 랭크를 이용하는 것이다. 즉, 주파수 비선택적 MIMO 랭크 정보가 기지국에 전송된다.

위에 기술된 최소한의 시스템 레벨 제한사항은 여전히 MIMO 적응 메커니즘에서 상당히 많은 시간과 주파수 영역의 자유도를 허용한다. 일부 관련 예가 다음에 제시된다.

PMI 피드백의 주파수 입도는 MIMO 랭크의 입도와 다를 수 있다. 다음 두 참조 PMI 선택 방식은 위에서 설명한 전대역폭 MIMO 랭크 선택과 결합된 것으로 가정할 수 있다.

- 주파수 비선택적(FNS) PMI : 전체 유효 주파수 대역폭에 대하여 하나의 PMI가 결정된다.
- 주파수 선택적(FS) PMI : 하나의 PMI는 두 개의 연속적인 물리 자원 블록으로 구성된 각 그룹에 대해 결정된다. 즉, CQI 척도로써 동일한 2xPRB 입도를 이용한다.

서비스를 제공하는 셀 내의 모든 활성화된 단말기에서 수신된 MIMO와 CQI 피드백 정보를 이용하여 서비스를 제공하는 기지국 내의 무선자원관리(RRM) 알고리즘이 각 단말기에 대한 실제 자원할당과 스케줄링을 수행한다. 이전 연구들은 저속 시나리오에서의 MIMO 적응이 수행되는 전송률이 전체 시스템 성능에 영향을 끼침을 밝혔다. 평균 채널환경을 기반으로 한 느린 갱신율(~100 ms)의 반적응 방식은 각 스케줄링 구간 내에서 선택된 MIMO 랭크를 사용하는 고속 적응의 경우에 비해 대략 5% 정도의 작은 셀 처리율 손실을 발생시키는 연구결과를 보여준다. 그러므로 다음과 같은 두 가지 참조 방식이 존재한다.

- G-factor 기반 : 평균 광대역 채널 SINR 조건 기반의 랭크 갱신
- 준-동적(QD: quasi-dynamic) : 새로운(첫 번째 HARQ) 전송이 편성될 때만 랭크 선택

준동적 MIMO 방식은 고속 적응(전송 시간 간격(TTI)마다) 방식과 G-factor 기반(저속, 5 ms에서 10 ms마다) 적응 방식 사이의 교환 해법으로, 중속 및 저속의 두 이동 시나리오에서 성공적으로 이용될 수 있다. 두 L1-L2 메커니즘, 즉 MIMO 랭크 적응과 MIMO 프리코딩 정보 피드백의 주파수영역 입도의 조합으로 다운링크 적응형 2 × 2와 4 × 4 MIMO 전송 방식이 시뮬레이션되었다. 단말기로부터 제한적이고 불완전하며 지연된 채널 피드백이 수신됨을 시뮬레이션의 평가에서 가정한다. PMI과 랭크 정보 피드백은 오류없이 수신됨을 가정하지만, CQI 정보는 채널추정에 의한 오류가 반영되도록 모델링된다.

그림 10.18과 그림 10.19는 각각 매크로 셀 케이스 1과 마이크로 셀 배치 시나리오(10.6.1절을 참고)에서 스펙트럼 효율에 대한 대표적인 시뮬레이션 결과를 보여준다. 이동국의 수는 셀 섹터 당 20개가 시뮬레이션된다. 또한, 시간-주파수 PF 패킷 스케줄링이 이용된다.

2 × 2와 4 × 4 MIMO 전송 방식에 대한 매크로 셀의 연구들은 G-factor 기반 및 주파수 비선택인 경우와 비교하면 준동적 MIMO 랭크 적응과 주파수 선택적 닫힌 루프 정보 피드백이 사

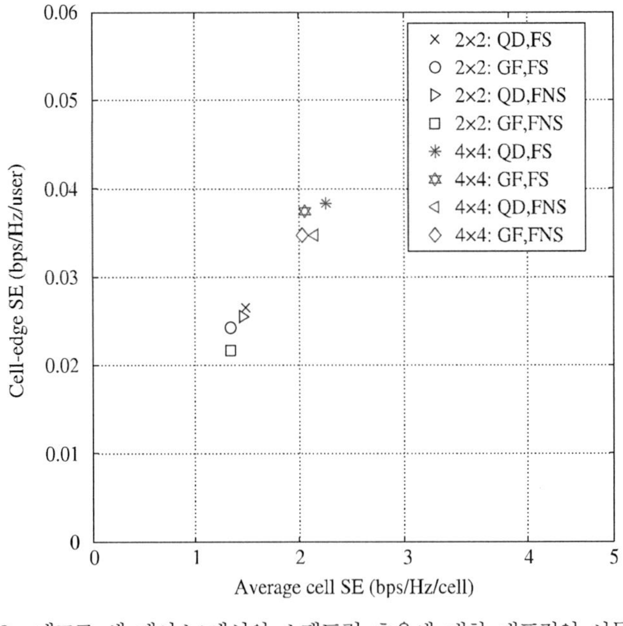

그림 10.18 매크로 셀 케이스1에서의 스펙트럼 효율에 대한 대표적인 시뮬레이션 결과

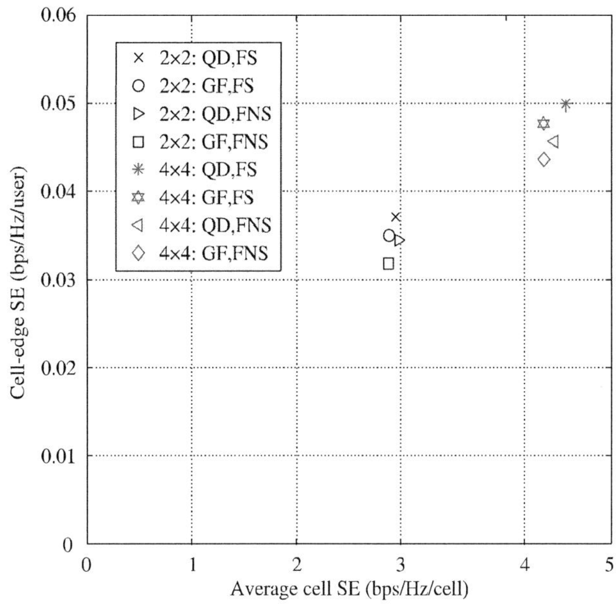

그림 10.19 마이크로 셀 시나리오에서의 스펙트럼 효율에 대한 대표적인 시뮬레이션 결과

용될 때 평균 셀 스펙트럼 효율과 셀 경계 스펙트럼 효율에서 각각 10%와 18%의 이득이 있음을 보여준다. 반면, 마이크로 셀 시나리오의 성능은 각각 4%와 15%까지로 매크로 셀보다 더 적은 영향을 받는다. 후자의 경우 마이크로 셀 환경에서 피드백 정보를 줄여도 성능에 적은 영향을 주기 때문에 업링크 시그널링 및 제어채널 유효 탑재량에 큰 오버헤드를 주지 않는 다운링크 MIMO 방식의 적정성 및 높은 잠재성을 확인시켜 준다.

10.6.5 섹터의 세분화(6섹터)

기지국에서 다수의 안테나를 이용하여 성능을 증가시키기 위한 방법 중 하나는 섹터의 세분화를 이용하는 것이다. 특히, 섹터의 세분화 이용은 건물 옥상위에 안테나가 고정된 매크로 셀 설치를 위한 하나의 옵션으로 간주된다. 전형적으로, 대부분 LTE 매크로 셀 성능 평가에서 사이트마다 각기 65 또는 70도의 3dB 빔폭을 지닌 3개의 분리된 판넬 안테나가 옥상 위에 고정된 3섹터 사이트를 가정한다. 그러므로 첫 번째 단계는 단순하게 더 좁은 빔폭, 예를 들어 35도 빔폭의 6개의 판넬 안테나를 이용하여 사이트 당 섹터화를 6섹터까지 증가시키는 것이 될 것이다. 이는 많은 트래픽을 제공하는 사이트에서 네트워크 용량을 증가시키는 간단한 방법을 제공한다. 또한 6섹터 안테나는 3개 판넬 안테나와 디지털 고정 빔포밍으로 구현될 수 있다.

3섹터 대비 6섹터의 성능 개선은 사이트에서 사이트까지의 거리가 500m인 전형적인 매크로 셀 환경, 즉 LTE 대역폭이 10MHz인 3GPP 매크로 셀 case 1과 유사한 환경에서 시스템 시뮬레이션을 통해 평가된다.

다음과 같은 4가지 경우가 고려된다.

- 모든 사이트가 안테나 빔폭이 70도인 3섹터를 가진다.
- 모든 사이트가 안테나 빔폭이 35도인 6섹터를 가진다.
- 가운데에 위치한 단 하나의 사이트만 6섹터를 가지고, 나머지 사이트는 3섹터를 가진다(Mode 1).
- 7개 사이트로 구성된 하나의 클러스터는 6섹터를 가지나 나머지 모든 사이트는 3섹터를 가진다(Mode 2).

이들 4가지 경우에 대한 성능 결과는 사이트 당 평균 처리율로 그림 10.20에 나타내었다. 단말기에서 2개의 안테나를 가정할 때 간단한 풀 버퍼 트래픽 모델과 표준 비례적 공정 방식(PF) 시간 주파수 패킷 스케줄링으로 이들 결과가 얻어졌다. 3섹터에서 6섹터로 섹터화를 증가시킴으로써 큰 성능 이득이 달성된다. 이때 사이트 용량은 88% 증가한다. 만일 단지 하나의 사이트가 6섹터가 되도록(Mode 1) 업그레이드된다면, 3섹터를 사용하는 것에 비해 그 특정 사이트의 용량은 98% 증가한다. 후자의 결과는 섹터의 세분화를 사용할 수 있도록 개선하는 것이 특정 핫스팟 지역에서 발생할 수 있는 잠재적인 용량 병목을 해결할 수 있는 하나의 가능한 해결책임을 입증한다. 3섹터를 사용하든지 혹은 6섹터를 사용하든지, 이와 관계없이 사이트 당 사용자 수가 같다고 가정하면 사용자 경험 처리율면에서 유사한 성능 개선을 얻을 수 있다. 하지만 섹터의 세분화를 사용한다고 해서 최고 사용자 처리율이 증가하는 것은 아니다. 최고 사용자 처리율은 MIMO 방식을 사용하는 경우에 증가한다. 또한, 3섹터 대비 6섹터의 유사한 용량 이득이 WCDMA 네트워크를 위한 [9]에 보고되었다. 시뮬레이션된 용량은 다운링크를 고려하였으며, 또한 업링크에서도 비슷할 것으로 예상된다.

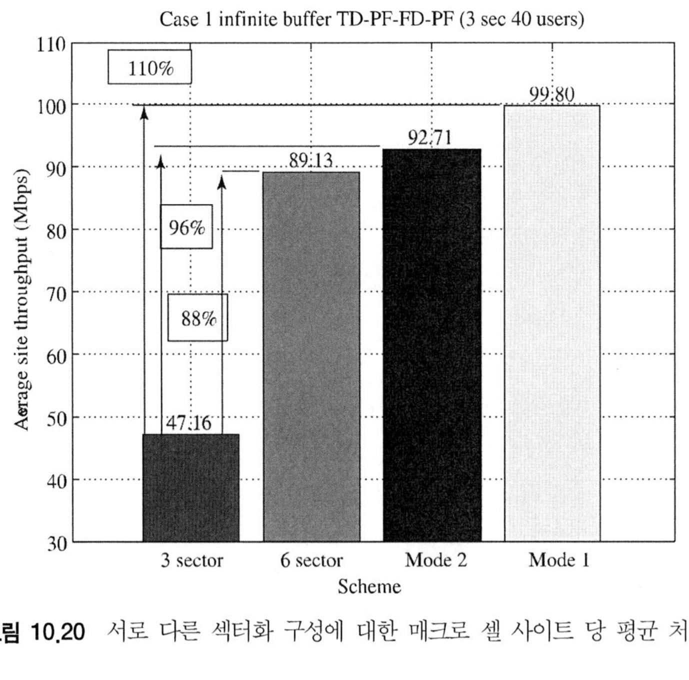

그림 10.20 서로 다른 섹터화 구성에 대한 매크로 셀 사이트 당 평균 처리율

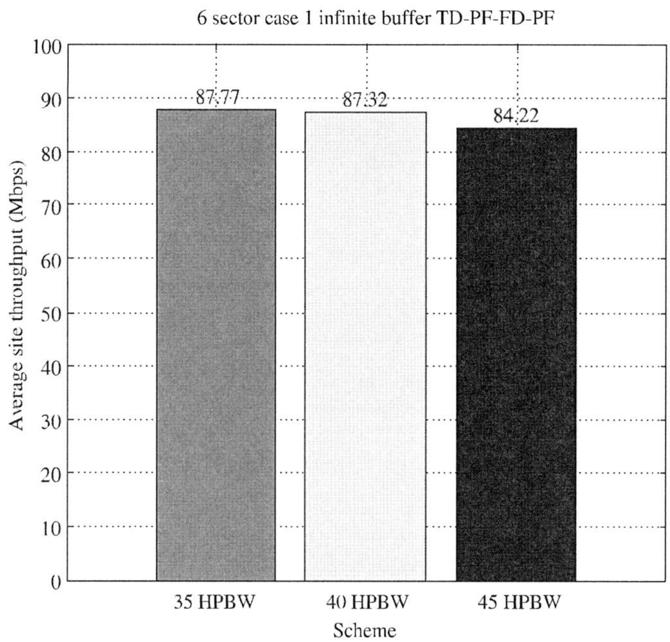

그림 10.21 6섹터 사이트 배치의 경우에 방위각 분산의 정도에 따른 사이트 처리율 비교

또한, 6섹터 안테나에 대한 빔폭의 영향도 연구되었으며, 그 결과는 그림 10.21에 나타내었다. 이들 결과를 제시하는 동기는 미가공 안테나 빔폭이 35도임에도 불구하고, 유효 안테나 빔폭은 무선 채널의 방위각 분산 때문에 더 크다[10]. 전형적인 도심 매크로 셀의 방위각 분산은 대략 5~10%임이 판명되었다. 시뮬레이션 결과는 40도 안테나 빔폭의 경우에 평균 사이트 처리율이 35도 빔폭과 비교하면 1% 더 낮고, 45도 빔폭과 비교하면 4% 더 낮음을 보여준다.

또한 전형적인 안테나 이득은 3섹터의 70도 안테나인 경우 18 dBi에서 6섹터의 35도 안테나에서 21 dBi로 증가하기 때문에 6섹터 배치는 네트워크 범위를 향상시킨다.

10.6.6 LTE 대역폭별 스펙트럼 효율

대부분의 LTE 시스템 시뮬레이션은 10 MHz 대역폭을 가정한다. 다음 요소들은 시스템 대역폭은 효율에 영향을 준다.

- 스케줄러가 전송을 최적화할 수 있는 더 많은 자유가 있기 때문에 주파수 영역 스케줄링 이득은 대역폭이 커질수록 크다. 1.4 MHz 대역폭의 경우 전체 시스템 대역폭이 거의 플랫 페이딩, 주파수 비선택적 페이딩이기 때문에 주파수 영역 스케줄링 이득은 매우 낮다.
- 방송용 물리채널(PBCH), SS(Synchronization Signal), PUCCH의 공통채널과 제어채널의 상대적인 오버헤드는 대역폭이 커질수록 낮다.
- 상대적인 보호대역은 1.4 MHz 대역폭에서 더 높다. 180 kHz의 6개 자원 블록(180 kHz × 6 = 1.08 MHz)은 1.4 MHz의 채널간격과 비교할 경우에 채널간격의 77%(=1.08/1.4) 사용

표 10.18 다운링크에서 서로 다른 LTE 대역폭에 따른 상대적인 스펙트럼 효율

	LTE 1.4 MHz	LTE 3 MHz	LTE 5 MHz	LTE 10 MHz	LTE 20 MHz
Resource blocks	6	15	25	50	100
Guard band overhead	23%	10%	10%	10%	10%
BCH overhead	2.9%	1.1%	0.7%	0.3%	0.2%
SCH overhead	2.5%	1.0%	0.6%	0.3%	0.2%
Frequency domain scheduling gain	5%	20%	35%	40%	45%

표 10.19 업링크에서 서로 다른 LTE 대역폭에 따른 상대적인 스펙트럼 효율

	LTE 1.4 MHz	LTE 3 MHz	LTE 5 MHz	LTE 10 MHz	LTE 20 MHz
Guard band overhead	23%	10%	10%	10%	10%
PUCCH overhead	16.7%	13.3%	8.0%	8.0%	8.0%
Frequency domain scheduling gain	2.5%	10%	17.5%	20%	22.5%

률에 해당하는 1.08 MHz이다. 나머지 대역폭에 대한 사용률은 90%이다.

대역폭에 대한 상대적인 효율 계산이 다운링크는 표 10.18에, 업링크는 표 10.19에 나타내었다. 주파수 영역 스케줄링 이득은 환경, 이동속도, 서비스, 안테나 구조를 포함한 여러 요소에 의해 결정된다. 모든 대역폭에 대해서 업링크의 스케줄링 이득은 다운링크 이득의 절반으로 가정한다.

10 MHz에 대한 상대적인 스펙트럼 효율의 시뮬레이션 결과는 그림 10.22에 나타나 있다. 효율은 3 MHz의 경우 15%의 차이가 있는 반면, 5~20 MHz 대역폭의 경우에 상당히 유사하다.

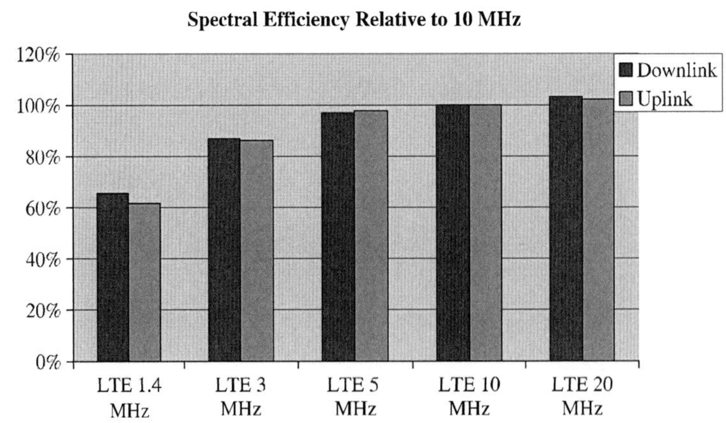

그림 10.22 매크로 셀에서 10 MHz 대역폭과 비교한 상대적인 스펙트럼 효율

1.4 MHz 대역폭의 효율은 10 MHz에 비해 35~40% 낮다. 20 MHz에 대한 전형적인 다운링크 셀 처리율은 1.74 bps/Hz/cell × 20 MHz = 35 Mbps이다. 반면, 1.4 MHz에 대한 셀 처리율은 1.74 bps/Hz/cell × 60% × 1.4 MHz = 1.5 Mbps이다. 결론은 LTE가 가능한 넓은 대역폭을 이용하여 배치되어야만 한다는 것이다. 가능한 넓은 대역폭을 배치하는 주된 동기는 LTE 전송률을 최대화시키는 것이며, 또한 스펙트럼 효율을 최적화시키는 것이다. 만일 초기에 큰 대역폭을 할당하는 것이 가능하지 않다면, 협대역 옵션은 여전히 주파수 재배치 목적으로 유용하다. LTE 1.4 MHz 대역폭에 대한 1.5 Mbps의 셀 처리율이 다른 대역폭에 비해 상대적으로 낮은 것처럼 보임에도 불구하고, 협대역 2G 일반 패킷 무선 서비스/GMS 방식의 이동통신망을 이용한 데이터 전송 기술(GPRS/EDGE) 네트워크로부터 제공받을 수 있는 처리율보다 여전히 크다.

10.6.7 3GPP 방식별 스펙트럼 효율 평가

LTE의 목표는 다운링크에서 고속 하향 패킷 접속(HSDPA) 릴리즈 6보다 최소한 3배, 업링크에서 고속 상향 패킷 접속(HSUPA) 릴리즈 6보다 2배 높은 스펙트럼 효율을 제공하는 것이다. 2007년에 3GPP에서 릴리즈 6 대비 LTE의 상대적인 효율이 시스템 시뮬레이션으로 연구되었다. 서로 다른 회사에서 제출한 기고문의 결과들이 다운링크에 대해서는 그림 10.23에, 업링크에 대해서는 그림 10.24에 나타나 있다. 그림의 결과는 간섭이 제한된 작은 도심 마이크로 셀

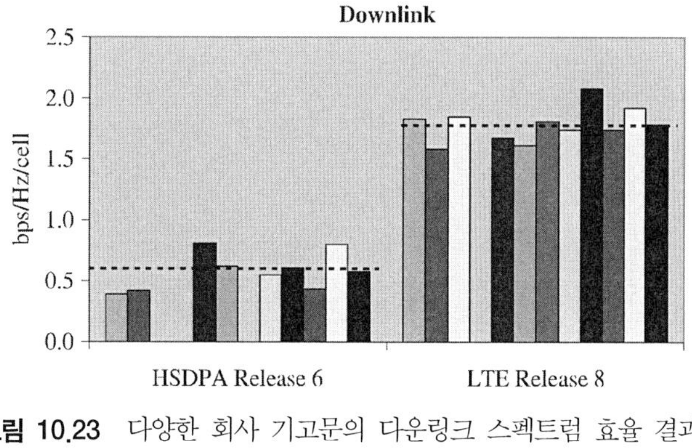

그림 10.23 다양한 회사 기고문의 다운링크 스펙트럼 효율 결과[11]

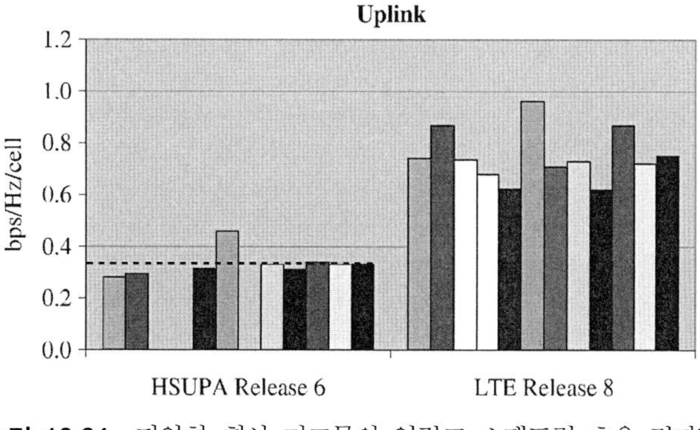

그림 10.24 다양한 회사 기고문의 업링크 스펙트럼 효율 결과[12]

을 나타내는 Case 1에 대한 것이다. LTE의 평균 다운링크 효율은 HSDPA의 0.55 bps/Hz/cell보다 세 배 높은 1.75 bps/Hz/cell로 증가한다. HSUPA의 업링크 효율은 0.33 bps/Hz/cell이고 LTE의 업링크 효율은 두 배 이상 높은 0.75 bps/ Hz/cell로 증가한다. 그림의 성능평가는 LTE가 표준화 초기 단계에서 시스템에 대해 정의되었던 목표를 나타낸다.

LTE 표준화 작업이 시작될 때 그 당시에 이용가능한 최신 3GPP 릴리즈였던 2 안테나 Rake 수신기의 HSPA 릴리즈 6이 참조용으로 이용되었다. HSPA 릴리즈 6은 1 × 2 MRC(Maximum Ratio Combining)을 기반으로 한다. LTE 릴리즈 8은 2 × 2 MIMO 전송을 사용한다.

10.6.8 HSPA로 LTE 평가

HSDPA 대비 LTE의 스펙트럼 효율 이득은 LTE 시스템 설계의 여러 특성으로 설명이 가능하다. 다운링크에 대한 이들 요소는 표 10.20에 나타내었다. Rake 수신기의 HSDPA와 비교하면 LTE는 Rake reciever의 HSDPA와 비교하여 용량 측면에서 주요 향상을 제공하는 셀 내 간섭을 피하기 위해 직교변조를 사용한다. HSDPA의 코드분할 다중 접속(CDMA) 전송은 다중경로 전파로 인한 셀 내 간섭 때문에 손상된다. CDMA 부호는 단지 단일 경로 채널에서만 직교한다. HSDPA 대한 LTE의 이득은 다중경로 전파 정도에 따라 결정된다.

또 다른 LTE의 주요 이점은 주파수 영역 스케줄링이며, CDMA 시스템에서는 주파수 영역에서 스케줄링하는 것이 불가능하다. CDMA 시스템은 전체 대역폭을 이용하여 신호를 전송한다. HSDPA 릴리즈 6에는 MIMO가 포함되어 있지 않기 때문에 MIMO가 적용된 LTE는 상당한 효율 이득을 제공한다. 통합 셀간 간섭 제거가 LTE 시뮬레이션 결과에서 사용되며, 통합 셀간 간섭 제거는 LTE에서 일부 추가적인 용량 향상을 제공한다. LTE에 이득을 제공하는 이들 요소들을 서로 더한 결과를 보면, LTE가 확실히 HSDPA 릴리즈 6보다 거의 3배 높은 효율

표 10.20 매크로 셀에서 HSPA 릴리즈 6에 대한 LTE 다운링크 효율 이득

LTE benefit	Gain	Explanation
OFDM with frequency domain equalization	Up to +70% depending on the multi-path profile	HSDPA suffers from intra-cell interference for the Rake receiver. Rake receiver is assumed in Release 6. However, most HSDPA terminals have an equalizer that removes most intra-cell interference.
Frequency domain packet scheduling	+40%	Frequency domain scheduling is possible in OFDM system, but not in single carrier HSDPA. The dual carrier HSDPA can get part of the frequency domain scheduling gain.
MIMO	+15%	No MIMO defined in HSDPA Release 6. The gain is relative to single antenna base station transmission. HSDPA Release 7 includes MIMO.
Inter-cell interference rejection combining	+10%	The interference rejection combining works better in OFDM system with long symbols.
Total difference	= 3.0×	1.7 × 1.4 × 1.15 × 1.1

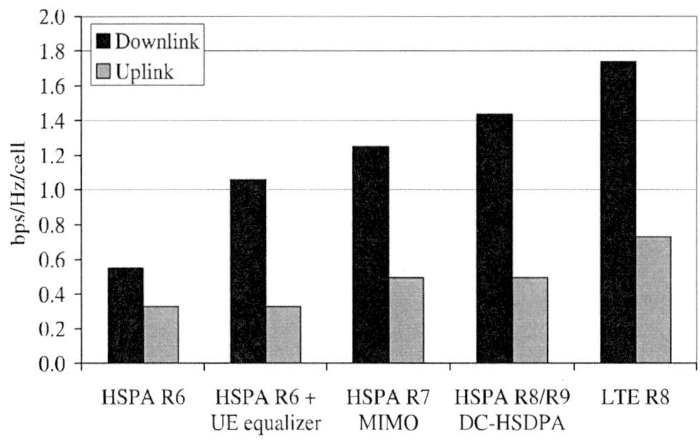

그림 10.25 HSPA와 LTE의 스펙트럼 효율

을 제공할 것으로 예상된다. 고속 전송률의 장점을 얻기 위해 다중스트림 MIMO 전송이 더 잦은 빈도로 사용될 수 있는 작은 마이크로나 옥내 셀에서 HSDPA 릴리즈 6 대비 LTE의 성능 이득은 더 클 것이다.

HSUPA는 업링크의 셀내 간섭에 손상되는 반면에, HSDPA 릴리즈 6에 대한 LTE 업링크 효율 이득은 주로 직교 업링크로부터 얻어진다.

HSPA의 진화 버전인 HSPA 진화는 HSPA 용량면에서 성능이 향상된다. 보다 자세한 내용은 13장을 참고하라. MIMO는 HSPA 릴리즈 7에 포함된다. 단말기의 등화기는 다운링크 셀간 간섭을 제거할 수 있고, 기지국의 간섭제거는 업링크의 셀간 간섭을 제거할 수 있다. 릴리즈 8에 포함된 이중 반송파 HSDPA 전송은 HSDPA에서 주파수 영역 스케줄링 이득을 얻을 수 있게 한다. 하지만 HSPA 진화는 모든 개선사항이 반영되어도 LTE는 여전히 HSPA에 대해 더 우수한 효율 이득을 보인다.

HSPA와 LTE에 대한 시스템 시뮬레이션 결과로 스펙트럼 효율이 그림 10.25에 나타나 있다. 여기서 HSPA 릴리즈 7은 다운링크에서 단말 등화기와 2 × 2 MIMO를 포함하며, 업링크에서 기지국 간섭제거를 포함한다. HSPA 릴리즈 8은 주파수 영역 패킷 스케줄링과 함께 이중 반송파 HSDPA을 포함한다. HSPA 릴리즈 9는 MIMO와 이중 셀 고속 하향 패킷 접속(DC-HSDPA)의 결합을 허용할 것으로 예상된다.

10.7 지연시간

10.7.1 사용자측 지연시간

사용자측 지연시간은 많은 애플리케이션의 성능과 밀접한 관련이 있다. 초고속 전송률이 아니라 최저 지연시간을 요구하는 많은 애플리케이션이 있는데, 예를 들면 음성, 실시간 게임, 다른 상호 연동 애플리케이션이다. 지연시간은 하나의 작은 인터넷 프로토콜(IP) 패킷이 단말기로부터 네트워크를 경유하여 인터넷 서버까지 도달하였다가 다시 단말기로 되돌아오는 데까지 소

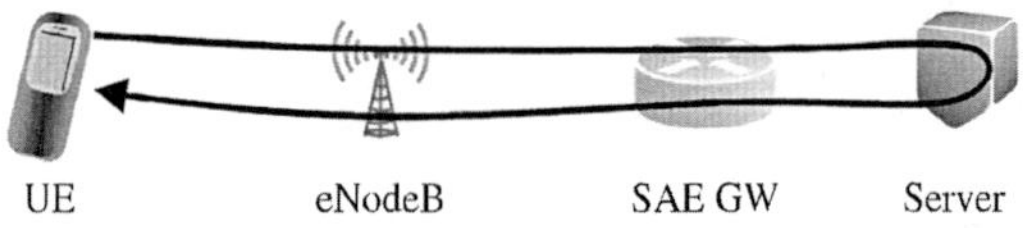

그림 10.26 라운드트립 시간 측정

요되는 시간으로 측정된다. 이러한 척도는 라운드트립이라 하며 그림 10.26에 나타나 있다.

종단간 지연 버짓은 표 10.21에 계산되고 그 결과는 그림 10.27에 나타내었다. 1 ms의 프레임 크기는 매우 적은 전송시간을 가능하게 한다. 평균적으로 패킷은 다음 프레임을 시작하기 위해 0.5 ms의 대기를 필요로 한다. 재전송은 기껏해야 8 m가 소요되고 재전송 확률은 10%로 가정된다. 스케줄링 요청을 송신하기 위한 평균 지연은 2.5 ms이고 스케줄링 승인에 대한 지연은 4 ms이다. 게다가 4 ms의 단말 처리지연, 4 ms의 진화된 노드 B(eNodeB) 처리지연, 그리고 1 ms의 코어 네트워크 지연이 가정된다.

표 10.21 대기시간 요소

Delay component	Delay value
Transmission time uplink + downlink	2 ms
Buffering time (0.5 × transmission time)	2 × 0.5 × 1 ms = 1 ms
Retransmissions 10%	2 × 0.1 × 8 ms = 1.6 ms
Uplink scheduling request	0.5 × 5 ms = 2.5 ms
Uplink scheduling grant	4 ms
UE delay estimated	4 ms
eNodeB delay estimated	4 ms
Core network	1 ms
Total delay with pre-allocated resources	13.6 ms
Total delay with scheduling	20.1 ms

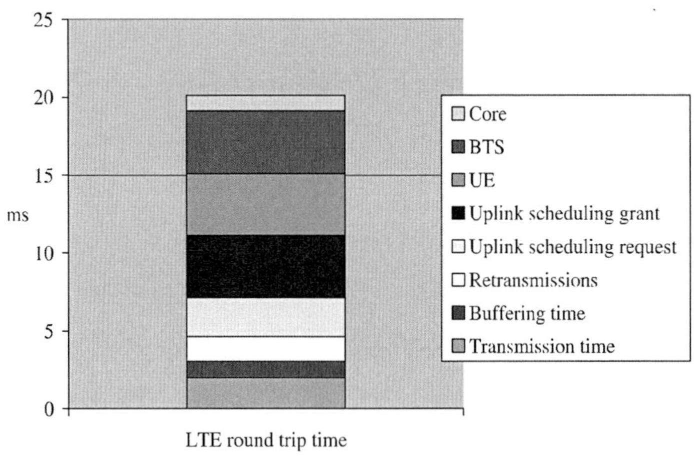

그림 10.27 스케줄링 지연시간이 포함된 종단간 라운드트립 시간

미리 할당된 자원이 있다면 재전송을 포함한 평균 라운드트립은 확실히 15 ms 이하가 될 수 있다. 하지만 스케줄링 지연이 포함되면, 라운드트립 지연은 거의 20 ms가 될 것이다. 이들 라운드트립 시간값은 심지어 매우 엄격한 지연요구사항을 지닌 애플리케이션에 대해서도 충분히 낮다. 만일 트랜스포트 지연이 길거나 또는 서버가 코어 네트워크에서 멀리 떨어져 있다면 현장에서는 실제 라운드트립 시간이 더 높아질 수 있다. 예를 들면 거리 및 인터넷 내 다른 요소와 같은 비무선 지연이 종단간 라운드트립 시간을 결정할 수 있고 500 km의 전파 시간은 20 ms 이상이다.

10.8 GSM 대역의 LTE용 주파수 재배치

LTE는 900 MHz나 1800 MHz와 같은 기존 이동통신 세계화 시스템(GSM) 스펙트럼에 배치될 예정이다. LTE는 일단 1.4 MHz나 3 MHz 대역폭에서부터 시작하고 나중에 GSM의 트래픽이 감소할 때 대역폭을 더 확장할 수 있기 때문에 유연한 LTE 대역폭은 WCDMA보다 쉽게 주파수 재배치를 수행할 수 있도록 만든다. 표 10.22는 가장 가까이 있는 GSM 반송파와 LTE 반송파 사이에 요구되는 간격을 나타낸다. LTE에서 요구하는 전체 스펙트럼은 반송파 간격을 기반으로 계산될 수 있다. 상호비조정 케이스는 LTE와 GSM이 다른 사이트를 사용하는 것으로 가정하는 반면, 상호조정 케이스는 LTE와 GSM가 같은 사이트를 사용하는 것을 가정한다. 따라서 상호비조정 케이스는 두 시스템 사이에 더 큰 전력차를 발생시켜서 더 큰 보호구간을 요구한다. 상호조정 케이스 값은 GSM 단말 방사를 기반으로 하고 상호비조정 케이스 값은 LTE 단말 차단 요구사항을 기반으로 한다. GSM 단말의 전력 레벨과 허용된 LTE의 업링크 간섭 레벨에 의존하는 상호조정 배치의 경우 LTE 스펙트럼 요구사항을 더 낮추는 것이 가능할 수 있다. 이러한 경우 반송파의 가장자리에 위치한 물리상향링크 제어채널(PUCCH) 주파수 자원 블록(RB)에 대한 최대 허용 간섭이 제한 요소로 작용한다.

반송파 간격의 정의는 그림 10.28에 설명된다. 그림 10.29는 GSM 트래픽이 감소될 때 LTE

표 10.22 LTE 주파수 재배치를 위한 스펙트럼 요구사항

	LTE–GSM carrier spacing		LTE total spectrum requirement	
	Coordinated	Uncoordinated	Coordinated	Uncoordinated
5 MHz LTE (25 RBs)	2.5 MHz	2.7 MHz	4.8 MHz	5.2 MHz
3 MHz LTE (125 RBs)	1.6 MHz	1.7 MHz	3.0 MHz	3.2 MHz
1.4 MHz LTE (6 RBs)	0.8 MHz	0.9 MHz	1.4 MHz	1.6 MHz

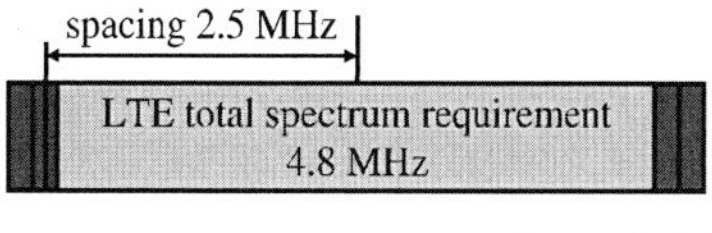

그림 10.28 LTE 5 MHz 주파수 재배치 예

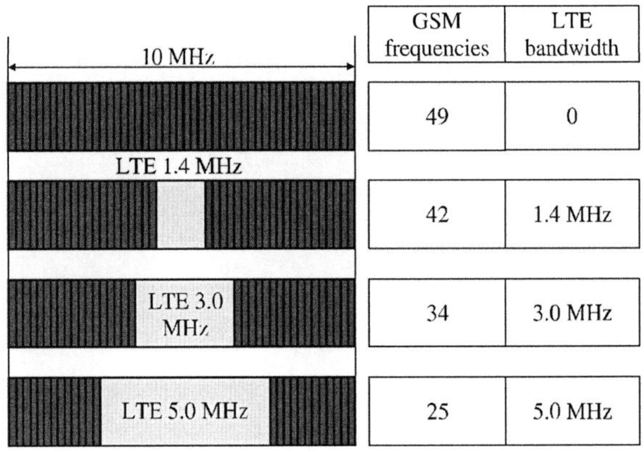

그림 10.29 GSM 대역의 LTE용 주파수 재배치

반송파 대역폭의 확장을 나타내었다. LTE 1.4 MHz를 위한 공간을 마련하기 위해 단지 7개의 GSM 반송파을 제거하면 되고, LTE 3.0 MHz의 경우에는 15개 GSM 반송파를 제거하면 된다.

10.9 규모 추산

이번 절은 어떻게 셀 처리율 값을 최대 브로드밴드 가입자 수로 환산할 수 있는지에 대한 예를 설명한다. 그림 10.30은 트래픽 용량 기반의 접근법과 전송률 기반의 접근법 두 가지 방식을 나타낸다. 트래픽 용량 기반 접근방식은 LTE 20 MHz 1 + 1 + 1(즉, 각 섹터당 20 MHz 대역폭을 지닌 하나의 반송파로 구성된 3개의 섹터)의 구성으로 보낼 수 있는 최대 트래픽 용량을 기가바이트 단위로 추정한다. 2 × 2 MIMO을 사용하는 경우에 스펙트럼 효율은 1.74 bps/Hz/

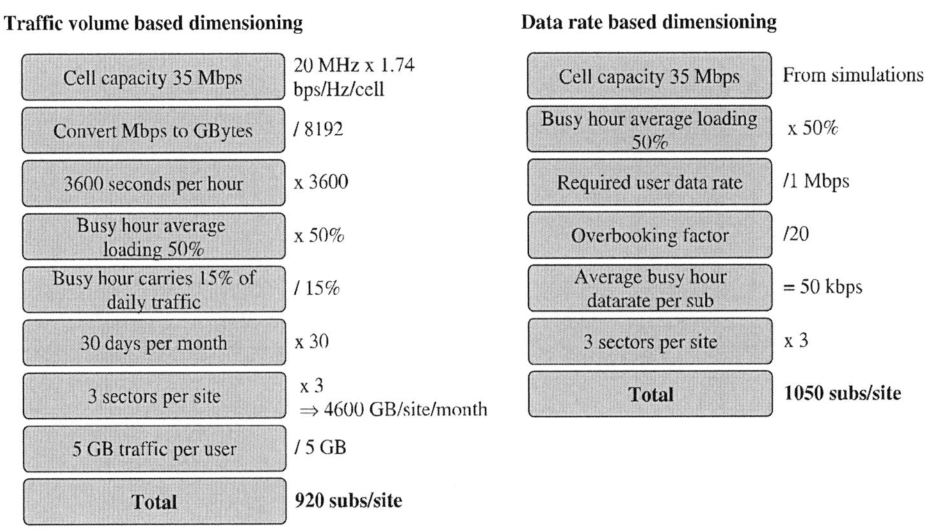

그림 10.30 20 MHz 대역폭에서 LTE의 규모 추산 예

cell로 가정한다. 그림 10.30에 따라 비지아워(busy hour)에 일간 트래픽의 15%을 보내는 것을 가정하고 비지아워의 평균 부하율은 50%이다. 부하율은 비지아워 동안에 목표된 전송률에 의존한다. 즉, 부하율이 높을수록 전송률은 낮아진다. 또한 최대 부하율 적용된 QoS 차별화 전략에 의존한다. 즉, 서비스 품질(QoS) 차별화는 더 중요한 접속에 대해서는 여전히 전송률을 유지하면서 부하율을 100% 가까이 증가시킨다.

트래픽 용량 기반의 계산 결과는 전체 사이트 처리율이 매월마다 4600 GB임을 보여준다. 모든 가입자에게 매월마다 5 GB을 제공하는 경우에 사이트 당 가입자 수는 920이 될 것이다.

전송률 기반의 또 다른 접근방식은 가입자 당 1 Mbps의 목표 전송률을 가정한다. 단지 가입자의 일부만이 동시에 다운로드하기 때문에 초과예약 계수를 적용할 수 있다. 예를 들어 초과예약 계수가 20이면, 이는 본질적으로 바쁜 시간의 평균 전송률이 가입자당 50 kbps(=1 Mbps/20)임을 의미한다. 이러한 접근법을 이용한 경우 사이트 당 가입자 수는 1050이다.

위의 계산은 LTE가 많은 수의 브로드밴드 데이터 사용자를 지원할 능력이 있음을 설명한다. 그림 10.31은 HSPA와 LTE가 기존 GSM 사이트를 사용한다는 것을 가정하고 있는 트래픽 성장에 대한 전송기술 및 스펙트럼의 제한을 설명한다. 시작점은 12 + 12 + 12(즉, 섹터 당 12개의 반송파로 구성된 3개의 섹터)로 구성된 GSM 네트워크의 음성만 있는 트래픽이다. 여기서 이 12 + 12 + 12 구성은 혼잡한 도심지역에서 발견되는 높은 용량의 GSM 사이트에 해당된다. 각 시간 슬롯마다 16 kbps의 음성 전송률을 가정하면, 이는 $12 \times 8 \times 0.016 = 1.5$ Mbps의 섹터 처리율에 해당된다. 고정 전송률의 HSDPA 서비스가 시작되기 전에는 음성 트래픽이 네트워크 트래픽의 지배적인 부분이었다. 데이터량 측면에서 많은 네트워크의 데이터 트래픽은 이미 음성 트래픽을 초과했다. 그림에서 두 번째 시나리오는 총 트래픽이 음성만 있는 경우에 비해 10배 증가했음을 가정하고 있다. 섹터 처리율은 15 Mbps가 될 것이며, 이 섹터 처리율은 하나의 15 MHz 스펙트럼을 이용하는 3개의 HSPA 반송파(반송파 당 5 MHz 대역폭)를 가지고 전송될 수 있다.

마지막 시나리오는 음성에 비해 50배 이상의 트래픽을 가정한다. 이는 섹터 처리율이 75 Mbps(=1.5 Mbps×50) 전송률로 이어지며, 각각 대역폭 20 MHz인 2개의 LTE 반송파, 즉 총

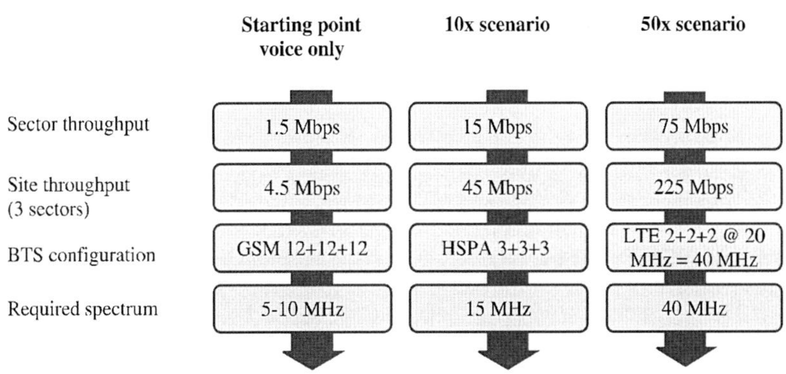

그림 10.31 10배 및 50배 이상 트래픽으로 트래픽 성장 시나리오

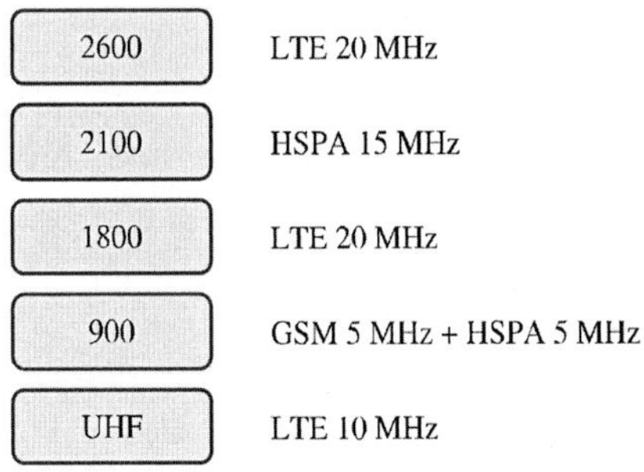

그림 10.32 좋은 스펙트럼 자원을 지닌 유럽 통신사의 예

40 MHz 스펙트럼으로 전송된다. 트랜스포트 네트워크 용량에 대해 해당 요구사항을 설정한 경우 3개 섹터로 구성된 사이트의 처리율은 200 Mbps를 넘어설(~75 Mbps × 3) 것이다.

유럽의 한 통신사가 몇 년 내에 운영할 스펙트럼 자원의 가용성에 대한 예시가 그림 10.32에 나타내었다. 그림에서 가용자원은 5 MHz의 GSM, 20 MHz의 HSPA 그리고 50 MHz의 LTE이다. 이와 같은 상당한 양의 스펙트럼은 음성만 있는 시나리오와 비교하여 트래픽이 50배 이상으로 증가할 수 있게 한다. 보유 스펙트럼 자원이 적은 아시아와 남미의 많은 통신사들이 있다. 적은 스펙트럼 자원은 높은 수준의 브로드밴드 무선 용량을 제공하는 것을 어렵게 만든다.

10.10 HSPA 네트워크에서 용량 관리의 예

이번 절에서는 무선망 제어기(RNC) 레벨과 셀 레벨에서의 HSDPA 트래픽 분석을 보여주며, 그 결과를 논의한다. 또한 브로드밴드 HSDPA 네트워크의 분석은 브로드밴드 LTE 네트워크의 규모 추산에 유용할 것으로 예상된다. 모든 분석은 하나의 단일 RNC와 최대 200개의 eNodeB에 대한 통계를 기반으로 수행된다. NodeB는 하나의 5개 코드 순환 순서방식(RR) 유형 HSDPA 스케줄러를 갖추고 있었다. 여기서 3개 셀은 HSDPA의 5개 코드를 서로 공유하며, 트랜스포트 해법은 NodeB 당 2*E1이었다. HSDPA의 최대 전력은 6W로 제한되었다. RNC 내에서 무선주파수(RF) 성능과 트랜스포트 성능이 서로 긴밀히 연결, 즉 트랜스포트 해법이 공유된 5개 코드 HSDPA와 동일한 처리율을 제공할 수 있기 때문에 이 RNC 영역을 분석하기 위해 선택하였다. RNC 처리율을 확인할 수 있도록 우선 데이터량 변동 및 RNC 레벨의 전체 데이터량에 대한 기여를 평가하는 것이 필요하다. 그런 다음에 무선 인터페이스를 위한 신규 처리율 개선 기능(비례적 공정방식(PF) 스케줄러, 셀 전용 스케줄러, 더 많은 코드, 코드 다중화 등)이 도입될 때를 위해 셀 레벨의 데이터량과 처리율 제한을 평가한다.

10.10.1 데이터량 분석

그림 10.33은 전형적인 평일(근무일)에 RNC에 대한 24시간 동안 데이터량 분포를 보여준다. 단일 시간 데이터량 점유율은 총 일간 트래픽 용량의 최대 6%이며, 변동성은 단지 3%에서 6%임을 확인할 수 있다. 또한 이른 아침 시간대에 시간당 데이터량 점유율은 비지아워(busy

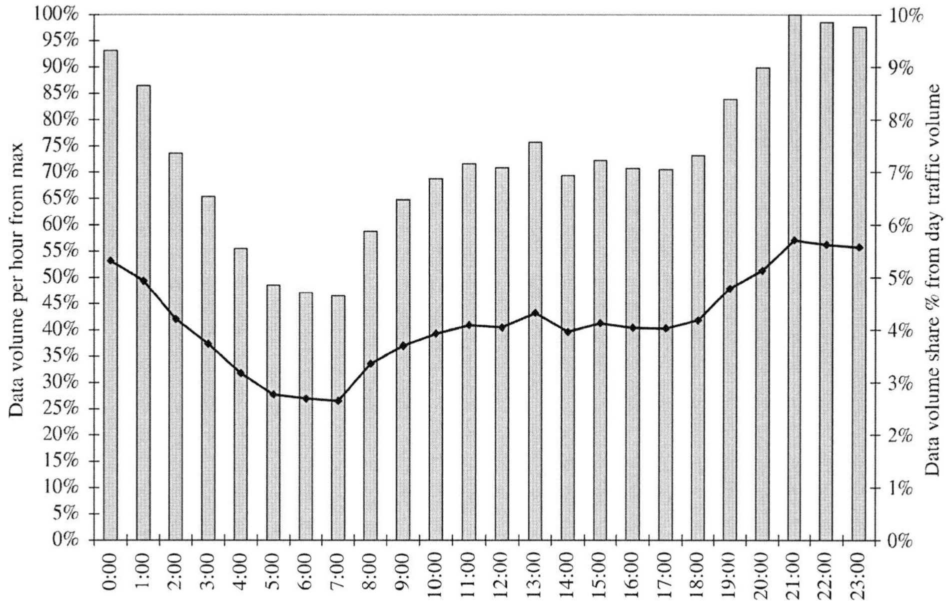

그림 10.33 일간 RNC 레벨의 시간당 데이터량 편차

hour) 데이터량 점유율의 50%이며, 가장 바쁜 시간대인 8 pm에서 1 am을 향해 꾸준히 증가한다. 9 pm에서 자정까지 3시간이 가장 바쁜 시간대이다. 대략 6 pm 이후에 사용량이 급증하는데, 이는 퇴근 후에 인터넷 사용 시간을 나타낸다. 그림 10.34에서 전체 RNC 레벨의 데이터량에 대한 개별 셀 기여를 보면, 데이터량이 낮고 이동성이 낮은 때인 밤 동안에 트래픽이 아주 많이 특정 지역(셀)에 집중되고 하루 중 전체 데이터량에 기여하고 있는 셀의 점유율도 또한 증가함을 볼 수 있다.

그림 10.34에서 볼 수 있듯이 이른 아침 시간에 10%의 셀이 전체 RNC 레벨의 데이터량의 70~85%를 제공하지만, 가장 바쁜 시간에는 19~25%의 셀이 동일한 70~85%의 데이터량을 제공한다. 이른 아침 시간에 데이터량은 단 두 셀에 매우 집중된다. 이는 주거지역을 포함하는 셀들은 저녁 시간과 이른 아침에 매우 높은 데이터량을 가지고 있어야 하고, 낮은 이동성으로 인해 채널 예약 시간이 극도로 길어야 한다는 것을 의미한다. 그림 10.35는 이러한 결과를 보여주며, 그 셀에서 이른 아침 시간의 평균 고속 하향링크 공용 채널(HS-DSCH) 할당 구간은 가장 사용량이 높은 시간보다 많이 길어짐을 나타낸다. 이동성의 결여와 밤 시간에 잠재적으로 사용량을 결정하는 일부 파일 공유는 특정 셀들은 특정 시간에만 극도로 높은 데이터량을 가지며, 일부 셀들은 하루 종일 상당히 높은 사용량과 낮은 데이터량 변화가 있음을 의미한다. 흡사 비지아워 요구에 따라 용량을 하나의 셀에 몰아줘서 일부 셀들은 하루 중 대부분의 시간 동안 전체적으로 비어 있는 것은 효율적인 셀 규모 추산을 도전적인 과제로 만든다.

그림 10.36에서 시간당 데이터량의 변동성은 특정시간에 가장 높은 데이터량 대비 데이터량의 특정 백분율을 가진 셀의 누적 분포를 나타낸다. 이 그림에서 이른 아침 낮은 데이터량 시

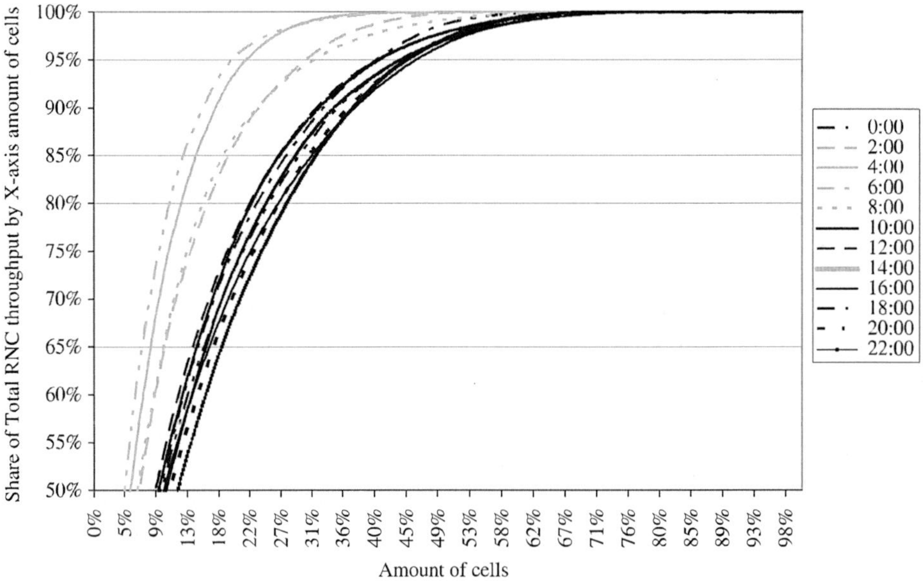

그림 10.34 전체 RNC 데이터량에 대한 셀의 데이터량 기여

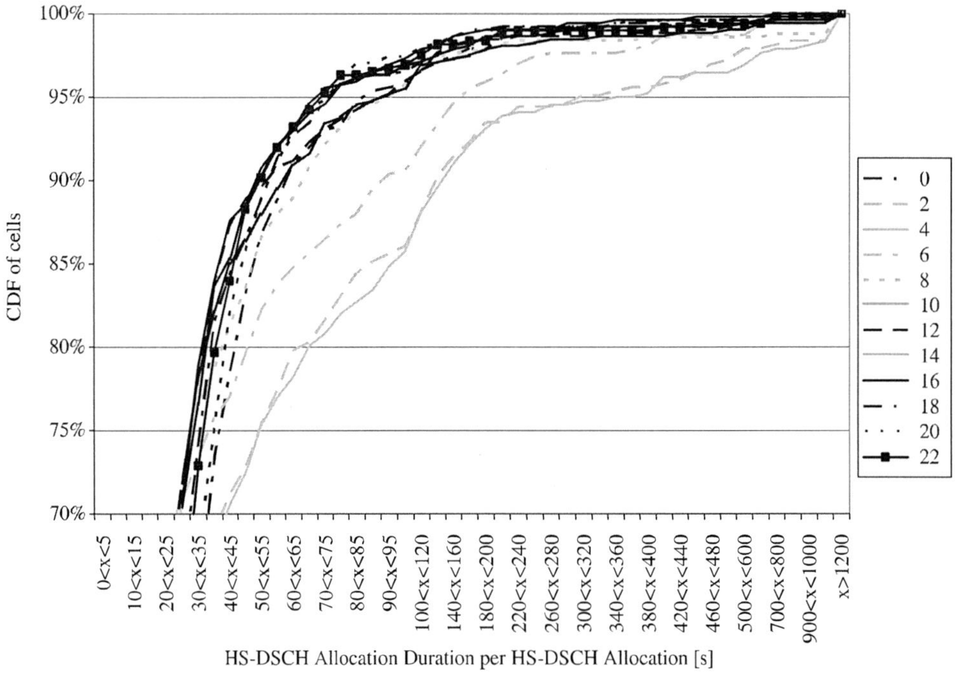

그림 10.35 각 셀의 평균 HS-DSCH 할당 구간 CDF

간(예; 7:00)에 가장 낮은 데이터량을 지닌 셀의 수가 가장 많음(7:00의 경우에 ~83%)을 볼 수 있다. 이는 모든 셀들 사이에서 매우 높은 데이터량의 변동성을 나타낸다.

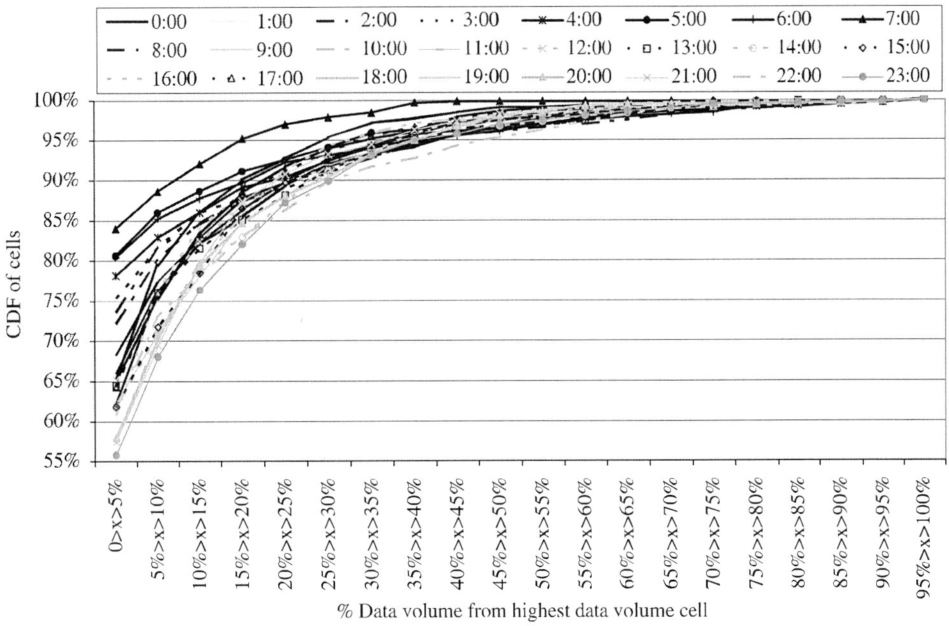

그림 10.36 시간대 별로 가장 높은 데이터량 셀에 대한 셀 당 데이터량의 백분율

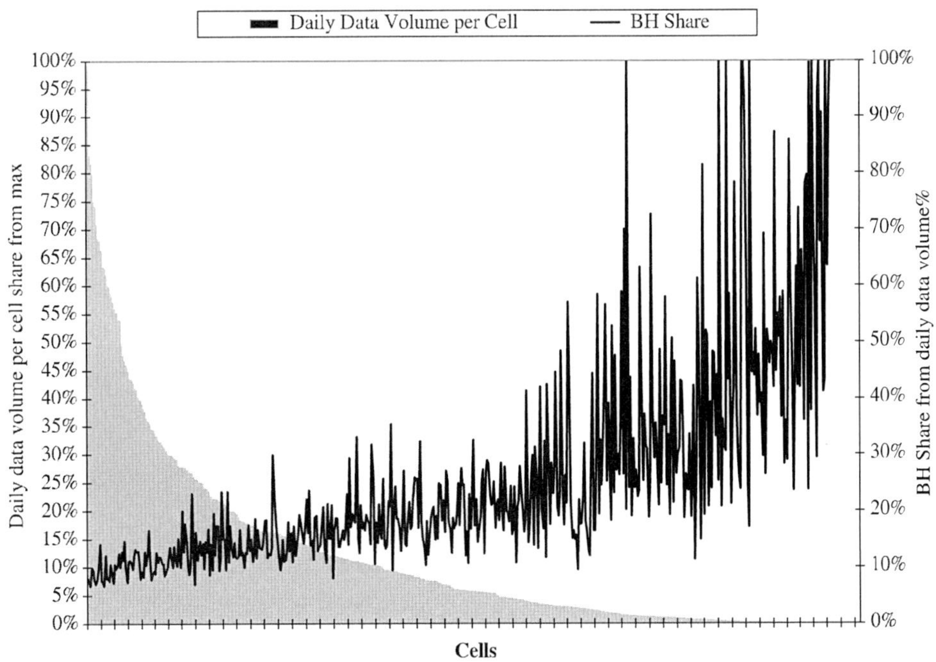

그림 10.37 데이터량에 대한 바쁜 시간 점유율의 CDF 및 PDF

그림 10.37은 셀 레벨에서 전체 일간 트래픽의 비지아워 점유율을 나타낸다. 셀들은 데이터량에 따라 정리되었다. 즉, 좌측에 있는 셀이 가장 높은 트래픽 용량을 가진다. 붐비는 셀에서

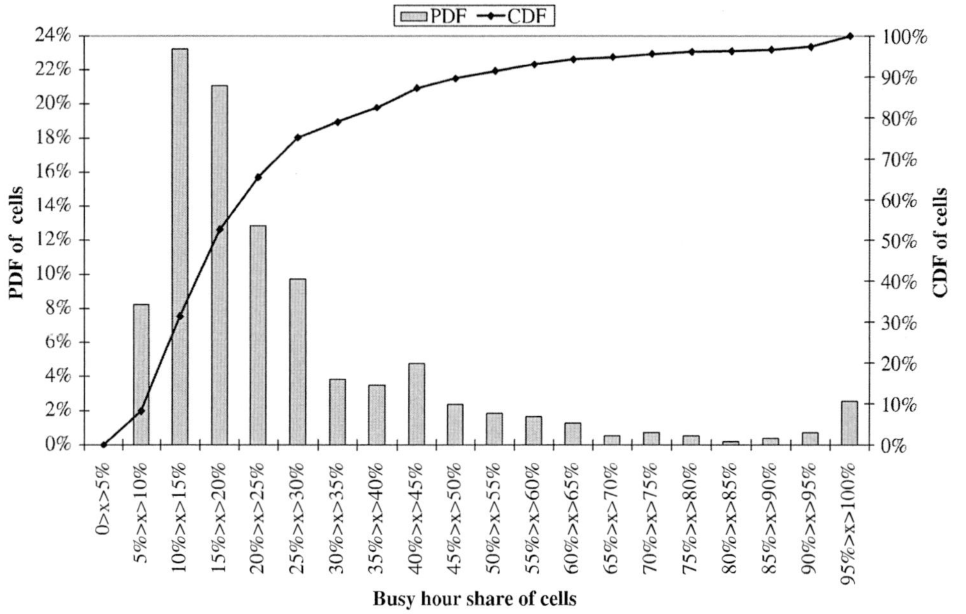

그림 10.38 데이터량에 대한 바쁜 시간 점유율의 CDF 및 PDF

일간 트래픽의 10~20%가 비지아워에 처리된다. 그림 10.38은 비지아워에 처리되는 데이터의 백분율에 의존하는 분포를 보여준다. 전형적인 값은 10~15%와 15~20%이다. RNC 레벨 상에서 비지아워 점유율은 6%였음에 주의할 필요가 있다. 트래픽은 수백 개의 셀 상에 평균화되기 때문에 셀과 RNC 레벨 트래픽 분포사이의 차이는 RNC가 제공하는 트렁킹 이득으로 설명된다.

10.10.2 셀 성능분석

셀 성능분석은 다음과 같은 주요지표를 이용하여 수행된다.

- 활성 HS-DSCH 처리율－전형적으로 본 분석에서는 kbps로 표기되며, 데이터가 TTI들 내에 전송되었을 때 하나의 셀 내에서의 처리율이다.
- HDSPA 용량－전형적으로 본 분석에서는 Mbyte, kbit이나 Mbit으로 표기되며, 1시간의 측정기간에 셀 당 전송된 데이터량이다.
- HSDPA가 사용되는 동안 평균적인 동시 HSDPA 사용자의 수－활성 TTI들 구간 내 동시 사용자의 수, 즉 셀 당 활성 TTI들 동안에 얼마나 많은 사용자가 편성되어 있는지를 의미(최대 수는 기능세트를 구매한 통신사에 의해 결정)한다. 이용된 애플리케이션을 고려하면, HSDPA가 사용되는 동안 평균 동시 사용자 수는 NodeB 버퍼 내에 데이터가 실려 있는 활성 사용자의 수로 대체되어야 한다. 1시간의 측정기간 동안 평균된다.
- 할당 TTI 점유율－1시간의 측정기간 동안 모든 가능한 TTI 중에 측정기간 동안 활성화된

TTI(즉, 전송해야 할 데이터가 있을 때 TTI가 활성화된다)의 평균 수

- 사용자 당 평균 처리율 - 전형적으로 kbps 단위로 주어지며, 이는 할당된 TTI 점유율으로 조정한 활성 HS-DSCH 처리율과 평균 동시 HSDPA 사용자 수이다. 즉, 사용자 당 평균 처리율은 특정 셀 내에서 하나의 단일 사용자가 경험하는 평균 처리율이다. 사용된 애플리케이션을 고려할 때 활성 HS-DSCH 처리율은 NodeB 버퍼 내에 데이터를 가지고 있는 활성 사용자 수로 나누어야 한다. 1시간의 측정기간이 평균이 된다.
- 평균 보고 CQI(Channel Quality Indicator) - HS-DSCH가 할당된 모든 단말은 CQI를 측정하고 기지국(BTS)에 보고한다. 평균 보고 CQI는 셀 내에 모든 단말이 1시간의 측정기간 동안 평균하여 보고한 CQI 값이다.

최종 사용자 처리율은 평균 활성 HS-DSCH 처리율과 평균 동시 HSDPA 사용자 수에 의해 결정된다. 그림 10.39는 평균 동시 사용자 수의 함수인 평균 처리율을 보여준다. 평균 활성 HS-DSCH 처리율은 약 1.2 Mbps이다. 할당 TTI 점유율이 낮을 경우에 최종 사용자 처리율은 HS-DSCH 처리율에 근접한다. 할당 TTI 점유율이 증가하면, 최종 사용자 처리율은 감소한다. 그러나 모든 사용자가 항상 다운로드 중임을 가정하기 때문에 활성 HS-DSCH 처리율 계산은 회의적이다.

사용된 애플리케이션의 활성성을 고려할 때, 즉 활성 HS-DSCH 처리율이 NodeB 버퍼에 데이터가 있는 사용자 수로 나눌 경우에 사용자 당 평균 처리율은 위에서 사용된 공식과는 상당

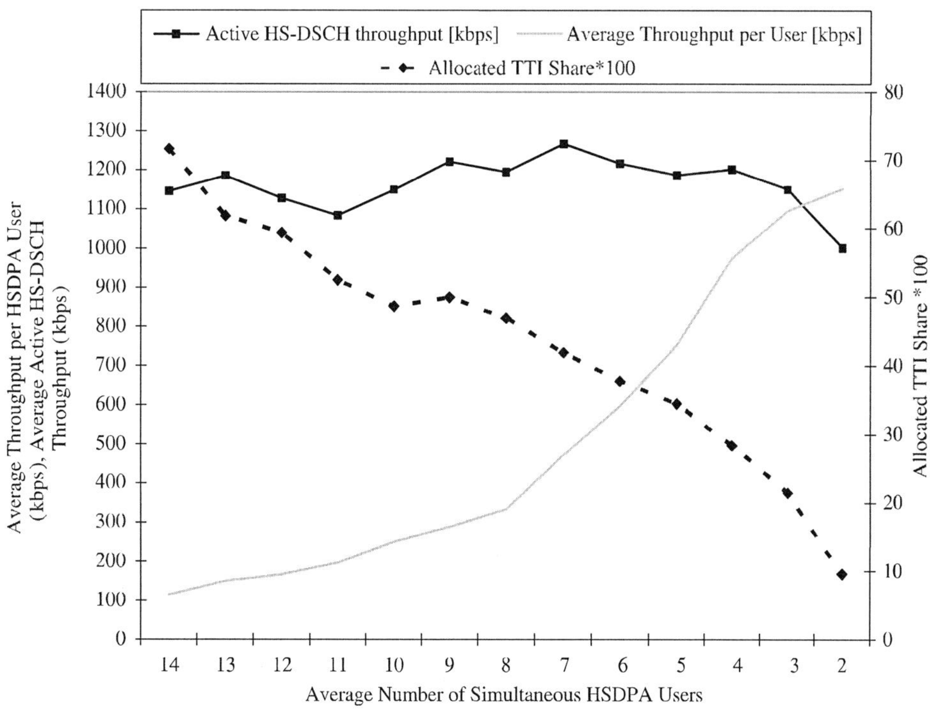

그림 10.39 사용자 당 평균 처리율

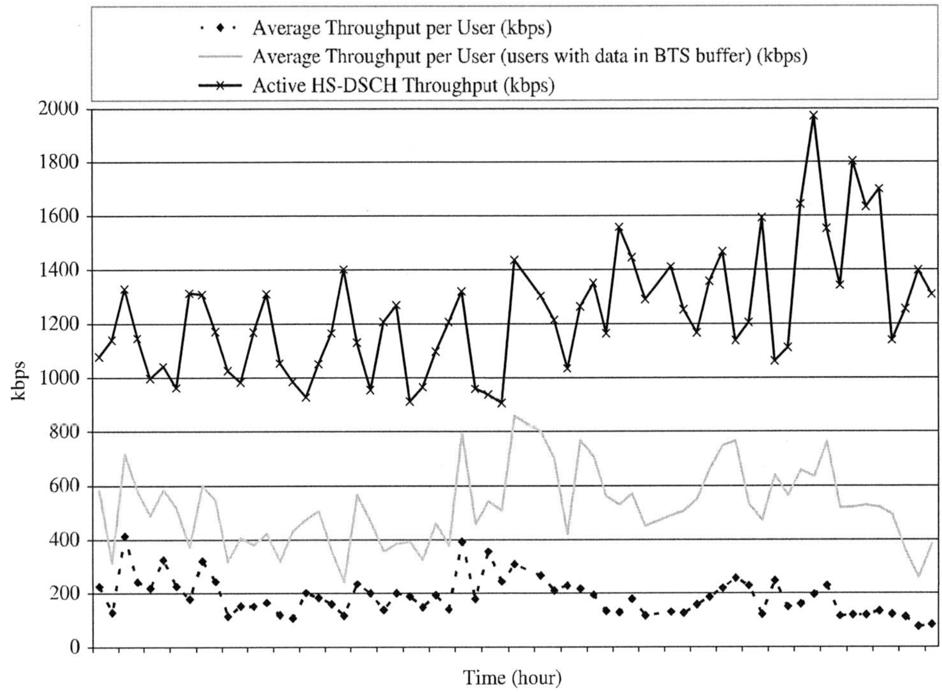

그림 10.40 사용자 당 평균 처리율, 다른 공식 비교

히 다르다. 그림 10.40은 두 개의 서로 다른 사용자 당 평균 처리율 공식과 활성 HS-DSCH 처리율과의 비교를 나타낸다. 그림 10.39와 그림 10.40은 정확히 같은 시간에 측정된 결과가 아님을 주의해야 한다. 단지 이들 최종 사용자들만 버퍼 내에 데이터를 가지고 있는 것으로 고려할 경우에, 최종 사용자 처리율은 400~800 kbps이다. 그림 10.41과 같이 단순히 활성 상태의 동시 사용자와 NodeB 버퍼에 데이터를 가지고 있는 동시 사용자와의 차이를 분석할 때 이는 설명될 수 있다.

그림 10.41은 사용 애플리케이션이 최종 사용자 처리율에서 중요한 역할을 수행하며 이는 무시되지 말아야 함을 보여준다. 그러므로 애플리케이션이 단순히 고속의 평균 전송률만 필요하지 않기 때문에 평균 사용자 처리율은 낮을 수도 있다. 네트워크 성능분석은 무선 네트워크에 의해 발생되는 전송률 제한과 실제 사용 애플리케이션 전송률을 분리해야 한다.

10.11 요약

3GPP LTE 릴리즈 8은 다운링크에서 2 × 2 MIMO 안테나 구성으로 150 Mbps, 업링크에서 16QAM 변조방식으로 50 Mbps의 최고 전송률을 가능하게 한다. 다운링크에서 4 × 4 MIMO를 사용할 경우에 전송률은 300 Mbps에 이르며, 업링크에서 64QAM을 사용할 경우에 75 Mbps에 이를 수 있다. 처음 설치되는 LTE는 150 Mbps까지 지원할 것으로 예상된다.

LTE 링크 레벨 성능은 이론적인 Shannon 한계로 모델링될 수 있다. LTE 링크 레벨 성능은

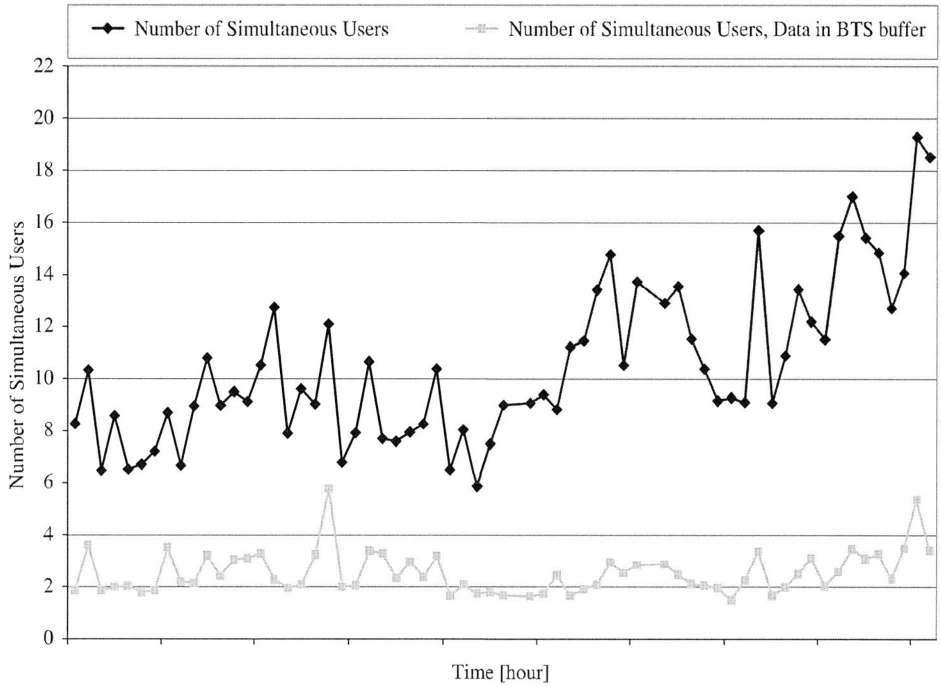

그림 10.41 사용 애플리케이션의 반영 유무에 따른 동시 사용자 수

고속의 이동속도에서 강함을 보이며, 적응 전송 대역폭을 활용하여 업링크 LTE 성능을 최적화할 수 있다. 링크 레벨 시뮬레이션은 업링크 링크버짓 계산에 이용되며, 동일한 전송률과 동일한 스펙트럼에서 LTE 링크버짓은 HSPA 링크버짓과 유사하다는 것을 보여준다.

직교 전송방식, MIMO 전송, 주파수 영역 스케줄링은 LTE 시스템 성능을 최적화한다. 더욱이 스펙트럼 효율은 다중안테나 전송과 섹터의 세분화를 통해 개선된다. 1.4 MHz와 3 MHz의 협대역 LTE 대역폭에 대해서는 스펙트럼 효율이 약간 감소할 수 있지만, 5 MHz에서 20 MHz의 다른 대역폭에 대해서는 높은 효율을 유지할 수 있다. 주파수영역 패킷 스케줄링의 적용이 가능하기 때문에 HSPA나 HSPA 진화에 비해 LTE가 더 높은 효율을 제공한다.

LTE에서 사용자측 지연시간은 10~20 ms 정도로 낮아질 수 있다. 낮은 지연시간은 많은 애플리케이션과 프로토콜에 득이 되기 때문에 낮은 지연시간은 최종 사용자 성능을 개선하는데 관련이 있다. 1 ms의 짧은 서브프레임 크기는 낮은 지연시간을 가능하게 한다.

협대역 옵션은 LTE에서 GSM 스펙트럼으로의 유연한 주파수 재배치를 가능하게 한다. 즉, 주파수 재배치는 1.4 MHz나 3.0 MHz에서 먼저 시작하여 GSM 트래픽이 감소된 후에 확장될 수 있다. 모든 단말은 1.4 MHz와 20 MHz 사이의 모든 대역폭을 지원해야 한다.

브로드밴드 무선 네트워크의 규모 추산은 음성 네트워크와 다르다. HSPA 네트워크의 예시는 하루 동안 지리적 지역에 대한 트래픽 분포와 사용자 이동성을 고려해야 함을 분명히 보여준다.

참고문헌

[1] 3GPP Technical Specification 36.213 'Physical layer procedures', v. 8.3.0.

[2] 3GPP Technical Specification 36.306 v8.2.0: 'User Equipment(UE) radio access capabilities', August 2008.

[3] P. Mogensen *et al*. 'LTE Capacity compared to the Shannon Bound', *IEEE Proc. Vehicular Technology Conference*, pp. 699-703, April 2007.

[4] 3GPP Technical Specification 25.942 'Radio Frequency(RF) system scenarios', v. 7.0.0.

[5] 3GPP Technical Report 25.996 'Spatial channel model for Multiple Input Multiple Output(MIMO) simulations', V.7.0.0.

[6] I.Z. Kov′acs *et al.*, 'Effects of Non-Ideal Channel Feedback on Dual-Stream MIMO OFDMA System Performance', *IEEE Proc. Veh. Technol. Conf.*, Oct. 2007

[7] I.Z. Kovács et al., 'Performance of MIMO Aware RRM in Downlink OFDMA', *IEEE Proc. Veh. Technol. Conf.*, pp. 1171-1175, May 2008.

[8] S. Kumar, et al., 'Performance Evaluation of 6-Sector-Site Deployment for Downlink UTRAN Long Term Evolution', *IEEE Proc. Vehicular Technology Conference*, September 2008.

[9] B. Hagerman, D. Imbeni, J. Barta, A. Pollard, R. Wohlmuth, P. Cosimini, 'WCDMA 6 Sector Deployment-Case study of a real installed UMTS-FDD Network', *Vehicular Technology Conference*, Vol. 2, pp. 703-707, Spring 2006.

[10] K.I. Pedersen, P.E. Mogensen, B. Fleury, 'Spatial Channel Characteristics in Outdoor Environments and Their Impact on BS Antenna System Performance', *IEEE Proc. Vehicular Technology Conference*, pp. 719-723, May 1998.

[11] 3GPP TSG RAN R1-072444 'Summary of Downlink Performance Evaluation', May 2007.

[12] 3GPP TSG RAN R1-072261 'LTE Performance Evaluation-Uplink Summary', May 2007.

CHAPTER 11

LTE 측정

11.1 개요

이번 장은 5~20 MHz 대역폭의 LTE 무선 인터페이스를 이용하여 실험실과 유럽, 미국, 아시아의 실제 환경에서 측정한 결과를 제시한다. 반송파 주파수는 700 MHz에서 2600 MHz 범위에서 사용되었다. 측정은 상용 네트워크뿐만 아니라 실제 환경 실험 중에도 수행되었다. 이 장의 목적은 측정절차 및 분석방법을 소개하고, 예측결과와 비교하여 LTE의 성능을 제시하는 것이다. 결과에 대한 분석은 최고 전송률, 링크적응(LA: link adaptation), 다중 사용자 용량, 이동성과 지연시간에 중점을 둔다.

11.2 이론적인 최고 전송률

우선, 실험에서 관측된 실제 계층 1 성능과 비교하기 위해 3세대 파트너십 프로젝트(3GPP) 계층 1 참조 최고 전송률의 결정에 이용된 방법론에 대해 논의할 것이다.

다운링크와 업링크에서 달성 가능한 피크 처리율은 각 TTI(Transmission Time Interval) 동안에 단말 장치가 채택할 수 있는 공용채널(SCH) 트랜스포트 블록의 최대 비트수에 의해 제한된다. 트랜스포트 블록 크기는 표 11.1에 정리되어 있다. 3GPP TS 36.306[1]에 정의된 것처럼 범주 2 LTE 장치의 최대 전송률은 다운링크에서 51.0 Mbps이고 업링크에서 25.5 Mbps이다. 범주 3과 4의 다운링크 최대 전송률은 102.0 Mbps와 150.8 Mbps이고, 업링크 전송률은 40.6 Mbps (역자주: 원서 오기)이다.

시스템 성능에 대한 참고로 제공되는 3GPP 피크 계층 1 전송률이 3GPP TS 36.213에 수록된 정보에 따라 결정된다[1]. 그 규격 문서는 업·다운링크 변조방식 및 전송블록집합(TBS: Transport Block Size) 인덱스 표를 제공한다. TBS 인덱스 표는 각 변조기법과 채널코딩기법(MCS: Modulation and Coding Scheme)을 해당 TBS 인덱스로 연결시킨다. 덧붙여 TS 36.213에는 TBS 인덱스 및 한 사용자에게 할당된 고속 물리 하향링크 공용채널(PDSCH: Physical Downlink Shared Channel) 물리 자원 블록(PRB: Physical Resource Blocks)의 수와 각 부호워드를 위한 TTI 당 실제 TBS로 연결시키기 위해 사용될 수 있는 TBS 표가 수록된다. 예상 피크 계층 1 전송률은 TTI

표 11.1 단말 범주별 다운링크 물리계층 매개변수 값(3GPP TS 36.306)

UE Category	Direction	Maximum number of SCH transport block bits received within a TTI	Number of supported layers for spatial multiplexing
Category 2	Downlink	51 024	2
	Uplink	25 456	–
Category 3	Downlink	102 048	2
	Uplink	51 024	–
Category 4	Downlink	150 752	2
	Uplink	51 024	–

당 총 비트 수의 환산 합계로 계산된다. 만약 이중 스트림이 활성화된다면 두 부호워드의 기여를 계산에 추가한다. 그 결과, Mbps 단위로 표기되는 최고 전송률 R은 다음과 같다.

$$R\,[\text{Mbps}] = \frac{(\text{Transport Block Size}[bits/TTI]) \cdot \left(\dfrac{TTI}{ms}\right) \cdot \left(\dfrac{1000\,ms}{\text{sec}}\right)}{10^6}$$

MCS ID 및 물리자원 블록(PRB)의 수를 최고 전송률과 연결시키는 과정은 그림 11.1에 정리되어 있다.

PRB의 총 수는 20 MHz 대역폭에서 100이고 10 MHz 대역폭에서는 50이다. 다운링크의 최대 MSC ID는 측정에서 28이었다. 자원 관리자는 무선 환경과 장치의 기능에 따라 MCS ID를 배정한다. 변조 및 부호화 방식의 배정에서 이러한 유연성은 결과적으로 시스템이 거의 피크 성능에 이를 수 있는 다양한 방식이 된다. 예를 들어, 단일 사용자에게 50의 물리적 하향링크 공용채널 물리자원 블록(PDSCH PRB)이 할당되고 스케줄러가 TS 36.213에 따라 두 부호워드

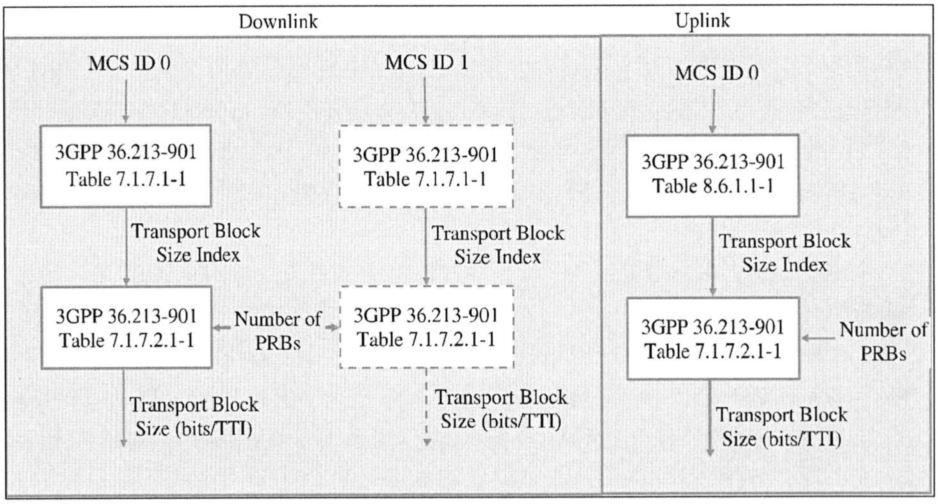

그림 11.1 (3GPP TS 36.213)으로부터 예상 L1 처리율을 결정하기 위한 포괄적인 절차

표 11.2 계층 1 최고 전송률

Description	5 MHz	10 MHz	20 MHz
Maximum resource blocks	DL 25 UL 20	DL 50 UL 45	DL 100 UL 95
Maximum data rate with Category 4 UE	DL 36.7 Mbps UL 10.7 Mbps	DL 73.4 Mbps UL 19.1 Mbps	DL 150.8 Mbps UL 40.6 Mbps
Maximum data rate with Category 3 UE	DL 36.7 Mbps UL 10.7 Mbps	DL 73.4 Mbps UL 19.1 Mbps	DL 102.0 Mbps UL 40.6 Mbps
Maximum data rate with Category 2 UE	DL 36.7 Mbps UL 10.7 Mbps	DL 51.0 Mbps UL 19.1 Mbps	DL 51.0 Mbps UL 25.5 Mbps

에 23의 MSC ID를 배정하면, 시스템은 49.04 Mbps를 달성할 수 있다. 두 번째 예에서는 만일 지배적인 무선 환경이나 시스템 부하가 단지 39의 PDSCH PRB 할당만을 보장한다면, 두 부호워드에 대한 MCS ID 27의 배정은 앞서 설명한 예와 동일한 49.04 Mbps 피크 계층 1 처리율을 달성할 수 있다.

업링크에서 단일 사용자에게 할당 가능한 최대 물리적 상향링크 공용채널 물리자원 블록(PUSCH PRB) 수는 20 MHz에서는 총 100 물리자원 블록(PRB) 중 95이고 10 MHz에서는 총 50 PRB 중 45이다. 남은 5개의 PRB 중 일부는 제어채널 및 임의접근 목적으로 이용된다. 따라서 20 MHz 대역폭에서 95의 PUSCH PRB가 할당된 경우에 자원 관리자는 업링크 전송을 위해 최대 MCS ID인 20을 할당할 수 있으며, 이는 결과적으로 3세대 파트너쉽 프로젝트(3GPP) 계층 1 피크 처리율인 40.567 Mbps가 된다. 업링크에서 10MHz 대역폭의 피크 계층 1 처리율은 19.080 Mbps이다. 계층 1 최고 전송률은 표 11.2에 나타내었다.

11.3 실험실 측정

실험실 테스트에 이용되는 시스템 구성은 고정 무선환경에서 범주 4의 LTE 단말기를 이용하여 20 MHz LTE 대역폭에서 LTE 무선링크 성능의 분석을 가능하게 한다. 좋은 채널 환경에서

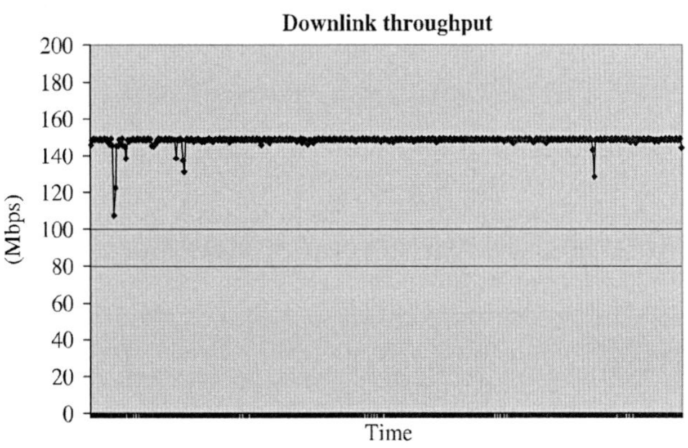

그림 11.2 시간함수인 범주 4장치의 전송률

표 11.3 다운링크 단일 사용자 처리율을 테스트하기 위한 실험실 설정

Description	Settings
Downlink Modulation Schemes	OFDM (64-QAM, 16-QAM, QPSK)
Terminal	LTE UE Category 4 150 Mbps
LTE Bandwidth	20 MHz
Maximum Number of PDSCH PRBs over 20 MHz	100
Maximum MCS ID over 20 MHz	28
Reference Peak Throughput over 20 MHz (Dual Stream MIMO)	150.8 Mbps
MIMO	Open Loop Adaptive
Antenna Configuration	2 × 2

달성할 수 있는 2 × 2 MIMO에 대한 피크 처리율을 입증하기 위해 2 GHz 대역에서 실험을 수행하였다. 실험실에 이용된 설정은 표 11.3에 나타내었다.

예제 테스트 시간은 30분이었다. 그림 11.2는 피크 계층 1 처리율이 20 MHz 다운링크에서 최대로 달성할 수 있는 3세대 파트너쉽 프로젝트(3GPP) 계층 1 상한치에 매우 근접한 149.4Mbps인 지점의 측정 기록을 1분 동안 포착한 것이다.

11.4 실제 환경 측정 설정

이번 장의 실제 환경 측정은 미국에 위치한 10 MHz 대역폭인 Band 3과 17의 실험용 네트워크와 유럽에 위치한 20 MHz 대역폭인 Band 7의 상용 네트워크를 기반으로 수행된다. 주요 매개변수 설정은 표 11.4와 같다.

무선 인터페이스의 기능을 테스트하기 위해서는 종단간 성능 제한을 피할 수 있도록 트랜스포트 네트워크 용량이 충분히 높아야 한다. 그림 11.3은 실제 환경 실험에서 사용된 트랜스포트 네트워크 구조를 나타낸다. 트랜스포트 네트워크는 단일 100 Mbps/GigE 링크를 이용함으로써 데이터가 각 eNodeB에서 메트로 이더넷 다중 프로토콜 라벨 스위칭(MPLS: Multiprotocol Label Switching) 네트워크를 통해 전송될 수 있도록 한다. MME, HSS, P-GW, S-GW는 지연시간을 최소화하기 위해 실험지역에 가까이 위치한다.

11.5 인공부하 생성

네트워크 성능은 부하가 실린 경우와 그렇지 않은 경우 양쪽 모두에 대해 검증되어야 한다. 실제 테스트를 간단하게 하기 위해 실제 트래픽과 많은 수의 단말기 없이 부하를 생성할 수

표 11.4 실제 환경 성능 테스트를 위한 매개변수 설정

Description	Settings
Frequency Bands	Band 4 (trial) Downlink: 2110 – 2155 MHz Uplink: 1710 – 1755 MHz Band 17 (trial) Downlink: 734 – 746 MHz Uplink: 704 – 716 MHz Band 7 (commercial) Downlink: 2620 – 2690 MHz Uplink: 2500 – 2570 MHz
Maximum Number of PDSCH PRBs over 20 MHz	Downlink: 100 Uplink: 95
Maximum Number of PDSCH PRBs over 10 MHz	Downlink: 50 Uplink: 45
Maximum Number of PDSCH PRBs over 5 MHz	Downlink: 25 Uplink: 20
Maximum MCS ID	Downlink: 28 Uplink: 20
Loading level in trial network	Downlink load at 50% Uplink load at 3 dB noise rise level
MIMO	Open Loop Adaptive
Target BLER	10%
Antenna Configuration	Downlink: 2 × 2 Uplink: 1 × 2

있다. 다운링크 테스트에서 간섭은 물리적인 자원 블록의 지정된 백분율 대비 바람직한 전력 레벨 개념을 도입하여 생성된다. 다운링크 부하는 인공부하가 점유한 PRBS의 백분율로 정의된다. 다운링크 부하 생성은 그림 11.4에 나타나 있다.

업링크 부하 시나리오의 경우 해법은 지정된 송신전력의 크기로 물리 상향링크 공용 채널(PUSCH)에 의사-난수열을 송신할 수 있는 벡터신호생성기(VSA)를 이용하는 것이다. 피해자 셀의 바람직한 잡음 레벨을 생성하기 위해서 단말이 송신한 총 송신전력 크기는 시뮬레이터 위치와 피해자 셀 사이의 경로손실에 따라 조정된다. 업링크 부하 생성은 그림 11.5에 나타나 있다.

기술 실험 중 0%와 50%의 셀 부하가 업링크와 다운링크의 테스트에 이용되었다.

실제 환경 실험 중에 세 가지 유형(Near, Mid, Far)의 위치가 정의되었다. Near, Mid, Far 위치는 50%의 이웃 부하율 이하에서 LTE 탐색장치로 측정한 다운링크 신호 대 간섭 및 잡음비(SINR: signal-to-interference plus noise ratio)을 기반으로 고, 중, 저 신호 대 간섭 및 잡음비(SINR)의

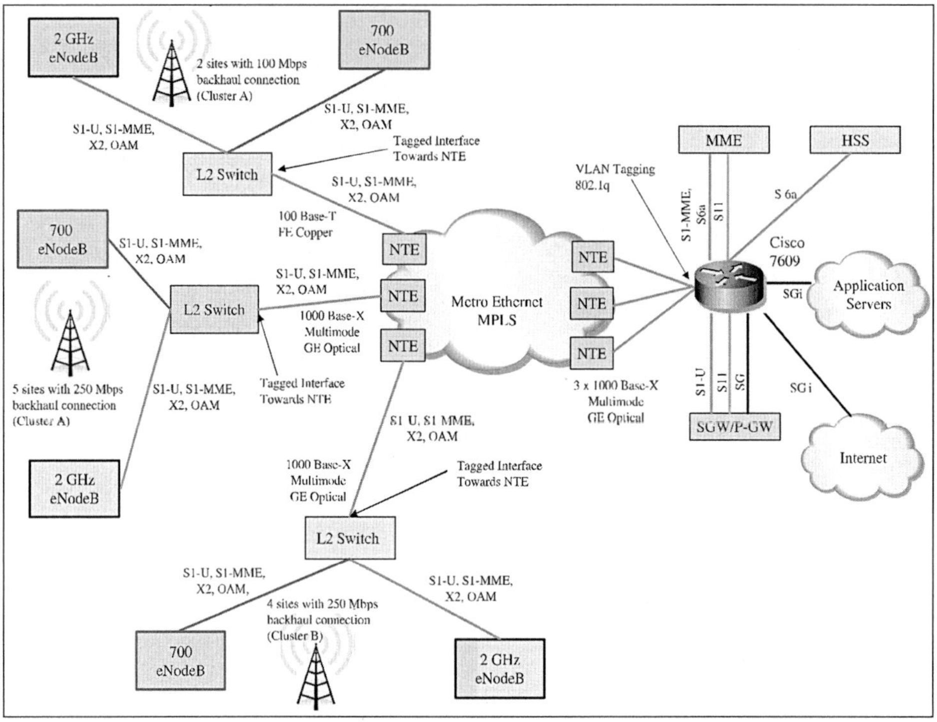

그림 11.3 트랜스포트 네트워크 구조(HSS = Home Subscriber Server, MME = Mobility Management Entity, NTE = Network Termination Equipment, OAM = Operation Administration Maintenance, VLAN = Virtual LAN)

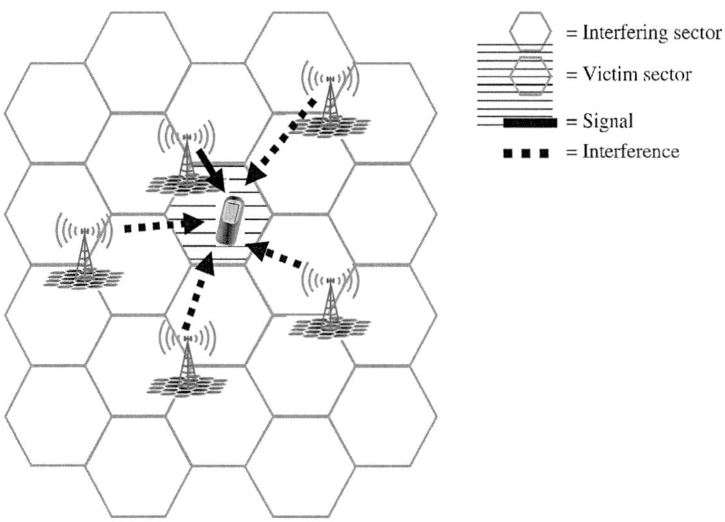

그림 11.4 다운링크에서 인공부하 생성

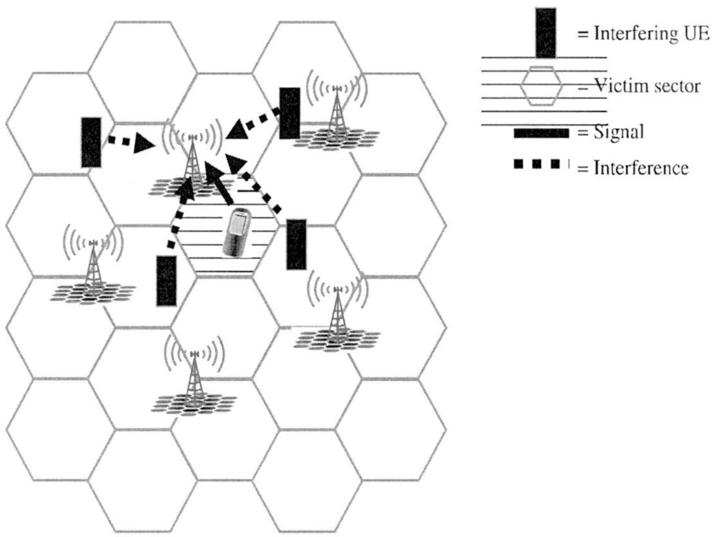

그림 11.5 업링크에서 인공부하 생성

표 11.5 고정 테스트를 위한 위치 및 SINR 범위

UE Position	SINR Range (dB)
Near	20 < SINR < 25
Mid	10 < SINR < 15
Far	SINR < 5

기준을 충족하도록 선택되었다. 또한 이 세 가지 위치는 무부하 환경에서 성능을 평가하기 위해 사용되었다. 모든 고정 테스트를 위해서 Near, Mid, Far 위치를 정의하는데 이용되는 신호 대 간섭 및 잡음비 한계점은 표 11.5에 나타내었다.

Cluster A의 이동경로를 따라 진행된 이동 테스트의 자료는 두 피해 사이트 내에서 측정된 신호 대 간섭 및 잡음비의 누적 분포를 계산하기 위해 사용된다. Cluster A에서 측정된 결과는 그림 11.6에 나타내었다. 모든 경우에 중간값이 15 dB 이상으로 상당히 높은 SINR 범위가 실험영역 내에서 관찰된다. 이것은 실제 환경 실험 지역인 부도심-교외 전파 특성이 좋기 때문이다. 더욱 네트워크는 업링크 신호전력을 크게 개선할 수 있는 마스트 헤드 증폭기뿐만 아니라 eNodeB에서 60W의 고 송신전력으로 배치한다. 부하 상태와 무부하 상태의 평균 SINR의 비교는 업링크와 다운링크 시나리오에서 거의 3dB의 중간값 이동을 나타낸다.

11.6 실제 환경의 최고 전송률

그림 11.7은 범주 3 장치를 이용한 다운링크 및 업링크의 이동성 테스트 중 Cluster B의 10 MHz 대역폭 및 유럽 상용 네트워크의 20MHz 대역폭에서 성취된 실제 환경 전송률과 3세대

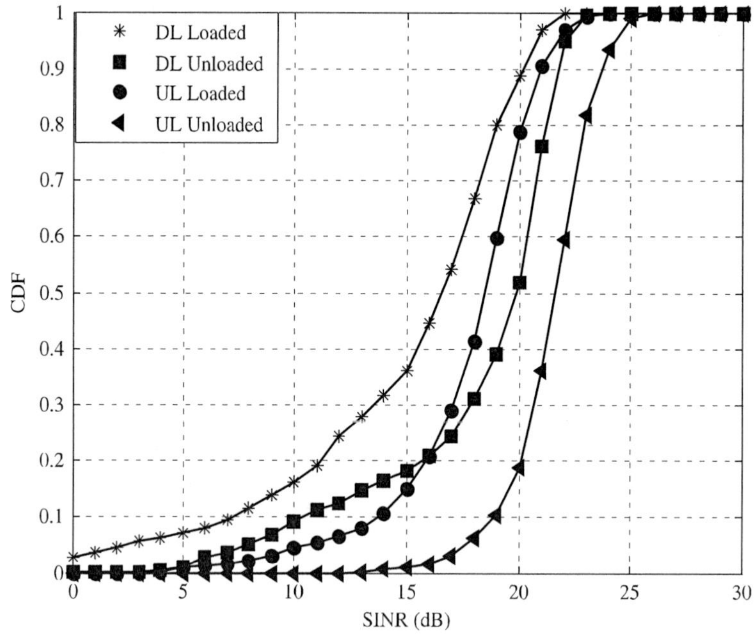

그림 11.6 Cluster A의 이동경로에 따른 부하 및 무부하 시나리오에서 측정된 업링크와 다운링크의 SINR

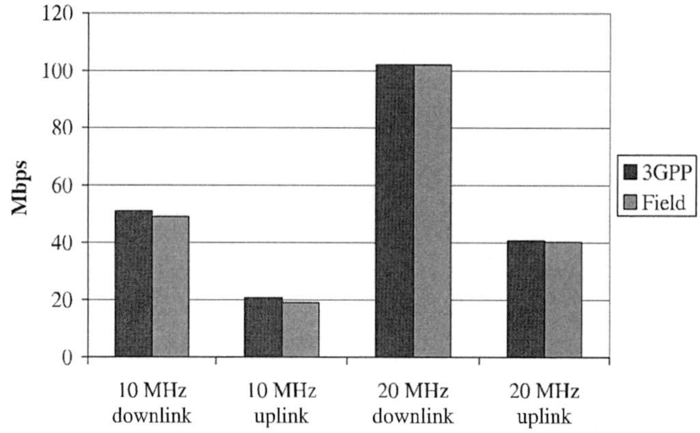

그림 11.7 3GPP 참조 L1 피크 처리율과 10 MHz 및 20 MHz 대역폭의 실제 환경에서 달성된 L1 최고 전송률의 비교

파트너십 프로젝트(3GPP) 참조 피크 처리율의 비교 스냅샷을 제공한다. 실제 환경에서 측정된 처리율 값은 예상 최고 전송률과 매우 일치한다.

11.7 LA와 MIMO 활용

LA(Link Adaptation)는 TTI(1ms)마다 최선의 변조 및 부호 방식, 즉 MCS를 결정하는 동적 계층 2 무선 자원관리의 운영이다. 사용자로부터 수신된 채널품질정보(CQI) 피드백과 서비스품질

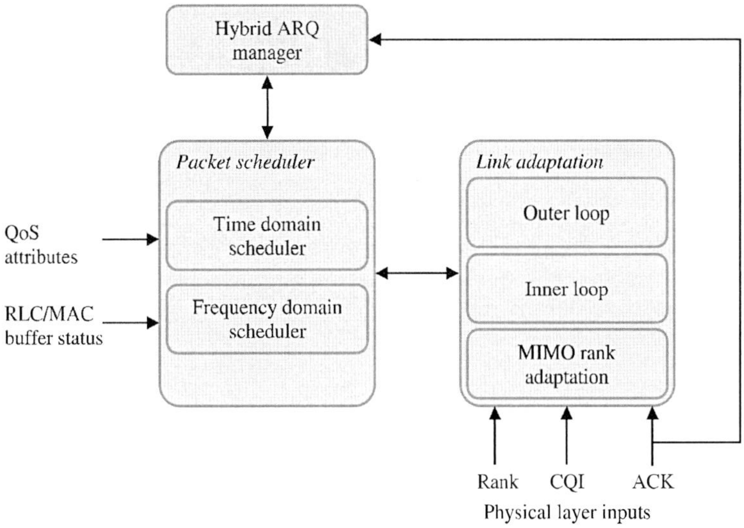

그림 11.8 링크적응(LA), 패킷 스케줄링과 하이브리드 검출후 재전송 방식(ARQ) 관리에 대한 계층 2 기능 블록도

(QoS) 요건을 기반으로, 링크적응 기능은 할당된 PRB 각각에 대해 지원 변조 및 부호 방식에 관한 정보를 패킷 스케줄러에 제공한다. 그러나 [2]에서 논의된 것처럼 과거 전송에 대한 긍정 혹은 부정의 HARQ 승인을 기반으로 첫 번째 전송의 블록 오류율(BLER)을 제어하기 위해 외부 루프 링크적용을 이용할 수도 있다. 링크적용, 패킷 스케줄링, HARQ 운영은 그림 11.8에 나타내었다.

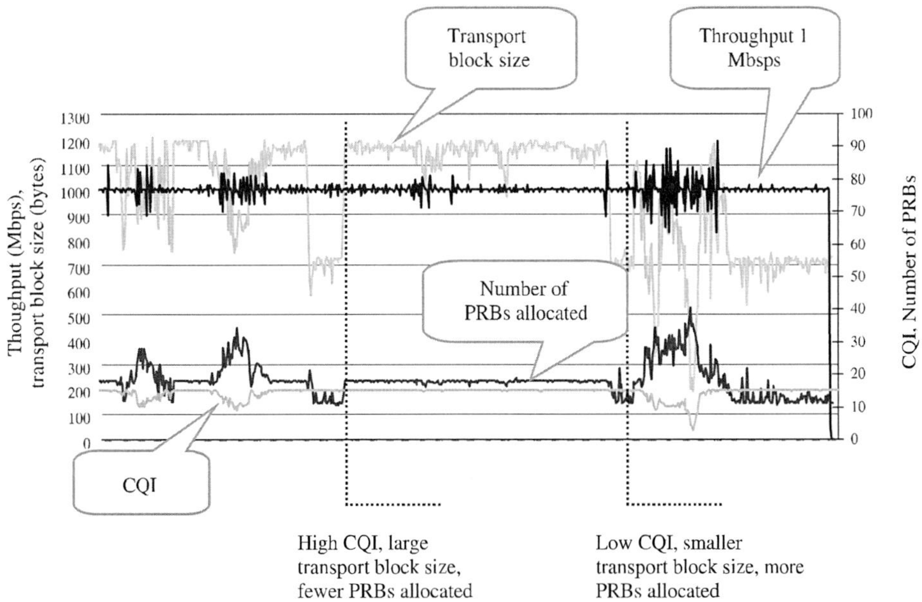

그림 11.9 SINR이 가변되는 이동경로에서 1 Mbps의 일정한 전송률을 유지하기 위한 링크적용

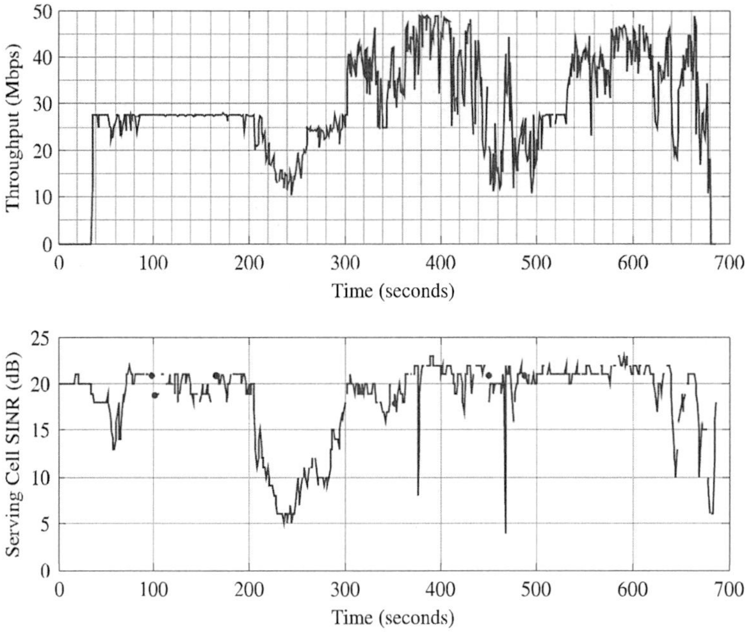

그림 11.10 이동경로에 따른 처리율(상단)과 서빙 셀 SINR 변동(하단)

그림 11.9는 전체 테스트 동안 신호 대간섭 및 잡음비가 가변되는 이동 테스트에서 1 Mbps의 일정한 전송률을 유지하기 위해 어떻게 링크적용이 이용되는지에 대한 예를 나타낸다. 그림 11.9와 같이 할당되는 자원 블록의 수는 채널 품질정보(CQI)의 변동성을 반영하기 때문에 무선 환경에 따라 가변된다. 무선 환경이 더 열악해지면, CQI는 떨어지고 보다 강건한 부호 방식이 사용되기 때문에 할당된 물리자원 블록(PRB)의 수가 증가하는 것을 목격할 수 있다. 반대로, 무선 환경이 개선되고 CQI가 증가하면, 시스템은 바람직한 전송률을 유지하기 위해 더 적은 PRB를 할당한다. 또한, 트랜스포트 블록 크기의 변경은 각 TTI 구간에서 우세한 무선 환경을 기반으로 전송률을 조정할 수 있는 시스템의 능력을 반영한다.

LA의 두 번째 예는 전체 버퍼 다운로드를 이용하는 Cluster A의 이동경로를 따라 단말이 이동하는 테스트에서 발견된다. 그림 11.10은 LTE 단말의 안테나 커넥터에서 측정된 해당

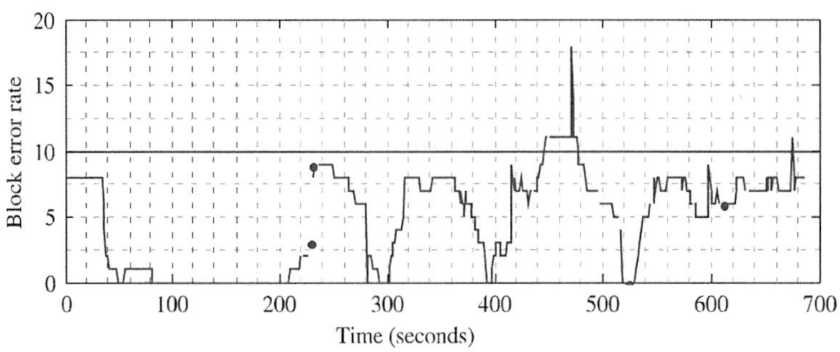

그림 11.11 이동경로에 따른 BLER

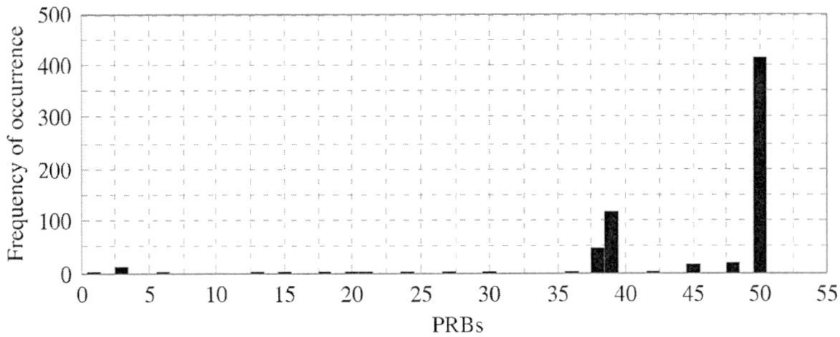

그림 11.12 PDSCH에 할당된 PRB 수의 확률 분포

SINR뿐만 아니라 시간에 대한 함수인 처리율 변화를 나타낸다. 신호 대 간섭 및 잡음비는 이동경로에 따라 4 dB에서 23 dB 사이에서 변화한다. 테스트 실행 중에 최소 처리율은 12 Mbps인 반면에 최대 처리율은 49 Mbps로 이는 10 MHz 대역폭에서 이론적인 피크 값에 근접한다. 그림 11.11에 보이는 것처럼 SINR이 4dB의 최소값으로 떨어질 때 목표를 상회하는 작은 외도도 있지만, 테스트 대부분에 블록 에러율은 10%의 목표 이내로 유지된다. 무선 환경이 악화될수록 시스템은 부호율을 증가시키고 할당된 트랜스포트 블록 크기를 줄인다. 그림 11.12에 나타난 것처럼 무선 환경과 상관없이 물리적 하향링크 공용채널에 유사한 물리자원 블록 수(50개)를 배정하는 경향은 eNodeB가 처리율을 극대화시키려는 시도 중임을 암시한다.

11.8 핸드오버 성능

이번 절은 실제 환경 측정 중 핸드오버의 기능과 성능을 설명한다. 핸드오버 테스트는 2 GHz와 700 MHz 대역에서 수행되었다. 핸드오버가 수행되기 전, 도중, 완료된 후에 무선자원 제어 메시지 전송과 계층 1 및 애플리케이션 계층 처리율을 포함한 섹터간 및 eNodeB간 헤드오버를 연구하기 위한 것이 이들 테스트의 목적이다.

핸드오버 보고는 전형적으로 이벤트 트리거로 설정된다. 핸드오버를 해야 할 필요가 있을

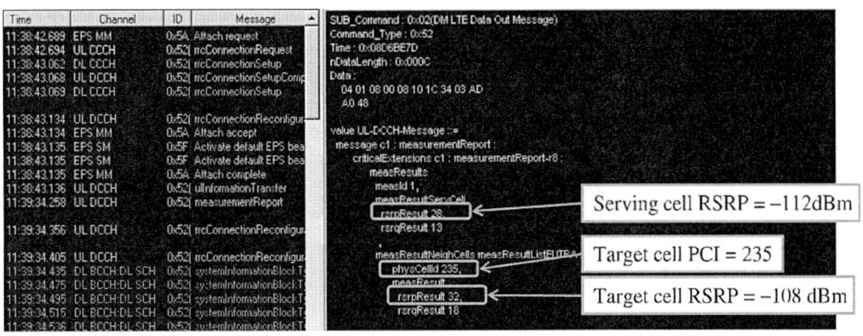

그림 11.13 단말에서 eNodeB에 측정보고: PCI=Physical Cell Indentify; RSRP=Reference Symbol Received Power

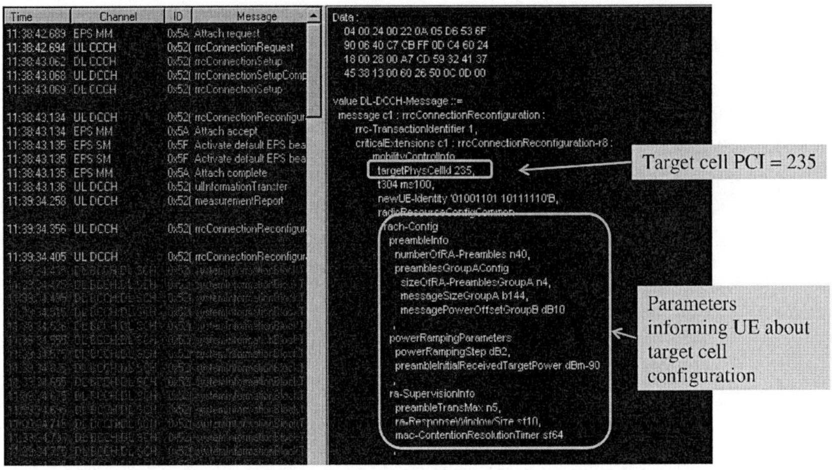

그림 11.14 eNodeB에서 단말에 전송되는 RRC 재설정 메시지

때 단말은 단지 측정 보고만을 전송할 것이다. 이번 예에서, 이벤트 A3은 핸드오버를 발생하기 위해 이용되었다. 이벤트 A3는 이웃 셀이 주 셀 보다(RS 수신 전력이 지정된) 오프셋만큼 좋아진 경우를 나타낸다. 오프셋 값은 3 dB로 정의되었다. 보고 한계점이 충족될 때 단말은 측정 보고를 전송하며, 그림 11.13에 나타내었다. 측정 보고는 기준신호 수신전력(RSRP: Reference Symbol Received Power) 값 및 대상 셀 물리 셀 식별자(PCI)를 제공한다. eNodeB은 대상 PCI와 임의 접근채널(RACH) 정보를 포함한 대상셀 설정 매개변수를 제공하는 재설정 메시지로 응답한다. 이 재설정 메시지는 그림 11.14에 나타내었다. 단말이 성공적으로 무선 핸드오버를 완료한 후, 단말은 재설정 완료 메시지를 eNodeB에 전송한다. 재설정 및 재설정 완료 메시지 사이의 중단시간은 전형적으로 25 ms 이하이다. 23 ms 지연을 지닌 중단시간 예제가 그림 11.15에 나타나 있다.

핸드오버 성능은 10 Mbps UDP 애플리케이션을 이용하여 이동 중에 평균 전송률을 측정하는 것으로 테스트되었다. 단말의 전력이 부족해지고 있거나 혹은 단말이 목표 전송률을 유지할 수 없는 업링크의 고대역(Band 4)을 제외하고는 평균 계층 1전송률은 10 Mbps에 매우 근접한다. 그림 11.16은 핸드오버 테스트 중에서 달성된 계층 1 처리율에 대한 요약을 나타낸다.

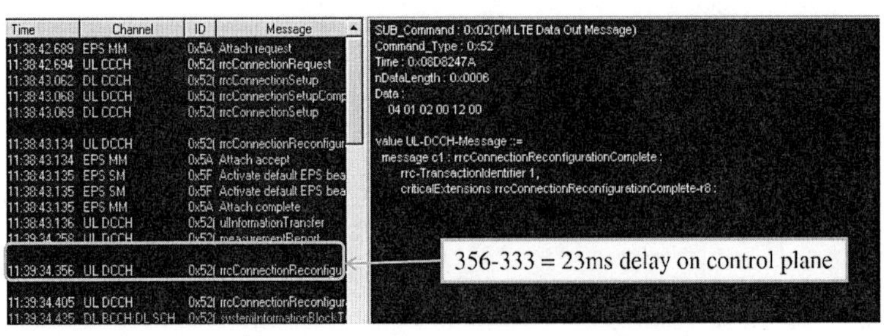

그림 11.15 핸드오버 시 계층 1 중단시간

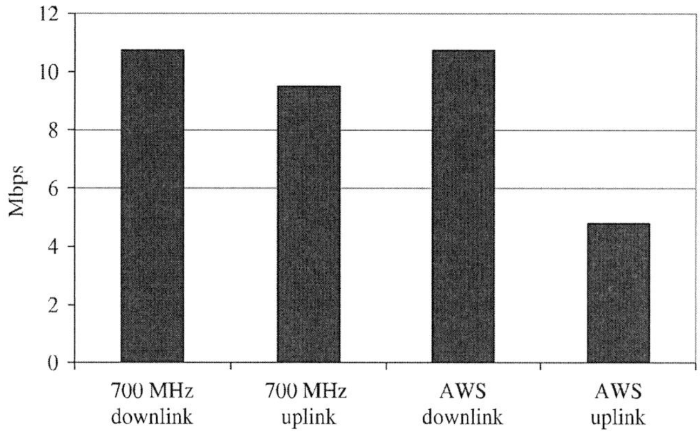

그림 11.16 10 Mbps UDP 애플리케이션에서 이동 중의 핸드오버에 대한 평균 처리율

11.9 이동 테스트 전송률

그림 11.17은 20 MHz 대역폭과 범주 3 단말에 대한 다운링크 계층 1 처리율 예를 나타내며, 그림 11.18은 해당 신호 대 간섭비를 나타낸다. SIR 값이 20 dB 이상으로 높아질 경우에 전송률은 80~100 Mbps으로 변한다. 단말이 사이트에서 더 멀어질수록 SIR은 더 낮아지고 전송률은 감소한다. 10 dB의 SIR에서 전송률은 25~40 Mbps이다. 그림 11.18의 곡선 끝지점에서도 여전히 15 Mbps 처리율을 제공하지만, 이 지점에서 SIR은 거의 0 dB이다.

그림 11.19는 이동 테스트 동안에 달성된 평균 전송률을 나타낸 것이다. 10 MHz 대역폭에서 50% 부하율을 고려할 때 평균 다운링크 전송률은 29 Mbps이고 업링크 전송률은 13 Mbps이었

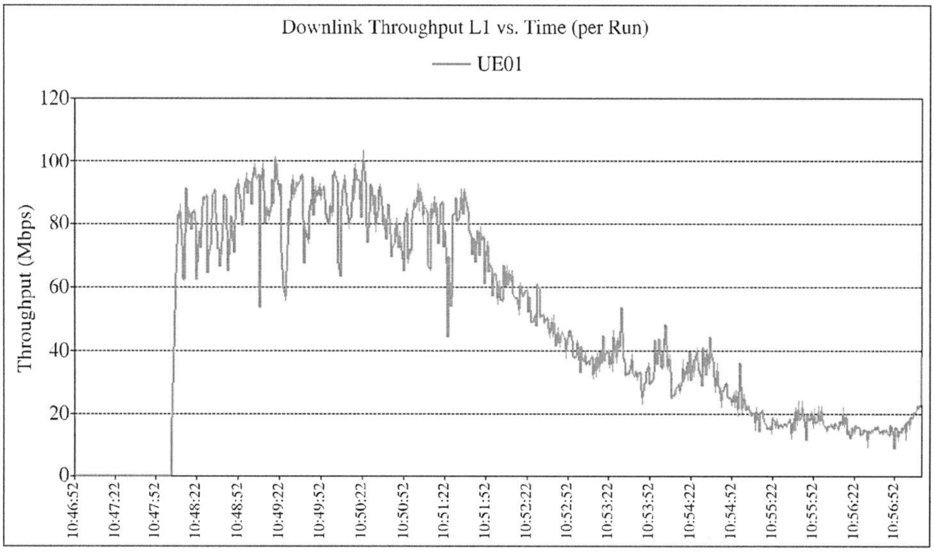

그림 11.17 이동 테스트에서 다운링크 계층 1 처리율

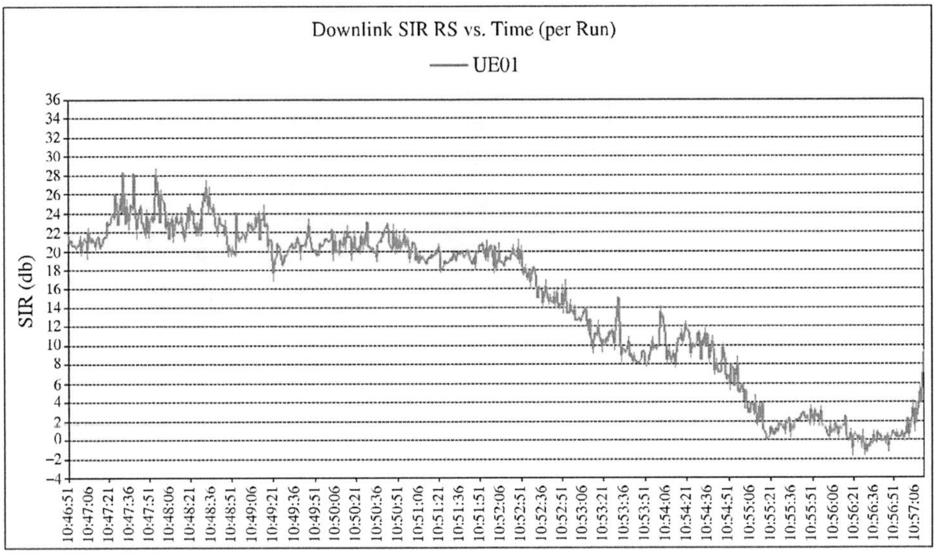

그림 11.18 이동 테스트에서 다운링크 SIR

다. 20 MHz의 상용 네트워크에 대한 평균 전송률은 다운링크에서 44 Mbps이고 업링크에서 30 Mbps이었다. 간섭이 제한된 다중사용자의 경우 부하가 완전히 실린(즉, 100% 부하율) 시스템에 대한 모의실험은 전형적으로 10 MHz 대역폭에서 17 Mbps의 다운링크 평균 셀 처리율과 8 Mbps의 업링크 처리율을 제공한다. 더 자세한 내용은 10장을 참고한다. 다른 셀들에 100% 부하율가 실리지 않기 때문에 이들 측정의 처리율은 확실히 모의실험보다 더 높다.

그림 11.20은 다운링크의 이동경로에 따른 변조기법과 채널코딩기법 분포를 나타낸다. 가장 일반적인 MCS는 27이었고, 이는 고 신호 대 잡음비의 이용 가능성을 보여준다. 10 이하의 낮은 MCS는 이 테스트의 경우에 드물게 나타난다. MCS 10은 10%의 재전송을 반영한 16 Mbps 전송률과 100 물리자원 블록에 해당한다. 16 Mbps보다 더 낮은 전송률은 측정 중에 매우 드물었으며, 이는 MSC 분포와 일치한다.

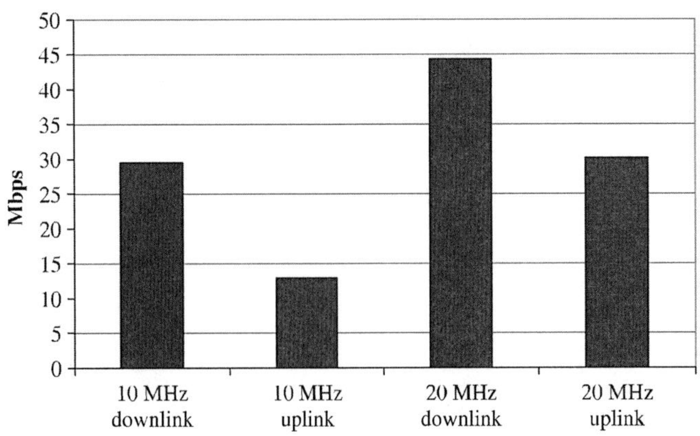

그림 11.19 10과 20MHz 대역폭에서 이동중 평균 처리율

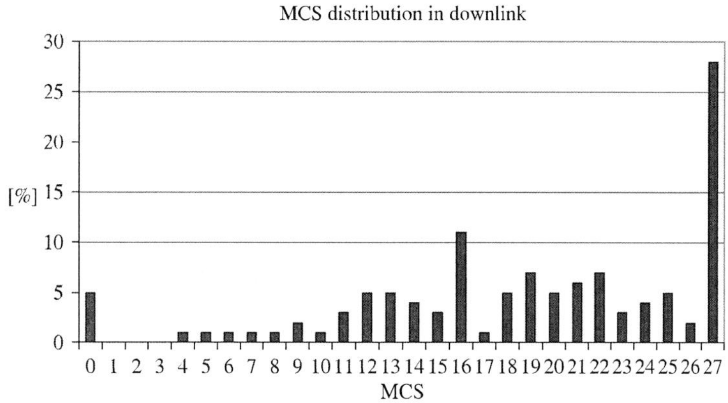

그림 11.20 Cluster A에서 이동중 다운링크 MCS 분포

11.10 다중사용자 패킷 스케줄링

전 절에서는 단일 사용자 처리율 테스트에 대한 성능을 기술했다. 이번 절에서는 다중사용자 시나리오에 초점을 맞추며, 이 시나리오에서 4개의 LTE 단말이 셀 내에서 활발히 송신한다.

다운링크 스케줄러는 주파수 영역의 이득을 활용하기 위한 채널 품질 피드백에 기반을 둔 주파수 영역 스케줄링을 제공한다. 이 알고리즘은 주로 각 단말에 대해 가장 우수한 채널 품질을 지닌 물리자원 블록을 할당할 책임이 있다. 이는 각 단계에서 연산 복잡도는 증가하는 반면에 단말의 실현 가능한 집합이 감소하는 다중단계 최적화 알고리즘이다.

사용자를 스케줄링하는데 이용되는 일반적인 3단계 과정이 그림 11.21에 나타나 있다. 알고리즘은 선-스케줄링 단계에서 시작한다. 이 단계에서 고려 중인 단말이 현 서브프레임에서 스케줄링될 수 있는지를 결정하기 위한 평가를 수행한다. 선-스케줄링 단계는 데이터 이용 가능성, 복합 재전송 기법(HARQ) 재전송, 제어채널 자원 및 측정 격차를 고려한다.

두 번째 단계에서 다운링크 스케줄러는 시간 영역 스케줄링을 수행한다. 시간 영역 스케줄링에서 시그널링과 HARQ 재전송은 더 높은 우선순위로 수신될 것이나, 그 외 동시 사용자들

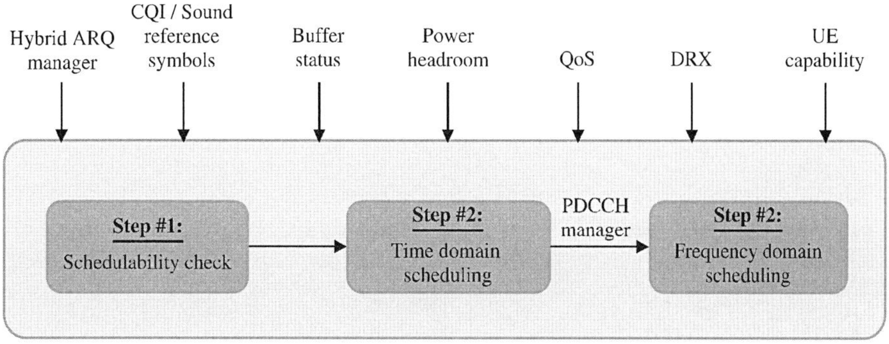

그림 11.21 시간 영역과 주파수 영역 스케줄링

은 이들 측정에서 동일한 우선순위를 가진다.

최종적으로 마지막 단계에서는 스케줄러가 채널 품질 피드백에 기반한 주파수 영역 스케줄링을 적용한다. 전체 알고리즘에서 이 부분은 주로 각 단말에 대해 가장 우수한 채널 품질을 지닌 물리자원 블록(PRB)을 선택할 책임이 있다.

테스트 동안에 수집된 기록의 검토를 기반으로 한 다운링크 및 업링크 채널인지 스케줄링 알고리즘의 성능 예가 제공된다. 앞서 언급되었듯이 다운링크 자원 블록은 서로 다른 PRB에 대한 단말의 채널품질정보 피드백을 기반으로 스케줄링된다. 다음 eNodeB는 다운링크 셀 용량을 최대화시키기 위해 단말이 최상 CQI를 보고한 PRB를 어떻게 할당하는지 보여준다. 하지만 업링크의 eNodeB 스케줄러는 채널 환경에 대한 정보를 알지 못한다. 결론적으로, 채널정보가 없는 업링크 스케줄러는 랜덤 주파수 호핑 알고리즘을 이용하여 업링크 PRB를 배정한다.

그림 11.22는 단말의 측정에서 서브밴드와 와이드밴드 CQI 보고를 나타낸다. 단말 보고는 와이드밴드 신호와 서브밴드 양쪽 모두에 대해 각기 CQI 값을 지정할 수 있다. CQI 값이 클수록 채널 품질이 좋으며 더 높은 전송률이 지원될 수 있다. 이 예에서 보고 기간은 10 ms였다.

그림 11.22에서 와이드밴드 CQI가 15(최대값)이면, 서브밴드 3에 대한 CQI 값은 13이다. 그러나 스케줄러는 현재 프레임 구간에 나머지 서브밴드에 서브밴드 3보다 앞선 우선순위를 부여한다. 그림 11.23은 나머지 서브밴드들에 대한 우선순위 부여를 보여주며, 그림에서 이 보고 기간 동안에 서브밴드 3에 PRB가 전혀 할당되지 않음을 확인할 수 있다.

업링크 방향은 채널 무인지 의사랜덤 호핑을 이용한다. 업링크 채널 인지 주파수 영역 스케줄링은 다운링크보다 더 어렵다. 다운링크 방향은 기준신호(RS: Reference Symbol)로부터 측정되어 보고된 CQI를 이용할 수 있지만, 업링크 방향은 사운딩참조신호(SRS: Sounding Reference

			Wideband		Subband 0		Subband 1		Subband 2		Subband 3	
Time	Frame	Subframe	Periodic Report Type	Wideband CQI 1	Subband PMI	Subband CQI	Subband PMI	Subband CQI	Subband PMI	Subband CQI	Subband PMI	Subband CQI
10:14:58:846	158	1	-	-	-	-	-	-	-	-	-	13
10:14:58:856	159	1	-	-	-	-	-	-	-	-	-	-
10:14:58:866	160	1	15	-	-	-	-	-	-	-	-	-
10:14:58:876	161	1	-	-	-	15	-	-	-	-	-	-
10:14:58:886	162	1	-	-	-	-	-	-	-	-	-	13
10:14:58:896	163	1	-	-	-	-	-	-	-	-	-	-
10:14:58:906	164	1	15	-	-	-	-	-	-	-	-	-
10:14:58:916	165	1	-	-	-	15	-	-	-	-	-	-
10:14:58:926	166	1	-	-	-	-	-	-	-	-	-	13
10:14:58:936	167	1	-	-	-	-	-	-	-	-	-	-
10:14:58:946	168	1	15	-	-	-	-	-	-	-	-	-
10:14:58:956	169	1	-	-	-	15	-	-	-	-	-	-

그림 11.22 단말이 보고한 와이드밴드와 서브밴드 CQI

		PRB#	49	48	47	46	45	44	43	42	41	40	39	38	37	36	35	34	33	32	31	30	29	28	27	26	25	24	23	22	21	20	19	18	17	16	15	14	13
SFN	Subframe	Subbands	8		7						6						5						4						3						2				
191	9	PRB's"Assinged	0	0	0	0	0	1	1	1	0	0	0	1	1	1	1	1	1	1	1	1	0	0	0	1	1	1	0	0	0	0	0	0	1	1	1	1	1
192	1	PRB's"Assinged	0	0	0	0	0	1	1	1	0	0	0	1	1	1	1	1	1	1	1	1	0	0	0	1	1	1	0	0	0	0	0	0	1	1	1	1	1
192	3	PRB's"Assinged	0	0	0	0	0	1	1	1	0	0	0	1	1	1	1	1	1	1	1	1	0	0	0	1	1	1	0	0	0	0	0	0	1	1	1	1	1
192	5	PRB's"Assinged	0	0	0	0	0	1	1	1	0	0	0	1	1	1	1	1	1	1	1	1	0	0	0	1	1	1	0	0	0	0	0	0	1	1	1	0	0

그림 11.23 현재 구간동안에서 서브밴드 3에 대한 낮은 CQI 보고로 인해 eNodeB 이 서브밴드에 대해 어떠한 자원 블록도 편성하지 않는다.

#State	Time	SFN	Subfrar	UL Harq	UL RB H	CQI req	UL RB Origin		UL RB Number	Grant R	UL-SCH	UL-SCH	UL-SCH	D
0	10:28:15:1	938	6	0	-	-		20	1	-	QPSK	-	17	-
0	10:28:15:1	939	3	7	-	-		10	1	-	QPSK	-	17	-
0	10:28:15:1	940	0	6	-	-		10	1	-	QPSK	-	17	-
0	10:28:15:2	948	6	4	-	-		20	1	-	QPSK	-	17	-
0	10:28:15:2	949	3	3	-	-		11	1	-	QPSK	-	17	-
0	10:28:15:2	950	0	2	-	-	Randomly	17	1	-	QPSK	-	17	-
0	10:28:15:2	950	7	1	-	-	Generated	24	1	-	QPSK	-	17	-
0	10:28:15:3	951	4	0	-	-		32	1	-	QPSK	-	17	-
0	10:28:15:3	960	0	6	-	-		26	1	-	QPSK	-	17	-
0	10:28:15:3	960	7	5	-	-		47	1	-	QPSK	-	17	-
0	10:28:15:4	961	4	4	-	-		31	1	-	QPSK	-	17	-
0	10:28:15:4	962	1	3	-	-		9	1	-	QPSK	-	17	-
0	10:28:15:4	962	8	2	-	-		8	1	-	QPSK	-	17	-
0	10:28:15:5	971	4	0	-	-		30	1	-	QPSK	-	17	-
0	10:28:15:5	972	1	7	-	-		37	1	-	QPSK	-	17	-
0	10:28:15:5	972	8	6	-	-		46	1	-	QPSK	-	17	-
0	10:28:15:5	973	5	5	-	-		45	1	-	QPSK	-	18	-
0	10:28:15:5	974	2	4	-	-		21	1	-	QPSK	-	18	-
0	10:28:15:6	982	8	2	-	-		42	1	-	QPSK	-	18	-

그림 11.24 업링크에서는 단말에 대해 단일 PRB가 할당되나, PRB 번호는 무작위로 바뀌는 것이 허용된다.

Symbol)에 의존해야만 하는데, 이 SRS는 각 단말이 개별적으로 전송하는 하나의 와이드밴드 심벌이다. 더 자세한 내용은 8장을 참조하라.

그림 11.24는 업링크 할당을 나타낸 것이다. 단말에 한 개의 물리자원 블록(PRB)이 할당되며, 이러한 할당은 서브프레임마다 무작위로 가변된다.

11.11 지연시간

예를 들어, 컴퓨터에서 게임서버까지 갔다가 되돌아오는 정보의 이동속도를 측정하는 것처럼 핑 테스트는 주어진 패킷이 랩탑에서 단말, LTE 무선 네트워크, 코어 네트워크를 거쳐 서버까지 갔다가 되돌아오는데 걸리는 시간을 알아냄으로써 지연시간을 측정한다. 예상 지연시간은 그림 11.25에 나타내었다. 즉, 작은 패킷의 경우 재전송 없이 거의 20 ms 소요된다. 단말과 eNodeB에서 각각 4 ms, 코어 네트워크에서 1 ms의 처리지연과 10 ms의 스케줄링 기간을 가정한다.

계층 1의 재전송은 8 ms가 소요된다. 10%의 평균 BLER 때문에 업링크와 다운링크 양쪽에서 추가적으로 평균 0.8 ms, 총 1.6 ms의 지연시간이 증가하며, 재전송을 포함하여 22 ms의 핑 지연시간이 예상된다.

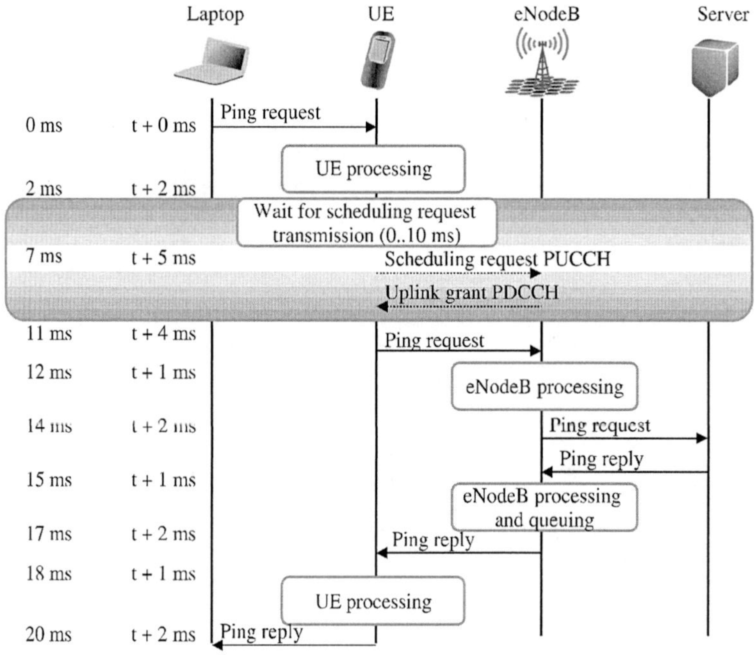

그림 11.25 재송신을 하지않는 작은 핑에서의 사용자 평면 시간지연

네트워크가 해당 단말에 대해 선할당된 자원을 가지고 있고, 그리고 나서 스케줄링 요청과 업링크 승인에 의해 발생되는 지연시간을 피할 수 있다면 지연시간을 줄일 수 있다. 이와 같은 선할당은 9 ms까지 지연시간을 줄일 수 있어서 재전송 없이 거의 10 ms의 가장 좋은 핑 지연시간을 생성한다. LTE 지연시간은 10장에서 보다 자세히 설명되었다.

그림 11.26은 선할당된 자원으로 핑을 측정한 예를 보여주며, 또한 재전송이 발생하는 라운드 트립 측정의 예를 제공한다. 종단간 지연시간은 재전송 없이 11 ms이다. 한 번의 재전송은 8 ms 이상의 지연시간을 추가한다. 그림에서 최소 지연시간은 9.4 ms이고 평균 11.4 ms이다.

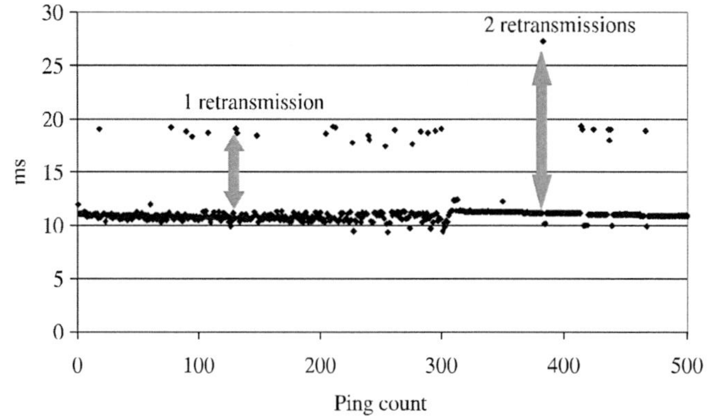

그림 11.26 재전송이 발생하는 경우에 라운드 트립 시간 측정의 예

```
Reply from 10.21.128.123: bytes=32 time=10ms TTL=63
Reply from 10.21.128.123: bytes=32 time=10ms TTL=63
Reply from 10.21.128.123: bytes=32 time=10ms TTL=63
Reply from 10.21.128.123: bytes=32 time=10ms TTL=63
Reply from 10.21.128.123: bytes=32 time=9ms TTL=63
Reply from 10.21.128.123: bytes=32 time=9ms TTL=63
Reply from 10.21.128.123: bytes=32 time=9ms TTL=63
Reply from 10.21.128.123: bytes=32 time=10ms TTL=63
Reply from 10.21.128.123: bytes=32 time=10ms TTL=63
Reply from 10.21.128.123: bytes=32 time=10ms TTL=63
Reply from 10.21.128.123: bytes=32 time=10ms TTL=63
Reply from 10.21.128.123: bytes=32 time=11ms TTL=63
Reply from 10.21.128.123: bytes=32 time=10ms TTL=63
Reply from 10.21.128.123: bytes=32 time=10ms TTL=63
Reply from 10.21.128.123: bytes=32 time=10ms TTL=63
Reply from 10.21.128.123: bytes=32 time=10ms TTL=63
Reply from 10.21.128.123: bytes=32 time=10ms TTL=63
Reply from 10.21.128.123: bytes=32 time=10ms TTL=63
Reply from 10.21.128.123: bytes=32 time=10ms TTL=63
Reply from 10.21.128.123: bytes=32 time=10ms TTL=63
Reply from 10.21.128.123: bytes=32 time=10ms TTL=63
Reply from 10.21.128.123: bytes=32 time=10ms TTL=63
Reply from 10.21.128.123: bytes=32 time=10ms TTL=63
Reply from 10.21.128.123: bytes=32 time=10ms TTL=63
```

그림 11.27 라운드 트립 시간 측정의 예

그림 11.27은 핑 측정의 스크린샷을 나타낸 것으로 라운드 트립 시간 측정의 예를 제공한다. 핑 값은 재전송 없이 9와 10 ms 사이에서 변화한다. 전체적으로, 측정된 종단간 지연시간은 예상치와 일치한다고 결론내릴 수 있다.

11.12 매우 큰 셀 크기

LTE 무선자원은 교외지역에서 브로드밴드 무선 서비스를 제공하기 위해 효율적으로 활용될 수 있다. 기지국 안테나가 높은 곳에 설치되고, 단말에서 외부 안테나를 이용하며 낮은 반송파

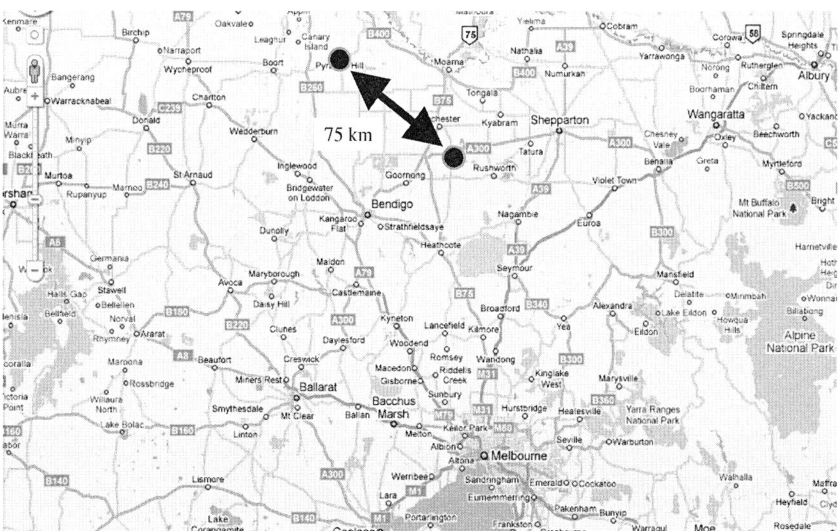

그림 11.28 75 km 셀 범위 테스트를 위한 측정 지역

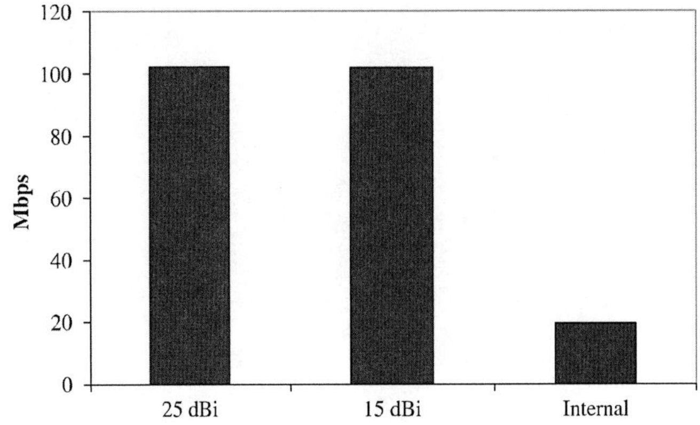

그림 11.29 단말 안테나에 따른 75 km 셀 범위의 다운링크 피크 처리율

주파수를 사용하여 전파특성이 좋다면 셀 반경은 매우 커질 수 있다. 75 km의 셀 범위에 대한 링크 성능을 보여주는 테스트를 이 절에서 설명한다. 그림 11.28은 호주 교외에 위치한 테스트 지역의 지도를 나타낸다. 테스트는 2600 MHz 주파수를 사용하여 수행되었다. 더 낮은 주파수를 사용한다면 당연히 전파특성이 더 좋을 것이다. 기지국은 2 × 60 W 전력 증폭기와 18 dBi 안테나로 구성된다. 측정은 단말기에서 3가지 다른 종류의 안테나, 즉 25 dBi 고이득 지향성 안테나와 15 dBi 지향성 안테나, 그리고 단말 내장 안테나를 사용하여 수행되었다. 최고 전송률은 그림 11.29에 나타내었다. 단말 내장 안테나가 20 Mbps의 전송률을 제공하는데 반해 지향성 안테나는 100 Mbps의 최고 전송률을 제공한다. 해당 업링크 전송률은 15~30Mbps로 측정되었다.

11.13 요약

이번 장에서는 측정 결과뿐만 아니라 LTE 측정 절차 및 도구가 설명되었다. 측정 결과는 이론 및 모의실험과 정확히 일치한다. 150 Mbps의 최고 전송률은 20 MHz 대역폭에서 범주 4 단말로 달성되었다. 측정된 종단간 지연시간은 10 ms이다. 다중 셀 이동 테스트는 평균 전송률이 10 MHz 대역폭에서 30 Mbps에 근접하며 20 MHz 대역폭에서는 40~50 Mbps에 근접함을 보여준다. 또한 패킷 스케줄러 할당은 측정측면에서 논의되었으며, 단말 CQI 기반의 주파수 영역 스케줄러는 시스템 효율을 개선할 수 있음이 확인되었다. 또한 측정은 외부 안테나를 사용하여 100 Mbps 전송률의 75 km 접속을 보여주었다.

참고문헌

[1] 3GPP, Technical Specification, TS 36.213-901, 'Group Radio Access Network; Evolved Universal Terrestrial Radio Access(E-UTRA); Physical Layer Procedures'(Release 9), Version 9.0.1, December 2009.

[2] K. Pedersen, T. Kolding, F. Frederiksen, I. Kovacs, D. Laselva and P. Mogensen, 'An overview of downlink radio resource management for UTRAN Long-Term Evolution', IEEE Communications Magazine, pp. 86-93, July 2009.

CHAPTER

12 전송망

12.1 개요

모바일 백홀로도 알려진 무선 전송망은 기지국들과 코어 네트워크 간의 데이터 전송 해법을 의미한다. 무선 인터페이스 데이터 전송률과 용량이 LTE로 인해 증가함에 따라 전송망의 요구사항 또한 증가하고 있다. 전송 해법은 네트워크 운영비용의 큰 부분을 차지할 수 있고 경우에 따라 전송망은 종단간 관점에서 병목현상을 유발할 수 있다.

따라서 전송 최적화는 무선 인터페이스 용량 최적화보다 더 중요할 수 있다. 전송망은 다수의 다른 물리매체를 사용할 수 있다. 전 세계적으로 50% 이상의 기지국들은 극초단파 무선 기술을 사용하여 연결된다. 오늘날 광섬유는 전송 연결의 작은 부분만을 차지하지만 높은 LTE 용량이 요구되는 도심지역을 중심으로 점점 그 비중이 증가하고 있다.

이와는 반대로, 대규모 기지국들을 연결하기 위해 구리선을 기반으로 하는 해법의 비중은 줄어들고 있다. 그러나 첨단 디지털 가입자 회선(DSL) 기술은 펨토 기지국들을 연결하는데 주로 사용되며 자리를 잡을 것이다. 다양한 인터페이스들을 위한 프로토콜 구조를 소개한 3장에서 본 것과 같이 RNL(Radio Network Layer)은 3세대 파트너십 프로젝트(3GPP)에서 규격화가 진행되고 있지만 LTE를 위한 전송네트워크계층(TNL: Transport Network Layer)은 일관되게 정의한 곳이 없다. 대다수는 3GPP 영역 밖의 프로토콜들을 참조한다. IETF(Internet Engineering Task Force), IEEE(Institute of Electrical and Electronic Engineers), ITU-T(International Telecommunication Union Telecommunication), MEF(Metro Ethernet Forum) 등 다양한 표준화 단체들이 기여하고 있다. 이 장에서는 LTE 기지국들을 위한 모바일 백홀 해법에 초점을 맞추어 일반적인 LTE 전송 개념과 이슈에 대한 개요를 제공한다.

12.2 프로토콜 구조와 인터페이스

12.2.1 기능 평면

사용자(user-U), 제어(control-C), 관리(management-M) 그리고 선택적 동기(synchronization-S) 평면의

모든 프로토콜 구조는 인터넷 프로토콜(IP)에 기반한다. 공통된 IP 전송 기반시설이 모든 기능평면들을 위해 사용될 수 있으나 네트워크 설계를 위해서 구체적인 요구사항들이 고려되어야 한다.

사용자 평면

U-평면 서비스 계층은 IP이다. 단말 이동성은 패킷망 게이트웨이(PDN-GW)에서 비롯되고 서빙 게이트웨이(S-GW)에 정착하는 터널을 통해 이루어진다. E-UTRAN에서는 GPRS 터널링 프로토콜-사용자 평면(GTP-U)이 터널링 프로토콜로 사용된다(그림 12.1).

제어 평면

E-UTRAN에서는 데이터흐름 제어 전송 프로토콜(SCTP: ream Control Transmission Protocol)이 S1 응용프로토콜(S1-AP)과 X2응용프로토콜(X2-AP), 제어 평면 프로토콜(애플리케이션 프로토콜)을 운반한다. 데이터 흐름 제어 전송 프로토콜은 기존에 노드B 응용부(NBAP: Node B Application Part) over IP를 운반하는 데 사용되었다(그림 12.2).

관리 평면

관리 평면(M-평면)으로도 알려진 운용 및 유지보수(O&M) 트래픽은 일반적으로 제조사마다 다르다(그림 12.3).

동기 평면

여기서는 동기 평면(S-평면)이라고 하는 네 번째 기능 평면을 소개한다(그림 12.4). S-평면은 네트워크와 기지국에서 각각 해당 애플리케이션들에 의해 종료된다. 이 개념은 쉽게 이해할

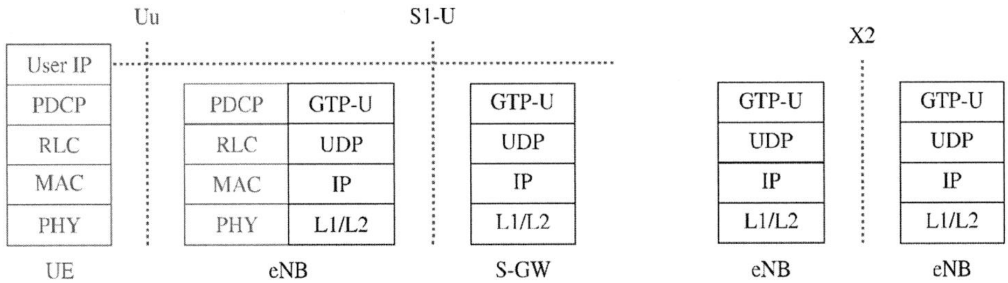

그림 12.1 사용자 평면 프로토콜 구조

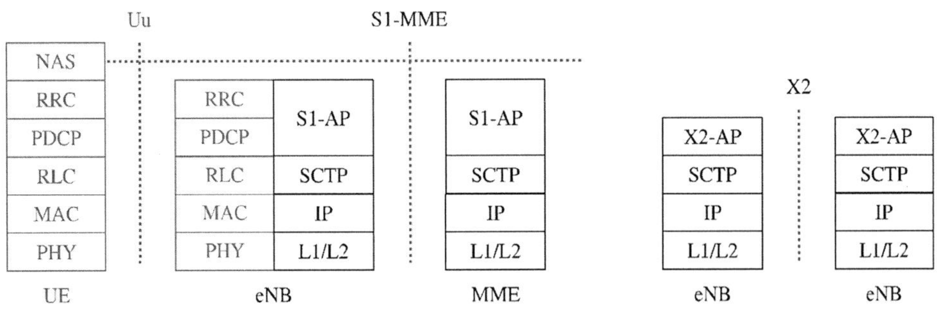

그림 12.2 제어 평면 프로토콜 구조

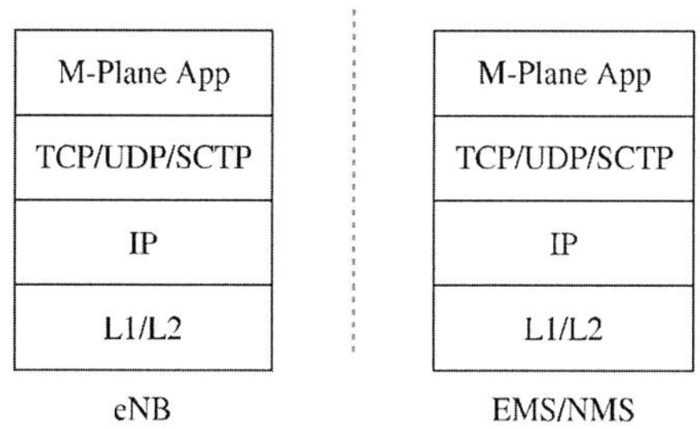

그림 12.3 관리 평면 프로토콜 구조

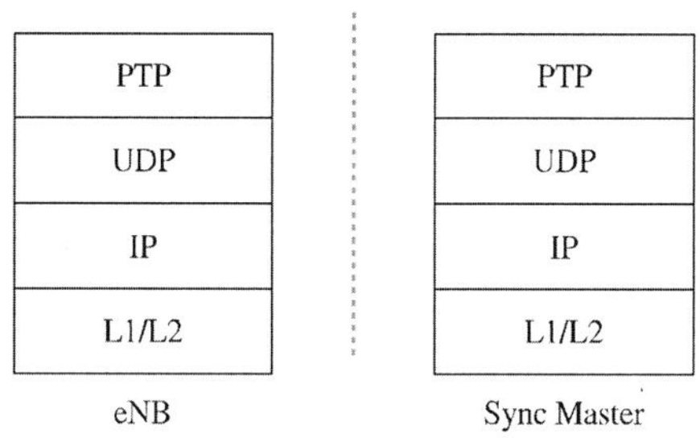

그림 12.4 동기 평면 프로토콜 구조

수 있다. 인터넷 프로토콜(IP) 전송망을 통해 흐르는 동기 트래픽은 자체 서비스 품질 기준을 갖고 있으며 U/C/M-평면 트래픽과 맞게 구분되어야 한다(12.8.1절 참조).

12.2.2 네트워크 계층(L3)-IP

[1]과 [2]에 의하면 eNB 무선 네트워크 계층 프로토콜들은 전송 네트워크 계층의 일부인 IP 위에서 실행된다. 이러한 계층을 전송 네트워크 계층 인터넷 프로토콜(TNL IP) 계층이라 한다. 이와는 달리 사용자 애플리케이션들은 사용자 IP 계층에서 연결되며, 사용자 IP 계층은 TNL IP 계층으로부터 독립적이다. GPRS 터널링 프로토콜-사용자 평면/사용자 데이터그램 프로토콜이 둘 사이의 터널링 방식으로 사용된다. 전송 보안 목적으로 IPsec(터널 모드)이 사용될 경우 이 트래픽은 또 다른 터널에 들어갈 수도 있다(12.7절 참조). 따라서 그림 12.5에서와 같이 최대 세 개의 IP 계층이 있을 수 있으며, 이 계층들은 서로 간 독립적이다.

- 사용자 IP 계층, 단말과 해당 peer의 사용자 애플리케이션에 의해 종료됨
- TNL IP (LTE 애플리케이션 IP), LTE/SAE 네트워크 요소 애플리케이션에 의해 종료됨
- IPsec 터널 IP 계층(선택사항), 보안 게이트웨이(SEG) 기능들(eNodeB에 통합되어 있음. 반대쪽에서는 외부 기기에 통합되어 있음)에 의해 종료됨

GTP-U 터널링 개념은 사용자 애플리케이션들이 공인 IP 주소를 요구함에도 LTE 전송망(eNodeB 백홀)에서 사설 IP 주소들을 사용할 수 있게 한다. 1,600만 개 이상의 사설 IPv4 주소가 있으며, 중간 단계 라우팅이 필요하지 않을 경우 운영 네트워크의 여러 부분에서 재활용되

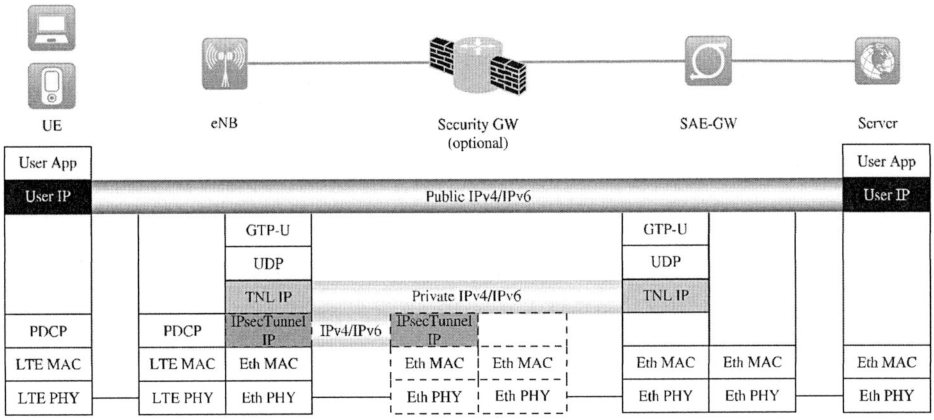

그림 12.5 사용자 IPv4/IPv6 over LTE 전송 IPv4/IPv6

어 사용할 수 있다. 전송네트워크계층 인터넷 프로토콜(TNL IP) 계층이 이와 같은 경우에 해당된다(선택적으로 IPsec 터널 인터넷 프로토콜 계층도 해당된다). 조만간 전송망에서 IPv6는 사용자 IP 계층에서 IPv6를 지원하기 때문에 IPv6 주소를 갖추어야 하는 네트워크 요소들(예; 패킷망 게이트웨이(PDN-GW))의 운영비용 최적화 토픽이 될 것이다. 네트워크 프로토콜들이 조화를 이룰 경우 이러한 네트워크 요소들은 간편하게 관리될 수 있을 것으로 예상된다. 따라서 사설 IPv4 주소들의 유용성이 문제가 되지 않는다면, IPv6로의 전환은 추후 코어 네트워크에 의해 주도될 것이다.

12.2.3 데이터 링크 계층(L2) – 이더넷

높은 확장성과 유리한 경제성을 바탕으로 [3] 표준에 기반한 이더넷은 진화된 노드B 인터페이스의 사실상 표준이 되었다. 이더넷 반송급 장비에 기반한 이더넷 연결 서비스는 모바일 트래픽보다 트래픽량이 매우 높은 고정된 네트워크 애플리케이션을 위해 개발되었다.

[4]에 의한 가상 근거리 통신망의 개념은 일반적으로 단일 물리적 이더넷 인터페이스에서 종료되는 트래픽을 분리하기 위해 사용된다. 예를 들어, 종단 라우터와 같은 집합점에서 트래픽을 여러 기지국으로부터 분리하거나 여러 종류의 기지국 트래픽(U/C/M/S-평면)을 분리하기 위해 적용될 수 있다. 트래픽 분리 외에도 가상랜(VLAN) 헤더는 [5]에서 정의된 이더넷 p-비트를 사용하여 트래픽 우선순위를 지원한다.

물리적 이더넷 인터페이스는 이더넷 백홀 링크(예를 들어, 임대회선 또는 용량 제한적 극초단파 무선 링크)보다 높은 데이터 전송속도(100 Mbps 또는 1000 Mbps)와 버스트 크기를 지원할 수 있다. 패킷 손실 최소화를 위해 링크 용량과의 적합성을 보장하기 위한 트래픽 제한이 요구된다. 이는 특히 링크 용량이 서비스등급약관(SLA)에 따라 결정되는 이더넷 전용회선에 적용된다.

트래픽 제한은 주어진 최대 평균 비트율과 최대 버스트 크기에 따라 트래픽의 간헐성을 줄인다. 트래픽 제한에도 불구하고 패킷들을 버려야 한다면, 우선순위에 기반하여 실행되어야 한다(서비스 품질 인지). 제한은 L2 인터페이스별로, 즉 물리적 이더넷 인터페이스 또는 가상랜별로 적용될 수 있다. 이는 가상랜 차별화가 적절히 사용될 경우 트래픽은 트래픽 종류(U/C/M/S-평면)별로 제한될 수 있음을 의미한다.

12.2.4 물리계층(L1) – 다양한 매체의 이더넷 인터페이스

일반적으로 미래 장기 진화 이동통신 방식(LTE) 기반 기지국은 다양한 물리적 인터페이스 유형을 지원한다. 전기적 전송을 위한 고속이더넷(FE: Fast Ethernet) 100Base-Tx와 기가비트이더넷(GE: Gigabit Ethernet) 100/1000Base-T 또는 광통신을 위한 1000Base-SX/LX/ZX를 예로 들 수 있다.

LTE 기지국으로부터 이더넷 프레임을 운반하기 위해 다양한 물리적 매체(그 외 다수의 변종)가 제공된다. 진화된 노드B 사이트에 직접적인 광 접속이 가능할 경우 용량은 사실상 무한대에 가깝다. 고가의 설치비용으로 인해 광 보급은 아직 낮은 수준이지만, 용량에 대한 요구사항 증가와 함께 증가할 것이다. 극초단파 라디오(MWR-Microwave radio) 기반 통신은 2G/3G 모바일 백홀에 큰 영향을 미쳤으며, LTE에서도 계속 큰 역할을 할 것이다. 현재 초고주파 무선통신 용량은 보통 300 Mbps이며 6G Hz에서 38 GHz 사이의 면허 대역을 사용한다. 홉 길이는 낮은 중파 대역에서 20~50 km이며 고주파 링크는 5~15 km이다. 홉 길이는 용량, 지리적 위치(비가 오는 지역)와 안테나 크기에 따라 다르다. E-band(70~90 GHz)에서는 10 Gbps까지 용량 제공이 가능하다. 그러나 홉 길이는 1~3 km로 제한된다. 그림 12.6은 극초단파 제품의 예를 나타낸다. 구리선 기반 통신(각종 디지털 가입자 회선(xDSL))은 내제된 용량의 한계를 가지고 있으나, 선들이 짧을 경우 사용이 가능하다.

이더넷을 통해 진화된 노드B에 연결하는 네트워크 종단 기기(xDSL 신호와 겹치는 위상 잡음, MWE IDU, 전용회선 종단 기기 등)가 미디어 적응 외에 네트워크 구분 목적으로 eNodeB 사이트에 종종 존재한다.

전통적으로 사용되는 PDH(E1/T1) 기반 전송(IP over PDH 또는 Ethernet over PDH)은 LTE와 사용하기에는 용량이 너무 제한적이다. 따라서 제한적인 무선 인터페이스 대역만 제공되는 상황 등 예외적인 경우에만 사용된다.

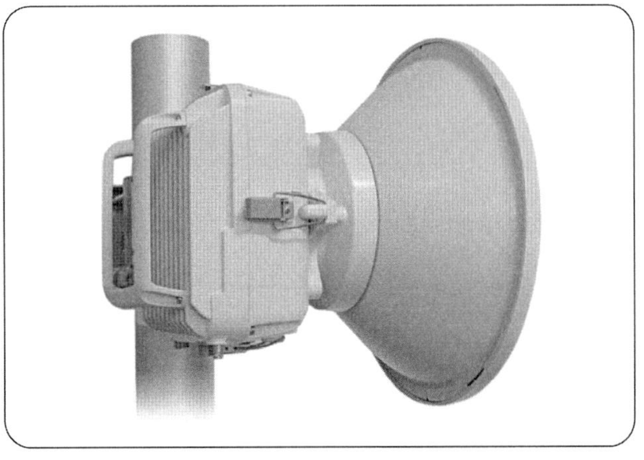

그림 12.6 1Gbps 극초단파 링크 구현 예

12.2.5 최대 전송 단위 크기 문제

GPRS 터널링 프로토콜(GTP)/사용자 데이터그램 프로토콜(UDP)/인터넷 프로토콜(IP)과 IPsec 터널링(선택사항) 모두 사용자 IP 패킷에 오버헤드를 추가한다. 인터넷 라우터간 사용되는 표준 이더넷 프레임의 최대 서비스 데이터 단위(SDU)에 해당되는 1500바이트 크기의 최대 전송 단위(MTU)를 사용하여 생성될 경우 모바일 백홀 네트워크의 이더넷 인터페이스 SDU 안에 들어가지 못한다. 이 문제를 해결하기 위해 다양한 방법이 있다:

- 사용자 IP 계층에서 작은 MTU 크기의 사용을 강제함
- 전송 네트워크계층 인터넷 프로토콜(TNL IP) 계층에서 IP 분할과 재구성을 수행함
- TNL IP 계층(또는 IPsec 터널 IP 계층)에서 점보 프레임을 사용하여 이더넷 SDU 확장
- 전송제어 프로토콜(TCP) 사용자 트래픽을 위한 최대 세그먼트 크기 클램핑(라우터가 조정하는 전송제어 프로토콜 최대 세그먼트 크기(TCP MSS)로 사용자 IP 계층에서 작은 MTU 크기의 사용을 강제하는 것과 같은 효과)

모든 방법은 장단점이 있다. 현존하는 표준에 기반하여 모든 상황에서 작은 MTU 크기를 강제하는 것은 불가능하다. 이더넷 점보 프레임은 문제를 보기 좋게 해결하겠지만 모든 곳에서 제공되지 않는다. IP 분할과 재구성은 항상 문제를 해결하겠지만 성능문제가 있다.

사용자 IP 계층에서 작은 MTU 크기 사용 강제

사용자 IP 계층의 패킷에서 사용되는 MTU 크기는 단말의 IP 프로토콜 스택 소프트웨어의 고정 또는 유동 설정을 통해 적용할 수 있다. 방법 중 하나로, 단말의 IP 프로토콜 스택의 MTU 크기는 낮은 값으로 설정될 수 있다. 이런 개념을 지원하는 단말 vendor-specific 설정이 있지만 그 어떤 표준도 이를 의무화하지 않는다. 사용자 IP 계층에서 MTU 크기를 IPv4 전송 계층에 대해 1394바이트로 줄여야 한다는 것을 그림 12.7에 나타나있다(IPv6 전송의 경우 1358바이트).

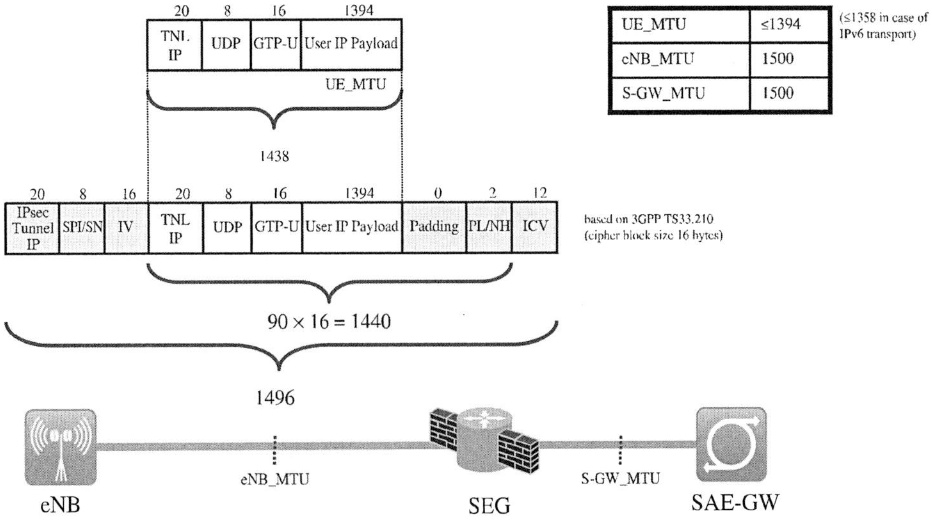

그림 12.7 사용자 IP 계층에서의 낮은 MTU 크기

사용자 인터넷 프로토콜 계층에서 IPv6의 경우 패킷 데이터 네트워크 연결 수립 후 패킷망 게이트웨이가 전송하는 Router Advertisement 메시지로 단말에서의 최대 전송 단위 크기를 설정할 수 있다([6], 4.6.4절).

그밖에 PDN-GW에 올바르게 설정된 낮은 MTU로 Path MTU 발견을 통해 사용자 IP 계층 MTU를 적용할 수 있다. 불행히도 Path MTU 발견(IPv4: RFC1191, MTU ≥ 68, IPv6: RFC 1981, MTU ≥ 1280)은 IPv4 또는 IPv6에서 강하게 권장하고 있지만 의무사항이 아니다. 일반적으로 전송제어 프로토콜(TCP)/데이터흐름제어 전송 프로토콜(SCTP)에 적용되지만 사용자 데이터그램 프로토콜(UDP) 기반 애플리케이션에서는 사용하지 않는다. 낮은 MTU 크기가 전송 효율에 미치는 영향은 미미하다(< 1%).

IP 분할 및 재구성

IPsec을 사용하지 않을 경우 전송 네트워크 계층 패킷의 분할과 재구성은 한쪽 끝에는 진화된 노드B에서 끝나고 다른 끝에서는 진화된 망구조 게이트 웨이에서 끝난다. IPsec을 사용할 경우 다수의 분할을 방지하기 위해 같은 방식이 적용되어야 한다. 이 경우 IPsec 패킷들은 조각을 운반하고 있으나 그 자체가 분할된 것은 아니다. eNodeB에서 이더넷 서비스 데이터 단위가 1500바이트를 초과하지 않기 위해서 MTU 크기(S-GW_MTU)는 최대 1438바이트로 설정되어야 한다. 그림 12.8은 IPv4 S1-U over IPv4 IPsec 터널의 예를 보여준다. 이것은 표준화되고 일반적인 해법이지만, 종단에서 데이터를 처리하면서 발생하는 추가 처리 지연시간과 처리량 저하와 같은 잠재적인 문제점이 있다. 전송효율에 미치는 영향은 적다(~2.5%). 큰 패킷(~25%)들은

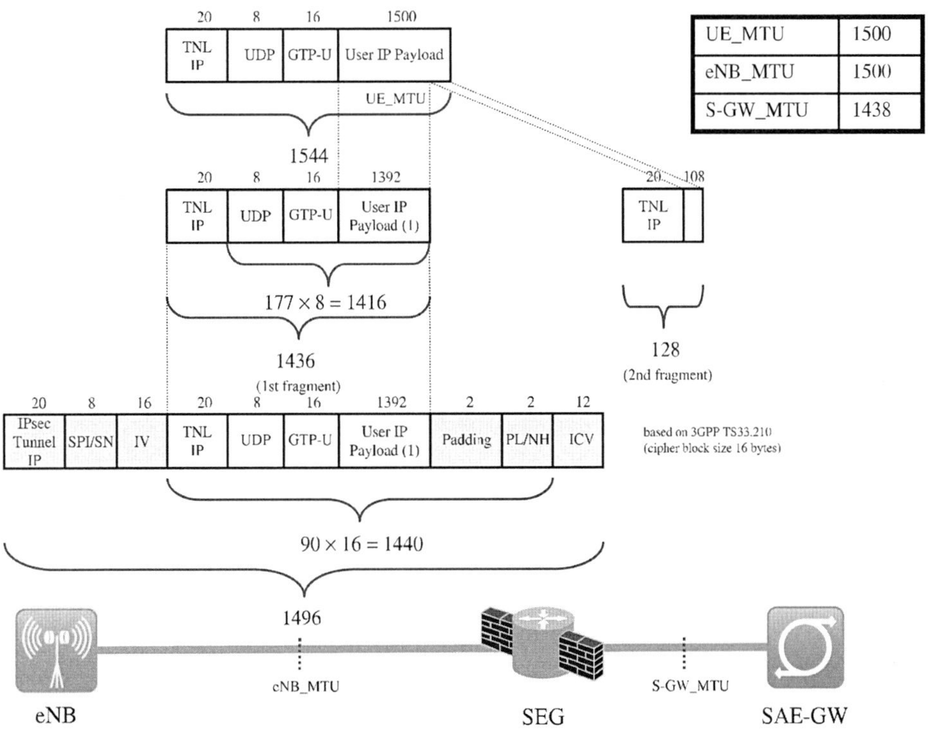

그림 12.8 IPv4에서의 분할 및 재구성

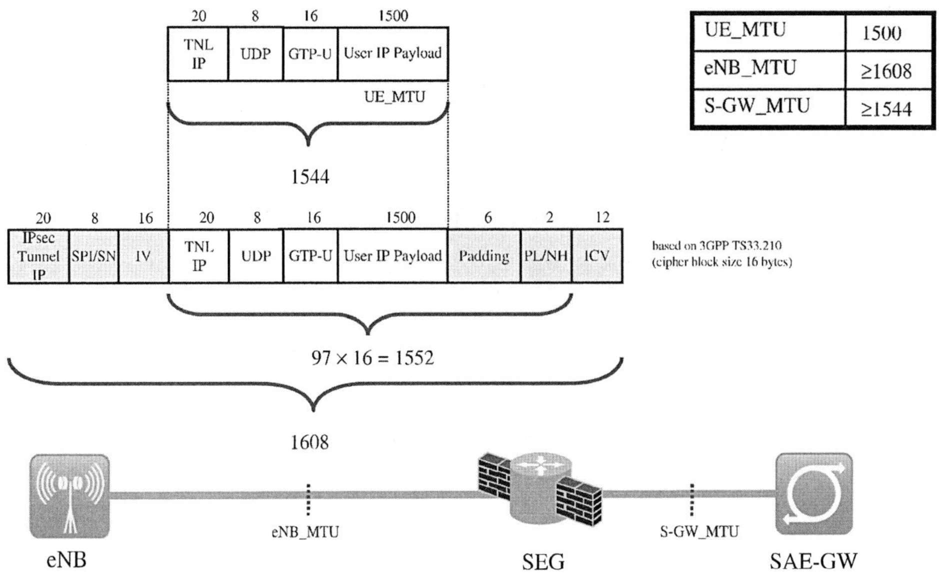

그림 12.9 IPv4 이더넷 점보 프레임

분할된다. 이들은 이중으로 전송 오버헤드를 발생시킨다(조각 당 ~10%).

이더넷 점보 프레임

이 방법은 사용자 인터넷 프로토콜 계층에 영향을 미치지 않으며 조금 더 높은 전송효율을 가진다. Vendor-specific 서비스 데이터 단위 크기는 최대 9000바이트까지 가능하다. 반면, 표준화 되어 있지 않기 때문에 이더넷 장비와 이더넷 전송 서비스에서 일반적으로 지원하지 않는다(그림 12.9 참조).

12.2.6 트래픽 분산 및 IP 주소

트래픽 분산은 다양한 용도로 사용될 수 있다. 네트워크 계획 이유 등으로 인해 여러 평면들(진화된 노드B 애플리케이션)의 트래픽을 서로 분산시킬 필요성이 발생할 수 있다. 예를 들어, M-평면 트래픽은 U/C-평면 트래픽으로부터 분산될 필요성이 있을 수 있다. S-평면 트래픽은 보다 많은 분산이 요구될 수 있다. 다른 네트워크 시나리오에서는 트래픽이 서로 다른 서비스 품질 역량을 가진 다중 경로로 분산될 수 있다.

트래픽 분산은 여러 계층에서 실행될 수 있다.

- L3: 다른 인터넷 프로토콜 서브넷 사용
- L2: 다른 가상랜 사용
- L1: 다른 물리적 경로 사용

첫째, 일반적인 진화된 노드B 주소 모델을 설명한다(그림 12.10). 그것을 기반으로, 전형적인 네트워크 시나리오를 상세히 설명한다. 모델은 다음 두 가지 요소에 기반한다.

- IP 주소에 eNodeB 애플리케이션 바인딩

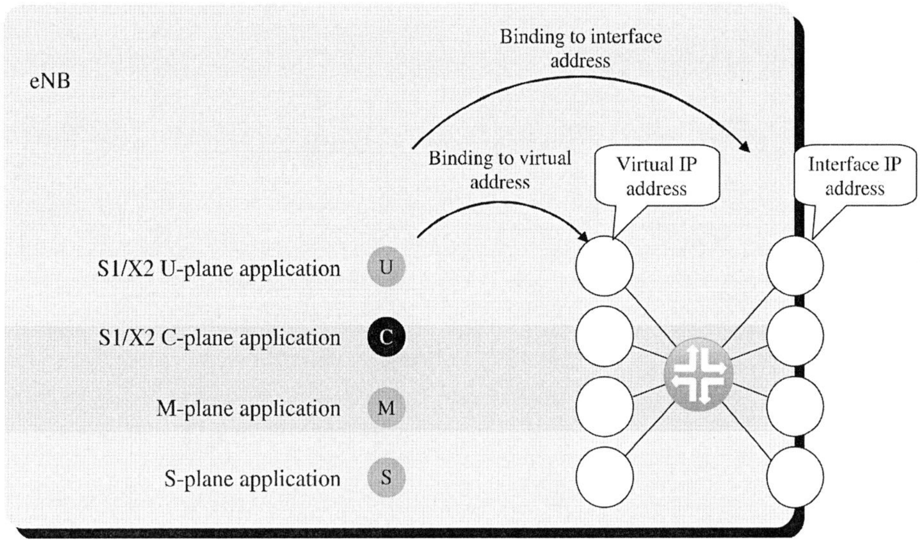

그림 12.10 eNodeB 애플리케이션과 IP 주소와의 바인딩

- 진화된 노드B 인터페이스들에게 인터페이스 인터넷 프로토콜 주소 할당

eNodeB 애플리케이션과 IP 주소와의 바인딩

eNodeB 애플리케이션들(S1/X2 U-평면, S1/X2 C-평면, M-평면, S-평면)은 마음대로 다음 주소에 바인딩될 수 있다.

- eNodeB 인터페이스 주소
- eNodeB 가상 주소

인터페이스 주소들은 eNodeB 인터페이스들이 직접 볼 수 있으나 가상 주소들은 eNodeB 내부 IP 라우터 뒤에서 나타난다. eNodeB 애플리케이션들이 가상 주소들에게 바인딩되는 설정은 보통 전송 링크(가상랜, IPsec 터널)가 한 개의 IP 주소로 종료되나 L3에서도 애플리케이션 분산이 요구되는 시나리오에서 사용된다.

eNodeB 인터페이스에게 인터페이스 IP 주소 할당

eNodeB 인터페이스 IP 주소는 여러 종류의 데이터 링크 계층 인터페이스들에게 할당될 수 있으며, 다음에 의해 제공된다.

- 물리적 인터페이스
- 논리적 인터페이스

물리적 인터페이스는 이더넷 포트를 통해 제공된다. 논리적 인터페이스는 VLAN 종단에 의해 제공된다. 이런 일반적인 모델은 다양한 네트워크 시나리오를 지원한다. 그림 12.11은 두 가지 예를 나타낸다. 왼쪽의 설정에서는 기능 평면들(eNodeB 애플리케이션들)이 L2에서 분산된다. 이와는 대조적으로 다른 예에서는 IPsec은 단일 터널에서 사용됨과 동시에 기능적 분산

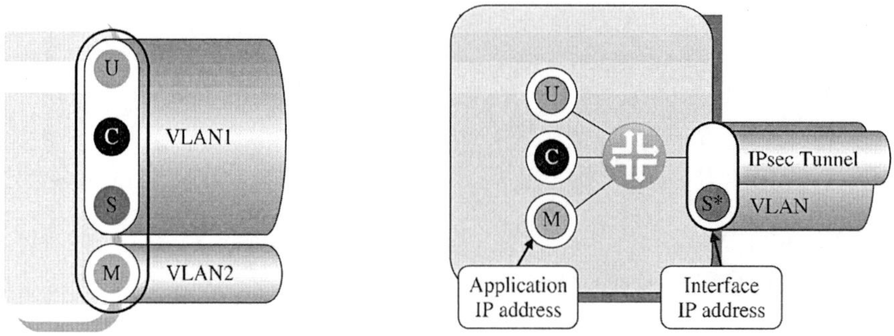

그림 12.11 eNodeB 주소할당 예제

은 L3에서 수행된다.

가장 단순한 설정에서는 진화된 노드B는 U-평면, C-평면, M-평면 그리고 S-평면을 위해 한 개의 인터넷 프로토콜 주소를 가질 수도 있다.

12.3 LTE 내부 핸드오버에 대한 역할

미래장기 진화 이동통신 방식(LTE) 내부 핸드오버는 S1 인터페이스(S1 핸드오버) 또는 X2 인터페이스(X2 핸드오버)를 통해 수행될 수 있다. X2 핸드오버에서는 소스 eNodeB와 타깃 eNodeB 사이의 다운링크 데이터 전달이 최적화된다. 모바일 백홀 네트워크에 대한 영향을 지금부터 보다 자세히 다룬다. 근본적으로 S1과 X2 핸드오버 모두 유사한 고려사항이 적용된다. 대다수의 경우 X2 인터페이스가 있다고 예상함으로, 이것을 보다 자세히 분석한다. X2는 자발적 구조화 네트워크(SON) 기능에 필요하다(9장 참조).

X2 핸드오버 과정에서 무선 링크는 짧은 순간(30~50 ms)에 정지된다. 소스 eNodeB에 도달하는 다운링크 패킷들은 S1 경로가 타깃 eNodeB로 변경되기 전까지 논리적인 X2 인터페이스를 통해 타깃 eNodeB에 전달된다.

핸드오버의 첫 단계 (1)에서(그림 12.12 왼쪽 참조) 소스 eNodeB로 전달되는 다운링크 트래픽이 통상적으로 가볍게 사용되는 소스 eNodeB의 업링크 경로를 채운다(비대칭 사용자 트래픽과 대칭 백홀 용량 업링크/다운링크를 가정한다).

단계 (1)의 시간 T1은 C-평면 처리(전송 지연 포함)에 의해 결정되며 무선 인터페이스 중단 시간보다 많이 걸릴 수 있다.

단계 (2)에서는(그림 12.12 오른쪽 참조) 동시에 일어나는 다수의 핸드오버와 X2 패킷들이 전송되고 있는 동안 S1 경로를 통해 다운링크 패킷이 먼저 타깃 eNodeB에 도착함으로 인해 타깃 eNodeB의 연결은 일시적으로 혼잡해질 수 있다. 이와 같은 '중첩 시간' T2는 소스 eNodeB와 타깃 eNodeB로의 S1 지연이 거의 동일하다고 가정할 경우, X2 전송 지연에 의해 생성된다. 혼잡이 발생할 경우, 패킷들은 영향을 받는 전송 노드에서 대기행렬에 들어갈 수 있다(잠재적으로 서비스품질 조건에 따라 버려질 수도 있다). 그러나 X2 트래픽이 S1 트래픽과

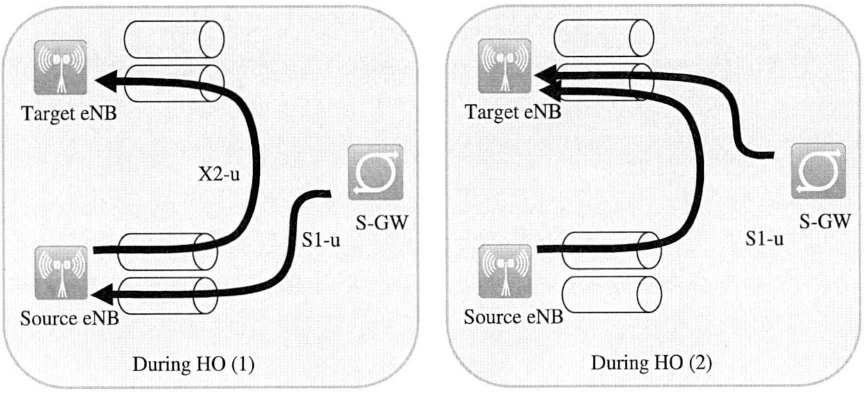

그림 12.12 X2 핸드오버

완전 동일하게 간다고 해도(T2~S1 업링크 지연시간 + S1 다운링크 지연시간), 이런 버스트의 확률과 지속시간은 매우 제한적일 것이다.

결론적으로, X2의 용량 요구사항은 S1과 비교하여 매우 작다. 이동성 모델의 분석 결과 2%... 3%의 추가 용량의 결과가 나왔다.

12.4 성능 요구사항

12.4.1 처리 효율(용량)

20 MHz 설정에서는 150 Mbps 다운링크(64직교위상 진폭 변조 2×2 다중 안테나 방식)와 75 Mbps 업링크(64 QAM 단일 스트림) 최대 셀 순간 최대 속도가 제공될 수 있다. 셀 순간 최대 속도는 이상적인 무선 인터페이스 조건 아래에서만 실현 가능하다. 기지국에 매우 가까이 있어야 하며 다른 셀들의 간섭이 없어야 한다. 평균 다운링크 셀 주파수 효율은 대규모의 셀 환경(섹터 3개)에서 약 1.5~1.7 bit/s/Hz 정도이고 소규모의 셀(섹터 1개)의 경우 2.4~2.9 bit/s/Hz이다. 이것은 평균 상황에서의 셀 순간 최대 용량이며 시간에 따른 평균은 아니다. 이 장에서는 다운링크 1.7 bit/s/Hz 그리고 업링크 0.7 bit/s/Hz의 주파수 효율을 가진 마크로 셀 설정을 가정하며, 이런 가정은 10 MHz와 20 MHz 대역에 대한 좋은 근사치이다.

요구되는 전송 용량은 다음 두 가지 방식으로 분할될 수 있다.

- 사용자 트래픽 프로파일에 기반한 분할
- 무선 인터페이스 기능에 기반한 분할

사용자 트래픽 프로파일에 기반한 분할은 운영자의 계획 데이터가 필요하다. 실질적인 필요에 따라 설정할 수 있으며 서비스 품질 매개변수들을 고려할 수 있게 한다. 반면 무선 인터페이스 기능에 기반한 분할은 트래픽 프로파일이 없을 경우 간단하고 직선적인 대안을 제공하며 초기 계획 수립을 위해서는 충분하다. 이 방식은 아래에서 보다 자세히 설명한다. 여기에서 고려할 사항은 진화된 노드B 백홀 인터페이스에 대해서만 해당된다. 트래픽 프로파일에 따라서 통계적 다중화 이득은 집합점에서 전체 용량 요구사항을 줄일 수 있다.

무선 인터페이스에서의 용량을 eNodeB 전송(백홀) 인터페이스에서의 동일한 용량 요구로 '전환'하기 위해서 무선 인터페이스 오버헤드는 빼줘야 하고, 전송 오버헤드는 더해줘야 한다.

50% 소형(60바이트), 25% 중형(600바이트), 25% 대형(1500바이트)로 구성된 전형적인 트래픽 프로파일에서 전송 오버헤드는 IPv4와 IPsec을 사용할 경우 약 25% 정도, IPsec을 사용하지 않을 경우 약 15% 정도일 것으로 추측된다.

해당되는 전송 용량을 계산하기 위해서 무선 인터페이스 오버헤드(패킷 데이터 집합 프로토콜/무선 링크 제어)를 뺀 다음 IPsec이 포함되었을 경우 20%, IPsec이 포함되지 않았을 경우 10%가 무선 인터페이스 데이터 속도에 추가되어야 한다.

N이 한 eNodeB 사이트 내 셀 개수일 경우, 다음과 같은 주요 개념을 구분할 수 있다(그림 12.13의 셀 3개를 사용한 예).

- 'All-Average' 백홀 연결은 모든 셀들의 합산 평균 용량을 지원함.
  Ctrs = N × Cavg
- 'All-Average/Single-Peak' 백홀 연결은 모든 셀들의 합산 평균 용량과 한 셀의 순간 최대 용량 중 더 큰 값을 지원한다.
  Ctrs = MAX(N × Cavg; Cpeak)
- 'All-Peak' 백홀 연결은 모든 셀들의 합산 순간 최대 용량을 지원함(non-blocking).
  Ctrs = N × Cpeak

대부분의 경우 'All-Average/Single-Peak'는 운영비용에 큰 영향을 미칠 수 있는 사용자 서비스 기능과 전송 용량 요구사항 사이의 적절한 균형을 제공한다. 이 접근법으로 셀 순간 최대

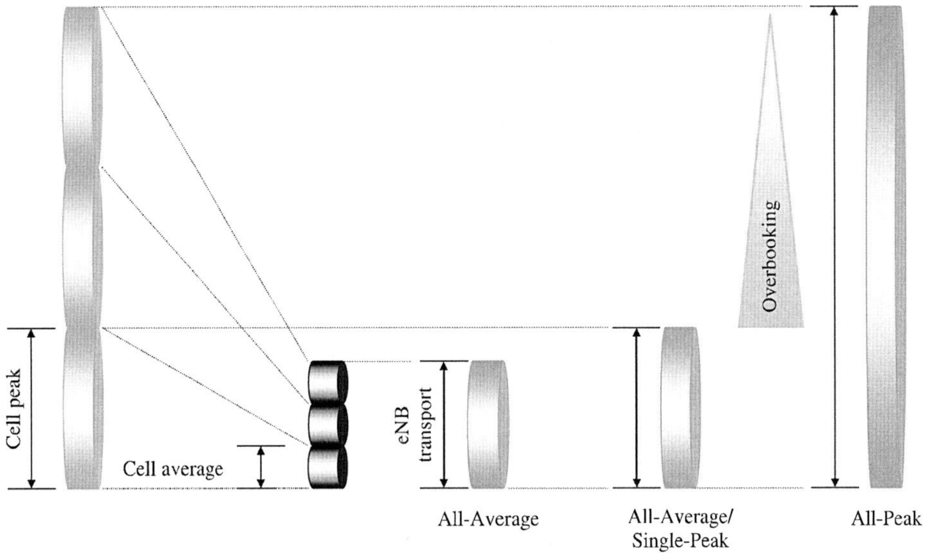

그림 12.13 전송 용량 분할 시나리오

속도까지 선전된 사용자 서비스 순간 최대 속도가 하나의 셀에서 일시적으로 지원될 수 있다. 그러나 선전된 사용자 서비스 속도는 셀 순간 최대 속도의 일부분에 지나지 않는다. 이는 주로 고정 광대역(xDSL) 서비스 속도와 해당 애플리케이션에서 비롯되는 사용자 기대치에 의해 좌우되고 있으며 미래 장기진화 이동통신 방식 서비스 품질(LTE QoS) 매개변수들에 인해 강제된다. 이는 여러 사용자들이 해당 속도로 동시에 지원될 수 있음을 의미한다. 서비스 차별화와 함께 다른 최대 속도가 여러 사용자에게 적용될 수 있다. 프리미엄 사용자들은 가장 높은 전송 속도를 제공받을 수 있다.

사용자 수가 적을 경우, 사용자 서비스 속도가 셀 순간 최대 속도가 아닌 분할에 적용된다면 전송비용을 더욱 더 절감할 수 있다. 요약하면, 'All-Average/Single Peak'는 일반적으로 좋은 균형을 이룬다. 하지만 핫스팟과 같이 사용자들이 동일한 진화된 노드B의 다중 셀 안테나와 근접해 있을 경우 under-dimension이 발생할 수 있다. 또한 사용이 낮은 사이트의 경우 over-dimension이 발생할 수 있다.

'All-Peak' 개념은 항상 over-dimensioning을 유도하기 때문에 추가 비용이 발생한다. 그러나 eNodeB 사이트에 광망이 제공된다면, 추가 비용은 감당할 수 있을 정도가 된다. 운영자가 전송 서브시스템에 병목현상이 전혀 발생하지 않는 경우를 요구할 수도 있다.

'All-Average/Single-Peak' 개념의 예로, 전형적인 1 + 1 + 1 10MHz 다운링크 64직교위상 진폭변조 2 × 2 다중 안테나 방식 업링크 16QAM 설정이 그림 12.14에 나타나 있다.

이 설정은 고속 이더넷 백홀 선을 통해 지원될 수 있다.

그림 12.15는 2 + 2 + 2 20MHz 다운링크 64QAM 2×2 MIMO 업링크 16QAM 설정이 적용된 'All-Peak' 시나리오를 나타낸다.

한 가지 주의해야 할 점은 eNodeB에서 단일 기가비트 이더넷 인터페이스로는 다운링크 전송 용량이 1 Gbps로 제한되기 때문에 이론적으로 가능한 무선 인터페이스 용량을 최대한 사용할 수 없게 된다. 12.3절에서 언급된 바와 같이 LTE 내부 핸드오버(S1 또는 X2 U-평면을 통

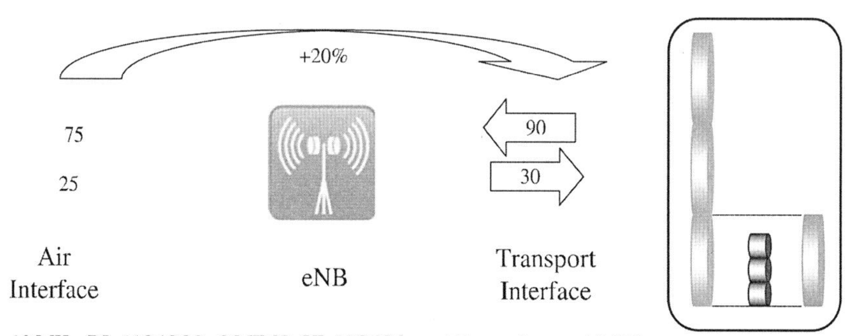

3 cells, 10 MHz, DL 64QAM 2×2 MIMO, UL 16QAM
DL 17 Mbit/s net PHY average rate per cell
UL 7 Mbit/s net PHY average rate per cell
DL 75 Mbit/s net PHY peak rate per cell
UL 25 Mbit/s net PHY peak rate per cell

Ethernet layer, with IPSec

그림 12.14 예; 'All-Average/Single-Peak' 1 + 1 + 1 10 MHz

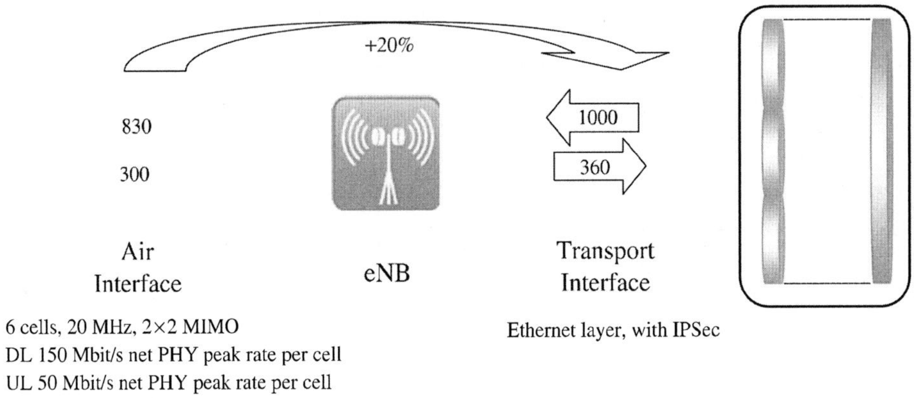

그림 12.15 예; 'All-Peak' 2 + 2 + 2 20 MHz

한)를 위해 필요한 용량은 S1 U-평면 트래픽과 비교해 매우 작다(2%~3%).

M-평면, C-평면 그리고 S-평면 용량 요구사항은 S1 U-평면과 비교하여 무시해도 될 정도의 수준이다.

12.4.2 지연, 지연 변동(지터)

지연 요구사항은 사용자 서비스(인터넷 텔레포니, 웹 서핑, 파일 전송, 게임, 스트리밍, 이메일 등의 U-평면 종단간 지연/지연 변동), 무선 네트워크 계층 프로토콜(C-평면) 그리고 동기화(S-평면)에서 비롯된다.

U-평면

U-평면 지연 요구사항은 사용자 서비스 품질 기대치에 의해 결정된다. 당연히, 지연 요구사항은 양방향 서비스에서 매우 중요하다(반응시간에 영향). 그러나 사용자 서비스가 전송제어 프로토콜에 기반할 경우, U-평면 지연과 처리량 성능 사이에도 관계가 형성된다(12.4.3절 참조).

10.7절과 11.11절에서 설명된 바와 같이미래 장기진화 이동통신 방식(LTE)은 15 ms 이하의 RTT 달성이 가능하다. 이것은 단말에서 시작되는 핑 지연시간 측정을 통해 확인할 수 있으며, 서버는 진화된 망구조 게이트웨이 가까이에 위치한다. 이동통신 세계화 시스템과 광대역 부호 분할 다중 접속과는 달리 모바일 백홀 지연시간이 왕복 경로 시간에 미치는 영향이 상대적으로 높아졌기 때문에 조심스럽게 다루어야 한다. 기지국과 일반적으로 중앙집중된 SAE-GW 사이의 일방 거리가 500 km 증가할 때마다 RTT는 5 ms 늘어난다. 이것은 피해갈 수 없는 광망의 지연시간만을 고려한 것이다(유리 내부에서의 빛의 속도는 약 200,000 km/s이다). 중간 전송 노드로 인해 발생하는 지연을 포함시킬 경우, RTT의 전송은 쉽게 무선부분을 초과할 수 있게 된다.

지연 외에도 지연 변동(지터) 또한 고려해야 한다. LTE 무선 인터페이스 스케줄러와 재전송 및 전송 네트워크는 종단간 지터에 기여한다. VoIP, 오디오/비디오 스트리밍과 같은 실시간 사용자 애플리케이션들은 올바로 분할된 지터 버퍼를 사용하여 10~20 ms 정도의 지터를 감당하도록 설계되었다. 네트워크 분할과 내장된 서비스 품질 기능은 지원되는 애플리케이션들의 종단간 지연 및 지연 변동 용량이 초과되지 않도록 보장해야 한다.

근본적으로, 위에서 언급한 서비스 관련 사용자 고려사항은 S1과 X2에 모두 해당된다. 12.3절에서 언급된 바와 같이 핸드오버 중에 소스 진화된 노드B에 도착하는 다운링크 패킷들은 타깃 eNodeB에 전달된다. 즉, 보다 긴 경로를 거치게 된다. 기본적으로 X2 지연시간을 무선 링크 중단 시간(30~50 ms)보다 매우 적게 구현하는 것으로 발생하는 이득은 없다. 해당 패킷들은 타깃 eNodeB에서 무조건 기다리게 되기 때문이다. 대부분의 사용자 애플리케이션들은 이와 같은 단기간 지연 증가를 감당할 수 있다.

C/M-평면

광대역 부호 분할 다중 접속의 경우 RNL 관련 지연 요구사항은 Macro-Diversity Combining, Outer Loop Power Control, Frame Synchronization, Packet Scheduler 등 Iub/Iur 상의 다수의 무선망 기능에 적용된다. 반면 LTE의 경우 전송 지연 요구사항은 사용자 서비스(U-평면)에 의해 결정된다. 특히, 대부분의 핸드오버 메시징은 지연에 둔감한 준비 단계에서 이루어진다.

S-평면

eNodeB 동기화를 위해 IEEE1588-2008에 기반한 정밀시간 프로토콜(PTP)이 사용될 경우 지연 편차에 대한 구체적인 요구사항이 적용된다(12.8.1절 참조).

12.4.3 TCP 고려사항

전송제어 프로토콜(TCP: Transmission Control Protocol)는 패킷 데이터의 안정적인 전송을 제공하기 위해 설계되었다. 오늘날 TCP는 인터넷 상에서 모든 패킷 트래픽의 80~90% 사용된다. TCP는 일반적으로 안정성이 중요한 애플리케이션과 해당 프로토콜을 위해 사용된다. 웹 브라우징(HTTP), 이메일(SMTP) 그리고 파일전송(FTP) 등을 예로 들 수 있다. TCP의 흐름 제어 방식으로 인해 단일 TCP 연결의 전송률은 TCP 윈도우 크기와 왕복 경로 시간의 비율에 의해 제한된다. 64 KB의 표준 TCP 수신 윈도우 크기(RFC793)가 주어졌을 경우, 20 ms의 RTT는 TCP 흐름 제어로 인해 제공 가능한 서비스 속도를 정상상태의 단일 TCP 연결에 대해서 약 25 Mbps로 제한한다(그림 12.16 참조). 이같은 제한은 동시다발적 TCP 연결을 사용함으로써 완화될 수 있으며, 이는 웹 브라우징에서 흔히 사용된다. TCP Window Scaling(RFC1323)을 통해 수신 윈도우를 키우는 방법도 제한을 완화시킬 수 있다. 이같은 기능은 오늘날 많은 웹 서버가 지원하고 있다. 특히 음악, 비디오, 소프트웨어 다운로드와 같은 큰 파일 전송은 운영자가 고속서비스를 제공한다면 이런 조치를 통해 혜택을 볼 수 있다.

정상상태 외에도 TCP 연결 시작과 패킷 손실 이후의 행동이 RTT의 영향을 받는다. 오늘날 사용되는 브라우저와 웹사이트 그리고 평균 1 MB 이하의 페이지 크기를 감안했을 때 대다수의 웹 트래픽은 느린 시작 단계에서 전송된다고 가정할 수 있다. 따라서 TCP Window Scaling은 큰 도움이 되지 못한다. 어쨌든 전송망은 정상상태에서 보다 높은 TCP 데이터 속도 및 보다 빠른 TCP slow start 경우에 대해서 낮은 지연을 고려하여 설계되어야 한다.

CDN(Content Distribution Network)은 네트워크 부하를 줄이지만 종단간 RTT 또한 줄이기 때문에 파일 전송 성능에 긍정적인 영향을 미친다. CDN 지원 서비스에 대해서 모바일 네트워크

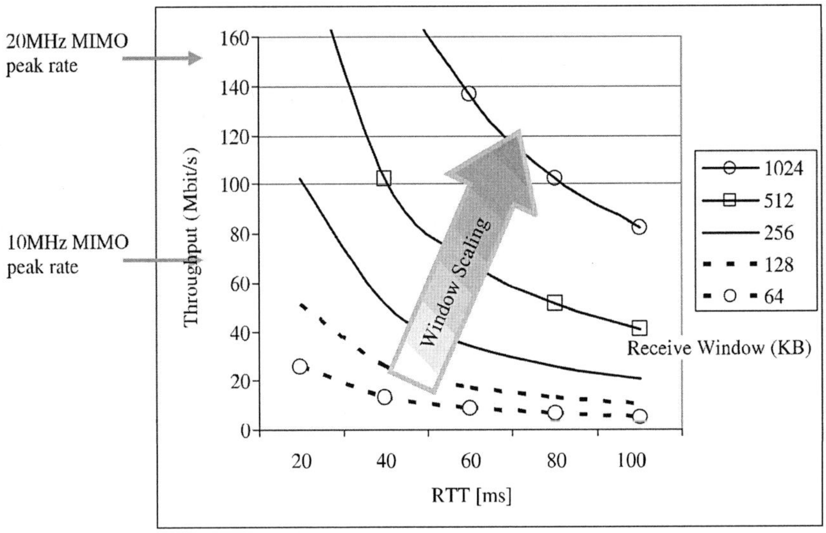

그림 12.16 TCP 데이터 전송속도 대 RTT

관련 RTT가 지배적일 것이다.

12.5 LTE용 전송망 구조

12.5.1 적용 사례

모바일 네트워크는 일반적으로 사용자 밀도(대도시 지역 대 지방 지역)와 위상적 요구사항(고속도로, 철도 등)에 따라 구성되고 분할된다. 전송 관점에서 볼 때 네트워크는 일반적으로 백본 네트워크와 모바일 백홀 네트워크로 분할된다. 미래 장기진화 이동통신 방식 백본 네트워크는 일반적으로 인터넷 프로토콜/다중 프로토콜 라벨 스위칭에 기반한다. 이와 달리 모바일 백홀 네트워크는 매우 다양하다.

이더넷(L2VPN-Carrier Ethernet 또는 IP/MPLS 기반)과 IP(LP3가상 사설망-IP/MPLS 기반) 전송 서비스가 모바일 백홀 네트워크에 적합하도록 진화된 노드B는 IP-over-Ethernet 인터페이스를 지원한다. 이와 같은 전송 서비스는 모바일 운영자가 직접 제공하거나(자체 전송망) 다른 운영자가 제공할 수 있다(전용회선 서비스). 두 경우 모두, 서비스 특징과 매개변수는 서비스 수준 규격(SLS: Service Level Specification)에 명시되어 있다. SLS는 서비스 등급 약관(SLA: Service-Level Agreement)의 일부이다. 이들은 운영 사업적 경우에 대해서 큰 차이가 있으나, 여기서는 개념상 동일하게 취급한다.

대부분의 경우, 종단 라우터를 통해 구현되는 모바일 백홀 네트워크와 백본 네트워크 사이의 경계점은 네트워크의 불안정한 부분과 안정된 부분의 경계선과 일치한다. 네트워크 보안을 목적으로 IPsec이 적용될 경우(12.7절 참조) 보안 게이트웨이가 IPsec 터널 IP 계층의 종단으로 사용되며 반대쪽 끝에는 eNodeB가 사용된다. 따라서 보안 게이트웨이는 종단 라우터와 함께 위치할 수 있다.

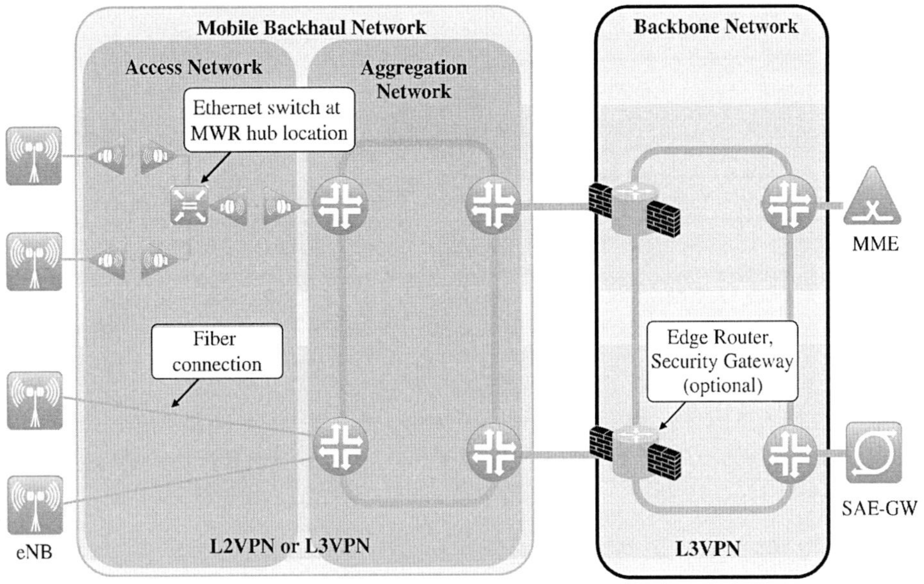

그림 12.17 적용 사례(물리적 관점)

그림 12.17은 모바일 백홀 네트워크가 접속망와 집합망으로 세분화되는 물리적 관점을 보여준다. 대부분의 경우, 접속망은 광 그리고 극초단파 라디오 기반 트리 또는 체인 구성을 사용하며, 집합망은 광 링 구성을 사용한다.

전송망은 자체 이더넷 기술을 사용하여 구현할 수도 있다. 트래픽 분리와 확장 이유 등으로 인해 네트워크는 가상랜 단위로 분할되어야 하며 브리징은 중간 단계 노드에서 이루어진다(예를 들어, 극초단파 무선 허브).

12.5.2 X2 연결 요구사항

X2 핸드오버 원칙은 12.3절에서 설명하였다. 전송망 요구사항에 대해 일반적인 오해가 있다. 얼핏 보기에는 X2 'turning point'가 기지국 근처에 있으면 당연히 좋을 것처럼 보인다. 그림 12.18의 근단 X2 연결을 참고하길 바란다. 이것은 이더넷 스위칭이나 인터넷 프로토콜 라우팅

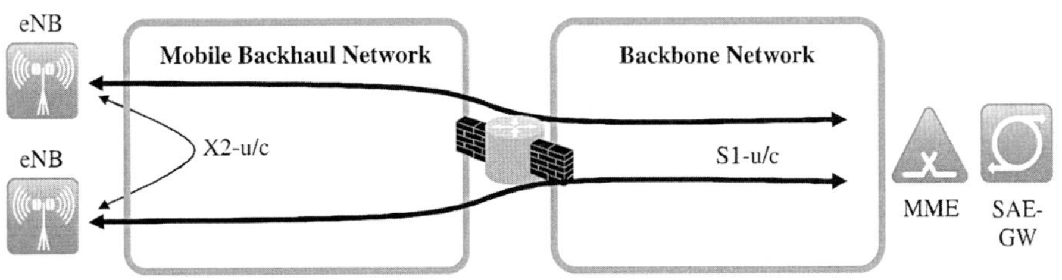

그림 12.18 근단 X2 연결

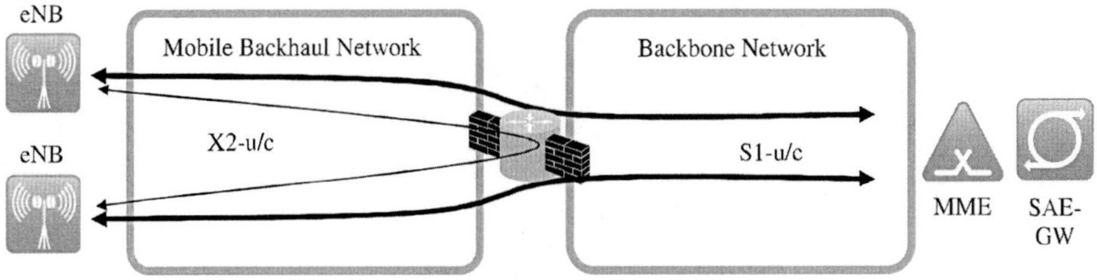

그림 12.19 원단 X2 연결

기능을 사용하여 구현할 수 있다. X2 지연은 낮으며 X2 트래픽은 모바일 백홀 네트워크의 상위 부분에 부하를 주지 않을 것이다. 반면 S1 전송 경로는 낮은 지연을 위해 최적화되어야 한다(12.4.2질 참조). 무신 링크 중단시간(30~50 ms)보다 많이 적은 X2 지연은 보탬이 되지 않는다. 또한 X2 트래픽 양은 S1 트래픽과 미미하게 비교되기 때문에 절약 가능성은 매우 제한적이다.

그림 12.19의 원단 X2 연결은 hub-and-spoke를 사용하여 현존하는 구성으로 구현할 수 있다. 원단에서 IP 라우팅이 요구되며 이는 백본 종단 라우터를 이용하여 구현할 수 있다. 이 구조는 앞서 분석한 지연 및 용량 요구사항을 만족시킨다.

근단 X2 연결은 3세대 파트너십 프로젝트 릴리즈 8/9/10 미래 장기 진화 이동통신 방식 네트워크 구조에 일반적으로 유리하지 않다고 결론지을 수 있다. 특히, 이웃 진화된 노드B들 사이에 직접적인 물리적 연결은 불필요하다.

12.5.3 전송 서비스 속성

전송 서비스 속성은 eNodeB 백홀의 전송 서비스 요구사항을 정의하기 위해 사용된다. 눈여겨볼 점은 이 속성들은 IP 계층(L3)에서 종단(eNodeB와 core 네트워크 요소 사이)에 대해 정의되어 있으며 일반적으로 네트워크의 여러 부분에 할당되어야 한다. 특히, 전송 서비스가 부분적으로 이더넷 가상연결(EVC: Ethernet Virtual Connection)에 의해 제공될 경우 이 속성들은 L2에 대응되는 속성들로 전환되어야 한다.

이더넷 서비스 속성은 Metro Ethernet Forum에 의해 정의되어 있다[7]. 이 속성들은 선택사항이며 이 속성들의 일부만으로도 LTE 전송 서비스를 정의하기에 충분할 수 있다. 이더넷 용량 요구사항은 서비스 속성에 의해 정의되어 있다.

표 12.1 전송 서비스 속성(권장사항)

Service Attribute	Value
L3: Packet Delay (PD) L2: Frame Delay (FD)	≤20 ms
L3: Packet Delay Variation (PDV) L2: Frame Delay Variation (FDV)	≤+/−5.0 ms
L3: Packet Loss Ratio (PLR) L2: Frame Loss Ratio (FLR)	≤10e-6

- 전용 정보 속도(CIR : Committed Information Rate)와 전용 버스트 크기(CBS : Committed Burst Size)
- 초과 정보 속도(EIR : Excess Information Rate)와 초과 버스트 크기(EBS : Excess Burst Size)(선택사항)

12.4.2절에 설명된 바와 같이 전송 서비스의 성능 요구사항은 사용자 서비스 측면에 의해 우선적으로 결정된다. 표 12.1에 주어진 값들은 권장사항이지 필수사항은 아니다.

12.6 서비스 품질

12.6.1 종단간 QoS

사용자 서비스를 위한 특정 종단간 서비스 품질을 쉽게 하기 위해 무선 및 전송 QoS는 지속적으로 고려되어야 한다(그림 12.20 참조).

무선 인터페이스 자원은 부족하기 때문에 엄격한 제어가 적용되어야 한다. 이는 연결 수락 제어(CAC: Connection Admission Control)를 통해 보장된 비트속도 유형 서비스들에 대해 용량을 예약해야 함을 의미한다. 우선권이 적용된 제어된 오버부킹은 비 GBR 유형 서비스를 위해 사용된다. 모바일 백홀 네트워크의 접속 부분의 자원상태와 유사하기 때문에 사용되는 원칙도 유사하다. 신호 대 간섭비는 GBR 서비스의 지속성을 보장하고 오버부킹과 우선권을 사용하는 초과정보 전송률은 비 GBR 트래픽에 적용될 수 있다. 그럼에도 불구하고, CIR을 사용하여 비 GBR 트래픽을 위해 최소 용량을 예약할 것을 권고한다.

네트워크 집합 부분의 상황은 여유가 있기 때문에 덜 엄격한 제어가 필요하다. 그래도 용량 예약과 트래픽 우선권이 요구되는 상황이 발생할 수 있다. 만약 자원이 충분하다면, 이 부분은

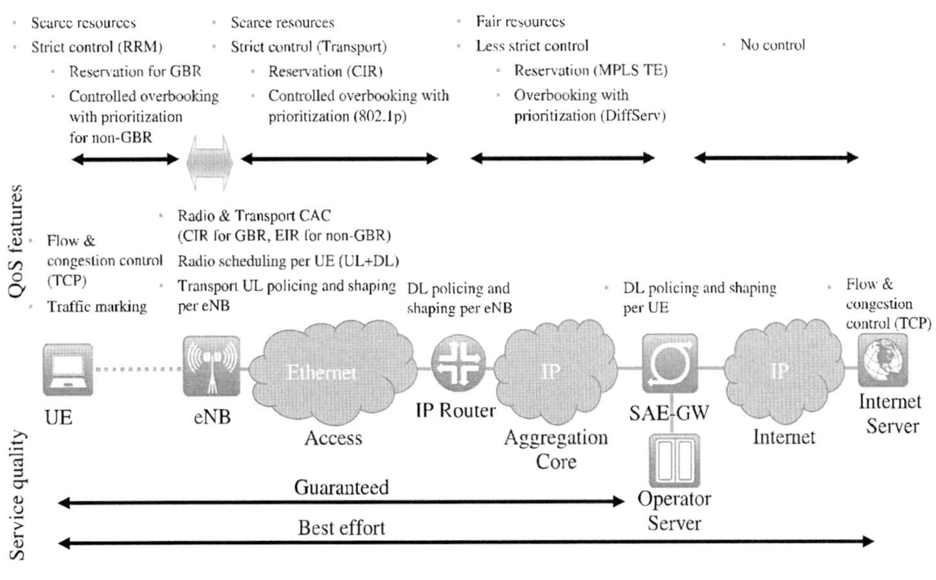

그림 12.20 종단간 QoS

연결수락 제어에 의해 무시될 수도 있다.

진화된 망구조 게이트웨이까지의 모바일 네트워크는 운영자에 의해 제어된다. 따라서 네트워크 분할이 제대로 이루어졌을 경우 서비스 품질을 보증할 수 있다. 당연히 CAC가 여기서 가장 적합하다. 만약 실제 사용자 서비스가 인터넷 아무 곳에 위치한 서버에서 제공된다면 얘기가 달라진다. 최대노력 서비스만이 제공 가능하다. 만약 사용자 서비스가 전송제어 프로토콜에 기반한다면(트래픽의 80~90%), TCP 혼잡 제어 기법들이 용량의 공정한 배분을 보장할 것이다.

12.6.2 전송계층 QoS

인터넷 프로토콜 계층에서 트래픽 우선권을 주는 가장 흔한 방법은 DiffServ이다[8, 9]. 트래픽 종단점들은(진화된 노드B, 서빙 게이트웨이, 이동성 관리 개체, 망관리개체) 차별화 서비스 부호 표시 위치 값을 설정하며, 중간단계 네트워크 요소들은 패킷들을 적절히 처리한다. IPsec 터널 모드가 사용될 경우(12.7절 참조), 터널을 종료하는 네트워크 요소(진화된 노드B와 보안게이트웨이)들이 애플리케이션 계층(내부) DSCP를 IPsec 터널(외부) DSCP로 복사할 경우에 유효하다.

트래픽 집합이 IP 라우팅이 아닌 이더넷 스위칭에 의해 수행될 경우 전송망은 IP QoS (DiffServ)를 인지 못할 수도 있다. 이럴 경우 프레임 표시 기법(IEEE 802.1p 이더넷 우선순위 비트[5])을 사용하여 이더넷 계층에서 트래픽 우선권을 사용해야 한다.

서비스 품질은 무선과 전송 인터페이스에 일관적으로 적용되어야 한다. [10]에 의해 각 U-평면 서비스 데이터 흐름(SDF: Service Data Flow)은 서비스 품질 분류 식별자(QCI: QoS Class Identifier)와 연관되어 있다. 이것은 적절한 전송 계층 QoS 코드 점들에 매핑되어야 한다.

고속하향 패킷 접속의 Iub 인터페이스와는 달리 미래 장기 진화 이동통신 방식의 S1 인터페이스에는 혼잡도를 제어하는 표준화된 방법이 없다. 이것은 네트워크 설계시점부터 고려되어야 한다. 보정된 비트 속도 트래픽은 CAC에 의해 조절되어야 하며 성능은 서비스등급 약관/서비스 수준 규격(신호 대 간섭비/수용 최대 비트수 정상 조건 네트워크 속성)과 트래픽 우선권을 보장해야 한다.

비-GBR 트래픽만이 네트워크 혼잡의 영향을 받아야 한다. 대다수의 비-GBR 트래픽은 TCP 기반이다(웹 브라우징, 파일 전송, 이메일 등). 오랜 시간 고정 네트워크에서 사용되어 오던 종단간 TCP 혼잡 제어는 Random Early Discard(랜덤조기폐기, 다수의 TCP 연결을 비동기화 시키기 위해 사용)과 같은 IP 전송 기능과 함께 공정하고 효율적인 전송 용량의 사용을 충분히 보증할 것이다.

TCP는 HSDPA 혼잡 제어에 효율적으로 참여할 수 없다. 무선망 제어기와 단말 사이의 무선링크제어 재전송이 무선 인터페이스와 전송망에서 혼잡 상황을 감추기 때문이다. HSDPA 흐름제어 알고리즘은 초기에는 무선 인터페이스 스케줄러만 제어하기 위해 설계되었다. 하지만 전송망에 자주 병목현상이 발생하고, 비효율적인 RLC 재전송을 최소화하기 위해서 전송망이 자체 혼잡제어가 필요하고 인정되었다.

12.7 전송보안

시분할 다중화와 적응 가변형 전송 대역과 비교하여 IP 기반 프로토콜들은 낮은 전송 비용과 쉬운 계획 및 설정을 가능하게 한다. 대신 모바일 백홀 트래픽은 해커의 공격에 취약해진다. 높은 연산 처리용량을 제공하는 값싼 하드웨어와 향상된 도구들이 쉽게 구입이 가능해지면서 공격 방식은 빠르게 진화되었다. 또한 전통적으로 안전하고 접근이 제한된 공간에 설치되던 기지국들이 점점 공공장소나 가정에 설치되고 있다.

나아가 무선망 제어기에 기반한 광대역 부호 분할 다중 접속 기반 구조와 비교하여 전송보안에 대해서 두 가지 큰 차이점이 있다(그림 12.21 참조).

- 사용자 평면과 제어 평면 트래픽의 무선 인터페이스 보안은 진화된 노드B에서 종료된다. 미래 장기 진화 이동 통신 방식 모바일 백홀 네트워크의 트래픽은 무선 네트워크 계층 프로토콜들에 의해 보안되지 않는다.
- LTE 네트워크 구조는 평면적이기 때문에 인접 기지국들과 핵심 노드들은(이동성 관리 개체, 서빙 게이트웨이) 기지국 사이트로부터 직접 인터넷 프로토콜 접근이 가능해진다. 만약 사이트로의 물리적 접근제한이 불가능할 경우 해커가 그의 기기에서 네트워크 포트로 연결하여 앞서 언급된 네트워크 요소들을 공격할 수 있다.

모바일 백홀 네트워크와 eNodeB 사이트 모두 안전하다고 여겨질 수 있도록 전송보안 기능은 필수적인 기능으로 본다. IPsec은 데이터 기원 인증, 암호화, 온전성 보호 등과 같은 두 문제를 모두 해결하는 포괄적인 보안기능을 제공한다. IPsec과 공개키 기반 구조(PKI: Public Key

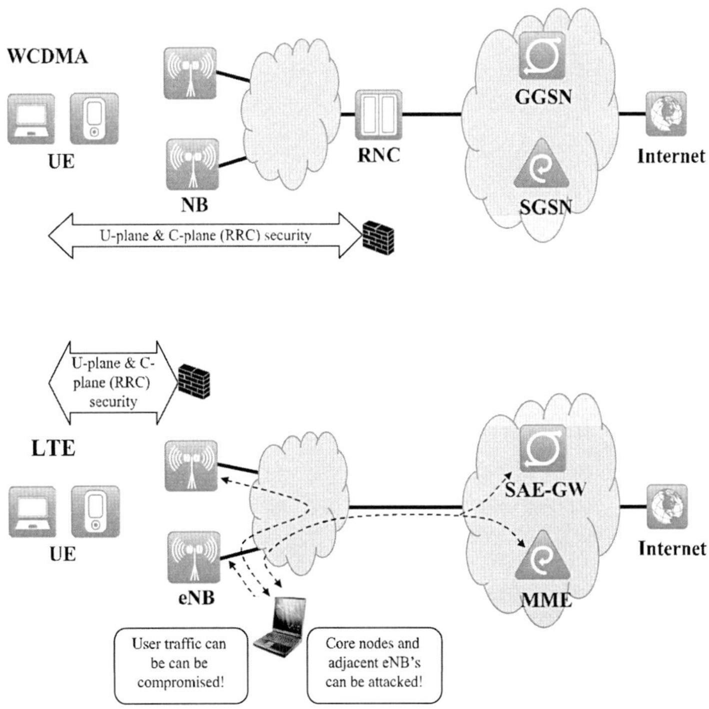

그림 12.21 WCDMA와 LTE의 보안

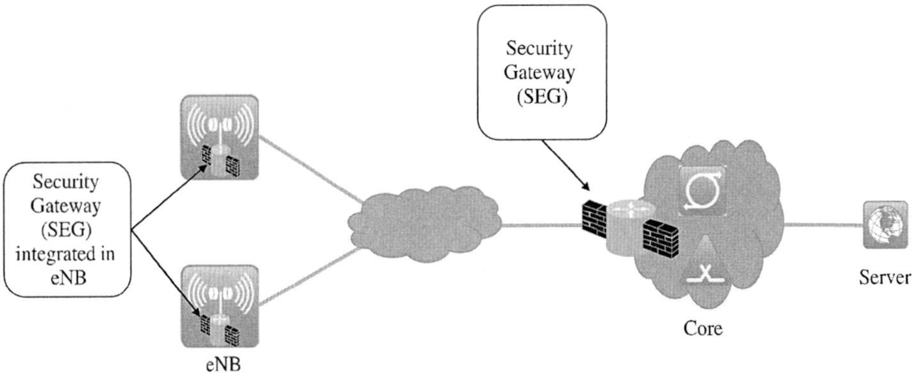

그림 12.22 네트워크의 보안 게이트웨이 기능

Infrastructure)에 기반한 3세대 파트너십 프로젝트 보안 구조는 TS33.210[11], TS33.310[12], TS33.401[13]의 사양에 서술되어 있다.

IPsec은 보안 게이트 웨이(SEG)들 간에 적용된다(그림 12.22 참조). 각 eNodeB 사이트는 한 개의 SEG 기능을 생성한다. 3GPP 네트워크 도메인 보안에 따라 하나 이상의 보안 게이트웨이가 운영자의 '보안 도메인' 끝에 위치해야 한다. 일반적으로 보안 도메인은 백본 네트워크를 포함한다. 서드파티가 제공하는 연결(임대 회선)은 통상적으로 보안 도메인 밖에 있는 것으로 취급한다. SEG는 효율적으로 핵심 노드(이동성 관리 개체, SAE-GE, 망 관리 개체)들을 모바일 백홀 네트워크로부터 감춘다. 트래픽 자체가 SEG에게 투명함으로 MME/진화된 망구조 게이트웨이 pooling과 S1-flex와 같은 다양한 코어 네트워크 설정을 지원할 수 있다.

가장 단순한 시나리오에서 진화된 노드B의 모든 S1과 X2 트래픽은 단일 IPsec 터널을 통해

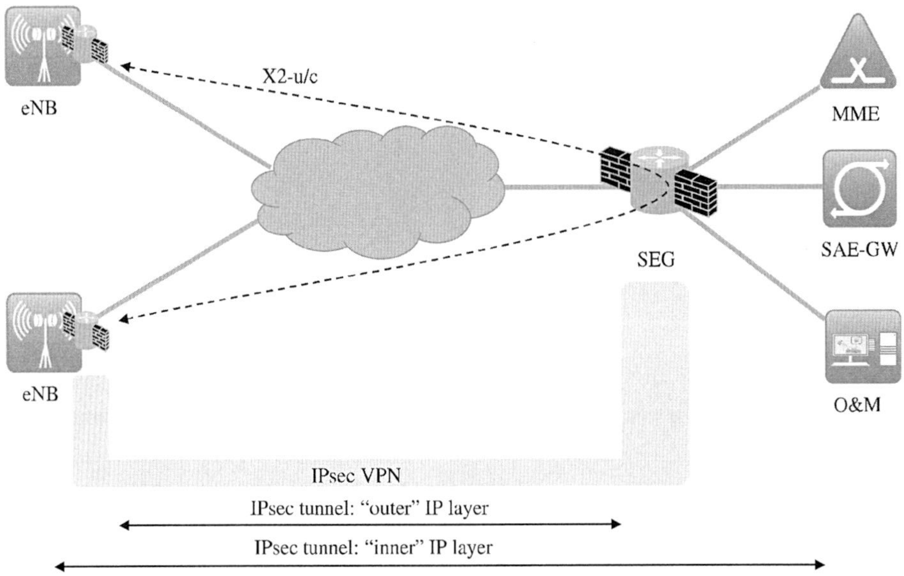

그림 12.23 X2 Star 구조(IPsec VPN)

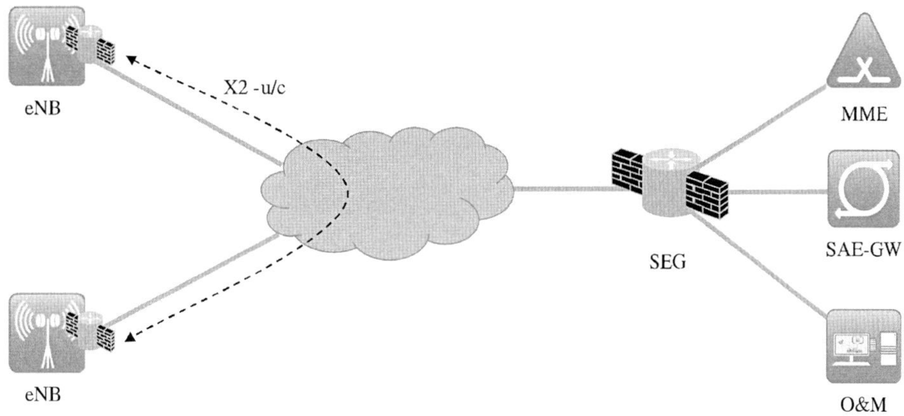

그림 12.24 X2 Mesh 구조

통과할 수 있다. 이는 X2 트래픽이 SEG로 다시 라우팅되어야 함을 의미한다. 즉, SEG 기능을 두 번 거치게 된다. 그림 12.23의 'X2 Star' 구조를 참조하기 바란다.

이외에도, X2 트래픽(U/C-평면)은 eNodeB와 통합된 SEG들 간에 직접적으로 확보할 수 있다(그림 12.24의 'X2 Mesh' 구조 참조). 평면적 LTE 구조는 'X2 Mesh'를 의미한다는 일반적인 오해가 있다. 실질적인 장점은 매우 작다. 추가 네트워크에서 절약할 수 있는 백홀 트래픽 용량은 매우 작다.

X2 지연시간은 단축되겠지만 어차피 S1을 위한 전송경로는 낮은 지연시간을 고려하여 설계되기 때문에 그 효과는 미미하다.

특히 주의할 점은 3세대 파트너쉽 프로젝트 릴리즈 8과 9 X2 자체설정은 [14] 이후로 'X2 Mesh' 구조를 완전하게 지원하지 않는다. 전송 네트워크 계층 Address Discovery 절차는 C-평면 애플리케이션 주소만 파악하기 때문에 eNodeB 애플리케이션 IP 주소들이 IPsec 터널 계층을 종료하는 인터페이스 IP 주소와 다를 경우 충분하지 않다.

IPSec 터널 모드에서는 IP 프레임의 페이로드는 추가적인 IP 헤더로 캡슐화된다. IPsec 전송모드는 추가적인 IP 헤더를 필요로 하지 않기 때문에 전송 효율은 조금 더 좋다. 그러나 전송모드는 두 IP 호스트 사이에만 적용 가능하다(RFC2401). 따라서 중앙집중화된 SEG가 적용되었을 경우 터널 모드만 선택할 수 있다. 결국 IPsec 터널 모드는 직접적인 X2 연결에만 적용 가능하게 된다. X2의 매우 낮은 트래픽 용량으로 인해 전송 효율성의 영향은 무시해도 된다. IPSec 터널 모드가 사용될 경우 애플리케이션 계층(내부)의 차별화 서비스 부호 표시 위치 값들이 IPsec 터널(외부)의 DSCP로 복사될 경우, 전송 서비스 품질 메커니즘은 영향을 받지 않는다.

12.8 동기

3GPP 요구사항에 따라 주차수구분 듀플렉스 모드의 eNodeB의 무선 인터페이스는 ±50 ppb의 정확도로 주파수 동기화 되어야 한다. 또한 LTE 시간분할 이중화 모드를 위해 위상(시간) 동기

화가 요구된다. 이는 15장에서 설명하겠지만 통신 가능 구역 내에서 프레임 타이밍과 업링크와 다운링크 설정 동기화를 가능하게 한다. 미래에는 단일 주파수 방송망 멀티미디어 방송 다중 송출 서비스와 위치 기반 서비스에서도 동기화가 필요하게 될 것이다.

전통적으로 2G와 3G 기지국들의 동기 정보는 시분할 다중화 기반 전송망을 통해 전달되거나 위성을 통해 얻을 수 있었다. 고속패킷접속 네트워크의 개발 단계 중 하나는 E1/T1 라인들을 사용하여 동기화(및 기타 시간이 관건인 통신)를 가능하게 하고 HSPA 데이터를 시간 요구사항이 보다 덜 긴박한 패킷 기반 전송망을 통해 제공하는 것이다. LTE 전송망은 패킷 기반이기 때문에 대안 기술들이 개발되었으며, 여기서 간략하게 소개한다.

12.8.1 정밀시간 프로토콜

[15]에 기반하는 정밀시간 프로토콜(PTP: Precision Time Protocol)은 패킷에 의한 동기 방식(ToP: Timing-over-Packet)로도 알려져 있으며, IP 전송망 내에서 동기화를 지원하는 검증된 방식이다. 특히 주의할 점은 네트워크가 정밀시간 프로토콜 패킷들을 위한 낮은 지연 변동(jitter)을 지원해야 한다. 대다수의 견고한 PTP 구현은 ±5ms까지의 지연 변동을 감당할 수 있다.

PTP 해법은 코어망의 PTP 그랜드 마스터(서버)와 진화된 노드B에 구현된 PTP 슬레이브(클라이언트)들로 구성된다. 마스터와 슬레이브들은 타임스탬프를 포함하는 양방향 프로토콜을 통해 통신한다. 슬레이브들은 이 타임스탬프들을 사용하여 자신들을 그랜드 마스터 시계와 동기화한다. 그 시계로부터 정확한 주파수를 끌어낼 수 있다.

LTE TDD 모드는 주파수 동기(±50 ppb) 외에 정확한 위상 동기(±1.5μs)를 필요로 한다. 주파수 동기는 긴 시간 동안 평균화를 통해 몇 밀리초 단위의 일반적인 네트워크 지터는 용인할 수 있으나 업링크와 다운링크 지연 비대칭은 요구되는 정확도로 제어할 수 없다. 이 문제를 해결하기 위해 동기 트래픽 경로에 있는 모든 중간단계 노드에서 PTP를 구현하여 출력되는 타이밍 패킷들이 현재 노드 시계에 기반하여 표시/재표시되도록 한다(경로 지원은 IEEE1588-2008[15]의 하부 경계 또는 전송 경계를 사용한다). 그림 12.26을 참고하기 바란다.

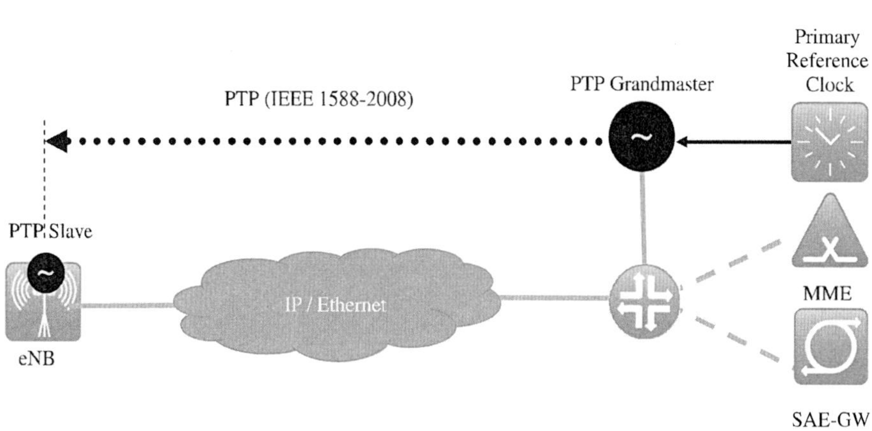

그림 12.25 PTP를 사용한 동기화(IEEE1588-2008[15])

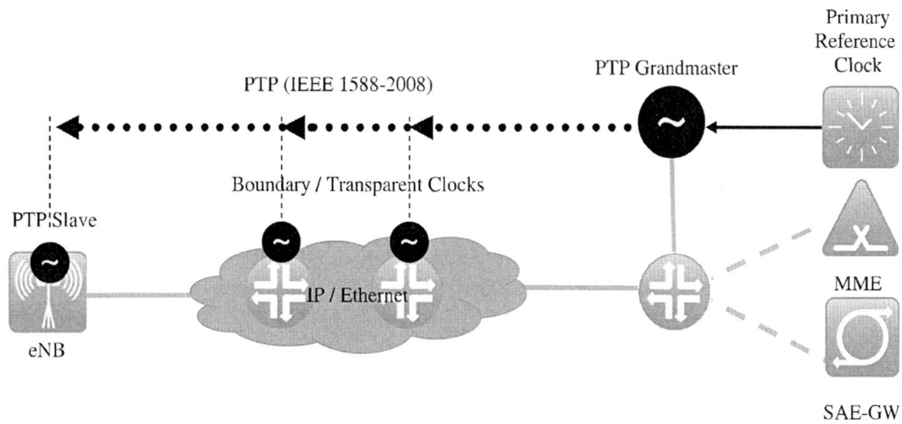

그림 12.26 시간/위상 동기를 위한 PTP

12.8.2 동기식 이더넷

G.8261/8262/8264을 기준으로 동기식 이더넷(SyncE)은 계층 1에서 주파수를 분배하는 SDH와 유사한 방식이다. 근본적으로 계층 3 기술인 PTP와는 달리 주파수 동기는 eNodeB의 이더넷 인터페이스에서 직접 추출된다. 패킷 기반 동기(IEEE1588-2008[15], NTP)와는 반대로, 복원된 주파수의 안정성은 네트워크 부하나 장애에 달려있지 않다. 동기 이더넷은 동기 트래픽 경로에 있는 모든 중간단계 노드에서 구현되어야 한다(그림 12.27).

12.9 기지국의 동일 장소 배치

적어도 초기에는 기존의 대규모 2G/3G 기지국 사이트들이 구축비용을 줄이기 위해서 LTE를 위해 재사용될 것이다. 이와 유사하게 3G 구축 때에도 자주 기존의 2G 사이트를 사용했다. 그 결과 네트워크 복잡도와 운영비용을 적절한 선에서 유지하기 위해 2G/3G/LTE 공통 백홀

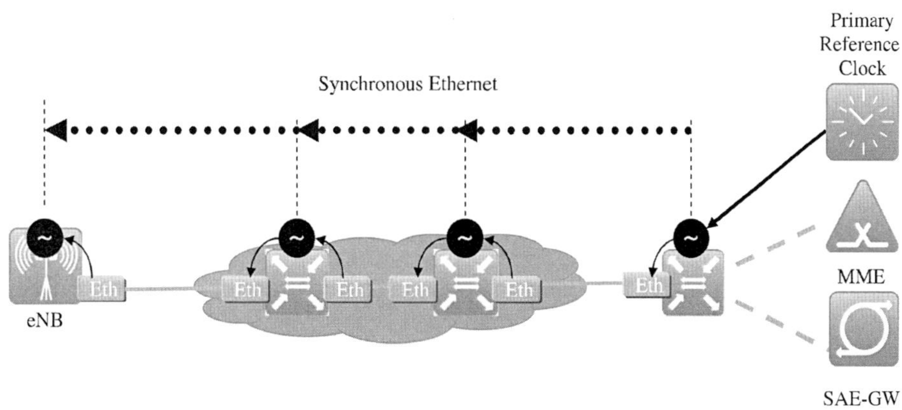

그림 12.27 동기 이더넷

해법에 대한 명백한 수요가 발생했다. 가장 간단한 방법은 기존 기지국들을 이더넷 백홀 옵션을 사용하여 업그레이드하고, 서비스 품질을 인지하는 이더넷 스위치나 IP 라우터를 사용하여 트래픽을 추가하는 것이다. QoS를 인지하는 이더넷 스위치나 IP 라우터는 외부 기기일 수도 있고 eNodeB에 통합되어 있을 수 있다. 같은 곳에 배치된 기지국이 이터넷을 지원하지 않을 경우 의사(擬似) 선과 같은 회선 에뮬레이션 기술이 대안으로 적용될 수 있다. 트래픽 집적 외에도 동기 정보의 전파와 분배가 요구된다.

12.10 요약

이 장에서는 전송망(모바일 백홀) 관련 이슈와 LTE 네트워크에서 S1과 X2 논리 인터페이스의 해법에 대한 개요를 설명했다. 무선 인터페이스 사양은 3세대 파트너쉽 프로젝트에 의해 정의되고 있지만, 다수의 서로 다른 표준화 단체들의 규격이 전송망 설계를 위해 조합되어야 한다. E1/T1 연결은 2G 음성 네트워크의 트래픽을 운반하기에는 충분하였다. HSPA는 필요조건을 수십 Mbps로 상향시켰고, 이제는 LTE가 100Mbps 이상으로 요구조건을 상향시킴으로써 전송망의 큰 변화를 암시한다. 전송 용량은 가장 높은 LTE 무선 최대 데이터 전송률에 따라 결정할 수도 있으나, 평균 및 일반적인 무선 용량에 기반하는 것이 보다 경제적일 수 있다. 전송 해법은 네트워크 운영비용의 상당한 부분을 차지할 수 있기 때문에 전송망 최적화는 매우 중요하다. 서비스 품질(QoS) 차별화는 무선 인터페이스와 전송망의 네트워크 효율을 향상시키기 위해 조화롭게 사용되어야 한다. LTE는 보다 높은 최대 데이터 전송률을 지원할 뿐만 아니라 무선 인터페이스에서의 지연을 줄인다. LTE의 이점들을 최종 사용자들에게 제공하기 위해 전송망의 지연과 지터 또한 최소화되어야 한다.

LTE의 평면 네트워크 구조는 전송 보안과 전송 혼잡 제어 알고리즘에 영향을 미친다. 3G의 계층적 구조에서는 무선망 제어기가 암호화와 혼잡 제어를 제공하였으나 LTE에서는 다양한 해법이 적용될 수 있다. 전송망은 기지국 동기화를 위해 사용될 수 있으며, 이는 네트워크 설계를 위한 특정 조건을 설정한다.

참고문헌

[1] 3GPP, TS 36.410, 'S1 General Aspects and Principles'.
[2] 3GPP, TS 36.420, 'Evolved Universal Terrestrial Radio Access Network(E-UTRAN); X2 General Aspects and Principles'.
[3] IEEE 802.3-2004, 'Carrier sense multiple access with collision detection(CSMA/CD) access method and physical layer specifications'.
[4] IEEE 802.1q-2005, 'Virtual Bridged Local Area Networks'.
[5] IEEE 802.1p, 'Traffic Class Expediting and Dynamic Multicast Filtering'(published in 802.1D-1998).
[6] IETF RFC 4861, 'Neighbor Discovery for IP version 6(IPv6)'.
[7] [MEF6.1] Metro Ethernet Forum, Technical Specification 6.1 'Ethernet Services Definitions-Phase 2'.
[8] IETF RFC 2474, 'Definition of the Differentiated Services Field(DS Field) in the IPv4 and IPv6 Headers'.
[9] IETF RFC 2475, 'An Architecture for Differentiated Services'.
[10] 3GPP, TS 23.401, 'GPRS enhancements for E-UTRAN access'.
[11] 3GPP, TS 33.210, '3G Network Domain Security(NDS), IPlayer Security'.
[12] 3GPP, TS 33.310, 'Authentication Framework'.

[13] 3GPP, TS 33.401, 'Evolved Universal Terrestrial Radio Access Network(E-UTRAN); Architecture Description'.
[14] 3GPP, TS 36.300, 'Evolved Universal Terrestrial Radio Access(E-UTRA) and Evolved Universal Terrestrial Radio Access Network(E-UTRAN); Stage 2 Overall Description'.
[15] IEEE 1588-2008, 'IEEE Standard for a Precision Clock Synchronization Protocol for Networked Measurement and Control Systems'.

CHAPTER

13 인터넷 전화

13.1 개요

데이터 트래픽과 데이터 수익은 증가하고 있지만, 음성 서비스는 여전히 운영 매출의 대부분을 이루고 있다. 따라서 미래장기 진화 이동통신 방식은 효율적으로 데이터 서비스를 지원할 뿐만 아니라 고효율의 좋은 품질을 갖는 음성 서비스도 지원하도록 설계된다. LTE 장비는 패킷 서비스만을 제공하므로 음성서비스 역시 회선교환방식이 아닌 인터넷 텔레포니 방식이 된다. 이 장에서는 LTE 음성 해법을 제시하는데, 음성지연, 시스템 성능, 커버리지, 회선 교환망과 연동도 함께 고려한다. 먼저 음성에 대한 일반 요구사항과 전형적인 음성 코덱에 대해 살펴보고, LTE 음성 지연 설계에 관련된 계산방법과 패킷 스케줄링의 옵션 및 시스템의 용량에 대해서도 알아본다. 이와 함께 음성 업링크 커버리지 제한요인과 해결방법, 그리고 기존의 회선교환 네트워크들과 연동된 LTE VoIP에 대해서도 확인한다.

13.2 VoIP 코덱

이동통신 세계화 시스템 네트워크는 FR(Full Rate) 음성 코덱에서 시작하여 향상된 최대 전송률(EFR: Enhanced Full Rate)로 진화되었다. 3세대 파트너십 프로젝트 릴리즈 98에서는 적응형 다중비율(AMR: Adaptive Multi-Rate) 코덱이 추가되어 무선환경에 따라 코덱의 속도를 적절하게 조절할 수 있게 되었다. AMR 데이터 속도는 4.75 kbps에서 12.2 kbps까지 다양하며, AMR의 최고속도는 EFR과 같다. AMR은 300~3400 Hz의 음성신호 대역에서 8kHz의 샘플링 주파수를 사용한다. 동일한 AMR 코덱이 광대역 부호 분할 다중 접속 릴리즈 99에도 포함되어 있으며, 고속 패킷 접속 상에서 음성 서비스를 실행하는데 사용되며, LTE에서도 사용된다.

광대역 적응형 다중 비율(AMR-WB: AMR-Wideband) 코덱이 3GPP 릴리즈 5에 추가되었으며, 50~7000 Hz의 음성 대역폭에서 16 kHz의 샘플링 주파수를 사용하여 실질적으로 높은 모스(MOS: mean opinion score)를 나타내는 좋은 음질을 제공한다. AMR-WB의 샘플링 주파수는 AMR의 2배가 되므로 기존의 AMR을 AMR-NB(narrowband)라고 한다. AMR-WB의 데이터 속도는 6.6 kbps에서 23.85 kbps까지 다양하며, 일반적인 속도는 12.65 kbps로 일반적인 AMR의 12.2

AMR-NB	AMR-WB
12.2 kbps	23.85 kbps
10.2 kbps	19.85 kbps
7.95 kbps	18.25 kbps
7.4 kbps	15.85 kbps
6.7 kbps	14.25 kbps
5.9 kbps	**12.65 kbps**
5.15 kbps	8.85 kbps
4.75 kbps	6.6 kbps
1.8 kbps	1.75 kbps

그림 13.1 AMR 음성 코덱 무선 대역폭

kbps와 비슷하다. 동일한 데이터 속도에서는 광대역 적응형 다중 비율이 협대역 적응형 다중 비율보다 확실히 더 나은 음질을 제공하며, 협대역의 무선 전송이 이루어지는 광대역 음성신호 방식이라 할 수 있다. 무선 대역폭은 그림 13.1과 같이 나타내며, 음성 대역폭은 그림 13.2에 나타나 있다. 가장 낮은 비트 속도는 각각 1.8 kbps와 1.75 kbps이며, 침묵 식별자(SID: Silence Indicator) 프레임 전송에 사용된다.

이 장에서는 12.2, 7.95, 5.9 kbps인 AMR 코덱에 대해 살펴보며, 12.2 kbps는 적응형 다중 비율의 12.65 kbps와 대략 같은 용량을 나타낸다.

이동망 외부에서 호출할 때 일반적으로 국제전기통신 연합 G.711 코딩을 사용하는 링크에서는 64 kbps 펄스부호 변조(PCM: Pulse Code Modulation)으로 음성 변환코딩이 필요하다. 단말들 사이의 통화에서는 변환코더나 탠덤(tandem) 없이 동작하여[1] 변환코딩이 생략될 수 있다. 변

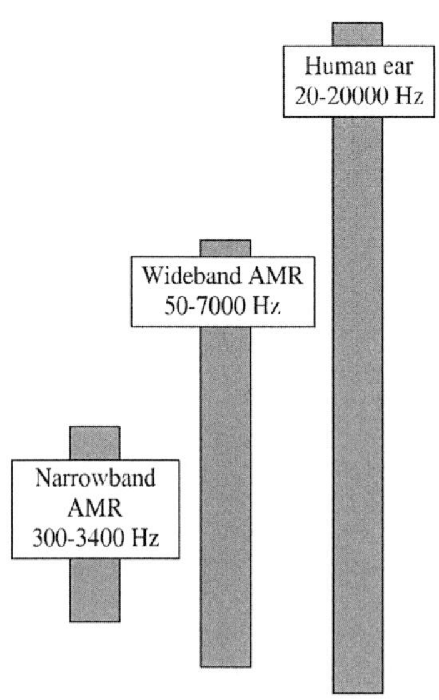

그림 13.2 AMR 음성 코덱 음성 대역폭

환코딩은 일반적으로 음성 품질을 저하시키며 네트워크 내에서 바람직하지 않다.

인터넷 텔레포니용으로 사용되는 음성코덱에는 여러 가지 종류가 있다. 예를 들어 스카이프(Skype) 나 구글토크(GoogleTalk)에서 사용되는 G.729(코딩속도 8 kbps)나 인터넷 저속비트 전송률 코덱(iLBC: Internet Low Bit Rate Codec; 코딩속도 13 kbps)이 있다.

13.3 VoIP 요구사항

신뢰할 수 있는 좋은 품질의 음성 서비스를 제공하기 위한 무선 네트워크에 대한 일련의 요구사항들을 살펴본다.

그림 13.3에서는 입에서 귀까지 음성 지연에 따른 사용자의 만족도를 나타낸다. 지연은 가급적 200 ms 이하가 되어야 하며, 이동통신 세계화 시스템이나 광대역 부호 분할 다중 접속의 음성통화 조건과 비슷하다. 만족스러운 음성 서비스를 위한 최대 허용 지연은 280 ms이다.

3장에서 설명한 인터넷 프로토콜 기반의 멀티미디어 서비스 제공규격(IMS)이 VoIP 제어용으로 운영될 수 있다. IMS는 3세대 파트너십 프로젝트의 표준화된 PCC[3]를 사용하여 무선 네트워크에서 요구되는 QoS에 대한 정보를 제공한다. 무선 네트워크는 요구되는 QoS를 충분히 제공할 수 있는 알고리즘을 보유하고 있어야 한다. QoS에는 주로 지연, 오류 비율과 대역폭 요구사항이 포함되며, LTE에 대한 QoS는 8장에서 다루었다.

음성통화가 끊기는 콜드롭 비율은 현재 최적화된 GSM/WCDMA 네트워크에서 최대 0.3% 이하인 상태로 매우 낮다. LTE의 VoIP는 GSM/WCDMA의 회선 교환된 음성통화 사이에 이루어지는 유연한 상호 연동성을 포함하여 유사한 유지상태를 제공해야 한다. LTE의 VoIP로부터 이

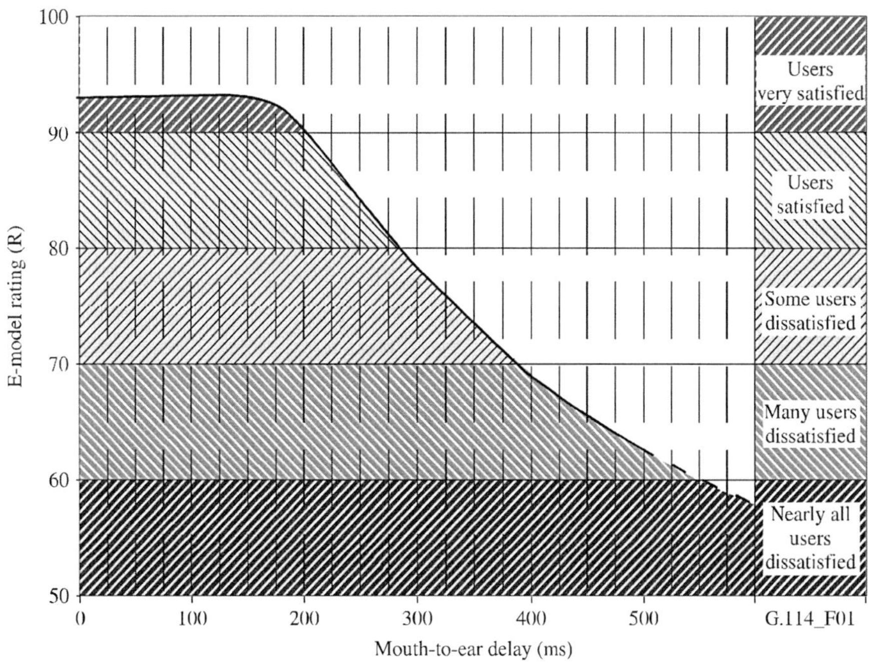

그림 13.3 MTE 음성 지연 요구사항[2]

동통신 세계화 시스템/광대역 부호 분할 다중 접속의 CS 음성통화로 이어지는 핸드오버에 관련된 일련의 동작을 단일 음성통화 무선 연속성이라고 하며, 자세한 사항은 13.10절에서 다룬다.

인터넷 프로토콜(IP) 헤더는 40~60바이트가 되지만, 적응형 다중 비율 12.2 kbps의 패킷 크기는 31바이트이므로, IP 헤더 압축은 효율적인 인터넷 텔레포니 해법을 위한 필수 요건이다. IP 헤더 압축은 단말과 진화된 노드B에 모두 필요하며, 이 장의 모든 VoIP 시뮬레이션은 IP 헤더 압축을 가정한다.

단말이 통화호 상태가 아니더라도, IP 연결에서는 가상 회선이 아직 활성 상태임을 알리기 위해 보내는 메시지가 필요하다. 이러한 메시지의 빈도는 VoIP 해법에 따라 달라진다. 즉, 운영자 네트워크 내부에 인터넷 프로토콜 기반의 멀티미디어 서비스 제공 규격이 존재하고 방화벽이나 네트워크 주소 테이블이 필요없을 때에는 IMS의 운영자가 메시지를 매우 드물게 사용할 수 있다.

VoIP와 데이터 겸용으로 설계된 LTE 네트워크들과 음성 전달기능이 없는 데이터 전용 전송 네트워크들이 공존하는 상태에서는 VoIP 로밍에 특히 더 주의를 해야 한다. VoIP 로밍에는 IMS와 일반 패킷 무선 서비스 사이의 로밍협약과 방문한 네트워크의 패킷망 교환 장비/이동성 관리 개체 모델 사용이 요구된다. 한 가지 선택은 LTE 접속 절차에서 CS 폴백으로 로밍할 때마다 회선교환 통화를 이용하는 것이다. 또한 CS 통화가 긴급 통화로 사용될 수 있는데, 그 이유는 3세대 파트너십 프로젝트 릴리즈 8 LTE 규격에서 무선망으로부터 핵심망으로 우선순위 정보나 특정한 비상 베어러를 제공하지 않기 때문이다.

13.4 지연 설계

LTE VoIP의 종단간 지연 내용에 대한 설계사항을 다룬다. 200 ms 이하의 지연이 권장되며, 이 값은 회선 교환 네트워크에서 소요되는 값이다. 지연 설계를 계산할 때 다음 가정을 따른다. 음성부호화 지연은 20 ms의 프레임 크기와 5 ms의 준비, 5 ms의 처리시간을 포함하여 30 ms로 가정한다. 수신단에서 복호화를 위한 처리시간은 5 ms로 한다. 용량 시뮬레이션에서는 업링크와 다운링크 모두에서 무선 구간 지연을 최대 50 ms로 가정하며, 여기에는 스케줄링 지연과 패킷의 초기화 및 복합재전송 기법 재전송에 소요되는 시간이 포함된다. 또한 단말에서 5 ms, SAE 게이트웨이에서 1 ms, eNodeB에서 5 ms의 처리 지연을 가정한다. 네트워크 구성에 크게 의존하는 전송 지연은 10 ms로 간주한다. 그림 13.4에 이러한 지연 설계사항을 나타내었다. LTE VoIP는 아직도 높은 효율을 제공하는 CS 음성통화보다 짧은 종단간 지연을 제공할 수 있으며, 앞서 가정을 통해 얻어진 그림 13.4의 160 ms가 입과 귀사이의 최적 지연 시간이 된다.

13.5 스케줄링과 제어채널

기본적으로 LTE 음성 서비스는 동적 스케줄링으로 이루어지며, 음성 패킷 전송과 재전송들을 위해 자원들을 할당하는데 제어채널들이 사용된다. 동적 스케줄링 방식은 자원 할당을 최적화하기 위해 충분한 유연성을 제공하지만, 제어채널 용량이 필요하다. VoIP 트래픽에 대한 무선 접속 인터페이스를 최적화할 때 다중 사용자 채널 공유는 중요한 역할을 한다. 각 사용자마다

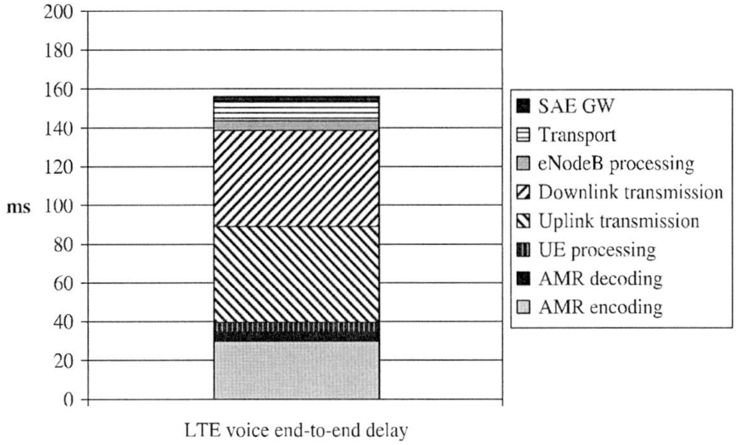

그림 13.4 LTE 음성 종단간 지연 계획

동적 스케줄러에 의해 신호 제어가 이루어지므로, 제어용 오버헤드가 VoIP 용량을 제한하는 요인이 될 수 있다. 다운링크에서 동적 스케줄러에 의해 발생되는 제어채널 용량의 소비를 줄이기 위해 사용되는 방법은 계층 1에서 여러 개의 인터넷 텔레포니 패킷들을 함께 묶어서 사용자마다 한 번에 전송하는 것이다. 패킷 번들링은 채널품질정보를 기초로 하여 이루어지며, 채널의 상태가 적합할 때에만 적용된다. 번들링의 주요 이점은 제어채널 오버헤드가 동일한 상태로 좋은 채널 조건의 사용자들은 빈번하게 스케줄링되지 않으면서 더 많은 사용자들이 네트워크를 사용할 수 있다는 점이다. 번들링의 단점은 번들링된 패킷들이 엄격한 지연 설계값을 가져야 한다는 것이다. 하지만 복합재전송 기법 재전송에 의존하지 않아도 되는 좋은 상태의 사용자에게 번들링을 적용하면 VoIP 용량에 대한 부정적인 영향을 최소화할 수 있다. 음성 품질의 관점에서 연속 패킷 손실의 확률을 최소화하는 것도 중요하며, 번들링된 패킷들을 전송하는 전송 시간 간격 동안에 링크 적응 기법을 적용시켜 손실 확률을 최소화 할 수 있다. 이것은 맨 처음 전송구간에서 패킷 에러율을 감소시키게 되는 좀 더 신중한 방식이다. 단말의 전송 전력은 낮고, 비 CQI 기반의 스케줄링 방식이므로, 패킷 번들링은 LTE 업링크에서 매력적인 기술은 아니다.

3세대 파트너십 프로젝트에서는 VoIP 용량을 위한 제어채널 제한을 피하기 위해 준-지속적인 스케줄링 방식[4, 5]을 사용하여 VoIP 패킷의 초기 전송에서 연관된 스케줄링 제어 정보없이 지속적으로 전송 자원을 할당받는다. SPS는 상위계층(RRC)에서 구성되며, 서비스 설정 시 음성 데이터의 송신주기를 무선자원 제어에서 설정한다. 대화 급증 초기에는 물리 하향링크 제어 채널의 전송자원을 고정 할당하고 이 상태를 전송하므로써 SPS가 활성화된다. 단말은 할당 상태를 지정받아 정해진 주기에 따라 할당된 자원을 정기적으로 사용한다. SPS에 의해서 재전송과 침묵 식별 프레임들만이 동적으로 스케줄링되므로, 제어채널의 용량은 문제되지 않는다. 그러나 SPS는 시간과 주파수의 제한된 영역에 대해서만 스케줄링 이득을 얻을 수 있다. SP 할당은 침묵 기간 동안 이루어진다. SPS는 3GPP 릴리즈 8에서 채택되었으며, 그림 13.5에 스케줄러의 다운링크 동작을 나타낸다.

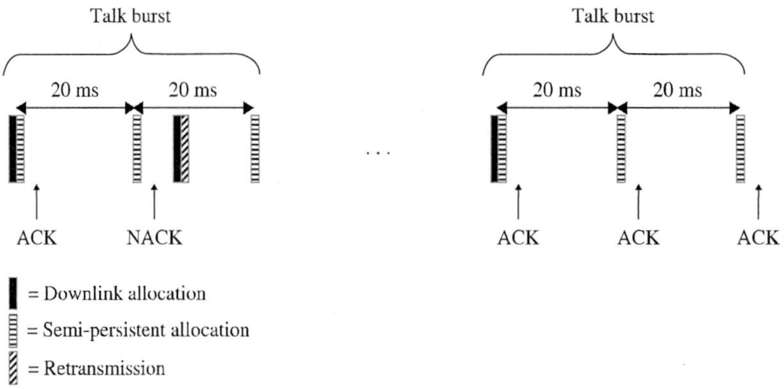

그림 13.5 다운링크의 준 지속적인 스케줄링

다음은 동적 스케줄러에서 인터넷 텔레포니 최대 용량에 미치는 제어채널 용량의 영향을 이론적인 계산과 도표로 확인한다.

제어 채널 요소(CCE: Control Channel Element) 개수는 5 MHz 대역에서 대략 20이며, 낮은 신호 대 잡음 비율의 채널 조건에 따라 사용자별로 2개, 4개, 8개로 묶여져 사용된다. 이론적인 계산을 위해 음성 활성화율 50%, 음성 패킷 도착 기간 20 ms, 트래픽 50%를 다운링크가 점유, 재전송률 20% 등을 가정한다. 패킷을 번들링하지 않은 상태와 2개로 패킷 번들링된 상태로 구분하여 결과를 계산하며, 계산을 쉽게 하기 위해 침묵 식별 프레임들을 고려하지 않는다. 식 (13.1)을 사용하여 VoIP의 최대 용량을 계산한다.

$$Max\_users = \frac{\#CCEs}{\#CCEs\_per\_user} \cdot \frac{Packet\_period[\text{ms}]}{Voice\_activity} \times Packet\_bundling \cdot Downlink\_share \cdot \frac{1}{1 + BLER} \tag{13.1}$$

그림 13.6은 5 MHz 채널에서 계산된 결과를 나타낸다. 예를 들면, CCE 묶음없고 패킷 번들 없이 최대 용량은 330의 사용자가 되며, CCE 묶음이 평균 3개일 때 패킷 번들링없이는 최대 용량이 110이지만, 패킷 번들링을 사용하면 220이 된다. 이러한 이론적 계산은 다중 사용자 채널 공유가 VoIP 시스템 성능에 미치는 중요성을 알려주고, 또한 동적 스케줄러가 함께 사용되는 패킷 번들링 방식이 용량면에서 제공하는 최대 이득을 나타낸다. 시스템 레벨 시뮬레이션에 따르면 CCE 집합의 평균 크기는 스케줄링된 사용자에 대해 약 1.5가 된다. 동적 스케줄러를 가진 다운링크에 대해 모의 실행한 용량(13.6절 참조)과 이론적인 상한값을 비교해보면, 패킷 번들링 없이 모의 실행한 용량값이 이론적인 최대치보다 약 5% 이하로 잘 일치됨을 보인다. 패킷 번들링을 포함한 방식으로 모의 실행한 용량값은 확실히 이론적 상한치보다 낮으며, 실제로 번들링을 사용하는 확률은 분명히 백퍼센트 이하로 제한된다.[3]

[3] 모의 실행된 용량값을 12.5%로 상향 조정해야만 SID 전송의 영향을 없앨 수 있다.

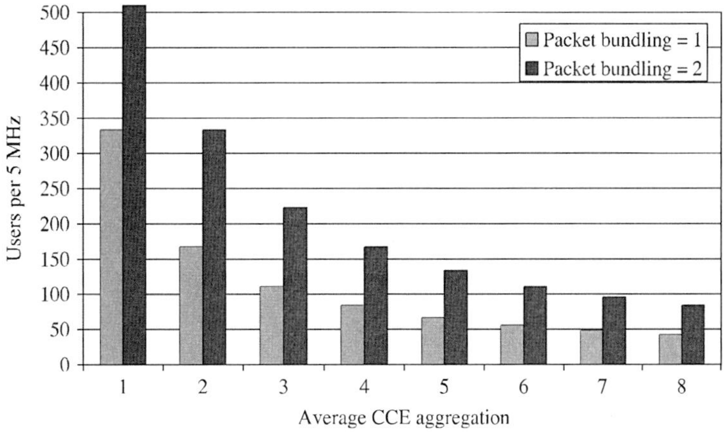

그림 13.6 동적 스케줄링에 의한 제어채널 최대 제한 용량

13.6 LTE 음성 용량

이 절에서는 시스템 대역폭이 5MHz인 상태에서 미래 장기진화 이동통신 방식의 인터넷 텔레포니 트래픽에 대한 시스템 수준의 성능을 살펴본다. 셀 내부의 중단율이 5%를 초과하지 않는 상태에서 최대 사용자수가 VoIP 용량으로 주어진다. 한 사용자의 통화가 중단된 상태는 통화 중에 적어도 VoIP 패킷의 2%를 잃어버린 상태(즉, 에러 발생 또는 폐기된 상태)로 정의한다. VoIP 용량으로 표시되는 가입자수는 매크로 셀 시나리오 1[6]의 내부에서 [7]에서 제시한 매개변수들에 부합된 값을 가지고 시스템 레벨의 시뮬레이션을 통해 얻어진다. 그림 13.7은 VoIP 용량 곡선을 나타내는데, 최대 용량에 접근할수록 중단 확률이 가파르게 상승한다. 이것은 낮은 중단율을 유지하면서 상대적으로 큰 부하(최대 용량에 비해) 상태에서 시스템이 동작될 수 있음을 나타낸다.

표 13.1은 VoIP 용량 시뮬레이션의 결과를 나타내는 것으로, 3개의 다른 적응형 다중 비율 코덱(AMR 5.9, AMR 7.95, AMR 12.2)을 사용하여 동적 스케줄러와 반정적 스케줄러를 동작시킬 때의 결과이다. 다운링크에서는 210~470의 사용자(한 셀의 MHz 당 42~94 사용자)가 업

표 13.1 LTE 5MHz 대역에서 VoIP 용량

VoIP codec	AMR 5.9	AMR 7.95	AMR 12.2
Downlink capacity			
Dynamic scheduler, without bundling	210	210	210
Dynamic scheduler, with bundling	410	400	370
Semi-persistent scheduler	470	430	320
Uplink capacity			
Dynamic scheduler	230	230	210
Semi-persistent scheduler	410	320	240

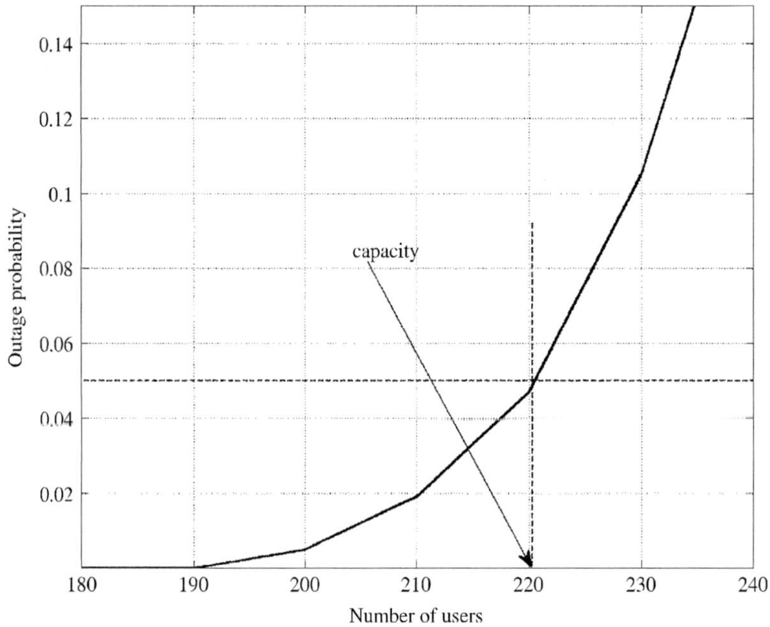

그림 13.7 VoIP 용량 곡선의 예

링크에서는 210~410의 사용자(한 셀의 MHz 당 42~82 사용자)가 용량으로 계산된다.

적응형 다중 비율의 속도가 느려질수록 더 많은 용량을 제공하게 되므로, 용량과 음성 품질 사이의 이러한 상충관계를 고려하여 운영자가 AMR 코덱의 데이터 속도를 정의할 수 있다. 동적 스케줄링을 사용하는 경우에는 제어채널 제한으로 인해 AMR 속도를 낮추더라도 용량이 증가되지 않는다.

이러한 결과는 음성 용량이 업링크에 의해 제한됨을 나타내므로, 동일한 캐리어 내에서 더 많은 다운링크 용량을 가지는 비대칭형 데이터 전송에 유리함을 보여준다. 다운링크 스케줄링은 일대 다수방식을 사용하며, 업링크에 비해 최적화할 수 있기 때문에 다운링크에서 업링크보다 많은 용량을 제공한다.

이후부터는 모의실행된 용량에 대해 자세히 분석한다. 표시된 모든 통계량은 중단율이 5%에 근접하는 부하상태에서 가정한다.

13.5절에서 설명한 동적 스케줄러를 가진 인터넷 텔레포니 시스템의 성능은 사용 가능한 물리하향링크 제어 채널 자원에 의해 제한되며, 이에 따라 비사용 물리자원 블록들을 스케줄링하는 제어채널 요소들이 충분하지 않으므로, 동적 스케줄러는 물리적 하향링크 공용채널의 무선접속 용량을 충분히 활용할 수 없게 된다. 그림 13.8은 다운링크에서 AMR 12.2로 전송시간 간격당 스케줄링된 PRB의 누적 분포 함수를 나타낸다. 5MHz 대역폭에서 PRB의 전체 개수는 25이며, 패킷 번들이 허용되지 않은 경우에 동적 스케줄러의 평균 활용률은 40% 정도만 된다.

제어채널 제한 때문에 낮은 속도의 AMR에 의한 VoIP 패킷의 페이로드 절약 상태는 패킷 번들을 사용하지 않은 동적 스케줄러의 용량 이득과 관련성이 떨어진다. 업링크에서 낮은 적응

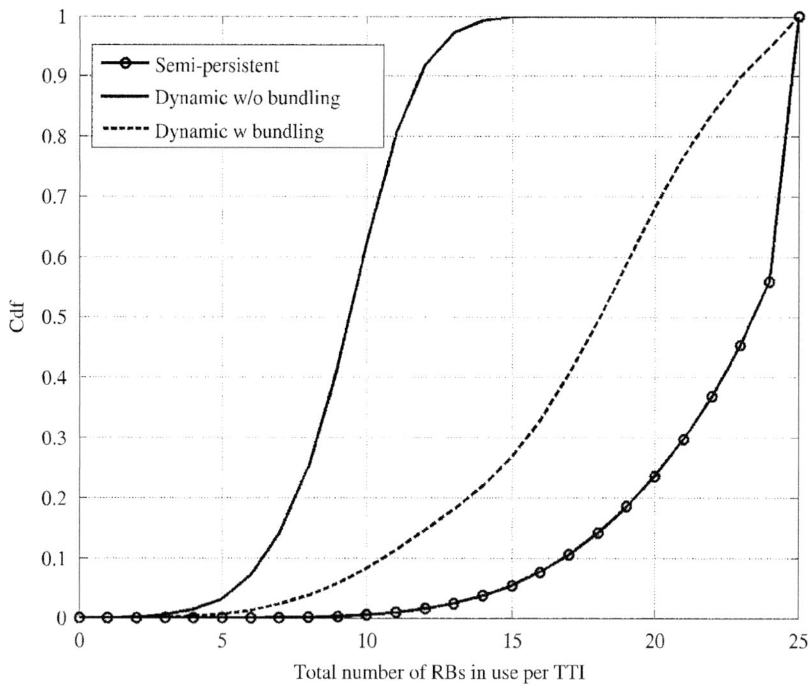

그림 13.8 스케줄링된 PRB의 누적분포함수(다운링크 TTI당, 대역폭 5 MHz에서 전체 25 PRB 대상)

형 다중 비율에 대한 용량 이득은 조금 발생하지만, 다운링크에서는 코덱의 종류에 따른 성능 변화가 거의 없다. 업링크에서 인터넷 텔레포니 패킷을 전송할 때 에러에 강한 변조기법과 채널코딩 기법을 사용하면 사용범위가 개선되어 업링크 이득을 얻지만, 다운링크에서는 진화된 노드B의 높은 송신 전력이 사용범위를 결정하게 되어 용량이득이 존재하지 않는다.

패킷 번들링이 사용되는 경우에 스케줄링된 사용자마다 할당되는 평균 크기는 증가하고, 물리적 하향링크 공용채널의 무선 접속 용량을 더 효율적으로 사용하면 평균 물리자원 블록 이용률은 70% 증가된다. 패킷 번들링이 활성화되면 용량면에서 75~90% 이득이 얻어진다. AMR 12.2 코덱에 대해 매크로 셀 시나리오 상태에서 패킷 번들을 사용하는 확률은 약 70%이며, VoIP 패킷 페이로드가 감소하면 그것은 약간 증가한다. 이러한 사항은 VoIP 패킷 페이로드를 줄이는 것으로 작은 용량 이득(<10%)이 얻어짐을 설명한다.

준-지속적인 스케줄링(SPS: semi-persistent scheduler)에서 초기전송은 관련된 제어 정보없이 스케줄링되어 지속적으로 시간 및 주파수 자원을 할당받게 되므로, SPS 성능은 제어채널의 제한 때문에 큰 영향을 받지 않는다. 그림 13.9는 다운링크에서 모의실행된 패킷 스케줄링 방식에 대한 제어채널 소비량의 차이를 표시한 것으로, 전송기간 간격마다 소비된 제어채널 요소의 전체 개수에 대한 누적 분포 함수의 관계를 나타낸다. 번들이 허용되지 않은 동적 스케줄러에 대해 TTI의 70% 동안 모든 제어채널 요소들이 사용된다. 패킷 번들링과 함께 부하가 많아져 중단율이 5% 정도되면, TTI의 100% 동안 모든 CCE들이 사용되어 제어채널 용량이 보다 효율적으로 사용된다. SPS가 사용되면 제어채널 오버헤드가 확실히 작아지고, 모든 제어채널요소를 사용하는 확률이 10% 이상 된다. 그림 13.10은 업링크에서 전송시간 간격마다 소비된 CCE

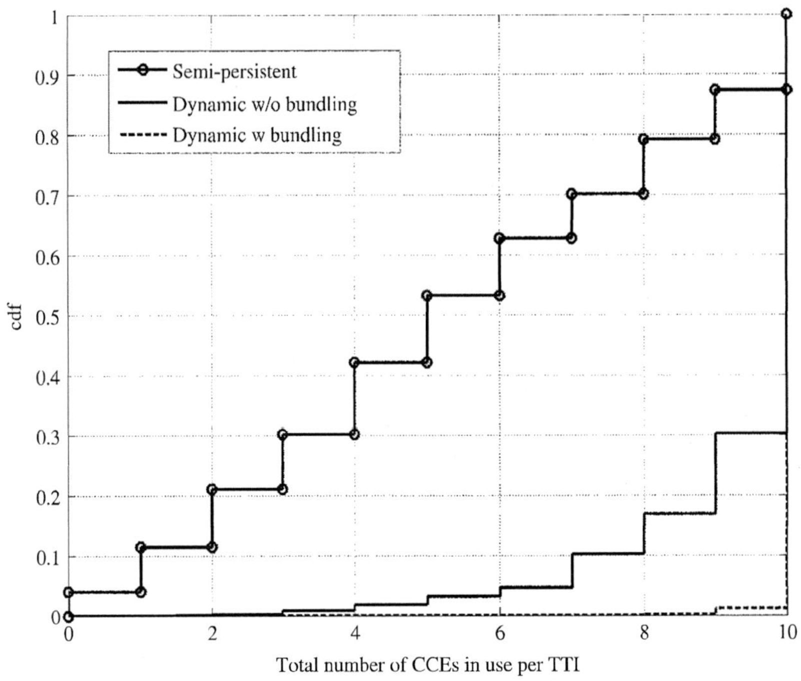

그림 13.9 다운링크 TTI당 CCE 전체 개수의 누적분포함수

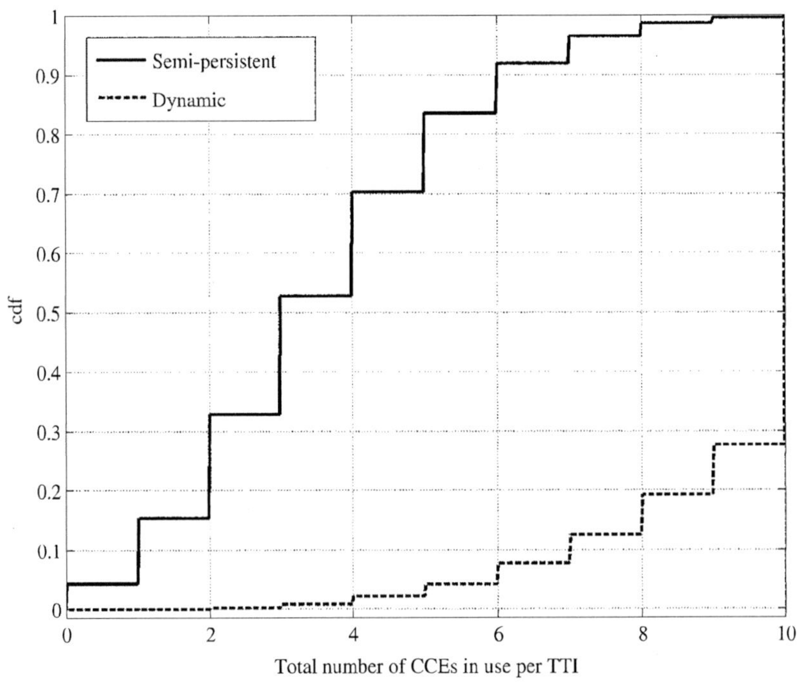

그림 13.10 업링크 TTI당 CCE 전체 개수의 누적분포함수

들의 분포를 나타낸다. 예상대로, SPS에 대한 제어채널 요소 소비는 동적 스케줄링 방식보다 훨씬 낮아진다. 이때 다운링크와 업링크의 스케줄링성을 위해 예약된 CCE의 총 개수는 10개로 가정한다.

준-지속적인 스케줄링의 성능은 제어채널 자원에 의해 제한받지 않지만 그림 13.8에 나타낸 바와 같이 사용가능한 PDSCH의 대역폭에 의해 제한되며, SPS에 대한 평균 물리적 하향링크 공용채널 사용률은 90% 이상이 된다. SPS의 성능은 사용자 평면에 따라 제한되므로, VoIP 패킷의 크기는 용량에 큰 영향을 준다. 적응형 다중 비율 12.2 대신에 AMR 7.95를 사용하면 용량이 약 35% 증가하는 반면에, AMR 7.95 대신에 AMR 5.9를 사용하면 단지 10%의 용량 이득만이 얻어진다. 그림 13.11은 AMR 5.9에 대해 이득이 감소되는 것을 표시한 것으로, 다운링크에서 모의 실행된 모든 코덱들에 대해 물리자원 블록을 단위로 하는 지속적 자원 할당의 크기 분포를 나타낸다. 분포에 따르면, AMR 7.95 사용자의 약 50%는 지속적 할당의 크기로 1개의 PRB가 된다. 따라서 AMR 7.95 대신에 AMR 5.9가 사용되면 할당된 대역폭에서 절약 상태는 기대할 수 없다. 다운링크에서 지속적인 자원 할당의 크기는 각각의 대화 급증상태마다 광대역 채널품질정보로부터 동적으로 계산되지만 업링크에서는 지속적 자원할당의 크기가 실제적으로 제한되므로, 사용자의 경로 손실 측정에 의해 결정된다. 업링크에서 이러한 방법을 사용하는 이유는 많은 사용자에게 사운딩 신호가 충분히 정확하지 않기 때문이다. 업링크 시뮬레이션 동안에 지속적 자원할당의 크기는 다음과 같이 분포한다. AMR 12.2의 모든 사용자는 크기 2인 PRB의 지속적인 할당, AMR 7.95의 사용자 절반씩 크기 1과 크기 2인 PRB의 지속적인 할당, AMR 5.9의 사용자 90%는 크기 1로 나머지는 크기 2인 물리자원 블록으로 지속적인 할

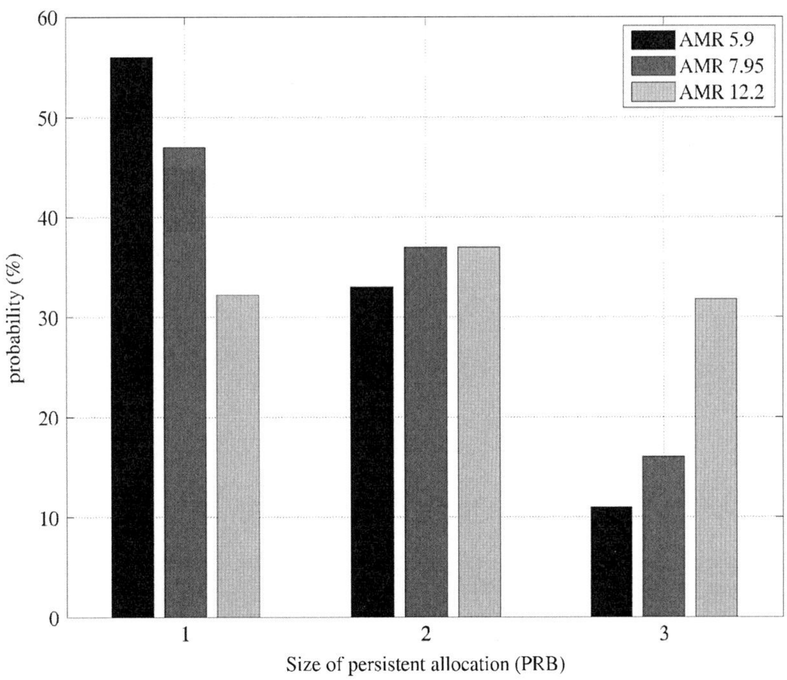

그림 13.11 다운링크상 코덱 종류별 지속적 자원 할당 크기에 대한 확률분포함수

당. 적응형 다중 비율 12.2 대신에 AMR 7.95가 사용되면 용량은 약 33% 향상되고, AMR 7.95 대신에 AMR 5.9가 사용되면 약 28%의 용량이 향상된다. 이득이 약간 줄어드는 현상은 AMR 5.9에서 재전송 횟수가 약간 증가하기 때문이다.

경험된 무선 접속 지연에 대해서 다운링크 방향의 스케줄러들을 비교하면 제어채널의 제한들로 인해 한계(50 ms)에 가까운 지연을 나타내는 패킷들의 상대적인 양이 동적 스케줄러의 경우에 매우 높아짐을 알 수 있었다. 패킷 번들링을 사용하면 제어채널 제한이 완화될 수 있으므로, 지연에 민감한 패킷들은 먼저 스케줄링하면 된다. 번들링 자체가 갖는 추가 지연은 단계별로 20 ms씩 나타난다. 준-지속적인 스케줄링에서 패킷이 스케줄링되기 전에 패킷 스케줄러 버퍼에서 기다리는 지연은 지속적인 자원 할당이 발생되는 시간에 따라 달라지며, 전체 부하 상태에서 비교적 균등하게 분포된다. 따라서 SPS에 의한 패킷 지연의 분포는 완만하다. 이러한 모든 구성에서 8 ms 복합 재전송기법 사이클 후에 바로 이어 재전송이 스케줄링된다. 첫 번째 HARQ 재전송으로 인해 지연분포는 10ms에서 안정화되며, 그림 13.12는 이러한 패킷 지연에 대한 누적 분포 함수를 나타낸다.

다운링크에서 인터넷 텔레포니 시스템 성능을 요약하면, 패킷 번들링을 사용하지 않는 동적 스케줄러의 성능은 제어채널에 따라 제한적이 된다. 따라서 SPS는 동적 스케줄러의 용량보다 50~125% 더 많아진다. SPS의 성능은 사용자 평면에 따라 제한되며, 동적 스케줄러에 비해 용량 증가가 가장 작게 나타나는 것은 AMR 12.2를 사용할 때이다. AMR 12.2는 모의 실행된 코덱 중에서 가장 속도가 빠르고, VoIP 패킷의 크기가 가장 큰 상태이다. AMR 12.2와 함께

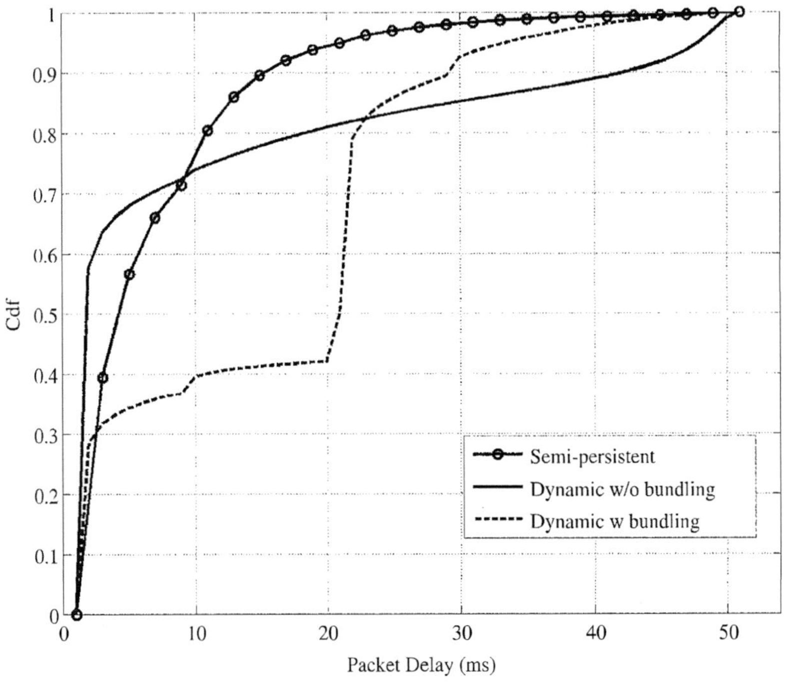

그림 13.12 AMR 12.2인 다운링크상 무선접속 지연에 대한 확률분포함수

패킷 번들링을 사용하면, 동적 스케줄러의 성능에 영향을 주는 제어채널의 제한은 낮은 속도의 코덱에 비해 덜 심각해진다. 이는 중단율 5%로 지원되는 사용자의 수가 줄어들기 때문이다. 따라서 적응형 다중 비율 12.2가 패킷 번들링과 함께 사용되면, 동적 스케줄러는 준-지속적인 스케줄링보다 용량면에서 15% 이득을 가질 수 있다. 낮은 속도 코덱과 함께 번들링이 사용되면, 제어채널 용량이 동적 스케줄러의 성능을 제한하기 시작하는데, 그 이유는 5% 중단율에서 지원되는 사용자가 많기 때문이며, 따라서 동적 스케줄러보다 SPS의 용량이 8~15% 증가한다.

업링크에서 여러 가지 다른 스케줄링 방식의 성능을 비교하면, 동적 스케줄러의 성능(다운링크와 비슷)은 순전히 제어채널에 대해 제한적이지만, SPS는 제어채널의 요구가 약하기 때문에 스케줄러의 성능이 제어채널 제한성에 대해 훨씬 덜 영향을 받는다. AMR 7.95와 AMR 5.9 규격에서는 SPS가 동적 스케줄러 방식보다 40~80%의 용량이 증가한다. AMR 12.2에서도 SPS가 동적 스케줄러 방식보다 14% 높은 용량을 나타낸다.

나타낸 다운링크의 결과는 채널품질정보 보고 빈도에 따라 달리 얻어진다. 실제로 LTE 방식에서 지원되는 인터넷 텔레포니 사용자의 많은 수는 적당한 수준에서 CQI 피드백의 오버헤드를 유지하기 위해 광대역 CQI를 사용할 수도 있다. 이에 따라 주파수 영역의 스케줄링 이득은 상실되지만, 용량 감소의 대가로 업링크에서 CQI 피드백의 시그널링 오버헤드는 줄어듦을 의미한다. 되도록 용량 감소를 작게 유지하려면 주파수 영역에서 손실된 스케줄링 이득만큼 주파수 다이버시티를 효율적으로 이용하여 보상해야 한다. 따라서 SPS의 성능이 동적 스케줄러보다 주파수 영역의 스케줄링 이득에 덜 의존적이 되므로, LTE 방식에서 VoIP 트래픽용으로 SPS의 사용은 더욱 매력적이다. AMR 12.2인 상태에서 CQI를 보고하는 주파수 영역의 부대역의 크기를 증가시킬 때 용량의 상대적 손실을 표 13.2에 나타내었다. 나타난 용량 표시 숫자에 대한 상대 손실이 계산되며, 협대역 CQI 보고 상태[7]를 가정하여 얻어진 것이다.

시뮬레이션에 따르면 동적 스케줄러의 용량은 광대역 CQI의 사용으로 인해 15%까지 감소되지만 SPS에 대해 해당되는 손실은 7%뿐이다. 따라서 광대역 CQI를 사용하는 SPS는 AMR 12.2를 위한 동적 스케줄러와 비슷한 성능을 나타내며, 낮은 속도 코덱들에 대해 동적 스케줄러보다 증가되는 용량은 협대역 CQI로 얻어지는 이득에 비해 더 증가한다.

마지막으로, 위의 결과 분석에 비추어 보면 SP 스케줄링은 LTE에서 VoIP 트래픽을 위한 가장 매력적인 스케줄링 방법으로 보인다. 그렇지만, 사용된 지속적인 할당 상태가 물리하향링크 제어 채널 신호를 통해 사용자에게 표시되므로, 동적 스케줄링과 SP 스케줄링이 혼합된 방식이 LTE에서 인터넷 텔레포니용으로 최선의 선택이 될 것 같다. 또한 다운링크와 업링크의

표 13.2 CQI 증가에 따른 용량의 상대 손실(%)

	CQI reporting sub-band size	
	4 PRBs	Wideband CQI
Semi-persistent scheduling	2%	7%
Dynamic without bundling	0%	3%
Dynamic with bundling	7%	15%

성능을 비교할 때 LTE에서 인터넷 텔레포니 성능은 업링크에 제한적이라는 것이 결론이다. 따라서 웹 브라우징과 같은 비대칭 데이터 트래픽에 다운링크 용량이 적합할 수 있다.

13.7 음성 용량의 진화

이 절에서는 이동통신 세계화 시스템에서 광대역 부호 분할 다중 접속/고속 패킷 접속 그리고 LTE까지 음성 스펙트럼 효율의 개선사항을 살펴본다. 대부분 이동용 음성통화는 GSM 향상된 최대 전송률 또는 AMR 코딩방식으로 이루어진다. GSM의 스펙트럼 효율은 일반적으로 유효 주파수 부하비율(EFL: Effective Frequency Load)로 측정할 수 있는데, 이 척도는 주파수를 재사용한 경우에 점유될 수 있는 최고 속도 사용자에 대한 시간 슬롯의 백분율로 표시된다. 예를 들어, EFL = 8%는 8% × 8 slots/200 kHz = 3.2 users/MHz에 해당된다. 모든 단말이 AMR로 동작되고, 네트워크가 최적화된다고 가정하면, 시뮬레이션과 네트워크 측정에서 GSM EFR은 EFL 8%를 이룰 수 있고, GSM AMR은 20%를 얻을 수 있다. GSM 스펙트럼 효율은 네트워크 기능인 동적 주파수 채널 할당(DFCA: Dynamic Frequency and Channel Allocation)와 하향링크 수신기 개선 성능(DARP: Downlink Advanced Receiver Performance)로도 알려진 단일 안테나 간섭제거(SAIC: Single Antenna Interference Cancellation)에 의해 더욱 향상될 수 있으며, 이러한 개선 상태는 EFL 35%까지 추정된다. 자세한 내용은 [8]과 [9]를 참고한다. 방송제어 채널의 오버헤드는 계산에 포함시키지 않았다. BCCH는 호핑 반송파들보다도 더 높은 재사용률이 필요하다.

WCDMA의 음성 용량은 대역폭 5 MHz에서 AMR 12.2 kbps로는 64명의 사용자, AMR 5.9 kbps에서는 100명의 사용자가 될 것으로 추정된다. HSPA의 음성 용량은 AMR 12.2 kbps에서 123명의 사용자, AMR 5.9 kbps에서는 184명의 사용자로 추정된다. HSPA 용량 개선에 대해서는 17장에서 다룬다.

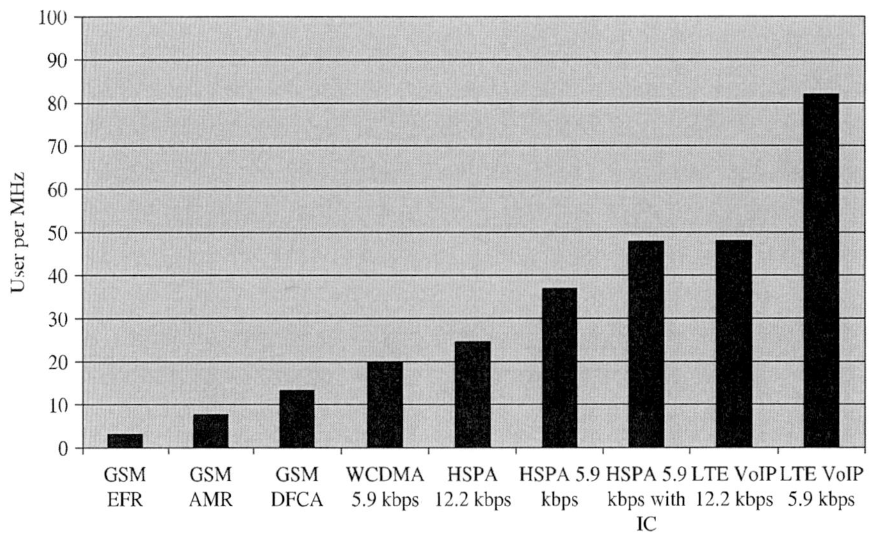

그림 13.13 음성 스펙트럼의 효율성 개선(IC)

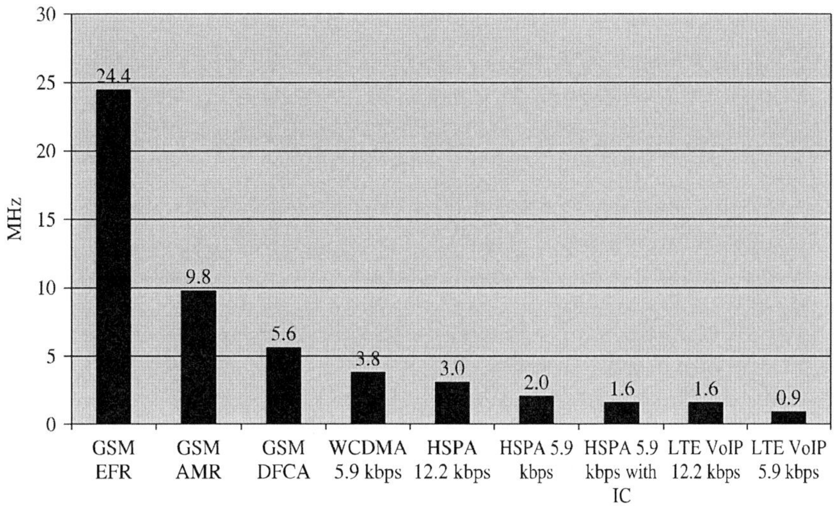

그림 13.14 섹터당 40 mErl에서 1,500명의 가입자를 지원하기 위한 스펙트럼

그림 13.13은 용량 개선을 나타낸다. LTE의 VoIP 12.2 kbps는 이동통신 세계화 시스템 향상된 체계 전송률방식보다 15× 더 효율성을 제공할 수 있다. 좀 더 좁은 대역에 음성트래픽을 끼워 넣을 수 있게 되면 효율성이 높아진다. 그림 13.14는 계산의 예를 나타낸 것으로, 섹터당 1,500명의 가입자와 가입자당 40 mErl의 트래픽을 가정한 상태이다. 음성 트래픽을 전달하는 데 필요한 대역폭은 GSM EFR이 25 MHz인 반면에 LTE에서는 2 MHz 이하가 되므로, LTE 방식에서는 더 많은 대역폭을 데이터용으로 사용할 수 있게 된다.

13.8 업링크 통신 가능 구역

단말의 송신전력이 연속적으로 최대일 때 업링크 범위가 가장 넓어진다. 인터넷 텔레포니 패킷이 작기 때문에(<40바이트), 1 ms TTI에 적합하다. 업링크에 존재하는 적응형 다중 비율 패킷은 매 20 ms마다 전송되므로, 업링크의 활성화율은 단지 5%가 된다. 이러한 업링크의 범위를 증가시키려면, 재전송이나 전송시간 간격(TTI) 번들링에 의해 단말의 송신시간을 늘리면 된다. 이러한 방법을 그림 13.15에 나타내었다. VoIP에서 재전송 개수는 시스템의 허용 최대 지연값에 따라 제한되므로, LTE의 재전송시간이 8ms일 때 최대 허용 지연시간을 50ms라고 하면, 재전송 최대 개수는 6이 된다.

TTI 번들링은 여러 개의 TTI(최대 4개)에 같은 데이터를 반복할 수 있다[4, 10]. TTI 번들링은 효과적으로 TTI 길이를 증가시켜 단말이 긴 시간 동안 전송할 수 있도록 한다. 하나의 전송블록은 연속된 TTI의 집합으로 부호화되어 송신되고, 묶여진 각각의 TTI들은 동일한 복합 재전송 기법 처리번호를 사용하며, 단지 하나의 허가와 확인응답만이 필요한 하나의 자원으로 취급된다. TTI 번들링은 각각 단말마다 상위 계층의 신호과 함께 활성화될 수 있는데, 예를 들면 단말 송신전력이 최대값에 근접하면 트리거 신호가 단말 보고용이 될 수 있다.

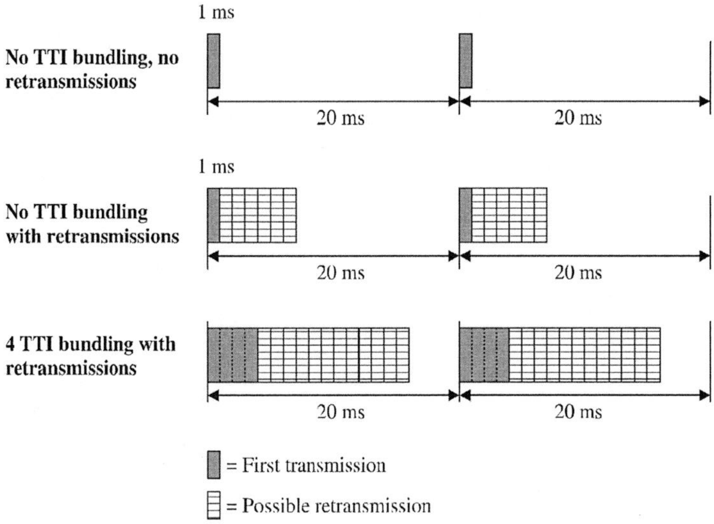

그림 13.15 업링크상 VoIP 커버리지 증대를 위한 TTI 번들링

재전송 및 전송시간 간격의 번들링에 의한 진화된 노드B의 감도값을 표 13.3에 나타내었다. eNodeB 감도는 다음과 같이 계산된다.

$$eNodeB\_sensitivity[\mathrm{dBm}] = -174 + 10 \cdot \log_{10}(Bandwidth) + Noise\_figure + SNR \quad (13.2)$$

eNodeB 수신기 잡음지수는 2 dB로 하고, 두 개의 자원 블록이 음성에 사용되며, 어떠한 간섭 마진도 포함되지 않는 것으로 가정한다. 번들링에 의해 업링크 음성 범위는 4 dB 정도 향상된다.

Eb/N0 =4.5 dB[12]로 가정하면 광대역 부호 분할 다중 접속의 NodeB 감도는 -126.6 dBm으로 추정된다. LTE에서 WCDMA와 비슷한 음성 범위를 얻기 위해서는 충분한 수효의 재전송과 함께 TTI의 번들링이 적용되어야 한다. 복합재전송 기법의 확인응답과 재전송 타이밍의 관점에서 그림 13.16에 표시된 TTI 번들링 방식은 LTE 규격[4, 10]에 채택된다. 이 방법은 4개의 서브프레임을 하나의 번들로 구성하는 주파수 구분 듀플렉스 시스템이다. 하나의 번들 내에서 일어나는 동작은 단말에 의해 이루어지는 자율적인 재전송과 같으며, 확인응답/부정확인응답의 귀환을 기다리지 않고 연속적인 서브프레임에서 진행된다. 연속적 서브프레임들에서 각각의 자율적인 재전송에 대한 리던던시 버전은 미리 결정된 방법으로 변동한다.

표 13.3 TTI 번들링에 의한 업링크 VoIP 감도[11]

Number of TTIs bundled	1	4
Transmission bandwidth	360 kHz (2 resource blocks)	360 kHz (2 resource blocks)
Number of retransmissions	6	3
Required SNR	−4.2 dB	−8.0 dB
Receiver sensitivity	−120.6 dBm	−124.4 dBm

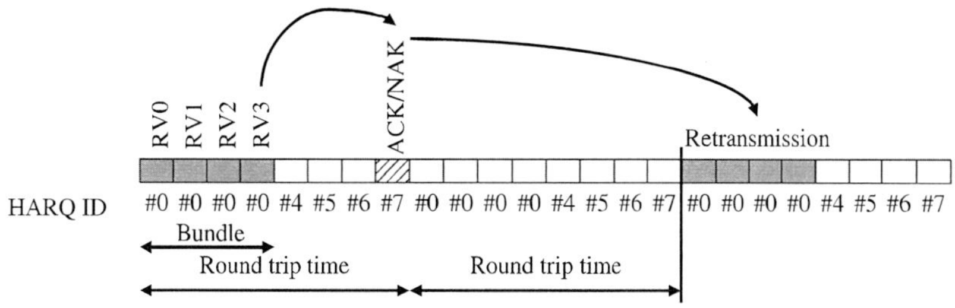

그림 13.16 HARQ와 혼합된 TTI 번들링

번들에 포함된 마지막 서브프레임을 수신한 후에 복합재전송 기법 확인응답이 생성된다. 번들의 마지막 서브프레임과 HARQ 확인응답의 전송시작 사이의 타이밍 관계는 번들링이 없는 경우와 동일하다. 하나의 번들의 마지막 서브프레임이 N이라면, 그에 대한 확인응답은 서브프레임 N+4에서 송신된다. 하나의 번들에서 첫 번째 서브프레임이 서브프레임 k라면, 어떠한 HARQ 재전송이라도 k+2×HARQ 왕복 경로 시간인 서브프레임에서 시작된다.

다음은 4개 전송 시간 간격 번들링이 용량에 미치는 영향에 대해 시스템 레벨의 시뮬레이션을 통해 살펴본다. 이때 환경상태는 열악한 범위로 제한된 매크로 셀 시나리오 3[2]이며, 주요 시스템 시뮬레이션 매개변수는 [7]과 같다. 표 13.4에는 50 ms의 패킷 지연 규격을 갖는 동적 스케줄링을 사용하는 적응형 다중 비율 12.2에서 얻어지는 에너지 축적과 용량을 나타낸다. TTI 번들링을 사용하여 2.34dB 에너지 축적 이득을 얻을 수 있으며, 따라서 TTI 번들링 없는 상태에 비해 인터넷 텔레포니 용량은 적어도 20% 정도 개선된다.

표 13.5는 무선 인터페이스 지연에 따라 나타나는 VoIP 용량에 대한 영향과 TTI 번들링에서 얻는 이득에 대한 영향을 나타낸다. 지연규격에 여유가 있을수록 TTI 번들링에 의한 용량 이득이 증가한다. 무선 인터페이스 지연이 길어질수록 번들된 TTI에서 축적된 에너지는 더 많아진다. 예를 들어, 무선 인터페이스 지연이 50 ms인 경우에 4개로 된 TTI 번들링을 가정하면, 패킷은 최대 12개 전송시간 간격들로부터 에너지를 누적한다. 무선 인터페이스 지연이 70 ms가 되면 TTI가 20으로 증가되어 66%의 에너지가 더 축적된다. 따라서 무선 인터페이스 지연이 길어

표 13.4 TTI 번들링에 의한 성능 변화

	No bundling	TTI bundling
Maximal collected TTI per packet	7	12
VoIP capacity with TTI bundling at 5MHz	<120	144

표 13.5 지연 계획의 종류별 성능 비교

Delay budget (ms)	50	60	70
Maximal collected TTI per packet	12	16	20
VoIP capacity with TTI bundling at 5MHz	144	155	163

질수록 TTI 번들링으로 얻게 되는 수신 신호의 결합 이득은 더 커진다. 즉, 무선 인터페이스 지연이 길어짐에 따라 범위가 확장되며, 이는 용량 이득과 관련이 있다. 또한 지연 규격이 길어질수록 각각의 패킷들이 스케줄링될 기회를 더 많이 갖게 되고, 시간영역의 스케줄링 이득이 증가되며, 이에 따라 범위의 증가와 용량의 향상이 이루어진다. 이러한 이유로 인해 지연의 한계가 70ms에서 얻어지는 용량이 지연 한계가 50ms일 때 용량보다 약 13% 향상된다.

13.9 LTE용 회선교환 폴백

LTE에서 고품질의 인터넷 텔레포니를 지원하기 전이거나, 인터넷 프로토콜 기반의 멀티미디어 서비스 제공규격이 도입되기 전이라도 LTE 단말기를 통한 음성 서비스는 제공될 수 있다. 첫 번째 단계는 LTE용 회선 교환(CS) 폴백 방식으로 LTE 단말이 이동통신 세계화 시스템, 광대역 부호 분할 다중 접속, 코드분할 다중 접속과 같은 기존 네트워크로 이동되어 네트워크에서 지원하던 서비스를 제공받는다. 기존 네트워크의 서비스에는 음성통화, 영상통화 및 위치기반 서비스 등이 포함된다[13]. 이 절에서는 회선교환 폴백 절차에 대해 설명하는데, 이동성 관리개체, 이동통신 교환기/방문자 위치 등록기(VLR) 등과 같은 네트워크 요소들이 업그레이드되어야만 CS 폴백 절차가 지원된다. CS 폴백 절차의 자세한 사항은 [13]을 참고한다.

LTE 단말이 LTE 핵심망쪽으로 접속 절차를 실행하면 LTE 핵심망은 정상적인 접속 절차를 수행하는 것 이외에 서빙 CS 핵심망쪽으로 위치 업데이트를 실행하여 LTE 네트워크를 통해 CS 핵심망에게 단말의 존재를 알린다. 단말은 MME쪽으로 특정한 CS 폴백 표시기와 함께 접속요구를 전송하고, MME에서는 IP 기반 SGS 인터페이스를 통해 MSC/VLR쪽으로 위치 업데이트가 시작된다. 새로운 위치영역 식별자(LAI)는 추적 영역 매핑에 따라 MME에서 결정된다. 매핑된 LAI는 운영자 구성에 따라 GSM/EDGE 무선 액세스 망 또는 범용 지상 무상 접속망 중 하나가 될 수 있다. 또한 GERAN과 UTRAN은 네트워크 구조상 다른 MSC/VLR에 의해 이용될 수 있으며, 이것은 나중에 설명되는 CS 폴백 절차를 위한 로밍의 재시도를 유발한다. VLR은 MME와 관계를 만들며, 이 절차는 Gs 인터페이스를 통해 운용에 대한 네트워크 모드 1(NMO1: Network Mode of Operation 1)로 GERAN 내부에서 지원되는 결합된 위치영역/임의접근의 업데이트와 유사하다.

MME가 GERAN/UTRAN 내부에서 패킷교환 자원노드가 실행하는 것과 같이 여러 핵심망 노드들과의 연결을 지원한다면, 하나의 MME가 CS 핵심망 내부에서 여러 개의 MSC/VLR 네트워크 요소들에 연결될 수 있다. MME가 하나의 MSC/VLR에 연결되는 상황과 비교하면 전반적인 네트워크의 탄력성이 증가되는 장점이 있다.

이동국 착신호에 대해 MSC/VLR은 위치 업데이트 정보를 기반으로 해당 MME에 SGs 인터페이스를 통해 페이징 메시지를 보낸다. 진화된 노드B는 LTE로부터 대상 시스템으로 패킷 핸드오버 또는 네트워크 지원에 의한 셀 변경을 트리거한다. 단말은 대상 시스템 내부를 통해 페이징 응답을 보내고 회선교환 호출 설정을 진행한다.

그림 13.17은 이동국 착신 폴백 핸드오버의 개요를 나타낸다.

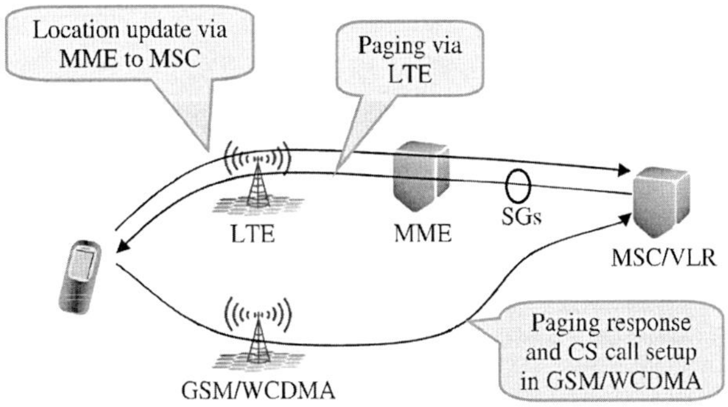

그림 13.17 회선교환 폴백 핸드오버 이동국 착신호

그림 13.18은 이동국 발신호의 개요를 나타낸다. 단말은 진화된 노드B로 회선교환 호출 요청을 보내는데, 이는 eNodeB가 목표 대상 셀의 단말에게 요청할 수도 있다. eNodeB는 목표 대상 시스템에 핸드오버를 트리거한다. 단말은 목표 대상 셀 내부에서 정상적인 CS 호출 설정 절차를 시작한다. CS 호출이 종료되면, 단말은 높은 데이터 속도로 접속되도록 LTE로 재설정된다.

LTE의 추적영역과 GSM/EDGE 무선액세스 망/범용 지상 무선 접속망의 위치영역에 의해 이루어지는 서비스 범위가 같지 않다면 LTE 단말의 서빙 MSC/VLR이 목표 대상 LA를 담당하는 MSC/VLR과 다르게 된다. 목표 대상 MSC/VLR은 단말을 인식하지 못하고, 페이징 메시지에 응답도 없게 된다. 이 상태는 회선교환 폴백에 대한 재시도 로밍이라는 절차로 처리된다. LTE 단말이 페이징 요청을 받은 경우에는 목표 대상 MSC/VLR로 추가적인 위치 업데이트 절차가 실행되어 목표 대상 MSC/VLR로 하여금 단말의 존재를 인식시킨다. 이러한 위치 업데이트를 기반으로 하여 LTE 단말의 홈위치 등록기는 취소 메시지를 MSC/VLR로 보내는데, 이 VLR은 CS의 폴백 시도가 있기 전에 LTE 단말을 담당하던 서빙 MSC/VLR이다. 취소 메시지는 MSC/VLR에서 이루어지는 페이징 과정을 중지시키며, 재시도 호출 처리 절차를 시작한다. 이 절차는 GERAN/UTRAN에서 사용되는 이동국 착신 로밍 재시도 호출 절차와 비슷하며, 이러한 절차는 게이트웨이 MSC로부터 새로운 MSC/VLR로 경로를 재설정되기 위한 호출을 요청하게 된다. 게이트웨이 MSC는 이동국 착신호 절차를 재실행하게 되며, 올바른 MSC/VLR로의 경로설정 호출이 발생되도록 HLR 조회를 실행하게 된다.

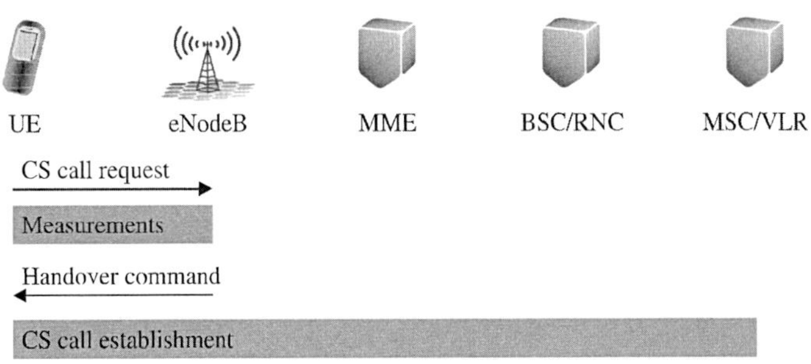

그림 13.18 LTE의 회선교환 폴백 핸드오버 이동국 발신호

LTE 내부에 통화 패킷 세션이 존재하고, 목표 대상 시스템이 음성과 데이터 연결을 동시에 지원한다면, 패킷 세션이 LTE로부터 목표 대상 시스템으로 이전된다. 목표 대상 시스템이 음성과 데이터 연결을 동시에 지원하지 않는 경우에는 회선교환 음성호 중간에 데이터 연결이 일시 중지된다. 이 상태는 LTE 단말이 이중 전송 모드(DTM)로 불리는 음성과 데이터 연결을 동시에 지원하지 않는 GSM/EDGE 무선 액세스 망으로 이동할 때 발생한다.

음성 서비스는 지연 요구 조건과 통화 안정성 측면에서 가장 까다로운 서비스 중 하나이다. 최적화된 현재 대부분의 GERAN(GSM)과 범용 지상 무선 접속망(WCDMA) 네트워크에서는 통화중 절단율이 0.5% 또는 0.3% 이하로 제공될 수 있다. 폴백 핸드오버의 장점은 LTE 또는 진화된 망구조 내부에서 서비스 품질 지원을 구현하는데 급할 필요가 없다는 점이다. 음성이 처음부터 지원되지 않는다면 네트워크 최적화가 그렇게 까다롭지 않아도 되며, 단지 음성 서비스만을 위해 인터넷 프로토콜 기반의 멀티미디어 시비스 재공규격을 설치할 필요성은 없어진다. 최종 사용자 관점에서 보면 GSM이나 WCDMA의 음성 서비스가 음성통화 중 데이터 서비스를 최고 속도로 얻을 수 없다는 점을 제외하고는 LTE의 음성 서비스만큼 좋다. 반면 LTE에 대한 CS의 폴백은 단말이 목표 대상 셀을 검색하는 것과 같은 호설정 절차에 의해 어느 정도의 지연이 발생한다. 높은 이동성을 갖는 상태에서는 LTE에 대한 CS의 폴백이 호출 설정 성공률에 영향을 줄 수 있으며, 이러한 사항은 실제적인 구현에서 자연스럽게 해결되어야 할 문제이다.

비슷한 폴백 절차들이 근래에 네트워크에서 잘 알려진 다른 서비스(비정형 부가 서비스 데이터(USSD: Unstructured Supplementary Service Data) 또는 위치서비스(LCS: Location Services) 등)에 사용될 수 있다. 짧은 메시지 서비스를 많이 사용하기 때문에 SMS의 수가 매우 많아지고, CS의 폴백 핸드오버가 LTE와 GERAN/UTRAN 사이에서 많은 재선택을 발생시키기도 한다. 따라서 음성통화가 CS의 폴백 해법을 사용하더라도, LTE를 통해 SMS를 전송하는 방법이 선호되는 것으로 보였다. 핵심망이 IMS를 지원한다면, 3세대 파트너십 프로젝트 [14]에서 정의된 대로, SMS 본문이 LTE 내부에서 SIP 메시지를 통해 전달될 수 있다.

13.10 SR-VCC

인터넷 텔레포니 호가 LTE에서 지원될 때 LTE의 VoIP로부터 LTE 범위 밖으로 GSM, WCDMA, CDMA의 CS 음성 네트워크로 핸드오버가 이루어지는 것이 요구된다. VoIP에서 CS 영역으로 이루어지는 핸드오버는 단일 음성통화 무선 연속성(SR-VCC: Single Radio-Voice Call Continuity)라고 한다. 단일 무선(SR)방식이라고 하는 이유는 단말이 동시에 두 개의 서로 다른 무선 접속방식에 신호를 보낼 필요가 없기 때문이다. 그림 13.19에 SR-VCC를 나타내며, [15]에서 SR-VCC에 대해 정의되어 있다. 무선랜과 GSM/WCDMA 네트워크 사이의 음성통화의 연속성을 보장하기 위한 DR-VCC(Dual Radio Voice Call Continuity)에 대해서는 이미 3GPP 릴리즈 7에 정의되어 있다[16].

도메인이나 무선 액세스의 선택은 CS 핵심망에 배치된 SR-VCC와 SR-VCC 강화 MSC 서버(이하 S-IWF로 부름) 내부의 네트워크 제어에 따른다. 이러한 구조는 이미 배치된 CS 핵심망 자산들을 재사용이 가능하도록 정의되어 있는데, 네트워크 자산들은 SR-VCC을 지원하는 필요 기능을 제공하게 된다. 그림 13.20에 구조의 선택 사양을 나타내었다.

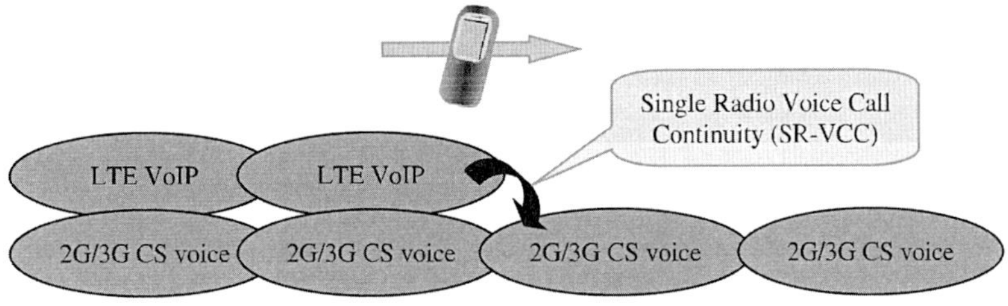

그림 13.19 SR-VCC

이동통신 교환기 서버 내부에 함께 위치한 S-망연동 시스템은 새로운 GPRS 터널링 프로젝트 기반의 Sv 인터페이스를 통해 이동성 관리개체와 연결되고, MME는 LTE 도메인에서 단일 음성통화 무선 연속성 절차를 시작하게 된다. 구조적으로 S-IWF는 목표 대상 2G/3G CS 도메인쪽으로 앵커 MSC 서버와 비슷하게 동작하며, 목표 대상 GERAN 또는 UTRAN과 공동으로 필요한 대상 무선 액세스 네트워크 자원들을 준비할 책임이 있다. S-IWF는 목표 대상 CS 도메인에서부터 다른 가입자까지의 음성 경로와도 연결되고, VCC 앵커와 함께 인터넷 텔레포니와 2G/3G CS 도메인 중간에서 호의 다른 쪽으로부터 나타나는 이동성을 관리하게 된다. 이종망간 통화 연속성 앵커는 IMS 응용 서버에 위치하고, 3세대 파트너십 프로젝트 릴리즈 7의 무선랜-이종망간 통화 연속성에서 정의한 것과 같은 개념을 가진다.

S-IWF 구현 방법이 규정되었기 때문에 IMS 집중서비스 구조로 전개될 것이며, ISDN 사용자부 인터페이스와 같은 것들 대신에, Mw 인터페이스(ICS용으로 향상된 MSC 서버 같은 역할)를 사용하여 IMS쪽으로 연결된다. 앞의 경우 서비스 받는 가입자를 대신해서 IMS쪽으로 이전의 새로운 호출 핸드오버에 의해 등록되지만, 반면 나중의 경우는 아무런 등록도 필요 없게 된다. ICS나 비 ICS의 모든 구조에 대해 단일음성통화 무선 연속성을 위한 이런 종류의 지원은 요구되는 배치 유연성을 달성하기 위해 필수적이다.

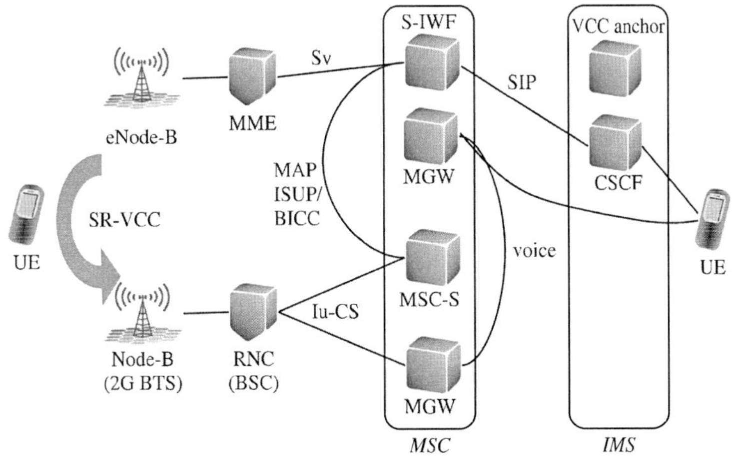

그림 13.20 SR-VCC를 위한 구성. CSCF; Call Session Control Function, MGW; Media Gate-Way, MAP; Mobile Application Port, ISUP; ISDN User Part, BICC; Bearer Independent Call Control Protocol

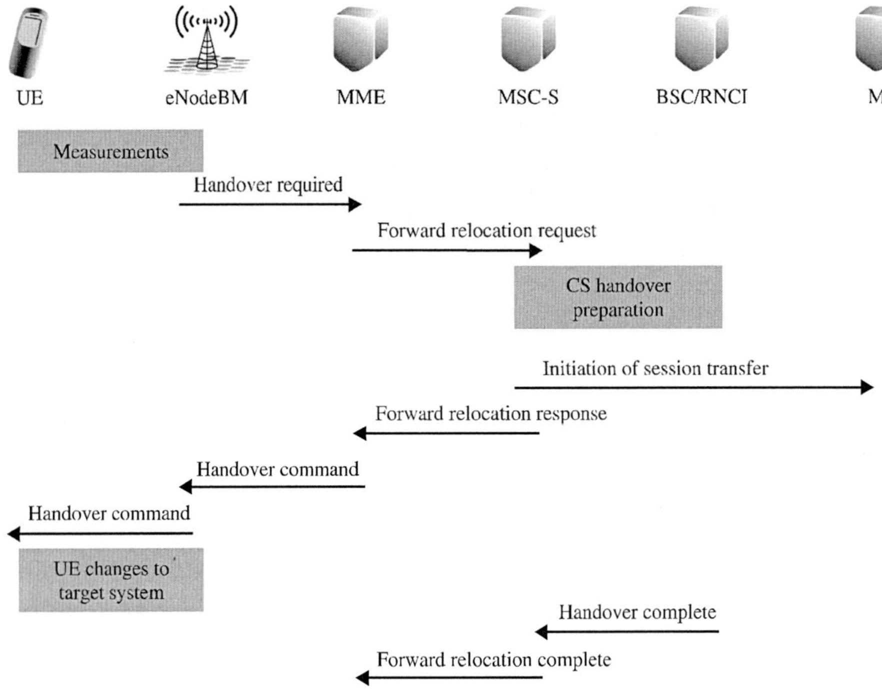

그림 13.21 SR-VCC 절차

LTE 접속 절차가 수행하는 동안에 이동성 관리개체는 필요한 단일 음성통화 무선 연속성 도메인 전송번호를 홈 가입자 서버로부터 받고 나서 Sv 인터페이스를 통해 망 연동 시스템으로 전달한다. S-IWF는 이 번호를 사용하여 이종 망 간 통화 연속성 절차 과정에 VCC 앵커로 연결을 설정한다. 인터넷 텔레포니 세션이 설정되면, S-IWF는 IMS 내부의 VCC 앵커에 고정되고, 나중에 세션에서 필요한 경우에 SR-VCC를 사용하게 된다. 이러한 앵커링은 IMS 등록 설정에 따라 세션 발생과 종료에서 모두 발생한다.

그림 13.21에 SR-VCC 절차가 나타나 있다. 처음에 LTE 진화된 노드B가 목표 대상 가상회선 시스템의 시스템 간 측정을 시작한다. eNodeB는 MME에 핸드오버 요청을 보내고, MME는 SR-VCC 절차를 트리거하면서 Sv 인터페이스를 통해 MSC 서버 S-IWF 기능에 FRR(Forward Relocation Request)를 보낸다. MSC 서버(MSC-S)의 S-IWF는 IMS를 향해 세션 전송 절차를 시작하는데, 그 세션에 원래 고정된 VCC 앵커쪽으로 새로운 세션을 설정하면서 진행된다. MME에서 제공하는 SR-VCC 번호를 사용하여 S-IWF에 의해 세션이 설정된다. 또한 S-IWF는 목표 대상 무선 액세스 네트워크(target 무선망)와 함께 목표 대상 셀에 자원 예약을 조정한다. 그런 후에 MSC 서버(MSC-S)는 MME로 FRR을 보내며, FRR에는 단말이 목표 대상 GERAN/UTRAN 셀로 액세스하는데 필요한 정보를 담고 있다.

SR-VCC 절차가 성공적으로 완료되면, S-IWF에 의해 제어되는 미디어 게이트웨이에서부터 지속되는 세션의 반대편까지 VoIP 연결이 존재하게 된다. 이러한 절차가 수행되는 동안에 단말이 이동되어지는 무선 액세스 네트워크쪽으로 CS 연결이 존재한다.

CS 영역이 요구되지 않는 핸드오버라면, 일반적인 LTE의 VoIP 세션에는 S-IWF 기능과 관련되지 않는다.

음성과 비음성 데이터를 동시에 연결하기 위해 비음성 베어러의 처리가 MME 내부의 베어러 분할 기능에 의해 수행된다. 목표 대상 GERAN 시스템이 음성과 데이터 기능을 동시에 지원하지 않는 경우에는 MME가 SR-VCC 절차에 비음성 PS 베어러의 핸드오버를 억제할 수도 있다. 비음성 베어러가 핸드오버된다면, 그 과정은 패킷 서비스를 위한 정상적인 시스템 간 핸드오버와 같은 방법으로 이루어진다. MME는 SR-VCC와 패킷 데이터 핸드오버 절차의 FRR의 조정에 대한 책임이 있다.

로밍을 위해 방문된 공용 지상이동 네트워크는 관련된 홈 PLMN 정책을 고려하면서 무선 액세스와 도메인 변경사항을 제어한다.

13.11 요약

LTE 무선 방식은 높은 데이터 속도와 용량에 최적화될 뿐만 아니라 고용량 고품질의 음성 신호에 대해서도 최적화된다. 시스템 시뮬레이션을 통해 LTE가 12.2와 5.9 kbps 사이의 적응형 다중 비율 데이터 속도를 갖는 매크로 셀 환경에서 셀의 MHz당 동시 음성 사용자를 50~80 범위에서 지원할 수 있음을 나타낸다. 또한 반영구적인 패킷 스케줄링 사용시 최고 용량에 도달하게 되며, 반영구적이라는 것은 첫 번째 전송에 미리 자원을 할당하고 재전송만을 고려한 상태이다. 완전히 동적인 스케줄링 상태에서 나타나는 용량은 제어채널 용량에 의해 제한되는데, 그 이유는 각각의 음성 패킷이 분리되어 별도로 스케줄링 되어야 하기 때문이다.

음성 품질은 음성 코덱과 종단간 지연에 따라 달라진다. 이것은 첫 단계에서 LTE의 인터넷 텔레포니가 기존 네트워크와의 호환성을 유지하기 위해 이미 표준화된 3세대 파트너십 프로젝트 음성 코덱인 AMR-WB와 협대역 적응형 다중 비율을 사용한다고 가정한 상태이다. LTE는 종단간 음성 지연에 대해 기존 CS 네트워크에서 나타나는 200 ms와 비슷하거나 더 짧은 지연시간을 제공할 수 있다.

LTE 업링크 음성 범위는 전송시간 간격 번들링 방식으로 최적화할 수 있는데, 1 ms TTI를 여러 개 조합하면 업링크 전송시간과 평균 전송 에너지를 증가시킬 수 있다. TTI 번들링을 사용하는 LTE 음성 범위는 기존의 2G/3G 음성 서비스와 비슷하다.

LTE는 패킷 기반 서비스만을 지원하므로 음성 서비스도 역시 VoIP가 기본이 된다. LTE 규격에서는 기존 회선교환(CS) 네트워크와의 망연동에 대한 정의도 포함한다. 단말이 2G/3G 네트워크를 이용하여 회선교환 연결로 음성호를 구성하고, 음성호가 끝나면 LTE로 되돌리는 CS 폴백 방식이 하나의 방안이 된다. 다른 방안은 LTE에서 VoIP를 사용하는 것으로 LTE 영역이 끝나는 지점에서 2G/3G CS 네트워크로 시스템 사이에 핸드오버를 허용하는 것이며, 이러한 핸드오버 방식을 SR-VCC라고 한다. CS 폴백 핸드오버 방식은 기존에 구성된 CS 핵심망을 재사용하여 투자를 늦출 수 있을 뿐만 아니라 사용자에게 현재 제공되고 있는 이동망 서비스와 유사한 느낌을 줄 수 있으므로, 활성화될 것으로 간주된다. 이 방식이 초기 단계에 적용되기는 하겠지만, 최종적으로는 VoIP 및 멀티미디어 텔레포니(Multimedia Telephony)를 지원하는 IMS 기반의 핵심망 구조가 기반이 될 것이다.

LTE를 위한 CS 폴백이나 SR-VCC에 의한 LTE 기반의 VoIP든지 단말기 기능에 따라서 단계별로 구축되거나 동시에 구성될 수도 있다. 또한 IMS를 통해서 비 VoIP 서비스-즉, 동영상 공유, PIM, CS 폴백에 의한 기본 음성서비스-를 제공하는 것도 가능하다. 이러한 구성은 운영자들이 IMS뿐만 아니라 LTE를 계획하고 도입함에 있어 유연성을 극대화시킬 수 있도록 한다.

참고문헌

[1] 3GPP Technical Specifications 23.053 'Tandem Free Operation(TFO); Service description; Stage 2', V.8.3.0.
[2] ITU-T Recommendation G.114 'One way transmission time', May 2003.
[3] 3GPP Technical Specification 23.203 'Policy and charging control architecture', V.8.3.1.
[4] 3GPP Technical Specifications 36.321 'Medium Access Control(MAC) protocol specification', V.8.3.0.
[5] 3GPP TS36.300, 'Evolved Universal Terrestrial Radio Access(E-UTRA) and Evolved Universal Terrestrial Radio Access Network(E-UTRAN); Overall description; Stage 2 (Release 8)'.
[6] 3GPP TR 25.814 v7.0.0, 'Physical layer aspect for evolved Universal Terrestrial Radio Access(UTRA)'.
[7] 'Next Generation Mobile Networks(NGMN) Radio Access Performance Evaluation Methodology', A White paper by the NGMN Alliance, January 2008.
[8] T. Halonen, J. Romero, J. Melero, 'GSM, GPRS and EDGE Performance', 2nd Edition, John Wiley & Sons, 2003.
[9] A. Barreto, L. Garcia, E. Souza, 'GERAN Evolution for Increased Speech Capacity', Vehicular Technology Conference, 2007. VTC2007-Spring. IEEE 65th, April 2007.
[10] 3GPP R2-082871, 'LS on TTI Bundling', RAN1#62, Kansas City, USA, May 2008.
[11] R1-081856, 'Coverage Comparison between PUSCH, PUCCH and RACH', Nokia/Nokia Siemens Networks, Catt, RAN1#54, Kansas City, USA, May 2008.
[12] H. Holma, A. Toskala, 'WCDMA for UMTS', 4th Edition, John Wiley & Sons, 2007.
[13] 3GPP Technical Specifications 23.272 'Circuit Switched(CS) fallback in Evolved Packet System(EPS)', V. 8.1.0.
[14] 3GPP Technical Specifications 23.204 'Support of Short Message Service (SMS) over generic 3GPP Internet Protocol (IP) access', V.8.3.0.
[15] 3GPP Technical Specifications 23.216 'Single Radio Voice Call Continuity(SRVCC)', V. 8.1.0.
[16] 3GPP Technical Specifications 23.206 'Voice Call Continuity(VCC) between Circuit Switched(CS) and IP Multimedia Subsystem (IMS)', V.7.5.0.

CHAPTER

14

성능 요구사항

14.1 개요

3세대 파트너쉽 프로젝트는 단말기와 기지국에 대한 최소 무선 주파수 성능 요구사항을 정의한다. 이들 성능 요구사항은 다수의 제조사가 존재하는 환경에서 일관되고 예측할 수 있는 시스템 성능을 제공하기 위해 LTE 규격의 필수적인 부분이다. 관련 규격은 미래 장기진화 이동통신 방식의 두 듀플렉스, 즉 주파수 구분 듀플렉스(FDD)와 시간 분할 이중화 방식을 포함하는 [1-3]이다.

예를 들어, 불요신호 방출의 제한과 같은 일부 RF 성능 요구사항은 조정없이 타 통신사에서 운영 중인 인접 LTE 시스템 또는 인접 2G/3G 시스템과의 상호공존을 가능하게 한다. 해당 요구사항은 규제 요구사항이나 3GPP 내부에서 수행된 공존에 관한 연구들로부터 유도할 수도 있다. [4]를 참고하라.

예를 들어, 변조 정확도 및 기저대역 복조 성능 요구사항과 같은 다른 성능 요구사항은 배치된 LTE 반송파 내에서 충분한 성능에 대한 통신사의 보증을 제공한다.

유형 승인에 대한 필수 테스트를 정의하는 진화된 노드B 테스트 규격[5]은 [2]를 기반으로 한다. 반면 단말 측에서 [1]은 테스트 규격 [6]과 [7]은 [1]을 기반으로 한다.

이 장은 가장 중요한 LTE 최소 성능 요구사항, 합리적이고 근본적인 이들 성능 요구사항, 시스템 성능과 장비설계에 대한 영향을 제시한다. 또한 RF와 기저대역 요구사항이 고려된다. 먼저 eNodeB 요구사항이 고려되고, 그 다음에 단말 요구사항이 고려된다.

14.2 주파수 대역 및 채널 배정

14.2.1 주파수 대역

표 14.1은 현재 정의된 진화된 범용 이동통신 지상파 무선 액세스 주파수 대역을 해당 듀플렉스 모드(FDD 또는 TDD)와 함께 열거한 것이다. 현재 FDD에는 22 대역이 정의되어 있으며,

표 14.1 E-UTRA 주파수 대역

E-UTRA Band	Uplink eNode B receive UE transmit			Downlink eNode B transmit UE receive			Duplex mode
1	1920 MHz	–	1980 MHz	2110 MHz	–	2170 MHz	FDD
2	1850 MHz	–	1910 MHz	1930 MHz	–	1990 MHz	FDD
3	1710 MHz	–	1785 MHz	1805 MHz	–	1880 MHz	FDD
4	1710 MHz	–	1755 MHz	2110 MHz	–	2155 MHz	FDD
5	824 MHz	–	849 MHz	869 MHz	–	894 MHz	FDD
6	830 MHz	–	840 MHz	875 MHz	–	885 MHz	FDD
7	2500 MHz	–	2570 MHz	2620 MHz	–	2690 MHz	FDD
8	880 MHz	–	915 MHz	925 MHz	–	960 MHz	FDD
9	1749.9 MHz	–	1784.9 MHz	1844.9 MHz	–	1879.9 MHz	FDD
10	1710 MHz	–	1770 MHz	2110 MHz	–	2170 MHz	FDD
11	1427.9 MHz	–	1452.9 MHz	1475.9 MHz	–	1500.9 MHz	FDD
12	698 MHz	–	716 MHz	728 MHz	–	746 MHz	FDD
13	777 MHz	–	787 MHz	746 MHz	–	756 MHz	FDD
14	788 MHz	–	798 MHz	758 MHz	–	768 MHz	FDD
17	704 MHz	–	716 MHz	734 MHz	–	746 MHz	FDD
18	815 MHz	–	830 MHz	860 MHz	–	875 MHz	FDD
19	830 MHz	–	845 MHz	875 MHz	–	890 MHz	FDD
20	832 MHz	–	862 MHz	791 MHz	–	821 MHz	FDD
21	1447.9 MHz	–	1462.9 MHz	1495.9 MHz	–	1510.9 MHz	FDD
22	3410 MHz	–	3500 MHz	3510 MHz	–	3600 MHz	FDD
23	2000 MHz	–	2020 MHz	2180 MHz	–	2200 MHz	FDD
24	1626.5 MHz	–	1660.5 MHz	1525 MHz	–	1559 MHz	FDD
...							
33	1900 MHz	–	1920 MHz	1900 MHz	–	1920 MHz	TDD
34	2010 MHz	–	2025 MHz	2010 MHz	–	2025 MHz	TDD
35	1850 MHz	–	1910 MHz	1850 MHz	–	1910 MHz	TDD
36	1930 MHz	–	1990 MHz	1930 MHz	–	1990 MHz	TDD
37	1910 MHz	–	1930 MHz	1910 MHz	–	1930 MHz	TDD
38	2570 MHz	–	2620 MHz	2570 MHz	–	2620 MHz	TDD
39	1880 MHz	–	1920 MHz	1880 MHz	–	1920 MHz	TDD
40	2300 MHz	–	2400 MHz	2300 MHz	–	2400 MHz	TDD
41	2496 MHz	–	2690 MHz	2496 MHz	–	2690 MHz	TDD

TDD에는 9개 대역이 정의된다. 듀플렉스 모드 사이의 공통성을 극대화시키기 위해 가능하면 FDD와 TDD에 대한 RF 요구사항은 동일하게 유지되었다.

물리계층 규격 및 많은 RF 요구사항이 이들 주파수 대역에 대해서 동일하지만, 단말 RF 규격에 대해서는 이러한 규칙에 일부 예외가 있다. 이 예외 규칙에 대해서는 이 장의 단말 관련 절에서 보다 자세히 논의될 것이다. 다른 한편으로는 기지국에 대한 구현제한이 적은 경우에 eNodeB RF 요구사항은 구현제한에 대한 주파수 대역 불가지론 방식, 즉 주파수 대역에 관계없이 정의된다. 만일 요구가 증가하면 오직 RF 규격의 분리된 부분에만 영향을 주도록 더 많은 LTE 주파수 대역을 쉽게 추가될 수 있다. 게다가 지정된 LTE 주파수는 기본 LTE 릴리즈의 기능항목(릴리즈 8, 9 등)과 독립적이다. 릴리즈 9와 10 기간에 추가되었던 이들 주파수는 릴리즈 8 기능으로만도 구현가능하다.

표 14.2 전세계 지역에 대한 주파수 용도

	Europe	Asia	Japan	Americas
Band 1	x	x	x	
Band 2				x
Band 3	x	x		
Band 4				x
Band 5		x		x
Band 6			x	
Band 7	x	x		
Band 8	x	x		
Band 9			x	
Band 10				x
Band 11			x	
Band 12				x
Band 13				x
Band 14				x
Band 17				x
Band 18			x	
Band 19			x	
Band 20	x			
Band 21			x	
Band 22	x	x	x	x
Band 23				x
Band 24				x

15번과 16번 대역은 유럽통신 표준화 위원회 규격에서 이용되었기 때문에 생략된다.

이들 대역 전체가 전세계의 모든 지역에서 사용가능한 것은 아니다. 표 14.2는 서로 다른 주파수 구분 듀플렉스 주파수에 대한 전형적인 배정 지역을 나타낸다.

유럽에서 가장 적절한 FDD 대역은 다음과 같다.

- Band 7은 새로운 2.6 GHz 대역이다. 2.6 GHz 경매는 2007년 이래 많은 국가에서 진행 중이며, 2011년까지 계속되었다.
- Band 8은 현재 대부분이 이동통신 세계화 시스템에서 이용되고 있다. 더 낮은 전파손실 때문에 이 대역은 커버리지 관점에서 매력적인 대역이다. Band 8 대역은 LTE나 고속패킷 접속용으로 재사용될 수 있다. 2007년에 핀란드에서 (이 대역을 이용한) 첫 상용 HSPA 900 네트워크가 서비스를 시작하였다. LTE refarming은 10장에서 다루었다.
- Band 3 또한 GSM이 사용하고 있으나, 많은 경우에 Band 8 만큼 Band 3을 심하게 많이 사용하지 않는다. 이는 LTE에 대한 주파수 재배치보다 간단하게 만든다. 또한 Band 3은 일반적으로 Band 7을 사용할 수 없는 아시아에서 중요한 대역이다.
- Band 20은 유럽에서 LTE용으로 사용된다. 2010년 5월에 이 대역에 대한 첫 번째 경매가 독일에서 열렸었다.

상대적으로, 미국의 신규 대역은 Band 4, 12, 13, 14, 17이다. 미국의 LTE용 주파수 재배치는 Band 2와 5로 수행될 수 있다. 일본의 LTE 배치는 Band 1, 9, 11과 18/19를 이용할 것으로 예상된다. 요약하면 전 세계적인 LTE 배치는 시작부터 서로 다른 대역의 번호를 사용할 것이다.

국제이동통신 규격을 위한 추가 주파수는 국제전기통신 연합 세계 전파통신 회의 2007 회의에서 확인되었다(1장 참조).

14.2.2 채널 대역폭

LTE 반송파의 폭은 그림 14.1에 나타난 것처럼 채널 대역폭($BW_{Channel}$)과 전송 대역폭 구성(N_{RB})의 개념으로 정의된다. 이들 간의 상호관련성은 표 14.3에 나타내었다.

전송 대역폭 구성, N_{RB}은 하나의 LTE 무선주파수 채널 내에 할당될 수 있는 최대 자원 블록(RB)의 수로 정의된다. 무선베어러는 12 부반송파로 구성되며 180 kHz의 명목상 대역폭을 소유한 것으로 이해될 수 있다. 물리계층 규격에서 N_{RB}는 $6 \leq N_{RB} \leq 110$의 범위에서 어떠한 값이든 가질 수 있는 반면, 모든 RF 요구사항(그리고 최종 LTE 규격)은 오직 표 14.3의 값에 대해서만 정의된다. 그러나 LTE 규격에서 이런 유연성은 요구가 있어야만 전송 대역폭 구성(채널 대역폭)에 대한 더 많은 선택사항의 추가를 지원한다.

채널 대역폭은 대역외(OOB: Out-of-Band) 방사 요구사항(예를 들어, 스펙트럼 마스크, 인접채널 누설비)을 정의하기 위한 적절한 RF 관련 매개변수이다. RF 채널 가장자리는 $Fc+/-BW_{Channel}/2$의 주파수에서 채널 대역폭으로 분리되는 반송파의 가장 낮은 주파수와 가장 높은 주파수로 정의된다.

전송 대역폭 구성은 3, 5, 10, 15, 20 MHz의 경우에 채널 대역폭의 90%로 측정되며, 1.4 MHz LTE의 경우에 이보다 더 낮음이 표 14.3에 나타내었다. 예를 들어 5 MHz LTE 시스템의 경우 25*180 kHz=4.5 MHz의 전송 대역폭을 얻을 수 있다. 사실상, 기본 직교주파수영역 다중화 스펙트럼은 *sinc()* 함수로 묘사되는 롤오프에 따라 천천히 감소하는 사이드로브로 구성된

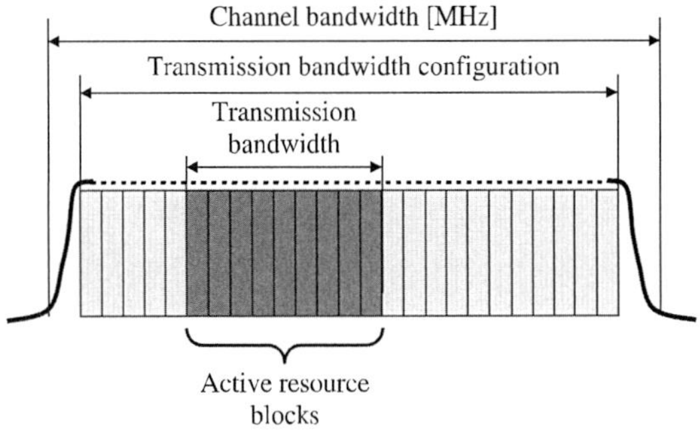

그림 14.1 하나의 E-UTRA 반송파에 대한 채널 대역폭과 전송 대역폭 구성의 정의

표 14.3 E-UTRA 채널 대역폭에 대한 전송 대역폭 구성 NRB

Channel bandwidth $BW_{Channel}$ (MHz)	1.4	3	5	10	15	20
Transmission bandwidth configuration N_{RB}	6	15	25	50	75	100

다. 그러므로 이러한 스펙트럼의 효율적인 사용법은 서비스 제한 지역 방사를 효과적으로 한정하기 위한 필터링을 이용할 것을 요구한다. 그러나 이와 같은 필터는 (a) 실제 구현가능하고, (b) 불가피하게 발생될 시간확산으로 인한 적은 양의 주기적 전치부호 구간을 소모하기 위해서 특정 양의 천이 대역폭이 필요하다. 표 14.3의 수치, 특히 1.4 MHz의 LTE 채널 대역폭에 대한 수치는 채널 내부 및 외부 왜곡사이의 절충값이며, 이는 3세대 파트너쉽 프로젝트에서 폭넓게 연구되었다. LTE 1.4 MHz의 경우 전송 대역폭은 채널 대역폭의 77%이다.

LTE의 1.4와 3 MHz 채널 대역폭 옵션은 Band 2, 3, 5, 8 내에서 다수의 cdma2000 및 이동통신 세계화 시스템 전환 시나리오를 지원하기 위해 선택되었다.

진화된 범용 이동통신 지상파 무선액세스 주파수 대역과 채널 대역폭 옵션의 모든 조합이 의의를 가지는 것은 아니다. 표 14.4는 표준에서 지원하는 조합을 제공한다. 표에 제시된 조합은 통신사에서 제공한 자료를 기반으로 작성되었다. 더 넓은 채널 대역폭 옵션은 전형적으로

표 14.4 일반 감도('X')와 완화 감도('O')에 대한 지원 전송 대역폭

E-UTRA band/channel bandwidth						
E-UTRA Band	1.4 MHz	3 MHz	5 MHz	10 MHz	15 MHz	20 MHz
1			X	X	X	X
2	X	X	X	X	O	O
3	X	X	X	X	O	O
4	X	X	X	X	X	X
5	X	X	X	O		
6			X	O		
7			X	X	X	O
8	X	X	X	O		
9			X	X	O	O
10			X	X	X	X
11			X	O	O	O
12						
13	X	X	O	O		
14	X	X	O	O		
17						
18			X	O	O	
19			X	O	O	
20			X	O	O	O
21			X	O	O	
...						
33			X	X	X	X
34			X	X	X	
35	X	X	X	X	X	X
36	X	X	X	X	X	X
37			X	X	X	X
38			X	X		
39			X	X	X	X
40				X	X	X
41			X	X	X	X

더 큰 가용 스펙트럼을 보유한 대역에서 지원됨이 표 14.4에 나타내었다. 예를 들어, 20 MHz LTE는 Band 1, 2, 3, 4에서 지원되나 가용 스펙트럼이 적은 Band 5, 8 등에서는 지원되지 않는다. 역으로 5 MHz 이하의 작은 LTE 채널 대역폭은 전형적으로 더 작은 가용 스펙트럼을 보유한 주파수 대역에서도 지원된다(예를 들어, Band 5, 8 등).

게다가 [1]은 대역폭과 동작대역의 조합에 따라 두 가지의 단말 감도 요구사항을 정의하며, 이들은 표 14.4에 O/X로 표시된다. 이는 작은 듀플렉스 분리와 간격을 지니거나 혹은 둘 중 하나가 작은 주파수 대역에서 단말 자기간섭이 증가할 수 있기 때문이다. 대역폭이 크고 듀플렉스 분리와/간격 모두, 혹은 둘 중 하나가 작은 경우에 단말 성능을 완화시키거나 단말 기능을 제한한다. 이외의 경우에서는 단말이 베이스라인 RF 성능 요구사항을 만족하도록 해야 한다.

14.2.3 채널 배정

모든 E-UTRA 주파수 대역에 대해서 채널 래스터는 100 kHz이다. 이는 반송파 중심주파수가 100 kHz의 배수이어야 한다는 것을 의미한다. 비교하면, 5 MHz 스펙트럼 할당에서 주파수 배정을 효율적으로 지원하기 위해 범용 이동통신 시스템은 200 kHz의 채널 래스터를 이용하며, 베이스라인 래스터에 상대적으로 100 kHz 떨어진 일부 주파수 대역에서 요구되는 추가적인 RF 채널을 이용한다. LTE 100 kHz의 채널 래스터는 다양한 전환 케이스들을 지원할 것이다.

반송파 간격은 배치 시나리오, 가능한 주파수 블록의 크기 및 채널 대역폭에 의존할 것이다. 인접 E-UTRA 반송파 사이의 명목 채널간격은 다음과 같다.

$$Nominal\ Channel\ \text{spacing} = (BW_{Channel(1)} + BW_{Channel(2)})/\,2 \tag{14.1}$$

여기서 $BW_{Channel(1)}$과 $BW_{Channel(2)}$는 각각 두 E-UTRA 반송파의 대역폭이다. 이와 같은 채널 간격을 가정하여 3세대 파트너쉽 프로젝트에서 LTE-LTE 공존에 관한 연구가 수행된다[4]. 그러나 인접 LTE 반송파 사이의 상호 조정 사례와 같이 명목 채널간격은 특수한 배치 시나리오에서 성능을 최적화하기 위해 조정될 수 있다.

14.3 eNodeB용 RF 송신기

LTE 진화된 노드B용 송신기의 무선 주파수 요구사항은 [2]에 정의되며 해당 테스트 규격은 [5]에 정의된다. 이 절에서는 두 가지의 가장 중요한 요구사항에 대해 논의한다.

- 동작 대역 내 사시에 불요신호 방출. 이 요구사항은 인접 혹은 다른 주파수 대역에서 동작 중인 시스템과 LTE 다운링크의 RF 호환성을 보장한다.
- 전송된 신호(변조) 품질, 혹은 오류 벡터 크기(EVM: Error Vector Magnitude)으로 알려진 요구사항. 이들 요구사항은 다운링크의 송신 부분에 대한 채널 내 성능을 결정할 것이다.

유럽에서 최근 만들어진 Band 7에 대한 규제 체계뿐만 아니라 3GPP 규격 양 측면에서 타 시스템과 LTE 공존, 특히 LTE 주파수 구분 듀플럭스와 시간분할 이중화 모드 사이의 공존, 또한 논의될 것이다.

14.3.1 운영대역 내 불요신호 방출

국제 전기통신 연합의 전파 통신 부문 SM.329에서 추천하고 있는 범용 이동통신 시스템에 대한 기생 방출 요구사항은 반송파 중심 주파수로부터 12.5 MHz 이상 떨어진 주파수에 대해 적용된다. 이 12.5 MHz는 ITU-R SM.329에 따라 필수 대역폭(UMTS의 경우 5 MHz)의 250%로 계산된 것이다(즉, UMTS의 경우에 5 MHz × 250% = 12.5 MHz). 반송파 중심 주위의 필수 대역폭에 대한 250% 내 주파수 범위는 서비스 제한지역 영역으로 간주된다. OOB 영역 내에서는 송신기의 상호변조 왜곡이 대부분을 차지한다. 그러므로 일반적으로 인접차별누설비(ACLR)과 같은 보다 완화된 방사 요구사항이 OOB 영역 내에 적용된다.

LTE에서 채널 대역폭은 1.4~20 MHz 사이에서 선택된다. 채널 대역폭의 250%로 비슷하게 크기를 조정하면 LTE의 경우에 넓은 OOB 영역이 생길 것이다. 즉, 20 MHz 대역폭 옵션에서 OOB 영역은 반송파 중심 주파수 주위의 ± 50 MHz까지 넓은 주파수 범위로 확장될 것이다. 보다 예측 가능한 방법으로 인접대역 내 서비스를 보호하고 UMTS와 동조하기 위해서 LTE 기생 영역은 그림 14.2의 빗금친 영역과 같이 진화된 노드B 송신기 동작 대역의 가장 낮은 주파수 아래 10 MHz로부터 시작하며, eNodeB 송신기 동작 대역의 가장 높은 주파수 위로 10MHz로부터 시작하는 것으로 정의된다. LTE 운영대역 내 불요신호 방출은 운영대역의 양쪽 가장자리에 10MHz를 더한 대역을 포함한다.

[2]에 포함된 LTE 기생 영역 방사 제한은 ITU-R SM.329에 따라 정의되고 여러 범주로 분류된다. 여기서 범주 A와 B는 광역 요구사항으로 적용된다. 유럽 내에서 -30dBm/MHz의 범주 B 제한은 1GHz ↔ 12.75 GHz의 주파수 범위에서 요구되나 미국과 일본에서 해당 범주 A 제한은 -13 dBm/MHz이다.

ITU-R SM.329의 기생 방출 제한에 추가로, [2]는 UMTS, 이동통신 세계화 시스템, 간이휴대전화 시스템을 포함한 다수 무선 시스템의 동작대역 전체에 걸쳐 보다 엄중한 제한을 정의한다.

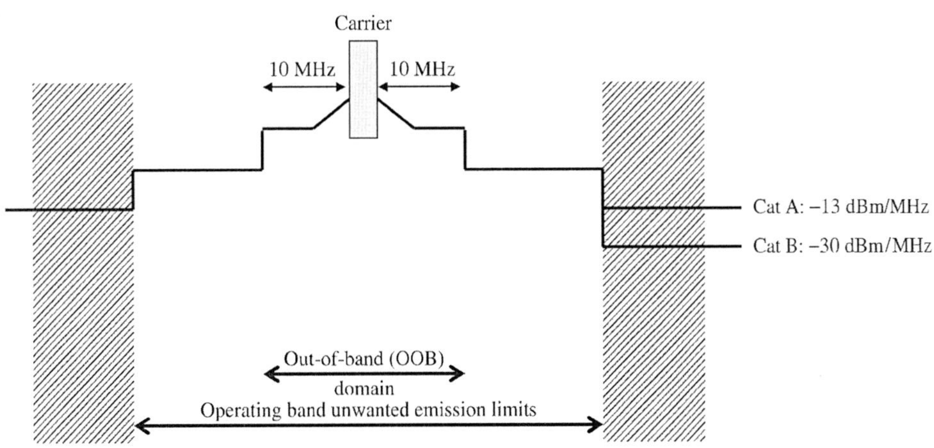

그림 14.2 기생 방출 및 운영대역 내 불요신호 방출에 대해 정의된 주파수 범위

그림 14.2에 나타난 바와 같이 운영대역 내 불요 신호 방출 제한은 진화된 노드B 송신기 운영대역 내 가장 낮은 주파수 아래의 10 MHz로부터 eNodeB 송신기 동작 주파수의 가장 높은 주파수 위의 10MHz까지 확장된 마스크를 통한 절대적인 제한으로 정의된다.

이 마스크는 LTE 채널 대역폭에 따라 결정되며, 그림 14.3은 1 GHz 이상의 E-UTRA 대역과 불요신호 방출 제한의 하한인 -25 dmB/100 kHz을 보여준다. -25 dmB/100 kHz 제한은 운영대역 내부의 기생 방출 제한(-15 dBm/MHz)으로써 범용 지상 무선 접속에서 이용된 레벨과 일치한다. 100kHz의 측정 대역폭은 피해 시스템의 가장 작은 무선 자원 할당의 대역폭(180 kHz의 LTE 1 RB; GSM 200 kHz 반송파)과 유사한 크기가 되도록 선택된다.

또한 동작대역 불요신호 방출 제한은 모든 LTE 채널 대역폭 옵션에 대해 ITU-R SM. 329에 따른 제한과 일치해야 한다. 이는 반송파 중심 주파수로부터 필수 대역폭의 250% 외부에서 -25 dBm/100 kHz의 해당 범주 B 제한을 그림 14.3에 나타난 바와 같이 달성되어야 함을 의미한다. 송신기 상호변조 왜곡이 발생하는 주파수 범위가 채널 대역폭에 따라 변함에도 불구하고, 5, 10, 15, 20 MHz의 LTE 대역폭 옵션에 대한 공통 마스크를 정의하는 것이 가능함이 판명되었다. 이는 채널 가장자리로부터 10 MHz 오프셋에서 SM. 329의 제한과 일치한다. 그러나 LTE 1.4와 3 MHz 대역폭 옵션의 경우 채널 가장자리로부터 각각 2.8 MHz과 6 MHz의 오프셋에서 미리 -25 dBm/100 kHz에 도달해야만 하며, 이는 서로 다른 마스크의 정의가 필요하게 만든다. 1.4, 3, 5 MHz LTE에 대해서 46 dBm의 동일한 총 eNodeB 전송 전력이 가정되며, 결과적으로 더 작은 LTE 대역폭 옵션에서 전력 스펙트럼 밀도가 더 크나, 더 작은 LTE 대역폭 옵션에 대해 마스크는 채널 가장자리에서 더 높은 방출 레벨을 허용한다.

북미 E-UTRA Band(Band 2, 4, 5, 10, 12, 13, 14)의 경우에 추가 불요신호 방출 제한은 미국

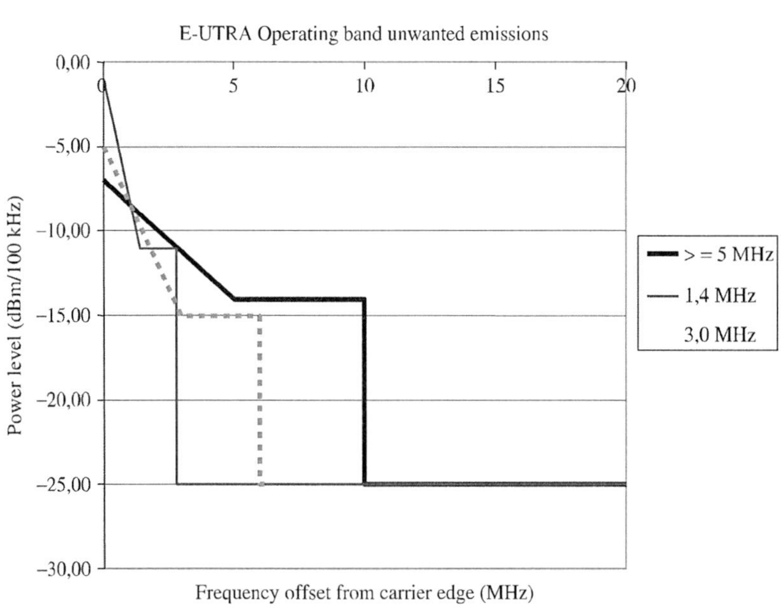

그림 14.3 채널 가장자리에서의 운영대역 내 불요방출 요구 레벨

연방 통신 위원회 Title 47 Parts 22, 24와 27로부터 [2]에 유도된다. 이들 요구사항은 채널 가장자리로부터 첫 1 MHz 이내에서 '-26 dB 변조 대역폭'의 1%로 정의된 측정 대역폭 당 -13 dBm로 해석되고, 이외 주파수 범위에서는 -13 dBm/MHz로 해석된다.

14.3.2 동일 운영대역 내 이종 시스템 공존

무선망4 규격은 그림 14.4와 같이 (a) 동일한 LTE 대역폭과 (b) 5MHz 범용 지상 무선 접속의 첫 번째와 두 번째 인접 채널에 대한 45dBc 인접채널 누설비 요구사항을 포함한다.

[4]에는 인접한 LTE, UTRA 또는 이동통신 세계화 시스템 반송파와 LTE의 다운링크 공존에 대한 시뮬레이션 결과가 들어 있다. 피해 시스템에 대해 5% 이하의 셀 경계 처리율 손실을 보장하기 위한 요구 인접채널 간섭비율(ACIR)은 모든 경우에 약 30dB임이 판명되었다. LTE와 UTRA에 대해 33dB의 단말 인접채널 선택도(ACS)를 가정하면, 45dB ACLR의 선택은 진화된 노드B 전송경로로부터 최소한의 영향을 받는 것을 보장하며, 또한 이는 UTRA ACLR1의 최소 성능 요구사항과 일치한다.

LTE와 LTE가 공존하는 경우에 ACLR1 및 ACLR2는 동일한 LTE 대역폭에 대해서만 명시된다. 예를 들어 5MHz LTE↔20MHz LTE와 같이 대역폭이 섞인 경우는 모든 가능한 피해 반송파 대역폭에 따른 구체적인 ACLR 요구사항에 포함되지 않는다. 하지만, 이 경우가 공격 반송파와 동일한 대역폭 내에서 측정된 45dBc의 ACLR 요구사항으로 충분히 커버됨을 [4]의 분석에 나타나 있다. 모든 LTE 대역폭 옵션과 추가적으로 다수의 타 무선기술에 대해 큰 그물

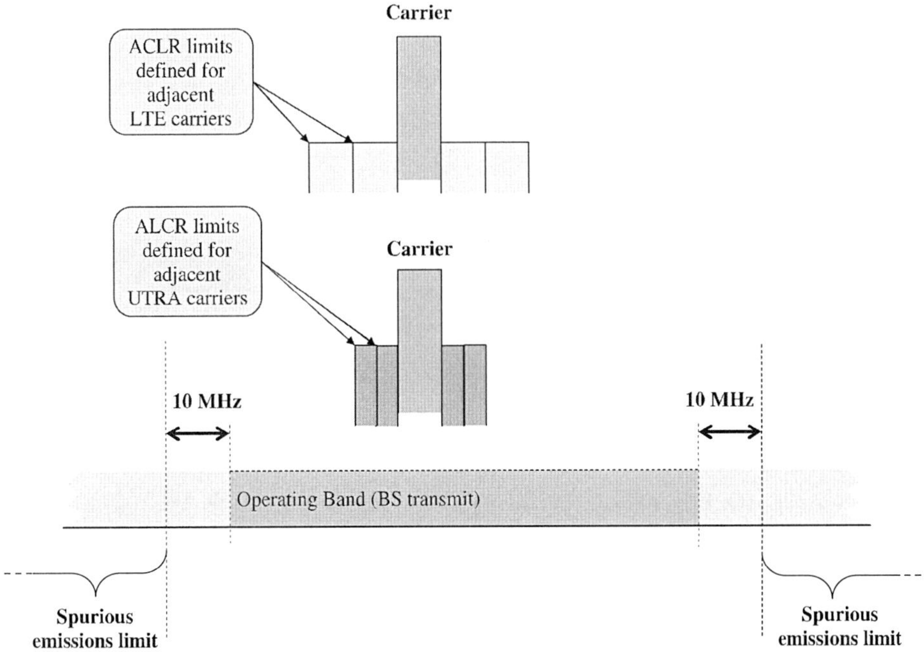

그림 14.4 두 가지로 정의된 ACLR 측정. 하나는 첫 번째 및 두 번째 인접 채널이 E-UTRA 반송파인 경우이고, 다른 하나는 첫 번째 및 두 번째 인접 채널이 UTRA 반송파인 경우

망처럼 이어진 ACLR 요구사항은 실질적으로 보다 강한 보호장치를 추가하지 않은 채, 많은 eNodeB 적합성 테스트에 리드하려고 했었다.

게다가 LTE에 명시된 불요신호 방출 마스크는 피해 시스템에 대한 베이스라인 보호를 제공한다. 이러한 이유로, 마스크를 사용하는 경우에 어떠한 ACLR 요구사항도 규격에 명시되지 않았다. 예를 들어 GSM 반송파에 대해서도 명시되지 않는다. 해당 ACLR 값은 불요신호 방출 마스크를 적분하여 계산될 수 있으며, 이 ACLR 값은 시스템 시뮬레이션을 통해 제안된 ~30 dB의 요구값을 초과한다[4]. 그러나 UTRA 대역 내에서 LTE 전환은 중요한 배치 시나리오로 고려되고 있기 때문에 첫 번째와 두 번째 UTRA 채널에 대한 ACLR 요구사항이 UTRA에서 지정된 대로 공격 LTE 시스템과 동일한 레벨인 인접한 '기존' UTRA 반송파를 명시적으로 보호하기 위해 추가되었다.

UTRA 피해 시스템에 대한 ACLR2/3.84 MHz은 UTRA 시스템에 대한 50 dBc가 아니라 ACLR1/3.84 MHz(45 dBc)와 동일한 값으로 지정된다. 두 번째 인접 채널 간섭이 식 (14.2)와 같이 전체 ACIR에 적은 영향을 준다면, 두 번째 인접 채널에서 UTRA의 단말 ACS2는 ACS1(~33 dBc)보다 상당히 높기(~42 dBc) 때문에 이는 타당한 결과이다.

$$ACIR = \frac{1}{\frac{1}{ACLR1} + \frac{1}{ACS1} + \frac{1}{ACLR2} + \frac{1}{ACS2}} \tag{14.2}$$

그러므로 ACLR2/3.84 MHz가 50 dBc에서 45 dBc로의 감쇄는 전체 ACIR에서 무시할만큼 적은 영향을 준다. 반면, UTRA의 ACLR2 주파수 영역(LTE 반송파 가장자리에서 5~10 MHz 오프셋 이내)은 45 dBc의 적당한 요구사항인 송신 LTE 반송파의 ACLR1 영역에서 여전히 존재하기 때문에 10, 15, 20 MHz의 LTE 대역폭에 대한 50dBc의 ACLR2/3.84 MHz은 eNodeB 구현 관점에서 제한적일 것이다.

예를 들어, LTE에 명시된 ACLR 값은 46 dBm와 같은 eNodeB 출력전력에 대한 가정에서 불요신호 방출 마스크를 적분해서 계산된 해당 값과 비교될 수 있다. 사실상, 마스크를 적분하여 계산된 ACLR 값은 지정된 ACLR과 비교할 경우에 2~5 dB 더 완화된 수치이다. 주파수 자원 블록에 대한 다운링크 전력제어가 서비스 제한지역 영역 내에서 누설전력 스펙트럼 리플의 원인이 될 수 있기 때문에 이것은 일부러 완화하여 지정되었고 LTE 불요신호 방출 마스크는 단지 '루핑(roofing)' 요구사항이 되도록 설계되었다. 이들 리플은 ACLR 측정 대역폭 내에서 평균화되어 제거될 것이므로 공존 관점에서 해가 되지 않는다. 그러나 UTRA와 달리 LTE에서 출력전력을 증가시킬 수 있는 송신기 전력 증폭기의 선형성은 불요신호 방출 마스크의 요구사항이 아니라 ACLR에 따라 설정된다. 보다 자세한 정보는 [8]을 참고하라.

마지막으로, 불요신호 방출 마스크와 ACLR 요구사항은 어떤 유형의 송신기(단일 반송파 혹은 다중 반송파)가 고려되더라도 적용되어야 한다. 다중 반송파 eNodeB의 경우 ACLR 요구사항은 eNodeB가 사용하는 가장 낮은 반송파 주파수(부반송파) 아래와 eNodeB가 사용하는 가장 높은 반송파 주파수(부반송파) 위, 즉 eNodeB가 지원하는 전송대역폭 내부가 아닌 인접 채널 주파수에 적용된다. 동일 통신사가 이 전송 대역폭을 소유된 것으로 가정된다.

14.3.3 인접 운영대역 내 이종 시스템 공존

[2]는 동일 지역 내 다른 주파수 대역에서 동작하는 타 무선 시스템의 단말과 진화된 노드B의 보호에 대한 추가적인 기생 방출 요구사항을 수록하고 있다. 다른 주파수 대역에서 동작중인 시스템은 이동통신 세계화 시스템 850/900/1800/1900, 간이 휴대전화 시스템, US 700 MHz 대역 내 공공안전 시스템, 범용 지상 무선접속 주파수 구분 듀플렉스/ 시간분할 이중화와 진화된 범용 이동통신 지상파 무선 액세스 FDD/TDD일 수 있다. 이들 요구사항의 대부분은 규제 배경을 지니고 있으므로 각 지역(유럽, 일본, 북미) 내에서 필수 요구사항이다. 3세대 파트너십 프로젝트 무선 시스템의 보호를 위한 기생 방출 제한은 안테나 이득 및 케이블 손실을 포함하여 공격자와 피해자 안테나 시스템 사이에서 전형적으로 ~67 dB 분리(최소 커플링 손실, MCL)를 가정한다.

3GPP 시스템의 기지국과 동일 장소(30 dB의 최소 결합 손실만 가정)가 가능하게 하기 위해 선택 가능한 기생 방출 요구사항의 추가 집합은 [2]에 정의되었다. 그러나 그림 14.2에 나타난 것처럼 기생 방출은 동작 대역의 eNodeB 송신 주파수 범위 바깥쪽에 바로 인접한 10 MHz 주파수 범위에 적용되지 않는다. 또한 기생 방출이 적용되지 않는 경우는 전송 주파수 범위가 피해자 대역에 인접해 있을 경우이다. 이러한 이유로 위의 공존 요구사항은 주파수구분 듀플렉

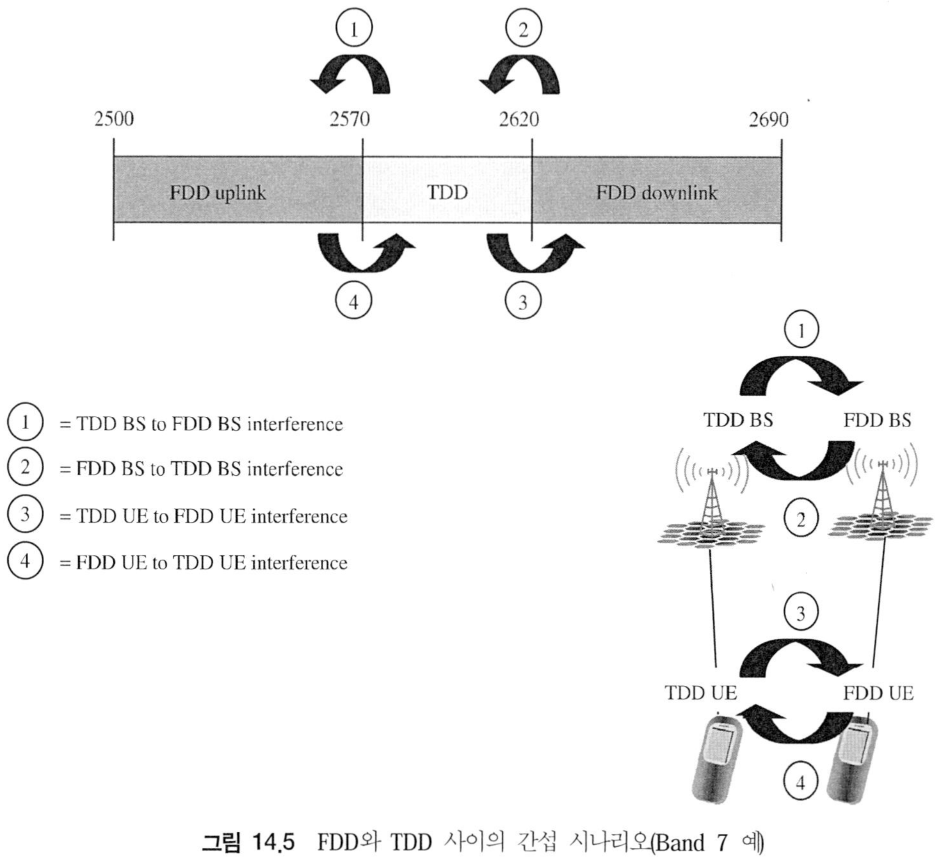

그림 14.5 FDD와 TDD 사이의 간섭 시나리오(Band 7 예)

스/시간 분할 이중화 천이 주파수, 예를 들어 1920, 2570, 2620 MHz에는 적용되지 않는다. 그러나 인접 주파수 블록에 주파수 구분 듀플렉스와 시간분할 이중화 기술을 배치하는 것은 그림 14.5와 같이 시스템들 간에 간섭을 발생시킬 수 있다. FDD와 TDD 기지국 사이의 간섭이 있을 수도 있고, 단말기 간에 간섭이 있을 수도 있다.

진화된 노드B 구현 관점에서 FDD/TDD 천이 주파수 주위에 요구되는 보호대역의 크기를 최소화하기 위해 엄격한 송신기 및 수신기 필터 요구사항을 정의하는 것은 도전적인 일이다. 더욱이 세계 각 지역은 인접 대역에 FDD/TDD 배치가 가능하도록 현지 규제 요구사항을 시행할 수도 있다. 그러므로 3세대 파트너쉽 프로젝트에서 가능 보호대역에 대한 포괄적 가정을 만들고, 그 후에 전 세계적으로 다양한 규제 요구사항을 연동시키는데 필요한 일반적인 FDD/TDD 보호 요구사항을 정의하는 것은 현실성이 없다. 그러나 동작 대역의 eNodeB 전송 주파수 범위 바깥쪽에 바로 인접하여 배제된 10 MHz 주파수 범위에 대한 추가적인 FDD/TDD 보호 방사 제한은 현지 혹은 지역적 요구사항으로 남겨놓는다.

이와 같은 현지 요구사항에 대한 한 예로 이 절 나머지 부분은 유럽의 2.6 GHz 대역 할당(3GPP Band 7) 내에서 FDD 및 TDD 사용에 대해 [9]에 정의된 규칙을 논의할 것이다. [9]에 정의된 방출 요구사항의 초석은 다음과 같다.

- 블록 내·외 등가 등방성 복사 전력(EIRP: Equivalent Isotropic Radiated Power) 방사 마스크는 특정 무선 시스템의 eNodeB 규격에 대한 어떠한 참조도 없이 정의된다. 즉, 이 제한은 기술 중립으로 고려될 수 있다. 블록 내 EIRP 제한은 인접 시스템의 eNodeB 수신 경로 차단에 대한 하나의 보호장치를 제공한다. 또한 대역 외 마스크는 불록 경계 마스크(BEM)라 하며, 면허 블록의 업링크/다운링크 수신대역의 주파수 범위에 방사성 불요신호 방출 제한을 부과한다.
- 100 m 이상 떨어진 기지국의 경우 이웃한 스펙트럼 블록의 통신사들 사이에 어떠한 세부 조정이나 협력 합의도 없이 BEM은 FDD/TDD 공존을 가능하게 해야 한다. 이와 관련해서 53 dB 이상의 최소 결합 손실이 가정되었으며, 잡음지수가 5 dB인 경우에 eNodeB의 열잡음에 대한 상대적인 간섭 영향인 I/N은 -6 dB로 가정되었다. 안테나 분리 측정은 FDD와 TDD에 대해서 각각 분리되고 수직과 수평적으로 혹은 어느 한쪽 방향으로 떨어진 안테나를 사용하여 동일한 옥상에서 50 dB의 MCL을 쉽게 달성할 수 있음을 보여준다.
- 일부 BEM은 안테나 이득과 케이블 손실(17 dBi)을 가정하여 범용 지상 무선 접속 불요 스펙트럼 방출 제한(즉, 안테나 커넥터에서 충족되는 전도성 방출 요구사항)을 EIRP 마스크로 변환함으로써 UTRA eNodeB 스펙트럼 방출 마스크(SEM)로부터 유도되었다.
- EIRP 제한은 전도성이 아닌 방사성 불요신호 방출에 대한 제한이고, 이들 요구사항은 면허 블록 내부 또는 외부에 적용된다. 그러나 이들은 테스트할 수 없는 eNodeB 장치 요구사항이지만, 이들 요구사항은 안테나와 케이블 손실을 포함하는 전체 무선 주파수 사이트 설치와 관련이 있다. 게다가, BEM 요구사항은 반드시 RF 채널 가장자리에서 시작하지 않아도 되나 반드시 면허 블록의 가장자리에서 시작해야 한다. 면허 블록의 가장자리는 실제 배치 시나리오에 따라 결정되는 채널 가장자리와 다를 수 있다. 마지막으로, BEM은 다수

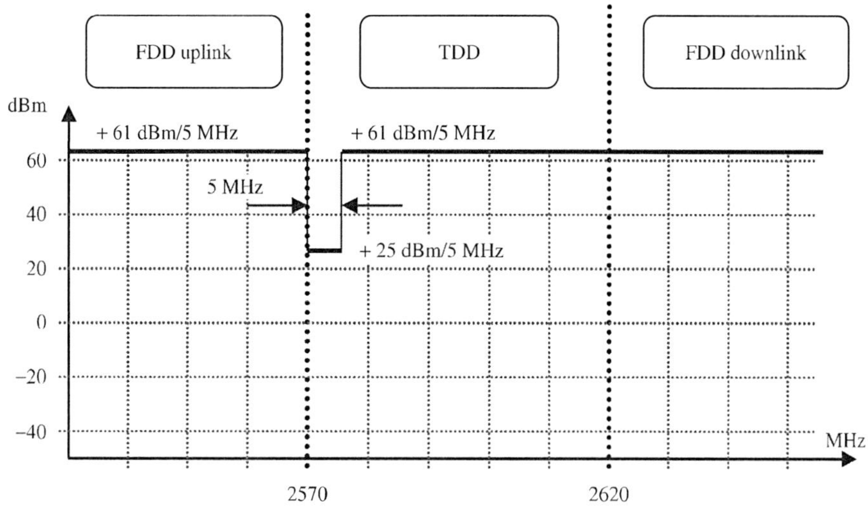

그림 14.6 제한된 블록을 포함한 최대 허용 블록 내 EIRP

의 RF 반송파 또는 하나의 사이트에 존재하는 다수의 eNodeB에서 방출된 모든 블록 외 방출의 합과 일치해야 할 뿐만 아니라 UTRA SEM의 경우처럼 단지 단일 RF 채널에 관련된 것들로 만족되어야 한다.

이들 요구사항들은 70MHz의 FDD 업링크, 50 MHz의 TDD 및 70 MHz의 FDD 다운링크로 구성된 Band 7 주파수 배정을 가정하여 다음에 더 자세히 논의될 것이다.

그림 14.6은 최대 허용 블록 내 EIRP 제한을 나타낸다. 예를 들어, 61 dBm/5 MHz의 명목 EIRP 제한은 안테나 이득과 eNodeB 출력 전력이 더 높아야 하거나 한쪽은 높아야 하는 인구 밀도가 낮은 지역에서와 같이 특정 배치에 대한 현지 규제에 따라 68 dBm/5 MHz까지 완화될 수 있다.

TDD 할당의 하위 5 MHz 부분은 안테나가 실내에 위치하거나 안테나 높이가 규제기관이 지정한 특정 높이보다 낮은 경우에 최대 허용 기지국 EIRP가 25 dBm/5 MHz인 제한 블록이다. 제한된 5 MHz TDD 블록에서 더 낮은 전송전력은 2570 MHz 바로 아래에서 FDD eNodeB 선택성과 차단 요구사항을 완화하는데 기여한다.

그림 14.7은 FDD 업링크 대역 할당의 위쪽 5 MHz부터 시작하는 무제한(고전력) 20 MHz TDD 블록 할당에 대한 최종 블록 외 EIRP 방출 마스크(BEM)를 보여준다. 다음과 같은 사항이 주목될 수 있다.

- 전체 FDD 업링크 할당은 eNodeB 송신기→eNodeB 수신기 간섭 시나리오에서 업링크 보호에 대한 베이스라인 요구사항으로 선택된 -45 dBm/MHz EIRP 제한에 의해 보호된다. 만일 MCL > 53 dB으로 주어지면, FDD eNodeB 업링크에는 최소의 영향만 미칠 것이다.
- 사용 가능한 비동기식 TDD 운영은 TDD 블록 가장자리 위쪽 5MHz부터 FDD 다운링크 쪽으로 계속되는 구간에서 -45 dBm/MHz EIRP 제한에 의해 보호된다.
- FDD 다운링크 대역에 걸친 관련 간섭 메커니즘이 TDD eNodeB→FDD 단말로 영향을

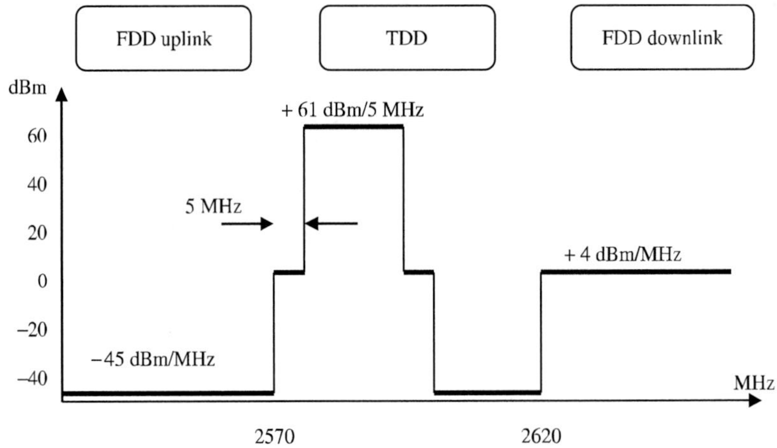

그림 14.7 FDD 대역 할당 위쪽 20 MHz TDD 블럭에 대한 블록 외 EIRP 방출 마스크(BEM)

줄 경우에 +4 dBm/MHz로 더 완화된 제한은 충분하다. 또한 이 +4 dBm/MHz의 제한은 FDD 다운링크 대역에서 FDD eNodeB에 대한 블록 외 EIRP 제한으로 규정된다(그림 14.7 참조).

- 2570~2575 MHz 내 TDD 제한 블록의 가능한 사용은 그림 14.7에 나타나 있지 않다. 이 대역은 FDD 업링크를 보호하기 위해서 2570 MHz 전이 주파수 바로 아래 첫 5 MHz에 대해서 엄격한 BEM 요구사항을 가진다.
- TDD 블록 가장자리 양쪽 첫 1 MHz 내에서 BEM의 상세한 경사도 그림에서 보이지 않는다. 이 경사는 근본적으로 UTRA SEM의 모양을 따른다.

그림 14.8은 TDD 대역 할당의 바로 위쪽에서 시작하는 10 MHz 블록 할당에 대한 결론적인 블록 외 EIRP 방사 마스크(BEM)를 나타낸다. 다음과 같은 항목이 주목될 수 있다.

- FDD 다운링크 블록 바로 아래의 첫 5 MHz TDD 블록은 +4 dBm의 더 완화된 BEM EIRP

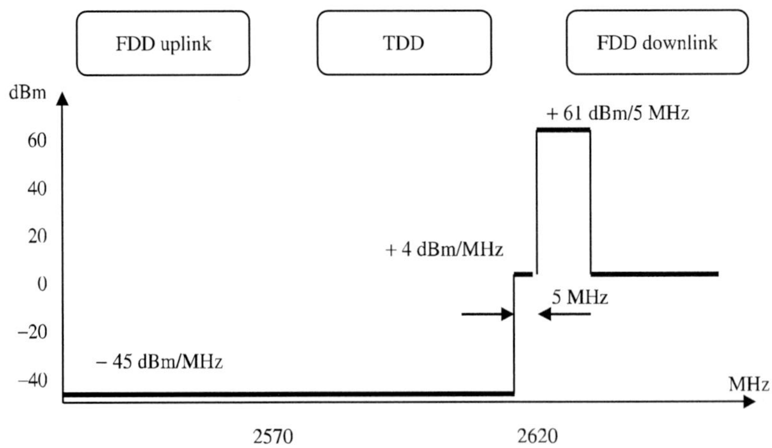

그림 14.8 TDD 대역 할당 위쪽 10 MHz FDD 블럭에 대한 블록 외 EIRP 방출 마스크(BEM)

로 인해 더 높은 레벨의 간섭을 수신할 수도 있다. 이것은 FDD eNodeB 송신 필터를 쉽게 하기 위해서이다. 즉, FDD 블록은 전력이 제한되지 않을 것이다.

- TDD 대역과 FDD 상향링크 대역 할당의 나머지 부분은 -45 dBm/MHz의 EIRP 베이스라인 요구사항으로 보호된다.

14.3.4 송신 신호 품질

[2]는 송신된 기지국 신호의 충분히 높은 품질을 보장하기 위한 변조방식에 따른 오류벡터크기(EVM) 요구사항을 수록하고 있다(표 14.5 참조).

전송 신호에 대한 변조 정확도의 전형적인 손상은 스펙트럼 성형을 위해 사용되는 디지털 필터로 인한 심벌간 간섭, 유한 워드 길이 효과, 그리고 최대 송신전력에 근접한 조건에서 가장 중요한 첨두 전력 대 평균 전력비 감쇄 기법에 의한 클리핑 잡음과 같은 디지털 영역에서 생성되는 왜곡뿐만 아니라 아날로그 무선 주파수 왜곡(주파수 오프셋, 국부 발진기 위상잡음, 아날로그 필터의 크기, 위상 리플)이다.

EVM 요구사항은 단말에서 이상적인 수신을 가정하면, 다운링크 처리율이 기지국의 비이상적인 파형 때문에 단지 미미하게 전형적으로 5%로 감소됨을 보장할 것이다. 요구되는 EVM은 모든 송신과 기지국에서 사용되는 전체 전력의 유동 범위를 충족시켜야 한다.

14.3.4.1 EVM 정의

보다 정확하게 EVM은 이상적인 성상도 좌표와 정의된 '기준 수신기'로 등화된 후 획득된 측정 성상도 좌표 사이 차이에 대한 척도이다. 범용지상 무선 접속과 달리 EVM은 전송된 복합 시간영역 신호 파형을 측정하는 것이 아니라 고속 푸리에 변환 후 주파수 영역에서 각 부반송파에서 성상도 좌표의 변조 정확도를 분석함으로써 측정된다. 그림 14.9는 EVM 측정에 대한 기준 지점을 나타내었다.

EVM 기준 지점에 앞선 직교 주파수 영역 다중화 신호처리 블록, 특히 제한된 강제로 0이 되게 하는(ZF: Zero-Forceing) 등화기는 기본적으로 실제 단말의 OFDM 신호처리 블록과 별반 다르지 않다. EVM을 다소 복잡하게 정의하는 이유는 오직 이들 송신기 손상만이 단말에서 수신을 통해 자동적으로 제거되지 않는 EVM을 '오염'시켜야 하기 때문이다. 예를 들어, PAR 감쇄에 따른 클리핑 잡음은 부가백색 가우스 잡음과 같은 특성을 지니며 단말 등화기로 제거되지 않지만 아날로그 필터 왜곡에 대한 비선형 위상 응답은 기준신호로부터 추정될 수 있으며 ZF 등화기로 제거될 수 있다. ZF 등화 과정에서 수식어구 '제한'은 ZF 등화기 계수를 계산하기

표 14.5 EVM 요구사항

Modulation scheme for PDSCH	Required EVM (%)
QPSK	17.5
16QAM	12.5
64QAM	8

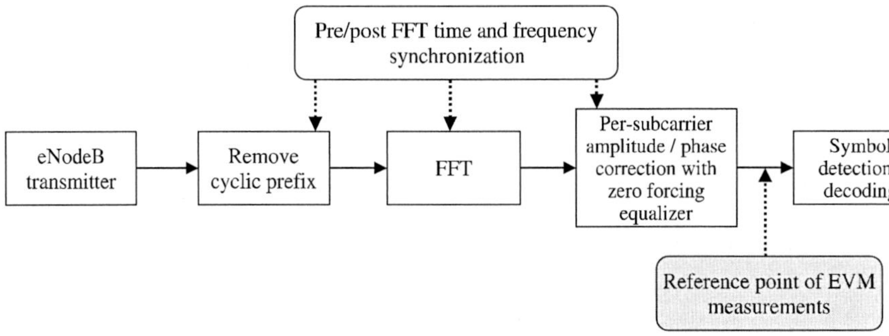

그림 14.9 EVM 측정을 위한 기준 지점

위해 사용되는 가공되지 않은 채널 추정의 정의된 주파수 평균화 과정을 나타낸다. RS 위치에서 가공되지 않은 채널 추정에 대한 주파수 평균화의 일부는 실제 단말 수신기 구현에서도 있을 것이고, 이는 부반송파 간격의 순서로 공간 주파수에 대한 필터 크기(또는 위상) 리플과 같은 일부 손상의 제거를 제한하게 될 것이다. 그러므로 이 주파수 평균화 과정의 등가방식이 EVM 추정 과정을 위해 정의되었다.

EVM 정의의 또 다른 특징은 FFT 처리를 위해 선택된 시간 동기화 지점이다. EVM은 거의 주기적 전치부호의 중앙인 이상적인 시간 동기화 순간이 아니라 오히려 CP 시작 직후나 끝 직전의 2 샘플 지점에서 측정된다. 이는 전송 스펙트럼 성형 필터에 선행과 후행이 있는 경우에 심지어 비이상적인 시간 추적 환경에서도 단말이 충분히 낮은 심벌간 간섭을 경험할 것을 보장한다.

모든 측면을 포함한 세부 EVM 측정절차는 [5]의 Annex F에 정의된다.

14.3.4.2 EVM 요구사항 유도

다음으로 [10]에 기술된 분석적 접근을 기반으로 오류 벡터 크기 요구사항에 대한 근거를 제시한다. 특정 선택된 변조기법과 채널 코딩 기법에 해당하는 각 순시 C/I 값에 대해 5% 처리율 손실을 제공하기 위해서 요구되는 EVM을 계산해 보자.

우선, 그림 14.10의 MCS 처리율 곡선과 근사 MCS 포락선을 고려해야 한다. MCS 곡선은 수신기에서 이상적인 채널추정을 수행하는 경우에 1x1 안테나 구성(1 송신 안테나와 1 수신 안테나)에 대한 부가백색 가우스 잡음 채널 환경에서 링크 레벨 시뮬레이션으로부터 생성되었다.

맞춤 파리미터 $\alpha = 0.65$를 지닌 Shannon 채널 용량의 표현식에 따라 이들 처리율 곡선 집합은 근사치로 계산된다.

$$C = \alpha \log 2\left(1 + \frac{S}{N}\right) \tag{14.3}$$

여기서 S는 신호 전력이고 N은 잡음 전력이다. 송신 손상이 전력이 M인 AWGN으로 모델링될 수 있으며 수신 잡음은 전력이 N인 AWGN으로 모델링될 수 있다고 가정하자. 그러면 송신기 AWGN이 5%의 처리율 손실을 발생시키는 조건은 다음과 같다.

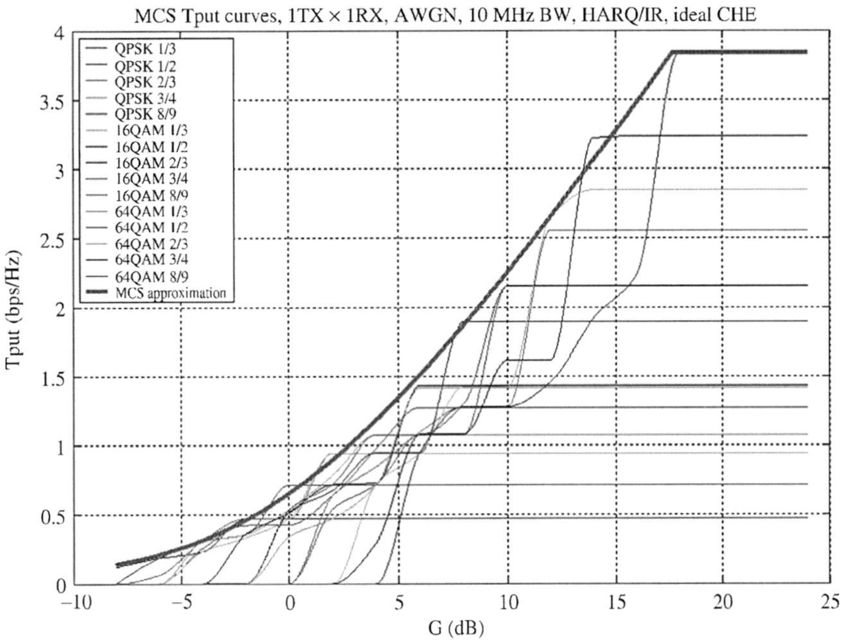

그림 14.10 MCS 처리율 곡선과 근사 MCS 포락선

$$\alpha \log 2\left(1+\frac{S}{M+N}\right)=0.95 \cdot \alpha \log 2\left(1+\frac{S}{N}\right) \tag{14.4}$$

$EVM_{req} \equiv \frac{M}{S}$ 에 대해 위의 조건을 풀면, 다음과 같은 식을 얻을 수 있다.

$$EVM_{req} \equiv \frac{M}{S}=\left[\left(1+\frac{S}{N}\right)^{0.95}-1\right]^{-1}-\frac{N}{S} \tag{14.5}$$

요구 EVM은 그림 14.10의 근사 포락선과 MCS 처리율 곡선의 C/I 범위에 대해 그림 14.11에 나타내었다. 그림에서 알 수 있듯이 가장 높은 처리율의 MCS(64 QAM 8/9, 동작 S/N ~17.7 dB)는 ~6.3% EVM을 요구할 수 있다. 그러나 64 직교위상 진폭 변조된 모든 MCS에 대해 하나의 단일 EVM 요구사항을 가정할 경우에 64 QAM은 선택된 MCS 집합에 따라 12 ... 17.7 dB의 C/I 범위에서 선택될 수도 있기 때문에 이 단일 요구사항이 너무 엄격할 수 있다. 요구 EVM이 10%-6.3%의 범위에서 지정될 것이다. 64 QAM의 MCS 선택을 위한 ~15 dB의 중간 S/N에서 보면, 7.9% EVM 요구사항을 얻을 수 있다. 비슷하게 16 QAM과 직교 위상 천이 변조에 대해 다음과 같이 얻을 수 있다.

- 16 QAM : 6...12 dB의 C/I 범위, EVM 요구사항이 12.9%인 ~9 dB의 중간 C/I
- QPSK : -8...6 dB의 C/I 범위, (6 dB의 C/I에 대해) EVM 요구사항이 각각 29.6%과 16.3%인 ~-1 dB의 중간 C/I

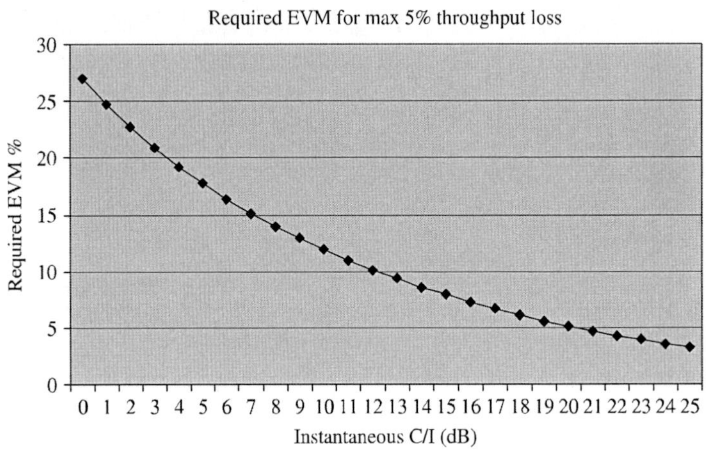

그림 14.11 5% 처리율 손실에 대한 요구 EVM

위의 유도에서 매끄러운 근사 MCS 포락선이 가정되었다. 실제로 AWGN에서 MCS 포락선은 그림 14.10에 보이는 것처럼 '폭포형' 모양을 지니며, 급경사 영역에서 EVM의 영향이 더 크고 평탄한 응답 영역에서 영향이 더 작아 보일 수도 있다. 실제 시스템 시나리오에서 C/I 분포는 '폭포형' MCS 포락선의 전체에 걸쳐 이들 불균등 처리율에 대한 평균을 낼 것이다. [10]에서 준정적 시스템 시뮬레이션은 64 QAM에 대한 최종 평균 처리율 손실이 위의 간략화된 유도와 유사함을 확실히 검증한다.

14.4 진화된 노드B 무선 주파수 수신기

eNodeB RF 수신기 요구사항의 목적은 네트워크 성능에 영향을 주는 다른 RF 손상을 확인하기 위한 것이다. 이들 손상은 잡음지수, 수신 오류벡터크기, 인접 채널을 포함하여 다른 주파수 선택성 등을 포함한다.

기준 감도 레벨, 유동 범위, 채널 내 선택성, 인접채널선택도(ACS: Adjacent Channel Selectivity), 차단, 수신기 기생 방출과 수신기 상호변조의 기지국 RF 수신기 요구사항이 다음에 기술된다.

기준 감도 레벨

기준 감도 레벨은 처리율 요구사항을 충족하면서 안테나 커넥터에서 수신된 최소 평균 전력이다. 처리율은 지정된 기준 측정 채널에 대해 최대 처리율의 95%(즉, 5% 손실)와 동일하거나 더 높다.

이 요구사항의 목적은 잡음지수를 확인하는 것이다. 수신기 EVM과 같은 다른 수신기 손상은 고 신호 대 잡음비 지점에서 수신기 복조 성능 요구사항에 포함된다. 그러므로 감도의 경우 최대 처리율은 저 SNR 지점에서 정의된다. 기준 측정 채널은 직교 위상 천이 변조와 1/3 부호율을 기반으로 한다.

5 MHz 대역폭과 동일하거나 낮은 채널 대역폭의 경우 기준 측정 채널은 이 채널 대역폭에 할당된 모든 자원 블록을 기반으로 정의된다. 5 MHz보다 넓은 채널 대역폭에 대한 감도는 25

개의 주파수 자원 블록으로 구성된 연속적인 블록을 이용하여 측정된다.

기준 감도 레벨 계산은 식 (14.6)과 같다. 잡음지수 NF는 5 dB이며 구현 마진 IM은 2 dB이다.

$$P_{REFSENS}\,(\text{dBm}) = -\ 174\,(\text{dBm/ Hz}) +\ 10\log(N_{RB} \cdot 180\text{k}) + NF + SNR + IM \qquad (14.6)$$

예를 들어 10 MHz 채널 대역폭(N_{RB} = 25)의 경우에 기준 감도 레벨은 -101.5 dBm이다. 최대 처리율 95%에 대한 시뮬레이션 결과 신호 대 잡음비는 -1.0 dB이다.

진화된 노드B 잡음지수는 커버리지 영역과 관련이 있다. 10장에서 업링크 링크버짓 계산은 2 dB의 기지국 잡음지수를 가정한다. 그래서 업링크 버짓은 3세대 파트너십 프로젝트 규격에 정의된 최소 성능 요구사항보다 분명히 좋다. 전형적인 eNodeB은 최적화된 성능이 네트워크 제조사에 대한 판매 인수 중 하나이기 때문에 최소 요구사항보다 더 좋은 성능을 가진다.

유동 범위

유동 범위는 처리율 요구사항을 충족하면서, 수신 주파수 채널 내부에 간섭 신호가 존재하는 경우 원하는 신호를 수신하기 위한 수신기의 능력에 대한 척도이다. 그 처리율은 지정된 기준 측정 채널에 대해 최대 처리율 95%와 동일하거나 더 높다.

이 요구사항의 목적은 간섭이 증가하며 원하는 신호 레벨이 높은 경우에 기지국이 높은 처리율을 수신할 수 있음을 보장하는 것이다. 이와 같은 높은 간섭은 셀이 작고 시스템 부하률이 높은 경우에 인접 셀로부터 발생될 수 있다. 이 요구사항은 수신기 오류벡터크기와 같은 수신기 손상의 영향을 측정하며 고 SNR 지점에서 수행된다. 수신기 자신의 잡음 마루를 숨기기 위해 간섭 신호의 평균 전력은 20 dB 증가한 수신기 잡음 마루와 동일하다. 최대 처리율은 고 SNR 지점에서 정의되고, 기준 측정 채널은 16직교위상 진폭 변조와 2/3 부호율을 기반으로 한다.

원하는 신호의 평균 전력 계산은 식 (14.7)과 같다. 잡음지수는 5dB이고 IM은 2.5dB이다.

$$P_{wanted}[\text{dBm}] = -\ 174[\text{dBm/Hz}] +\ 10\log(N_{RB} \cdot 180\text{k}) + 20 + NF + SNR + IM \qquad (14.7)$$

예를 들어 10 MHz 채널 대역폭(N_{RB} = 25)의 경우에 원하는 신호의 평균 전력은 -70.2 dBm이다. 최대 처리율 95%에 대한 시뮬레이션 결과 SNR은 9.8 dB이다. 간섭 신호의 평균 전력은 -79.5 dBm으로 설정된다. 5 MHz에 대한 유동 범위 측정은 그림 14.12에 나타내었다.

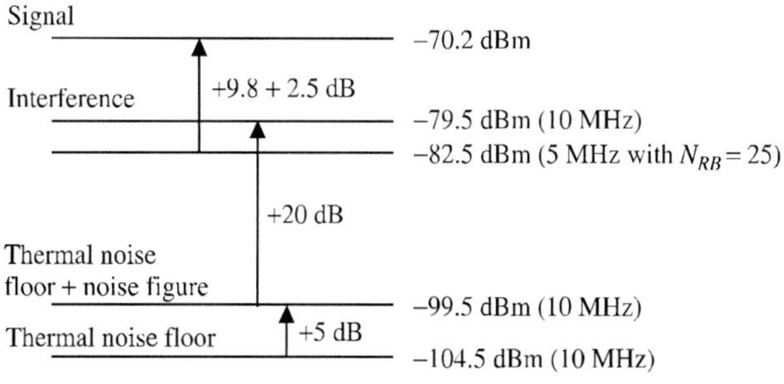

그림 14.12 10 MHz LTE에 대한 유동 범위 측정

채널 내 선택성

채널 내 선택성 요구사항은 처리율 요구사항을 충족하면서 업링크에서 큰 전력 스펙트럼 밀도(PSD)로 수신되는 간섭신호가 존재하는 경우에 배정된 자신의 자원 블록에서 원하는 신호를 수신할 수 있는 수신기 성능의 척도이다. 그 처리율 요구사항은 지정된 기준 측정 채널에 대해 최대 처리율 95%와 동일하거나 더 높다.

이 요구사항의 목적은 대역 내 인접 자원 블록 선택성, 즉 사용된 변조 형식, 전력제어의 부정확성, 다른 셀 간섭 레벨 등 때문에 PSD 차이가 큰 동시 사용자 신호의 수신을 설명하는 것이다. 업링크 신호는 두 가지 신호로 생성되는데, 하나는 QPSK 변조된 요구 신호이고, 다른 하나는 높은 전력으로 16QAM 변조된 간섭 신호이다. 표 14.6은 주파수 대역폭에 따른 원하는 신호와 간섭 신호에 대한 자원 블록의 할당을 나타내었다. 만일 간섭 사용자가 기지국에 가까이 위치하고 높은 SNR을 이용하는 반면, 원하는 사용자는 기지국으로부터 멀리 떨어져 있어 단지 낮은 SNR만 가능하다면, 높은 전력 레벨의 차이가 발생할 수도 있다.

채널 대역폭이 10, 15, 20 MHz인 경우에 수신기 이미지 누설, EVM, 3차 상호변조(IMD3) 및 국부 발진기의 위상잡음 RF 손상에 민감해지기 위해서 원하는 신호와 간섭 신호에 대한 25개의 자원 블록 할당은 직류(DC: Direct Current) 주위에 인접해 배치된다.

간섭 신호의 평균 전력은 수신기 잡음 마루에서 9.5 dB(요구 SNR)와 추가적으로 16 dB(열잡음 이상의 간섭을 가정하면)가 증가된 전력과 동일하다. 원하는 자원 블록 할당의 감도 저하는 간섭을 주는 자원 블록 할당이 존재하는 경우에 3 dB이다.

감도 저하를 고려한 원하는 신호의 평균 전력 계산은 식 (14.8)과 같다. 잡음지수(NF)는 5dB이고 IM인 2dB이다.

$$P_{wanted}[\text{dBm}] = -174[\text{dBm/Hz}] + 10\log(N_{RB} \cdot 180\text{k}) + 3 + NF + SNR + IM \tag{14.8}$$

예를 들어, 10 MHz 채널 대역폭($N_{RB} = 25$)의 경우 원하는 신호의 평균 전력은 -98.5 m이다. 최대 처리율 95%에 대한 시뮬레이션 결과 SNR은 -1.0 dB이다. 간섭 신호의 평균 전력은 -77 dBm이다. 채널 내 측정은 그림 14.13에 나타내었다.

ACS와 협대역 차단

인접채널 선택도와 협대역 차단 요구사항은 처리율 요구사항을 충족하면서 간섭을 주는 인

표 14.6 원하는 신호 및 간섭 신호를 위해 할당된 자원 블록 수

Channel bandwidth [MHz]	Wanted signal	Interfering signal
1.4	3	3
3	9	6
5	15	10
10	25	25
15	25	25
20	25	25

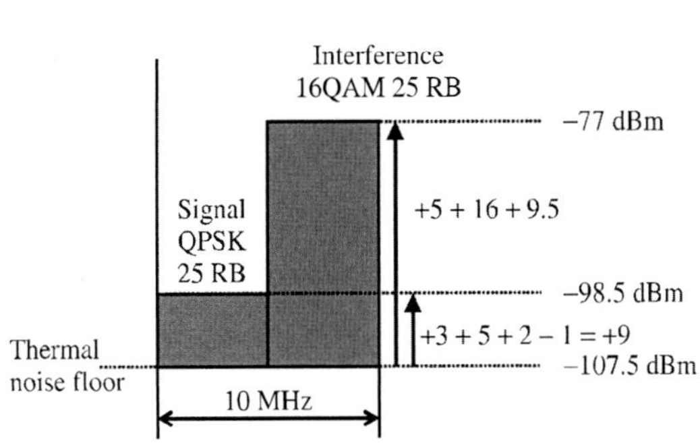

그림 14.13 5 MHz LTE에 대한 채널 내 선택성 측정

접 채널 신호가 존재하는 경우에 배정된 자신의 채널 주파수에서 원하는 신호를 수신하기 위한 수신기의 능력에 대한 척도이다. 처리율은 지정된 기준 측정 채널에 대해 최대 처리율 95%와 동일하거나 더 높아야 한다.

이 요구사항의 목적은 인접 채널에 대한 선택성을 확인하는 것이다. 선택성 및 협대역 차단은 통신사간 간섭을 피하기 위해서 중요하다. 만일 자신의 기지국이 멀리 떨어져 있다면 인접 통신사의 이동 단말이 높은 전송 전력 레벨을 사용할 수도 있다. 만일 이와 같은 이동 단말이 우리 기지국과 가까워진다면 이 단말은 인접한 채널에 높은 간섭 레벨을 발생시킨다.

표 14.7은 진화된 범용 이동통신 지상파 무선 액세스 간섭 신호의 채널 대역폭, 원하는 신호의 채널 대역폭, 원하는 신호의 평균 전력, 원하는 신호의 채널 가장자리에 대한 간섭 신호의 중심 주파수 오프셋 사이의 인접채널 선택도 요구사항을 나타낸다. 여기서 간섭 신호의 평균 전력은 -52 dBm이다.

표 14.8은 25 자원 블록을 지닌 10 MHz 채널 대역폭에 대한 성능 요구사항으로부터 어떻게 인접 채널 선택성이 계산될 수 있는지를 보여준다.

표 14.7 ACS 요구사항유도

Wanted signal channel bandwidth [MHz]	Wanted signal mean power [dBm]	Offset [MHz]	Interfering signal channel bandwidth [MHz]
1.4	$P_{REFSENS}$ + 11	0.7	1.4
3	$P_{REFSENS}$ + 8	1.5	3
5, 10, 15, 20	$P_{REFSENS}$ + 6	2.5	5

표 14.8 10 MHz 채널 대역폭에 대한 ACS 요구사항의 계산

Interfering signal mean power (A)	−52 dBm
Base station noise floor with 5 dB noise figure (B)	−102.5 dBm
Allowed desensitization (C)	6 dB
Total base station noise (D = B + C in dB)	−96.5 dBm
Allowed base station interference (E = D − B in absolute value)	−98 dBm
Base station adjacent channel selectivity (F = A − E)	46 dB

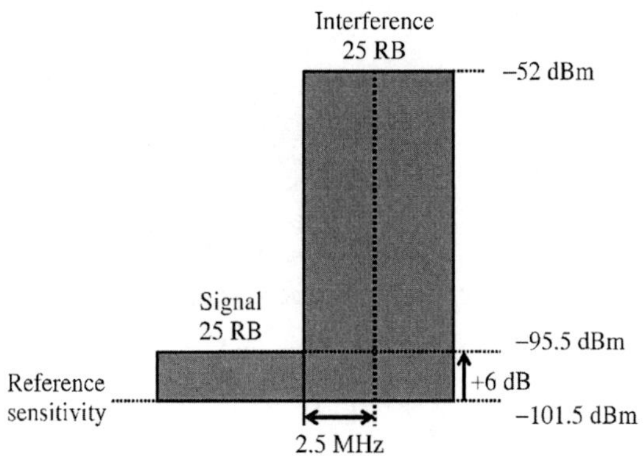

그림 14.14 10 MHz LTE에 대한 인접 채널 선택성 측정

인접 채널 선택성 테스트는 그림 14.14에 나타내었다. 기지국 잡음 마루는 식 (14.9)와 같다. 여기서 잡음지수(NF)는 5dB이고 $N_{RB}=25$이다.

$$D[\text{dBm}] = -174[\text{dBm/Hz}] + 10\log(N_{RB} \cdot 180\text{k}) + NF \tag{14.9}$$

협대역 차단 측정은 그림 14.15에 나타내었다. 원하는 신호의 평균 전력은 $P_{REFSENS}+6$ dB이다. 1주파수 자원 블록의 진화된 범용 이동통신 지상파무선 액세스 간섭 신호의 평균 전력은 -49 dBm이다. 간섭 신호는 처음 5개 최악의 자원 블록 할당에 위치한다. 3 MHz 채널 대역폭에서 간섭 신호는 매 3번째 자원 블록 할당에 위치한다. 5, 10, 15, 20 MHz 채널 대역폭에서 간섭 신호는 추가적으로 매 5번째 자원 블록 할당에 위치한다. 간섭 신호의 위치는 수신기 성능면에서 다른 가능성이 있는 손상을 확인한다. 이동통신 세계화 시스템 대역의 주파수 재배치에서 차단자는 협대역 GSM 신호일 수 있다. 차단자로 사용되는 GSM 신호에 대한 명시적인 요구사항은 없으나, 실제적인 성능 목적으로 이 GSM 신호는 1RB LTE 차단자와 충분히 유사하다.

차단

차단 요구사항은 처리율 요구사항을 충족하면서 원치 않는 간섭자가 존재하는 경우에 배정된 자신의 채널 주파수에서 원하는 신호를 수신하기 위한 수신기의 능력에 대한 척도이다. 처

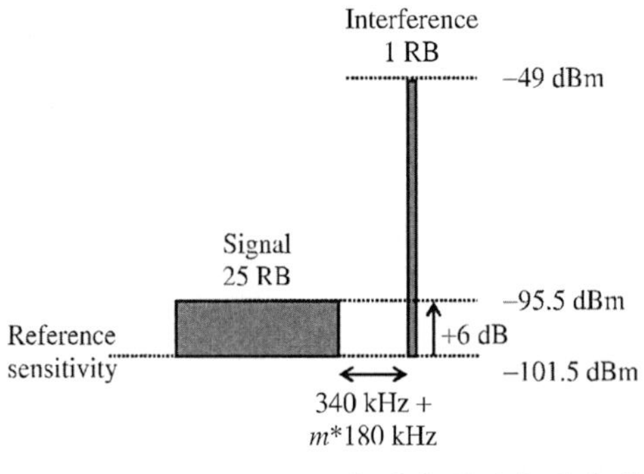

그림 14.15 10 MHz LTE에 대한 협대역 차단 측정

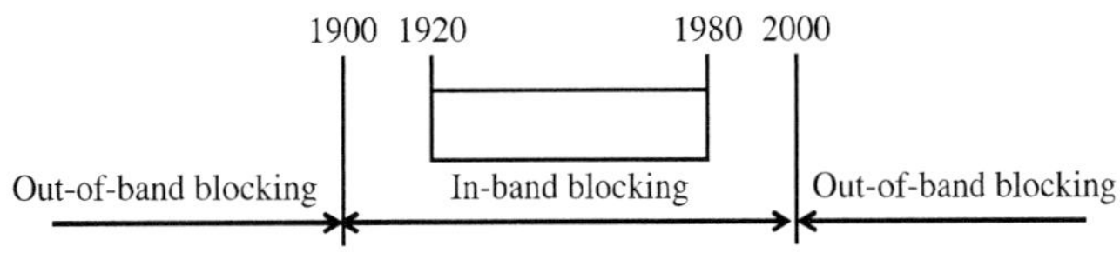

그림 14.16 Band 1에 대한 내역 내외 차단 측정

리율은 지정된 기준 측정 채널에 대해 최대 처리율 95%와 동일하거나 더 높아야 한다.

이 요구사항의 목적은 인접 채널을 제외한 다른 주파수에 대한 선택성을 확인하는 것이다. 또한 대역 내 방해는 두 번째 인접 채널에 대한 인접 채널 선택성으로 불릴 수 있다.

대역 내 차단의 경우에 원치 않는 간섭자는 하나의 진화된 범용 이동통신 지상파 무선 액세스 신호이다. 예를 들어, Operating Band 1(1920~1980 MHz)의 경우 대역 내 차단은 1900 MHz에서 2000 MHz까지 간섭 신호의 중심 주파수를 나타낸다. 대역 외 차단의 경우 원치 않는 간섭자는 연속파(CW) 신호이다. Operating Band 1에서 대역 외 차단은 1MHz에서 1900 MHz와 2000 MHz에서 12950 MHz까지 간섭 신호의 중심 주파수를 나타낸다. 이러한 차단의 측정은 그림 14.16에 나타내었다.

10 MHz LTE에 대한 내역 내 차단 요구사항은 그림 14.17에 나타나 있고 대역 외 차단은 그림 14.18에 나타내었다. 원하는 신호의 평균 전력은 $P_{REFSENS}$ + 6 dB이다. E-UTRA 간섭 신호의 평균 전력은 -43 dBm이다. 연속파 간섭 신호의 평균 전력은 -15 dBm이다.

수신기 기생 방출

기생 방출 전력은 기지국의 수신기 안테나 커넥터에서 생성되거나 증폭된 방출 전력이다.

기지국에서 송신한 첫 반송파 주파수 아래 채널 대역폭의 2.5배 대역과 마지막 반송파 주파수 위로 채널 대역폭의 2.5배 대역 사이의 주파수 범위는 요구사항에서 제외될 수도 있다. 기지국 송신기 운영대역의 가장 낮은 주파수 아래 10 MHz보다 작거나, 기지국 송신기 동작대역의 가장 높은 주파수 위 10 MHz보다 큰 주파수(즉, 운영대역의 ±10 MHz(상하대역) 외부 대역)는 요구사항에 포함되어야 한다.

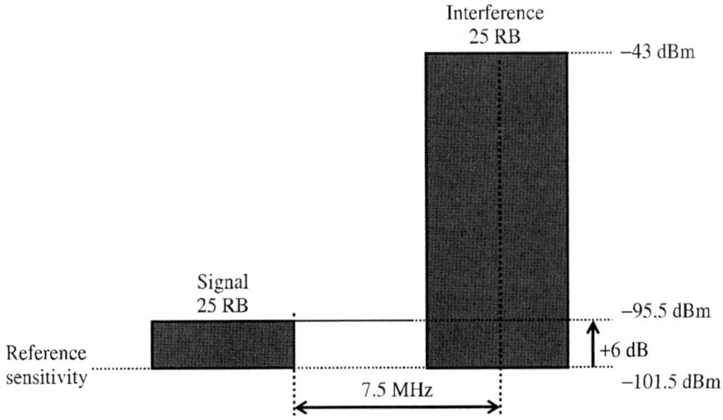

그림 14.17 10 MHz LTE에 대한 대역 내 차단 측정

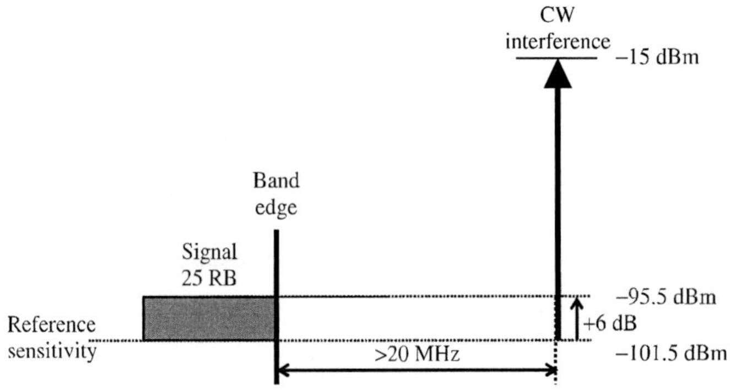

그림 14.18 10 MHz LTE에 대한 대역 외 차단 측정

추가적으로 동일한 지역 내 타 시스템과의 공존과 보호를 위해, 그리고 자신 혹은 다른 기지국의 E-UTRA 주파수 구분 듀플렉스 기지국 수신기의 보호를 위해서 어떠한 기생 방출 전력도 명시된 레벨을 초과할 수 없다.

수신기 상호변조

상호변조 응답 제거는 처리율 요구사항을 충족하면서 원하는 신호와 특정한 주파수 관계성을 지닌 두 개의 간섭신호가 존재하는 경우에 배정된 자신의 채널 주파수에서 원하는 신호를 수신하기 위한 수신기 능력에 대한 척도이다. 처리율은 지정된 기준 측정 채널에 대해 최대 처리율 95%와 동일하거나 더 높아야 한다.

상호변조 요구사항은 우리 기지국 가까이에 서로 다른 통신사에 높은 전력 레벨로 송출 중인(즉, 다른 통신사와 연결된) 두 단말기가 있을 때와 관련이 있다.

원하는 신호의 평균 전력은 $P_{REFSENS} + 6$ dB이다. 간섭 신호의 평균 전력(E-UTRA와 연속파 모두)은 -52 dBm이다. CW 간섭 신호의 중심 주파수와 원하는 신호의 채널 가장자리 사이의 오프셋은 E-UTRA 간섭 신호 채널 대역폭의 1.5배이다. E-UTRA 간섭 신호의 중심 주파수와 원하는 신호의 채널 가장자리 사이의 오프셋은 최악의 경우, 즉 상호변조 곱이 동작 채널 대역폭의 가장자리 자원 블록에 발생되는 경우를 기반으로 명시된다. 수신기 상호변조 요구사항은 그림 14.19에 나타내었다.

14.5 eNode 복조 성능

기지국 복조 성능 요구사항의 목적은 실제로 네트워크가 잘 수행 중인지를 추정하고 네트워크 성능에 영향을 주는 다른 기지국 손상을 확인하기 위한 것이다. 이러한 손상은 무선 주파수와 기저대역 손상, 수신기 오류벡터 크기, 시간 및 주파수 추적, 주파수 추정 등을 포함한다. 기지국 복조 성능 요구사항은 물리상향링크 공용 채널, 물리상향링크 제어 채널과 물리적 임의 접근 채널의 업링크 채널에 대해 기술된다.

PUSCH

PUSCH 복조 성능 요구사항은 주어진 신호 대 잡음비에 대한 최소 요구 처리율에 의해 결정

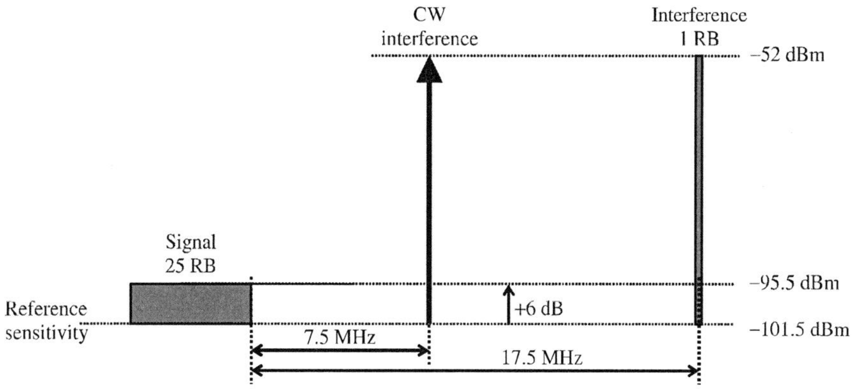

그림 14.19 5 MHz LTE에 대한 상호변조 측정

된다. 처리율은 지정된 기준 측정 채널에 대한 최대 처리율의 30% 혹은 70%와 동일하거나 커야 한다. 이 기준 측정 채널은 오직 데이터와 기준 신호만으로 구성된다.

PUSCH 복조 성능 요구사항은 모든 E-UTRA 채널 대역폭에 대해서 명시된다. 각 채널 대역폭에 대해서 다음의 다양한 네트워크 관련 매개변수가 다른 무선 시스템의 설정과 일치시키기 위해서 선택된다.

- 수신 안테나 수−2 또는 4
- 변조 및 부호화 방식−직교 위상 천이 변조 1/3, 16직교 위상 진폭 변조 3/4, 64QAM 5/6
- 채널모델−확장된 보행자 A 환경 A5, 확장된 차량이동 A환경 A5, EVA70, 확장된 대표적 도심 환경70, ETU300. 여기에 숫자는 도플러 천이를 나타내며, PA는 Pedestrian A, VA는 Vehicular A, TU는 Typical Urban 채널모델을 의미한다.
- 주기적 전치 부호 유형−일반 혹은 확장 모드
- 채널 대역폭에 할당된 자원 블록의 수 -1개 또는 가능한 모든 수

각 채널모델은 도플러 주파수에 의해 기술되며, 이 도플러 주파수는 주파수 대역에 따라 결정되는 이동속도에 해당한다. 예를 들어 EPA5는 도플러 천이 주파수가 5 Hz이며, 0.7 GHz (Band 12), 2 GHz(band 1), 2.6 GHz(Band 7) 대역에 대해서 각각 7.7 km/h, 2.7 km/h, 2.1 km/h의 이동속도에 해당된다.

3번까지 재전송을 허용하는 채널코딩 이득 증가형 재전송 복합 재전송 기법이 사용된다. 표 14.9는 각 채널 대역폭과 각 수신기 안테나 구성에 대한 물리 상향링크 공용 채널 기지국의 테스트 집합을 제시한다.

다중 채널 대역폭을 지원하는 기지국의 경우에는 단지 가장 넓은 채널 대역폭과 가장 좁은 채널 대역폭에 대한 테스트만이 적용가능하다.

신호 대 잡음비 요구사항은 3세대 파트너쉽 프로젝트 회의 기간중에 여러 회사에서 제시한 구현 마진을 포함한 평균 링크 레벨 시뮬레이션 결과를 기반으로 명시되었다.

다음은 실전송률과 요구 SNR 사이의 관계에 대한 예시이다. 10 MHz 채널 대역폭, 일반 CP, QPSK 1/3의 변조와 부호화 방식이 고려되었다.

표 14.9 PUSCH 기지국의 테스트 세트

Cyclic prefix	Channel model, RB allocation	Modulation and coding scheme	Fraction of maximum throughput (%)
Normal	EPA5, all	QPSK 1/3	30 and 70
		16QAM 3/4	70
		64QAM 5/6	70
	EVA5, single	QPSK 1/3	30 and 70
		16QAM 3/4	30 and 70
		64QAM 5/6	70
	EVA70, all	QPSK 1/3	30 and 70
		16QAM 3/4	30 and 70
	ETU70, single	QPSK 1/3	30 and 70
	ETU300, single	QPSK 1/3	30 and 70
Extended	ETU70, single	16QAM 3/4	30 and 70

표 14.10 최대 처리량의 30%를 위한 SNR 요구사항(고정 기준 채널 A3-5)

Number of receive antennas	Channel model	SNR requirement (dB)
2	EPA5	−4.2
	EVA70	−4.1
4	EPA5	−6.8
	EVA70	−6.7

고정형 기준 채널 A3-5에 대해서[2], SNR 요구사항은 전체 자원 블록 할당(50개의 자원 블록), 2와 4개 수신안테나, EPA5와 EVA70 채널모델, 최대 처리율 30%와 70%에 대해서 명시된다.

고정형 기준 채널 A3-5에 대해서 페이로드 크기는 5,160비트이고 이는 5.16 Mbps 순시 실 전송률에 해당한다. 그래서 하나의 자원 블록에 대한 전송률은 103.2 kbps(=5.16 Mbps/50RB)이다.

최대 처리율 30%는 1개와 2개의 자원 블록에 대해서 각각 30.9 kbps(=1*103.2 kbps*0.3)와 61.9 kbps(=2*103.2 kbps*0.3)에 해당한다.

10장의 링크버짓은 1개의 자원 블록과 32 kbps에 해당하는 2개의 자원 블록과 64 kbps에 대해서 SNR을 -7 dB으로 가정하였다. 또한 더 많은 HARQ 재전송이 가정되었고 전형적인 e진화된 노드B 성능은 3 GPP 최소 요구사항보다 이론적인 한계에 더 가깝기 때문에 링크버짓은 더 우수한 eNodeB 수신기 성능이 가정되었다.

PUSCH에 대한 업링크 타이밍 조정 요구사항은 [2]에 명시된다. 이 요구사항에 대한 근거는 기지국이 정확한 주파수로 추적영역 명령을 전송하는지, 그리고 기지국이 적절한 업링크 타이밍을 추정하는지 확인하는 것이다.

업링크 타이밍 조정 요구사항은 주어진 SNR에 대한 최소 요구 처리율에 따라 결정되며, 그림 14.20은 이동 전파환경을 나타내었다. 참조 타이밍과 첫 번째 탭 사이의 시간차는 식 (14.10)

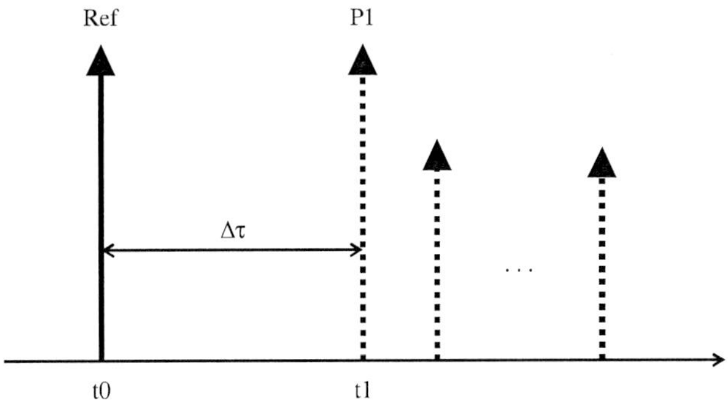

그림 14.20 이동 전파환경

과 같으며, 식에서 A = 10μs이다.

$$\Delta\tau = \frac{A}{2} \cdot \sin(\Delta\omega \cdot t) \qquad (14.10)$$

업링크 타이밍 조정 요구사항은 정상 환경과 극단적인 환경에 대해 명시된다. 일반적인 환경의 경우에는 확장된 대표적 도심 환경 채널모델과 120 km/h의 단말 이동속도가 고려된다($\Delta\omega = 0.04s^{-1}$). 극단적인 환경에서 업링크 타이밍 조정은 선택적인 요구사항이며, 부가 백색 가우스 잡음 채널모델과 350 km/h의 단말 이동속도에 해당한다($\Delta\omega = 0.13s^{-1}$). [2]는 또한 350 km/h까지의 고속열차 환경에 대한 진화된 노드B 복호 요구사항을 포함한다. eNodeB는 단말이 도플러 천이(f_d)를 포함하고 있는 다운링크 주파수와 동기화되는 최악의 경우(그림 14.21 참조)에 두 배 더 높은 도플러 천이를 경험할 수 있다. 최대 도플러 천이 요구사항은 1750 Hz이며, 이는 2.1G Hz에서 350 km/h의 이동속도에 해당한다.

PUCCH

물리 상향링크 제어채널 성능 요구사항은 PUCCH 포맷 1a와 PUCCH 포맷 2에 대해 명시된다. PUCCH 포맷 1a의 성능 요구사항은 주어진 신호 대 잡음비에 대한 최소 요구 불연속 송신-확인 응답 확률과 ACK 손실 검출 확률에 의해서 결정된다. DTX-ACK 확률은 아무것도 전송하지 않을 때 ACK가 없는데 있다고 검출되는 확률로 1%를 넘지 않아야 된다. ACK 손실 검출 확률은 ACK이 제대로 검출되지 않을 확률로 1%를 넘지 않아야 된다.

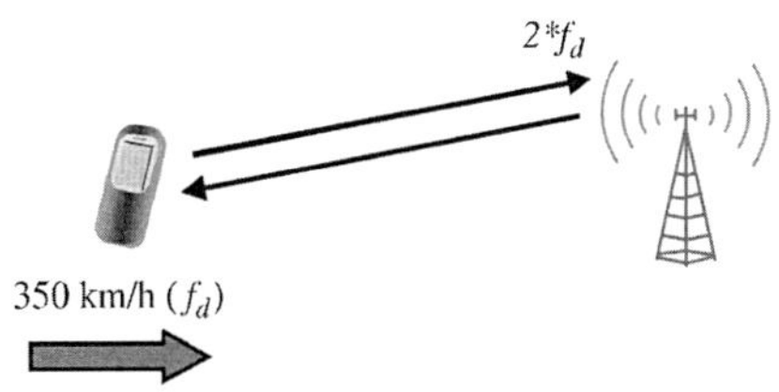

그림 14.21 고속열차 복조 요구사항

표 14.11 PUCCH 기지국 테스트 집합

Cyclic prefix	Channel model
Normal	EPA5 EVA5 EVA70 ETU300
Extended	ETU70

PUCCH 포맷 1a의 성능 요구사항은 모든 진화된 범용 이동통신 지상파 무선 액세스 채널 대역폭에 대해서 명시된다. 각 채널 대역폭에 대해서 다음의 다양한 네트워크 관련 매개변수가 다른 무선 시스템 설정과 일치시키기 위해서 선택된다.

- 수신 안테나 수 - 2 또는 4
- 채널모델 - 확장된 보행자 A 환경5, 확장된 차량이동 A 환경5, EVA70, 확장된 대표적 도심 환경 70, ETU300
- 주기적 전치 부호 유형 - 일반 혹은 확장 모드

표 14.11은 각 채널 대역폭과 각 수신 안테나 구성에 대한 PUCCH 기지국 테스트 집합을 나타낸다.

PUCCH 포맷 2의 성능 요구사항은 주어진 신호 대 잡음비에 대한 채널품질정보 손실 검출 블록에러율 확률에 의해 결정된다. CQI 손실 검출 BLER 확률은 CQI가 제대로 검출되지 않을 확률로 1%를 넘을 수 없다. PUCCH 포맷 2의 성능 요구사항은 모든 E-UTRA 채널 대역폭, 일반 CP, 2개의 수신 안테나, ETU 70 채널모델에 대해서 명시된다.

다중 채널 대역폭을 지원하는 기지국의 경우에는 단지 가장 넓은 채널 대역폭과 가장 좁은 채널 대역폭에 대한 테스트만이 적용가능하다.

PRACH

물리적 임의접근 채널 성능 요구사항은 버스트 포맷 0, 1, 2, 3에 대해 명시되며, 주어진 SNR에 대한 최소 요구 총 허위경보 확률과 손실 검출 확률에 의해 결정된다. 총 허위경보 확률은 아무것도 송신되지 않았을 때 프리앰블이 없는데 있다고 검출(모든 검출기의 모든 오류 합)될 확률로 1%을 넘지 말아야 한다. 손실 검출 확률은 1%를 넘지 말아야 하고, 다음과 같은 오류에 의존한다.

- 프리앰블이 제대로 검출되지 않음
- 전송된 프리앰블이 다른 프리앰블로 검출됨
- 정상 프리앰블이 검출되었으나 타이밍 추정이 잘못 검출됨

PRACH 성능 요구사항은 2개와 4개 수신기 안테나에 대해서, 그리고 AWGN과 ETU70 채널모델에 대해서 명시된다. 부가백색 가우스 잡음과 ETU70에서 타이밍 추정 오류는 만약 가장 강한 경로에 대한 타이밍의 추정 오류가 각각 1.04 μs와 2.08 μs 이상인 경우에 발생한다.

표 14.12 일반 모드에 대한 PRACH 기지국 테스트 집합

Channel model	f offset (Hz)
AWGN	0
ETU70	270

표 14.13 고속 모드에 대한 PRACH 기지국 테스트 집합

Channel model	f offset (Hz)
AWGN	0
ETU70	270
ETU70	625
ETU70	1340

ETU70의 경우에 타이밍 추정 오류에서 강한 경로는 동일한 가장 큰 이득을 지닌 전력 지연 프로파일(PDP)에서 가장 강한 경로, 즉 모든 경로의 평균 지연이 310 ns인 경로를 나타낸다.

PRACH 성능 요구사항은 일반 모드와 고속 모드에 대해 명시된다. 서로 다른 주파수 오프셋이 이들 모드에서 테스트된다. 고속 모드에서 수신기가 요구 조건 내에 있을 때 추가적인 주파수 오프셋이 -625 Hz와 1340 Hz로 명시된다. 프리앰블 길이(0.5 · 1/0.8 ms)의 절반에 해당되는 625 Hz 주파수 오프셋의 경우 다수의 상관 피크가 관측되기 때문에 수신기는 어려운 상황에 놓인다. 1340 Hz 주파수 오프셋은 2.1 GHz 주파수 대역에서 350 km/h의 이동속도에 해당된다. 표 14.12와 표 14.13은 각 버스트 포맷과 각 수신 안테나 구성, 일반 모드 및 고속 모드에 대한 PRACH 기지국 테스트의 세트를 나타낸다.

14.6 단말 설계 원리와 과제

14.6.1 개요

이 절에서는 LTE의 단말 설계에 관련된 주요 요구사항이 기술된다. 모든 LTE 단말이 기존 무선 인터페이스를 지원해야 하기 때문에 LTE 기능은 2G 이동통신 세계화 시스템/GSM 방식의 이동 통신망을 이용한 데이터 전송기술과 3.5G 광대역 부호 분할 다중 접속/고속패킷접속 구조의 맨 윗부분에 축조될 것이다. 이번 절은 WCDMA 단말기와 비교하여 LTE 단말기의 주요 차이점과 새로운 과제에 대해 설명한다.

14.6.2 RF 서브 시스템 설계 과제

14.6.2.1 다중모드와 다중 대역 지원

LTE 장치는 LTE 기지국이 아직 설치되지 않은 지역에서 사용자에게 로밍 기능을 제공하기 위해 기존 무선 인터페이스에 대한 접속을 지원해야 한다. 사용자에게 서비스 측면에서의 연계성은 새로운 기술 수용을 위해서 필수적이다. 또한 장치는 서로 다른 통신사, 지역(국가간 지

역), 로밍 요구사항을 지원해야 하며, 이는 결과적으로 많은 무선 주파수 대역 지원을 요구하게 된다. 새로운 기술의 성공적인 도입을 위해서 단말의 성능은 비용, 크기 및 전력 소비와 같은 주요 판단 기준면에서 기존 기술과 비교하여 경쟁력이 있어야 한다[11].

3세대 파트너십 프로젝트 대역의 정의는 표 14.1에서 확인할 수 있다. 송신기(TRX: Tranceiver)의 자동 위상 제어 루프(PLL: Phase Locked Loop)와 RF 블록은 거의 모든 대역을 지원하도록 설계될 수 있음에도 불구하고, 설계자는 여전히 무선 환경을 최적화하기 위해 주어진 전화기 내에서 얼마나 많은 대역을 동시에 지원해야 할지 결정해야 한다. 이는 저잡음 증폭기의 수 및 주파수 범위와 전송 버퍼의 수를 결정한다. 전력 증폭기의 수와 조합 그리고 안테나 스위치 포트의 개수 측면에서 동일한 고려사항이 고속 이더넷 부품에서도 존재한다. 동일하게 전달경로에서 요구되는 지원 대역의 개수도 결정되어야 한다.

주파수 대역의 지원과 결합된 기존 규격에 대한 지원은 결과적으로 복잡한 수의 용도를 가져온다. 크기와 비용면에서 최적 해법을 제공하기 위해 이들 용도들은 연구되어야 한다. 다음은 예상되는 다중모드 조합의 일부이다.

- EGPRS + WCDMA + LTE FDD
- EGPRS + TD-SCDMA + LTE TDD
- EVDO + LTE FDD

첫 두 조합은 3GPP 셀룰러 기술을 통한 자연스러운 전환 경로이다. 표준화는 동시에 두 모드에서 특정 동작(수신 또는 송신)을 요구하지 않고 각 기술들 사이의 핸드오버를 허용하기 위한 측정 메커니즘에 대한 책임을 맡고 있었다. 이는 3 모드 모두가 하나의 수신 혹은 송신 경로를, 또는 다이버시티가 요구될 경우에는 두 수신 경로를 지원할 수 있도록 허용한다. 마지막 경우(즉, 패킷데이터 전송만을 위한 이동통신 프로토콜 + LTE 주파수 구분 듀플렉스 모드)에서 핸드오버 지원은 보다 복잡하지만, 그와 반대로 LTE 다이버시티 요구사항에서 두 수신기의 사용이 가능하기 때문에 송·수신 경로 조합이 실현가능하다.

이들 다중모드 요구사항은 고도로 재설정 가능한 하나의 송수신기 집적회로(TRX IC: Integrated Circuit)로 지원될 수 있다. 이 TRX IC는 많이 사용되는 용어인 'SDR(Software Defined Radio)'로 더 잘 알려져 있다. 실제로, 이 TRX IC는 소프트웨어로 재설정 가능한 하드웨어로 이해되어야 한다. 다중모드 운영에 대한 이러한 재설정성은 아날로그 기저대역 부분에 주로 적용된다. 다중대역 운영은 RF 및 TRX의 국부 발진기(LO: Local Oscillator) 부분과 무선 주파수-고속이더넷에서 일어난다.

다중모드 지원의 요구에 따라 서로 지원되어야 할 많은 수의 대역에 대한 조합은 크기와 부품의 수가 문제가 되는 FE에서 하드웨어 재사용을 최적화하는 RF 부시스템 구조를 만들어간다. 이 분야에서 개선은 향상된 GPRS/WCDMA에서 이미 실현된 최적화를 기반으로 하여 최적화를 더 LTE 기능에 부합하도록 만든다. 이는 LTE 기능이 2G와 3G에서 사용된 구조 골격을 준수해야 하지만, 이와 동시에 하드웨어 재사용의 새로운 기회를 탐색하고 있음을 의미한다.

- 일부 WCDMA 설계에서 이미 실현된 것처럼 LTE 성능은 저잡음 증폭기와 믹서 사이 또는 송신기와 PA 사이에 둘 중 하나는 외부 필터를 사용하지 않고 달성되어야 한다. 이는

대역 당 두 개의 필터를 제거할 뿐만 아니라 다중 대역 TRX IC의 설계를 간단하게 만든다. 이는 특히 FDD 모드와 넓은 채널 대역폭이 사용되고 듀플렉스 간격이 작은 대역에서 대단히 중요하다. 이와 같은 새로운 설계에 대한 트레이드오프는 14.8.2절에서 논의된다. 유사하게 기저대역(BB: Base-Band)에 대한 인터페이스는 최소의 전선 개수만으로 모든 모드를 다중화하길 원한다. 14.6.3절에 기술된 것처럼 디지털 인터페이스는 이러한 요구를 가장 잘 성취할 수 있다.

- 동작모드에 상관없이 주어진 대역에 대한 동일한 RF FE 경로를 재사용
  - co-binding : 어떤 모드에서든 동일한 수신 필터를 재사용, 특히 EGPRS(half-duplex)는 FDD 모드에서 요구되는 듀플렉서를 재사용한다.
  - 다중모드 전력 증폭기 : 어떤 모드 또는 대역에서든지 동일한 전력 증폭기를 재사용

이 두 기술과 관련된 자세한 내용은 다음 절에서 설명하겠지만 복잡도와 크기 및 비용의 감소 면에서 이들에 대한 이점을 설명하는 것은 중요하다. 표 14.14는 위의 최적화 방식이 모두 적용된 설계와 아무것도 적용되지 않은 설계 사이의 복잡도 차이를 나타낸다. 용도는 4중 대역 EGPRS(Band 2/3/4/5/8), 4중 대역 WCDMA(Band 1/2/4/5), 3중 대역 LTE(Band 4/7/13)의 국제 로밍을 지원하는 미국형 전화기이다. 완전히 최적화된 해법 블록도는 그림 14.22에 나타내었다.

두 시나리오는 부품 수에서 거의 2배 차이를 보인다. 또한 부품 수가 적을수록 TRX IC와

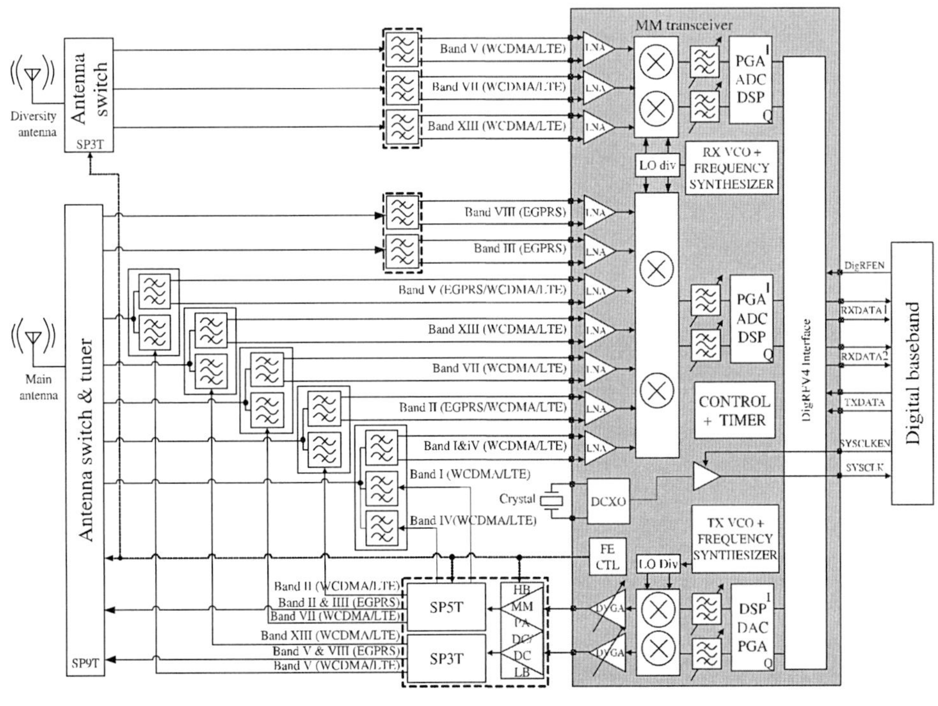

그림 14.22 EGPRS/WCDMA/LTE의 최적화된 RF 서브시스템 블록도. HB = High Band, LB = Low Band, DCXO = Digital Crystal Oscillator, PGA = Programmable Gain Amplifier, MM = Multi-Mode, FE = Front-End

표 14.14 서로 다른 FE 설계에 대한 부품 수

Implementation Blocks	Un-optimized 'side-by-side'	Fully optimized
Low Noise Amplifiers	13	10
Duplex filters	6	5.5*
Band-pass filters	17	5
Power Amplifiers	8	2
Switches	2	4
Transceivers	3	1
Total number of components	49	27

*Reuse of RX side for band 1 and 4.

고속 이더넷 레이아웃 및 크기를 상당히 단순화할 수 있다. 그러나 이들 완전 최적화된 시나리오와 그렇지 않은 시나리오 사이의 어딘가로 수렴하는 부분적으로 최적화된 수많은 해법이 존재한다.

14.6.2.2 안테나 다이버시티 요구사항

LTE에 도입된 주요 기술 중 하나는 이용 가능한 전송률을 향상시킬 수 있는 다중 안테나 방식 운용이다. MIMO 운용을 지원하기 위해서 단말은 두 개의 수신 안테나 및 경로를 갖춰야 한다. 적합성 테스트는 무선 주파수 커넥터를 통해 수행되며, 전혀 상관성이 없는 안테나를 가정한다. 이 시나리오는 필드에서 실제 동작을 특별히 700 MHz 주파수 대역 이하에서 운영 중인 작은 단말기를 위한 것이다. 스마트폰과 같은 작은 단말기는 두 안테나 사이에 수 센티미터의 간격을 허용하는 크기를 가진다. 낮은 주파수에서 이 거리는 결과적으로 각 안테나에 수신되는 두 신호 사이에 높은 상관관계에 있어, 이는 결과적으로 다이버시티 이득을 감소시킨다. 게다가 이들 주파수(700 MHz 이하)에서 그리고 작은 단말기 크기에서의 핸드 효과(hand effect : 손과 머리의 근접으로 인한 안테나 방사 패턴의 변경)는 다이버시티 이득을 더욱 감소시킨다. 노트북 또는 태블릿 PC와 같이 고속의 전송률을 요하는 장치의 크기는 적당한 안테나 설계를 가능하게 한다. 또한 높은 주파수 대역에서 작은 단말기라도 우수한 MIMO 운용을 보장할 수 있는 충분한 안테나 간격을 제공할 수 있다.

현재의 WCDMA 휴대전화와 관련하여 LTE 단말의 안테나 설계가 고려될 때 다음과 같은 설계 과제에 직면한다.

- 전체 대역 지원 : 현재 WCDMA 안테나 주파수 범위는 824~2,170 MHz이나 향후 LTE 장치는 698~2,690 MHz을 지원해야 한다. 이는 더 넓어진 대역폭 전체에서 안테나 이득을 유지하는 측면뿐만 아니라 안테나 매칭 측면에서 현 기술수준을 확장한다. 이는 아마도 능동 안테나 동조 모듈과 같은 신규 기술의 도입을 이끌어 낼 것이다.
- 일부 LTE 대역은 잠재적으로 단말에서 나타날 가능성이 있는 다른 시스템과의 새로운 안테나 커플링 문제를 생성한다. 고려될 다른 시스템의 안테나는 위치측정시스템 안테나, 블루투스 및 무선랜 안테나, 아날로그 FM 라디오 안테나, 휴대디지털 영상방송(DTV: DVB-H)

안테나이다. 이와 관련된 중대한 공존 용도는 14.6.2.3절에서 논의된다.

- 안테나 다이버시티 지원 : 만일 타당한 다이버시티 이득이 요구된다면, 이미 복잡하고 상대적으로 작은 단말에 추가적인 안테나를 도입하는 것은 큰 도전이다.

마지막 두 사안은 셀룰러 모뎀만이 있는 데이터 카드 설계에서는 보다 쉽게 다룰 수 있다. 이는 태블릿 PC와 비디오 뷰어와 같은 큰 휴대장치에 대해서 어느 정도까지는 사실이지만, 스마트폰의 기구설계는 안테나 배치면에서 도전적인 과제임을 입증할 수도 있다.

14.6.2.3 신규 RF 공존 과제

블루투스, FM 라디오, GPS, WLAN, DVB-H와 같은 다중 무선 시스템 및 다중 모뎀이 반드시 공존해야 하는 다중모드 단말의 맥락에서 더 넓은 대역폭, 새로운 변조방식, 그리고 LTE의 신규 대역은 새로운 공존에 대한 도전을 만들어 낸다. 일반적으로 공존 문제는 다른 시스템의 수신기('RX'-피해자) 성능 및 감도에 부정적인 영향을 주는 시스템(공격자)의 송신(TX) 신호 때문에 발생된다. 수신기 대역 내에서 공격자 송신기의 대역 외 잡음에 의한 피해자 잡음 마루의 직접적인 증가와 차단 메커니즘에서 기인한 수신기 성능의 감쇄에 대한 두 가지 측면이 있다.

피해자의 RX 대역 내에서 공격자 TX로부터 잡음 누설은 RX 잡음 마루에 추가되어 그림 14.23에 나타난 수신감도를 감쇠시킨다. 이 잡음누설은 고유 TX 잡음, 피해자 대역 내에서 TX 출력 필터 감쇠, 안테나 분리의 함수이다. 감도 저하 메커니즘은 공격자 TX 설계에 의존한다.

공격자 송신기 때문에 발생되는 피해자의 감도 저하는 다음과 같이 계산될 수 있다.

$$DES_{OOBN} = 10 * \mathrm{Log}(10^{(-174+NFvictim)} + 10^{(POUTaggressor-OOBN-ANTisol)}) + 174\text{-}NFvictim \quad (14.11)$$

여기서 DES_{OOBN}은 공격자 TX 잡음에 때문에 발생되는 dB 단위의 최종 피해자 감도의 감쇄이며, *NFvictim*은 안테나와 관련된 dB 단위의 피해자 RX 잡음지수이고, *POUTaggressor*는 dBm 단위의 공격자 TX의 최대 출력 전력이다. 대역외 잡음(OOBN: Out Of Band Noise)는 피해자 대역 내에서 dBc/ Hz 단위의 공격자 TX 잡음이며, *ANisol*는 dB 단위의 안테나 분리이다.

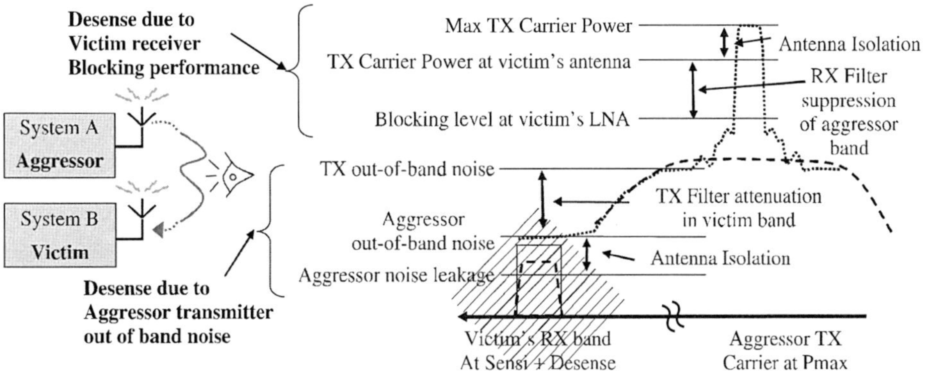

그림 14.23 피해자와 공격자 블록도와 피해자 수신기에 대한 공격자 송신기의 누설

피해자의 저잡음 증폭기 입력에 나타나는 차단자 전력 레벨은 공격자의 최대 송출 신호전력, 안테나 분리, 공격자의 TX 대역 내에서 피해자의 고속 이더넷 필터 감쇄에 의존한다. 경감 기술은 단지 피해자의 RX 설계에서만 구현이 가능하다. 공격자와 피해자, 두 경우 모두에서 개선된 안테나 분리가 도움이 되나, 특히 공격자와 피해자의 운영 주파수가 서로 가까이에 있을 때에 작은 폼 팩터의 단말에서 자유도가 제한된다.

차단자의 존재로 인한 피해자 감도저하는 그림 14.24에 나타난 다수의 메커니즘이 원인이 될 수 있다.

공격자의 송신기 신호 누설과 상호혼합 때문에 피해자 RX의 국부 발진기 위상 잡음은 원하는 신호에 더해진다.

1. TX 신호 누설의 교차 압축에 때문에 발생하는 원하는 신호에 대한 피해자 RX의 이득 감소
2. 직접 변환 수신기(DCR: Direct Conversion Receiver)에서 직류에 포함된 TX 신호 누설의 AM 성분의 2차 성분 혼 변조 왜곡(IMD_2) 곱. 이는 잠재적으로 원하는 신호와 중첩된다.
3. DC에 포함된 TX 신호 누설의 AM 성분과 피해자 LO 누설의 3차 상호변조 왜곡 곱. 이는 잠재적으로 원하는 신호와 중첩된다(교차변조로 알려짐).

처음 두 경우에 실제 공격자 신호의 특성과 대역폭은 간섭 메커니즘에서는 중요한 역할을 하지 못한다.

- 교차압축은 3GPP에 도입된 최대전력 제한(MPR: Maximum Power Reduction) 덕분에 WCDMA와 LTE 업링크 사이에서 일정하게 유지되었던 신호 피크 전력과 직접적인 관련이 있다.
- 상호혼합은 간섭 누설과 공격자 TX 주파수와 피해자 RX 주파수 사이의 차이와 동일한 오프셋에서 피해자 LO 위상잡음 및 간섭 누설과 직접적인 관련이 있다. 간격이 넓어질수록 공격자 누설에 대한 선택성 및 위상 잡음 양쪽 모두가 개선된다.

마찬가지로 더 넓은 주파수 오프셋에서 더 높은 선택성과 더 낮은 위상잡음 때문에 더 높은

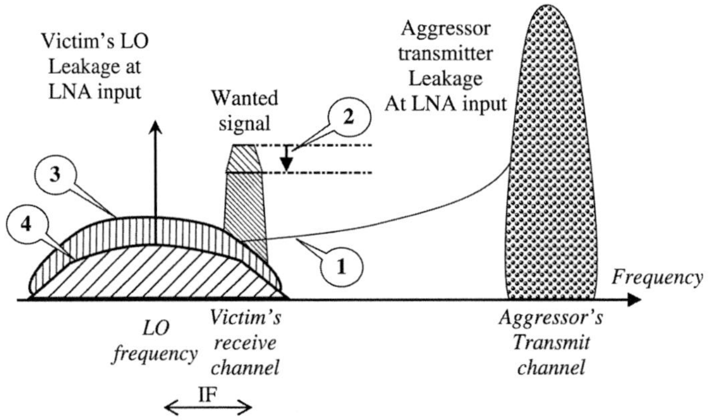

그림 14.24 감도상실 방법

주파수 거리에서 공격자의 잡음 누설은 더 낮다. 위의 내용으로부터 TX 잡음 누설, 교차압축, 상호혼합과 같은 메커니즘에 대한 주요 요인은 공격자와 피해자의 주파수 영역 부근임을 알 수 있다. LTE를 위한 신규 대역 할당은 특정 대역의 공존 과제절과 14.8.2절에 기술된 새로운 사례를 만들어 냈다.

그러나 교차변조 및 2차 성분 혼 변조 왜곡의 곱은 간섭신호의 대역폭과 직접적으로 관련된 스펙트럼 대역폭을 가진다. 게다가 이들 왜곡의 스펙트럼 모양은 신호 통계와 변조방식에 의존하다. 이들 요인에 대해서 어떻게 LTE 간섭이 WCDMA에 비교되는지에 대해 포괄적인 분석을 제안하는 것은 어렵다. 간섭 스펙트럼의 어떤 부분이 피해자 채널 대역폭 내에서 포착되었는지에 대한 분석은 각 LTE 대역폭과 변조 조합에 대해 실시되어야 한다. 반송파로 변조된 WCDMA와 LTE QPSK 업링크에 대한 IMD_2 곱의 비교는 14.8.2.1절에서 찾아볼 수 있다.

특정 대역의 공존 과제

LTE 대역 외 TX 잡음 방출에 관한 한 듀플렉서는 다음 주파수 대역에서 충분한 감쇠를 제공해야 한다.

- Band 11에서 TX 주파수는 GPS 대역에 매우 근접해 있다. 예상 안테나 분리를 포함하여 40 dB 이상의 감쇠가 제공되어야 한다. 또한 GPS 수신기는 LTE TX 신호 누설에 대처하기 위해 그들의 차단자 처리 기능을 개선해야만 할 수 있다.
- Band 11/12/13/14에서 TX 주파수는 일부 TV 대역에 근접해 있고, 따라서 LTE TX 잡음의 적당한 감쇠가 필요하다.
- Band 7/38/40에서 TX 주파수는 블루투스와 무선랜이 동작하는 2.4 GHz ISM 대역에 매우 근접해 있다. 예상 안테나 분리를 포함하여 40 dB 감쇠가 제공되어야만 한다. 마찬가지로, BT와 WLAN TX 잡음은 Band 7/38/40 RX 주파수에서 낮게 유지되어야 한다. 이미 LTE FDD RX에서 요구된 차단자 처리 기능이 주어진다면 BT와 WLAN 차단자는 문제가 될 것으로 예상하지 않는다. 그러나 BT/WLAN 수신기는 LTE TX 신호 누설에 대처하기 위해 그들의 차단자 처리 기능을 개선할 수도 있다.

23 dBm의 출력 전력으로 변조된 LTE TX 반송파가 고려되는 한, LTE TX의 제2조파 전력 레벨을 제어하는데 특정한 감쇠를 대가로 지불해야 한다.

- Band 7/38에서 TX 제2조파는 5GHz WLAN 대역에 포함된다. 그래서 LTE 송신기가 고조파를 -90 dBm에 근접하도록 감쇠시키는 것을 요구한다. -40 dBm 이하의 고조파 레벨을 요구하는 3 GPP LTE에 비교하면, 이는 큰 도전을 의미한다. LTE 기본 TX 신호 누설이 존재하는 경우에 이 제2조파를 재생성하는 것을 방지하기 위해 WLAN RX는 충분히 선형적이어야 한다.
- Band 13에서 TX 제2조파는 GPS 대역에 포함된다. 그래서 LTE 송신기가 고조파를 -110 dBm에 근접하도록 감쇠시키는 것을 요구한다. 이 감쇠 레벨은 실제 환경에서 성취하기 어려울 수도 있다. 위의 공존 테스트 경우와 유사하게 GPS RX 입력에 존재하는 LTE TX

누설은 이 제2조파를 재생성하는 것을 방지하기 위한 선형성 요구사항을 부과한다.

또한 LTE TX의 고조파가 5 GHz WLAN 또는 UWB 대역에 나타나는 경우들도 있는데, 이들은 통상 문제가 적은 고차 고조파들이다.

14.6.3 RF-기저대역 인터페이스 설계 과제

이동 단말기에서 무선주파수 트랜시버와 기저대역(BB) 프로세서는 흔히 분리된 직접회로로 구현된다. 기저대역 IC가 대부분 디지털인 반면, 트랜시버 IC는 보통 아날로그 신호 처리를 포함한다. 그러므로 아날로그 디지털(A/D)과 디지털 아날로그(D/A) 변환이 수신 경로와 송신 경로에서 필요로 한다. 이들 변환기를 어디에 위치시킬 것인지 선택하는 것은 무선 시스템에서 매우 중요하다. 만일 변환기가 RF 트랜시버 내에 구현된다면 이산시간 영역(디지털) 데이터는 BB와 TRX 사이 인터페이스를 거쳐 이동된다. 반면에, 변환기가 BB IC 내에 위치한다면 인터페이스는 연속시간 영역 차등 I/Q 신호로 구성된다.

그림 14.25는 수신 다이버시티를 지닌 아날로그 기반 인터페이스의 전형적인 예를 나타낸다. 여기서 이동 단말기는 모든 무선 동작 옵션, 즉 4개의 GSM 주파수 대역에 '3G' WCDMA의 주파수 대역 하나를 추가한 모든 대역을 지원할 수 있도록 설계된다. 24개의 분리된 상호연결이 요구됨을 쉽게 확인할 수 있다.

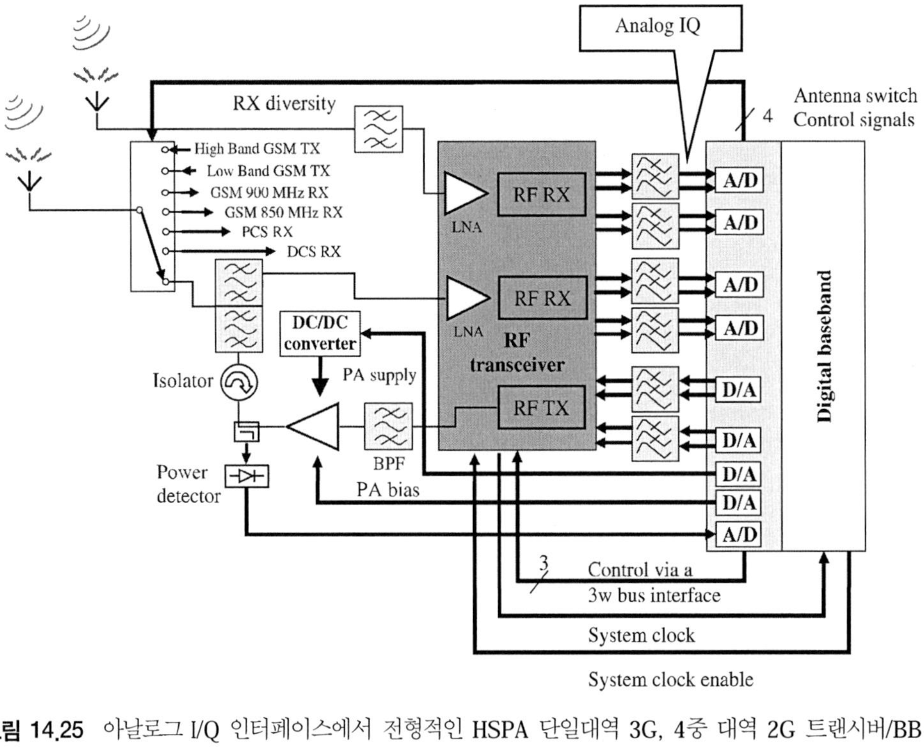

그림 14.25 아날로그 I/Q 인터페이스에서 전형적인 HSPA 단일대역 3G, 4중 대역 2G 트랜시버/BB 블록 분할

많은 제조사의 양산품이 존재함에도 불구하고, 아날로그 인터페이스 해법은 다음 도전과 위기에 직면해 있다. 많은 수의 연결 핀은 패키지 크기와 비용, 둘 모두를 증가시키며 인쇄회로 보드의 라우팅을 복잡하게 만든다. 또한 민감한 아날로그 상호연결은 요구 성능을 달성하기 위해 특수한 차폐를 요구하기 때문에 특히 문제가 된다. 이와 같은 인터페이스는 휴대단말기 제조사가 특정 BB와 RF 장치를 강제로 사용하게 하여 해당 회사가 독점한다. 일부 IC 제조사가 이러한 강제 제한을 선호하기는 하지만, 이것은 BB나 RF 둘 중 하나의 제품을 채택하는 데 있어 경쟁을 제한하고 창조적인 접근을 불가능하게 함으로써 산업계에 피해를 준다. 다이(die) 크기가 증가함에도 불구하고, BB 장치는 반드시 아날로그 블록의 필요한 많은 수를 포함해야 한다.

마지막으로 언급할 사항은 관련된 경제적 사안 이상으로 특히 중요하다. 분명히, 큰 다이 영역은 IC 제조비용을 증가시킬 뿐만 아니라 디지털 셀이 점진적으로 더 작은 상보성 금속 산화막 반도체 공정에서 줄어드는 것만큼, 아날로그 설계는 일반적으로 잘 줄어들지 않는 것이 사실이다. 그래서 아날로그 설계가 차지하는 BB IC 부분의 비율이 증가하고 있다. 추가적으로, 양산품에서 아날로그 회로의 수유율은 디지털 회로보다 낮을 수 있어서 아날로그 부분이 실패할 경우에 완벽하게 정밀한 디지털 기저대역도 같이 폐기처분된다. 많은 부분의 문제는 신규 CMOS 공정상에서 아날로그 설계정보는 디지털 설계정보보다 항상 늦게, 때로는 매우 늦게 제공된다는 사실이다. 신규 CMOS 공정이 사용가능해질 때 이는 모든 필수 설계 정보가 가능하고 충분히 자격이 될 때까지 BB 설계를 기다리게 한다. 그리고 더 새로운 CMOS 공정에서 아날로그 설계는 실제로 더 어려워지지 쉬워지지는 않는다.

이 모든 것을 취합하면 순수한 디지털 인터페이스가 매우 요구된다는 것은 분명해지며, 이는 휴대폰 산업에 큰 이점이 될 수 있다. 표준화 노력을 이끌고 있는 주 단체는 미국 전기전자 엔지니어 학회-산업 표준 기술 협회(IEEE-ISTO) 내에서 활동 중인 휴대폰기기 인터페이스 규격(MIPI: Mobile Industry Processor Interface consortium)이다[12]. 'digital'과 'RF'를 'DigRFSM'이라는 이름으로 서로 조합한 이 인터페이스는 표 14.15에 열거된 것처럼 이미 세 번째 진화 단계에 있다.

DigRF^{SM}를 채택하면, 디지털 인터페이스는 그림 14.25의 초기 블록도에서 그림 14.26의 블록도로 변경된다. BB 장치에서 아날로그 설계를 제거하고 핀 수를 단지 7핀으로 줄이려는 두 가지 목적을 충족한다. DigRF^{SM} v4의 경우에, 20 MHz LTE 애플리케이션에서 단일 안테나 수신 경로를 지원하기 위해 필요한 인터페이스 전송률은 1,248 Mbps에 이른다.

DigRF^{SM} v4에서 가장 큰 도전 중 하나는 전자파 장애 제어이다. EMI는 DigRF^{SM} v2와 3에

표 14.15 DigRF 버전 진화

DigRF version	Standard	Interface bitrate (Mbps)
v2: 2G	GSM/GPRS/EDGE	26
v3: 3G	2G + HSPA	312
v4: 4G	3G + LTE	1248, 1456, 2498, 2912

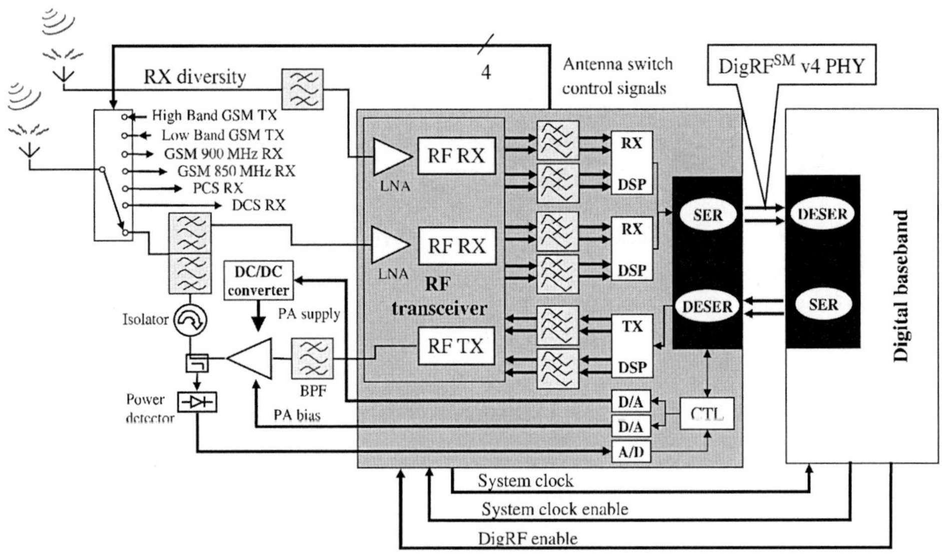

그림 14.26 RX 다이버시티의 경우에 DigRF v4를 이용한 디지털 RF-BB 인터페이스 애플리케이션의 예. A/D = analog to digital converter, D/A = digital to analog converter, SER = serialize, DESER = de-serialize. DSP 기능은 (RX에 특화된) A/D, D/A, 디지털 필터링과 솎아내기를 포함한다.

서는 인터페이스 전송률이 이동국의 무선 동작 주파수보다 많이 낮았기 때문에 주요 관심사가 아니었다. 이제 LTE 이동장치 사용을 고려 중인 모든 대역을 포함하여 내부 저잡음 증폭기 부분은 700 MHz에서 거의 6 GHz의 전체 주파수의 에너지에 민감하다. DigRF^{SM} v4의 전송률과 공통 모드 스펙트럼 방출은 이제 다수의 이동국 동작 대역의 무선 주파수를 넘어간다. 그림 14.29(a)에 나타난 것처럼 이는 매우 큰 문제이다.

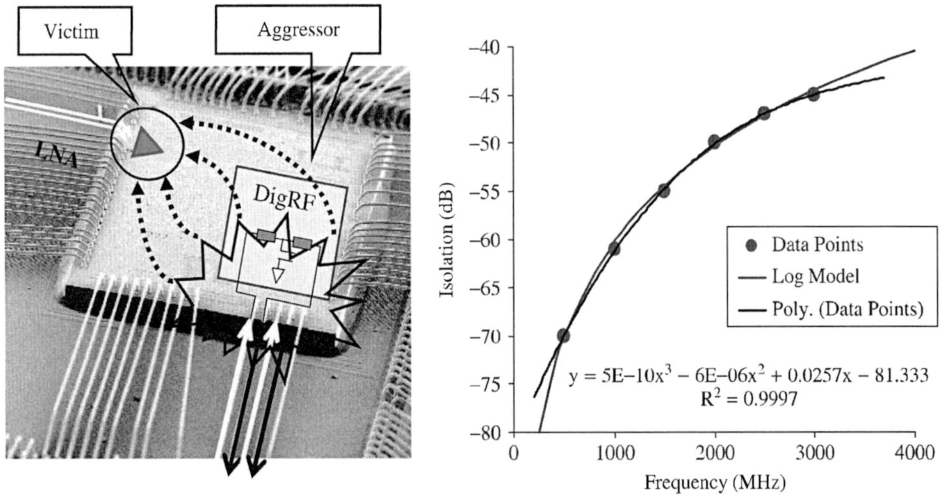

그림 14.27 좌: RF IC 내부에서 EMI 커플링 경로의 예. 우: 다양한 주파수에서 패키지 내 분리의 예

전자파장애 경감 기술을 다루기 전에 RF IC의 물리적인 패키지로부터 얼마나 큰 신호 분리가 가능한지를 이해하는 것이 필수적이다. EMI 공학이라는 어휘를 채택하면, 간섭은 '공격자'로 불리는 반면 LNA 입력은 '피해자'라 불린다. 그림 14.27(좌)에서 볼 수 있듯이 간섭 에너지가 '피해자' LNA로 결합되는 많은 가능 경로가 존재한다. 그림 14.27(우-민무늬 점)은 실제로 가능한 분리의 한 예를 나타낸다.

피해자의 입력 핀에서 허용된 공격자 잡음 전력 스펙트럼 밀도의 최대량에 대한 상한은 그림 14.28에 나타난 특성 곡선의 집합에 의해서 결정된다. 최악의 경우를 고려하면 3 dB의 고유 잡음지수를 지닌 셀룰러 LNA는 3.5 dB NF로 악화될 수 있다. 이들 차트에 따르면 간섭 잡음은 kT 마루 이하, 즉 -180 dBm/Hz와 같거나 이하로 최소 6 dB가 되어야 한다. 비슷하게 2 dB의 NF을 지닌 보다 민감한 GPS LNA는 최대 0.25 dB만큼 악화될 수 있다. 이들 두 가지 경우에 대해 평가하면 간섭은 셀룰러와 GPS RX에 대해서 각각 -180 dBm/Hz과 -184 dBm/Hz 이하이어야 한다는 결론을 얻을 수 있다.

그림 14.29(a-c)에 보이는 제한 곡선은 분리 모델과 셀룰러 LNA 잡음 허용 오차의 결합을 기반으로 하고 있으며, (a)에서 제한 곡선을 초과하여 위반한 상황을 나타내므로 제품의 성공을 보장하기 위해서는 경감 기술이 요구된다. 경감 기술 목록의 첫 번째는 비트 가장자리 슬루 레이트의 제어를 이용하는 것이며, 이를 적용하면 그림 14.29(b)에 나타난 것처럼 현상이 크게 개선된다. 두 번째로, 만일 이동단말 제품이 인터페이스로에서 기생 간섭을 경험하고 있다면, 다른 주파수로 전환할 수 있는 대체 인터페이스 주파수가 제공된다. 또한 이 대체 인터페이스 전송률 1,456 Mbps은 그림 14.29(c)에 나타난 것처럼 인터페이스 스펙트럼의 주파수 널에 근접하여 동작하는 LNA을 보장함으로써 국부 GPS RX 입력을 보호하는데 특히 유용하다.

그러나 그림 14.30이 1,248 Mbps에서 보여주는 것처럼, 단일 안테나 20 MHz LTE 애플리케이션은 인터페이스의 70% 듀티사이클을 요구한다. LTE 다이버시티 RX를 추가하면, 요구사항은 100%를 초과한다. 하나의 해법은 1,248 Mbps 통로의 수를 두 배로 늘리는 것이다. 대안으

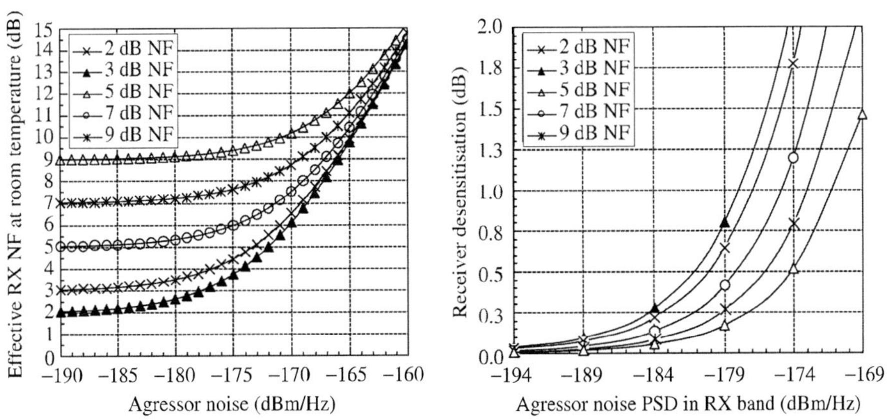

그림 14.28 입력에 제공된 추가 잡음에 대한 '피해자' LNA의 응답. 좌: LNA 입력에서 측정된 피해자 NF의 유효 잡음 상승(방 온도). 우: 공격자 잡음 PSD 대비 해당 피해자의 감도저하

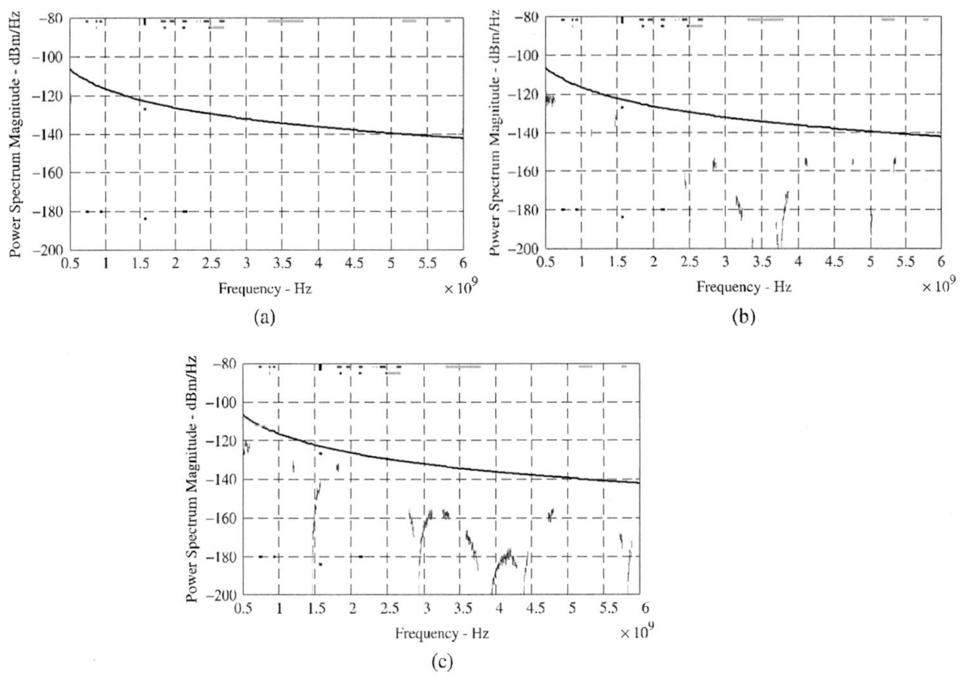

그림 14.29 DigRF/M-PHY 인터페이스에 추가한 EMI 경감 기술의 효과: (a) 불완전 차등 시그널링, (b) 슬루 레이트 제어, (c) 1,456 Mbit/s의 대체 주파수 선택성. 각 도표의 수평축 700 MHz에서 6 GHz까지 통신 표준의 피해자 주파수 대역 위치를 나타낸다.

로, 큰 EMI 감도를 가지고 있지 않은 애플리케이션에 대해 2,496 Mbps로 인터페이스 전송률을 두 배로 늘리는 것은 용량 문제를 해결하지만, 이제는 매우 민감한 GPS 대역을 포함하여 모든 대역에 걸친 인터페이스 스펙트럼의 메인 로브를 생성한다.

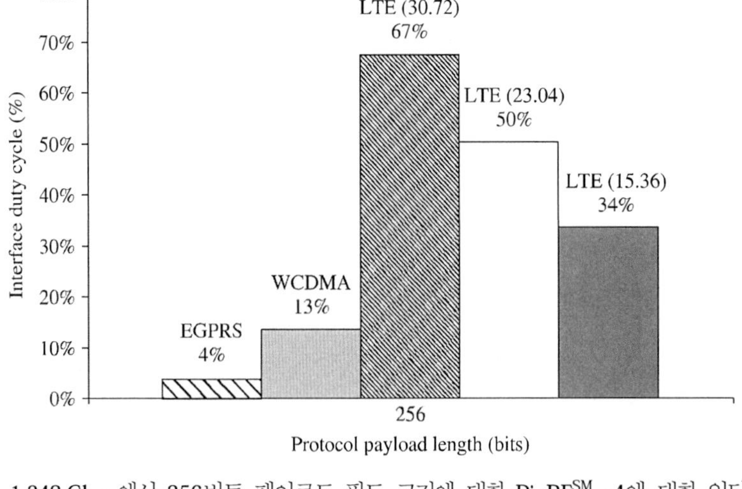

그림 14.30 1.248 Gbps에서 256비트 페이로드 필드 크기에 대한 DigRF^{SM} v4에 대한 인터페이스 반복률

14.6.4 LTE 대 HSDPA의 기저대역 설계 복잡도

14.6.4.1 등화

LTE는 스펙트럼 효율을 증대와 유연한 대역폭 배치와 같은 다른 도전적인 목표 사이에서 비트당 비용을 줄이는 것을 목적으로 한다. 수신기 관점에서 하나의 중요한 척도는 요구 복잡도이며, 특히 WCDMA 및 고속 하향 패킷 접속과 같은 전 릴리즈에 대한 비교이다. 그림 14.31은 14.9절에 소개될 전 전송모드를 지원하는 베이스라인 수신기를 기반으로 채널 복호 작업의 복잡도를 제외하고 추정된 복잡도를 나타낸다. LTE 수신기의 복잡도는 시스템 대역폭과 해당 최대 명목 처리율에 따라 선형적으로 증가할 수 있음이 주목될 수 있다. 흥미롭게도, MIMO 모드는 단일입력 다중 출력 모드 복잡도의 두 배보다 적은 복잡도를 요구한다. 낮은 복잡도의 칩 레벨 등화기와 13 Mbps 처리율을 지닌 범주 10을 가정한 릴리즈 6 HSDPA 수신기와 추정 복잡도의 비교는 직교 주파수 영역 다중화 선택 때문에 최소한 내부 수신기 관점에서 LTE가 매력적인 기술임 나타낸다. 5 MHz 대역폭 및 16직교 위상 진폭 변조를 가정하면, LTE는 HSDPA보다 요구 복잡도의 절반으로 동일한 처리율을 제공한다.

그러나 5 MHz 대역폭에 대한 상대적인 비교에서 이런 장점에도 불구하고, LTE 수신기는 최소 요구사항으로 단말이 20 MHz의 시스템 대역폭을 지원해야 하기 때문에 HSDPA와 비교하여 상당한 복잡도의 증가를 요구한다. 그러므로 LTE 수신기는 여전히 휴대 단말기와 칩셋 제조사에게 도전으로 여겨진다. 150 Mbps 전송능력을 지닌 LTE 클래스 4 장치는 13 Mbps을 전송능력을 지닌 HSDPA 범주 10보다 거의 4배의 복잡도를 가진다.

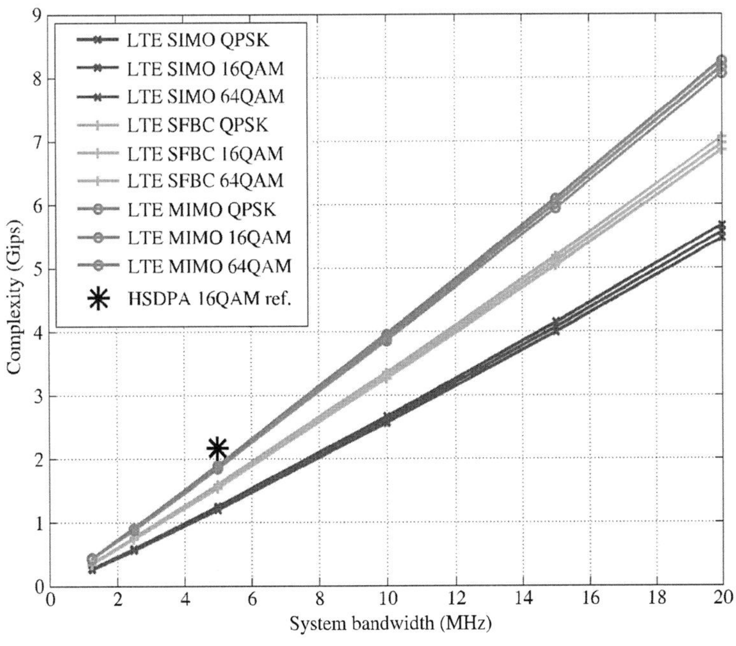

그림 14.31 LTE 수신기의 복잡도

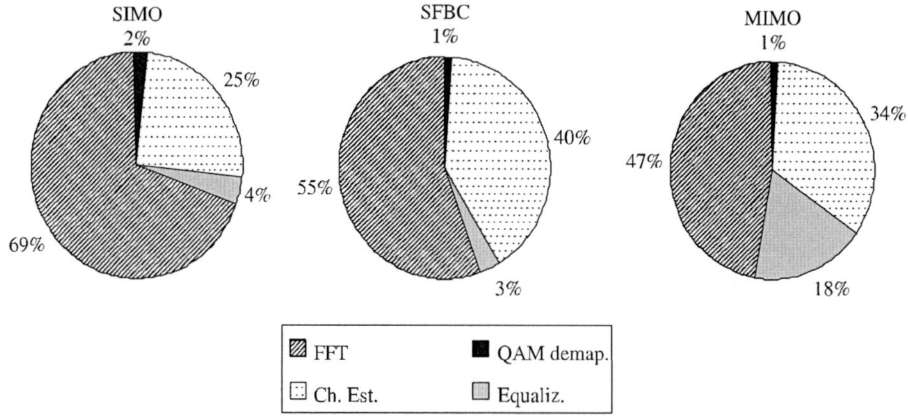

그림 14.32 LTE 수신기의 복잡도 재분할

내부 수신기 단계 사이의 복잡도 재분할에 대한 보다 자세한 사항은 그림 14.32에 나타나 있다. 지원 모드에 따라 채널 추정 및 등화에서 증가된 필요성 때문에 고속 푸리에 변환 연산과 연관된 복잡도(수신 안테나의 수로 항상 2)는 전체 복잡도 측면에서 덜 중요하게 된다. MIMO의 경우에 채널 추정이 연산의 34%이고 등화가 18%인 반면, FFT는 연산의 47%를 차지한다.

14.6.4.2 터보 복호기

LTE에서 최대 명목 전송률이 이전 릴리즈에 비해 증가하기 때문에 채널 복호 연산의 효율과 복잡도는 상당히 증가한다. 터보 복호기는 범주 4에서 150 Mbps까지의 전송률을 지원해야 한다. LTE의 터보 부호 알고리즘은 HSDPA의 터보 부호와 유사하다. 그러나 터보 복호기 처리 지연은 터보 복호 반복 횟수와 트랜스포트 블록 크기에 따라 거의 선형적으로 비례한다. 결과적으로, 터보 복호기의 효율은 다음과 같다.

$$\eta = \frac{N_{it} \cdot r_{\max}}{f_{clock}} \tag{14.12}$$

여기서 N_{it}는 반복횟수이며, $r_{\max}$는 최대 전송률이고 f_{clock}는 터보 복호기의 동작 클럭 주파수이다. 표 14.16과 표 14.17은 반복횟수가 8이고 최대 전송률을 각각 13 Mbps와 150 Mbps로 가정한 HSDPA와 LTE의 경우에 대한 효율과 클럭-주파수 trade-off를 나타낸다.

효율은 터보 복호 연산 내에서 요구되는 병렬화의 척도로 볼 수 있다. 두 표를 비교해 보면, 전력 소비와 하드웨어 기술 제약에 따라 엄격하게 결정된 적절한 클럭 주파수 내에서 LTE 전송률을 지원하기 위해 높은 레벨의 병렬화가 요구됨을 분명하게 보여준다.

터보 복호의 병렬화는 3GPP 규격의 이전 릴리즈의 부호화 및 복호 과정에서 사용된 인터리버 구조를 만들 수 없다는 것은 언급할만한 가치가 있다. LTE 규격에서 이 문제는 해결되었고, 비경쟁 인터리버는 2의 거듭제곱(2, 4, 8, 16...)으로 표현되는 어떤 레벨의 병렬화는 가능하도록 만들어졌다.

표 14.16 13 Mbps에 대한 터보 복호기 효율/클럭 주파수 trade-off

Efficiency η (b/s)	Clock frequency (MHz)
5.5	20
2.7	40
1.8	60
1.4	80
1.1	100
0.9	120
0.8	140
0.7	160
0.6	180

표 14.17 150 Mbps에 대한 터보 복호기 효율/클럭 주파수 trade-off

Efficiency η (b/s)	Clock frequency (MHz)
12.6	100
10.5	120
9.0	140
7.9	160
7.0	180
6.3	200
5.7	220
5.2	240
4.8	260

그럼에도 불구하고, 병렬화 그 자체는 자유롭지 않으며, 제조사의 도전으로 여겨진다. 즉, 병렬화는 터보 복호 알고리즘에서 면밀한 변경을 요구하며, 원칙적으로 병렬화 요소와 높은 동작 클럭 주파수에 비례하는 칩 면적과 게이트 수를 증가시킨다.

마지막 고려사항으로 터보 복호기 복잡도가 원칙적으로 이동 수신기에서 신호처리의 나머지 부분의 복잡도보다 매우 높다는 것은 주목할 만한 가치가 있다. 복잡도는 목표 처리율과 반복 횟수에 따라 선형적으로 증가한다. 이는 [13]에 의해 다음과 같이 근사될 수 있다.

$$C_{TD} = 200 \cdot N_{it} \cdot r_{\max}(\text{MIPS}) \tag{14.13}$$

LTE의 경우 그림 14.32에 나타난 것처럼 고속 푸리에 변환과 등화기 및 채널 추정을 합한 복잡도가 대략 9 Gips 정도인데 반해, 150 Mbps의 최대 전송률에 대한 복잡도는 240 Gips에 접근한다.

터보 복호기는 수신기에서 전체 복잡도의 96%를 요구하는 것으로 나타나지만, 다소 오해의 소지가 있는 결론이다. 터보 복호와 연관된 신호처리는 max-log-MAP의 경우에 주로 덧셈 연산으로 구성된다. 등화 및 이와 관련된 기능은 대신에 곱셈 연산과 원칙적으로 큰 고정소수점 크기를 요구한다. 구현 선택이 차이를 만들기 때문에 신호처리 복잡도는 동일한 기능에 대한 표준 진화 사이에서 요구되는 유용한 척도이지만, 보다 일반적인 비교를 감안할 수 없다.

14.7 단말용 RF 송신기

14.7.1 LTE 단말 송신기 요구사항

14.7.1.1 송신기 출력 전력

LTE에 최대 출력 전력 윈도우는 ±2dB의 허용 오차를 지닌 23 dBm로 WCDMA에 명시된 것과 동일하다. 초기 WCDMA 규격은 +1/−3 dB의 허용오차를 지닌 24 dBm을 사용하였다. SC-FDMA[14]는 WCDMA의 복합 위상 편이 변조보다 더 큰 첨두 전력 대 평균 전력비(PAR)를 가진다. 그림 14.33은 직교 위상 편이 변조된 단일 반송파-직교 주파수 영역 다중 접속 신호 아래에서 WCDMA PA의 인접채널 누설비 성능을 보여준다. WCDMA 운용은 24 dBm, LTE 운용은 23 dBm의 출력 전력을 가정한다. 주요 차이점은 스펙트럼 모양과 관련이 있으며, 점유 대역폭은 WCDMA(4.2MHz에서 99% 에너지)보다 LTE(4.5 MHz)에서 살짝 높고 따라서 ACLR은 약간 저하된다는 사실이다.

고속하향 패킷 접속 및 고속 상향 패킷 접속과 유사한 방식으로 최대전력제한(MPR)은 16 QAM 변조와 일부 자원 블록 할당의 높은 PAR을 고려하기 위해 도입되었다. 거기에다가 MPR은 복잡한 TX 변조(변조 및 코딩) 세트에서 적정한 ACLR을 보장한다. RX 대역 내에 들어오는 직접 간섭이 오직 스퍼스(spurs) 및 서비스 제한지역 잡음만 관련되는 WCDMA와 비교하면, LTE TX의 선형성 또한 고려되어야 한다. 이는 듀플렉스 거리가 겨우 30 MHz뿐이고 TX의 5차와 7차 상호변조 곱이 RX 채널과 중첩되는 700 MHz 대역에서 10 MHz BW의 경우에 TX 선형성은 특히 중요하다. 이러한 현상은 14.8.2절에서 논의된다.

LTE 전력 제어범위 -40 dBm에서 +23 dBm이다. WCMDA 송신기는 1dB 해상도로 -50 dBm에서 23 dBm의 전력 제어 정보(TPC: Transmit Power Control) 범위를 제공한다. 동일한 TPC 기술이 모든 MPR의 경우를 고려하고 있는 LTE에 적용될 수 있다.

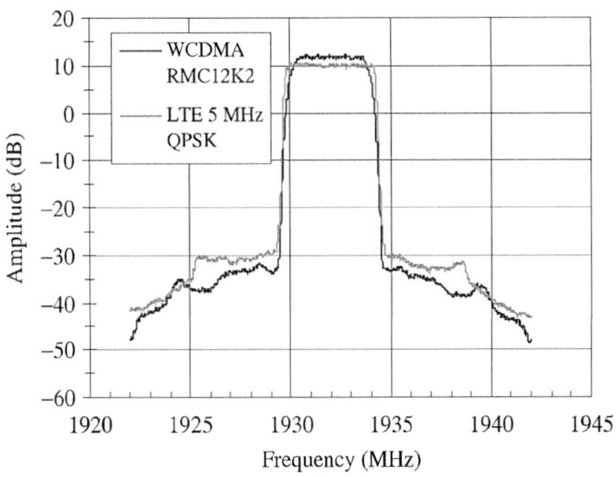

그림 14.33 24 dBm WCDMA와 23 dBm LTE 5MHz QPSK 스펙트럼

14.7.2 LTE 송신 변조 정확도, EVM

LTE 16QAM 변조의 경우에 EVM 버짓에 부합하도록 TX 결함에 엄격한 요구사항이 부과된다. LTE 경우에 전반적인 오류는 더 최소화되어야 한다. QPSK에서 17.8%, 16QAM에서 12.5% EVM 버짓을 만족시키기 위해 각 요인은 분리되어 분석될 수 있다. EVM 측정은 테스트 장치에서 강제로 0이 되게 하는 등화 후에 수행된다. 비교해보면 WCDMA HPSK EVM 버짓은 17.5%이지만, 테스트 장비에서 어떠한 등화도 가정하지 않는다. 실제로 설계 목표는 대략 8%이다. EVM 버짓에 영향을 주는 TX 결함은 다음 절에서 설명한다.

- **반송파 제거** : 측정이 ZF 등화 후 수행되기 때문에 테스트 장비는 부분적으로 이 요인을 제거한다. LTE 표준화는 반송파 레벨이 ZF 알고리즘을 위한 적정 한도 내에 있는 것을 보장하기 위해 반송파 제거에 대한 분리 규격을 만들었다. 낮은 출력 전력에서 TX 체인의 작은 DC 오프셋은 전력제어정보 정확도가 더 이상 만족되지 않을 수도 있는 지점까지 높은 반송파 누설을 생성한다. 이 문제는 TPC 범위가 아래쪽 끝에서 10 dB 더 큰 WCDMA (즉, -50 ~ +23 dB)에서도 이미 심각하다. 이런 이유로 반송파 누설 보상은 RF TRX들에서 구현되며, 일반적으로 이 보상기술은 EVM 버짓 측면에서 이 요인을 무시해도 될 정도로 TPC 범위 전체에 걸쳐서 40 dB의 반송파 제거를 달성한다.
- **우수차 왜곡** : 주요 영향이 전송 스펙트럼을 확대하는 것이기 때문에, 우수차 비선형성은 주로 인접채널 누설비의 원인이 된다. ACLR 요구사항이 인접과 대체 채널에서 각각 33 dB와 43 dB이기 때문에 이들 요인은 오류벡터크기 측면에서 무시해도 될 정도이다. PA의 진폭변조 대 진폭변조 변환이 비슷하게 고려될 수 있다.
- **국부 발진기 위상 잡음** : 유도 지터는 변조 성상도에서 위상 오류를 생성하여 EVM에 영향을 준다. 단말의 업링크 송신에 사용된 SC-OFDMA가 단일 반송파일 경우 위상잡음은 WCDMA의 경우와 유사한 영향을 준다.
- **전력 증폭기 왜곡** : 진폭 변조 대 위상 변조 변환 왜곡(AM/AM을 포함하여)은 EVM에 영향을 주며, 또한 인접채널에 비대칭 스펙트럼 에너지를 생성한다. 송신 전력이 증가되면 AM/PM과 AM/AM 왜곡도 증가한다. 그러나 LTE MPR 방식은 WCDMA 위해 설계된 PA는 전체 EVM 버짓을 관장하지는 못할 것이라는 것을 보장한다.
- **이미지** : 상향 믹싱 과정에서 직교위상 결함에 때문에 생성되는 신호 이미지는 TX 신호 신호 대 잡음비에 영향을 주는 대역 외 잡음으로 간주할 수 있다. 업링크에서 16QAM의 사용은 WCDMA에 비해 이와 같은 결함을 더 잘 제어할 것을 요구한다[15].
- **그룹 지연 왜곡** : 최소 듀플렉스 거리가 45 MHz인 경우에 기저 대역의 I/Q 대역폭이 2 MHz인 WCDMA와 비교하면 LTE는 30 MHz 듀플렉스 거리에 대해서 5 MHz의 I/Q BW을 가지며, 80 MHz 듀플렉스 거리에 대해서는 10 MHz의 I/Q BW을 가진다. 듀플렉스 주파수 오프셋에서 BB I/Q 잡음이 (SAW가 없는 전송 구조를 가능하게 하기 위해) 매우 낮음을 보장하기 위해 중요한 BB 필터링을 요구한다. 이는 잠재적으로 EVM에 영향을 주는

더 많은 대역 내 왜곡을 발생시킬 수 있기 때문에 LTE BB 필터에 대한 정지 대역 감쇠는 WCDMA보다 엄격한 필터 규격을 요구함을 의미한다.

전체적으로, LTE 오류벡터크기 규격은 RF 결함에 관해 WCDMA와 유사한 노력을 요구하나 대역폭이 넓을수록 그리고 듀플렉스 거리가 가까울수록 주의가 필요하다. 동일한 이유로 TX 대역 외 잡음(요구사항)은 LTE에서 달성하기 더 어렵다.

14.7.3 대역과 대역폭 조합에 따른 감도저하

수신기 대역에서 송신기 대역 외 잡음이 3 GPP WCDMA 규격에서 명확한 요구사항은 아님에도 불구하고, 기준 감도는 최대 TX 전력으로 송출되고 있는 환경에서 측정된다. 기준 감도를 만족하기 위해서는 TX 잡은 누설 레벨이 열잡음 층 밑에 머물러야 한다. TX 구조에서 최근 노력의 결과로 TRX IC와 PA 사이 필터를 제거할 수 있게 되었다. 기존의 단간 필터는 증폭 전에 TRX 잡음을 제거하기 위해 사용되었다. RF TRX IC에서 모든 잡음원에 대한 주의 깊은 설계를 통해 이 필터를 제거할 수 있다.

14.6절에서 논의된 바와 같이 신규 대역에 대한 LTE 기능과 지원 추가가 이들 필터의 재도입을 요구하지 않는 것은 당연한 것이다. 특정 신규 대역 구성(12/13/14)의 더 작은 듀플렉스 분리 또는 LTE의 더 넓은 채널 대역폭, 이 두 가지 새로운 과제는 단간 필터의 제거가 실현가능하도록 해결되어야 한다. 일부 특수한 경우, 이들 두 가지 과제가 결합된다. 이 사안은 완화 감도 요구사항이 대역 및 대역폭의 특정 조합에 대해 정의된 표 14.4에 나타난 바와 같이 표준화 단체에서도 이 사안을 인식하고 있다.

14.7.4 송신기 구조

14.7.4.1 송신 RF 변조기

직접 상향 변환은 2G/3G/LTE 다중모드를 위한 확실한 선택이다. 직접 상향 변환은 WCDMA에 대한 사실상 표준이다. LTE의 넓은 대역폭 요구사항은 극 변조 또는 비직교 접근방식[16, 17]과 같이 대안적인 구조에 대한 더 많은 도전을 제기한다. 만일 주파수 구분 듀플렉스 경우에 외부 필터 요구사항이 완화된다면, 특히 이는 사실이다. 위에서 간단히 논의된 것처럼 LTE 표준화의 실용적인 접근 덕분에 이미 2G와 WCDMA을 지원하고 있는 직교 송신기로부터 LTE 전송 기능을 제공하기 위해 필요로 하는 최소 변경사항이 있다. 주 변경사항은 낮은 대역 외 잡음을 지니면서 모든 BW를 지원하기 위한 BB 디지털-아날로그 변환과 필터에 대한 더 높은 대역폭 요구사항이다. 덧붙여 자동위상 제어루프 동조 범위와 RF 버퍼 대역폭 확장을 필요로 하는 추가 무선 주파수 대역이 지원되어야 한다.

14.7.4.2 다중모드 전력 증폭기

14.6절에서 논의된 것처럼, 전 세계 RF FE의 근본적인 단순화는 다중대역과 다중모드를 지원하는 단일 PA 라인업을 이용하는 것이다. 대역 범위는 다음과 같은 방식으로 묶을 수 있다.

- 698 MHz와 915 MHz 사이의 모든 대역을 지원하는 하나의 낮은 대역 PA 라인업
- 1710 MHz - 2025 MHz 사이의 모든 대역을 지원하는 하나의 높은 대역 PA 라인업
- 2300 MHz - 2620 MHz 사이의 모든 대역을 지원하는 하나의 더 높은 대역 PA 라인업

지원되지 않는 대역은 오직 일본의 Band 11이며, 이 대역은 이 특정 전화 설정에 추가되거나 심지어는 전체 대역 지원에 따라 나머지 광대역 PA 중 하나를 대체할 수 있다.

이들 라인업 각각은 다른 변조 방식과 대역 모드 조합에 따라 결정되는 최대 출력 전력을 지원해야 한다. 이들 조합은 표 14.18에서 확인할 수 있으며, 안테나 손실에 대한 2 dB와 3 dB PA는 각각 시간분할 이중화와 주파수 구분 듀플렉스 모드를 위해 고려된다.

각 변조 방식에 내재된 서로 다른 PAR 특성과 ACLR 요구사항을 만족시키기 위해 요구되는 백오프를 고려하면, 위에 주어진 라인업은 최상의 효율성/선형성 트레이드 오프를 달성하기 위한 포화 출력 전력(Pstat) 성능의 범위를 충족해야 한다. 예를 들어, 위상 변조뿐인 GSM과 가우스 필터된 최소 편이 방식에 대해서 LB PA는 35 dBm의 Pstat 성능을 달성해야만 PA가 포화상태로 들어갈 수 있고, 최상의 효율을 달성할 수 있다. WCDMA 모드에서는 충분한 백오프를 허용할 수 있도록 PA는 31 dBm에 가까운 Pstat capability을 필요로 한다. 만일 출력 전력 성능을 줄이기 위해 어떠한 것도 수행되지 않는다면, GMSK를 지원할 수 있는 PA는 WCDMA 모드에서 매우 낮은 효율성을 가질 것이다. 특히 이미 통화시간에 대해 도전 중인 3G 모드의 성능면에서 다중모드 PA 구조가 경쟁력이 없을 수 있다는 것을 증명한다. 모든 모드에서 최상의 PA 효율성을 달성할 수 있는 유일한 방법은 출력 단계 부하선을 조정하는 것이다. 이는 다음과 같은 두 가지 방법으로 수행될 수 있다.

- 모든 모드에 대해 부하 임피던스(보통 50ohm)를 바람직한 부하선으로 변환하기 위해서 출력 매칭을 조정. 이 기술은 임피던스의 작은 집합에 대해서 성공적으로 수행될 수 있으며, 결과적으로 더 낮은 Q 출력 매칭이 된다.
- PA 공급을 조정 : 이러한 경우에 포화된 출력 전력 성능은 공급 전원의 제곱에 비례한다. 만일 전원 공급이 DC/C 변환기를 이용하여 가변된다면, 효율성은 모든 모드에 대해서 최적화될 수 있다. 이 기술의 인기가 지속적으로 증가하고 있으며[18], 모든 모드에 대해 최적 효율성을 가능하게 하는 장점이 있다.

표 14.18 다중모드 PA에 대한 변조 방식과 대역 구성 당 최대 출력 전력

Sub-bands modes	Low band 698–915 MHz	High band 1710–2025 MHz	Higher band 2300–2620 MHz
GSM (GMSK)	35 dBm	32 dBm	n.a.
EDGE (8PSK)	29 dBm	28 dBm	n.a.
WCDMA (HPSK)	27 dBm	27 dBm	27 dBm
LTE (QPSK)	26 dBm	26 dBm	26 dBm

14.7.4.3 결론

비록 이번 절은 LTE 송신기 요구사항의 세부 분석을 제공하지는 못했지만 어떻게 이들 요구사항이 이동통신 세계화 시스템/GSM 방식의 이동통신망을 이용한 데이터 전송 기술/광대역 부호 분할 다중 접속 구조와 성능으로부터 단순한 추정을 통해 달성될 수 있는지 논의했다. 공동대역(co-banding, 역자주: 서로 다른 무선규격이 하나의 주파수 대역을 공유하는 것을 의미)과 DC/DC 제어 다중모드 전력 증폭기와 같은 기술이 도입될 때 3 모드 모두는 최소의 추가 하드웨어를 지닌 단일 송신기 구조로 지원될 수 있음을 보였다. 이는 기존 이동단말 장치 제조사의 수월한 LTE로의 이동을 보장한다.

14.8 단말용 RF 수신기 요구사항

이 절의 목적은 주파수 구분 듀플렉스 무선 접속망 등록지역과 주파수 영역, 즉 FDD 진화된 범용 이동통신 지상파 무선 액세스 단말 RF 수신기 시스템 요구사항의 주요 차이점을 명확하게 하는 것이다. 이 절 전체에 걸쳐 WCDMA와 LTE가 각각 UTRA와 E-UTRA을 나타내는데 이용된다. [1]의 7절에 열거된 LTE 단말 RF 테스트 요구사항의 목적은 네트워크 성능에 영향을 주는 RF 손상을 수치화하는 것이다. 이들 손상은 잡음지수(NF), 수신기 EVM, 인접채널을 포함한 다른 주파수에서 선택성 등을 포함한다. 테스트 요구사항은 산업이 WCDMA 단말을 위해 개발된 인터넷 프로토콜을 최대한 재사용할 수 있도록 유도되었다. 이는 단말 기준 감도 레벨 및 인접채널 선택도 시스템 요구사항의 서술에서 강조된다. 이런 이유로, 그 장은 새로운 설계 과제 일부에 초점을 맞추는데 이 새로운 설계 과제들은 LTE 다운링크 변조방식과 이와 관련된 신규 주파수 대역에 특화된다. 이런 측면에서 RX 자기 감도저하, 아날로그 디지털 변환 설계에 대한 과제, 직교 주파수 영역 다중화 대 단일 반송파 시스템에서 RX EVM 요인의 영향에 대한 과제가 논의된다.

14.8.1 기준 감도 레벨

기준 감도 전력 레벨은 최소 처리율 요구사항이 충족되어야 하는 두 단말 안테나 포트에 인가된 최소 평균 전력이다. 처리율은 지정된 고정 참조 채널(FRC: Fixed Reference Channel)에 대한 최대 처리율 95%보다 크거나 같아야만 한다. FRC는 WCDMA의 기준 측정 채널과 유사하며, 감도 테스트의 경우 다운링크 반송파는 QPSK 변조와 1/3 부호율을 사용한다.

감도 요구사항은 단말 RX의 NF을 검증한다. FDD 운용의 경우 다음 절에 기술된 것처럼 단말 업링크 변조된 반송파의 존재로 단말 RX의 NF는 잡음의 영향을 포함할 수도 있다. EVM과 같은 다른 수신기 손상은 고 SNR이 적용되는 복조 성능 요구사항에 포함된다. 그러므로 선택된 FRC는 저 SNR 운용에 대해 정의된 참조 최대 처리율을 제공한다. 이런 목적을 넘어 ACS와 차단자 테스트 요구사항을 위한 다운링크 반송파 전력을 설정하는 베이스라인으로 제공되기 때문에 단말 기준 감도는 [2]에서 가장 중요한 사항이다.

LTE의 기준 감도 요구사항은 WCDMA 시스템 요구사항과 비교하여 다양한 차이점을 보인다.

- LTE의 유연한 대역폭은 1.4, 3, 5, 10, 15, 20MHz 대역폭을 지원하기 위한 채널 선택 필터의 재설정성을 구현할 수 있는 RF 수신기를 요한다.

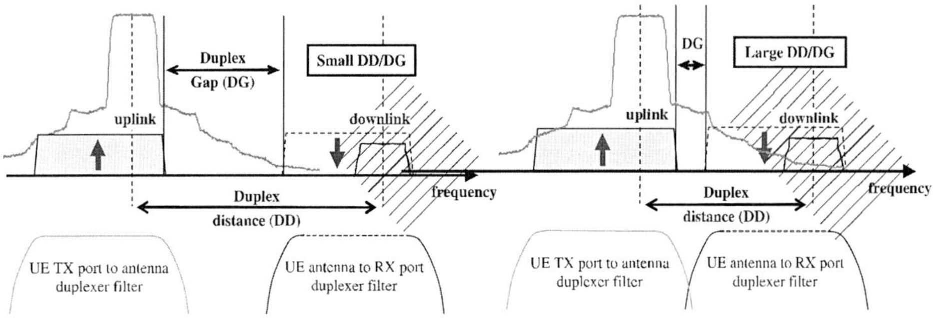

그림 14.34 간격이 넓은 듀플렉스 대 좁은 듀플렉스의 주파수 대역

- 기준 감도는 주 수신기와 다이버시티 수신기의 두 안테나 포트에서 테스트되어야 한다.
- Band 5, 6, 8, 11과 같이 작은 듀플렉스 간격(DG)을 지닌 신규 주파수 대역은 단말 업링크 전송 대역폭이 5MHz보다 클 때 새로운 단말 자기 감도저하 고려사항을 도입한다. 또한 범용 이동통신 시스템 700의 전문용어에 모두 포함되는 Band 12, 13, 14와 최근 Band 17은 이러한 제한에 영향을 받는다. 그림 14.34(좌)에서 볼 수 있는 것처럼 큰 주파수 오프셋에서 단말 자기 감도저하는 기본적으로 단말 송신기 체인의 잡음 마루에 의해 지배를 받기 때문에 WCDMA 대역 Band I 장치에서 주요 관심사가 아니다. 큰 대역폭 배치가 계획된 경우에 작은 듀플렉스 거리(DD)와 작은 듀플렉스 차단 주파수 간결을 지닌 대역을 추가하는 것은 그림 14.34(우)에 나타난 바와 같이 송신기 체인의 인접 채널 누설의 어깨 부분에 대역폭 내부에 단말 수신기를 직접 배치한다. 그러므로 테스트 요구사항은 14.6.2절에서 찾을 수 있는 여러 가지 완화를 포함한다.

기준 감도 레벨 계산은 식 (14.14)과 같다. 식 (14.6)의 eNodeB와의 차이점은 NF가 9dB로 제작시 여유분이 2.5dB로 설정되며, 이중 안테나 수신 이득을 고려하기 위해 3dB의 보정 계수가 적용된 단말의 규모 추산 가정에 있다. 게다가 식 (14.14)은 주파수 대역에 특정적인 완화 계수 'DFB'를 포함한다. DFB는 공식적인 3세대 파트너쉽 프로젝트 용어가 아니며, DD/DG 비율이 1.5, 2, 4보다 큰 대역에 대해 DFB는 각각 1, 2, 3dB이고 이외의 경우엔 0임[19]에 유의해야 한다.

$$P_{REFSENS}[\text{dBm}] = -174[\text{dBm/Hz}] + 10\log(N_{RB} \cdot 180\,\text{k}) + NF + SNR + IM - 3[\text{dB}] + D_{FB} \quad (14.14)$$

D_{FB}는 듀플렉서와 같은 FE 부품에 대한 설계 도전을 반영하는 메트릭이다. 주어진 기술 공진기 품질계수(Q factor)에 대해서 DD/DG 비율이 높을수록

- 듀플렉서 대역통과 필터(BPF) 각각의 삽입 손실(IL)이 더욱 높아진다. RX에서 손실된 모든 dB는 단말 잡음지수에 직접 더해지므로 감도가 완화되어야 한다. TX에서 손실된 모든 dB는 듀플렉서에서 열로 소실된다.
- TX 잡음이 RX 대역을 오염시키는 것을 방지하기 위한 대역통과 필터 롤 오프 요구사항이 더욱 예리해진다. 열 소실과 대량 제품의 공정 변화 때문에 TX BPF는 대역 가장자리에

위치한 반송파가 너무 높은 삽입 손실로부터 영향을 받지 않도록 3dB 차단 주파수 'Fc'를 약간 증가시키도록 설계되어야 한다. 이들 대역에서 수신기는 송신기 잡음 손실보다 취약하므로, 추가로 완화되어야 한다.

열거된 이들 가정과 더불어 단말 자기 감도저하가 적용(14.8.2절 참고)된 회색 음영 값을 제외하고, 표 14.19에 열거된 주파수 구분 듀플렉스 모드 감도 레벨의 대부분은 계산될 수 있다. 1.4와 3MHz 동작 대역폭(예를 들어, Band II과 IV)에서 제한된 IIp2와 듀플렉서 분리 성능으로 인한 추가적인 감도 저하를 설명하기 위해 다수의 완화 기술이 표 14.19에 나타나 있다. 2차 성분 혼변조 일그러짐(왜곡) 곱으로 인한 단말 자기-감도저하의 도입은 14.8.2.1절에서 찾을 수 있다.

예를 들어, 그림 14.35는 5MHz 채널 대역폭($N_{RB}=25$)에 대한 기준 감도 레벨이 -100 dBm임을 보여준다. 최대 처리율 95%에 대한 시뮬레이션 신호 대 잡음비는 -1.0 dB로 가정된다. 링크레벨 시뮬레이션[20, 21]은 각각 -1.4와 -0.9 dB의 명목 신호 대 잡음비 주위에서 약간의 변화를 보여

표 14.19 직교 위상천이 변조에 대해 각 안테나 포트에 적용된 단말 기준 감도 레벨. 회색 음영 셀에 *로 표시된 값은 NRB와 최대 출력 전력에 대한 완화가 단말 자기 감도저하를 방지하도록 감안된 조합이다. **로 표시된 값은 제한된 IIp2와 듀플렉서, 또는 둘 중에 하나 그리고 수동 FE 성능을 설명하기 위해 완화되었다.

	Channel bandwidth								
E-UTRA Band	1.4 MHz (dBm)	3 MHz (dBm)	5 MHz (dBm)	10 MHz (dBm)	15 MHz (dBm)	20 MHz (dBm)	Duplex Mode	DD/DG	D_{FB} (dB)
1	–	–	−100	−97	−95.2	−94	FDD	1.46	0
2	−102.7**	−99.7**	−98	−95	−93.2*	−92*	FDD	4	2
3	−101.7**	−98.7**	−97	−94	−92.2*	−91*	FDD	4.75	3
4	−104.7**	−101.7	−100	−97	−95.2	−94	FDD	1.13	0
5	−103.2	−100.2	−98	−95*			FDD	2.25	2
6			−100	−97*			FDD	1.29	0
7			−98	−95	−93.2*	−92*	FDD	2.4	2
8	−102.2	−99.2	−97	−94*			FDD	4.5	3
9			−99	−96	−94.2*	−93*	FDD	1.58	1
10			−100	−97	−95.2	−94	FDD	1.18	0
11			−100	−97*			FDD		
12	−101.7**	−98.7**	−97*	−94*			FDD		
13			−97*	−94*			FDD		
14		−99.2	−97*	−94*			FDD		
...									
17			−97	−94			FDD		
...									
33			−100	−97	−95.2	−94	TDD		
34	–	–	−100	−97	−95.2	−94	TDD		
35	−106.2	−102.2	−100	−97	−95.2	−94	TDD		
36	−106.2	−102.2	−100	−97	−95.2	−94	TDD		
37			−100	−97	−95.2	−94	TDD		
38		–	−100	−97	−95.2	−94	TDD		
39			−100	−97	−95.2	−94	TDD		
40			−100	−97	−95.2	−94	TDD		

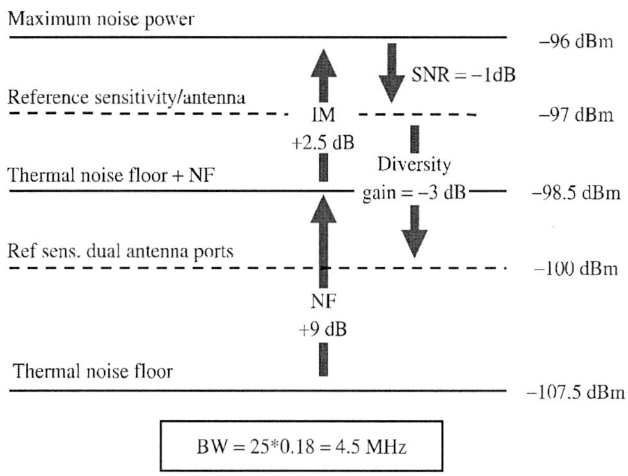

그림 14.35 LTE 5 MHz QPSK(NRB = 25)에 대한 기준 감도 버짓

준다(고정 참조 채널-A1-3). 감도 테스트에서 5 MHz 채널에 대한 처리율은 약 2.1 Mbps이다.

LTE에서 사용된 9 dB 잡음지수 가정은 광대역 부호 분할 다중 접속 단말에 대한 가정과 매우 유사한 것이 흥미롭다.

단말 NF가 링크 버짓의 잔고에 의존하기 때문에 셀 범위 영역을 계획할 경우에 단말 NF는 적절한 매개변수이다. LTE NF 요구사항이 WCDMA 상용장치와 유사하다는 사실은 초기에 단말을 쉽게 공급할 수 있게 한다. 이런 방식으로 LTE 표준은 우수한 셀 범위를 보장할 정도로 충분히 작은 NF 요구사항을 제공하나 이는 시스템 해법 설계자가 최소 요구사항보다 더 나은 성능을 지닌 장치를 공급해야 할 정도로 너무 작지는 않다. 이 감도가 주요 판매 인수로 가장

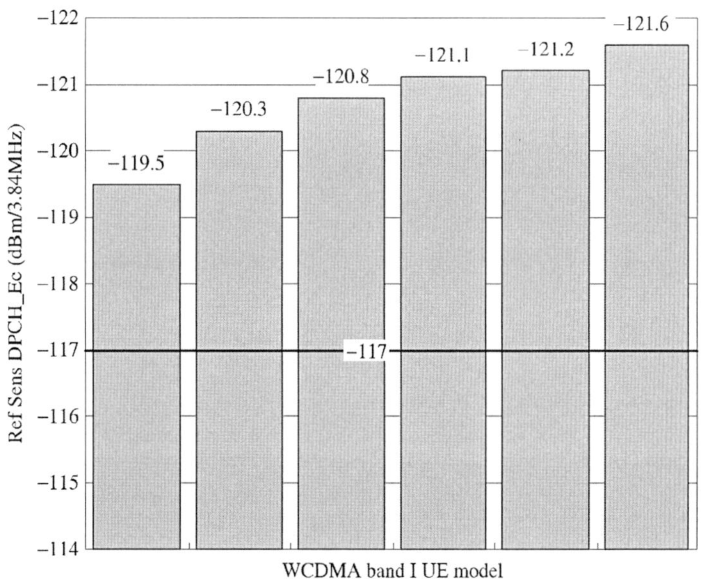

그림 14.36 클래스 3 WCDMA Band I에 대한 단말 기준 감도 성능의 예

자주 이용되는 매개변수이기 때문에 마지막으로 언급한 사항은 매우 중요하다. 이런 측면에서 서로 다른 제조사의 LTE 상용장치는 마치 그들의 WCDMA와 이동통신 세계화 시스템 이전 모델처럼 서로 다른 감도 레벨을 제공할 것이다. WCDMA 상용 기준 감도의 변동성 예가 그림 14.36에 나타나 있다.[22]

14.8.2 FDD 단말의 단말 자기 감도저하 요인에 대한 개요

다음 항목 중 많은 것이 모든 주파수 구분 듀플렉스 시스템에서 공통적이다. 그리고 특히 독자는 직접변환 수신기에서 TX 잡음과 TX 반송파 누설의 영향에 대한 상세한 논의를 위해 [11]을 참고한다. 이 절은 LTE에서 주요 차이점에 초점을 맞춘다.

그림 14.37에서 근거리 통신망은 듀플렉서 TX에서 RX 포트를 분리해서만 보호되기 때문에 가장 민감한 피해자는 주 수신기의 LAN임을 알 수 있다. 다이버시티 LNA는 TX 안테나 포트 듀플렉서 제거뿐만 아니라 추가 안테나-안테나에 대한 분리로부터 이득을 얻는다. 적합성 테스트 동안에 이 후자는 테스트가 동축 차폐 케이블을 이용하여 수행되기 때문에 상당히 높다. 그러므로 오직 커플링 메커니즘만이 인쇄 회로 기판 누화에서 기인한 것이다. 방출 안테나 커플링 메커니즘에 대한 보다 상세한 내용은 14.6.2.2절을 참조한다. 두 피해자는 자신의 전력 증폭기 잡음 방사와 DigRFSM v4 전선의 광대역 공통 모드 잡음 등 최소한 두 공격자 잡음원이 존재하는 곳에서 동작한다.

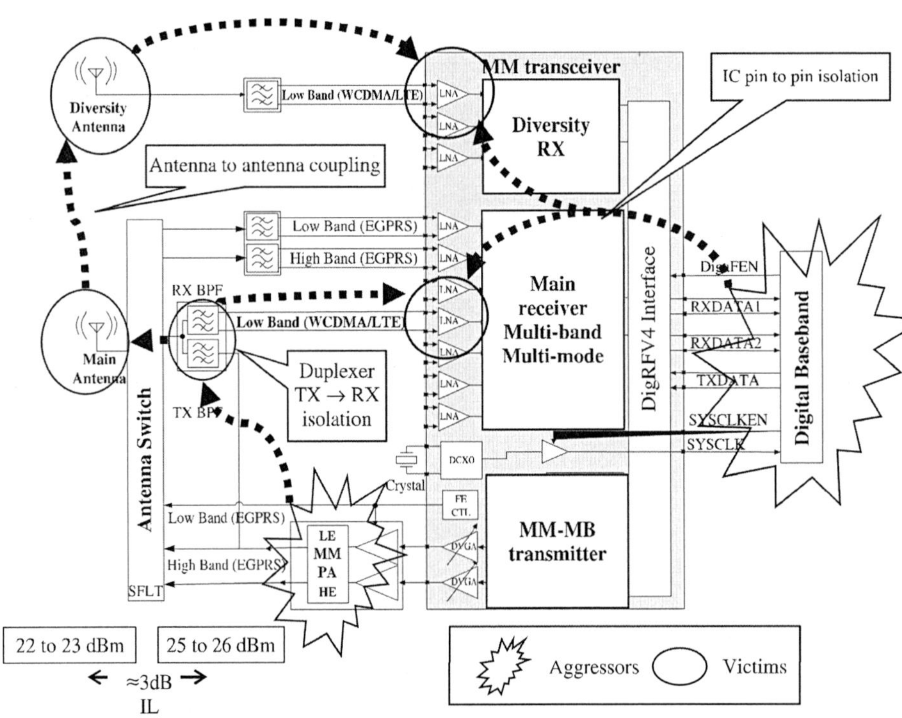

그림 14.37 최적화된 4중 대역 2G 단일 대역 3G/LTE RF 부시스템에서 공격자와 피해자의 예시: 커플링 메커니즘은 점선으로 표시된다. DCXO: Digital Crystal Oscillator

14.8.2.1 수신기 대역에 발생되는 송신기 잡음

14.6.3절에서 만들어진 가정은 단말 자기 감도저하를 설명하기 위해 여기서도 채택된다. 피해자는 고유 잡음지수가 3dB인 최대 셀룰러 대역의 단말이며 0.5dB의 최대 감도저하가 허용된다. 6.3절로부터 최대 공격자 잡음 전력 스펙트럼 밀도는 -180 dBm/Hz 이하여야 한다.

큰 듀플렉스 거리 주파수 대역

상황은 기존 광대역 부호 분할 다중 접속 Band I 핸드셋에서 경험했던 것과 동일하다. RX에서 최악의 듀플렉서 분리를 43 dB로 가정하면, PA 출력 포트에서 측정된 RX 대역에 발생되는 최대 잡음 PSD는 -180 dBm + 43 dB = -137 dBm/Hz보다 낮아야 한다. 대부분의 PA는 듀플렉스 거리에서 열잡음에 가까운 잡음 마루를 제공하는 이상적인 신호 생성기로 테스트되며, 간신히 이 레벨을 만족하도록 조정된다[23]. 이는 왜 PA에게 그런 낮은 잡음 마루를 제공할 수 있는 무선 주파수 집적회로 변조기를 설계하는 것이 하나의 도전으로 남아 있는지에 대한 이유 중 하나이다. 가장 간단한 해법은 단간 대역 통과 필터를 사용하는 것이지만, 지원되어야 할 대역 수가 증가함에 따라 부품표(BOM; Bill of Material)의 증가 때문에 이 해법은 수용할 수 없게 되었다. 필터가 적은 TX RF 해법을 설계하는 것은 허용된 감도저하의 크기, RF 변조기의 전류 소비, 부품표 비용, 고객에게 경쟁력있는 기준 감도 레벨을 제공하는 것 사이에서의 미묘한 트레이드 오프 활동이다.

작은 듀플렉스 거리 주파수 대역에서 넓은 전송 대역폭

비록 수신기 감도저하를 회피하는 것이 큰 듀플렉스 차단 주파수 간격 대역에서 사소한 것이 아니긴 하지만, 해법은 존재하고 이는 혁신에 대한 기회를 남겨 둔다. 작은 DG의 경우 그림 14.38(a)에 나타난 바와 같이 공격자가 더 이상 대역 외 PA 잡음 마루가 아니라 PA 인접채널 누설비의 어깨부분이기 때문에 상황은 불행하게도 보다 위태롭다. 그러므로 3세대 파트너쉽 프로젝트 완화는 적절한 시스템 운용을 보장하기 위한 유일한 방법이다.

10MHz($N_{RB}=50$) 대역폭으로 직교 위상천이 변조된 반송파에 대해서 상용 WCDMA Band I PA를 이용하여 수행된 ACLR 측정의 예는 그림 14.38(b)에 나타내었다. UMTS 700 MHz FE IL은 PA 출력 포트에서 3dB 저항성 감쇄기를 삽입하여 모방된다.

그림 14.38(c)와 같이 Band 12 사례의 경우 23 dBm 출력 전력에서 감도저하는 3과 9 dB NF에 대해 각각 16과 10 dB에 이른다. 이러한 문제를 해결하기 위해 두 가지 경감 기술이 RAN4에 제안되었다.

- 최대 감도 저하(MSD: Maximum Sensitivity Degradation)[24] : '피해자의 완화', 이 기술은 그림 14.38(c)와 유사한 양만큼 기준 감도 레벨을 완화하는데 있다. 이 제안은 적합성 테스트를 통과하기 위해 단말을 최대 출력 전력으로 유지한다.
- Point B 접근방식 : '공격자 완화' 기술[25], 이 기술에서 기준 감도 레벨은 손을 대지 않고 그대로 둔다. 이 기술은 'B'라 불리는 지점에 의해 제한된 RB 수에 대한 최대 출력 전력으로 단말을 유지시킨다. 그리고 나서 N_{RB} > Point 'B'인 경우에 단말 자기 감도저하를 방지하기 위해 단말 출력 전력의 점진적인 백 오프가 허용된다. 그러므로 그림 14.39에 보이는 것처럼 Point A는 최대 RB 수가 지원될 수 있는 위치에 출력 전력 백 오프 'X'에 해당하

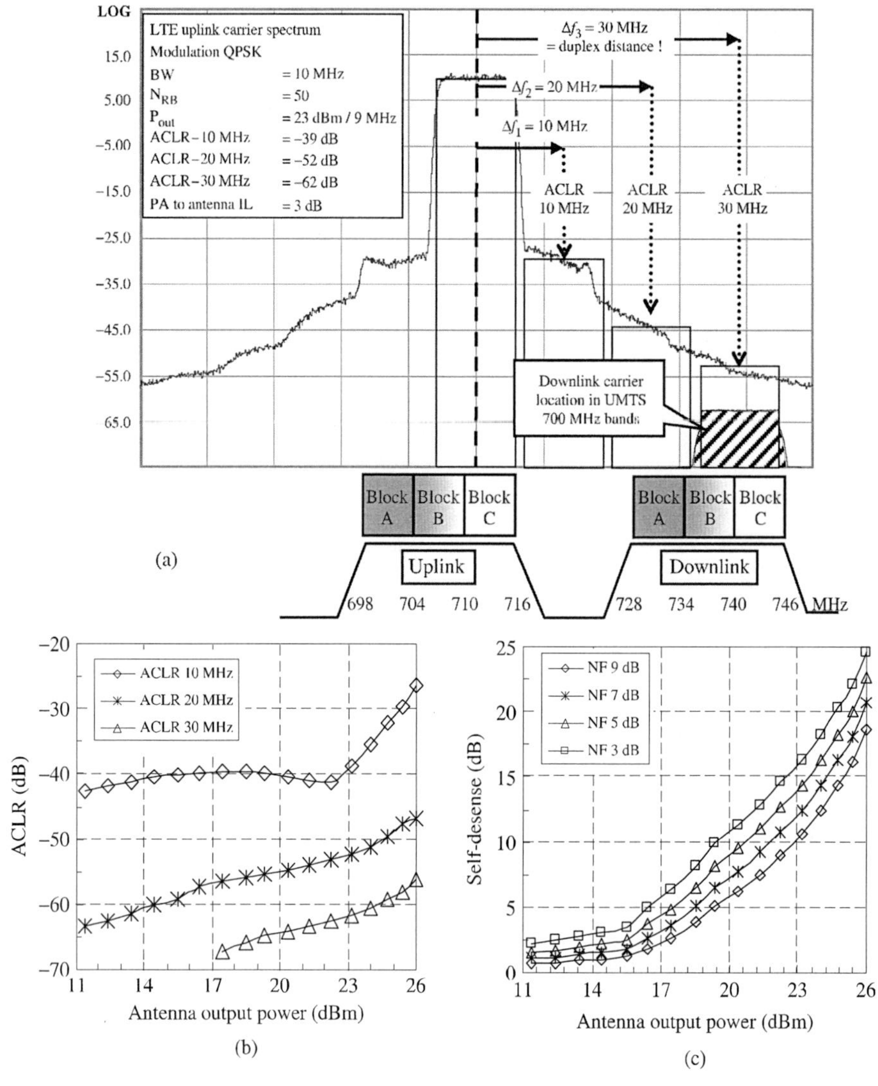

그림 14.38 하위 700 MHz 대역에서 수신기 대역에 중첩되는 LTE 10 MHz QPSK 업링크 ACLR의 예: (a) ACLR 스펙트럼, (b) 안테나 출력 전력에 대응해 10, 20, 30 MHz 오프셋에서 측정된 ACLR, (c) 자기 감도 저하 대 NF[1]에 관련된 LNA 입력

는 반면, Point 'B'는 Poutmax가 유지될 수 있는 위치에서 최대 RB 수에 해당한다.

[26]이 발표된 시점에 각 전송 대역폭에 대한 대역 당 허용된 감도 완화를 열거한 단일 표와 함께 최대 감도저하 접근 방식이 수용되었고, 그렇게 함으로써 Point B 접근방식에 특화된 두 개의 새로운 파리미터를 대체하였다. 초기 MSD 값은 특정 대역[27]에 대해 제안되었으며, 다

[1] 그림 14.39의 측정은 Band XII 애플리케이션을 가정한다. 즉, 43 dB의 최소 듀플렉서 TX-RX 분리, 3 dB의 최대 PA-안테나 포트 삽입손실(시제품에 대한 예비 측정은 듀플렉서에서 최대 2.5 dB, 안테나 스위치에서 0.5 dB를 나타낸다), 안테나 포트에서 23 dBm의 출력 전력을 가정한다.

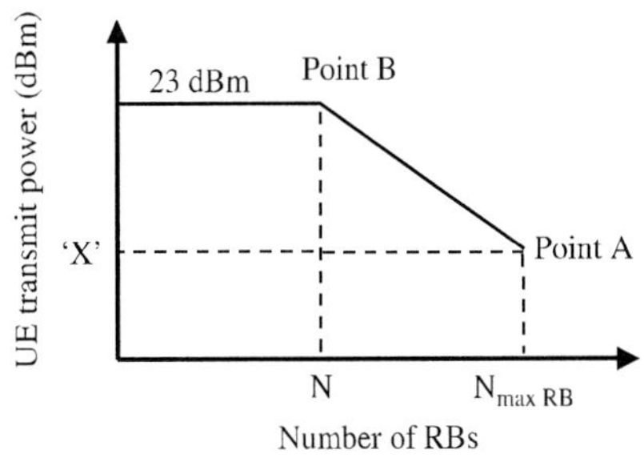

그림 14.39 단말 자기-감도저하를 방지하기 위한 Point B 접근방식

음 RAN4 회의 기간 내 완료되어야 한다. 기준 감도는 수많은 기고문을 촉발시키고 끊임없이 발전하는 주제이다. 예를 들어, 최근 기고문들은 MSD가 순수한 열잡음(NF)보다 다른 단말 잡음원으로 인한 최악의 경우에 대한 성능을 평가를 목표로 하는 반면, 기준 감도가 단말 NF을 테스트하는 것에 목표가 있다는 논쟁 때문에 36.101에서 MSD를 제거할 것을 제안한다. 마지막으로, 주파수 구분 반이중 방식 운용이 RAN1에 수용되었다는 것은 언급할 가치가 있다. HD-FDD는 송신기와 수신기가 동시에 동작하지 않기 때문에 자기 간섭 문제에 대한 대체 해법이다. HD-FDD에서 듀플렉서는 더 이상 필요가 없다. 이 모드의 운용은 [29]에 보이는 것처럼 단말 RF FE 구조를 상당히 단순화시킨다.

수신기 LNA 입력에서 송신기 반송파 누설 존재의 영향

직접변환 수신기에서 차등 구조 불균형과 자기 믹싱은 2차 상호변조 왜곡(IMD_2) 곱을 발생시키는 메커니즘 중 일부로 알려져 있다[30]. 자기 믹싱은 RF와 하향변환 믹서 LO 포트 사이의 유한한 분리로 인해 발생된다. 이들 조건에서 믹서 동작은 제곱기 동작으로 근사될 수 있으므로 2차 성분 혼변조 왜곡(IMD_2) 곱을 생성한다. 연속파 차단자의 제곱은 간단한 직류항이며, 이 DC항은 고역통과 필터를 사용하여 쉽게 제거될 수 있다. 그러나 AM 변조된 차단자의 제곱은 원하는 신호의 신호 대 잡음비를 저하시킬 수 있는 광대역 잡음 같은 IMD_2 곱을 생성한다. RX 필터가 없는 구조에서 이동단말 자신의 TX 누설은 가장 엄격한 요구사항을 믹서 IIp2에 부과한다. 믹서 입력에서 TX 누설의 평균 전력이 -10.5 dBm인 경우 믹서는 약한 입력 신호(≈ -85 dBm)도 반드시 수신해야 한다. 전송 누설의 평균 입력 전력 ≈PA 출력 전력(+27 dBm) - 분리기/커플러 손실(0.5 dB) - 듀플렉서 분리(52 dB) + LNA 이득(15 dB) = -10.5 dBm. 가장 간단한 해법은 단간 대역통과필터를 이용하는 것이나 이는 6.2절에서 설명된 이유 때문에 선호하는 선택사항은 아니다. WCDMA와 LTE QPSK 상향링크 변조된 반송파 IMD_2 곱 사이의 비교는 그림 14.40에 나타나 있다

WCDMA RX 무필터 애플리케이션에서 작은 SNR 저하를 보장하기 위한 믹서 IIp2 요구사항은 70 dBm 범위 내에 있는 것이지만, 그 수치는 달성하기에 극도로 도전적인 것이다. 그림 14.40으로부터 더 높은 LTE IMD_2 전력 스펙트럼 밀도는 WCDMA 수신기보다 높은 믹서 IIp2 요구사항을 부과하는 것을 알 수 있다. 협대역에서 동작하는 경우 LTE에서 높은 IIp2 요구사항은 Band II, III, IV와 같은 특정 대역에서 기준 감도 저하로 이어진다.

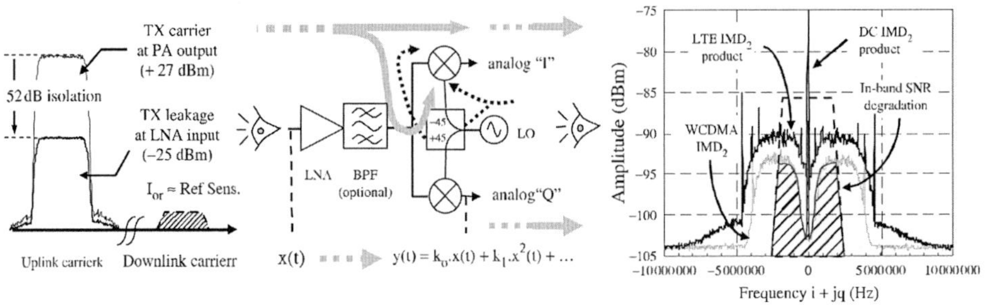

그림 14.40 직접 변환 수신기에서 자기 믹싱

14.8.3 ACS, 협대역 차단자와 ADC 설계 과제

두 인접채널 선택도와 협대역 차단 요구사항은 처리율 요구사항을 충족시키면서 간섭을 주는 인접채널간섭(ACI: jacent Channel Interferer)가 있는 경우에 배정된 자신의 채널 주파수에서 원하는 신호를 수신할 수 있는 수신기 성능에 대한 척도이다. 처리율은 지정된 기준 측정 채널에 대한 최대 처리율 95%보다 높거나 동일해야 한다.

이 요구사항의 목적은 ACIR을 확인하는 것이다. 두 테스트(즉, ACS와 NB 차단 테스트)는 인접 통신사들의 eNodeB가 같은 장소에 설치되지 않은 셀에서 단말의 통화 단절을 피하기 위해 중요하다. WCDMA 규격과 유사한 방식으로[31], LTE 요구사항은 아주 많은 공존 시뮬레이션[4]를 통해 유도된 33 dB의 ACS 버짓을 기반으로 한다. 15와 20 MHz BW에 대한 까다로운 선택성 요구사항을 막기 위해서 3 dB와 6 dB의 ACS 완화가 제안된다. 테스트에 대한 결과는 표 14.20에 요약된다.

표 14.20 ACS 요구사항[2]에 대한 간섭 신호와 원하는 신호 사이의 관계

Rx Parameter	Units	Channel bandwidth					
		1.4 MHz	3 MHz	5 MHz	10 MHz	15 MHz	20 MHz
ACS test case I							
Wanted signal mean power	dBm	Refsens + 14 dB					
$P_{Interferer}$	dBm	Refsens + 45.5 dB				Refsens + 42.5 dB	Refsens + 39.5 dB
$BW_{Interferer}$	MHz	1.4	3	5	5	5	5
$F_{Interferer}$ (offset)	MHz	1.4	3	5	7.5	10	12.5
Assumed ACS	dB	33	33	33	33	30	27
ACS test case II							
Wanted signal mean power	dBm	−56.5	−56.5	−56.5	−56.5	−53.5	−50.5
$P_{Interferer}$	dBm	−25					

2 ACS 테스트 경우 I에 대해서 송신기는 지원하는 최대 출력 전력의 4 dB 아래로 설정되어야 한다. ACS 테스트 경우 II에 대해서 송신기는 지원하는 최대 출력 전력의 24 dB로 설정되어야 한다.

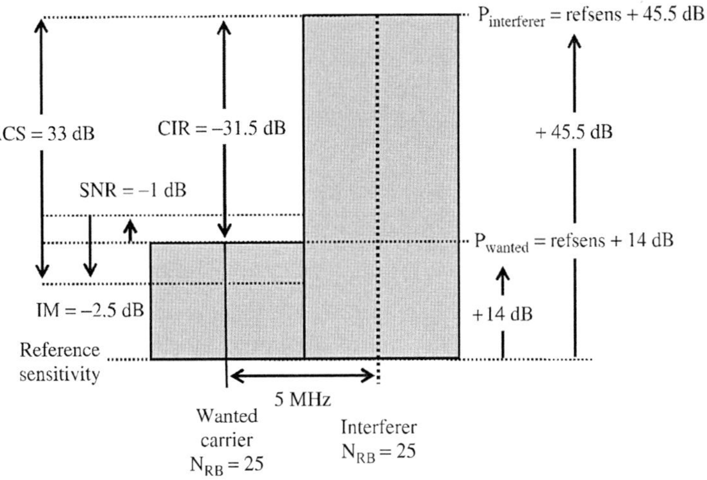

그림 14.41 5 MHz LTE에 대한 ACS 테스트 경우 I 요구사항

- ACS 테스트 경우 I은 그림 14.41에 보이는 바와 같이 기준 감도 레벨 위 14 dB로 설정된 평균 신호 전력과 각 원하는 채널 대역폭에 대한 간섭 전력을 이용하여 수행된다.
- ACS 테스트 경우 II는 간섭 전력을 -25 dBm으로 일정하게 설정하고 33 dB ACS 테스트 조건을 만족시킬 수 있도록 원하는 신호 전력을 가변하여 단말 유동 범위를 강조하는 하나의 테스트이다. 예를 들어, 5 MHz BW(N_{RB} = 25)에서 신호 대 간섭비(CIR)는 -56.5 dBm [원하는 신호 전력] - (-25 dBm)[간섭전력] = -31.5 dB이다.

ACS II에 의해 영향을 받는 단말 직접 변환 수신기 블록 중 하나가 LNA이다. LNA 이득은 I/Q 믹서 입력의 과부하를 방지할 만큼 충분히 낮아야만 하고, 그것 때문에 믹서의 선형성 요구사항을 완화하지만, LNA 이득은 단말 NF가 가장 높은 변조기법과 채널코딩기법 테스트 요구사항에 의해 부과되는 최소 SNR 요구사항을 만족시키지 못하는 것을 방지할 만큼 충분히 높아야 한다. 부가적으로, 강한 간섭자가 존재하는 경우에 LTE의 최대 전력 대비 평균 전력

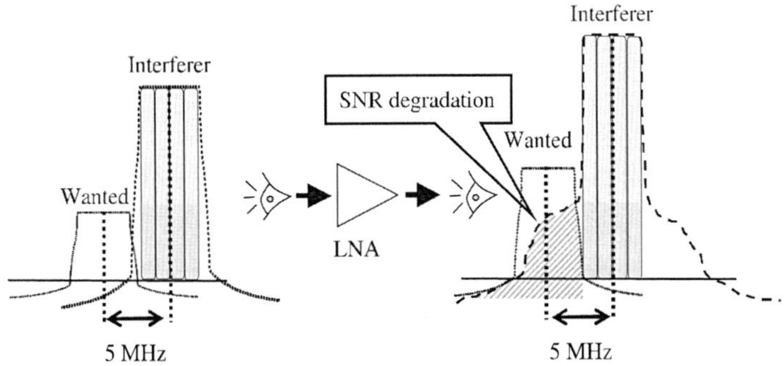

그림 14.42 -25 dBm의 ACS II 간섭자가 존재하는 경우에 LNA 비선형성의 예. 좌: LNA 입력 스펙트럼, 우: LNA ACL이 존재하는 경우에 LNA 출력 스펙트럼

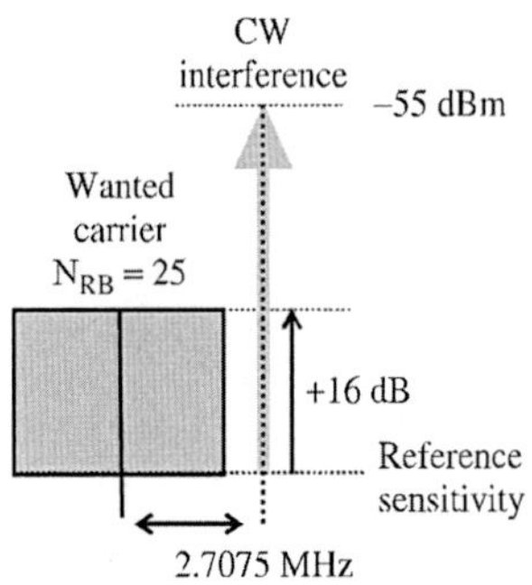

그림 14.43 5MHz LTE에 대한 협대역 차단 측정

비율은 WCDMA 경우보다 크며, 이와 같은 강한 간섭지의 존재는 LNA에 선형성 요구사항을 부과한다. LNA 비선형성은 인접채널누설을 생성할 수도 있다. ACL은 원하는 신호와 중첩될 수 있기 때문에 직접적으로 원하는 반송파 SNR을 저하시킬 수 있다. 그림 14.42는 이 도전을 나타낸다.

5MHz BW($N_{RB}=25$)에 대한 NB 차단 테스트가 그림 14.43에 나타나 있다. 이 테스트는 GSM/EDGE와 같은 다른 통신 규격이 서비스 중인 지역에 LTE 단말이 배치될 수 있도록 보장한다. 셀룰러 용량 손실을 최소화하기 위해서는 보호대역을 최소화하는 것이 중요하다. 이러한 이유로, 작은 주파수 오프셋 위치에 차단자가 존재하는 경우에 NB 차단자 테스트는 단말을 원하는 채널에 배치한다. 이 테스트는 WCDMA의 동등한 테스트와 약간 다르다. LTE에서 차단자는 CW이나 3G에서는 가우스필터된 최소편이 방식이다. 주파수 오프셋[3]은 LTE에서 2.7075 MHz로 설정되지만 3G에서는 2.7 MHz로 설정되며, LTE 경우에 원하는 채널은 5 MHz BW에서 16 dB 감도저하로부터 이득을 얻으나 3G에서는 10 dB 감도저하로부터 이득을 얻는다.

5MHz BW에서 LTE 필터링 요구사항은 기존 WCDMA 장치와 유사함을 확인할 수 있다. 유연한 대역폭 시스템에서 필터 설계 전략은 두 극단적인 시나리오 사이에 절충하는 것이다. 즉, 한쪽 끝에선 무한한 ACIR을 지닌 수신기는 정밀한 아날로그 필터를 희생하면서 아날로그 디지털 변환 해상도와 전력 소비를 최소화한다. 이는 원하는 신호에 왜곡을 줄 수도 있다. 또 다른 극단에서는 ACIR이 아예 없거나 작은 ACIR을 제공하는 수신기가 최악의 경우를 대비한 3GPP DR(Dynamic Range) 요구사항을 지원할 수 있을 만큼 큰 동적 측정 범위를 지닌 ADC을 이용한다. 다음에 논의되는 내용은 첫째로 아날로그 채널 필터(ACF), 그리고 두 번째로 ADC에 대역폭 유연성의 영향을 도입함으로써 이 트레이드 오프를 강조한다.

아날로그 채널 필터 설계 전략에 대한 유연한 대역폭 요구사항의 영향

OFDM 시스템은 주기적 전치 부호를 도입하여 시간 분산 채널을 통한 전파 때문에 발생되는 심벌간 간섭(ISI)과 반송파간 간섭(ICI)을 극복한다. CP는 연속적인 OFDM 심벌 사이에서 시간 보호대역과 유사한 역할을 한다. 그러므로 CP가 더 길수록 에너지 손실이 증가하지만 큰

---

[3] LTE에서 작은 주파수 오프셋의 도입은 간섭자가 수신기 FFT 동작의 스펙트럼 널에 빠지지 않도록 보장하기 위해 제안되었다. 이 오프셋은 부반송파 간격의 절반의 홀수 배, $(2k+1)\cdot 7.5$ kHz이다.

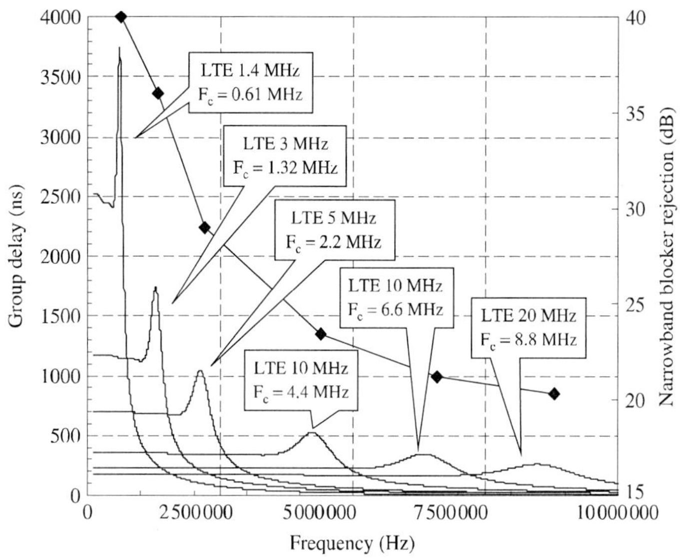

그림 14.44 LTE 동작 BW에 비례하여 WCDMA에 최적화된 5 MHz 베이스라인 ACF의 'Fc'을 조절하는 영향; 좌 y축: 필터의 그룹 지연, 우 y축: NB 차단기 필터의 제거성능(다이아몬드)

지연확산에 대한 회복력이 더 좋아진다. 또한 CP 길이는 아날로그 필터의 군지연 일그러짐(GDD: Group Delay Distortion)에 의해 발생되는 신호의 번짐현상을 피하기 위해서 선택되어야 한다[33]. 하지만 규격(예를 들어 확장된 대표적 도심 환경 모델과 같은)에서 예측하고 있는 최악의 지연확산을 위한 필터 패밀리를 선택하는 것은 아마도 최상의 전략이 아니다. 예를 들어, [34]는 대부분의 경우 단말이 경험하는 지연확산은 CP 길이보다 작으므로, BB 채널 추정기에서 추정된 지연확산은 동적으로 후 ADC 디지털 유한 임펄스 응답 필터의 전달함수를 다시 프로그램하는데 이용될 수 있다. 이 명쾌한 해법은 주어진 선 ADC ACF에 대해 개선된 ACS 성능을 제공한다. 그러면 아날로그 채널 필터의 3 dB 차단 주파수 'Fc'을 조절하는 제한사항은 무엇일까?

그림 14.44는 GDD을 경험한 상태에서 WCDMA ACS와 NB 차단을 위해 최적화된 베이스라인[4] 필터의 Fc를 조절하는 영향을 나타낸다. 필터의 Fc는 LTE BW 비율에 비례하는 계수에 따라 늘어나거나 줄어든다.

그림 14.44로부터 필터의 'Fc'가 낮을수록 필터의 지연, GDD, NB 차단기 ACIR이 높아지며, 'Fc'가 너무 낮아져서 1.4 MHz BW에서는 GDD가 1 μs보다 약간 커짐을 알 수 있다. 후자의 경우는 4.7 μs의 일반 CP 길이에 대한 많은 부분을 '소모하고', 큰 지연확산 채널에서 심볼간 간섭에 영향을 준다. 이 예로부터 ACF의 'Fc'에 대한 비례 크기조절은 아마도 최상의 트레이드 오프가 아닌 것으로 결론내릴 수 있다. 하나의 대안은 15 MHz와 20 MHz 운용에서 ADC

[4] 사용된 필터는 [14]의 것과 유사하다. 이 필터는 5 MHz BW에서 3 dB 차단 주파수 'Fc'가 2.2 MHz인 4개의 영점과 8개의 극점을 가지며, 2.8 MHz 오프셋에 위치한 노치를 가진다. 원하는 신호의 가장자리에 매우 가깝게 위치한 노치의 존재와 관련된 그룹 지연 오버슈트를 줄이기 위해 극점과 영점의 일부가 아날로그 그룹 지연 등화기를 구현하는데 이용된다.

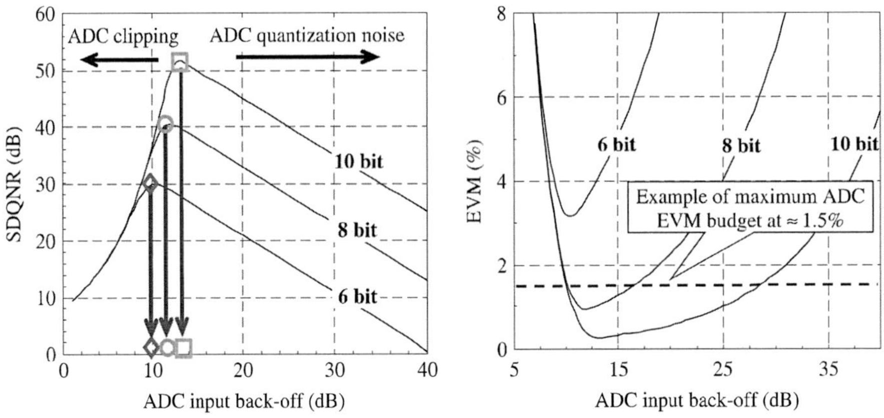

그림 14.45 좌: ADC 해상도와 ADC 입력 백 오프 또는 ADC 클리핑 비율에 대한 ADC 출력에서의 SDQNR(dB 단위). 최적 ADC BO는 6, 8, 10비트 ADC 해상도에 대해 각각 다이아몬드, 원, 네모로 강조된다. 우: 해당 ADC 출력 EVM 성능

동적 측정 범위 요구사항에 정확히 맞도록 ACF ACIR을 조정할 수 있는 3GPP 완화의 장점을 취하는 것이다. 작은 동작 대역폭에서 ADC DR 향상은 CP 길이의 충분한 이익을 얻기 위해서 필터의 첨예도를 완화하도록 이용될 수 있다.

ADC DR에 대한 유연한 대역폭 요구사항의 영향

간단함[5]을 위해서 최소 요구 ADC 해상도는 의사 양자화 잡음(PQN: Pseudo-Quantization Noise) 모델을 기반으로 ADC 오류벡터크기(EVM: EVMADC)를 평가함으로써 추정된다. 그림 14.45(좌)는 ADC 출력에서 최적 신호 대 왜곡 양자화 잡음 전력비(SDQNR: Signal to Distortion Quantization Noise Ratio)가 ADC 클리핑률을 충족하고, 10~ 14dB에서 ADC 백 오프를 나타내었다. 결과적인 EVMADC은 그림 14.45(우)에 나타내었다.

단말 EVM 버짓은 64QAM 8/9 MCS에 해당하는 가장 높은 SIMO LTE 처리율을 달성하기 위한 요구 SNR로부터 추정된다. 14.3.4절로부터 만일 총 복합 EVM이 6.3%보다 작다면 5% 처리율 손실이 충족된다. 각 EVM 손상이 AWGN과 같다고 가정하면 eNodeB EVM이 4.5%이고 단말 RF RX EVM 성능이 4%인 사례는 1.5%[6]의 EVMADC 버짓을 남긴다.

우선 무한한 ACIR, 이상적인 자동이득제어(AGC: Analog Gain Control) 루프를 제공해서 최적 백 오프에 항상 정확하게 만나는 이상적인 RF-BB 체인을 가정하자. 그 상황은 그림 14.46(좌)에 포착되며, 가장 낮은 수용가능한 ADC 해상도는 8비트임을 나타낸다. 실제 AGC 루프 시스템에서 통화중 ADC BO는 더 이상 이산적인 하나의 지점이 아니라 그림 14.46의 히스토그램

[5] PQN 모델은 양자화 오류를 가산성 잡음으로 고려한다. 가산성 잡음은 백색이고 균일하게 분포된 스펙트럼을 가지며, 입력신호와 상관성이 없다. 실제는 보다 미묘하다. 즉, [35]에 발표된 연구는 PQN 접근이 OFDM 신호의 더 큰 PAR 때문에 양자화 오류를 모델링하기에는 충분하지 않다는 것을 보여준다.

[6] 각 EVM 요인의 AWGN 같은 동작을 가정하면, $EVM_{ADC} = \sqrt{6.3\% - (EVM^2_{eNodeB} + EVM^2_{RFRX})}$ 이다. 적합성 테스트에서 eNodeB 에뮬레이터 EVM은 극도로 낮다(전형적으로 1% 혹은 그 이하)점에 유의하라. 또한 [36]의 최근 WiMax(802.16e) RF 트랜시버 설계는 ≈1.5% RX EVM을 달성할 수 있으며, 그것 때문에 전체 EVM 다운링크 버짓을 완화함에 유의하라.

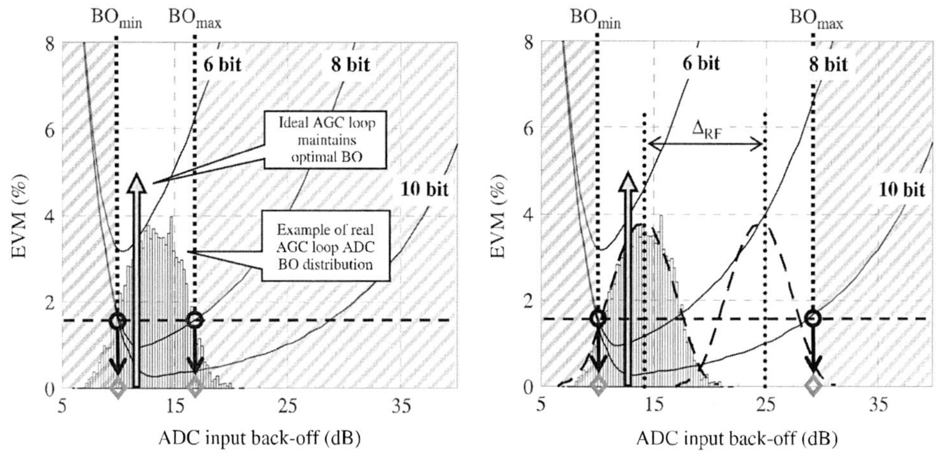

그림 14.46 AGC 루프 불완전성의 영향. 좌: 8비트 ADC, 우: 10비트 ADC. 빗금친 부분은 MCS EVM_{ADC} 요구사항을 충족시키지 못하는 영역을 나타낸다. 쇄선으로 표시된 히스토그램 포락선은 ADC 입력에 RF 불완전성(Δ_{RF})의 존재로 인한 ADC BO 마진을 보여준다.

으로 보이는 것처럼 통계적으로 분포된 BO의 확산이다. 하나의 특별한 AGC 루프 부정확[7]의 예를 고려하면, 10비트가 최소 ADC 해상도이며, 이는 불완전한 DC 오프셋 제거와 ACIR(그림 14.46우)와 같이 RF IC 불완전성에 대해 약 12 dB 간격(Δ_{RF}) 제공을 알 수 있다. 이 요구사항은 60 dB의 CW DR과 동등하다. LTE에서의 차이점 중 하나는 단말 AGC 루프가 다운링크에서 다른 전력 레벨로 전송되는 활성 RB의 수가 변하도록 스케줄링된 사용자들 때문에 발생되는 내역 내 신호의 시변 크기에 대응해야 한다는 것이다. 10비트 해상도에서 ΔRF는 RF 불완전성 마진의 한 사례로 받아드릴 수 있을 만큼 충분히 크다. 가정들[8] 각각은 구체적으로 구현되면서 최소 요구사항의 한 예로 목록에 열거된다는 것에 유의한다.

결론적으로, 다중 규격 ADC를 위한 운용의 가장 도전적인 모드는 최소 60 dB의 DR이 제공되어야 하는 LTE 20MHz의 운용이다. 시그마 델타 ADC는 이들 요구사항에 대한 매력적인 해법을 제시한다[37]. 이 변환기는 고주파 통과 전달함수를 경유하여 양자화 잡음(QN: Quantization Noise) 마루를 형성하며, 그렇게 함으로써 원하는 반송파의 BW 내부에 QN 전력 스펙트럼 밀도에 노치(notch)를 파내고 대역 외 잡음을 제거한다. 샘플링 주파수를 변경하고 잡음 성형 필터의 전달함수를 재설정하거나 혹은 둘 중 하나를 통해 각 운용 BW에 대해서 QN 노치 BW을 최적화 할 수 있다. 시그마 델타 ADC 유연성의 예는 그림 14.47에 나타내었다. DR 요구사

[7] 히스토그램은 3 km/h의 페이딩 테스트 경우 1에서 수행된 10분 동안 WCDMA BLER 측정 중에 포착되어 기록된 ADC BO 분포를 보여준다. AGC 루프는 10 ms 간격으로 아날로그 이득을 갱신한다. LTE의 AGC 루프는 ADC BO의 더 우수한 제어 정확도를 제공하기 위해 더 고속의 갱신율로 동작할 것이다. 결과 히스토그램은 더 작은 BO 확산을 보여줄 것이며, 그렇게 함으로써 RF 불완전성에 대한 마진을 완화한다.

[8] 다음의 마진이 가정된다. (1) ADC 입력에서 불완전한 RF 수신기 DC 오프셋 제거에 대한 2dB 마진; (2) 셀 내에서 64QAM 사용자와 QPSK 사용자 사이의 상대적인 전력차를 설명하기 위한 4dB 마진, 즉 이는 최소 요구사항이다; (3) 불완전한 RF RX ACIR은 강제로 AGC 루프가 유효한 원하는 신호의 목표 총 ADC BO를 낮추게 한다. 이전의 1과 2의 가정으로, DCR은 ≈−6 dB(= 4 dB (eNodeB TPC DR) + 2 dB(누설된 DC 오프셋) − 12dB(Δ_{RF}))의 ADC 입력 CIR에서 사용될 수 있다.

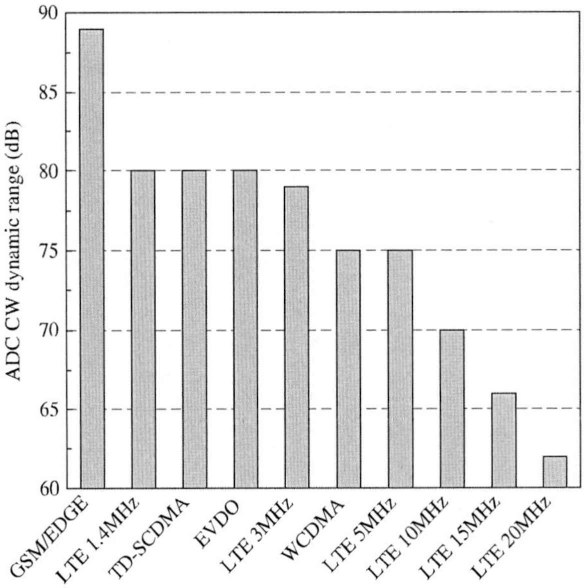

그림 14.47 광대역 시스템에서 시그마 델타 ADC를 가지는 유연한 DR

항이 LTE 20 MHz을 충족시킴을 보장함으로써 ADC는 LTE 1.4 MHz의 운용에 대해 20 dB의 개선을 제공함을 알 수 있다. DR에서 획득된 모든 dB는 ACF 필터 설계의 추가 완화로 사용될 수 있다. 특히, 낮은 운용 BW에서 큰 DR 성능은 GSM 모드에서 상당히 크게 ACF 제거를 완화한다. GSM 모드를 위한 예리한 필터의 설계는 다이 영역 측면에서 비쌀 수 있다.

14.8.4 EVM 요인 : LTE와 WCDMA 수신기 비교

14.3.4절에서 다운링크 LTE 버짓은 약 8%로 설정된다. 심지어 고속하향 패킷 전송 운용을 위해 10~12%까지 수용가능한 WCDMA와 비교하면, LTE에 대한 요구사항은 더 엄격해 보인다. 그러나 LTE에서 새로운 것은 EVM 측정이 ZF 등화기를 이용하는 것이다(14.3.4절 참고). 그래서 AWGN 같은(즉, 등화가 불가능한) 요인들과 등화가 가능해 단말 수신기에서 영향을 주지 않는 요인들은 구별되어야 한다. 이는 확산 계수가 충분히 큰 경우에, 각 EVM 요인들이 AWGN처럼 동작하는 WCDMA에서 중요한 차이점이다[39]. 이 절은 I/Q 이득과 위상 불균형, ACF와 DCR 국부 발진기 위상잡음으로 인한 왜곡 등 선택된 몇 가지 손상만으로 이들 차이점을 설명하는데 목적이 있다.

14.8.4.1 I/Q 진폭 및 위상 부정합으로 인한 유한 이미지 제거의 영향

실제 아날로그 RF 설계에서 I와 Q 브랜치 사이에 완벽하게 동일한 이득과 위상 응답을 가지도록 DCR을 설계하는 것은 거의 불가능하다. 그러므로 DCR은 두 가지 자연스런 손상, 즉 진폭과 위상 부정합이 동반된다. 진폭과 위상 부정합은 각각 ΔA와 $\Delta\Phi$[9]로 표기되며, 유한 이미

[9] $\Delta\Phi$는 정확한 직교위상으로 I와 Q 믹서를 구동하지 않는 국부 발진기 혹은 각 I/Q의 LPF 3dB 차단 주파수의 아주 작은 부정합으

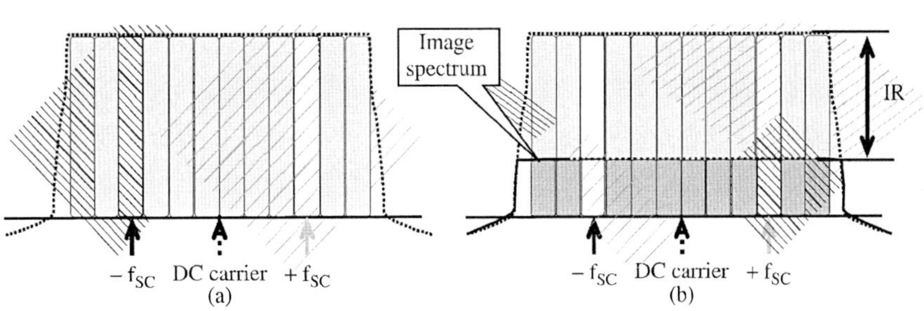

그림 14.48 (a): 송신 OFDM 반송파, (b) 모든 부반송파[10]에 동일한 유한 IR이 존재하는 경우 ADC 입력에서의 등가 i + jQ 기저대역 복소 스펙트럼

지 제거(IR)의 원인이 된다. 그림 14.48(a)에 나타난 바와 같이 유한 IR은 각 부반송파($+f_{sc}$)가 자신의 거울 상 주파수 위치에 있는 다른 부반송파($-f_{sc}$)와 중첩되는 결과를 야기한다. 반송파와 이미지 반송파 사이의 전력비는 채널 코딩 이득 증가형 재전송으로 정의된다. 부반송파에 실려 전송되는 심벌 사이에 상관성이 없다고 가정하면, LTE에서 IR의 영향은 단일 반송파 시스템의 영향과 차이가 없고, AWGN 잡음원으로 고려될 수 있다[40].

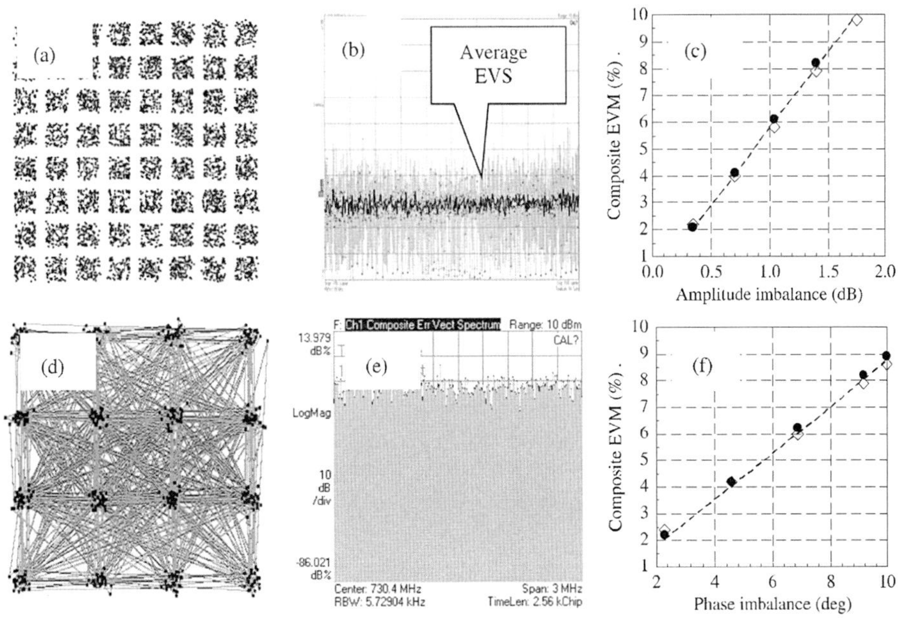

그림 14.49 WCDMA와 OFDM 다운링크 반송파의 $\triangle A$와 $\triangle \Phi$의 영향. $\triangle A = 1.75$ dB의 영향: (a) LTE 64QAM 상태 확산, (b) LTE 반송파 EVS, (d) 16QAM HS-DSCH WCDMA, (e) WCDMA EVM 스펙트럼. (c)와 (f): $\triangle A$와 $\triangle \Phi$에 대한 LTE(둥근 점)과 WCDMA(빈 다이아몬드) EVM 성능 비교

로부터 기인한다. 후자의 경우는 $\triangle \Phi$가 모든 부반송파에서 동일하지 않다. 최종적인 결과는 주파수-의존적인 IR이다. IR은 [36]에 보이는 바와 같이 현대적인 DCR 설계에서 보정될 수 있음에 유의하라.

[10] 현장 시험에서 들어오는 부반송파는 주파수 선택적 페이딩에 의해 널에 빠지며, 실제 RF IC 설계에서 IR은 전체 DCR 수신 대역폭에서 걸쳐 일정하지 않으며, 결과적으로 주파수 의존적인 IR이 발생된다.

그림 14.49는 EVS(Error Vector Spectrum)를 제공하는 AgilentTM 89600 VSA(Vector Signal Analyzer)로 수행된 EVM 측정을 보여준다. EVS는 각 반송파에 대한 오류 벡터 크기를 그리는 하나의 도구이다. 그림 14.49(b)는 복합 LTE EVS를 보여준다. 복합 LTE EVS는 각 물리계층 채널 EVS의 오버레이로, 검은 선은 평균 EVS를 보여준다. 그림 14.49에서 EVS 스펙트럼 평탄도는 두 규격(LTE와 WCDMA)에 대한 IR로 인해 EVM이 AWGN처럼 반영됨을 확인해 준다.

14.8.4.2 대역 내 아날로그 필터 진폭과 그룹 지연 왜곡의 영향

Zero-IF 저주파 통과 필터 기여

그림 14.50은 5 MHz 16QAM LTE와 WCDMA 다운링크 반송파에서 [34]에 제시된 것과 유사한 I/Q 채널 필터[12] 시제품의 영향 측정을 나타낸다. 그림 14.50(a)에서 각 성상도 좌표점의 동일한 확산은 WCDMA에 대한 EVMLPF가 AWGN처럼 행동함을 확인해 수며, 이 예에서 결과적으로 8%의 EVM 성능을 나타내며, 그림 14.50(b)는 등화되지 않은 경우 LTE에서 가장 바깥쪽 반송파들이 심하게 영향을 받으나 중앙에 위치한 반송파들은 덜 취약함을 보여준다. ZF 등화기의 사용은 EVS를 평탄화하고 복합 EVM을 ≈1.2%로 낮춘다.

LTE는 WCDMA 변조에 비해 LPF 손상 버짓을 완화하는 것으로 결론내릴 수 있다.

Zero-IF 고주파 통과 필터 기여

이전 절에서 기술된 IMD2 곱은 강한 DC 항을 발생시킨다. 강한 DC 항은 ADC 목표 BO을 충족시키기 위해 필요한 몇 데시벨의 I/Q 증폭을 통해 포화상태로 이어질 수 있다. WCDMA에서 DC 항은 HPF로 제거될 수 있다[39]. EVM에서 이의 영향이 AWGN처럼 반영됨을 보였다. HPF을 설계하는 것은 EVM, 콘덴서 크기, 다이 영역, DC 정착시간[13] 사이에 절충하는 것이다. LTE에 미치는 영향을 설명하기 위해 CP 길이를 초과하는 그룹 지연 왜곡이 있는 수동 4.5

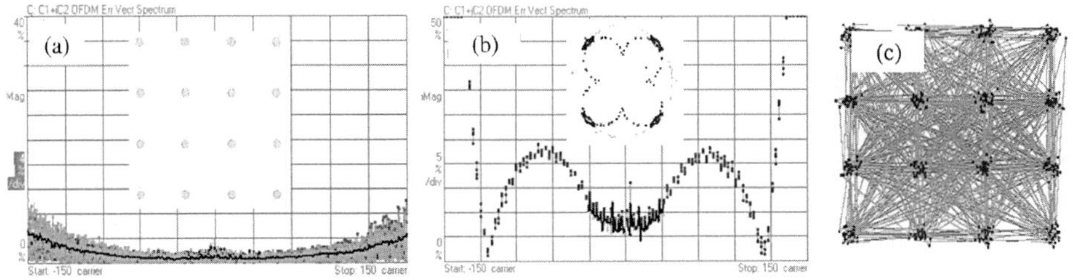

그림 14.50 5 MHz LTE(N_{RB} =25)와 WCDMA 다운링크의 복합 EVM에 관한 I/Q ACP의 영향 측정[11]. (a) LTE 복합 EVS와 등화기를 사용한 16QAM 사용자 데이터 성상도. (b) LTE RS EVS와 등화기가 사용되지 않은 성상도. (c) WCDMA HS-DPCH 성상도, EVM≈8%.

[11] 모든 EVM은 Agilent™ 89600 VSA로 측정되었다.

[12] I와 Q 필터 둘 모두는 거의 완벽하게 일치되며 전체 수신기 대역폭에 −40 dBc보다 더 나은 IR을 제공한다. 이는 EVM 성능이 LPF 비선형 위상 및 진폭 왜곡에 의해 지배됨을 보장한다.

[13] BiCMOS 설계에서 다이 영역에서 비용 제약으로 인해 3 kHz 이하의 차단주파수를 지닌 아날로그 HPF를 구현하는 것은 어렵다. RFCMOS을 사용하여 더 작은 차단주파수와 거의 다이 영역에 영향을 주지 않으면서 부분적으로 디지털 영역에서 이 루프를 설계할 수 있다.

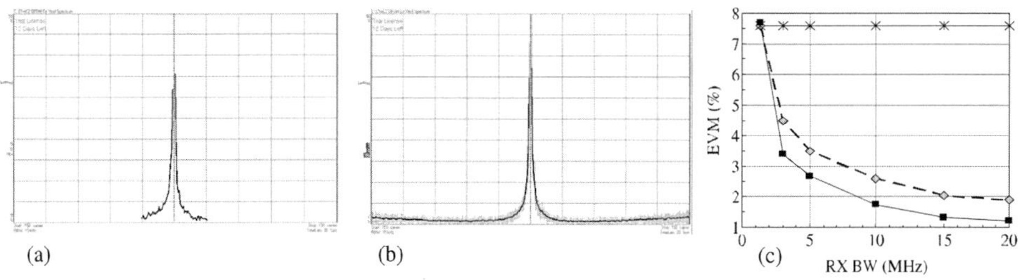

그림 14.51 ZF 등화기를 사용한 경우에 4.5 kHz HPF 시제품의 영향 측정. (a) 5 MHz(25 RB)에서 PSS의 EVS, (b) 5 MHz(25 RB) QPSK 사용자의 EVS, (c) EVM 대 반송파의 BW. 별: 평균 PSS EVM, 다이아몬드: 평균 복합 EVM, 네모: QPSK 사용자 평균 EVM

kHz 1차 고역통과필터가 의도적으로 선택되었다. LPF나 대역통과필터 테스트 경우와 반대로, 그림 14.51에 나타났듯이 반송파 중심에 가까이 위치한 부반송파가 가장 취약하다. 예를 들어, 1.4 MHz BW에서 반송파의 중심을 점유하는 1차동기신호(PSS: Primary Synchronization Signal)는 7.5% EVM을 경험하는 반면, QPSK 사용자 EVM은 할당된 BW가 증가될 때 개선된다(그림 14.51(a)와 (c)). 왜곡이 일부 기준신호에 너무 큰 영향을 주면 ZF-등화기가 HPF의 영향을 평탄화 시킬 수 없다. 그러므로 LTE는 DC 오프셋 보상 방식의 주의 깊은 설계를 요청하고 있다.

14.8.4.3 자동 위상 제어 루프 위상잡음의 영향

만일 다운링크 OFDM 신호가 공간적으로 근접하여 위치한 단지 하나의 변조되지 않은 연속파 톤의 집합이었다면, 결과적인 DCR 믹서의 I 또는 Q 출력은 그림 14.52(a)에 나타난 것과 같이 LO 위상잡음(PN) 정보가 곱해진 각 CW 톤의 집합이었을 것이다. 분명히 부반송파 간격을 넘는 PN은 SNR 저하를 발생시킨다. 대부분의 위상 잡음 연구들에서[41], 차이는 반송파로부터

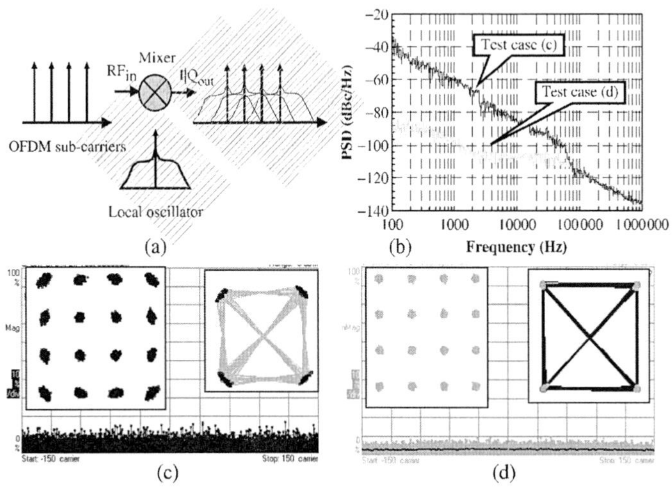

그림 14.52 (a) OFDM 부반송파에서 LO PN 곱의 예; (b) LO PN 프로파일: 검정색으로 표시된 감소하는 PN(테스트 경우 c), 회색로 표시된 '거의 이상적'(테스트 경우 d). (c)와 (d) LTE 16QAM과 WCDMA QPSK 성상도는 LTE EVS 위에 중첩된다. (c) 감소하는 PN으로 측정, (d)는 거의 이상적 PN 프로파일로 측정

높고 낮은 주파수 오프셋에서 PN 기여 사이에서 만들어진다. 인접한(즉, 낮은 주파수 오프셋의) PN은 모든 부반송파에 동일한 위상 회전을 생성하며, 이는 종종 신호와 겹치는 위상잡음(CPE: Common Phase Error)으로 불린다. CPE는 추정될 수 있으므로 이를 보상할 수도 있다. 높은 주파수 오프셋의 PN 성분은 ICI를 생성한다. PN의 요인이 AWGN으로 모델링될 수 있지만 이 요인은 정정될 수 없다. 감소하는 PN 프로파일(그림 14.52(b)의 테스트 경우 c)로 인해 발생되는 두 CPE와 반송파간 간섭에 대한 예는 LTE 16QAM 사용자 데이터는 성상도와 상태 확산, 두 가지로부터 손상을 받는 그림 14.52(c)에 제시된다.

결론적으로, LTE에 사용된 OFDM 부반송파 간격은 15kHz 이상의 주파수 오프셋에 대해서 새로운 LO 위상 잡음 요구사항을 도입한다. LTE에서 위상잡음의 영향은 위상잡음에 대한 EVM이 단지 누적된 LO 위상 오류에만 의존하는 WCDMA와는 다르다.

14.9 단말 복조 성능

14.9.1 전송 모드

LTE 다운링크에서 OFDM 변조는 시간, 주파수, 안테나 영역에서 전송의 최적화를 가능하게 한다. 송·수신 다이버시티와 공간 다중화로 구성된 많은 전송 모드를 지원하는 요구사항을 만족시킴으로써 단말 3GPP 규격을 준수해야 한다. 이 절에서는 각 모드의 원리와 경우에 대한 해당 수신기 방식을 설명한다.

14.9.1.1 단일 입력 다중 출력 모드

단말은 최소 2개의 수신 안테나를 가져야 하기 때문에 순수한 OFDM 단일 입출력 전송은 LTE에서 지원되지 않는다. SIMO는 가장 단순한 방식으로, SISO의 단순 확장이다. $B = 20$ MHz의 전송 대역폭과 $f_s = 30.72$ MHz의 샘플링 주파수, 일반 CP 모드를 가정하자. 수신기 측에서 각 수신 안테나에 대해 RF와 A/D 변환 후 기저 대역 디지털 신호 샘플은 하나의 OFDM 심벌 주기, $T_s = 71.3\ \mu$s(또는 CP 길이가 조금 더 긴 슬롯의 첫 번째 OFDM 심벌의 경우에 71.9 μs) 동안 저장된다. 타이밍 오프셋 복원이 안정적으로 완료됨을 가정하여 CP 샘플을 제거하고, $N = 2048$ 샘플이 고속 푸리에 변환을 통해 주파수 영역 등가신호로 변환된다. LTE 규격의 가정 때문에 FFT 출력에서 단지 $K = 1200$ 샘플만 유지되고 나머지는 버린다. 변조되어야 하는 각 물리채널과 지정된 부반송파 할당에 따라 역다중화와 복소 디지털 신호의 재배열 작업이 수행된다.

채널 코히어런스 시간이 OFDM 심벌 구간보다 큰 다중경로 전파의 경우 FFT 연산 후 OFDM 신호는 각 부반송파 위치에서 플랫 페이딩의 영향을 받는 것으로 잘 알려져 있다. 이러한 경우 최적 복조 방식은 간단한 정합필터이며, 채널 영향은 주어진 각 부반송파에 해당하는 채널 계수의 복소 공액를 곱하여 제거한다. 송신되는 QAM 심벌은 두 수신 안테나 경로로 수신된 동일한 부반송파의 심벌을 역회전시켜 결합함으로써 획득된다. 이러한 과정은 일반적으로 최대비합성법으로 알려져 있으며 추가 안테나 다이버시티로부터 최적의 이득을 얻을 수 있다.

MRC 이후 QAM 심벌은 역맵핑되고 채널 복호 작업을 위한 소프트 비트 시퀀스는 다수

OFDM 심벌의 복조 후에 전체 예상 비트 길이가 수신될 때까지 버퍼에 저장한다. 소프트 비트는 고려된 물리채널에 특화된 매개변수에 대하여 전송률 정합이 된다. 최종적으로 복합 재전송 기법 결합이 수행되고 채널 복호 연산이 수행된다. 이 과정의 출력에서 경판정 시퀀스는 복호된 비트 시퀀스에 오류가 있는지 없는지 결정하기 위한 순환 잉여 검사 비트를 통해 검증된다. 사용된 채널 복호기는 복호된 물리채널의 유형에 의존한다. 전용채널, 예를 들어 물리 하향링크 공용 채널은 항상 터보 부호화되지만 물리 하향링크 제어 채널과 같이 제어 정보를 전송하는 채널은 길쌈 부호화 되어 Viterbi 복호기로 복호된다.

HARQ 프로토콜을 지원하는 채널의 경우 중복 검사의 결과는 BS에 다시 제공된다. 수신기 성능은 처리율면에서 CRC의 성공률에 따라 계산되며, 이는 HARQ 이후 성공적으로 복호된 실 비트열의 척도을 측정하는 것이다.

14.9.1.2 송신 다이버시티 모드

LTE에서 송신 다이버시티는 SBFC(Spatial Frequency Block Coding) 방식으로 구현된다. 공간-주파수 영역 블록 부호화는 바로 이웃하는 두 부반송파에 실린 두 QAM 심벌에 대한 Alamouti 부호화이다. 송신 다이버시티 전송의 경우 수신기 측의 고속 푸리에 변환 출력 심벌은 송신기에서 수행된 SFBC 부호화에 따라 둘씩 짝을 지어 쌍으로 재배열되어야 하며, Alamouti 방식은 선형연산을 통해 복호된다.

14.9.1.3 MIMO 모드

MIMO 전송 모드는 고속 LTE 전송률(20MHz 대역폭의 경우에 150 Mbps까지)의 주요 조정자이고 단말에서 경험한 채널 환경에 의존하여 하나 혹은 두 개의 독립적인 데이터 스트림을 전송할 수 있다. MIMO 모드에서 각 부반송파의 무선 채널은 행렬의 크기가 송신 안테나 수 N_{Tx}와 수신 안테나 수 N_{Rx}로 주어지는 행렬로 표현된다. 만일 전파 환경이 충분한 산란(rich scattering)이 있는 환경이면, 채널 매트릭스의 랭크는 full이고 이들 조건에서 두 데이터 스트림의 공간 다중화가 지원될 수 있다. 채널행렬의 랭크가 full이 아닌, 즉 랭크가 1인 경우에 단지 하나의 부호워드가 전송된다. HARQ 승인에 대해서는 MIMO 닫힌 루프 모드는 서브프레임 주기로 단말에서 BS로 연속적인 피드백을 요구한다. 또한 단말은 채널 랭크 정보와 함께 송신기 측에 사용된 프리코딩 코드북 벡터의 인덱스를 BS에 제공한다. 닫힌 루프 MIMO 프리코딩 메커니즘은 추가적인 시그널링 오버헤드를 희생하면서 MIMO 채널 다이버시를 효율적으로 최대한 잘 활용하기 위해 LTE에서 이용되는 방식이다. 이는 단말이 요청한 프리코딩 벡터 인덱스는 SNR을 극대화시키고 그 결과 또한 처리율을 극대화시키도록 선택되기 때문이다. SNR은 프리코딩 행렬과 순시 전파 채널 행렬의 직렬연결로 구성된 전체 등가 채널 상에서 계산된다.

규격은 특정 검출 방식을 강요하지 않으나 대신 베이스라인 검출기로 최소 성능 요구사항을 수립하기 위해 선형 최소 평균 제곱 오차(MMSE: Minimum Mean Square Error) 등화기를 가정한다. MIMO 송수신 방식은 그림 14.53에 나타내었다. 등화기 계수는 채널 행렬 계수, 프리코딩 벡터, 간섭 전력에 따라 조정된다. 다음 식과 같이 복호 신호 벡터는 등가적으로 두 수신 안테나의 FFT 출력에서 각 부반송파의 복소 신호로 구성된 2×1 벡터와 2×2 행렬의 곱으로 간주할 수 있다.

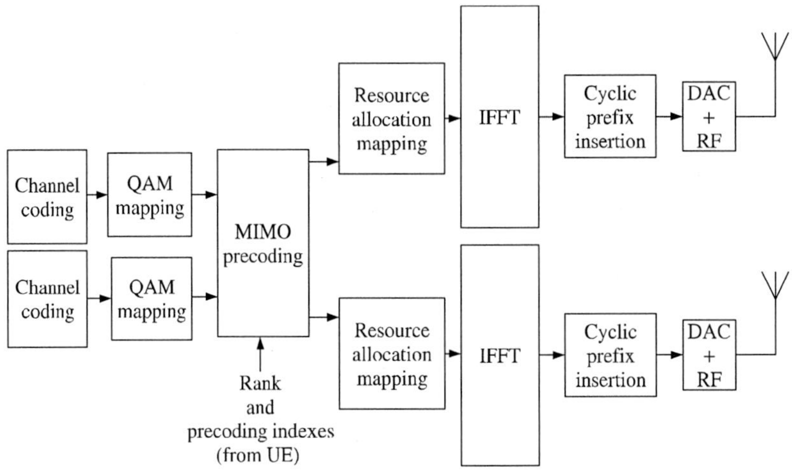

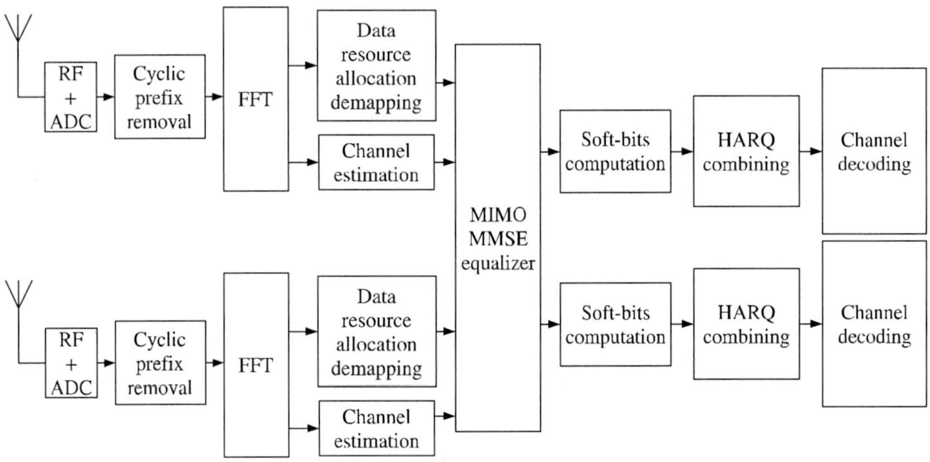

그림 14.53 MIMO 수신기

$$\hat{x}_i = G_{i,MMSE}\, y_i = G_{i,MMSE}(\tilde{H}_i x_i + n_i) = G_{i,MMSE}(H_i P_i x_i + n_i) \tag{14.15}$$

여기서

- $\hat{x}_i$은 부반송파 i의 2 × 1 검출 심벌 벡터
- $G_{i,\,MMSE}$는 부반송파 i의 2 × 2 MMSE 등화기 행렬
- y_i는 부반송파 i의 2 × 1 수신 신호 벡터
- $\tilde{H}_i$는 부반송파 i의 2 × 2 프리코딩 행렬 P_i와 실제 2 × 2 채널행렬 Hi 직렬연결의 결과인 2 × 2 등가 채널 행렬
- n_i는 부반송파 i에 수신된 2 × 1 간섭 벡터

14.9.2 채널 모델링과 채널 추정

14.9.2.1 채널추정에 대한 3GPP 지침

초기에 언급된 코히어런트 검출 방식은 각 부반송파, 각 직교 주파수 영역 다중화 심벌, 송수신 안테나 사이의 각 링크에 대한 신뢰할 만한 채널추정의 가능성을 요구한다. 이런 목적으로, LTE 시스템은 RS을 제공하며, RS의 자원 요소는 다이아몬드 모양의 균일한 격자로 시간 주파수 평면에서 배치된다.

다중 안테나 전송의 경우 상호 간섭을 최소화하기 위해서 다른 안테나의 RS에 대한 대응으로 RS가 인터리빙되거나 영으로 제거된다. 그러나 LTE에 특별히 도입된 이런 특수한 구조 덕분에 안테나에 대한 채널추정은 각 송수신 안테나 사이에서 각 링크에 대해 개별적으로 수행될 수 있다. 이런 파일럿 시그널링 방식은 MIMO 애플리케이션에서 채널 추정 작업을 상당히 단순화시킨다.

수신기 방식의 경우 성능 요구사항의 정의를 위한 표준화 논의에 따라 일부 회사가 특정 지침을 제공하였음에도 불구하고, 표준은 주파수 채널 추정의 구현에 대한 자유를 주고 있다. 이들 지침은 채널 추정이 두 개의 1D 필터링 과정이 직렬로 연결되어 구현되도록 제안하였다. 즉, 첫 번째 차원은 주파수 방향으로 RS을 포함한 OFDM 심벌을 필터링하는 Wiener/MMSE 필터로 구성된다. 두 번째 차원은 모든 부반송파 인덱스에 대한 전 채널 전달함수와 하나의 서브프레임 내 OFDM 심벌을 얻기 위해 시간 영역에서 Wiener/MMSE 필터가 뒤따른다.

현재 서브프레임에 포함된 RS만이 시간영역 보간에 사용된다. 주파수 영역 필터링 과정에 이용된 계수는 단지 SNR의 함수로 미리 계산된 세트에서 선택된다[42].

채널 추정이 FFT 연산 이후에 수행되기 때문에 실제 추정되고 있는 채널은 사실 다수 필터의 임펄스 응답의 컨벌루션임을 언급할 가치가 있다. 이들 임펄스 응답 중 시변 성분은 물리적인 무선 인터페이스이며, 나머지 다른 필터는 eNodeB 채널 필터의 응답이거나 단말 RF FE 부분의 응답 중 하나이다. 그 점에 있어서 전체 지연확산이 CP 길이를 초과하지 않는 한 RF 필터에 의해 발생되는 대역 내 왜곡은 쉽게 보상된다.

14.9.3 복조 성능

14.9.3.1 물리 하향링크 공용 채널 고정 기준 채널

[1]의 성능 요구사항은 전송 모드, 즉 SIMO, 송신 다이버시티, MIMO 모드에 대한 고정 참조 채널의 집합을 포함한다. 지금까지 SIMO 경우와 셀에 특화된 RS 신호에 대해 적용된 FRC는 제한된 이동통신 교환기 집합과 관련된 3가지 범주에 포함된다. 여기서 3가지 범주는 부호율이 1/3인 QPSK, 부호율이 1/2인 16 QAM, 부호율이 3/4인 64 QAM이다.

이와 같은 FRC 범주의 선택은 29 MCS 조합의 전체 집합에서 대표적인 3가지의 MCS를 가지고 테스트의 수를 최소로 줄이기 위해 만들어졌다.

각 고정 참조 채널 범주 내에서 하나의 테스트는 주어진 시스템 대역폭에 따라 지정되며, 전체 가능한 대역폭을 포괄하는 할당을 가정하면 지정된 트랜스포트 블록 길이, 부호 블럭 세

표 14.21 64QAM에 대한 최소 성능(FRC)

Bandwidth	Test Number	Reference Channel	Propagation Condition	Correlation Matrix	Reference value	
					Fraction of Maximum Throughput (%)	SNR $\hat{I}_{or}/N_{oc}$ (dB)
10 MHz	10.1	[F34]	EVA5	Low	70	17.7
	10.2	[F34]	ETU70	Low	70	19.0
	10.4	[F34]	EVA5	High	70	19.1

분화 파리미터에 의해 특징지어진다.

또한 추가적인 FRC 범주는 대역 가장자리에서 직교 위상 천이 변조를 사용하는 단일 RB 할당에 대해 정의된다.

14.9.3.2 물리 하향링크 공용 채널 복조 성능 요구사항

성능 요구사항은 주어진 전파 환경에서 주어진 FRC의 명목 처리율이 주어진 일부 비율을 얻기 위한 dB 단위의 요구는 SNR $\hat{I}_{or}/N_{oc}$로 표현된다. 명목 처리율은 항상 30% 혹은 70%로 선택된다. RF 부분의 성능 테스트 경우 메트릭은 기준 측정 채널의 최대 처리율이 95% 이상으로 설정되었다는 것은 언급할 가치가 있다. 표 14.21은 3GPP 표준에 언급된 것과 같은 64 QAM에 대한 성능 요구사항의 예를 제시한다.

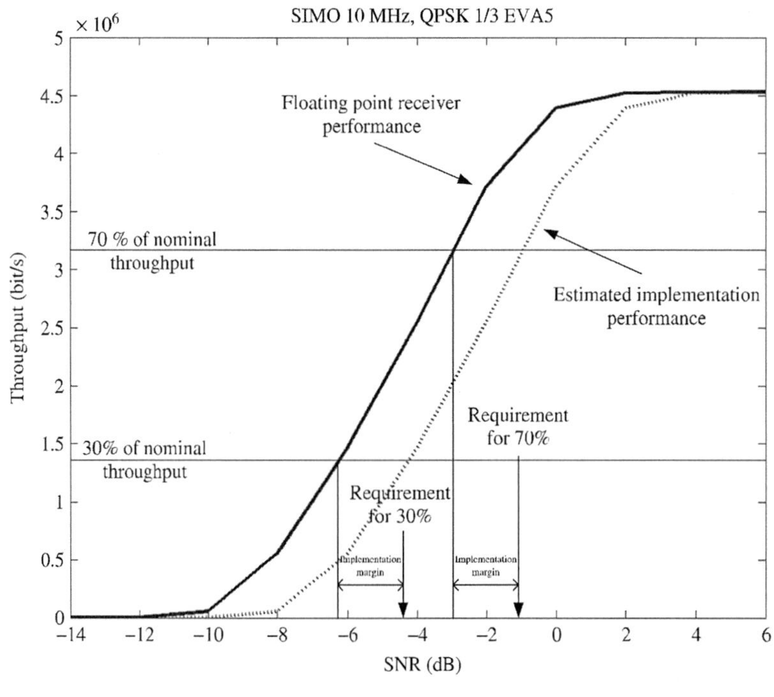

그림 14.54 성능 요구사항의 유도에 대한 원리

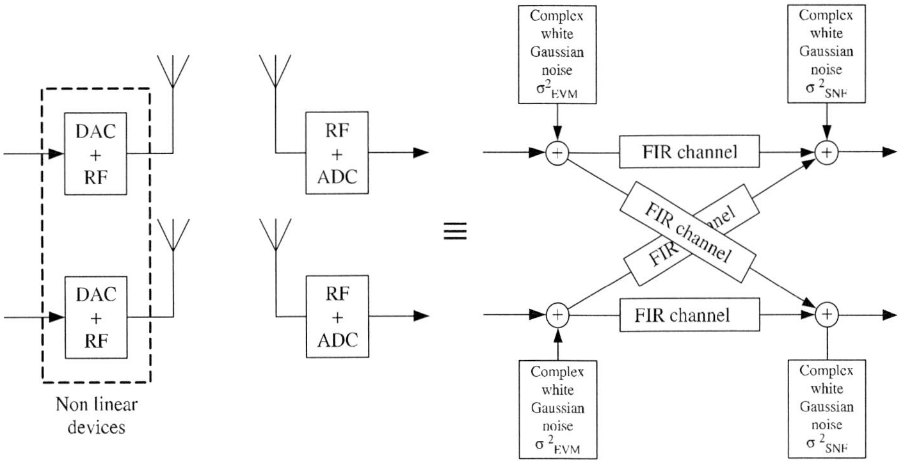

그림 14.55 성능 시뮬레이션에 사용된 등가 EVM 모델

요구 신호 대 잡음비는 표준화에 참여한 회사들 사이의 합의를 통해 결정된다. 해당 값은 완전 부동소수점 수신기 체인의 복호 성능을 이용하여 계산된다. 여기서 고정소수점 또는 다른 신호처리의 비이상성로 인한 감쇄를 고려하기 위해 구현 마진이 적용된다. 구현 마진은 1.5/2 dB의 범위 내에 있다. 성능 요구사항의 유도를 설명하는 원리는 그림 14.54에 그래프로 나타내었다.

14.9.3.3 오류 벡터 크기 모델링과 성능 영향

실제적인 성능 요구사항을 충족하기 위해 LTE는 송신기가 송신기 EVM의 특성을 따라가는 비이상적인 신호원으로 모델링된다. 이 비이상성은 일반적으로 높은 OFDM 신호의 첨두전력 대 평균전력비와 제한된 RF 송신기 증폭기의 유동성 때문에 발생되는 비 선형성에서 기인한다.

LTE 성능 요구사항 유도를 위한 EVM 모델링의 자세한 설명은 [43]에 제공되었다. 이 모델은 그림 14.55에 나타냈듯이 비선형성을 Bussgang 이론에서 지시된 것처럼[13] 송신기에서 가산성 왜곡원으로 간주한다.

표 14.22는 성능 시뮬레이션에서 가정된 EVM 레벨을 보여준다. 가산성 왜곡원의 영향은 그림 14.56에 나타난 것처럼 더 이상 줄일 수 없는 왜곡항으로 인해 다른 셀 간섭이 사라져도 유효 수신기 SNR이 증가할 수 없기 때문에 달성 가능한 용량을 제한하는 것이다. 추가적인 결과로, MCS 집합은 일반 시스템 용량으로 제한되고 상한된다.

표 14.22 성능 요구사항에 대한 EVM 가정

Modulation	Level	Equivalent per Tx antenna noise variance σ^2_{EVM} (dB)
QPSK	17.5%	−15.13924
16QAM	12.5%	−18.0618
64QAM	8%	−21.9382

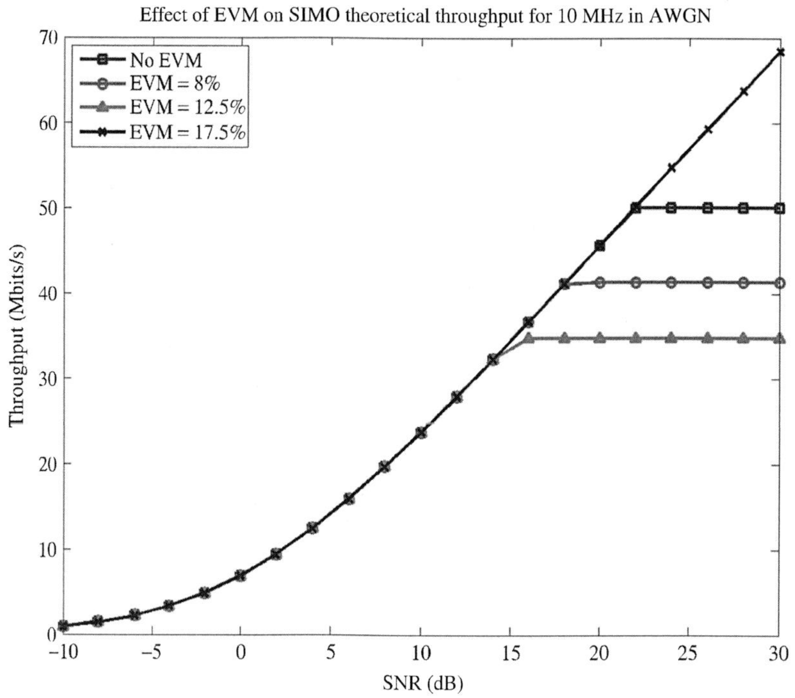

그림 14.56 AWGN 채널의 10MHz 대역폭에서 이론적인 SIMO 처리율에 대한 EVM의 영향

14.10 무선 자원 관리 요구사항

일반적인 내용의 이동성 절차는 7장에서 기술되었다. 이 절은 이동성 케이스에 대한 성능 요구사항에 초점을 맞춘다. E-UTRA의 무선자원관리에 대한 성능 요구사항은 [3]에 정의되며 [44]의 UTRA에 대한 RRM과 유사한 기본 구조를 따른다. UTRA FDD, UTRA TDD, GSM을 포함한 다른 무선 액세스 방식으로 핸드오버와 재선택에 대한 성능 요구사항뿐만 아니라 두 E-UTRA RRC_Idle과 RRC_Connected 상태에서 이동성, E-UTRA 주파수내, 주파수간 이동성을 지원하는 요구사항이 있다. 또한 CDMA2000 1x와 CDMA EV-DO로 알려진 고속패킷데이터와 같은 비3GPP RAT에 대한 이동성 성능이 명시된다.

RRC_Idle 상태에서 이동성은 단말의 자율적인 재선택 절차를 기반으로 하지만 RRC_Connected 상태에서 측정 보고 단말에 의해 만들어지며, E-UTRA 네트워크는 핸드오버 명령을 발생시켜 이 단말에 응답한다. 통화대기 상태 재선택 절차의 자율적인 특성과 RRC_Idle 상태에서 절전의 중요성 때문에 일반적인 유휴 성능 요구사항은 더 많은 구현 자유를 허용한다. 하지만 RRC_Connected 상태에서는 일관된 단말 측정 보고가 가장 중요하며, 측정 성능의 세부 내용은 네트워크 기반의 이동성 알고리즘이 모든 단말과 함께 작동될 수 있는 것을 보장하도록 명시된다. UTRA와 비교해서 E-UTRA의 중요한 차이 하나는 RRC_Connected 상태에 큰 불연속 수신 사이클 규격이다. 예를 들어, DRX 사이클은 2.56s까지 가능하다. 큰 DRX 사이클은 유휴 상태 DRX 사이클과 비슷한 길이지만, 핸드오버를 위한 측정은 핸드오버를 결정하기 위해 E-UTRA 네트워크에 보고된다.

재선택을 지원하기 위한 성능 요구사항과 핸드오버를 위한 측정뿐만 아니라 [3]은 RRC 재수립과 임의접근을 포함한 무선매체에 관련된 RRC 절차에 대한 성능 요구사항을 포함하며, 단말 전송 타이밍과 단말 타이머 정확도에 대한 요구사항도 포함한다. 이 절은 이동성과 관련된 요구사항의 개요를 설명했다.

14.10.1 통화대기 상태 이동성

최소 성능 예측으로부터 [3]은 단말이 새로이 탐지할 수 있는 대상 셀에 대한 재선택의 확률을 얼마나 신속히 탐지하고 평가할 수 있는지를 명시한다. 이와 관련하여 SNIR 공용채널_RP/I_{ot} $\geq$ -3 dB이면 E-UTRA 셀은 탐지될 수 있는 것으로 고려된다. 이전에 탐지된 셀에 대해 [3]은 추가 측정이 수행되어야 하는 최소 주기, 최소 수용가능한 필터링, 재선택을 지원하기 위해 사용된 샘플 간격을 명시한다. 또한 이전에 이미 탐지된 셀에 대한 최대 허용 평가 시간도 주어진다. 측정 주기와 최대 평가 시간에 대한 요구사항은 이동성에 대한 기본 요구와 비슷하기 때문에 이전에 UTRA에서 사용되던 것들이 복사되었다.

추가적으로, 서빙 셀 측정과 아마도 새로운 이웃 셀 측정은 최소 매 DRX 사이클마다 수행되어야 하기 때문에 [3]은 새로운 재선택 기준이 재평가되어야 함을 명시한다. 일단 재선택이 결정되면, 재선택이 수행될 때 단말이 잠시 동안 다운링크 호출 채널의 수신을 중단할 것이 예상된다. E-UTRA와 UTRA 대상 셀에 대한 재선택의 경우 대상 셀의 시스템 정보를 읽기 위해 필요한 시간과 추가적인 50 ms의 구현 허용량이 명시된다.

14.10.2 불연속 수신 비활성 시 연결상태 이동성

RRC_Connected 상태에서 단말은 주파수간 셀을 지속적으로 탐색하고 측정하며, 추가적으로 단말이 측정 간격 시퀀스의 구성을 필요로 한다면 이를 포함하여 어떤 조건이 충족되면 주파수내와 RAT내 셀을 탐색하고 측정하기도 한다. 주기적인 보고와 이벤트 트리거 보고 모두의 메커니즘은 E-UTRA 네트워크에 측정 결과를 제공하기 위해 RRC 규격에 정의된다. 타 무선기술에 대한 적절한 측정량은 표 14.23에 나타내었다.

보편적으로, [3]은 얼마나 신속히 새롭게 탐지할 수 있는 셀이 식별되고 보고되어야 하는지

표 14.23 다른 무선 접속 기술에 대한 측정량

Radio Technology	Applicable measurement quantities
E-UTRA	Reference Symbol Received Power (RSRP) Reference Symbol Received Quality (RSRQ)
UTRA FDD	CPICH Received Symbol Code Power (RSCP) CPICH Ec/Io
UTRA TDD	PCCPCH received symbol code power (PCCPCH RSCP)
GSM	RSSI Note: BSIC confirmation may be requested for GSM measurements

를 나타내는 최소 성능 요구사항, 검출된 셀에 대한 측정 주기, 측정보고에서 적절한 정확성 요구사항과 측정량의 각각에 대한 측정보고 맵핑을 정의한다. 게다가, 일단 네트워크 이동성 관리 알고리즘이 핸드오버를 수행하기로 결정하고 핸드오버를 시작하기 위해 RRC 메시지를 단말에 전송하면, 단말이 얼마나 신속히 핸드오버를 수행해야 하는지에 대한 측면을 정의하고 있는 [3]의 5장에 해당 요구사항이 수록되어 있다.

14.10.2.1 셀 식별

무선자원 제어_Connected 상태에서 단말은 지속적으로 새로운 셀에 대한 탐색과 식별을 시도한다. UTRA와 달리 E-UTRA 이웃 셀의 물리적인 ID를 포함한 명확한 이웃 셀 목록이 없다. E- UTRA FDD와 E-UTRA TDD 모두의 주파수 간 셀 식별에 대해서 상당히 유사한 요구사항이 있고 단말이 새로 탐지할 수 있는 셀을 800 ms 이내에 식별할 것을 요구한다. SCH_RP/$I_{ot} \geq -6$ dB이고 [3]에 주어진 다른 부가적인 조건이 충족될 때, 다양한 전파 환경에서 적용할 수 있는 일반적인 요구사항으로 고려되어야만 한다. 많은 회사가 다른 SCH_RP/I_{ot} 비율에서 시뮬레이션했었던 3GPP 내 시뮬레이션 활동 후에 800 ms 요구사항이 승인되었다.

또한 셀이 탐지된 후 셀 식별이 200 ms의 측정 구간을 포함하는 것에 주의하는 것은 중요하다. 그러므로 800 ms 이내에 셀을 식별해야 하는 요구사항을 준수하기 위해 측정 구간을 감안한 더 빠른 시간 내에 내부적으로 셀을 탐지할 수 있어야 한다.

예를 들어, 주파수 내 수신 시간이 측정 간격으로 구멍이 나기 때문에 100% 이하의 시간이 주파수 내 셀 식별 목적으로 이용가능할 때, 800 ms 시간 요구사항은 줄어든 시간을 반영하여 조정된다.

E-UTRA 주파수 간 측정에 대해서도, 비슷한 접근 방식이 채택된다. 주파수 간 셀 식별은 측정 간격 내에 수행되기 때문에, 기본 식별 시간 TBasic_Identify_Inter는 설정된 간격 밀도에 따라 가변되며 결과는 다음과 같다.

$$\mathrm{T}_{\mathrm{Identify\_Inter}} = \mathrm{T}_{\mathrm{Basic\_Identify\_Inter}} \cdot \frac{\mathrm{T}_{\mathrm{Measurement\_Period\_Inter\_FDD}}}{\mathrm{T}_{\mathrm{Inter}}}\ ms \qquad (14.16)$$

$\mathrm{T}_{\mathrm{meaurement_Period_Inter}}$는 단말이 모니터링하고 있는 E-UTRA 반송파 수(N_{freq}로 표기)로 곱해지며, 결국 이는 식별 시간 $\mathrm{T}_{\mathrm{Identify_Inter}}$는 N_{freq}이 곱해지며 그래서 더 많은 주파수 레이어가 설정될수록 주파수 간 셀 식별 요구사항이 더 길어짐을 의미한다.

E-UTRA RRC_Connected 상태에 있을 때, UTRA 셀 식별에 대한 유사한 요구사항이 [3]에 정의된다.

14.10.2.2 식별된 셀의 측정

일단 셀이 식별되면, 단말은 정의된 측정 구간동안 셀에 대한 측정을 수행한다. 3GPP 규격은 측정을 수행하는 단말 계층 1이 요구하는 샘플률을 정의하지 않지만(또는 심지어 균일 샘플링이 필요), 해당 측정은 일정한 단말 동작을 보장하기 위해서 표준화된 측정 기간 동안 필터링되도록 명시된다. 또한 단말은 측정 기간 동안 측정 정확도 요구사항(10.2.3절에서 더 논의된)

을 충족할 것으로 예상되며, 이는 측정 기간 동안 얼마나 많은 측정 L1 샘플이 취득되어야 하고 필터링되어야 하는지에 대한 제한 사항을 부과한다.

주파수간 셀에 대해서 최소 측정 성능은 [3]에 정의된다. 요약하면, 100%의 시간이 주파수간 측정을 위해 사용가능할 때 단말이 8개 주파수간 셀을 측정할 능력을 지닐 것을 요구한다. 예를 들어 주파수 내 측정 간격으로 인해 더 적은 시간이 사용가능한 때 해당 요구사항은 그에 맞춰 하향조정된다. 만일 더 적은 시간이 주파수 간 측정을 위해 사용가능하면 측정기간이 상향조정될 것임에도 불구하고, 주파수 간 측정 기간은 200 ms으로 명시된다.

주파수 내 셀에 대해서 2가지 측정 기간 요구사항이 [3]에 정의되며, 이중 하나는 의무 요구사항이고 다른 하나는 단말에 의해 선택적으로 지원될 수도 있다. 의무 요구사항은 6 RB의 측정 대역폭에 기반한다. 이 경우에 측정 기간은 $480 \times N_{freq}$ ms이다. 최소 50 RB의 대역폭이 특정 주파수 레이어 전체에 걸쳐 사용 중임이 시그널링되어 지시될 때 단말은 선택적으로 $240 \times N_{freq}$ ms의 측정 기간을 지원할 수도 있다. 이러한 경우, 단말은 시그널링으로부터 더 넓은 대역폭에 대해 측정하는 것이 안전한 것임을 알게 되고, 그러므로 감소된 측정 기간을 가능하게 하면서 시간 영역에서 더 적은 측정 샘플을 필터링하는 동안에 요구 정확도를 달성할 수도 있다.

주파수 내 측정을 위한 최소 요구사항은 단말이 (주파수 간 레이어에 추가하여) 3 E-UTRA 반송파 주파수를 지원할 수 있으며, 이들 세 반송파 주파수 각각에서 최소 네 셀을 측정할 수 있어야 한다.

14.10.2.3 정확도 요구사항과 보고 맵핑

두 기준신호 수신 전력과 RSRQ에 대한 절대와 상대 정확도 요구사항은 [3]의 9장에 정의된다. 절대 정확도는 단일 셀에 대한 실제와 이상적인 측정 사이의 차이를 고려한 반면, 상대 정확도는 두 셀의 레벨을 비교시 얼마나 많은 오류가 예상되는지를 고려한다.

RSRP에 대한 주파수 간과 주파수 내 절대 및 상대 정확도 요구사항이 정의된다. 동일한 주파수에서 측정된 두 셀의 비교를 위해 부정확성의 주 근원은 측정의 링크 레벨 시뮬레이션에서 연구될 수 있으며, 이것은 정확도 요구사항을 정의하는데 이용된 접근이었다. RSRP의 절대 측정을 위한 RF 이득 설정의 불확실성은 중요한 추가 오류원이고 이는 극도의 온도 및 전압 조건에서 정확도 요구사항에 반영된다. 주파수 내 상대적인 RSRP 정확도를 고려시 RF 이득 설정에서 일부 불확실성은 제거된다. 그 이유는 RF 이득 설정의 불확실성이 비교되고 있는 양쪽 셀 모두에 적용되고, 그래서 주파수 간 상대 정확도 요구사항만큼 엄격하지는 않지만, 주파수 내 RSRP 상대 정확도가 주파수 내 절대 정확도 요구사항보다 다소 엄격하기 때문이다.

RSRQ의 정확도를 고려할 때 동일한 주파수에서 두 RSRQ 측정의 비교는 특별히 유용하지는 않다. 그 이유는 주파수 간에 두 셀은 동일한 주파수 레이어에서 측정되어야만 양쪽 측정에서 RSRQ의 수신신호 세기 지시자 요소는 비슷할 것이기 때문이다. 이러한 이유로, 절대 정확도 요구사항은 단지 주파수 간 RSRQ 측정에 대해서만 정의된다. RF 이득 설정의 불확실성이 어느 정도까지만 RSRP와 RSRQ의 RSSI 요소에 대한 두 측정 모두에 영향을 미치기 때문에 불확실성은 다소 제거될 수 있을 것이고, 그런 RSRQ 절대 정확도는 RSRP 절대 정확도보다 더 우수하도록 요구된다.

또한 [3]은 RSRP와 RSRQ 보고 맵핑을 정의하며, 단말이 측정한 수량 값이 신호 정보요소로드 맵핑되어야 하는지를 정의한다. 이는 단말이 보고할 수도 있는 값의 범위와 해상도를 정의한다.

14.10.3 DRX 활성화 시 연결상태 이동성

UTRA와 비교하여 이동성 측면에서 중요한 E-UTRA의 새로운 특징 하나는 단말이 RRC_Connected 상태에 있을 때 더 큰 DRX 사이클(예를 들어, 2.56s까지)이 사용될 수도 있다는 것이다. 이는 비활성 단말이 여전히 연결상태에 있을 수도 있으며, 핸드오버와 같은 연결상태 이동성 절차를 사용할 수도 있다는 것을 의미한다. 그런 장치를 위한 절전 기회를 허용하기 위해 [3]은 다른 측정 성능 요구사항을 명시하며, 이 성능 요구사항은 큰 DRX 사이클(80 ms와 그 이상)이 활성적일 때 적용할 수 있다. 하여간 큰 DRX 측정 성능 요구사항의 바탕은 수신기가 DRX 사이클 내에 활성화된 정확한 시간이나 그즈음에서 단말이 이동성과 관련된 측정을 수행할 수 있도록 보장하는 것이다. 절전은 DRX의 나머지 부분에 대해 수행된다. 이를 가능하게 하기 위해 측정 기간과 셀 식별 시간은 설정된 DRX 사이클 길이의 함수로 명시된다.

14.10.4 핸드오버 실행 성능 요구사항

UTRA 규격에 따른 핸드오버 성능은 그림 14.57에 나타난 두 개의 서로 다른 지연에 의해서 특징지어진다. 총 핸드오버 지연은 $D_{handover}$로 표기되며 소스 셀에서 핸드오버 명령의 전송 종료와 대상 셀에 대한 전송 시작 사이의 총 시간을 나타낸다. 추가로 최대 허용가능한 중단 시간은 별도로 명시되며, 단말이 더 이상 소스 셀에 송수신할 수 없고 아직 대상 셀에는 전송을 시작할 수 없는 시간을 나타낸다.

RRC 절차 지연은 [45]의 14.2절에 명시되며 중단 시간은 다음과 같다.

$$T_{interrupt} = T_{search} + T_{IU} + 20\,\text{ms} \tag{14.17}$$

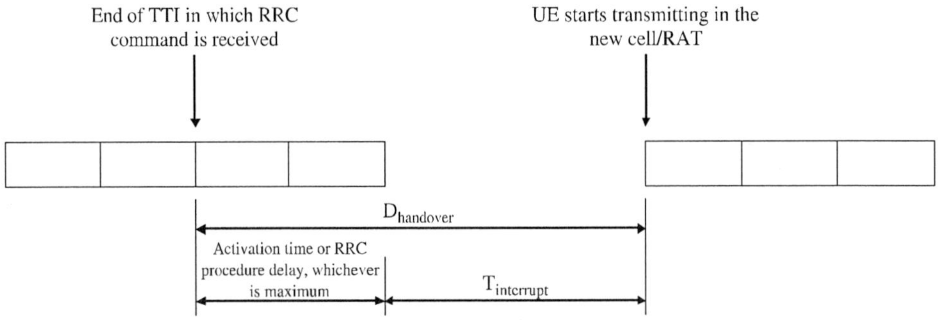

그림 14.57 핸드오버 지연 및 중단 시간

여기서 T_{search}는 대상 셀을 탐색하는데 소요된 시간이다. 지난 5초 이내에 단말이 대상 셀을 미리 측정했던 경우에는 0 ms일 것이고, 단말에 알려지지 않은 셀에 대한 블라인드 핸드오버인 경우에만 0이 아닐 것이다. TIU는 과거 셀의 물리채널 구조 사이의 타이밍에 대한 불확실성과 관련이 있다. 또한 추가적인 20 ms 구현 마진이 요구사항에 포함된다.

그림 14.57에 나타낸 것처럼, 만일 활성화 시간이 미래의 RRC 절차 지연보다 크게 주어지면, 총 핸드오버 지연은 $D_{handover}$ = RRC 절차 지연 + $T_{interrupt}$ 또는 활성화 시간 + $T_{interrupt}$ 둘 중 하나이다.

14.11 요약

명확히 정의된 성능 요구사항은 개방형으로 잘 기능하는 표준의 필수적인 부분이다. 이 요구사항은 다른 단말기와 다른 무선 네트워크 제조사에 대한 전송률, 시스템 용량, 커버리지, 이동성에 관해 한 통신사의 대역 내에서 예측 가능한 성능을 제공하기 위해 필요로 한다. 또한 이 요구사항은 같은 지역 내에 인접한 LTE 통신사의 공존뿐만 아니라 타 시스템이 존재하는 경우에 LTE와 공존이 가능하게 하기 위해 필요하다. 규제 요구사항은 방사 제한을 정의할 때 고려된다. 3GPP는 다양한 제조사의 환경에서 균일하고 예측가능한 시스템 성능을 가능하게 하기 위해서 LTE 단말기와 기지국(eNodeB)에 대한 최소 RF 성능 요구사항을 정의했다.

3GPP LTE 주파수는 모든 관련 셀룰러 대역 지원한다. 2011년 초 이 책이 집필되는 시기에, 규격은 FDD에서 22개 주파수 대역과 TDD에서 9개의 주파수 대역을 지원한다. 더 많은 주파수 대역은 향후에 추가될 것이다. 주파수 대역은 릴리즈의 다른 내용과는 독립적이다.

3GPP LTE 요구사항은 RF 요구사항 관점에서 해당 요구사항이 효율적인 다중모드 GSM/WCDMA/LTE 장치 구현을 가능하게 하는 것과 같은 방법으로 정의된다. 하지만, MIMO 운용을 위해 요구되는 수신기 다이버시티와 다중 주파수 대역 조합의 지원 필요성은 이동국 장치의 앞단(FE: Front-End) 부품 최적화에 대한 상당한 도전을 제시한다. 업링크에서 단일 반송파 주파수 분할 다중 접속 전송은 현재 고속상향 패킷 접속 전송과 유사한 요구사항을 가진다. 기저대역 처리 요구사항은 LTE의 고속 전송률 때문에 당연히 증가되나, OFDMA에서의 간단한 FE 구조와 터보 복호 병렬화는 실제 구현을 간단하게 만든다.

참고문헌

[1] 3GPP, Technical Specification 36.101, 'User Equipment (UE) Radio Transmission and Reception', v. 8.3.0.
[2] 3GPP, Technical Specification 36.104, 'Base Station (BS) RadioTransmission and Reception', v. 8.3.0.
[3] 3GPP, Technical Specification 36.133, 'Requirements for Support of RadioResource Management', v. 8.3.0.
[4] 3GPP, Technical Report 36.942, 'Radio Frequency (RF) System Scenarios', v. 8.0.0.
[5] 3GPP, Technical Specifications 36.141, 'Base Station (BS) Conformance Testing', v. 8.0.0.
[6] 3GPP, Technical Specifications 36.108, 'Common Test Environments for User Equipment (UE); Conformance testing', v. 8.0.0.
[7] 3GPP, Technical Specifications 36.114 'User Equipment (UE)/Mobile Station (MS) Over The Air (OTA) Antenna Performance; Conformance testing', v. 8.0.0.
[8] 3GPP, R4-070342, 'On E-UTRA Spectrum Emission Mask and ACLR Requirements', April 2007.
[9] European Communications Committee (ECC)/European Conference of Postal and Telecommunications

Administrations (CEPT) Report 19. 'Report from CEPT to the European Commission in response to the Mandate to develop least restrictive technical conditions for frequency bands addressed in the context of WAPECS', December 2007.

[10] 3GPP, R4-070124 'System Simulation Results for Derivation of E-UTRA BS EVM Requirements', February 2007.

[11] Holma, H., Toskala, A., 'WCDMA for UMTS: HSPA Evolution and LTE', 5th Edition, Wiley, Chapter 20.

[12] The Mobile Industry Processor Interface (MIPI^{SM}) Alliance, www.mipi.org.

[13] Bannelli, P., Cacopardi, S., 'Theoretical Analysis and Performance of OFDM Signals in Nonlinear AWGN Channels', IEEE Transactions on Communications, vol. 48, no. 3, March 2000.

[14] Myung, H.G., Junsung Lim, Goodman, D.J., 'Peak-To-Average Power Ratio of Single Carrier FDMA Signals with Pulse Shaping', Personal, Indoor and Mobile Radio Communications, 2006 IEEE 17th International Symposium, September 2006: 1-5.

[15] Valkama, M., Anttila, L., Renfors, M., 'Some radio implementation challenges in 3G-LTE context', Signal Processing Advances in Wireless Communications, 2007. SPAWC 2007. IEEE 8th Workshop, 17-20 June 2007: 1-5.

[16] Priyanto, B.E., Sorensen, T.B., Jensen, O.K., Larsen, T., Kolding, T., Mogensen, P., 'Impact of polar transmitter imperfections on UTRA LTE uplink performance', Norchip, 19-20 November 2007: 1-4.

[17] Talonen, M., Lindfors, S., 'System requirements for OFDM polar transmitter', Circuit Theory and Design, 2005. Proceedings of the 2005 European Conference. Volume 3, 28 August-2 September 2005, vol. 3, page(s): III/69-III/72.

[18] Chow, Y.H., Yong, C.K., Lee, Joan, Lee, H.K., Rajendran, J., Khoo, S.H., Soo, M.L., Chan, C.F., 'A variable supply, (2.3-2.7) GHz linear power amplifier module for IEEE 802.16e and LTE applications using E-mode pHEMT technology'. Microwave Symposium Digest, 2008 IEEE MTT-S International 15-20 June 2008: 871-874.

[19] Ericsson, 'TP 36.101: REFSENS and associated requirements', TSG-RAN Working Group 4 (Radio) meeting #46bis, R4-080696, Shenzhen, China, 31 March-4 April 2008.

[20] Ericsson, 'Simulation results for reference sensitivity and dynamic range with updated TBS sizes', TSGRAN Working Group 4 (Radio) meeting #47bis, R4-081612, Munich, 16-20 June 2008.

[21] Nokia Siemens Networks, 'Ideal simulation results for RF receiver requirements', 3GPP TSG-RAN WG4 Meeting #48, R4-081841, Jeju, Korea, 18-22 August 2008.

[22] STN-wireless internal WCDMA handset benchmarking test report.

[23] Anadigics AWT6241 WCDMA Power Amplifier datasheet, http://www.anadigics.com/products/handsets_datacards/wcdma_power_amplifiers/awt6241.

[24] Ericsson, 'Introduction of MSD (Maximum Sensitivity Degradation)', TSG-RAN Working Group 4 (Radio) meeting #49, R4-082972, Prague, Czech Republic, 10-14 November 2008.

[25] NTT DoCoMo, Fujitsu, Panasonic, 'Performance requirements on Self interference due to transmitter noise', TSG-RAN Working Group 4 Meeting #47, R4-080873, Kansas, USA, 5-9 May 2008.

[26] Ericsson, 'Introduction of MSD (Maximum Sensitivity Degradation)', 36.101 Change Request # 90, R4-083164, 3GPP TSG-RAN WG4 Meeting #49, Prague, Czech Republic, 10-14 November 2008.

[27] Ericsson, ST-Ericsson, Changes to REFSENS and associated MSD requirements, R4-100626, TSG-RAN Working Group 4 meeting 54, San Francisco, USA, 22-26 February 2010.

[28] 'Half Duplex FDD Operation in LTE', 3GPP TSG RAN WG4 Meeting #46, R4-080255, Sorrento (Italy), 11 to 15 February 2008.

[29] Ericsson, 'HD-FDD from a UE perspective', TSG-RAN Working Group 4 (Radio) meeting #46bis,R4-080695 Shenzhen, China, 31 March-4 April 2008.

[30] Manstretta, D., Brandolini, M., Svelto, F., 'Second-Order Intermodulation Mechanisms in CMOS Downconverters', IEEE Journal of Solid-State Circuits, Vol. 38, No. 3, March 2003, 394-406.

[31] 3GPP, Technical Specification 25.101, 'User Equipment (UE) radio transmission and reception (UTRA)', v. 8.3.0.

[32] Qualcomm Europe, Change Request 'R4-082669: UE ACS frequency offset', TSG-RAN Working Group 4 (Radio) meeting #49, Prague, CZ, 10-14 November 2008.

[33] Faulkner, M., 'The Effect of Filtering on the Performance of OFDM Systems', IEEE Transactions on Vehicular Technology, vol. 49, no. 5, September 2000: 1877-1883.

[34] Lindoff, B., Wilhelmsson, L., 'On selectivity filter design for 3G long-term evolution mobile terminals', Signal Processing Advances in Wireless Communications, 2007. SPAWC 2007. IEEE 8th Workshop on Volume, 17-20 June 2007: 1-5.

[35] Dardari, D., 'Joint Clip and Quantization Effects Characterization in OFDM Receivers', IEEE Transactions On Circuits And Systems－I: Regular Papers, vol. 53, no. 8, August 2006: 1741-1748.

[36] Locher, M. *et al.*, 'A Versatile, Low Power, High Performance BiCMOS, MIMO/Diversity Direct Conversion Transceiver IC for Wi-Bro/WiMax (802.16e)', IEEE Journal of Solid State Circuits, vol. 43, no. 8, August 2008: 1-10.

[37] Norsworthy, S.R., Schreier, R., Temes, G.C., 'Delta-Sigma Data Converters, Theory, Design and Simulation', Wiley Interscience, 1996.

[38] Internal STN-wireless data extracted with simulation parameter modifications from: 'Ouzounov, S. van Veldhoven, R. Bastiaansen, C. Vongehr, K. van Wegberg, R. Geelen, G. Breems, L. van Roermund, A., 'A 1.2V 121-Mode $\Sigma\Delta$ Modulator for Wireless Receivers in 90nm CMOS', Solid-State Circuits Conference, 2007. ISSCC 2007. Digest of Technical Papers. IEEE International Publication Date: 11-15 Feb. 2007 On page(s): 242-600.

[39] Martel, P., Lossois, G., Danchesi, C., Brunel, D., Noöl, L., 'Experimental EVM budget investigations in Zero-IF WCDMA receivers', submitted to Electronics Letters.

[40] Windisch, M., Fettweis, G., 'Performance Degradation due to I/Q Imbalance in Multi-Carrier Direct Conversion Receivers: A Theoretical Analysis', Communications, 2006. ICC apos;06. IEEE International Conference on Volume 1, June 2006: 257-262.

[41] Pollet, T., Moeneclaey, M., Jeanclaude, I., Sari, H., 'Effect of carrier phase jitter on single-carrier and multi-carrier QAM systems', Communications, 1995. ICC 95 Seattle, Gateway to Globalization, 1995 IEEE International Conference on Volume 2, 18-22 June 1995: 1046-1050.

[42] Motorola, 'Reference Channel and Noise Estimators', 3GPP E-mail reflector document for TSG-RAN Working Group 4 Meeting 46, Sorrento, Italy, 11-15 February, 2008.

[43] Ericsson, 'R4-071814: Clarifi cation of TX EVM model', TSG-RAN Working Group 4 (Radio) meeting #44, Athens, Greece, 20-24 August 2007.

[44] 3GPP, Technical Specification 25.133 'Requirements for support of radio resource management (UTRA)', v. 8.3.0.

[45] 3GPP, Technical Specification 36.331, 'Radio Resource Control (RRC); Protocol specifi cation', v. 8.3.0.

CHAPTER

15 LTE TDD 방식

15.1 개요

3세대 파트너십 프로젝트 릴리즈 8 규격에서는 시간분할 이중화(TDD)나 주파수 구분 듀플렉스에서 최대 범위에 걸쳐 쌍 스펙트럼이나 단일 스펙트럼 모두에서 미래 장기 진화 이동통신 방식이 효과적으로 도입 운영될 수 있다. LTE의 TDD나 FDD는 매우 많은 부분에서 유사한 공통점(무선 액세스 구조, 업링크에서 직교 주파수 영역 다중 접속과 다운링크에서 단일 반송파 주파수 분할 다중 접속사용, 기본적인 서브프레임 형식 및 구성 프로토콜을 포함하여 동일한 기본 프레임워크를 공유)을 가진다. 업링크/다운링크 스위칭 동작에서 몇 가지 차이를 제외하고는 물리계층을 포함하여 [1-4] 동일한 규격모음을 가진다. 구조적으로는 차이가 거의 나지 않으며, TDD의 특정한 물리계층 매개변수들과 관련된 상위 계층의 프로토콜과 매체 접근 제어 계층의 몇 가지 차이점만 다를 뿐이다. 절차도 동일하며, 같은 네트워크 장비나 단말기에서 TDD나 FDD를 모두 효율적으로 지원할 수 있으므로, 두 가지 방식에는 구현상 높은 시너지 효과가 있게 된다. 물론 공존을 위해서는 세밀한 분석이 필요하다.

LTE TDD 모드(일명, TD-LTE)가 시분할-동기코드 분할 다중 접속과 공통점을 가진다는 것이 또 다른 특징이다[5]. 중국에서 볼 때 이러한 점은 장점이 된다. 릴리즈 4를 기준으로한 중국의 TD-SCDMA(이후 릴리즈에서도 많은 개선이 포함)는 TDD 시스템을 대대적으로 확산시키는데 근간이 되었으며, 단일 스펙트럼을 사용한 3GPP-LTE TDD는 더 많이 사용되는 과정에 있다. 14장에서 살펴본 바와 같이 TDD용으로 많은 단일 스펙트럼을 지정하는 것이 세계적인 추세이다.

이 장에서는 LTE TDD가 LTE FDD와 다른 점에 대해 살펴보고, LTE TDD 동작모드에 관련된 링크 성능과 시스템 성능에 대한 내용을 다룬다.

15.2 LTE TDD 기초 개념

TDD는 송신과 수신에 동일한 주파수 대역을 사용하지만 시간에 따라 전송 방향을 변경한다. 그림 15.1은 FDD와 근본적인 차이를 나타낸 것으로 FDD에서는 단말의 송신과 수신이 다른

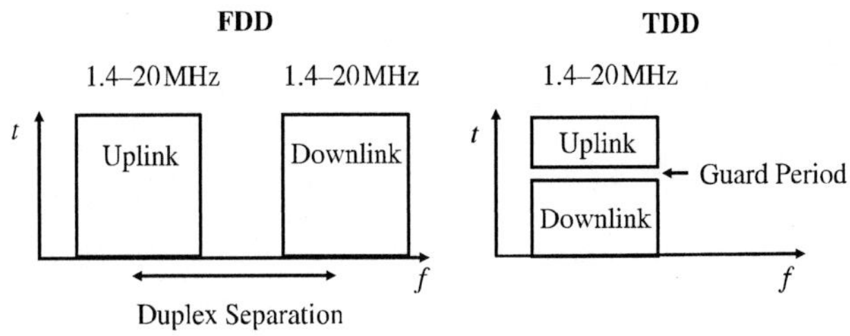

그림 15.1 FDD와 TDD 동작 모드의 원리

주파수에서 이루어지지만, 시간영역에서는 연속해서 이루어진다. FDD와 같이 LTE TDD는 1.4 MHz에서 20 MHz의 대역폭을 지원하지만, 주파수 대역에 따라 지원되는 대역폭의 수는 전체 대역폭을 차지하는 경우보다 작은 수가 된다. 예를 들어, 2.5 GHz 대역이 최소 대역폭을 지원하는데 사용될 가능성은 없다. 업링크와 다운링크에서 대역폭은 공유되고 릴리즈 8에서 최대 대역폭이 20 MHz이므로, 도달할 수 있는 최고 데이터 속도는 LTE FDD보다 낮아진다. 따라서 TDD와 FDD를 병행하면서 동일한 처리능력을 가지는 송신기와 수신기를 사용한다면 LTE의 더 빠른 전개를 가능하게 할 것이다.

FDD 시스템은 듀플렉스 분리로 알려진 업링크와 다운링크 사이의 적절한 구분을 위해 주파수가 서로 다른 한 쌍의 대역들이 항상 필요하였으나, TDD 시스템은 단일 대역(또는 한 쌍을 구성하는 2개의 대역을 따로)에서 구현할 수 있다. 일반적으로 FDD 단말이 구현되려면 동시에 송신과 수신을 가능하게 하는 듀플렉스 필터를 필요로 하지만, TDD 단말 시스템은 듀플렉스 필터가 필요하지 않다. 업링크와 다운링크 주파수 대역이 가까이 위치할수록 듀플렉스 필터는 복잡해진다. 향후 부분적인 스펙트럼 할당에서는 합리적인 듀플렉스 분리가 가능하도록 주파수가 다른 2개의 대역을 쌍으로 할당하는 것보다 각각을 새로운 단일 대역으로 할당하는 것이 쉬워질 것으로 예측된다. 따라서 TDD의 사용이 더 증가될 것이다.

그러나 업링크와 다운링크가 동일한 주파수 대역을 공유하기 때문에 2개의 전송 방향에서 신호들이 서로를 방해할 수 있다. 그림 15.2는 똑같은 지역에서 사이트 간에 조정이나 동기화 없이 동일한 주파수에서 TDD를 함께 사용하는 상태를 나타낸다. 동일한 주파수 대역에서 조정되지 않고 배치된 경우에 서로 다른 타이밍이나 다른 업링크/다운링크로 할당된 상태로 셀들과 연결된 장치들이 또 다른 사용자들에게 블로킹을 유발시킨다. LTE TDD의 기지국이 간섭을 피하기 위해서는 같은 사용지역 내부에서 프레임 수준의 상호 동기화가 필수적이다. 일반적

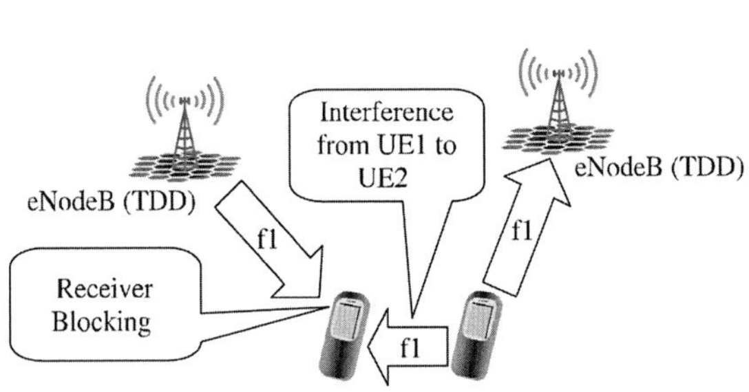

그림 15.2 조정되지 않은 TDD 동작에서 업링크나 다운링크로부터의 간섭

으로 동일한 사용지역 내부에 있는 LTE TDD 기지국들이 외부의 다른 시간 기준을 공유하므로써 동기화를 이루게 되는데, 예를 들어 인공위성을 기반으로 한 위치 측정 시스템이나 갈릴레오(Galileo)가 그 예이다. LTE FDD의 기지국에는 동기화가 필요하지 않으며, 주파수가 다른 반송파들로 인한 듀플렉스 분리로 FDD의 업링크와 다운링크 사이에는 간섭이 없다.

두 인접 LTE TDD 운영자(인접 반송파)들은 되도록 기지국들과 동기화되고, 업링크와 다운링크 사이에 동일한 비대칭 상태를 할당하여, 시스템 안정성에 잠재적으로 해로운 영향을 주는 간섭을 피해야 한다. 두 운영자가 배치를 서로 조정하지 않으면, 보호대역과 추가적인 필터링이 필요하다. 14장에서 이러한 요구사항에 대해 설명하였다.

15.2.1 LTE TDD 프레임 구조

LTE TDD에서는 업링크와 다운링크 사이(또한 사용자 사이)에 하나의 주파수 블록이 공유되므로, 각각의 송신시간은 불연속적인 상태가 된다. 또한 종종 LTE FDD 방식에서도 사용자쪽으로 데이터 송신시 시간 불연속적인 상태가 있지만, 그 경우에는 불연속의 수준이 스케줄링 기능(하프 듀플렉스 FDD 터미널은 제외)에 전적으로 달려 있다. FDD에서 물리 하향링크 제어채널과 물리적 HARQ 지시채널과 같은 제어채널에 대한 송신은 연속적인 상태가 된다. LTE TDD 경우에는 어떠한 다운링크 자원이라도 송신상태라면 모든 업링크는 대기상태에 있어야 하며, 반대로 어떤 하나의 단말이라도 업링크 방향으로 데이터를 송신한다면, 다운링크는 완전히 침묵해야 한다. 송신 방향의 스위칭 사이는 작은 하드웨어 지연(단말과 eNodeB 모두)이 발생하며, 이러한 지연은 보상되어야 한다. 그러한 스위칭 결과로 나타나는 지연을 조절하기 위해 보호주기(GP)를 설정하며, 보호시간 구간(GP)은 간섭 요소들(예를 들어, 셀 크기와 가능한 셀 격리 수준에 따라 결정되는 요소)의 최대 전파 지연을 보상한다. LTE TDD의 링크 설계에서 나타나는 불연속적인 업링크와 다운링크의 영향은 15.5절에서 다루게 된다.

다운링크와 업링크, 반대로 업링크와 다운링크 사이의 전환 동작을 정확히 설명하기 위해 그림 15.3의 LTE TDD 프레임 구조를 참고한다. 업링크와 다운링크의 서브프레임은 LTE FDD와 공통적인 구조를 갖지만, 공통 제어채널에 관해 몇 가지 다른 차이가 있다. LTE TDD에서 매 5 ms마다 최대로 하나의 다운링크→업링크와 하나의 업링크→다운링크 전환이 존재한다. 업링크→다운링크 전환은 셀 내부의 모든 단말에 대해 시간 정렬과정에 의해 이루어진다. 모

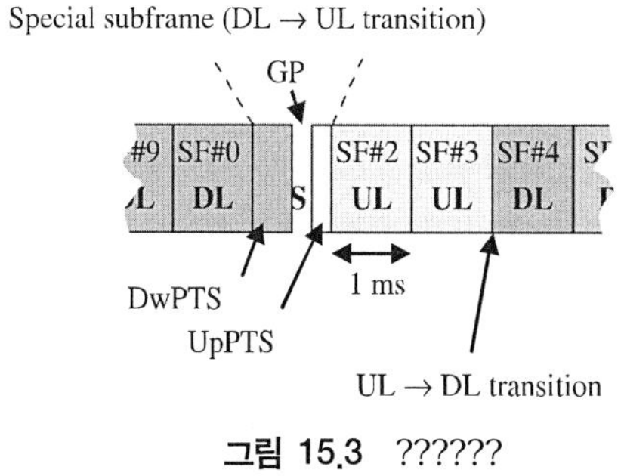

그림 15.3 ??????

든 단말 신호들이 진화된 노드B에 정렬하여 도착되도록, 각각의 단말마다 특정한 시간 오프셋을 사용하도록 eNodeB가 단말들에게 지시한다. 따라서 업링크는 FDD의 경우와 같이 동기 상태가 된다. 단말이 송신을 종료하고 수신 상태로 전환하는데 충분한 시간을 가지게 하기 위해 그림 15.3과 같이 단말은 서브프레임 SF#3의 마지막 부분에서 10~20 μs 동안 신호 송신을 멈춘다. 이 절차는 셀 내부에서 단말 송신 전력이 다운링크에 영향을 주지 않도록 보장한다. 그러나 다른 셀들의 eNodeB들이 완전히 동기화 되었더라도, 현재 섹터의 다운링크 송신에 영향을 주는 다른 셀에 있는 단말의 간섭 영향은 막지 못한다. 실제로는 단말 송신전력이 제한되므로 큰 문제는 되지 않는다.

업링크→다운링크 전환 방식이 단지 셀 내부에서 이루지는 것에 반해 다운링크→업링크 전환 방식은 이웃한 다른 셀들의 eNodeB들로부터 높은 전력의 다운링크 송신이 현재 셀의 업링크 eNodeB 수신을 간섭하지 않도록 반드시 보장한다. LTE TDD는 시분할-동기코드 분할다중 접속 방식을 받아들여 S 서브프레임을 사용하게 되는데 크게 세 부분으로 구성되며, 각각 하향링크 파일럿 타임 슬롯(DwPTS: downlink pilot time slot), GP(guard period), 상향링크 파일럿 타임 슬롯(UpPTS: uplink pilot time slot)이다. S 서브프레임은 일반적인 서브프레임인 SF#1을 대신한다. S 서브프레임을 구성하는 각 부분의 시간 간격은 직교 주파수 영역 다중화 심벌 단위로 조절 가능하며, 세부적인 구성은 성능과 관계된다. GP 동안 다운링크→업링크 전환을 이루어지며, 동일하거나 인접한 반송파들에 대한 모든 중요한 다운링크 간섭원의 전파 지연뿐만 아니라 하드웨어 절환 시간을 커버하기 위해 GP는 충분히 길어야 한다. 따라서 GP는 네트워크 토폴로지나 안테나 구성 등에 따라 적절히 설정된다. 일반적인 LTE 프레임 구성과 일치해야 하므로, DwPTS와 GP 및 UpPTS의 전체 시간 간격은 언제나 1ms이다.

DwPTS는 정상적인 다운링크 서브프레임으로 간주되며, 충분한 지속시간으로 구성되면, 데이터뿐만 아니라 제어 정보도 전달한다. 그 길이에 따라 전송 블록 크기를 재조정하여 매우 유사한 공통점을 얻을 수 있다. 이러한 방법으로 페이로드와 전송 대역폭을 특정하게 선택하더라도 유효 코딩 속도는 동일하게 유지된다. UpPTS는 주로 단말에서 송신되는 사운딩 참조 신호용으로 사용되지만, LTE TDD에서는 짧은 임의 접근 채널 역할도 수행하여 그 시간동안 액세스용으로 사용할 수 있다. 표 15.1에는 정상적인 주기적 전치부호용으로 S 서브프레임을 구성하는 여러 가지 방법에 대해 요약하고 있다. GP는 최대 700 μs까지 설정하여 100 km까지의 셀 범위를 지원할 수 있다. 확장된 CP를 포함하여 구성 가능한 더 많은 자세한 사항은 [2]를 참조한다. 15.5절에서 TD-SCDMA와의 공존성을 확인하면서 S 서브프레임에 관련된 좀 더 자세한 사항을 살펴본다.

표 15.1 S 서브프레임 구성을 위한 가능한 간격-3개의 요소의 전체 간격은 항상 1 ms[2]

Component	Unit	Range of duration
Downlink pilot time slot (DwPTS)	# OFDM symbols (71 μs)	3–12
Guard period (GP)	# OFDM symbols (71 μs)	1–10
Uplink pilot time slot (UpPTS)	# OFDM symbols (71 μs)	1–2

15.2.2 업/다운링크 비대칭 용량 할당

TDD에 대한 주요 장점은 셀의 업링크와 다운링크의 트래픽 특성에 맞춰 다운링크 또는 업링크에 가용 시스템 자원(시간과 주파수)의 할당을 조정할 수 있다는 것이다. 이것은 듀플렉스 스위칭 시간 지점을 조정하여 업링크에서 다운링크로, 또는 그 반대로 용량을 이동시켜 이루어진다. LTE TDD 프레임 구조는 업링크→다운링크의 스위치 지점을 주기적으로 5 ms 또는 10 ms가 되도록 조정할 수 있다. 그 결과로 자원 분할은 동일한 시간 간격을 가지거나 다음 2가지 경우의 사이값이 된다.

- 매 10 ms 프레임당 업링크용으로 1개의 1 ms 서브프레임과 다운링크용으로 8개의 1 ms 서브프레임
- 업링크 용량을 최대로 하기 위해 매 5 ms마다 업링크용으로 3개의 서브프레임과 다운링크용으로 1개의 서브프레임을 할당. 업링크 활동 계수를 10%에서 60%로 조정(UpPTS을 고려하지 않을 경우)

여러 셀에 걸쳐 지속적인 커버리지의 경우는 앞서 설명한 송신 방향 사이의 간섭을 피하기 위한 셀들 사이에서 선택된 비대칭성이 일반적으로 일치하도록 조정된다. 따라서 넓은 지역에 배치된 LTE TDD 시스템의 동기화는 프레임 레벨과 업링크/다운링크의 구성 레벨 모두에서 이루어진다. 실제로 네트워크 내부에서 업링크/다운링크 구성은 거의 변경되지 않으며, 이러한 가정아래 릴리즈 8의 LTE TDD에 관련된 신호체제가 최적화된 것으로 기대된다. 예를 들면, LTE TDD 릴리즈 8의 셀룰러 시스템은 정적 또는 반정적 TDD 시스템으로 특징을 나타낸다. 단말은 동작 중인 업링크/다운링크 구성에 대한 정보를 시스템 정보블록(SIB-1)에 의해서 얻게 되는데, 이 블록은 80 ms의 업데이트 속도를 가지고 셀로 방송되는 동적 방송채널을 통해 전달된다. 셀 내부에서 활성화된 업링크/다운링크 구성에 관한 정보는 단말이 복합 재전송 기법과 같은 적응 방법에 관련된 중요 제어채널의 위치와 타이밍을 아는데 필수적인 사항이다.

15.2.3 시분할-동기코드 분할 다중 접속과 공존

언급한 바와 같이, LTE TDD와 TD-SCDMA 사이에는 많은 연관성이 있다. 따라서 동일 반송파 또는 인접 반송파들을 가지는 시스템들의 공존상태는 표준화 과정에서 주요 논의사항이 되어 왔다. 동일한 주파수 대역에서 TD-SCDMA 방식과 함께 사이트를 공유하는 상황에서는 서로 다른 기지국 통신장비들 사이의 간섭을 회피하기 위해 정렬된 업링크/다운링크 분할이 필요하다. TD-SCDMA 슬롯 시간 간격은 LTE TDD 서브프레임 시간 간격과 일치하지 않기 때문에 서로 공존할 수 있도록 LTE 서브프레임 매개변수를 정의하고 결정하는 과정이 설계되었다. 업링크/다운링크의 상대적인 구분에 대한 정보에 따라 그림 15.4와 같이 TD-SCDMA와 LTE TDD의 상대적 타이밍이 조정되어 기지국 상호간에 간섭없이 공존할 수 있게 된다. 구성에 따라 업링크/다운링크가 변경되면서 LTE TDD 서브프레임 내부 필드들의 시간 간격이 달라지게 되므로, 표시된 타이밍들 다른 값을 취할 수 있다.

타이밍 정렬 이외에도 LTE TDD의 S 서브프레임의 정확한 구성이 TD-SCDMA/LTE TDD

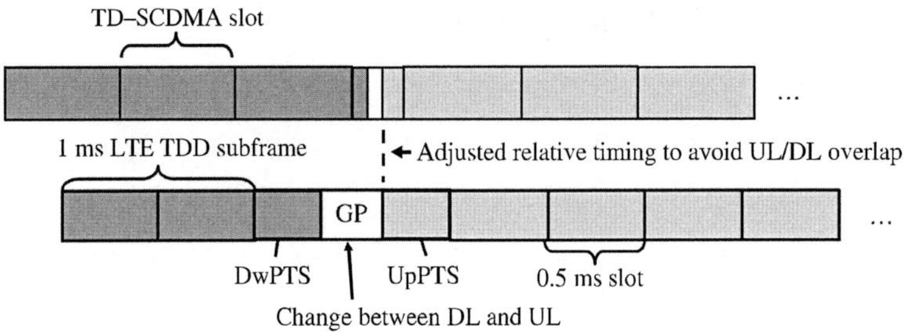

그림 15.4 양립할 수 있는 업링크/다운링크 타이밍을 가진 TD-SCDMA와 LTE TDD 공존을 보장한다

의 공존을 가능하게 하는데 중요한 역할을 한다. 표 15.2에 좋은 구성의 예를 나타내었다. 정상적인 주기적 전치 부호를 가정한 상태에서 DwPTS, GP 및 UpPTS의 세부적인 설정이 표시된다. 좀 더 자세한 구성의 선택사양에 대해서는 [2]를 참조한다.

15.2.4 채널 가역성

시간분할 이중화 시스템을 위한 하나의 흥미로운 측면은 업링크와 다운링크 신호가 같은 주파수 대역을 통해 전달된다는 것이다. 대칭적인 안테나 구성과 적절한 무선 주파수 체인 교정을 가정하면, 업링크와 다운링크 간의 자체 신호에 페이딩의 높은 상관관계(일명 채널 가역성)가 있게 된다. 채널 가역성과 관련된 핵심 장점은 한쪽 방향으로 측정된 값은 전체적 또는 부분적으로 다른 쪽 방향에 대한 값을 예측하는데 사용될 수 있다는 것이다. 그것 때문에 링크 적응이나 패킷 스케줄링 및 개선된 송신 안테나 기술들을 사용하는데 필요한 신호 오버헤드를 감소시킬 수 있다. 이미 언급한 바와 같이 안테나 구성이 가역적인 특성을 유지해야만 전체적인 가역성이 적용된다. LTE의 기준 구성은 eNodeB와 단말 모두에서 두 개의 안테나로 이루어져 안테나 구성이 가역성을 갖는 것처럼 보인다. 그러나 단말은 단 하나 전력 증폭기를 가지므로, 단말에서 한 번에 하나의 안테나로 송신만 할 수 있다. 따라서 업링크의 모든 채널을 측정할 수 있는 유일한 방법은 단말이 사운딩 신호를 2개의 안테나 사이에서 스위칭하면서 송신시키는 것이다. 이것이 완료되면 양쪽 채널과 안테나 모두의 구성이 가역적이라고 할 수 있다.

링크 적응 방식과 고속 패킷 스케줄링이 포함된 대부분의 적응 방식이 신호 대 간섭 및 잡음비 또는 처리량 평가에 의존하고 있어 가역성의 이용을 실제적으로 제한하는 또 다른 요인이 된다. 간섭 레벨이 업링크와 다운링크 사이에서 크게 다를 수 있으므로, LTE TDD 규격에서는

표 15.2 TD-SCDMA와 LTE TDD 사이의 공존을 위한 모드 예

TD-SCDMA config.	LTE TDD config.	Special sub-frame config. (OFDM symbols)			
		Config.	DwPTS	GP	UpPTS
5DL-2UL	#2 (3DL-1UL)	#5	3	9	2
4DL-3UL	#1 (2DL-2UL)	#7	10	2	2
2DL-5UL	#0 (1DL-3UL)	#5	3	9	2

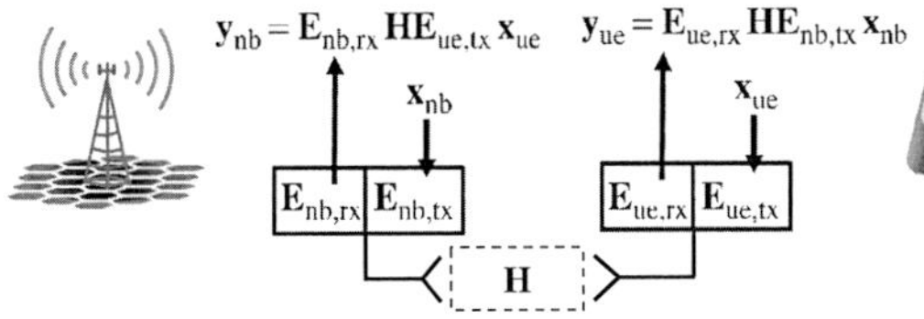

그림 15.5 RF-체인의 영향에 대한 선형 모델 도식

채널 가역성의 용이성에 의존하지 않고 업링크와 다운링크가 전체적으로 분리된 것으로 고려하게 되며, LTE FDD에서 유용하게 사용되는 업링크와 다운링크 보고 방법을 사용한다. 그러나 전체 신호 오버헤드를 최적화하기 위해 가역성이 큰 중요성을 가지고 조건에 맞는 경우에는 규격 내에서 여러 가지 선택의 폭을 크게 한다.

그림 15.5에는 RF 체인의 영향을 포함한 TDD 채널에 대한 단순한 선형 모델을 나타낸다. 그림에서 채널은 업링크와 다운링크에서 똑같이 H로 표시하고 있지만, 물리계층에서 보여지는 채널은 다르다. 채널 상태 정보의 전형적인 응용에 있어서 신호가 RF 부분을 통과한 후에는 프리코딩과 디코딩이 모두 완료되기 때문에 물리계층에 의해 보여지는 대로(다운링크에서 $\mathbf{E}_{nb,tx}\,\mathbf{HE}_{ue,rx}$) 채널을 알려고 한다. 이러한 정보는 업링크 사운딩 신호로부터는 예측할 수 없다. 노드 B와 단말 사이에 교정 절차를 추가하여 채널 가역성을 개선할 수 있지만, 전체 RF 체인을 보정하여 $x_{nb} = x_{ue}$가 $y_{nb} = y_{ue}$임을 의미하게 되고, 이것이 표준화된 절차를 요구하게 된다.

채널의 가역성이 대단히 복잡한 값을 가질 것으로 추정되므로, 프리코딩을 위해서 채널 가역성에 의존하는 것은 매우 복잡하게 된다. 가역성 기반의 고속 전력 제어와 같이 다른 목적을 위해서라면 채널 감쇠의 가역성만을 의존하게 되고, 교정 오류들에 대해 덜 민감하게 된다[9].

15.2.5 다중 접속 방식

LTE TDD의 다중 접속 방식은 LTE FDD에서 사용하는 것과 동일하다. 따라서 그림 15.6에 나타난대로 다운링크용으로는 직교 주파수 영역 다중 접속이, 업링크용으로는 단일 반송파 주

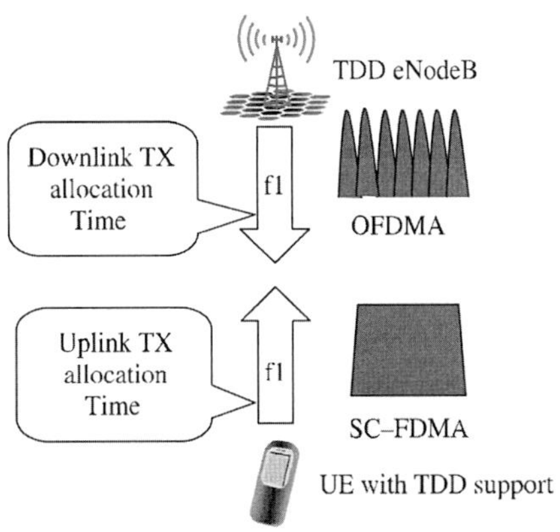

그림 15.6 업링크와 다운링크에서 LTE TDD 다중접속 기술

파수 분할 다중 접속이 사용된다. 선택된 배경에는 TDD와 FDD에 대해 공통적인 이유를 가진다. 특히, TDD에서는 전력 효율적인 업링크 방식의 선택이 중요한데, 그 이유는 업링크 송신 시간이 제한적으로 할당되어 엄격한 업링크 설계가 요구되기 때문이다. 구현 복잡성 관점에서 보면 광대역 부호 분할 다중 접속은 베이스밴드의 구현 해법으로 FDD(WCDMA에서)와 TDD(서간 영역/코드 분할 다중 접속에서) 사이에 서로 다른 다중 접속 방식에 따른 다른 종류의 수신기와 송신기를 필요(릴리즈 99에서 동일한 칩 속도를 유지하더라도)로 하였다. 따라서 LTE에서 듀얼모드 TDD/FDD의 구현은 무선 접속명 등록 지역과 비교해 볼 때 단순해진다.

15.3 시간 분할 이중화 제어 설계

S 프레임 구조로 인해 중요한 제어채널의 위치는 LTE FDD보다는 LTE TDD가 더 다르다. 제어채널의 정확한 위치는 셀에서 활성화된 업링크-다운링크 구성에 따라 결정되므로, 네트워크와의 연결을 설정하려는 단말에게는 중요한 정보가 된다. 이 절에서는 중요한 채널의 위치뿐만 아니라 LTE TDD에서 가지는 의미에 대해서도 설명한다. 이미 5장에서 제어채널의 의미에 대한 일반적인 정보를 다루었으며, 업링크와 다운링크의 자원 할당용으로 사용되는 물리 하향링크 제어 채널의 역동적인 사용에 대해서도 살펴보았다.

FDD 동작에서는 다운링크와 업링크의 주파수가 분리되며, 연속적인 송신과 수신이 전용주파수에서 이루어지므로, 공유 제어채널의 설계는 다운링크와 업링크의 서브프레임들과 직접 일대일로 관련된다. 그러나 TDD 동작에서는 다운링크와 업링크가 동일한 주파수를 공유하여 송신과 수신이 이루어지므로, 시간에 따라 송신 방향이 바뀌게 되고, 물리적 제어채널의 설계는 만만치 않아진다. 더욱이 다운링크와 업링크 할당 상태가 매우 유연하게 가변되므로 좀 더 복잡해졌다.

15.3.1 공통 제어채널

여러 가지 제어채널들의 위치를 설명하기 위해 TDD 업링크와 다운링크 구성 #1이 기준으로 사용된다. 그림 15.7에 중요한 시스템 제어채널들을 표시하고 다음에 설명한다.

1차 동기 신호는 서브프레임 #1과 #6의 세 번째 심벌에 배치되나, LTE FDD에서는 이와 달리 PSS가 서브프레임 #0과 #5의 첫 번째 슬롯 중 마지막 심벌에 배치된다. 이차 동기 신호

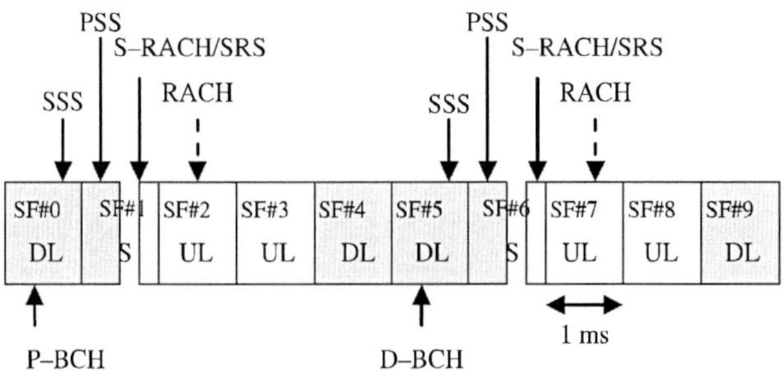

그림 15.7 TDD 설정 #1에 중요한 제어채널 등의 매핑

(SSS: secondary synchronization signal)는 서브프레임 #0과 #5의 마지막 심벌에 배치되지만, LTE FDD에서는 이와 달리 서브프레임 #0과 #5의 첫 번째 슬롯 중 두 번째 마지막 심벌에 배치된다. PSS를 통한 동기화는 일반적으로 강력한 과정이며 단말이 초기 셀 검색 상태에서 최대 100dB의 단말-단말 간섭을 견뎌낼 수 있다. 이러한 측정과정의 높은 안전성은 장기간에 걸친 측정 윈도우를 통해 얻어진 샘플들을 정규화하여 얻어진다.

LTE TDD에서는 모두 다섯 개의 임의 접근 채널 프리앰블 형식이 정의된다. RACH 프리앰블 형식들 중에서 4가지는 LTE FDD와 공통이지만, 짧은 임시 접근 채널로 알려진 LTE TDD의 특수한 RACH 프리앰블 포맷 4는 프리앰블 시퀀스 주기가 짧다. 그림 15.7에 나타난 바와 같이 S-RACH는 S 서브프레임의 UpPTS 기간 내에 송신된다.

RACH는 보호되어 액세스가 신뢰되고 여러 LTE TDD 사용자가 공존할 수 있어야 한다. RACH 채널은 시간과 주파수에서 밀도와 배치에 관해 매우 융통성이 많다. RACH 밀도는 LTE FDD와 비슷하게 매 10 ms 무선 프레임 동안에 0.5, 1, 2, 3, 4, 5, 6이 될 수 있다. LTE TDD에서는 설정된 업링크/다운링크 구성에서 가용 업링크 자원(업링크 서브프레임과 UpPTS) 범위 내에 RACH의 정확한 위치를 적절한 네트워크 계획(예를 들어, TD-SCDMA와의 공존을 위한 요구사항, 트래픽 부하, 네트워크 토폴로지 등)을 고려하여 선택한다. 각각 업링크/다운링크 구성에 따른 시간과 주파수 영역에서 RACH 배치로는 58가지 구성이 존재하는데, 공통된 원칙은 주파수 영역에서 다중화되기 전 시간 영역에서 모든 가용 업링크 자원에 RACH 채널을 분포시키는 것이다. 이러한 원칙은 그림 15.8의 업링크/다운링크 #0 구성에서 예시되고 있으며, 자세한 RACH 구성에 대해서는 [2]를 참조한다. 매 업링크 서브프레임 또는 UpPTS(단, S-RACH용) 당 RACH 채널의 최대 가능한 개수는 6개이며, 이는 FDD가 기껏해야 한 개의 RACH 채널을 매 업링크 서브프레임마다 사용할 수 있는 것과는 차이가 난다. 이것은 가용 업링크 자원들이 제한되더라도, 높은 트래픽 부하를 위해 충분한 RACH 기회를 만들어준다. 그림 15.9에 하나 이상의 RACH 채널이 한 개의 업링크 서브프레임이나 UpPTS 기간 동안에 주파수 영역에서 분포되는 상태를 나타낸다. 여러 RACH 채널들이 업링크 서브프레임에 분포할 때는 시스템 대역폭 양 끝에 나타나며, UpPTS에 분포할 때는 시스템 대역폭의 한쪽 끝에서만 나타남을 표시한다. 그림과 같이 후자의 경우에는 RACH의 주파수의 위치들이 번갈아가며 변경된다.

1차 방송 채널과 동적 방송 채널의 위치는 LTE FDD와 동일하다. 그러나 D-BCH의 검출방법은 LTE FDD에서 이루어지는 것과 약간 다르다. 그 차이는 D-BCH를 검출할 때 제어채널의 크기를 해당되는 다운링크 서브프레임 내에 단말에게 알려야 한다는데 있다. 그러나 이것은 닭이 먼저냐 달걀이 먼저냐의 문제를 발생시킨다. 제어채널의 크기가 동작되는 업링크와 다운

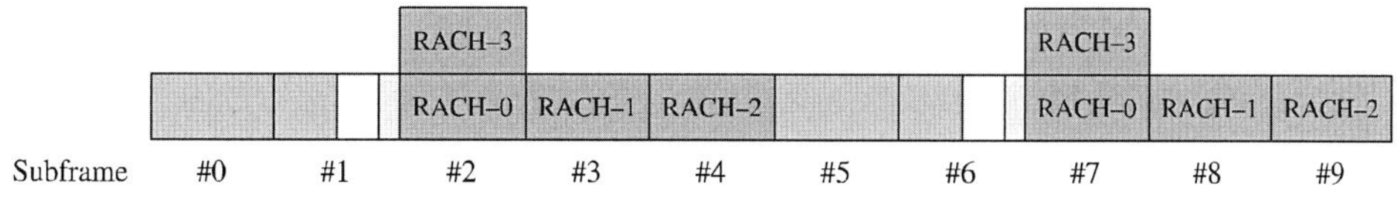

그림 15.8 LTE TED의 시간과 주파수에서 RACH 분포 및 배치

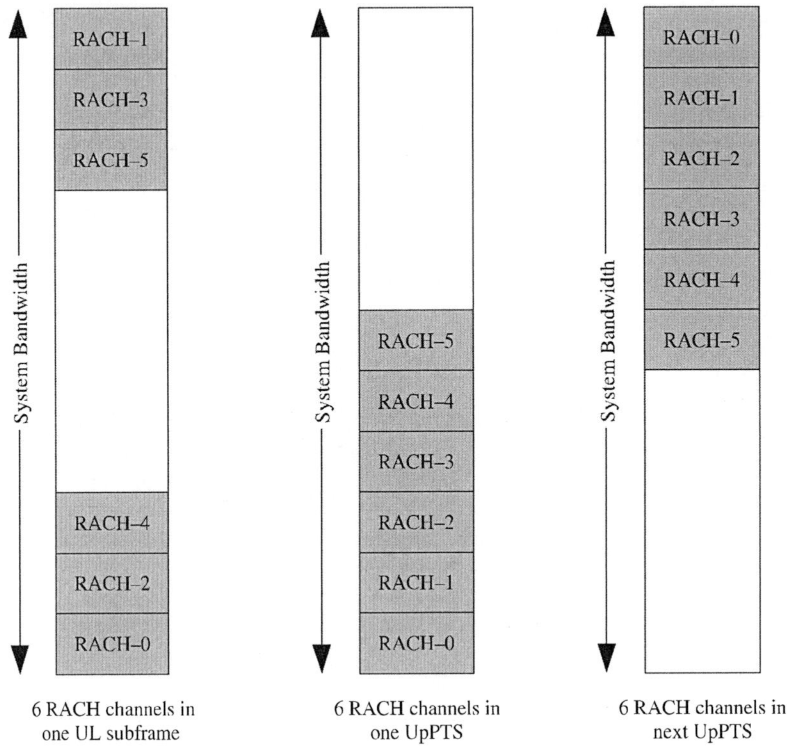

그림 15.9 LTE TDD의 주파수 도메인에서 RACH 배치

링크 구성에 따라 다르고, 단말이 초기 셀 검색중에 D-BCH를 올바르게 검출하기 전이라면 동작중인 업링크와 다운링크 구성을 모르기 때문이다. 모든 업링크와 다운링크 구성에서 어떠한 다운링크 서브프레임이라도 제어채널의 크기가 세 가지로 구분되므로, 단말은 D-BCH를 탐지하기 위해 제어채널의 크기에 대한 세 개의 가설을 확인하게 된다. 단말이 올바르게 D-BCH를 수신하면 셀 내부에 존재하는 업링크와 다운링크의 구성을 알게 되고, 감지된 D-BCH에 대해서는 더 이상 가설 감지가 필요하지 않게 된다.

페이징 절차는 LTE TDD와 FDD에 대해 동일하지만, 페이징에 사용되는 정확한 서브프레임들은 LTE TDD에 약간 다르다. 페이징을 위해 FDD에서는 서브프레임 #0, #4, #5, #9을 사용할 수 있지만, TDD에서는 서브프레임 #0, #1, #5, #6을 사용할 수 있다.

15.3.2 사운딩 참조 신호

LTE TDD에서 모든 단말에 대한 사운딩 참조 신호는 LTE FDD에서와 같이 하나의 업링크 서브프레임의 마지막 심벌뿐만 아니라 UpPTS의 하나 또는 모든 심벌로 송신할 수 있다. UpPTS 어떻게든 사용할 수 있으며 업링크 데이터 트래픽을 전달할 수 없기 때문에 LTE TDD에서 SRS의 기본 위치로 예정된다. SRS의 지원은 모든 LTE TDD 장치에 필수로 간주되며, 그 이유는 기존의 TD-SCDMA 기지국들의 설치 기반 때문이며, 기지국 대부분의 경우 빔 형성 안테나 구성을 하고 있다.

15.3.3 복합 재전송 기법 과정과 절차

TDD 동작을 위한 HARQ의 설계와 구성의 핵심은 업링크와 다운링용으로 진화된 노드B와 단말에서 필요한 처리시간을 결정하는 것이다. 그와 관련된 처리 시간은 다음과 같다.

- 다운링크 단말 : 다운링크로 패킷의 마지막 샘플이 수신된 시간부터 업링크로 HARQ- 확인 응답/부정 확인 응답이 송신될 때까지의 기간
- 다운링크 eNodeB : 업링크로 HARQ-ACK/NACK가 송신된 시간부터 동일한 HARQ 프로세스에서 eNodeB가 재송신할 수 있을 때까지의 기간
- 업링크 eNodeB : 업링크로 패킷의 마지막 샘플이 수신된 시간부터 다운링크로 HARQ-ACK/NACK(또는 같은 HARQ 프로세스에 새로운 할당)가 송신될 때까지의 기간
- 업링크 단말 : 업링크 그랜트(grant; 또는 HARQ-ACK/NACK)가 주어진 시간부터 업링크로 단말이 관련된 패킷을 전송할 수 있을 때까지의 기간

주파수 구분 듀플렉스의 다운링크와 업링크 모두에서 eNodeB와 단말 처리 시간은 3 ms로 고정되는데, 그 이유는 다운링크와 업링크의 서브프레임 구성이 고정적이고 송신과 수신이 지속적인 상태이기 때문이다. 시간분할 이중화에서는 비록 eNodeB와 업링크의 최소 처리 시간이 FDD와 같다고 하더라도, 실제로 HARQ 타이밍(예; 다운링크 단말/eNodeB, 업링크 eNodeB/단말)은 활성화된 다운링크와 업링크의 구성에 따라 변동하게 된다.

그림 15.10에서 이러한 예를 나타낸다. 최소 처리 시간을 4 ms로 하여 비교한 것으로, 가끔 다운링크 또는 업링크 서브프레임이 3 ms 후 사용이 가능하지 못해 추가적인 지연이 나타남을 알 수 있다.

규격상에서 HARQ 프로세스와 타이밍에 필요한 개수를 정하기 위해 최소 HARQ 처리 시간 이외에 몇 가지 다른 결정 내용들이 S 서브프레임과 관련된다.

- 적어도 업링크 그랜트 또는 물리적 HARQ 지시채널용으로 DwPTS 시간동안 하나의 물리 하향 링크 제어 채널이 항상 존재해야 한다. DwPTS가 3개 이상의 OFDM 심벌에 걸쳐 있는 경우 하나의 PDSCH가 포함된다.

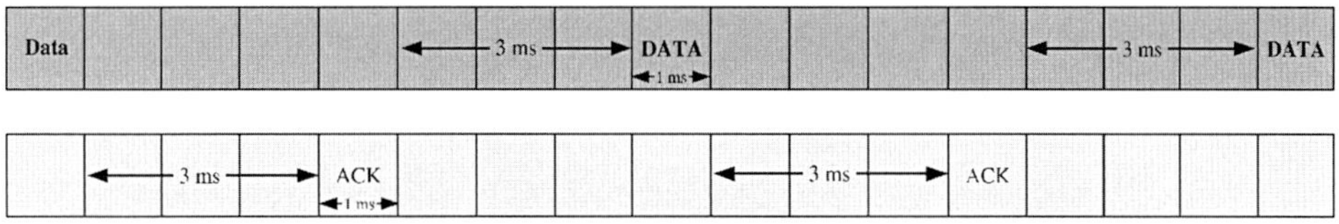

(a) Conceptual example of FDD HARQ Timing (propagation delay and timing advance is ignored)

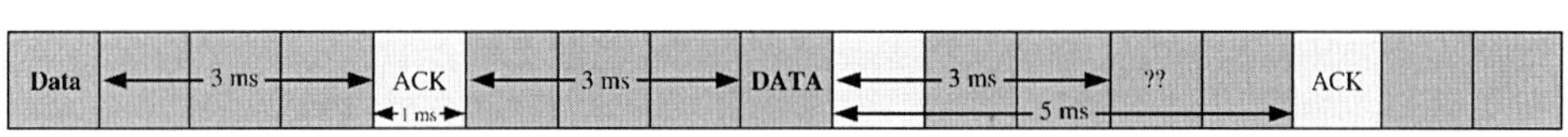

(b) Conceptual example of TDD HARQ Timing (special subframe is treated as ordinary DL subframe)

그림 15.10 HARQ 타이밍, (a) LTE FDD, (b) LTE TDD

- UpPTS는 HARQ 제어 정보 또는 PUSCH를 포함하지 않는다.

처리 시간과 S 서브프레임 동작이 주어진 가정 상태에서 TDD 동작시 다운링크 HARQ 프로세스와 업링크 HARQ 프로세스의 개수는 다운링크용 4~15, 업링크용 1~7로 달라진다(FDD에서는 항상 일정). FDD 측면에서 보면, TDD에서 다운링크 HARQ은 비동기적이고 업링크 HARQ는 동기적이다. 발생된 지연은 사용되는 서브프레임과 적용된 업링크와 다운링크 분할에 따라 달라지며, 물리 하향링크 제어 채널에 존재하는 관련 업링크 그랜트(또는 대상으로 삼은 PHICH)와 물리 상향 링크 공용 채널을 통해 이루어지는 업링크 데이터 송신사이에서 나타나는 지연 k_1으로 4~7 ms 범위의 값을 가질 수 있다. PUSCH을 통해 이루어지는 관련 업링크 데이터 송신과 PDCCH에 존재하는 PHICH 사이에서 나타나는 지연 k_2도 4~7 ms 범위에서 변동된다.

TDD의 멀티 전송시간 간격 스케줄링 구조는 PDCCH 자원의 효율적인 활용을 가능하게 하여 가용 다운링크 자원이 줄어들면, PDCCH 디코딩의 단말 복잡성을 감소시킨다(그림 15.11 참조).

다운링크 HARQ 타이밍 지연인 k_3는 물리 하향링크 공용채널을 통한 관련 다운링크 데이터 송신과 물리 상향링크 제어 채널 또는 PUSCH을 통한 업링크 HARQ-ACK 송신 사이의 시간 간격이며, 분할 적용된 업링크와 다운링크에 따라 4~13 ms 범위에서 변동된다. TDD 다운링크 HARQ는 LTE FDD와 같은 비동기 모드로 운영되기 때문에 현재에는 단순화되어 있다. 의도된 다운링크 HARQ 타이밍은 주소가 설정된 서브프레임 인덱스 번호인 n에 의해 $n + k_3$로 표현된다.

HARQ가 동작되면 불연속 업링크와 다운링크 송신으로 인해 TDD 프레임 구조는 사용자 평면 송신에 일부 지연이 추가된다. LTE FDD에서 HARQ의 왕복 시간(RTT)은 8 ms(14장에서 설명) 동안이며, 이에 해당되는 LTE TDD RTT는 10~16 ms이다. LTE FDD 조차에서도 핵심망 RTT는 단말과 eNodeB HARQ의 처리 시간에 따라 결정되므로, 비교적 작은 차이라도 나타난다.

15.3.4 업링크 TTI 묶음을 위한 HARQ 설계

업링크 TTI 번들링은 하나의 HARQ 프로세스 전송에 대해 여러 업링크의 TTI들을 결합하여 업링크 커버리지를 개선하는데 사용된다. 업링크를 통해 패킷을 성공적으로 송신하기 위해서

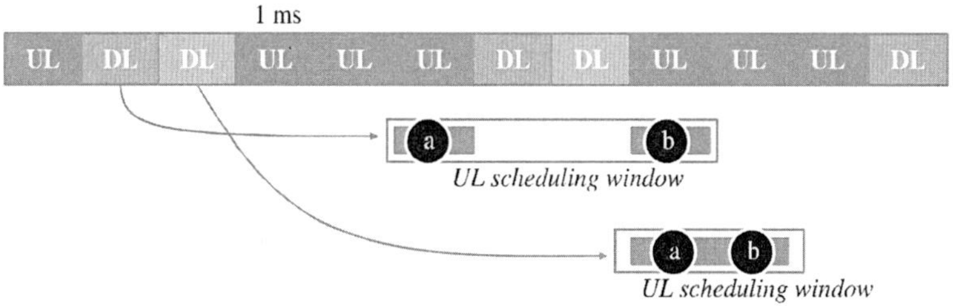

그림 15.11 가능한 업링크 다중 TTI 스케줄링

많은 재전송이 필요한 시스템에서는 업링크 TTI 번들링에 의해서 빠른 자동적 재전송이 제공되므로 지연요소가 줄어든다. 업링크 TTI 번들링의 많은 세부사항이 LTE FDD와 TDD에 대해 동일하지만, LTE TDD로 계승된 특별한 업링크 HARQ 타이밍 때문에 HARQ 타이밍이 다르다. 3세대 파트너십 프로젝트 논의의 관점에서 보면, TDD 업링크와 다운링크 구성 #0, #1, #6만이 릴리즈 8에서 정의한 완전한 번들링을 가진다. TTI 번들링 타이밍이나 TTI 번들링된 다음의 HARQ 프로세스 개수를 제어하기 위해 번들 사이즈에 따라 업링크 TTI 번들링의 시작지점이 제한되며, 번들링된 HARQ 프로세스의 개수가 고정된다. 즉, 번들링된 HARQ 프로세스의 개수는 다음과 같이 정의된다.

$$Bundled\_HARQ\_No = \left\lceil \frac{Original\_HARQ\_No \times Bundled\_HARQ\_RTT}{Bundled\_size \times Original\_HARQ\_RTT} \right\rceil \qquad (15.1)$$

LTE 업링크 시스템에서 이루어지는 각각의 TDD 구성에서는 식 (15.1)의 *Original_HARQ_No*와 *Original_HARQ_RTT*는 고정된다. 일례로 TDD 구성 #1, 번들 사이즈는 4, 번들링된 HARQ 프로세스 개수가 2인 상태를 표시하면 그림 15.12와 같다.

ACK/NACK 타이밍의 원리는 FDD의 규칙과 마찬가지로, 번들의 마지막 서브프레임에 항상 묶인다. LTE FDD용 업링크 TTI 번들링은 13장에서 설명되었다.

15.3.5 업링크 복잡한 재전송 기법-확인응답/부정 확인응답 송신

FDD와 같은 방식으로, LTE TDD에 대한 업링크 HARQ-ACK/NACK는 PDCCH 안의 PHICH를 통해 전송된다. PHICH 매핑과 인덱싱은 대부분 LTE FDD와 TDD에서 동일하다. 즉 단지 하나의 다운링크 서브프레임에 있는 PDCCH는 PHICH를 포함하는데, PHICH는 단일 업링크 서브프레임 PUSCH에 연관된다. TDD 업링크와 다운링크 구성 #0에서 이 규칙의 유일한 예외가 존재하며, PHICH 관련된 특정 예외가 지정된다.

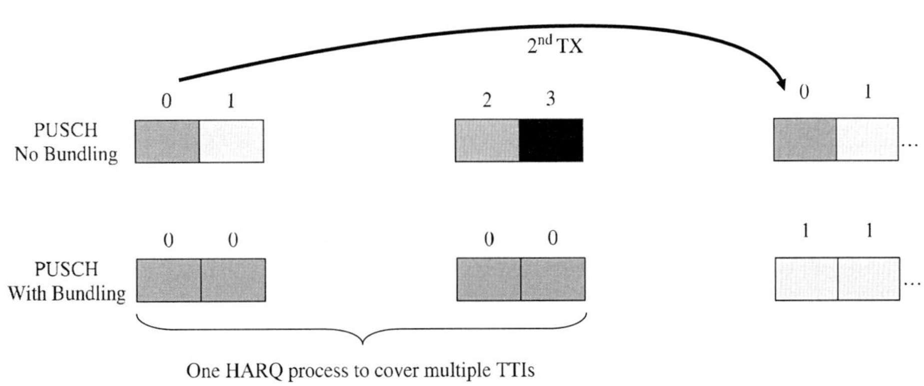

그림 15.12 TDD 구성#1에 의한 TTI 번들링

15.3.6 다운링크 HARQ-ACK/NACK 송신

LTE FDD와 TDD 모두에서, 다운링크 HARQ-ACK/NACK를 PUCCH나 또는 PUSCH로 송신되는데, 이는 업링크가 동일한 서브프레임 안에서 동시에 데이터를 송신하는가 그렇지 않은가에 따라 결정된다.

대부분 경우 다운링크의 HARQ-ACK/NACK가 하나 이상의 PDSCH에 관련되며, 예를 들어 최대 9개까지, 단일 업링크 서브프레임에 매핑된다. 그러나 이러한 여러 업링크 NACK/ACK 송신은 FDD 다중 안테나 방식의 경우와 확실히 다르며, FDD MIMO의 경우에는 단일 PDSCH(예를 들면 두개 부호어)와 관련된 다운링크 HARQ-ACK/NACK가 단일 업링크 서브프레임으로 매핑된다.

여러 개의 다운링크 진송에 대해 단일 입링크 서브프레임 내에서 확인 신호를 처리할 수노 있다는 사실이 훨씬 더 도전적인 TDD의 제어채널용으로 사용되는 좋은 업링크 커버리지가 되도록 설계하게 된다. 단말이 여러 개 다운링크의 HARQ-ACK/NACK들을 전송해야 할 때 아주 특별한 배치 설계가 이루어져서 동시에 업링크 다중 접속 방식의 단일 캐리어 속성을 만족하게 된다. 하나의 단말을 기준으로 상위 계층에서 구성되는 LTE의 TDD 동작에서는 다운링크 HARQ ACK/NACK의 2가지 피드백 모드가 지원된다.

- ACK/NACK 번들링 피드백 모드; 여러 다운링크 서브프레임들의 PDSCH에 걸쳐 하나의 부호어마다 논리적 AND 연산이 이루어져, 관련된 HARQ ACK/ NACK가 동일한 업링크 서브프레임으로 매핑된다.
- ACK/NACK 멀티플렉싱 피드백 모드; 하나의 다운링크 HARQ ACK/NACK 프로세스 내에서 공간 부호어에 대해 논리적 AND 연산이 이루어진다. 릴리즈 8 LTE TDD에서는 하나의 업링크 서브프레임마다 4비트까지 다운링크 HARQ ACK/NACK가 지원되고, 업링크와 다운링크 구성 #5를 위한 몇 가지 서브 번들링과 스케줄러 한계들이 최대 4비트 다운링크 HARQ ACK/NACK를 발생시키도록 결정된다.

ACK/NACK 번들링 피드백 모드는 TDD에서 여러 업링크 ACK/NACK의 송신 커버리지 문제를 해소하는 가장 적극적인 모드이다. 할당된 다운링크 자원들은 필요한 업링크 피드백 채널 용량에서 분리되어 왔다. 즉, 오직 하나의 다운링크 HARQ-ACK/NACK가 관련 다운링크 서브프레임들의 개수와 관계없이 하나의 업링크 서브프레임으로 송신된다. 이때 관련 다운링크 서브프레임들은 사용자용 PDSCH로 전달된다. 하나의 업링크 서브프레임마다 모든 관련 HARQ ACK/NACK에 대해 논리적 AND 연산을 수행하여 단일 ACK/NACK가 생성된다. 이런 방식으로 TDD는 업링크 서브프레임마다 FDD와 같은 수의 HARQ ACK/NACK 피드백 비트들을 가지며, PUCCH 전송 포맷도 같아진다. PUSCH의 ACK/NACK 인코딩과 전송 포맷도 FDD에서와 동일하다.

링크 적응 및 패킷 스케줄링 기능의 적절한 보상이 없다면 다운링크 복합 재전송 기법 부정 확인응답의 확률은 증가하여 ACK/NACK 번들링 방식을 사용할 때 불필요한 다운링크의 재전송을 증가시키는 원인이 된다. 따라서 제어채널의 신뢰성은 ACK/NACK 번들링 방식이 열쇠이다. 단말이 PUCCH에 여러 ACK/NACK 비트들을 지원하는데 충분한 업링크 커버리지를 가지고 있을 때 두 번째 방식이 더 매력적이게 된다. ACK/NACK 멀티플렉싱 피드백 모드에서 각각의 다운링크 서브프레임 HARQ ACK/NACK의 상태(즉, ACK, NACK 또는 불연속 송신(다운링크 서브프레임에 수신 데이터 없음))가 직교 위상천이 변조의 신호 위상점 중 하나에 해당되어 특정하게 구성된 PUCCH 채널에서 단말 송신상태를 위해 선택될 때 eNodeB는 모든 관련 PUCCH 채널들로부터 신호 위상점들 모두를 모니터링하여 멀티비트 HARQ NACK/ACK 피드백을 디코딩할 수 있다. 정확한 대응표는 [4]에 표시된다.

15.3.7 PUCCH를 통해 스케줄링 요구 지시자나 채널 품질 정보가 부가된 다운링크 HARQ-ACK/NACK 송신

ACK/NACK 번들링 방식에서 번들링된 HARQ-ACK/NACK와 SRI(Scheduling Request Indicator)가 모두 동일한 업링크 서브프레임에 전송되어야 하는 경우에 네거티브 SRI 전송을 위해 단말은 번들링된 ACK/NACK를 파생/할당 PUCCH ACK/NACK 자원을 통해 송신하게 된다. 또는 포지티브 SRI 전송을 위해 단말은 번들링된 HARQ-ACK/ NACK를 할당 SRI PUCCH 자원을 통해 송신하게 된다. 이러한 동작은 FDD에서와 동일하다.

ACK 멀티플렉싱 모드에서 여러 HARQ-ACK/NACK와 SRI 모두가 동일한 업링크 서브프레임으로 전송된다면 단말은 네거티브 SRI 전송을 위한 섹션 0에 설명된 대로 여러 ACK/NACK 비트들을 송신한다. 또한 단말은 PUCCH 포맷 1b를 사용하여 포지티브 SRI 전송을 위해서 할당 SRI PUCCH 자원을 통해 여러 ACK/NACK 입력 비트들과 매핑된 2비트 정보를 전송한다. 여러 ACK/NACK 입력 비트들과 2비트 정보 간의 매핑은 관련 다운링크 서브프레임 세트 K 범위 내에서 수신된 다운링크 서브프레임 PDSCH 중에 발생된 HARQ-ACK 개수에 따라 달라진다. 정확한 매핑 테이블은 [4]에서 찾을 수 있다.

15.4 준-지속적인 스케줄링

준-지속적인 스케줄링(SPS: Semi-persistent scheduling)는 모든 시간 분할 이중화 업링크/다운링크 구성으로 사용할 수 있다. SPS의 많은 내용은 LTE FDD와 TDD에 대해 동일하지만, 이번 절에서는 SPS와 관련된 몇 가지 TDD의 세부적인 특성에 대해 다룬다. SPS에 대한 자세한 내용은 13장을 참조하기 바란다. TDD의 특별한 프레임 구조와 일치하기 위해, SPS 자원 간격은 매칭되지 않은 업링크와 다운링크 서브프레임들의 충돌을 피하기 위해 업링크와 다운링크 할당기간의 정수배(즉, 10 ms)로 고정되어야 한다. 그 이유는 업링크 서브프레임과 다운링크 서브프레임이 동시에 존재하지 않기 때문이다. 또한 LTE 업링크는 동기식 HARQ를 사용하고, HARQ 왕복 경로 시간이 10 ms이기 때문에 TDD 대부분의 업링크/다운링크 구성을 위해서는 몇 가지 문제가 있다. 업링크 SPS가 인터넷 텔레포니 트래픽(적응형 다중 비율 코덱 주기성 20 ms)에 사용되는 경우 SPS 자원의 주기가 RTT의 2배이므로 이전 패킷의 두 번째 재전송은 다음 SPS 할당과 충돌된다. 충돌 내용은 그림 15.13에 표시되며, 그림에서 숫자 1, 2, 3은 VoIP 패킷을 나타낸다. 20 ms 지점에서 VoIP 패킷 #1의 2번째 재전송과 VoIP 패킷 #2의 최초 전송 시간이 충돌되고 있는 상태이다. 이 문제를 해결하기 위해 네트워크에서 두 가지 해결 방안(동

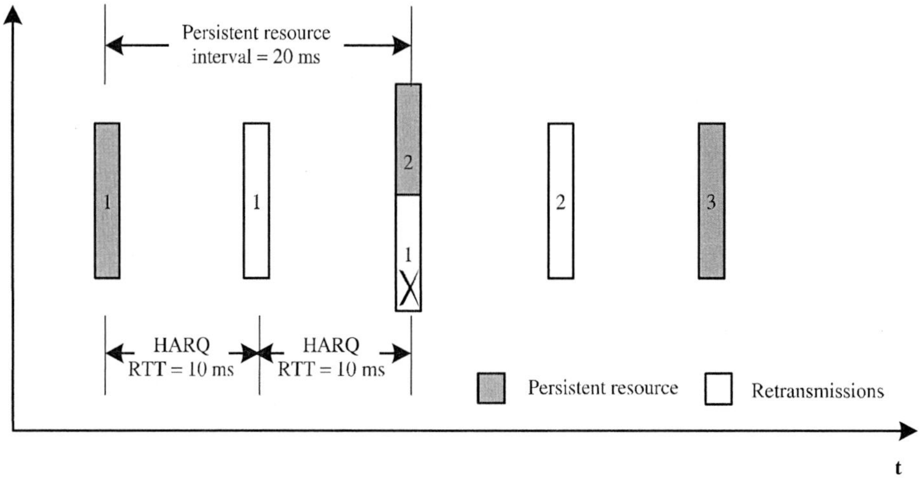

그림 15.13 재전송과 신규전송 사이의 충돌

적 스케줄링과 간격이 다른 2개 SPS 패턴)이 사용될 수 있다.

SPS에 대해 구성된 것이지만 단말은 PDCCH에서 동적 할당에 대한 것이며, 이러한 할당은 언제나 기존 영구 할당보다 우선한다. 충돌 지점에서 동적 스케줄링을 사용하여 그림 15.14와 같이 문제를 완화하는 것이 가능하다. 단말이 재전송을 요구받는다면, 단말은 빈 버퍼를 가지고 있지 않는 경우에 재전송을 수행한다. 이러한 정의를 통해 뒤따르는 다른 유휴 서브프레임을 사용할 수 있을 경우 eNodeB는 현재의 서브프레임 내에서 재전송에 관련된 다음 스케줄을 잡게 되며, 최초 송신을 다시 스케줄 잡게 된다. 최초 송신은 충돌지점에서 다음번 서브프레임들 기간에 SPS 자원들이 자리를 대신하기로 했던 것이다.

두 번째 해결 방법은 두 개의 서로 다른 주기 간격을 가지는 SPS 패턴을 사용하는 것이다. 여기서, 두 개의 SPS 패턴 간격이란 SPS 스케줄링을 위해 두 가지 종류의 서로 다른 주기가 사용된다는 것이며, 종래의 방식에서는 미리 정의된 주기를 기준으로 하나만의 SPS 스케줄링 주기만이 사용되고 할당이 지속되는 것과는 다른 것이다. 두 개의 서로 다른 주기 간격을 가지는 SPS 패턴으로 이루어지는 자원 패턴(T1, T2, T1, T2, ...)은 이전 패킷의 두 번째 재전송과

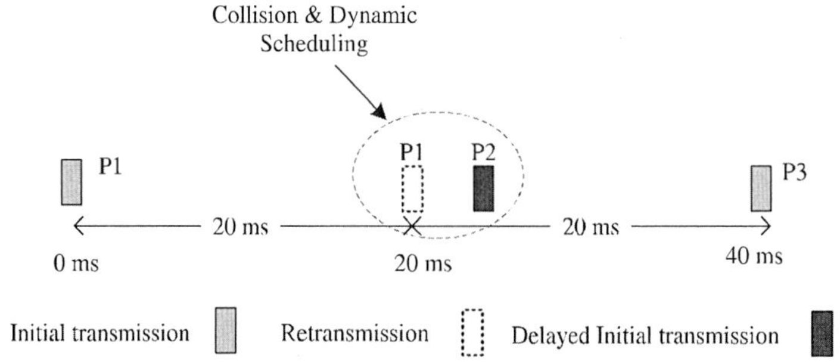

그림 15.14 충돌지점에서의 동적 스케줄링

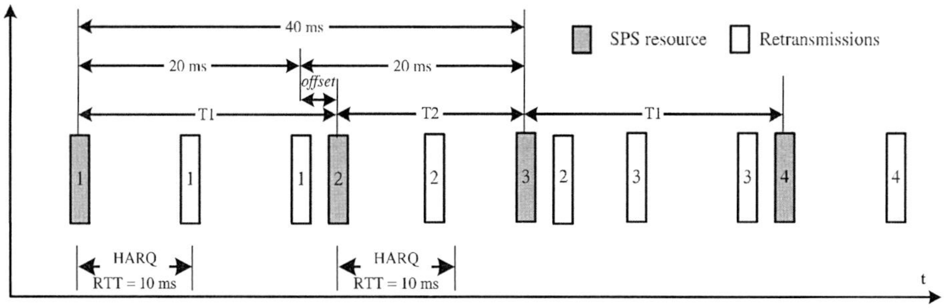

그림 15.15 두 개의 서로 다른 주기 간격을 가지는 SPS 패턴

SPS 할당 사이에서 발생되는 주요 충돌을 피하기 위해 사용된다. 그림 15.15에 이러한 절차를 나타내었으며, T1 ≠ T2이고, T1과 T2가 결합된 조합은 항상 10 ms의 배수가 된다. T1과 T2 사이의 오프셋은 여러 개의 서브프레임들이 되며, 서브프레임 오프셋 변수를 서브프레임 오프셋을 표시하는데 사용한다. 다음 수식은 T1과 T2를 계산하는 공식이다.

$$T1 = SPS\ \text{periodicity} + sub\text{-}frame\_offset;$$

$$T2 = SPS\ \text{periodicity} - sub\text{-}frame\_offset;$$

SPS의 주기성은 무선 자원 제어 신호 서브프레임 오프셋(이것은 그림 15.15에서는 양(+)의 값을 갖지만, 또한 음(−)이 될 수도 있음)에 의해 신호화된다. 이것은 암시적으로 다른 TDD 구성에 따라 정의되고, 두 개의 다른 주기 간격을 가지는 SPS 패턴의 시작 지점이다. 그런 다음 T1(첫 번째 주기성)과 T2(두 번째 주기성)는 위의 방정식으로 계산될 수 있으며, 할당 주기는 항상 첫 번째 시간 주기 T1부터 시작된다. 그러나 두 개의 서로 다른 주기 간격을 가지는 SPS 패턴을 사용하더라도, 요구되는 재전송의 개수가 4개 정도로 많아진다면, 일부 잔여 충돌의 기회는 여전히 남아있을 수 있다. 모든 잔여 충돌은 앞에서 설명한 것처럼 동적 스케줄링에 의해 피할 수 있다.

15.5 다중 안테나 방식과 지정된 기준신호

LTE는 5장에서 설명한 바와 같이 다운링크상에서 많은 수의 서로 다른 MIMO 모드들을 지원하며, 노드 B에 단말 피드백 정보를 제공하여 모두가 닫힌 루프 방식으로 처리된다. eNodeB로부터 송신되는 실제적인 다운링크 매개변수들의 정보와 결합되어 다운링크 닫힌 루프 MIMO를 처리하는 신호의 상당 양을 요약한다. TDD 모드에서는 앞서 언급한 채널 가역성이 신호의 오버헤드를 줄이면서 닫힌 루프 MIMO을 모방하는데 이용될 수 있다. 업링크와 다운링크가 동일한 채널이라는 가정아래, 단말에서 송신하는 사운딩 참조 신호들을 사용하여 업링크의 채널을 추정할 수 있으며, 이러한 채널 지식을 적용시켜 최고의 다운링크 프리코딩 매트릭스를 선택하게 된다. 이런 식으로 단말 피드백을 줄이거나 심지어는 없게 할 수도 있다.

더 나아가, 다운링크 할당 메시지 내부의 프리코딩 매트릭스 표시를 없앨 수 있으며, 이 정보를 전송하기 위해 단말사용 기준 심볼(URS: UE specific reference signals)를 사용한다. 또한 URS의 사용은 단말 검출의 복잡성과 시스템 오버헤드로부터 분리시키게 되는데, 이러한 것들은 각각의 송신 안테나를 위한 셀 특정 기준신호로부터 발생된다. URS는 LTE 릴리즈 8에서 지정되며, FDD와 TDD 모드가 모두 사용될 수 있다. 그러나 이 전송 모드는 채널 가역성을 사용할 수 있는 TDD 설정을 고려할 때 특히 매력적이다.

URS는 안테나 포트 5로 전달되며, 셀 특정 기준신호와 동일한 절차로 생성된다. 유일한 차이점은 단말 무선망 일시 식별자가 코드를 생성하는데 사용되는 의사 랜덤 발생기의 시작점에 영향을 미치는데 있다. 그림 15.16(a)와 (b)에서 정상 주기적 전치 부호와 확장 CP에 대한 패턴을 각각 나타내었다. 그림에서는 12개의 RE가 1 ms 서브프레임마다 물리자원 블록 당 URS용으로 사용되어 추가적인 오버헤드가 상당히 커지게 된다. 정상 CP의 경우에 안테나 포트 0과 1에서 셀 특정 기준신호가 존재하면서 제어채널 영역의 3개 심벌 안테나가 있게 되면, 사용 URS는 데이터 전송을 위한 자원의 수를 10%까지 줄일 수 있다. 다른 한편으로는 셀 가장자리 또는 단말의 빠른 속도에서 매우 강력한 성능을 제공한다.

URS를 사용하는 장점 중 하나는 프리코딩을 정량화할 필요가 없다는 것이다. 데이터와 기준 신호들이 동일한 프리코딩 매트릭스를 사용하고 있는 것과 같이 통합 채널이 직접 단말 특정 기준신호로부터 추정되고, 신호를 복조하는데 사용될 수 있다.

URS의 비교적 큰 오버헤드로 인해, 이 모드는 주로 eNodeB가 4개 이상의 안테나를 배치할 때 사용될 것으로 예상된다. 릴리즈 8 규격은 4개 이상의 서로 다른 공통 기준신호 포트들을 허용하지 않으므로, 4개 이상의 경우에 단말 특정 빔포밍을 할 수 있는 유일한 방법은 URS를 사용하는 것이다.

URS가 사용될 때 안테나가 배치되는 방법과 프리코딩이 결정되는 방법은 eNodeB 구현이 달라질 수 있는 판매회사 고유의 문제이다. 여기에서는 2가지 다른 시나리오가 다루어진다. 안

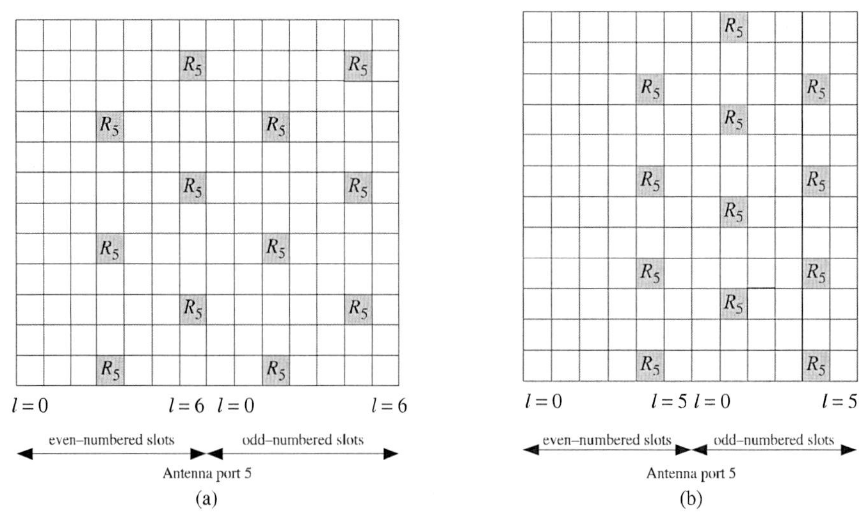

그림 15.16 (a) 정상 CP의 URS 패턴, (b) 확장 CP의 URS 패턴

테나가 옥상 위에 장착된 전형적인 매크로 셀에서 채널의 방위각에 따른 확산을 낮추기 위한 최적의 해법은 좁은 간격으로 안테나를 배열하고, 좁은 빔을 만드는데 기존 각도에 따른 빔포밍을 수행하는 것이다. 이렇게 하면 단말을 향해 전력을 집중시킬 수 있으며, 다른 단말들에 의한 간섭을 줄일 수 있다. 이 경우, 시스템은 도착 방향(DoA)을 추정하는데 단지 업링크로부터 송신에만 의존하며, 채널 가역성에는 의존하지 않게 된다. 또한, 표준에서는 동일한 섹터에서 다른 사용자들의 시간과 주파수 자원들을 재사용할 수 있도록 허용되며, 충분한 각도 분리는 성능을 유지하기 위해 필요하다.

기지국 주위에 많은 산란체들이 있는 시나리오에서는 방위각 확산이 더 커질 수 있고, 빔포밍이 잘 동작하지 않을 수도 있다. 또 다른 해결책은 업링크의 SRS로부터 얻어진 복소 채널 행렬의 고유 벡터들에 의해 결정된 프리코딩에 의존하는 것이다. 방위각 확산이 증가되면 채널의 랭크가 1보다 커질 수 있으며, 단말은 잠재적으로 듀얼 스트림 송신의 이득을 얻을 수 있다. 듀얼 스트림 송신은 릴리즈 8에서는 지원되지 않았지만 릴리즈 9에서는 포함되었으며, URS를 사용하는 MIMO의 기능이 허용되고 있고, 이를 위해 전송 모드 8이 LTE 물리계층 규격에 추가된다. MIMO, 빔 포밍, 채널 모델링에 대한 자세한 내용은 [6]을 참조한다.

15.6 LTE TDD 성능

이 절에서는 LTE TDD에 대한 성능을 분석한다. FDD 모드에 대한 성능은 이미 광범위하게 10장에서 분석되었다. 많은 관측의 대부분에서 TDD 모드가 FDD와 동일하게 적용되는 것을 나타내지만, 이절에서는 TDD 모드가 FDD 모드와 다른 분야에 대해 집중하여 살펴본다. 먼저 링크의 성능을－즉, eNodeB와 단말의 수신기들이 물리채널들을 얼마나 잘 디코딩할 수 있는가－살펴본다. 참조 신호 패턴들과 채널 코딩으로 듀플렉싱 모드를 처리하게 되면, 일반적으로 이러한 영역에서는 FDD와 TDD 사이에 차이가 거의 없다. 링크 성능을 살펴본 다음에는 링크 설계방법에 대해 다룬다. TDD를 위한 링크 설계는 FDD와는 다른데 그 이유는 불연속 송신 때문이다. 따라서 TDD에서 다른 비트 속도에 대한 커버리지는 예외없이 FDD보다 나빠진다. 그러나 이외에도 제대로 TDD 링크 설계를 평가하기 위해서 아직도 많은 세부적인 사항들이 존재한다.

이 절 마지막에서는 시스템 성능을 다룬다. 먼저 섹터 당 소수의 사용자가 대량의 데이터를 다운로드하는 것으로 가정하여 최선의 서비스를 위해 노력하는 상태에 대해 살펴본다.

특정한 수의 활성화된 사용자들이 정해진 비트 전송률로 전달되는 네트워크 설계를 가정하면, FDD와 TDD 기술을 기반으로 하는 네트워크들 사이의 가장 중요한 차이점은 TDD 모드 업링크와 다운링크의 시스템 대역폭이 FDD와 비교할 때 2배가 필요하다는 것이다. 또한 데이터 송신에서도 FDD와 비슷한 비트 속도를 얻으려면 TDD 시스템에 더 넓은 송신대역폭을 필요로 한다. 시스템 대역폭과 송신 대역폭이 모두 무선 자원 관리 알고리즘의 동작에 영향을 미치며, 이러한 상태에서 시스템 성능에 대한 영향을 분석한다.

인터넷 텔레포니 서비스를 가정하여 성능을 평가하는데, 비트 속도가 낮고 많은 사용자들이

100%의 VoIP 트래픽으로 동작되는 시스템에서는 성능에 약간 다른 관점을 제공한다. VoIP가 비대칭 서비스이므로 업링크와 다운링크 자원 사이의 분할을 조절할 수 있는 TDD 시스템이 FDD보다 높은 VoIP 용량을 유지할 수 있다. 많은 단말들이 커버리지가 제한되는 지역에서는 TDD 시스템의 HARQ 왕복시간 증가도 VoIP 성능에 어느 정도 영향을 준다.

15.6.1 링크 성능

데이터 전송에 대한 링크 성능에 영향을 미치는 가장 중요한 두 요소는 채널 추정과 채널 코딩이다. 기준신호 설계와 채널 코딩은 TDD 및 FDD와 매우 유사하므로 링크 성능도 비슷하다. TDD에서는 불연속 송신이라는 것이 차이점 중 하나이다. FDD 수신기는 이전 서브프레임으로부터 기준신호를 이용하여 채널을 추정한다. 이것은 단말 수신기가 신호를 수신하자마자 제어채널 영역을 디코딩해야 하는 지점에서 다운링크 성능을 위해 특히 중요하다. TDD 시스템에서는 업링크→다운링크로 스위칭 직후에 송신되는 서브프레임을 단말 수신기가 디코딩할 때 서브프레임 이전의 기준신호에 의존할 수 없게 되고, 이로 인해 채널 추정과 제어채널의 커버리지가 나빠질 수 있다. 이러한 잠재적인 손실의 중요성은 단말 구현에 따라 달라지는데, 예를 들어 단말이 두 번째 열 기준신호를 기다릴 수 있다면 성능 저하를 줄일 수 있다.

FDD와 TDD 간 링크 성능에서 또 다른 잠재적인 차이는 S 서브프레임과 관련이 있다. 앞서 설명한대로 보호 주기는 하향링크 파일럿 타임 슬롯 내에서 심벌의 개수를 조정하여 만들어진다. DwPTS 길이가 감소하면, 몇 가지 기준신호들을 제거하는데, 새로운 위치들로 그것들을 이동시키는 것이 규칙이 아니기 때문이다. 서브프레임 이전의 기준신호로서 채널 추정을 개선하기 때문에, 잠재적인 손실은 별로 크지 않다. 단말 지정 기준신호들의 특별한 경우는 전체 DwPTS 기간동안 참조 신호 중 하나의 열을 잃어버린다. 이 경우 단말이 서브프레임 이전의 기준신호를 사용할 수 없게 되므로, 다른 사전 코딩으로 전송되어질 수 있다.

단기 임의 접근 채널 성능은 1 ms RACH 프리앰블에 비해 분명히 나빠지므로, 링크 설계가 큰 문제가 되지 않는 환경에서만 사용해야 한다.

15.6.2 TDD 시스템용 링크 설계와 통신가능 구역

링크 설계 계산은 서로 다른 비트 속도의 범위를 추정하는 것을 목표로 한다. 10장에서 LTE의 링크 설계를 계산하는 방법에 대한 상세히 설명하였다. 이 절에서는 TDD와 FDD 모드를 위한 링크 설계의 차이점에 초점을 맞춘다. 대부분의 차이는 단말의 최대 송신전력 제한에서 나타나므로, 이후에는 업링크 설계에 주의한다.

TDD 방식의 단말은 다운링크 수신기간에 송신이 중단되어야 하므로 송신상태가 지속적으로 유지될 수 없다. 따라서 단말이 FDD 방식과 유사한 비트 속도를 유지하려면 더 넓은 대역폭과 더 낮은 전력 밀도로 송신상태를 유지해야 한다. 더 낮은 전력밀도의 의미는 단말 송신기가 1 Hz 당 전력이 아닌 전체 최대전력에 제한된다는 사실에서 비롯된 것이다.

예를 들어, 다운링크대 업링크의 점유율이 3 : 2이면, TDD 업링크 송신을 위한 대역폭이 대략 5/2배 가량 필요하기 때문에 단말 송신 전력 밀도는 $10 \times \log 10(2/5) = -4$ dB까지 줄어든다. 이러한 내용은 기지국에서 정해진 거리까지 도달 가능한 최대 FDD 비트 속도가 TDD 시스템에서 최대 단말 송신전력을 가질 때보다 대략 2.5배 빨라질 것이라고 볼 수도 있다. 다운링크의 경우 진화된 노드B의 전력 증폭기 크기가 시스템 대역폭에 따라 조정될 수 있으므로, 전력 밀도는 FDD와 TDD 방식이 비슷하다고 가정할 수 있다.

업링크 커버리지 관점에서 보면 TDD 시스템보다 FDD 기반의 시스템이 지속적인 송신으로 인해 유리하다. TDD 사용 대역이 일반적으로 2.3 GHz 또는 2.5 GHz와 같이 높은 주파수에 위치하므로, TDD 시스템으로 커버리지를 확보한다는 것은 도전이 될 수 있다. 그림 15.17은 도시외곽의 전파 환경에 대해 셀 범위를 비교한 것으로, 최대 커버리지는 낮은 주파수에서 FDD 시스템을 사용할 때 얻어진다. LTE2500 TDD보다 LTE900 FDD의 셀 커버리지가 4배 길며(셀 면적은 16배 넓음), LTE2500 FDD는 80% 더 길다. 이때 데이터 전송률은 64 kbps, 실내 침투 손실은 18 dB, 기지국 안테나 높이는 50 m, 보정 계수는 -5 dB로 가정하여 Okumura Hata 전파 모델로 셀 범위를 계산한 것이다. LTE의 최대 커버리지를 유지하기 위해 높은 주파수에서는 LTE TDD를 배치하고, 낮은 주파수에서는 LTE FDD를 조합하여 배치할 수 있다.

15.6.2.1 커버리지를 위한 MCS 선택과 단말 송신대역

특정한 비트 속도의 목표값을 위해 변조 기법과 채널 코딩 기법(MCS: Modulation and Coding Scheme)과 전송 대역폭의 여러 가지 조합들이 적용되어 다양한 커버리지와 스펙트럼 효율성을 나타낸다. 섀넌의 정보 이론[7]에서 언급된 바와 같이 전체 송신 전력이 제한된 상태에서 커버리지를 최대로 하려면, 물리계층 스펙트럼 효율성(SE) < 1 bit/s/Hz일 때 MCS를 증가시키고, SE > 1 bit/s/Hz 일 때 대역폭을 증가시켜야 한다. 대역폭을 조정하는 것이 주파수 효율에 영향을 주지는 않으나, MCS를 증가시키는 것은 링크가 1 bit/s/Hz(LTE 직교 위상 천이 변조 2/3에 대해 적용)의 SE를 달성하는 MCS로 동작되도록 하는 것이다. 그러면 대역폭이 조정되어 최적의 커버리지에 적합한 비트 전송률을 얻을 수 있게 된다.

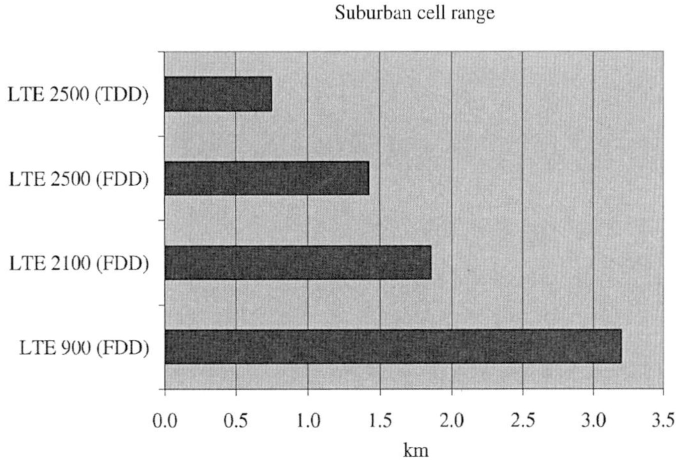

그림 15.17 64 kbps용 LTE FDD와 TDD 시스템의 업링크 셀 범위

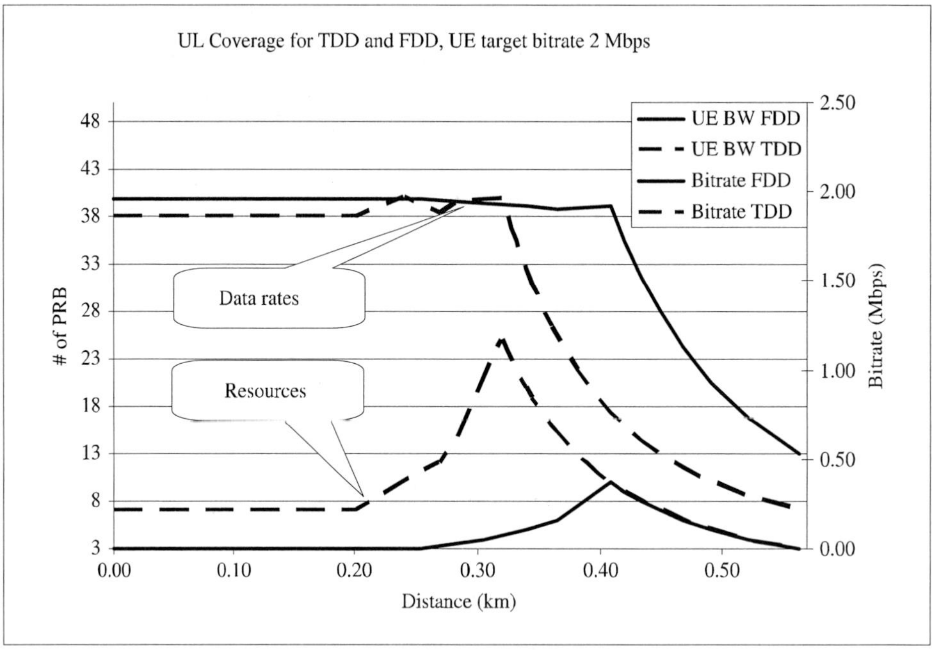

그림 15.18 목표 비트 전송률 2 Mbps일 때, FDD와 TDD 업링크를 위한 커버리지와 필요한 PRB의 개수 (커버리지 제한된 영역 내에서 MCS는 QPSK 3/4)

그림 15.18에서는 이러한 과정의 예를 나타낸다. 셀 가장자리의 단말은 MCS QPSK 3/4을 선택하고, 사용 가능한 송신 전력과 요구되는 신호 대 간섭 및 잡음비에 따라 전송 대역폭을 설정한다. TDD와 FDD 방식의 단말 모두에 대해 특성 곡선을 나타내며, [8]에 주어진 가정을 따른다. 그림에서 단말이 Node B쪽으로 움직이면, 경로 손실은 감소되고, 링크 이득은 단말 전송 대역폭을 증가시키는데 사용될 수 있다. 전송 대역폭이 증가할수록 단말 비트 속도도 증가한다. 단말 목표 비트 전송률에 도달하는 시점에서 단말 경로 손실이 더 줄어들게 되면, 목표값에 해당되는 비트 전송률을 유지하면서 MCS를 증가시키고, SE를 개선하기 위해 대역폭을 줄이기 시작한다. 최대 MCS에 도달하는 시점에서는 단말의 전체 송신 전력을 줄이기 시작한다. TDD 시스템의 eNodeB로부터 업링크 300 m 범위에서 2 Mbps를 지원하는 반면, FDD 시스템은 2 Mbps에 대한 범위를 400 m까지 증가시키게 된다. 단말의 송신 전력, MCS 및 전송 대역폭과 관련된 자세한 정보는 10장을 참조한다.

15.6.2.2 저속 비트 전송률에 대한 커버리지

데이터 비트 전송률이 감소하면, 헤더와 순환 잉여 검사의 상대적인 오버헤드가 증가한다. 이러한 영향으로 FDD 모드에서 조차 매우 좁은 대역과 낮은 MCS인 상태에서 커버리지 문제로 단말들을 스케줄링하는 것이 의미가 없게 된다. 표 15.3에 데이터 비트 속도 64 kbps인 예제를 나타내었다. 과도한 오버헤드로 인해 TDD 3 다운링크와 2업링크 구성에서 업링크를 위한 단말 대역폭이 단지 1.6배 증가된다. 이에 따른 송신 전력 손실은 2dB가 되며, 앞의 예에서 살펴본 오버헤드가 고려되지 않은 예에서 계산된 4dB보다 낮다.

표 15.3 요구되는 단말 송신 대역폭(64 kbps 지원을 위한 TDD와 FDD)

System	TDD UL with 3DL/2UL	FDD UL
Service bit rate [kbps]	64	64
MCS	QPSK 1/10	QPSK 1/10
Data bits per TTI [bits]	160	64
Header (3 byte) CRC (3 byte) [bits]	48	48
Total bits per TTI [bits]	208	112
Payload per PRB in physical layer. (2 Symbols for DM RS 1 Symbols for SRS)	27 bits	27 bits
Required # of PRB	8 PRB	5 PRB

15.3.4절에서 설명한대로 낮은 비트 전송속도에서 오버헤드를 줄이는 한 가지 방법은 전송 시간 간격 번들링을 사용하는 것이다. TTI 번들링이 활성화되면, 특정 제한 시간 내 재전송의 최대 개수가 증가된다. 그렇게 하면 좀 더 적극적으로 MCS 선택이 이루어지므로 프로토콜 헤더와 CRC의 상대적인 오버헤드를 낮출 수 있다. TDD 방식에서 업링크 TTI의 개수가 FDD 방식보다는 줄어들므로, TTI 번들링으로 나타나는 설계상 잠재적인 링크 개선은 FDD 만큼은 중요하지 않다. 표 15.4에서 3다운링크와 2업링크 구성의 VoIP 서비스에 대해 살펴보면, 50 ms인 한 개의 VoIP 패킷에서 TTI의 개수가 5에서 8로 변화되어 2dB 개선이 링크 설계에서 나타난다. TDD방식의 2다운링크와 3업링크나 3다운링크와 2업링크 구성에서는 서로 비슷한 링크 설계상 향상이 이루어짐을 알 수 있다.

마지막으로 업링크 상 기지국 커버리지에서 멀리 떨어져서 매우 낮은 업링크 비트 속도로 작동할 때에는 제어채널은 제한 요인이 될 수 있다. ACK/NACK 번들링 모드가 선택되면 필요한 수신기 감도가 TDD나 FDD에서 비슷해지도록 TDD용 제어채널이 설계된다.

15.6.3 시스템 레벨 성능

TDD 모드는 FDD와 여러 측면에서 비슷하며, 성능 관점에서 시스템을 분석할 때도 유효하다. 일반적으로 시간과 주파수 영역의 듀플렉싱을 비교할 때 주파수 대역을 사용하는 방법에는 몇

표 15.4 VoIP 패킷에 대한 TDD와 FDD 방식별 TTI 번들링 유, 무에 따른 요구되는 SINR (단말 송신대역은 360 kHz(2PRB)로 가정)

System	TDD (3DL/2UL or 2DL/3UL)		FDD	
Bundling enabled	No	Yes	No	Yes
Number of transmissions	5	8	7	14
Required SINR	−3.3 dB	−5.3 dB	−4.7 dB	−7.7 dB

가지 차이점이 있는데, 이는 스펙트럼 효율을 완전히 공정하게 비교를 어렵게 한다.

TDD 시스템은 업링크와 다운링크 사이에 보호 주기가 필요한 반면, FDD 시스템은 주파수 간격을 크게 하여 분리해야 한다. TDD 시스템의 업링크와 다운링크의 자원이 같은 크기라면, 서로 인접한 주파수 대역에서 운영될 수 있지만, 서로 다른 크기라면 FDD의 업링크와 다운링크를 구분하는 것과 비슷한 방법으로 분리해야 한다.

또 다른 스펙트럼에 관련된 문제는 FDD 시스템과 비슷한 용량을 제공하려면, TDD 시스템의 다운링크와 업링크의 시스템 대역폭이 FDD 시스템의 두 배가 되어야 한다는 것이다. 이것은 무선 자원 관리에 영향을 미치게 되며, 사용자들이 일반적으로 넓은 전송 대역폭에서 동작하게 된다. 따라서 단말의 제한된 송신 전력으로 인해 업링크 데이터 전송이 도전적인 부담스러운 것이 될 수 있다.

TDD 무선자원 관리 방안을 위한 하나의 장점은 채널 가역성을 이용할 수 있는 것이다. 현재 RRM 프레임 작업에서 (8장 참조) 2개 병렬 메커니즘이 채널 상태 정보를 얻기 위해 사용될 수 있다. 다운링크의 경우 단말은 다운링크 기준신호를 측정하고 이를 바탕으로 채널 품질 정보, 랭크 표시자 및 프리코딩 행렬 인덱스 보고서를 피드백시키는 형태로 구성될 수 있다. 업링크에서는 단말이 노드 B에서 무선 채널을 측정할 수 있도록 사운딩 참조 신호를 송신할 수 있다. TDD 방식에서는 채널 가역성이 존재하는 경우에 우리는 업링크 채널상태로부터 다운링크 채널상태를 추론할 수 있거나 혹은 그 반대인 두 가지 메커니즘 중 오직 한 가지가 요구된다. 앞서 언급한 바와 같이, 실제적인 RRM 해법으로 작동되기 전에 도전적인 것들이 있는데, 업링크와 다운링크 간섭 수준의 차이, 다양한 업링크와 다운링크 안테나 구성 및 무선 체인 교정의 부족과 같은 것이며, 다른 한편으로는 이득이 중요해질 수도 있다. 예를 들어 업링크의 SRS가 업링크 시스템 용량의 10% 이상을 차지할 수 있다. 채널 가역성에 대한 자세한 논의는 15.2.4절을 참조한다.

15.6.3.1 TDD 시스템을 위한 왕복 시간

LTE 시스템에는 몇 가지 목적을 위해 피드백 제어 루프들이 사용된다. TDD 시스템이 지속적으로 송·수신을 하지 않으므로, 여러 가지 제어루프에 소요되는 왕복시간이 늘어나게 되어 잠재적으로 시스템 성능이 떨어지게 될 것이라고 기대할 수 있다. 그러나 처리 시간-즉, 단말 또는 노드 B에서 이루어지는 제어 정보의 디코딩과 인코딩에 필요한 시간-에 대한 필요성 때문에 TDD와 FDD 사이의 일반적인 왕복 시간은 매우 비슷하다. 대부분의 대표적인 경우에 발생된 지연이 10 ms의 차수로 나타나며, FDD 왕복 경로 시간의 8 ms에 비교되므로, LTE TDD 또는 FDD를 통해 실행되는 것과는 관계없이 TDD 프레임 구조의 영향은 낮아지고 전송 제어 프로토콜/인터넷 프로토콜의 성능에 영향을 미치지 않게 된다.

15.6.3.2 스케줄링

LTE RRM의 핵심 기능 중 하나는 채널 인식 스케줄링이며, 업링크와 다운링크 모두에 사용할 수 있다. 좋은 조건에서 이 기능은 커버리지에서 더 중요한 개선사항과 함께 스펙트럼 효율성에서 50%까지 이득을 가져올 수 있다. 스케줄링 이득을 극대화하기 위해서는 주파수 선택적 채널 정보를 취득하는 것과 최적의 주파수 자원을 단말에게 할당하는 제어신호 체계의 유연성을 가지는 것이 중요하다. 주파수 선택적 채널 상태의 자세한 정보를 취득하는 것과 주파수 영역에서 유연한 자원 할당을 가능하게 하는 것은 제어신호면에서 비용이 매우 많이 든다.

다운링크용으로 서로 다른 주파수 자원 배분 구성의 개수가 표준으로 지정된다. 채널 인식 스케줄링을 위해서 지정된 가장 효과적인 할당 방식은 하나의 비트 마스크를 제공하는 것으로, 서브 밴드에 해당하는 각각의 비트가 많은 연속적인 물리 자원 블록들을 구성한다. 다른 서브밴드들을 위한 채널 상태를 얻기 위해 CQI 레포트가 유사한 비트 마스크를 포함한다. 비트 마스크에는 최고의 M 서브밴드들을 지시하며, 이러한 서브밴드들에서 지원되는 MCS 중 하나를 표시한다. 하나의 서브밴드에 있는 PRB의 개수와 M의 값은 규격에서 정해진다. 비트 마스크의 크기가 시스템 대역폭에 따라 증가하므로, 시스템 대역폭의 증가에 따라 서브밴드의 크기를 증가시키게 된다. 10 MHz FDD 다운링크와 20 MHz TDD 다운링크를 비교하면, 스케줄링 이득은 특히 좁은 주파수 상관 대역폭을 가진 채널들을 위한 20 MHz에 대해 몇 가지 손실을 가질 가능성이 높다. 반면에 시스템 대역폭의 증가는 TDD 시스템에게 향상된 주파수 다이버시티에 의한 이득을 줄 수 있다.

단일 캐리어 제한으로 인해 업링크의 경우 주파수 자원들이 연속적으로 할당되어야 한다. 따라서 낮고 높은 시스템 대역폭 사이에서는 자원 할당 시그널링에 대한 차이가 없다. 채널 상태 정보를 얻기 위해 단말로부터 SRS 송신을 활성화할 수 있다. SRS는 자원을 차지하며, 다운링크에 대한 상황과는 반대로 대역폭이 넓어질수록 SRS를 위한 더 많은 자원들을 필요로 한다. 반면에 채널 인식 스케줄링 이득을 얻기 위해 전체 대역폭 이상의 채널 상태 정보를 알 필요는 없다.

자원 할당 시그널링은 다운링크 제어채널 자원을 많이 소모하며, 하나의 TTI에 스케줄링되는 사용자의 숫자는 일반적으로 10~20으로 제한된다(업링크로 5~10과 다운링크로 5~10 사용자). TDD의 시스템 대역폭은 FDD의 2배가 된다고 가정하기 때문에 시스템에서 전체 대역폭을 사용하기 위해서는 TDD의 단말들이 2배의 대역폭으로 동작해야 한다(그림 15.19 참조). 특

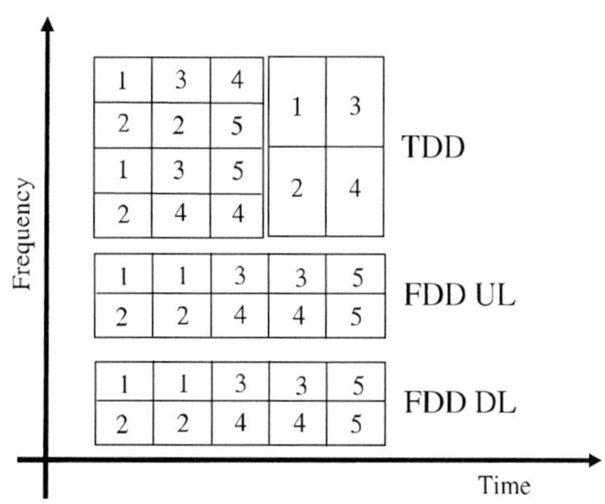

그림 15.19 LTE의 TDD와 FDD의 자원할당 방법(TTI당 스케줄링된 사용자의 수가 제한되므로, TDD 모드의 단말들은 더 높은 대역으로 송신이 결정된다)

히 단말 대역폭의 증가는 업링크 채널 인식 스케줄링 이득에 영향을 미칠 수 있다. 주파수 자원이 연속적으로 할당되도록 한다면, 주파수 영역에서 채널 품질에 따라 자원을 할당하기가 어렵다.

업링크와 다운링크 비율에 따라 다운링크 제어채널 자원의 총량은 변화되어 각각의 다운링크 서브프레임마다 3개의 심벌까지(DwPTS을 위해서는 2개) 제한될 수 있다. 2다운링크와 3업링크 TDD의 경우 많은 다른 구성이 존재하는 FDD보다 잠재적으로 더 적은 자원을 가지게 된다. 3다운링크와 2업링크의 일반적인 경우 대응되는 FDD보다 다운링크 제어채널 자원을 약간 더 가지게 되며(TDD용 20 MHz 대역 내 8개 심벌 대비 FDD용 10 MHz 대역 내 15개 심벌), FDD와 TDD 사이에 큰 차이는 없게 된다. TDD 할당 메시지(하향 링크 제어 정보)가 약간 높은 페이로드를 가지는 것이 언급되어야 한다. 둘은 높은 시스템 대역 때문이고, 멀티 TTI와 ACK/NACK 번들링과 같은 특수 기능을 위한 추가 비트 때문이다.

15.6.3.3 업링크 전력 제어

업링크 전력 제어는 또다른 매우 중요한 RRM 기능이며, 섹터에서 비트 속도의 분포에 큰 영향을 미친다. 또한, 전력 제어 매개변수를 미세 조정하면 셀 스펙트럼 효율과 커버리지를 모두 향상시킬 수 있다. 앞서 논의했듯이 전형적인 TDD 단말은 FDD 단말에 비해 높은 대역폭으로 전송해야 한다. 이것은 업링크 송신 전력 자원에 대해 추가적인 압박을 가하게 되는데, 이미 제한된 자원상태에서 TDD 시스템에 대해 커버리지를 악화시킬 수 있다. 그러나 간섭이 시스

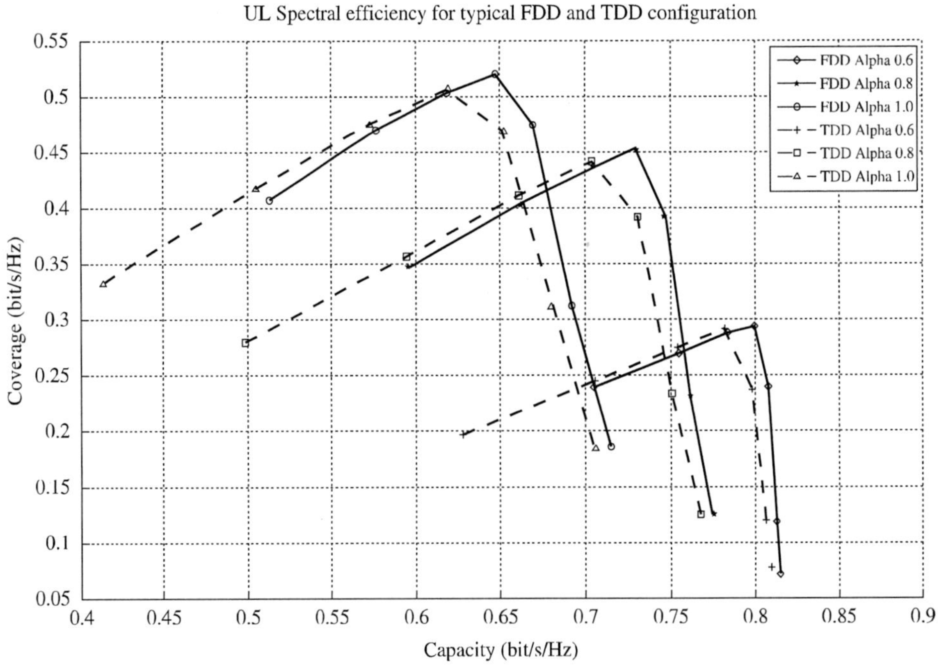

그림 15.20 TDD와 FDD 시스템의 업링크 주파수 효율([8]의 가정에 따라 서로 다른 전력 제어를 사용)

템 성능을 제한하는 경우 성능 차이는 작을 것으로 예상된다. 그림 15.20은 20 MHz TDD 시스템과 2 × 10 MHz FDD 시스템 간 업링크 스펙트럼 효율성을 비교하고 있다. 여기서 TDD의 단말들은 12개의 PRB로 송신하고, FDD는 6개의 PRB로 송신한다. 이 그림에서 셀과 커버리지 성능이 모두 매우 비슷하지만, FDD 시스템이 약간 더 좋다는 것을 알 수 있다. 그 차이는 높은 대역폭으로 인해 채널 인식 스케줄링 이득이 감소되기 때문이다. 시스템에서 최적의 업링크 간섭 수준은 대역폭에 의존한다. 알파의 값에 관계없이 12 PRB 단말의 대역폭인 경우는 6 PRB의 경우보다 3 dB 낮다. 사이트의 밀도가 감소하면 TDD 시스템의 커버리지 성능이 FDD 시스템에 비해 빠르게 감소할 것이며, 결국 링크 설계의 차이에서 효과를 얻을 수 있다.

15.6.3.4 다운링크 HARQ Ack/Nack 번들링

마지막으로 15.3.6절에서 설명한 다운링크 HARQ ACK/NACK 번들링 기능이 성능에 미치는 영향을 살펴본다. 단지 하나의 ACK/NACK가 여러 서브프레임들에 대한 용도로 사용되고, 이러한 서브프레임들이 재전송의 다른 번호로 다른 HARQ 프로세스들로부터 발생되므로, 과도한 재전송 발생의 위험이 있다. 특히, 적극적인 MCS 선택으로 커다란 다운링크 TDD 구성을 고려한다면, 높은 재전송 확률의 결과로 다운링크 시스템 성능이 떨어지게 된다.

이러한 영향은 첫 번째 전송에 상대적으로 낮은 블록에러율을 가지는 HARQ를 운영함으로써 상쇄시킬 수 있으나, 반면에 다운링크 HARQ가 준최적 동작점에서 작동하게 된다. ACK/NACK 번들링에서 과도한 재전송을 감소시키는 또 다른 방법은 사용자들을 적은 회수지만 높은 대역폭을 갖도록 스케줄링하는 것이다. 그러나 이것은 채널 인식 스케줄링 이득을 줄어들게 할 수 있다. 3다운링크, 2업링크의 서브프레임들로 구성된 가장 일반적인 TDD 구성에서 최대 2개 ACK/NACK로 번들링될 때까지 ACK/NACK 번들링에 의한 영향은 그리 크지 않다.

시뮬레이션에서 4다운링크와 1업링크의 경우 손실이 10% 미만임을 보여준다. 그러나 커버리지 문제를 가진 사용자들이 링크 설계를 위해 HARQ에 의존하는 상태에서는 과도한 재전송이 더 중요한 성능상 문제가 될 수 있는데, 이때 일반적으로 하나의 NACK가 여러 TTI의 재전송을 트리거링하게 된다.

15.6.3.5 VoIP의 성능

VoIP(Voice over Internet protocol) 음성 트래픽은 LTE TDD 모드에서 최대한 효율적으로 지원되어야 한다. 그러나 LTE TDD에서 VoIP를 지원하는데 있어 FDD 모드에서와 매우 비슷한 몇 가지 도전에 직면한다; (1) 더 길어지는 HARQ RTT 상태에서 엄격한 지연 요구사항, (2) 다양한 업링크/다운링크 구성을 위한 각종 제어채널 제한, (3) 업링크의 불연속 송신으로 인해 더욱 심각해지는 커버리지 문제. 또한 다수의 업링크/다운링크 구성이 가능해지므로, VoIP 전체 용량을 높이는데 사용할 수 있다.

다음은 5 MHz 시스템 대역폭을 가지는 LTE TDD 모드에서 VoIP 트래픽에 대한 시스템 수준의 성능을 나타낸다. 용량 평가 기준은 FDD과 동일하다(5% 차단율을 초과하지 않도록 지원되는 섹터당 VoIP 최대 사용자들의 숫자로 정의). VoIP 용량은 매크로 셀 시나리오 1과 3에서 시스템 레벨 시뮬레이션을 통해 얻어지며[9], 그때의 주요 시스템 시뮬레이션 매개변수는 [10]

의 내용과 부합된다.

13장의 FDD처럼, 표 15.5과 15.6에 VoIP 용량의 시뮬레이션 결과를 요약한다. 이때 2개의 서로 다른 적응형 다중 비율 코덱을 사용하며(AMR 7.95과 AMR 12.2), 모두 동적 스케줄러와 SPS를 사용하여 [8]에 정의된 매크로 케이스 1과 3에 대해서 실행한다.

업링크와 다운링크의 모든 시뮬레이션을 위해 S 서브프레임에 사용되는 제어 심벌의 수는 2로 고정하고, 거기에 6개의 제어채널 요소를 포함시킨다. 정상적인 다운링크 서브프레임에서는 3개의 제어 심벌이 사용가능하며, 업링크와 다운링크 제어용으로 10개의 CCE가 제공된다.

표 15.5 LTE TDD에서 VoIP 용량 @5 MHz Macro Case 1

Downlink Capacity	Configuration 0 (2DL/3UL)		Configuration 1 (3DL/2UL)	
VoIP codec	AMR12.2	AMR7.95	AMR12.2	AMR7.95
Dynamic scheduler, without packet bundling	64	64	112	112
Dynamic scheduler, with packet bundling	114	122	194	206
Semi-persistent scheduler	102	140	168	220
Uplink Capacity				
VoIP codec	AMR12.2	AMR7.95	AMR12.2	AMR7.95
Dynamic scheduler	88	92	88	114
Semi-persistent scheduler	134	174	86	110

표 15.6 LTE TDD에서 VoIP 용량 @5 MHz Macro Case 3

Downlink Capacity	Configuration 0 (2DL/3UL)		Configuration 1 (3DL/2UL)	
VoIP codec	AMR12.2	AMR7.95	AMR12.2	AMR7.95
Dynamic scheduler, without packet bundling	54	54	94	94
Dynamic scheduler, with packet bundling	90	94	158	168
Semi-persistent scheduler	84	114	144	194
Uplink Capacity				
VoIP codec	AMR12.2		AMR 12.2	
Dynamic scheduler, without TTI bundling	<40 (50 ms delay bound)		<40 (50 ms delay bound)	
Dynamic scheduler, with TTI bundling	<40 (50 ms delay budget) 50 (60 ms delay budget) 72 (70 ms delay budget)		<40 (50 ms delay budget) 50 (60 ms delay budget) 54 (70 ms delay budget)	

LTE TDD를 위한 다운링크 VoIP 용량: 패킷 번들링이 시뮬레이션 시나리오 모두에 대해 허용되지 않는다면 완전히 동적인 PS의 성능은 굉장히 제어채널에 의해 제한된다. 그러나 패킷 번들링을 택하고 좋은 CQI를 가진 사용자는 적게 스케줄링되고, 더 많은 제어채널 자원들이 다른 사용자들에게 사용되도록 자유롭게 풀리기 때문에 용량은 70~90%까지 증가된다. FDD와 TDD사이에 패킷 번들링 개념에 대한 차이는 없다. 패킷 번들링에 대한 자세한 내용은 13장을 참조한다. 그리고 제어채널이 제한된 상황에서는 반영구적인 패킷 스케줄러가 매우 잘 동작되며, 패킷 번들링이 허용되지 않은 경우에는 항상 동적 PS보다 성능이 좋다. 한편, 패킷 번들링이 허용되고 VoIP 패킷 페이로드가 충분히 높다면(예를 들어, AMR12.2 이상), 완전히 동적인 PS가 반영구적인 PS를 능가하게 되므로, 제어채널 제한을 회피할 수 있다. 시나리오 1과 시나리오 3 사이의 성능 차이는 15~20%까지 나타나는데, 시나리오 3에서 조차도 다운링크 송신 전력이 그리 제한되지 않기 때문에 차이가 크지 않다.

LTE TDD를 위한 업링크 VoIP 용량: 구성 0은 심각하게 제어 채널로 제한된 경우로 볼 수 있으므로, 동적 스케줄링의 성능은 사용 가능한 제어채널의 제한된 개수로 인해 아주 나빠진다. 다른 AMR 코덱에 대해 SPS와 비교하면 성능 손실은 40~80%에 달한다. 대조적으로, 구성 1은 제어채널과 느슨한 관계이므로, 동적 스케줄링의 성능이 SPS보다 조금 더 좋은데, 그 이유는 유연한 재전송과 주파수 도메인 패킷 스케줄링 주파수 영역 패킷 스케줄러 이득 때문이다. 매크로 케이스 1과 3 사이에 성능 차이가 50% 이상으로 크다. 단말의 송신 전력은 적절한 링크 설계를 제공할 수 있을 만큼 충분히 크지 않다.

매크로 케이스 3인 경우 TTI 번들링과 긴 지연의 한계가 성능면에서 큰 이득을 제공할 수 있다. 예를 들어, TDD 구성 0에 대한 70 ms 지연 설계 내에서 TTI 번들링을 사용하면 에너지 축적 이득이 3.0 dB까지 얻어진다. 그러나 TTI의 번들링이 없다면 에너지 축적이 부족하여 좋은 VoIP 용량(즉, < 40 사용자/섹터)을 얻는 것이 어렵다.

FDD와 TDD 사이의 공정한 비교를 위해 FDD 용량 결과는 다른 구성의 TDD와 스케줄링 옵션의 측면에서 조정되어야 한다. 다운링크에서 동적 스케줄러에 사용되는 스케일링 계수는 제어 심벌 가정에 따라서 결정되는데, 그 이유는 동적 스케줄링에서는 제어 오버헤드에 의해 성능이 제한되기 때문이다. 2개 제어 심벌을 사용하면 S 서브프레임에만 6개의 CCE가 사용가능하다. 따라서 다운링크에서 동적 스케줄러를 사용하는 FDD의 결과는 구성 1의 스케일링 계수가 26/50 = 0.52로 조정되어야 하고, 구성 0에서는 16/50 = 0.32로 조정되어야 한다. 그러나 다운링크에서 SPS에 사용되는 스케일링 계수는 데이터 심벌 가정들의 개수에 의해 결정되는데, 그 이유는 SPS에서는 데이터에 의해서 성능이 제한되기 때문이다. 2개의 제어 심벌을 사용하면, S 서브프레임에만 7개 데이터 심벌이 사용가능하다. 따라서 SPS를 사용하는 FDD의 결과는 구성 1의 스케일링 계수가 27/50 = 0.54로 조정되어야 하고, 구성 0에서는 17/50 = 0.34로 조정되어야 한다.

업링크 방향으로 S 서브프레임은 데이터 심벌이 없는 단순한 업링크 제어신호뿐이므로, 업링크의 데이터 심벌 비율의 측면에서 구성 0과 구성 1의 스케일링 계수로 0.6과 0.4를 단순하게 사용한다.

표 15.7 TTI 번들링에 의한 에너지 축적의 영향

	Configuration 0 (2DL/3UL)	Configuration 1 (3DL/2UL)	FDD
No bundling	5	5	7
With bundling	8	8 (for most of packets)	12

13장에서 설명한 계수 조종된 FDD 결과들과 비교하면, 다음과 같은 관찰 결과가 얻어진다. 다운링크 매크로 케이스 1에서는 모든 구성에 대한 TDD 결과가 계수 조정된 FDD 결과보다 최고 5%까지 감소된다. 커버리지 제한된 매크로 케이스 3에서는 동적 스케줄링인 경우에 패킷 당 송신되는 평균 양은 증가된다. 시간 영역에서의 스케줄링의 유연성은 TDD에서 감소되고 HARQ RTT는 증가되므로 계수 조정된 TDD 성능이 계수 조정된 FDD 결과보다 10% 정도 낮아진다. - 다운링크 서브프레임들의 개수가 적기 때문에 구성 0에 대해 자연스럽게 손실이 더 높아진다.

매크로 케이스 1의 업링크 TDD 구성 0에서는 FDD가 SPS에 의한 TDD보다 약 7~10%의 이득을 가지는데, 그 이유는 FDD에서 다이버시티 이득이 더 크기 때문이다. 또한 FDD는 동적 스케줄링에 의한 TDD보다 40%까지의 이득을 가지는데, 그 이유는 TDD에서 제어채널 자원들이 제한되기 때문이다. 매크로 케이스 1의 업링크 TDD 구성 1에서는 TDD가 AMR 12.2와 AMR 7.95에서 동적 스케줄링에 의한 FDD보다 각각 5~20%의 이득을 가지는데, 그 이유는 제어채널 제한이 느슨하기 때문이다. FDD는 AMR 12.2와 AMR 7.95에서 SPS에 의한 TDD보다 10%의 이득을 가지는데, 그 이유는 더 많은 다양성 때문이다.

매크로 케이스 3에서 TTI 번들링 방식과 약간 긴 패킷 지연 설계(70 ms)를 적용하면, 서로 다른 TDD 구성들에 대해 FDD와 TDD 사이의 차이는 15~25%에 달하는데, 그 이유는 TDD 모드에서 에너지 축적이 적어지기 때문이다. 그러나 지연시간 설계를 더 짧게 잡으면(50ms), 비록 TTI 번들링하지 않은 상태보다 에너지 축적이 2 dB 향상되지만, TTI 번들링은 뚜렷한 용량 개선을 제공하지 못한다. 표 15.7은 패킷 지연이 50 ms로 설계된 상태에서 에너지 축적을 나타낸다. FDD에서 TTI 번들링으로 에너지 축적의 이득이 TDD보다 1.76 dB(=10 × $\log_{10}$ (12/8)) 증가되므로, VoIP 용량은 확실하게 개선된다.

15.7 LTE TDD의 진화

앞에서 언급한 바와 같이 TDD는 단일 스펙트럼 환경 또는 유효 대역폭이나 듀플렉싱 간격으로 쌍 스펙트럼을 발견할 수 있는 환경조건에서 높은 최대 데이터 속도를 가능하게 하는 매우 효율적인 방식이다. 16장에서 다루는 LTE Advanced 추세로 LTE가 진행됨에 따라 근거리 지역 전개와 1 Gbps 데이터 속도 달성을 위한 전망이 TDD 모드를 발전시키는 주요 요인으로 작용될 것이다. 매우 넓은 대역폭(예를 들어, 다중 성분 반송파들)을 통한 신호 전송을 자유롭게 하는 과정에서 TDD 방식은 확장성 측면과 아울러 유연한 진화를 위해 후방위 호환성도 보장하는 측면에서 몇몇 관심을 끄는 도전을 제기한다.

TDD와 관련된 또 다른 중요한 측면은 공동으로 존재하는 것이다. 릴리즈 8을 기반으로 간섭을 제어하고 단말에 대한 전체 커버리지와 네트워크에서 신뢰성있는 시스템 동작을 제공하는 핵심은 동기화이다. 그러나 실내용 또는 저렴한 비용으로 설치하기에는 동기화를 위한 기존 기술은 너무 비싼 형편이므로, 무선 공간(OTA: Over The Air)의 동기화와 같은 첨단방식이 관심을 끌게 된다.

TDD에 관련된 부분은 업링크/다운링크 구성이 네트워크에서 필요한 용량에 따라 동적으로 스위칭을 제공하는 것이다. 미래에 3세대 파트너쉽 프로젝트 LTE TDD 표준이 동일한 지리적 영역에서 여러 운영자들이 공존할 수 있는 직접적인 수단을 제공할지 또는 주로 규정에 의해 공존이 보장될 것인지에 대해서는 아직 알려진 바가 없다. 추가되는 단계는 저속 또는 반고정적으로 시간 영역에서 다양한 부하에 따라 TDD 구성을 수정하는 프로토콜을 찾는 것이다. 커버리지 영역에서 단일 운영자에 의해 다루어지든지, 또는 준정적인 TDD와 같이 하나의 영역에 다수의 운영자들이 존재하든지, 융통성있는 스펙트럼의 활용과 공유를 위한 구조들이 적응방식과 함께 검토되어야 한다. 마지막으로, 단일 셀에서 고속의 동적 TDD가 즉각적인 부하처리를 실제로 가능하게 할 수 있을지는 아직 두고 봐야 할 것이다.

처음 전개 경험을 감안할 때, 채널의 가역성이 실제로 안테나 측면을 고려하여 사용 가능한 것으로 가정하고 따르는 것은 흥미로울 것이다. LTE TDD 표준이 좀 더 효율적인 신호체계의 방향으로 최적화되는 (따라서 고정된 시그널링 오버헤드 설계로 주어진 성능) 방법에는 여러 가지가 있으며, 예정된 3GPP 릴리즈에서 LTE Advanced 작업의 일환으로 진행될 주제들이 포함되는 상호 가역성의 경우에 있어서도 마찬가지이다.

15.8 요약

LTE TDD 동작은 다중 액세스 해법과 채널 인코딩 등을 포함하여 여러 가지로 LTE FDD와 매우 비슷하다. 3GPP 규격에서도 FDD와 TDD가 매우 비슷하며, 물리계층의 규격도 한 세트로 나타낸다. 이때 TDD에서는 업링크와 다운링크가 시간적으로 분리되지만, FDD에서는 시간에 따라 전송방향이 그대로 유지되면서 연속적인 프레임으로 이루어지는 것이 다르다. 하지만, FDD와 TDD는 모두 1 ms의 시간 슬롯 단위로 자원이 할당되므로, 전송 방향이 바뀌는 순간의 1개 슬롯을 제외하고는 동일한 매개변수와 시간을 가진다. 업링크와 다운링크가 같은 주파수 대역을 공유하므로, 데이터의 비대칭성에 대해서 유연하게 대처하고, 1 GBit/s를 목표로 하는 진화된 국제 이동통신 규격에 쉽게 도달할 수 있도록 새로운 주파수 할당을 가능하게 한다. TDD의 동작에는 (a) 업링크/다운링크 사이의 간섭을 피하기 위한 기지국의 동기화, (b) 불연속 전송 방식에 의한 TDD의 셀 범위가 FDD보다 짧다는 특징이 있다. LTE TDD(또는 시분할 LTE) 방식은 시분할-동기코드 분할 다중 접속과 함께 공존할 수 있도록 설계되어 근접 설치되거나 동일한 위치에서 안테나를 공유하는 경우 업링크와 다운링크가 구분되도록 호환 가능한 매개변수를 갖게 된다. TDD 동작 주파수 대역은 국가마다 다르다. 중국에서는 이미 스펙트럼

이 할당되었고, (맨처음 면허작업이 이루어진)유럽 여러 나라에서는 TDD용으로 2.5 GHz 대역이 이용되는 상태에서 추가적인 스펙트럼이 할당(1,900~1,920 MHz)되어 있다. 최근 일부 국가에서는 단일 스펙트럼으로 3.5 GHz 대역에서 할당된 바 있는데 이러한 대역은 몇몇 국가에서 이미 광대역 이동통신용으로 운용중이다. 미국과 2010년 면허 할당이 완료된 인도가 TDD 시장의 잠재력을 지닌 나라로 예상되고 있다. 미국 시장에서는 3GPP의 릴리즈 10을 통해 현재 와이맥스용으로 사용되는 2.6 GHz 대역을 시분할 LTE로 전환하는 과정에 있다[11]. 16장에서 다루는 LTE-Advanced 규격은 국제 전기통신 연합의 전파 통신 부문의 IMT-Advanced 규격을 만족하는 것으로, 이 규격을 목표로 하는 LTE TDD 모드의 개발이 LTE FDD 모드와 함께 진행되고 있다.

참고문헌

[1] 3GPP, Technical Specification, TS 36.211, v. V8.4.0, September 2008.
[2] 3GPP, Technical Specification, TS 36.212, v. 8.4.0, September 2008.
[3] 3GPP, Technical Specification, TS 36.213, v. 8.4.0, September 2008.
[4] 3GPP Technical Specification, TS 36.214, v. 8.4.0, September 2008.
[5] Holma, H., Toskala, A., 'WCDMA for UMTS', 5th edition, Wiley, 2010.
[6] C. Oestges, B. Clerckx, 'MIMO Wireless Communications', 1st edition, Academic Press, 2007.
[7] Proakis, J.G, 'Digital Communications', 3rd edition, McGraw-Hill, 1995.
[8] CATT, 'Enhanced Beamforming Technique for LTE-A', 3GPP T-doc R1-082972.
[9] 3GPP Technical Report, TR 25.814, Physical Layer Aspects for Evolved Universal Terrestrial Radio Access (UTRA), 3GPP TSG RAN, September 2006.
[10] 'Next Generation Mobile Networks (NGMN) Radio Access Performance Evaluation Methodology', A White Paper by the NGMN Alliance, January 2008.
[11] 3GPP Tdoc RP-100 374, 'Work item proposal for 2600MHz LTE TDD frequency band for the US(Region 2)', Clearwire *et al*, 3GPP RAN#47, Vienna, Austria, 16-19 March 2010.

CHAPTER

16 LTE-Advanced

16.1 개요

미래 장기 진화 이동통신 방식 무선 접속 기술의 발전은 최초 LTE인 규격인 릴리즈 8 이후에 꾸준히 진행되고 있다. 2장에서 살펴본 바와 같이 릴리즈 9에서 여러 가지 개선사항(위치기반 기술, 서로 다른 지역에서 비상 호출에 대한 요구사항을 충족시키는 기술 등)이 있었다. 릴리즈 8의 LTE 규격에서 이미 미래 장기 진화의 차세대 표준 방식에서 규정하는 고속 이동성과 같은 부분은 대부분의 내용을 이미 만족시키고 있었지만, 2010년 말부터 유용한 릴리즈 10 규격 이후로 국제 전기통신 연합의 전파통신 부문의 IMT-Advanced 진행 과정을 만족시키려는 3세대 파트너십 프로젝트의 노력이 계속되고 있다. 릴리즈 10의 규격에서는 진화된 국제 이동통신 규격에서 정의한 낮은 이동속도에서 요구하는 동작을 만족시키기 위해 20 MHz 이상의 넓은 대역에 대한 지원 기능 등이 추가로 포함되어 있다. 이 장에서는 ITU-R의 IMT-Advanced의 주요 진행내용과 그에 관련된 요구사항을 살펴보고, 3GPP의 연구 단계에서 얻은 결과들을 확인한다. 또한 특정한 기술 항목들 반송파 집단화(CA), 업링크와 다운링크에서 이루어지는 공간 다중화의 성능 개선, 릴레이 동작에 대해 핵심되는 내용을 살펴본다. LTE 릴리즈 11에 포함될 내용에 대해서도 간단히 전망하면서 이장을 마칠 것이다.

16.2 LTE-Advanced와 IMT-Advanced

3GPP는 앞서 언급한 릴리즈 10 일정 내에서 LTE-Advanced을 향해 계속 작업 중에 있다. 세부적인 기술요소에 대한 추가적인 개선사항은 릴리즈 11의 일정 내에서 이루어질 계획이다. LTE-Advanced는 릴리즈 10에서 가장 눈에 띄는 무선 기술이지만, IMT-Advanced나 LTE-Advanced 요구사항에 직접적인 관계없이도, 릴리즈 10 LTE 규격들의 부분으로 포함된 다른 중요한 주제들이 계속 작업 중에 있음을 주목할 필요가 있다.

일정 관점에서 3GPP 릴리즈 10 LTE-Advanced 규격의 첫 번째 전체 집합은 (3GPP 릴리즈 LTE 10 무선 규격에 포함) 2010년 12월에서 제공되었다. 이것은 IMT-Advanced 일정 진행에 따라 ITU-R의 제출 마감에 맞춰진 것이었다. 그림 16.1에 이러한 일정을 나타내었으며, 2011

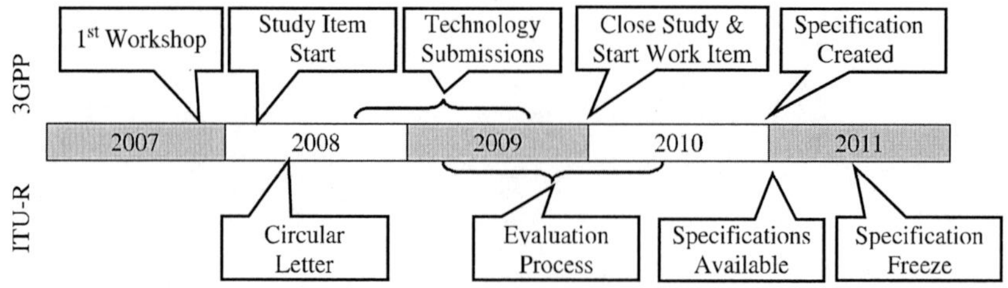

그림 16.1 3GPP와 ITU-R의 LTE-Advanced와 IMT-Advanced 규격 작업 일정

년 초반까지 완료되는 것으로 잡혀있다. 과정에서 릴리즈 10 규격 이후 업데이트가 가능하며, 릴리즈 10 규격 동결 과정의 일부로 2011년에 예상 수정사항들을 처리하여 ITU-R로 제공하게 된다.

ITU-R의 IMT-Advanced 진행과정에서 IMT-Advanced의 기술요구를 충족할 수 있는 무선 기술들에 대한 제안을 받아왔고, 이러한 시스템을 4세대 이동통신 시스템이라 한다. 평가 단계는 등록된 평가 그룹들에 의해 수행되는데, 그 중 하나가 3GPP이다. IMT-Advanced 무선 기술은 최대 1 Gbps까지 데이터 속도를 지원하는 다양한 광대역 무선 기술이라고 요약할 수 있다.

ITU-R에서는 IMT-Advanced의 특징을 다음과 같이 정의한다([1] 참조).

- 높은 이동성에 대해 100 Mbps, 낮은 이동성에 대해 최대 1 Gbps를 지원
- 다른 기술들과 연동
- 다른 무선 기술과 연동하여 전 세계적으로 사용 가능한 장치로써, 고품질의 모바일 서비스를 제공

LTE-Advanced 기술에 대해 3GPP에서 더 구체적인 요구사항이 있다. 3GPP에서 정의한 성능 요구사항[2]은 일부 영역에서 ITU-R의 요구사항보다 수준이 높다. 이러한 것은 부분적으로 릴리즈 8 LTE가 이미 최신식 설계를 기반으로 한 시스템이고, 특히 높은 이동성 환경에서 ITU-R에 의해 설정된 목표의 대부분을 도달할 수 있기 때문이다. 다음절에서는 주요 요구사항에 대해 다룬다.

16.3 요구사항

표 16.1에 핵심 성능 요구사항을 요약한다. 표 16.1의 시스템 성능에 관련된 요구사항들 이외에도 성능 지원과 전개 배치에 관련된 요구사항들이 표시된다.

발생되는 도플러 주파수가 750 Hz로 되는 이동속도까지 지원되며, 해당되는 이동속도는 전파되는 주파수에 따라 다르다. 이는 2 GHz에서 이동속도 400 kph인 상태에서 나타나는 도플러 주파수에 해당되며, 낮은 LTE 주파수에서는 좀 더 빠른 이동속도에 해당된다.

16.3.1 후방위 호환성

이전의 LTE 릴리즈 시스템 사이의 핸드오버들을 가능하게 하는 당연한 요구사항 외에도, 릴리

표 16.1 3GPP의 LTE-Advanced와 ITU-R의 IMT-Advanced 요구사항들에 대한 비교

System Performance Requirements	3GPP Requirement	ITU-R Requirement
Downlink peak spectrum efficiency	30 bits/s/Hz (max 8 antennas)	15 bits/s/Hz (max 4 antennas)
Uplink peak spectrum efficiency	15 bits/s/Hz (max 4 Tx antennas)	6.75 bits/s/Hz (max 2 TX antennas)
Uplink cell edge user spectral efficiency	0.04–0.07 bits/s/Hz	0.03 bits/s/Hz
Downlink cell edge user spectral efficiency	0.07–0.12 bits/s/Hz	0.06 bits/s/Hz
User plane latency	10 ms	10 ms

즈 8(물론 릴리즈 9 포함)을 기반으로 하는 LTE 장치들 사이의 핸드오버도 릴리즈 10 기반의 LTE advanced 네트워크 내부에서 동작되어야 한다. 당연히 이러한 장치들의 성능과 최대 데이터 속도는 LTE-Advanced 개선에 영향을 받지 않아야 하지만, 장치들은 여전히 필요한 서비스를 받을 수 있어야 한다.

예를 들어 공통 채널들 또는 이동성 측정과 채널 추정을 위해 사용되는 기준 심벌의 변경들이 요구되는 해법 측면에서 수정될 수 있는 부분에 영향을 미치는 요구사항을 후방위 호환성이 설정한다. 비호환성 기술들도 고려될 수 있는데, 단, 상당한 이득이 존재하고, 그 기술들이 이전의 릴리즈 터미널 액세스를 차단하지 않는 경우이다.

16.4 3GPP의 LTE-Advanced 연구 상태

LTE-Advanced에 관한 3GPP 연구 상태에서는 3GPP와 ITU-R 요건(보통은 예전의 것들이 더 엄격한 사항이었던)에 관련하여 제안된 개선사항의 성능이 비교되었다. 다른 기업들의 연구 결과에서는 검토되고 있는 대상 기술들보다 성능 요구사항이 우수할 수 있다는 것을 확실히 보여준다. 그림 16.2는 [3]을 기준으로 하는 하나의 예제 결과로, 4 × 4 다중 사용자 다중 안테나 방식의 다운링크 방향에 관한 성능 연구에 관련된 내용이다. 그림 16.2에 나타난 대로 4개 안테나를 사용한 경우에 검토 중인 MIMO 방식들이 3GPP 요구사항인 3.7 bits/Hz/cell/Hz을 충족시킬 수 있다. 연구 단계에 이어 사용 가능한 첫 번째 모든 규격 집합을 가지고 2010년 말부터 3GPP에서는 실제 규격 작업을 시작했다.

주파수 구분 듀플렉스와 시간 분할 이중화의 경우에 대한 더 많은 예제 결과들을 [3]에서 찾아 볼 수 있으며, LTE- Advanced 연구와 관련된 다른 분야의 자료들이 [4]에 보고되어 있다. 이후 절에서 사용되는 결과들은 실제 규격에 대한 합의된 세부사항을 반영하지만, [3]의 결과는 연구 단계 시점에서 세부사항에 대한 가정을 기반으로 한다는 것에 주목할 필요가 있다.

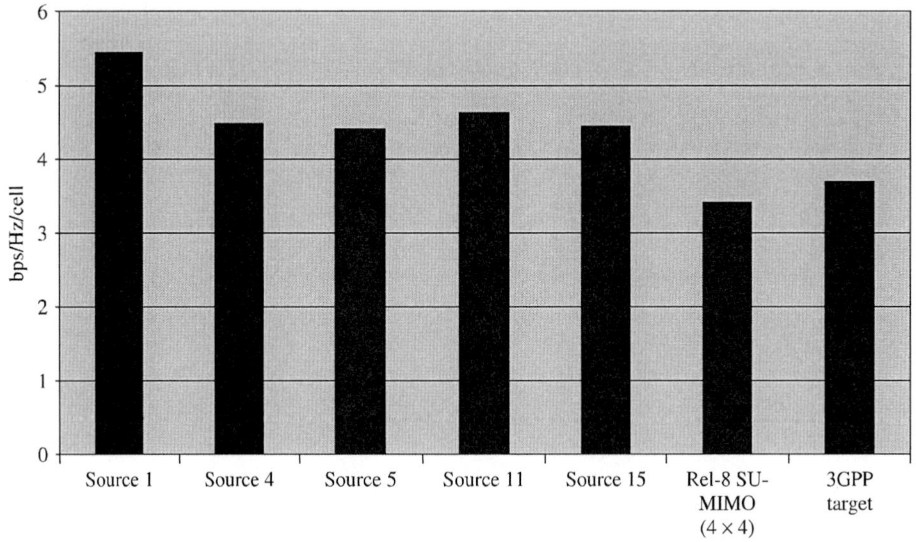

그림 16.2 4×4 다운링크 다중 사용자 MIMO 동작에 관한 3GPP 연구 단계 성능 결과(릴리즈 8의 기준치와 3GPP 요구사항 비교)

16.5 반송파 집단화(CA)

LTE-Advanced의 핵심 부분은 반송파 집단화(CA: Carrier Aggregation)이다. CA가 가지는 원칙은 여러 반송파들을 통합하여 업링크 또는 다운링크(또는 모두) 방향으로 최대 대역폭을 확장하는 것이다. 묶음으로 사용되는 반송파들은 기본적으로 릴리즈 8의 반송파들을 대상으로 하는데, 이는 후방위 호환성이 쉬워지기 때문이다. 릴리즈 10 이전의 단말은 성분 반송파 중 하나에 액세스할 수 있지만, 그림 16.3과 같이 CA 가능한 단말은 여러 개의 성분 반송파상에서 동작된다. 릴리즈 8 장치를 위한 1개 이외의 성분 반송파(CC)는 릴리즈 10 이전의 단말과 호환되지 않는 성능 향상 방법을 포함할 수 있다. 그러나 지금까지 릴리즈 10을 위해 합의된 방식들에 대해서는 추가 개선의 혜택을 받지 못하더라도 릴리즈 8과 9 단말들이 역시 반송파를 액세스할 수 있으며, 추가 개선사항들의 예로는 16.6절과 16.7절에서 설명하는 다중 안테나 동작 기능 등이 있다.

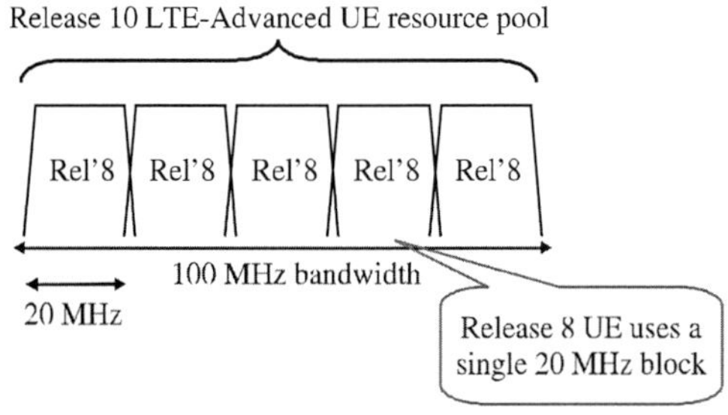

그림 16.3 LTE-Advanced와 기존 장치들의 혼합

LTE-Advanced의 CA는 기본적으로 3GPP의 주파수 대역들 사이에서와 하나의 주파수 대역 내부에서 같이 발생될 수 있다. 릴리즈 10에서는 다음 사항을 포함하고 동작되도록 합의하였다.

- 다운링크의 대역 내부와 대역 사이의 CA를 더욱 쉽게 사용할 수 있는데, 그 이유는 대부분의 경우에 운영자가 주어진 주파수 대역에서 20 MHz 이상을 확보하지 못하기 때문이다.
- 업링크 방향에서 CA는 매력적이지 못한데, 왜냐하면 하나의 단말에서 동시에 2개 송신기를 사용하는 것이 2개 수신기보다 더 도전적이기 때문이다. 동일한 접근 방식은 고속 패킷 접속에서 사용되고 있으며, 거기에서는 릴리즈 9에서 단지 다운링크 멀티밴드 동작이 정의되고 있다.

릴리즈 11에서 계속될 예정인 작업은 대역들 사이에서 업링크 CA에 관련된 사항이다. 릴리즈 10은 단말의 성능과 무선 주파수 요구사항을 포함하면서 다운링크 CA가 정의되는 주파수 대역들의 제한된 집합(그리고 대역의 조합들)을 포함하게 된다. 고려해야 할 밴드는 물리계층과 신호 규격에 의해 제한되지 않는다. 그러나 필요한 RF 작업과 성능 연구는 조합된 대역들의 제한된 집합에 대해 수행되어야 하는데, 그 이유는 꽤 많은 작업이 각각의 특정 주파수 대역의 조합에 필요하기 때문이다. 그림 16.4에 다운링크의 대역 사이와 대역 내부에서 CA 원리가 나타나 있다.

3GPP의 릴리즈 10에서 다운링크 CA 대역 조합들은 2011년 동안에 자세하게 정의되었다. 더 많은 다운링크 대역 조합들이 릴리즈와는 독립적인 주파수 대역의 조합들의 형태로 나중에 추가될 것이다. 다른 대역과의 조합에 대한 상세한 작업은 2010년 12월부터 3GPP에서 시작되

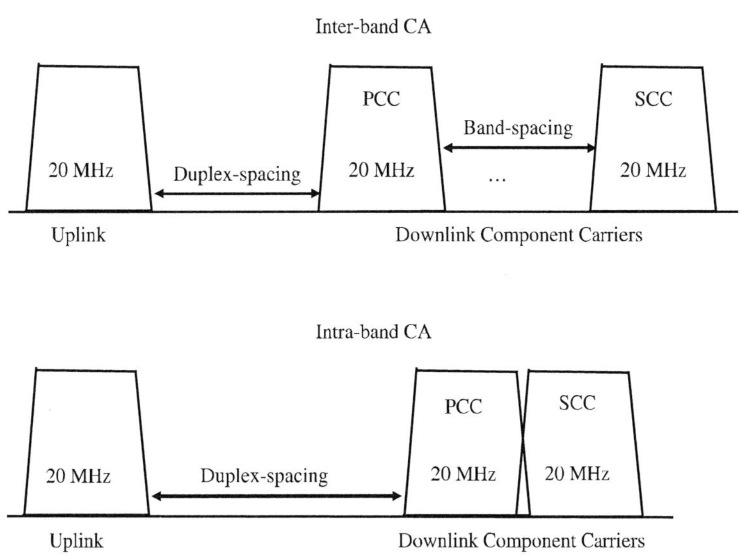

그림 16.4 LTE Advanced의 CA 원리(PCC; Primary Component Carrier, SCC; Secondary Component Carrier)

었고, 계속하여 2011년에 완료되었다. 유럽의 경우에 2,600 MHz와 결합된 1,800 MHz 대역이 맨 처음 다루어질 것이며, 향후 추가적으로 800 MHz 대역의 사용이 기대되고 있다. 이것은 스펙트럼 라이선스 진행상황을 반영하고 있는데 대부분의 경우에 800 MHz의 가용성은 다소 늦어지는 반면, 2,600 MHz 대역은 적지 않은 유럽 국가들에서 이미 진행되어 왔다. 다른 지역에서는 더 많은 조합들이 있으며, 영역 3과 마찬가지로 미국의 경우에서도, LTE용으로 예상되는 모든 대역들에서 사용 시점을 고려하고 있는 상태이다. 유럽의 1,800 MHz와 2,600 MHz 작업 항목의 예[5]에서와 같이 다른 대역 조합들에 대한 작업은 별도의 작업 항목으로 진행될 것이다.

16.5.1 상위계층 프로토콜과 구조에서 CA의 영향

CA의 사용은 물리계층과 매체 접근 제어 계층 사이에서 관측된다. MAC 계층 이상에 있는 사용자 평면계층들은 바뀌지 않았으며, CA가 사용되는지는 핵심망에 나타나지 않는다. 핵심망에 미치는 실제 영향은 데이터 속도가 릴리즈 8과 9의 기능을 능가하는 것이다. 그림 16.5와 같이 MAC 계층은 다른 성분 반송파들 사이의 데이터를 분할시킨다. 멀티플렉싱 기능에서는 하나의 성분 반송파로 데이터를 전달하는 것 이외에도 2개 이상 여러 개의 성분 반송파들을 사용하여 데이터를 제공할 수 있다. 그림 16.5의 예에서는 2개의 다운링크 성분 반송파들에 대한 사용을 나타낸다. 이러한 상태는 가장 일반적인 경우가 될 가능성이 높으며, 릴리즈 10에서 RF 요구사항 작업에 의해 지원된다. 2개 이상의 성분 반송파들에 대한 실제 요구사항은 관심과 주파수 대역의 사용 상태에 따라 다음 릴리즈에서 해결될 것이다. 기본적인 물리계층 구조와 시그널링은 2개의 성분 반송파에만 제한되지 않으며, 1개의 P셀과 4개까지의 S셀로 구성된다(셀은 3Gpp 표준에서 독립된 각각의 성분 방송파).

업링크와 다운링크의 MAC 계층 구조는 동일하지만, 6장에서 살펴본 대로 다운링크 MAC 계층의 스케줄링 기능에서는 여러 사용자들의 스케줄링을 다루게 된다. LTE-Advanced 호환

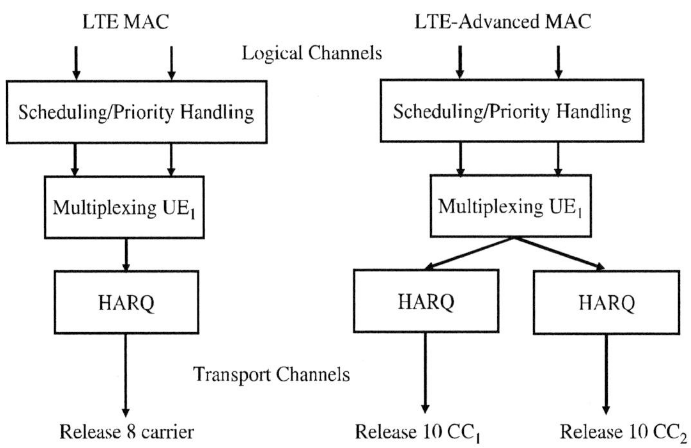

그림 16.5 LTE와 LTE-Advanced MAC 계층 구조

장치들의 전력 소비를 낮추기 위해서 각기 다른 성분 반송파들은 똑같은 불연속 수신 동작을 수행한다.

16.5.2 CA의 물리계층 세부 내용

LTE 물리계층에서 CA의 효과는 주로 여러 반송파들에 대한 피드백 구조와 연관된다. 그러나 그림 16.6에 나타난 것처럼 불연속적인 물리 상향링크 제어채널/물리 상향링크 공용채널과 PUSCH/PUSCH 할당 방식을 도입하여 단일 반송파의 업링크 동작 결과와 같은 변화도 얻게 된다. 일부 사소한 절차변경이 있지만, out-of-synch/in-synch를 표시하기 위한 타이밍이나 무선링크 모니터링을 위해서 일반적으로 P셀이 단말에 대한 기준이 된다.

일반적으로 업링크 방향에서는 하나의 반송파로 유지하는 것이 바람직한데, 그 이유는 여러 개의 업링크 반송파들이 사용되면 송신기 전력소모가 커지므로 이를 줄여야 하기 때문이다. 송신 전력이 감소해야 큐빅 에트릭(CM: cubic metric)이 증가하고, 따라서 증폭기가 선형영역으로 유지되어 4장에서 살펴본 스펙트럼 마스크를 유지하게 된다. 또한 전체 최대 송신 전력을 증가시킬 수 없기 때문에 업링크 반송파를 2개 사용하는 경우 다른 제한 요소들을 고려하지 않더라도 반송파 1개당 최대 전력을 3dB 감소시켜야 한다. 업링크 할당이 그림 16.6과 같이 연속적이지 않을 때 단일 반송파 내에서는 CM과 방출 레벨도 문제가 된다. 필요한 최대 전력 제한(MPR)은 최대 10dB 혹은 그 이상이 되어 방출 레벨의 제어가 가능해야 한다. 따라서 여러 개의 업링크 반송파들 또는 불연속 업링크 자원 할당의 사용은 선택사항이어야 하고, 단말들이 셀 가장자리가 아닌 곳에서만 가능하도록 하여 셀 가장자리의 데이터 속도가 감소되지 않도록 보장해야 한다. 단말이 진화된 노드B에 가까울 때 단말에게 필요한 MPR에 문제없다면 수신된 피드백을 바탕으로, 스케줄러는 단말이 불연속 업링크 할당을 사용할 수 있는지를 결정할 수 있게 되며, 그 결정은 단말의 전력 헤드룸 피드백을 기반으로 할 수 있다.

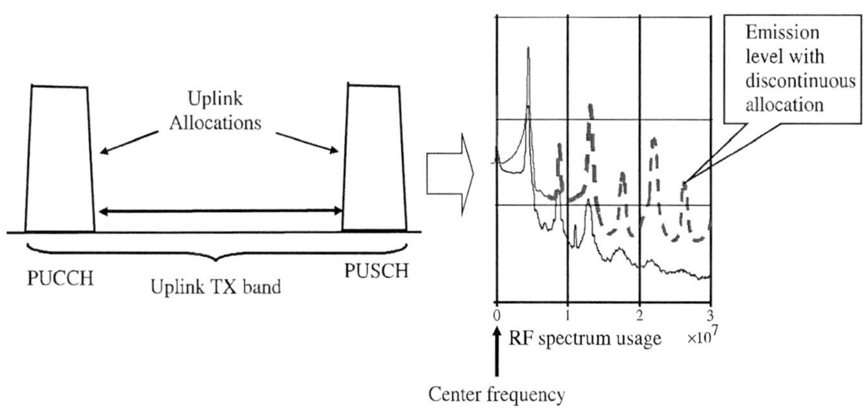

그림 16.6 불연속 업링크 자원 할당에 미치는 영향

16.5.3 CA에 따른 업링크 물리계층의 변화

업링크 방향에서는 채널품질정보/채널상태정보/프리코딩 행렬 인덱스 뿐만 아니라 여러 반송파들에 대한 피드백을 제공하기 위한 기능이 필요하고, 단말은 여러 반송파들로부터 다운링크 방향에서 수신된 다중 패킷들에 대한 확인응답/부정확인응답이 가능해야 한다. 릴리즈 10(또는 이후 규격 대부분 포함)의 업링크에서 단일 업링크를 처리할 수 있어야 한다. 물리계층 설계는 전체 5개 반송파까지 사용가능해진다. 모든 반송파들은 동일한 프레임 구조를 가지고, 시간분할 이중화의 경우에는 동일한 업링크/다운링크로 분할된다고 가정한다.

복합재전송기법과 CSI 피드백 신호가 최대 5개 요소 반송파를 지원하기 위해 맞춤형태가 되어야 한다. 릴리즈 10에서 최대 HARQ 피드백은 주파수구분 듀플렉스 모드에서 지원되며, 이는 최대 10개 ACK/NACK 비트가 동시에 신호처리될 수 있음을 뜻한다. ACK/NACK 코드북 크기는 구성된 성분 반송파들의 개수에 따라 결정된다. 즉, 하나의 서브프레임에서 다른 프레임으로 동적인 변경이 이루어지지 않는다. 업링크에서 HARQ 피드백 정보를 전달하기 위한 두 가지 방법이 있다. 채널 선택(릴리즈 8에 있는 TDD ACK/NACK 신호체계와 대체로 비슷)의 페이로드 크기는 최대 4비트까지 사용할 수 있다. 반면에 새로운 PUCCH 형식 3은 블록 확산 이산 푸리에 변환-S-직교 주파수 영역 다중화를 기반으로 많은 비트들을 전달할 수 있다. CSI 피드백 신호의 기본 개념은 릴리즈 8의 원리와 메커니즘들을 직접 확장한 것으로, 여러 개의 성분 반송파들을 위한 용도로 복사한다.

각각의 업링크 CC에 존재하는 PUSCH 송신에는 전력이 독립적으로 제어된다. 이것은 전원 제어의 열린 루프 부분에 대한 전력 제어명령들과 매개변수 값들이 CC에 따라 다르다는 것을 의미한다. 이전 릴리즈와 마찬가지로 PUCCH는 독립적으로 전원을 제어한다. 여러 개 반송파들을 동시에 송신하면 단말이 최대 전력 용량을 초과할 수 있다. 이 때문에 단말은 송신 전력을 축소해야 할 수도 있으며, 이 과정에서 그것은 제어신호를 우선적으로 처리하여, PUCCH가 가장 높은 우선순위를 가지도록 하고, 업링크 제어 정보를 가지는 PUSCH가 두 번째로 높은 우선순위를 가지도록 한다. 전력 헤드룸 레포팅은 CC마다 다르다.

16.5.4 CA에 따른 다운링크 물리계층의 변화

다운링크에서 CC들은 릴리즈 8, 9와 비슷한 방식으로 동작한다. 조정된 주된 내용은 현재 단말이 수신가능한 모든 CC들의 할당에 관련된 정보를 얻을 필요가 있는 것과 관련된 시스널링에 있다. 반송파 정보부분(CIF)은 어떤 성분 반송파(CC)가 다운링크 스케줄링에 포함되는지를 나타낸다. 단말 특정 PDCCH 검색 공간은 반송파 중 어느 것이나 될 수 있지만, 단말을 위한 공통 검색 공간은 하나의 성분 반송파(P-cell)로 제한된다. 다른 반송파상에 데이터가 있다는 것을 나타내는 반송파 중 하나에 대한 정보를 PDCCH(단말 지정 검색 공간)를 사용하여 eNodeB가 제공할 수 있다. 이것을 반송파 상호 스케줄링이라고 한다.

16.5.5 CA와 이동성

CA가 동작되면 CA는 단지 하나의 무선자원 제어와의 접속만이 있고, 다른 반송파들은 독립적

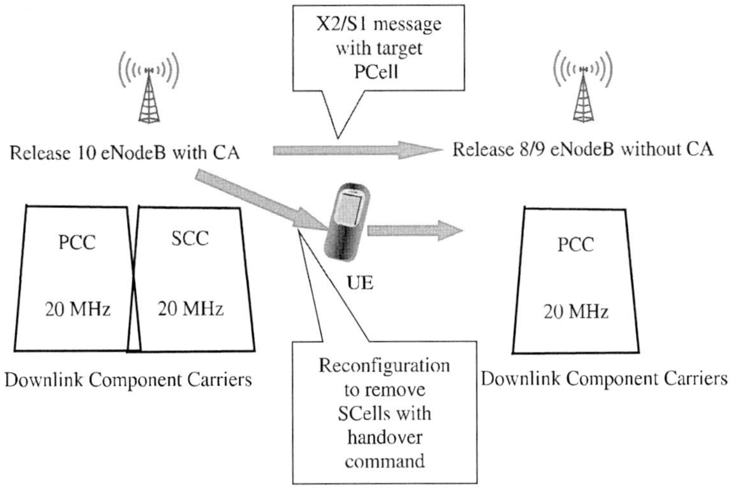

그림 16.7 CA 상태에서 릴리즈 8 또는 9인 eNodeB로의 이동성

으로 동작하지 않는다. RRC 연결수립 재설정과 관련된 보안의 입력을 처리하는 서빙 셀은 특정 단말에 대한 1차적 제어 담당 셀(Pcell)이 된다. 다운링크에서 그것은 다운링크 PCC와 동일하며, 업링크에서 그것은 업링크 자원정책과 과금제어와 같다. 그러면 진화된 노드B는 S-Cell의 적당한 개수(단말 기능에 따라 다운링크와 잠재적으로 업링크 2차적요소 반송파로도 구성)를 구성할 수 있다.

이동성은 P-Cell 측정을 기반으로 하며(그리고 S-Cell이 구성되는 주파수에서 측정이 이루어지지 않으면, P-Cell이 측정을 위한 기준으로 사용된다), PCell이 무선링크 실패일 때 가능한 연결 재설정이 트리거링된다. S-Cell에 RLF는 재설정을 발생시키지 않는다. 그렇게 하도록 구성되어 있다면, 다른 주파수에서 최고의 서빙 셀이 아닌 셀에 대한 정보를 단말은 제공할 수 있다.

후방위 호환성(이전 버전과의 호환성)은 릴리즈 8에서와 같이 목표 셀에 핸드오버 메시지를 보내는 방식으로 보장하고 있다. 따라서 릴리즈 10의 CA를 지원하지 않는 eNodeB는 착신되는 핸드오버를 릴리즈 8의 핸드오버로 보게 된다. 이것은 커버리지 영역에 있는 모든 eNodeB들을 업그레이드하지 않고, 네트워크에서 선택적으로 CA를 전개할 수 있도록 한다.

시스템 내부의 핸드오버와 관련하여 목표 셀 내부의 가용 자원들에 따라 S-Cell들을 추가하거나 제거할 수 있다. 연결 셀은 무선 조건에서 단말 측정을 기반으로 하여 어떤 셀이 S-Cell로서 적절한지에 대한 정보를 제공할 수 있다. CA가 사용될 필요가 없다면 핸드오버 명령에 의해 목표 셀은 S-Cells를 제거시키도록 단말을 재구성할 수 있다. 이것은 부하가 원인일 수도 있고, 그림 16.7에 나타난 것처럼 CA를 지원하지 않는 셀로 이동할 때일 수도 있다.

16.5.6 CA 성능

CA의 사용은 다음 2가지 측면에서 시스템 성능에 이익이 된다.

- 단일 대역보다 더 넓은 범위에서 스펙트럼의 결합이 가능해지면, 최대 데이터 속도는 증가한다. 전체 40 MHz 대역과 최대 8개 안테나(16.6절에 표시)를 가지고 CA가 함께 사용되

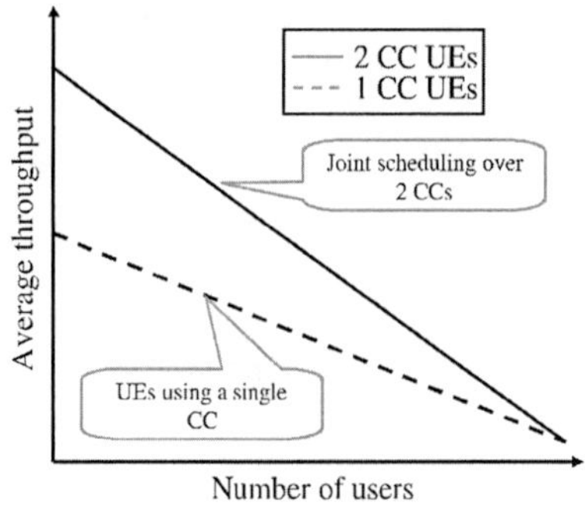

그림 16.8 LTE-Advanced의 단일 반송파 사용에 대한 CA의 성능 이득

면 이론적인 최대 데이터 속도는 다운링크에서 1.2 Gbps, 16.7절에서 설명하는 업링크 다중 안테나 송신 기술을 사용하는 업링크에서는 600 Mbps까지 도달된다. 5개 반송파 대역을 결합하여 총 100 MHz인 상태에서는 다운링크 방향으로 3 Gbps까지, 업링크 방향으로 1.5 Gbps까지 데이터 속도를 얻게 된다.

- 사용자의 수가 너무 많지 않으면 평균 사용자 처리율은 향상된다. eNodeB의 공동 반송파 스케줄링은 반송파의 최적 선택(동적 방식으로)을 통해 반송파들 사이의 더 나은 성능과 최적의 부하 분산을 이끌어낼 수 있게 한다. 그림 16.8의 예에서는 처리율이 클수록 사용자 증가로 평균 처리율의 감소가 더 심해지는 결과를 나타낸다. 사용자가 매우 많아지면, 각각의 반송파들을 선택한 스케줄러를 위해 좋은 채널 환경에 있는 다수의 사용자들은 항상 있게 된다. 따라서 공동 반송파 스케줄링의 성능은 하나의 다운링크 반송파 동작으로 인한 성능으로 접근한다.

16.6 다운링크 다중안테나 개선

다운링크 MIMO는 릴리즈 8 LTE의 중요한 핵심 기술 요소이다. 300 Mbps를 초과하는 최고 데이터 속도를 제공하는데 1개, 2개, 4개의 eNodeB 안테나 포트들을 사용하는 전송 모드가 지정되었다. LTE-Advanced에서 자연스러운 다음 단계는 무선 액세스 기술[6]에서 선도적인 지위를 유지하기 위해 야심적인 목표 설정을 계속하는 것이다. 이를 보장하기 위해 LTE-Advanced에서는 최대 8개 송신 안테나 포트까지 다운링크 송신을 지원한다. 8 × 8 안테나 구성과 최대 8개 레이어의 공간 다중화를 사용함으로써, 최대 주파수 효율을 30 bps/Hz까지 향상시켜 20 MHz 반송파 대역에서 데이터 속도를 600 Mbps까지 얻는다. 송신 안테나의 개수를 증가시키는 것 외에도, 3GPP 릴리즈 10에서는 다중 사용자 MIMO 동작을 개선시켰다. 다중 사용자 MIMO는 병렬 데이터 스트림들을 서로 분리된 다른 공간에 퍼져있는 여러 다른 단말들에게 송신하는 방식이며, 단일 사용자 MIMO는 병렬 스트림을 하나의 단말에게만 송신하는 방식이다.

16.6.1 다운링크의 기준 심벌 구조

LTE 릴리즈 8과 9에서 MIMO 동작은 주로 셀 특정 공통 기준 심벌(CRS)을 기반으로 한다. 기준 심벌 패턴들은 구성된 송신 안테나 포트들의 개수에 따라 안테나 포트들과 스케일 사이에서 직교한다. 채널 상태 정보(CSI) 측정뿐만 아니라 데이터 복조는 보통 공통기준 심벌을 사용하여 수행된다. 하나 예외가 TDD 빔포밍 송신 모드 7에서 발견되는데, 여기서는 단말 특정 기준심벌(URS)들이 복조를 위해 사용된다. 8개 송신 안테나를 사용하는 경우 LTE-Advanced에서 직접적인 해결방법은 이전과 같이 또 다른 셀 특정 RS 패턴을 정의하는 것이었으며, 이러한 패턴은 CSI 측정과 복조를 위해 CRS의 사용을 의미하는 것이었다. 그러나 그것은 새로운 RS의 존재를 알지 못하는 릴리즈 8 단말의 후방위 호환성 문제를 발생시킨다. 이 경우에 데이터와 새로운 RS들 사이의 끊임없는 충돌이 발생하여 기존 단말기의 성능은 필연적으로 아주 나빠진다. 8-TX CRS의 또 다른 단점은 기준 심벌의 오버헤드가 매우 높게 주어진다는 것으로, 대부분의 단말들이 8개 레이어 전송의 장점을 얻지 못하게 된다.

이러한 도전에 대처하기 위해서 릴리즈 10 LTE에서는 다른 형태의 기준 심벌 패러다임을 채택하기로 결정했다. 핵심 개념은 CSI 측정을 위한 기준신호들과 데이터 복조에 필요한 신호들을 다음과 같이 분리시키는 것이었다.

1 2/4/8개의 송신 안테나 구성을 가지는 경우에 CSI 측정과 보고－즉 CQI, 프리코딩 행렬 인덱스(PMI), 랭크 표시자－를 위해 CSI-RS를 도입한다.
2 프리코딩된 직교 단말 특정 기준 심벌(URS)들이 8개 공간적 레이어까지 지원하는 데이터 복조에 사용된다. 이러한 선택이 다음 3가지 주요 측면에서 타당하다고 여겨진다. 첫째, 단말 특정 RS(URS)는 융통성 있는 송신 프리코딩을 eNodeB에 허용하여 경쟁력 있는 다운링크 다중사용자 MIMO를 가능하게 한다. 둘째, RS 오버헤드는 전송 랭크에 따라 비례하게 되고, 높은 랭크가 될 수 있는 여러 터미널들은 RS 오버헤드가 커진다고 해서 CRS가 사용되는 경우와 같게 되는 정도까지 전체 시스템을 불리하게 만들지는 않는다. 셋째, 단말 사용 기준 심벌은 송신 프리코딩 이득으로 도움을 받으며, 그 결과로 신뢰할 수 있는 채널 추정을 얻게 된다. 랭크 1~2인 LTE 릴리즈 10의 URS 패턴은 LTE 릴리즈 9의 하나에 대응되며, 랭크 3~8은 확장 형태로 처리된다.

채널상태 정보 기준심벌은 시간과 주파수 영역에서 빈번하지 않는데, 그 이유는 CSI 측정을 위한 요구사항이 데이터 복조를 위한 것만큼 엄격하지는 않기 때문이다. CSI-RS는 대부분 주기적(예를 들어, 매 10 ms 마다)이고 매우 낮은 밀도(1 RE/포트/PRB)로 송신된다. 주로 낮은 이동성 시나리오를 대상으로 다운링크 MIMO 개선을 목표로 하기 때문에 CSI-RS의 주기성은 5 ms에서 최대 80 ms 범위의 듀티 사이클을 설정할 수 있다. 이것은 기존 LTE 릴리즈 8/9이고 미치는 영향이 서브프레임 내에서만 제한된다는 것을 의미하는데, 이러한 서브프레임들은 CSI-RS가 전송된 것이거나 어떠한 페널티 없이 기존 터미널이 동작할 수 있도록 구성된다. 나머지 시간에 위치한다. 또한, CSI-RS의 상대적으로 낮은 밀도 때문에 성능이 저하되지만, 서브프레임들 범위에서 릴리즈 8 단말기들에게 데이터를 송신할 때 CSI-RS를 함께 보낼 수 있게 된다. 그러나 단말들이 추가적인 간섭에 대처하도록 변조기법과 채널코딩 기법 레벨은 낮춰져야 한다.

CSI-RS의 도입을 위한 주된 요소는 진화된 노드B에서 8개의 송신 안테나를 지원하는 것이지만, 그 이외의 안테나 구성들에 대해서도 CSI-RS 패턴들이 정의된다. 전체 규격에서 CSI-RS와 CRS은 독립적으로 구성할 수 있다. 그림 16.9는 릴리즈 10에서 8개, 4개, 2개인 송신 안테나 포트들에 대한 CSI-RS 패턴들을 표시한다. CSI-RS 패턴은 중첩된 속성을 많이 나타낸다-안테나 포트의 개수가 적을수록 안테나 패턴이 많은 패턴의 부분집합이 된다. 그림 16.9의 패턴 이외에도 다른 형태들이 존재 가능하며, 일반용 주기적 전치부호와 확장용 CP로 구분되어 각각의 CSI-RS 구성이 정의된다. FDD나 TDD를 위해 프레임 구조 유형 1과 2가 다른 형태로 사용될 수 있으며, TDD에서 약간 변화되어 안테나 포트 5와의 충돌을 피할 수 있다. CRS와의 큰 차이는 높은 재사용 계수에 있으며, 예를 들어 2개의 안테나 포트는 재사용 계수가 20이 된다. 이에 비해, 2개의 안테나 포트를 위한 CRS의 재사용 계수는 3이 된다. 재사용 계수가 높아질수록 네트워크 계획은 쉬워지며, CSI-RS대 CSI-RS의 충돌이 크게 해소될 수 있어서 부분적인 네트워크의 부하상태에 유용하게 된다.

그림 16.10은 URS 구성에 대한 2가지 예를 나타낸다. 규격에서 12/24개인 RE의 사용을 지원하며, 그 크기는 송신 랭크에 따라 결정된다. 예를 들어 릴리즈 9에서 1개와 2개 레이어는 12개 RE들과 길이 2인 직교 커버코드(OCC)로 동작되고, 3개에서 8개 레이어를 위해서는 24개 RE과 길이 4인 OCC로 동작된다. 가변 길이 OCC와 결합된 주파수 분할 멀티플렉싱(FDM)의 사용은 송신 랭크에 따라 기준신호 오버헤드를 효율적으로 스케일링하게 된다. CSI-RS는 안테나 가상화를 통해 효율적인 CRS 오버헤드 감소의 기회를 제공하게 되며, 그림 16.10 오른쪽 부분은 단말이 CSI-RS를 통해 8개 안테나 포트까지 액세스 권한이 있는 상태에서 CRS 포트를 1개까지 낮추고 있음을 나타내었다.

그림 16.11에 CSI-RS에 의한 시스템 동작의 기본 원리를 나타내었다. 단말은 CSI-RS를 기반으로 CSI를 추정하고, eNodeB로 CSI 피드백을 송신한다. 그러한 채널상태정보를 사용하여

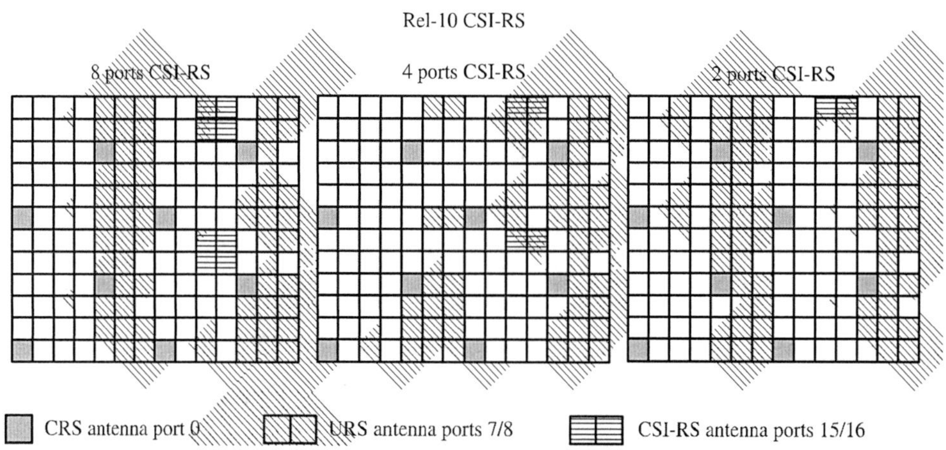

그림 16.9 8, 4, 2개 안테나 포트용 릴리즈10의 CSI-RS

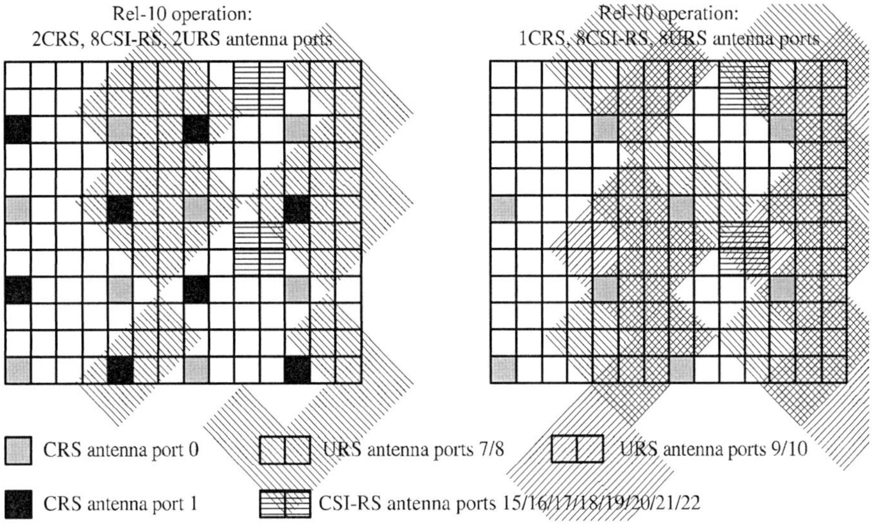

그림 16.10 최대 8개 레이어까지의 릴리즈 10 URS

데이터 전송을 위한 프리코더와 변조기법과 채널코딩기법을 선택하게 된다. 데이터는 복조용 기준신호라고도 알려진 단말 사용기준 심벌과 함께 물리적인 자원 블록들로 구성되어 송신된다. 동일한 송신 프리코딩이 데이터 레이어들과 관련된 DM-RS 포트들에 적용된다. 이것은 진화된 노드B에 의한 어떠한 프리코딩의 사용도 허용하는 것이며, 적용된 프리코딩이 단말에게 투명하게 유지되고, LTE 릴리즈 8과는 달리 사용자에게 신호로 보내질 필요가 없다.

16.6.2 코드북 설계

8개 송신 안테나 포트들을 도입하여 다운링크 MIMO 동작을 지원하려면 새로운 코드북이 필요하다. 또한, 사용자 특정 DM-RS의 사용은 프리코더 선택을 허용하여 eNodeB에서 매우 융통성이 있게 된다. 이것으로부터 잠재적인 혜택과 이득을 실현하기 위해서 매우 정확한 채널 상태

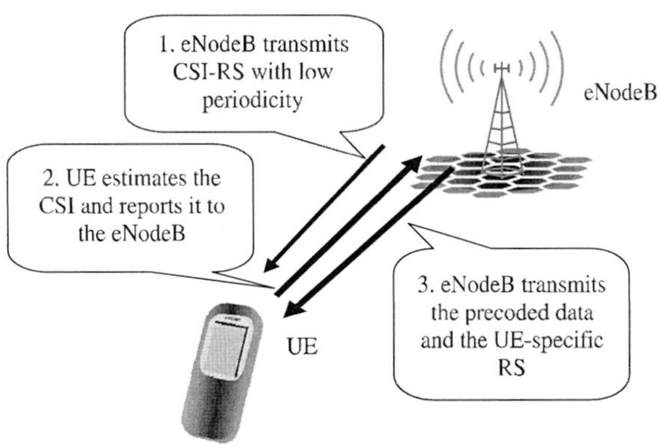

그림 16.11 CSI-RS에 의한 CSI 보고와 LTE 릴리즈 10에서 URS를 사용한 데이터 송신 절차

정보가 eNodeB로 제공되어야 한다. TDD의 경우 업링크 전송에서 추정하여 채널 상태 정보를 얻기 위해, 채널 가역성과 사운딩 참조 신호를 어느 정도 사용할 수 있다. 그러나 FDD에서는 장기적인 전파환경의 도래각 빔포밍 외에도, 단기적인 채널 상태 정보를 이용하기가 실제적으로 가능하지 않다. 따라서 3GPP에서는 더 정교한 CSI 피드백 메커니즘을 규정할 필요성이 있다. 간단한 해결책으로는 성분의 개수가 많고 높은 정확성을 가지는 새로운 코드북을 지정하는 것이다. 업링크 신호체계의 오버헤드 측면과 단말에서 프리코딩 행렬 인덱스(PMI: Precoding Matrix Index) 선택의 복잡도 측면에서 볼 때 그러한 선택사항은 불행히도 실제적이지 못하다.

코드북 설계로의 자연스런 접근이 안테나 구성의 선택과 함께 관심이 되는 시나리오에 집중된다. 사용되는 경우의 측면에서 LTE 릴리즈 10의 CSI 피드백은 다운링크 순간 단일 사용자 MIMO과 다중 사용자 MIMO를 모두 지원해야 한다. 여기서 SU-MIMO는 높은 채널 방위각(즉, 각도) 확산을 가지고 상관성이 작은 시나리오에 대해서 우수하다. 반면 MU-MIMO는 작은 방위각 확산 상태에서 상관성이 큰 시나리오에 대해서 일반적이다. 따라서 SU-/MU-MIMO을 위한 최적의 동작 지점은 배치 시나리오와 매우 밀접하게 관련된다. 한편, 트래픽 상태와 사용 가능한 다중 사용자 다이버시티는 1개 전송시간 간격부터 여러 개까지 다양해지며, SU-MIMO와 MU-MIMO 사이의 다이나믹 스위칭의 가능성에 대한 지시를 하게 된다. 후자로부터 eNodeB가 원활한 송신 모드 선택을 수행하기 위해 SU-MIMO와 MU-MIMO CSI 피드백 모두를 가지고 있어야 할 필요가 있다. 안테나 구성과 관련 채널 모델링은 코드북 설계에서 중요한 역할을 한다. eNodeB에서 8개 안테나 배치를 위해 가장 실질적인 안테나 구성으로 관심을 두는 우선순위는 다음과 같다. (1) 가깝게 가격을 둔 교차 편파된(XP; cross-polarized) 배열, (2) 가깝게 가격을 균일한 선형 배열을 둔 경우, (3) 넓게 가격을 둔 교차 편파된 배열. 처음 두 구성은 높은 공간적 상관관계를 나타내며 낮은 랭크의 SU-MIMO/MU-MIMO 전송에 많이 사용되며, 세 번째는 안테나 요소들 사이가 넓어져 낮은 공간적 상관관계를 나타내게 되므로 높은 랭크의 SU-MIMO에 사용된다. 낮은 각도의 확산을 가지는 우선순위의 시나리오들은 eNodeB의 송신 배열에서 요소들사이의 간격이 좁게 결합되며, 이는 단말 피드백이 주로 낮은 랭크의 SU-MIMO와 MU-MIMO 동작에 목표를 두고 있음을 나타낸다.

- MU-MIMO를 지원하는 피드백은 공간 도메인 빌딩 내에서 장기적인 채널의 넓은 대역 상관 특성에 있어서 세밀한 공간 구역성과 단말 구분에 최적화된다.
- SU-MIMO를 지원하는 피드백은 단기적이고 좁은 대역 채널 특성들에 초점을 맞춘다.

장기적인 채널 속성은 여러 개의 CSI 측정 기간 내에서 매우 빠르게 변경되지 않는다. 따라서 채널 상태 속성을 장기적인 넓은 대역 부분과 단기적인 좁은 대역 부분으로 구분하는 것이 이치에 맞는다. 이때 장기적 부분은 비교적 오랫동안 안정하게 유지되며(예를 들어, 랭크와 광대역 빔 방향), 단기적인 부분은 비상관된 채널 디멘션들에서 빔 선택과 코-페이싱(co-phasing)을 대상으로 한다(예를 들면, 2개의 다른 편파).

이러한 사실을 활용하여 효율적인 피드백 신호 압축이 장기와 단기 CSI 구성요소들의 디커플링(decoupling)에 의해 이루어지며, 이것은 목표된 시나리오에서 매우 경쟁력 있는 성능에 의

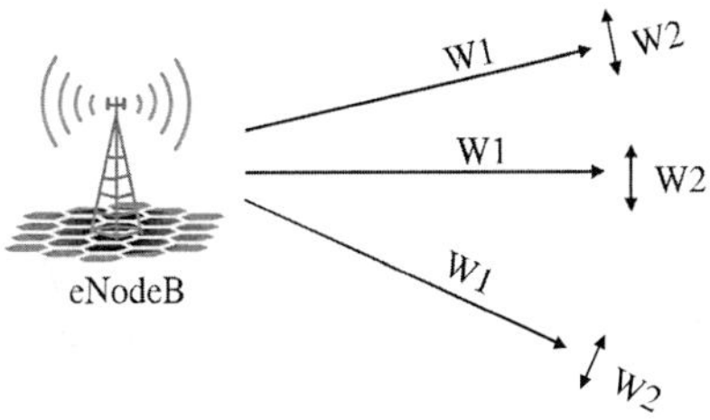

그림 16.12 LTE 릴리즈 10에 있는 2중 코드북 피드백 동작 원리(2개 부분으로 프리코더 구성: 장기적 광대역 채널 특성을 제공하는 W1, 단기적 협대역 채널 특성 정보를 제공하는 W2)

해 보완된다. 이것은 3세대 파트너십 프로젝트가 8개의 송신 안테나를 가지고 다운링크 다중안테나 방식을 원하는데 있어 LTE 릴리즈 10 CSI 피드백을 위해 이중 코드북 구조를 채택하도록 하였다. 핵심 원리는 서브 밴드용 프리코더 W가 2개로 구분되는 코드북에 속하는 2개 행렬들로 구성되는 것이다. W1은 장기적 광대역 채널 속성을 대상으로 하고, 반면에 W2는 주파수 선택적이고 단기적인 CSI를 목표로 한다. 각각의 서브밴드에 대한 프리코더 결과값 W는 W1와 W2의 행렬 곱셈으로 얻어진다(즉, W = W1 × W2). 그림 16.12는 이러한 원리를 나타내었다. 업링크 신호의 오버헤드를 최소화할 수 있도록 W1과 W2에 대한 피드백 비율은 달라질 수 있다. 코드북 성분 자체는 빔들의 그리드 구성요소를 기반으로 하는데, 이러한 요소들은 MU-MIMO에 대해서는 좋은 성능을 제공하는 것으로 알려져 있지만, 주파수 선택적 프리코딩을 위한 SU-MIMO의 능력은 서브밴드 레벨에서 빔 선택을 허용하는 것에 의해 유지된다. 8 × 8 다운링크 SU-MIMO를 위해 최대 8개의 공간 레이어가 고려되고 있지만, 2중 코드북 개념은 주로 낮은 전송 랭크(즉, 랭크 1~2이거나, 공간적 상관관계에 따라 랭크 3~4 정도까지)에 대해서 효과적인 것으로 판단된다.

릴리즈 10에서는 단말 사용 기준 심벌 방식이 복조용으로 사용되고, 2, 4, 8개용 채널 상태 정보 기준 심벌 안테나 포트들에 대해 유연한 지원을 도입했다. 이러한 환경에서 오직 8-TX 안테나 코드북이 새롭게 정의되었으며, 2-TX와 4-TX 안테나들에 대해서는 LTE 릴리즈 8에서 규정한 코드북들을 그대로 사용하고 있지만, 충분한 경쟁력은 입증되고 있다.

16.6.3 다운링크 다중안테나 증가에 따른 시스템 성능

릴리즈 8과 비교된 릴리즈 10 규격의 주된 기본 용량에 대한 개선사항은 MU-MIMO 기능에서 얻어지는데, 기본적으로 주로 4개 송신 안테나의 경우, 즉 4 × 2와 4 × 4인 경우에 CSI-RS와 함께 단말 특정 RS로 구성되는 상태에 대해서이다. 릴리즈 10 해법이 2 × 2 구조에서는 실제적인 이득을 나타내지 못하는데, 그 이유는 송신 프리코딩 이득이 매우 제한되어 단말 특정 RS 오버헤드를 보상하지 못하기 때문이다. 일반적으로 CRS 오버헤드 자체는 안테나 가상화 기술에 의해 줄일 수 있다. 실제로 대부분 eNodeB의 송신 어레이에서 하나의 편파 당 1개의 CRS 포트로 구성한다.

그림 16.13은 다운링크 평균 스펙트럼 효율을 나타낸다. eNodeB에서 균일한 선형 배열을 가정하면, 4 × 2를 가지는 릴리즈 10의 MU-MIMO는 2 × 2의 릴리즈 8에 비해 용량이 +40%

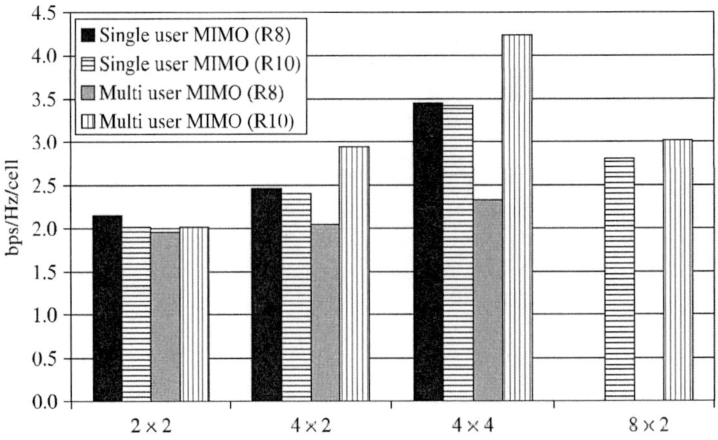

그림 16.13 다운링크의 스펙트럼 평균 효율

향상되며, 4×4의 MU-MIMO는 릴리즈 8에 비해 용량이 +100%까지 향상될 수 있다. 교차 편파된 배열 구조에서는 이득이 약간 줄어든다. MU-MIMO는 셀 가장자리에서 데이터 속도가 평균 데이터 속도보다 더 빨라진다. 그림 16.14와 같이 4×4 구성은 릴리즈 8의 2×2에 비해 셀 가장자리 데이터 속도가 +150% 빨라진다. 그러나 셀 가장자리에서 최대 및 평균 처리량의 수치가 스케줄링과 다중 사용자 구성 전략에 따라 상호 트레이드오프 관계에 있음이 중요한 사실이다. 두 번째 공간 계층용으로 공정성을 유지하기 위해 주파수 영역에서의 비례적 공정방식 스케줄링을 사용하면 보여주는 바와 같이 커버리지 성능면에서 뚜렷한 이득이 나타남을 알 수 있다. 반면, 두 번째 사용자에 대한 주파수 영역 스케줄링의 최대 C/I형을 선택하는 것은 커버리지를 대가로 최대 처리량과 그에 따른 평균 처리량의 이득을 높이게 된다.

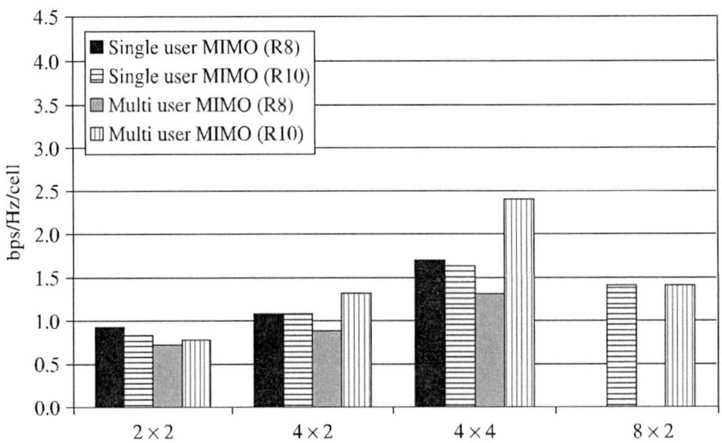

그림 16.14 다운링크의 셀 가장자리 스펙트럼 효율

16.7 업링크 다중안테나 기술

IMT-Advanced 기술의 설정된 목표를 충족하기 위해서는 LTE 릴리즈 8과 비교할 때 업링크에서 셀 가장자리 사용자 처리율뿐만 아니라 스펙트럼 효율의 최대값과 평균값에도 많은 향상이 요구된다. 릴리즈 8 표준화 기간에 LTE로 업링크 MIMO의 포함이 논의되었다. 그러나 제한된 시간과 초기 단말기 대부분이 여러 송신 체인을 갖추지 못했기 때문에 업링크 단일사용자 다중안테나 기술은 릴리즈 8에서 누락되었다. 닫힌 루프 안테나 선택은 유일한 예외인데, 그것은 실제로 전체 다중 송신 체인들을 필요로 하지 않고, 단지 안테나들만 필요한 것이었다. 비록 이러한 기능이 단말들에게 옵션으로 남아있더라도, 많은 초기 단말들이 그 기능을 선택할 것 같지는 않다.

안테나 스위칭 방식 외에도, MU-MIMO는 릴리즈 8의 터미널과 관련된 또 다른 여러 개의 안테나를 사용하는 기술이다. 릴리즈 8에서 MU-MIMO는 단말기들과 규격에 대해 완전히 투명하다. 즉, eNodeB는 동일한 자원에서 사용자들이 인식하지 않는 상태에서 다수의 단말들을 스케줄링하게 된다. 기준 심벌들이 직교한다면 네트워크는 여러 단말들의 전송을 구별할 수 있고, 따라서 시스템의 스펙트럼 효율을 향상시킬 수 있다. LTE 릴리즈 10의 업링크 MIMO는 2개와 4개의 송신 안테나를 지원하며, 릴리즈 8의 최대 데이터 속도보다 4배 이상을 공급한다. 광대역(주파수 비선택적) 닫힌 루프 프리코딩은 TDD와 FDD 모두에서 PUSCH를 지원하며, 이것은 단말들이 자율적으로 프리코더를 선택하지 않고, eNodeB에 의해 그들에게 신호를 보내줌을 의미한다. 다음은 LTE 릴리즈 10의 다양한 업링크 MIMO에 관련된 보다 자세한 내용을 제시한다.

16.7.1 업링크 다중안테나 기준신호 구조

MIMO의 동작을 위한 전제 조건은 데이터 복조에 직교 기준 심벌이 사용가능해야 한다는 것이다. 릴리즈 10의 업링크 MIMO는 RS용으로 직교 자원을 제공하기 위해 서브프레임의 두 슬롯 사이의 순환 천이(릴리즈 8과 비슷)와 직교 커버 코드(OCC : orthogonal cover code) 방법을 사용한다.

LTE 릴리즈 10의 업링크 RS는 데이터와 동일한 방식으로 프리코딩된다. 이것은 RS에 필요한 직교 자원의 개수가 물리 상향링크 공용채널 데이터 전송의 랭크와 같아진다는 것을 의미

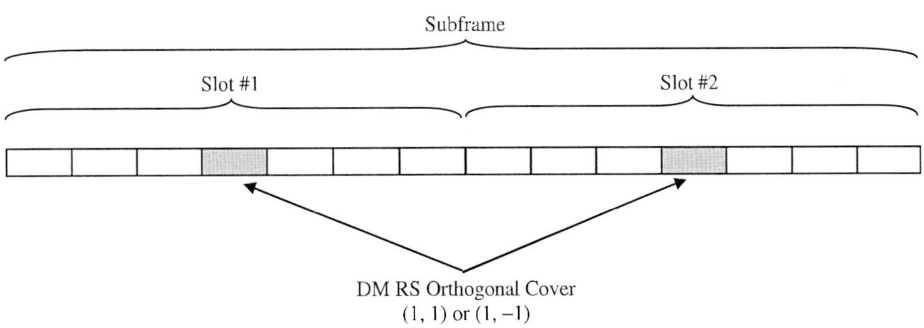

그림 16.15 RS의 직교성을 개선시키는 OCC(2개 슬롯의 RS 블록 사이에 존재)

한다. 다른 계층을 위한 RS는 기본적으로 순환 천이에 의해 구분된다. LTE 릴리즈 10의 표준화 기간에 이러한 방법만으로는 항상 레이어 사이에 충분한 직교성이 보장되지 않는다는 사실이 관찰되었고, 개선 방안이 연구되었다. 그 결과, 그림 16.15와 같은 직교커버코드가 서브프레임을 구성하는 두 슬롯의 기준신호 블록 사이에 도입되었다. OCC는 길이가 2인 월시 코드이며, 안정적인 방식으로 분리된 RS용으로 추가적인 차원을 제공한다.

물론, 사운딩 참조 신호(SRS)는 다중 안테나 동작도 지원하기 위해 맞춤형으로 설계되어야 한다. 다른 안테나로부터 전송된 SRS는 이미 LTE 릴리즈 8에서 사용했던 동일한 방법(서로 다른 순환 천이와 송신콤)으로 구분된다. 복조 RS와 달리 SRS는 프리코딩되지 않지만, 안테나 특정 신호이다. 이러한 것이 필요한 이유는 프리코더의 선택이 일반적으로 SRS를 기반으로 수행되기 때문이다.

릴리즈 10에서 또 다른 SRS 개선은 업링크 MIMO에 관련된 것뿐만 아니라 동적 비주기 사운딩 도입에 있다. 동적 비주기 사운딩을 통해 eNodeB는 단말에게 물리 하향링크 제어채널에서 지시하는 어떤 시간에서든지 SRS 송신을 요청할 수 있게 된다. 이것은 SRS 자원 사용을 최적화하고 사용 가능한 SRS 용량을 최대한 활용하는데 도움이 된다. 많은 단말들의 여러 안테나에서 정기적인 SRS 데이터 전송은 SRS 자원 소비를 크게 증가하기 때문에 동적 비주기 사운딩은 특히 업링크 MIMO와 유용하다.

16.7.2 PUSCH에 의한 상향 MIMO

LTE 릴리즈 10의 업링크 MIMO 동작은 대부분 릴리즈 8의 다운링크 MIMO와 유사하지만, 몇 가지 주요한 차이점이 있다. 업링크에서 유일한 코드북 기반의 닫힌 루프 프리코딩이 지원된다. 열린 루프 송신 다이버시티에 대한 필요성도 논의했지만 결론은 닫힌 루프 프리코딩으로 구현할 수 있는 것보다 성능이 조금 나빠지며, 주어진 상태에서 어떤 추가적인 혜택도 제공하지 않는다는 것이었다. 또한, 어떠한 릴리즈 10 단말이라도 프리코더 선택을 위해 신뢰할 만한 CSI를 얻지 못할 때 릴리즈 8의 단말과 유사한 커버리지와 데이터 속도를 제공하는 폴백 상태인 단일 안테나 모드로 구성될 수 있다.

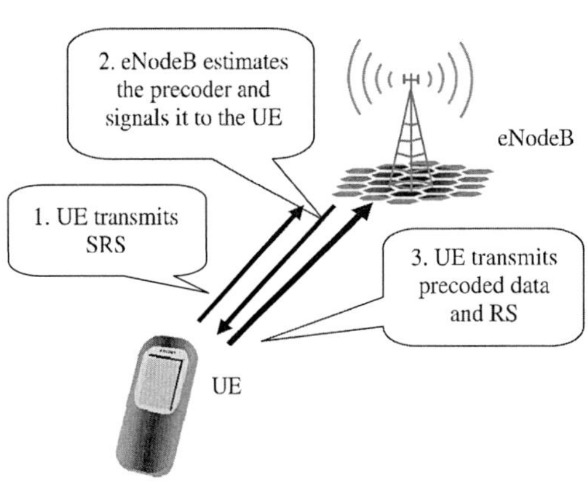

그림 16.16 LTE-Advanced의 업링크 MIMO 동작원리

그림 16.16은 기본적인 업링크 다중 안테나 방식 기능의 블록도를 나타낸다. 우선, 진화된 노드B가 스케줄이나 채널 추정을 모두 담당하기 때문에 채널 품질 정보/프리코딩 행렬 인덱스 피드백 신호가 필요 없다. 대신, 네트워크는 단말이 SRS를 송신하도록 설정되어 프리코더와 변조기법과 채널코딩 기법 선택에 사용되는 업링크 채널 상태 정보를 얻는 기반이 된다. 그러면 eNodeB는 PDCCH 업링크 승인신호 중에 선택 프리코더 값을 단말에게 신호로 보내게 된다. 그 후 단말은 프리코딩된 PUSCH 데이터와 복조용 기준 신호를 전송한다.

업링크용 코드북 설계는 업링크와 다운링크 다중 안테나 동작 사이의 존재하는 주요한 차이점을 반영한다. 다른 업링크에서와 마찬가지로, 업링크 MIMO의 경우 낮은 큐빅 메트릭은 중요한 역할을 하는데, 그것은 단말의 전력 소비를 최적화하고 모든 전력 증폭기의 효율적인 사용을 허용하게 된다. 이 설계 기준 때문에 다운링크 4개 송신 브랜치용 Householder 코드북을 단순히 재사용하는 것과 같은 예는 가능하지 않으며 새로운 설계가 필요하다. 이러한 이유는 2개와 4개 송신 안테나용 업링크 코드북들은 CM이 보존되기 때문이며, CM 보존적이라는 것은 단지 하나의 신호가 정해진 시간에 각각의 안테나 포트로부터 송신됨을 의미한다. 이것은 각각의 안테나에서 송신되는 파형이 순수한 단일 반송파이며, 최대 대비 평균 전력비가 적절하게 낮게 유지됨을 보장한다.

또 다른 업링크 코드북에 있어서 업링크만의 특징은 안테나 선택 차단 기능이다. 이는 단말 배터리 전원을 절약하기 위해 단말기 안테나의 일부를 꺼버리는 데 사용할 수 있으며, 사용자의 손이 안테나에 심각한 불균형을 초래할 때 안테나 일부를 차단시킨다.

16.7.3 제어채널들에 의한 업링크 MIMO

다중 안테나 전송에는 PUSCH뿐만 아니라 PUCCH도 정의된다. PUCCH의 경우 프리코더로 정보를 전달하는 업링크 승인 신호가 없기 때문에 업링크 MIMO 동작은 열린 루프 송신에 의존하게 된다. 공간-직교 자원 송신 다이버시티를 사용하여 PUCCH 형식 1/1a/1b와 2/2a/2b를 위한 열린 루프 송신 다이버시티가 실현된다. SORTD의 기본적인 개념은 각각의 안테나 포트에 대해 별도의 직교 자원들을 할당하는 것이다. 직교 자원들은 순환 천이와 OCC로 구분된다. SORTD의 장점은 단일 안테나 전송방식보다 성능이 향상되고, 단말과 eNodeB에서 구현이 간단해진다는 것이다. 주요 단점은 자원 소비의 증가와 관련 업링크의 오버헤드이다. 이러한 이유로 단지 양방향 SORTD만의 표준화가 이루어졌으며, 이것은 2개 또는 4개의 송신 안테나들이 사용되어 2개 직교 자원들로 동일하게 지정된 다이버시티 방식이다.

16.7.4 업링크 다중사용자 MIMO

LTE 릴리즈 8의 MU-MIMO 동작은 단말에 대해 완전히 투명하다. 즉, eNodeB는 단말들이 인식하지 못하는 상태에서 동일한 자원으로 2개의 단말들을 단순히 스케줄링할 수 있다. 그러나 업링크 RS 특성으로 인해 다른 단말들 RS사이의 직교성은 단말들이 정확히 동일한 자원을 할당받을 때, 즉 동일한 물리 자원 블록들을 공유할 때에 보장될 수 있다. 이러한 요구사항은 업링크 MU- MIMO 스케줄링을 매우 복잡하게 만든다. 왜냐하면 주파수 영역의 스케줄링 관

Release 8 UL MU-MIMO

<table>
<tr><td>PRB#</td><td>0</td><td>1</td><td>2</td><td>3</td><td>4</td><td>5</td><td>6</td><td>7</td><td>8</td><td>9</td><td>10</td><td>11</td><td>12</td><td>13</td><td>14</td><td>15</td><td>16</td><td>17</td><td>18</td><td>19</td><td>20</td><td>21</td><td>22</td><td>23</td><td>24</td></tr>
<tr><td>1st MU-MIMO layer</td><td colspan="8">UE1</td><td colspan="4">UE2</td><td colspan="7">UE3</td><td colspan="2">UE4</td><td colspan="4">UE5</td></tr>
<tr><td>2nd MU-MIMO layer</td><td colspan="8">unused</td><td colspan="4">UE6</td><td colspan="7">unused</td><td colspan="2">UE7</td><td colspan="4">unused</td></tr>
</table>

Release 10 UL MU-MIMO

<table>
<tr><td>PRB#</td><td>0</td><td>1</td><td>2</td><td>3</td><td>4</td><td>5</td><td>6</td><td>7</td><td>8</td><td>9</td><td>10</td><td>11</td><td>12</td><td>13</td><td>14</td><td>15</td><td>16</td><td>17</td><td>18</td><td>19</td><td>20</td><td>21</td><td>22</td><td>23</td><td>24</td></tr>
<tr><td>1st MU-MIMO layer</td><td colspan="8">UE1</td><td colspan="4">UE2</td><td colspan="7">UE3</td><td colspan="2">UE4</td><td colspan="4">UE5</td></tr>
<tr><td>2nd MU-MIMO layer</td><td colspan="6">UE6</td><td colspan="8">UE7</td><td colspan="5">UE8</td><td colspan="2">UE9</td><td colspan="4">UE10</td></tr>
</table>

그림 16.17 LTE 릴리즈 8과 릴리즈 10의 업링크 MU-MIMO에서 사용자 결합

점에서 같은 물리자원 블록들이 일반적으로 다른 단말들에 대해 최적이 아니기 때문이다. 따라서 다중 사용자 MIMO에서 결합될 단말을 발견할 확률은 충분히 낮아지며, 릴리즈 8의 업링크에서 MU-MIMO 이득은 어느 정도 유지된다.

릴리즈 10에서 LTE에 도입된 직교 커버 코드는 업링크 MU-MIMO 사용자가 상당히 유연하게 짝지을 수 있도록 도와준다. MU-MIMO에서 결합된 단말들에 대해 서로 다른 OCC를 할당함으로써 정확히 같은 자원 배분이 엄격히 요구되는 조건이 완화되고, 단말들은 유연하게 최적의 주파수 자원을 스케줄링할 수 있다. 이런 결과로 그림 16.17에 나타낸 MU-MIMO 동작대로 단말을 찾을 확률을 높일 수 있고, 따라서 15%까지 업링크 평균 셀 처리량이 개선된다[7].

16.7.5 업링크 다중안테나 증가에 따른 시스템 성능

업링크 방향에서 중요한 차이는 업링크 방향으로 하나 이상의 송신 안테나를 사용한다는 것이다. 그림 16.18과 같이 2개의 안테나를 사용한 MIMO 송신은 수신기에서 수신기 다이버시티를 사용하는 단일 안테나 송신보다 16%의 이득을 가진다. 반면에 송신과 수신 안테나를 4개까지 사용하면, 1개의 송신 안테나와 2개의 수신 안테나로 RX 다이버시티를 사용하는 것에 비해 용량이 2배가 된다. 그 결과는 비상관된 안테나들을 가정한 것이다.

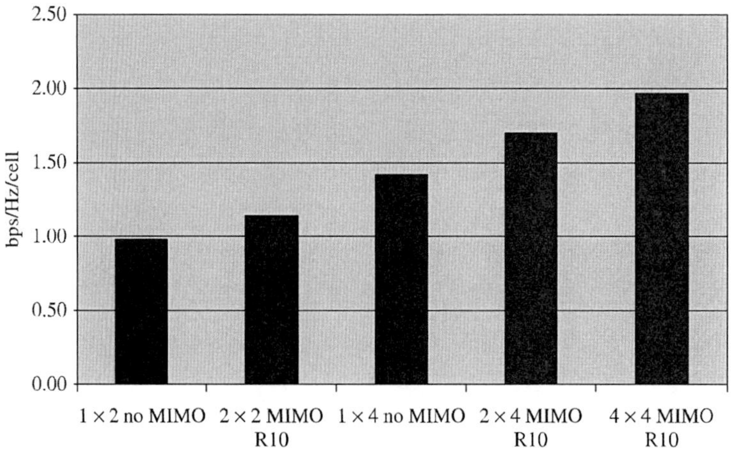

그림 16.18 업링크에서 평균 스펙트럼 효율

16.8 이질적 네트워크

많은 가입자들에게 대량의 데이터들을 제공하기 위해 네트워크 발전이 필요한데, 기존의 매크로 셀룰러 네트워크와 같은 형태는 증가된 용량의 요구에 충분히 대응하기 어렵다. Hz당 용량 증가의 제한 때문에 고려되어야 할 부분은 셀의 크기가 된다. 용량에 대한 수요가 균일하지 않을 것으로 예상되므로, 네트워크의 셀 크기가 일정하기 않고 다양하게 달라지는 방향으로발전할 것으로 예상된다. 수요가 크게 요구되지 않는 지역에서는 매크로 셀 용량을 향상시켜 증대 요구에 대응이 가능하지만, 사용자 밀도가 높은 지역에서는 매크로 셀보다 규모가 작은 마이크로 셀, 피코 셀, 펨토 셀을 사용하여 용량을 증가시킬 필요가 있다. 이외에 추가적인 형태로 무선 중계기(relay node)들이 있는데, 16.9절에서 설명한다. 그림 16.19는 같은 네트워크 내부에서 다른 크기의 셀들이 배치된 이기종 배치의 예를 나타내며, 단말은 링크 설계 관점에서 다른 유형의 셀들과 연결이 가능해진다.

그림 16.19와 같이 링크 설계 측면에서 보면 데이터 트래픽이 폭증하는 지역에서 원활한 처리를 위해 단말은 여러 가지 다른 유형(마이크로, 피코, 펨토)의 셀에 연결될 수 있다. 전력 차이가 나서 인접 채널에 의한 간섭이 충분히 줄어들지 않는 경우를 제외하면, 다른 유형의 셀들이 서로 다른 주파수를 할당받게 될 때, 일반적으로 간섭 문제는 없다. 그러나 용량 수요의 증가에 따라 20MHz까지의 반송파들을 따로 분리시킬 수 있는 주파수 여유가 없으므로 작은 셀 트래픽을 사용하게 된다. 따라서 다른 유형의 셀들이 동일한 주파수에서 운영되어야 한다. 이것은 서로 다른 셀 유형 사이의 간섭 문제로 이어지며, 그 상황을 처리할 방법이 필요하다. 3세대 파트너십 프로젝트는 eICICI(enhanced Inter-Cell Interference Coordination)에 관련된 작업항목으로 그림 16.20의 매크로와 저전력 셀 사이의 예와 같이 서로 다른 유형의 셀 사이에서 효율적인 전력제어 또는 시간영역 요소로 자원 분리 등으로 간섭을 줄이는 방법에 대해 언급하고 있다. 그림 16.20은 저전력 셀의 자원 사용(매크로 셀과 협력조정) 상태와 매크로 셀이 저전력 셀에서 활성화된 자원을 회피하는 상태를 나타낸다. 이때에 저전력 셀이 사용하는 자원의 일부

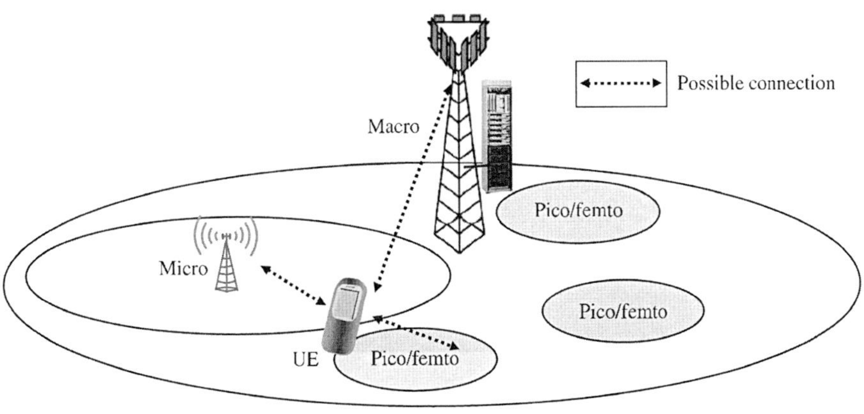

그림 16.19 이질적 셀 배치

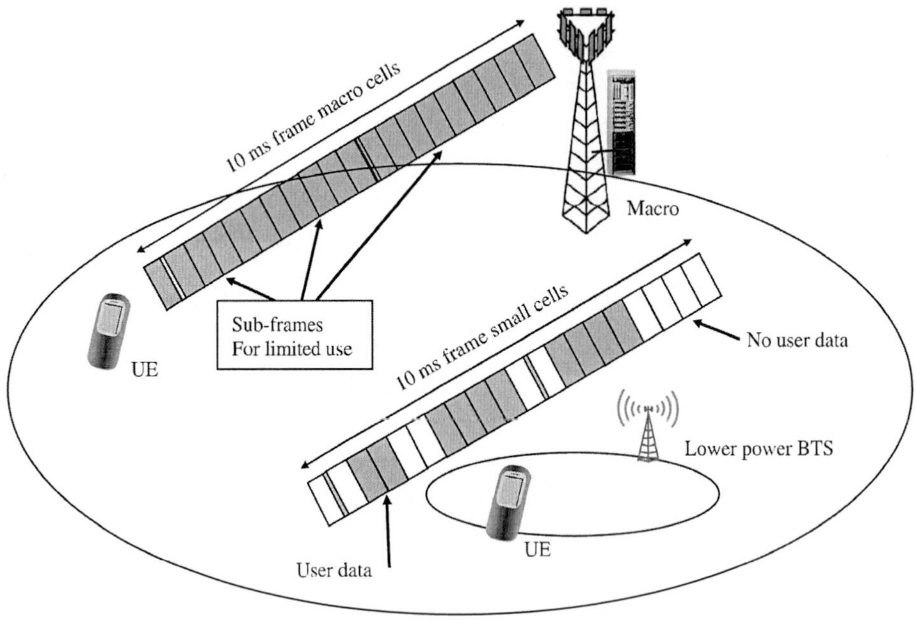

그림 16.20 이질적 배치 상태에서 시간영역의 자원사용 협력

는 사용자 데이터가 비워둔 채로 남겨지게 된다(제어 정보와 기준신호는 계속 송신되는 서브프레임인 거의 빈 서브프레임(ABS: Almost Blank Subframe)가 X2 신호체계에서 사용된다). 대신 매크로 셀이 다른 서브프레임들에서 사용자들을 스케줄링해야 한다. 이 작업을 위해서 사이트들 사이에 공통되는 시간 기준이 필요하다.

16.9 중계기

릴리즈 10의 표준화된 새로운 기술 요소 중 하나는 중계기술이다. 중계기술의 목적은 커버리지에 문제가 있는 지역에서 새로운 노드들을 추가하여 미래장기 진화 이동통신 방식 네트워크의 성능을 개선하는데 있다. 릴레이(또는 RN; Relay Node)의 송신전력은 매크로 진화된 노드B나 백홀보다 작으며, 무선으로 실현되어 매크로 eNodeB들의 전개보다 중계노드들의 전개가 훨씬 쉽다. 이러한 이유 때문에 릴레이들은 유선 백홀을 구성하기 힘든 지역에서도 LTE 네트워크를 구축하는 데 사용할 수 있다. 핵심망쪽으로 RN의 데이터 연결을 담당하는 것은 공여 기지국(DeNB; Donor eNB)이며, 공여 기지국을 통해 핵심망으로 연결된다.

릴레이를 사용하면 송신된 패킷들은 무선 인터페이스를 통해 두 번 전송되어야 한다. DeNB-RN과 RN 단말 사이의 전송이 필요하게 되므로, 직접 eNodeB 단말 전송보다 무선 인터페이스 자원의 소비가 많아진다. 그러나 일반적으로 공여 기지국-중계노드 사이의 링크가 좋은 품질을 유지하도록 RN이 선택되고, 단말은 인접한 RN만에 의해 서비스가 제공되므로 RN 단말 사이의 링크 품질도 양호하다. 그림 16.21에서 높은 신호 대 잡음비에서는 단말 중계노드-공여 기지국

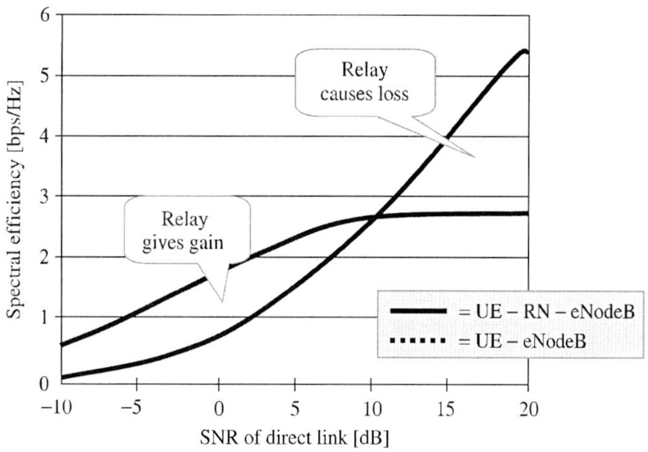

그림 16.21 직접 링크 품질과 비교한 릴레이 성능

링크의 스펙트럼 효율이 단말 eNodeB의 직접 링크의 최대값보다 50%에서 포화된다. 그 이유는 단일 링크(단말 RN 또는 RN-DeNB)에서 무선 인터페이스 자원이 절반씩이 사용되기 때문이다. 그러나 RN의 위치가 좋은 경우에는, SNR이 낮아지더라도 단말 RN과 RN-DeNB 링크 모두에서 단말 eNodeB의 직접 링크보다 꽤 좋은 SNR을 가질 수 있으므로, 스펙트럼 효율은 높다.

16.9.1 구조(릴리즈 10 중계기들에 대한 설계 원칙)

무선 커버리지 확장은 다양한 방법으로 실현될 수 있다. 간단한 방법은 주파수 선택적 리피터를 사용하여 특정 주파수 대역에서 단순히 증폭하여 일부 신호를 전달하면 된다. 또 다른 방법은 신호를 디코딩한 후에 전달하는 장비를 사용하는 것이다. 이 경우에 전달하려는 신호가 중계기에서 검출되고, 다시 인코딩된 다음에 단말 또는 DeNB로 전달된다. 릴레이에 관련된 연구에서는 디코딩하고 전달하는 방식이 증폭하고 전달하는 방식보다 장점을 가진다는 것을 밝히고 있으며, 이러한 방식이 L2/L3용 중계에 선택되었다. 그 다음 단계는 어떠한 프로토콜 스택의 레이어가 RN에서 실현되는가와 어떤 것이 DeNB에서 수행되는가를 결정하는 것이다. 릴리즈 10에서 표준화된 해법은 RN이 자체적으로 eNodeB를 생성한다는 것이다. 스케줄링과 같은 기능도 RN에서 수행된다. 그림 16.22는 중계 시스템의 프로토콜 스택을 나타내고 있다. DeNB는 프록시 역할을 하며, DeNB 내부의 셀로 RN을 보고, 네트워크의 나머지 부분에서 RN의 존재를 숨긴다.

리피터의 사용은 물론 LTE 네트워크에서 가능하지만, 규격의 관점에서 보면 릴레이를 지원하기 위해 릴리즈 8 이상의 새로운 것이 아무것도 필요하지 않다. 그러나 높은 계층 릴레이의 장점은 많기 때문에 릴레이를 위한 표준화된 해법에 사용되고 있다.

릴리즈 10의 릴레이 규격 작업에서 시작점은 RN이 릴리즈 8 단말기들과 호환되도록 하는 것이었다. LTE 릴리즈 8의 터미널 변경에 대해 요구되는 새로운 기능성은 규정되지 않지만, 릴리즈 8의 단말 관점에서는 RN이 다른 셀처럼 보인다.

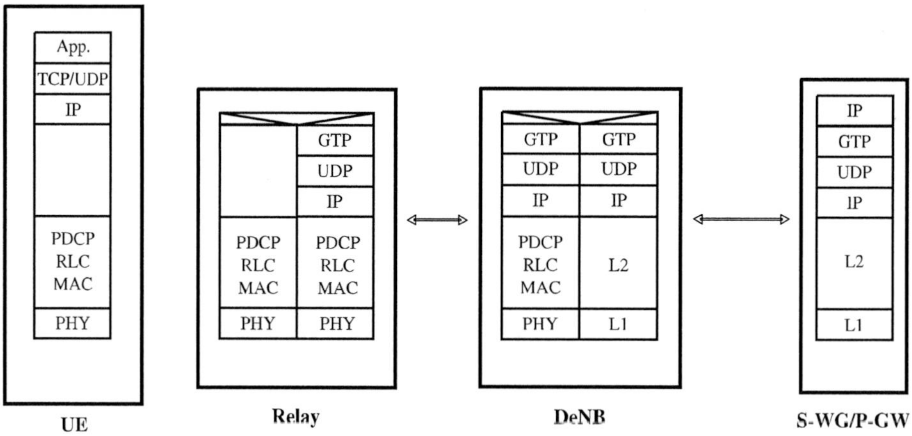

그림 16.22 릴레이 구조

릴레이 동작을 위한 또 다른 시작점은 DeNB가 정상적인 eNodeB라는 점이다. 그래서 RN들에 서비스를 제공하는 것 외에도 단말에게도 서비스를 제공한다−DeNB의 무선 인터페이스 자원들을 매크로 단말(단말들이 DeNB에 소속)과 RN들 사이에서 공유된다.

릴레이는 인밴드와 아웃밴드로 구분되며, 동작은 규격대로 지원된다. 그림 16.23에 표시된 대로, 인밴드 릴레이는 DeNB-RN과 RN 단말사이에 동일한 반송파 주파수 f1을 사용하며, 아웃밴드 릴레이는 각각에 대해 서로 다른 반송파 주파수 f1과 f2를 사용한다. 물리계층 관점에서 보면, 백홀 링크(DeNB↔RN)와 액세스 링크(RN↔단말기)가 동시에 사용할 수 있다는 것이 주요 상항이다. 송신과 수신의 분리가 확실하다면 RN은 동시에 업링크와 다운링크 신호들을 Un과 Uu 인터페이스 모두에서 송신하고 수신할 수 있게 된다. 이것은 액세스와 백홀 반송파들 사이에 주파수 차이를 충분히 두거나, 백홀과 액세스 링크에 대한 안테나들의 분리를 충분히 한다면 실현 가능하다. Un과 Uu 인터페이스들이 동시에 동작할 수 있다면, 물리계층 관점에서 백홀이 정상적인 진화된 노드B 단말 링크처럼 실현될 수 있다.

반송파 주파수가 항상 추가적으로 사용 가능하지 못하며, 백홀과 액세스 링크사이의 완벽한 안테나 분리 작업이 복잡하고 비싸지므로 대부분 릴리즈 10 물리계층의 표준화 노력은 액세스와 백홀 링크 전송에 대한 시간 영역에서 멀티플렉싱에 관련된 규격 작업에 치중되고 있다.

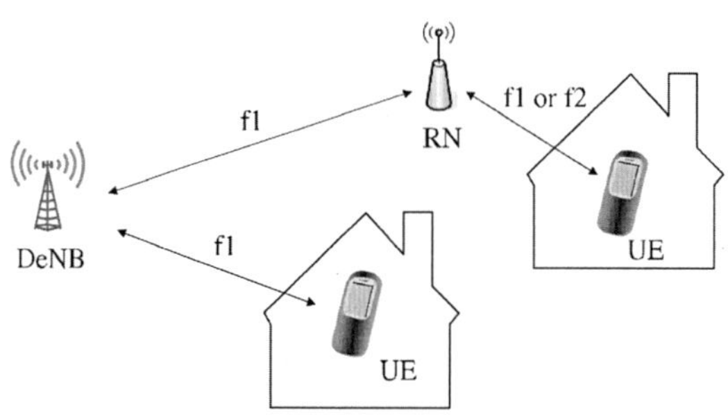

그림 16.23 실내 커버리지 개선용 RN의 사용

16.9.2 DeNB-RN 링크 설계

시분할 다중화 방식으로 동작하면, RN이 DeNB로부터 신호를 수신하는 순간에 다운링크 전송을 중지해야 한다. 다운링크 신호에 있어 이러한 전송 간격이 릴리즈 8 단말들과 호환을 이루게 하며, 액세스 링크의 일부 서브프레임들을 단일 주파수 네트워크를 통한 멀티미디어 방송 및 멀티 캐스트 서비스(MBSFN) 서브프레임으로 구성하게 된다. 이 경우 릴레이가 액세스 링크에서 하나 또는 두 개의 PDCCH 심벌을 전송한 후, DeNB로부터 신호를 수신하는 상태로 전환할 수 있다. 업링크 방향으로 액세스와 백홀의 시간 영역 다중화는 스케줄링 제한으로 실현할 수 있다. RN이 DeNB로 송신할 때는 RN이 서빙하는 단말들로부터의 업링크 송신 스케줄링을 피해야 한다.

릴레이는 액세스로부터 백홀까지 그리고 반대방향으로 전환할 때, 어느 정도의 스위칭 시간이 필요하다. 이 스위칭 시간은 약 10~20 μs로 추정되며, 주기적 전치 부호 기간에 스위칭이 완료될 수 없다. 이것은 송신기와 수신기 사이에서 스위칭되는 시간에 다운링크에서 직교 주파수 영역 다중 접속 심벌 하나와 업링크 방향의 단일 반송파 주파수 분할 다중 접속 심벌 중 하나가 손실됨을 의미한다.

다운링크 방향으로 액세스와 백홀 링크의 TDM은 MBSFN 구성에 의해 실현되기 때문에 DeNB가 PDCCH를 송신할 때 동시에 릴레이도 액세스 링크에서 PDCCH를 전송할 수 있음을 의미한다. 이것은 릴레이가 DeNB로부터 PDSCH를 수신할 수 없고, 백홀 링크에서 릴레이를 위한 제어 정보가 PDCCH 심벌들로 송신될 필요성이 있음을 의미한다. 이 때문에 새로운 R-PDCCH가 만들어진다. 그림 16.24와 같이 다운링크 할당이 서브프레임의 첫 번째 슬롯에서 송신되고, 업링크 승인들이 서브프레임의 두 번째 슬롯에 전송되는 것이 합의되었다.

TDD의 경우 시간 영역 다중화(또는 듀플렉싱)가 이미 업링크와 다운링크 송신 사이에서 사용되고 있으며, TDD이 역시 액세스와 백홀 링크의 다중화에 적용될 때 다운링크 또는 업링크 송신을 위한 서브프레임들이 액세스와 백홀 링크 사이에서 더 나누어져야 됨을 의미한다. 이러

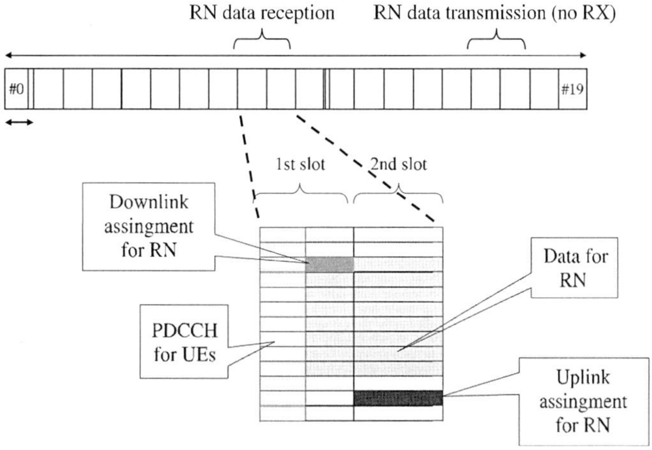

그림 16.24 백홀 서브프레임의 구조

한 분할은 TDD 업링크와 다운링크 구성에 다음과 같은 문제를 일부 발생시킨다. 구성 #5에서는 무선 프레임마다 오직 하나의 업링크 서브프레임만이 존재하고, 구성 #0에서는 다운링크 서브프레임들이 MBSFN 서브프레임들로 구성될 수 없게 된다. 따라서 이러한 구성에 대해서는 릴리즈 10의 릴레이에서 지원하지 않는 것으로 합의되었다. RN 동작은 기존 규격에서 따로 다루고 있지만, 물리계층에 대해서는 릴리즈 10에서 만든 별도의 규격이 있다[8].

16.9.3 중계기 배치

릴레이를 사용하는 것이 의미가 있으려면 액세스와 백홀 링크 모두가 eNodeB에서 단말까지의 직접 링크보다 더 좋아야 한다. 일반적으로 일부 단말만이 릴레이들에 의해 처리되므로, 백홀에 사용되는 자원들은 제한된다. 이것은 무선 프레임마다 단지 하나 또는 두 개의 서브프레임만이 일반적으로 백홀에 사용될 수 있음을 의미하며, 또한 백홀 용량은 액세스 링크의 용량보다 대개 작다는 것을 의미한다.

매크로 셀 내에서 RN들을 보통 랜덤하게 전개시키지 않는다고 가정할 수 있으며, 커버리지가 제한되는 지역에서는 가깝게 위치시켜 DeNB로 연결되는 링크가 비교적 좋은 상태가 되도록 RN의 위치가 선택된다. RN의 위치는 대부분 DeNB와 가시거리(LOS ; line of sight) 내에 존재하거나 최소한 강한 음영지역은 회피하여 선정된다. 릴리즈 10 표준에서 릴레이는 정지된 상태로 간주되며, 이것은 백홀 링크가 안정되고 좋은 상태임을 보장하는 하나의 추가적인 조건이 된다.

릴레이 시뮬레이션에 사용되는 일반적인 시나리오는 릴레이 위치를 위한 복수개의 후보 지역을 가지고 가장 좋은 위치를 선택하는 것이다. RN들은 외부에 위치하기 때문에 백홀 링크에서 침투 손실이 고려되지 않는다. RN 위치가 여러 후보 위치 중에서 선택되고, 5~10 m의 높이에 있기 때문에 RN과 DeNB 사이의 경로는 랜덤하게 존재하는 단말보다는 직선 가시 거리일 가능성이 높다. RN와 단말사이의 액세스 링크 거리는 매우 짧다. 삽입 손실은 고려되고 있지만, 단말과 RN 사이의 벽에 의한 감쇠 이외의 대부분은 LOS 채널과 비슷하다. 이러한 가정에 의한 시뮬레이션들은 적은 수의 릴레이(예로, 4개)를 셀 가장자리 근방에 위치시킬 때 셀 가장자리 성능과 합산된 셀 평균 처리율 모두가 개선될 수 있음을 나타낸다.

16.10 릴리즈 11 전망

릴리즈 11에서는 릴리즈 10 이후의 계속 연결 주제들과 함께 LTE-Advanced와 관련된 연구 주제들에 대한 작업이 계속된다. 3GPP의 릴리즈 11은 2011년 중반에 종결된 릴리즈 10 이후에 18개월 동안 지속되어 2012년 후반에 완료되었다.

집필 당시까지 이루어진 LTE-Advanced에 대한 자세한 작업 항목은 다음과 같다.

- 반송파 집단화(CA) : 새로운 다운링크 대역 조합들을 추가하는 것뿐만 아니라 멀티밴드 업링크 상태를 지원하는 업링크 반송파 집단화 작업도 함께 집중할 것으로 예상된다.
- 다중안테나 성능 개선 : 2011년에 연구결과가 기대되는 별도의 연구 항목인 다지점 협력

전송(CoMP: Cooperative/Coordinated Multipoint Transmission)에 대한 논의의 재개가 합의되었다. CoMP 개념은 단순히 간섭신호를 수신신호의 유용한 성분이 되게 하거나 간섭이 최소화되도록 공간적인 차원을 통해 신호를 곧바로 보낼 수 있도록 하는 것을 목표로 한다. CoMP 구조는 여러 가지로 구분될 수 있지만, 여기서는 다음과 같은 분류로 구분한다.

- 협력 스케줄링과 빔형성 CoMP : 오직 하나의 셀과 섹터로부터 실제 송신이 발생되고 다른 셀과의 협력을 통해 성능 향상 방안을 찾는다. 협력 빔형성 방식에서는 그림 16.25에 나타낸 것과 같이 시간과 주파수 자원들이 중복된 상태를 스케줄링하여 빔의 방향을 형성하고, 공간영역에서 간섭을 회피되도록 하는 전송이 발생된다. 이런 방식에서는 eNodeB에서 바른 판단을 할 수 있도록 환경에 대한 정확한 정보를 얻는 것이 중요하다
- 합력처리 CoMP : 능동적인 간섭억제 능력이 있는 여러 개의 송신 지점에서 동시에 해당 수신 단말기에게 데이터를 송신하는 방식이다. 여기서 과제는 선택한 세부방법에 따라 달라지지만 사이트 사이의 동작과 백홀 요구 결과 및 수신기의 복잡도 결과를 처리할 때 여러 eNodeB로부터 실시간 합동 인코딩의 가능성과 스케줄링 결정에 대부분 관련이 된다. 성능의 관점에서 과제는 CoMP 동작을 촉진시키는 데 필요한 측정의 실제적인 정확성뿐만 아니라 관련된 서로 다른 요소들 사이의 충분한 연결이 빠르게 진행된다.

릴리즈 10과 같이, 릴리즈 11은 직접 LTE-Advanced와 직접 관련되지는 않지만, 다양한 주제를 다룬다. 지금까지 3GPP 논의에서 확인된 기타 주제들은 다음과 같다.

- 릴리즈 9(그리고 릴리즈 10에 약간 향상되는 것으로 협의)의 기본적인 프레임 작업에 따른 LTE 멀티미디어 방송 다중 송출 서비스(eMBMS)에 대한 개선
- 자발적 구조화 네트워크, 드라이브 테스트 최소화 또는 기계와 기계 사이의 통신 연결 최적화와 같은 릴리즈 10의 작업 항목이나 연구 항목 기반의 업무에 기대되는 연속성

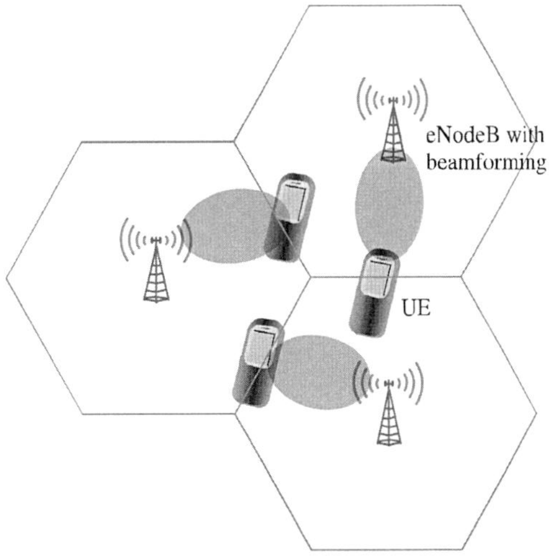

그림 16.25 협력 빔 포밍 방식의 CoMP

16.11 요약

릴리즈 10의 LTE-Advanced는 LTE 시스템에 많은 개선사항(LTE의 최고 및 평균 데이터 속도, 스펙트럼의 단편적 분리 할당, 반송파 집단화)을 추가하고 있다. 최대 및 평균 데이터 속도를 향상시키려는 또다른 방법에는 진화된 안테나 기술의 이용과 안테나 수를 증가시키는 것이다.

릴리즈 10으로도 IMT-Advanced 시스템의 요구조건을 충분히 만족시킨다. 릴리즈 10에서 제시된 LTE 운용성 개선과 릴레이 사용 지원 및 이기종 네트워크 간섭관리의 향상은 릴리즈 11에서 기대되는 부가적 개선사항과 더불어 LTE 시스템이 향후 십여년 동안 최첨단 이동통신의 해법이 될 것으로 예측된다. 릴리즈 10 LTE는 사용자 단말의 기능 등급을 여러 가지로 구분하고 있으며, 최고 단말 등급에서는 100 MHz의 대역에서 다운링크가 3 Gbps로, 업링크는 1.5 Gbps의 최고 네이터 속도가 되도록 규정하여 다가올 미래 수요를 충족시키게 된다.

참고문헌

[1] ITU-R report, M.2134, 'Requirements Related to Technical Performance for IMT-Advanced Radio Interface(s)'.

[2] 3GPP, Technical Report, TR 36.913, 'Requirements for Further Advancements for Evolved Universal Terrestrial Radio Access (E-UTRA) (LTE-Advanced)', v. 8.0.1, March 2009.

[3] 3GPP, Technical Report, TR 36.814, 'Feasibility Study for Further Advancements for E-UTRA (LTEAdvanced)'.

[4] 3GPP, Technical Report, TR 36.912, 'Feasibility Study for Further Advancements for E-UTRA (LTEAdvanced)', v. 9.2.0, March 2010.

[5] 3GPP, Tdoc RP-100668, 'Work Item Description: LTE-Advanced Carrier Aggregation of Band 3 and Band 7', TeliasSonera, June 2010.

[6] Lunttila, T., Kiiski, M., Hooli, K., Pajukoski, K., Skov, P, Toskala, A., 'Multi-Antenna Techniques for LTE-Advanced', Proceedings of WPMC 2009, Sendai, Japan.

[7] 3GPP, Tdoc R1-094651, 'Performance of Uplink MU-MIMO with Enhanced Demodulation Reference Signal Structure', Nokia Siemens Networks, Nokia, November 2009.

[8] 3GPP, Technical Specification, TS 36.216 'Physical Layer for Relaying Operation', v. 10.0.0, September 2010.

CHAPTER

17 HSPA 진화

17.1 개요

3세대 파트너십 프로젝트의 릴리즈 5(다운링크)와 릴리즈 6(업링크)에 고속패킷접속(HSPA)의 규격이 포함된다. 3GPP 릴리즈 7, 8, 9, 10에서는 HSPA의 성능(사용자 단말의 성능과 네트워크 효율) 향상이 많이 이루어졌고, 그러한 개선은 준비 중인 릴리즈에서도 계속되고 있다.

HSPA 진화 작업은 3GPP 미래장기진화 이동통신 방식의 작업과 함께 이루어지고 있으며, 실제 환경에서도 같이 진행되고 있고, 개선되는 기술적인 부분도 대부분 비슷하다. LTE와 HSPA에 관련된 3GPP의 많은 작업 항목들(홈 기지국; 펨토 셀, 자체 최적화된 네트워크(SON) 및 드라이브 테스트의 최소화)은 공통적인 사항이다. 그림 17.1에 HSPA 진화규격과 LTE 기능의 개요를 나타내었다. HSPA 진화규격은 광대역 부호 분할 다중 접속/HSPA의 공존을 위한 최적화에 두어 HSPA상에서 간단한 업그레이드만을 통해 동일한 캐리어에서 기존 릴리즈 99

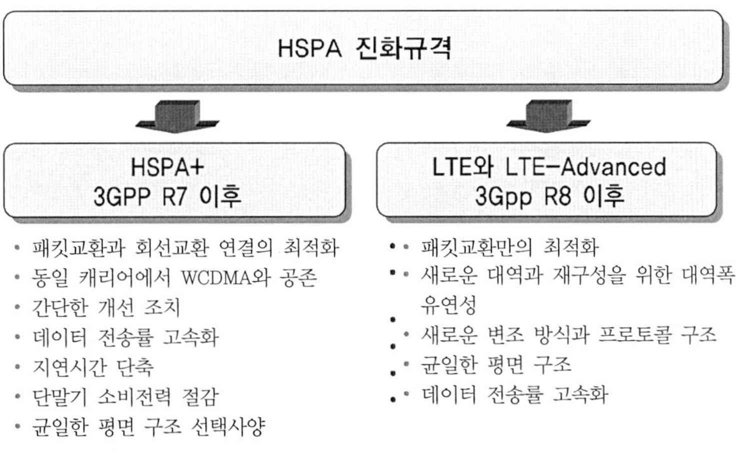

Similar technical solutions applied both in HSPA evolution and in LTE

그림 17.1 HSPA 진화규격(HSPA+)과 LTE 기능의 개요

의 단말을 지원하도록 설계된다. HSPA의 진화 목표는 시간 지연과 전력 소비를 줄이고, 데이터 전송률을 높여 최종 사용자의 성능을 개선하는데 있다. 이 장에서는 일명 HSPA+라고 알려진 HSPA 진화규격의 특징들을 소개한다.

HSPA 진화규격(HSPA+)에는 LTE와의 연동이 포함되어 패킷 핸드오버 또는 음성 핸드오버(LTE 음성을 HSPA 회선교환 음성으로 핸드오버)를 가능하게 한다. 핸드오버에 대해서는 7장에서, 연속적인 음성호 처리에 대해서는 13장에서 살펴본다.

17.2 불연속 송신과 수신 (불연속 송신/불연속 수신)

기술의 발전에 따라 이동 단말기 전력 소비를 줄일 수 있게 된다. WCDMA의 고속이고 정확한 전력 제어는 송신 전력 레벨을 최소화시킨다. 3GPP 릴리즈 99부터 릴리즈 6까지 여전한 도전 과세는 이동 터미널이 Cell_지정 채널 상태에서 고속하향 패킷 접속/고속상향 패킷 접속(HSDPA/HSUPA) 방식을 사용하여 지속적으로 수신하고 송신하는 것이다. HSPA 진화규격(HSPA+)에서는 회선교환 음성신호들과 모든 패킷 서비스를 위해 전력 소비를 줄일 수 있도록 HSDPA/HSUPA에 대해 몇 가지 개선된 기능을 도입한다.

3GPP 릴리즈 6 단말은 데이터 채널 송신이 없더라도 물리제어 채널을 계속 송신한다. 네트워크의 명령으로 단말이 Cell_준방향 액세스 채널 또는 Cell_페이징 채널 상태가 될 때까지 제어채널의 송신과 수신은 계속된다. 릴리즈 7 단말은 데이터 채널 송신이 없게 되면 바로 제어 채널 송신을 차단하여 완전히 송신기가 종료될 수 있도록 한다. 이러한 해결방법을 업링크 불연속 송신(DTX)이라 하며, 확실하게 송신기 전력 소비를 줄일 수 있다.

이와 유사한 개념이 다운링크에서도 도입되어 다운링크 데이터 전송이 재시작하는지를 확인할 때만 단말이 깨어 있도록 한다. 받을만한 데이터가 없다면 단말은 프레임의 다른 부분에서도 절전 모드를 사용할 수 있다. 이 방법은 다운링크 불연속 수신(DRX)이라고 한다. 그림 17.2에 웹 브라우징을 위한 DTX 개념을 나타내었다. 웹 페이지가 다운로드 되자마자 연결은 DTX와 DRX 상태가 된다.

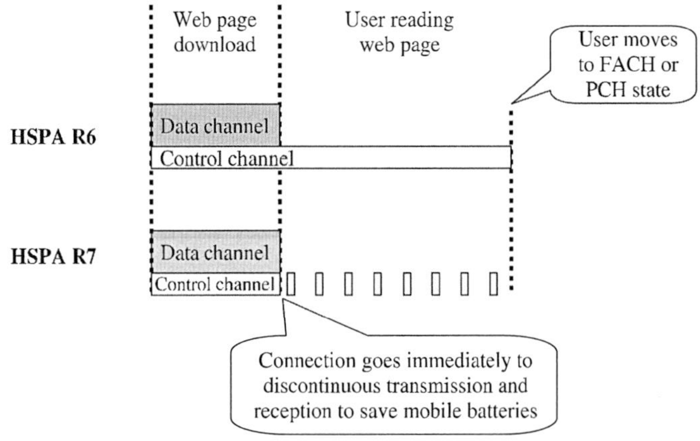

그림 17.2 연속적인 패킷 연결성을 가지는 불연속 송신과 수신(DTX/DRX)

릴리즈 99 FACH 해법은 연속적인 수신이 필요하므로, 전력 소비 측면에서 도전 과제가 되고 있으며, 특히 지속적으로 사용하는 메시지들을 송신하는 인터넷에 상시 접속된 애플리케이션들을 위해서는 더욱 그러하다. 각각의 keep-alive 메시지는 단말이 Cell_FACH 상태로 이동하고 네트워크 비활성 타이머가 만료될 때까지 기다리도록 지시한다. HSPA 진화규격(HSPA+)에서는 Cell_FACH 상태에도 불연속 수신이 도입되어 이러한 형태의 애플리케이션이 사용되는 경우에 대기시간을 확보하게 된다.

릴리즈 8 LTE 규격에는 출시부터 불연속 송신과 DRX가 포함되었다. LTE의 전력 절약 잠재력은 HSPA보다 더욱 높아지는데, 그 이유는 전송시간 간격 크기가 HSPA에 비해 짧고(1 ms 대 2 ms), 고속 전력 제어와 관련된 신호가 필요 없기 때문이다.

17.3 HSPA를 통한 회선 교환 방식의 음성신호

음성신호 처리는 이동통신 사업자를 위한 중요한 서비스로 남아 있다. WCDMA 릴리즈 99는 스펙트럼 효율이 매우 높은 지정채널(DCH)로 회선 교환(CS) 음성 신호를 지원한다. 릴리즈 7에서 HSPA 기반의 효율적인 인터넷 텔레포니(VoIP) 기능이 정의되었지만, VoIP 시장의 활성화가 아직 시작되지 않았다. 따라서 HSPA에 의한 회선교환 음성서비스가 HSPA 진화규격(HSPA+)에서 정의되었다. HSPA에 의한 CS 음성서비스는 릴리즈 8의 일부이지만, 단말 지원에 대한 성능 표시 기능이 릴리즈 7에서 되었기 때문에 릴리즈 8의 다른 기능들보다도 먼저 구현이 가능하다. HSPA 상에서 음성을 전달하는 데에는 다음과 같은 두 가지가 있다. 단말 전력 소비는 DTX/DRX에 의해 줄어들고 스펙트럼 효율은 HSPA 기능의 향상 때문에 개선된다.

그림 17.3에 여러 가지 3G 음성 옵션을 나타내었다. DCH 상의 CS 음성은 현재 상용 네트워크에서 사용되고 있다. 릴리즈 99 DCH는 계층 1과 계층 2의 투명 모드 무선 링크제어에서 사용된다. 무선측면에서 보면, HSPA에 의한 CS 음성과 HSPA에 의한 VoIP는 계층 2의 비확인 모드가 포함된 계층 1을 똑같이 사용한다. 인터넷 프로토콜 헤더 압축은 CS 음성을 위해 필요하지 않다. 핵심망의 관점에서는 DCH에 의한 CS 음성과 HSPA에 의한 CS 음성 사이에도 차이가 없다. 사실, CS 음성이 DCH 또는 HSPA 중 어떤 것에 의해 무선으로 연결되는지를

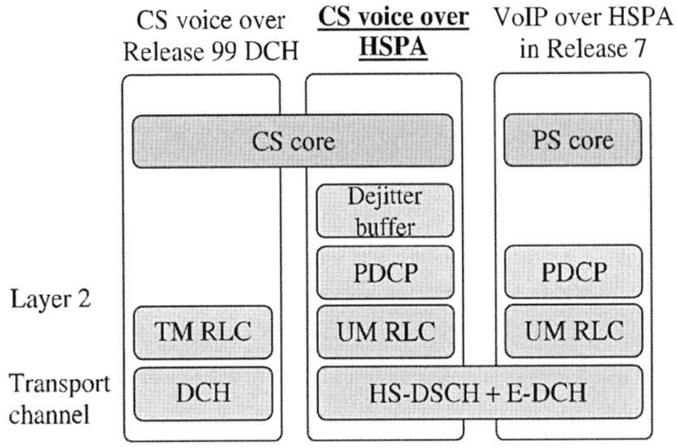

그림 17.3 WCDMA/HSPA에서 음성 옵션

CS 핵심망은 인식하지 못한다. HSPA에 의한 CS 음성은 핵심망 관점에서는 CS 음성이라 할 수 있고, 무선 관점에서는 VoIP라고 할 수 있다.

HSPA에 의한 CS 음성은 3GPP 규격에서 다음과 같은 사항이 변경되었다.

- Iu 인터페이스, 물리계층, 매체 접근 제어 계층 = 변화 없음
- RLC 계층 = 상위계층으로 RLC-UM 시퀀스 번호를 전달
- 패킷 데이터 집합 프로토콜 계층 = 식별을 위한 헤더의 수정과 회선교환 적응형 다중 비율 프레임 타임스탬프 + 인터페이싱와 지터 버퍼 관리 포함
- 새로운 디-지터 버퍼(de-jitter buffer) = HSPA 동작에서 발생된 무선 지터를 흡수하여 CS AMR 프레임들이 상위 계층에 제때에 지속적인 방식으로 전달될 수 있도록 하는 단말과 무선망 제어기 구현 종속 엔티티. 디-지터 버퍼에 대한 알고리즘은 3GPP에서 표준화되지 않는다.

그림 17.4에 HSPA를 통한 CS 음성의 개념을 나타내었다. CS 음성 연결은 DCH에 매핑되거나, 단말 기능과 RNC 알고리즘에 의존하는 HSPA에 매핑될 수 있다. AMR 데이터 전송률 적응은 시스템 로딩 상태에 의존하는 RNC에 의해 제어될 수 있다. HSPA에 의한 CS 음성 신호가 사용되는 경우, 고속의 패킷 데이터 트래픽 부하가 존재하는 동안에 음성 패킷에 대한 낮은 지연을 보장하는 HSPA 스케줄링의 서비스 품질 차별화가 확실히 필요하다.

패킷 스케줄링과 우선순위 기법은 VoIP에서나 HSPA에 의한 CS 음성 서비스에서도 유사하기 때문에 무선 측면에서 보면 HSPA에 의한 CS 음성의 기반 위에서 나중에 VoIP 지원을 추가하는 것이 간단해지므로, HSPA에 의한 CS 음성 서비스는 장래의 VoIP 도입을 위해 길을 여는 것이다. 유사한 무선 해법들이 VoIP와 회선 교환 도메인들 사이에 핸드오버를 간단하게 만든다.

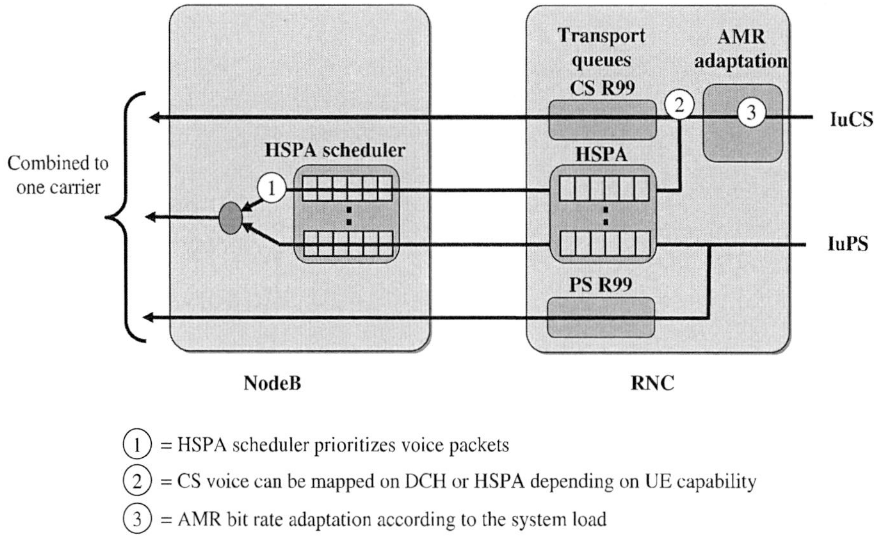

그림 17.4 HSPA에 의한 CS 음성 서비스 개념도

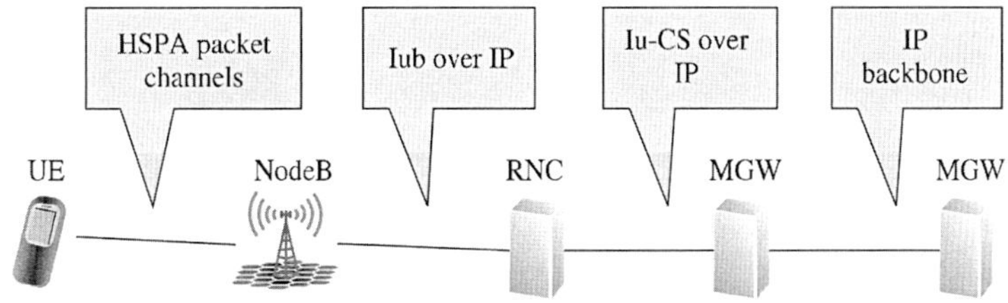

그림 17.5 여러 다른 인터페이스들을 가지는 CS 음성 서비스

HSPA에 의한 CS 음성서비스는 모든 인터페이스에서 IP 프로토콜과 패킷 송신으로부터 이익을 얻을 수 있다. 무선 인터페이스는 HSPA, IP에 의한 Iub, IP에 의한 Iu-CS 및 IP를 사용하는 미디어 게이트웨이(MGW)들의 백본에 의해 이루어진다. 호 제어신호는 아직 회선 교환 프로토콜[1]을 기반으로 한다. 그림 17.5에 사용되는 인터페이스들을 나타내었다. 기존 종단간 프로토콜과 생태계를 유지하면서 HSPA에 의한 CS 음성 서비스는 패킷 네트워크 성능과 비용 측면에서 혜택을 누릴 수 있다. 충전하거나 긴급 통화 또는 로밍에 대해 변경사항들이 요구되지 않는다.

지정채널을 통한 음성에 대해 HSPA에 의한 CS 음성 서비스를 비교해보면 스펙트럼 효율이 증가되는데, 그 이유는 음성서비스가 HSPA 물리계층의 향상에서 혜택을 얻을 수 있기 때문이다.

- 단말 이퀄라이저는 다운링크 용량을 증가시킨다. 실제로 이퀄라이저는 모든 HSPA 단말기 내부에 포함된다.
- HSPA에서 최적화된 L1 제어채널은 제어채널 오버헤드를 줄인다. 다운링크의 해법은 불연속 수신 방식에 의한 부분 지정 물리채널이고, 업링크의 해법은 DTX이다. 또한 고속 공용 제어채널(HS-SCCH)없는 송신도 다운링크에 사용할 수 있다.
- L1의 재전송도 역시 HSPA의 음성 서비스용으로 사용될 수 있으므로 재전송 지연은 단지 14 ms가 된다.
- 데이터 전송을 위해 최선을 다하는 형태(사실상 데이터 전송에 대한 아무런 정책이 없는 상태)의 데이터와 비교하여 음성서비스를 위한 엄격한 지연 요구사항이 스케줄링 자유도를 제한하더라도 고속하향패킷 접속(HSDPA)의 최적화된 스케줄링은 용량을 증가시킨다.

HSPA에 의한 CS 음성 서비스는 스펙트럼 효율성에서 얻어지는 이득이 DCH에 의한 CS 음성서비스보다 50~100%까지 향상되는 것으로 추정된다. 그림 17.6에 음성 용량의 비교가 나타나 있다. LTE에 포함된 음성 용량의 개선사항에 대해서는 10장에서 자세히 다루었다.

HSPA에 의한 CS에서 사용되는 음성 코덱은 협대역 AMR 또는 광대역 AMR 코덱이 될 수 있다.

HSPA에 의한 CS 음성은 단말기 소비 전력을 줄이고 음성통화 시간을 연장하기 위해 DTX/DRX 기능에 의한 혜택을 얻을 수 있다. 음성통화시간에 대한 혜택은 [3]에 자세히 분석되며, 그림 17.7은 900 mAh 배터리를 가정한 상태가 요약되어 있다. HSPA에 의한 CS 음성 서비스에 대한 전류소비는 현재 100 mA 이하로 줄일 수 있어 12시간 정도 통화가 가능하다.

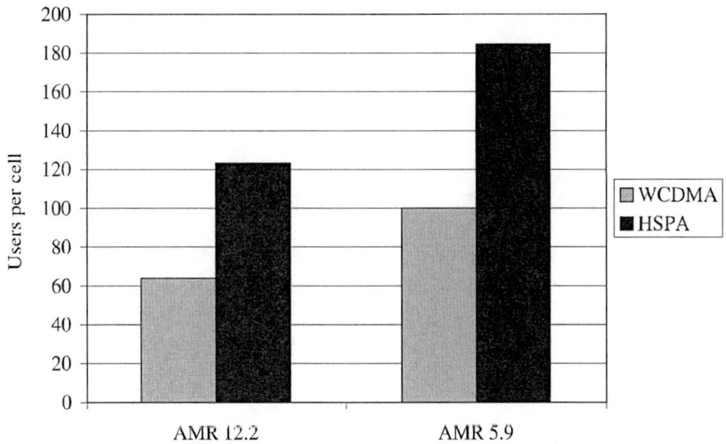

그림 17.6 WCDMA와 HSPA에서의 회선교환 방식의 음성 서비스에 대한 스펙트럼 효율[2]

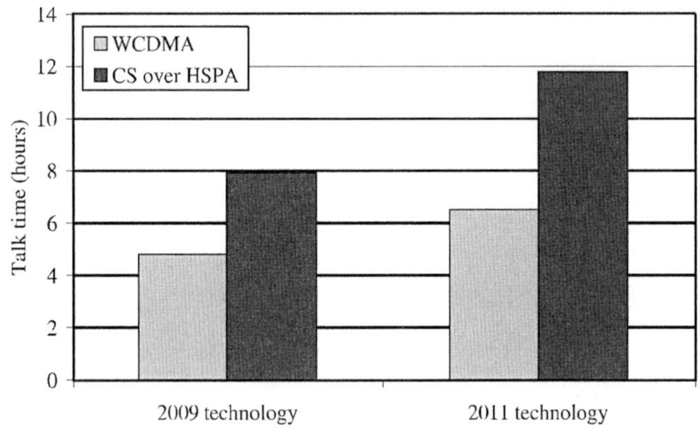

그림 17.7 HSPA에 의한 CS 방식에서 기술 발전에 따른 통화시간의 개선[3]

17.4 향상된 순방향 액세스 채널와 임의 접근 채널

WCDMA 네트워크 데이터 전송률과 지연 시간은 릴리즈 5 HSDPA와 릴리즈 6 HSUPA 도입으로 개선된다. 최종 사용자의 성능은 패킷 통화 설정 시간과 채널 할당 시간을 최소화하여 더욱 개선될 수 있다. HSPA 상에서 연결설정 신호가 동작되면, 릴리즈 7에서 예상되는 패킷 통화 설정 시간은 1s 이하가 된다. 패킷호가 성립되면, Cell_DCH 상태에서 HSDPA/HSUPA로 사용자 데이터가 전달될 수 있다. 데이터 전송이 몇 초 동안 비활성되면, 단말은 이동 단말기의 전력 소모를 최소화하기 위해 Cell_PCH 상태로 바뀐다. 데이터를 많이 송신하고 수신할 때 이동 단말기는 Cell_PCH에서 Cell_FACH와 Cell_DCH 상태로 바뀐다. 릴리즈 99의 RACH와 FACH는 신호용이나 소량의 사용자 데이터용으로 사용될 수 있다. RACH의 데이터 전송률은 공통 채널들의 사용을 매우 낮게 제한하여, 일반적으로 10 kbps 이하가 된다. 릴리즈 5나 릴리즈 6에서 RACH 또는 FACH의 성능을 개선하지 않았다. 릴리즈 7의 개선된 FACH와 릴리즈

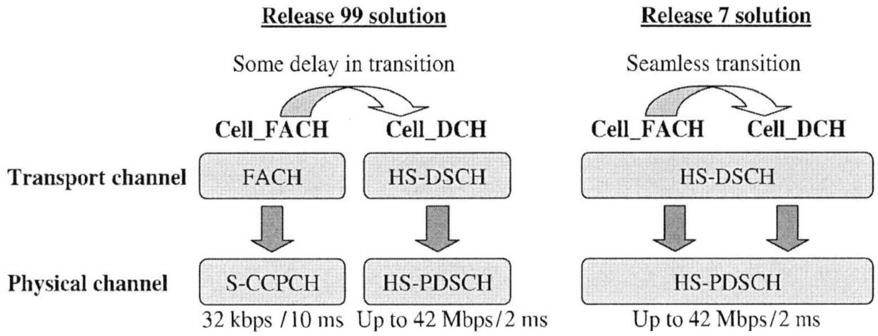

FACH = Forward Access Channel
S-CCPCH = Secondary Common Control Physical Channel
HS-DSCH = High Speed Downlink Shared Channel
HS-PDSCH = High Speed Downlink Physical Shared Channel

그림 17.8 향상된 FACH 개념[4]

8의 개선된 RACH의 개념은 최종 사용자와 시스템 효율을 위한 성능을 향상시키기 위해 Cell_FACH 상태에서 릴리즈 5와 릴리즈 6의 HSPA 전송채널과 물리채널를 사용하는 것이다. 그림 17.8에 그 개념이 나타나 있다. 개선된 FACH와 RACH는 다음과 같이 몇 가지 성능상 장점을 가진다.

- RACH와 FACH의 데이터 전송률이 1 Mbps 이상으로 증가할 수 있다. 최종 사용자는 채널 할당의 지연없이 비교적 빠른 데이터 전송률에 대한 즉각적인 액세스를 할 수 있다.
- Cell_FACH에서 Cell_DCH로의 상태 변화는 거의 끊김이 없다. 채널 할당을 위한 네트워크 자원을 사용할 수 있게 되면, 물리채널이 바뀌지 않으면서 Cell_DCH로 원활하게 전환된다. 송신 중에 고속 전력 제어가 갖는 장점은 개선된 RACH 단말이 RACH 프리앰블 송신을 시작할 수 있는 것으로, 셀 쪽으로 방송되는 시스템 정보 블록 7상에 존재하는 새로운 업링크의 간섭정보를 기다리지 않고 이루어진다. 따라서 추가적으로 상태 전환 대기 시간을 줄여준다.
- 더 많은 데이터가 Cell_FACH 상태에 송신될 수 있기 때문에 Cell_DCH로의 불필요한 상태 전환을 피할 수 있다. 많은 응용 프로그램들은 현재 Cell_DCH를 통해 전달되는 몇 가지 배경 트래픽을 만든다. 따라서 향상된 RACH와 FACH는 특히 스마트폰용으로 네트워크 효율성을 향상시킬 수 있다.
- DRX가 전력 소비를 줄이기 위해 Cell_FACH에 사용될 수 있다. 전송 시간 간격이 릴리즈 99에서 10 ms인데 반해 향상된 FACH는 2 ms가 되므로, DRX가 구현될 수 있다. Cell_FACH 상태에서 DRX는 3GPP 릴리즈 8에서 도입하고 있다.

향상된 FACH는 기존 물리채널들이 사용되므로 계층 1 규격에서 변화가 최소화되어 기능의 빠른 구현이 가능해지며, 동일한 반송파상에서 릴리즈 99나 HSDPA/HSUPA와 공존할 수 있다. 동일한 HSDPA 전력 할당이 기존 HSDPA용으로 사용되므로, 향상된 FACH 위해 별다른 전력 할당이 필요하지 않다.

17.5 다운링크의 다중 안테나 방식과 직교위상진폭변조(64QAM)

릴리즈 6 고속하향 패킷접속의 다운링크 최고 데이터 전송률은 3/4코딩에 대해 10.8 Mbps이고, 채널 코딩없이는 14.4 Mbps가 된다. 이론상 최고 데이터 전송률을 높이는 방법에는 넓은 대역폭 사용, 높은 차수의 변조 또는 MIMO 방식을 사용한 다중안테나 송신 등 여러 가지가 있다. 이러한 해결 방안들이 고속패킷접속 진화규격(HSPA+)의 일부이다. MIMO와 높은 차수의 변조방식들은 릴리즈 7에서 HSPA 진화규격과 릴리즈 8의 듀얼 셀 HSDPA에 포함된다.

3세대 파트너십 프로젝트 MIMO는 기지국에서 2개의 송신 안테나를 사용하고, 단말에서 2개의 수신 안테나를 사용하며, 송신 안테나의 가중치를 조정하기 위해 단말로부터 닫힌 루프 피드백을 사용하는 개념이다. 그림 17.9는 MIMO 전송의 구성도를 나타낸다.

높은 차수의 변조는 전송 대역폭을 증가하지 않고 최고 비트 전송률을 더 높인다. 릴리즈 6는 다운링크에서 직교 위상천이 변조(QPSK: Quadrature Phase Shift Keying)와 16QAM의 송신을 지원하며, 업링크에서는 듀얼 이진 위상천이 변조(BPSK: dual-Binary Phase Shift Keying)를 지원한다. 듀얼 채널 BPSK 변조는 QPSK와 비슷하다. 릴리즈 7에서는 다운링크에 64QAM 송신과 업링크에 16QAM 송신을 도입한다. 심벌당 2비트를 송신하는 QPSK에 비해 심벌당 4비트를 송신하는 16QAM은 비트 전송률을 두 배로 증가시킨다. 64QAM은 심벌당 6비트를 송신하므로, 16QAM에 비해 최고 비트 전송률이 50% 빨라진다. 반면, 높은 차수의 변조에는 심벌들 사이의 위상점 간격이 좁아지므로, 정확한 수신을 위해서는 신호대 잡음 전력비(S/R or SNR)가 더 높아져야 한다. 요구되는 신호 대 잡음 비율의 차이는 16QAM과 QPSK사이와 64QAM과 16QAM사이에서 비슷하게 약 6 dB이다. 따라서 채널 상태가 양호한 경우에서 다운링크에 64QAM, 업링크에 16QAM을 사용할 수 있다.

그림 17.10은 매크로 셀에서 64QAM에 의한 시스템 시뮬레이션의 결과를 나타낸다. 64QAM 변조는 스케줄링 방식(RR = round robin, PF = proportional fair)에 따라 10~25% 확률로 사용자 데이터 전송률을 빠르게 향상시킨다. 나머지 시간 동안에 채널의 상태는 64QAM 변조신호를 수신할 만큼 좋지 못하다. 64QAM의 전형적인 용량 증가는 10% 미만이다.

64QAM과 MIMO가 함께 사용되면 14 Mbps에서 42 Mbps로 최고 전송률이 200%까지 개선되지만, 높은 데이터 전송률이 셀의 일부 영역에서만 가능해지므로, 평균 셀 용량은 단지 20% 정도 향상된다. 64QAM 활성화는 셀 용량을 약 5% 정도 개선시키며, MIMO에 의해서는 10%

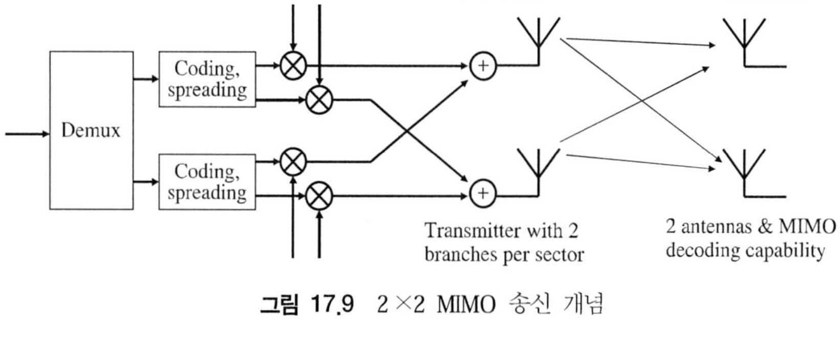

그림 17.9 2×2 MIMO 송신 개념

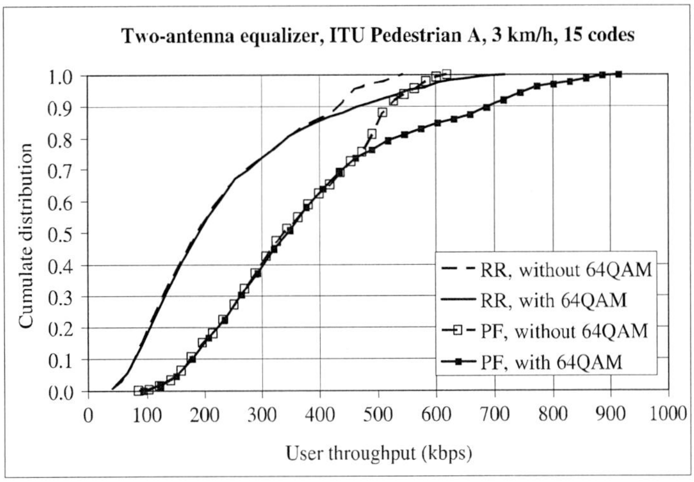

그림 17.10 사용자당 매크로 셀의 데이터 전송률(하나의 셀에서 64QAM, 20명 사용자[5])

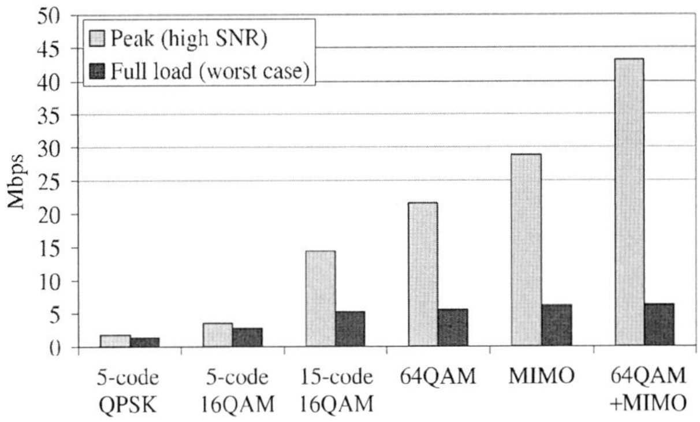

그림 17.11 HSDPA에 의한 다운링크 최대 전송률과 최대 부하시 셀 용량 진화

까지 개선시킨다. 그림 17.11은 최고와 평균 전송률이 향상됨을 나타낸다. 평균 전송률은 최대로 부하가 걸린 매크로 셀에 해당한다. 실용적인 네트워크에서는 항상 최대로 부하가 걸리지 않는다. 따라서 64QAM과 MIMO 기능은 최대로 부하가 걸린 상태에서 시뮬레이션한 결과보다 실제 네트워크에서 높아진다.

17.5.1 MIMO 대안

초기의 릴리즈 7 MIMO에는 성능상 몇 가지 문제를 가지고 있다.

- 공간시간 전송 다이버시티(STTD: Space Time Transmit Diversity)가 동작될 때 비 MIMO 이퀄라이저 단말들은 성능이 나빠진다. 비 MIMO 이퀄라이저 수신기는 다중 경로 채널을 추정하고 다중 경로 간섭을 제거한다. 따라서 STTD 방식으로 송신되면, 다중 경로 성분들이 2배 이상이 되고, 등화기능이 어려워진다. 게다가 2개 채널에 대한 동시적인 등화도 더욱 어려워진다.

- 서로 다른 프리코딩 벡터들은 신호 구조를 최적인 상태로 만들지 못하기 때문에 부호 다중화된 단말들에서 프리코딩 벡터들이 서로 달라지므로 부호 다중화 성능은 떨어진다.

MIMO와 비 MIMO 단말들의 성능을 향상시키기 위해서 3GPP 규격에서 더 많은 개선사항들이 요구되었다. 이러한 개선 사항들을 MIMO 대안이라고 한다.

- NodeB의 송신에서는 가상 안테나 매핑(VAM, 일명 Common Pre-coder)이 적용된다. 비 MIMO 채널들은 단지 하나의 브랜치(가상 안테나 1)를 통해 송신이 이루어진다. 송신 브랜치가 하나이므로, 송신 전력은 균형이 잡히지 않는다. 가상 안테나 매핑 방식은 하나의 가상 안테나로부터 신호를 얻고, 이를 되돌려 다른 안테나로부터 얻은 신호들과 합친다. 실제 안테나로 송신되는 전력들은 균형이 잡히게 되고, 2개의 무선 주파수 전력 증폭기들이 비 MIMO와 비 송신 다이버시티 전송들을 위해 모두 활용될 수 있다. 가상 안테나 매핑는 어떠한 3GPP 지원도 필요로 하지 않는다.
- 초기 릴리즈 7 MIMO에서는 단말에서 NodeB로 전달되는 피드백용으로 4개의 프리코딩 벡터를 가진다. 프리코딩 피드백 가중치들에 의한 몇 가지 조합들이 2개의 전력 증폭기들의 균형을 깨뜨리게 되므로, 가상 안테나 매핑방식에 문제점을 나타내므로, 프리코딩 벡터들의 개수를 4개에서 2개로 제한할 필요가 있다. 네트워크는 단말에게 단말이 몇 개의 프리코딩 벡터들을 피드백 리포팅에 사용할 수 있는지에 대해 정보를 준다. 이러한 기능은 2010년에 작업되어 릴리즈 7에 늦게 포함됐다.
- 공통 파일럿 채널(S-CPICH: Secondary-Common PIlot CHannel)에 의해 만들어져서 비 MIMO 단말들에게 주는 간섭을 줄이기 위해 P-CPICH(Primary-CPICH)와 비교하여 S-CPICH의 상대 전력을 줄일 수 있게 된다.

이러한 초기 MIMO의 문제점들과 42 Mbps의 데이터 전송률을 이중 셀 고속 하향 패킷 접속으로도 얻을 수 있었기 때문에 릴리즈 7과 8의 MIMO 전개는 주로 작은 규모의 시도에만 그쳤었다.

17.6 이중셀 HSDPA와 HSUPA

HSPA의 5 MHz에 비해 LTE는 20 MHz로 전송 대역폭을 사용할 수 있게 되므로, LTE 무선방식이 HSPA에 비해 데이터 전송률이 향상된다. 이중 셀(dual cell 또는 dual carrier) HSDPA는 하나의 단말기로 2개 인접 대역의 HSDPA 반송파들이 가지는 장점을 이용하여 총 10MHz 다운링크 대역폭을 사용하는 방식으로 릴리즈 8의 일부로 지정되었다. 그러나 릴리즈 8의 업링크 해법은 여전히 5 MHz의 단일 반송파를 사용한다. 그림 17.12에 그 개념이 나타나 있다.

그림 17.13에 DC-HSDPA가 사용자 데이터 전송률에서 얻는 장점을 나타내었다. 사용자가 단지 하나 대신에 두개 반송파의 용량에 액세스할 수 있기 때문에 DC-HSDPA는 낮은 부하에서 사용자 데이터 전송률을 2배로 할 수 있다. 부하가 증가되면 상대적으로 장점은 줄어든다. 반송파 2개 모두가 항상 부하양이 100%되지 않는다면, 주파수 영역의 스케줄링과 부하의 동적 균형 방법 때문에 높은 부하 상태에서도 어느 정도의 용량에 이득은 있게 된다. NodeB 스케줄링은

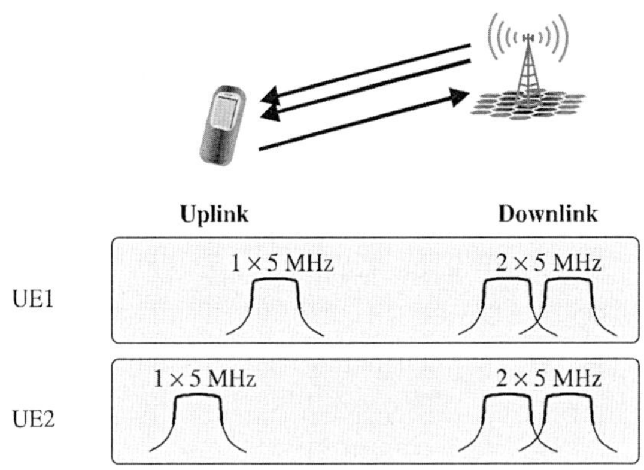

그림 17.12 이중셀 HSDPA의 다운링크 개념

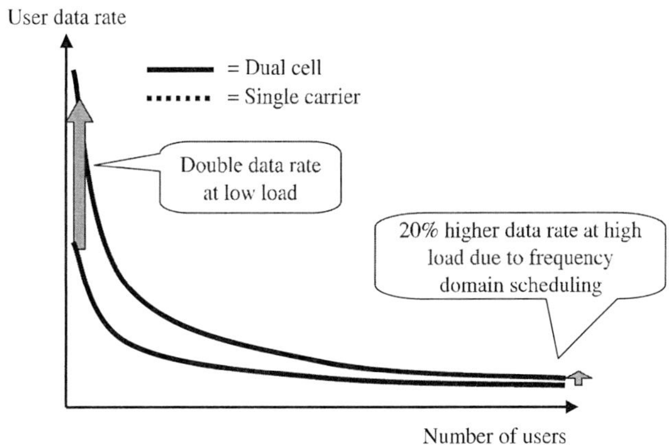

그림 17.13 DC-HSDPA의 데이터 전송률

채널 품질 정보 보고를 기반으로 2개 반송파 사이의 전송을 최적화할 수 있다−LTE에서도 주파수 영역 스케줄링을 사용하는 경우에 부분적으로 유사한 이득이 얻어진다. DC-HSDPA에서 주파수 영역의 스케줄링 이득은 LTE보다 작아지는데, 그 이유는 DC-HSDPA의 스케줄링이 5 MHz 블록 단위로 이루어지는 반면, LTE 스케줄링은 180 kHz 단위로[6] 이루어지기 때문이다.

DC-HSDPA와 MIMO 모두 HSDPA 데이터 전송률을 높일 수 있으며, 표 17.1에서 이러한 2가지 방식이 비교된다. 두 방식 모두가 64QAM 변조를 사용하여 똑같이 42 Mbps의 최고 전송률을 제공할 수 있다. DC-HSDPA는 부하가 많이 걸린 상태에서 주파수 영역 스케줄링과 큰 트렁킹 이득으로 인해 개선이 이루지는 반면, MIMO는 2개의 안테나 전송에 의한 스펙트럼 효율을 향상시킬 수 있다. MIMO는 주로 NodeB에 가까운 지역에서 데이터 전송률이 개선되지만, DC-HSDPA는 전체 셀 영역에서 고르게 데이터 전송률이 개선되므로 DC-HSDPA 해법이 매력적으로 보인다. 또한, MIMO는 2개의 서로 다른 전력 증폭기가 필요하지만 DC-HSDPA는 섹터당 10 MHz 대역의 단일 전력 증폭기로 구현할 수 있기 때문에 DC-HSDPA가 네트워크의 개선 작업이 쉬워진다.

표 17.1 DC-HSDPA와 MIMO의 성능 비교

	DC-HSDPA	MIMO
최대 비트 전송률	42 Mbps	42 Mbps
전체부하시 주파수 효율 개선	주파수 영역 스케줄링과 트렁킹 이득의 증가로 인해 20%	2개의 안테나 송신으로 인한 10%
전송률 이득	전체 셀 영역에 걸쳐 비슷한 이득	이중 송신 흐름이 가능한 ModeB 인접 지역에서 최대 이득
NodeB RF 요구사항	섹터당 1개의 전력증폭기와 듀플렉서 필터	섹터당 2개의 전력증폭기들과 듀플렉서 필터들
단말 RF 요구사항	1개 안테나 터미널로 가능	2개의 안테나 필요

3GPP 릴리즈 8에서는 동시에 MIMO와 DC-HSDPA를 사용하는 것에 대해 정의하지 않고 있다. 따라서 릴리즈 8의 최대 데이터 전송률은 DC-HSDPA를 사용하는 경우라도 42 Mbps를 유지하나 릴리즈 9에서는 DC-HSDPA와 MIMO의 결합에 의해 최대 84 Mbps까지 가능해지며 이러한 조합들이 네트워크상에서 MIMO의 확산을 널리 촉진시킨다.

릴리즈 9는 업링크 방향으로도 듀얼 셀 지원을 포함시켰다. 이중 셀 고속상향 패킷 접속의 도입 동기는 DC- HSDPA와 비슷하지만 다운링크에 비해 업링크에서 듀얼 셀의 장점에 몇 가지 차이점이 있다.

- 단말의 송신 전력은 NodeB의 송신 전력보다 훨씬 낮다. 업링크 데이터 전송률은 다운링크보다 송신 전력에 의해 제한받을 가능성이 더 높다.
- HSDPA와 같이 빠른 채널 품질 정보 보고가 없기 때문에 업링크에서 주파수 선택적 패킷 스케줄링은 다운링크와 같이 간단하지 않다.

따라서 DC-HSUPA의 데이터 전송률 증가는 일반적으로 DC-HSDPA 보다는 다소 낮아진다.

17.7 다중 반송파와 다중 대역 HSDPA

대부분의 통신사업자들은 HSPA용으로 전체 15~20 MHz의 주파수 대역을 확보하고 있다. 따라서 릴리즈 10은 자연스럽게 3~4개 반송파들을 지원할 수 있도록 진화했다. 또 다른 변화는 단말이 데이터 속도를 향상하기 위해 2개의 서로 다른 주파수 대역에서 동시에 수신할 수 다중 대역 HSDPA으로 진화된 것이었다.

그림 17.14는 다중 반송파의 진화를 나타낸다. 릴리즈 8에서는 듀얼 셀 다운링크가, 릴리즈 9에서는 듀얼 셀 업링크가 활성화된다. 릴리즈 10은 다운링크를 4개 반송파까지 확대시키지만, 업링크는 2개의 반송파를 넘지 않는다.

그림 17.15는 다중 대역 HSDPA의 진화를 보여준다. 다중대역으로 진화의 첫 단계는 릴리즈 9에서 정의되는데, 2개의 반송파들이 다른 대역에 존재하게 된다. 릴리즈 10에서는 전체 4개의 반송파 사용을 허용하는데, 그림의 예에서는 반송파 3개가 높은 주파수이고, 1개의 반송파는

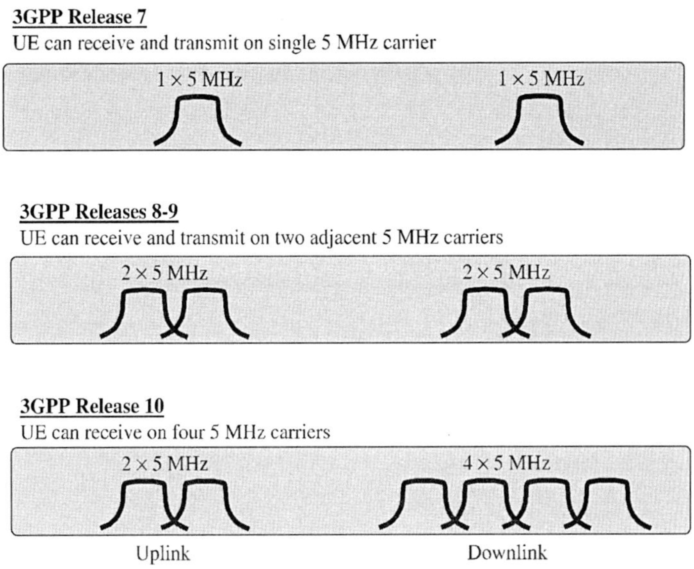

그림 17.14 다중 반송파 HSPA 진화

낮은 주파수이다. 그림 17.16에 다중대역의 모든 조합이 표시된다. 예를 들어, 유럽의 전형적인 조합은 2100 & 900이며, 미국에서는 1900 & 850 또는 1900 & 1.7/2.1이다. 또다른 조합으로 일본에서 사용되는 2100 & 1500과 아시아의 2100 & 850이 정의된다.

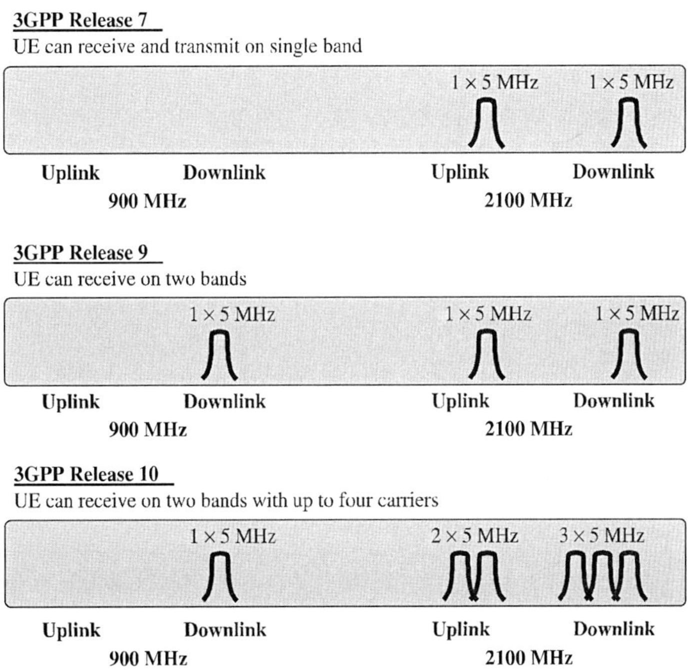

그림 17.15 다중 대역 HSPA 진화 규격의 예(900과 2100 MHz 조합)

Band combinations	# of carriers (Band A + Band B)	
Bands I...XIV & XIX	2	Release 8 two adjacent carriers
I & VIII (2100 & 900)	1+1	Release 9 two bands – one carrier per band
II & IV (1900 & 1.7/2.1)	1+1	
I & V (2100 & 850)	1+1	Release 10 up to four carriers on two bands
I (2100)	3	
I & VIII (2100 & 900)	3+1	
I & VIII (2100 & 900)	2+1	
II & IV (1900 & 1.7/2.1)	2+2	
II & IV (1900 & 1.7/2.1)	2+1	
II & IV (1900 & 1.7/2.1)	1+2	
I & V (2100 & 850)	2+2	
I & V (2100 & 850)	2+1	
I & XI (2100 & 1500)	1+1	New Release 10 dual band dual cell combinations
II & V (1900 & 850)	1+1	

그림 17.16 릴리즈 8, 9, 10에서 다중 반송파와 다중 대역 HSDPA의 조합들

17.8 업링크 16QAM

고속 상향 패킷 접속 릴리즈 6 업링크에서는 직교 위상 천이 변조 변조방식을 사용하여 5.76 Mbps를 제공한다. 높은 차수의 변조방식 또는 다중 안테나 방식 전송을 사용하여 5 MHz 이내의 대역폭을 가지는 업링크의 데이터 전송률을 증가시킬 수 있다. 업링크 MIMO가 가지는 난제의 도전은 단말에 2개의 전력 증폭기를 설치해야 한다는 것이다. 따라서 업링크 단일 사용자 MIMO는 릴리즈 8의 고속 패킷 접속 진화규격(HSPA+) 또는 LTE의 일부가 아니다. 높은 차수의 변조방식인 16직교 위상 진폭 변조 변조는 HSUPA 릴리즈 7의 일부로 채택되었는데, 최대 전송률이 2배로 향상되어 11.5 Mbps가 된다.

다운링크는 제한된 개수의 직교 자원들을 가지므로, 높은 차수의 변조가 다운링크의 스펙트럼 효율을 향상시킨다. 이러한 사실은 업링크에는 적용되지 않는데, 그 이유는 HSUPA 업링크가 직교하지 않게 되고, 업링크에서 사용가능한 코드의 개수는 사실상 무제한이기 때문이다. 최고의 업링크 스펙트럼 효율은 직교위상 천이 변조만을 사용해도 얻을 수 있다. 즉, HSUPA 16QAM은 용량을 증가시키는 것이 아니라 데이터 전송률을 최대로 한다.

다중 경로 전파는 높은 데이터 전송률의 성능에 영향을 미치므로, 단말 이퀄라이저가 고속 하향 패킷 접속 단말에 사용된다. NodeB 수신기도 등화기를 사용하여 다중 경로 전파 환경에서 HSUPA 업링크의 비트 전송률 성능을 높게 개선시킬 수 있다. 또 다른 해결책은 업링크에서 4개의 안테나로 수신하는 것이다.

고속 업링크 데이터 전송률을 유지하려면 높은 Ec/N0이 필요하다. 8 Mbps와 70%의 처리량을 가지는 고정 레퍼런스 채널 8에서는 Ec/N0 = 12~16 dB가 필요하다[7]. 해당 업링크 잡음 증가도 12~16 dB로 비슷하고, 다른 동시 사용자들의 커버리지에 영향을 준다. 그러므로 다른 동

시 사용자들로부터 높은 비트 전송률 간섭을 제거하기 위해 업링크 간섭 제거 방식을 사용하는 것이 유용하다. LTE 무선 규격은 셀내 간섭을 피하는 직교 업링크 해법을 사용한다.

17.9 단말기 등급

64QAM, MIMO 및 DC-HSDPA 방식을 포함한 새로운 HSDPA 단말기 종류가 릴리즈 7과 8에서 추가되었다. HSDPA 카테고리 13과 14는 64QAM을 포함하며, 카테고리 15~18에서는 MIMO를 추가하여 21.1 Mbps와 28.0 Mbps의 최대 속도를 제공한다. 카테고리 19와 20은 2 ×

표 17.2 HSDPA 단말 등급

Cat	Codes	Modulation	MIMO	Multi-carriers	Coding	Peak	3GPP
12	5	QPSK	–	–	3/4	1.8 Mbps	Release 5
6	5	16QAM	–	–	3/4	3.6 Mbps	Release 5
8	10	16QAM	–	–	3/4	7.2 Mbps	Release 5
9	15	16QAM	–	–	3/4	10.1 Mbps	Release 5
10	15	16QAM	–	–	1/1	14.0 Mbps	Release 5
13	15	64QAM	–	–	5/6	17.6 Mbps	Release 7
14	15	64QAM	–	–	1/1	21.1 Mbps	Release 7
15	15	16QAM	2 × 2	–	5/6	23.4 Mbps	Release 7
16	15	16QAM	2 × 2	–	1/1	28.0 Mbps	Release 7
17	15	64QAM or MIMO		–	5/6	23.4 Mbps	Release 7
18	15	64QAM or MIMO		–	1/1	28.0 Mbps	Release 7
19	15	64QAM	2 × 2	–	5/6	35.3 Mbps	Release 8
20	15	64QAM	2 × 2	–	1/1	42.2 Mbps	Release 8
21	15	16QAM	–	2	5/6	23.4 Mbps	Release 8
22	15	16QAM	–	2	1/1	28.0 Mbps	Release 8
23	15	64QAM	–	2	5/6	35.3 Mbps	Release 8
24	15	64QAM	–	2	1/1	42.2 Mbps	Release 8
25	15	16QAM	2 × 2	2	5/6	46.8 Mbps	Release 9
26	15	16QAM	2 × 2	2	1/1	56.0 Mbps	Release 9
27	15	64QAM	2 × 2	2	5/6	70.6 Mbps	Release 9
28	15	64QAM	2 × 2	2	1/1	84.4 Mbps	Release 9
29	15	16QAM	–	3	1/1	63.3 Mbps	Release 10
30	15	16QAM	2 × 2	3	1/1	126.6 Mbps	Release 10
31	15	64QAM	–	4	1/1	84.4 Mbps	Release 10
32	15	64QAM	2 × 2	4	1/1	168.8 Mbps	Release 10

표 17.3 HSUPA 단말 등급

Cat	TTI	Modulation	Multi-carriers	Coding	Peak	3GPP
3	10 ms	QPSK	–	3/4	1.4 Mbps	Release 6
5	10 ms	QPSK	–	3/4	2.0 Mbps	Release 6
6	2 ms	QPSK	–	1/1	5.7 Mbps	Release 6
7	2 ms	16QAM	–	1/1	11.5 Mbps	Release 7
8	2 ms	16QAM	2	1/1	23.0 Mbps	Release 9

2 MIMO와 64QAM의 조합을 포함시켜 최대 속도를 42.2 Mbps까지 제공한다. DC-HSDPA의 카테고리는 21~24이다. 카테고리 21~22는 16QAM을, 카테고리 23~24는 64QAM을 지원한다. 카테고리 25~28은 DC-HDSPA와 MIMO의 조합을 지원한다. 카테고리 29~32는 3개와 4개의 반송파를 가지는 HSDPA를 포함한다. 표 17.2는 HSDPA 단말기 종류를, 표 17.3은 HSUPA 단말기 종류를 나타내고 있다. 표 17.3에서 카테고리 7은 16QAM을, 카테고리 8은 DC-HSUPA를 정의한다.

17.10 계층 2 최적화

광대역 부호 분할 다중 접속 릴리즈 99 규격은 무선망제어기로부터 단말까지에서 이루어지는 계층 2의 패킷 재전송에 기반을 두었다. 계층 2의 RLC 패킷들은 전송 오류가 발생하는 경우에 매우 많은 패킷들이 재전송되는 것을 피하기 위해 비교적 작아야 한다. 무선 링크 제어 패킷 크기가 작아야 하는 또 다른 이유는 릴리즈 99 채널의 데이터 전송률을 조정할 수 있도록 충분히 작은 스텝 크기를 제공해야 하기 때문이었다. 릴리즈 99의 RLC 패킷 크기는 작을 뿐만 아니라 확인응답모드(AM: Acknowledged Mode) 데이터용으로 고정되며, 비확인모드(UM: Unacknowledged Mode) 데이터에서는 블록크기가 정확히 제한된다. 이러한 제한은 릴리즈 99의 전송채널의 데이터 전송률 제한 때문에 나타난다.

RLC 페이로드 크기는 릴리즈 99의 AM 데이터용으로 40바이트가 고정된다. 같은 RLC 해법이 HSDPA 릴리즈 5와 HSUPA 릴리즈 6에 적용된다. HSDPA의 경우 40바이트 패킷이 RNC에서 기지국으로 송신된다. 릴리즈 5에서는 과도한 RLC 프로토콜 오버헤드와 계층 2의 처리 및 RLC 송신 윈도우 손실을 피하기 위해 80바이트 RLC 패킷의 사용이 추가구성 옵션으로 도입되었다. HSDPA의 전송시간간격이 2 ms이므로 데이터 전송률은 160 kbps와 320 kbps의 배수가 된다.

릴리즈 7에서는 데이터 전송률이 더 증가하므로 RLC 패킷 크기를 늘리면 HSDPA 스케줄링과 최저 가능한 데이터 전송률로 사용할 수 있는 데이터 전송률의 입도에 중요한 영향을 미친다.

3GPP HSDPA와 HSUPA에서는 계층 2의 동작에서 최적화를 허용하는데, 그 이유는 계층 1의 재전송이 사용되고 있으며, 계층 2의 재전송 확률이 매우 낮기 때문이다. 또한, 계층 2의 블록 크기가 전송 형식들과 독립적이기 때문에 릴리즈 99의 전송채널 제한은 HSDPA/HSUPA에 적용되지 않는다. 따라서 유연하고 어느 정도 큰 RLC 크기를 사용하는 것이 가능해지며, 기지국의 MAC 계층에 분할을 도입할 수 있다.

이러한 최적화는 릴리즈 7의 다운링크와 릴리즈 8의 업링크를 위해 포함되어 있으며, 이를 유연한 RLC와 MAC 분할 방식이라고 한다. 유연한 RLC 해법으로 사용되는 RLC 블록 크기는 일반적으로 다운로드용으로 IP 패킷과 같은 크기인 1,500바이트이다. RNC에서는 패킷 분할이 필요 없다. MAC에 분할을 도입하면 MAC은 필요할 때마다 물리계층 요구사항을 기반으로 대형 RLC 페이로드 데이터의 분할을 수행할 수 있다. 그림 17.17에 다운링크의 유연한 RLC 개념을 나타내었다.

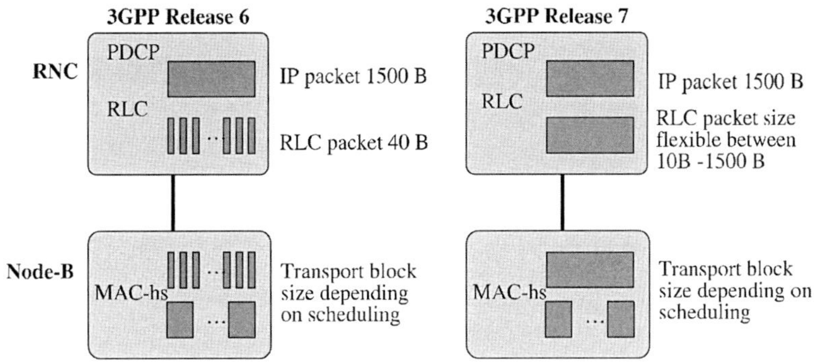

그림 17.17 유연한 RLC 개념

유연한 RLC와 MAC 분할방식은 계층 2의 효율성 측면과 최대 비트 전송률 측면에서 많은 장점을 가져온다.

- 계층 2의 상대적인 오버헤드가 줄어든다. RLC 패킷이 40바이트인 경우 2바이트 RLC 헤더를 가지면 RLC 오버헤드는 5%가 된다. RLC 패킷 크기가 1,500바이트로 증가하면 RLC 헤더 오버헤드는 0.2% 이하로 줄어든다. 오버헤드의 감소는 효과적으로 응용 프로그램 데이터 처리량을 향상시킬 수 있다.
- RLC 블록 크기는 유연하게 각 응용 프로그램의 패킷 크기에 따라 선택할 수 있다. 그러한 유연성 때문에 불필요한 패딩을 방지할 수 있다. 전형적인 인터넷 텔레포니나 스트리밍 응용 프로그램에서 사용하는 작은 크기의 IP 패킷에 대해서는 특히 의미가 있다.
- 8비트로 정렬된 프로토콜 헤더가 사용되는 RNC와 단말에서는 패킷 처리과정이 단순해진다. RLC 패킷 크기는 증가하고, 8비트로 정렬된 프로토콜 헤더는 고속 데이터 연결에서 비트 시프팅을 피하기 때문에 처리되는 패킷의 개수는 감소된다. 이러한 이유 때문에 계층 2의 부하 처리를 줄이고 높은 비트 전송률을 구현하는데 쉬워진다.
- HSDPA 스케줄러에 사용될 데이터 속도의 완벽한 유연성과 해상도

17.11 단일 주파수 방송망

멀티미디어 방송 다중송출서비스(MBMS: Multimedia broadcast multicast service)가 릴리즈 6의 일부로 3GPP에 추가되었다. 3GPP 릴리즈 6은 인접한 셀로부터 MBMS 송신의 소프트 컴바이닝을 사용할 수 있다. 셀 가장자리에서 단일 셀만으로 수신되는 신호와 비교해 볼 때, 소프트 컴바이닝 방식은 MBMS 성능을 상당히 향상시킨다. 단세포에서만 신호를 수신에 비해 셀 가장자리에서 킨다. 따라서 성능의 관점에서 보면 릴리즈 6 MBMS은 방송 서비스를 위한 아주 좋은 시작 지점을 제공한다.

릴리즈 6에서 소프트 컴바이닝이 사용될 수 있지만, 서로 다른 스크램블링 코드에 의해 인접한 셀들이 직교되지 않기 때문에 다른 셀 신호들은 여전히 MBMS 수신에 간섭을 일으킨다. 모든 셀들에서 같은 스크램블링 코드가 단말 이퀄라이저와 함께 사용된다면, 다른 셀들이 송신

하는 신호들은 동기된 네트워크상에서 시간 분산을 가지는 하나의 신호로 간주된다. 그러한 방식은 사실상 이웃 셀 간섭이 전혀 없게 되는 실질적인 단일 주파수를 제공한다. 단일 주파수 네트워크를 통한 멀티미디어 방송 및 멀티 캐스트 서비스(MBSFN: MBMS over a Single Frequency Network)는 MBMS의 데이터 전송률과 용량을 향상시킬 수 있다. 네트워크 동기화와 함께 여러 셀들에서 MBMS 송신에 대해 동일한 스크램블링 코드를 사용하면 단일 주파수가 실현될 수 있다. MBSFN는 3GPP 릴리즈 7에 포함되며, 릴리즈 8에서는 단일 대역으로 확장된다. 단일 대역 방식은 통합 이동 방송(IMB: Integrated Mobile Broadcast)이라고 한다. MBSFN 방식에서는 MBMS의 송신용으로만 전용 반송파가 필요하며, 이러한 조건은 스펙트럼 측면에서 릴리즈 6의 MBMS와 비교할 때 MBSFN의 유연성을 떨어지게 만든다. 릴리즈 6의 MBMS는 동일한 반송파상에서 포인트-투-포인트 트래픽과 공존할 수 있다.

3G MBMS는 이 책이 저술되는 당시까지 상용화가 되지 않고 있다. HSPA를 통해 유니캐스트 비디오 전송이 잘 동작되며, 일방향적인 TV부터 YouTube 비디오 같은 주문형 비디오(VOD) 형태로 변화되는 방송 형태의 일반적인 경향을 지원한다.

17.12 구조의 진화

3GPP 릴리즈 6은 사용자 평면과 제어 평면 상에 기지국, 무선망제어기, 패킷 교환 지원 노드, 패킷망 교환 장비의 네트워크 요소를 가진다. 릴리즈 8 LTE 구조는 무선망에서 기지국과 핵심망에서 액세스 게이트웨이의 네트워크 요소를 가진다. a-GW는 제어 평면 이동성 관리 개체와 사용자 평면 진화된 망구조 게이트웨이로 구성된다. 플랫 네트워크 구조에서는 네트워크 지연 시간이 감소되고 IP 기반의 서비스들에 대한 전반적인 성능이 향상된다. 또한 플랫 모델은 사용자 평면과 제어 평면의 효율을 모두 향상시킨다. 플랫구조는 HSPA용에서도 장점을 가지게 되며, 릴리즈 7에서 규격화된다. 릴리즈 7의 HSPA 플랫 구조와 릴리즈 8의 LTE 플랫 구조는 정확히 똑같다. HSPA와 LTE 모두에서 이동성 관리, 암호화, 재전송, 헤더 압축에 관한 책임은 NodeB에 있다. HSPA의 구조적 진화에서는 후방위 호환성이 이루어지도록 설계된다. 기존 단말은 새로운 구조에서 동작할 수 있으며, 무선망과 핵심망 사이의 기능 분할은 변경되지 않는

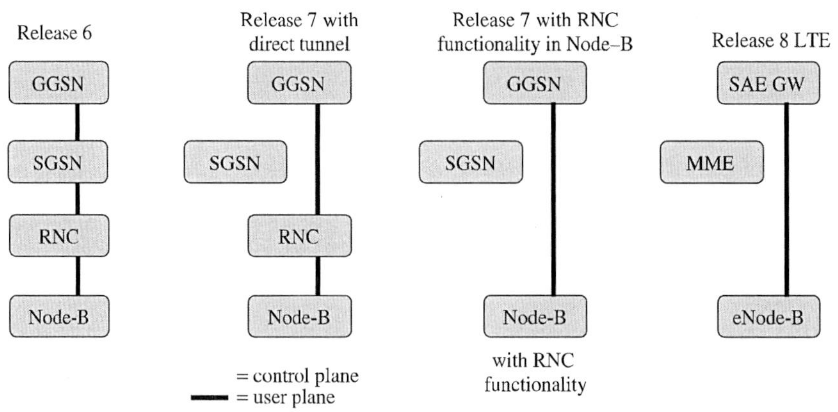

그림 17.18 플랫 구조로 진화

다. 그림 17.18에 구조의 진화를 나타내었다.

패킷 핵심망도 릴리즈 7의 플랫 구조를 가진다. 그것은 직접 터널 방식으로 불리며, 사용자 평면은 SGSN으로 직접 연결된다. 기지국에서 모든 RNC 기능을 하는 플랫 구조를 가지고 직접 터널 방식을 사용하게 되면, 사용자 데이터 동작을 위해 2개의 노드만이 필요하다. 네트워크의 다른 노드에 최소한의 영향을 주면서 유연한 확장성을 달성하고 HSPA 진화규격(HSPA+)에 의해 높은 데이터 전송률이 도입된다. 비트 당 비용을 낮추고, 경쟁력있는 정액제 데이터 과금을 가능하게 한다. LTE의 게이트웨이가 GGSN과 비슷한 기능을 가지므로, 기기국에서 직접 처리하는 사용자 평면 데이터에 대해 동일한 핵심망 요소를 통해 직접 연결되는 LTE와 HSPA의 전개가 가능해질 것으로 예측된다.

3GPP 릴리즈 8은 홈 NodeB를 지원하는 새로운 구조를 포함한다. 홈 NodeB들은 펨토 액세스 포인트라고 하며, 홈 NodeB들은 무선랜 액세스 포인트와 같은 방식으로 개인 주택에 설치된다. 이러한 홈 NodeB들은 통신사업자에게 허가된 주파수를 사용하고, 사업자의 핵심망에 연결된다. 낮은 출력 전력 레벨을 가지며, 일반적으로 100 mW 이하이다. 가정에서 고정 디지털 가입자 회선 연결을 사용하여 전달용 연결이 구성된다. 홈 NodeB들과 매크로 네트워크 사이의 핸드오버나 대기 모드의 선택은 네트워크 알고리즘과 매개변수들에 의해 제어된다. 핵심망의 연결 상태가 많아져서 소형 기지국들의 개수가 매우 많아지는 경우 그림 17.18과 같은 플랫 구조는 최적화되지 못한다. 따라서 새로운 네트워크 요소(홈 NodeB 게이트웨이)가 도입되어 핵심망으로부터 홈 NodeB들의 많은 연결들을 숨기게 되며, 게이트웨이는 사업자 구내에 위치한다. 홈 NodeBs와 게이트웨이 사이의 새로운 인터페이스는 Iuh이며, 게이트웨이와 핵심망 사이의 인터페이스는 일반 Iu 인터페이스이다. 그림 17.19에 홈 NodeB 구조를 설명한다[8].

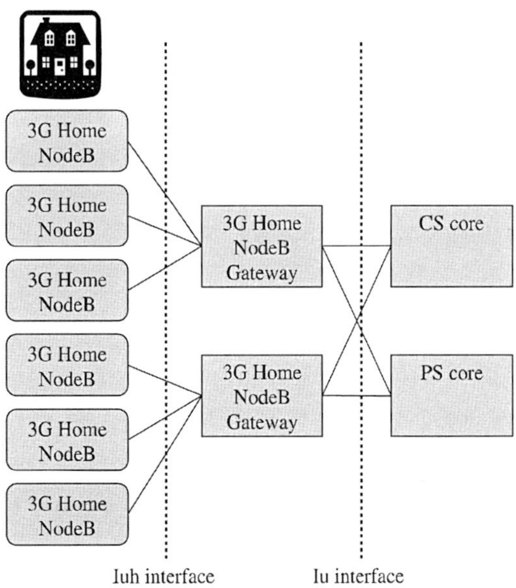

그림 17.19 홈 NodeB 구조[8]

17.13 요약

3GPP가 새로운 무선 시스템으로 릴리즈 8에서 LTE를 정의하고 있지만, HSPA에 대해서도 많은 개선이 이루지고 있다. LTE 운영에는 새로운 스펙트럼 대역이 필요하지만, HSPA 개선안은 기존 WCDMA 단말기를 그대로 사용하면서 동일한 캐리어 상에서 유연하게 업그레이드가 이루어진다. LTE는 패킷교환을 기본으로 하지만, HSPA는 기존의 회선교환 방식으로 음성 지원을 향상시킨다.

HSPA 개선은 사용자 단말의 성능 향상에서 이루어져 최고 데이터 전송률을 증가시키고, 휴대 단말기의 소비전력을 줄이며 지연 시간을 단축시킨다. 5 MHz 대역에서 64QAM과 2×2 MIMO 상태로 최고 전송률은 42 Mbps가 되어 기존의 14 Mbps보다 3배 빨라진다. 다중 반송파들의 집단화 방식으로 비트 전송률을 높일 수 있는데, 이중 셀 HSPA를 2개의 인접한 반송파들을 함께 사용하고 다중반송파와 다중 대역 HSDPA를 사용하면 2개 대역에서 4개의 HSDPA 반송파들을 조합하여 최고 전송률을 168 Mbps까지 향상시킬 수 있다. 이러한 최고 전송률의 증가는 스펙트럼의 효율성과 셀 용량을 개선하는 효과를 나타낸다.

HSPA 개선안에서는 불연속 송·수신 방식을 사용하므로 단말의 전력을 획기적으로 줄일 수 있다. 예상 음성통화 대화 시간은 50% 향상되며, 불규칙한 형태의 고용량 데이터에 대한 시간 이용 효율도 좋아진다. 디지털 및 무선 주파수 기술의 개선과 전체 전력 소비가 감소하면 실질적인 음성통화의 대화 시간 비율도 더욱 향상된다.

HSPA 개선안에서는 HSPA 채널상에 회선교환(CS) 음성을 매핑시켜 기본 음성 서비스를 향상시킨다. 이러한 상태는 기본적으로 핵심망에서 CS 음성과 무선망에서 VoIP를 조합한 것이다. HSPA의 CS 음성은 핵심망과 종단간 생태계에 충돌이 없는 한, WCDMA 음성에 비해 단말의 전력 소비량은 감소되고 스펙트럼 효율은 증가한다. 무선 해법이 매우 유사하기 때문에 HSPA를 통해 음성으로 업그레이드하는 것이 HSPA를 통해 VoIP로 업그레이드하는 것보다 쉽다.

HSDPA/HSUPA상에서 RACH/FACH 공통채널을 매핑하여 초기 설치 시간을 줄일 수 있다. HSPA 개선안에서는 HSPA상에다 매핑할 수 있는 것은 시스널링을 포함하여 모든 서비스가 실제로 포함된다.

릴리즈 8과 다른 릴리즈 99의 물리채널은 몇 개뿐이며, 모든 것이 HSPA 위에서 실행된다. 이러한 사항들이 릴리즈 99에 비해서 사용자의 성능과 네트워크 효율성 측면에서 상당히 향상됨을 설명한다.

그림 17.20에서 HSPA 진화규격(HSPA+)에 대한 성능의 특징을 요약한다. 정확한 성능 개선 결과는 운영상 선택사항과 적용환경에 따라 달라진다.

3GPP의 릴리즈 7의 네트워크 구조는 단순해진다. 사용자 평면을 위한 네트워크 요소의 개수는 릴리즈 6에서 4개이던 것이 릴리즈 7에서는 2개로 줄어든다. 릴리즈 7의 구조는 릴리즈 8의 LTE 구조와 정확히 일치하는 것으로, HSPA에서 LTE가 직접적으로 진화된 것임을 나타낸다. 3GPP 릴리즈 7과 8에서 향상된 기능의 대부분은 HSPA 네트워크에 상대적으로 간단히

		Peak rate	Average rate (capacity)	Cell edge rate	Latency gain	Talk time
Downlink	HSDPA 64QAM[1]	+50%	<10%	-	-	-
Downlink	HSDPA 2×2MIMO	+100%	<30%	<20%	-	-
Downlink	DC-HSDPA 4C-HSDPA	+100–300%	+20–300%	+20–300%	-	-
Uplink	HSUPA 10 ms (2.0 Mbps)[2]	+600%	+20–100%	<100%	Gain 20 ms	-
Uplink	HSUPA 2 ms (5.8 Mbps)	+200%	<30%	-	Gain 15 ms	-
Uplink	HSUPA 16QAM	+100%	-	-	-	-
Uplink	DC-HSUPA	+300%	+20–100%	-	-	-
Uplink	Advanced NodeB receiver	-	>30%	-	-	-
	DTX/DRX	-	-	-	-	>+50%
	HS-FACH / HS-RACH	-	-	-	Setup time <0.1 s	-
	CS voice over HSPA	-	+80% (voice)	-	-	>+50%

[1]Baseline WCDMA Release 5 downlink 14.4 Mbps
[2]Baseline WCDMA Release 99 uplink 384 kbps

= clear gain >30%
= moderate gain <30%

그림 17.20 HSPA 진화규격의 특징과 장점들의 요약

업그레이드한 것으로, 이전 버전인 HSDPA 및 HSUPA 경우와 유사하다.

HSPA의 개선안은 릴리즈 11 이후에도 계속 진행되며, 기대되는 주제로는 반송파 집단화(CA), 업링크 다중 안테나 해법, 협력 다중 송수신 방식(CoMP), 자체 최적화된 네트워크(SON) 등이 포함된다.

참고문헌

[1] 3GPP, Technical Specification 24.008, 'Mobile Radio Interface Layer 3 Specification; Core Network Protocols', v.8.3.0.

[2] Holma, H., Kuusela, M., Malkam¨aki, E., Ranta-aho, K. and Tao C. 'VoIP over HSPA with 3GPP Release 7', PIMRC2006, September 2006.

[3] Holma, H. and Toskala, A. (eds) 'WCDMA for UMTS: HSPA Evolution and LTE', 5th edition, John Wiley & Sons, 2010.

[4] 3GPP, 'Further Discussion on Delay Enhancements in Rel7,' 3GPP R2-061189, August 2006.

[5] 3GPP, '64QAM for HSDPA', 3GPP R1-063335, November 2006.

[6] Morais de Andrade, D., Klein, A., Holma, H., Viering, I., Liebl, G. 'Performance Evaluation on Dual-Cell HSDPA Operation', VTC, September 2009.

[7] 3GPP, Technical Specifications, 25.104, 'Base Station (BS) Radio Transmission and Reception (FDD)', v. 8.3.0.

[8] 3GPP, Technical Specification, 25.467 'UTRAN Architecture for 3G Home Node B', v. 9.3.0.

찾아보기

역자 약력

서정욱(jwseo@nsu.ac.kr)

현재) 남서울대학교 정보통신공학과 교수
KETI 스마트네트워크연구센터 책임연구원
연세대학교 전기전자공학과 공학박사

장은영(ceyng@kongju.ac.kr)

현재) 국립공주대학교 전기전자제어공학부 교수
(주)LG전자 자동화팀
공군통신기술장교
한국항공대학교 항공전자공학과 공학박사

박용석(yspark@keti.re.kr)

현재) 전자부품연구원 콘텐츠응용연구센터 책임연구원
美카네기멜론대학교 전기컴퓨터공학과 석사

박경원(kwpark@keti.re.kr)

현재) 전자부품연구원 스마트네트워크연구센터 책임연구원
중앙대학교 전자전기공학부 공학박사

정가 39,000원

4G기술의 진화(LTE for UMTS)

2017년 2월 3일 초판 인쇄
2017년 2월 10일 초판 발행
저 자 : Harri Holma, Antti Toskala
역 자 : 서정욱 · 장은영 · 박용석 · 박경원
발행자 : 우명찬 · 송 준
발행처 : 홍릉과학출판사
주 소 : 서울시 강북구 인수봉로 50길 10
01093
등 록 : 1976년 10월 21일 제5-66호
전 화 : (02) 999-2274~5, 903-7037
팩 스 : (02) 905-6729
e-mail: hongpub@hongpub.co.kr
http://www.hongpub.co.kr
ISBN: 979-11-5600-499-8

역자와의 협의하에 인지생략